中國茶全書

—— 四川蒙顶山茶卷 ——

钟国林　编著

中国林业出版社

图书在版编目(CIP)数据

中国茶全书.四川蒙顶山茶卷/钟国林编著.--北京：中国林业出版社，2024.12
ISBN 978-7-5219-2852-5

Ⅰ.TS971.21

中国国家版本馆 CIP 数据核字第 2024FG3635 号

中国林业出版社
策划、责任编辑：杜　娟　马吉萍　陈　慧
出版咨询：（010）83143595

出　版：中国林业出版社（100009 北京市西城区刘海胡同 7 号）
网　站：https://www.cfph.net
印　刷：北京博海升彩色印刷有限公司
发　行：中国林业出版社
电　话：（010）83143553
版　次：2024 年 12 月第 1 版
印　次：2024 年 12 月第 1 次
开　本：787mm×1092mm　1/16
印　张：56.75
字　数：1000 千字
定　价：530.00 元

《中国茶全书》总编纂委员会

总 顾 问：陈宗懋　刘仲华　王　庆
顾　　问：周国富　江用文　禄智明　王裕晏　孙忠焕　周重旺
主　　任：杨　波
常务副主任：王德安
总 主 编：王德安
总 策 划：杜　娟
执 行 主 编：朱　旗　覃中显
副 主 编：王　云　蒋跃登　李　杰　丁云国　刘新安　陈大华
　　　　　　李茂盛　杨普龙　张达伟　宛晓春　龚　华　高超君
　　　　　　曹天军　熊莉莎　毛立民　罗列万　孙状云　王丽军
　　　　　　王　准　周红杰　陈　栋　王如良　陈昌辉　刁学刚
　　　　　　梁峻源
编　　委：王立雄　王　凯　包太洋　谌孙武　匡　新　朱海燕
　　　　　　孙淑艳　刘贵芳　汤青峰　黎朝晖　刘开文　唐金长
　　　　　　刘德祥　何青高　余少尧　向雪贵　张式成　陈先枢
　　　　　　张莉莉　陈建明　幸克坚　辜甲红　易祖强　周长树
　　　　　　胡启明　袁若宁　张干发　何　斌　陈开义　陈书谦
　　　　　　徐中华　冯　林　万长铭　唐　彬　刘　刚　孙道伦
　　　　　　刘　俊　刘　琪　王剑箫　侯春霞　李明红　罗学平
　　　　　　杨　谦　徐盛祥　黄昌凌　王　辉　左　松　阮仕君
　　　　　　王有强　汪云刚　聂宗顺　王存良　徐俊昌　温顺位
　　　　　　李亚莉　李廷学　龚自明　高士伟　曾维超　郑鹏程
　　　　　　李细桃　胡卫华　曾永强　李　荣　吴华玲　钟国林
　　　　　　郑为龙　吴　曲　李　志　廖长力　黄秋成　张冬川

	罗雪辉	饶原生	吴华玲			
副总策划：	赵玉平	伍崇岳	肖益平	张辉兵	王广德	康建平
	刘爱廷	罗　克	陈志达	喻清龙	吴浩人	樊思亮
	梁计朝	郭晓康	张志竹			
策　　　划：	周　宇	饶　佩	施　海	廖美华	吴德华	陈建春
	王晓丽	郗志强	程真勇	牟益民	陈　娜	欧阳文亮
	敬多均	高敏玲	文国伟	邓　云	宋加兴	陈绍祥
	熊志伟	李　锐	王　瑾	张学龙	邓孝维	彭望球
	李思杨	秦艳丽				
秘 书 长：	王德安					
副秘书长：	杜　娟	覃中显	黄迎宏	曹天军	丁云国	郭晓康
	王广德	高敏玲	王艳辉			
秘 书 处：	陈　慧	马吉萍	李　锐	杨小英	向　巍	林宇南
	周　强	姚雄辉	邹文然	李伯承	罗斌湘	张笑冰
	黎怀鸿					
编 辑 部：	杜　娟	陈　慧	马吉萍	薛瑞琦	陈　惠	樊　菲
	李　鹏					

《中国茶全书·四川蒙顶山茶卷》
编纂委员会

主编单位： 雅安市名山区农业农村局
雅安市名山区茶叶产业发展中心
雅安市名山区地方志办公室
雅安市名山区茶业协会

参编单位： 中共雅安市名山区委宣传部
雅安市名山区市场监督管理局
雅安市名山区经济和科技局
雅安市名山区文化体育和旅游局
雅安市名山区教育局
政协雅安市名山区委员会文化文史学习委员会
雅安市名山区妇联
共青团名山区委员会

顾　　问： 王　云　陈昌辉　覃中显　罗　凡　杜　晓　何春雷
李春华　任　敏　杨天炯　欧阳崇正　陈书谦　高殿懋
蒋昭义　熊万和　陈开义

主　　任： 倪　林

副 主 任： 熊毅卿　高　昊　李良勇　马忠强　姜　肖　王龙奇
罗　江　秦晓伟　严子明　高永川

编　　委： 李成军　蒋培基　黄　梅　钟国林　夏家英　梁　健

主　　编： 钟国林

副 主 编： 郭　磊　李　涛　李成军　吴祠平　夏家英　钟胥鑫

编　　辑：李　玲　　舒国铭　　代先隆　　高永川　　杨雪梅　　梁　健
　　　　　杨天君　　黄　梅　　淡国兵　　高先荣　　文维奇　　李德平
　　　　　张丝雨　　代显臣　　蒋　丹　　黎绍奎　　古淑红　　杨　忠
　　　　　施友权　　张　波　　张　强　　郭承义　　周先文　　龚开钦
　　　　　乔　琼　　成　昱　　贾　涛　　宋希霖　　陈　楠　　詹肇栋
　　　　　孟　辉　　杨晔华　　许　连　　杨玉芬　　陈　琼　　施宗池
　　　　　卢蛟萍　　黄文林　　阳永翔　　税　鑫　　张洪波　　王自琴
校　　对：钟胥鑫
供　　图：钟国林　　钟胥鑫

出版说明

2008年,《茶全书》构思于江西省萍乡市上栗县。

2009—2015年,本人对茶的有关著作,中央及地方对茶行业相关文件进行深入研究和学习。

2015年5月,项目在中国林业出版社正式立项,经过整3年时间,项目团队对全国18个产茶省的茶区调研和组织工作,得到了各地人民政府、农业农村局、供销社、茶产业办和茶行业协会的大力支持与肯定,并基本完成了《茶全书》的组织结构和框架设计。

2017年6月,定名为《中国茶全书》。

2020年3月,《中国茶全书》获国家出版基金项目资助。

《中国茶全书》定位为大型公益性著作,各卷册内容由基层组织编写,相关资料都来源于地方多渠道的调研和组织。本套全书可以说是迄今为止最大型的茶类主题的集体著作。

《中国茶全书》体系设定为总卷、省卷、地市卷等系列,预计出版180卷左右,计划历时20年,在2030年前完成。

把茶文化、茶产业、茶科技统筹起来,将茶产业推动成为乡村振兴的支柱产业,我们将为之不懈努力。

王德安

2021年6月7日于长沙

我心中的蒙顶山茶

我到雅安蒙顶山考察学习交流过很多次，也参加过四川省和雅安市举办的多次茶事活动；在四川省以外的茶事活动中，也曾多次推荐过蒙顶山茶。我为什么要积极参与蒙顶山茶的宣传和推介？因为蒙顶山茶具有悠久的历史、厚重的文化、优异的品质，对当地的社会经济发展有巨大贡献，蒙顶山茶是中国茶叶的典型代表，在中国茶叶史中有浓墨重彩的篇章。我用2021年4月参加四川国际茶业博览会上的推介演讲《我心中的蒙顶山茶》作为《中国茶全书·四川蒙顶山茶卷》的序言，来阐释蒙顶山茶。

一、蒙顶山茶的产品结构布局合理

在"蒙顶山茶"公共品牌旗下有三大魅力茶类。首先是绿茶类的蒙顶甘露，然后是黄茶类的蒙顶黄芽，还有黑茶类的雅安藏茶，它们共同彰显了蒙顶山茶的无限魅力。蒙顶山茶不仅是因为其品质好、特色突出，最重要的是因为它形成了真正的茶产业和完整的产业链。蒙顶山茶建成了协调的种植生产布局、合理的产品结构、相融的品牌组合，既能全面发挥地域优势、充分利用茶叶资源，又能够满足不同消费者对不同茶品的口感风味要求。

二、蒙顶山茶的魅力在其文化品质

蒙顶山茶的文化魅力和品质魅力构筑了蒙顶山茶品牌的两大灵魂。品牌的根基是品质。中国有六大茶类，好喝是硬道理。不同的人对不同的品类诉求不同，但品饮蒙顶山茶，可分别用以下几个字来概括它的品质魅力。蒙顶甘露：鲜、香、醇、甘；蒙顶黄芽：黄、香、甘、醇；雅安藏茶：浓、厚、红、醇。这几个茶类的品质亮点，不论是专业人士、普通的饮茶人，还是跨界的爱茶人，都能被蒙顶山茶独特的品质风格所吸引。

蒙顶山茶优质的品质特征、良好的辨识度取决于：一是环境生态优异。有一句千年传颂的古对联:"扬子江心水,蒙山顶上茶",对蒙顶山茶生态品质作了最好的注释。自然的选择、先辈们的经验,把最优异的茶树品种栽种在最佳的生态环境中,好山好水出好茶,这样独特的生态条件奠定蒙顶山茶独特优异的品质基础。二是四川科技力量非常雄厚。四川农业大学就坐落在雅安,有着强大的科技力量和人才团队。同时,四川省农业科学院茶叶研究所把雅安和名山作为其科技成果转化的核心基地,选育了一大批优异的茶树品种铸就蒙顶山茶的品质基因。三是在蒙顶山茶区域公用品牌的牵引下,有一大批制茶技艺精湛的工匠人物,传承非物质文化遗产蒙山茶传统制作技艺,将传统技艺的精髓与现代加工装备和技术高度融合,形成了先进而精湛的现代加工技术,塑造了蒙顶山茶的品质风格与特征。名人名技做名茶。一批批茶学专家、行业领袖和企业家见证了蒙顶山茶品牌的诞生、成长与壮大,也为蒙顶山茶产业的发展壮大付出了很多,感动、感化、稳定了一批批执着的消费者。2017年,我参与了"中国茶叶十大区域公用品牌"的评审,蒙顶山茶当之无愧、昂首挺胸地走进了中国茶叶十大品牌的行列,重塑了历史辉煌。

蒙顶山的茶文化是蒙顶山茶魅力的灵魂元素。名山有栽培种植茶树的鼻祖,有茶禅一味的禅缘,有绵延千年的贡茶,有几千公里的茶马古道,有行云流水的长嘴壶茶艺,更有传统茶文化跟现代茶文化的完美融合。在中国茶艺表演的活动中,人们总会把目光集聚到四川人发明的长嘴壶茶艺。长嘴壶茶艺是从四川、从蒙顶山上走出来的,它承载了深厚的文化底蕴和茶文化内涵,造就了今天一批批雅女茶艺师走进了全国各地的知名茶馆与茶文化传播基地,不断传播蒙顶山茶文化的魅力。通过文化和科技的深度融合,蒙顶山茶的品质特征更为突显,品牌影响力更为深远。

三、蒙顶山茶的魅力在其业态创新

蒙顶山茶还有一个无可比拟的魅力,那就是蒙顶山茶产业抓住灾后重建机遇、发挥自身优势、紧跟市场需求,做业态创新。十多年时间,打造茶、康、文、旅、养融为一体的一、二、三产联动茶旅融合产业,把自然生态、文化元素、茶的魅力集聚在一起,充分展示茶文化圣山地位,吸引越来越多的茶人、游客走进蒙顶山拜祖问茶,感受蒙顶山茶的魅力。

四、蒙顶山茶的魅力在其健康属性

过去这些年,我一直在研究茶与健康,目的是让越来越多的人因为茶的健康属性而关注茶、爱上茶,从而一辈子离不开茶。蒙顶山茶的三大魅力茶品蒙顶黄芽、蒙顶甘露、雅安藏茶,拥有三大健康属性:

第一，延缓衰老。尽管科研人员就蒙顶山茶的健康价值研究并发表过无数的学术论文，但我认为最能吸引消费者的，首先是延缓衰老作用。鲜嫩的蒙顶甘露和蒙顶黄芽以其茶多酚、氨基酸、咖啡碱的黄金配比为蒙顶山茶发挥延缓衰老作用奠定了重要的物质基础。在这里，我把2020年我在抖音里的流行语献给所有痴爱蒙顶山茶的朋友："要想你容颜不老，蒙顶山茶一定不能喝得少"。

第二，调节代谢。对于不同的群体，调节代谢的含义不一样。对于年轻的女性，脂肪代谢合成小一点，分解快一点，可塑造健康苗条的身材。对于男性，40岁以后大多会血脂、血糖、尿酸偏高，体形偏胖。蒙顶山茶中富含的多酚类、儿茶素、咖啡碱、黄酮类能够从不同的代谢通路和作用靶点来调节代谢，使人体的糖代谢、脂代谢、蛋白质代谢控制在趋于正常的水平，可远离亚健康。

第三，调节免疫。蒙顶山茶三大茶品的交替品饮，能使人体大量吸收茶多酚、儿茶素、茶氨酸、咖啡碱、黄酮类等生理活性物质，可产生免疫调节生物活性。品饮雅安藏茶，可吸收特殊的活性多糖、可溶性膳食纤维及微生物代谢产物，共同使人体的免疫力维持在正常水平。

以上我所介绍的蒙顶山茶，只是简要地归纳了一下它的特色与亮点。如果要全面、系统地了解蒙顶山茶，建议大家参阅《中国茶全书·四川蒙顶山茶卷》。该书全面客观地阐述了蒙顶山茶产业起源、发展、壮大、成型的全过程；全面记载了蒙顶山茶的茶树品种、栽培技术、加工工艺、市场消费，各级政府、行业组织、茶农、茶企、茶商及消费者们研究宣传蒙山茶文化的系列成果，蒙顶山的茶旅融合，创新发展；挖掘整理了博大深厚的蒙山茶文化；系统介绍了蒙顶山茶史胜迹、方物，收录了大量涉茶文件、文献，诗词歌赋、碑记论文，具有极高的史料价值，是研究中华茶史和茶文化的宝贵资料，让我为之震撼。编撰人员花费两年多的时间，广泛收集资料、归纳整理，付出了巨大的心血和精力，让我深感敬佩！我相信，《中国茶全书·四川蒙顶山茶卷》一定会鼓舞当今蒙顶山的事茶人，一定会开启蒙顶山茶产业发展新篇章，一定会启迪和吸引越来越多的爱茶之人。

刘仲华

中国工程院院士

2024年7月1日

序 二

　　蒙顶山地处雅安市名山区西部，和峨眉山、青城山旧称蜀中三大名山。西汉甘露年间，植茶始祖吴理真手植"仙茶"7株于蒙山五峰，开创了人工植茶之先河。古文赞云："仰则天风高畅，万象萧瑟；俯则羌水环流，众山罗绕，茶畦杉径，奇石异花，足称名胜。"

　　名山以茶为特色，因茶而闻名。蒙顶山茶区位于神奇的北纬30°，冬无严寒，夏无酷暑，降水丰沛，常年细雨朦胧、烟霞满山，茶区植被良好，森林覆盖率50%，国土绿化率达80%。独特的自然条件、优异的生态环境和丰富的生物多样性，造就了品质卓尔不群的蒙顶山茶。悠悠岁月，仙茶故乡名茶辈出。唐天宝元年（742年），蒙顶山茶即为皇家贡品，宋"专以雅州名山茶为易马用"，明清两代尤其是清代将蒙顶山茶钦定为皇家祭天祀祖专品。从唐至清近1200年的贡茶史，在中华茶界叹为观止。2023年3月，故宫博物院原常务副院长惠赠我他主编的图书《故宫贡茶图典》，书中记述了故宫现存名实相符的贡茶共44种，其中四川贡茶11种，蒙顶山茶占8种。蒙顶山茶贡茶品种数量之多、包装之精美和"仙茶"皇家祭天祀祖的尊位让身为名山本地人且在雅安多年从事农业农村工作的我，也颇感骄傲和自豪。

　　蒙顶山茶历史悠久，文化灿烂。"扬子江心水、蒙山顶上茶"千古流传，"蜀土茶称圣，蒙山味独珍"地位超凡，"龙形十八式""天风十二品"中国茶界茶技、茶艺奇葩，古今2000余首诗词歌赋吟唱"仙茶"。蒙顶山茶文化是中华茶文化大家族的一颗璀璨明珠，所涵盖的茶祖文化、贡茶文化、禅茶文化、茶马文化、茶技茶艺文化等五大文化，凝聚和体现了名山茶人"天人合一"的古老智慧，既有有形的物质载体，又有跨越时空的永恒价值和独特魅力。1959年，蒙顶甘露被评为中国十大名茶。2004年，第八届国际茶文化研讨会暨首届蒙顶山国际茶文化旅游节发表了《蒙顶山宣言》，确立了蒙顶山世界茶文化发源地、茶文明发祥地、茶文化圣山的历史地位。2017年，蒙顶山茶文化系统入选中国重要农业文化遗产名录。2022年，蒙顶山茶传统制作技艺（绿茶）入选联合国教科文组织人类非物质文化遗产代表作名录。名山独特的茶文化彰显了蒙顶山茶的个性和历史，具有较强感染力和传播力，极大提高了蒙顶山茶的知名度和美誉度。

　　光阴荏苒。今天，茶叶已从传统产业变成了名山的特色产业、优势产业和主导产业，具化为名山强区之路、兴业之基、富民之本、文化之魂。2022年，蒙顶山茶区茶园面积40余万亩，毛茶产量6万余吨，综合产值约100亿元，茶农每年人均茶叶纯收入逾万元。名山茶叶的面积、产量、产值和良种化率、标准化率、园区化率等均名列全国前茅，以"三茶"统筹、茶旅融合为载体的全域旅游在全国独领风骚，茶业在名山呈现出一业兴百业旺、欣欣向荣的良好态势。蒙顶山茶是中国驰名商标并荣获首届中国国际茶业博览会"中国十大茶叶区域公用品牌"，名山被授予"中国名茶之乡""中国茶文化之乡"等称号。名山被誉为"中国茶都"，获评"中国茶业百强县""四川茶业十强县"并雄踞四川茶业第一县，被农业农村部认定为"中国特色农产品优势区"。

《中国茶全书·四川蒙顶山茶卷》较为全面地记述了蒙顶山茶的起源、发展、壮大的过程，诠释蒙顶山茶传统和现代加工工艺及茶树品种、茶叶种类，展示生产基地和交易市场建设成就；系统整理挖掘蒙顶山茶文化，介绍以吴理真、赵懿、李家光等为代表的名山茶人在蒙顶山茶发展中的卓越功绩，宣传当代蒙顶山茶主要生产经营企业和先进个人事迹。全书收录大量涉茶文献、诗词歌赋、碑记、论文，收集众多珍贵资料、图片，新挖掘整理诸多史料，力求精练蒙顶山茶文化精髓和精神内涵。《中国茶全书·四川蒙顶山茶卷》坚持历史和现代结合，理论和实践结合，求实存真、图文并茂，力争经世致用，具备一般史料的全面性、系统性、真实性特征，是当代蒙顶山茶文化又一力作。本书是研究蒙顶山茶文化的宝贵资料，具有较高的存史价值，对于提升蒙顶山茶品牌影响力、助力蒙顶山茶再铸辉煌、再谱新篇具有积极意义。

《中国茶全书·四川蒙顶山茶卷》的收集、整理和出版发行，是名山区委、区政府的关心和全区茶人努力的结果，得到了四川省茶叶行业协会覃中显会长等茶界人士的鼎力支持，热烈祝贺的同时一并致谢。

倪林

2023年8月15日

前言

蒙顶山雨雾常驻，风景秀丽，文物古迹众多，有4000多年文化史，尤其以盛产蒙顶山茶而闻名于世，《尚书·禹贡》云："蔡蒙旅平，和夷厎绩。"西汉甘露年间，名山人吴理真植茶于蒙顶五峰之间，开创有文字记载人工植茶先河，被后人奉为"植茶始祖"；唐玄宗天宝元年（742年）进贡皇室至清末，在中国茶叶史上留下浓墨重彩篇章；"琴里知闻唯渌水，茶中故旧是蒙山""扬子江心水，蒙山顶上茶""蜀土茶称圣，蒙山味独珍"等诗词名联传颂千年，蒙顶山茶经历了从药品、饮品、贡品、祭品至商品的完整过程，产生了众多名茶名品，绿茶制作技艺（蒙山茶传统制作技艺）被评为国家级非物质文化遗产，并列入联合国人类非遗名录。

蒙顶山茶享誉千年。名山是"仙茶"故乡，以茶为特色，因茶而闻名，也是世界植茶始祖吴理真的故乡。境内蒙顶山是世界茶文化发源地，世界茶文化圣山。名山是全国、全世界最古老的茶区，2000年来经久不衰，唐朝起进贡，宋、元、明、清五朝贡品，连年不断，至清末达1169年，在中国茶叶史上绝无仅有。名山边茶（藏茶）贸易自东汉始，唐代蒙顶山茶大规模传入吐蕃等少数民族地区，很快成为当地民众日常生活必需品；宋代开启的以茶易马"榷茶"制度，延续1000余年，是藏族人民"日不可缺"之物，维系着千年的民族团结、边疆稳定。现有茶园面积超过39.2万亩，农民人均拥有茶园面积2亩，位居全国第一。名山全区98%的村产茶，90%的农户以茶为生，茶叶产业收入占农村人均可支配收入茶业占比65%以上。茶叶产业已成为该区农民赖以生存和增收致富的主导产业。茶产业已成为名山的特色优势产业。

蒙顶山茶品优名高。名山区纬度、海拔、降雨、光照、土壤、生态等均适宜茶树生长，被业界公认为是全球最适宜茶树生长的地区之一，山清水秀、云雾缭绕的自然环境造就了蒙顶山茶清雅醇和的卓越品质。历史上，蒙顶山茶名茶辈出；当代，"蒙顶山茶区域公用品牌"获得国家地理标志产品保护，是中国十大茶叶区域公用品牌、中国驰名商标。名山区主推最具代表性茶品"蒙顶甘露"、特色茶品"蒙顶黄芽"。名山已建成全国绿色食品原料（茶叶）生产基地县、全国茶叶高产优质高效标准化示范区、国家级茶树良种繁育基地县、四川省现代农业产业（茶叶）基地强县，获"中国名茶之乡"称号，"中国气候好产品"命名，名山是中国绿茶第一县。2023年"三茶统筹·名山模式"成功入选全国"三茶"统筹发展典型县域案例；蒙顶山茶入选农业农村部2023全国"土特产"推介名单；名山区成功创建成为第三批"国家农产品质量安全县"。2024年"蒙顶山茶"区域公用品牌价值达54.76亿元，连续8年排名稳居全国前十，持续保持四川第一。

蒙顶山茶富民兴区。改革开放以来，特别是2000年后，名山区启动"茶业兴农、茶业富县"战略，实施"退耕还林""退耕还茶"政策，全区茶叶飞跃发展。2005年，全县茶园面积达23万余亩，茶叶产量27120t。2013年后，利用"4·20"芦山强烈地震灾后重建机遇，推动茶业转型升级，积极开展茶旅融合。现有茶叶企业315家，SC认证企业133家，一般纳税户295家，入园茶企54家；四川蒙顶山跃华茶业集团有限公司被认定为国家级农业产业化龙头企业，四川省雅安义兴藏茶有限公司、四川省大川茶业有限公司、四川蒙顶山雾本茶业有限公司等四川省级农业产业化龙头企业11家，共有大型规范化鲜叶交易市场18个，有以"中国·蒙顶山世界茶都"为核心的干茶交易市场3个，带动全市乃至四川及贵州、湖北等地市场。全区形成了以名优绿茶为主的种类齐全、加工精细、有不同生产经营规模和不同产品经营层次的产业格局。依托全国首批国家级、四川唯一的茶树良种繁育场——四川省名山茶树良种繁育场，种植茶树品种270多种，收集省内外茶树种质资源材料2600多份，建成西南最大茶树种质资源圃（基因库）；建立了"四园一圃"的良种"育繁推"体系；先后选育省级茶树良种22个，国家级良种3个（名山白毫131、特早213、天府茶28）。实现无性系良种化率97%；建立了国家级茶树良种繁育基地5000亩，年出圃合格茶苗15亿株。

蒙顶山茶文化博大精深。从女娲补天到禹贡蒙山，从人工种茶到入贡皇室，从皇茶园甘露井到天盖寺、永兴寺，从古文、古诗到当代形式多样的茶文化作品，源远流长，绵延不绝。蒙山是中国历史地理文献中最早出现的以祭祀活动闻名的神圣之山。蒙山天梯古道，是夏禹登山祭祀的古道。蒙顶山茶祖文化、贡茶文化、禅茶文化、茶马文化、茶艺文化丰富独特。吴理真是世界上有文字记载的最早种茶人，被奉为"世界植茶始祖"。《舆地纪胜》

《蜀中名胜记》《四川通志》等，对吴理真均有记载。清代《天下大蒙山》碑，详尽记载吴理真种茶蒙顶的史实。2004年，第八届国际茶文化研讨会暨首届蒙顶山国际茶文化旅游节，来自全球28个产茶国家和地区、中国各地1250名茶叶专家和代表联合签署发表了《世界茶文化蒙顶山宣言》，确立蒙山"世界茶文明发祥地""世界茶文化发源地"和"世界茶文化圣山"的历史地位。

蒙顶山茶三产融合发展。在历届区委、区政府的领导下，不断夯实基础，高频次、多形式开展茶叶会节、茶旅活动，蒙顶山茶立足川渝市场，向北京、河北、陕西、湖北、河南、浙江、广东等市场拓展，完善《蒙山茶》国家标准，制定《蒙顶山茶》行业标准，实施农业投入品源头管理，加强市场监督执法，从基地、加工、产品到茶杯，确保产品质量安全，建立茶叶绿色食品基地27万亩，建成"国家农产品质量安全县"。以"1＋7＋N"总体布局："1"即蒙顶山为核心的一条百公里百万亩茶产业生态文化旅游经济走廊；"7"即7个特色茶乡（佛禅之乡、酒香茶乡、骑游茶乡、科普茶乡、水韵茶乡、梯田茶乡和浪漫茶乡）组团。"N"即融入N个休闲农业、乡村旅游元素，实现茶园变公园、茶区变景区、茶山变金山的美好愿景；建成蒙顶山国家茶叶公园，实现茶产业与旅游业、一二三产业的融合发展。加大蒙顶山茶的宣介力度，蒙顶山茶产业蓬勃发展，实现了全区农村农民的脱贫致富，为乡村振兴奠定了坚实的产业基础和精神文化支柱。

历经2000余年，蒙顶山茶从古代走到了当代，从山顶走到了山下，从名山走到了全国，从"树子上的叶子"变成百姓手中的票子，从解决油盐柴米的副业，变成了致富振兴的主导产业，成为名山经济社会的生存之本、富民之路、兴业之基和文化之魂。具有丰富深厚、不断发展的蒙顶山茶文化成为蒙顶山茶人和茶客永远研究不透、咏唱不尽的主题；品质优异、特色鲜明的蒙顶山茶值得世人品饮、研究、传扬。

《中国茶全书·四川蒙顶山茶卷》编委会人员经过近2年的资料收集、整理、编撰，反复修改、整理、定稿。全书记载了蒙顶山茶2000多年来种植、加工、销售、品饮的历史，记述了蒙顶山茶业起源、发展、壮大、成型的全过程，发掘、总结、提炼蒙顶山茶文化、茶品牌、茶科技、茶产业、茶旅游，求实存真，向世人介绍蒙顶山茶业方方面面，称得上是蒙顶山茶图文并茂的百科全书，是全面、权威的蒙顶山茶宣传资料，作为蒙顶山茶查阅实证工具书，成为历史保存资料，也可作为产业发展规划和决策的依据，经世致用。

《中国茶全书·四川蒙顶山茶卷》编委会

2024年1月

凡 例

一、该书断限，上至名山开创种茶历史的西汉甘露年间，下至2022年12月31日。为保持事件完整性，部分资料适当上溯、下延。

二、该书各项统计数据及史实，以雅安市（地）名山区（县）统计局、区（县）委农工委、区（县）农业局、区（县）茶业局、区农业农村局、市场监督管理局等主管部门，以及各乡镇、企业的资料为主。

三、行文采用公元纪年，清代及以前的历史纪年后括注公元纪年年份。古代指1840年以前，近代指1840年第一次鸦片战争至1919年五四运动前，现代指1919年五四运动至1949年9月，当代指1949年10月后。该书中"解放前""解放后"系指1950年1月16日名山县解放前、后。个别资料年代有交叉。

四、该书茶人与茶企章节，选录的茶人和茶企排名不分先后。

五、2013年3月18日前"名山"称"名山县"，简称"县"，后称"雅安市名山区"，简称"名山区""区"。

六、该书"中央""省委""市委""县委""区委""党委""党总支""党组织""党支部"等，皆指中国共产党组织机构；"蒙山""蒙顶""蒙顶山"系指同一座山。

七、考虑到该书要面对广大茶农，该书"度、量、衡"单位，部分采用了现实中常用的单位，以便更通俗易懂，方便阅读。如：亩、斤、公斤、寸等。

八、该书多个单位、企业、机构等名称多次出现，首次出现时用全称，重复出现时用简称。

目 录

序 一 ·· 8
序 二 ·· 11
前 言 ·· 13
凡 例 ·· 17

茶史篇

第一章 蒙顶山茶历史渊源 ·· 002
第一节 茶史溯源 ·· 003
第二节 名茶名山 ·· 021
第三节 千年贡茶 ·· 028
第四节 千年边茶 ·· 033

第二章 蒙顶山茶史料文献 ·· 042
第一节 文献史料 ·· 042
第二节 诗词歌赋 ·· 066

产业篇

第三章 蒙顶山茶自然环境与栽培管理 ·· 096
第一节 蒙顶山茶产区介绍 ·· 096
第二节 自然环境 ·· 097
第三节 茶树品种演变 ·· 101
第四节 栽培管理 ·· 106

第四章　蒙顶山茶产品类型 ·········· 136
第一节　传统产品 ·········· 136
第二节　生产加工工艺 ·········· 143

第五章　蒙顶山茶产业规模 ·········· 164
第一节　生产加工经营规模 ·········· 164
第二节　产品销售与市场建设 ·········· 208
第三节　茶叶价格 ·········· 237
第四节　茶　税 ·········· 244
第五节　茶叶加工机器生产 ·········· 250

品牌篇

第六章　蒙顶山茶产业管理 ·········· 258
第一节　生产所有制 ·········· 258
第二节　茶业管理 ·········· 269
第三节　质量安全 ·········· 303
第四节　标准管理 ·········· 313
第五节　核心区原真性保护 ·········· 316

第七章　蒙顶山茶品牌建设 ·········· 322
第一节　古代品牌 ·········· 322
第二节　品牌创建 ·········· 323
第三节　使用管理 ·········· 330
第四节　品牌荣誉 ·········· 331

第八章　蒙顶山茶品质特征 ·········· 356
第一节　特征风味 ·········· 357

第二节　生化成分 ··· 367

　　第三节　鲜爽温韵 ··· 369

　　第四节　保健养生 ··· 376

科技篇

第九章　蒙顶山茶科技助力 ··· 382

　　第一节　科技组织 ··· 383

　　第二节　科技人才 ··· 388

　　第三节　科研成果 ··· 389

　　第四节　专利保护 ··· 432

　　第五节　科技应用 ··· 436

　　第六节　工艺研究与产品开发 ··· 453

　　第七节　古茶树保护与开发 ··· 461

　　第八节　社会团体 ··· 468

　　第九节　区（县）所校合作 ··· 477

文化篇

第十章　蒙顶山文化丰厚 ··· 490

　　第一节　价值特性 ··· 491

　　第二节　独特文化 ··· 501

　　第三节　涉茶文物 ··· 546

　　第四节　茶史胜迹 ··· 548

第十一章　蒙顶山茶文化传承 ··· 576

　　第一节　制作技艺传承 ··· 576

　　第二节　茶艺传承 ··· 586

　　第三节　非遗保护 ··· 590

　　第四节　茶文化宣传 ··· 594

第五节　茶文化传播 ··· 638

茶旅融合篇

第十二章　茶旅游开发 ··· 656
　　第一节　蒙顶山景区 ··· 657
　　第二节　蒙顶山国家茶叶公园 ·· 664
　　第三节　乡村旅游 ·· 672
　　第四节　茶　馆 ··· 674
　　第五节　茶　具 ··· 680
　　第六节　特色茶餐 ·· 690
　　第七节　茶旅游宣传与活动 ··· 694

星光荣耀篇

第十三章　茶人与茶企 ··· 712
　　第一节　古代茶人 ·· 712
　　第二节　名人典故 ·· 717
　　第三节　当代蒙顶山茶的功勋人物 ·································· 748
　　第四节　当代科学家、专家与蒙顶山茶 ··························· 754
　　第五节　蒙顶山茶企业 ·· 785

参考文献 ··· 815
附录一　蒙顶山茶大事记 ·· 816
附录二　茶产业发展相关重要文件 ·· 835
附录三　茶相关文献资料 ·· 856
附录四　编委会主要成员简介 ·· 880
后　记 ·· 883

茶史篇

第一章 蒙顶山茶历史渊源

雅安市名山区，位于四川盆地西南边缘，地处成都平原向川西山区的过渡地带，北纬30°线横穿全境，北纬29°58'~30°16'，东经103°2'~103°23'，辖区面积618.19km²（包含红岩的雨城飞地）。早在新石器时期，名山境内即有人类居住。夏为梁州之域，商周属雍州，秦属严道，汉归青衣、汉嘉。历经三国、两晋，归属未变。西魏废帝二年（553年），置蒙山郡，辖始阳、蒙山二县。隋开皇十三年（593年），改蒙山县为名山县，取于境内久负盛名的蒙顶山（图1-1），一直沿用至今。2012年9月30日，国务院批准名山撤县设区。2013年3月18日，"雅安市名山区"挂牌成立。截至2022年底，全区辖2个街道、11个镇、98个村、17个社区、944个村民小组，总人口27.56万，是一个典型的丘陵农业县。名山是南方丝绸之路的主要通道和茶马古道的起点，处于成渝经济区、攀西经济区、川西北经济区的接合部和川西交通枢纽核心区，是接轨成都的"前花园"，也是连接攀西、沟通康藏的"中转站"，区位优势明显。名山被列入成都都市圈增长极，在成都半小时经济圈覆盖的范围内；交通便捷，成雅高速公路、邛名高速、国道108线纵贯全境，雅乐高速在名山交会，成康铁路已开工建设。名山以富产蒙顶山茶闻名于世（图1-2）。

图1-1 蒙顶山

图1-2 清乾隆时期《名山全舆图》
（《雅州府志》）

第一节 茶史溯源

蒙顶山,又称蒙山,是久负盛名的最古老的茶区,是世界茶文化发源地、茶文明发祥地、茶文化圣山。蒙顶山位于四川省雅安市名山区西,地处北纬30°四川盆地西南边缘向青藏高原的过渡地带,是我国最早历史地理文献《尚书·禹贡》中出现的山名之一,"蔡蒙旅平,和夷厎绩",记述了蒙顶山在大禹时期就是祭天之主山。蒙顶山与峨眉山、青城山并称"蜀中三大历史名山",有"峨眉天下秀""青城天下幽""蒙顶天下雅"之美誉。汉代文豪扬雄在《方言》中记述:"蜀西南人谓茶曰蔎"(图1-3)。蒙顶山之雅得自于盛产贡茶之雅物,闻名于仙茶贡茶,还有其茶畦密林和厚重的茶文化之雅趣。

蒙顶山横跨名山区、雨城区、芦山县和邛崃市,以茶叶闻名于天下。山名来源于优美的自然环境,蒙顶五峰环列,状若莲花,蒙顶山山势巍峨,峰峦挺秀,绝壑飞瀑,重云积雾,明《蜀中广记》载:"蒙山者,沐也。言雨露蒙沐,因以为名……有五顶,最高者名上清峰,有甘露井,水极清洌,四时不涸。"清代雅州知府曹抡彬在《雅州府志》中描述称赞该地"仰则天风高畅,万象萧瑟;俯则羌水环流,众山罗列;茶畦杉径,异石奇花,足称名胜",可参见《名山县志》中绘制的蒙顶仙茶图(图1-4)。

图1-3 汉代文豪扬雄记述蜀人称茶为蔎
(图片来源:蒙顶山茶史博物馆)

图1-4《蒙顶仙茶图》(清《名山县志》)

一、汉　代

先秦以前及汉代茶叶主要是药用。西汉时期，四川的饮茶已形成风尚，著名的辞赋家王褒（图1-5）在《僮约》中就约定仆人"烹茶尽具，已而盖藏""牵犬贩鹅，武阳（今四川彭州）买茶"的具体工事。同时期，西汉甘露元年（公元前53年），名山本地人吴理真在蒙顶山移栽驯化野生茶树，开创了人工植茶的先河。吴理真在蒙顶山种茶成功后，其人工种植技术逐步推广开来，形成以蒙顶山为核心的茶区，遍及周边乡村的大面积人工种植茶园。东汉《巴郡图经》云："蜀雅州蒙顶茶受阳气全，故芳香。"晋朝乐资著《九州志》（已亡佚）载："蒙山者，沐也，言雨露蒙沐，因以为名。山顶受全阳气，其茶香芳。"故两汉、两晋时期，蒙顶山茶就已非常有名（图1-6）。清代著名学者顾炎武在《日知录》里说："自秦人取蜀而后，始有茗饮之事。"也就是说，秦国人统一了蜀国（今四川、重庆地区）之后，才有了喝茶这件事，茶界公认茶饮之事是从四川发端并逐渐普及到全国的。

图1-5 西汉辞赋家王褒
（钟国林 绘）

图1-6 汉代《蜀地市井宴饮图》（图片来源：蒙顶山茶史博物馆）

二、唐　代

茶叶销售是名山地方经济的主要项目。饮茶风靡全国，品质优良的蒙顶山茶受到世人珍视，因其价格特别昂贵，激发了名山农民的生产积极性，从此，茶树栽培遍及全县。唐肃宗乾元元年（758年），陆羽著《茶经》三卷，在《八之出》列举的产茶地中即提到了"雅州"。生活在唐宪宗时期的袁滋写了一部《云南记》载:"名山县出茶,有山曰蒙山,联延数十里。"杨晔于唐宣宗大中十年(856年)撰《膳夫经》,在文中记述当时的生产情况说:"始蜀茶得名蒙顶,于元和(唐宪宗年号)之前,束帛不能易一斤先春蒙顶,是以蒙顶前后之人,竞栽茶以规厚利,不数十年间,遂新安草市,岁出千万斤。"这种兴旺景象一直延续到晚唐、五代时期。五代时期,毛文锡在《茶谱》中多处记述蒙顶山茶,介绍"雅州百丈、名山二者尤佳",百丈当时从名山分出单独设县,于明初并入名山县至今;书中还讲了一位僧人喝了蒙顶山茶后病好成仙的故事。可见蒙顶山茶在当时的影响是很大的。《名山县志》稿本记:"唐时,我县虽无盐铁之利,而茶米之利,实比于汉,中经南诏之祸,实亦未衰,故毛文锡盛赞之。"

三、宋 代

名山茶叶发挥出了前所未有的战略物资作用。宋代建立后,随着国家的相对统一和经济的发展,名山农村开始出现许多以茶为主要经济来源的农户和专业茶园户,茶叶收入在社会经济中逐渐占据重要地位。北宋前期,名山所产细茶行销四川各地和其他省;粗茶通过会川路(由天全的碉门至今日的

图1-7 绵延千年的茶马古道和茶背夫
(图片来源:北纬网)

康定)和灵关路(由芦山的灵关至今日的松潘、汶川),畅销于藏、羌地区(图1-7)。宋神宗熙宁七年(1074年),派三司干当公事李杞入川筹办茶马政事,于成都设置提举茶马司,主管专买专卖的"榷茶"博马。当年,李杞在名山建立买茶场和烘焙作坊,第二年,又在百丈置买茶场,专门管理"榷茶"事务。名山茶销往甘肃、青海等地区,深受少数民族喜爱。神宗元丰四年(1081年)七月十二日,特诏"专以雅州名山茶为易马用",后重申并"定为永法"。主办榷茶买马的茶马司对钦定专用的名山茶,一方面以茶法和强制手段约束茶农生产,另一方面又不得不给予茶农一定的关注和体恤,加之名山自然条件极好,不少以茶为业的园户得以为生,名山茶叶产量大增,从北宋神宗元丰初年(1078年)至南宋孝宗淳熙末年(1189年)年间,年产量常在100万kg左右,约占宋代四川茶叶总产量的7%。

四、元 代

南宋末年战争不断，名山人民立寨防守，拼死抵抗，多年交锋中，无暇顾及农业生产。元成宗大德初年（1297年），派"戍兵一万余人到名山"镇压民众，官兵"任意杀戮"，全县"几无噍类"，"致使三分之二的民田无人耕种"，茶叶生产一落千丈。

五、明 代

明代，茶继续发挥出战略物资的作用，以茶易马、以茶治边。朝廷曾迁移楚人到名山开荒耕种，任命廖贵为"名山卫"千户来县屯田生产，后又采取了一些措施，加速茶叶生产的恢复。基本沿袭宋代"官买官销"的管理办法，茶农种茶十株，官取其一，征茶二两。荒芜无人经营的茶园或所有者不明的茶树，由官府派人栽培、采制，以十分为率，官取其八。取一取八之数，皆折为茶斤，运至官仓收贮，以备易马，并定"茶园人家，除约量本家岁用外，其余尽数官为收买，若卖与人者，茶园入官"。名山茶叶产量随着市场的扩大，这一时期也成倍增长，年产12万kg左右。但因人口不多，茶园荒枯，苛取繁重，茶法严厉等，始终不如唐、宋时期的茶业兴旺。

六、清 代

名山以茶易物，贡茶成为祭天祀祖专品，又能稳定边疆，在清代及民国时期均发挥出较大的政治作用。清代初期，朝廷在四川推行的茶政，基本上沿袭明制，然比之明代较为开放。以"湖广填四川"，将人口迁移到名山等地，给予土地、税赋优惠，对茶农曾几次减轻赋税，并采取了一些鼓励开荒种茶的政策，如借给垦民资金，扶持生产；改革茶园、树论茶税为按斤计征等。继而废除了"茶马法"，实行"引岸制"，允许商人在一定的地区内自由买卖。康熙初年，名山产边茶超过11.5万kg，细茶约0.5万kg，配边引1830张（每引配销茶叶50kg，自耗茶7kg），腹引50张。其后边茶产量增至30万kg，细茶一度达到3万kg，边引最高配额5130张，腹引540张。清雍正六年（1728年），天盖寺前立天下大蒙山碑，沿袭古代文献记述吴理真蒙顶山植茶之事（图1-8）。乾隆、嘉庆时期，由于供需关系、市场价格、税收制度、灾害、战争等原因，茶叶产量时起时伏，一般产量超过10万kg，最低一年只有4万kg。所征茶税每年均按配引额固定征收，包括课、税、羡、截等税目，共征银1537.5两，占当时田赋年收入（6026两）的25.5%。中英鸦片战争后，帝国主义国家相继入侵中国，清廷为筹集所谓"战争赔偿费"，将赔款转嫁全国人民，到咸丰中期，除上述税收外，每引又增茶厘2厘，出境税1.5钱。同治年间，开征落地税，并在产茶各地劝办茶捐，每户1.2两或1.4两不等。由于茶农茶商纳税数额日益加增，"降至清中叶欠纳愈多，积册成筐"，以致"前后纠纷，无从清厘……历百余年"。

光绪二年（1876年），丁宝桢任四川总督，针对以往的弊病，在雅州各县进行了茶政改革，采取"定案招商"的办法，规定茶商认额请引，即作为自己的专利，非人亡产绝，不得另招承充；派员驻打箭炉（今康定），按引征税，每引征库平银1两，其他陋规概行废除；除正配引额外，发机动票5万张，由茶商便宜取用；因故损失资本无力经营者，由官府量其轻重发给无息票，或借给资本，或予以免税扶持。此后的一二十年间，名山茶叶产量回升到康熙时期的水平。茶商也发展到18家，生产、经营年收入10万两白银，占全县同期出境物资米、草、丝、蓝靛、白蜡、灯芯收入（21.5万两）的46.5%。

图1-8 清雍正六年（1728年）《天下大蒙山碑》

清末，中英《藏印条约》签订，亚东开埠通商后，印度茶以其运输的优势和低廉的价格大量倾销西藏，冲击雅州各县边茶市场。名山王恒升、李裕公等18家茶商集资筹办"名山茶叶有限公司"，未获批准（图1-9）。光绪三十三年（1907年），赵尔丰及四川劝业道周孝怀联合名、邛、雅、荥、天五县茶商，集资33.5万两在雅安组成官督商办"边茶股份有限公司"，名山王恒升等人以5万两银子入股。不久，辛亥革命爆发，公司解体，其投资未能全数收回，经营资本受到严重削弱。

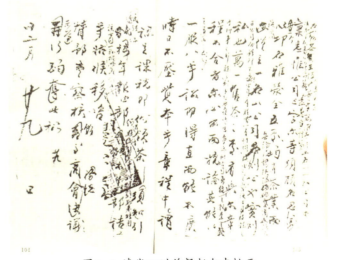

图1-9 清代四川总督赵尔丰批示

七、民国时期

民国建立初期，腹引取消，边引保留，改行茶票。名山茶商认领额2000张，年产边茶15万kg，细茶1.5万kg，比清代光绪年间下降约45%。军阀割据形成后，战火连年，道路梗阻，运价飞涨，驻军在全县随意派捐加税，勒借民款20多万银圆，并几经天旱、时疫，百姓元气大伤。在多年动荡中，茶叶产量常徘徊于10万kg，配引额也减至1300张，所产茶叶大部分被外地客商购走。在康定设立的边茶号，仅存瑞兴、同春、庆发兰记3家；在县城内开设的细茶店，只有庆丰、锡记、豫泰、瑞义昌4家，每年销量不超过500kg。直到1935年，川政统一，结束了军阀混战的局面，继而废除引票制，将引税改征营业税，名山茶叶生产才稍有起色。据1938年有关资料，用人力车运细茶到成都转卖，每车载重200~250kg，需耗时3~4天，每50kg运费2.5~3元不等（图1-10）。

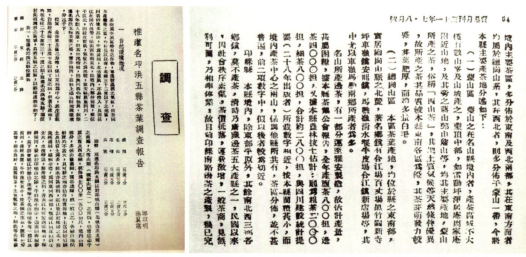

图1-10 《贸易月刊》1942年第三卷第十二期刊登《雅灌名邛洪五县茶业调查报告》

1939年，官僚资产阶级组成康藏茶叶公司，实行官办垄断购销市场，压价收买茶叶，伤害了茶农茶商的经济利益，使产量复降。这一行为遭到同行的极力反对，被迫停业，恢复了原来的经营体制，茶叶生产开始再次好转。民国时期，名山传统生产手工茶有黄芽、芽白、上白毫、花毫、细原枝、粗原枝6个品种。要求制作原料匀嫩，杀青匀透，汤色、叶底、滋味、香气均具名茶风格，外形较粗放。1946年，边茶产量13万kg，细茶3万kg。1949年，边茶产量达25万kg，细茶3.5万kg。

八、中华人民共和国成立至今

中华人民共和国成立至今，茶叶成为经济商品、民生产业、文化产品。名山茶业发展共经历了以下6个阶段。

（一）1949—1957年，艰难起步

1950年初，名山县人民政府为恢复发展茶叶生产，采取休养生息的政策，积极帮助茶农垦复荒茶地。1950年县人民政府宣布边茶免税，细茶上税5%，并在城厢、新店、马岭等六乡建立细茶市场，允许商贩自由买卖。1951年，成立国营购销机构中国茶叶公司四川省分公司，以合理价格收购茶叶（图1-11）。1952年，茶农从土地改革中获得经营茶地的自主权后，在生产逐步恢复的基础上，一面垦荒播种，更新衰老茶树；一面开展秋耕、除草、施肥劳作。四年里，垦复荒芜茶地1230亩[①]，蓄留茶籽9万kg，播种6万kg。1957年，种茶面积扩大到9102亩，茶叶总产量达到58.46万kg，与民国时期的最高年产水平相比，面积增加了34.5%，产量增长了97.2%。

图1-11 中国茶叶公司四川省分公司

（二）1958—1978年，摸索徘徊

1958年，"大跃进""人民公社化"运动开始，除国有茶园和社员房前屋后的零星茶树外，全部收归集体所有，生产、栽培、采摘、制茶都实行"大兵团"（即打破行政区域，统一调配劳力）建设。各产茶区及收购单位为了完成计划，普遍采取"封山不停采""严冬不停购"等违反生产规律的错误做法。而后，又遭受3年自然灾害，茶叶生产急剧下降。截至1961年，茶园面积缩小到6000亩，总产量降到23.35万kg，比1957年的种茶面积和茶叶产量分别减少34.1%、60%。

但在此期间，名山县委和政府按照毛泽东主席关于"蒙山茶要发展，要和群众见面"的指示，组织人员上蒙山开荒种茶，做出了较大成绩（图1-12）。成立国营蒙山茶场，两年共开荒1129亩，茶场生产加工技术人员挖掘寻访蒙山茶传统制茶老师傅，并在雅安茶厂的帮助下，恢复了蒙顶石花、蒙顶甘露、万春银叶和玉叶长春等传统名茶生产。

1962年，党中央发布了一系列方针政策以恢复农业元气。名山县采取各项有效措施，促进茶叶生产：把经营权下放到人民公社的生产大队或生产队，及时发放生产补助款、茶叶预

图1-12 茶园发展现场会
（图片来源：名山县茶叶技术推广站）

---

① 1亩=1/15hm^2。

购定金和购价补贴,结合收购奖售粮食、化肥,奖给布票、工业品券以及举办巡回茶技培训班等。经过4年努力,茶园面积恢复到8600亩,产量达25.1万kg。到1966年,却又遭受"文化大革命"的折腾。1968年前后,虽曾几次掀起大规模的种茶活动,但多停留于一般号召,年年种茶不见茶,甚至有的地方还出现了边种边毁的现象。1970年,投产面积约8000亩,仅产细茶1.2万kg,平均亩产1.5kg;产边茶31.3万kg,平均亩产39kg。

  1972年,名山县各乡镇加强了对茶叶生产的领导,在贯彻"以粮为纲,多种经营,全面发展"的方针中,结合农田水利基本建设,开辟新式茶园,改造衰老茶地,先后建成"集中连片,等高种植"的茶园8329亩(图1-13)。名山开办前进乡袁山、张山茶场,车岭乡九包半茶场,双河乡天车坡、云台山茶场,以及其他形式的集体茶场和专业组织,并创建了国营名山茶厂,加工全县茶叶,沟通产销渠道。在各产区配备了专职茶叶辅导员,通过培训,不断向茶农传播科学种茶与茶园管理知识(图1-14)。不到3年,便改变了20世纪60年代茶叶生产的落后面貌。至1977年,全县产边茶、细茶共69.3万kg。1978年,茶产量增至74万kg。

图1-13 1972年双河乡规划建设新茶园
(图片来源:名山县地方志办公室)

图1-14 茶苗短穗扦插示范
(图片来源:原名山县茶叶技术推广站)

(三)1978—1992年,确定方向

  1979年后,茶叶生产进入一个新的发展时期,各乡镇根据县委、县政府提出的"着重改造衰老低产茶地,积极培植高产茶园,努力提高单位面积产量"具体措施。1981年,为发挥不同茶区的优势,名山县根据气候、雨量、土壤、劳力、交通等状况,对产地做了合理的布局和种植转移,划分出名茶区、细茶区、边茶区。1982—1983年,名山县共开辟新式茶园2044.9亩;改造低茶地4229亩,使亩产茶量由13kg增加到29kg。同时,县农业部门、科研机构及有关单位为促进茶叶生产的发展,组织人员普查了县内茶树品种,选育181个本地优良单株及引进的47个单株品种进行培育繁殖;举办了"名茶采制""病

虫防治""茶园冬管""幼龄茶园管理"等培训班；在各产茶乡村设置初制加工点84处，配备动力机械94套；新增乡办精制茶叶加工厂1座。1983年，全县实行第一轮土地承包制度。乡、村、组集体茶场（山）及果、桑、林、牧、渔等集体经济，实行专业承包与农村家庭联产承包责任制。实行农村家庭联产承包给农户的，土地所有权归集体，茶园经营权、使用权均归农户；以专业承包方式承包给农户的，土地及茶园所有权仍归集体，经营权归承包农户。1984年后，农村经济体制深入改革，取消了细茶、粗茶的派购统销，实行多渠道流通，在国营、集体、个体商贩的互相竞争中，茶业日趋活跃，生产空前高涨。1985年，全县茶地发展到25481亩，投产面积14000亩，总产量达150.3万kg，超过了历史上任何一个朝代的年产水平。

1982年，名山县委、县政府提出开发蒙山计划，由县文化局负责上蒙山登记造册、评估现存的天盖寺、皇茶园、甘露井、甘露灵泉院石牌坊及照壁（阴阳石麒麟）、智矩寺、永兴寺、千佛寺等历史遗迹，在蒙山茶场职工的协助下，寻找回归部分文物，提出初步恢复计划等前期准备工作（图1-15）。

为掀起文化建设高潮，1983年，名山县文化局于5月3日组织召开了蒙山诗会，诗歌后来均收入名山的相关书籍中。1984年1月，名山县政府出台《关于保护蒙山自然资源及文物古迹的布告》，将蒙山的自然资源和现存的文物古迹纳入地方法规保护。1984年8月，名山举办了"名山书会"，将四川省的诸多书法名家都请到名山，省书法协会会长、四川日报社社长李半黎对名山支持很大，留下了很多墨宝。就在这一年，蒙山旅游开发引起了四川省主要领导的注意，中共四川省委书记杨汝岱（后任全国政协副主席）视察蒙山后题写"清明时节雨，蒙山顶上茶"，中共四川省委原书记谭启龙视察蒙山后题写"仙茶故乡""雨露濛沫，仙茗飘香"。谭启龙书记从此爱上蒙山茶，每年寄钱到蒙山茶场购买2.5kg甘露茶叶，直至2003年去世从未间断（图1-16~图1-22）。

图1-15 1981年雅安地区文化局组织调查蒙顶山茶文化遗迹与文物时的残损的皇茶园【图片来源：邓黎民（左五）】

图1-16 1983年中共四川省委副书记、省长鲁大东（右四）、雅安地区行署专员潘传贤（右三）等在县委书记季世福（左三）等陪同下考察蒙山（图片来源：名山县地方志办公室）

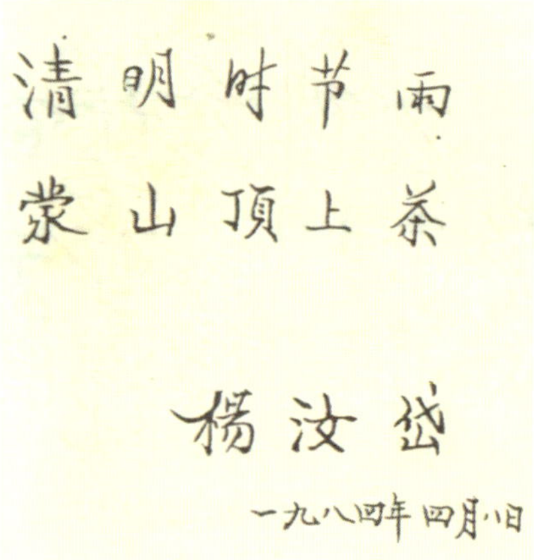

图1-17 原全国政协副主席杨汝岱题字

图1-18 原四川省委书记谭启龙题字

图1-19 1983年中共四川省委顾问（原书记）谭启龙（前左四）、中共雅安地委副书记杨国攀（前左三）等、县委书记季世福（左五）等陪同下考察蒙山茶史博物馆地址（图片来源：季凡）

图1-20 1984年，中共雅安地委书记谢世杰（右二）、行署副专员杨国攀（左二）、中共名山县委书记季世福（右一）、人民政府县长李永森（左一）在蒙山（图片来源：季凡）

图1-21 1984年，四川省人大常委会主任何郝炬（右）视察蒙山茶场（图片来源：陈洪光）

图1-22 1984年，张闻天夫人刘英（前右二）和廖志高夫人郑瑛（左一）在蒙山（图片来源：李惠凡）

1988年6月，中共名山县委、县政府在新店镇试点的基础上，完善农村集体经济经营统分结合与农村家庭联产承包责任制，全县各村撤销生产组，建立农业合作社。在完善土地承包的同时，完善村组集体项目，增加集体经济收入。全县集体茶园1126个，共15952亩，全部实行承包责任制，占全县茶园面积63.21%，总收入186万元。1996年，第二轮土地承包开始，基本沿袭第一轮承包方式，延长承包期30年不变，所有制形式保持不变。至2019年，据不完全统计，乡镇、村、组所属集体所有制茶场（园）近6000亩，均承包给企业、专业户、个体户或农户管理。

1985年，蒙顶甘露、蒙顶石花、蒙顶黄芽被列为全国名茶，万春银叶、玉叶长春、蒙山春露被评为全省名茶，给全县茶叶生产增加了荣誉和信心。当年生产石花、黄芽等名茶2965kg，名优茶4.1万kg。县政府批转搞好边茶（现藏茶）生产的意见，给边茶生产的蒙山茶场、县茶厂及供销社等给予原料保证、减免税收等支持。1987年，四川省"星火计划"项目"蒙山名茶新工艺开发"取得显著成效，全年生产黄芽、甘露等名茶共22033kg，占全省名茶产量的55%，是四川省最重要的名茶生产基地。

图1-23 20世纪80年代建成的茅河一把伞茶园

1986年，县委、县政府多次召开会议，分析、研究名山茶产业发展的措施，全县开发农业，确定茶、果、桑、林、竹、猪、鸭、鹅、鱼、兔10个项目，以调整农业内部结构为重点，面向市场发展高产、高效、优质农业。一方面利用田边地角开荒搞增种，发展田坎玉米，以确保粮食增产；另一方面在灌木为主、乔木稀疏的山包开荒种茶。重点抓住3个乡镇：要求拥有全县最大茶园面积的双河乡在管好已有茶园的同时，因地制宜扩大茶园面积；要求茅河乡在一把伞、中峰乡在牛碾坪集中成片发展千亩茶园（图1-23）。其他乡镇则结合各自实际，扩大茶园面积。1987年，名山县重点扶持500户示范户，带动18196户发展庭园经济，开发荒山、荒坡5721亩，利用"四边"（地边、沟边、路边、池塘边）1756亩，种植茶叶4890亩。1988年，全县开发庭园经济10263户，新垦荒地3804亩，利用"四边"4216亩，新播茶园7438亩。

1986年10月，农牧渔业部、四川省农牧厅、四川省雅安地区农业局和名山县人民政府，在中峰乡海棠村牛碾坪联办国家级四川省名山茶树良种繁育基地。统一开展茶园规划改造建设，同时，茶良场组织茶叶加工厂生产经营，解决职工工资及科研经费；陆续配套、增添设备；分别建立中峰牛碾坪良种苗木基地及初、精制加工厂，县城区科研、包装、销售、培训中心办公大楼、住宿区，占地1.5万m^2。至1990年，投资1000余万元。

又租赁中峰和邛崃部分茶园、荒地,扩建为母本园350亩、示范园640亩、苗圃园120亩、试验茶园50亩。常年为省内外提供良种母穗条100t以上、良种无性系国家标准苗1000万株左右。

1987年4月22日,"仙茶故乡品茶会"在名山县举办,宣布开放蒙顶山风景名胜区。蒙顶山成为以茶文化为主题的旅游风景区。三蒙路口建成四柱三门重檐歇山顶式蒙顶山牌坊的正面行草题名"禹贡蒙山"为张爱萍将军手书,背后的隶书"天下大蒙山"为马识途老先生手书,均为蒙顶山形象山门和地标。

1992年,国营蒙山茶场参加香港举办的国际食品博览会,蒙顶牌甘露茶获金奖。蒙山茶场、名山茶厂生产的边销茶主要交由四川省茶叶进出口公司,生产计划由省公司指定。国家也给予了定点生产企业资金补贴和减免税收的优惠。从前,边销茶一直非常紧俏,供不应求,到1984年雅安地区茶叶产量达到2万t,加之其他地区茶生产量也有增加,才缓解了这个状况,这是四川省、名山地区边茶生产的转折点。

(四)1993—2000年,快速发展

1993年,名山召开首届蒙山名茶节,规模大,影响好(图1-24)。同时也反映出名山茶叶市场的短板,政府决定在蒙阳镇交通便捷的川藏线旁、名(山)车(岭)分路口左侧征地8700m²,投资210万元,建设川西茶叶市场。1994年5月,川西茶叶市场投入使用,成为当时最专业、最方便的茶叶集散中心,名山周围的乐山、宜宾、达州等地茶叶也到川西茶叶市场销售,成都、峨眉山、自贡、宜宾等各地茶商云集此处,采购茶叶(图1-25)。至今尚在经营。

20世纪90年代后期,乡镇自发形成并由政府规范了双河乡扎营村、红岩乡红岩村、中峰乡大冲村茶叶鲜叶专业市场,吸引当地及乐山、峨眉、雅安等地茶商采购鲜叶。各产茶乡镇,陆续在沿公路重点村适中地段建设固定的鲜叶市场,修建钢筋水泥摊位和遮阴篷架。市场占地4~5亩或6~7亩,设有停车场、餐饮服务部,方便服务茶厂、茶商和茶农。

图1-24 1993年蒙山名茶节宣传册

图1-25 20世纪80—90年代的蒙山茶销售门店(图片来源:名山县地方志办公室)

1997年,名山县成立农业产业化工作领导小组办公室,办公地点在名山县农村工作

委员会办公室内。重点抓好茶叶、畜禽、蚕桑、林竹、果蔬、食用菌六大产业，将茶叶等产业发展规模、产量等纳入年终对乡镇和农业、畜牧、林业等相关部门的考核内容。1998年，全年新发展茶园6200亩，茶叶总产量400.9万kg。1999年，推行茶叶基地建设示范带动，规模发展，每年抓好50个百亩以上的示范片，6个村以下规模的乡镇每年抓好2个100亩以上示范基地，6个村以上规模的乡镇每年抓好3个100亩以上的示范基地，名山县农村工作委员会办公室、名山县茶产业领导小组办公室查检、指导、督促，制订办法验收考评，并纳入县委、县政府对各单位、乡镇的全年目标考核。由于名山财政只能保证基本的工资和运转，没有更多资金用于对农户种植茶园、企业扩建等补助，各乡镇和村社干部采用种茶户典型宣讲带动、村社干部带头种植示范、参观重点茶园基地、算经济账，进行效益比较，完成任务每亩补助50元或一包尿素的办法鼓励种茶。1999年，全县新发展良种茶园5490亩，低改茶园3200亩，出圃茶苗2亿株。

茶叶产业发展坚持"四化六统一"的原则。"四化"，即品种良种化，主推福鼎大白、福选9号、名山白毫131、名山早311等适宜名山种植的良种茶；产品优良化，突出名山甘露、石花名茶的优势，打响名山县自己的品牌；制茶机械化，即选购先进的制茶机具和制茶工艺；经营集团化，组建省、市、县、乡级企业龙头，作为重点扶持的茶叶企业。各乡镇务必抓1~2个茶叶加工企业，与县重点龙头企业形成集团化经营的格局。"六统一"，即统一质量标准，统一加工技术，统一检验标准，统一规范商标，统一研制包装，统一最低销价，严厉打击制假、售假、仿冒、侵权等行为，防止恶性竞争，维护蒙山茶声誉。

20世纪90年代，中国农村正是在"大力调整产业结构，积极发展多种经营"的政策指导下，各地立足本地发挥特色和优势，纷纷兴起"一家一业，一村一品"工程。名山县是一个典型的农业县，出产的农产品多样，根据农村多年来气候、物产、面积、产量、种养普及覆盖等实际情况，以及市场优势和发展潜力，确立了茶叶、畜禽、果蔬、蚕桑、食用菌、林竹六大农业骨干产业，各产业各有特色，也具备一定的规模和市场，并制订和实施了农业六大产业发展规划。如蔬菜，名山当时有2万亩之余，且在解放、前进、车岭、蒙阳等发展还有一定基础，农户的经济效益也不错。水果以柑橘和猕猴桃为主，分布在茅河、廖场、黑竹等乡镇，蚕桑当时更有发展条件，在县供销社的投资下，当时建有名山缫丝厂，规模效益质量在全省都排名靠前，全县有桑园1.5万亩，重点桑蚕乡镇有永兴、前进、车岭、中峰、城西等。食用菌也较有名气，车岭等镇生产的香菇、平菇，每年产量超过150万袋，在成都市场影响较大，粮食局下属食用菌开发公司生产的千佛菌（灰树花）、香菇等，十分有特色。

政府大力推动发展"六业",不敢偏废。经过几年的市场检验,茶叶逐渐胜出。1999年底,全县茶叶面积44975亩,产量5533.5t,其中名优茶860t、细茶3473.5t、粗茶1200t,产值7740.8万元,较1992年分别增长27.8%、185.1%、855.6%、194.6%、78.6%、713.1%。除畜禽产业的生猪、山羊、鸡鸭保持稳定规模外,其他产业逐渐萎缩,甚至荡然无存。茶叶因其地域最宜、农户易学、成本较低、效益最好、风险最低的特点,特别是有蒙山茶场、名山茶厂等企业牵头引领,辅以传统名茶基础和千年的历史文化积淀,成为各乡、各村、各茶农的导向标和定心丸,成为农村经济发展的主要内容,成为"一村一品""一乡一业",最终名山发展成为"一县一业"。

(五) 2000—2008年,乘势而上

名山县抓住1998—2000年,国家开展长江上游退耕还林、天然林保护工程项目试点的历史机遇,于2000年11月24日召开的党代表会议上提出的"要实施蒙山茶的品牌战略,建立'无公害'茶园,改进制茶工艺""'十五'末,全县茶园面积要达到10万亩,茶叶产量达到1000万kg,产值达到2亿元,使蒙山茶成为富民裕县的主导产业,使名山成为全国的产茶大县"农业产业化发展要求。

2001年3月发布《名山县农业产业化"十五"规划和2001年计划》,提出茶产业"两山""两线"分布和安全、品牌发展战略。2001年5月8日,名山县被农业部纳入首批"全国创建无公害产品(种植业)生产示范基地县"。2001年9月12日,四川省副省长邹广严到名山检查工作,在实地检查和听取工作汇报后,表示"省上支持你们再发展茶园5万亩"。2001年10月下旬,四川省发展计划委员会以工代赈办公室主任王光四一行到名山调研,又提出"名山再发展10万亩茶园,充分发挥茶业优势"的建议要求,后表态连续4年支持雅安发展"以名山为中心,以雨城为重点"的茶叶基地。

得到省领导和相关部门的肯定和支持后,2001年底,名山县编制了《名山县茶叶产业化战略规划》,主要目标:2002—2007年,全县发展无公害良种茶园13万亩,其中乌龙茶0.9万亩。这一年,结合四川省南茶北草工程、茶叶双百工程,名山县决定新建10万亩无公害、无性系良种生态茶园。规划从2002年起,调整高岗抽水灌溉田4万亩,受风灾严重的旱地4万亩,改造残次林2万亩,均用于建设新茶园,规划落实到各乡镇,使全县茶园总面积达到17万亩、年产鲜叶6万t的目标。2002年3月21日,国家林业局把茶叶定为生态林,享受8年退耕还林优惠的政策。国务院《退耕还林条例》规定,退耕还林粮食、资金补助标准及期限为:农户每亩退耕地每年补助粮食(原粮)150kg。根据国务院办公厅文件规定,从2004年起,将退耕户补助的粮食改为现金补助。中央按每千克粮食(原粮)1.4元计算。农户退耕种茶不仅没有减少收入,还有了粮食保障,种茶积极

性得到极大提高。

2003年，名山县提出"城市立县、旅游兴县、茶业富县、工业强县"总体思路，茶业是农业产业结构调整的重点，走"公司+农户""企业+基地"产业化路子，统一标准，优化品牌。2004年6月，县委、县政府下发《关于加快茶业发展的若干意见》，公布实现茶业富县目标任务、工作措施及优惠政策。名山县将退耕种茶纳入退耕还林项目。

为更好地抓好茶产业发展，2004年10月名山县茶业发展局正式成立，是全国成立的第一个正科级茶叶专业发展管理局。2005年7月，县委、县政府为实施茶业富县打造"中国绿茶第一县"，调整成立县茶叶产业化领导小组，以县委书记、县长为组长，相关副书记、副县长为副组长，有关单位为成员，统一领导全县茶叶生产、加工、销售等茶事活动。年内，

图1-26 机械化采摘

将"中国茶城"规划面积扩大到19.7km²，并经省人民政府批准实施。2005年11月，名山荣获"2005年中国三绿工程茶业示范县"称号。2006年6月15日，县委、县政府下发《关于推进名山茶业发展的若干意见》《名山县"十一五"茶业发展规划》，提出建设"中国绿茶第一县"总目标。2007年，名山县被命名为全国"三绿工程"示范县，被四川省农业厅定为南茶北草工程蒙顶山茶项目中心区。此时，名山茶叶生产获得四个全省第一：无性系良种茶苗繁育质量数量第一、无性系良种茶园面积比例第一、名优茶产量产值第一、机械化采摘加工第一（图1-26）。

退耕还茶政策大大刺激了名山茶叶基地的发展，在政策刺激和示范园带动下，双河、中峰、新店、万古等基地面积扩大连片，山区、岗区茶园扩展至平坝，除少数土壤不适合、农户无力种植的稻田洼地外，多数田地发展为标准化茶园，全县茶园面积急速扩大。1999—2013年，全县实施退耕还林11.09万亩，其中退耕还茶8万亩，茶园面积达到30.16万亩，产量4.46万t，产值15.2亿元。主要指标和综合指标名列全国前茅。

2013年以后，名山区茶园面积受土地面积制约发展接近饱和，至2016年名山茶园达到顶峰的35.2万亩（实际面积39.2万亩），茶园面积随后一直保持稳定，名山茶园基地的目标也调整为"稳面、提质、增效"。

（六）2008—2022年，稳步转型

2008年，"5·12"汶川特大地震发生后，名山为重灾区，全县重心转入灾后重建工作。2013年又发生"4·20"芦山大地震，严重影响到刚从灾后重建恢复起来的茶产业。两次地震对茶叶企业的厂房、设备等均造成重大损失，名山茶业界不等不靠，全力以赴做好灾后恢复重建，期间，名山凭借党和国家给予的灾后重建资金、政策、项目，老领导、老干部及全国人民的关心支持，在逆境中重生。

2009年9月—2010年12月，实施四川省"现代农业产业（茶叶）基地强县"建设，全县茶园面积达到28万亩，25万亩投产茶园全部建成安全高效茶园，实现茶叶总产量4.19万t，其中：名优茶1.25万t，茶叶鲜叶总产值9亿元；农民人均茶叶纯收入达到2400元，名山县被认定为首批四川省"现代农业产业基地强县"。

2010年起，"蒙顶山茶"品牌建设扬帆起航。2012年，蒙顶山茶获"中国驰名商标"称号。当年，名山县人民政府向农业部绿色食品发展中心申请并实施全县整体创建全国绿色食品（茶叶）原料标准化生产基地。2014年1月，农业部绿色食品管理办公室、中国绿色食品中心批准名山区为"全国绿色食品原料（茶叶）标准化生产基地"，基地规模27万亩。2018年，名山区成功申报"四川省优势特色农产品区"。2020年3月，名山区茶叶现代农业园区被四川省人民政府命名为"四川省五星级现代农业园区（茶叶唯一）"。2020年12月1日，名山区成功入围"中国特色农产品优势区（第四批）"。2022年8月，名山区进入"国家现代农业科技示范区"创建名单。

2014年，名山区科技服务中心、名山区茶树良种繁育体系两个项目合并，升级打造四川省名山茶树良种繁育场，在原址建立雅安市现代茶业科技中心。2018年，中心建立蒙顶山茶陈宗懋院士工作站，并于2019年3月27日挂牌开展茶叶科研与推广工作。2020年9月，名山区政府、雨城区政府与雅安职业技术学院共同成立雅安职业技术学院蒙顶山茶产业学院，于2020年11月12日举行了挂牌仪式。2018—2021年开展了"适宜加工蒙顶山甘露的茶树品种鉴定选育与利用"项目；组织起草了《蒙顶山茶》系列行业标准6个，并通过中华供销合作总社国家标准鉴定委员会审定通过并发布实施。

"4·20"芦山地震后，名山区政府使用专项资金在蒙顶山镇槐溪村异地新建，更名为蒙顶山茶史博物馆，2016年底建成。建筑面积2700m^2，展览面积1500m^2，分上下两层。从茶祖吴理真开始至今的蒙顶山茶史料、文物、雕塑、实物、图片、文字和音像等，全面、系统、真实地反映蒙顶山茶史全貌，将整个博物馆提高到国内先进水平。

2009—2022年，名山区举办了第五届至第十八届蒙顶山茶文化旅游节，开展第一背篓茶、茶叶交易开市、名茶拍卖、皇茶祭拜大典、采茶能手大赛、茶仙子敬抗震救灾

等系列活动。2017年，名山区冠名举办了全省茶叶职业技能大赛暨全国茶艺师大赛选拔赛。2020年9月，成功举办了"蒙顶山茶杯"全省评茶员职业技能竞赛。2020年10月15日，名山区茶业协会在成都市大西南茶叶市场举行蒙顶山茶推介活动。2020年10月22日，北京国际茶业展开幕式当天下午，在北京会展中心举办"蒙顶山茶品鉴暨招商引资推介会"。2021年4月25日，在蒙顶山茶坛成功举办"建功十四五　奋进新时代'蒙顶皇茶杯'蒙顶甘露制茶大师大赛"。2021年8月10日在十里梅香茶源综合体举办"第十三届国际名茶获奖产品品赏推介会"。2021年9月3日参加了在深圳举办的"2021世界绿茶大会暨中国绿茶高质量发展论坛"。2021年9月9—13日，蒙顶山茶亮相第二届川渝特色农产品交易会。2021年9月16—18日，蒙顶山茶助阵2021中国西部博览会天府馆，展销蒙顶山茶和展示蒙顶山茶艺。2022年3月26日，名山区政府举办了"2022年'蒙顶甘露杯'第三届斗茶大赛"。2022年5月1日，高5.3m的世界植茶始祖吴理真汉白玉石雕像落户成都市茶文化公园。2022年5月27日，第二个国际茶日之际，名山区茶产业推进领导小组组织蒙顶山茶界代表在成都茶文化公园共同举办"茶祖吴理真"大理石像落成典礼，蒙顶山茶成都茶店子展销中心开业，《中国名茶蒙顶甘露》新书发布签售仪式，举办三饮茶会与无我茶会等系列活动。2022年7月8—10日，名山区组织6家重点茶叶企业参加第十六届中国（重庆）国际茶业博览会暨蒙顶甘露推广周。2022年7月15日，协会与广聚农业订制了用荥经黑砂制作的53cm高的茶祖吴理真陶像50尊。2022年7月，名山区政府举办"蒙顶甘露杯"（理真甘露）首届茶包装设计大赛。

2019年8月，开展企业环境整治、转型升级，建立黑竹、百丈、新店、前进4个茶叶加工集中区，清理淘汰小、散、乱企业500余家，验收合格规范企业800余家，未达标企业不再进行年审和颁证，企业由1399家，下降到800家，名山区政府成立雅安市广聚农业发展有限公司，专门管理经营茶叶加工集中区。至2022年，入驻企业达50家，还有300余家实行"一企一园"的标准化、规范化、品牌化管理。

2010年，《名山茶经》出版；2018年，《名山茶业志》（2018版）出版，2019年，《蒙顶山茶当代史况》《民国报刊中的蒙顶山茶》出版；2020年，全国首个黄茶类专著《蒙顶黄芽》出版；2022年4月，《中国名茶蒙顶甘露》出版；名山区茶产业领导小组办公室、农业局、工商局、茶业协会于2013年编印了《蒙顶山茶品牌管理使用手册》《蒙顶山茶文化简明知识读本》，各印2000册发送，2022年修订为《蒙顶山茶品牌管理使用手册》《蒙顶山茶标准汇编》《蒙顶山茶绿色食品农药使用准则》分别印制1000册、1000册、2000册发送。

2020年，名山区国有资产监督管理委员会与云南国投公司共同投资开发建成并投入使用蒙顶山"世界茶都"市场。

2021年初，名山区政府将蒙顶山茶区海拔800m以上茶园4500余亩列入规划，开展"蒙顶山茶核心区原真性保护"工作；2021年8月正式启动，由雅安市广聚农业发展有限公司实施；11月1日在蒙顶山凌云台举行了启动仪式；12月21日，区茶产业推进领导小组组织茶界代表在蒙顶山甘露石屋前举行了蒙顶山茶核心区原真性保护冬至祭祖仪式。

2022年1月17日，在成都市茶文化公园举行了蒙顶山茶核心区原真性保护产品"理真甘露"品牌推进研讨会。2022年2月25日，区茶产业推进领导小组组织茶界代表在蒙顶山天盖寺举办了"蒙顶山茶核心区原真性保护春季祭祖开园仪式"，宣传推介"理真甘露"，为第十八届蒙顶山茶文化旅游节助力。

2015年3月，四川省雅安市被中国茶叶流通协会授予"中国茶都"称号（图1-27）；7月，蒙顶山茶获百年世博中国名茶金奖。2016年9月，名山区成功整体创建中国第一家"蒙顶山国家茶叶公园"。2017年5月，由农业部和浙江省人民政府主办的首届中国国际茶业博览会上，蒙顶山茶被评为"中国茶叶十大区域公用品牌"（图1-28）；6月，"四川名山蒙顶山茶文化系统"获"中国重要农业文化名录"称号；9月，名山区茶业协会被中华商标协会地理标志分会任命为第一副会长单位。2021年2月，由中华茶人联盟、中国国际茶文化研究会等联合举办的茶产业助力脱贫攻坚乡村振兴先进典型工作成果全国"百县·百茶·百人"公益评选活动结果公布表彰结果，"名山区""蒙顶山茶""钟国林"榜上有名。2021年6月10日，"绿茶制作技艺（蒙山茶传统制作技艺）"被列入第五批国家级非物质文化遗产名录（图1-29）。2022年11月29日，联合国教科文组织将"蒙山茶传统制作技艺"等44个中国传统制茶技艺及相关习俗国家级非遗项目列入新一批人类非物质文化遗产代表作名录。"蒙顶山茶"品牌价值逐年提升，2022年品牌价值达43.99亿元，名列全国第十，连续五年全国排名前十，四川第一。

图1-27 2015年3月，中国茶叶流通协会授予四川省雅安市"中国茶都"称号

图1-28 2017年5月，蒙顶山茶被评为"中国十大茶叶区域公用品牌"

图1-29 2021年6月，"绿茶制作技艺（蒙山茶传统制作技艺）"被列为国家级非物质文化遗产名录（图片来源：名山区非遗保护中心）

截至2022年底，名山区有茶园39.2万亩，分布在全区的11个镇2个街道，年鲜叶产量23万t，产干茶5.98万t，茶叶生产加工产值39亿元，综合产值80亿元，主要以绿茶传统名茶蒙顶甘露、蒙顶石花、蒙山毛峰及大宗绿茶，黄茶类传统名茶蒙顶黄芽等为主，还生产大量的藏茶、白茶、红茶，部分乌龙茶，销往全国，犹以四川、重庆、河南、湖北、安徽、西藏、青海等省（自治区、直辖市），茶叶实现农村人均纯收11425元，占整年农民人均可支配收的60%以上。

第二节　名茶名山

"山不在高，有仙则名"，蒙顶山海拔1456m，与山麓城区垂直高度超过860m，虽然不是特别高大雄伟，但一直很神奇。西魏废帝二年（553年）设立蒙山县，隋开帝十二年（593年），蒙山因所产的茶叶闻名于世，是大禹祭天之山，天下名山，蒙山县改为名山县，一直沿用至今。名山历来所产茶叶品质俱优，名茶辈出，富有特色。

一、古代名茶

西汉甘露年间，蒙山人吴理真（图1-30）在蒙山顶移植野生茶树，进行人工种植驯化，并制成名茶圣杨花、吉祥蕊。

东汉《巴郡图经》载："蜀雅州蒙顶茶受阳气全，故芳香。"

南梁简文帝大宝元年（550年）前后，恢复名茶圣杨花、吉祥蕊制作工艺。

晋朝，乐资作《九州志》："蒙山者，沐也，言雨露蒙沐，因以为名。"

隋唐时期，我国茶叶流入朝鲜，进入日本。蒙顶山茶作为唐王朝馈赠日本遣唐使的重要礼物而载入日本史册。据日本《茶业发达史》记载："因蒙山茶影响，自新罗以来，入唐僧人增多。"袁滋《云南记》载："名山县出茶，有山曰蒙山，连延数十里。"李肇《唐国史补》记载，"蒙顶石花"为天下名茶之首。唐文宗太和四年（830年），李德裕入蜀任西川节度使，"得蒙饼以沃于汤饼之上，移时尽化"，试制"鹰咀"炒青茶和只蒸不捣的"谷芽"散茶，"其味甘香""精于他处"。唐武宗会昌五年（845年），日本留学僧慈觉圆仁大师，从长安回

图1-30　中国茶叶博物馆的茶祖吴理真像

日本时，职方郎中杨鲁士赠圆仁"潞绢二匹，蒙顶茶二斤，团茶一串，钱两贯文"。唐宣宗时期，茶树遍及名山大部分地区，蒙顶石花、雷鸣茶、火前茶应运而生。宣宗大中十年（855年），杨晔在《膳夫经手录》中，称蒙顶茶"可居第一"。诗人白居易在《琴茶》诗里有"琴里知闻惟渌水，茶中故旧是蒙山"。

五代时期，前蜀司徒毛文锡《茶谱》曾记有"雅州百丈、名山二者尤佳""蒙山有压膏露芽、不压膏露芽、井冬芽"，还记载喝蒙山茶成神仙的故事："蜀之雅州有蒙山，山有五顶，顶有茶园，其中顶曰上清峰。昔有僧病冷且久，尝遇一老父，谓曰：'蒙之中顶茶，当以春分之先后，多构人力，俟雷之发声，并手采摘，三日而止。若获一两，以本处水煎服，即能祛宿疾；二两，当眼前无疾；三两，固以换骨；四两，即为地仙矣。'是僧因之中顶，筑室以候，及期获一两余。服未竟而病瘥。时至城市，人见其容貌，常若年三十余，眉发绿色。其后入青城访道，不知所终。"故蒙山茶，又被称为"仙茶"（图1-31）。

图1-31 故宫所贮蒙顶贡茶之"仙茶"
（图片来源：钟国林）

宋徽宗宣和二年（1120年）创制万春银叶，年贡皇室40片（一片即一饼）。徽宗宣和四年（1122年），创制玉叶长春，年贡皇室100片（图1-32）。蒙顶石花、露芽、谷芽、圣杨花、吉祥蕊、不压膏、石苍压膏等名茶，位居全国名茶前八名。文彦博在《蒙顶茶》诗中有"旧谱最称蒙顶味，露芽云叶胜醍醐"的比喻。诗人、画家文同有"蜀土茶称圣，蒙山味独珍"的赞颂。陆游在《睡起试茶》诗中吟诵"朱栏碧甃玉色井，自候银瓶试蒙顶；门前剥啄不嫌渠，但恨此味无人领"，表达了怀才不遇、壮志难酬的心情。

明朝，创制"甘露"名茶，质量超过唐宋"石花"。蒙饼制艺，改为炒青，着重色、香、味、形。所制黄芽、石花、芽白、雀舌驰誉全国。明代李时珍《本草纲目》记"真茶性冷，惟雅州蒙顶山出者，温而主疾"。黎阳王越在《蒙山白云岩茶》诗中对蒙山茶做出高度评价："闻道蒙山风味佳，洞天深处饱烟霞……若教陆羽持公论，应是人间第一茶。"

清代中叶，皇茶园的仙茶演变为皇室祭祀太庙的物品，正贡用于祭天（"郊天"）之用，副贡皇帝享用，陪贡分予妃嫔及受赏之人。由此形成严格的贡茶采制、运送仪式（图1-33）。

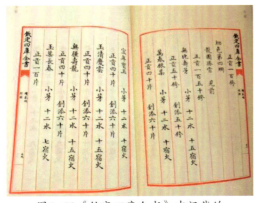

图1-32 《钦定四库全书》中记载的
万春银叶和玉叶长春贡茶

图1-33 故宫所贮蒙顶贡茶之"观音茶"
（图片来源：钟国林）

二、近代名茶

1915年，名山茶叶改良监制会（1913年成立）将"蒙顶甘露"选送至四川商会，四川商会则以"四川商会·红绿茶"参加美国旧金山举办的巴拿马太平洋万国博览会，获金奖，这是蒙山茶在国际会展上获得的第一个大奖。同年3月18日选送蒙顶山茶种子至成都参加评比。

三、当代名茶

1956年，香港《大公报》登载"中国十大名茶"榜，四川蒙顶与西湖龙井、黄山毛峰、祁门红茶等入选，有千年贡茶史的蒙顶山茶得到国内专家、消费者和媒体的高度认可。

1959年，商务部名茶评比会在北京召开，全国各产茶地的省（自治区、直辖市）商务部门结合传统名茶及出口创汇的需要认真选样送样，经专家认真品评，评出全国十大名茶，分别为：西湖龙井茶、洞庭碧螺春、黄山毛峰、蒙顶山茶、庐山云雾茶、六安瓜片、君山银针、信阳毛尖、武夷岩茶、祁门红茶（图1-34）。这是新中国第一次由国家部门组织的茶叶评定，具有很高的公正性和权威性（图1-35）。

1960年2月11—24日，全国第二次茶叶科学研究工作会议在杭州的中国农业科

图1-34 庆蒙顶山茶获"中国十大名茶"称号
（图片来源：名山县茶叶技术推广站）

学院茶叶研究所召开。那个年代，时兴在国家重要节庆和大会时献礼，献茶叶礼品共175项，随后会议举行全国名茶鉴评。四川省名山县、灌县等地将新制茶叶送展献礼。四川最终有5个产品获全国名茶称号：蒙顶甘露、蒙顶石花、蒙顶万春银叶、蒙山玉叶长春、灌县（现都江堰市）青城雪芽。其中属蒙顶山茶的蒙顶甘露银丝曲卷，鲜爽回甘；蒙顶石花银芽扁直，香高味鲜；蒙山万春银叶紧细纤秀，嫩绿清香；蒙山玉叶长春墨绿油润，细嫩多毫；蒙顶黄芽嫩芽全毫，色泽黄亮。

1981年和1983年，分别新创"春露""毛峰"。1984年，名山县茶厂生产的盒装"蒙山春露"，被推销到香港市场。香港《文汇报》以"昔日皇帝茶，今入百姓家"为题整版介绍了蒙顶茶。1985年，蒙顶甘露、石花、黄芽被誉为全国名茶；万春银叶、玉叶长春、蒙山春露被评为全省名茶。1985年冬，四川省科学委员会将《蒙山名茶新工艺开发》列入首批"星火计划"。1987年，生产黄芽、甘露、石花、万春银叶、玉叶长春、春露共22033kg，占全省名茶的55%左右。1988年，蒙顶牌甘露、玉叶长春获农业部优质产品证书；蒙顶牌石花获首届中国博览会名优特产品证书；蒙顶牌系列名茶获首届中国食品博览会铜奖（图1-36）。被誉为"当代茶圣"的吴觉农教授题字"蜀土茶称圣，蒙山味独珍"（图1-37）。

1991年，蒙峰茶厂恢复"蒙山雀舌"茶生产。1992年，"蒙顶"甘露茶在香港国际博

图1-35 1959年12月，《四川日报》刊登蒙顶茶被评为全国十大名茶之一（图片来源：代先隆）

图1-36 20世纪80年代蒙山茶厂的产品和包装（图片来源：名山县地方志办公室）

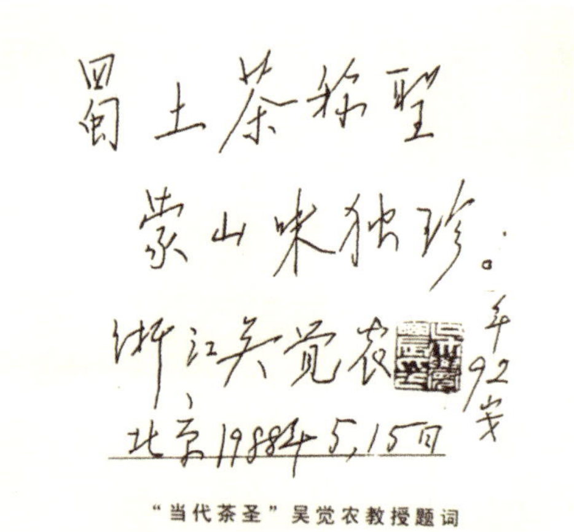

图1-37 1988年5月15日，吴觉农为蒙顶山茶题字（图片来源：《名山茶经》）

览会上获金奖。截至2000年底，全县有名优特新茶50余种，在国内外获金、银、铜奖和优质名茶称号70余项次。

2001年3月26日，美国联合通讯社和《纽约日报》同时公布西湖龙井、黄山毛峰、洞庭碧螺春、蒙顶甘露、信阳毛尖、都匀毛尖、庐山云雾、安徽瓜片、安溪铁观音、苏州茉莉花是"中国十大名茶"，这算是国际上首次评比列表的中国十大名茶。2001年5月下旬，农业部确定第一批（100个）全国创建无公害农产品（种植业）生产示范区，名山县榜上有名，成为四川省6个取得"走向世界绿色通行证"的县区之一。2001年6月，四川省名山茶树良种繁育场参展的理真牌黄芽、甘露、毛峰获中国（成都）国际博览会3个金奖。2001年12月6日，国家质量监督检验检疫总局批准对蒙山茶实行原产地域保护，蒙山茶成为全国第一批原产地域保护产品。

2004年5月，缔一牌石花在2004中国·宁波国际茶文化"中绿杯"中国名优茶评比中获金奖。2004年9月，黄芽、甘露、石花、毛峰、万春银叶等13个商品获中国绿色食品发展中心绿色食品认证。

2006年，名山白毫131被鉴定为国家级良种，在全国推广种植面积超过400万亩。

2008年10月中旬，名山注册"中国绿茶第一县"网络域名。

2009年4月，跃华茶厂生产的跃华牌蒙顶黄芽获第十六届上海国际茶文化节金牛奖。2009年6月，2009国际茶叶大会暨展览会上，"蒙顶山茶""蒙顶"品牌获"四川省茶叶十大品牌"称号；9月，获第六届中国国际茶业博览会金奖。

2010年1月21日，四川省著名商标认定委员会认定"蒙顶山茶"证明商标为四川省著名商标。2010年3月，茗山茶业生产的蒙山牌甘露和黄芽成为2010年上海世界博览会特许产品（图1-38）；跃华茶厂、皇茗园茶业、味独珍茶业、圣山仙茶、禹贡茶业5家企业的产品被选为上海世界博览会四川馆礼品茶。2001年3月中旬，中央电视台《理财在线》栏目组在名山拍摄蒙顶黄芽专题片。2010年4月21日，蒙顶山茶在2010中国茶叶区域共用品牌价值评估研究中品牌评估价值9.9亿元，在四川茶叶区域公用品牌价值中排名第一。

图1-38 蒙顶山茶入选2010年上海世界博览会特许产品，时任县委书记岑刚（中）把蒙顶山茶交由世界旅游小姐艾如（左一）呈入上海世界博览会

2010年5月，在四川国际茶业博览会上被中国茶叶流通协会授予"全国重点产茶县"，综合排名第二。

2011年12月，名山县被四川省农业厅、省商务厅、省出入境检验检疫局授予"出口茶叶生产基地县"称号。截至2011年底，蒙山茶有70余个品种，都以国家标准制作，冠"蒙顶山茶"等注册商标。全县名优茶产量占总产量的30%，产值占总产值的76%。

2012年1月，农业部中国优质农产品开发协会授予蒙顶山茶品牌"2011消费者最喜爱中国著名农产品区域品牌全国100强"称号。2012年4月，浙江大学中国农村发展研究院农业品牌研究中心和《中国茶叶》杂志联合课题组，在全国100多个茶叶区域品牌价值评估中，"蒙顶山茶"品牌评估价值为12.72亿元，在四川省名列第一。2012年11月8—10日，在广西召开的2012中国茶叶学会年会暨六堡茶博览交易会上，名山县因茶叶种植面积大、茶产品品质优、名茶产量多、市场影响力广，与全国其他22个名茶生产大县（区）同获"中国名茶之乡"称号。四川蒙顶山味独珍茶业集团公司的"味独珍牌水韵天府"、四川蒙顶山大富茶业集团公司的"圣山仙茶牌玉叶长春"等75个茶样获绿茶类一等奖。

2013年，"特早213"通过国家级良种鉴定。是年，名山成功创建全国绿色食品原料（茶叶）标准化生产基地。"蒙顶山茶"区域品牌评估价值13.49亿元。

2015年，"蒙顶山茶"区域品牌和蒙顶牌蒙顶黄芽分别获意大利米兰世界博览会"百年世博中国名茶"金奖（图1-39）和金骆驼奖。同年，"蒙顶

图1-39 2015年，蒙顶山茶获"百年世博中国名茶"金奖

山茶"品牌茶销售55亿元以上，区域品牌价值达17.44亿元，列四川第一。2015年8月10日，四川省川黄茶业集团有限公司"圣山仙茶"牌蒙顶黄茶获第十一届"中茶杯"全国名优茶一等奖。

2017年5月，蒙顶山茶申请参加由农业部市场和经济信息司与浙江省人民政府在杭州举办的首届中国国际茶叶博览会，会议宣布了"中国十大茶叶区域公用品牌"，蒙顶山茶与西湖龙井、信阳毛尖、安化黑茶、六安瓜片、安溪铁观音、普洱茶、黄山毛峰、武

夷岩茶、都匀毛尖共同登金榜，排名第四。这是继1959年蒙顶山茶获中国十大名茶后又一最高殊荣，永载史册，意义非凡。2017年7月，"四川名山蒙顶山茶文化系统"被农业部列入"中国重要农业文化遗产"保护名录；8月，雅安市名山区茶业协会选送的蒙顶甘露、蒙顶黄芽，四川蒙顶山味独珍茶业有限公司选送的蒙顶甘露、蒙顶石花，四川省大川茶业有限公司选送的残剑飞雪被选入中国茶叶博物馆茶萃厅陈列展示（图1-40）。中国茶叶博物馆电子宣传屏展示有3幅蒙顶山茶区图片（图1-41）。

图1-40 入选中国茶叶博物馆茶萃厅的部分蒙顶山茶产品：
蒙顶甘露、蒙顶黄芽、残剑飞雪、味独珍黄芽

图1-41 中国茶叶博物馆宣传展示蒙顶山茶

2018年，雅州恒泰茶业有限公司的"金花藏茶"获意大利国际米兰手工艺博览会金奖。2018年7月，名山正大茶叶有限公司的"正大红茶岩韵蜜香"获第十二届国际名茶评比金奖。

2019年"蒙顶山茶"获"四川一城一品金榜品牌"称号。2019年12月，名山正大茶叶有限公司的"正大红茶"获第九届国际鼎承茶王赛特别金奖。

2020年，蒙顶山茶获中国气象协会"中国气候好产品"认定。同年，蒙顶山茶地理标志入选《中华人民共和国政府与欧洲联盟地理标志保护与合作协定》保护名录。2020

年6月,"蒙山茶传统制作技艺"被文化和旅游部列入第五批"国家级非物质文化遗产"代表性项目名录。2020年8月,名山正大茶叶有限公司的"正大红茶"获"中茶杯"第十届国际鼎承茶王赛金奖。

2021年大川茶业选送的"残剑飞雪""金眉贵"入选中国茶叶博物馆茶萃厅陈列展示。2021年4月,名山正大茶叶有限公司的"正大乌龙茶"获第六届亚太茶茗大奖赛金奖。第十三届国际茗茶评比中"蒙顶山茶"品牌企业大获丰收,正大公司的"正大一品红""正大知百年寸心"、大川茶业的"金眉贵"、皇茗园茶业的"皇茗园牌蒙顶甘露"获金奖。四川蒙顶山皇茗园茶业集团有限公司选送的皇茗园牌蒙顶甘露和四川蒙顶山味独珍茶业有限公司选送的味独珍牌早春甘露荣获第十一届"中绿杯"名优绿茶产品质量推选特别金奖。

2022年8月27日,第二届世界绿茶大会暨第二届中国绿茶高质量发展论坛在深圳召开,"蒙顶山茶"荣获中国十大绿茶品牌。2022年11月1日,四川省茶叶流通协会授予"蒙顶山茶"品牌"精制川茶十大品牌突出贡献奖",四川省大川茶业有限公司荣获"精制川茶市场开拓奖"。2022年11月23日,中国茶业流通协会举办的"第二届世界红茶产品质量推选"活动中,四川省大川茶业有限公司送选的"金眉贵红茶"与四川蒙顶山味独珍茶业有限公司选送的"玉玫瑰红茶"荣获质量评选"大金奖"。

2022年5月,中国十大茶叶区域公用品牌价值评估"蒙顶山茶"为43.99亿元,全国排名第十,即茶叶品牌价值十强、四川第一(图1-42)。2022中国茶企品牌价值百强排行榜蒙顶山茶叶企业有3家进入:"皇茗园"品牌价值评估为4.28亿元,位列第46位;"味独珍"品牌价值评估为3.94亿元,位列第52位;"跃华"品牌价值评估为3.36亿元,位列第60位。

图1-42 中国十大茶叶区域公用品牌(木牌)

第三节 千年贡茶

蒙山地区是茶叶原生地,蒙顶山茶历来以贡茶著称,从唐天宝年间至清末从未间断,以"五朝贡茶"闻名于世,在中国茶史上绝无仅有。

蒙顶山茶作为贡茶，名山人引以为豪，历代官员都把采制、进贡蒙山茶奉为神圣职责，通常前一年冬天即做好准备工作，如筹备经费、打制包装、组织人力等。到春茶萌发之际，县官穿上朝服上山主持，举行仪式，开始采摘、制作。宋代孙渐在《蒙山留题》云："余茬任斯土泰司，每采贡茶，必亲履其地……因蒙茶攸关贡品。"明清时达到顶峰。明神宗万历年间，名山知县张朝普记载："蒙山为仙茶之所，每岁必职贡。"清代，蒙顶山茶进贡由政府统一管理。

一、唐代贡茶

蒙顶名茶石花、小方、散芽、露芽，唐时已驰名全国。唐睿宗时期，出现了一名法力神通的道士叶法善，被誉为"神仙道士"，叶法善从师于蒙山羽士，曾在蒙山修道，学得"三五盟威正一之法"等，对蒙顶山茶很了解。他暗加保护李旦、李隆基，助李隆基登上皇位。他将蒙顶山茶作为民间仙草、仙方引荐奉献给李隆基。公元712年，唐玄宗下旨广泛征集天下方士、长生不老之物，蒙顶茶正式入贡皇室，专供皇家使用，并在唐玄宗的钟爱下，年年进贡，从此名冠天下。至唐宪宗时，进贡数量超过全国许多贡品名茶。

唐欧阳修《新唐书》载："雅州……土贡有麸金、茶、石菖蒲、落雁木"，其中"茶"即名山蒙顶茶。唐湖州太守裴汶著《茶述》，点评唐代贡茶："今宇内为土贡实众，而顾渚、蕲阳、蒙山为上。"唐李吉甫《元和郡县图志》载："蒙山在县南一十里，今每岁贡茶为蜀之最。"那时，名山属严道县。吴越顾渚紫笋和西蜀蒙山茶，都是唐代皇室最喜饮用的名品茶，《名山县志》载："每岁孟夏，县尹筮吉日，朝服登山，率众僧僚，焚香拜采。"制好后，以银盒盛装，黄绢封裹，糊以白泥，盖上红印，遣专使昼夜兼程送往长安，供皇室享用。文学家刘禹锡《西山兰若试茶歌》中的"何况蒙山顾渚春，白泥赤印走风尘"就是描写唐代蒙山茶入贡的情形。

《重修四川通志》载蒙顶茶"因其品质优异，自唐朝起，即列为贡茶，专供皇帝祀天祭太庙之用"。唐代有17个郡，共有贡茶40余种，蒙顶茶独占鳌头。石花每年入贡，列入珍奇宝物，收藏数载其色如故。当时进贡的名茶，大部分为细嫩散茶，品名有雷鸣、雾钟、雀舌、鸟嘴、白毫等；其后，有凤饼、龙团等紧压茶。

二、宋代贡茶

宋代承袭唐代贡茶制度，蒙顶山茶除专门用于易马之用外，也继续作贡茶，蒙顶山贡茶进贡数量减少。五代毛文锡《茶谱》载："蒙顶有研膏茶，作片进（贡）之，亦作紫笋。"研膏茶即杀青后压汁或不压汁入圆模或方模烘干成型的茶，其工艺中已有黄化的环节与黄茶的雏形。蒙顶山也生产万春银叶和玉叶长春贡茶，《锦绣成花谷续集》说："万春银叶自宣和二年（1120年），正贡四十片（一片即一饼），玉叶长春自宣和四年（1122年）正贡一百片。"贡品虽不多，但采摘、制作更精细，外形包装更讲究。进贡时，"籍以青蒻，裹以黄罗，封以朱印，外用朱漆小匣镀金锁，又以细竹丝织笈贮之"。宋欧阳修《新唐书·地理志·贡茶》有"雅州芦山郡：蒙顶贡茶"，肯定了蒙顶贡茶地位；作诗写"积雪犹封蒙顶树"（图1-43），希望蒙顶山茶"入贡宜先百物新"。北宋中期，蒙顶贡茶因入贡路途遥远一度失宠，宋杨亿《北苑焙》中载："灵芽呈雀舌，北苑雨前春。入贡先诸夏，分甘及近臣。越瓯犹借绿，蒙顶敢争新。"时任雅州太守的雷简夫力振蒙顶贡茶，亲自督促茶叶采制送尚书都官员外郎梅尧臣帮助宣传，梅尧臣作诗《得雷太简自制蒙顶茶》记之。茶祖吴理真所植7株茶树在五代以前便被传为"仙茶"，作为贡茶之重点。宋孝宗淳熙十五年（1188年），吴理真被封为"灵应甘露普惠妙济菩萨"。上清峰茶被列为正贡茶，修建石栏维护，赐名"皇茶园"（图1-44），并居高塑白石虎巡守。

图1-43 蒙顶山茶区雪景

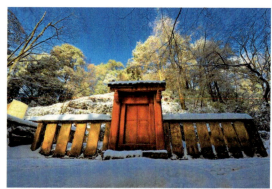

图1-44 皇茶园雪景（图片来源：名山区委宣传部）

三、元代贡茶

元代贡焙制度日趋式微，规模没有唐宋时期大。元代统治者皆为蒙古族，食物以牛羊为主，喜爱经过发酵的藏茶，即西番大茶。毛文锡《茶谱》载："又有火番饼，每饼重四十两，入西番、党项，重之。如中国名山者，其味甘苦。"火番饼，即名山、雅安、天全、荥经、芦山、邛崃、崇庆等地茶区采割茶成熟枝叶经杀青、发酵、揉捻、制饼、烘干而成的饼茶。茶叶经过深发酵，其味香甘浓厚，发酵不深即半发酵，其味甘苦。至元十二年（1275年），在四川设立"西番茶提举司"专门征收贡茶与管理茶叶交易，将西番茶销往西北地区。《元史·食货志》载："其岁征与延祐同，至顺（1331年）之后无籍可考他如范殿帅茶、西番大叶茶、建宁胯茶，亦无从知其始末，故皆不著。"《故宫贡茶图典》载："有元代较为著名的贡茶有武夷白鸡冠茶和蒙顶茶。"

李德载《赠茶肆》载："蒙山顶上春先早，扬子江心水味高。陶家学士更风骚。应笑倒，销金帐，饮羊羔。""金芽嫩采枝头露，雪乳香浮塞上酥。我家奇品世上无。君听取，声价彻皇都。"

四、明代贡茶

明代除官贡外，凡产茶之处，有茶必贡。明沈德符《万历野获编》载："国初，四方供茶，以建宁、阳羡茶品为上。时犹宋制，所进者俱碾而揉之，为大小龙团。至洪武二十四年（1391年）九月，上以重劳民力，罢龙团，唯采茶芽以进。"从此，蒙顶贡茶改为炒青、烘青散茶，进贡主要是仙茶，陪茶等，品目有甘露、黄芽、雀舌、芽白。明代万历年间，名山知县张朝普说："蒙山为仙茶之所，每岁必职。"上清峰皇茶园的7株仙茶为正贡茶。清初的王士禛在《陇蜀余闻》中记载："每茶时，叶生，智矩寺僧报有司往视，籍记叶之多寡，采制才得数钱许。明时，贡京师仅一钱有奇。"明代王象晋《二如亭群芳谱》载："近世，蜀之蒙山，每岁仅以两计。苏之虎丘，至官府预为封识，已为采制。所得不过数斤。岂天地间尤物，生固不数数然耶。"明彭大冀所辑《小堂肆考》中有："蜀之雅州蒙山顶有露芽、谷芽，皆云火前者，言采造于禁火之前也。火后者次之。"明代《西吴里语》中称贡茶："蒙顶第一，顾渚第二。"

五、清代贡茶

清代没有设官贡，全为土贡。名山进贡制度随中央集权的不断加强而日益完善，由政府统一管理，寺庙、僧人、僧会、锡匠分工承担种茶、制茶、制瓶等工作。清朝前中期，以皇茶园仙茶为正贡，专用于皇室祭祀太庙，是清代最主要的祭祀用茶。清代蒙山贡茶用途等级森严。园外"围绕大岩石，另有数十株茶"所产茶叶为副贡和陪贡；副贡皇帝享用，陪贡分与妃嫔及主要宗亲近臣。菱角峰下茶为菱角湾茶，多用于赏赐贵族、臣下、外藩各部、外国使臣或宴会饮用。清沈廉在《退笔录》写道："……仙茶，每年送至上台，贮以银盒，亦过钱许，其矜如此。"清吴振棫《养吉斋丛录·进贡物品单》记载："任土作贡，古制也。各直省每年有三贡者，有二贡者。其物亦屡有改易裁减。今就所见近日例进者，汇录于后。""四川督年贡进：……仙茶二银瓶、陪茶二银瓶、菱角湾茶二银瓶、春茗茶二银瓶、观音茶二银瓶、名山茶二锡瓶、青城芽茶十锡瓶、砖茶一百块、锅焙茶九包。"清何绍基诗赞："蜀茶蒙顶最珍重，三百六十瓣充贡。银瓶价领布政司，礼事虔将郊庙用。"清光绪版《名山县志》载贡茶经费："岁给银瓶银二十一两五钱，饭食银七两五钱三分，共银二十九两零三分，赴司请领，折银票给发。"清光绪三十二年（1906年），知县曾发布规范贡茶的通知。

《清代贡茶研究》记载：按照清宫进贡单，清代主要的进贡茶叶省份有13个。四川省进贡的茶叶有仙茶、陪茶、菱角湾茶、蒙顶山茶、灌县细茶、名山茶、观音茶、青城芽茶、春茗茶、锅焙茶10种，其中仙茶、陪茶、菱角湾茶、蒙山茶、陈蒙茶、名山茶、春茗茶、观音茶8种即出自蒙顶山。《故宫贡茶图典》以图文并茂的形式对故宫存有的贡茶品进行了研究和介绍，其入书条件是故宫有贡茶、名目，其入贡地区有文献记载，并是互相吻合的（图1-45）。《故宫物品点查报告》中记载的茶叶品种、数量及存放地点：编号二四五的蒙茶9箱，编号三二一的名山茶7箱，编号三三一的蒙茶1箱，编号三三八的名茶1箱，编号三四二的蒙茶132箱，存放在茶库。编号九五四的蒙茶21箱，存放在如意馆。蒙顶山贡茶以其位高、品多、时间长而雄居榜首。《故宫贡茶图典》专门介绍了"（仙茶）'每岁采贡三百三十五叶，天子郊天及祀太庙之用。'可见当时此茶产量不多，多用于皇家祭祀"。由此可证，清宫档案与清代的《四川通志》《雅州府志》和《名山县志》记载完全吻合。

图1-45 故宫所藏清代贡茶：仙茶，陪茶、菱角湾茶（图片来源：《故宫贡茶图典》）

民国建立，蒙山茶停贡。但在民国初年，名山县知事仍照旧珍采，作为县内重大祭祀之用或作为馈赠上司的礼品。

新中国成立后，蒙顶山茶作为当地最具特色、最为尊贵、最有代表性的特产用来接待贵客、馈赠上宾。1958年成都会议期间，毛泽东主席品尝蒙顶山茶后指示："蒙山茶要发展，要与群众见面！"胡耀邦、江泽民在雅安视察工作时，喝过蒙顶山茶的蒙顶甘露和甘露飘雪，肯定了蒙顶山茶。蒙山茶场开发经验也开始在全四川省传播。

第四节　千年边茶

一、古代边茶生产销售

名山从汉代起，一直是中国最古老、历史最悠久的茶区，名山茶叶除裕民一方、进贡纳赋外，行销全国，特别是行销藏区，成为南路边茶生产、加工、贮运的中心和川藏茶马古道的起点。

由于青藏高原干燥、高寒、缺氧，藏民饮食以糌粑和牛羊肉为主，缺少蔬菜，缺乏部分人体所需维生素，而茶叶中含有人体所需的多种维生素，可弥补饮食结构的不足。名山边茶贸易自东汉始。最初，由民间商人、茶户与吐蕃（藏族）等高原民族自行进行茶叶、马牛、皮毛、药材、矿物等交易。北魏孝文帝时期，土耳其商人在中国西部边境以物易茶，中国茶叶开始流入西亚和欧洲市场。

至少在唐代和唐代以前，名山茶已通过汉藏商道销往藏区。蒙顶山茶于唐天宝元年（742年）成为贡品后，影响力扩大。唐玄宗开元十六年（728年），《新唐书》卷216上《吐蕃传》载："吐蕃又请交马于赤岭，互市于甘松岭。宰相裴光庭曰：'甘松中国阻，不如许赤岭。'乃听以赤岭为界，表以大碑，刻约其上。"主要交换的是丝绸、粮食、皮毛以及茶叶之类的大宗商品，这标志了茶马古道的开始。同时，通过南方丝绸之路重叠的一段，名山、雅州至旄牛县后，转向南，进入西昌地区，最后经云南通往印度、缅甸。即四川成都（经名山、雅安）至四川西昌，再经云南大理和保山，最后延伸至境外。这一段由于南诏国、大理国的崛起，至宋代与中原不再往来，只在民间进行一些丝绸、皮毛、茶叶等交易。

由茶马互市兴起所形成的"茶马贾道"（即茶马古道）兴于唐代，盛于宋明时期，止于清代。北宋时期，由于长城沿线草原荒漠地区被辽和西夏占据，宋王朝失去养马的草场，军队缺乏战马，遂致力于实施向西部高原诸部族买马的策略。"熙宁以来，以我蜀产（茶），易彼上乘"。茶马贸易才真正开展起来，这才真正算作茶马古道。当时，所产粗茶通过天全、康定和灵关、松潘、汶川，畅销于藏、羌地区，经昌都、拉萨等地，再到尼泊尔、印度，主要交换藏区所产马匹、药材、兽皮等，这便是最早的茶马古道贸易。宋朝为了更好地解决用兵所需马匹，宋神宗熙宁七年（1074年）派三司干当公事李杞入川筹办茶马政事，于成都设置提举茶马司，主管榷茶（专买专卖）博马。当年，李杞在名山建立买茶场和烘焙作坊，第二年，又在百丈置买茶场，专门管理榷茶事务，在名山场、百丈场设商税务，征收茶税、商税。神宗元丰元年（1078年），朝廷在名山始建茶监，统管以茶易马公务茶政。每岁收购茶叶后，由成都府征调厢兵及民夫将产品运至秦（甘肃天水）、熙（甘肃临洮）、河（甘肃临夏）等地买马场，以茶易马。同时，官府允许商贩运少量茶叶，由产茶州县出具"长引"（经营许可证），运到被指定的地点卖给官营茶场。川藏茶马古道沿途高山峻岭，大河纵横，崇山密林，道路艰险，积雪期达半年以上，运输十分艰难。宋时在运输线上置搬递铺，用役兵搬运。由于路远人力成本高，一驮茶本钱不满十贯，到秦、熙、河地区可卖三四十贯。运往熙、秦地区换马的名山茶，除出具公凭外，还在茶驮上加盖印号，以取信于吐蕃。名山茶销往甘肃、青海等地，深受少数民族的喜爱，"蕃、戎嗜名山茶，日不可缺"，民谚亦有"宁可三日无食（粮），不可一日无茶""一日无茶则滞，三日无茶则病"。宋神宗元丰四年（1081年）七月十二日，特诏"专以雅州名山茶为易马用"。以后，名山茶声誉越来越高，至徽宗建中靖国元年（1101年），又重申神宗原诏。大观二年（1108年），再次诏令"熙、河、兰湟路以名山茶易马，恪遵神考之训，不得他用"，并"定为永法"，严禁把名山茶"与蕃商以杂货贸易，规取厚利"，造成"其茶入蕃，既已充足，缘此遂不将马入汉中卖，有害马政"。

当时，《宋会要·职官四三》载："一百斤名山茶，可换四赤（尺）四寸大马一匹。"孝宗时的吏部侍郎阎苍舒说："陕西诸州诸岁市马二万匹，故于名山岁运二万驮（一驮100斤）。"在长达百余年的茶马交易中（表1-1），名山茶不仅为宋朝提供了大笔财政收入，加强了与吐蕃、青羌民族的友好关系，并在军事上为朝廷解决了部分战马来源问题，在与西夏、辽、金多年抗衡中，做出了重要贡献。

表1-1 宋嘉祐至乾道年间（1056—1166年）名山茶易马统计表

时间	战马数量/匹	备注
嘉祐年间（1056—1063年）	岁额2100	
熙宁七年（1074年）	岁额4000	
元符二年（1099年）	实买5280	
元符三年（1100年）	实买4100	
崇宁三年（1104年）	岁额4000	
绍兴十四年（1144年）	岁额5245	黎州等三处买马场
绍兴十五年（1145年）	岁额6000	黎州等四处买马场
隆兴元年（1163年）	岁额3000	
乾道二年（1166年）	岁额5696	黎州等三处买马场

当年茶叶从名山、雅安出发主要是陆路，经成都运至天水、临兆、临夏州买马场以茶易马。主要运输线路是从名山、雅安经成都向北至汉州（今四川广汉），然后分别从

绵州（今四川绵阳）、剑州（今四川剑阁）至利州（今四川广元），或从梓州（今四川三台）、阆州（今四川阆中）至利州。利州是水陆交通枢纽，从这里沿白水（今白龙江）上至阶州（今甘肃武都），然后越过江河分水岭到岷州（今甘肃岷县）。从岷州上可至洮州（今甘肃临潭），下可至熙州（今甘肃临洮）。从熙州顺着洮水到河水和湟，可以分别运至宋之西境的廓州（今青海尖扎）和积石军（今青海贵德），或湟州（即邈川，今青海乐都）和西宁州（即青唐城，今青海西宁）（图1-46）。

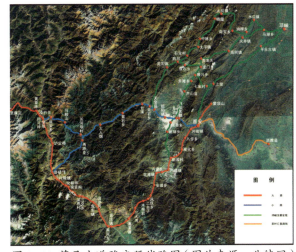

图1-46 茶马古道雅安段线路图（图片来源：北纬网）

这条道路的南段是阴平古道，北段是宋青唐道及更早的唐蕃古道。这条道也带动了成都、利州、大竹等地茶叶一并通过这条道路运至互市之地。另一条水路经渝州沿嘉陵江溯水而上，到凤州（陕西凤县凤州镇）转运。

元代，南北疆域一统，没有对战马的急切需求，名山茶叶的销售一般在北方及吐蕃贸易，线路没有大的改变。只是由于元代对名山人民的残酷镇压，人口大量减少，边茶生产一落千丈。元代至元十四年（1277年），"置榷茶场于碉门、黎，与吐蕃贸马"。元代主要线路以阴平古道为主，经邛州、成都、汉州、利州、青阳驿，至陕西兴州转运，销售地区远达青海都乐、新疆和田等地。《明史·食货志四·茶法》提到代川茶和陕茶（即陕南汉中一带的茶）运往互市场所的道路大都与宋代相同，即主要通过上述两条道路运到甘青多地区和川西康巴地区。

明代，沿袭宋代的"官买官卖"管理政策。所购之茶，除派兵转运一部分给陕西、甘肃等地茶马司外，一部分由官府招商代运代卖，运茶到打箭炉（今康定），与蕃民互易行销。明洪武十九年（1386年），朝廷在"碉门百户所设茶马司""雅州（名山新店）设茶马司""雅州城南设置阜民司""长河西等蕃商以马过岩州卫（今松潘）入雅州易马"，专司茶马贸易，规定名山茶商运茶至雅州由茶马司主持交易。同时，还制定了许多极为严厉的法律，以保证统购政策的贯彻执行，如在律条中规定贩茶出境"定将犯人与把关头目，俱各凌迟处死，家迁化外，货物入官"。甚至私带茶苗、茶籽过马鞍山传入康藏，被查获也要杀头。商销茶叶，每包附有本号商标，以杜绝假冒。运输途中，商人随身携带引票、税票，背夫带商号、信证，交关查验，方能通过（图1-47）。藏区商人、头人组织马匹到茶马司由朝廷鉴评定级定价，折为银两，给具票据，凭票据到指定的茶库如碉门或打箭炉兑换茶叶。名山本地及周边茶农将茶叶初加工烘干后交茶马司或买茶场验收、定级、定价、称重、入库，支付银两。至少在明代，边茶为便于长途运输和交易计重，已使用篾箴包装，包装形状有方包、长条，长条一般每一块为

图1-47 川藏茶马古道上的铁索吊桥是征税验证的关口之一（图片来源：北纬网）

两市斤，每十块包为一篾包。每年的6—9月，名山境内茶叶交售与马匹交售络绎不绝。

明洪武末年，官府苛征掠取，"每岁课税，民皆赔纳"，私茶出境越来越多，逐渐形成马贵茶贱的现象，洪武初规定"上马一匹，用茶一百二十斤；中马一匹，茶七十斤，小驹一匹，茶五十斤"，至成祖永乐中，"碉门茶马司用茶八万余斤，仅易马七十匹，又多瘦损。"《明史·食货》中载：朝廷为禁约私茶问题，常常派遣官吏到川、陕各地巡查。英宗天顺二年（1458年）又诏"禁四川宁番卫并邛（崃）、蒲（江）、名（山）等县……过关通番者"。查禁虽严，始无多大成就。

明武宗正德初年（1506年），督理马政都御史杨一清奏议"半与商，令自卖"。明世宗嘉靖三年（1524年），再改为"商买商销"，从中征收重税。四川按察司赴南京请领茶引，招商中茶。同年，川省领引五万道（每引配茶100斤），其中腹引（行销内地的细茶凭证）二万六千道，边引（行销少数民族地区的粗茶凭证）二万四千道，雅州各县茶商引领数为一万九千八百道，后边茶销路较好，增引一万零二百道。后因税赋过重，"茶棍"私税官府，私茶流行，《雅州府志》记载当年的情况："后私茶出境，马价遂高，乃差行人禁约，又委官巡视，日久法弛人玩，虽禁而权主之，每茶百斤，私税银二钱或金五分，流弊不堪。"《名山县新志》也说："……市无溢额之交，复有官捕茶贼，岂禁茶园之件，盖浸衰时也。"到了崇祯时期，名山人民在官府残酷压榨下，终于爆发了"因县吏贪苛无度，县民愤而殴蠹吏"的事件。

清代初期，朝廷基本沿袭明代茶制，并给予税收减免和资金扶持。继而又废除了茶马法，实行引岸制，允许商人在一定的地区内自由买卖。康熙初年，名山配边引1830张，最高边引5130张。《名山县志》记载："名山茶，自蒙顶仙茶而外，随地所产皆粗叶，为大筒。致远出打箭炉，以贩与藏夷之食。"但由于税收制度、灾害及战争，配引额时高时低，特别是鸦片战争后战争赔款，税捐大增，影响更大。光绪二年（1876年），丁宝桢任

四川总督，针对以往的弊病，在雅州各县进行了茶政改革，采取"定案招商"的办法；派员驻打箭炉（现康定），按引征税，每引征库平银1两，其他陋规概行废除。销往藏区的茶叶品牌主要有蒙山仙茶、老僧施礼（上书"蒙顶香茗"）、柯罗牌等包装产品（图1-48）。清末，为抵制印度茶侵销西藏，保住雅州

图1-48 柯罗牌金尖藏茶

各县边茶市场。名山王恒升、李裕公、李福成、胡万顺等18家茶商为了保护自身利益，抵制印茶侵销，于光绪三十二年（1906年）集资5万两白银筹办名山茶叶有限公司，制订试办简章13款，向川滇边务大臣赵尔丰呈文申请开办，未获批准。第二年，名山王恒升等人以5万两银子入股赵尔丰及四川劝业道周孝怀联合的名、邛、雅、荥、天五县茶商，组成官督商办边茶股份有限公司。不久，辛亥革命爆发，公司解体，其投资未能全数收回，经营资本受到严重削弱。

民国初，腹引取消，边引保留，改行茶票。名山茶商认领额2000张，年产边茶15万kg，细茶1.5万kg，比清代光绪年间下降约45%。后因干旱、瘟疫、战乱等，生产力下降，配引额也减至1300张，所产茶叶大部分被外地客商购走。在康定设立的边茶号，仅存瑞兴、同春、庆发兰记等3家。民国时期，使用篾笼包装为条形，每包装茶4甑（1甑4斤），每甑先用大黄油纸内附红纸商标包裹；每四大甑，再用黄油纸总包一层，扎以篾条，套入笼内。每包之底均附粗茶一小包，重约1两，称为"窝底"或"关底"，用以奖赏背脚。

由于地缘因素和陕西、山西茶商进入雅安，清初名山的边茶生产以毛庄茶为主，毛庄茶生产量较大，但额定引数严重下降，清雍正八年（1730年），边茶产量超过24万kg，名山额引1830张，只占总额引数的1.75%。其他主产县转变为生产、经营庄茶为主，生产量基本不变，但额定引数剧增；特别是民国中期成立西康省后，西康省的重要财源为茶叶，经营的重点自然是销往藏区的茶叶，处于西康省的雅安、荥经、天全等县茶叶企业、茶号近水楼台，将生产和销售做得风生水起。1939年，官僚资产阶级又插手经营边茶，在康定、雅安组成康藏茶厂（图1-49），实行官买、官制、官运、官销，垄断购销市场，压价收买茶叶，伤害了茶农茶商的经济利益，使产量复降。1944年，仅产边茶5万kg，细茶1.5万kg。后来，公司遭到同行的极力反对，加之原料不足，被迫停业，恢复

了原来的经营体制，茶叶生产力始再次好转。1946年，产边茶13万kg。1949年，边茶产量达25万kg。当时名山属于四川省，边茶被边缘化，逐渐成为南路边茶的生产基地，企业和茶号萎缩，由民国初期的10

图1-49 1941年3月，康藏茶厂成立纪念（图片来源：北纬网）

多家减少到1949年的3家，在城厢有庆发兰记商号、永兴谢家祠堂有谢斗南开设的茶栈，专门加工金尖、砖茶运康定，年产量超过5万kg，约占全县粗茶产量的1/4；农户或小作坊加工成毛庄茶，直接或由商贩收集卖到雅安茶号，再由雅安的茶企、茶号加工成庄茶销打箭炉，直到现在名山粗茶还基本保留了这种模式。

二、明清时期茶马古道线路

明代、清代及民国时期，名山藏茶（边茶）运销路线主要有两条。大路：名山—雅州—复兴场—荥经—凤仪堡—大相岭—汉源县—宜东—飞越岭—化林坪—冷碛—泸定桥—瓦斯沟—打箭炉（康定），计550里；经打箭炉转运至昌都、拉萨等地，再到尼泊尔、印度，国内路线全长3100km。大路长，但相对好走且安全。小路：名山—雅安—天全—两路口—烹坝—瓦斯沟—打箭炉，计380里。小路短几十千米，但路更艰难，相对危险。茶叶主要是由茶商请脚夫（也称背夫）背运或采用驮马运输。

图1-50 川藏茶马古道背夫雕塑群

据1938年有关资料，背夫背运边茶至打箭炉，青壮年每次背7~10包，重65~95kg，老者、妇女背3~5包，重30~50kg，日行10~15km，需时15~20天。每运1包，工钱1.6~2元。每年农历的四至九月，名山数以千计的农村青壮男女通过"揽头"介绍到茶栈（号）领背茶包，"长脚"（长途背夫）运到康定、甘孜等地，"短脚"（短途背夫）运至天全（图1-50）。有的以此为业，有的挣钱贴补家用。从东汉至名山解放初的近2000年间，名山边茶均是用脚夫、驮马接力运送。川藏茶马古道沿途大河横亘阻断，崇山密林，人烟稀少，道路艰险，半年以上都是积雪期，运输十分艰难。有民谣："正二三，雪封山；四五六，淋得哭；七八九，正好走；十冬腊，学狗爬。"清按察使牛树梅《过相岭见负茶有感》，记录古道背夫的艰辛：

冰崖雪岭插云霄，骑马西来共说劳。多少贫民辛苦状，为从肩上数茶包。

斑白老人十岁童，霪霖雨汗冷云中。若叫富贵说供养，也应开帘怕晓风。

三、当代边茶生产销售

新中国成立后，对茶叶采取休养生息和鼓励的办法。1953年，农业部划定名山为内销茶和南路边茶区。1955年，川康合省，县供销合作社专为雅安专区中茶公司代购边茶。1957—1983年，茶叶被列为第二类农产品，由上级下达指令性派购、调拨计划。1964年11月8日，为完成扶持和发展边茶任务，雅安专区外贸办事处分配给名山县化肥20t，名山县农业局、供销社将其分配至边茶计划供应产茶生产队。名山边茶由国营贸易公司、县供销合作社经营，归口商业局。生产的企业主要有国营名山县茶厂，国营蒙山茶场，县茶叶公司，及双河茶厂等一些社队企业。1965年毛庄粗茶上等价格24元/担（1担为50kg），上等22元/担，条茶上等49元/担，中等45元/担，下等40元/担。1966年，四川省国营蒙山茶场生产沱茶。1968年，775亩投产茶园，产边茶28500kg，平均亩产36.75kg。1972年，国营名山县茶厂、县农机厂、县工具厂仿研制成整套边茶加工机具设备，并生产出第一批合格的"金尖"边茶产品。1974年，国营四川省名山县茶厂生产康砖茶和金尖茶，逐步恢复金尖、金玉、金仓等边茶（黑茶），并形成毛尖、芽细、芽砖等细茶系列产品。1977年后，名山县引进雅安茶厂生产的YA-771型边茶（藏茶）冲包机，生产康砖、金尖茶。1973—1985年，国营名山县茶厂生产边茶金尖12020t，有力保障了藏区藏民对茶叶的需求。1985年7月22日，名山县人民政府批转边茶生产领导组下发《关于进一步搞好我县边茶生产的意见》。针对当时在边茶生产上重采轻管、破坏资源的情况，提出省统筹，国营四川省名山县茶厂、名山县茶叶联合企业公司主渠道经营、提取生产扶持费、防止盲目采割、保护资源等要求。1986年，全县生产销售边茶

527t。金尖茶每斤0.82元左右。1988年，国营四川省名山县茶厂生产的民族团结牌系列金尖茶成为省定点产品。1992年始建的名蒙茶厂，生产八宝牌边茶，销往青海、西藏、甘肃、云南以及四川阿坝州、甘孜州、凉山州等地区。2000年，名山县边茶产量1576t，金尖每斤2.5

图1-51 20世纪50—90年代雅安砖茶藏茶

元左右，精品三级茶每斤6元左右。1991年，国家取消边茶调拨计划，定列指定边茶生产企业，靠企业自主产销，融入市场经济。后民营茶厂兴起，有前进乡名蒙茶厂、新店镇新春茶厂、城东乡明扬茶厂、蒙阳镇洪兴茶厂等。20世纪90年代至21世纪初这段时期，全县边茶年产量维持在8000~10000t，主销西藏、青海和四川的三地藏区（图1-51）。

2001年1月，由原西藏朗赛经贸有限公司在名山城东乡五里村投资800万元兴建四川名山西藏朗赛茶厂，于2001年10月建成投产，次仁顿典成为有史以来第一个建厂生产边茶的藏族人。该厂主要生产、加工、销售和批发金叶巴扎牌茶，满足国内西藏、青海、四川等地和印度、尼泊尔、不丹等邻国市场的需要。2007年，藏茶非遗传承人雨城区人郭承义在新店镇新坝村投资建成四川省雅安义兴藏茶有限公司，成为名山现存规模最大的藏茶企业。义兴茶号牌边茶（藏茶）产品，销往广州、深圳、上海、北京、河北、河南、西藏、青海、内蒙古和四川甘孜、阿坝等地。2010年后，雨城区按雅安市委、市政府要求以南路边茶为核心，大力宣传和推广雅安藏茶，后申请注册为区域公用品牌，名山也有部分藏茶企业授权使用该品牌。雅安市名山区茶业协会为支持名山藏茶（边茶）生产，保护蒙顶山茶知识产权，于2016年申请注册了"蒙顶山藏茶""蒙顶山黑茶"证明商标，并授权义兴藏茶、雅州恒泰、卓霖茶厂、藏茶坊和雨城区赋雅轩、巧茶匠等企业使用，品牌销售额约3000万元。义兴茶以传统风味赢得市场，雅州恒泰藏茶产品在内地受到喜爱养生保健中老年人和减肥爱美女士的欢迎，销售额持续增加，各省市代销商店也较多。2015年后，边茶生产销售受到氟超标问题，藏区销售爱到很大影响，名山、雨城藏茶各主要企业均与四川农业大学等科研单位开展降氟研究等科研合作，取得一定成效。2000年至今，藏茶年生产量维持在8000~9000t。

藏茶运输、销售方式急剧变化，不再是人背马驮、物货交易等方式。1952年川藏公路通车后，改用公路运输。进入21世纪后，使用汽车、火车、飞机等现代化运输工具将茶叶销售至各地。每年通过调拨、批发、零售、代销、网销及合同订单，将边茶销往四川省内的西昌、康定、巴塘等地，四川省外的西藏、新疆、内蒙古、青海等地，并远销印度、尼泊尔、蒙古等国。在包装方面也有很大改进，粗茶使用10kg篾装，50kg麻袋装，商标为"民族团结""八宝""金叶巴扎"等；细茶分箱装、塑料袋装、纸盒精装。箱装净重30kg，塑料袋装净重0.25kg、0.5kg；盒装净重50g、100g、150g等。为适应市场需要，精制藏茶采用一芽二三叶原料生产，加工压制为5g小方块、小圆饼，精包装，方便冲泡。

第二章 蒙顶山茶史料文献

蒙顶山茶2000多年的茶叶历史，1000多年的贡茶史，历代茶人、文人作文以记，诗人词家赋诗以赞，给后人留下了记述有蒙顶山茶的文史资料超过150篇（节），诗词歌赋近150首，名人、领导题字不计其数。

第一节 文献史料

一、古代文献史料

巴郡图经

蜀雅州蒙顶茶受阳气全，故芳香。

（东汉佚名）

九州记

蒙山者，沐也，言雨露蒙沐，因以为名。山顶受全阳气，其茶芳香。

（晋·乐资）

乐资：据考为鲁国（现山东）人，两晋时期官著作郎，乐资的著述都为经史地理之书，《九州记》已佚，其内容从《太平寰宇记》《太平御览》等书引注中辑佚。

茶酒论

茶为酒曰："浮梁歙州①，万国来求。蜀山蒙顶，其山蓦②岭……"

（唐·王敷）

注释：

①浮梁歙州：指浮梁县的茶叶、歙州的歙砚极名贵，誉满天下。

②萁：同骑。蓦：超越。全句释意：四川蒙顶山山势险峻超越诸岭，喻义蒙山茶超越其他茶类。

王敷：唐代乡贡进士，所著《茶酒论》久已不传，自敦煌变文及其他唐人手写古籍被发现后，才得以重新为人们所认识。《茶酒论》以对话的方式、拟人手法，广征博引，取譬设喻，以茶酒之口各述己长。

元和郡县图志

严道县①，蒙山在县南十里，今岁贡贡茶，为蜀之最。

（唐·李吉甫）

注释：

①严道县：隋炀帝大业三年（607年）至元代，雅州称严道，管辖范围为今雅安多营镇。

李吉甫：唐朝宰相，地理学家。字弘宪。赵郡（今河北赵县）人。唐宪宗乾元元年（758年）生于赵州赞皇（今河北赞皇），元和九年（814年）卒于相位。历任刺史、淮南节度使、中书侍郎、平章事等官职。

锦里新闻

蒙顶山有雷鸣茶，雷鸣时乃茁。

（唐·段成式）

段成式：唐代文学家，字柯古，临淄人。词学博闻，精通三教，复强记。一生著述甚多，有《酉阳杂俎》《续杂俎》《锦里新闻》等。

唐国史补·卷下

风俗贵茶，茶之品名益众，剑南有蒙顶石花，或小方①，或散芽②，号③为第一。

（唐·李肇）

注释：

①小方：唐代贡茶或茶之上品都是饼茶，即小方。蒸青散茶是只蒸不捣、不拍的散形叶茶，在宋代至元代早期才出现。

②散芽：唐代蒙山散芽是只蒸不研（捣）的饼茶。"散芽"是总称，已知品名有：蒙

山鹰嘴芽白茶（《膳夫经》）、蒙顶露锓芽、蒙顶篯芽（《茶谱》）等。

③号：排名，记号。

李肇：唐代文学家。元和十三年（818年）升迁为翰林学士，著有《唐国史补》《翰林志》。熟悉掌故，留心艺文。

茶　述

今宇内为土贡①实众，而顾渚、蕲阳、蒙山为上②，其次寿阳、义兴③、碧涧、湓湖、衡山④，最下有鄱阳浮梁。

（唐·裴汶）

注释：

①土贡：地方上以土特产方式进贡。

②而顾渚、蕲阳、蒙山为上：此排列以入贡时间为前后。蕲阳指湖北的"蕲门团黄"。

③义兴：常州晋陵郡产的"阳羡紫笋"。

④湓湖、衡山：《新唐书·地理》没有湓湖、衡山两处贡茶。《唐国史补》卷下载有"风俗贵茶……湖南有衡山，岳州有湓湖之含膏（即君山茶前身）……"本书将以上两茶列为唐代二类贡茶。

裴汶：唐元和六年（811年）自澧州授刺史，元和八年（813年）十一月除常州刺史。古时茶坊间奉陆羽为茶神，常将裴汶、卢仝配享两侧。

膳夫经

蒙顶（自此以降言少而精者），始，蜀茶得名蒙顶。于元和之前，束帛不能易一斤先春蒙顶，是以蒙顶前后之人，竞栽茶以规厚利。不数十年间，遂新安草市，岁出千万斤。虽非蒙顶，亦希颜之徒①。今真蒙顶有鹰嘴芽白茶，供堂亦未尝得其上者。其难得也如此，又尝见书品，论展陆笔工②，以为无等，可居第一。蒙顶之列茶间，展陆之论，又不足论也。

湖顾渚，湖南紫笋茶，自蒙顶之外，无出其右者。

（唐·杨晔）

注释：

①希颜之徒：颜回字子渊，孔子弟子，天资聪睿、仁慈、德高望重。后世尊称"复圣"。"希颜之徒"指希望学习颜回之人。此处指学习仿造制蒙顶茶之人。

②论展陆笔工：评论陆羽（《茶经》）之水平。

杨晔：曾任唐代巢县令，撰《膳夫经》一卷。

云南记①

名山县出茶，有山曰蒙山，联延数十里，在县西南。按《拾遗志》："《尚书》所谓蔡蒙旅平者，蒙山也，在雅州。"凡蜀茶尽出此。

（唐·袁滋）

注释：

①《云南记》：又作《云南纪》，《旧唐书·袁滋传》《新唐书·艺文志二》等著录为《云南记》五卷。袁滋出使云南的时间约唐贞元十年（794年）。

袁滋：字德深，陈郡汝南（今河南汝南）人，曾任中书侍郎平章事、剑南西川节度使，赠太子少保。工篆、籀书，雅有古法。

茶　谱①

雅州百丈、名山二者尤佳。

……

蜀之雅州有蒙山，山有五顶，顶有茶园，其中顶曰上清峰。昔有僧病冷且久，尝遇一老父，谓曰：蒙之中顶茶，尝以春分之先后，多构人力，俟雷之发声，并手采摘，三日而止。若获一两，以本处水煎服，即能祛宿疾。二两当眼前无疾。三两固以换骨。四两即为地仙矣。是僧因之中顶筑室以俟。及期获一两余。服未竟而病瘥②。时到城市，人见其容貌，常若年三十余，眉发绿色。其后入青城访道，不知所终。今四顶茶园，采摘不废。惟中顶茶木繁密，云雾蔽亏，鸷兽时出③，人迹稀到矣。今蒙顶有露镬芽④、篯芽⑤，皆云火前，言造于禁火之前也。

蒙山有压膏露芽⑥，不压膏露芽⑦，井冬芽⑧，言隆冬甲拆⑨也。

雅州蒙顶茶其生最晚，春夏之交，有云雾覆其上，若有神护持之者……

蒙顶有研膏茶，作片进之，亦作紫笋⑩。

……剑南蒙顶石花、露镬芽、篯芽。

（五代十国·毛文锡）

注释：

①茶谱：五代十国蜀国时毛文锡所著，其中记述蒙顶仙茶神奇传说。

②瘥（chài）：病除。

③鸷兽时出：凶猛的鸟和野兽时常出没。

④露镌芽：镌，雕刻，指茶芽尖细。露，指饼面可见茶芽，即不研膏工艺。

⑤籛芽：籛（jiān），小竹名。茶芽似竹芽。

⑥压膏露芽：制茶过程压去部分茶汁，压模成型，芽形显露。

⑦不压膏露芽：制茶过程不压茶汁，压模成型，芽形显露。

⑧井冬芽：泛指初春采摘的茶类。

⑨甲拆：发芽时种子外皮裂开。

⑩紫笋：紫笋茶。

毛文锡：唐末五代人，字平珪，高阳人（今属河北人）。十四即登进士第。已而入蜀，从王建，官翰林学士承旨，进文思殿大学士，拜司徒，蜀亡，随王衍降唐。著有《前蜀纪事》《茶谱》，词存32首。

《茶谱》有蒙顶茶对其他茶区、茶叶的影响。记有：

眉州①洪雅、昌阆、丹棱，其茶如蒙顶制茶饼法。其散者，叶大而黄，味颇甘苦，亦片甲、蝉翼之次也。

临邛②数邑，茶有火前、火后，嫩、绿、黄等号。又有火番饼，每饼重四十刃，入西番③，党项④重之。如中国名山者⑤，其味甘苦。

注释：

①眉州：今乐山市眉山市。

②临邛：前蜀邛州州治在临，邛即今邛崃市。

③西番：指西部各少数民族。

④党项：古羌一支，南北朝时分布在青海东部河曲和四川松潘以西山地，唐前吐蕃征服青藏诸部，党项羌人迁至甘肃、宁夏、陕北一带。北宋时建立西夏政权。

⑤名山：今四川雅安市名山县，蒙顶茶产地。

太平寰宇记①

雅州土产茶②，名山县蒙山在县西七十里③……山顶受全阳气，其茶香芳。按茶谱云，山有五岭，岭有茶园，中顶曰上清峰，所谓蒙顶也，为天下所称。

（宋·乐史）

注释：

①《太平寰宇记》：撰于宋太宗太平兴国年间，依宋初所置十三道，分述各州府之沿革、领县、州府境、四至八到、户口、风俗、姓氏、人物、土特产及所属各县之概况、山川湖泽、古迹要塞等。

②雅州土产茶：雅州当地盛产茶叶作方土贡品。宋朝时雅州包括名山县和百丈县。

③县西七十里：这里名山县蒙山位置是以百丈县的位置记述的。据考证百丈县在今名山县茅河乡临溪村一带（现有证在百丈镇），西距蒙山35km。

乐史：字子正，北宋抚州市崇仁县三山乡人。文学家、地理学家。仕宦60余年，先后任过著作郎、太常博士、水部员外郎及舒州、商州等地的地方官。

嘉祐补注神农本草①

真茶性极冷②，惟雅州蒙山出者温而主疾③……近岁稍贵，此品制作亦精于他处，其性似不甚冷……

（宋·苏颂等）

注释：

①《嘉祐补注神农本草》：宋仁宗下诏修订，参与修书的有苏颂等人，1061年编成，集中反映了当时全国用药的实际情况，也反映了当时博物学的水平和成就。

②冷：寒。中医认为茶分寒性与热性。

③主疾：主要用作药用治疗疾病。与后来多种药书中记述的"祛疾"是同一意思。

苏颂：福建人，生于北宋隆盛时期，博通经史百家，除修书外，在内政外交、军事教育、天文水利、医药等方面都有重要贡献。

新唐书·地理志·贡茶

雅州芦山郡：蒙顶贡茶。

（宋·欧阳修、宋祁等）

东斋记事①

蜀之产茶凡八处：雅州之蒙顶，蜀州之味江，邛州之火井，嘉州之中峰，彭州之堋口，汉州之杨村，绵州之兽目，利州之罗村。然蒙顶为最佳也。其生最晚，常在春夏之交，其芽长二寸许，其色白，味甘美。而其性温暖，非他茶之比。蒙顶者，书所谓蔡蒙旅平者也。李景初与予书言，方茶之生，云雾覆其上，若神物护持之。其次罗村，茶色绿而味亦甘美。

（宋·范镇）

注释：

①《东斋记事》是北宋时期范镇所写的有关时事见闻的笔记，所记内容涉及北宋典章制度、士人逸事以及蜀地风土人情等。

范镇：字景仁，成都华阳（今四川成都）人。官至知通进银台司（掌管朝廷诏令和奏章出纳官职），能体恤民情，通察世事，人品高，才气俱富，诗文双超，为中国北宋时期一位著名文学家，中国知识分子的典型。

晁氏客话

雅州蒙山常阴雨，谓之漏天，产茶极佳。味如建品。纯夫有诗云："漏天常浪雨，蒙顶半藏云"，为此也。

（宋·晁说之）

古今合璧事类备要·外集

蜀雅州蒙山顶有露芽、谷芽，皆云火前者，言采造于禁火之前也，火后者次之。

（宋·虞载）

续墨客挥犀①

茶古不著所出，本草但云出益州川谷间，唐多以蒙山、顾渚、蕲门②者为上品，当时饮茶尚杂以苏椒③之类。故德宗尝令李泌《赋茶》诗，有句云："旋沫翻成碧玉池，添苏散出琉璃眼。"遂以碧色为贵。

（宋·彭乘）

注释：

①《续墨客挥犀》：是宋代彭乘所著史料性笔记。

②蒙山、顾渚、蕲门：唐代贡茶。

③苏椒：紫苏，一年生草本植物。茎、叶、种子入药，嫩叶古用以调味。椒，调味植物果实，如胡椒、花椒。

彭乘：字利建，益州华阳（今四川成都）人。宋真宗祥符五年（1012年）进士，曾授汉阳军判官，知普州、安州，擢工部郎中、翰林学士。

宣和北苑贡茶录①

万春银叶：宣和二年造。
玉叶长春：宣和四年造②。

（宋·熊蕃）

注释：

①《宣和北苑贡茶录》：作者熊蕃，成书于宋淳熙九年（1183年），是记述当时北苑贡茶生产情况的专著。

②万春银叶、玉叶长春：为北苑贡茶。蒙顶茶在北宋时制作过并进贡。现在蒙山万春银叶、玉叶长春名优绿茶是明代废团改散沿用名称。

熊蕃：字茂叔，福建建阳人。工诗，号独善先生。生平厌科举，一生不仕，在建安担任茶官时，潜心研究贡茶的采制及其沿革，制品色、香、味的品评等。

蒙顶茶记

《唐志》，贡茶之郡十有六，剑南仅雅州一郡而已。

（宋·王庠）

王庠：字周彦，自贡荣县人，南宋中兴四大诗人，品学兼优，娶苏东坡侄女为妻。八行考试，全备为天下第一，为奉养母亲，不愿做官，被朝廷表彰为"处士"。

舆地纪胜

西汉时有僧从岭表来，以茶实值蒙山，忽一日隐池中，乃一石像，今蒙顶茶，擅①名师所植也，至今呼其石像为甘露大师②。

（南宋·王象之）

注释：

①擅：专，唯独。

②《舆地纪胜》记述的蒙山西汉僧人植茶之说与宋"甘露祖师像并行状"碑内容基本一致。

王象之：南宋婺州金华（今属浙江）人，字仪父，一作肖父。进士，历任长宁军文学、江西分宁、江苏江宁知县。志行高洁，无意于禄位，中年起隐居著述。他博学多识，尤精史地之学，所著地理学名著《舆地纪胜》具有很高的学术价值。

斋天科仪

献茶揭：

夫茶者，武夷玉粒，蒙顶春芽。烹成蟹眼雪花，煮作龙团凤髓，癸天天鉴亨地表，以此春茗。雀舌遇先春，长蒙山有味香馨。竹炉烹出，沸如银满，泛玉瓯缶樽。斋官托在金盘内，虔诚奉献，奉献天颜诸仙。台上见丹忱，福沛与门庭。

（正一派道教科仪）

文献通考·征榷考①

四川茶：

自熙丰②来，蜀茶官事权出诸司之上，而其富亦甲天下。时以其岁剩者上供。旧博马皆以粗茶。乾道末③，始以细茶遣之。然蜀茶之细者，其品视南方已下。惟广汉赵坡④，合州之水南⑤，峨眉之白芽，雅安⑥之蒙顶，士人亦珍之。然所产甚微，非江建⑦比也。

（元·马端临）

注释：

①《文献通考》是中国古代典章制度方面的集大成之作，体例别致，史料丰富，内容充实，评论精辟。

②熙丰：北宋神宗熙宁、元丰年间。

③乾道末：南宋孝宗乾道后期。

④赵坡：今绵竹县土门镇三溪所产赵坡茶。

⑤合川水南：今重庆市合川县嘉陵江东沱湾，与毗邻铜梁为水南茶区。

⑥雅安：雅安地名始于清雍正七年（1729年）。唐称雅州，宋、元称严道。此书清代重刻时，改称雅安之名。

⑦江建：江浙和福建。

马端临：字贵舆，号竹洲。饶州乐平（今江西乐平）人。宋元之际著名的历史学家，著有《文献通考》《大学集注》《多识录》。

四川志

雅州：

名山蒙顶茶，俗称蒙山顶上茶即此也。

（明·熊相）

熊相：字尚弼，明武宗正德十三年（1518年）任四川按察使时，主修《四川志》。

四川总志

蒙顶茶《图经》云：此茶受阳气全，故芳香，出名山。

（明·吴之皞、杜应芳）

茶 谱

《茶经》云：雅州百丈山、名山者，与金州同。《雅安志》云：蒙顶茶在名山县西北一十五里蒙山之上。白乐天诗"茶中古旧是蒙山"是也。今按：此茶在上清峰甘露井侧，叶厚而圆，色紫赤，味略苦。发于三月，成于四月间，苔藓庇之。汉时僧理真所植，岁久不枯。《九州记》云：蒙者，沐也。言雨露蒙沐，因以为名。山顶受全阳气，其茶芳香。按《茶谱》云：山有五峰，顶有茶园。中顶曰上清峰，所谓蒙顶茶也，为天下所称。晁氏《客话》①：李德裕丞相入蜀②，得蒙饼沃于汤瓶之上，移时尽化，以验其真。《方舆胜览》③：蒙顶茶，常有瑞云影相现。故文潞公④诗云："旧谱最称蒙顶味，露芽云液胜醍醐。"志⑤云：蒙山有僧病冷且久，遇老父曰："仙家有雷鸣茶，俟雷发声乃茁，可并手于中顶采摘，用以祛疾。"僧如法采服，未竟，病瘥精健，至八十余入青城山，不知所之。今四顶茶园不废，惟中顶草木繁茂，人迹稀到云。

（明·曹学佺）

注释：

①晁氏《客话》：晁说之，字似道，巨野（山东）人，宋元丰五年（1082年）进士。

②李德裕入蜀：唐文宗太和年间，李任西川节度使。

③《方舆胜览》：南宋祝穆撰，宋嘉熙三年（1239年）成书，全书有府州建制、沿革、人口、方物等十二部类，属地理总志。

④文潞公：即文彦博，字介休，宋仁宗时进士，官至同中书门下平章事（右相），封潞国公。

⑤志：泛指多种志书。有关蒙顶仙茶"病僧得而饮之，陈疾痊愈"的传奇，自五代后，不少志本转载。

曹学佺：字能始，号雁泽，明代官员、学者、藏书家，闽中十子之首。精通音律，擅长度曲，曾谱写闽剧的主要腔调逗腔，因此也被认为是闽剧始祖之一。

本草纲目

集解：

大约谓唐人尚茶，茶品益众，有雅州之蒙顶石花、露芽、谷芽为第一。

真茶性冷，惟雅州蒙山出者温而主疾。

（明·李时珍）

李时珍：字东璧，晚号濒湖山人，蕲州（今湖北蕲春县）人，生于世医之家。经过20多年的艰辛努力，于1578年完成了《本草纲目》这部空前的药物学巨著。

沙坪茶歌跋

蒙山辨：

世以蒙山蒙阴县①所生石藓②，谓之蒙茶，士大夫珍贵。而味亦颇佳，殊不知形已非茶，不可煮饮，又乏香气，而《茶经》不载。蒙顶茶四川雅州，即古蒙山郡。其《图经》云，蒙顶有茶，受阳气之全，故茶芳香。方舆胜览一统志、土产俱载蒙顶茶。《晁氏客话》亦言雅州也。白乐天蒙茶行云，茶中故旧是蒙山。李丞相德裕入蜀得蒙饼，文彦博有谢人惠蒙顶茶诗云，"旧谱最称蒙顶味，露芽云腴胜醍醐"。吴中复诗云："蒙山之巅多香草，恶草不生生淑茗。"今少有者，盖地既远，而蒙山有五峰，最高曰上清峰，方产此茶。且常有瑞云影相见。多虎豹龙蛇，人迹罕到故也。但《茶经》③品之次，若山东之蒙，乃论语所谓东蒙主耳。

（明·杨慎）

注释：

①蒙阴县：山东省蒙阴县蒙山，世称东蒙山。

②石藓：石上所生苔藓，茎叶小，色绿无根。

③茶经：唐陆羽《茶经》，明张谦德《茶经》无石藓茶记载。

杨慎：字用修，号升庵，四川新都（今成都市新都区）人，明代文学家，明代三大才子之一。明正德六年（1511年）状元，官翰林院修撰，豫修武宗实录，禀性刚直，每事必直书。著述之富，如《升庵集》《江陵别内》《宝井篇》《滇池涸》等20余部；又能文、词及散曲，论古考证之作范围颇广。后人辑为《升庵集》。

事物绀珠

茶类：

今茶名，茶。成汤作。茗，茶晚取者。山茶，出蜀蒙山顶，在唐以为仙品，难得。

雷鸣茶，出雅州蒙顶山……（以上共九十六个除蒙山二行排列在前，其余略）。

古制造茶名：

五花茶，片作五出花。薄片，出渠江一斤八十枚。圣扬花、吉祥蕊上品、石花、石苍压膏、露芽、不压膏芽、井冬芽、谷芽，以上八者出蒙顶。

……

玉液长春、万春银叶、龙苑报春，以上三者宣和茶。（古制茶一百零一，蒙顶茶占八个）。

（明·黄一正）

辨物小志

凡荈茗木生，而青郡属之蒙山独产顶石上若苔，采而干之以入沸，色香味皆绝，真殊品也。世传"扬子江心水，蒙山顶上茶"之句。而宋范景仁①《东斋纪事》称蜀茶数处，雅州蒙顶最佳。其生最晚，在春夏之交，方生。则云雾覆其上，若有神物护持之。《晁氏客话》亦称雅州蒙山常阴雨，谓之漏天，产茶最佳，味如建品。竟不知昔诗，所称蒙山茶配合江心水者，定是谁茶也。

（明·陈绛）

注释：

①范景仁：即范镇，字景仁，北宋时期著名文学家，著《东斋纪事》等书。

陈绛：字用言，明代上虞人，明世宗嘉靖二十三年（1544年）进士，官至太仆寺卿。其仿《论衡》著《山堂随钞》，另著有《辨物小志》《金罍子》。

二如亭群芳谱①

近世蜀之蒙山，每岁仅以两计②。苏之虎丘，至官府预为封识，已为采制。所得不过数斤。岂天地间尤物，生固不数数然耶。

蜀之雅州蒙山顶有露芽、谷芽，皆云火前者，言采造于禁火之前也。火后者次之。一云雅州蒙顶茶，其生最晚，在春夏之交，常有云雾覆其上，若有神物护持之。又有五花茶者③，其片作五出花。

（明·王象晋）

注释：

①《二如亭群芳谱》：中国明代介绍栽培植物的著作。全书30卷（另有28卷本，内容全同），约40万字，初刻于明天启元年（1621年），后有多种刻本流传。内容按天、岁、

谷、蔬、果、茶竹、桑麻、葛棉、药、木、花、卉、鹤鱼等十二谱分类，记载植物400余种，每一植物分列种植、制用、疗治、典故、丽藻等项目，其中观赏植物约占一半，收集了一些重要花卉植物的品种名称。

②以两计：这里指仙茶每年产量非常少，只能以两来计数。明代万历年间名山知县张朝普言："蒙山为仙茶之所，每岁必职贡。"

③五花茶：摘自毛文锡《茶谱》的"茶之别者……五花茶者，其片作五出花也"，片型薄饼，五瓣似梅。

王象晋：明代文人、官吏，农学家，旁通医学。字荩臣、子进，自号名农居士。桓台新城（今属山东）人。编撰的《二如亭群芳谱》是我国17世纪初期论述多种作物生产及与生产有关的一些问题的巨著。

潜确类书

蒙顶石花，蜀蒙山顶茶。多不能数斤，极重于唐。以为仙品。

（明·陈仁锡）

陈仁锡：明代官员、学者。字明卿，号芝台，长洲（今江苏苏州）人。明天启二年（1622年）进士，授翰林编修，官至国子监祭酒。著《四书备考》《经济八编类纂》《重订古周礼》等。

月令广义

蜀之雅州名山县，蒙山有五峰，峰顶有茶园，中顶最高处曰上清峰，产甘露茶。昔有僧病冷且久，尝遇老父询其病，僧具告之。父曰："何不饮茶？"僧曰："本以茶冷，岂能止乎？"父曰："是非常茶，仙家有所谓雷鸣者，而亦闻乎？"僧曰："未也。"父曰："蒙之中顶有茶，当以春分前后多人力，俟雷之发声，并手采摘，以多为贵，至三日乃止。若获一两，以本处水煎服，能祛宿疾。服二两，终身无病。服三两，可以换骨。服四两，即为地仙。但精洁治之，无不效者。"僧因之中顶筑室以候，及期，获一两馀，服未竟而病瘥。惜不能久住博求。而精健至八十余岁，气力不衰。时到城市，观其貌若年三十馀者，眉发绀绿。后入青城山，不知所终。今四顶茶园不废，惟中顶草木繁茂，重云积雾，蔽亏日月，鸷兽时出，人迹罕到矣。

（明·冯应京、戴任）

敲空遗响

募施茶引：

汝南，古号名邦。金粟新开胜地。门当孔道，路属通衢，车马往来之既多，商旅负戴之不少。虽祇洹①有村，必甘露方获清凉，奈瓢饮少泉，非茶汤曷能慰渴。欲置大尊于冲途。唯冀布金之长者不问龙团雀舌。但凭高士盈筐。竭篚送来。至期华顶蒙山。亦任行人满腹讴歌而去。

茶亭化柴引：

夏日炎蒸，旅程迢递。梅林有望，渴思载道之人；甘露无施，痛惜如焚之苦僧。某愿倾涓滴于枯肠，但乏柴薪于爨下。欲得釜翻雪浪，还他冷灶炊烟。大家拈出一茎，功超布金百倍。

（明·憨休禅师）

注释：

①祇洹：指祇洹精舍或祇园精舍，全称祇树给孤独园或胜林给孤独园。

憨休禅师：原名胡如干，号憨休，蜀西龙安（今成都）人，生活在清康熙时期，19岁出家，行迹遍及浙江各大名寺，后到陕西泾阳兴福寺。为人厚重，精通禅理，为一代名僧。憨休禅师《敲空遗响》摘自《嘉兴大藏经》第七十二卷。

茶 史①

茶之名产：

圣扬花　双林大士自往蒙顶结庵种茶，凡三年，得极佳者曰圣扬花。

禅智寺茶　《茶谱》：扬州禅智寺，隋之故宫。寺枕蜀岗，有茶园，其味甘香，媲美蒙顶。

四川：

上清峰茶（雅州古严道，西魏曰蒙山，隋曰临邛，唐宋曰雅州）。蜀之雅州有蒙山。山有五顶，各有茶园，其中顶曰上清峰，茶最难得。俟雷发声，始得采之，方生时，尝有云雾覆之，如神护。

雾镌芽、钱芽、露芽、石花、小方、散茶，造于禁火之前，又有谷芽，皆为第一等茶。

五花茶、云茶（即蒙顶茶）　五花，其片五出。蒙山白云岩产，故名曰云茶②。《图经》云，蒙顶茶受阳气全，故香。

唐李德裕入蜀，得蒙饼，沃于汤瓶上，移时尽化者乃真。

蒙顶茶，多不能数斤，极重于唐，以为仙品。

蒙山属雅州名山县，有五峰，前一峰最高曰上清峰，产甘露。《禹贡》蔡蒙旅平即此（蔡山属雅州。旅平，旅祭告平也）。

唐宋诸家品茶：

茶之产于天下，繁且多矣。品第之，则剑南之蒙顶石花为最上，湖州之顾渚、紫笋次之，又次则峡州之碧涧簝、明月簝之类是也，惜皆不可致矣。

（清·刘源长）

注释：

①《茶史》：成书于清康熙年间，凡二卷，有三十子目，约三万三千字，卷首录有各著述家及陆羽事迹，而后大抵杂录诸书编纂而成，上卷记茶品，下卷记饮茶，集前人资料，全面详细。

②白云岩茶：产自兖州府费县，蒙山一名东山，上有白云岩，非蜀中蒙顶白云岩也。禹贡蒙山有石花茶、白云岩、云茶。四川、山东二地均有相同之名。

刘源长：字介祉，淮安人。明朝末年诸生，著有《茶史》一书。书端题名称"八十老人刘源长介祉著"。

四川通志

物产：

雅州府：仙茶（名山县）治之西十五里有蒙山，其山有五顶，形如莲花五瓣，其中顶最高名曰上清峰，至顶上略开一坪，直一丈二尺，横二丈余，即神仙茶之处。汉时甘露祖师姓吴名理真者手植，至今不长不灭，共八小株。其七株高仅四五寸，其一株高尺二三寸。每岁摘茶二十余片。至春末夏初始发芽，五月方成叶，摘采后其树即似枯枝，常用栅栏封锁。其山顶土仅深寸许，故茶不甚长，时多云雾，人迹罕到。书曰蔡蒙旅平即此山与府城东蔡山也。

（清·查郎阿、张晋生）

查郎阿：纳喇氏，字松庄，满洲镶白旗人。袭世职，兼佐领，迁参领。

张晋生：清文史学家，四川金堂县人。

雅州府志

物产：

名山县：仙茶产蒙顶上清峰甘露井侧，叶厚而圆，色紫味略苦，春末夏初始发，苔藓庇之，阴云覆焉。相传甘露祖师自岭表携灵茗植五顶，至今上清峰仅八小株，七株高四五寸，一株高仅尺二三寸，每岁摘叶止二三十片，常用栅栏封锁。其山顶土止寸许。故茶自汉到今不长不灭。蔡襄歌"蒙芽错落一番风"，白乐天[①]诗"茶中故旧是蒙山"。郑谷诗"蒙顶茶畦千点露"。文彦博诗"露芽云液胜醍醐[②]"。吴中复诗："蒙山之巅多秀岭，恶草不生生淑茗"。

茶政：

龙团雀舌，齿颊流芳。仙种灵根，菁芬妙品。宜王褒有武阳之买，而张载重孙楚之诗也，岂惟内地资其啖啜[③]，边徼[④]尤倚为性命。则茶之有关於地方大矣。矧[⑤]雅州孔道直达西炉[⑥]，其间引目[⑦]之增减，课税之抽添裕国通商，尤大费庙堂之硕画者乎。志茶政。

（清·白居易）

注释：

①白乐天：白居易，字乐天。中国古代著名诗人。

②醍醐（tí hú）：原指酥酪上凝聚的油，比喻非常美好的饮品。醍醐灌顶：佛教指灌输智慧使人彻底觉悟。

③啖啜：饮食；吃喝

④边徼：边境，界线。

⑤矧（shěn）：况且；亦。

⑥西炉：西藏、康定（古称打箭炉）。

⑦引目：古时获准销售的货物凭单。开列有茶的品种、分量等。这里指茶引和税目。

退笔录

成都名山县蒙顶茶，一名仙茶。雷发声时始吐芽，故又名雷鸣茶。宋时一老僧结茆山顶，有固疾，尝此茶而愈。遂传于世。然山高八十里，在云雾中，虎狼最多，取之甚难，今已止存半树。名山令因此为累。每年采送至上台，贮以银盒，亦不过两许。其矜贵如此，余皆取半山所植，名陪茶，以备远方有力来购者。方伯刘公汲浣花江水试之。茶色白而清芬，沁于齿颊，迥异常茗。继又得巫山营刘游击送三峡泉，一时具此双美，可为两川宦游佳话。

（清·沈廉）

养吉斋丛录

宣宗时,四川贡仙茶二银瓶、陪茶二银瓶、菱角湾茶二银瓶、名山县二银瓶。

(清·吴振棫)

陇蜀余闻①

蒙山:在名山县西十五里,有五峰,最高者曰上清峰,其巅一石,大如数间屋②。有茶七株生石上,无缝罅,云是甘露大师手植。每茶时叶生。智矩寺僧报有司往视,籍记叶之多少,采制才得数钱许③。明时贡京师,仅一钱有奇。环石别有数十株曰陪茶,则供藩府诸而已。其旁有泉,恒用石覆之,味清妙在惠泉之上。

(清·王士禛)

注释:

①《陇蜀余闻》:是王士禛记述四川各地物产、奇闻异事的杂记。

②大如数间屋:属传奇、夸大之语。

③得数钱许:贡京师"仅一钱有奇"。仙茶入贡是以叶片记数,"一钱"形容数量稀少,不是具体重量。"奇"的本意零数,少也。

王士禛:原名王士禛,字子真、贻上,号阮亭,又号渔洋山人,人称王渔洋。新城(今山东桓台县)人,常自称济南人,清初杰出诗人、学者、文学家。博学好古,精金石篆刻书法。康熙时继钱谦益而主盟诗坛。论诗创"神韵说"。好为笔记,有《池北偶谈》《古夫于亭杂录》《香祖笔记》等。

重建宝塔序

蒙山于县治为最近,去城西十五里,为诸山发脉之源。左有青衣,右有羌水。前有钵盂①,五峰之心,上薄层霄,俯瞰诸峰。《禹贡》所载"蔡蒙旅平","蒙旅平"即其地也。巅为大五顶,上有五峰耸翠:一曰飞泉峰、一曰菱角峰、一曰甘露峰、一曰毗罗峰。汉时真人吴理真树茶七株于其顶,迄今二千年不生不灭。盖山灵之磅礴郁积而无穷,故仙迹钟焉。今圣天子神圣文武,慈仁薄海内外,山泽效灵,醴泉献瑞,不可胜纪,何独蒙顶。而蒙山为仙茶之所,每岁职贡。兹文武官吏逢初夏罔不格勤供厥职。窃忆山势矗立,其直上者约七里许,登者咸畏其难。惟山之中路有寺,名曰智矩,为登岭之要道,中有石塔二座,俗云石笋,建自大宋庆历八年,乃中书舍人郭监修者。其右一塔,于大明万历四十一年因地震而倒。迄今百余年来左一塔又已斜侧。僧挂锡于兹,慕前贤之功,慨然随缘募众,修举废坠。盖一以映文峰之焜耀②,一以壮禅林之观瞻，甚足嘉焉。普，不敏，江右下士。奉天子命来莅兹土，愧无以壮蒙山之色，映泉水之清，然窃幸初夏时，循例视事，得以三陟其巅，夙夜黾勉③与僧月恒等共围薰炉展青叶，格竣乃事，毋滋陨越。而又得尝旨茗。饮蒙泉，览耸秀之奇观，叙山间之乐事，不可谓非幸也，为之序。

赐进士出身，知名山县事，江右丹徒张朝普。

（清·张朝普）

注释：

①钵盂：本为和尚之食器，这里借指寺庙。

②焜（kūn）耀：明照，照耀。

③黾（mǐn）勉：勉励，尽力。

张朝普：江苏丹徒进士，清乾隆五十六年（1791年）任名山知县。

名山县志

卷 一

疆域：

新制八景　旧有八景，曰蒙顶遐眺、紫府真栖、月窟人家、石城台阁、虎跳飞桥、龙回深壑、晓驿云容、石井茗泐。

蒙顶仙茶：

紫霞圣迹　莲峰夕眺　青衣春耕　栖霞晚钟　回龙瀑布　石城夜月　罗绳雪晴

卷 二

山原：

蒙山，境内之镇山也。唐改曰始阳山，在城西北十五里，山高数千仞，绵亘不可以里计。江分汶筰，气衍岷番。巢嵘嵯峨，连峰迭嶂，盖至此，若苍龙之矫首耳。旧志谓：仰则天风高畅，万众萧瑟；俯则羌水环流，众山罗绕，茶畦杉径，异石奇花，足称名胜，山顶五峰，中曰上清峰，左曰菱角峰、灵泉峰，右曰甘露峰、毗罗峰。五峰酷肖莲花，苍秀勃郁，中为禁　护贡茶七株，即甘露慧禅师手植蒙顶茶也。自汉迄今，不枯不长，谓曰仙茶。七株外曰陪茶，曰菱角湾茶，亦随计贡。旁有甘露井，即禅师示寂处。今封以石，不可启动，动则雷雨立至，为祈祷之所。丛林古刹凡七：绝峰曰天盖寺，山左曰智矩寺、圣灯寺、净居庵、天竺院；山右曰蒙泉院、永兴寺。皆苍林古木，绝壑飞泉。蒙泉凡数百道，合流成川，即青衣江也。奇踪妙迹，不可胜纪，散见各门。

《舆地纪胜》："西汉时，有僧从岭表来，以茶实植蒙山，忽隐池中，乃一石像，今蒙顶茶，擅名师所植也。至今呼其石像为甘露大师。"又引王庠《蒙顶茶记》："《唐志》，贡茶之郡十有六，剑南唯雅州一郡而已。"又引《雅州志》："蒙山属名山县，山有五顶，前一峰最高，曰上清峰，有甘露茶，山上常有瑞相影现，又有蒙泉。"范蜀公亦云："常有瑞云护其上。"又云："智矩寺，在名山蒙顶山，甘露大师圣迹。今石身在，夜多圣灯变现。"……

迨国朝则兼以蒙山仙茶为上供，制作与古微别，亦非始于近代，当考熊蕃《北苑茶录》载万春银叶造自宣和二年（1120年），玉叶长春造自政和二年（1112年），其正贡不过四十斤。今蒙顶贡焙，作固以同于宋制矣，茶生于磐石，味迥殊大观茶①，所称冲淡间②，洁韵高致静之③，品信乎，其不诬也。

卷 三

水道：

甘露井　《府志》："在蒙顶上清峰，井内斗水，雨不盈，旱不涸。后人盖之以石，游者虔礼，揭石取水烹茶，则有异香。若擅自揭取，虽晴日，即时大雨云。"

津梁：

转山桥　旧名甘露桥，入蒙山路也。相传此桥甚古，桥成甘露祖师亲为采桥。虽大水，永无崩圮。桥侧有古楠树，圆径数围。

卷十四

列传四：

汉甘露大师　《舆地纪胜》："西汉时有僧从岭表来，以茶实植蒙顶，忽隐池中，乃一石象。今蒙顶茶擅名师所植也。至今呼其石象不甘露大师。"《通志》："师名理真，俗姓吴。宋淳熙十三年（1186年），邑进士喻大中奏师功德及民，孝宗时封为甘露普惠妙济大师"。

圣罗汉：

《舆地纪胜》："亲出化茶。"

（明）国朝照澈　《通志》："蒙顶寺僧恪守清规，礼佛诵经而外，毫不预世事。按照彻字霁白，雅州任氏子也"。于蒙山植茶万株，银杏、松、杉数百本。建经楼及毗罗殿甘露大师石室。

卷十五

外纪：

智矩寺甘露石像旁有圣水牌，中大书"圣水"二字。旁列衔名有：照历王居仁、签事④完者、继协邓忠、同知⑤小云失卜花、副使⑥脱因达鲁花赤⑦、泰州安抚⑧别里哥帖木儿，末行安抚使司官，至元二年⑨岁次丙子蕤宾⑩吉日施。不知何谓。

（清·赵懿）

注释：

①大观茶：宋徽宗赵佶著《大观茶论》，大观茶，宋代贡茶泛称。

②冲淡间：沸水冲泡间。

③洁韵高致静：清寂高雅宁静。

④签事：即佥事，官名，宋代为各州府的幕僚。

⑤同知：官名，知府的副职，正五品，因事而设，每府设一、二人，无定员。

⑥副使：官名，指节度使或三司使等的副职。

⑦达鲁花赤：达鲁花赤是蒙元时期具有蒙古民族特点和设置最为普遍的官职，蒙古语，意为"镇守者"。

⑧安抚：即安抚使，宋以后指各路负责军务治安的长官，以知州、知府兼任。

⑨至元二年：公元1265年。至元，元世祖忽必烈年号。

⑩蕤宾：古人律历相配十二律与十二月相适应谓之律应。蕤宾位于午在五月故代指农历五月。蕤（ruí）：草木华垂貌。

赵懿：字渊叔，贵州省遵义市人。清光绪十六年（1890年）起任名山县知县。先后两任，政声颇高，特别是邀兄（赵怡）来县完成《名山县志》，功利后世。1895年卒于官职。邑人于紫霞山之怀虞堂，立主陪祀。

名山县新志①

（物产）茶：

全县皆产，其产青衣、大幕两流域者曰西山茶：百丈延者曰雀舌、曰花毫、曰白毫、曰毛尖、曰元汁，行销内地。谷雨采者曰金玉、金仓，行销边藏，大宗出产也。

蒙茶——蒙顶五峰，中曰上清，汉僧吴理真自西域天竺挈茶种种于峰下，凡七株，迄今二千余年，不长不枯，其叶细长，网脉对分，味甘而清，色黄而碧，酌杯中香云幂覆，久凝不散，以其异名之仙茶②。《元和郡县志》列入贡茶。自是相沿迄清，每岁孟夏，县尹筮吉日朝服登山，率僧僚焚香拜采……采三百六十叶，贮两银瓶贡入帝京，以备天子郊庙之供。三百六十叶外，并采菱角峰下凡种採制成团曰颗子茶，另贮十八锡瓶陪贡入京，天子御焉。中外通称贡茶，即此两种也③。民国停贡，县尹仍照旧珍采，以供祀事，至于漫山所产，茶味均佳。

（民国·胡存琮、赵正和）

注释：

①新志只摘录主要与蒙顶茶有关部分，其他与光绪版相同或相近及已有另记的略。

②仙茶：唐代《元和郡县志》所列的贡茶是"蒙顶石花，或小方，或散芽"，不是仙茶。唐宋时贡茶是皇帝饮用，明清时贡茶主要供皇室祭祖，陪茶才是皇室饮用。

③此两种也：清代的贡茶仅二种，其一仙茶三百六十片，供天子郊庙之供，其二是陪茶十八锡瓶供皇帝御用。

二、当代专著载蒙山茶

蒙 茶

关于四川茶树栽培历史，《四川通志》说："名山之西十五里有蒙山，其山有五顶，中顶最高，名曰上清峰……即种仙茶之处。"汉时，甘露寺祖师姓吴名理真手植茶树7株于山顶，树高1尺上下，不枯不长，称曰"仙茶"。因其品质优异，自唐朝即列为贡茶，建立御茶园，遗址至今尚存。历代诗人文士都争相称颂，如黎阳王《蒙山白云岩茶》诗："若教陆羽持公论，应是人间第一茶。"宋文彦博赞蒙顶茶诗："蜀土茶称圣，蒙山味独珍。"至于"扬子江心水，蒙山顶上茶"更为古今吟诵。

宋代王象之《舆地纪胜》也载："西汉时有僧自岭表来，以植茶蒙山。"据蒙山茶场李家光考证，蒙山茶就是本地茶，吴理真是本地人，不是从外地来的和尚（见四川省雅安地区茶叶学会1977年学术讨论会《论文选集》）。据此推论，蒙山一带栽培茶树远在西汉以前、与常璩《华阳国志》"园有芳香茗"有联系。

蒙山有我国植茶最早的文字记载。该山原任僧正祖崇于清雍正六年（1728年）立碑记其植茶史略，石碑至今尚存，是我国植茶最早的证据。碑文中有"……灵茗之种，植于五峰之中，高不盈尺、不生不灭、迥异寻常""蒙山有茶，受灵气之精、其茶芳香""栽蓄亿万株"等语。

据晋常璩《华阳国志·巴志》记载，周武王联合四川各民族共同伐纣（公元前1135年）之后，巴蜀所产之茶，已列为贡品。诸民族首领就带茶叶去进贡。李肇《唐国史补》记载，风俗贵茶、茶之名品益众。剑南有蒙顶石花（产于雅州蒙顶），或小方、或散芽（谷芽），号为第一。

唐代刘禹锡《西山兰若试茶歌》："何况蒙山顾渚春，白泥赤印走风尘。"这说明四川蒙顶茶和江苏顾渚山茶，是唐时的重要贡品，还未到春天就加紧催制、快马进贡登程了。

雅州蒙山产石花谷芽。雅州即今四川雅安县，蒙山在四川名山、雅安之间，属名山界内。蒙山在汉朝种茶、制茶，晋朝开始作贡茶。历史上生产的名茶有团茶龙团、凤饼、散茶、雷鸣、雾种、雀舌、白毫等。十二世纪生产甘露、石花和黄芽。名茶石花、黄芽，都属黄茶类，在唐朝已驰名全国。石花每年入贡，列入珍奇宝物，收藏数载其色如故。

《名山县志》载："蒙顶茶味甘而清，色黄而碧，酌杯中，香云幂覆，久凝不散。因此，自古以来有蒙顶石花，天下第一之称。每岁采贡茶三百六十五叶。"宋政和二年（1112年）创造玉叶长春，宋宣和八年（1120年）创造万春银叶，都是贡茶，属蒸青团茶。

一九五一年，蒙山设立茶叶试验场，一九五九年恢复名茶生产。仿古传诸名茶特点，结合现在制绿茶技术，生产甘露（又名米芽）、万春银叶、蒙顶石花、玉叶长春和蒙顶黄芽，列为省内名茶。品质特征是细嫩多毫、全芽整叶、香高味醇、汤色清澈。

（《茶业通史》，1984年，中国农业出版社）

毛泽东与蒙山茶

1958年，中共名山县委、县人民政府按照毛泽东主席关于"蒙山茶要发展，要和群众见面"的指示，组织800余人上蒙山开荒种茶。当年，开荒1129亩，复垦荒茶地、新种茶地338亩，建成"蒙山茶叶培植场"。

（《名山茶业志》，1988年，四川省社会科学院出版社）

蒙山茶的药用价值

近年来，据全国茶叶研究所化验分析，蒙山茶的内含物质极为丰富，其中含茶多酚28.91%、氨基酸4.85%、可溶糖2.13%、咖啡碱4.56%、维生素C 202~259mg/g。水浸物总量43.47%。常适量饮用，可以清热、利尿、健胃、消脂、强心、降低冠心病发病率；有沉淀杂质、防腐净水的作用；能解除酒食、油腻及烧炙之毒；防治伤寒、霍乱病菌的传染，对于肾炎、气管炎、慢性肝炎和血癌，都有一定的辅助疗效。

（《名山茶业志》，1988年，四川省社会科学院出版社）

蒙山茶

栽培始于西汉甘露（公元前53—前50年）至今已有2000余年历史。根据茶叶工艺综合考证，三国曹魏以前至唐约800年中，茶叶加工形式初为鲜叶经简单处理使之干燥，后以饼茶兴旺，达到盛期，品种繁多、琳琅满目。

唐宪宗元和八年（813年）《元和郡县志》记有"严道县南十里有蒙山，今岁贡茶蜀之最"。唐代17个郡有贡茶，名目约40个，蒙顶茶独占鳌头，名列第一，是很了不起的。正如唐代袁滋的《云南记》所说："蒙山在雅州府，凡蜀茶尽出此。"

宋代名茶全蜀近百个，其中著名者有8处，蒙山为群芳之首。故《事物绀珠》记述唐宋古代名茶98种中，前8种均出蒙山：如五花茶、圣杨花、吉祥蕊、石花、石苍压膏、露芽、不压膏、谷芽等，并称吉祥蕊为上品。

北宋范缜《东斋记事》写道："蜀之产茶凡八处，雅州之蒙顶，蜀州之味江，邛州之火井、嘉州之中峰、彭州之堋口、汉州之杨村、绵州之罗村。然蒙顶为最佳也。"

《宋史·食货志》（卷一八四）有下面一段话与蜀茶有关的文字："蜀茶之细者，其品视南方以下，惟广汉之赵坡、合州之水南、峨眉之白牙、雅州之蒙顶，士人亦珍之，但所产甚微，非江建比也。"唐代制茶多以团饼为主，但在某些地方已经出现炒青。石花大约出现在晚唐，此茶曾受到唐代白居易、黎阳王、段成式等人的赞誉。

（《中国名茶志》，2000年，中国农业出版社）

扬子江中水　蒙山顶上茶

"扬子江中水，蒙山顶上茶。"蒙顶茶由于品质特殊，历代文人学士留下了不少称颂蒙顶茶的诗篇。唐代著名诗人白居易在《琴茶》一诗中，曾有"琴里知闻惟渌水，茶中故旧是蒙山"之句。《渌水》系琴曲名，颇为有名。唐代诗人杜甫曾把《渌水曲》称为"浩歌《渌水曲》，清绝听者愁"。

（《中国茶经》，1996年，上海文化出版社）

三、字典词典载蒙山及蒙山茶

蒙　山

蒙：又"蔡蒙旅平"。【旰】蒙山，在蜀郡青衣县。

【《康熙字典·申集上》，清道光七年（1827年）重刊本】

蒙　山

在四川雅安、名山、芦山三县界。《书·禹贡》："蔡蒙旅平。"《孔传》："蔡蒙，二山名。"《汉书·地理志》："青衣有禹贡蒙山。"《寰宇记》："蒙山，北连罗绳山，南接严道县。山顶受全阳气，其茶芳香。"《茶谱》云："山有五岭，有茶园。中顶曰上清峰，所谓蒙顶茶矣。"《陇蜀余闻》："蒙山有五峰，最高者曰上清峰。其颠一石大如数间屋，有茶七株，生石上，无缝罅，相传为甘露大师所手植。产生甚少。明时贡京师。岁仅一钱有奇。环石别有数十株，曰陪茶，则贡藩府诸司而已。"

（《中国古今地名大辞典》，1931年，商务印书馆）

蒙 山

在四川雅安、名山、芦山三县间。产茶，称蒙顶茶。《书·禹贡》："蔡蒙旅平。"《传》："蔡蒙，二山名。"《汉书·地理志》："青衣有禹贡蒙山。"《太平寰宇记》："蒙山、北连罗绳山、南接严道县，山顶受全阳气，其茶芳香。"《茶谱》云："山有五岭，有茶园，中顶曰上清峰，所谓蒙顶茶矣。"

（《中文大辞典》，1968年，中国文化大学出版部）

蒙山茶

蒙山茶：四川名山县蒙山出产的茶叶。

（《现代汉语词典》，1978年，商务印书馆）

蒙 山

秦为严道县地，汉属青衣，南北朝西魏废帝二年（553年）始置蒙山县，隋开皇十三年（593年）改称名山县至今。因境内蒙山，古亦称名山，故以名县。

距县城7.5km的蒙山，以夏禹治水踪迹所至而名列经史、仙茶入贡而久负盛名。山上红宇古刹，五峰耸立，林木苍翠，绝壑飞泉，现已列为四川省旅游风景区。主要名胜古迹有：古道天梯、红军碑林、盘龙石刻、蒙泉井、皇茶园、千年银杏、稀世山茶等。一年一度的"仙茶故乡"品茶会，吸引着成千上万的各路游人。

（《中国市县大辞典》，1991年，中共中央党校出版社）

蒙山茶

【蒙山茶】四川名山县蒙山出产的茶叶。

（《现代汉语词典》，1992年，商务印书馆）

扬子江中水　蒙山顶上茶

"扬子江中水，蒙山顶上茶"是茶叶饮用谚语。流行于四川等地。意为扬子江水、蒙顶山茶为数得上的好水、好茶。扬子江，即南泠水（亦即中泠水）。古时把江苏江都至镇江之间的长江称扬子江。泠，又作零，或灊。南泠水最宜煎茶。唐代张又新《煎茶水记》载刘伯刍把宜茶之水分为七等，以扬子江南泠水为第一。蒙顶茶，产于四川省邛崃山脉中的蒙山顶上。蒙山山高势陡，重云积雾。自唐代起，蒙山茶为历代贡品，品名有"雷鸣""雾钟""石芽""甘露""雀舌""米芽""白芽""黄芽""鸟嘴"等。

（《中国茶叶大辞典》，2000 年，中国轻工业出版社）

第二节 诗词歌赋

一、古代部分诗词

（一）魏晋时期

出 歌[①]

茱萸[②]出芳树颠，鲤鱼出洛水泉[③]。

白盐[④]出河东，美豉[⑤]出鲁渊。

姜桂茶荈出巴蜀[⑥]，椒[⑦]橘木兰出高山。

蓼苏[⑧]出沟渠，精稗[⑨]出中田。

（晋·孙楚）

注释：

①歌：古诗体之一。这是唐以前少量几首茶诗之一。

②茱萸：植物名。古代习俗，农历九月初九重阳节佩戴茱萸。唐代诗人王维《九月九日忆山东兄弟》有"遍插茱萸少一人"。

③洛水泉：指洛河。

④白盐：指山西出产的池盐。

⑤美豉：指山东地区出产的优质豆豉。

⑥巴蜀：指四川省，包括蒙顶山。此诗说明，巴蜀地区包括蒙顶山出产的茶叶已经闻名全国。

⑦椒：木名，荥。

⑧蓼苏：一年生草本植物，可入药。苏：即紫苏，可入药。

⑨精稗：精米。

孙楚：西晋文人。字子荆，太原中都（今山西榆次）人。历任左著作郎、冯翊太守。《晋书》有传。

（二）唐　代

琴　茶

兀兀寄形群动内，陶陶任性一生间。

自抛官后春多醉，不读书来老更闲。

琴里知闻唯《渌水》，茶中故旧是蒙山。

穷通行止长相伴，谁道吾今无往还？

（唐·白居易）

谢李六郎中寄新蜀茶

故情周匝①向交亲，新茗分张及病身。

红纸一封书后信，绿芽十片火前春。

汤添勺水煎鱼眼，末下刀圭搅曲尘②。

不寄他人先寄我，应缘我是别茶人③。

（唐·白居易）

注释：

①周匝（zā）：周到，完全。

②刀圭：取药末用的小匙，此处用取茶末。

③诗中的新蜀茶未言来自何地，但最后一句表明：因为懂茶、爱蒙山茶，所以寄来的可能是"茶中故旧是蒙山"之蒙山茶。

萧员外寄新蜀茶①

蜀茶寄到但惊新，渭水煎来始觉珍。

满瓯似乳堪持玩，况是春深酒渴人。

（唐·白居易）

注释：

①蜀茶：指蒙顶茶。

白居易：字乐天，山西太原人，唐贞元十六年（800年）进士。唐元和二年（807年）翰林学士；三年（808年）任左拾遗；十年（815年）因越职言事，罪贬江州司马，著有《琵琶行》名篇，存《白氏长庆集》七十一卷。

赁周况先辈于朝贤乞茶

道意忽乏味，心绪病无踪①。
蒙茗②玉花尽，越瓯荷叶③空。
锦水④有鲜色，蜀山绕芳丛⑤。
云根才剪绿⑥，印缝已霏红⑦。
曾向贵人⑧得，最将诗叟同⑨。
幸为乞寄来，救此病劣躯。

（唐·孟郊）

注释：

①病：忧也，苦闷烦躁。踪：理由、原因。

②蒙茗：蒙顶茶。玉花：又称花乳，指茶末冲泡后泛白沫如花。

③越瓯荷叶：浙江余桃产越窑青瓷（青绿色），荷叶形茶盏是当时名品。

④锦水：锦江之水，泛指川西山水。

⑤芳丛：茶树。

⑥云根：高山云端所种的茶树。剪绿：采茶。

⑦印缝已霏红：贡茶装箱以白泥封口，加以官方赤印。"已霏红"指上述程序已完，待运。

⑧贵人：指周况先辈。

⑨同：共同，即符合诗人意。

孟郊：唐武康（今浙江省德清县）人，字东野，贞元进士，与贾岛齐名，有"郊寒岛瘦"之称，有《孟东野集》存世。

茶 岭

顾渚①吴商绝，蒙山蜀信稀；千丛因此始，含露紫英肥。

（唐·韦处厚）

注释：

①顾渚：在今浙江湖州长兴的顾渚山区。顾渚紫笋是历史名茶之一。

韦处厚：唐代诗人。字德载，唐京兆万年（今陕西西安）人。文宗时，拜中书侍郎，同中书门下平章事，唐代贤相之一。此诗是诗人在任开州（今重庆开县）知府时所作。

谢寄新茶

石上生芽二月中,蒙山顾渚莫争雄。封题寄与杨司马,应为前衔是相公①。

(唐·杨嗣复)

注释:

①封题寄与杨司马,应为前衔是相公:杨嗣复曾是宰相,后被贬官,收到别人寄的茶叶,写的仍然是他原来的官衔,故有此说。

杨嗣复:唐代诗人,字继之,曾拜相,任同中书门下平章事。

(三)宋 代

蜀中三首·之二

夜无多雨晓生尘,草色岚光①日日新。
蒙顶茶畦千点露②,浣花笺纸③一溪春。
扬雄④宅在唯乔木,杜甫台⑤荒绝旧邻。
却共海棠花⑥有约,数年留滞⑦不归人。

(宋·郑谷)

注释:

①岚光:山色风光。

②千点露:云雾弥漫,茶芽露珠欲滴。

③浣花笺纸:唐代女诗人薛涛所制。《方舆胜览》载:"薛涛家(百花)潭旁,以潭水造十色笺,名浣花笺。"薛涛用松花图案的笺板印制较小的诗篇或空白笺便于题诗,当时风行一时。

④扬雄:汉成都人,字子云,少好学,长于词赋,成帝时召对承明庭,奏甘泉、河东、长杨、羽猎四赋。为人好古乐道,不慕荣利,独以文章名世。杨雄宅早已不在,只留树木作为寄托怀念的凭据。

⑤杜甫台:杜甫成都住所废弃荒芜。诗人杜甫安史之乱流离成都,生活窘迫,依靠友人盖起一所草堂,因被大风卷走茅草,满屋积水,著《茅屋为秋风所破歌》。唐代宗广德二年(764年)在剑南节度使严武的推荐下,出任节度参谋、检校工部员外郎。严武死后,无依从,移夔州。现今"杜甫草堂"是清嘉庆十七年(1812年)在当时位置上依诗中描述重修。

⑥海棠花:《花谱》"海棠无香,独靖南者有香,故昌州号海棠香国",按唐昌州即今大足县治(《辞源》),海棠香国即四川的代词。

⑦留滞：等待。

郑谷：字守愚，袁州宜春（今江西宜春）人，唐僖宗光启三年（887年）进士及第，官至都官郎中。《唐诗纪事》称郑谷以鹧鸪诗得名，号郑鹧鸪。

和门下殷侍郎新茶二十韵

暖吹入春园，新芽竞粲然。才教鹰嘴①拆②，未放雪花妍。

荷杖青林下，携筐旭景前。孕灵资雨露，钟秀自山川。

碾后香弥远，烹来色更鲜。名随土地贵，味逐水泉迁。

力籍流黄③暖，形模紫笋④圆。正当钻柳火⑤，遥想涌金泉。

任道时新物，须依古法煎。轻瓯浮绿乳，孤灶散余烟。

甘荠非予匹，宫槐让我先。竹孤空冉冉⑥，荷弱谩⑦田田⑧。

解渴消残酒，清神感夜眠。十浆⑨何足馈⑩，百榼⑪尽堪捐。

采撷唯忧晚，营求不计钱。任公因焙显，陆氏有经传。

爱甚真成癖，尝多合得仙。亭台虚静处，风月艳阳天。

自可临泉石，何妨杂管弦。束山似蒙顶，愿得从诸贤。

（宋·徐铉）

注释：

①鹰嘴：新芽似鹰嘴。

②拆：形容茶叶发芽。

③流黄：即硫黄。

④紫笋：紫笋茶。

⑤柳火：古人钻木取火所用易燃物取自春季的榆柳。

⑥冉冉：柔弱貌。

⑦谩：通"漫"，广泛。

⑧田田：鲜碧色。

⑨十浆：十家并卖浆也。

⑩馈：进献，赠送。

⑪榼（kē）：古代酒器。

徐铉：宋代诗人，字鼎臣，广陵（今扬州）人，曾仕南唐，任吏部尚书，后仕宋，生平善诗文。与其弟徐锴并称"二徐"，著有《徐文公集》。

蒙顶茶

旧谱最称蒙顶味,露芽云液胜醍醐①。

公家药笼②虽多品,略采甘滋助道腴③。

注释:

①醍醐:反复精炼的奶酪。

②公家药笼:泛指国家珍奇人物和物品的资源。

③道腴:味道之腴,浓厚。

(宋·文彦博)

和公仪湖上烹蒙顶新茶作

蒙顶绿芽春咏美,湖头月馆夜吟清。

烦酲①涤尽冲襟②爽,暂适萧然③物外情。

(宋·文彦博)

注释:

①烦酲(chéng):烦恼,忧心。

②冲襟:冲涤胸襟。

③萧然:烦闷,苦恼。

文彦博:字宽夫,汾州介休(今山西介休)人,宋天圣五年(1027年)进士,任参知政事,同中书门下章事(宰相),累仕四朝,出将入相50余年,92岁卒,封潞国公,谥"忠烈",世称"文潞公"。

谢惠茶

蒙山之巅多秀岭,烟岩抱合五峰①顶。岷峨气象压西垂,恶草不生生淑茗。

(宋·吴中复)

注释:

①五峰:蒙顶山有五峰——上清、灵泉、甘露、玉女、菱角峰。历代蒙顶山贡茶产于此。

吴中复:宋代诗人。字仲庶,兴国永兴(今江西兴国)人。曾任峨眉知县。

试院煎茶

蟹眼已过鱼眼生,飕飕欲作松风鸣。

蒙茸出磨细珠落，眩转绕瓯飞雪轻。

银瓶泻汤夸第二，未识古人煎水意。

君不见，昔时李生好客手自煎，贵从活火发新泉。

又不见，今时潞公煎茶学西蜀，定州花瓷琢红玉。

我今贫病常苦饥，分无玉盏捧娥眉。

且学公家作茗饮，砖炉石铫①行相随。

不用撑肠拄腹文字五千卷，但愿一瓯常及睡足日高时。

（宋·苏轼）

注释：

①石铫：陶罐。

煎茶赋

汹汹乎，如涧松之发清吹。皓皓乎，如春空之行白云。宾主欲眠而同味，水茗相投而不浑。苦口利病，解胶涤昏，未尝一日不放箸，而策茗碗之勋者也。余尝为嗣直瀹茗，因录其涤烦破睡之功，为之甲乙。建溪如割，双井如挞，日铸如䂎，其余苦则辛螫，甘则底滞，呕酸寒胃，令人失睡，亦未足与议。或曰：无甚高论，敢问其次。涪翁曰：味江之罗山，严道之蒙顶，黔阳之都濡高株，泸川之纳溪梅岭，夷陵之压砖，临邛之火井，不得已而去于三，则六者亦可酌兔褐之瓯，瀹鱼眼之鼎者也，或者又曰：寒中瘠气，莫甚于茶，或济之盐，勾贼破家，滑窍走水，又况鸡苏之与胡麻。涪翁于是酌岐雷之醪醴，参伊圣之汤液，斫附子如博投，以熬葛仙之垩，去蒌而用盐，去桔而用姜，不夺茗味，而佐以草石之良，所以固太仓而坚作强。于是有胡桃松实，庵摩鸭脚，勃贺靡芜，水苏甘菊，既加臭味，亦厚宾客。前四后四，各用其一，少则美，多则恶，发挥其精神，又益于咀嚼。盖大匠无可弃之材，太平非一世之略，厥初贪味隽永，速化汤饼，乃至中夜，不眠耿耿，既作温齐，殊可屡歠。如以六经济三尺法，虽有除治，与人安乐，宾至则煎，去则就榻，不游轩石之华胥，则化庄周之蝴蝶。

（宋·黄庭坚）

黄庭坚：北宋文字家、书法家。字鲁直，号山谷道人。洪州分宁（今江西修水）人。开创"江西诗派"，书法自成一家，与秦观等同为"苏门四学士"。著有《山谷集》。

舍弟寄茶

吾弟饷人真不恶，建芽来自禁烟前。

一杯未易阳侯厄，四两应为蒙顶仙。

病子头风如得药，酒家中圣殆忘眠。

平头奴子堪瓶碗，可带樵青竹叶煎。

（宋·刘跂）

刘跂：北宋文学家。字斯立，东光人。著有《学易集》。

金鸡关

邛笮两关壁峙，蔡蒙四面平开。云捧峨眉月出，江滚平羌雪来。

甘露灵根不老，尔朱丹灶空存。三十六蒙好处，倚栏役破石魂。

（宋·姚挚）

姚挚：宋代人。该诗摘自《名山县志》（光绪版）。

（四）元 代

西域从王君玉乞茶其韵七首之四

酒仙飘逸不知茶，可笑流涎见曲车。玉杵和云春素月，金刀带雨剪黄芽①。

试将绮语②求茶饮，特胜春衫把酒赊。啜置神清淡无寐，尘嚣身世便云霞。

（元·耶律楚材）

注释：

①黄芽：蒙顶山名茶。

②绮语：佛家语，指一切杂秽不正的言辞，为十恶之一。

耶律楚材：字晋卿。契丹族，辽国皇族。蒙古开国功臣，曾随成吉思汗西征。官至中书令。定蒙古国君臣之礼，立课税制，印儒家书，为蒙古国和元朝的建立，贡献卓著。著有《湛然居士文集》。

煮 茶

枯肠拍寒贮春云，洗尽嚣烦六腑香。出木策勋存夜气，大河流润下昆仑。

胸中宿酒哄残兵，一碗浇来阵敌平。蒙顶得仙疑妄语，月波千丈与诗清。

潇潇风雪薄虚窗，细贮旗枪煮夜缸。若论廓清贞武事，一天幽思为诗降。

（元·王恽）

王恽：字仲谋，号秋涧，元代文学家，卫州汲县（今河南汲县）人，是金国大文学家元好问的弟子，著有《秋涧大全集》。

中吕·阳春曲·赠茶肆

茶烟一缕轻轻飏，搅动兰膏四座香。烹煎妙手赛维扬。非是谎，下马试来尝。

黄金碾畔香尘细，碧玉瓯中白雪飞。扫醒破闷和脾胃。风韵美，唤醒睡希夷。

蒙山顶上春先早，扬子江心水味高。陶家学士更风骚。应笑销，金帐饮羊羔。

龙团香满三江水，石鼎诗成七步才。襄王无梦到阳台。归去来，随处是蓬莱。

一瓯佳味成诗梦，七碗清香胜碧筒。竹炉汤沸火初红。两腋风，人在广寒宫。

木瓜香带千林杏，金橘寒生万壑冰。一瓯甘露更驰名。恰二更，梦断酒初醒。

兔毫盏内新尝罢，留得余香在齿牙。一瓶雪水最清佳。风韵煞，到底属陶家。

龙须喷雪浮瓯面，凤髓和云泛盏弦。劝君休惜杖头钱。学玉川，平地便升仙。

金樽满劝羊羔酒，不似灵芽泛玉瓯。声名喧满岳阳楼。夸妙手，博士便风流。

金芽嫩采枝头露，雪乳香浮塞上酥。我家奇品世上无。君听取，声价彻皇都。

（元·李德载）

李德载：生平、里籍均不详。本曲摘自《全元散曲》，（太和正音谱）列其为"词林英杰"。

（五）明　代

蒙山石花茶

闻道蒙山风味嘉，洞天深处饱烟霞。

冰绡碎剪先春叶，石髓香粘绝品花。

蟹眼不须煎活水，酪奴何敢斗新芽。

若教陆羽持公论，当是人间第一茶。

（明·王越）

王越：字世昌，河南浚县人，明景泰二年（1451年）进士。善骑射，军事名将，著有《王襄敏公集》。

游栖霞寺诗[①]

乘闲来访梵王家，古木阴森暗落花。

仙犬乍惊门外客，老僧常卧陇头霞。

寻山仗策邛崃竹，汲水频煎蒙顶茶。

却笑禅家贪课蜜，眼前不厌此蜂衙。

（明·王舜田）

①明弘治雅州学使王舜田在百丈栖霞寺游题。晚清光绪年间知县赵懿在栖霞寺看到王舜田所题碑刻已残，故重写立碑以记。

辨物小志

蒙山顶上茶，扬子江心水①。

（明·陈绛）

注释：

①这句咏唱蒙山茶的诗句让蒙山茶名满天下。

陈绛：明代科学家。

醉茶轩歌为詹翰林东图作

糟丘欲颓酒池涸，嵇家小儿厌狂药①。自言欲绝欢伯②交，亦不愿受华胥乐③。
　陆郎手著茶七经，却荐此物甘沉冥。先焙顾渚之紫笋，次及扬子之中泠。
　徐闻蟹眼吐清响，陡觉雀舌流芳馨。定州红瓷④玉堪炉，酿作蒙山顶头露。
　已令学士夸党家，复遣娇娃字纨素。一杯一杯殊未已，狂来忽鞭玄鹤起。
　七碗初移糟粕筋，五弦更净琵琶耳。吾宗旧事君记无，此醉转觉知音孤。
　朝贤处处骂水厄⑤，伧父⑥时时呼酪奴⑦。酒邪茶邪俱我友，醉更名茶醒名酒。
　　一身原是太和乡，莫放真空落凡有。

（明·王世贞）

注释：

①狂药：酒。

②欢伯：酒之别称。

③华胥乐：华胥，伏羲氏的母亲。《列子·黄帝》谓黄帝昼寝，梦游华胥氏之国，其国无君长，其民嗜欲，自然而已。为古时理想之国。

④定州红瓷：定州，今河北定县，宋代有定窑，瓷器著名。

⑤水厄：溺于水的灾难。

⑥伧父：鄙贱者之称，用于自称。

⑦酪奴：茶之别名。

赵承旨为恭阁黎写毕以诗乞茶真迹在余所戏代恭答

玉堂①润笔②元无价，珍贵吴兴③只换茶。但使毫端吐舍利④，一蒙山顶属君家。

（明·王世贞）

注释：

①玉堂：本宫殿别称。唐代以后，翰林院亦称玉堂。

②润笔：书画文章的稿酬。

③吴兴：即古湖州，以产毛笔著名。

④舍利：佛祖火化后遗骨，火耀夺目，佛家之宝。

王世贞：明代文学家。字元美，号凤洲，又号弇州山人，太仓（今江苏太仓）人。官至南京刑部尚书，为当时文坛盟主。著《弇州山人四部稿》《王氏书苑》等。

甘露寺①

一掬灵湫②天上来，数茎仙掌削蓬莱③。行云行雨飞金相④，踞虎蟠龙绕鹫台⑤。

（明·叶桂章）

注释：

①甘露寺：蒙顶天盖寺在宋、明时称甘露寺，供奉甘露普惠妙济菩萨吴理真，元代寺毁，明代重修，仍称甘露寺。

②灵湫：指蒙泉，即甘露井。

③数茎仙掌削蓬莱：数茎仙掌指蒙山五峰。削：削，削弱，超过。蓬莱：蓬莱由仙山、方丈、瀛洲三神山组成，在渤海中，有诸仙及不死药、禽兽尽白，黄金白银为宫阙。本句指蒙山五峰超过蓬莱神山。

④飞金相：金五行之一，位于西。金相西方。飞，朝向。

⑤踞虎蟠龙：踞虎，蒙顶白虎守茶。蟠龙，伏龙，蒙山有龙脉。鹫台：代称佛教寺院。

登蒙山

振衣百仞岗头路，蒙顶苍苍倚大罗①。

欲向天边看五岳，先从云际揖三峨②。

上清峰冷余霜雪，甘露泉空只薜萝③。

莫谓天台④迷旧处，青鞋绿杖⑤拟重过。

（明·李应元）

注释：

①大罗：佛家对最高一层天之称呼。

②三峨：四川峨眉县西南，由岷山延绵突起为大峨、中峨、小峨的秀峰三山相连名三峨，即今峨眉山。

③薜萝：薜荔（蔓生），女萝（地衣类），合称薜萝。《楚辞》中有"若有人兮，山之阿，披薜荔，带女萝"。后世多指代隐居者。

④天台：天中之岳谓鼻也，一名天台（《黄庭经》）。此意，蒙顶为天中之山。

⑤青鞋绿杖：指修道之人。

李应元：明嘉靖雅安举人，真定州（今河北正定）同知。著《蒙山堂稿》等。

茶　马

黑茶一何美，羌马一何殊。羌马与黄茶，胡马求金珠。

（明·汤显祖）

汤显祖：中国明代戏曲家、文学家。字义仍，号海若、若士、清远道人。汉族，江西临川人。出身书香门第，早有才名，他不仅于古文诗词颇精，而且能通天文地理、医药卜筮诸书。34岁中进士，在南京先后任太常寺博士、詹事府主簿和礼部祠祭司主事。在汤显祖多方面的成就中，以戏曲创作成就为最，其戏剧作品《牡丹亭》《紫钗记》《南柯记》和《邯郸记》合称"临川四梦"，其中《牡丹亭》是他的代表作。

（六）清　代

蒙顶石茶

香酩馥馥产蒙巅，雾涌云村植自山。
老树未长二三尺，新芽只摘两三编。
灵根夏永金茎茂，仙叶秋收古干恢。
直待来年频发育，殷勤又献圣人前。

（清·曹抡彬）

曹抡彬：贵州黄平县人，清康熙年间进士，清乾隆四年（1739年）任雅州知府，主持编纂《雅州府志》十六卷。

烹雪叠旧作韵（节选）

通红兽炭室酿春，积素龙樨云遗屑。石铛聊复煮蒙山，清兴未与当年别。
圆瓷贮满镜光明，玉壶一片冰心裂。须臾鱼眼沸宜磁，生花犀液繁于缬。
软饱何妨滥越瓯，大烹讵称公鸳列。

（清·爱新觉罗·弘历）

爱新觉罗·弘历：年号乾隆，清第四代皇帝，庙号高宗。

以蒙山新茶送余及斋（本恕）①，伴之以诗用大苏和蒋夔②寄草韵

蒙山山高费延缘③，循登④谁鼓腰脚便。社火渐过谷雨细，灵芽郁勃争新鲜。
轻雷暗催岩石润，土脉震动飞流泉。撷芒⑤乍展雀舌嫩，揉饼未制龙团圆。
甘露禅师记手植，石花佳种高西川。搜肠润吻破孤闷，百草不敢登芳筵。
玉川诗兴鸿渐癖，闻声那禁垂馋涎。吾友肌骨清若仙，甘泉活火精搜研。
名园馈我喜初到，恰趁夏日长如年。异香四溢迎鼻观，建溪顾渚难争先。
相将持赠投所好，扫炉炽炭休论钱。高斋况复有余暇，绝少尘俗交牵缠。
松风声静云脚泛，澄澹定许驱烦煎。煎茶何如学煎水，潞公李约谁为贤。
鱼通群蛮乖嗜好，浓熬浊汁忘香妍。何当按谱为著录，应愁肺腑难磨镌。
自注：及斋不喜欢熬茶

（清·王梦庚）

注释：

①余及斋（本恕）：斋名。

②大苏和蒋夔：借用北宋著名文学家苏轼作品《和蒋夔寄茶》诗，亦名"过木枥观"和韵余及斋。大苏：指苏轼，苏东坡。

③费延缘：费力地缓慢前行。

④循登：沿着已有的道路攀登。

⑤撷芒：采摘茶芽。

答竹君惠锅焙茶（节选）

我闻蜀州多产茶，槚蔎茗荈名齐夸。涪陵丹棱种数十，中顶上清为最嘉。
临邛早春出锅焙，仿佛蒙山露芽翠。压膏入白筑万杵，紫饼月团留古意。
火井槽边万树丛，马驮车载千城通。性醇味厚解毒疠，此茶一出凡品空。

（清·吴秋农）

吴秋农：又吴谷祥，字秋农，号秋圃。浙江嘉兴人，清代著名画家。

雾钟茶

一

一株佳茗树庭中，枝叶亭亭大不同。二百余年培植众，三千年内罕世空。
虽非所茶皆蒙顶，也有银芽产富充①。换有何须夸七碗，玉瓯半盏腋生风。

二

七世栽培号雾钟，不知历经几秋冬。团员香茗堪如风，灼灼新芽昭似龙。

数片煎酬承祖德，一株谨护继前踪。更求圣泽餐雨露，同附仙茶献九重。

（清·罗世琳）

注释：

①富充：雾钟茶生长于万古镇香花岩，该地名原叫富充。

罗世琳：名山城西人，生活在清中期，系名山罗家第十一代祖。雾钟茶为罗家第七世祖在家中庭院所栽种。

西俄洛晨①

翡翠润客衣，春不到山顶；溪水互迎送，走谷势俱猛。

牦牛负粮行，马驮蒙山茗；登降②策③其后，马足不遑骋④。

此地近崔村，剽劫一时遥；往来西域早，弓矢交相警。

我非列御寇，过此亦天辛；台能李频诗，翻愿众客请。

（清·李苞）

注释：

①两俄洛晨：摘自《巴蜀史志》（节选2006年第6期《茶马古道：中国西陲大动脉》）。

②登降：上下，升降。指从低处到高处，从高处到低处。

③策：鞭打。

④遑骋：慌张恐惧地奔跑。

名山蒙顶贡茶赋示陈新盘明府

蜀茶蒙顶最珍重，三百六十瓣充贡。银瓶价领布政司，礼事虔将郊庙用。

旗枪初报谷雨前，县官洁祀当春仲。正茶七株副者三，旋摘轻烘速驰送。

仙人手植东京前，后来化身入蒙泉。古风古雨饱嘘吮，高三尺寿二千年。

朱阑环之锁纽贯，县官来时一开看。我于茶品太疏略，喜陟高山到天半。

夹江昨读酒官碑，名山令谒甘露师。敢云饮啜事琐琐，民生国典相纲纬。

榷酤源流有通塞，当官桑孔要深思。

（清·何绍基）

何绍基：清代文学家。字子贞，号东洲，湖南道州（今道县）人。道光年进士，四川学政，书法自成一家，草书尤为一代之冠。著《惜道味斋经说》等。

蒙顶留题

天遣我西来,汉嘉节两驻①。五载望蒙山,客冬始登顾。
山灵勿相笑,游非政先务。边静岁丰和,重游补前误。
解渴咽仙茶,涤烦沃甘露。更喜四山青,云芽千万树。
利泽资山氓②,辛勤助王赋。寄声管领人,随时好培护。

（清·黄云鹄）

注释:

①汉嘉节两驻:青衣王子归附东汉,朝廷嘉奖赐名汉嘉,在今四川芦山县。节两驻:两度在雅州任职。节:符节,古代使者所持以作凭证。

②山氓:山民。

黄云鹄:字祥人,湖北省蕲春县人,为北宋黄庭坚第十七世孙。清咸丰三年（1853年）进士出身,官二品,历任四川雅州太守、四川盐茶道、成都知府、四川按察使等职。为人执法严正,不畏强暴,提倡"王子犯法与庶民同罪",有"黄青天"之美誉。著名学者,经学家、文学家、书法家。回乡后主讲江汉书院。

蒙顶上清茶歌

酌泉试茗平生好,惟有蒙茶远难到。名高地僻少愈珍,梦想灵芽但西笑。
春动岷嶓①花药香,故山新茗渴未尝。石花②绿叶今始见,开缄已觉炎风凉。
闻道仙根汉时活,七株常应鸣雷发。王褒③遣僮不敢担,长卿④识字名空撮。
贡登天府二千年,龙衮⑤亲擎飨⑥帝筵。从此人间不曾识,苔栏十里围云烟。
年年叶共周天转,银泥小合盛三片。至尊晨御偶一煎,王公那得分余羡。
吴越江湖名品多,只供嫔女泼云涡。含霜焙火争春早,散雪折枝付驿驮。
一闻敕使当秋进,始觉后时天所吝。闻名乍见已足夸,川纲长价开中引。
达赖熬茶静远荒,红茶航海动西洋。从来盐铁一时利,谁言此物关兴亡。
地胮蛹⑦馨香原有自,百草纤微岂堪比。对此沉吟不忍辜,如睹法物郊坛里。
山人掉首百不知,松风一榻轻烟迟。园茶采采共葵菽,迎凉且咏豳公诗⑧。
世间远物徒为累,宁知跂石眠云味。一啜余甘复几时,太颐坐看西山翠。
忽忆君山北渚濒,乱余枯蘖杂樵薪⑨。五峰深处寻真隐,倘遇披霞旧种人。

（清·王闿运）

注释:

①岷嶓:即岷山。嶓冢山,为川西著名山峰。

②石花：即蒙顶山石花名茶。

③王褒：汉宣帝时蜀郡资中（今四川资阳）人。任谏议大夫，奉命往益州郡祀金马碧鸡之宝。善诗赋。

④长卿：汉司马相如号长卿。

⑤龙衮：帝王朝服。

⑥飨（xiǎng）：酒食筵饮。

⑦肸蚃：音西向，指音响或气体物质远播四散。

⑧豳（bīn）公诗：同邠。古西戎地，今陕西彬县。自公刘至太王均居于此。豳公诗即《诗经·国风》之一的《豳风》。

⑨枿（niè）：同糵，分枝。

王闿运：字壬秋，湖南湘潭人，咸丰举人，清代著名文学家，曾为曾国藩幕僚。光绪年间讲学于成都尊经学院，吴之英、骆成骧均是他的学生。民国初，任清史馆馆长，著《湘绮楼全集》。

甘露井①

高僧化石去，遗甃②覆莓苔。迹往数千载，幽寻今独来。

灵根七株灌，香雾五峰开。乳滴③倾听久，还防动雨雷。

注释：

①甘露井：位于蒙山玉女峰下。《名山县志》载："井内斗水，雨不盈，旱不涸，后人盖之以石。游者虔诚，揭石取水烹茶，则有异香；若擅自揭取，须晴日即大雨云。"井旁立有清代龙山人士楷书阴刻"古蒙泉"，保存完好。另一碑刻"蒙泉"为明代天启年间刻，略残，无书者题名。

②遗甃（zhòu）：井壁，指甘露井壁。

③乳滴：井壁滴水。

皇茶园

苍翠五峰巅，灵根风露缠。贡香三百叶，仙植二千年。

品重圜丘祀，枝披禁御妍。於菟双白额，长护碧云眠。

（清·赵怡）

天盖寺

觚棱挂云表,古寺著中峰。满地汉唐树,三天朝暮钟。

佛驯守茶虎,僧蓉听经龙。欲访灵师迹,还从五顶逢。

（清·赵怡）

赵怡：贵州遵义县人，清光绪十五年（1889年）举人；清光绪十八年（1892年）进士，曾任四川新津知县。经术文章皆有法度，在成都创办客籍学堂。清光绪十八年（1892年）受其弟名山知县赵懿的邀请来名撰修《名山县志》，任总纂。撰《汉（敝邑）生诗集》《文字述闻》《转注新秀》等。

甘露石室①

五顶作莲花,花心甘露家。化身留白石,幽窟闭丹霞②。

阶下巡茶虎,门前挂树蛇③。安心④方就问,何事但跌跏⑤。

（清·赵懿）

注释：

①甘露石室：位于玉女峰侧。建于明嘉靖十九年（1540年），面积约10m²，全石结构，故又称石殿。相传为吴理真种茶休憩之处。

②闭丹霞：祖师闭关修炼。丹霞：佛教祖师名。《祖堂集》：丹霞和尚嗣石头。

③树蛇：树上挂有蛇蜕（中药材）。

④安心：诚心。

⑤何事但跌跏：何事，诘问。但，空也。跌跏，修炼的坐法，降魔坐，吉祥坐，此处指佛像。

天盖寺

不知何代寺,著在白云巅。苔磴滑疑雨。松林阴暗天。

仙茶三百叶,银杏几千年。绝顶寻灵迹,峰心卷碧莲。

（清·赵懿）

皇茶园

蛇虎蟠灵箭①,风岚②护贡茶。七株甘露种,五顶碧云芽。

典祀圜丘重,香同日铸③夸。慧师真妙力,一物献天家。

（清·赵懿）

注释：
①灵䕤（yù）：神灵禁物。
②风岚：山中的灵气。
③日铸：一意，日铸茶浙江绍兴名茶。二意，日，天也。铸，铸造。"香同日铸夸"应释为：蒙顶茶香如浙江绍兴所产的日铸名茶受世人夸赞。

恭拣贡茶

昨读香山贡桔诗，今当蒙顶贡茶时。露芽三百题封遍，云路千重传骑驰。
五载浮沉在西蜀，一般疏贱远丹墀。柏梁台上诸陪从，病渴相如有所思。

（清·赵懿）

蒙顶采茶歌

昆仑气脉分江河，枝干漫衍为岷蟠。岷山东走势欲尽，散为青城玉垒兼三峨。
其间一峰截然立，禹平水土曾经过。奔泉流沫数百遍，鸿蒙云气相荡磨。
昔有吴僧号甘露，结茅挂锡山之阿。偶然游戏植佳茗，岂意千载留枝柯。
五峰攒簇似莲萼，炎晹雨露相调和。灵根不枯亦不长，蒙茸香叶如轻罗。
自唐包贡入天府，荐诸郊庙非其他。火前摘取三百叶，诸僧膜拜官委蛇。
银瓶缥箱慎包裹，奔驰驿传经陵坡。愈远愈奇极珍重，日铸顾渚安足多。
古今好事有传说，服之得仙无乃讹。玉杯灵液结香雾，唯此已足超同科。
一物芳菲不可闷，白宜宠眷邀天家。葡萄天马随汉使，邛竹蒟酱逾牂牁。
人生要自有绝特，泥涂碌碌知谓何。偶思屈子颂嘉桔，濡毫为作蒙茶歌。

（清·赵懿）

赵懿：字渊叔，贵州遵义举人，光绪十六年（1890年）始两任名山知县。政绩颇丰，人民爱戴。在职期间邀兄长赵怡来名山共撰《名山县志》，该书十五卷，内容丰富，史料详实，特别对蒙山及蒙顶茶的记载十分详尽，受到史学、茶文界的高度评价。

登蒙顶饮茶

丙寅四月，西康屯垦使刘禹九约主文官考试，蒲江知事刘琼，名山知事杨利宾为襄校员，名山胡礼之为提调。试毕，刘公饯行于蒙山之麓之金凤寺。因登游于永兴寺至天盖寺观蒙茶。遂由名山蒲江归成都。

谁将海底珊瑚树，种向蒙山老烟雾；五峰撮指擎向天，七株正在掌心处。

我生好古兼好奇，壮观每尽通天路；五岳归来已倦游，峦峦乡山心所慕。
少壮偏陟岷峨峰，东望蓬莱小邱墓；南岭北塞两如发，昆仑几缕东来注。
正思反驾穷西荒，莽莽万里山回互；划然双崖相对开，控著抑诏键藤固。
乘兴曾逾飞越关，嘉招又抵平羌渡；蔡蒙两过不一登，咫尺无缘愁攀附。
欣逢三子刘杨胡，校士同心游同趣；扃门八日百不通，窥人四面山难锢。
忽然展卷生云烟，崔巍万丈起毫素。左盘右踞龙虎蹲，后轻前轻凤鸾骜。
上摩参井光动摇，下缠江汉声号怒；三子大呼我微笑，得毋山之精灵来相遇。
翻怪此间奇峭何太多，拔十得五已充数；报语刘公音力竭，非张天网焉能聚。
明朝相送金凤巅，辞公又被山招去；樗材诗力一藤杖，蒲宰政声双草屦。
赖有杨胡作地主，穿林越涧狎鸥鹭；三休亭上未为劳，九折坂前焉足惧。
不惮崎岖叹禹功，敢辞薄劣追尼步；日光足力同尽时，极地穷天身不悟。
但觉身外元气青，茫茫斤挥八极空无据；再有奇峰不敢登，倒身一寝百无虑。
半夜雷雨洗崖腹，起来万窍开清曙，纵横邪正争雄尊，谁能一一问陶铸。
天边一片婵娟影，翠埽峨眉俨如故；登峰又是四月九，四十二年犹旦暮。
人间何事不可求，浪窥天奥天应垢；一生能踏几山云，何人解饮九霄露。
试汲蒙泉煮蒙茶，爱是升庵旧题署；文采风流四百年，后生更比前身误。
矫首空蒙日月私，挥毫聊借江山助；仙耶佛耶种茶人，锡杖飘然渺难驻。
从来大名擅八区，不朽定烦神呵护；郊天礼废无用期，至今憔悴困阴沍。
片叶勺水臣先尝，云中望断飞龙驭；且随猿鹤归去来，时时引领东南顾。

（清·骆成骧）

骆成骧：四川资中人，曾就读成都锦江书院、尊经书院。清光绪二十一年（1895年）进士，列一甲第一名，是清代四川籍唯一的状元。民国任四川省临议会会长。1922年为筹办四川大学而奔走。存有《清漪楼遗稿》。

茶

闲将茶课话山家，种得新株待茁芽。为要栽培根柢固，故园锄破古烟霞。（种）
筠篮携向岭头来，一度春风雀舌开。好傍高枝勤采摘，东皇[①]昨夜试春雷。（采）
摘叶归来已夕阳，盈盈嫩绿满篮芳。苦心为底分明甚，待与群仙供玉堂。（拣）
轻轻微飏落花风，茶灶安排兽炭[②]红。亲炙几番微火候，人声静处下帘栊。（焙）
薄润犹含雨露鲜，离披散叶尚纷然。请将一付和羹手，捏作龙团与凤团。（饼）
酒得泥封味愈甘，蜜经蜂酿耐咀含。物性总觉深藏好，郁郁茶香此意谙[③]。（窨）

葵倾芹献亦真诚,蒙顶仙茶得气深。飞䌽上呈三百叶,清芬仰见圣人心。(贡)
交易年年马与茶,利夷还复利中华。岂知圣主包容量,不为葡萄入汉家。(市)

(清·闵钧)

注释:

①东皇:司春之神。

②兽炭:兽形之炭。晋代羊琇,性豪侈,将屑炭作成兽形用来温酒。

③谙(ān):熟记。

闵钧:名山人。清光绪五年(1879年)经魁领乡荐,与吴之英为学友。曾任成都尊经、锦江两书院襄校(副院长),著有《读诗证异》《序赞解考》(见民国版《名山县志》)。

因饯李校翁代柬

蒙茶初摘记寒食①,南浦②波光绿到今。一路鹃声③归去也,年年春树④故人心。

(清·吴之英)

注释:

①寒食:寒食节,清明前两日,相传是为了纪念春秋时晋国的介子推,也称禁火节。句中指蒙顶茶初采在禁火节之前。

②南浦:泛指南方水域。

③鹃声:古蜀王杜宇被推翻,亡后化杜鹃,啼声而去。

④春树:指蒙顶仙茶树。

煮 茶

嫩绿蒙茶发散枝,竟同当日始栽时。自来有用根无用,家里神仙是祖师。

(清·吴之英)

蒙茶歌

绵绵气母播大慈,缩赢五运为盛衰。万物菁华不终闭,先时何必胜后时。
蜀都自昔称沃野,三十六种维宜者。苦茶秀出蒙山巅,尔雅释木爰名槚。
闻说灵栽始吁茶,再经移植色香孤。嘉树十年成美荫,但识主人旧姓吴。
后植两株陪左右,因善攀援通声臭。更增四株作环卫,络绎蔚起后来秀。
岂知名种自存存,老干离奇孕石根。密节阳文忍雷雨,疏开阴理感风云。
小枝上缭茸茸聚,新叶旁钩簇簇吐。元气回薄光彩充,贞节简炼精神古。

可怜生意日便娟，曼托不材养自然。故耆华实殆缘地，能胜霜雪亦听天。
无奈同汇市才隽，重求真知不自吝。初供琴衬受雕琢，终代酒浆资馈酺。
凡材从此冈忌嫌，分长陵谷久相惭。共知良药益脏腑，顿令税币半鱼盐。
维时石花特矜贵，琼叶三百辑神瑞！一尊清淯贡郊坛，曾孙于穆皇灵醉。
私分嫩绿检制余，鄂翘未壮甲坼初。薄肤纤涩春欲脆，细络匀曼引犹虚。
朝爽初凝露华醹，新火烹成色紫绀。厚薄分明散清芬，甘苦漫渍归平淡。
经时蕴蓄魄力新，题名朴茂性情真。信抽芳心佐水德，中和堪酿九州春。
一杜物机永无镈，坐忘荣枯灭生化。空山蟠屈二千年，未觉人间长生价。
偶人琼林潄真精，悟彻元始妙无形。至今采采遗恨蒂，儿辈犹说陆羽经。

（清·吴之英）

吴之英：字伯朅，号蒙阳渔者，四川雅安市名山区人。清末民初四川著名学者、经学家、书法家。曾任资州艺风书院及简州通材书院讲席、灌县训导、成都尊经书院都讲、锦江书院襄校、国学院院正（院长）。曾响应"康梁变法"，组织"蜀学会"创办《蜀学报》，并任主笔。戊戌变法失败，愤然回乡隐居，研究学问，专心著述，有《寿庐丛书》七十二卷传世。

二、当代诗词歌赋

沁园春·蒙山颂

雅水蒙山，曲路难攀，雾绕峰巅。似深藏奥秘，茫茫渺渺，翠屏上下，诗画篇篇。飞写情情，流泉潺潺，疑有歌声赞杜鹃。登高处，进蒙沐胜景，巧遇茶仙。

痴心无语详观，忆人贡菽茗到味甘，羡唐人陆羽，亲尝细品，琼浆润腹，举世称鲜，百代清芬，千载云津，古寺神僧默谢天。杯杯举，愿神茶圣地，香遍人间。

（李半黎）

李半黎：原名李周祜，汉族，河北高阳县南蒲口乡，中共党员，原四川省顾问委员会委员，四川日报社党委书记，原四川省书法家协会主席，全国书协理事。1938年秋入延安鲁迅艺术学院学习，1951年任《川东报》总编辑，1952年任《四川农民报》总编辑，1960年后历任《四川日报》副总编辑、总编辑、社长等职。四川新闻工作者协会主席，中华书院特聘名誉理事，中国老年书画研究会顾问。

思佳客·登蒙顶品茶

半字只词茶半杯,枯肠苦索笔难挥。万春银叶沐甘露,忍让黄翁醉饮归。

登险盖,上天台,金凤丽日云中开。蒙泉清水穿修竹,几见采茶仙子来。

(何郝炬)

何郝炬:汉族,四川成都人。1937年年末赴延安,1938年加入中国共产党,从事地方领导和组织工作。新中国成立后,历任长江区航务局副局长,重庆分局局长,西南行政委员会建筑工程局副局长,建筑工程部西南工程管理总局局长、党委书记,四川省建设管理委员会主任、计划委员会主任,国家建筑工程部副部长,四川省副省长、省委副书记,四川省人大常委会主任。

登蒙顶山

一

驱车高速到蒙山,蒙顶品茶了夙愿。晨雾蒙蒙笼绿野,朝阳赫赫挂蓝天。

逶迤大道依悬峰,浪荡缆车上极巅。小憩危亭放目看,秋光烂漫乐开颜。

二

品茶蒙顶我来迟,已是秋光绚丽时。古道盘旋穿丛林,缆车银铛似天梯。

仙宫隐隐云端现,银杏萧萧黄叶飞。古庙品茶闻摆古,原来茶祖此山栖。

(马识途)

马识途:男,原名马千木,1915年1月生于重庆忠县,中国当代作家、诗人、书法家;与巴金、张秀熟、沙汀、艾芜并称"蜀中五老"。1936年,考入国立中央大学化学工程系,同时开始了文学写作。1945年,毕业于国立西南联合大学国文学系。1949年任成都军管会委员、川西区党委委员兼组织部副部长。1958年,奉命筹建中国科学院四川分院,任分院党委书记、副院长。出版小说《老三姐》《清江壮歌》《景行集》《马识途文集》。2012年,被授予"巴蜀文艺奖终身成就奖"。2014年在四川大学文学与新闻学院设立了"马识途文学奖"。

沁园春·蒙山

禹贡蒙山,漏雨蜀天,载入史篇。看峨眉横亘,山峦起伏,周公对峙,林带浪翻。雾绕峰巅,云藏绝顶,似到浮空上九天。临高处,寻"三仙"①宝藏,敢把峰攀。

同游诸侣详观,昔入贡仙茗玉女端。有黄芽、甘露、清香碧绿;万春玉叶,色淡味鲜。四海同欣。五洲共赏,居易《琴茶》话蒙山。独珍品,应"三山"②遍种,致富人间。

（季世福）

注释：
① 三仙：蒙顶山特产——仙茶、仙菌、仙果（银杏）。
② 三山：名山行政区域内的蒙顶山、莲花山、总岗山。

季世福：名山县联江乡人，一直在名山工作，曾任名山乡镇领导，后任县长、县委书记，爱好诗书、支持名山茶叶发展，对开发蒙山、保护文物作出了突出贡献。

蒙山游

巍峨蒙顶春意浓，玉女轻纱舞和风。皇茶甘露声名重，惹得诗人觅仙踪。

（廖国锦）

蒙山仙茶歌

禹贡蒙山载史经，儒释仙道早登临，蒙山何以闻天下，缘有仙茶负盛名。
闻道仙茶品质嘉，骚人墨客尽情夸，称言扬子江中水，配得蒙山顶上茶。
古来蜀土茶称圣，最是蒙山味独珍，只为唐王颁御诏，千年纳贡到晚清。
玉叶琼枝汉代扦，不枯不长二千年，朝庭未敢争先用，太庙祈神作祭天。
仙茶毕竟圣人栽，旧说吴僧岭表来，地舆明碑皆误会，四川通志作终裁。
始祖姓吴名理真，汉时严道名山人，为人耿直尤憨厚，手植仙茶济众生。
蒙脉之巅有五峰，七株灵异在其中，蒙蒙烟雨常相伴，借得金阳照绿丛。
灵根仙种最奇特，枝叶互生脉对脉。春后明前僧沐手，年年进贡三百叶。
春分过后又清明，忙煞蒙山智矩僧，连夜加工围一案，银瓶赤印倍兼程。
云雾山中蒙顶茶，风流千古一奇葩。当年尽属王公有，今入寻常百姓家。
仙茗酌杯非一般，青云不散雾漫漫，汤黄而碧味甘醇，香气长留眉宇间。
自古仙茶名位佳，吉祥蕊与圣扬花。茶经不解其中味，陆羽未尝蒙顶茶。
蒙顶仙茶极品多，万春银叶赛银梭，黄芽甘露超龙井，玉叶长春胜碧螺。
为有蒙茶掩众芳，清香四溢满厅堂，邮封寄往天涯去，异土亲人思故乡。
蒙山素茗贵新鲜，明目清心聚浩然，常饮绿茶防绝症，强身健体保平安。
蒙顶仙茶功效多，既餐既饮既疗疴，老僧除疾成仙道，史记言传名远播。
杜鹃花艳四时开，春夏秋冬贵客来。美酒佳肴无必备，一杯仙茗暖心怀。
水有源头树有根，饮茶须记种茶人，老夫平素不沾酒，一碗仙茶献理真。

将敬酒,一柱香,祖宗功德岂能忘,年年开采祭天地,岁岁清明拜炎黄。

频翻资料续茶经,一首茶歌寸草心,非利非名非贡献,只因我是蒙山人。

(廖国锦)

蒙顶山茶赋

九州方圆,此地早占"雅州"之雅号;千山锦绣,其县独享"名山"之名徽。雅州之雅,堪称大雅;名山之名,实符盛名。群峰依依拱卫,众水湛湛环流。前揽"三峨"之秀色,后拥"二郎"之英姿。远眺"贡嘎"之伟岸,近赏"青衣"之妩媚。烟雨潇潇,长想女娲补天之苦;波涛渺渺,永怀大禹治水之功。苍岩朦胧,夜夜枕周公旧梦;碧雾迷离,朝朝觅武侯遗踪。白马之蹄声,曾敲响丝绸幽径;红军之勋业,更辟出汉藏通途。竹青松茂,成国宝熊猫之乐土;地灵人杰,传汉代建筑之佳构。

名山因蒙山而谓名区,蒙山凭名茶而称圣山。"扬子江心水,蒙山顶上茶",华夏墨客同吟同咏;"蜀土茶称圣,蒙山味独珍",唐宋诗家公认公评。得"贡茶""皇茶"之诰封;据"禅茶""仙茶"之嘉誉。为历朝祭天之专用,是国人祀祖之首选。芳馨溢雅溪,浸润雅鱼之鲜美;香泽染雅雨,滋养雅女之清丽。陪文成公主联姻西藏,顺茶马古道蜚声南国。跨茫茫瀚海而达北疆,随滔滔岷水而赴东瀛。试问名山之茗树:世上几人不饮茶?且询蒙顶之蒙茶:天下谁人不识君?

饮水应思源,饮茶该寻根;蒙顶天梯二千级,攀之登之,方识茶祖茶道之真谛;蒙茶龙行十八式,观之悟之,才知茶技茶艺之至妙。徘徊于茶林之内,流连于茶室之中。

捧"甘露"而沏"玉叶",撮"石花"而品"黄芽"。欣欣然情满茶山,顿忘昨日为名也利也;飘飘然心醉茶水,不知此身是仙也佛也。更喜佳期将至,急盼盛会早临。看蒙顶一隅,正谋划世界浪漫;倾蒙茶几盏,要沐浴人间风流。于是望蒙顶而歌之,拜理真而赞之:茶经济之福地!茶文化之圣山!茶种植之渊薮!茶集会之乐天!

(张昌余)

风入松·题蒙茶仙姑雕像

飘飘仙袂降红尘,山野满柔情。五峰顿觉春无限,倩影至,百鸟和鸣。憨厚耕夫有幸,多情龙女垂青。

霏霏甘露育灵根,七株茶树荣。解苦勤勤采,多亏得,纤手相凝。千载美谈不断,一尊玉魄永存。

(欧阳崇正)

青玉案·新蒙山

禹贡蒙山水泥路，云霄间，森森树。萧萧天漏春秋雾。十里曲径，奥迪通途，高楼藏荫处。

甘露岁月天将暮，理真结庐伴仙姑。茶园广辟入世录。嫩芽醍醐，民丰衣食，国家裕税赋。

（卢本德）

天炯仁兄悠然茶居之贺

仙山之麓古衙旁，柳岸蒙溪好乘凉。选取片片先春叶，自品贡茶自闻香。

（蒋昭义）

蒙山制茶二首

其 一

春归蒙顶醉芳华，半染菜花半染茶。累日殷勤为所乐，此生一梦付黄芽。

其 二

手把小筐寻小径，仙芽初采赤轮西。翻抛抖闷何辞苦，风满蒙山香满衣。

（蒋昭义）

蒙顶仙茶

仙茶贡品出蒙顶，功在先师吴理真。手种七株灵茗秀，银封三百帝王珍。

香醇色美千年盛，文赞诗讴四海钦。常饮蒙山甘露茶，延年益寿长精神。

鹧鸪天·蒙山行

县属芳名缘此山，仙茶故里美名传。层峦烟绕扬神韵，云拥峰巅隐众仙。

幽且秀，不虚言，如诗格调更空前。冬来雪降群峰洁，唱晚归来兴未阑。

（吴洪武）

人间第一茶

群山排翠浪，仙雾笼轻纱。远古遗珍树，新春发嫩芽。

五峰争峻峭，七株饱烟霞。蒙顶真灵秀，人间第一茶。

蒙山品茶

几经风雪后，万物竞欣欣。闲里邀侪辈，蒙山踏早春。
品茶登古寺，赏景上高亭。山水壮观处，自多啸唱人。

（韩德云）

蒙山长联

巍巍蒙顶，雄峙寰中，试登峰巅：揽瑰奇江山如画，看峨眉攒云，西岭积雪、蔡山叠嶂、青衣环流、邛崃横翠、举醑高阁，涤尽胸中尘埃，喜采茶仙子，舒腕雪垅，访胜游客，缤纷山林、城廓棋布、田园织锦、道路交错、车辆奔驰，大千世界、万般纷纭入眼底。

碌碌人生，寄形宇内，聊揭史册：唯济世英雄可钦，想蚕丛开国、鱼凫兴邦、大禹旅平、李冰垒堰、理真植茗，远谋宏猷，举出人间壮业，欣三星文明、蜚志环球、蒙顶仙茶、香飘世界、改革开放、科技创新、经济繁荣、文化发展，历史长河，一水浩荡向前流。

（韩德云）

名雅小地名典故

鲁班造就金鸡桥，银鹤展翅上九霄；白马涌泉报春晖，烈龙望娘荡羌道；
石羊石虎石龙穴，金鸡金凤金洞巢；鸳鸯桥载冷晏事，二龙宝地化成庙；
三滴水夹金银库，罗汉皇烛各拜朝；温泉贡茗蔡蒙出，汉阙千年不动摇。

（徐培元）

永兴寺颂歌

永兴古寺颇葱茏，背枕碑林抱五峰。甘露飘香招远客，盘龙绕柱乐诗翁。
梵音远播三千界，师道承传四海崇。喜看禅林僧辈出，翻新庙宇不居功。

（滕晓渊）

理真·春天里的蒙顶诗歌节——茶三七

茶仙饮七碗，仙茶种七株。人世真局促，三盏醉老苏。

（郦波）

念奴娇·诗歌里的蒙顶山（并序）

雅安蒙顶，再登览、明月清风幽谷。雨后新空、如织锦，心悦葱笼秀木。似冰裂纹，天青菡萏，翠影摇修竹。眠云跂石，妙音闲静居蜀。

琴里谁唱阳春，雾开甘露品，悠悠神鹿。坐享茶亭，闻渌水，刘白诗文重读。月照东坡，花溪客旅地，杜翁茅屋，轻吟今古，有何求茗香宿。

（陶一）

天净沙·蒙顶甘露

一芽一叶早春，三炒三揉艺精，卷曲披毫油润。蒙顶甘露，嫩香鲜爽清心。

（钟国林）

蒙顶甘露赋

千山环望处，大禹祭天登攀蒙顶路；万茶有雅俗，华茶称雄唯名誉甘露。蒙顶甘露，名源自蒙顶上清之峰，生长于圣山深厚沃土；秉神奇海拔纬度，滋暖阳烟雨濛沐；感上天降洒以甘霖，念惠泽天下之茶祖。

蜀漏天，多雨雾，土质肥，品质殊。唐玄宗进贡始初，蒙顶山茶历代为贡，皇帝祭天又祀祖。五代采制吉祥蕊与圣扬花，供大士傅。宋朝制作万春银叶散芽，进贡陪附。明洪武废团改散，万春银叶成散茶，最高等级定甘露。进入大雅之室入盖碗，登上紫禁皇城上王府。形佳质优，细嫩秀美满毫露，嫩香鲜爽，生津回甘又气香郁馥；品高韵雅，大江南北畅销路，老少皆宜，美容养颜把健康呵护。

传承技艺，国家级千年非遗；弘扬国粹，地理标志万里关注。一芽一叶，采自高山生态老川茶专品茶树；三炒三揉，成就卷曲型名优绿茶经典入著。巴拿马，得万国博览会金奖，考证无误，新中国，获中国十大名优茶，经典回顾。毛主席指示要发展，要与群众见面；销藏区团结藏民族，边疆发展稳固。

新世纪，强基础，天帮忙，人心助。乡村振兴破解三农问题，产业发展促进增收致富。品陈中国茶博馆茶萃厅，香飘米兰世博会味如酥；列入中国驰名商标名不虚传，评为十大区域公用品牌气势如虎。名优绿茶，代表品种，行销神州大地，敢于天下名优绿茶比春色；单品突破，实力雄厚，擦亮川茶金字招牌，复兴国茶品牌云鹤蓊。

（钟国林）

沁园春·蒙顶山茶

禹贡蒙山,茶祖故里,世界茶源。存天梯古道,漏天之盖,麒麟照壁,三教牌坊;甘露神井,皇贡茶园,五峰玄妙藏奇观。智矩寺,贡茶制不断,史籍可鉴。

人工植茶始篇,汉祖师理真播万千。自唐进贡起,五代神仙,宋司茶马,食施仪编。元曲唱酬,明创佳茗,清将仙品祭苍天。看今朝,滋亿万生灵,稳步发展。

(钟国林)

产业篇

第三章 蒙顶山茶自然环境与栽培管理

蒙顶山茶品质优异、鲜醇爽口、回甘悠长、风味独特的关键在于出产蒙顶山茶的区域独特优异的自然生态条件,包括独特的地理位置、海拔、土壤、生态环境等,适宜的降水、雨雾、光照等,以及适宜加工蒙顶山茶的茶树品种和相应的栽培措施。

第一节 蒙顶山茶产区介绍

一、历史沿革

蒙顶山茶产自雅安市名山区,名山区即为蒙顶山茶区,位于四川盆地西南边缘,地处成都平原向川西山地的过渡地带。新石器时期,境内即有人类居住。夏为梁州之域,商周属雍州,秦属严道,汉归青衣、汉嘉。历经三国、两晋,归属未变。西魏废帝二年(553年),置蒙山郡,辖始阳、蒙山二县。隋开皇十三年(593年),改蒙山县为名山县,取义于境内久负盛名之蒙山。名山因久负盛名、名副其实而沿用至今。

二、行政区划

名山的行政区划从古至今除百丈唐时设县至明初并入名山外,行政区域范围基本没有太大的变化。1949年,名山县隶属四川省眉山专区。1950年1月,名山解放,属川西行政公署眉山专区。1953年3月,划属温江专区。1954年10月,划属西康省雅安专区。1955年10月,川康并省,改属四川省雅安专区。1981年,雅安专区改雅安地区。2000年,雅安地区撤地设市,名山直属雅安市。2012年9月30日,国务院批准名山撤县设区。2013年3月18日,"雅安市名山区"挂牌成立。

名山区地理位置东经103°02′~103°23′,北纬29°58′~30°16′,处于神奇的北纬30°,中国最宜名优绿茶区带。名山区位于成都平原西南边缘，由盆地向川西高原的过渡地带，东距成都90km，西临雅安13km。国道318线，成雅、雅乐、成温邛名高速及成雅高铁在此交会，是四川进入西藏的门户。截至2022年12月，全区幅员面积618.19km²，辖11镇2个街道办（2019年10月前为9镇11乡），包括：蒙阳街道、永兴街道、蒙顶山镇、万古镇、中峰镇、前进镇、百丈镇、车岭镇、红星镇、黑竹镇、茅河镇、马岭镇，共98个建制村、17个社区、944个村、27万人。

第二节 自然环境

一、地 质

名山区内地质构造属于天台山—邛江隆起，成都凹陷，熊坡雁行带，与盆地发育史密切相关。大约在2亿年前，三叠纪末期的印支运动，川西结束海侵阶段，隆起陆地。距今约1.4亿年的侏罗纪时，四川盆地积水成湖，谓之"巴蜀湖"，几乎占据整个四川盆地并向西南延伸。侏罗纪后期，巴蜀湖逐渐减小，到2500万年前的老第三纪时，湖盆地带大多干涸。老第三纪的喜马拉雅运动，盆地边缘随之褶皱断裂，形成境内蒙山、总岗、莲花诸山；背斜成为高耸的山体，向斜成为大片的丘陵谷地（图3-1）。地质年代分属侏罗纪、白垩纪、下第三纪和第四纪，是13个地质纪年的最后4个。侏罗纪主要分布在莲花山一带，马岭观音堂有少量出露；白垩系上统灌口组分布在蒙顶山、总岗山翼部，呈对称条带状；白垩系上统夹关组分布在两山的中心地带，为紫红色砂岩层。约在300万年前的新第三纪，由于侏罗纪和白垩纪、下第三纪岩层近于水平，而坚硬的砂岩与松软的泥岩相间分布，加上河流的下蚀、夷平，形成台坎状丘陵的四级阶地，表面多覆盖第四纪冰碛泥砾层。第三纪时，曾有冷暖变化的冰川期2~3次，堆积了较厚的第四纪冲积、洪积物。因此，境内大部分地区呈现出第四纪老冲积层，冲积层、近代（地质学分类）河流冲积层、中更新统老冲积层，主要分布在中峰乡的甘溪沟沿岸；全新统近代河流冲

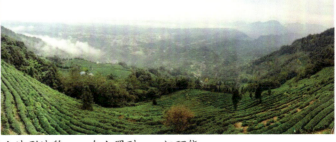

图3-1 名山地形地貌——众山罗列，一江环绕

积层，分布在名山河、延镇河、临溪河沿岸；下第三系名山群紫色泥岩呈弧形，出露于向斜轴部，即蒙阳、蒙顶山、万古、中峰等镇。

蒙顶山茶区最著名的山脉为蒙顶山脉，被后人誉为"天下大蒙山"（图3-2），自邛崃天台山派生，与莲花山相连，横跨名山区、雨城区、芦山县和邛崃市。名山境内，起于名建桥，过鸳鸯桥经孙家山、蒋家山、王家湾至蒙顶山，再经花鹿池、净居寺、圣水寺、千佛寺、名雅桥至金鸡桥，呈扇形山脉。蒙顶山，具有悠久的历史、丰富的人文和自然资源。

图3-2 1984年，革命家、教育家马识途题字

二、地貌

名山处于川西平原向青藏高原急剧上升的过渡地带，境内地貌以台状丘陵和浅丘平坝为主，边缘有低山分布。地势西北高，东南低，丘陵平缓起伏。境内蒙山北接莲花山，南面隔青衣江与周公山对峙，西南隔周公河与总岗山对峙。山体呈北东走向，东南坡较陡，三面环山，东南为总岗山，西北蒙顶山莲花山，似"U"形。中间有一分水岭，把名山分为岷江和青衣江流域两部分。坪岗交错，溪谷纷呈，为川西老冲积地之一。自然河流与人工渠相结合，水网密布。古人描述其为"众山罗列一江环绕"。受西南季风影响，蒙顶山气候属暖温带潮湿气候类型。蒙顶山又与周公山隔青衣江相守望，呈"两山夹一江"地形地貌。该地小气候对水汽循环的影响，使得蒙顶山成为适产茶的地方（图3-3~图3-5）。

图3-3 平岗与山峦交错

图3-4 生态优越烟雨濛沐（图片来源：名山区茶业协会）

图3-5 "两山夹一江"地形地貌（图片来源：名山区委宣传部）

三、海 拔

名山境内河流沿岸的浅丘平坝，海拔650m以下，占区域面积的22.1%；由于地壳上升，河流下切形成的丘陵台地，海拔650~850m，占区域面积的64.2%；海拔850~1456m的低山，占区域面积的13.7%。全区多数茶园分布在750~1000m，是真正的高山茶区，且蒙顶山雨雾充沛，正所谓"高山云雾出好茶"（图3-6）。

图3-6 生态茶园

四、气 候

名山属亚热带季风性湿润气候区，冬无严寒，夏无酷暑，雨量充沛，终年温暖湿润。年均气温15.4℃，最高气温35.2℃，年均降水量1500mm左右，年均无霜期298天，年均日照1018小时，年均相对湿度82%，森林覆盖率53%。蒙顶山山名，就是来源于常年"雨雾蒙沐"的自然景象。清代徐元禧的《竹枝词》中描述雨雾雅安蒙山："漏天难望蔚蓝明，十日曾无一日晴，刚得曦阳来借照，阴云又已漫空生。"特别是蒙顶山降水量1500~2086mm，年均雨雾天气250天，可谓"雅安天漏，中心蒙顶"。蒙顶山干燥值在0.5左右，按茶叶生产经验这是出名优茶的最佳湿度，蒙顶山茶曾获"中国气候好产品"称号（图3-7）。

图3-7 2020年5月，中国气象服务协会授予蒙顶山茶"中国气候好产品"称号

五、土 壤

名山土壤主要为棕壤和黄壤，磷钾含量高，均是适宜茶树生长的优质土壤，土层肥厚，一般在100cm以上，有机质3%~5%，pH值4.5~6.5，土质肥沃，不砂不黏。表土轻壤、疏松，耕作、保水、保肥性能良好，历史上有名的蒙顶山贡茶就出自此种土壤中。

六、生 态

名山植物中，木本、草本、竹类及菌类共有58科373种，其中有"植物活化石"珙桐树，有成片的千年银杏树，有近千年的古茶树，有蒙顶孤品喜鹊花，有珍稀品种人面竹，有8人才能合抱的中国最大的红豆树，有植于明代的红杜鹃，有珍贵名木桢楠树、香樟树，更有植物王国的奇葩——蒙山三仙，即"仙茶""仙菌""仙果"，以及兰花、茶花、方竹、灵芝等。名山森林覆盖率56%，蒙顶山超过80%，绿化率达100%，植被茂盛，还留存了部分原始森林。名山水质、空气均达国家一级标准，生态条件极好，是动物的天堂，有黑颈鹤、斑灵狸、鹿、麂、山羊、野猪、布谷、杜鹃、黄鹂、白燕等上百种动物。蒙顶山区多次发现野生大熊猫，是国宝大熊猫的栖息地（图3-8），雅安名山还被誉为"熊猫家园""天府之肺"（图3-9）。

图3-8 蒙顶山上发现的大熊猫
（图片来源：名山区林业局）

图3-9 植被繁茂的蒙顶山地区，被誉为"天府之肺"
（图片来源：名山区茶业协会）

第三节　茶树品种演变

一、古代茶树品种

自古以来，蒙顶山茶均以本地原生种为主要种植品种。名山本地种绝大多数为灌木型中小叶茶树种，也有少量大叶种（图3-10）。史书记载，西汉甘露年间茶祖吴理真所育之茶树均采挖自蒙顶山野生茶树进行驯化，"其叶细长，叶脉对分""高不盈尺，不生不灭，迥异寻常"，被称为小叶元茶。清光绪版《名山县志》载："城东北三十里香花崖下所产雾钟茶，树大可合抱，老干盘屈，枝叶秀茂，父老皆言康熙初罗登应手植也。枝叶较别的茶树粗厚，斟入杯中，云雾蒙结不散，因此得名。"香花崖，今属万古乡沙河村，属邛崃山脉支脉莲花山麓，此树从植下到现在有350余年，但是在20世纪60年代因管理不善死亡，树迹已无存。20世纪50年代时，其主人在附近扦插新苗，现树径已有10cm左右，属大叶种，叶色墨绿。

图 3-10 川茶群体种

二、现代茶树品种

20世纪50年代以后，政府支持茶叶发展，采取留种扩面的措施。1955年5月31日，西康省人民政府农林厅发通知给雅安专署，要求迅速布置名山县茶叶留种工作。1955年6月初，雅安专署布置名山具体落实茶叶留种工作。西康省茶叶试验站和名山县人民政府立即统一调配，组成茶叶留种指导组，在全县收集茶种。截至1955年7月18日，全县收集茶种227346斤，完成任务量的91.4%；至8月，完成全部任务。虽不断收集原生茶种，但数量仍不足，曾一度在安徽、浙江、福建、云南等省调运茶种发展新茶园。名山茶叶留种为西康省发展茶叶生产的五年计划提供了有利条件。

1956年，车岭、中峰等六乡茶地播种茶籽12万斤。1957年，垦复荒茶地1200亩，播种茶籽超过10万斤，茶业发展小幅推进。名山全县有茶园9102亩，产茶116.91万斤，税收达76624元。中心区茶园7300亩，占总面积的80%，茶叶产量不到200t，仅占总产量的34%，亩均产值50.59元，比坪岗浅丘区少29.68元。这一年，四川省雅安专区茶叶试验站改建为四川省雅安茶叶生产场。茶叶被列为第二类农产品，实行派购。

20世纪60年代初，名山农村在茶叶技术人员指导下开展茶苗的扦插繁殖工作，当时未进行品种鉴定与认定，加之很多工作放在"以粮为纲"的总方针下，未能广泛推广。至20世纪80年代初，在"科学技术的春天"的思想指引下，才开始大量引进优良品种、选育品种，名山提出了"合理布局，良种良法，科学管理"等要求，特别是进入21世纪以后，按照茶园标准化、规范化发展，无性系良种化比例逐年上升（图3-11~图3-14）。

截至2022年底，名山区全区茶园面积39.2万亩，分布所有11个镇2个街道，每个镇茶园面积均2万亩以上，均为重点产茶镇，98个村村村产茶、90%的农户以茶为主业，良种化率达95%，名山大地已呈现山清水秀、茶涌绿浪碧连天的"茶海"壮观景象。主要种植品种有名山白毫131、特早芽213、福选9号、蒙山9号、福鼎大白、川茶2号、中茶108、中茶302等，还有约1万亩老川茶群体种，均适宜加工蒙顶山茶。经化验，蒙山茶

图3-11 科技人员开展茶树种质资源收集、茶树种质资源培育和调查工作
（图片来源：名山县茶叶技术推广站）

图3-12 茅河镇无性系良种茶苗繁育基地　　图3-13 本地选育良种与引进良种相结合

图3-14 良种茶苗短穗扦插

原始小叶种内含物质极为丰富：茶多酚28.91%、氨基酸4.85%、可溶性糖2.13%、咖啡因4.56%、维生素2.02~2.59mg/100g、水浸出物43.4%，远高于一般品种，适制名优绿茶。当前，坝区、平岗茶园均为标准化茶园种植，按照绿色、生态标准种植管理。2013年，名山区被农业部验收审定为"全国绿色食品原料（茶叶）标准化生产基地"，基地面积27万亩，有机茶面积2000亩。名优茶采摘以人工为主，是全国采摘最好、最标准的茶区；大宗茶采摘以机械化为主，机剪、机耕、机采占全部茶园的90%。名山茶园面积39.2万亩，占全国茶园面积的0.76%，占四川省的6%，占雅安市的35%，茶园面积在全国排名前3位。

2012年，名山县茶园面积及品种分类情况见表3-1。

表3-1 2012年10月名山县茶园面积及品种分类统计

单位：亩

乡镇	茶园面积	投产茶园	未投产茶园	名山131	名山早311	福鼎大白	其他
蒙阳镇	7208	5450	1758	4066	145	1157	1840
蒙顶山镇	2972	29190	53	1336	484	306	846
永兴镇	10060	9221	840	5950	552	1774	1784
新店镇	25889	20884	5005	6903	1053	8927	9006
车岭镇	13060	11960	1100	1102	666	967	10325
百丈镇	25238	23425	1812	5276	406	13801	5754
黑竹镇	10566	10333	233	1643	22	7513	1388
红星镇	21750	19688	2063	2287	1699	11640	6124
马岭镇	13000	12517	483	1991	108	2649	8252
城东乡	8155	6426	1729	3340	72	1673	30670
万古乡	19119	14196	4923	6083	2010	9172	1854
建山乡	4887	4057	830	2234	112	1790	750
中峰乡	24333	23654	679	994	33	13452	9854
廖场乡	11050	9992	1058	964	257	7688	2142
茅河乡	13173	11673	1500	3980	1077	6381	1735
联江乡	20793	18116	2677	7034	1810	8179	3770
解放乡	14846	14124	722	3273	685	4216	6672
前进乡	14600	12647	1953	3541	384	1239	9436
双河乡	19956	17779	2177	266	323	668	18699
红岩乡	9675	8820	856	2007	92	529	7049
合计	290330	257880	32450	64270	11990	103720	110350

三、适制蒙顶甘露品种

适宜制作蒙顶甘露各类茶的均以蒙顶山茶区群体种、历年来选育的蒙山系列、名山系列以及与四川省农业科学院茶叶研究所、四川农业大学等共同选育的川茶、川府系列为主。从2021年起，雅安市和名山区市区领导、专家和茶叶企业均形成共识，实施单品突破战略，主推代表性茶品"蒙顶甘露"（图3-15）。

图3-15 适制甘露茶树品种选育项目产品审评

目前，名山制作蒙顶甘露的主要是老川茶群体种和名山白毫131、特早芽213、福选9号、福鼎大白、川茶2号、蒙山9号等良种，但还未确认最具代表性的品种。四川省农业科学院茶叶研究所、四川农业大学、名山茶树良种繁育场等单位已筛选的多个品种具有做蒙顶甘露的基础，但在加工方式与冲泡方式上还需要进行调整和优化，以利于品种优势的体现。适制蒙顶甘露的茶树品种为芽叶呈嫩绿色或略带嫩黄色的灌木型或乔灌型中小叶茶树品种，其内含物质应是茶氨酸、可溶性糖和茶多酚含量均较高，茶氨酸含量一般高于2%，氨基酸总量在3.5%~4%，游离氨基酸含量高于6%。但酚氨低于10%，一般在4%~7%之间的茶树品种，有川茶群体种、名山白毫131、特早芽213、名山早311、福选9号、蒙山9号、蒙山11号、蒙山16号、蒙山23号、甘露5号、甘露3号、甘露1号、马边绿1号、中茶108等茶树品种（具体品种后文有详细介绍）。四川省农业科学院茶叶研究所、四川农业大学及当地茶叶专家形成共识，认为蒙顶甘露的适制品种应该为中小叶茶树品种，根据现行国家标准与行业标准，大叶种不宜加工蒙顶甘露，需要进行探索并筛选出更宜品种、代表性品种，进行宣传推广，引导茶农种植（图3-16、图3-17）。

图3-16 2021—2023年名山召开3次适制蒙顶甘露的品种鉴定和研究会

图 3-17 2015 年著名茶树品种专家虞富莲教授在孙前、唐茜教授陪同下考察名山茶叶

第四节 栽培管理

一、古代茶树种植管理

西汉甘露年间，蒙山人吴理真为母治病，在蒙顶山上寻得野生茶树苗，亲手植于蒙顶的五峰之间的上清峰前。在他的带动下，蒙山地区逐渐由采撷野生茶叶到人工种植茶树，并逐步扩展至名山全境及洪雅、丹棱、邛崃等川西一带。

唐代，饮茶习俗风靡全国，农民生产积极性颇高，茶树种植遍及名山县农村。"不数十年间，遂斯安草市，岁出千万斤。"唐之前，名山茶叶种植主要以茶籽点播为主，有部分是采取移植方式种植。

茶籽点播就是种子直播，属有性繁殖。早期茶区建立茶园时，也基本是采用种子直播繁殖方式。茶农经过多年的种植摸索，总结出茶籽点播的通行经验：每年霜降前后茶果未开裂或开裂未落籽前，从茶树上采摘茶籽，于通风阴凉地方略干燥，选出饱满籽粒。在当年秋季挖窝点籽直播，也有的在第二年 3 月底前播种。播种前，先深耕 1 尺[①]左右，整细耙平，开成宽 4 尺，高 5~6 寸[②]的畦，上盖土 4~5 寸，播茶籽 4~5 粒，然后用土盖平。再盖一层干草，防冻防旱并抑制杂草生长。由于茶树的繁殖是直接从茶树上采摘茶籽点播，品种变异大。后来，改为从长势较好、产量较高、品质好的茶树上采摘茶籽，作为种籽。因有性繁殖周期长，茶树品种难以改良，变异大，芽叶大小不一，产量低，品质不统一，制作优质茶难度大，制约了茶业发展。

宋代，名山出现以种茶为主要收入的农户和专业茶园户，"茶园人户多者岁出三五万斤"。同时，出现了压条繁殖方式。压条繁殖是从茶树群体中确定优秀备选单丛，在每年中耕施肥时，先将树冠"滴水"处挖 4~5 寸深的宽环形沟，施上肥料，再从丛株中心压

① 1 尺 =1/3m。
② 1 寸 =1/30m。

一大堆土，使丛枝均匀向沟中散开，再用新土填满环形沟，高出地面3~4寸并压紧，属无性繁殖。历经1~2年，丛枝基部长满根系时，夏末秋初连根带枝从茎基剪切下另行栽植成为新株（丛）。在尚未实施无性系穗条扦插繁殖之前，这是繁殖新株系变异良种的最好方法，易于保持原株（丛）种性。蒙山茶及其引种茶树中，有不少优良变异单株用压条繁殖法繁殖成不同类群，种质资源保存至今。

元代，因统治者多次镇压，人口大规模下降，名山茶种植生产几乎断代。

明代初年，朝廷虽曾迁移楚人到名山开荒耕种，也曾任命廖贵为"名山卫"千户，屯田生产，采取一些措施，以图加速茶叶生产的恢复发展，但因"榷茶"制度和茶马互换的制约，价格和效益上不去，因此茶农种植积极性受到很大压制，茶叶生产经营终不如唐代、宋代时兴盛，年产量不及北宋时期年产量的6%，但仍有相当数量的专业茶园。

清代，朝廷在四川推行的茶政基本上沿袭明代。清康熙二十年（1681年）至清雍正六年（1728年），天盖寺僧人释照澈（字霁白，上里任氏子弟）植茶万株于蒙山，茶产量增加。清代中后期，蒙山茶在各地名茶竞争中失去领先地位，逐渐走向低谷。至清末，茶树植面积、茶产量严重下降，沦落为山谷、田边地角种植，"已找不到像样的成片茶园"。除贡茶仍继续保持传统工艺外，其他各类名茶制作工艺濒临失传。当时，有不少茶园兼营玉米、高粱、黄豆等农作物。

1912年，蒙茶停贡。1942年，西康省主席刘文辉，派遣二十四军部队官兵，到蒙山永兴寺附近屯垦植茶，从宣塘坪到回龙寺，垦荒100余亩，实行粮茶间作，命名为"骆蒙茶场"。终因时政腐败，技术落后，经营不善，仅3年便关闭。1949年，蒙山尚存茶园300余亩，年产茶叶200~300担。名山县种茶6768亩；茶叶总产量296.5t，其中名优茶2.8t，细茶32.2t，边茶（藏茶）261.5t；总产值10.01万元。当时，茶园基本兼营农业，茶树常与黄豆、小麦、玉米等间种。

二、当代茶树栽培管理

1950年，名山县人民政府为恢复农业生产，采取休养生息政策，帮助茶农垦复荒茶地。1952年，茶农从土地改革中获得经营茶地自主权，在生产逐渐恢复的基础上，一边垦荒播种，更新衰老茶树；一边开展深耕、除草、施肥措施，加强管理。20世纪50年代初，名山茶农主要沿袭古老的传统管理方式，每年在春、夏两季各中耕一次、施一次肥，并开始重视病虫害防治工作。当时，茶树常见病害是云纹叶枯病，常见害虫有茶毛虫、茶梢蛾、军配虫、茶籽象鼻虫、角蜡蚧等，病虫害防治主要采用手工摘除、剪除病叶枝、用手逮虫的办法。4年时间，名山县复垦荒芜茶地1230亩，蓄留茶籽9万公斤，播种6万公斤。至1957年，茶园面积达到9102亩，茶叶总产量584.6t，总产值37.99万元。

当时，农历二月间采摘米茶，米茶就是单芽，不带茶叶。采回后，用大簸箕摊晾，然后进行杀青炒制；还要做部分细茶。部分茶农茶叶采摘还在用"一道光"做法，每年六七月份用镰刀割茶，一年割一次，将粗细、长短、大小、老嫩不一的芽叶全部采摘下树，称"割苔子茶"。名山当地人称地里种的茶是家茶，多数茶农是舍不得吃家茶的，家茶留下来卖钱，自己吃的是老鹰茶。

20世纪50年代，一批茶学专业的大学生、中专生被分配到名山，同时把当时先进的种植生产技术和加工技术带到名山。名山县委、政府开展宣传和号召，开始实行采养结合方式，按采摘标准，分批次、留鱼叶和真叶的方式生产。1953年开始试制、使用化学农药，1956年开始推广使用，部分化肥得以应用。

1958年"大跃进"、人民公社时期，除国有茶园外，全部归集体所有，生产、采摘、销售均采用集体作业形式。各产茶区及收购单位为完成任务，普遍采取"封山不停采""严冬不停购"等做法。三年自然灾害时期，茶叶产量急剧下降。不少社、队，搞田、地、坎"三面光"，出现毁茶种粮的情况。至1961年，有茶园6000亩，茶叶总产量233.5t，总产值18.44万元。1959年，全县大力推广双手采茶先进采摘技术（图3-18）。

图3-18 1959年双手采茶能手
刘淑珍（左）与陈华蓉（右）
（图片来源：名山县茶叶技术推广站）

1962年，中国共产党中央委员会发布一系列方针政策，恢复农业生产元气。名山县人民政府把茶业经营权下放到大队或生产队，发放生产补助款、茶叶预购定金和购价补贴，结合收购奖售粮食、化肥，奖给布票、工业品券，巡回举办茶技培训班。1963年，名山县政府要求，改变茶叶从春到秋不间断掠夺式采摘方式，号召农户遵守白露封山停采制度，使茶叶生产量恢复，年收购量超过5000担。1965年，各公社大队和生产队在"四统一"的基础上，"建立健全粮茶同耕共管，工分合计，统一验收"的责任制，要求各大队生产队茶园做到采养结合，适时采管，要求做到"一挖、二锄、一道肥"，即秋冬季深耕、春夏季进行两锄草，春季施一道催芽肥的茶园管理，提高单产的措施和技术，纠正只种不管的经营状况。这一时期，出现了扦插繁殖方式。扦插繁殖是选取茶树群体中优秀的茶树穗条，扦插繁育，属无性繁殖（图3-19）。

图3-19 20世纪50年代末,茶农在扦插茶苗(讲解、剪穗、插穗、搭架)
(图片来源:名山县茶叶技术推广站)

20世纪60年代初,城关公社六大队四队(关口村四组)曾扦插茶树穗条,取得成功(图3-20)。城东公社五大队二队也成功扦插茶苗。可惜当时未进行科学总结、全面推开。至1965年,茶园恢复到8600亩,总产量250.5t,总产值20.79万元(图3-21)。

图3-20 1965年扦插短穗成功
(图片来源:名山县茶叶技术推广站)

图3-21 20世纪60年代茶叶采摘(图片来源:施友权)

1968年前后，虽几次开展大规模种茶宣传活动，但多停留于一般号召，年年种茶不见茶，有的地方还出现边种边毁现象。1970年，名山全县茶园面积1万亩，其中投产茶园约8000亩，共产细茶12t，粗茶313t，总产值27.34万元。

1972年，贯彻落实毛泽东主席"以后山坡上要多多开辟茶园"的指示，各人民公社、生产大队、生产队，普遍建设集体茶园，建设开辟新式茶园，改造衰老茶地，先后建成"集中连片，等高种植"的集体茶园8629亩。不到3年时间，茶园增至24000亩。至1977年，全县有茶园25205亩，总产量692.7t，总产值55.41万元。

20世纪70年代后，推行科学管理，部分茶园实行"四耕四肥"，即：春、夏、秋三季各追肥1次，除草1次；霜降前后深耕1次，施基肥1次，清除杂草，深埋入土（图3-22）。对壮龄茶园，中耕3次，追肥3次；对衰老茶园，采取深耕改土，重施基肥方法，先在茶蓬滴水线下开深45cm，宽30~60cm的沟；亩施有机肥2500~5000kg，过磷酸钙25~50kg，油枯50kg；分2~3层施入沟内，将表土填底，底层盖土（图3-23、图3-24）。茶叶产量和质量明显提高。

每年初春开园，每隔5~7天采摘一次。以蒙山茶场为主，春分前后，采制石花、甘露、黄芽、万春银叶、玉叶长春等传统名茶芽叶；清明节前后，采制各级绿茶芽叶。采

图3-22 除草、薅茶（图片来源：名山县茶叶技术推广站）

图3-23 基地土地整理

摘顺序是：先采低山、阳山、阳坡、早芽茶树及老丛茶；后采高山、阴山、阴坡、迟芽茶树及幼树茶。粗茶在小暑至立秋采割，使用特制的半圆月"丁"字形内口刀，在上一年割留桩的2~3cm处下刀。为使茶树繁茂健壮，根据茶树的年龄差异和生长情况，采取轻修剪、重修剪、定型修剪和台刈四种方法修整茶树（图3-25）。

图3-24 人工开沟施肥

部分大队生产队生产边茶的茶园，采茶季节安排谷雨到小满采头茶，以条茶为主，小暑到立秋采二茶，以粗茶为主，白露封山停采。这样合理采摘的方式即可达到茶树生长旺盛、树冠整齐、采摘面大、茶树发得快、发得多的效果，做出来的茶无枯老、死梗，品质好。

图3-25 技术人员向农户示范修整茶树
（图片来源：名山县茶叶技术推广站）

1978年后，名山茶业进入新的发展时期。1982—1983年，全县开辟新式茶园2044.9亩，改造低产茶地4229亩，使单产由13kg增加到29kg。20世纪70年代末至80年代初，名山开始大量采用优良品种茶树穗条进行扦插繁殖。1984年，农村经济体制深入改革，取消细茶、粗茶派购统销，实行多渠道流通。1985年，全县茶园发展到25481亩，投产面积1.4万亩，总产量150t，总产值178万元。1986年，全县有茶园21409亩，其中无性系茶园66亩，新发展茶园692亩，低改茶园4811亩；茶叶总产量1090t，其中名优茶、细茶共563t；茶叶纯收入324.73万元，入库税金31.73万元。1988年，新播茶园7438亩。1990年，全县有茶园32500亩，茶叶总产2732.2t，产值329.12万元。

1996年，农村实行第二轮土地承包，延长承包期30年。中共名山县委、县人民政府把"茶业富县"列为农村经济发展的要务，出台一系列惠民惠企优惠政策措施，全县茶业发展突飞猛进。至2000年，全县有茶园40146亩，其中无性系20365亩，新发展茶园4165亩，低改茶园2530亩，机采6950亩。总产量6197.0t，其中名优茶1112.3t、细茶3508.4t、边茶

（藏茶）1576.3t。总产值8611.93万元，纯收入4319万元，入库税金136.46万元。

2000年后，名山县委、县人民政府启动"茶业兴农，茶业富县"战略，结合实施"退耕还林、退耕还茶"政策，名山茶业飞跃发展。2002年3月，全县开展茶叶普查，核实茶园面积为57435亩。其中，无性良种29410亩，占茶园总面积的51.21%；群体种茶园28025亩，占48.79%。投产茶园28768亩，占茶园总面积的50.09%；幼龄茶园28666亩，占49.91%。全县种茶农户44528户，占总农户的64.57%。当年新发展茶园37265亩。2002年，全县茶业总产值10597.45万元，首次超过亿元大关。

2005年，全县有茶园230634亩，茶叶总产量17117.6t，其中名优茶4489.9t，细茶8825.7t，粗茶3802.0t。全县茶叶产值34493.2万元。建立茶叶专业村54个，评选出种茶状元户10户。2010年，全县投产茶园24.2万亩，茶叶产量39837t，产值96766万元；其中名优茶产量11510t，产值69060万元。农村居民人均纯收入5411元，其中茶叶纯收入2524元，占总纯收入的46.6%。2015年，全区茶叶面积350396亩，农民人均1.5亩。全年鲜叶总产量186052t，成品茶叶总产486513t，总产值16.96亿元，茶业综合产值40余亿元。至2022年底，全区茶叶面积391947亩，农民人均1.5亩。全年鲜叶总产量21.6万t，成品茶叶总产量5.98万t，总产值39亿元，茶业综合产值80余亿元。

三、茶园分布扩展

名山老茶区主要分布于蒙山、莲花山、总岗山一带，以农户散种为主，不成片。名山本地人素以名山河为界，称河东所产之茶为东山茶，河西所产之茶为西山茶。东、西两区茶叶，因土质、气候等条件差异，品质略有不同。后者历来以芽壮、叶肥、香浓、味醇著称。

清代，茶园主要分布在遵义里一、二、三、四、五、六、七、十甲，即现在的蒙顶山、永兴化城和蒙阳瓦沟、永兴青江堰、前进延镇河、前进总岗山、前进新市场、前进血河、车岭镇；体仁里一、二、三、四、五、六、九甲，前进廻龙场、前进张店子、新店、万古、蒙顶山徐沟、中峰朱场、红星太平月岗等，占全县21个甲的71%。

由于朝代更替、战争和市场变化，至民国时期，名山的茶园已很少，成片的更少，茶树多散种于林边地角、沟岸山坡、田埂路旁和房前屋后，成为农业经济的副业。1935年，全县18个联保中，有10个产茶，种茶户4889户，占总农户数量的17.4%。1941年，名山上报四川省建设厅的《特产产销概况调查表》中专项记述名山茶叶概况："调查地点，蒙顶总岗二山；产量估计，总产粗茶10万公斤，值洋6万元；细茶4万公斤，值洋32万元。其中，细茶总岗占60%、蒙山占25%、永兴万古乡占15%；粗茶，总岗及沿山麓占75%，蒙山占15%，永兴万古10%；农民耕隙地多行栽植，有以此为副业者。甚有遍行栽植茶树成园，视之为正业，产量之巨，价值之变，居实赖之。栽种、采摘、制造多守旧法……不计树之荣枯与将来之得失，以致全县产量日冗减少。地处川边匪盗常扰，以致田土荒弃，不能尽其地利作收获，又何以有力量从事此项特立之特产。"

1949年，名山全县有茶地6768亩（表3-2）。茶叶品种多为地方群体种，种植在田边地角、房前屋后、山边、路边，以户为单位，将茶叶卖给茶商后进入市场流通交易。

表3-2　1949年名山县茶园分布情况统计

单位：亩

乡镇	适龄茶园	老龄茶园	逾龄茶园	合计
城西	202	22	224	448
永兴	180	20	200	400
车岭	792	88	880	1760
新店	180	20	200	400
百丈	144	16	160	320
马岭	576	64	640	1280
城东	144	16	160	320
万古	216	24	240	480
中峰	180	20	200	400
回龙	432	48	480	960
合计	3046	338	3384	6768

1950年名山解放后，茶叶产区逐渐扩大。当年，细茶上市607担、粗茶5000担，茶叶总产量比1941年增长1.5倍。

1953年，据中茶公司四川省分公司提出的《名山茶叶产销资料调查总结》，全县有3区13乡……除茅河、黑竹、太平（红星）3乡不产茶外，其余均能生产茶叶。产量最多的为城西（蒙顶山）、车岭（包括双河）、马岭、回龙（前进）、永兴（包括红岩），质量较好的为城东、城西、万古、新店。全县有茶农32255户，以茶叶为主要副业的4899户，茶园5720亩，茶株2002029株。

1957年，名山县垦复荒茶地，播种茶籽，茶业得以发展。全县有茶园9102亩，产茶584.6t。中心区茶园7300亩，占总面积的80%，产量不到200t，仅占总产量的34%，亩均产值50.59元，比坪岗浅丘区少29.68元。1961年，茶园严重遭损，面积减少、产量下降。1962年后，推广优良茶种，改进栽培技术，提高收购价格，实行粮、肥各类票证挂钩奖售政策，茶农种植积极性有所提高。至1978年，原分散零星种植的茶树，逐步移植归并集中连片，同时发展一批新式茶园，产区扩大到黑竹、茅河、廖场等无茶乡及村、社。1980年名山县辖区面积与茶园面积产量情况见表3-3。

1981年，全县茶树资源普查时，发现新辟茶园中心区都侧重于蒙山、总岗山海拔800m以上深丘区。自1981年1月起，名山县将新发展茶园转移至坪岗浅丘地区，大力发展新式茶园，转型细茶生产。同时，以蒙顶山为中心，将接近蒙山一带的乡、村辟为茶区生产名优茶；深丘地区重点生产粗茶。名山茶园从山岗坡地大面积进入平坝粮田。

表3-3 1980年名山县辖区面积与茶园面积产量统计

区域	总面积/亩	茶园面积/亩	总产量/kg	细茶/kg	粗茶/kg
紫霞	19922.73	322	8.55	1.60	6.95
城东	33700.85	558	27.75	2.10	25.65
城南	28662.71	300	9.90	0.90	9.00
城西	40536.75	721	31.60	2.75	28.85
永兴	50224.12	830	44.35	6.40	37.95
红岩	26299.23	858	40.50	12.00	28.50
前进	51539.56	1085	80.20	9.40	70.80
车岭	71365.09	1179	93.70	19.35	74.35
万古	35990.85	360	5.35	1.30	4.05
建山	50652.98	422	6.20	0.95	5.25
新店（含红光）	70417.87	798	14.30	5.70	8.60
中峰	65993.29	759	8.90	5.60	3.30
百丈	55700.70	289	0.75	0.50	0.25
红星	41238.71	422	9.30	8.25	1.05
解放	33625.09	286	2.60	1.70	0.90
双河	49572.76	2573	119.25	46.00	73.25
马岭	54114.96	1000	39.85	161.50	23.70
联江	39184.47	374	17.95	15.65	2.30
黑竹、茅河、廖场	101184.53	97	0.40	0.40	
蒙山茶场	1529.65	1334	50.00	50.00	
公安农场		42	1.55	31	
合计	921456.90	15209	612.95	208.25	404.70

调整后，到1983年，全县新发展茶园10219亩，其中坪岗浅丘1万亩，占全县茶园面积的97.9%，茶园面积占比由20世纪50年代的20%上升为75%，深丘区占比由80%下降到25%。1985年，全县种茶户15276户，占总农户的31.7%；种茶面积25481亩。此后，茶叶效益不断提高，茶园标准化种植技术推广，茶园向坡地和岗区"望天田"发展。1987—1989年，建设中峰乡海棠村牛碾坪100亩示范茶园和茅河乡"一把伞"千亩成片茶园基地，名山茶叶开始在良地、良田种植。1990年，中共名山县委、县人民政府将茶、桑作为名山发展种植业多种经营重点作物，此后，茶叶面积每年增加1000~2000亩。从1997年开始，中共名山县委、县人民政府对乡镇和村下达茶叶发展硬性任务，要求新发展连片100亩以上示范茶园，大乡镇每年至少2个，小乡镇每年至少1个，并纳入年终考核。不少乡镇、村干部带头完成任务，部分乡镇还奖励农户，每发展1亩奖励1袋尿素或50元茶苗作为补助。名山茶园面积迅速增加，每年新增3000~4000亩，中峰海棠村、大冲村，双河骑龙村，永兴双墙村等一批坪岗区茶叶基地形成。至2000年，全区茶园习惯面积40164亩（标准亩为57146亩）。

1998—1999年，国家开展长江上游退耕还林、天然林保护工程项目试点，2000年全面启动。名山县经过努力申请，将退耕种茶纳入退耕还林项目。在政策刺激和示范带动下，双河、中峰、新店、万古等基地面积扩大连片，山区、岗区茶园扩展至平坝，除少数土壤不适合、农户无力种植的稻田旱地外，多数田地发展为标准化茶园，全县茶园面积急速扩大（图3-26）。至2011年底，平坝茶园约25万亩，占全县茶园面积的80%。

至2022年，全区11个镇、98个村、17个社区、944个村民小组均产茶，98%的农户种茶，海拔577~1456m都有茶园分布。2022年底，全区有茶园391947亩，95%的茶园分布在浅丘、坪岗和坝区。

图3-26 2006年前后基地茶园水网、电网、路网建设

四、病虫害与管理

(一) 茶树虫害

1. 茶毛虫

一年发生2~3代，以卵块越冬，第二年4月中旬越冬卵孵化，各代幼虫发生期分别为4月中旬到6月中旬、7月下旬到9月下旬。幼虫3龄前群集，成虫有趋光性。低龄幼虫多栖息在茶树中下部或叶背面，取食下表皮及叶肉，2龄后食成孔洞或缺刻，4龄后进入暴食期，严重发生时也可使成片茶园光秃。

防治措施：一是秋冬季清园，摘除卵块。二是点灯诱蛾，减少产卵量，或用频振式杀虫灯诱杀。三是应用茶毛虫核型多角体病毒，人工释放赤眼蜂。四是化学防治，在百丛卵块5个以上时进行，掌握在3龄幼虫期前，以侧位低容量喷洒为佳。药剂可选用80%敌敌畏亩用80~100mL，或2.5%天王星亩用15~25mL兑水喷雾，也可采取敌敌畏毒砂（土）的方法，即每亩用80%敌敌畏100~150mL，加干湿适宜的砂（土）10kg拌匀，覆盖塑料膜闷10~15分钟后，均匀撒在茶地上，防虫效能优于喷雾。

2. 茶尺蠖

一年发生5~6代，以蛹在茶树根际土壤中越冬，第二年2月下旬至3月上旬开始羽化。幼虫发生为害期分别为4月下旬到5月中旬、5月下旬到6月下旬、6月下旬到7月下旬、7月中旬到8月中旬、8月中旬到9月下旬、9月下旬到10月中旬。它以幼虫残食茶树叶片，低龄幼虫为害后形成枯斑或缺刻，3龄后残食全叶，大发生时可使成片茶园光秃。

防治措施：一是保护天敌。二是频振式杀虫灯诱杀。三是清园灭蛹、培土杀蛹。四是化学防治，在亩幼虫量超过4500头时进行，掌握在3龄前，以低容量蓬面喷扫为宜。药剂可选用2.5%敌杀死亩20~25mL或2.5%天王星亩20mL。

3. 小绿叶蝉

一年发生10代左右。以成虫在茶丛中越冬，开春后当日平均气温达10℃以上时，越冬成虫开始产卵繁殖。一般有2个虫口高峰，第一个虫口高峰自5月下旬到7月中上旬，以6月份虫量最多，主要为害夏茶。第二个虫口高峰自8月中旬到11月上旬，以9—10月虫量最多，主要为害秋茶。它以针状口器刺入茶树嫩梢及叶脉，吸取汁液，造成芽叶失水萎缩，枯焦，严重影响茶叶产量和品质。

防治措施：一是及时分批采摘。二是保护天敌。三是色胺板诱杀。四是化学防治，掌握在峰前，百叶虫量超过8头且田间若虫占总虫量80%以上时为适合期，以低容量蓬面喷扫为佳。药剂可亩用2.5%鱼藤酮乳油150~200mL（300~500倍）、2.5%天王星50mL（1000倍液）、25%帕力特30mL（1600~2000倍液）、15%茚虫威悬浮剂16mL（3000倍液）、

0.3%印楝素乳油50mL（1000倍）喷施。

4. 茶附线螨

该虫虫态混杂，世代重叠，一年40余代。它身体小，为害茶树造成茶芽衰竭、硬化、变脆、增厚、萎缩，严重影响茶芽产量和品质。以5月中旬到8月下旬为害较重。

防治措施：一是及时分批多次采摘或采取修剪的方法去除螨体。二是苗圃地可采取大量喷洒清水的方法冲刷螨体。三是加强肥培管理，增加叶片含氮量，增强树势，提高抗虫能力。四是秋冬季封园可喷施0.5波美度的石硫合剂。五是药物防治，亩用73%克螨特20mL（2400倍液）、20%四螨嗪50mL（1000倍液）、1%阿维菌素20mL（2400倍液）、10%浏阳霉素乳油30~50mL（1000~1500倍）喷施。

5. 黑刺粉虱

一年发生4代，为害期5月中旬、6月下旬、7月上旬、8月上中旬、9月下旬、10月上旬，若虫越冬。若虫聚集叶片背面刺吸汁液，排出蜜露引起煤烟病发生，叶片正面覆盖污霉状霉层。虫体周围有一圈白色蜡圈，形似黑芝麻粒。

防治方法：一是茶园修剪、疏枝，通风透光。二是保护天敌蜘蛛、瓢虫，使用生物农药如韦伯虫座菌，每亩用韦伯虫座孢菌菌粉500g。亩用粉虱真菌制剂（每毫升含孢子2亿~3亿）、2.5%功夫15mL乳油（3200倍液）、10%扑虱灵乳油50mL（1000倍液）。3龄及其以后各虫态的防治，最好用含油量0.4%~0.5%的矿物油乳剂混用上述药剂，可提高杀虫效果。

6. 茶 蚜

为害茶树芽梢。4月中上旬、9月下旬、10月中旬是发生高峰期。当百叶达20头时，施药防治。

防治措施：一是及时分批、分次采摘，可摘除大多数虫体，并恶化其生存环境。二是人工放养或助迁天敌如瓢虫、草蛉等。三是保护天敌寄生蜂。四是药物防治，亩用2.5%鱼藤酮150mL（300~500倍液）、50%辛硫磷40~50mL、2.5%溴氰菊酯12~15mL喷施。

7. 角蜡蚧

一年发生1代，若虫在茶树枝干越冬，3月开始活动，7月生长为成虫，7月下旬到9月上旬交配产卵，雄虫交尾后死亡，雌虫8月中下旬盛卵，8月下旬至9月下旬盛孵。平均每只雌虫可产卵1000~3000粒。以成、若虫为害枝干。受此蚧虫为害后叶片变黄，树干表面凹凸不平，树皮纵裂，致使树势逐渐衰弱，排泄的蜜露常诱致煤污病发生，严重者枝干枯死。

防治措施：一是苗木检疫。有蚧虫寄生的苗木实行消毒处理。二是加强茶园管理，清蔸亮脚,促进茶园通风透光,及时剪除发生虫害严重的茶树枝条。三是保护天敌。清除有虫枝条宜集中堆放一段时间,让寄生蜂羽化飞回茶园。瓢虫密度大的茶园,可人工帮助移植。瓢虫活动期应尽量避免用药。四是药剂防治。掌握若虫盛孵期喷药。可用亚胺硫磷、扑虱灵(800~1000倍液)等。秋末可选用波美0.5度石硫合剂、10~15倍松脂合剂、25倍蒽油或机油乳剂。

(二)茶树病害

1. 茶饼病

为害嫩叶、茎、花、果,病斑圆形,正面凹陷,淡黄褐色,背面突起呈馒头状,上生白色或淡红色粉末。春秋季为发病期,芽梢发病率大于5%时施药防治。

防治措施:一是加强茶园管理,勤中耕除草,及时采摘、修剪,使茶园通风透光。二是合理施肥,适当增施磷、钾肥,尤其要注意有机肥和无机肥结合施加,以增强树势,提高抗病能力。三是药物防治,亩用50%多菌灵(1000倍液)或25%粉锈宁30g兑水50kg喷雾。

2. 茶苗茎枯病

主要为害短穗杆插的苗圃,严重时叶片死亡,被害茶苗近地面的茎基部初期为褐色,皮层腐烂,2~3个月后苗木枯死。4—5月的雨季和秋季是发病高峰期。

防治措施:一是发病苗圃在移栽后,如需继续连作的,必须在原来的苗床上重新铺上一层新土(压紧后的厚度为3cm)。二是药物防治,在4月中旬和8月中下旬的发病期喷0.7%石灰半量式波尔多液。

3. 茶炭疽病

主要为害成叶或老叶,病斑多从叶缘或叶尖产生,初为水渍状,黄褐色小点,后逐渐扩大为不规则形大斑,上面散生许多黑色小粒点。病斑上无轮纹,边缘有黄褐色隆起线,与健康部分界明显。全年以梅雨季节和秋雨季节发生最多。一般抽出新枝及幼龄茶树,因台刈茶园,叶片幼嫩,含水量高,有利于发病;偏施氮肥的茶园发病也较重。

防治措施:一是加强茶园管理,增施磷、钾肥,提高茶树抗病力;秋冬季清理病叶,防止病菌传播。二是药物防治,秋茶结束后,喷洒0.6%~0.7%石灰半量式波尔多液进行预防;发病初期喷施70%甲基托布津(1000~1500倍液),75%百菌清(1000倍液),或65%代森锌可湿性粉。

4. 茶云纹叶枯病

主要为害成叶或老叶,也可引起枯梢。病斑不规则形,大型,深浅褐色相间,有波状轮纹,上生灰黑色扁平小粒点。6月和8—9月是发病高峰期。当叶发病率小于15%时,施药防治。

防治措施：一是加强茶园管理，勤耕锄，合理施肥，及时采摘，去除病枝。二是药物防治，亩用75%百菌清（800倍液）或非采摘期用0.7%石灰半量式波尔多液喷施。

5. 茶赤星病

发病叶片上散生许多圆形褐色小斑，斑点中间凹陷，呈灰白色，边缘有暗褐色至紫褐色隆起线，病斑中央散生黑色小点，潮湿时有灰色霉层。后期小斑合并成不规则大斑，叶柄发病引起落叶。

防治措施：一是夏季及时浅耕松土，铺草覆盖，增强土壤保水，有条件的地方进行喷灌。二是冬季用0.5波美度以内的石硫合剂清园，清除病枝病叶，集中烧毁。三是药物防治，每亩用70%甲基异柳磷50g兑水75kg喷雾、75%百菌清100~125g兑水75kg或50%多菌灵150g兑水75kg喷雾。

（三）茶园杂草

名山区农田杂草约有73个科309属562种3500余类，常见和为害较重的有50科140余种。其中，旱地杂草31科100余种，主要有禾本科的茅草、看麦娘、马唐、牛筋草、野麦、狗尾草、狗牙根；菊科的小蓟、苦荬菜、苣荬菜、飞廉、小飞蓬、苍耳、蒲公英、泥胡草、黄花蒿、鬼见草；唇形科的夏枯草、益母草、野薄荷；苋科的青葙、刺苋、空心莲子草、紫苋；旋花科的旋花、小旋花、牵牛花；十字花科的荠菜、碎米荠、遏兰菜、米蒿、风花菜；藜科的地肤藜、小藜、尖头叶藜、刺藜、猪毛菜；蓼科的两栖蓼、辣蓼、酸模叶蓼、篇蓄、卷叶蓼；大戟科的地锦、泽添、钱苋菜；茄科的毛酸浆、龙葵、小酸菜；莎草科的毛轴莎草、红鳞扁莎草、牛毛毡、荆三棱、香附子；茜草科的猪殃殃、伞房花耳草；石竹科的繁缕、米瓦罐；锦葵科的麻、肖梵天花；豆科的田皂角、大巢菜、含羞草、草木樨、黄芪；玄参科的婆婆纳、弹刀子菜；百合科的山蒜、野薹；毛茛科的毛茛、石龙芮；天南星科的半夏；车前草科的车前、平车前；桑科的葎草；伞形花科的野胡萝卜、水芹；蔷薇的地榆；马鞭草科的马鞭草、马缨丹；酢浆草科的酢浆草；蕨科的蕨；马齿苋科的马齿苋；拢牛儿科的野老鹳草；萝藦科的萝藦；木贼科的问荆等。

茶园、草坪、道路主要杂草有15科20余种。其中，最多、最广、最难根除的是水花生（空心莲子草）和水游草（李氏禾），也是旱地、水田中的恶性杂草。其次为蓼草、蒿草、莎草类、稗草类、蛇莓、牛筋草、野牛膝、灯心草、藜荠等。

旱地杂草、林园、草坪、道路杂草均为害茶园。其中主要的、严重危害茶园的杂草如下。

① 空心莲子草（水花生）：多年生草本。茎基部匍匐，上部上升，或全株僵卧，着地或水面生根，中空，有分枝。叶对生，具短柄；茶园中生长十分迅猛，对幼龄茶园为害严重。

② 狗尾草（莠）：一年生草本。秆疏丛生，直立或基部膝曲上升，高30~100cm。叶片条状披针形，圆锥花序紧密呈圆柱状直立或微弯曲，种子繁殖。对茶园为害严重。

③ 酢浆草（酸味草）：多年生草本。茎匍匐或斜上，节上生根。三出复叶互生，叶柄细长，小叶倒心形，无柄。种子椭圆形至卵形，褐色。分布广，主要为害幼龄茶园。

④ 杠板归（犁头刺、蛇倒退）：一年生蔓生草本。茎细长，有棱角和倒钩刺。叶互生，具长柄，疏生倒钩刺。叶片三角形，叶正面无毛，叶背面沿叶脉疏生倒钩刺。种子繁殖，对幼龄茶园为害严重。

⑤ 毛蓼：多年生草本。叶互生，具柄，叶片披针形，穗状花序，顶生或腋生，直立。种子繁殖，主要为害幼龄茶园。

⑥ 鱼眼草：一年生草本。茎直立，叶互生，卵形、椭圆形或披针形，头状花序球形。主要为害幼龄茶园。

⑦ 白茅（茅草）：多年生草本。叶片条形或条状披针形，秆丛生，直立，节具长柔毛。主要为害山地茶园。

⑧ 马唐：一年生草本。秆基部倾斜，着地后节易生根，高40~100cm，光滑无毛。叶片条状披针形。种子繁殖，主要为害幼龄茶园及投产茶园。

茶园杂草的综合防除：一是中耕、人工拔除（图3-27）。二是茶行覆盖秸秆。三是幼龄茶园可覆盖深色塑料薄膜。四是施用除草剂，草甘膦及其复配剂。成林茶园，亩用41%开路生水剂250g兑水35L喷雾；幼龄茶园亩用41%春多多水剂300g兑水35L定向喷雾5~7天，杂草内吸传导致死。

2000年10月，名山县政府提出《关于验收国家级茶叶标准化示范区的请示》，之前的茶叶无公害茎干地建设严格按照《蒙山茶茶树栽培技术规范》（DB 513122/ T 021—5—1988），全面落实8.9万亩次，取得重大进展；至2009年，茶县图20多个乡镇无公害茶叶基地达100%。

图3-27 茶园松土除草施肥（图片来源：名山县茶叶技术推广站）

（四）茶园管理

古时，茶树病虫时有发生，茶农根据自身经验进行人工捕捉、灭虫，拔除有病茶树焚烧。当时，茶丛间距大，依靠生物链阻止茶树病虫大面积流行危害，病虫害发生处于自生自灭状态。

民国时期，名山成片茶园很少，茶树基本散种于林边地角、沟岸山坡、田埂路旁、房前屋后，俗称"窝子茶"，主要是压枝、分蘖或茶籽播种繁殖。管理粗放，仅扯除窝边杂草。茶粮间种者，夏末秋初随粮食作物中耕除草施肥1~2次。

20世纪70年代后，推行科学管理，部分茶园实行"四耕四肥"，即：春、夏、秋三季各追肥1次，除草1次；霜降前后深耕1次，施基肥1次，清除杂草，深埋入土（图3-28）。

20世纪90年代后，普遍推广无性系良种茶，坡地茶园建设采用等高开垦、环山水平，梯面1.5~1.8m单行（垄）种植；平地、熟化地茶园平行沟距1.5~1.65m开厢种植，行距0.6m，深耕开厢重施有机肥，配施磷肥。栽种按双行单株50cm×20cm栽种。

进入21世纪，在茶园病虫害综合防治的同时，名山县人民政府发布禁止销售使用高毒、高残留农药的通告，推广频振式杀虫灯、黄粘板等物理防虫技术（图3-29）。

20世纪90年代以前，名山茶树修剪使用茶剪、镰刀、弯刀、斧头，人工剪、砍、割茶树进行管理维护。

1992年，引进浙江杭州生产的SA104A型双人弧形轻修剪机和XS800-1200型重型修剪机，在重点茶区试用推广。而后，引进老茶树专用修剪机。1996年4月，县农业局茶技站从浙江杭州引进PHV100弧形双人采茶机。2000年3月，引进单人采茶机。至2015

图3-28 茶园深耕施肥（图片来源：名山县茶叶技术推广站）

图3-29 茶园喷灌、黄粘板等综合管理

年，试验、示范、推广采茶机25台、修剪机123台、机动喷雾器95台，实验区内茶园植保机械化和半机械化率100%，茶树机械化修剪率100%。至2022年底，全区有茶树修剪机15000台（套），采茶机600台（套）。

蒙顶山茶区茶农事活动见表3-4。

表3-4 蒙顶山茶区茶叶农事活动统计

月份	节气	活动内容
1月	小寒—大寒	1.清理基地蓄排水沟、蓄水池（塘），整修基地道路；2.机具检修，准备生产
2月	立春—雨水	1.茶园中耕除草，每亩施20kg尿素、8kg硫酸钾催芽肥；2.开始采摘名茶
3月	惊蛰—春分	1.采制名优茶；2.预防倒春寒；3.防治茶蚜
4月	清明—谷雨	1.采制名优茶及春茶；2.防治黑刺粉虱；3.新建茶园补齐缺苗；4.茶园低改
5月	立夏—小满	1.茶园轻修剪；2.第二次浅耕除草，第二次追肥；3.防治小绿叶蝉、螨类；4.茶园低改
6月	芒种—夏至	1.采制夏茶；2.防治小绿叶蝉、螨类昆虫；3.茶园低改；4.茶苗夏插
7月	小暑—大暑	1.采制夏茶；2.第三次浅耕除草，第三次追肥；3.防治第二代黑刺粉虱；4.幼龄茶园定型修剪；5.茶苗夏插
8月	立秋—处暑	1.采制秋茶；2.加强病虫害防治；3.茶苗扦插
9月	白露—秋分	1.采制秋茶；2.防治第三代黑刺粉虱；3.茶苗扦插；4.新发展茶园规划、开垦，茶苗定植
10月	寒露—霜降	1.采制扫尾；2.茶园冬季管理；3.茶苗扦插管理；4.新发展茶园茶苗定植
11月	立冬—小雪	1.茶园冬季管理；2.喷施石硫合剂、硫悬浮剂、波尔多液无机长效封园药
12月	大雪—冬至	1.苗圃地防冻管理；2.茶园基地水池、道路等基础设施建设及维护；3.茶园排水及梯壁整治

五、现代标准化种植管理

20世纪80年代末，蒙顶山茶区就开始探索和总结茶园标准化种植管理方式，并拥有了成熟的技术与种植模式。进入21世纪，全面进行优质标准化种植管理，名山行政区域内上万亩连片的标准化茶园成为名山茶区亮丽的风景。名山成为名符其实的中国茶乡（图3-30）。

（一）基地选择

选择生态环境好、空气清新、土壤微酸性、水源清洁、土壤未受污染的地域，距公路一定距离，远离工业区或化工厂、垃圾场（图3-31）。栽植前配套道路、水利设施建设。

图3-30 陈宗懋院士题字

图3-31 远离公路,水平环绕种植

(二)栽培技术

开沟:宽50~60cm、深40~50cm,按每亩施入有机肥3000kg以上,钙镁磷肥20~50kg,与土壤拌匀,再回填表土至植茶行高出地面5cm以上,培细土壤。

定植:春季定植宜在2月下旬前,秋季定植宜在9月中旬至11月上旬。采用双行单株条植,其中:大行距150~180cm,小行距30~40cm,株距20~25cm,每亩植3600~4500株茶苗。

茶苗放入沟穴中后,使茶苗根系舒展,然后一手扶苗,一手将湿润的细土覆埋茶根,逐步加土,层层踩紧踏实,直至插穗顶端以上1~2cm,浇透定根水,使茶根与土壤充分接触。移栽后在离地20cm处对茶苗进行第一次定型修剪。

(三)茶园管护

1. 修 剪

(1)定型修剪

栽种1~3年的幼龄茶园,为培养树冠需进行的技术手段,一般分3次完成,剪口要光滑。第1次定型修剪,在苗木移栽定植时进行。定植后离地20cm处剪平,既可增加成活率,也能促进茶树生长。第2次定型修剪,在第1次定型修剪1年之后进行。修剪高度为上次剪口处向上提高10~15cm,即第2次定剪高度离地30~35cm处剪平。修剪在茶园冬管时进行为宜,并在当年各个茶季视生长情况进行打顶,以进一步促进分枝,扩大树冠,增加茶芽密度。第3次定型修剪,在第2次定型修剪后一年进行。树势旺盛、肥水条件好的茶树,可采取春茶前期嫩采名优茶,20天后结束采摘,再进行第3次定型修剪。修剪高度在第2次剪口处向上提高10~15cm,即高度离地45~50cm处剪平,同时用整枝剪剪去细弱枝和病虫枝。经过3次定型修剪后,树冠迅速扩展,已具有坚强的骨架,此后可在春茶前期多采制名优茶,中期提前结束采摘,在上年剪口上再提高5~10cm进行整形修剪。根据采摘方法的不同可使树冠呈弧形或平形,之后正式投产。

(2) 轻修剪

轻修剪的对象是生产茶树和已完成3次定型修剪的茶树。在每年茶季结束或春茶结束后进行,修剪的深度为3~5cm,以剪去树冠面突出枝和不成熟新梢,以采摘面平整为准(图3-32)。

(3) 深修剪

深修剪对象是经过多年采摘和轻修剪,茶树冠面"鸡爪枝"丛生,生产枝细弱,育芽能力差,芽叶瘦小并出现大

图3-32 修剪后的茶园

量的对夹叶,产量、品质下降的茶树。剪去树冠上部15~20cm深的枝叶层,以剪净鸡爪枝为原则。一般间隔3~5年进行一次深修剪,以复壮树势,提高育芽能力,宜安排在春茶结束后进行,留养一季夏茶,秋茶即可采茶。配以疏枝和边缘修剪,即剪去茶树树冠内部和下部的病虫枝、细弱枝、枯老枝和茶树行间过密的枝条,以利茶园通风透光。

(4) 重修剪

适用于骨干枝及有效分枝仍有较强生育能力、树冠上有一定绿叶层的茶树。修剪时间一般在4月中下旬及6月,宜早不宜晚。在主采名优绿茶园,重修剪一般在春茶适当提前结束后进行。一般剪去茶树的1/2高度(或离地40cm左右剪去上部树冠)。对茶丛的枯老枝、细弱枝、病虫枝、过密枝应从地面修。剪后当年发出的新梢不采摘,经过1~2季停采修养,在10—11月从重修剪剪口上提高10~20cm进行轻修剪,打平蓬面,待树冠养成才可正式投产。

(5) 台刈

台刈适用于树势衰败、产量很低的茶园改造。修剪时间为4月中旬至5月下旬,用整枝剪或台刈机剪去离地5~10cm处地上全部枝干,注意剪口整齐,切忌破损。

2. 施 肥

(1) 施基肥

基肥施用时期:在冬管时与深耕结合进行,一般在茶树地上部分停止生长后施基肥,宜早不宜迟,为翌年茶芽早发、多发、壮发提供营养。一般在10月中旬至11月中旬施用基肥。

基肥施用量:投产茶园,亩施有机肥1500~2500kg或饼肥100~150kg,尿素20kg、过磷酸钙25kg、硫酸钾15~25kg(或茶叶专用有机复合肥200~300kg)。

施肥方法：投产茶园，应在茶丛边缘垂直向下位置开沟施肥，也可隔行开沟，每年更换位置。沟深20~30cm。

（2）施追肥

茶园追肥的主要作用是不断补充茶树生长发育过程中对养分的需要，达到持续高产的目的。追肥以速效肥料为主，一般一年施用3次。

第1次追肥称催芽肥，一般在春茶开采前20~30天前追施催芽肥，肥料用量每亩施尿素30kg。第2次追肥于第1轮新梢生长休止后、第2轮新梢萌发前的5月中下旬于6月上旬进行，追肥量约为20kg。第3次追肥时间在第2轮新梢生长休止的7月中旬前后，肥料用量与第2次追肥相当。

追肥方法可以采取开沟追肥法，开沟深度和宽度各10~15cm，施入肥料后覆一层土。追肥在土壤润湿条件下进行，旱季不能施用追肥。

3. 采摘

按照"标准、早采、分批、多次"的采茶原则。当茶园蓬面上有5%~10%芽梢符合采摘标准时开采，采摘标准为单芽、一芽一叶初展、一芽一叶、一芽二叶初展、一芽一叶等。不采摘病虫芽、紫色芽、瘦弱芽、空心芽、露水芽。人工采摘与机械采摘相结合（图3-33）。

图3-33 茶叶人工采摘与机械采摘

4. 病虫害绿色防控

采用物理、农业、生物和药物综合防治。使用高效、低残留农药及其复配剂，严格遵守安全间隔期进行采茶，保证茶叶中的农药残留量不超标。

（1）物理防治

采用人工捕杀，减轻茶毛虫、茶尺蠖、蓑蛾类等害虫为害；利用害虫的趋性，进行灯光诱杀、色板诱杀或异性诱杀（图3-34）。

（2）农业防治

换种改植或发展新茶园时，选择抗性强的茶树品种；及时采摘，创造不利于为害虫的食物源环境；适时中耕除草，合理施肥、修剪、疏枝清园，以减少病虫来源（图3-35）。

（3）生物防治

保护和利用草蛉、瓢虫、蜘蛛、捕食螨、寄生蜂等有益生物；有条件的使用生物源农药，如微生物源农药、植物源农药和动物源农药。

（4）药物防治

使用政府和相关部门推荐的安全、高效、低毒农药。宜一药多治或农药的合理混用、轮用，防止病虫的抗药性。宜低容量喷雾，注意喷药质量，控制农药对天敌的伤害和环境污染。

图3-34 2010年引进安装太阳能频振式杀虫灯

图3-35 标准化茶园绿色防控

5. 茶园冬管

茶园冬季管理的水平直接关系到下年茶叶的产量和品质，合理的茶园冬季管理也是实现茶园高效益生产的主要措施。

（1）耕除及清洁茶园

从10月上旬开始，除净茶行间、梯壁及茶园四周杂草，做到"三面光"；拣挣茶窝或者基部的杂草及草根，清蔸亮脚；四川茶区，大部分地区雨多、露多，空气湿度也大，要将茶蓬内和下部的冗枝、下垂枝、病虫枝、细弱枝清除掉，使茶园通风透光，以增强茶树生长活力；培土和保蔸；人工清除苔藓地衣；摘除茶花、茶果等。

（2）深翻土壤

茶园的土壤经过春、夏、秋季后板结缺氧，对茶树的生长极为不利。通过深翻耕作，可锄净杂草、疏松土壤、减少虫害、保持水分和促进土壤风化，利于增加来年的产量。

在秋茶采后至大冻前,根据茶树树龄、培植方式、根系分布等情况,耕作深度掌握在15~25cm,以利改善土壤理化性状,增加土壤蓄水量,提高抗旱能力,有利于促进茶树根系的生长发育(图3-36)。

(3)修整树冠

幼龄茶树分批多次剪去枝的顶芽,促使枝条分布均匀,形成内疏外密的丰产树形。成年茶树,一般剪去青梗和麻梗,留下红梗部分,并将"鸡爪枝"全部剪除,促使下一年发芽整齐。

图3-36 新引进掘耕机耕作示范

(4)增施重施基肥

增施基肥,尤其是增施有机肥作基肥是提高茶树产量和品质的重要途径。茶树在秋末冬初增施一次有机肥料,弥补茶叶采摘后茶树所消耗的养分。对提高下一年茶叶的产量和品质都有显著的作用。一般在10月底前增施为宜。茶园秋冬肥料应以农家有机肥为主,配施化肥或复合肥。每亩用农家有机肥500~1000kg、油枯50kg、钙镁磷肥50kg拌匀发酵后施用。一般沿茶蓬边缘滴水线,即大约距茶蔸15~45cm处挖沟施肥。挖施深度20~25cm,宽度10~15cm的肥沟,以不伤茶根为宜,然后施肥,随即盖土。

(5)间种或铺草

间种绿肥可改良茶园土壤,防止水土流失,增加有机养分。一般宜采用豆科、十字花科或禾本科植物混播,紫云英可在秋分前后播种,满月花宜在寒露前播种。紫云英播种量应占80%。来年开春,紫云英开花时将其耕翻入土,以提高地力,保持水土。越冬前在茶园茶行间铺草,既可防旱,又可防寒。一般每亩茶园覆草1500~2000kg。覆草宜在清园、冬耕、施肥、冬灌之后进行。丘坡及高山茶园的土壤较瘠薄,蓄水性差,易干冻,在铺草前应灌水润园。

(6)做好病虫害防治及封园

对发生过严重茶饼病、茶煤病、纹枯病等病害的病树,应连根挖除,及时烧掉。对茶树老叶和树枝进行一次翻看清查,发现有虫卵、虫包、虫茧的枝叶及时摘除,集中焚烧处理。茶树害虫多集中在茶蔸、叶背、树干等部位越冬。无论是无公害茶园、绿色食品茶园还是有机茶园,在11月清园后,都可以喷施一次石硫合剂。要全面喷洒,茶树上下、内外和叶面、叶背都要喷上药液,然后及时封园。能有效地减少茶园内越冬病虫基数,减轻病虫危害,有利于提高下一年茶叶产量和品质。这是当前防治茶园病虫害最经济、最直接、最有效的方法,操作简单,费省效宏。

六、茶业重点项目实施

（一）四川省名茶生产基地县建设

1983年，名山县被列为四川省名优茶、细茶生产基地县。1986年2月，名山县政府向四川省农业厅上报《关于"名茶"基地县建设实施方案的报告》。1987年，名山县生产黄芽、甘露、石花、万春银叶、玉叶长春、春露等名茶22.03t，占全省名茶产量的55%左右。1988年，蒙顶牌甘露、玉叶长春获农业部优质产品证书。石花获首届中国食品博览会名优特产品证书。1991年，蒙峰茶厂恢复生产蒙山雀舌。至2000年底，名山县有名优特新茶50余种，在国际上和国内获得各类奖和"优质名茶"称号70余项次。2001年6月，四川省名山茶树良种繁育场参展的理真牌黄芽、甘露、毛峰分别获中国（成都）国际博览会金奖。至2001年底该项目工作完成。2002年2月，经检查验收，名山县被认定为"四川省名茶生产基地县"。

（二）"国家级农业标准化示范区"建设

1998年7月10日，名山县政府上报《四川省名山县国家级农业标准化示范区实施方案》至四川省质量技术监督局转国家质量技术监督局。同时成立由县长、副县长和相关部门负责人组成的项目工作领导小组和农业、质监等相关部门负责人、技术人员组成实施小组。年内，国家质量技术监督局批准将名山纳入"全国高产优质高效农业标准化示范区"计划。示范区覆盖全县20个乡镇、192个行政村、6.1万户种茶农户，占全县农户76%，普及率占种茶农户98%以上。实施标准化管理的区域面积占全县茶叶面积的61%。创建期间，建立、完善茶叶生产、加工、流通全过程标准体系，完善茶叶技术标准，制订省、地方茶叶标准。名山县发布《高产优质茶园栽培技术规范》《中小叶绿茶品种苗木标准》等12个标准、规范。在示范区推广无土扦插育苗和遮阳网覆盖，以及机采机剪技术；推广国家级（福鼎大白、梅占）、省级（名山131、名山311，蒙山系列9号、11号、16号、23号）等良种苗木；引进省外良种21个，进行品比试验；建立县、乡两级良种母本园1000余亩，苗圃园200余亩，向省内外提供无性系良种茶苗3.6亿株。示范区良种苗木、化肥、地膜等，由县农业局、农资公司统一供应、统一管理、规范管理。国家、省、县财政补助共112万元，开展了标准化管理、加工培训108期13800人次。全县设立标准化管理示范园、低产改造示范园、新建示范园、综合示范园等7个，分别为国营蒙山茶场、中峰牛碾坪、茅河一把伞、双河天车坡、百丈叶山村、马岭江坝村、廖场刺笆园子。至2000年10月，全面完成各项任务。示范区茶农人均年纯收入增收240元。中峰乡、茅河乡分别建成亩产干细茶超500kg的丰产茶园1个。2000年11月，通过国家质量技术监督局考核验收，确认四川省名山县为"国家级农业标准化示范区"（图3-37）。2003年，该项目获得四川省人民政府科学技术进步二等奖。

（三）全国"无公害茶叶生产示范基地县"及四川省"无公害农产品产地县"建设

2001年5月8日，名山成为农业部在全国选定的100个创建全国无公害产品（种植业）生产示范基地县创建县之一。2001年6月，名山县政府制订创建工作实施意见，成立由县长、副县长和相关部门负责人组成的项目工作领导小组及其办公室，办公室设在县农业局。同时，县政府编制《名山县2002—2005年无公害茶叶发展规划》，开展茶树种植，茶叶加工、销售全过程监控，编制《名山县无公害茶叶生产管理办法（暂行）》，制定《蒙山茶综合标准》及《蒙山茶》国家标准，制发《关于加强农药市场管理的通知》等（图3-38）。依托四川省蒙山茶质量检测中心，检测出产茶叶质量。截至2021年底，全县设立大气监测点3个、土壤检测点7个、水质检测点3个。2002年3月19日，名山县人民政府发出《关于禁止销售和使用高毒高残留农药的通告》。2002年4月2日，名山县人民政府发布《蒙山茶原产地域产品保护实施意见（试行）》，严禁使用剧毒、高毒、高残留农药，并杜绝其进入名山境内。经检查验收，2003年1月3日，农业部通报"名山县无公害茶叶生产示范基地县"建设验收达标（图3-39）。

图3-37 国家级农业标准化示范基地

图3-38 无公害茶叶生产实用技术手册

图3-39 全国首批无公害茶叶生产示范基地验收

2009年8月14日，名山县人民政府再次发布《关于禁止销售和使用高毒高残留农药的通告》，对环境、空气、水体做了新的要求，严禁施用不合格化肥。茶叶采摘、加工、包装、存贮所有环节须依照国家标准实施。明令禁止销售和使用在茶叶上禁止使用的农药22种类，及其含药成分的各种复配剂。推荐使用的杀虫剂14种、杀螨剂4种、杀菌剂8种、除草剂2种，并有非采摘期和采摘期使用种类的说明，以及加大对农药管理执法力度的若干条文。创建期间，建立示范片4个，申报认证省级无公害茶叶品种17个。2009年12月，四川省农业厅颁证，整体认证名山县为"四川省第十一批无公害农产品产地县"之一。

（四）四川省"现代农业产业（茶叶）基地强县"建设

2009年9月21日，四川省人民政府召开全省现代农业产业基地建设工作会议，名山被列为全省"现代农业产业（茶叶）基地强县"创建单位。2009年9月30日，名山县人民政府印发《名山县现代茶业基地强县发展规划（2009—2012年）》，政府办印发《名山县现代茶业基地强县发展实施方案（2009—2012年）》，成立由县长、副县长和相关部门负责人组成的项目工作领导小组及其办公室，办公室设在名山县茶业发展局。主要目标：至2012年，全县茶园面积达到28万亩，25万亩投产茶园全部建成安全高效茶园，实现茶叶总产量4.19万t，其中：名优茶1.25万t，茶叶鲜叶总产值9亿元；农民人均茶叶纯收入达到2400元。2010年12月，名山县被认定为首批四川省"现代农业产业基地强县"（图3-40）。

图3-40 名山创建现代农业产业基地强县工作会和基地建设

（五）四川省"新农村建设成片推进示范县"和四川省"现代农业林业畜牧业建设重点县"建设

2009年底，名山县通过全省竞评，被批准为首批省级"新农村建设成片推进示范县"创建单位。2010年4月30日，名山县委、县政府印发《名山县茶产业新农村建设示范片2010—2012年工作方案》，主要目标：到2012年，建设总投资5.66亿元，成片发展5万亩以上的现代茶园，连片建立5个乡镇26个行政村新农村建设示范片，带动示范片农民人均纯收入增加60%以上，使示范片内各项指标达到丘陵地区省级新农村建设示范片标准。2011年度工作方案主要目标：以示范片环线为主轴、以新村民居建设为重点、以基础设施建设为关键、以茶产业发展为核心、以王家新村和茅河新农村综合体建设为突破口，集中人力、物力、财力，加速推进产业、基础、新村和公共服务建设，促进农民人均纯收入持续增长。2012年，名山县又申报了第二轮四川省新农村建设成片推进示范县和四川省现代农业林业畜牧业建设重点县。2015年底，区政府印发《雅安市名山区现代农业（茶业）重点县发展规划（2016—2020年）》和《雅安市名山区现代农业（茶业）重点县建设实施方案（2016—2020年）》，各乡镇人民政府、区级各部门认真贯彻实施。

（六）"全国绿色食品原料（茶叶）标准化生产基地"建设

2012年，名山县人民政府向农业部绿色食品发展中心申请，全县整体创建全国绿色食品（茶叶）原料标准化生产基地，由名山县茶业发展局牵头实施。2012年4月，县政府成立由副县长秦德全为组长，相关部门负责人为成员的领导小组，下设办公室在县茶业发展局。2012年6月30日，县政府印发《名山县全国绿色食品原料（茶叶）标准化生产基地环境保护制度》以遵照执行。2012年10月，县茶叶产业和茶文化领导小组办公室印发《关于在茶叶上禁止使用剧毒高毒高残留农药的通告》。2013年3月，区政府印发《雅安市名山区全国绿色食品原料（茶叶）标准化生产基地建设实施方案》，要求各乡镇人民政府、区级有关部门各司其职，相互配合，组织实施。创建期间，向全区6万余户茶农发放《名山县绿色食品茶叶生产实用技术手册》《名山县农药销售使用规范管理手册》《农药经营监督管理规定的通知》《生产基地环境保护制度》等资料，及农药管理等规章制度10余项。基地单元内5万余户茶农签订《基地茶叶鲜叶质量安全承诺书》，与800余家茶叶生产企业签订《食品生产加工质量安全责任书》等。区农业局为各乡镇配备专门的茶叶安全速测仪1台，快速检测有机磷、有机氯、三氯杀螨醇、菊酯、重金属铅5类指标。2013年10月，名山27.1万亩茶园获得全国绿色食品原料（茶叶）标准化生产基地认证。2014年1月，农业部绿色食品管理办公室、中国绿色食品发展中心批准名山区茶叶基地为"全国绿色食品原料（茶叶）标准化生产基地"（图3-41），基地规模27万亩。至2014年12月底，全区获得有机食品证书茶企3家，产品4种。

图3-41 全国绿色食品原料（茶叶）标准化生产基地

七、雅安市名山区2019年省级现代农业园区培育项目

2019年，雅安市名山区根据《关于做好2019年省级财政乡村振兴转移支付项目省级现代农业园区培育工作的通知》和《四川省乡村振兴转移支付资金管理办法》文件要求，对标省级现代农业园区创建短板，围绕园区基地建设、农产品加工物流、农业新业态、质量品牌、科技创新、主体培育6个方面，编制了《雅安市名山区2019年省级现代农业园区培育项目实施方案》。2019年7月26日，项目实施方案通过雅安市农业农村局和雅安市财政局批复。

项目预算投入26904万元，包括省级现代农业园区培育资金1000万元、自筹资金190万元、统筹整合资金25714万元，用于园区建设，主要建设内容为生产便道、沟渠、蓄水池、茶苗交易场地、杀虫灯、黄板、智慧农业云平台等园区基础设施；鲜叶交易市场——农产品加工物流建设；为农服务中心社会化服务组织、休闲旅游基础设施、电商平台等农业新业态建设；农产品宣传推介等质量品牌提升建设；院士工作站科研科技创新工作试验经费投入（图3-42）；各类新型经营主体培育奖补投入。

图3-42 现代农业园区实验检验室

八、雅安市名山区2020年省级现代农业园区奖补资金项目

2020年，按照《关于做好2020年村振兴转移支付项目实施工作的通知》的要求，名山区参照《关于做好2020年省级财政现代农业发展工程省级现代农业园区培育工作的通知》和《关于印发〈四川省乡村振兴转移支付资金管理办法〉的通知》，结合园区发展实际，围绕基地建设、农产品加工物流、农业新业态、质量品牌和科技创新5个方面编制了《雅安市名山区2020年省级现代农业园区奖补资金使用实施方案》。2020年6月22日，项目实施方案通过了雅安市农业农村局和雅安市财政局批复。

项目省星级现代农业园区奖补资金2000万元，主要建设内容为生产便道、沟渠、蓄水池、园区标识牌、茶苗繁育基地钢结构大棚、鲜叶交易市场等基础设施建设；冻库-农产品加工物流建设；农产品电商发展、农业生产社会化服务、社会化综合体、休闲农业发展等农业新业态建设；农产品质量安全追溯体系运营奖补、蒙顶山茶品牌培育宣传

等质量品牌建设；茶园防霜冻风扇试验示范、山地运输轨道试验示范等科技创新建设。

2013年10月至2016年9月，名山区有茶良场、敦蒙、宏宇蕾、皇茗园、蒙顶皇茶、蒙贡、蒙茗、名蒙、茗山、禹贡、正大、跃华等12家企业获无公害农产品认证，产量2140.5t。

2014年、2022年获绿色食品认证情况见表3-5、表3-6。

表3-5 名山区有机食品获证情况统计（截至2014年）

企业	产品名称	获证时间	批准单位	证书编号	证书有效期	产品基地地址	产品面积/亩	产品加工产量/t
四川省茗山茶业有限公司	黄茶绿茶	2004年7月	杭州中农质量认证中心	096OOP1200222	至2015年7月	蒙阳镇关口村四组	144	14
四川省蒙顶皇茶茶业有限责任公司	绿茶	2005年7月	杭州中农质量认证中心	096OP1200206	至2015年7月	净居寺等	892	8
名山县蒙里飘香茶业有限公司	茶		北京五洲恒通认证有限公司	115OP1300579	至2014年4月	蒙顶山镇蒙山村	152	30.4

表3-6 名山区绿色食品获证情况统计（截至2022年）

企业	产品名称	企业信息码	证书编号
四川蒙顶山跃华茶业集团有限公司（10个）	先春叶，张氏甘露，张氏石花，张氏红茶，张氏黄芽，跃华红鼎（红茶），蒙顶山绿毛峰（绿茶），蒙顶山黄芽（黄茶），蒙顶山甘露（绿茶），蒙顶山石花（绿茶）	GF511821080569	LB-44-20042211594A LB-44-20042211595A LB-44-20042211597A LB-44-20042211599A 等
四川省雅安义兴藏茶有限公司（5个）	青春之恋（藏茶），方中缘（藏茶），浅尝孤独（藏茶），古道秘藏烘焙味藏茶（藏茶），古道金藏原味藏茶（藏茶）	GF511803160112	LB-44-22012204290A LB-44-22012204288A LB-44-22012204289A 等
名山正大茶叶有限公司（20个）	正大茶园·高山（乌龙茶），正大茶园·凤眉（明前初展绿茶），正大茶园·凤眉（明前头彩绿茶），正大茶园·凤眉（明前精选绿茶），蒙山毛峰，一品红（红茶），乌龙茶（清香型），乌龙茶（浓香型），青心乌龙茶，高山乌龙·红特（乌龙茶），一品红，兰香翠芽（绿茶），正大乌龙·祥云，正大乌龙·如意，正大集团百年纪念乌龙茶，正大乌龙茶，正大绿茶，正大红茶，正大茶园·岩韵蜜香（红茶），乌龙茶	GF511821070174	LB-44-22112216821A LB-44-22112216819A LB-44-22112216818A LB-44-22112216823A LB-44-22112216822A GF-44-22112216825A GF-44-22112216826A GF-44-22112216827A 等
四川蒙顶山雾本茶业有限公司（15个）	黄小茶（黄茶），黄大茶臻品（黄茶），高山毛峰（绿茶），雾本红茶（红茶），黄茶逸品（黄茶），雾本雅红，雾本韵红（红茶），雾本尊红（红茶），石花（绿茶），雾本甘露（绿茶），蒙顶黄芽（绿茶），雀舌（绿茶），蒙顶翠竹（绿茶），雾本金红（红茶），黄大茶（黄茶）	GF511803193200	LB-44-22112216821A LB-44-22112216819A LB-44-22112216818A LB-44-22112216823A LB-44-22112216822A 等

续表

企业	产品名称	企业信息码	证书编号
四川省蒙顶皇茶茶业有限责任公司（24个）	上清毛峰（绿茶），功夫红茶（红茶），上清甘露（绿茶），理真石花（绿茶），黄大茶（黄茶），蒙顶石花（绿茶），蒙顶毛峰（绿茶），蒙顶黄芽（绿茶），蒙顶甘露（绿茶），黄茶饼（黄茶），玉女毛峰（绿茶），菱角甘露（绿茶），理真甘露（绿茶），灵泉甘露（绿茶），玉女甘露（绿茶），灵泉毛峰（绿茶），上清石花（绿茶），灵泉石花（绿花），蒙顶红茶（红茶），玉女石花（绿茶），菱角毛峰（绿茶），黄小茶（黄茶），理真毛峰（绿茶），菱角石花（绿茶）	GF511821148026	LB-44-20022203121A LB-44-20022203122A LB-44-20022203118A LB-44-20022203119A LB-44-20022203120A LB-44-20022203126A LB-44-20022203125A LB-44-20022203124A LB-44-20022203123A 等
四川川黄茶业集团有限公司（10个）	西川黄门毛峰（绿茶），西川黄门春芽（绿茶），西川黄门石花（绿茶），西川黄门黄小川（黄茶），西川黄门甘露（绿茶），西川黄门玉叶长春（绿茶），西川黄门黄茶饼（黄茶），西川黄门圣春（黄茶），西川黄门黄芽（黄茶），西川黄门万春黄茶（黄茶）	GF511803212504	LB-44-21062207055A LB-44-21062207056A LB-44-21062207057A LB-44-21062207058A 等

九、茶园基地面积

雅安市名山区各阶段（1980—2020年）茶园面积分布统计见表3-7。

表3-7 雅安市名山区茶园面积分布统计

单位：亩

乡镇	1980年	1985年	1990年	1995年	2000年	2005年	2010年	2015年	2020年
蒙阳镇	662	1103	1150	1200	1210	4310	6002	9305	16851
蒙顶山镇	721	853	900	940	945	6659	6970	4872	12241
永兴镇	830	906	1100	1210	1370	8790	9360	11260	14230
新店镇	798	786	850	1100	1104	4250	22265	29630	30259
车岭镇	1779	2213	3650	3700	3823	10268	10558	16386	23377
百丈镇	289	450	2890	3359	3600	21978	21582	28360	61775
黑竹镇	37	180	300	500	750	12506	13506	18306	42150
红星镇	422	780	1650	2000	2144	16826	18951	23884	54721
马岭镇	1000	1950	2300	2509	2700	11000	12500	17300	30789
城东乡	558	680	685	690	700	6218	6754	9054	
万古乡	360	610	850	1150	1250	17178	18019	22119	24444
建山乡	422	442	500	590	600	10999	5230	6889	
中峰乡	759	713	1460	1960	2150	14142	21694	26933	24432
廖场乡	10	36	800	1200	1485	11200	12560	17290	
茅河乡	50	65	1400	2400	2590	9963	11673	15073	26565

续表

乡镇	1980年	1985年	1990年	1995年	2000年	2005年	2010年	2015年	2020年
联江乡	374	1138	2550	3100	3200	17116	18214	23403	
解放乡	286	286	865	1200	1346	16074	13125	17360	
前进乡	1085	1758	2200	2250	2300	9665	12600	18108	30113
双河乡	2573	2852	3900	4000	4043	12805	17856	22557	
红岩乡	858	1084	1250	1450	1580	8687	9387	12307	
蒙山茶场	1334	1454	1200	1200	1200		计入蒙顶山镇		
公安农场	42	41	50	50			计入蒙阳镇		
合计	15209	25481	32500	37700	40146	230634	268806	350396	391947

注：2020年，名山区撤乡并镇，城东、建山、廖场、联江、解放、双河、红岩乡撤销，茶园面积并入相关镇和街道。

第四章 蒙顶山茶产品类型

第一节 传统产品

2000年的人工种茶史，1000多年的贡茶史，蒙顶山茶生产绵延不断，制作技艺传承发展完善，各种类型的茶均能生产加工，从季节上分有：春茶、夏茶、秋茶，以春茶为主，特别是早春最优；从茶的形状分有：扁形茶、针形茶、条形茶、卷形茶、自然形茶、砖饼形茶等；从发酵类型分有：不发酵的绿茶，微发酵的黄茶、乌龙茶，先发酵的红茶，

图 4-1 蒙顶黄芽、蒙顶石花、蒙顶甘露、蒙山毛峰

后发酵的藏茶。按业界最常用的分类：绿茶、黄茶、青茶、红茶、黑茶、白茶六大茶类都有。代表茶品有蒙顶黄芽、蒙顶石花、蒙顶甘露、蒙山毛峰等（图4-1）。

一、黄 茶

蒙顶山茶区黄茶主要代表品类为蒙顶黄芽。蒙顶黄茶是中国黄茶类典型代表品种。黄芽是微发酵茶，由唐宋时期的露芽饼改制而成，最早见于毛文锡《茶谱》的"临邛数邑，茶有火前、火后、嫩绿、黄芽号"，传统工艺的黄芽外褐黑色，内金黄色，取外褐黑而内藏金华，茶之精之义也。黄茶有两层含义：一是名称借用道家烧丹以铅华为黄芽，铅外表黑，内怀金华。宋道教的紫阳仙人张伯端诗中有"甘露降时天地合，黄芽生处坎离交"，指的是铅汞、水火、阴阳相互交替练成仙丹。二是内涵相同，均为仙家神药、延年长生之品。"蒙山有压膏露芽，不压膏露芽，并冬芽，言隆冬甲折也"。压膏露芽是制

茶过程压去部分茶汁，压模成型，芽形显露。不压膏露芽是制茶过程不压茶汁，压模成型，芽形显露。其间有闷黄的过程，这与后来的黄芽饼茶制法一脉相承。宋代文彦博在《蒙顶茶》诗中赞道："旧谱最称蒙顶味，露芽云液胜醍醐。"

蒙顶黄芽名称正式形成是从明代开始的，《群芳谱》载："雅州蒙山有露芽、谷芽，皆云火者，言采造禁火之前也。"明代的炒青散芽茶露芽、谷芽，其前身是唐代的饼茶、不压膏露芽。《本草纲目》集解中："有雅州之蒙顶石花，露鋑芽、谷芽为第一。"露芽、谷芽即为后来的黄芽，在明、清及近代成为最具代表性茶品、贡品（图4-2）。

图4-2 蒙顶黄芽鲜叶原料、成茶、开汤

蒙顶黄芽成茶芽黄且扁直，全毫毕露，汤黄而碧，味甘香鲜。尤其鲜叶细嫩，制作精湛，是黄茶类之珍品。蒙顶黄芽多次获国内外博览会及各种比赛金奖。蒙顶黄茶还能长期储藏，足干的黄茶经过3~5年，甚至更长时间的密封、低温、避光存放，其口感更醇和、甜香更持久（图4-3）。

二、绿 茶

绿茶是不发酵茶。蒙顶山茶主要品种有蒙顶石花、蒙顶甘露、万春银叶、玉叶长春、蒙山毛峰、春露、银叶、翠峰、银针、翠绿、雀舌、毛峰、炒青绿茶、烘青绿茶、松针、竹叶茗、竹芽。

图4-3 茶学家王镇恒教授2007年题字

（一）蒙顶石花

蒙顶石花历史悠久，唐代《国史补》载："剑南有蒙顶石花，或小方，或散芽，号为第一。"蒙顶石花是最早的贡茶品种，取名于"石髓香粘绝品花"。刘禹锡《西山兰若试茶歌》中有描写蒙顶石花进贡的场景："何况蒙山顾渚春，白泥赤印走风尘。"明代少保兼太子太傅王越《蒙山石花茶》赞曰："若教陆羽持公论，应是人间第一茶。"成茶外形

图 4-4 蒙顶石花鲜叶原料、成茶、开汤

扁直整齐，银毫毕露，锋苗挺锐，有如奇峰峻石之花，具有自然成型的朴素美姿。汤色黄碧，味甘鲜醇，香高持久，经久耐泡，是名茶之上品（图4-4）。古代石花每年入贡，朝廷视为珍奇，自古享有"蒙顶石花，天下第一"的美誉。蒙山石花曾获首届中国食品博览会"名优特新产品"称号。

（二）蒙顶甘露

蒙顶甘露属绿茶类，是中国传统名茶，最早出现于宋代，定型于明代，蒙顶贡茶之一，一直传承至今未间断。新中国成立以来获国内外无数重要荣誉，是蒙顶山茶和中国绿茶类炒烘结合卷曲型的名优绿茶典范。"甘露"作为蒙顶山茶名，最早见于南宋祝穆撰写的地理总志《方舆胜览》蒙山条："在严道南十里有五顶，前一峰最高，曰上清峰，产甘露茶。常有瑞云及现相影现。"蒙山茶称"甘露"，来源有三：一是甘露一词，既有道家崇尚自然的风韵，天地相合，以降甘露；在梵语中又有"念祖"之意，宋孝宗皇帝于绍熙三年（1192年）追封茶祖吴理真为"灵应甘露普惠妙济菩萨"，用此茶命名甘露，是为纪念茶祖"甘露大师"吴理真；二是说茶汤清洌回甘，犹似甘露；三是《白虎通》中有："甘露者，美露也，降则物不盛。"古人认为甘露茶能治百病，是"太平之兆""德惠之泽"，延年益寿的"圣药"，其凝如脂，其甘如饴，食之能使"不寿者八百岁"。佛教以甘露喻佛法之法味，融物质与精神于不二。故因以命名蒙顶名茶为"甘露"。可见早期将蒙山茶称甘露，与北宋时期蒙山佛教兴盛尊茶重茶密切相关。明世宗嘉靖二十年（1541年）编修的《四川总志·雅安府志》记有"上清峰产甘露"列入正史；蒙顶山茶中最具代表性的一芽一叶初展制作的烘青卷曲型绿茶被命名为"甘露"，具有特别深刻的历史背景和现实意义。至清代，甘露茶越加兴盛著名，与石花、黄芽、万春银叶、玉叶长春一起被世人称赞为蒙顶山五大传统名茶。

蒙顶甘露成茶紧卷多毫，色润嫩绿，汤碧微黄，清澈明亮，香气浓郁，芬芳绵长，滋味醇厚，鲜爽回甜（图4-5）。蒙顶甘露是近代名茶烘炒结合、形质统一的典范，是中国名茶中的极品。

图4-5 蒙顶甘露鲜叶原料、成茶、开汤

（三）万春银叶

北宋中后期，赵宋皇帝喜爱北苑贡茶，名山官员与蒙顶山茶师也仿制进贡。万春银叶造自北宋宣和二年（1120年），其原料采用为一芽一叶初展，时为饼茶，明代初改为直条形绿茶。采摘时间在惊蛰至春分节气前后。其成干茶外形条直紧细，锋苗显露，身披银毫，嫩绿油润。冲泡后汤色黄绿明亮，香气鲜爽高长，滋味鲜爽回甘，叶底黄绿明亮（图4-6）。

图4-6 万春银叶鲜叶原料、成茶、开汤

（四）玉叶长春

玉叶长春也是仿制北苑贡茶，造自北宋宣和四年（1122年），一说为政和四年（1112年），时为饼茶，明代初改为卷曲形绿茶。其原料为一芽一叶、一芽二叶初展。其成茶外形紧细显毫，墨绿油润。冲泡后汤色黄绿明亮，香气鲜浓，滋味鲜醇浓厚，叶底黄绿匀亮（图4-7）。

（五）蒙山毛峰

1983年由四川省国营蒙山茶场创制，成茶紧细较直，油润多毫，汤色黄绿明亮，清香持久（图4-8）。

图4-7 玉叶长春成茶　　图4-8 蒙山毛峰成茶

三、黑　茶

黑茶是全发酵茶。古称边茶，南路边茶，是蒙山茶叶重要种类；属于紧压茶类，是古时专供青藏高原上藏、羌民族的饮料。"蕃戎嗜名山茶，日不可缺"。黑茶康砖，创制于熙宁七年（1074年）前后，时主销甘肃、新疆、西藏、青海及四川甘孜等藏族地区（图4-9）。用比较成熟粗大的茶叶枝梢或春茶老芽、茶叶作原料，调制拼配后，经过蒸、沤、晒（焙）、压而成，保持了原茶类品质，具有久藏不易变质、便于远途运输的特点，熬煮食用，色老汤浓，具有消除油腻、帮助消化、较为明显的保健养生的功效（图4-10）。至清代，因市场需要，名山边茶演变为粗、细两类。细茶类分为毛尖、芽细、芽砖；粗茶类分为金尖、金玉、金仓。黑茶适合配成清茶、奶茶、酥油茶。主要销往西藏、青海和四川的甘孜、阿坝、凉山自治州及甘肃南部地区。名山边茶品质优良，经熬耐泡，在藏族人民中享有盛誉。主要名品有金尖、康砖、金叶巴扎、青砖、秘藏、金藏、竹果青、三冠、仁增多吉等。黑茶中还开发有藏甜茶、酥油茶、速溶茶等。名山年产黑毛茶在8000t左右，砖茶在3000t以上。黑茶是蒙顶山茶的传统产品，逐步受市场认识和喜爱，将成为下一步市场黑马。

图4-9　20世纪70年代名山茶厂金尖产品标签（黄票）

图4-10　蒙顶山藏茶鲜叶原料、成茶、开汤

四、红 茶

红茶是全发酵茶。20世纪初即有制作。20世纪五六十年代，为配合出口创汇需要，国营蒙山茶场、县茶厂也有大量生产。20世纪80年代，成都茶厂退职人员到新店长春村创办茶厂，生产红茶出口。2000年后，四川蒙顶山味独珍茶业有限公司、四川蒙顶山跃华茶业集团有限公司、四川川黄茶业集团有限公司等企业生产红茶，汤色红艳明亮，口感浓香醇厚（图4-11）。红茶是蒙顶山茶新锐产品，进一步提高加工技艺后，将成为蒙顶山茶的优势产品。

图 4-11 蒙顶山茶中的蒙顶甘露、蒙山毛峰与红茶、花茶

五、青 茶

青茶是半发酵茶。代表品种主要有名山正大茶叶有限公司生产的高山乌龙、冻顶乌龙、清心乌龙、清韵乌龙、天心乌龙等，花香浓郁。乌龙茶是名山的特色产品，年产量在50t左右。名山一些茶叶加工作坊也用本地川茶品种加工乌龙茶，香气清扬浓郁，滋味醇爽厚重，与福建、广东等地略有差别。

六、白 茶

白茶是轻发酵茶。经过萎凋、烘干、轻发酵、轻揉捻等工序制成。成茶浅褐色或橙红色。2015年以后，受福建白茶市场热销影响，名山企业先是受委托加工，后来接受订单生产，近两年来，开始自己生产、加工、销售。2022年白茶毛茶实际产量超过5000t，主要以销售散茶为主（图4-12）。

图 4-12 理真白毫银针成茶与"蒙顶山白茶"注册商标

七、花 茶

花茶为再加工茶,用茉莉花等窨制。主要品种有甘露飘雪、黄芽飘雪、残剑飞雪、毛峰花茶、毛峰飘雪、春露花茶、蒙顶香茗、清明珍花茶、桂花茶、玫瑰花茶、特级茉莉花茶、1~2级茉莉花茶等,香浓味爽(图4-13)。花茶是蒙顶山茶的优势产品,年产量在5000t以上。

名山还生产珍贵的、少量的兰花茶,一般用春兰和夏蕙窨制春茶,称"兰妃",其汤绿花娇,幽香温馨,归类上是调味茶。

图4-13 甘露飘雪与残剑飞雪

八、老鹰茶(代茶饮品)

老鹰茶是名山农村主要的传统代茶饮品。按植物学分类,老鹰茶树属樟科木姜子属,即豹皮樟,名山老鹰茶树分布在沿河流沟坎的疏林地带,成品茶在市场上与名优绿茶一样走俏。

根据四川农业大学1987年9月采制的秋茶样品在四川苗溪茶场茶科所的化验结果,老鹰茶主要化学成分不含咖啡碱,无兴奋作用,不影响睡眠;可溶性糖高达8.65%,饮用时清香回甜,有生津、止渴、利尿、防暑和保健功效。果实和种子内含有丰富的木姜子油,可提取香料和调料,作为食品加工和制作菜肴的辅料。

一般山区农村,家有老鹰茶树者,每年谷雨至立夏之间,利用晴天将老鹰茶树幼嫩枝叶采回,放在锅内,掺水盖上锅盖,用大火将水烧干,茶即蒸熟,起锅后晒干即成饮料干品。部分农家,将晒干的老鹰茶摊放在竹筛内,撒上些许稻米,让米生虫(无毒虫),虫吃茶叶后,将排泄物筛尽晒干作饮料,俗称"茶砂"或"虫茶",或美称"龙珠",曾有每公斤售价高达3000元者。茶砂越陈越好,有医治小儿腹泻的功能。

20世纪80年代后,老鹰茶加工工艺逐渐与川茶加工工艺相似。加工方法有名茶法、烘青法、炒青法和晒青法。

1993年5月，名山县马岭茶厂作碎茶法试验，以一芽四五叶为原料，经高温杀青、电动粉碎、低温慢烘而成。其茶颗粒匀净，滋味香醇，汤黄明亮，饮用价值高，冲泡时间短。

1997年6月，国家科学技术委员会和四川省人民政府在成都举办"97中国新技术、新产品交易博览会"，名山县茅河乡蒙峰茶厂送展的老鹰茶获银奖。

第二节　生产加工工艺

名山传统名茶加工，历经从生煮羹饮到晒干收藏，从蒸青造型到龙团凤饼，从团饼茶到散叶茶，从蒸青到炒青，从绿茶发展到其他茶类的5个阶段。主要种类有绿茶、黄茶、黑茶，均沿袭手工制作工艺。1950年后，先后恢复黄芽、石花、甘露、万春银叶、玉叶长春等5种传统名茶的生产，总结出工艺技术，研制出迎春白毫、春露、蒙山毛峰等名优新产品。1980年后，逐渐引进和研究推广机械制作名优茶工艺。

一、传统制作技术

（一）原料采摘

蒙顶山茶采摘鲜叶原料称为"生叶""叶子""生叶子"或"鲜叶子"，外地称"茶青"。蒙顶山茶鲜叶分为名茶、贡茶和普通茶叶子。采茶时间先后以发芽叶先后为序，先采平岗低山，再采中山，最后高山；先采阳坡，后采阴山坡；先采早芽种与老丛，后采迟芽种及幼树。蒙顶山半山以上采摘时间比平岗低山迟15~20天。

1. **蒙顶名茶**

制作名茶，鲜叶要求精细，有严格标准。

唐代采摘露芽、石花、谷芽鲜叶原料时，先采石花原料（略细小），再采摘黄芽原料（较肥壮），有"花细芽壮"之说。

宋代，制作名茶，如蒙顶黄芽、蒙顶石花、蒙山雀舌等，原料均在早春采摘单芽；蒙顶甘露采摘单芽及一芽一叶初展，奠定蒙顶名茶原料基本标准。大宗茶鲜叶在春夏两季采摘。紧压茶原料在夏秋两季，采割成熟枝叶、绿苔红梗。自宋至清末，采摘时间、标准大致相同。

明、清代至民国时期，春分前采摘单芽或一芽一叶初展的嫩芽，制成米子茶，称为"米芽"；清明前后采摘一芽一二叶，制成雀舌、花毫、次白毫；谷雨前采摘嫩梢芽叶，制成毛尖、芽尖、芽砖和细元枝，统称"细茶"；立夏至小暑，采摘绿苔红梗枝梢或用刀采割枝梢老叶等原料，制成边茶（藏茶），统称"粗茶"。

清光绪版《名山县志》载："名山茶，……其嫩芽早采极细者，则小儿女子每岁谷雨前私摘入市，包裹甚微，亦或稀遇颇可饮。……土人弗贵也，函而远馈，世多珍异。"

2. 蒙顶贡茶

贡茶采摘分为正贡和陪贡。早期正贡供皇帝品饮，陪贡供皇帝赏王公大臣品饮。清雍正时期，正贡用于皇室祭祀天地、宗庙，每年在蒙山皇茶园采摘。贡茶采摘时间历史上有几种说法：火前，即清明前；孟夏，即四月之吉日；茶祖吴理真诞辰日三月二十七日；四月初八，如来佛生日。采摘量，历史上有岁采600叶、300叶、335叶、360叶的记载，多岁采360叶。清朝时，每年采摘贡茶，地方官择吉祥之日，率乡贤、众僧，祭拜茶祖、神灵，由象征一年12个月的12名采茶僧薰香、沐手后，进皇茶园采摘。采茶时每人采30个芽头，表示每月为30天，12个僧人采茶360芽象征一年。陪贡采摘时间较正贡稍迟，据清《名山县志》记载："陪茶……曰菱角湾茶……岁以四月之吉祷采，命僧会司，领茶僧十二入园，官员亲督而摘之。"采摘标准为"尽摘其嫩芽，笼归半山智矩寺，乃剪裁细及虫蚀，每芽叶拣取一叶"。

3. 大宗茶

古时也称粗茶、大众茶。一般大宗茶鲜叶在春末、春夏之交和夏秋两季用镰刀采割嫩枝老叶做成紧压茶。

（二）制　作

蒙顶名茶制作技术，古代经历团饼、片茶、散茶三个阶段。

西汉，蒙山茶工艺初具雏形。吴理真在蒙山顶移植野生茶树，进行人工种植，制成名茶圣杨花、吉祥蕊。

南北朝南梁简文帝大宝元年（550年）前后，恢复名茶圣杨花、吉祥蕊制作工艺。陶谷的《清异录》载："吴僧梵川，……自往蒙顶结庵种茶。凡三年，味方全美，得绝佳者圣杨花、吉祥蕊。"名山创制五花茶。

到唐代，制成蒙顶石花、雷鸣茶、火前茶、谷芽。李肇《唐国史补》记："剑南有蒙顶石花，或小方，或散芽。"杨晔《膳夫经手录》记："今真蒙顶，有鹰嘴、牙白茶。"

石花、圣杨花、吉祥蕊、石苍压膏、不压膏等，都是蒸青制法，鲜叶采回后，经蒸、碾、压、焙制成饼茶。此后，蒙山片茶、饼茶改作散茶增多，传统饼茶工艺也有改进和创新。如露芽，是蒸后不舂碎，保持芽叶完整的饼茶。

宋代，雷简夫任雅州知州时，改造、提高"龙团""凤饼"品质，恢复、发展唐代蒙顶先春散芽茶的制作工艺，制出一批冲泡发散芽茶，取名"玉叶长春""万春银叶"，并赠予在京城为官的好友梅尧臣，梅尧臣品尝后大加赞赏，特写《得雷太简自制蒙顶茶》诗答谢。

宋徽宗时，进贡的万春银叶、玉叶长春，是蒸后不捣碎，保持茶叶完整的片茶。制法：采用小芽，经十二水、七宿火或十宿火制造后装入模成型。易马茶品，则以1~2年生枝叶经蒸、沤、晒干紧压成"驮""砖"，即后称"康砖""金尖"等。历经改进变化不大。

明洪武二十四年（1391年），明太祖朱元璋以贡茶制作"重民力"，下旨将原进贡的大小龙团，一律改为散茶，"罢造龙团，惟采芽茶以进"。改蒸为炒、改碾为揉、改团为散的茶叶在全国各地大量出现，蒙山茶全部改为炒青，各种名茶制作工艺逐渐变为散芽（今炒、烘青茶的前身）。如制甘露茶，即用铛（平底锅）一口，置于火上，加热后，将鲜芽分次下锅，一人翻炒，一人旁扇，以祛热气（相当于现代的杀青抖、扬排湿）。炒起出铛，待热气稍退，以手重揉，再入铛以文火焙之。炒至十八锅，总合复炒，及时摊凉散热，如是五次，茶皆碧绿，形如蚕钩，遂成佳品。工艺重色、香、味、形，通过炒、凉、揉、焙，使蒙山茶外形内质形成"味甘而清，色黄而碧，酌杯中，香云幂覆，久凝不散"的基本特征，奠定蒙山茶"半炒烘，形卷曲"的工艺格局。明代张谦德（1577—1643年）的《续茶经》，记载了当时51个茶叶品种，其中有改制的蒙顶甘露和蒙顶石花等炒青茶。

清代蒙山茶的制作，在原基础上深化工序，形成更成熟的制茶工艺。黄芽、石花类扁形茶，甘露、毛峰类卷曲形茶，各具鲜明特色。边茶演变为粗、细两类，细茶有毛尖、芽细、芽砖，粗茶有金尖、金玉、金仓等。清光绪版《名山县志》记载："名山茶……又有较嫩芽粗及半者，往往炼为砖，方广二寸，长倍之，印以字文。"

民国时期，粗制毛庄茶，采摘带枝鲜叶，放置木甑中经高温蒸制后，倒入麻袋，扎紧袋口，放在斜置木板顶端，两人手扶栏杆，用脚往下用力踩揉挤，俗称"蹓茶"。反复若干次，待茶叶绵软出汁成卷形叶，倒在清洁地面渥堆。变色后晾晒或烘制，制成干茶。粗制干茶主要用于茶马贸易，运销藏区。初加工炒青茶，采摘一芽二、三叶及同等嫩度单片对夹叶，先用竹席摊叶，自然蒸发叶面水分。经杀青、揉捻（一般三炒三揉）、烘干等工序制成。主要用于自饮、送客、茶馆等内地消费。

二、当代制作技术

（一）原料采摘

新中国成立至20世纪60年代，鲜叶原料采摘标准与称呼和民国时基本相同。

每年春分前后，直到10月中旬茶树地上部分停止生长为止。茶芽达到一定标准时开始采摘，鲜叶采摘规格有单芽、一芽一叶、一芽二三叶等。

进入20世纪80年代后，通过培训、引导，名山茶叶采摘做到养采结合，数质并举，长短兼顾，坚持适时、分批、合理的原则。1998年发布《蒙山茶综合标准》（DB 513122T 01-04-1998），在全县执行。2002年，发布国家标准《蒙山茶》（GB 18665—2002）。2008年，修订完善国家标准《地理标志产品 蒙山茶》（GB/T 18665—2008）。此后，部分茶农在技术人员指导下采摘完名优春茶鲜叶后，在五六月间进行茶树重修剪，不生产夏秋茶，茶树经夏秋季发芽生长后，第二年春名优茶可获丰收，并可增产。在四川乃至全国绿茶产区，名山名优茶采摘时间较长且较标准。

乌龙茶生产轮次可分为春、夏、秋、冬四季，以春、夏、冬三季品质最佳。原料要求茶树新梢成熟，开始形成驻芽时，采摘一芽三四叶及同等嫩度的对夹叶。

1. 季节及标准

春分前后至清明前，制黄芽、石花，采鳞片开展芽头，芽长1~1.5cm；制甘露、万春银叶、玉叶长春，采一芽一叶至一芽二叶；制雀舌，采一芽一叶和一芽二叶初展；制春露，采一芽二叶和一芽三叶初展；制一般细茶，采一芽二叶、一芽三叶及同等嫩度的对夹叶、单片叶；制毛尖、芽细、芽砖等边茶，采谷雨前后带尖梢的芽叶；制金尖、金玉、金仓等原料，采立夏至秋分期间绿苔红梗枝梢。

2. 采摘手法

蒙顶名茶手工采摘技术精湛，因所采摘鲜叶标准不同，采摘方法亦有差异。单芽多采用"提采"，即用拇指、食指夹住新梢所要采的部位，向上或向侧面轻提采摘。其余名优茶采用"提采"或者"掐采"。杜绝指甲掐采、抓采和捋采。

3. 鲜叶要求

名山科技人员总结出蒙山茶采摘通俗易懂的"二不采"要求，即病虫芽叶不采、不符合标准的芽叶不采。采摘时按照制作茶叶品类需要，分标准，甚至分品种采摘和装篓，要求芽叶完整、长短匀齐，保持鲜绿、匀整、干整，茶篓或背篼为细竹篾编织而成，以利通风透气，防挤压（图4-14）。

图4-14 2011年举行采摘技术培训

20世纪末，名山茶人创新技术，开始秋芽采摘制作。

4. 粗茶采割

20世纪50—70年代，粗茶鲜叶多采用"刀采"，即用割茶刀采割鲜叶。该刀半月牙形，弧内有刃口，可套手上。20世纪80年代后，粗茶鲜叶多用机采。

（二）制 作

民国时期，蒙顶名茶制艺，因停贡和战乱等原因濒临失传。

新中国成立初期，茶农将鲜叶采割，靠阳光晒干后，出售给茶商或供销合作社，进行再次加工后交易。1952年后，名山茶人不断试验新工艺，细茶由单一生产晒青茶发展为红锅杀青，经手揉板蹓成形，进行锅炒或太阳晒，成品称青毛茶或炒青茶。1959年，研制恢复蒙山茶传统工艺，先后恢复蒙顶甘露、蒙顶石花、蒙顶黄芽、万春银叶、玉叶长春等传统名茶生产。

同时，也确定了蒙顶五大名茶的工艺流程。1963—1965年，四川省国营蒙山茶场杨天炯等，经过3年研制，系统总结出蒙顶甘露、蒙顶石花、蒙顶黄芽、万春银叶、玉叶长春的名茶工艺技术，并定蒙顶黄芽为黄茶类名茶，其余4种为绿茶类名茶。其工艺技术成果资料，编入陈椽主编的《中国名茶研究选集》（1985年版）和全国高等院校教材《制茶学》（1987年版）。

1965年，四川省国营蒙山茶场首次生产炒青毛茶，精制加工成品茶，制作出口产品。1967年，利用炒青茶及烘青毛茶精制茶的副料，与细茶类五、六级毛茶为原料，制成蒙顶沱茶。1968年，四川省国营蒙山茶场用精制茶副料及由剪枝叶加工而成的"做庄茶"为原料，生产康砖茶和金尖茶。1973年，恢复黄芽制艺。1975—1977年，采用6CR-40型揉茶机揉捻蒙顶甘露名茶成功，采用6CST-60型瓶炒机杀青、炒二青，效果良好。

1978年，茉莉花茶工艺技术研制成功。1979年，落实名山县人民政府茶叶发展措施，农业部门、科研机构及有关单位在各产茶公社、大队设置茶叶加工点84个，配备动力机械94套，新增乡办精制茶叶加工厂1座。1980年后，推广机制名茶。1981年新创蒙山春露名茶，当年，该种茶获四川省人民政府"优秀新产品"奖。1982年，批量生产茉莉花茶。1993年，名山县蜀蒙茶场试验生产乌龙茶。2006年12月，"蒙顶山茶传统制作工艺"进入四川省首批非物质文化遗产名录。

1. 运输和摊放

茶农将采摘的茶鲜叶装在茶篓或背篼里，背到市场、茶叶企业，或茶叶企业到鲜叶市场或在厂门口设点收购，用专门的竹编簸箕、竹篓或汽车加网格遮拦装茶。

茶叶企业收到鲜叶后，及时摊放散发茶叶水分，达到萎凋效果。贮青与摊放要求环境荫凉、清洁、不潮湿、空气流通。鲜叶摊放厚度因季节、鲜叶质量、制作工艺等差异而不同，一般春芽摊放厚度15~20cm，夏秋茶10~15cm，摊放过程中翻动1~2次，按鲜叶进厂时间先后顺序付制，贮放时间不超过18h。传统摊放法是将鲜叶在篾垫上均匀薄摊（图4-15）。

图4-15 簸箕摊凉

21世纪初，名山推广现代鲜叶摊放与贮青方法，多采用通风贮青设备，后迅速在全县茶叶企业中应用。至2015年底，绝大多数企业采用透气网格板贮青和车式透气贮青槽摊凉鲜叶（图4-16）。透气网格板贮青，是在普通贮青室地面上开1条长槽，槽面铺以透气钢板，并与鼓风装置连接组合。车式透气贮青是由鼓风机与一至多辆贮青透气小车串连组成，贮青小车下部装有孔钢板，板下为风室，板上为贮青室。近3年来，很多企业又改进摊凉设施，特别是进入茶叶加工集中区的企业，更是建专门的摊凉室，空调恒温、恒湿控制，确保鲜叶质量。

图4-16 透气贮青槽摊凉鲜叶

2. 工艺流程

1）黄茶类

①**蒙顶黄芽**：鲜叶摊放—炒青—初摊放—初炒—包黄—复炒—堆黄—理压条—整

形—烘干—分选—拼配—烘焙提香—定量装箱入库（图4-17）。

图4-17 纸包闷黄

② 蒙顶山黄毛尖：鲜叶摊放—炒青—初摊放—初揉—复炒—初堆黄—初干（热风或微波）—复摊黄—烘干—分选—拼配—烘焙提香—定量装箱入库。

③ 蒙顶山黄毛峰：鲜叶摊放—炒青—初摊放—初揉—复炒—初堆黄—复揉—初干（热风或微波）—复摊黄—烘干—分选—拼配—烘焙提香—定量装箱入库。

④ 蒙顶山黄金叶：黄金叶摊放—炒青—初摊放—轻揉—初理条—初堆黄—复理条—复摊黄—初烘—分选—拼配—提香—定量装箱入库。

⑤ 蒙顶山黄珍眉：鲜叶摊放—炒青—初摊放—初揉—复炒—初堆黄—复揉—连续滚炒—再堆黄—初干（滚炒）—冷却—筛分—风选—拣梗—拼配—烘焙提香—定量装箱入库。

⑥ 蒙顶山黄大茶：鲜叶摊放—炒青—初摊放—初揉—复炒—初堆黄—复揉—复摊黄—三炒—三揉—初干（烘或炒）—筛分—风选—拣梗—拼配—烘焙提香—定量装箱入库。

⑦ 蒙顶山紧压黄茶：鲜叶摊放—炒青—初摊放—初揉—复炒—初堆黄—复揉—复摊黄—初干（热风或微波）—拼配—压制成形—脱模—烘房干燥—质验—包装装箱入库。

2）绿茶类

（1）特色名茶

① 蒙顶石花：鲜叶摊放—杀青—摊凉—理（压）条—摊凉—整形—烘干—分选—拼配—提香—定量装箱入库。

② 蒙顶甘露：鲜叶摊放—杀青—摊凉—初揉—复炒（烘）—摊凉—复揉—初干（炒或烘）—曲毫（炒）—分选—拼配—提香—定量装箱入库。

③ 蒙山毛峰：鲜叶摊放—杀青—摊凉—初揉—复炒（烘）—摊凉—复揉—初干（炒或烘）—理条提毫—分选—拼配—提香—定量装箱入库。

（2）特色优质茶

① 蒙山春露：鲜叶摊放—杀青—摊凉—初揉—复炒（烘）—摊凉—复揉—初干（炒或烘）—滚炒提毫—整理—拼配—烘焙提香—定量装箱入库。

② 蒙顶山银毫：鲜叶摊放—蒸汽热风杀青—冷却—初揉—炒（烘）—摊凉—复揉—初干（热风或微波）—理条提毫—烘干—整理—拼配—提香—定量装箱入库。

③ 蒙顶山玉绿：鲜叶摊放—蒸青—冷却—粗揉—中揉—初炒（烘）—摊凉—初干（热风或微波）—精揉—烘干—抖筛—圆筛—拣梗—风选—拼配—定量装箱入库。

④ 蒙顶山香茶：鲜叶摊放—蒸汽热风杀青—摊凉—初揉—连续滚炒—摊凉—复揉—解块—连续滚炒—摊凉—筛分—风选—拣梗—拼配—炒香—定量装箱（袋）入库。

⑤ 烘青茶：鲜叶萎凋—杀青—摊凉—头揉—解块—烘二青—摊凉—二揉—解块—初烘—摊凉—复烘—摊凉—精制筛选—风选—拣梗—拼配—复烘—包装。

⑥ 蒸青茶：鲜叶萎凋—蒸气杀青—冷却—初揉—粗揉—平揉—中揉—精揉—烘干—抖筛—平圆筛—拣梗—风选—检验—拼配—包装。

⑦ 炒青茶：鲜叶萎凋—杀青—摊凉—头揉—解块—炒二青—摊凉—二揉—解块—炒干—车色—精制筛选—风选—拣梗—拼配—炒足干—包装。

3）黑茶类

① 金尖茶：鲜叶杀青—揉捻—拣梗—沤堆—干燥—二次揉捻—沤堆—二次拣梗—二次干燥—精制—拼堆—称茶—蒸制—舂制（图4-18）—翻包包装—堆码。

② 砖茶：鲜叶杀青—揉捻—沤堆—拣梗—发酵—翻堆—干燥—筛分—风选—检验—拼配—过秤—蒸制—冲包—压包—翻包包装—检验—包装。

图4-18 义兴藏茶的黑茶机械与人工舂制

4）红 茶

（1）特色名茶

① 蒙顶山红芽：鲜芽萎凋（自然或加温）—初揉—初发酵（自然或加温）—初烘—复揉（或不复揉）—复发酵（自然或加温）—复烘—摊凉—做形（或不做形）—足烘—

分选—拼配—复火—定量装箱入库。

② 蒙顶山红毛尖：鲜叶萎凋（自然或加温）—初揉—初发酵（自然或加温）—初烘—复揉—复发酵（自然或加温）—复烘—摊凉—做形（或不做形）—足烘—分选—拼配—复火—定量装箱入库。

③ 蒙顶山红毛峰：鲜叶萎凋（自然或加温）—初揉—初发酵（自然或加温）—初烘—复揉—复发酵（自然或加温）—复烘—摊凉—足烘—分选—拼配—复火—定量装箱入库。

（2）特色优质茶

① 蒙顶山红珍眉：鲜叶萎凋（自然或加温）—初揉—初发酵（自然或加温）—初烘—复揉（或不复揉）—复发酵（自然或加温）—滚炒—摊凉—复炒—摊凉—烘干—分选—拣梗—拼配—复火—定量装箱入库。

② 蒙顶山工夫红茶：鲜叶萎凋（自然或加温）—初揉—初发酵（自然或加温）—初烘—复揉—复发酵（自然或加温）—二烘—三揉—复烘—摊凉—足烘—分选—拣梗—拼配—复火—定量装箱入库。

③ 蒙顶山红碎茶：鲜叶萎凋（自然或加温）—揉切—发酵（自然或加温）—初干—摊凉—足干—分选—脱筋毛—拼配—复火—定量装箱入库。

④ 蒙顶山袋泡红茶：鲜叶萎凋（自然或加温）—揉切—发酵（自然或加温）—初干—摊凉—足干—分选—脱筋毛—拼配—复火—装袋—定量装箱入库。

5）花　茶

（1）特色名茶

① **蒙顶山茉莉玉芽花茶：**

a. 茉莉鲜花—养花（摊堆）—筛花—茶花—初窨—复窨—三窨—复火—提花—拼配—定量装箱入库。

b. 芽茶坯—复火—摊凉—拌合—初窨—复窨—三窨—复火—提花—拼配—定量装箱入库。

② **蒙顶甘露飘香花茶：**

a. 茉莉鲜花—养花（摊堆）—筛花—茶花—初窨—复窨—三窨—复火—提花—拼配—定量装箱入库。

b. 甘露茶坯—复火—摊凉—拌合—初窨—复窨—三窨—复火—提花—拼配—定量装箱入库。

③ **蒙顶山特色（玫瑰、栀子、金桂等）花香茶：**

a. 茶用鲜花—养花（摊堆）—筛花—茶花—初窨—复窨—起火—复火—提花—拼配—

定量装箱入库。

b. 茶坯—复火—摊凉—拌合—初窨—复窨—起火—复火—提花—拼配—定量装箱入库。

（2）特色优质茶

①**蒙顶山毛峰花茶**：

a. 茉莉鲜花—养花（摊堆）—筛花—茶花—初窨—复窨—复火—提花—拼配—定量装箱入库。

b. 毛峰茶坯—复火—摊凉—拌合—初窨—复窨—三窨—复火—提花—拼配—定量装箱入库。

②**蒙顶山香茗炒花茶**：

a. 茉莉鲜花—养花（摊堆）—筛花—茶花—初窨—复窨—炒花提花—拼配—定量装箱入库。

b. 炒青茶坯—复火—摊凉—拌合—初窨—初窨—复窨—炒花提花—拼配—定量装箱入库。

③**蒙顶山特色花（玫瑰、栀子、金桂等）香叶花茶**：

a. 茶用鲜花—养花（摊堆）—筛花—茶花—初窨—复窨—复火—提花—拼配—定量装箱入库。

b. 黄金叶茶坯—复火—摊凉—拌合—初窨—复窨—复火—提花—拼配—定量装箱入库。

6）茶浓缩液

2004年，四川昊柏生物科技有限公司成立，引进高新技术设备提取天然植物中活性成分，其中提取茶多酚工艺流程为：成品茶—浸提—净化—浓缩。

7）茶质萃取

2020年，名山茶多利生物制茶有限公司经过多年研制和测试，采用茶叶冷冻萃取技术生产的"茶多利"产品，保留了原茶叶基本品质特征，具呈结晶、纯度高、口感正、立即溶、无沉淀、冷热水皆可泡的特点，成为新一类茶叶提取质产品。

2020年，四川省藏茶产业工程技术研究中心联合四川农业大学精制川茶四川省重点实验室等，研究并制订了茶褐素、茶多糖富集提制技术方案，采用现代分离纯化技术，将藏茶中核心功能成分茶多糖、茶色素萃取出来，制成高茶褐素、茶多糖含量的制品，限制了藏茶中2%~3%的咖啡碱，提高了茶多糖与茶色素的浸出率。

3. 制作手法

1）杀青手法

① **捧**：芽叶下锅后，双手手心向下，相向把茶叶从红锅中向中心集中，同时两手心转向上并拢，捧起茶叶。

② **抖**：捧起茶叶离开锅底30cm左右，双手五指分开，手臂手腕上下轻抖，使茶叶分开先后掉入锅中（图4-18）。

③ **捞**：以右手为主，手腕弯曲，掌心向下，四指尖紧贴前胸锅壁，把叶从锅中赶向左边锅壁，左手辅助捞起，手捞茶叶尽量多。

④ **抛**：芽叶捞起，迅速翻腕掌心向上，抛芽叶于前方锅壁，芽叶自动滑至锅底（图4-19）。

图4-18 抖

⑤ **闷**：两手四指并拢，虎口张开，手心向下，虎口相对，轻握所有芽叶，在四指和拇指的拉翻作用下，双手做来回往复滚动，要求手不离茶，茶不离锅（图4-20）。

图4-19 抛

图4-20 闷

⑥ **压**：右手手心向下，用一点力压住茶叶，一两秒钟。

⑦ **拉**：右手五指并拢，手心向下，轻压住茶叶向锅左边移动，左手辅助捞起茶叶。

⑧ **磨**：右手手心向下，用一点力压住茶叶，在锅中顺时针移动一圈，左手辅助捞起茶叶。

2）揉捻手法

① **推揉**：即双手或单手推拉滚揉。双手推拉滚揉时，左手在前、右手在后四指并拢，拇指分开，虎口朝上抱握茶团，开始时，左手扶茶团，右手轻轻用力往前推，推到手臂伸直时，左手收回放在右手后面，将茶团抱回原处（此时与开始时相反，是右手在前，

左手在后），采用同样的方法（右手扶茶团，左手推）推揉茶团，如此反复进行。注意推揉时茶团是滚动向前；推出后是抱回而不是拖回。单手推拉滚揉是在双手推拉滚揉的基础上，只用右手或左手推拉滚揉茶叶成团。

② **团揉**：即双手回转滚揉。四指微曲，双手心向下，压（握）住茶叶，双手揉抱茶叶成团，运用手腕和掌力，沿顺时针（或反时针）方向让茶团在竹簸内滚动旋转。注意无论是顺时针（或逆时针）茶团滚动旋转的方向要始终保持一致，不能一会儿顺时针，一会儿逆时针；其次是茶团在竹簸内是滚动而不是拖动。

揉捻的技术要点：影响揉捻的因素包括芽叶嫩度、叶量、时间、压力等因素，适度揉捻原则为"嫩叶轻揉，老叶重揉"，"轻、重、轻"和抖揉结合，防止结块、断碎。其操作要点是：嫩叶宜冷揉，老叶宜热揉，中档叶宜温揉。揉捻时加压应先轻后重，逐步加压，轻重交替，最后不加压，即"轻、重、轻"的加压原则。如头揉轻、二揉重、三揉又轻；每次揉捻时，开始轻、中间重、最后又轻。揉捻时间一般嫩叶宜短，老叶宜长；头揉短、二揉长、三揉短（图4-21）。

3）理　条

① **单手理条**：蒙顶黄芽、蒙顶石花加工时理条要求四指并拢，大拇指分开，手掌略开，芽叶从四指抓进，虎口吐出，在锅中做往复运动。芽叶在手中要求抓而不死，活而不乱。

② **双手理条**：四指并拢，双手手心相对，手掌微曲，右手手指拢茶于左手（或相反），随之芽叶从虎口和无名指下端吐出，要求手不离茶，茶不离锅，如此反复，使芽叶直躺于双手之中，减少芽叶与锅底的接触，避免茶叶与锅中铁质结合，造成成品茶色泽变黑，也避免与锅面的摩擦，而使成品茶灰白起霜。

4）提　毫

在做蒙顶甘露和蒙山毛峰等卷曲型名茶时，提毫要求芽叶六成干和锅温在50~60℃时进行。提毫的操作手法是双手理直芽叶于手掌中，运用掌力之暗劲，揉搓茶团，显露白毫，原则要保持茶叶柔软，用力得当，免使茶叶断碎（图4-22）。

5）整形的方法

（1）蒙顶黄芽、蒙顶石花扁形名茶整形手法

① **抖**：四指并拢，弯曲，大拇指分开，抓芽叶于手掌之中，手心向上，运用手腕抖动，使芽叶抖落并均匀摊于锅中。

② **搭**：四指并拢，大拇指分开，手握芽叶，手心向下，手掌伸开，压芽叶于锅底。

③ **拓**：四指并拢，大拇指分开，手心向下，手掌压芽叶，从锅底沿锅壁向胸前上移。

图 4-21 揉捻

图 4-22 提毫

（图处来源：名山区茶业协会）

④ **磨**：五指自然伸直，稍向上翘，掌心向锅底，与锅弧形相吻合，全掌用力压住茶叶在锅底摩擦。

⑤ **压**：五指伸直，左手压住右手臂或右手压住左手臂，双手用力压茶叶。

⑥ **荡**：手压茶叶，在锅中打圆圈。

（2）蒙顶甘露、蒙山毛峰整形方法

① **搓条**：在双手合抱芽叶于手掌之中，依据芽叶干燥的程度，恰到好处地使用掌力之暗劲，同向搓揉，使芽叶均匀撒于锅中。

② **解块**：在揉捻和搓条时由于茶汁浸出或叶芽交织，茶叶易结团成块，要一边揉捻一边用手指把团块扯开。

4. 机械制茶

传统蒙山名优茶，为手工制作，费工费时，质量不统一。新中国成立后，茶叶产量不断增加，手工制茶愈显落后。

1958年，名山县农业局派茶技干部到外地参观学习机械加工。回县后，在前进乡的三江、车岭乡的姜山两茶区，试制木制揉茶机，利用水力加工毛茶，提高工效5~8倍。自此，全县茶叶加工逐步进入半机具化、机具化生产阶段。

1965年，四川省国营蒙山茶场学习湖北羊楼峒茶场使用机械初制、精制茶叶的经验，建立县内第一个绿茶机械加工车间。以后，国营四川省名山县茶厂、县供销合作社、名山双河茶厂及一些乡、村、组茶场也相继购置机械加工茶叶，使生产工效大为提高，成本降低。1974年，四川省国营蒙山茶场改进CR-40型揉茶机揉制细茶，提高效率头揉3.7倍、二揉7.3倍、三揉12.8倍，并减少成品碎断率6.4%、细末茶2.3%。

1972年，国营四川省名山县茶厂、县农机厂、县工具厂制成整套边茶加工机具设备。1972年10月，生产出第一批合格的金尖边茶产品。但随着产量的增加，揉捻机组等制茶设备出现磨损严重老化现象，手工操作的悬挂式Ⅳ型蒸箱，常因茶梗等异物堵塞出料口造成蒸汽泄漏、原料未蒸透或蒸料时间长等问题。

1977年后，引进雅安茶厂生产的YA-771型边茶（藏茶）冲包机，在四川省国营蒙山茶场、国营四川省名山县茶厂生产康砖、金尖茶。

1978年春，国营四川省名山县茶厂在不停产的情况下，重新设计加工零部件和电器控制系统，技术改造揉捻机组：改单悬挂式Ⅳ型蒸箱为双联门型卧轨式移动蒸箱，由一台电动机驱动蜗轮蜗杆减速器蒸箱。改进揉捻机转动齿、转动拐轴、揉盘、揉桶、转速、平皮带转动等技术。改造后，揉捻机能自动计时蒸料、自动送料，人工辅助上下料，降低工人的劳动强度，叶片曲卷率由改造前不足50%提高到90%，班产量4000kg，达到增产、节能、降耗、降噪的效果。投产后，运行至2010年前后（图4-23）。

1974—1978年，四川省国营蒙山茶场科技组改进蒙山名茶机6GR-40型揉茶机结构，制定新的操作规程，使机揉名茶条索紧细、匀整，减少碎末8.7%，提高工效7.9倍。揉捻名茶试验成功。

20世纪80年代后，四川省国营蒙山茶场、国营四川省名山县茶厂、四川省名山茶树良种繁育场等企业，引进制茶机械，并逐步在四川境内企业推广。名山茶机主要从四川省内芦山茶机厂购买，也从浙江购进，或从日本进口（图4-24）。

图4-23 蒙山茶场的揉捻机
（图片来源：名山县地方志办公室）

图4-24 20世纪八九十年代的名山茶树繁育良场瓶炒机、揉捻机

1982年3月,雅安地区科委下达研制CMS-50型远红外程序控制名茶杀青机科研项目。1984年研制试验成功,采用该机生产茶叶,提高工效3.5倍,降低生产成本39.71%。

1983—1984年,国营四川省名山县茶厂设计研制6CMH-264型远红外烘干机获得成功,采用该机烘名茶,提高工效10倍,降低成本86.25%。与人工揉捻和烘干的名茶相比,色、香、味、形均无明显区别。

2001年,四川省供销合作总社在百丈镇建四川省绿川茶业有限公司。该公司引进日本川崎机工株式会社蒸青茶自动化生产线,由蒸青机、冷却机、叶打机、粗揉机、中揉机、精揉机和自动烘干机8个主要机具构成,生产的蒸青茶主要销往日本。

2001年,四川农业大学、四川省农业科学院茶叶研究所、四川省农业机械化管理局等单位的专家指导名山茶叶生产企业改进和开发蒙顶山茶加工工艺,应用先进制茶机械和全自动生产线,基本实现蒙顶山茶的清洁化、自动化加工。

2005年,改进名优绿茶厂房、车间、配套机具等技术,并引进、研制传统名茶精制加工自动化生产线。2006年,开展茶业精深加工技术和茶叶微波加工新技术应用研究;进行微波茶叶加工多用机研制、技术参数优化及工艺技术推广。

2007年,四川省茗山茶业有限公司投资600余万元,建成清洁化自动化优质绿茶生产线(图4-25)。至2009年,名山机械化加工茶叶主要有绿茶、青茶、黑茶。2010年后,根据市场变化,开始生产红茶。2010年3月,获四川省科学技术厅、四川省农业厅组织的专家组鉴定通过。同期,建成清洁化自动化蒙山甘露生产线2条。2010年内,四川名山西藏朗赛茶厂研制开发建成两条生产线(图4-26):速溶茶生产线(自行研发)生产的

图4-25 四川茗山茶业有限公司的清洁化自动化优质绿茶生产线

图4-26 四川名山西藏朗赛茶厂的藏茶康砖生产线

产品,既保持传统酥油茶风味,又减少熬制,年产30t,产值150万元,利税40万元;佛灯油茶叶生产线,年产500t,产值480万元,利税40万元。四川雅茶集团也开发出藏茶

生产线，效率品质亦高（图4-27）。

2016年3月，四川蒙顶山跃华茶业集团有限公司投资780万元，在跃华茶庄建成清洁化自动化优质名优绿茶（卷曲形茶、扁形茶）生产线两条；同月，四川蒙顶山茶业公司在牛碾坪基地，净投资335万元，建成两条清洁化自动化优质名优绿茶（卷曲形茶、扁形茶）生产线。2016年4月，四川蒙顶山雾本茶业有限公司建成名优茶生产线一条，毛峰类自动化清洁化生产线两条，调试投入生产（图4-28）。

图4-27 四川雅茶集团蒙顶山藏茶机械化生产线

图4-28 四川雾本茶业有限公司自动化名优绿茶生产线

蒙顶石花现代化加工（图4-29、图4-30）采用全自动、清洁化流水生产线，包括茶叶炒制设备与连接输送装置，均连接中央控制柜。茶叶炒制设备包括鲜叶自动定量均衡投料机、连续滚动杀青机、快速冷却提升输送机、茶叶回润机、茶叶自动理条机、滚筒式茶叶辉锅提香机、茶叶自动定量投料分配系统及10~20台扁形茶

图4-29 茶厂理条区和机器设备

连续自动炒制机。这些单机设备通过输送装置，按照蒙顶石花加工工序有序相连，在控制系统协调下，自动完成鲜叶定量投料、滚筒连续杀青、茶叶回润、理条（造型）、炒制、辉锅提香等工序。制成的蒙顶石花毫香浓郁、色碧明亮、味鲜而甘，外形扁平秀丽、翠玉油润。

图 4-30 茶厂的一次揉捻区、二次揉捻区

蒙顶甘露现代化加工采用自动化生产线及控制系统，各个单机均带有程序控制。参数可根据鲜叶情况灵活掌握，其中，微波杀青技术为该生产线主要特色。在控制系统协调下，自动完成摊放、滚筒杀青、摊凉、初揉、微波二青、摊凉、复揉、微波三青、初烘做形、复烘足干等工序。制成的蒙顶甘露条索紧细、外形卷曲均匀、白毫明显，滋味香甜醇和，干茶、汤色和叶底更绿。

蒙顶毛峰现代化加工采用自动化生产线。设备由日本引进改装，并改进连续杀青机多点程控加热技术。研制高热气流滚筒式茶叶脱水机。引进中揉机、精制机棱骨和揉板装置。采用分段、杀青分部排湿、旋转与往复结合做形、自动检测控制等工艺技术（图4-31）。

同时，用高热气流烘干机脱水，保证加热、冷却和失水均

图 4-31 恒温揉捻机

衡。在控制系统协调下，自动完成鲜叶摊放、杀青、快速冷却、自动摊凉、自动投叶、初揉、高热气流脱水、自动摊凉、自动投叶、复揉、中揉、精揉、摊凉、复烘足干等工序。制成的蒙顶毛峰色泽翠绿，外观条索紧结、圆浑、完整，干茶香味明显提高。

5. 茶叶精制

（1）人工精制

古时，蒙山茶精制以人工为主，将毛茶用竹筛分段筛去碎末，分不同级别隔筛，摊放于桌台或簸箕内，手工拣出鱼叶、老叶、茎梗、黄片、茶梗、茶籽及竹木屑片、砂粒

和其他非茶类夹杂物。干度不够，还要复火烘干。人工精制一直延续到21世纪初，同时手工茶中量少时也还在采用此方法（图4-32、图4-33）。

图4-32 人工揉捻增加风味

图4-33 20世纪70年代的人工筛拣
（图片来源：杨天炯）

（2）机械化精制

20世纪80年代起，四川省国营蒙山茶场、四川省名山茶树良种繁育场、国营四川省名山县茶厂及双河公社联办茶厂等企业，采用机械精制茶叶。至20世纪90年代末，全县毛峰及大宗茶类，均采用机械化加工和精制。将毛茶通过分筛机、切茶机、拣梗机、风选机等，整理外形、分清嫩度、剔除杂劣、合理拼配，分成不同花色品级，以符合商品茶规格标准。甘露、黄芽等名茶，则保留传统手工精制。

精制作业有：筛分、风选、切轧、拣剔、复火和匀堆、装箱等。安排精制流程的原则是先筛分，后风选；先筛分风选，后拣剔；先烘炒，后清风；先干燥，后切轧。如毛茶水分超过标准，则先补火，后筛分。按预计制成的等级花色升降比例，选配茶类、等级和季别茶。完成单级拼和，单级付制，多级收回。或阶梯式付制，每3批或4批量作为一个拼配网，先付制高级茶，后付制低一级茶；正茶每次做完，副茶集中处理。或多级拼和，多级付制，逐级收回。

2007年，名山县蜀名茶场引进、试用日本茶叶色选机。第二年，名山县蜀名茶场、四川省名山县蒙贡茶厂引进安徽光电企业生产的色选机。随后，四川禹贡蒙顶茶业集团有限公司、四川省蒙顶皇茶茶业有限责任公司、四川蒙顶山跃华茶业集团有限公司、四川省蒙顶山皇茗园茶业集团有限公司等企业，购进国产色选机。2011年，主要企业更新换代购进彩色色选机，能精制甘露、石花等名茶。

至2022年底，名山实现毛茶全面精制，特别是主要大型加工企业均配有色选机，部分企业除自己加工色选外，也对外色选精制，如雅安市建诚茶业自购5台色选机，专业从事对外色选。全区有色选机100余台，其中：雅安洪军茶业有限公司5台，名山县蜀名茶场3台、四川省名山县蒙贡茶厂1台、四川禹贡蒙顶茶业集团有限公司2台、四川省蒙顶皇茶茶业有限责任公司3台、四川省茗山茶业有限公司3台、四川蒙顶山跃华茶业集团有限公司2台、四川省蒙顶山皇茗园茶业集团有限公司1台，四川种茶人茶业有限公司5台（图4-34），茗鼎茶厂2台，艾猛茶厂2台，等等（图4-35、图4-36）。

图4-34 四川种茶人茶业有限公司配备色选机

图4-35 企业配色选机精制加工

图4-36 四川蒙顶山蒙典茶业有限公司的精包装车间

6. 花茶加工

花茶加工，主要利用茶叶的吸附性，吸收花中香味物质，在茶叶冲泡时散发出花的香气，使人品茶品时到花香和茶香。

名山花茶始于现代，主要以茉莉花、白兰花（俗称黄桷兰）、茶树花为花坯。2016年后，已大量加工玫瑰、桂花茶，有些茶人还加工蜡梅花、兰花、橘子花等。

（1）茉莉花茶

通常用打底法和同窨法制作茉莉花茶。

1978年，四川省名山县茶厂茉莉花茶试制成功，为雅安首制。当时，将烘青、炒青成品茶坯运至成都市龙泉驿区石灵乡，简阳县海井乡、黄连乡，广东省斗门县，佛山市顺德县郊陈村等茉莉花产地，加工窨制成茉莉花茶。

1980—1985年，四川省国营蒙山茶场、国营四川省名山县茶厂及县供销合作社、名山双河茶厂，先后与成都市龙泉驿区石灵乡，简阳县海井乡、黄连乡，广东省佛山市顺德县陈村区取得联系，利用其产花优势，以名山烘青、炒青窨制茉莉花茶。1984年初，通过名山县茶叶学会搭桥引线，名山县蒙山茶叶联合企业公司双河茶厂与西昌市高枧乡镇企业签订联办"西昌市花茶厂"协议，并负责茉莉花的生产和加工技术的具体指导。

20世纪80年代后，名山茉莉花茶加工，主要方式是将茶坯运至茉莉花主产地加工窨制。省内主要运到犍为县，省外主要运往福建、浙江和广西等地。2010年后，主要在广西壮族自治区横县窨制。

从1994年起，蒙贡茶场每年均窨制各种级别茉莉花茶，畅销省内外。

新津徐金华研制"碧潭飘雪"，也曾选用蒙顶甘露作茶坯。名山企业则用"甘露飘雪""甘露花茶""茉莉飘香""花仙子"等茶名销售，以示品牌区别。主要品种有甘露花茶、毛峰花茶、香茗花茶和各等级普通花茶。甘露花茶外形细紧、卷曲披毫，色泽黄绿鲜润，匀净完整；汤色黄绿明亮清澈，香气鲜灵持久，滋味鲜浓醇爽，叶底嫩匀绿亮、匀齐柔软。1989年，四川省发布地方标准《茉莉花茶窨制工艺技术》（DB/5100B 008-1989）。

2012年，四川省大川茶业有限公司高永川根据市场调研，用春末夏初的芽头与茉莉花窨制的花茶，创制"残剑飞雪"，冲泡后茶芽如剑直立、朵朵茉莉花浸于水中与茶共舞，赏心悦目，该花茶成为四川第二花茶品牌。

2022年，名山加工茉莉花茶4000t。

（2）兰花茶

1990年后，雅安市名山区卓霖茶厂、川蕴共名茶坊、天下雅等茶厂用兰花窨制兰花茶，香气纯正、清幽飘忽。特别是近些年，很多小茶坊和个体经营户做特色茶，兰花茶加工量快速上升，年加工量在20t以上，但因兰花不是药食同源的可添加物，故只能作为调味茶，大大限制了其在市场上的规模销售。

（3）茶树花茶

茶树花用途广泛，经过深加工，制成原浆或复合粉，可加入食品、饮料；提取茶多酚、茶多糖、蛋白粉、SOD等物质，可用于医药、化工等领域。既可与茶叶共同冲泡饮用，也可单独冲泡饮用。

20世纪末，名山科技工作者探索茶树花的加工利用，专家杨天炯还专题调研与论证，并写出报告。2010年，开创茶树花茶制作工艺，雨城区茶人张全义全力加工推广。因市场多元需求，2010年后，四川蒙顶山味独珍茶业有限公司、名山中峰雨峰茶厂、万古红草村茶厂以及唐开军、黄炳才所经营的茶厂等企业收购加工茶树花。通常每亩茶园，可采茶树鲜花50~80kg，每3kg鲜花可加工0.5kg干花，增加茶农收入200~300元，并可减少茶树的营养消耗。四川蒙顶山味独珍茶业有限公司精制茶树花茶，通过精制包装，取名"水上人佳"，清新典雅，受到女性朋友喜爱。2010—2018年，名山茶树花年加工干花15万kg左右，最高峰在30万kg。由于宣传和推广的力度不够，需求下降，2022年，茶树花的加工量不足5万kg。

1950—2022年（部分年份）名山区（县）不同类型茶年产量见表4-1。

表4-1　1950—2022年（部分年份）名山区（县）不同类型茶年产量统计

单位：t

年度	黄茶	绿茶	黑茶	花茶	红茶	青茶	白茶
1950	0.2	29.8	300				
1955	0.5	36.9	387.8				
1960	0.4	29.3	287.9				
1965	0.5	15.9	234.2				
1970	0.6	11.4	313				
1975	2.4	51.6	459.5	1.5			
1980	1.2	215.6	404.7	17.2	1.5		
1985	3.6	348	1106	38.4	9		
1990	4.1	1387.5	930.8	356.3	53.5		
1995	15.6	1684.4	820	421	83		
2000	62.3	3088.7	1576.3	1089.1	160.1	15	
2005	130.3	11982.3	3802	1369.4	172.1	40	
2010	398.4	27885.6	7930	3364.1	229.5	30	
2015	460.2	32559.8	9438	3720.3	314.3	20	
2020	480	40090	9500	22000	10	20	1500
2022	600	45600	10380	23000	200	20	3000

注：花茶为绿茶、红茶等再加工茶。

第五章　蒙顶山茶产业规模

第一节　生产加工经营规模

古代名山茶制作，初为自种自制，到市场销售，或出售给专门的经销商或茶叶经营店铺。唐宋时期需求大增，便出现专门收茶制茶、卖茶经销的作坊，以适应市场对茶叶品质的要求。明代的加工交易也是依照宋制，期间生产加工的量较宋代降低。清代，官督商办边茶股份有限公司在名山设置制茶处。民国时期，名山县境内专门经营茶叶的商号仅几家。

新中国成立至计划经济时期，名山茶叶生产加工经营主要是国营蒙山茶场、国营名山县茶厂、县供销社茶叶公司，基本上是统购统销，以及主要公社的社队集体茶厂，生产加工后交售给县供销社或雅安外贸公司。名山茶叶加工一直带动周边区（县）的生产销售，1956年，其他乡（县）流进名山粗茶收购量共计5515.5公斤：丹棱县5481.13公斤。其中：张家乡346.25公斤，顺龙乡2767.88公斤，仁兴乡4.62公斤，陈家乡292公斤，中隆乡35.88公斤，霖雨乡1441.75公斤，高桥乡357.13公斤，石桥乡45.87公斤，汶王乡120.25公斤，城关乡69.5公斤；邛崃县夹关12公斤，甘溪2公斤；雅安县凤鸣20.37公斤。而流出外县的只有15斤。

改革开放后，名山茶业民营企业如雨后春笋般崛起。截至2019年底，名山区涉茶生产经营主体1399家。经营主体包含生产基地型企业（出售鲜叶）、初加工型企业（为其他企业加工半成品或成品）、经营性企业（收购半成品或成品，精制或贴标后销售）、生产经营性企业（有茶园基地、自行加工、自主销售、独立品牌、自有商标、自主经营）、个体户、专业合作社等类型，形成以茶农承包经营为基础、市场为导向、企业为依托，农、工、商结合的产业链及利益共同体。

一、古代茶企

　　唐代以前，名山茶叶加工经营以农户自加工与小作坊加工并存。唐宋时期，由于出现"比屋之饮"的盛况，市场对茶叶的需求量扩大，对品质的要求也相应提高，便形成了专门制茶、卖茶的企业。唐代《膳夫经手录》所描述的"不数十年间，遂斯安草市，岁出千万斤"的兴旺景象一直延续到晚唐、五代时期，年产量常在50万公斤左右，最高达100万公斤，其巨量的产品品质要做到基本一致，一家一户是不可能完成的，大多数是由茶坊按官府、市场的要求，加工成贡品、商品，或制茶自卖，或专营买卖，亦场亦厂亦商。

　　宋代，神宗熙宁七年（1074年），朝廷因战争需要，实行官买官卖的榷茶制度，官府在名山设立买茶场，名山茶业主要为作坊式加工和茶农自己初加工，制作标准要求根据季节、叶的老嫩等级划分，分别加工成需要的产品，民间也有加工作坊按照官府要求的标准制作后交售官方。为达到官府对质量等级的要求，逐步过渡到以作坊加工为主，这种情况一直延续到明代晚期（图5-1）。

图5-1 古代茶叶蒸汽杀青
（图片来源：名山县茶叶技术推广站）

二、近代茶企

　　光绪二十年（1894年），名山茶叶产量回升到近康熙时期水平。茶商发展到18家，生产（图5-2）、经营年收入10万两白银。光绪三十二年（1906年），名山王恒升、李裕公等18家茶商，为抵制印度茶侵销西藏，保全自身利益，集资5万两白银筹建"名山茶业有限公司"，并制定18款"简章"，向川滇边务大臣赵尔丰呈请开办，未获批准。次年，名山茶商加入名山、邛崃、天全、雅安、荥经五县茶商联合组成的官督商办边茶股份有限公司。

图5-2 民国时期茶叶生产加工
（图片来源：名山县茶叶技术推广站）

　　该公司在城内大巷子张家院内设置制茶处，将收购的茶叶精制后，运往清溪县（今汉源清溪乡）中转，销售至康藏地区。辛亥革命爆发后，公司解体。宣统元年（1909年），为抵制英国殖民者控制的印度茶入藏，雅安、名山、邛崃、荥经、天全五县茶商发起并于宣统二年（1910年）四月成立商办边茶股份有限公司，公司是为抵外保内而设。

三、现代茶企

1927年，名山县内尚有7~8家茶店、茶号。1937年，四川省民政厅批准名山县成立茶业同业公会，入会会员172人。1938年，仅存庆发兰记、谢家茶栈和青杠岭茶店。1939年，西康省政府成立康藏茶叶公司。1941年，县境内专门经营茶叶的商号尚存3家。收买零星茶叶，加工初制，积存待售或直接运至各销场贩卖（图5-3）。

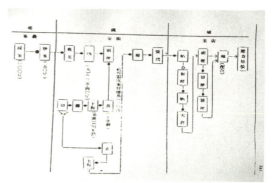

图5-3 1941年《地理》第一卷第三期刊登《西康雅茶产销概况》之边茶生产流程图

四、当代茶企

1950年，西康省茶叶公司改名为中国茶业公司西康省公司。

1950年后，计划经济时期，名山茶叶主要靠四川省国营蒙山茶场、国营四川省名山县茶厂、名山县土产茶叶公司、名山茶叶联营公司、名山县供销合作社茶叶公司、双河公社联办茶场、双河公社联办茶厂、红岩公社茶场等公有制企业经营，基本上是统购统销（图5-4）。

1978年改革开放后，走进市场自由交易。双河茶厂、茅河茶厂等乡镇企业逐步建立，名山个体民营茶业企业顺势加工销售茶叶（图5-5）。20世纪90年代后，随着计划经济的取消和国营、集体茶业企业改制，不少原国企人员自行建厂办企业。早期，多为前店后厂。后期，企业规模不

图5-4 20世纪50年代国营蒙山茶场引进木制人工揉捻机（图片来源：名山县茶叶技术推广站）

图5-5 20世纪七八十年代雅安名山县供销社茶厂金尖产品标签（图片来源：《中国藏茶文化口述史》）

断壮大，加工、销售茶叶的企业多升级、组建为公司或集团公司。截至2000年，全县年加工生产茶叶的企业有500家，其中年加工10t以上的企业70家，厂房面积10万 m^2，机械设备830余台套。骨干企业主要有四川省国营蒙山茶场、四川省名山茶树良种繁育场、国营四川省名山县茶厂、名山县茶叶公司、名山县双河茶厂、名山县敦蒙茶厂、名山县跃华茶厂、四川省名山县禹贡蒙顶茶叶有限责任公司、名山县大元茶厂、名山县蒙峰茶厂、名山县名蒙茶厂等。

2000年后，出现专业买卖成品茶叶的企业。2003年，出现网络电子销售商务。2005年后，出现"种植基地+茶叶加工+产品销售"为一体的企业。

2010年初统计，名山县茶叶加工经营企业近千家，其中骨干企业234家；产业化龙头企业：省级3家、市级11家、县级4家、乡级216家；另有骨干企业、生产加工个体、作坊500余个。2010年后，电商贸易初步成型。

2011年底，生产规模较大、有品牌、管理规范化的企业70余家。

2012年10月，全县注册茶叶加工企业905家，注册资金516055万元，生产车间面积56.67万 m^2，生产能力6.82万t。

2015年底，名山涉茶市场主体1592家，含企业、个体户、农业专业合作社。其中，茶业（叶）公司、茶厂204家，其他性质涉茶企业及专业合作社464家；个体户910户。工业总产值23亿元，销售收入22亿元。主营业务销售收入1亿元以上有8家；主营业务销售收入在2000万至1亿元有10家。涉茶农业产业化经营重点龙头企业：省级9家、市级17家、区级4家。企业按蒙山茶国家标准生产名优绿茶和大宗绿茶等各品种茶叶，其中大企业以生产名优茶为主。

2018年底，全区涉茶市场主体1578家，含企业、个体户、农业专业合作社，有营业执照的1399家，其中，茶业（叶）公司、茶厂204家，其他性质涉茶企业及专业合作社464家，个体户910户。工业总产值23亿元，销售收入22亿元。主营业务销售收入1亿元以上有8家，主营业务销售收入2000万元至1亿元有10家。涉茶省级农业产业化经营重点龙头企业9家、市级17家、区级4家。企业按蒙山茶国家标准生产名优绿茶和大宗绿茶等各品种茶叶，其中大企业以生产名优茶为主。

2018年起，全区开展茶叶环境污染治理，取缔小、散、乱企业，关闭严重污染企业，改造烧煤设备为烧气、用电设备。经过一年多治理，有800余家企业达到治理要求。同时，规划建立了黑竹、百丈、新店、永兴4个茶叶加工集中区，入驻企业50家。

1949—2022年，雅安市名山区蒙顶山茶由小到大、由少到多、由弱到强，每年面积产量明细见表5-1。

表 5-1 1949—2022 年雅安市名山区蒙顶山茶统计表

年度	茶园面积/亩	产量/t				产值合计/万元
		合计	名优茶	细茶	粗茶	
1949	6768	296.5	2.8	32.2	261.5	10.01
1950	6673	330.0	2.4	27.6	300.0	11.56
1951	6673	380.5	2.5	28.0	350.0	15.22
1952	6673	545.0	3.0	44.5	500.0	22.89
1953	6673	476.6	3.3	47.7	425.5	21.44
1954	6687	482.3	3.4	47.3	432.1	21.72
1955	8038	425.2	2.9	34.5	387.8	21.26
1956	8658	479.3	3.4	47.4	428.5	28.75
1957	9102	584.6	3.3	46.8	534.5	37.99
1958	7603	428.0	2.9	38.9	386.2	29.10
1959	7603	335.0	2.7	19.8	312.5	25.56
1960	6000	317.6	2.6	27.1	287.9	22.86
1961	6000	233.5	2.9	20.1	210.5	18.44
1962	6500	253.5	1.1	18.5	230.0	20.53
1963	7000	273.5	0.9	17.6	255.0	22.15
1964	7800	270.0	1.5	19.0	249.5	21.87
1965	8600	250.5	0.6	15.8	234.2	20.79
1966	8600	267.0	0.7	16.3	250.0	22.00
1967	8600	269.5	0.8	16.1	252.7	22.09
1968	8600	278.5	0.7	12.8	265.0	23.11
1969	8600	275.0	0.5	9.5	265.0	23.37
1970	10000	325.0	0.8	11.2	313.0	27.34
1971	11000	390.5	0.9	14.7	375.5	34.36
1972	16300	400.0	0.7	19.3	380.0	34.00
1973	21300	418.5	1.5	29.0	388.0	36.82
1974	24246	450.5	2.4	40.6	407.5	39.19
1975	24194	515.0	3.3	52.2	459.5	41.20
1976	24800	550.0	3.4	46.6	500.0	48.95
1977	25205	692.7	5.5	89.2	598.0	55.41
1978	25202	740.0	6.6	108.4	625.0	59.20

续表

年度	茶园面积/亩	产量/t				产值合计/万元
		合计	名优茶	细茶	粗茶	
1979	21000	698.0	8.0	147.1	543.0	62.82
1980	15209	613.0	11.0	197.5	404.7	57.80
1981	15209	628.0	13.0	255.2	359.8	58.50
1982	18686	692.7	27.0	313.0	352.7	70.35
1983	24625	863.3	31.0	372.7	465.5	95.62
1984	27000	1207.1	37.0	372.7	794.5	132.78
1985	25481	1505.0	41.0	358.0	1106.0	178.00
1986	21049	1090.2	48.5	514.8	526.9	257.00
1987	20813	1229.4	52.0	656.9	520.5	359.00
1988	25238	1287.5	25.6	800.0	461.9	541.42
1989	29635	1539.5	32.5	745.9	761.2	460.00
1990	32500	2732.3	49.6	1754.3	930.8	629.12
1991	32500	2962.6	60.0	1829.6	1073.2	647.04
1992	32500	1941.0	90.0	1179.0	672.0	952.00
1993	35200	2427.0	152.0	1275.0	1000.0	1169.43
1994	37200	2705.0	155.0	1330.0	1220.0	945.00
1995	37700	2520.0	200.0	1500.0	820.0	1225.80
1996	37700	3100.0	300.0	2000.0	800.0	1700.00
1997	40152	3366.5	310.0	2172.4	884.1	3330.62
1998	45000	4258.0	701.9	2906.0	650.1	4800.00
1999	44975	5533.5	860.0	3473.5	1200.0	7440.85
2000	40146	6197.0	1112.3	3508.4	1576.3	8611.93
2001	42921	6696.7	1183.0	3659.4	1854.3	9375.38
2002	57435	7137.5	1616.0	3541.4	1979.8	10597.45
2003	141346	8890.0	2139.0	4128.0	2623.0	16454.85
2004	195325	13020.0	2914.0	5794.4	4312.0	22790.00
2005	230634	17117.6	4489.0	8825.7	3802.0	34493.20
2006	239679	23707.9	6341.1	12120.0	5246.5	48250.00
2007	253682	30489.5	8155.0	15484.0	6850.5	61931.80
2008	261333	36205.4	9876.5	17905.0	8425.0	73922.60

续表

年度	茶园面积/亩	产量/t				产值合计/万元
		合计	名优茶	细茶	粗茶	
2009	264856	38940.2	10955.2	20000.0	7985.0	81973.75
2010	268806	39837.0	11510.0	20398.0	7930.0	96766.30
2011	301658	41582	12499	21156	7927	121184
2012	302521	46534	13774	24094	8486	142787
2013	301603	44676	13700	22465	8512	152284
2014	331996	45991	14700	21999	9296	162249
2015	350396	45613	15580	21491	9438	169610
2016	350396	47720	16470	21950	9300	178160
2017	350397	49200	17400	22490	9130	187300
2018	352000	50000	18500	22170	9320	196300
2019	352000	50400	20000	20900	9500	204000
2020	352000	51600	21000	21100	9500	214000
2021	352000	54500	22200	22200	9800	229800
2022	391947	59800	25000	23800	11000	253400

注：①1999年，名山县地方税务局鉴定核实全县茶园面积为29469亩。②2002年前茶园面积，有标准面积，有习惯面积，也有上报面积。③2002年3月，对全县茶园进行核实统计。经核实，全县茶园面积为57435亩（含蒙山茶场1772亩、公安农场50亩）。④根据名山区自然资源和规划局第三次全国国土调查数据，经核实认定，2022年底，名山区茶园面积实为39.2万亩。

五、计划经济时期茶厂（场）

（一）四川省国营蒙山茶场

1. 茶场组建

1950年，西康省和平解放；7月，西康省人民政府呈报西南地区农业林业部，请示建立茶叶试验基地。1951年，经西南地区农业林业部批准，西康省农业林业厅在蒙山永兴寺建立西康省雅安茶叶试验场。第一任场长不详，第二任场长是周康禄，试验场有茶技员徐廷均等7人。从1951年起，在芦山、天全、眉山等地招收工人，有尹大坤、高显孝、周银星等人。1955年10月1日，川康合省后，西康省雅安茶叶试验场改建为四川省雅安专区茶叶试验站，移交雅安专区管理。据不完全统计，截至1955年底，茶场先后有梁白希、陈少山、赵孟明、郭思聪、何长林、施嘉璠、徐廷均、戴书勤等技术干部，彭学成、何永祥、赵元松、牟俊辉、张文辉、卓员贵、尹大文、黄光全、李永富、唐树成、杨登富、周泉山、李绍云、戴明洪、高志成、李华书、许春元、郭荣成、李伯祥、王栋良、高显孝、尹大坤、黄光福、郭亨义等技术工人。1955年，彭学成、何永祥、李伯祥、王栋良被评为省农业模范，出席第三届农业模范大会。1956年1月，何长林、施嘉璠、彭学成、何永祥等12人调往荥经县新建的雅安地区第三茶场（荥经塔子山茶场）。至1956年4月，四川省雅安专区茶叶试验站有职工24人，其中干部5人，工人19人。1956年8月，施嘉璠任副站长（主持工作），试验站还有何长林、刘德福，茶技员余静波等干部。1957年，改建为四川省雅安茶叶生产场。1961年，为解决茶场生产用工问题，从雅安招收知识青年70多人。因多种原因，1962年后期，留场知青尚有侯瑞涛、陈尚兰、江小波、何光明等9人。1963年，从雅安茶厂调派王永安为副场长。

1958年，按照毛泽东主席"蒙山茶要发展，要与群众见面"的指示，中共名山县委、县人民政府根据中共四川省委、中共雅安地委指示，成立复垦蒙茶指挥部，统一领导蒙山茶园复垦工作。名山组织817名民工到蒙山智矩寺、天盖寺四周垦荒，建成国营名山县蒙山茶叶培植场，场部设净居寺。第一任场长董卢喜，第二任场长任四保。下设三个队：一队戒烟会，二队鹿角堰，三队保定庵。全场职工有200多人，茶园面积为1000多亩。1959年1月，茶叶培植茶场有管理干部8人，民工168人。至1959年3月，培植场有茶园1500亩，其中：旧茶园（有收益）60亩（每亩以1200株计），幼茶园1440亩（播种102亩，扦插35亩，移栽1303亩）。各人民公社留场民工有176人。1961年春，从县城招收一批知识青年到茶场当工人，有代福媛、黄光芬、谭贤志、刘素贞、赵开林、张作均等人，后来还有茶技员杨天炯、李廷松等人。队长是由1958年复垦蒙山茶园时的农民骨干担任，其中有杨大明等。

1963年，四川省农业厅决定将两场合并，成立四川省国营蒙山茶场。合并后，茶场成为省属单位。四川省农业厅派出工作组，农垦局办公室主任代崇明为组长，组员有李复天、唐兴元、黄宗植。成立茶场领导班子，场长代崇明（兼党支部书记），副场长王永安、任四保。全场有农业工人62人，投产成林茶园700多亩，其中永兴寺500多亩，戒烟会200多亩。场部设永兴寺，下辖4个生产队，永兴寺东西两侧为一、二队，戒烟会为四队，其间代管雅安县（后更名为"雨城区"）太平公社的一个农村生产队，改为三队。另派少量人员留驻净居寺、智矩寺。同年的8月、10月、11月，四川省农业厅从成都分3批招收97名成都知青到茶场，蒙山茶场形成集种植、加工、销售为一体的企业。1966年9月，移交雅安专区管理；11月，划归名山县，更名为名山县国营蒙山茶场，场部部分管理机构迁至净居寺。1971年，从名山县境内招收一批农民合同工。1972年，抽调部分领导和工人到德光坪组建国营四川省名山县茶厂。1972年底，在雅安县招收知青121名，在天全县招收知青10名。1973年，场部迁至净居寺。1974年8月，在名山县招收70名知青，经过集中培训学习后，多数分配到永兴寺、戒烟会、净居寺、福禅寺各生产队从事茶园田间管理工作；其余分配到粗、精制加工车间学习制茶技术。至1975年底，茶场有干部职工313人，分为6个田间生产队（含托管的三队），1个粗、精制茶叶加工车间。其中，一队队部在永兴寺，有翻身、马鞍腰、青年、回龙寺、丁木槽、油娄岗、桐子岗、刘家坪、友爱、鱼塘坪（高产茶园）、栽培区、红旗、太阳坪等13个茶园，超过300亩。二队队部在永兴寺，有少蒙、八一、浸水坪、跃进坪、胜利、团结、高山坪、和平、永兴、建设等10个茶园，近300亩。四队队部在戒烟会，有茶园蒙顶五峰、凉梯子、雷动坪、花鹿池、点灯岩、青年坪、迎春坡、圣水寺、砖窑岗等9个茶园，超过200亩。五队队部在净居寺，茶园有黄家院子、尖石包、皂角树、羊子圈等，约200亩。六队队部在福禅寺，茶园有周家庵、保定庵、福禅寺周边等，约100亩。茶场开垦及茶树管理如图5-6~图5-9所示。

1987年，名山县国营蒙山茶场改建为名山县国营蒙山农垦茶叶公司。1990年，改建为四川省名山县国营蒙山农垦茶叶公司，注册资本164万元，办公地址设在蒙阳镇蒙山路13号，自主经营，自负盈亏。公司占地面积1.53km²，茶园2283亩，建筑面积14918m²，

图5-6 蒙山茶场职工正在开垦茶园（此照片刊登在1976年9月出版的《怎样种茶》上，杨天炯提供）

图5-7 蒙山茶场职工正在建环山茶园（图片来源：李惠凡）

图5-8 蒙山茶场职工正在开垦茶园和修建道路（图片来源：施友权）

图5-9 茶树播种、锄草、采摘、病虫防治管理（图片来源：《名山茶业志》）

加工厂房5320m²，职工277人，固定资产380万元。2001年，职工273人，其中在职202人。2003年12月31日，改制为民营企业——四川省蒙顶皇茶茶业有限责任公司。所有职工统一安置。

四川省国营蒙山茶场及其前身、后继（改制前），均属国有企业，生产经营先后受四川省农牧厅、雅安地区农业局、名山县人民政府经济委员会管理和指导，企业法定代表人由上级人民政府直接委派和调任。历任站（场）长（负责人）：周康禄、施嘉璠、武拉银、董卢喜、任席华、杨正煜、刘天桂（兼任书记）、李永康、杜玉芳、李含清、鲜朝元、郑天华（兼任书记）。

1958年后，历任副场长有：王永安、任四保、杨德云、何长林、杨正煜、刘天桂、李含清、殷长友、胡启仁、赵民先、夏昌昆、李永康、刘永清、杨大明、罗树功、陈洪光、张本福、郑国邦、侯瑞涛、鲜朝元（兼任书记）、陈洪光、张本福、李惠凡、成先勤、黄文林、龚仕祥等（图5-10）。

图5-10 蒙山茶场班子正在研究工作
（图片来源：《名山茶业志》）

1963至1965年4月，省农业厅工作组：代崇明、李复天、唐兴元、夏考怀、黄宗植。"文化大革命"期间，没有场长、副场长。

场部干部：余静波、蒋永泉、李宗楷、林培俊、罗树功、张本福、肖凤珍、李海文、杨天炯、刘士文、林祖胜。

车间主任（加工厂）：杨大明、江小波、尹大坤、陈红光、吴永华、王运生。

茶园田间各生产队队长：徐志华、江小波、黄明新、黄光福、尹大坤、曾瑞明、曾大伟、代明洪、雷尚举、杨大明、庄开珍、成先勤、曾克明、张作均、石玉霞。

1950—2003年，先后有700余个年轻人，通过知青下乡、招工、分配工作、工作调动、领导任职等形式到该茶场工作。其中，从成都、雅安（雨城）、天全、名山，招收城镇青年177人、下乡知青300余人；初到时最小的15岁，最大的不过20岁。在蒙山，他们以"敢叫日月换新天"的气概，披荆斩棘，开荒山，修梯地，种茶苗，采鲜叶，制名茶，架电线，修公路，背砂石，扛水泥，觅古迹，开景点，搞旅游。一身泥浆，两手血泡，将凋敝荒凉的蒙顶山披上茶树的绿装，逐步建成国家级风景名胜区。

2. 茶园建设

1942年，西康省主席刘文辉的二十四军部队，在蒙山永兴寺附近屯垦植茶，从鱼塘坪到回龙寺，约100亩，命名为骆蒙茶场。全部开垦熟荒，实行茶粮间种。后来因生产技术落后、经营管理不善等，不到3年即停止营业。

1951年，西康省雅安茶叶试验站建立初期，有永兴寺庙宇周边的二十四军遗留的茶园20余亩，但基本荒芜。试验站成立后，开展茶树移植补栽、补修堤坎和维修排水沟及新开茶园工作，至年底，茶园基本恢复。

1958年，中共名山县委、县人民政府组织民工到蒙山智矩寺、天盖寺四周垦荒，建成茶园1000多亩。1963年，西康省雅安茶叶试验场与名山县蒙山茶叶培植场合并成立四川省国营蒙山茶场，有茶园近1200亩。两场合并后，为尽早完成茶场建设及发展的整体规划，查清从雅安到名山界域内归属茶场管辖的国有森林、土地、茶园的实际使用总面积，省农业厅在1964年3月初，派省农业厅农垦局勘测规划第三队到蒙山实地勘测，有队长李元郁，副队长唐昌鹏，队员赵民先、王天基等11人。为协助勘测队测量，茶场调派杨大明为向导，主要负责引路；职工毛克勤、谭贤志等6人为工人，主要负责砍荒、打桩、撑杆等杂活。1963年5月底，形成初步调查综合评估报告：四川省国营蒙山茶场一等宜茶土壤3072.8亩，二等宜茶土壤1577.7亩，总计4650.5亩。

1971年，在永兴寺太阳坪（马鞍腰茶园旁）新开荒栽茶30多亩（一队管辖）。至此，共计开荒种茶和复垦茶园1200多亩，初步完成整体茶园规划面积。1974年夏季，在"农业学大寨"的号召下，知青们在场领导和老工人的带领下，用钢钎、大锤等原始工具，在大五顶后面山坡上新开垦一片梯田式的科研茶园。至1980年，茶园扩大到1454亩。至2003年底，有茶园1214亩，职工278人。辐射周围村组5000余亩。2003年12月，改制为民营企业。至2015年底，尚有近40亩茶园（其中租赁11亩）及智矩寺，仍属四川省名山县国营蒙山农垦茶叶公司管理（国有资产）。

3. 基础设施

场部蓄水池修建。至1963年12月，场部（永兴寺）居住有干部、职工118人，靠小股山泉流水已经不能维持正常的生产和生活需要。场领导决定在永兴寺后选址修建一个容量为1000m³的蓄水池。为节省开支，除石工部分外，全部由茶场职工自己动手修建。参加修建的知青们砍荒树、除杂草，用锄头、筑筐挖土端泥，顶着风雪严寒，历经4个多月的艰辛劳作，至1964年夏季，基本完成基础工程，从山顶引水成功（图5-11）。

图5-11 20世纪60年代茶叶加工设施
（图片来源：名山县茶叶技术推广站）

名蒙公路修建。1964年6月，四川省农业厅农垦局勘测规划第三队参与名山至蒙山公路的勘测设计规划。1965年3月初，名蒙公路破土动工，由茶场知青万雨忠负责公路沿线施工及质量验收管理；刘祥云任保管，负责收发炸药、钢钎等劳动工具。同年5月，曾大伟调任名蒙公路采购，负责采购材料，如炸药、雷管、工具等。炸药、雷管每次都经当地政府有关部门批准后，到雅安化工厂领取，其余在当地名山县物资局购买。1965年底至1966年初，永兴寺至大石桥段通车，总长1km，由茶场知青修建。1966年底，名蒙公路三里桥—金花桥—智矩寺—砖窑岗—大石桥—永兴寺全程基础毛坯路修建完工（金花桥未改建）。1967—1968年，由于夏季大雨冲刷，路基被冲得大坑小凼，排水沟被泥土堵塞。经过公路沿线生产队社员疏通、修补后，方能通行。1969年4月，四川省交通厅上蒙山办"五七"干校，重新修补毛坯路，参加铺路基的人员都是厅、局、处、科室负责人和各级干部。至1969年10月，路基修完，恢复正常通车。通车后，地处城西公社三大队的金花石拱桥，经鉴定为危桥。1970年，场领导决定修建新的石拱桥，并加宽桥面，由雅安对岩公社石匠杨光荣承包该工程，组织石匠修建，茶场派万雨忠负责石桥施工质量及验收。1969年底，金花石拱桥建成通车。1970、1971年冬季，名山县工交局连续两年安排城关公社一大队、三大队、四大队，城东公社五大队，城西公社二大队、三大队、九大队，为名蒙公路路基搞民工建勤（锤碎石），解决名蒙公路路面的碎石用料。由茶场知青李惠凡负责验收碎石方，并在县工交局领取碎石所需小锤等工具后发放给各公社的生产队社员，任务完成后再收回归还。经过两个冬季的备料和铺路，名蒙公路由原来的土石路改变成泥结碎石路，运输物资的汽车、拖拉机通行更加顺畅。1972年春节后，毛克勤接替名蒙公路的管理和养护工作。

高压线路架设。1963年冬，为尽早解决茶场生产和生活用电，从雅安县（雨城区）

太平公社下的水电站架设太平场—太阳坪—马鞍腰—永兴寺的高压线路。投资方是省农业厅、农垦局，监理方是农垦局，高压线设计方是雅安水电厂，施工方是雅安水电厂水电安装队。茶场组成基建队，何光明任队长，共40余人参加架设。高压线所用物资由侯瑞涛从成都龙泉购回，省厅工作组唐兴元、黄宗植负责组织协调水电站职工的工作。至1964年春，高压线从山下架设到场部永兴寺。1966年初，架设第二条从永兴寺到净居寺的高压线路工程。蒙山茶场作为承建方，负责基础工、普工组织和采购高压线所需器材等工作。1968年底建成蒙山茶场高压线路。

4. 名茶（细茶）生产

1959年，该场及县商业局土产经理部所属茶厂，在雅安茶厂梁白希等人的指导协助下，恢复蒙顶甘露、石花、黄芽、万春银叶、玉叶长春等传统名茶的制作工艺。当年，蒙顶甘露在全国第一次名茶评选活动中被评为全国十大名茶之一。1963年起，修建大五顶初制车间、智矩寺细茶精制加工车间、成品茶叶仓库、大五顶地坝堡坎。1968年，全部完工。初制车间新安装杀青机、揉茶机、烘干机；细茶精制加工车间安装分筛机、滑梗机、风选机等新式茶叶加工机械设备。

1965年2月初，蒙山茶场派杨天炯、江小波、郭松涛、唐建新、尹大坤前往湖北省浦圻县赵李桥羊楼洞茶场学习细茶精制加工技术和初、精制加工机械的使用经验，学期近1个月。回场后，建立名山县第一个绿茶加工车间（1985年改为茶叶加工厂），生产成品茶（图5-12）。1974年，购置3部手扶式拖拉机运送鲜叶，培训驾驶员王志全、何小松、姚天俊等，终因鲜叶产量低，未能全部到岗。1981年，全场生产成品茶58414公斤，

图5-12 蒙山茶场技术人员在审评茶
（图片来源：杨天炯）

产值26.97万元，每公斤均价为4.62元。1985年起，场部对初、精制加工厂实行计划管理，定员定额，单独核算，实行除本分成的生产、财务管理责任制。到1990年，生产成品茶169081.275公斤，产值114.14万元。

5. 花茶生产

1980年4月，经成都市人民政府批准，兴办四川省首批跨地区联办企业成都市龙泉蒙山石灵联办花茶厂。由成都市龙泉驿区石灵乡提供茉莉鲜花、厂房、场地，负责后勤煤、水、电供应，并派人任副厂长、出纳、生产人员，分利润30%；名山县国营蒙山茶

场提供茶坯、机具，负责花茶加工技术、销售等，并派人任厂长、会计、生产人员，分利润60%；为鼓励联办厂获得经济效益，花茶厂提取利润的10%，用于发放厂内职工的奖金及其他开支。双方主要领导参加董事会，共同决定花茶厂的重大事项。建厂初期，固定资产3万元，人员9人，茉莉鲜花收购价为3.4元/公斤。当年加工生产各级茉莉花茶17328.15公斤，获利润5万元，按联办利润分成比例，茶场分回3.5万元（第一年按茶场70%，石灵乡30%的比例分成）。1984年4月，与简阳海井乡、大竹县后山茶场共同联办简阳海井联木花茶厂。1988年，花茶厂新扩建厂房、车间、仓库，添置机器、安装电话、整修公路。1989年，固定资产增加至15.5万元，人员发展到20人，累计生产、加工各级茉莉花茶360356公斤，产值500万元，利润48.6万元，茶场分回30.56万元，石灵乡分得14.8万元。茉莉鲜花收购价上升到8.6元/公斤。花茶厂被评为成都市农行特级信用单位，并被列为成都市龙泉区重点企业之一。

6. 茶叶销售

1983年，茶场在雅安城区开办第一家蒙顶茶专营门市部，由陈尚兰负责，黄雅南协助。1984年4月，经成都市工商部门批准，茶场在成都市纱帽街开办第二家蒙顶茶专营门市部，由知青李秀珍负责，吴永华协助。1985年，在名山县城开设第三家蒙顶茶专营门市部，由艾成佳负责，悬挂"蒙山顶上茶，县城独一家"的宣传标语。办店初期，三个门市部总销售额为13万元，至1989年，增加到90万元。1985年起，先后与成都人民商场、火车站锦成商场、人民商场火车北站分场、眉山外贸、彭山外贸、广汉、泸州、内江、巴中外贸、南溪、成都市茶叶公司，成都市蜀茗全国茗茶商场、天津市茶叶公司、四川省农工商公司北京分公司等单位建立经销网点和业务关系，品牌产品再次走出四川、走向全国。

7. 品牌建设

1981年，蒙山茶场注册"蒙顶"（五峰）商标，是名山县第一个经国家核准的茶叶类商标。1983年，国家把茶叶从二类农产品调整为三类农产品后，茶场拥有自主经营权，所产的"蒙顶"牌甘露、黄芽、石花连续三年在四川省名茶审评会上获第一名。1984年，该场"蒙顶"牌甘露、黄芽、石花名茶和国营四川省名山县茶厂生产的盒装"春露"销往中国香港市场，《文汇报》《东方日报》《明报》《城市周刊》《明报周刊》等撰文赞赏。

1992年，"蒙顶"牌甘露茶在香港国际博览会上获金奖。1993年12月，"蒙顶"牌黄芽、甘露分获泰国曼谷中国优质农产品展览会金奖、银奖。1994年7月，"蒙顶"牌甘露茶在乌兰巴托博览会上获金奖。1995年，"蒙顶"牌甘露、黄芽、石花在第二届中国农业博览会上，分获金、银、铜奖。1997年，在第三届中国农业博览会上，被认定为"名牌产品"。1998年，被评为四川省"峨眉杯"优质绿名茶。2000年，推出"蒙顶"牌绿叶、雀舌新品种。"蒙顶"牌黄芽获成都国际茶叶博览会银奖。2001年3月,"蒙顶"牌商标被评为雅安知名商标。2001年6月,"蒙顶"牌黄芽、甘露被评定为四川省第六届"峨眉杯"优质名茶。2001年11月,被中国(北京)国际农业博览会认定为名牌产品。四川省国营蒙山茶场多年被名山县人民政府命名为"重合同,守信用"单位。茶叶包装从单一的名茶小礼盒发展到蒙顶茶小包装系列礼盒,其中部分小包装礼盒获国家轻工业部西南五省装潢设计银质奖以及四川省包装装潢设计优胜奖。

8. 茶叶科研

1951年,在永兴寺外建立第一个茶树良种园,约1亩,在蒙山茶树群体中选出20余株优良单株进行培育。开展茶树不同时间、不同轮次采摘比较,茶树生长发育过程观察,茶树施肥试验,粗茶采割试验,对比茶树在不同气候、土质下的生长情况试验,茶树病虫防治等科研活动,并取得很多成果,为名山县、四川省乃至全国茶叶生产提供依据和参考。1955年,推广茶叶科技,为名山培训茶叶技术员27人。1956年,研究粗茶初制技术。1956年8月,杨敬才主持茶叶试验成功。1980年后,雅安地区农业局驻点该茶场,与李家光等茶叶专家,合作育成蒙山系列4个省级茶树良种和2个雅安地区级茶树良种。1986年,完成四川省科学技术委员会下达给名山县的"蒙山名茶星火计划"科研项目,受到名山县人民政府和有关部门嘉奖。

蒙山茶场在名山茶叶发展中起到了承前启后、示范引领的作用,同时保存了蒙顶山大部分文物古迹,并保护了山上的名木古树。

(二)国营四川省名山县茶厂

1. 茶厂组建

为发展地方经济,增加地方财政收入,1971年,名山县革命委员会在紫霞乡德光坪(蒙阳镇名车路199号)征地20亩,兴建国营四川省名山县茶厂(1973年6月18日,经雅安地区革命委员会批准)。后来,发展成为科研、生产、加工、销售一体化的企业。

茶厂首批工作人员,皆是从四川省国营蒙山茶场调入的技术骨干。厂长杨德荣,与四川省国营蒙山茶场调入的郭松涛、陈才荣、王治贵、郭光荣等组建基建班子。1972年,动工并建成投产,总投资22万元。春节后,四川省国营蒙山茶场知青刘庆书提供一套自己设计的冲包机主机图纸,杨天炯指导车间厂房设计且落实施工队伍。由郭松涛、郭光荣负责厂房等基础设施建设,由王治贵、陈才荣负责加工机具制作安装。调进黄启明、宋万选组建茶厂财会班子。从永川省茶叶试验站调进杨朝柱负责茶叶生产化验检测;调进吴运森负责粗茶原料收购;调进罗林负责粗茶车间生产管理。先后从四川省国营蒙山茶场调入王敏、任远秀、李运琪、陈伦、江小波、王永安、徐廷顺、杨天炯、施友权、赵民先、郑成云等16人（后均成为茶厂领导和青年技术骨干）。又从各公社招收一批有文化的中青年工人，实现当年投产、当年成功、当年盈利。至1973年初，有职工30余人。1984年，新征地15亩，新建细茶车间。由杨天炯负责厂房设计，龚世祥负责厂房建设，并和谭辉廷一起在各主产乡征地修建收茶加工站。1985年，主产茶乡新店、马岭、中峰、红星、联江、车岭、前进、红岩等的收茶加工站先后建成，并安装机具投入使用。各站收购的名优茶鲜叶运回厂部加工，大宗茶鲜叶就地加工。1986年，新建员工住房1200m²。

图5-13 原名山县茶厂厂房

1989年，在县城新民路征用土地4亩修建销售门市和经营办公楼。1990年，新征地1亩用于安装高压锅炉。1995年，在销售门市内园区新建职工住宿楼1600m²。当时，茶厂总占地50亩，其中：厂部36亩，各收茶站10亩，经营门市4亩；建筑面积13000m²。茶厂内设机构有办公室、生产技术科、质检科、供销科、财务科、保卫科（图5-13）。

1996年，银行资金短缺，春茶收购款不足，经县人民政府同意，将已停收鲜叶的乡镇收茶加工站出售。1999年，下辖生产、加工等分厂12个。2000年7月，被四川三江集团公司收购，改制为民营企业——四川省茗山茶业有限公司。

名山县茶厂主要从全县收购鲜叶，加工为成品茶销售。1973—1985年，生产边茶（藏茶）金尖12020t、各级绿茶570t、茉莉花茶351.7t，收入2401万元，盈利108万元，缴纳税金86万元。1987年4月30日，注册"蒙山"牌茶叶商标（由副厂长杨天炯主持设计和申报），为名山县第二个经国家核准的茶叶类商标，注册号285418。1987年，"蒙山"牌甘露获四川省优秀新产品；1988年，获中国食品博览会铜奖，首届巴蜀食品节银奖。1991—1999年，实行市场经济与计划经济体制双轨运行。1991年，边茶（藏茶）调拨计划取消，粗茶、细茶均靠企业自主产销。企业主营产品有藏茶（金尖茶）、名优绿茶、茉莉花茶。产品最多时有近30个品种。1995年，绿细茶产量240t，其中：名茶和级内绿茶120t，茉莉花茶共120t（图5-14）。

图5-14 茶厂职工制茶
（图片来源：《名山茶业志》）

四川省名山县茶厂为县属国有企业，生产经营直接受县人民政府经济委员会管理和指导，企业法定代表人由县人民政府直接委派和调任。历任厂长分别是杨德荣、赵民先、吴昌杰、赵民先、龚仕祥、何尚荣、蔡春果、胡晓峰、蔡春果、闵国全；副厂长有王永安、陈绍良、黄明德、彭世红、谭辉廷、赵民先、杨天炯、郑国邦、江小波、陈照明、闵国全、刘刚、龚世祥、季锦等；技术人员有杨红、李德平、刘兴、吴志国、蔡春果、高永川、郑循彬、苟成芳等。

2. 边（藏）茶生产

茶厂建立之初，主要生产边茶（粗茶），年产量500t左右。当时，粗茶加工机具无现品可购，在县农机厂、县工具厂的协助下，完成生产机具设备制造。1972年10月，试制出第一批合格的金尖边茶（粗茶、藏茶）产品。1973年，技工王治贵等到荥经茶厂学习康砖生产技术，回厂试制成功后，试行投入粗茶生产，主要产品有"民族团结"牌康砖、金尖等粗茶，供外贸系统销售。粗茶由雅安外贸计划调销、管理，质量检测严格。为确保产品质量，在试生产期间，从四川省国营蒙山茶场调来王永安（曾在雅安茶厂工作）任副厂长，负责粗茶加工技术和向雅安外贸申报金尖成品茶生产调销计划，请求使用金尖茶"民族团结"牌商标。化验人员和生产车间工人，按工艺流程，测控温度、湿度，控制时间，拼配原料。最终，经外贸检验合格，金尖茶产品纳入外贸生产调销计划。茶厂负责生产，不负责销售，实行计划经济管理体制。1973年，生产金尖茶135.85t。1974年第二台冲包机投产。1977年后，引进雅安茶厂生产的YA-771型粗茶冲包机。1977年5月至1978年，机修车间王治贵等重新设计粗茶生产机具加工零部件和电器控制系统，进行揉捻机组主机、蒸箱、揉盘、揉筋、揉桶、动力、电器控制系统、转动系统技术改造并取得成功。至1980年，茶厂成为雅安地区专业生产边茶的4个企业之一，主要产品为"民族团结"牌金尖茶，年产量500t。1979年、1982年，金尖茶均获省茶业公司审评第二名。1984年，加大粗茶生产，派专人从雷波、马边、屏山、泸州、永川等地，购进原料。又派张克全、郑万福、詹成钰等把铡梗机运至永川新胜茶厂，用其铡碎粗茶后直接运回成品茶，并增设冲包机。至1986年，金尖藏茶产量增加到2000t。由于国家开始实行计划经济与市场经济相结合的双轨制政策，金尖茶完成计划调销后，又增加调销及自销数量。1984—1986年，全厂年利润超过20万元，绝大多数为边茶收入。其间，试制粗茶新产品"康大"成功，但未批量生产。自1992年起，实行市场经济，边茶自产自销，茶厂的粗茶产量减少。1994年，边茶生产500t。1995年，边茶产量200t。由于自产自销，边茶市场需求逐年少。2000年后，边茶淡出企业。

3. 花茶生产

1978年，引进茉莉花苗栽种在厂区、县农场和城关公社及其他公社。栽种早的当年开花，技术人员杨朝柱等进行少量茉莉花茶窨制试验成功，为名雅首制。1979年，在车间小批量加工生产。当时，名山县茶厂将烘青、炒青成品茶坯运到成都市龙泉驿区石灵乡，简阳县海井乡、黄连乡，广东斗门县、广州市郊陈村等茉莉花产地，加工窨制成茉莉花茶。其间，派郭光荣到广东斗门县指导茉莉花茶生产机具的安装。1979—1981年，将生产的三级茉莉花茶送至省茶业公司进行花茶评比，连续三年获第一名。1981年，杨朝柱、季锦、郭光禄、曾显蓉等10多人，到斗门县参加花茶生产，首次远距离加工、生产花母茶25t（在杭州购进15t细茶原料）。至1983年，连续三年运茶坯至斗门县加工花茶，参与加工的人员增加代绍秀、毛克勋、廖体康等10多人。1973—1985年，共生产花茶351.7t。1984年7—12月，开发蒙山沱茶。1984年，运茶坯至省内简阳县黄连乡和解放乡联办加工生产花茶，直至1991年。后来，由外地茉莉花茶加工厂按名山茉莉花茶标准代为加工，主要企业有广西横县青江花茶厂、四川犍为花茶厂等，年加工量在100t以上，最多时超过150t。派出负责花茶加工的有郭光荣、高永全、郭光禄、蔡春果等。

20世纪80年代，成都红旗商场、百货大楼、东风商场、一百商场、城南商场、跳伞塔商场、建设路副食品商场、水碾河商场、双桥商场、北苑商场、火车北站候车大厅等，均设有该厂茉莉花茶的销售专柜，深受成都及外地茶人喜爱。1983年8月，三级茉莉花茶获省茶业公司审评第二名。1986年9月，三级茉莉花茶获雅安地区食品协会审评第一名。

4. 细茶生产

1972年，从四川省国营蒙山茶场抽调王敏、任远秀、李运琪、陈伦等，借用中共名山县委党校房子作为场地，学习、研究细茶手工精制加工技术。1973—1981年，全厂细茶总产量182t，年均20.2t。1981年，席汝桐等设计制作了一台皮滚机，机组编号是XJ08-45。1982—1986年，总产470t，年均94t。1985年初，新建成细茶车间，并按照名茶标准加工，细茶初制和精制分别设置机具，安装后投入使用。1973—1985年，共生产细茶570t。1985年和1987年，蒙山春露被四川省农业厅评定为优质名茶；1988年，获全国首届食品博览会铜牌奖。1994年，生产细茶200t。

5. 茶叶销售

1973—1981年，年均利润约5万元。1982—1986年，年均利润17.5万元。1984年，名山县茶厂生产的盒装蒙山春露，经名山县政协和茶厂副厂长郑国邦联系上香港正大集团，和四川省国营蒙山茶场蒙顶牌名茶一起推销到香港市场。香港《文汇报》以《昔日皇帝茶，今入百姓家》为题整版介绍，报道蒙顶茶"不愧为实至名归之茶中极品"（图

5-15）。1985年，全县收购细茶323.9t，其中，国营四川省名山县茶厂收购67.5t，占20.84%。1989年后，组建销售队伍，实行承包销售，工资与销售业绩挂钩。开设专销门市（或经营部）的有：1983年起，张忠志在县城开设；1990年起，陈伦在县城开设；1990年起，杨德云在洪雅开设；1992年起，陈伦、王宓，在成都南桥染靛街78号开设；1995年起，王前芬在成都开设；1993—2000年，席如桐、徐万全、吴启贵，在山西临汾开设；1990年起，丁明显、高永川在康定开设；1990年起，蒋永泉在甘肃兰州定点销售沱茶。承包销售的有陈才荣、张忠志、吕康金、施友权、王治贵、高仕全、张明华、郑万彬、肖仲伦、毛克勋、高永川、王树兵、郑卫平、王永祥、赵健、陈俊舟、宋林、卢光泽、王宓、徐万全、吴启贵、席汝桐等。

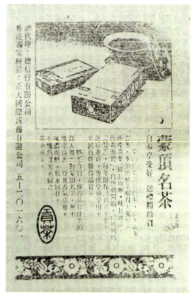

图5-15 1984年香港《文汇报》刊登的蒙顶名茶

6. 茶叶科研

该厂成立后，即作为名山县茶叶加工技术主要培训基地。1981年5月，杨天炯、吕康清等设计研制6CMH-2.64型远红外烘干机成功，提高工效10倍，降低成本86.25%。1982年3月，雅安地区科委下达研制CMS-50型远红外程序控制名茶杀青机的科研项目，主研人员有杨天炯、王治贵、吕康清、陈才云。1984年研制试验成功，采用该机器生产，提高工效3.5倍，降低生产成本39.71%。1984—1985年，设计制作细茶联动化机具生产线，日产茶叶1.5t。1983年12月，由该厂的杨天炯等人起草，制订了雅安地区企业标准《三级茉莉花茶》，由雅安地区标准局发布实施，为四川省第一个茶叶标准。1984年11月，杨天炯等人和四川省国营蒙山茶场联合起草制订标准《茉莉花茶》。1986年，上升为四川省地方标准；7月30日，由四川省标准计量管理局发布实施，系四川省首次发布实施的茶叶地方标准。后来，先后制定有蒙山春露、万春银叶、玉叶长春等名茶的制作标准。

（三）四川省名山茶树良种繁育场

1986年10月，农牧渔业部、四川省农业厅、雅安地区行署和名山县人民政府，四级共同出资兴建。农牧渔业部（甲方）、四川省农牧厅（乙方）、四川省雅安地区农业局（丙方）和名山县人民政府（丙方），签订《四川省名山茶树良种繁育基地建设项目协议书》，共同投资208万元，有偿承购中峰乡管理的国有土地310亩，建立四川省名山茶树良种繁育场（简称"茶良场"）（图5-16）。与1979年成立的浙江鄞县、广西桂林，和同期建立的云南思茅、贵州遵义晴隆、湖南郴县、湖北咸宁、安徽休宁东至等共8个茶树良种繁育场，是第一批国家级茶树良种繁育场，承担国家和四川省良种茶树引进、试验、示范、推广茶叶新技术的任务。后追加投资到300万元，建立母本园350亩、示范园600亩、苗圃园100亩、试验茶园50亩（图5-17）。后期，租赁邛崃县夹关镇鱼坝村土地种茶，与县境茶园连片。

图5-16 茶良场基地大门

图5-17 茶良场母穗园和生产园

后来，陆续配套、增添设备，总投资1500余万元。分中峰牛碾坪良种苗木基地及初、精制加工厂和县城区科研、包装、销售、培训中心的办公大楼、住宿区两大部分，占地1.5万m²。中峰生产基地计有母本园640亩、苗圃园120亩、生产示范园1328亩（含部分辐射茶区）、试验地140亩。自有名山本地茶树选育的蒙山9号、11号、16号、23号，名山早311、名山白毫131、特早213（名山特早芽213）及引进的福鼎大白、福选9号、早白尖、蜀永1号、2号、3号、307号、703号、808号、906号、黔湄303号、149号、502号、青心乌龙、迎霜、龙井43、劲峰、菊花春、乌牛早、翠峰、浙农113、元霄绿、平阳特早、春波绿、黄叶水仙、金观音、黄芽早、安吉白茶、杨树林、黄金芽、金光、千年雪、郁金香、四季雪芽等国家级和省级良种220余个、优良单株品系1200余个。常年为四川省内外提供良种母穗条100t以上、良种无性系国家标准苗1000万株左右（图5-18）。

该场承担茶树新品种区域试验及省地星火计划、丰收计划，茶树新品种引进、新技术试验示范推广等科研课题，并先后承担早白尖和蜀永系列品种的国家级试验。

1990年，在中峰牛碾坪建成综合加工厂，有名优茶生产机具30余台套，年加工细茶

图 5-18 茶良场基地繁育良种茶苗

250t。注册"理真"牌商标。产品有蒙顶甘露、蒙顶黄芽、蒙顶石花、蒙山银峰、蒙山毛峰、蒙顶翠绿、蒙顶仙茶等9个品类，10余个包装规格，销往成都、沈阳、武汉、重庆、绵阳、德阳、西昌、宜宾、广元、雅安等30多个城市（图5-19）。

1998年9月，全省第一期名优茶实用专业技术培训班在该场开办，四川省内主产茶区的茶叶生产、加工主管单位及经营大户、专业户代表等80多人参训。

1999年，有高、中、初级科技人员20余人。名山茶树良种繁育场可提供福鼎大白茶、梅占、名山白毫131、早白尖5号、蜀永1号、2号、3号、南江1号、4号、蒙山9号、11号、16号、23号等新品种30多种（图5-20），获省、地、县三级科研成果奖10多项。同年，新增加茶园52亩，完成国家级、省级、地方性无性良种茶苗引种20多个，定植70亩1180余万株，实行"公司+基地+农户"模式。1999年12月，"理真"牌蒙山银峰获"国家农业博览会名牌产品"称号，省茶叶学会、茶叶标准委员会授予其"峨眉杯"优质名茶称号。蒙芽飘香、曲毫飘香被省茶叶学会、茶叶标准委员会评为优质产品。

2000年，新增加茶园28.2亩，投入20万元。完成茶苗繁育1127万株。扦插穗条8.2t，扦插面积24.3亩。完成国家级、省级、地方性无性系良种茶苗引种、定植任务15个。建立1个品比园，实施质量、纯度监控。推进塑料大棚覆盖技术，完成塑料大棚覆盖茶园0.45亩。

图 5-19 茶良场生产车间一角　　图 5-20 茶良场生产的茶产品

2001年，新植良种茶园55亩，改造老茶园45亩，扦插良种茶苗25亩，引进茶树新品种19个进行品比试验，向省内外供应无性系良种茶苗1500万株。2001年6月，"理真"牌黄芽、甘露、毛峰参展中国（成都）国际博览会并获3个金奖。

2002年5月，江泽民总书记在雅安视察；5月19日，江泽民总书记在雨都饭店住宿处喝了四川省委接待准备的蒙顶甘露茶，点头说道："嗯，这个茶好！"。过了两天，名山区委接到中共雅安市委接待办公室的电话通知，又从国营蒙山茶场和四川省名山茶树良种繁育场等购买了200斤蒙顶甘露交中央办公厅，用于接待和办公用。

2002年7月，理真牌蒙顶甘露被四川省茶叶学会评定为第七届"峨眉杯"名茶一等奖。

2002年8月，名山县农业局以四川省名山茶树良种繁育场为基础，组建四川蒙顶甘露茶业有限公司，被确定为四川省农业产业化经营80家重点龙头企业之一，获年度"四川明星企业"称号。同年，新植良种茶园15亩，扦插良种茶苗50亩。

2004年后，因市场变动等原因，基本停止了商品茶的生产经销，只保留样茶生产。其主要职责为承担茶树良种的引进、试验、示范、推广和茶树种质资源的引种、筛选和推广（图5-21）。

至2005年，该场有茶树良种品比园、示范园和品种资源园200余亩，有国内外品种资源系（群）200余个（份），是西南地区最大的种质资源基地。

图5-21 2004年的茶良场茶园

2006年，以名山县茶业局为牵头主研单位，与联江乡茶树繁育场和四川农业大学茶学系协作，成立课题组，承担四川省科学技术厅"茶树品种资源保护与新品种选育研究"项目，收集省内外茶树品种（品系）450个、野生茶树单株（系）150个进入品种选育圃进行观察。同年，名山县被命名为国家级茶树良种繁育基地县。

2007—2009年，该场为四川省名优茶生产技术培训、四川省茶叶生产工作会议等提供了现场和操作样本，被雅安市人民政府授牌为四川农业大学教学科研基地。茶良场完善观光道路、标识标牌、茶树介绍等基础设施，增加餐饮、购物等旅游服务内容后，被全国农业观光旅游委员会授予"全国农业茶旅游基地"称号，先后接待党和国家领导人，各省（自治区、直辖市）主要领导，30多个国家、地区友人，茶界同仁、商客和旅游观光者，共35万人次；带动附近两县三乡（镇）茶农近15000户，建成高标准万亩生态观光茶园。先后被四川省农业厅、雅安市人民政府列为绿色食品出口生产基地。

2008年"5·12"汶川特大地震发生,对该场的生产设施和旅游设施造成严重损毁,茶旅游接待一度陷入低迷。2013年"4·20"芦山强烈地震后,该场被列为灾后恢复重建重点项目。四川省委、省政府安排由攀枝花市对口援建茶良场,共支持资金3000万元。另外,政府投资3100万元,新建集科研、培训、加工示范、田间管理为一体的雅安市现代茶业科技中心,建筑面积5129m^2,配备培训、办公、实验室仪器等设备,恢复重建基地道路、电力、通信、排灌渠系,完善机耕道、生产便道、蓄水池、停车场等设施,安装清洁化自动化生产线1条,就地恢复重建茶园1000亩(图5-22、图5-23)。

图5-22 雅安、攀枝花共建蒙顶山茶业科技中心

图5-23 茶良场温室大棚繁育良种

至2015年,该场是名山区唯一实行企业管理的全民所有制事业单位,直属名山区农业局领导。茶场有职工19人,其中高级农艺师1人、农艺师1人、高级技工4人、中初级工及管理人员13人。2015年底,雅安市名山区人民政府将该场大部分厂房、设备和部分茶园划拨给四川蒙顶山茶业有限公司使用。

2016年以后,茶园管理和科研得到各级极大支持,2019年底品种园全部树立起铁丝网围墙,茶树种质资源圃围上了砖墙和隔离网,严格确保茶树品种的管理与安全。2016年12月,雅安市旅游景区评定委员会第2次会议审定了牛碾坪万亩观光茶园创建国家AAA级旅游景区工作,经公示,于12月30日认定为国家AAA级旅游景区。2021年5月,名山区政府解决了该场长期悬而未解的单位所有制和职工身份问题,全部转为事业干部和工人。当年完成雅安市名山区良种繁育基地项目申报,争取雅安国家农业园区产业发展资金150万元。引进茶树新品种4个,收集茶树种质资源60余份。在230多个茶树品种中筛选出42个茶树品种用来制作蒙顶甘露样茶,选择适制蒙顶甘露的茶树品种。强化与陈宗懋院士名山专家工作站的合作,与陈宗懋院士及其专家团队签订了"茶叶农药残留与污染物管控"合作项目。

2020年5月20日,四川省文化和旅游厅评定、公示、认定牛碾坪观光茶园为国家AAAA级旅游景区。至2022年底,全场有茶园亩、母穗园亩,茶树品种270个,野生茶树种质资源2600余份,承担国家茶树种质资源项目等科研课题(图5-24)。

图5-24 四川省名山茶树良种繁育场种质资源圃

四川省名山茶树良种繁育场属于事业单位,生产经营直接受区(县)人民政府管理和指导,企业法定代表人由区(县)人民政府直接委派和调任。先后担任场长的有杨天炯、严士昭、李廷松、黄文林(担任2届)、张明桂、詹辉利、钟国林、余洪泉、阳永翔、杨雪梅;副场长有高登全、林静、杨雪梅等。

(四)计划经济时期集体企业

1. 名山县土产茶叶公司

建于1952年,公司地址设在蒙阳镇染坊街,经理施金铭,副经理冯国勋。1964年,冯国勋任经理。1983年后,魏志文先后任副经理、经理。1996年,创办下属企业四川省名山县蒙贡茶厂。1998年2月,改制为民营企业。

2. 名山县茶叶公司

1980年,开展工农商联营茶叶试点,由国营四川省名山县茶厂、县供销合作社和各产茶公社等组建联营企业名山县茶叶公司,代替供销社从事收购业务。1980年3月17日试办,6月24日批准成立。由国营四川省名山县茶厂牵头并办公,杨德荣任经理,谭辉廷任副经理。至年末,企业人数有52人。加入农村人民公社产茶生产队743个,后发展到901个。公司有茶园11586亩。产茶社队提供半成品茶;供销合作社负责收存记账和中转,把半成品茶运交国营四川省名山县茶厂集中精制为成品茶,并交售给国家。1980年,总收入101.77万元,缴纳税金17.34万元,盈利10.41万元。1981年,生产细茶1.70t,完成国家派购1.15t,企业自销2.12t。总收入124.51万元,缴纳税金18.57万元,盈利18.54万元。1982年,与雅安地区茶叶进出口公司签订《一九八二年茶叶调拨合同》:名山交售细茶3250担,粗茶6600担。1984年,细茶实行多渠道流通,公司解体后,经营业务移交国营四川省名山县茶厂。

3. 四川蒙山茶叶集团公司

1994年8月,由国营四川省名山县茶厂牵头组建四川蒙山茶叶集团公司。联合企业有名山县茶叶公司、四川省国营蒙山茶场、四川省名山茶树良种繁育场、联江乡蜀蒙茶厂、茅河乡蒙峰茶厂等。名山县人民政府副县长何国连担任董事长，国营四川省名山县茶厂厂长何尚荣兼任副董事长、总经理。集团公司总部设在川西茶叶市场内，组建初期的办公费用由几家企业共同承担。1995年，公司组建注册成功。后因各家认购的股份迟迟不能到位、人事更替等原因，公司经营亏损，两年后将整个注册企业转让给外地投资商经营。

4. 名山县供销合作社茶叶公司

1985年成立，业务涉及全县细茶和粗茶的收购、加工、销售。1992年起，该公司与乡镇供销合作社实行联营，乡镇供销合作社负责按等级收购，公司负责精制加工和销售，联营双方各自明确收购资金的拨付、费用分摊、验收办法、结算价格、损耗处理、奖惩办法等。至2000年，共收购粗茶和细茶5722t，总值2097.14万元。2001年解体。

5. 双河公社联办茶场

1972年，为贯彻落实中央和毛泽东主席"以后山坡上要多多开辟茶园"的指示，双河公社所有生产大队、生产队均植茶，形成规模的集体茶园有：公社联办天车坡茶场（133亩），大队联办云台山茶场（121亩）、麂子岗茶场（98亩）、金鼓山茶场（150亩）。同年，茶场获粮茶双丰收，其成果在四川省展览馆展出。1973年，由8个生产大队的茶场，联合组建双河公社联办茶场。1978年，被雅安地区行政公署评为"科学种茶、提高单产"先进集体。1980年投产100亩，单产52.5公斤。1981年，实行联产到劳责任制，将茶园分包给33个劳动力，取得较好的经济效益。随后，中共名山县委召开全县茶叶工作会议，以《联产计酬到劳 茶叶产量翻番》为题，推广、表彰该场经验。

6. 天车坡茶场

1972年起建立133亩茶园，同时，实施速成高产茶园建设和培育科研项目。项目主持人施嘉璠。历时7年，至1979年，建成2.2亩丰产茶园；其中1亩，亩产干细茶506.5公斤，达到全国领先"指标"。该项目获雅安地区1981年科技成果一等奖。1983年，实行分户承包和联产承包：先将茶园划成若干片，由职工报名承包。在生产过程中，技术规格、施肥治虫、加工销售，由茶场统一管理。同年，全场产量2.0548t，平均亩产154.5公斤，产值、收入比上年分别增长65.31%、78.5%。1983年后，承包给茶农管理，产权属双河乡人民政府。

7. 云台山（五大队）茶场

1972年由云台山大队10个生产队联办。1974年起，陆续开荒种茶121.15亩。1978年，投产77.8亩，产茶3.47t，其中细茶产量2.82t，总产值6844.73元。1979年，产茶3.93t，其中细茶产量3.48t，总产值10144元。1980年，产茶5.44t，其中细茶产量5.25t，粗茶0.19t，总产值19023元。1983年后，承包给茶农管理，产权属双河乡人民政府。

8. 双河公社联办茶厂

1972年，双河公社所有生产队均植茶。至1980年，双河乡茶园发展到3000亩。1980年，中共雅安地区党委和名山县委为进一步扶持双河茶叶生产，在外贸部门的协助下，在双河乡建立双河公社联办茶厂，为名山最早的乡镇企业之一。茶厂位于天车坡。当年，由县财政给予无息贷款2万元，双河乡人民政府自筹资金1万元，向信用社贷款11.5万元，征用土地3.8亩，修建车间、库房，购买部分机具，并投入生产。1982年3月31日，该厂加入名山县茶叶公司，进行精制、联销细茶。1984年，精制车间投入生产，与西昌高枧乡联办茉莉花茶厂。1985年，投资12.83万元，进行改建扩建，年精加工能力500t；5月，在成都设立门市、库房，用于批发、零售细茶（花茶、绿茶）。1980—1985年，该厂购、销、加工茶叶306.1t，总产值184.96万元，缴纳税金27.6万元，从利润中返还给茶农16.80万元，为村、组茶场提供改造低产茶园资金1.04万元，尚有固定资产23万元，流动资金20.4万元。

1986年后，受观念、人才、市场与经营管理制约，发展相对缓慢。后与浙江茶商合作搞茶叶初加工，一度有所起色，后期由于各种原因，生产经营规模一直徘徊不前。2005年，茶厂承包给浙江古月茶厂加工珠茶，出口非洲。2014年，因建设双河乡茶叶交易市场需要，将该厂拆除而解体。

9. 红岩公社茶场

1972年，由38个生产队联办，位于青龙村四组。1978年，有工作人员（多数为成都知青）59人，总产茶叶1.708t，其中细茶1.556t，总产值7471元。1979年，实行生产责任制专业承包，签订合同，分组作业，定额到组。1980年，承包人人均获得奖金45元。至1981年，有茶园160亩，其中投产100亩；总产细茶5t，总产值2.6万元；还清贷款6874元。茶场有工作人员26人；修厂房、宿舍、猪舍等38间；购置炒茶机、揉茶机、柴油机、电动机、鼓风机等9台，上缴公社基金500元，茶场提留再扩大基金1259元。1981年11月21日，中共名山县委召开全县茶叶工作会议，以《实行生产责任制 茶场越办越兴旺》为题，肯定和推广该场经验。1985年，有茶园200余亩。后来，承包给茶农管理，产权归红岩乡人民政府所有。

六、规模企业

改革开放后，茶叶生产经营逐步放开，城乡能人兴办个体茶叶经营门店、生产加工厂，跃华茶厂、名蒙茶厂、仙蒙茶厂、新春茶厂、禹贡茶厂、大元茶厂等规模渐渐扩大，2000年全县有涉茶大小企业、个体500家（户）。2000年国营名山县茶厂，改制为私营企业；2003年，国营蒙山茶场改制为私营企业。许多有技术、有市场经验的职工走出来，办茶厂、办公司。2004年之后，以民营企业为主的生产经销茶叶企业的数量和规模更是飞跃发展，到2008年前后，名山茶叶加工销售企业已近900家，其中龙头及骨干企业216家。

2008年，县级规模以上（当年标准为年加工、销售产值超过500万元）茶叶加工企业20家，详见表5-2。

表5-2 2008年名山县茶业规模以上企业情况统计

企业名称	年总产值/万元	年增加值/万元	利润总额/万元
四川省茗山茶业有限公司	4377	1429	99
四川名山西藏朗赛茶厂	3104	1013	203
名山正大茶叶有限公司	1348	440	502
四川蒙顶山跃华茶业集团有限公司	1714	560	132
四川省名山县宏宇蕾茶业有限责任公司	1008	329	48
四川圣山仙茶有限责任公司	1445	472	181
雅安市敦蒙茶业有限公司	813	265	28
四川省蒙顶山皇茗园茶业集团有限公司	2200	718	20
名山县碧峰茶厂	648	211	25
名山县新春茶厂	1404	458	93
四川省蒙顶山大众茶业集团有限公司	4503	1470	222
名山县老峨山金顶茶厂	2010	656	31
名山县鼎风茶厂	1028	336	45
名山县蒙峰茶业有限公司	801	262	10
四川蒙顶山味独珍茶业有限公司	1151	376	125
四川禹贡蒙顶茶业集团有限公司	513	168	68
四川蒙顶山金龙茶业集团有限公司	1310	428	132
四川省雅安义兴藏茶有限公司	1174	383	28
名山县峰蕊茶业有限公司	443	145	20
名山县春尖茶厂	1100	359	30

2009年，县级规模以上茶叶加工企业30家，年工业总产值60013万元，销售收入56816万元，利润2117万元。

2010年，县级规模以上茶叶加工企业33家。年工业总产值78335万元，销售收入76592万元，利润4689万元。

2011年，名山县人民政府出台组建茶业集团公司的暂行办法，全县组建8家茶业集团有限公司。同年9月，规模以上企业的加工、销售产值调整为年加工、销售产值等于或超过2000万元。至年底，全县规模以上茶业加工企业15家，生产规模较大、有品牌、规范化管理的企业70余家。年工业总产值126113万元，销售收入129960万元，利润9279万元。

2012年，全县规模以上茶叶加工企业15家，年工业总产值151721万元，销售收入150787万元，利润13062万元。

2013年，全区规模以上茶叶加工企业14家，年工业总产值148171万元，销售收入144757万元，利润10839万元。

2014年，全区规模以上茶叶加工企业16家，年工业总产值178534万元，销售收入167050万元，利润10214万元。详见表5-3。

2015年，全区近700家取得茶叶生产、加工、销售许可证照的企业中，规模以上（当年标准为年加工、销售产值超过1000万元）茶叶加工企业17家，年工业总产值186827万元，销售收入177949万元，利润9508万元。详见表5-4。

表5-3 2014年雅安市名山区规模以上企业情况统计

企业名称	总产值/万元	销售收入/万元	利润/万元	从业人员/人
雅安市名山区建诚茶业有限公司	3470	3470	158	16
四川禹贡蒙顶茶业集团有限公司	18082	17358	933	245
四川省南方叶嘉茶业有限公司	2615	2638	178	22
四川蒙顶山跃华茶业集团有限公司	17424	17950	1715	233
四川蒙顶山金龙茶业集团有限公司	18489	16051	275	99
雅安市名山区藕莲春茶厂	1958	1901	70	35
雅安市名山区红草茶厂	2344	2271	106	12
四川省蒙顶山皇茗园茶业集团有限公司	18143	19024	747	72
四川省茗山茶业有限公司	2975	2865	8	70
四川名山西藏朗赛茶厂	3226	3091	8	60
四川蒙顶山味独珍茶业有限公司	20384	20116	1627	175

续表

企业名称	总产值/万元	销售收入/万元	利润/万元	从业人员/人
四川省蒙顶皇茶茶业有限责任公司	5546	5262	377	63
四川省蒙顶山大富茶业有限公司	20907	18243	1482	142
四川翠源春茶厂	4195	4195	143	50
四川省蒙顶山绿川茶业集团有限公司	16671	16650	717	230
雅安市茗莉茶业有限公司	2778	2778	273	25
四川省蒙顶山大众茶业有限公司	21153	21153	1492	248

表5-4 2015年雅安市名山区规模以上茶叶企业情况统计

企业名称	总产值/万元	销售收入/万元	利润/万元	从业人员/人
雅安市名山区建诚茶业有限公司	2385	2385	166	15
四川禹贡蒙顶茶业集团有限公司	20216	18986	1050	265
四川省南方叶嘉茶业有限公司	2787	2820	182	19
四川蒙顶山跃华茶业集团有限公司	18607	18607	1743	252
四川蒙顶山金龙茶业集团有限公司	20996	16637	155	99
雅安市名山区藕莲春茶厂	3119	2865	61	38
雅安市名山区红草茶厂	2523	2440	122	12
四川省蒙顶山皇茗园茶业集团有限公司	18498	19592	608	60
四川省茗山茶业有限公司	2771	2494	-7	70
四川名山西藏朗赛茶厂	3499	3257	6	60
四川蒙顶山味独珍茶业有限公司	19378	19308	1562	236
四川省蒙顶皇茶茶业有限责任公司	8527	7627	406	68
四川省蒙顶山大富茶业集团有限公司	17910	16184	1264	142
四川翠源春茶厂	4885	4885	312	20
四川省蒙顶山绿川茶业集团有限责任公司	16741	15877	510	208
雅安市茗莉茶业有限公司	2826	2826	230	15
四川省蒙顶山大众茶业集团有限公司	21160	21160	1141	168

2020年，全区转型升级验收合格茶叶企业320家，实现工业总产值35亿元，利润1亿元，税收2043万元。

2021年，新增培育规模以上的茶企1家。全区实现税收5956万元（其中实现政策性减税3900万元）。

2022年，全区在"停产一批、整顿一批、转产一批、入园一批"的措施下，大幅削减"散乱污"茶企，北部（黑竹）、中部（新店）、南部（永兴）、东部（红星）的茶叶加工集中区和茶叶现代农业园区入驻茶叶企业50家，现有茶叶加工企业315家，其中中国百强茶企业3家，规模以上企业22家，工业产值2000万元以上的50家，一般纳税人210家，SC认证数154家，产业化龙头企业32家，产值达45亿元，利润在1.5亿元以上，入库税收达5266万元，实际入库4400万元，政策性减免866万元，比转型升级前的400多万元增加12.2倍。详见表5-5、表5-6。

表5-5　2022年名山区茶叶规模以上企业名单

企业名称	法人代表	地址
四川蒙顶山茶业有限公司	江经理	雅安市名山区中峰乡牛碾坪
四川蒙顶山跃华茶业集团有限公司	张跃华	四川省雅安市名山区红岩乡红岩新村
四川省蒙顶山皇茗园茶业集团有限公司	杨文学	雅安市名山区中峰乡四岗村
四川蒙顶山味独珍茶业有限公司	张强	雅安市名山区蒙阳镇蒙山大道125号
四川省蒙顶皇茶茶业有限责任公司	龚开钦	四川省雅安市名山区蒙顶山镇静居庵
四川蒙顶山雾本茶业有限公司	乔琼	四川省雅安市名山区新店镇新坝村3社
四川禹贡蒙顶茶业集团有限公司	郑宗玉	雅安市名山区蒙顶山镇虎啸桥路99号
四川省蒙顶山大众茶业集团有限公司	杨勇	雅安市名山区城东乡五里村
雅安市名山区藕莲春茶厂	魏存文	雅安市名山区廖场乡藕塘村一组
雅安市名山区翠源春茶厂	李祥刚	雅安市名山区黑竹镇莲花村四组
四川省大川茶业有限公司	高永川	雅安市名山区蒙阳镇茶都大道480号附24号
四川种茶人茶业有限公司	蔡耀松	四川省雅安市名山区联江乡藕花村5组
雅安市名山区茶话香茶业有限公司	莫怀晋	雅安市名山区黑竹镇莲花村二组
雅安市建昌茶业有限公司	艾猛	雅安市名山区双河乡六合村四组
四川萃香园茶业有限公司	赵仕超	雅安市名山区黑竹茶叶加工集中园区
四川省雅安市草木英茶业有限公司	吴成亮	雅安市名山区黑竹茶叶加工集中园区
四川渌水茶业有限公司	汪渡云	雅安市名山区黑竹茶叶加工集中园区
雅安市名山区昌茗茶业有限公司	高琪昆	雅安市名山区黑竹茶叶加工集中园区
雅安市名山区闻春茶业有限公司	罗亚超	雅安市名山区黑竹茶叶加工集中园区

续表

企业名称	法人代表	地址
四川省雅安市芳茗园茶叶有限公司	赵磊	雅安市名山区黑竹茶叶加工集中园区
雅安市名山区金顺茶厂	蒋城	雅安市名山区新店茶叶加工集中园区
雅安市腾越茶业有限公司	蒋龙贤	雅安市名山区新店茶叶加工集中园区

表5-6 2022年名山区茶叶规模以上企业基本情况统计

企业名称	总产值/万元	销售收入/万元	利润/万元	从业人员/人
四川蒙顶山跃华茶业集团有限公司	33050	28922	2442	256
四川省蒙顶山皇茗园茶业集团有限公司	4016	3468	260	74
四川蒙顶山味独珍茶业有限公司	2352	2315	201	126
四川省蒙顶皇茶茶业有限责任公司	9559	7779	335	65
四川蒙顶山雾本茶业有限公司	6561	6403	635	25
四川禹贡蒙顶茶业集团有限公司	28705	28341	1749	257
四川省蒙顶山大众茶业集团有限公司	19005	18549	1177	122
雅安市名山区藕莲春茶厂	2369	1791	50	12
雅安市名山区翠源春茶厂	2636	2636	73	13
四川省大川茶业有限公司	1721	1480	45	7
四川种茶人茶业有限公司	2092	2001	66	10
雅安市名山区茶话香茶业有限公司	2005	2006	12	13
雅安市建昌茶业有限公司	1898	2008	203	15
四川萃香园茶业有限公司	2086	2039	-36	12
四川省雅安市草木英茶业有限公司	2013	2112	7	13
四川渌水茶业有限公司	2144	1773	-42	12
雅安市名山区昌茗茶业有限公司	1323	2008	11	13
雅安市名山区闻春茶业有限公司	2721	3197	15	14
四川省雅安市芳茗园茶叶有限公司	3197	3612	17	15
雅安市名山区金顺茶厂	2164	2131	142	10
雅安市腾越茶业有限公司	2726	2681	-11	8
四川蒙顶山茶业有限公司	—	—	—	74

七、龙头企业

在社会主义市场经济条件下,茶叶企业在茶产业发展中起到引领作用,即龙头带动作用。中共雅安市(地)名山区(县)委、区(县)人民政府认真践行社会主义市场经济理论,引导茶叶企业规模化、规范化、产业化发展,认证茶叶农业产业化龙头企业,支持集团公司把蒙顶山茶品牌做响、做大、做强。

2005年3月22日,名山县人民政府印发《乡镇茶叶加工骨干企业认定管理办法(试行)》的通知规定,按《蒙山茶》中生产工艺标准及相关标准,对照各企业工艺技术,将企业划分为省、市、县、乡四级龙头企业。分别以生产车间3000m^2、1500m^2、1000m^2、800m^2以上,带动农户3000户、500户、300户、150户以上,无公害原料基地2000亩、1000亩、500亩、200亩以上,年销售收入3000万元、500万元、300万元、200万元以上的标准认定。

2007年,经认定为省级龙头企业的有四川省茗山茶业有限公司和四川省绿川茶业有限责任公司;市级有四川名山西藏朗赛茶厂、名山正大茶叶有限公司、四川省蒙顶皇茶茶业有限责任公司和名山跃华茶厂;县级有四川省名山茶树良种繁育场、名山县敦蒙茶厂、四川蒙山国际茶业有限公司、四川蒙峰茶业有限公司和四川蒙山茶叶(集团)公司(图5-25、图5-26)。

2008年,为迎接"全国茶馆专业委员会2008年年会暨第四届蒙顶山国际茶文化旅游节",开展首届"茶业十强"企业评选活动。根据规定,县茶叶产业化领导小组组织有关部门、单位,综合审核评定全县茶叶企业及证明材料,经公示,四川省茗山茶业有限公司等10家企业被命名为名山县首届"茶业十强"企业(表5-7),产品直接被推荐参加"全国茶馆专业委员会2008年年会雅安地产茶斗茶大赛"。名山县人民政府在项目申报、资金支持等方面优先支持。

图5-25 茗山茶业、跃华茶业自动化、清洁化生产加工设备

图5-26 国家级重点龙头——跃华茶业

表5-7 2008年名山县首届茶业十强企业情况统计

企业名称	占地面积/m²	固定资产/万元	在职职工/人	年产量/t	年销售收入/万元
四川省茗山茶业有限公司	20000	5500	136	1400	4336
名山正大茶叶有限公司	18000	1500	200	44	1348
四川名山西藏朗赛茶厂	13334	1000	80	1200	1200
四川蒙顶山跃华茶业集团有限公司	6667	800	80	400	2000
四川蒙顶山味独珍茶业有限公司	6667	300	50	95	1200
四川禹贡蒙顶茶业集团有限公司	13200	860	60	140	1100
四川省名山县宏宇蕾茶业有限责任公司	13334	500	100	350	1200
四川省蒙顶山皇茗园茶业集团有限公司	13560	1500	65	320	2150
雅安市蜀名茶场	3500	200	12	180	500
雅安市敦蒙茶业有限公司	10000	500	60	70	2000

2010年初统计，名山县茶叶加工经营企业近千家，其中骨干企业234家。其中：省级3家，市级11家，县级4家，乡级216家（表5-8）。另有为骨干企业生产加工茶叶的个体作坊500余个。

2011年、2012年名山新增各级龙头企业名单见表5-9。

表5-8 2010年名山县省、市、县级茶叶加工龙头企业名单

级别	企业名称
省级（3家）	四川省茗山茶业有限公司
	四川省蒙顶皇茶茶业有限责任公司
	四川名山西藏朗赛茶厂

续表

级别	企业名称
市级 （11家）	名山昊柏生物科技有限公司
	四川省名山县宏宇蕾茶业有限责任公司
	四川圣山仙茶有限责任公司
	四川蒙顶山跃华茶业集团有限公司
	四川省蒙顶山大众茶业集团有限公司
	雅安市敦蒙茶业有限公司
	四川省蒙顶山皇茗园茶业集团有限公司
	四川蒙顶山味独珍茶业有限公司
	四川禹贡蒙顶茶业集团有限公司
	四川省名山茶树良种繁育场
	四川蒙顶山金龙茶业集团有限公司
县级 （4家）	雅安市蜀名茶场
	四川省大川茶业有限公司
	雅安市名山区藕莲春茶厂
	名山县绿香茗茶厂

表5-9　2011年、2012年新增省、市、县级龙头企业名单

年份	级别	企业名称
2011	省级	四川禹贡蒙顶茶业集团有限公司
		四川省蒙顶山皇茗园茶业集团有限公司
		四川省克鲁尼茶叶生物科技有限公司
	市级	四川省雅安义兴藏茶有限公司
		雅安市名山区藕莲春茶厂
		四川省蒙顶山绿川茶叶集团有限公司
	县级	名山县长春茶厂
		四川翠源春茶厂
		雅安市名山区藕莲春茶厂
		联江乡碧春茶厂
2012	县级	名山县长青绿茶厂
		雅安市名山区香满堂茶厂
		名山县祥和茶厂

八、蒙顶山茶授权使用企业

名山区加工和生产经营的企业众多，按照国家对证明商标、地理标志产品保护和管理的要求，"蒙顶山茶"品牌从2009年正式授权使用，实行"双商标制"管理，即授权使用品牌的企业在包装上印制"公用商标＋企业商标"的办法。至2022年，共授权88家企业，其中有5家因经营不善、违规使用或其他原因已终止了授权。授权企业见表5-10。

表5-10 2022年蒙顶山茶授权使用企业

商标	企业名称	法定代表人	公司地址	授权编号
皇茗园	四川省蒙顶山皇茗园茶业集团有限公司	杨文学	雅安市名山区中峰乡四岗村	001
守芽蕾	四川省宏宇蕾茶业有限公司	李国勇	雅安市名山区黑竹镇兵站路口	002
名山大川	四川省大川茶业有限公司	高永川	名山区茶都大道480号附24号	003
禹贡	四川禹贡蒙顶茶业集团有限公司	施友权	名山区蒙顶山镇虎啸桥路99号	005
蜀名	雅安市蜀名茶场	杨红	雅安市名山区蒙顶山镇槐溪小区	006
味独珍	四川蒙顶山味独珍茶业有限公司	张强	雅安市名山区蒙阳镇蒙山大道125号	007
跃华	四川蒙顶山跃华茶业集团有限公司	张跃华	雅安市名山区红岩乡红岩新村	008

续表

商标	企业名称	法定代表人	公司地址	授权编号
	雅安市名山区太平茶厂	宋大芳	雅安市名山区红星镇西街	009
	四川省茗山茶业有限公司	荣宝山	雅安市名山区名车路199号	010
	雅安市敦蒙茶业有限公司	胡国锦	雅安市名山区联江乡新街6号	011
	名山正大茶叶有限公司	何国莲	雅安市名山区城东五里村	012
	四川川黄茶业集团有限公司	张大富	雅安市名山区蒙阳镇茶都大道1号	013
	雅安市大元茶厂	彭光强	雅安市名山区蒙顶山镇虎啸桥路91号	014
	四川蒙顶山金龙茶业集团有限公司	张启华	雅安市名山区红岩乡金龙村	015
	雅安市名山区卓霖茶厂	何卓霖	雅安市名山区百丈镇王家村一组	016
	四川省蒙顶山奇茗茶业有限公司	黄奇美	雅安市名山区联江乡续元村一组	018

续表

商标	企业名称	法定代表人	公司地址	授权编号
	雅安市名山区新春茶厂	赵仕明	雅安市名山区新店镇中峰路口	019
	雅安市蒙茗茶厂	高世全	雅安市名山区蒙阳镇陵园路 342 号	021
	四川省蒙顶山蒙贡茶业有限公司	魏启祥	名山区蒙阳镇西大街 124 号	022
	雅安市名山县藕莲春茶厂	魏存文	雅安市名山区廖场乡藕塘村 1 组	024
	四川雅安博娟农产品开发有限公司	罗泓博	雅安市雨城区沙湾路 233 号	025
	雅安市名山区春尖茶厂	赵仕刚	雅安市名山区新店镇茶马司	026
	雅安市名山区旭茗茶厂	文革昌	雅安市名山区中峰乡大冲村七组	027
	雅安市止观茶业有限责任公司	许君励	雅安市名山区建山乡止观村	028
	四川翠源春茶业有限公司	李祥刚	墨竹镇莲花村 4 组	029

续表

商标	企业名称	法定代表人	公司地址	授权编号
西蜀山叶	雅安市名山区绿涛茶厂	李碧莲	雅安市名山区万古乡高山坡村 5 组	030
四川蜀九天	四川雅安蒙顶山九天茶业有限公司	王光新	雅安市名山区茶马古城 13 幢 22 号	031
蒙顶 MENGDING	四川省蒙顶皇茶茶业有限责任公司	卫建勇	雅安市名山区蒙顶山镇静居庵	032
赋雅轩	雅安市赋雅轩茶业有限公司	刘全	雅安市雨城区合江镇双合村 2 组 138 号	033
帝知春 dizhichun	雅安市名山区帝知春茶业有限公司	高永达	雅安市名山区蒙顶山镇梨花村 2 组	034
天沫 TIANMO	雅安市天沫茶业有限公司	胡芮波	雅安市名山区蒙阳镇蒙山大道 22 号	035
香满堂	雅安市名山区香满堂茶厂	李东	名山区万古乡红草村九组	036
天风十二品	四川天风御品茶业有限公司	马飞鹏	雅安市名山区蒙顶山镇皇茶大道 27 号	039
蒙山雨颂	四川蒙顶山茶业有限公司	周先文	雅安市名山区中峰镇海棠村牛碾坪万亩观光茶园	040

续表

商标	企业名称	法定代表人	公司地址	授权编号
竹漂 ZHU PIAO	雅安市盟盛源茶业有限公司	林美秀	名山区马岭镇山娇村1组1号	041
(图形)	雅安市天然香茶业有限公司	杨冲	雅安市名山区新店镇阳坪村八组	042
妙供来香	雅安市名山区妙供来香茶业有限公司	文琪	雅安市名山区世界茶都西蒙路2幢1层116号	043
草木间	雅安市嘉会茶业有限公司（草木间）	罗洪益	雅安市名山区新店镇新星村四组	045
靖蒙	雅安市名山区蒙靖茶厂	赵明富	雅安市名山区红岩乡罗碥村5组	046
巧茶匠	雅安市巧茶匠农业科技有限公司	庞红云	雅安市雨城区晏场镇宝田村代坝社	047
三合寨	四川省世鼎茶业有限公司	刘志祥	雅安市名山区黑竹镇王山村215号	048
井中月 MOON IN WELL	雅安市名山区井中月茶业有限公司	李柏林	雅安市名山区万古乡高河村四组	049
雾本	四川蒙顶山雾本茶业有限公司	喻发波	雅安市名山区新店镇新坝村3社	050

续表

商标	企业名称	法定代表人	公司地址	授权编号
春上早	四川蒙顶山春上早茶业有限公司	唐发杰	雅安市名山区联江乡孙道村1组新街112号	051
蒙顶後山	四川蒙顶后山绿茶庄园有限公司	李明	雅安市名山区红草村万丰路99号	052
雅泉 yaquan	四川雅安雅泉茶业有限公司	刘文义	雅安市雨城区合江镇	053
（熊猫图）	雅安天润茶叶有限公司	李鸿	雅安市雨城区朝阳街4号	054
（凤鸟图）	雅安市雅州恒泰茶业有限公司	施刘刚	雅安市名山区城东乡五里村	056
皇茶坊	雅安市皇茶坊茶业有限公司	周震宇	雅安市雨城区北郊镇蒙泉村10组19号	057
南方叶嘉 NAN FANG YE JIA TEA	四川省南方叶嘉茶业有限公司	代毅	雅安市名山区红星镇余坝村七组	058
義興茶號 YIXING TEA FIRM	四川省雅安义兴藏茶有限公司	郭承义	雅安市名山区新店镇新坝村2组89号	059
染春	四川省雅安市染春茶业有限公司	陈轶涛	雅安市名山区蒙阳河坪村二组	060

续表

商标	企业名称	法定代表人	公司地址	授权编号
康润虹	四川康润茶业责任有限公司	李鸿	雅安市雨城区多营镇下坝村	061
绿乡茗	雅安市绿乡茗茶业有限公司	黄有国	雅安市名山区蒙阳镇皇茶大道19号19栋1层11、12号	062
蒙兰	雅安市名山区桂花村茶厂	陈兰	雅安市名山区中峰乡大冲村	063
清雨牧叶 Qingyumuye	四川雨蒙禾盛农业发展有限公司	彭丽凤	雅安市雨城区北郊镇蒙泉村七组	064
八宝 BA BAO	雅安市名山区名蒙茶厂	古全林	雅安市名山区前进乡六坪村	065
木元	雅安心元茶业有限责任公司	韩华	雅安市名山区双河乡	066
(熊猫图)	四川省金顺天益茶业有限公司	蒋城	雅安市名山区新店镇新星村4组15号	067
锦秀金针	雅安市名山区培秀茶业责任有限公司	罗培秀	雅安市名山区百丈镇王家村102号	068
六包顶	雅安市名山区绿剑茗茶厂	戴贵霞	雅安市名山区红岩乡红岩村3组	069

续表

商标	企业名称	法定代表人	公司地址	授权编号
种茶人 TEA PLANTER	四川种茶人茶业有限公司	蔡耀松	雅安市名山区联江乡藕花村5组	070
红灵	四川省雅安市红灵实业有限公司	王文斌	雅安市雨城区沿江北路20–21号	071
川蒙	四川省雅峰茶业有限公司	高锡宁	雅安市名山区城东乡五里口	072
藏茶坊	雅安藏茶坊茶业有限公司	汤加彬	雅安市名山区城东乡余光村4组	073
天蜀	雅安天蜀生态茶叶有限公司	李智磊	雅安市天全县向阳大道274号	074
蒙典	四川蒙顶山蒙典茶业有限公司	刘兵 冯仁华	四川省雅安市名山区新店镇新星村4组15号	075
龙盘清风	雅安市建昌茶业有限公司	艾猛	雅安市名山区双河乡六合村四组	076
名旅	雅安市名山区碧春茗茶厂	江显峰	雅安市名山区联江乡孙道村3组	077
蜀贡天骄	雅安市名山区藕花茶厂	戴列	雅安市名山区联江乡藕花村二组28号	078
蒙茶荟萃	雅安市名山区福军茶厂	邹福军	雅安市名山区百丈镇曹公村三组	079

续表

商标	企业名称	法定代表人	公司地址	授权编号
雅利绿景	雅安市雅雨露茶叶有限公司	万德全	雅安市草坝镇水津村四组	080
早春甘露	四川早春甘露茶叶有限公司	张忆萍	雅安市名山区蒙阳镇皇茶大道13号13栋1单元2层63号	081
残剑飞雪	四川省残剑飞雪茶业有限公司	高士杰	雅安市名山区蒙顶山大道162号	082
理真 LIZHEN	雅安市广聚农业发展有限责任公司	周先文	雅安市名山区蒙阳镇彩虹路北段25号	083
青峰阳光	雅安市青峰阳光养殖专业合作社	张亭	雅安市雨城区上里镇建新村八组	084
龙门蕊雪	雅安天天品茶业有限公司	卢全富	雅安市名山区蒙顶山镇槐溪坝世界茶都A2区域6幢101、114、115、116号	081
茶玉十二客 ChaYuShiErKe	四川航棵福硒茶业有限公司	王德红	雅安市名山区前进镇双龙村三组20号	086
1169	雅安市名山区喜年号茶叶有限公司	周雪	雅安市名山区蒙阳镇沿江中路45号	087
瑞招祥	雅安市瑞扶祥茶厂	罗光洪	雅安市雨城区草坝镇雅泉路39号	088
雅茶	四川雅茶集团有限公司	马兴旺	雅安市雨城区草坝镇永兴大道628号	089
九霄露 jiu xiao lu	雅安市名山区九霄露茶业有限公司	冯鹏	雅安市名山区蒙阳镇茶都大道1号附5-7号	090

续表

商标	企业名称	法定代表人	公司地址	授权编号
前新	雅安市忠伟农业有限公司	蒋达伟	雅安市名山区蒙阳镇沿江中路62号	091
比屋之饮	雅安市名山区蜀名春茶厂	黄先锦	雅安市名山区新店镇长春村一组	092
蒙峰	四川蒙峰茶业有限公司	李远钦	雅安市名山区茅河乡	093
玉芽仙露	雅安云禾山茶业有限公司	杨棕凯	雅安市雨城区西康路东段84号	094
玉芽仙露	雅安云禾山茶业有限公司（藏茶）	杨棕凯	雅安市雨城区西康路东段84号	094
羌皓	雅安市羌皓茶业有限公司	周宏	雅安市羌皓茶业有限公司	096
红福川	雅安市川福红茶业有限公司	尹川	雅安市雨城区草坝镇塘坝村一组14号	097

部分蒙顶山茶授权企业门店图片如图5-27所示。

川黄茶业

宏宇蕾茶业

皇茗园茶业

跃华茶业

蒙顶皇茶茶业

蒙茗茶业

图5-27 部分企业门店

第二节 产品销售与市场建设

1949年以前，名山境内茶农所产茶叶，除交官府统销外，其余部分上市卖给外地或当地商贩，商贩将细茶运往成都等地销售，粗茶则运往康定等地销售。

1949年以后，成立国营购销机构，组建农工商联营销售体系。市场开放后，逐步设立专营市场，自由买卖。2022年，全区茶叶产品销售额45亿元。产品销售至国内的北京、上海、广州、陕西、云南、西藏、内蒙古、青海、重庆、拉萨、成都、台湾、香港、澳门等地，销往国外的俄罗斯、韩国欧盟等国家和东南亚等地区。

一、古代茶市

古代茶市，主要由茶农制成成品茶销售。

隋唐时期，名山茶叶生产空前繁荣，据唐杨晔《膳夫经手录》载："蒙顶前后之人竞栽茶，以规厚利。不数十年间，遂斯安草市，岁出千万斤。""惟蜀茶，南走百越，北临五湖，皆自固其芳香，滋味不变。由此尤可重之，自谷雨已后，岁取数百万斤，散落东下，其为功德也如此。"当时，茶叶主要是以自由贸易为主，但具体的茶市名称及交易方式已无考究。

晚唐至五代时期，战乱动荡，茶叶贸易基本为官府垄断，商人经营。

宋初，因与西夏、辽国、金国之间的战争，需要大量战马，中央政府实行"榷茶"制度，以茶易马。

名山茶叶大部分运往熙（甘肃临洮）、秦（甘肃天水）地区的官办卖茶场，与吐蕃、回鹘等交换战马，小部分运至黎州（今汉源）与东蛮邛部、川部换取羁縻马。

宋神宗年间，在都城和其他产茶州县，设立榷货务和茶场。对四川茶叶实行榷禁（官府垄断经营），控制茶马交易。当时，在全国主要产茶区和临近产马地区，分别设置几十处买茶场和买马场，在黎（汉源）、雅（雅安）两州设置4处买马场，在雅州治地、名山县、百丈县、荥经县、芦山县等地设置5处买茶场，"皆置务，遣官以主之"。

买马所需经费，则多用"布、帛、茶、他物，充其直（值）"。熙宁七年（1074年），朝廷为巩固榷茶制度，规定茶园（户）必须将茶叶卖给官办买茶场，贩卖私茶受罚，检举揭发有奖。朝廷考核雅州名山县监茶"年满五千驮者酬奖""发及一万驮即转一官，知县亦减三年磨勘"。若买粗恶伪滥杂茶，按坐赃论罪。因此，名山主管茶叶的官吏，采取各种手段收购民茶，并私增额数。元丰元年（1078年），朝廷在名山建茶监，统管以茶易马公务茶政（图5-28）。宋徽宗崇宁二年（1103年），熙河地区"所管茶数共约四万驮，数内名山茶约占一半以上，依条专用博马，

图5-28 虞富莲（正中）教授在孙前（左三）、黄文林（左二）、刘文毅（左一）、邓黎民（右一）等考察茶马司

不许出卖"。政府严禁把名山茶"与蕃商以杂货贸易，规取厚利"，造成名山茶叶退出中国除西北部以外的全国市场。

南宋以后，名山茶因特殊的历史原因，贡茶由官府主持，僧家制作，数量极少。大宗茶则为官买官卖，垄断经营。南宋孝宗淳熙十二年（1185年），主管四川茶马司的王渥："名山一场实有滥增额数，比旧额（二百万斤）计增茶七万六千七百二十九斤十两""自淳熙六年至今，累有积欠，园户枉被督逼之苦"。

明代初期，实行官买官销政策，仍如宋代般严禁私贩，轻则罢官，重则充军或处以死刑。继而招商中茶（招募商人将茶叶送至西北茶马司），令茶商到产区买茶，运至茶司，官商对分，官茶用以易马，商茶按指定地点销售。明世宗嘉靖年间，又改为商买商销、招商认岸（招商承办）。明嘉靖元年（1522年），朝廷统一印制"引"票，征收茶税，作坊商号认购"引"票才能生产销售茶叶。巡抚刘大谟记载："凡收草（茶叶）之家，或三五百担，或一二百担，数甚多矣。"凡茶商买茶，须赴有司具告数目，纳钱请"引"（专买专卖凭证），由官府规定购销地区的运输路线、卖货期限、出售价格和税金。卖茶毕，以原给"引""由"赴往卖茶司告缴。如商人不按规定执行，即逮捕拿问。运销办法有官运和商运两种，在名山收购的茶叶，由官府组织商人雇请脚夫代运至雅州、天全或打箭炉（今康定），与少数民族交易商品或交换马匹。

清代初期，朝廷为确保以茶治边和税收，仍实行"引"票制度，设茶引局掌管茶引发放，课征税收，茶业由盐茶道管理，名山、雅安茶叶全由专商营运，官府主要实行挂号放行，给票出关。乾隆以后，基本上沿袭明代招商认岸的办法。茶商收购茶叶，一般在本县设立座号，先以现金向茶贩或园户订购毛茶，设坊精制后始运销出售地区。当时均为个体或联户购销。清中叶，茶主要靠民营茶叶商贩经营，进行收购和贩运、销售。

明世宗嘉靖以后直至名山解放前夕，边茶均于今康定一带交易，品名有康砖、金尖、金仓等。细茶多运销荣昌、隆昌、富顺、遂宁、乐至、资中、内江等30余县，产品名有雀舌、花毫、白毫、元枝等。

二、近代茶市

清光绪二年（1876年），丁宝桢任四川总督。针对以往弊病，在雅州各县改革茶政，采取定案招商办法。后来一二十年，名山茶叶产量回升到接近康熙时期的水平。茶商也发展到18家，生产、经营年收入10万两白银。清光绪三十三年（1907年），名山茶商为抵制印茶侵销西藏，保全自身利益，王恒升、李福盛、李广生、李云合、胡万顺、彭怡泰、李裕公、李云生、王爱槐、胡义丰、吉华茂、景三馀、谢永义、李德祥、程恒兴、李荣福、卢德盛、李义等18家茶商，集资5万两白银（按当时市价，可买砖茶120万斤），筹办名山茶业有限公司，制订试办章程13款，向川滇边务大臣赵尔丰呈文申请开办，但是未获批准。第二年，入股由名山、邛崃、天全、雅安、荥经5县茶商联合组成的官督商办边茶股份有限公司。该公司在城内大巷子张家院内设置制茶处，将收购的茶叶精制后，运往清溪县（今汉源清溪镇）中转，销售康藏地区。产品有"蒙字"一号芽细、"蒙字"二号金尖及三号金玉、四号金仓。辛亥革命爆发后，公司解体，名山茶商经营资本逐渐减少。

三、现代茶市

辛亥革命后，废除腹茶引岸制，边茶仍旧保留引岸制，照"岸"运销。茶农所产的茶叶，均上市卖给商贩，由商贩将细茶运往成都等地销售，将粗茶运往康定等地销售。

民国初年，名山配"引"2000张。后由于军阀割据战火连年，几经天旱、瘟疫，茶农元气大伤，全县茶叶产量时常徘徊在20万斤左右。配"引"额减至1300张。所产茶叶，大部分被外地客商购走，在康定设立的边茶号，仅存瑞兴、同春、庆发兰记3家，在城内开设的细茶店有庆丰、锡记、豫泰、瑞昌义4家，销量不过1000多斤。1927年，有李裕公及胡万顺、景三馀、李云生、蒋同春、袁瑞兴等七八家茶店、茶号。至1936年，尚存荣华、瑞兴、谢斗南等四五家。1938年，仅存庆发兰记和谢家茶栈两家。

其间，名山茶叶收购及销售，或独资设号，通过小贩收购毛茶，精制出售；或与外县茶商合资经营，按股分红；或零星收购，转卖雅安、邛崃的各茶厂；或为客商代购、代制，从中收取手续费和加工费。每年新茶上市，茶商、茶贩为获得高额利润，收买茶农毛茶，不是多扣水分，大秤大进，就是故贬其质，压价杀价。民国时期出版的《四川经济季刊》三卷三期记述其情形说："名山……茶农处于贫困之中，茶叶未下树，即以茶先作抵，向茶商告贷以维生计。"

1937—1939年，年输出量平均3170担，总值300万元，名山当地销量占12%，外埠占88%；本地商贩运出占35%，外来商贩运出占65%。县内主要销售市场在城厢镇、东街荣华茶店及产茶乡场。

1941年，名山县政府呈报四川省建设厅调查资料记载：县境内专门经营茶叶之商号3家，资本大者1万元，小者1500元。收买零星茶叶，加工初制，积存待售或直接运至各销场贩卖。主要销往西藏、成渝及沱江流域简阳、资阳一带。

1942年3月23日，名山县政府转发财政部《全国内销茶叶管理办法》，将所有内销细茶分为毛尖、炒（烘）青茶、茶末、沱茶、岩茶五类。每类再分4~5级，由贸易委员会各省办事处会同内销茶鉴定委员会制定标准茶样，实施管理。1944年统计年产粗茶30万斤、细茶10万斤。

四、当代茶市

名山茶叶市场随着茶树的种植，茶园增加，茶叶产品、产量增加，需求扩大而不断发展壮大。

（一）成品销售

名山解放后，在以计划经济为主的时期，名山茶叶的经营主要靠国营贸易公司、县供销合作社、四川省国营蒙山茶场、国营四川省名山县茶厂、县茶叶公司、双河茶厂、茶叶联营公司等公有制企业，基本上是统购统销。改革开放后，茶叶经营逐渐开放，茶叶走进市场，自由交易。

1950年，名山县人民政府将茶叶纳入公粮征收，宣布边茶（粗茶）免税，细茶上税5%，设立市场，允许商贩自由买卖，并在城厢、永兴、回龙、新店、车岭、马岭等6个乡镇建立细茶市场。1951年，成立国营购销机构——国营贸易公司，受国家委托以合理的价格收购全县茶叶，并以大米调换边茶。至1952年2月，名山公私合营企业只有名蒙制茶厂1家。当年，县供销合作社成立，其受国家委托参与茶叶收购。另有50多个商贩参与收购茶叶。至1956年，为中国茶叶公司西康省公司、四川省对外贸易局雅安专区办事处代购边茶，交雅安茶厂精制。同时，允许细茶上乡镇市场买卖。1952—1956年，县供销合作社年收购8000~10000担。

1957年，根据国务院规定，改为县供销合作社自营。当年收购粗茶和细茶10840担。

1958年，国营贸易公司、县供销合作社机构合并，茶叶由供销社土产经理部经营，归名山县领导。1961年，总收购4608担。

1962—1965年，在国民经济调整中，国家采取措施，把茶叶生产权下放到生产小队，实行粮茶共管生产责任制。在收购上，发放茶叶生产补助款、预购定金和购价补贴，结合收购奖售粮食、化肥、布票及其他工业券等。1962年，交售细茶50公斤，奖售化肥10公斤，粮食2.5公斤，奖给布票10尺；交售边茶50公斤，奖售化肥5公斤，粮食1.5公斤。1963年，每售50公斤三级青毛茶，奖售粮食15公斤，化肥65公斤，奖给布票40尺，工业品券5元；交售二级做庄茶50公斤，奖售粮食5公斤，化肥20公斤，奖给布票15尺，工业品券2元。遵守白露封山停采制度，使茶园面积恢复1/3，达到9200亩，年收购量上升至5000担以上。

1966—1976年，收购量长期徘徊不前。1971年以后，总收购量虽有增加，但细茶却停留在200~300担，直到1975年才增至400担，不过仍比1957年减少60%。

在1962年、1968年、1972年掀起过几次种茶高潮，终因城乡居民消费水平过低和派购统销政策，空有市场之名，面积、产量增加缓慢。

1976年后，茶叶生产量和收购量逐步增加。1977—1979年，县供销合作社收购细茶由1976年的420担增加到919担，后增至1975担，3年粗茶均超过万担。

1957—1983年，茶叶被列为第二类农产品，由上级下达指令性派购、调拨计划。收购茶叶执行国家计划价格，实行对样评级，按质论价。收购细毛干茶要看嫩度、匀度、条索、颜色；湿看叶底嫩度、色泽、汤色。粗干茶（边茶）要看色泽、含梗体质和数量，湿看叶底、水色、杂质，并鉴别有无异味、变质。每年由县供销合作社代雅安地区外贸局收购粗、细茶，上调任务数占90%，其余留县销售，几乎无自由交易市场，交易市场也基本无茶。为扶持产茶社及乡、村茶场（园）生产，除多次提高收购价格，含税加价及价外补贴，超任务减税收购外，还给予物质奖售。

1980—1983年，成立茶叶联营公司，县供销合作社移交收购业务。

1980年3月，中共雅安地委、名山县委通过调查研究，分析名山县茶叶生产情况，决定在派购的基础上，开展工农商联营茶叶试点。由国营四川省名山县茶厂、县供销合作社，同全县19个公社生产茶叶的743个生产队、66个联办茶场，在自愿和互利的基础上，组成联营企业——名山县茶叶公司，代替供销合作社从事收购业务。中共雅安地委、名山县委召开会议，讨论、制订《名山县实行茶叶农工商联合经营会议纪要》，对联营企业组成、组织领导、企业管理、分配方法等作出11条规定，主要为：产茶社队提供半成品茶；供销社负责收存记账和中转，把半成品茶运交国营四川省名山县茶厂集中精制为成品茶，交售给国家。最后核算，以总利的60%返还给联营社队，40%由国营四川省名山县茶厂和基层供销合作社对半分。后来，参加单位发展到901个产茶生产队。至1983年底，经营4年，公司购销细茶21.64万公斤，粗茶47.105万公斤，获纯利65.86万元，缴纳税金86.56万元。参加联营的乡（村）茶场、产茶社及供销合作社、国营四川省名山县茶厂共分红60.82万元，其中国营四川省名山县茶厂86万元，基层供销合作社9.56万元，各公社、大队、生产队的茶场42.66万元。

1983年，国家允许派购任务完成后，茶叶可以上市交易。

1984年，改革一、二类农副产品统派收购政策，细茶退出派购，实行多种经济形式、多种经营方式，多渠道、少环节的流通体制。县供销合作社土产公司将茶叶业务划出，成立茶叶联营公司，实行独立核算，自负盈亏。公司和供销合作社担负主渠道流通，收购加工鲜叶。供销合作社设立果品茶叶公司，增建厂房设备，加工鲜叶。组织区级及乡镇的供销合作社开展联营和农商联营。当年，收购细茶2.04万公斤、粗茶7.105万公斤。

1985年，全名山县收购细茶32.39万公斤（不含四川省国营蒙山茶场、公安农场），供销合作社（含茶叶公司）收购6.695万公斤，占20.67%；国营四川省名山县茶厂收购6.75万公斤，占20.84%；双河茶厂收购5.5万公斤，占16.9%；商贩收购及茶农自销13.45万公斤，占41.51%。收购粗茶39.265万公斤（茶叶联营公司收购数除外）。综合经营总额为182.52万元，实现利润3.46万元，缴纳税金7000元。

1984—1985年，茶叶联营公司与供销合作社共同担负主渠道流通。扩大收购，出省联系，开拓销路，逐步形成茶叶的产、购、销一条龙体系。1986年，全名山县成品茶上市交易额23万元。

2000年，全县成品茶上市交易额709万元。

2000年后，茶叶联营公司解体，县供销合作社不再统一收购、经营茶叶。茶叶市场改为企业自主经营。茶叶开店销售日趋兴旺，加工销售成为主要的经营形式。农贸市场、专营门店、专业市场、生态展示园、电子商务等多种形式并存，带动生产、加工、旅游、服务业共同发展。

2003年底，名山县有成品茶叶销售企业200余家，销售门市50余个。2004年后，以企业生产经销为主：茶厂（增值税一般纳税人和个体工商户人）收购茶农的鲜叶加工成茶叶产品后销售，或专业零售商家（经销公司和个体户）购进茶叶后销售。少数茶农自产自销，通过走街串巷、上门推销、上街（进城）设摊开店等形式，直接销售给消费者。

2009年底，名山县有茶叶生产厂家234家，总产茶叶38940.2t，其中：名优茶10955.2t、细茶20000t、粗茶7985t。产品积压无几。

2015年，名山区茶叶产品销售额25亿元。有茶叶专业市场8个，其中城区3个，乡镇5个（百丈、红星、双河、黑竹、新店）。名山区茶叶商号有500余家，开设批发、零售等业务。至年底，城区有茶叶坐商194家（城区内分散46家，蒙都茶叶市场及周围59家，川西茶叶市场20家，茶马古城65家，城郊区4家），蒙顶山景区沿线有22家。区外专营、兼营的蒙山茶叶坐商近80家，远达北京、上海、天津及香港等城市。专营门店，用"蒙山茶""蒙顶山茶"等店名；兼营门店、商场等，则设专柜销售。

2022年，名山区有茶叶专业干茶市场4个，主要鲜叶交易市场11个，固定且季节性的交易市场25余个，区内茶叶门店有240余家，主要分布于世界茶都市场，以及茶马古城市场、蒙都茶叶市场、川西茶叶市场和蒙顶山景区沿线，茶叶企业分布在区外的全国各地茶叶销售门店有150余个，以及代销店（点）3000余个，26个省（自治区、直辖市）。有企业和个体户网络开店或直播带货销售200余家，淘宝、阿里巴巴、抖音、小红书、快手、天猫、京东、抖音、拼多多、微商城、有赞、点淘等网络平台销售约2亿元。

享有直接出口权的茶叶企业有4家，绝大多数在全国各省（自治区、直辖市）合同销售或设点销售。边茶（粗茶）生产厂家直接与四川、青海、甘肃、西藏等省（自治区、直辖市）商户挂钩销售。四川名山西藏朗赛茶厂的产品还销往印度、缅甸、不丹、尼泊尔等国家和地区。全区从事成品茶制作、运输、销售的人员超过5.12万人。茶叶交易市场覆盖新老城区及全区各乡镇。

（二）茶叶市场

农贸市场。毛茶、成品茶主要交易市场。全县20个乡镇集市，在产细茶的季节，每逢场期，都有规模不等的散户拿着袋装成品茶在农贸市场摊位进行交易。各场镇都有四五家中小坐商，常年专业或兼营成品茶（图5-28）。

专营门店。门店销售是名山茶叶传统直销和批发的主要方式。城内坐商批发、零售的茶叶，多为原茶叶生产、加工系统部门工作过的退休职工或子女开办。除少数为自产自销外，多数与生产厂家合同代销或合资经营（图5-29）。

图5-28 固定门店与临时摊位集于一市场

图5-29 茶叶企业正在包装产品

蒙山旅游区。沿公路两旁的坐商，经营者多为沿线茶农、原四川省国营蒙山茶场职工，或外乡人租房收购经销，以零售为主，批发为辅，主要供应蒙山名优茶。

名山茶叶市场是由于全县茶园面积扩大，产量增加，商品交易方便条件下，在名山县内外茶商、茶农自发设点，名山县委、县政府引导下而发展形成的，茶叶专业市场有以下几个。

1. 川西茶叶市场

1993年，在蒙阳镇名车路口征地8700m^2，投资210万元建设该市场（图5-30）。建筑面积4394m^2，于1994年5月投入使用。市场名由原四川省委书记杨超题写。2003年，该市场进行体制改革，转让给茶商张大富。张投资2900万元改、扩建市场，商户增加至

300多家,年交易额达15亿元,辐射全国十多个省(自治区、直辖市),成为西部最大的茶叶交易集散地之一。至2010年底,扩大为批发、零售、坐商、行商兼备的名优细茶综合市场,有坐商20余家。有1000余平方米的固定水泥板遮阳条形台面摊位,产茶季节最高可容纳400~500家业主,日交易量2万斤左右。后多数茶商迁至世界茶都等市场,现有茶商20余家。

图5-30 川西茶叶市场

2. 蒙都茶叶市场

2011年3月12日,由人民政府引导,茶商自发组织,在吴理真广场对面的东方明珠新开设蒙都茶叶市场。该市场占地8000余平方米,商铺100余间,露天交易商场2000余平方米(图5-31)。至2015年底,有坐商50余家,进场交易厂家4000余家(户)。吸引宜宾、峨眉山、乐山、成都、达州等四川省内茶叶生产企业和茶叶经销商会集于此交易,四川

图5-31 蒙都茶叶市场茶叶关堆、装箱、批发

省外有重庆、河南、贵州、湖北、浙江、江苏等地茶商采购成品茶。春茶期间，日交易额1500万~2000万元，日最高交易额4000多万元，运输车辆有上百辆，是四川省交易量、交易额最大的茶叶市场，带动了物流、餐饮、住宿、旅游、商贸、茶叶辅助业、交通和社会就业等关联产业发展。2020年后，随着蒙顶山世界茶都市场建成开业，部分茶商搬迁，散茶交易几乎全部转移到世界茶都市场。

3. 茶马古城茶叶市场

2011年，在蒙顶山形象山门内右侧皇茶大道与三蒙路交会处，由雅鹿房地产公司开发的茶马古城（茶叶市场）也陆续建成，并投入使用（图5-32）。引资引来本地外地的茶商、茶企业购买、租赁门面摊位，在这里举行了2013—2017年蒙顶山茶文化旅游节开幕式，举办了2013—2017年开茶节，市区很多大型茶叶商务会议也在此召开。由于设计结构、经营理念和投资取向问题，错失将市场专业化、常规化的机会，一直都处于冷清状态。

图5-32 茶马古城茶叶市场

4. 蒙顶山世界茶都市场

2020年名山区国有资产监督管理办公室与云南省国投公司共同投资开发建成并投入使用蒙顶山世界茶都市场（图5-33）。世界茶都面积7万m²，其中建筑面积3.5万m²，入驻区内外及全国茶区茶商300余家，季节性摊点1000余家，除本地、四川省的产品外，还包括贵州、云南、湖北等地的产品，年交易额约40亿元，是全国最大的绿茶交易中心，是蒙顶山茶品牌影响力的又一体现。

图5-33 设施齐全、交易火爆的蒙顶山世界茶都市场

2013年后,"4·20"芦山强烈地震灾后重建(图5-34),通过原地重建(改扩建)、异地重建等方式,重建茶叶成品市场11个。同时,在主要交通道和产茶区核心建钢构大棚的鲜叶交易市场20余处,成为季节性鲜叶交易和茶农开展活动的场所(表5-11)。

图5-34 "4·20"芦山地震后,四川省茶叶行业协会发起的义购支援活动在成都人民公园举行

表5-11 2016年雅安市名山区"4·20"芦山地震灾后重建主要茶叶交易市场情况统计

交易市场名称	重建方式	建设规模	总投资万元
雅安市名山区蒙顶山国际茶叶交易中心	异地重建（新建）	占地300亩,建筑面积35000m²。集商业、商务、会展物流配送为一体;分布有8万m²的散(„交易中心和茶叶批发商铺500余间;有茶叶专业冻库2000m³,可储茶150万公斤;有1000个停车位;集中交易区可同时容纳3000人交易	22202
雅安市名山区新区农贸市场	就地改扩建	基础设施、附属设施建筑面积3000m²,占地20亩	500
雅安市川西绿源农产品仓储配送中心	就地改扩建	新建气调保鲜库、气调库、冷库、果蔬标准加工车间各1座,地方特色农产品展销中心及相关配套设施、生活用房等	2000
雅安市名山区双河乡农贸市场	就地改扩建	总投资500万元,占地32亩,钢结构大棚主体	500
雅安市名山区马岭镇农贸市场	就地改扩建	基础设施、附属设施的建筑面积573m²,以农产品和茶叶交易为主	50
雅安市名山区红星镇农贸市场	异地重建（新建）	基础设施、附属设施的用地面积7400m²,以农产品和茶叶交易为主	50
雅安市名山区黑竹镇农贸市场	就地改扩建	占地41.37亩,建筑面积6000m²;新建农副产品钢结构交易大棚1335m²,交易摊位180个,露天交易区4000余平方米	558
雅安市名山区前进乡农贸市场	异地重建（新建）	基础设施、附属设施的建筑面积730m²。以农产品和茶叶交易为主	50
雅安市名山区解放乡农贸市场	异地重建（新建）	占地面积6800m²,以农产品和茶叶交易为主	50

(三)外地门店

截至2022年底,名山区茶叶企业在名山区以外成都、重庆、北京、西安、太原、天津、拉萨等地设销售门店有135个,主要有四川蒙顶山跃华茶业集团有限公司、四川省蒙顶皇茶茶业有限责任公司、四川省雅安义兴藏茶有限公司(图5-35)、四川蒙顶山茶业有限公司、四川川黄茶业集团有限公司、四川名山西藏朗赛茶厂(图5-36)四川省茗

山茶业有限公司、雅安市名山区卓霖茶厂、雅安市赋雅轩茶业有限公司、雅安市名山区喜年号茶叶有限公司、四川蒙顶山味独珍茶业有限公司（图5-37）、四川蒙顶山雾本茶业有限公司（图5-38）、四川蒙顶山蒙典茶业有限公司（图5-39）、雅安市名山区帝知春茶业有限公司等，以上品牌企业还将在成都人民商场、博娟超市等市场设品牌产品专柜销售，以四川蒙顶山跃华茶业集团有限公司、四川省雅安义兴藏茶有限公司等为主的企业还授权委托外地商家代销品牌产品。名山区政府及名山区农业农村局、名山区茶业协会组织企业到成都（图5-40）、重庆、广州、北京、上海、雄安（图5-41）等重点城市参加茶业博览会、开展品牌推介销售。名山茶叶企业涌现出很多优秀销售人才，四川蒙顶山茶业有限公司的张娅、四川省雅安义兴藏茶有限公司的赵莉、四川蒙顶山跃华茶业集团有限公司的李洋成为蒙顶山茶品牌销售的佼佼者（图5-42）。

图5-35 义兴藏茶门店

图5-36 朗赛产品陈列

图5-37 味独珍门店

图5-38 雾本茶业双流机场门店

图5-39 蒙典茶业北京门店

图5-40 蒙顶山茶走进成都万达广场

图5-41 蒙顶山茶走进雄安新区

图 5-42 优秀销售人员张娅（左一）、赵莉（右一）、李洋（中）

2022年底，"蒙顶山茶"证明商标授权使用企业雅安市名山区内坐商专销店（点）情况，详见表5-12。

表 5-12 2022 年底"蒙顶山茶"证明商标授权使用企业雅安市名山区内坐商专销店（点）情况统计

企业名称	专销店地址	经营场地面积/m²	工作人员/人	品牌茶销售额/万元
四川省蒙顶山跃华茶业集团有限公司	名山区蒙顶山大道（跃华茶府）	2000	20	3000
四川省金顺天益茶叶有限公司	名山区世界茶都市场入口	450	3	300
四川川黄茶业集团有限公司	名山区茶马古城二期	100	4	40
雅安市名山区太平茶厂	名山区新东街	40	2	120
雅安市名山区培秀茶业有限公司	名山区皇茶大道12栋27、28号	90	3	120
四川雅安蒙顶山九天茶业有限公司	名山区茶马古城13栋22号	120	3	100
雅安市名山区卓霖茶厂	名山区茶马古城茶叶市场	20	2	200
雅安市名山区卓霖茶厂	名山区世界茶都西门天宇茗茶业	50	2	100
雅安市名山区藕莲春茶厂	名山区茶马古城19栋21、22号	80	3	100
雅安市名山区太平茶厂	名山区平桥街135号	60	3	80
四川省蒙顶山大众茶业集团有限公司	城东乡五里村	100	2	50
雅安市蒙茗茶厂	名山区陵园路	150	2	50
四川省蒙顶山奇茗茶业有限公司	名山区世界茶都茶叶市场	120	5	200
蒙顶山千秋蒙顶茶业有限公司	中峰镇海棠村牛碾坪	300	8	500
雅安市大元茶厂	蒙顶山镇虎啸桥路91号	300	2	200
雅安市天沫茶业有限公司	蒙阳镇蒙山大道22号	65	1	80
四川禹贡蒙顶山茶业集团有限公司	蒙顶山镇虎啸桥路99号	300	3	200
四川省大川茶业有限公司	名山区茶都大道480号附24号	200	4	300
四川省大川茶业有限公司	名山区蒙顶山大道162号	300	4	400
四川蒙顶山味独珍茶业有限公司	名山区茶都大道125号	300	3	400
雅安市名山区香满堂茶厂	名山区蒙山大道名茶街	50	1	70

续表

企业名称	专销店地址	经营场地面积/m²	工作人员/人	品牌茶销售额/万元
四川省蒙顶皇茶茶业有限责任公司	名山区蒙顶山大道188号	200	4	200
雅安市雅州恒泰茶业有限公司	名山区城东乡五里村	80	4	200
雅安藏茶坊茶业有限公司	蒙顶山大道景区门口金花廊7号	280	4	160
四川早春甘露茶叶有限公司	名山区茶马古城13栋63号	325	5	500
雅安市广聚农业发展有限公司	名山区皇茶大道茶马古城3期10栋1-2	500	4	300
雅安市皇茶坊茶业有限公司	名山区世界茶都市场外层	30	1	40
雅安市名山区蒙靖茶厂	名山区世界茶都市场入口	200	3	10
雅安市名山区九霄露茶业有限公司	名山区世界茶都市场	50	2	200
四川省雅安市义兴藏茶有限公司	名山区蒙顶山大道125号	127	2	75
四川省蒙顶山皇茗园茶业集团有限公司	名山区世界茶都市场	30	2	50
雅安市名山区名蒙茶厂	名山区川西茶叶市场内	50	2	80
四川天风御品茶业有限公司	名山区皇茶大道27号	80	2	70
雅安市名山区妙供来香茶业有限公司	名山区茶都大道479-8号	120	5	220
	名山区世界茶都2-116号	45	2	80
雅安心元茶业有限责任公司	名山区彩虹桥头	60	2	82

注：本表只统计部分蒙顶山茶授权使用企业区内门店的相关信息。

（四）鲜叶销售

茶叶鲜叶市场最早见于车岭、前进两乡镇。20世纪70—80年代，逢场期的集市有茶厂、茶场直接从农户手中收购鲜叶，其规模不大，主要满足零星家庭小作坊的制茶之需。

20世纪90年代初，茶叶企业为省工省时，在鲜叶产区设立固定收购点。后逐渐形成鲜叶市场。1998年，先后在双河乡扎营村、红岩乡红岩村、中峰乡大冲村设鲜叶市场，吸引当地及乐山、峨眉、雅安等地的茶商购买鲜叶。各产茶乡镇，陆续在沿公路重点村的适中地段，建设固定的鲜叶市场，修建钢筋水泥摊位和遮阴棚架。大者占地6~7亩，小者占地4~5亩，设有停车场、餐饮服务部。鲜叶中间商应运而生。中间商以摩托车运输为主，到田间地头从农户手中收购鲜叶，后拉到联系好的茶厂销售。一般春茶单芽与一芽一叶初展标准的鲜叶，每公斤赚价差1~2元。不少远离茶厂或市场的茶农乐意接受这种省时省工的销售做法。

2000年后，名山茶叶面积扩大。种茶农户茶园面积普遍在3~7亩，鲜叶产量大幅度增加。茶叶加工、经营企业规模扩大。当时，多数加工、经营企业自有茶园基地的鲜叶量不足，且与茶农签订鲜叶购销合同的甚少。茶农鲜叶采摘后，或直接背到附近茶厂销售，或背到市场销售。茶农销叶，企业自购，按质定价，现结现清。各鲜叶市场间，同季同标准的价格相差无几。

2000年起，浙江一带部分茶商，专门到名山鲜叶市场收购鲜叶原料，急运双流机场，空运回企业。后来，发展为直接与名山乡镇有一定技术能力的小茶厂签订产品加工合同，按要求做成成品茶。2005年后，重庆、河南、江苏等地的部分茶商，亦与名山企业签订产品加工合同，按各自标准收购鲜叶，做成成品茶。

2001年后，名山茶鲜叶市场多在春节过后开市，有时刚过农历正月初一、初二便有芽叶上市。2007年2月25日统计，全县11个鲜叶市场就有58.93万公斤芽茶鲜叶交易，价值2469.16万元，平均每公斤单价为41.27元。

鲜叶交易形成两种交易形式：一是农户将采摘的茶叶背拉到附近的茶叶加工厂，加工厂按当天的市场同等级价收购（图5-43）。二是农户将采摘的茶叶背拉到附近的茶叶交易市场，企业通过协商议茶收购。

至2009年春，全县建成固定鲜叶市场19个。产茶期间，70%以上的鲜叶通过鲜叶市场流向生产厂家。

图5-43 茶叶企业在厂门口收购鲜叶

2011年底，全县各乡镇有鲜叶交易市场26个，较大的有双河乡扎营、中峰乡大冲、万古乡红草，以及百丈镇、新店镇、联江乡、红岩乡、解放乡等鲜叶市场。除当地企业外，还吸引成都、邛崃、蒲江、峨眉山、乐山、洪雅、夹江等地的企业采购鲜叶，鲜叶高峰期，几大市场的日交易额在200万元以上。

2013年，为准确掌握茶农收入，雅安市名山区茶业发展局在20个乡镇落实55户茶农，作为茶叶种植户鲜叶收入的调查对象，涉及55个组，调查面积246.2亩。调查户中，茶园面积最多10亩，最少1亩，其中：有茶园1~5亩的有40户，5~8亩的有10户，8~10亩的有5户。所调查的茶园分布在沟壑、平坝、山地。调查结果显示，茶园每亩平均产量为46.5公斤。其中，单芽33公斤，一芽一叶121公斤，一芽二叶310.5公斤。亩产量最高1180.1公斤，最低99.2公斤；平均每公斤15.1元；平均每公斤采摘费6.2元。肥料及人工管理费投入占鲜叶总收入的6%，亩平均投入452。亩平均总收入为7036元，支出采摘费和肥料投入及人工管理费3319元，亩平均纯收入为3717元。每年3月，普遍存在采茶工紧缺现象。

2015年，春季黄芽、石花鲜叶原料单芽平均每公斤120元左右，最高价每公斤160元，一芽一叶初展甘露鲜叶季平均每公斤90元左右，最高价每公斤130元。从立春后起，到晚秋季节，茶农一直在茶地忙碌。一年中，有8~9个月在采摘鲜叶。清明前后采摘的是芽茶，用于制作甘露、黄芽、石花等顶级名茶。熟手采摘，每人每天能采4公斤，最多的能采6公斤。随季节变化，鲜叶从单芽、一芽一叶、一芽二（三）叶及同等嫩度对夹叶，直至老茶梗，均予出售。管理到位、采摘及时者，一年有10个月是采摘芽茶。第二年，全区采摘茶叶鲜叶186052t，总交易额约16亿元。农民人均茶叶收入5482元，其中至少有4500元以上属于鲜叶收入。解决就业12万人以上，其中长期在名山采摘鲜叶的外地务工人员2万余人。每到采茶季节，农民们每天都忙于采茶卖钱，家家户户洋溢着丰收的喜悦。

粗茶原料一般稳定在每公斤0.4~0.6元，多由茶农送货上门，亦有部分从事苔刈的服务人员随即工价抵茶收至厂家。

2015—2022年，全区的鲜叶市场稳定在35个左右。80%以上的鲜叶通过交易市场流向生产厂家。全国各名茶产地多在名山收购鲜叶。其中，新店、双河、百丈、红星、黑竹、万古6个市场规模较大（图5-44~图5-46）。

双河乡鲜叶市场（图5-47）：位于扎营居民新村原芒硝厂处。1998年初，因茶叶生产厂家用车辆收购时方便集中，茶农背鲜叶出售路途近而自发形成。2000年，发展成规模化市场。到2005年，在鲜叶采摘高峰期，日平均交易额达到100万元以上。每年春、夏、秋三季（2—10月）为交易时间。最初，上市出售鲜叶的茶农，

图5-44 蒙顶山茶鲜叶交易市场俯瞰
（图片来源：名山区委宣传部）

图5-45 2022年2月22日，春天里的第一背篼茶上市活动

图5-46 蒙顶山第一背篼茶上市交易
（图片来源：茶马古城市场）

除双河乡外，尚有红星、解放、马岭、车岭、前进及丹棱县等邻近乡镇的茶农，将鲜叶运往该地销售。2014年，争取到"4·20"芦山强烈地震灾后重建项目，投资500万元，新建以茶叶鲜叶交易为主的综合农贸市场，占地50余亩，交易区面积3800m^2，2015年2月投入使用。至2015年底，市场占地面积约5000m^2，住户有52户、180人，门面有78间。2—4月名茶交易期，有浙江、重庆、峨眉、洪雅、眉山、丹棱、邛崃、蒲江、雅安等地的客商30余家。平均每天约3000人上市交易，交易量日平均约3万公斤，平均日交易额约200万元，最高超过1000万元。全年交易鲜叶约450万公斤，交易额约6600万元。

图5-47 鲜叶定点定时交易，方便茶农和茶企业（万古）

红星镇鲜叶市场（图5-48）：位于太平村十组，年交易鲜叶2200t。红星镇人民政府安排专人统一管理，规范摊位，让收购商入市。每年3—6月，茶叶市场每日至少交易2次。2015年，在茶叶市场设置公平秤和曝光栏，并通过短信平台公布群众监督举报电话，接受群众监督，维护市场公平、公正。同年4月13日，工商、公安、红星镇农业服务中心、城管办，联合检查茶叶市场的茶商计量。电子秤误差在1%以内的，限时整改；超过1%的电子秤予以没收，并要求茶商到工商所接受处罚。检查15台秤，其中没收2台，限时整改2台，工商部门在茶叶市场的"计量违法公示栏"中公示。

图5-48 鲜叶交易火爆场景（红星）

黑竹镇鲜叶市场（图5-49）：原在黑竹兵站外路口，以路为市。2005年后，年交易鲜叶2000余吨，交易额6000余万元。全黑竹县较大

图5-49 茶农背篼背来，茶企业收走（黑竹）

数量的芽茶，经数百名鲜叶中间商运往该地。外县市企业，茶商贩运者，多在该地购买鲜叶。每天交易额在1000万元以上。从2006年起，每年3—9月，镇人民政府派出一名镇干部带队，和社区3人组成茶叶市场专管队伍，每天下午4—6时，维护兵站外路口的鲜叶交易秩序。2013年，黑竹镇鲜叶市场项目列入"4·20"芦山强烈地震灾后重建项目，新建以茶叶鲜叶交易为主的综合农贸市场，地址在黑竹场上街，总投资700万元。2016年3月，投入运行，总建筑面积2.8万m^2。其中，交易市场1万m^2，为彩钢顶棚；茶农车辆停放场1.7万m^2；厕所70m^2；市场管理人员办公用房100m^2。水、电设施齐全，四周道路全部绿化。每天上千茶农、数百客商前往销售、购买茶鲜叶。日成交鲜叶在4.5万公斤以上，价格在全区比较，每斤高于其他市场1~2元。

中峰乡鲜叶市场：原茶叶交易市场，在原中峰粮站内，自发形成，乡人民政府出资平场。2014年，列入"4·20"芦山强烈地震灾后重建项目，五粮液集团援建甘河茶叶交易市场，地址在河口村六组。每天上午9—12点，下午2—5点为交易高峰期。除各大企业收购外，还有大冲村、四岗村、海棠村、甘溪村、河口村等几十家茶叶加工厂随到随收。

解放乡鲜叶市场：位于现在的百丈镇月岗村场镇。收购价格属于全区平均水平。2014年，列入"4·20"芦山强烈地震灾后重建项目，在月岗村建设农贸市场，紧邻解放乡月岗新村和场镇，春夏用于茶叶鲜叶交易，冬天则作为日用品、农产品等交易市场。

2015年雅安市名山区茶叶鲜叶市场情况统计见表5-13。

表5-13　2015年雅安市名山区茶叶鲜叶市场情况统计

乡镇	鲜叶市场名称	地址	年交易茶青/t	年交易额/万元	主要售鲜叶覆盖区或相关情况	主要收购商所在地
永兴镇	双墙村茶叶市场	双墙村	1000	5000	红岩乡罗碥村、红岩村、永兴双墙村、大堂村	本地，雅安雨城区、峨眉山
永兴镇	永兴茶叶市场	石条巷	1500	8500	雨城香花、凤鸣村、名山红岩、前进、永兴双墙、青江、大堂、化城等村	本地，雅安雨城区、乐山、甘孜、河南、浙江
红星镇	红星镇茶叶市场	红星场镇	3500	15000	红星镇、联江乡、马岭镇、车岭镇、百丈镇	本地，蒲江、峨眉山
百丈镇	百马路茶叶鲜叶市场	百马路	2000	10000	百丈镇、红星镇等	百丈镇、红星镇，蒲江县甘溪镇、成佳镇等
新店镇	新店茶叶鲜叶市场	新店镇场镇	8000	23000	周边百丈镇、红星镇、中峰镇等7个乡镇	本地，峨眉山等
车岭镇	车岭镇茶叶市场	车岭镇东大街	1000	6000	车岭镇几安村、天池村、石堰村、姜山村、龙水村、桥路村	本地，峨眉山
黑竹镇	黑竹鲜叶市场	黑竹场上街	13000	25000	廖场村、百丈镇、茅河镇、红星镇等	本地，蒲江、乐山等

续表

乡镇	鲜叶市场名称	地址	年交易茶青/t	年交易额/万元	主要售鲜叶覆盖区或相关情况	主要收购商所在地
万古镇	高山坡鲜叶市场	高山坡村七组	2730	5460	万古乡高山坡村、沙河村五组、高河村四组	本地
	红草村鲜叶市场	红草村九组	2870	5740	万古乡红草村、九间楼村五组	本地
	莫家村鲜叶市场	至美茶园入口	1000	5000	万古镇、蒙顶山镇	本地
红岩乡	红岩茶叶市场	红岩新街	600	3000	红岩乡、雨城区张家山	本地
双河乡	双河茶叶市场	双河场	10000	25000	双河乡8个村、车岭6个村、红星镇3个村、马岭镇5个村、解放乡2个村、丹棱县3个乡	名山、雨城、邛崃、蒲江、洪雅、峨眉、江苏、浙江、河南、重庆、陕西
前进镇	新市村茶叶市场	新市村	1500	4000	前进镇新市村、楠水村、林泉村、泉水村、凤凰村	雨城合江镇，名山永兴镇、红岩乡、前进乡
	农贸市场	六坪村	1300	2500	全乡12个村	雨城合江镇，名山永兴镇、红岩乡、前进乡
联江乡	联江乡茶叶市场	场镇十字路口			联江、马岭、双河、解放	成都、眉山
廖场乡	观音村茶叶市场	观音小区	961	1250	名山廖场、百丈、中峰，邛崃市夹关、天台、太和、高河等乡镇部分村组	廖场乡内部分茶企及乡外企业（名山黑竹、新店、百丈、中峰，邛崃甘溪、夹关）
	廖场新区茶叶市场	廖场新村	2500	7250	名山廖场、黑竹、邛崃临济、夹关部分村组	临济、廖场乡内茶企及部分乡外企业（黑竹、百丈、中峰、新店、临济、甘溪、大塘、夹关）
中峰镇	原茶叶交易市场	原中峰粮站内	800	3000	名山中峰、新店，邛崃夹关、临济部分村组	中峰乡企业及部分乡外企业交易市场
	甘河茶叶交易市场	河口村六组	1000	3500	名山中峰、新店，邛崃夹关、临济部分村组	中峰乡企业及部分乡外企业交易市场

注：不完全统计，未包括季节性茶叶鲜叶市场。本地指市场所在乡镇。

五、茶苗销售

名山是全国有名的良种茶苗基地。2000年前，以四川省名山茶树良种繁育场为主，繁育推广国家级、省级无性系良种茶。2000年后，全县建立乡（镇）级良种母本园500亩，每年可提供无性系良种穗条50万公斤，茶苗3亿株。2000—2012年，名山茶苗规模年年递增，畅销全国。主要销售有福鼎大白、福选9号、名山白毫131、特早芽213等优良品种。至2015年底，全区有苗圃4574.2亩，每年可繁育出圃的无性系良种茶苗12亿余株，占四川省无性系良种茶苗的90%以上。除四川内调配外,还销往云南、贵州、陕西、甘肃、重庆、湖北、湖南、广西等省(自治区、直辖市)的茶区,成为全国最大的无性系茶树良种繁育基地;按每亩5500株计算,在全国推广茶园面积超过320亩。

百丈镇肖坪村成为苗圃村。在巴中市通江县、峨眉山市、乐山市夹江县、贵州省道真县大面积扦插繁育无性系茶苗。2004年,在贵州省道真县指导扦插苗圃100亩,是第一次长途运输穗条进行大面积扦插繁育,茶苗长势良好。至2015年,全村培育无性系茶苗10亿株,生产母穗条500余万公斤,并推广至全国绿茶产区。

茅河乡为中心基地。2000年前后,香水村将多余的茶苗销至省内外,育苗专业户也应运而生,从十亩、百亩,发展到千亩,最高超过1800亩,一年一出圃的国家级标准茶苗获得客户信赖(图5-50)。茅河乡茶农自创良种茶苗密植技术,每亩出苗35万~45万株(图5-51),出苗量大增,茶苗数量从几百万株到几千万株。全乡从事茶苗产业的农民专业合作社有26个,农户1200余户。年销售茶苗稳定在3亿株以上。销至四川省内各市(县)和省外的重庆、湖南、湖北、甘肃、陕西、云南、贵州、西藏等省(自治区、直辖市)茶区种植。以香水村、龙兴村、万山村为核心基地,建成中国茶苗第一乡。2002年,香水村三组34户茶农销售茶苗3000万株,户均年收入万元以上,其中年纯收入10万元以上有4户。2004年,国家民政部授予茅河乡茶业协会"全国先进民间组织"称号,省、

图5-50 名山县茅河乡茶苗扦插、繁育、管理和销售

图 5-51 茶苗密植繁育

市先后授予茅河乡"科技示范乡"称号。2008年，全乡农民人均纯收入5680元。其中，茶苗收入3800余元，占67%。香水村三组35户人，年收入10万元的有25户，其他不低于5万元。村办公楼前矗立巨石一块，雕刻着"香水村，中国茶苗第一村"。2008—2012年，年均销售8亿株，最高单株0.26元，全乡销售总值逾2.4亿元。茶苗产业获利超百万元的有500余户，香水村家家逾百万。新农村建设项目成为市（县）的样板和楷模，硬化路面直通农家院坝，林园别墅，整洁优美。

2013年后，各产茶地建立茶苗基地，发展面积逐渐饱和，名山茶苗销售量及价格大幅度降低，传统品种每株最低0.02元。茶苗繁育专业合作社及农户调整茶苗结构，扦插蒙山9号、川农黄芽早、川沐28、中茶108、中茶302等特色、低氟的茶树品种供雅安市内需求，繁育安吉白茶、黄金芽等茶树品种供省外市场。2015年，出圃茶苗13.9亿株，价格一般在0.2元/株。

2015—2020年，全国农村进入脱贫攻坚重点工作，省内外茶区对茶苗需求激增，茶苗价格水涨船高，刺激了繁育，出圃在13亿株，茶苗出圃最大量在2018、2019年，达15亿株（详见第九章）。主推品种有名山131、名选311、福选9号、福鼎大白、特早芽213、蒙山九号、福山早（现在川九，甘露1号）、福顶白茶和四号茶等，还有不少外省（市）选育的特色品种，如黄金芽、黄金叶、紫鹃茶、奶白茶、极白、早奶白、水晶白茶、紫嫣茶、安吉白茶、川茶2号和3号、白玉仙、乌龙茶、龙井、乌牛早、乌牛黄、龙井黄、天台黄、川黄等品种。主推品种价格在0.1~0.25元/株，特色品种在0.2~0.3元/株，高的如黄金芽、黄金叶、紫鹃茶、紫嫣茶，达1.2~1.5元/株。主要销售往雅安市内的荥经、芦山、天全、宝兴、雨城，四川省内的乐山、峨眉、夹江、洪雅、宜宾、泸州、北川、广元、苍溪、万源等，省外主要是贵州湄潭、凤冈、毕节、桐梓，重庆秀山，甘肃文县及云南、广西、陕西等地。主要茶苗繁育与销售公司有雅安市名山区金雅州苗木种植农民专业合作社、香水苗木种植农民专业合作社、超众苗木种植农民专业合作社等，杨启万、李万林、阳超等成为名山茶苗繁育与推广代表。

脱贫攻坚任务完成后，2021年普遍种植的茶苗需求急降、价格降至0.08~0.12元/株，特色茶苗需求与价格略有下降，茶苗种植面积在1100亩，主要以特色品种为主。2022年需求略有回升，茶苗种植面积至1500亩，茶苗种植的普遍价格在0.15~0.25元/株，特色茶苗是0.4~0.5元/株，紫嫣达到2元/株。

2022年3月，位于中国茶苗第一乡茅河镇的名山区茶苗交易中心竣工验收，占地1080.68m²，地上一层（茶苗交易数字平台260m²；茶叶茶苗检验检疫中心和疫病虫害防控中心480.68m²；农资农具存放储存中心340m²）。该信息交易中心投入使用后，整合茶苗生产、交易和物流信息等资源，创新茶苗交易模式。同时，依托严谨的交易制度、稳定的交易系统、规范的风控体系，着力构建便捷、交易成本合理、服务完善的茶苗交易"线上+线下"平台（图5-52、图5-53）。

图5-52 中国茶苗第一乡——茅河镇（图片来源：北纬网）

图5-53 中国茶苗第一乡——名山区茶苗交易中心（图片来源：北纬网）

六、网络销售

（一）商务发展

名山茶业电子商务，从无到有，从小到大。2000年后，互联网在名山普及。通信设施、光纤宽带网和移动通信网等电子商务应用网络的基础设施建设不断发展。至2022年，全区所有乡镇及行政村实现网络全覆盖，有线接收率在100%以上，无线接收率100%。农业专业合作社、社会青年，积极创办电子商务企业，拓展名山农特产品电子商务销售渠道。2000年，四川蒙顶山味独珍茶业有限公司开始开展茶叶电子商务。2004年后，网络销售企业逐步增加。2017年，抖音开始火爆，年轻人借助现代传播方式销售茶叶。2019年，直播带货更是深深影响了茶叶企业和青年茶人，大家纷纷投资、增添设备，开始尝试直播带货，有些企业还请"网红"直播带货，有喜有忧。经过一段时间，企业总结到，还是要以自己企业为主，培养自己企业的主播，虽然慢一点，但直播带货的路要稳得多（图5-54、图5-55）。

2005—2006年，部分茶商在淘宝网上开店销售茶叶，四川省茗山茶业有限公司等企业也建立企业网站进行宣传和销售。2013年后，四川蒙顶山味独珍茶业有限公司、雅安市名山区香满堂茶厂、四川禹贡蒙顶茶业集团有限公司、春尖茶厂等茶叶企业60余家先后在阿里巴巴、京东等开设网店。2014年，全区实现网络销售额0.8亿元。2015年，全区重点电子商务企业有10家，农村电商服务站125个，本土电子商务平台企业2个（茶商在线、新村易购）。有20余家企业做网络经销，其中四川蒙顶山味独珍茶业有限公司、雅安市名山区香满堂茶厂销售额分别为1300万元和600万元，四川蒙顶山茶业有限公司销售额700万元，四川蒙顶山跃华茶业集团有限公司销售额450万元，作为成立不久的四川省雅安市染春茶业发展有限公司的总经理陈轶涛看到了商机，全力投入网络销售，销售额超

图5-54 网络直播义兴藏茶制作与销售

图5-55 网络直播蒙顶山茶品鉴与销售

过400万元。雅安市名山区卓霖茶厂副厂长——年轻的茶二代何长博，从2020年开始进入网络销售，至2022年底销售额已达400万元。多数企业由于没有经验和专职销售，产品品类、价格定位、质量和服务等也还有差距，销售额多数在20万~100万元。

网络销售带动名山物流发展，除原来的中国邮政外，进达、顺丰、韵达、立萌等一批物流公司如雨后春笋般出现。至2022年，全区有20余家物流公司，年经营快递重量约3万t，经营额约30亿元。物流公司主要在世界茶都市场设交易服务中心，分别是金盟、邮政、和振、腾达、百世、圆通、立盟、永胜、速龙、千辉航空、杨氏、亿翔等物流公司。

（二）商务管理

中共雅安市名山区（县）委、区（县）人民政府，鼓励旅游、文化、农产品企业利用第三方平台开设网店，与淘宝网、1号店、苏宁易购、京东网等知名第三方电商平台合作，线上线下融合发展。名山区经济和信息管理局组织企业、大学生参加各类电子商务培训。富民连锁、邮政公司、电商合作社等企业，参加绵阳市召开的中国（四川）电子商务发展峰会（电子商务展销会）。组织企业参加成都召开的四川省电子商务扶贫研讨会、京东商城电商资源对接大会。培训农村经济组织、专业合作组织、创业青年、大学生村官、农民。指导企业建设电子商务进农村服务站。至2015年底，区内72个行政村建成电子商务服务站点72个（其中田田圈30个、邮乐乐32个），相继投入运营。

名山区科学技术局组织农村电子商务科普培训（图5-56）。2015年11月26日，邀请雅安市科学技术局培训中心的老师到万古乡，详细讲解当地产业的产品特性，教授如何有针对性地开设网店，以及开设网店的方法步骤。万古乡茶叶企业、农家乐负责人及部分村级干部共50余人参训。至2015年底，全区电子商务培训1050人次。至2022年底，全区电子商务培训超过1万人次，开设网店和直播的企业超过400余家（图5-57）。

图5-56 2016年茅河乡农村信息化培训

图5-57 染春茶业通过网络平台销售的茶商品发货准备

（三）主要企业

2022年名山区进行网络销售的主要企业及渠道平台统计见表5-14。

表5-14 2022年名山区进行网络销售的主要企业及渠道平台统计

企业名称	网络渠道与平台	销售额/万元
雅安市名山区旭茗茶厂	京东、天猫、淘宝、抖音、拼多多	2100
四川蒙顶山跃华茶业集团有限公司	天猫、京东、微商城、抖音、拼多多	2200
雅安市名山区香满堂茶厂	天猫、京东、淘宝、抖音、今日头条	1200
四川蒙顶山茶业有限公司	天猫、京东、抖音	470
四川省雅安市染春茶业发展有限公司	京东、淘宝、苏宁易购	1500
四川蒙顶山味独珍茶业有限公司	天猫、京东、淘宝、抖音、拼多多	1400
雅安市名山区卓霖茶厂	抖音、京东、快手	400
四川省大川茶业有限公司	天猫、京东、淘宝、抖音、拼多多	400
春上早茶业集团有限公司	天猫、京东、抖店、拼多多	1500
四川省雅安市红灵实业有限公司	天猫、京东、淘宝	305
四川蒙顶山雾本茶业有限公司	天猫、京东、抖音、拼多多、小红书	460
四川省世鼎茶业有限公司	淘宝、阿里巴巴、抖音、小红书	319
四川赋雅轩农业科技有限公司	淘宝、天猫、京东、抖音、拼多多、微商城、有赞、点淘	1450

注：不完全统计。

七、产品包装

（一）古代茶叶包装

1. 贡茶包装

唐代，蒙茶制好后，以白银盒盛装，黄绢封裹，再糊上白泥，盖上红印，遣专使昼夜兼程送往长安，供皇室使用（图5-58）。文学家刘禹锡《西山兰若试茶歌》中"何况蒙山顾渚春，白泥赤印走风尘"有所描述。宋代，贡茶进贡时，"籍以青箬，裹以黄罗，封以朱印，外用朱漆小匣，镀金锁，又以细竹丝织笈贮之"。清雍正十二年（1734年），沈廉在《随笔录》中记载："……仙茶，每年送至上台，贮以银盒，亦过钱许，其矜如此。"道光时，四川年贡仙茶二银瓶，陪茶二银瓶，菱角湾茶二银瓶，名山茶二锡瓶。清光绪时，知县赵懿《名山县志》记载："正贡和

图5-58 蒙顶贡茶内包装和外包装

副贡，分别贮入6个银瓶，陪贡装大小不等的18个锡瓶，用上好的黄绢封裹，盖上官印，装入特制的木箱内，待吉日良辰，遣吏护送至川省布政司转贡京城。"

2. 凡茶包装

除仿银、锡瓶外，主要是木盒、竹筒、陶罐及黄柏草纸、油纸、蜡纸，高档的茶叶用青花或粉彩瓷瓶。边茶（粗茶）外包装多用篾笼，篾笼中的每块砖茶也有用纸包装。

3. 边茶包装

为便于长途运输，都用篾笼包装（俗称"茶包子"），每包重量历代不尽相同，装形有方包、长条两种。宋时，运往熙、秦地区换马的名山茶，除出给公据外，还在茶驮上加盖印号。明、清商销茶叶，每包附有该茶的商号商标。运输途中，商人随身携带引票、税票，交关查验，方能通过。

（二）现代茶叶包装

民国建立，蒙茶停贡，初年仍有"委员"驻蒙山，照旧采制，作为县内重要祭祀之用或馈赠的礼品。民国初，两次入川为官的徐心余，曾得到数匣蒙茶，他在《蜀游闻见录》中记述："川西雅安府有蒙山……所产珍品，市间无有购者，或与'委员'有交谊，偶赠三、五匣。匣以锡为之，每匣十片……寻常市茶，绝不相朋类。"

民国时期，边茶包装使用条形篾笼，每包装茶4甑（1甑4斤），每甑用大黄油纸内附红纸商标包裹。每两甑之间隔一"叶子"，即竹篾编制的薄片，长约13cm，宽约7cm，起隔离作用。每四大甑，再用黄油纸总包一层，扎以篾条，套入笼内。每包底部均附粗茶一小包，重约1两，称为"窝底"或"关底"，用以奖赏背脚。

1942年，县人张理堂与天全茶商李兰耕合资经营的"庆发兰记"茶号，其边茶商标，以大黄作底色，上面一个太阳，一个元宝，印有米红色藏文"罗布尼吗"。销售细茶，一般以袋子盛装，上等茶则用草纸内包，对方纸外封成砖形，每封净重8两（今秤0.25公斤），或以纸张包装在正平面嵌上一方玻璃，每匣净重6两（今秤0.15公斤）。商标都用红色或黄色纸，印有两种图案，一类是"蒙山全景"图，上书"蒙山仙茶"；一类是"老僧施礼"图，上书"蒙顶香茗"。

（三）当代茶叶包装

新中国成立后，名优茶类主要为马口铁质做的罐、筒包装，形状有圆桶状、梭桶状、扁桶状等，规格一两、二两、半斤、一斤、两斤、五斤、十斤不等。批发用木桶，内以防潮纸隔离，零售商、茶馆分装。

20世纪70年代，引入塑料薄膜，印上商标、图案、说明、规格，热压封口，大小不一。20世纪90年代后，多以复合铝膜袋包装，规格3g、4g、5g、50g、100g、250g、500g不等。5g以下的小包装，多数包合为100g、200g等外包装。同时，用纸质、木质、锡质、铁质、玻璃、陶瓷等外包装，增加花色与档次。2010年后，兴起自然、生态的简包装，不少厂家、商家采用外牛皮纸内铝膜包装。至2022年底，名山茶包装样式有500余种。蒙顶山茶多数包装均在成都、广州等包装企业订购、设计、制作。

2005年初，邛崃商人黄建忠在名山高速公路出口处建成天雨彩印厂，主要印制名山茶叶的包装用品。浙江商人吴思祥投资60万元，在新店镇建成双燕茶塑料彩印软包装生产线，占地1000m²，厂房400m²，2010年后亏损出租。本地商人赵明富投资建成雅安市名山区明富包装厂，年印刷茶叶包装100余种（类）。至2022年12月底，名山茶叶有明富、四喜、煊豪、华伟等大小包装企业20余家，年印制包装产品400万余份。

蒙山茶的规范包装，需具备产品名称、注册商标、产品标准号、资格证号、食品标签认可号、净含量、生产时间、保质期、保存条件、生产企业及厂址、产品条码、经营单位等标识、信息。"蒙顶山茶"地标授权使用企业的包装上还要有蒙顶山茶证明商标标识（图案商标或文字商标）、中国地理标志产品标识、中国气候好产品标识等，在说明或简介中可有中国十大名茶、中国十大茶叶区域公用品牌等内容。

2022年11月11日，由名山区政府举办，区市场监督管理局与茶业协会等共同承办的"蒙顶山甘露杯"首届包装大赛在区茶业协会世界茶都品牌展示中心举行，共组织区内外企业50家，参赛包装200个种，评选出一、二、三等奖和多个单项奖，引导企业做好包装及标识标注应用，提升包装的规范程度与品牌档次。比赛结束后，全部参赛包装存列入协会的品牌展示中心，用于展示、交流、借鉴、宣传（图5-59）。

图5-59 雅安市政协主席戴华强（右二）、副主席赵敏（右一）、名山区委书记余云峰（右三）、名山区政协主席倪林（左一）考察协会包装品牌展示中心

八、农民专业合作社

2007年，《中华人民共和国农民专业合作社法》实施，由村社和茶叶茶苗生产专业经销大户，组建成茶叶农民专业合作社。至2022年底，全区共发展涉及茶产业的农民专业合作社204家，其中农机专业合作社34家，茶叶植保专业合作社3家，茶苗繁育销售专业合作社167家。

2012年，国家对农村面源的污染问题高度重视，并采取措施进行解决。鼓励基地农户、专业合作社建立农村专业合作社，并对购买抽施粪机的农户或合作社进行补贴。全区陆续成立了29家农村专业合作社，开启抽施粪机来开展人畜肥还田工作。农机专业合

图 5-60 名山茶源农机专业合作社成立仪式　　图 5-61 抽施粪机粪水还田

作社主要从事茶园农业机械抽施粪工作，将养殖专业大户、农户的人畜肥从蓄粪池中抽运上车，然后灌入联系落实好的茶园中，实现畜粪还田，增加土壤肥力、改良土壤、降低农村面源污染的目标。有部分农机专业合作社还从事茶园机修机剪、茶叶病虫害防治工作，并引进旋耕机、掘耕机等探索茶园翻耕施肥（图5-60、图5-61）。

名山茶叶植保专业合作社目前只有3家：雅安市名山区蒙峰茶叶种植农民专业合作社，依托于四川蒙顶山跃华茶业集团有限公司建立，为跃华茶业所属的红岩乡（现前进镇）茶叶基地20000余亩核心茶园，与公司签订管理目标协议，按协议内容进行茶园的绿色生态管理，除草、施肥、打药、修剪、绿色防控等，组织茶农户开展培训工作，指导茶农按标准进行采摘，还要进行茶园基础设施维护，确保基地茶园的生态安全、茶树茂盛生长。雅安市名山区圣山仙茶茶叶种植农民专业合作社，依托四川川黄茶业有限公司建立，为该公司拥有的300余亩基地茶园进行绿色生态管理。雅安市名山区老峨眉茶叶种植农民专业合作社，依托四川盟盛源茶业有限公司建立，一方面为该公司签约的500余亩基地茶园进行绿色生态管理，另一方面还要管理公司建立的40余亩玫瑰花基地。雅安市名山区前新茶叶种植专业合作社依托于雅安市忠伟农资有限公司成立，开展了茶园的植保、农药化肥、茶叶技术等应用效果试验、检验，2021年承担广聚农业核心区的原真性保护茶园的除草、施肥等工作，2022年承担忠伟农业总岗山、袁山老川茶600亩的生态管理。

名山无性系良种茶苗的繁育和销售，从2010年以后全部均由茶苗种植农民专业合作社承担。茶苗种植农民专业合作社先与农户签订土地租赁协议或茶苗收购协议，翻耕准备好土地，组织落实优良品种穗条，于每年六七月份组织人员剪切、扦插茶苗，随后进入育苗期管理。然后注意网上各地政府、农业部门发出的茶苗采购信息，或与各地茶区联系，投标茶苗采购。销至省内的成都、峨眉、乐山、宜宾、巴中、广元等市（县）和省外的重庆、湖南、湖北、甘肃、陕西、云南、西藏等省（自治区、直辖市）茶区种植。2007年以后贵州成为茶苗销售的重点，有90%以上的无性系良种茶苗来自名山，其中全部都是农民专业合作社投标销出的。投标成功后，待移栽茶苗的10—11月，及时起合格苗、办检疫证，快速运至中标地。茶苗销售中多数还是效益可观的，也有因中标地气候异常、种植管理不规范造成成活率低而赔本的情况，或中标地政府或企业拖欠造成亏损。但名山茶苗在农民专业合作社的精心管理下，品种好、标准高、无疫病、信誉佳、价格公道，成为最有力的市场竞争者，是名山茶苗繁育销售的一张名片。

2022年底雅安市名山区部分农民专业合作社名单见表5-15。

表5-15 2022年底雅安市名山区部分农民专业合作社名单

序号	名称	法人代表	成立日期	从业人数	注册资金/万元
1	雅安市名山区吉茗源茶苗种植农民专业合作社	郭文军	2007年12月11日	6	500
2	雅安市名山区味独珍茶叶种植农民专业合作社	张强	2009年1月15日	7	200
3	雅安市名山区香茗源茶业农民专业合作社	李东霞	2009年6月26日	5	500
4	雅安市名山区永昌苗木种植农民专业合作社	文永昌	2009年7月24日	8	600
5	雅安市名山区金福苗木种植农民专业合作社	万奎	2009年8月10日	5	300
6	雅安市名山区志伟茶叶种植农民专业合作社	李帮伟	2009年9月24日	6	510
7	雅安市名山区金地顶一苗木种植农民专业合作社	冯赛	2009年10月20日	6	845
8	雅安市名山区敦蒙玉芽茶叶种植农民专业合作社	胡晓丽	2009年12月15日	23	200
9	雅安市名山区蜀源苗木种植农民专业合作社	陈清国	2010年6月1日	5	580
10	雅安市名山区香水苗木种植农民专业合作社	李万林	2010年9月9日	7	950
11	雅安市名山区蒙峰茶叶种植农民专业合作社	王明清	2010年12月31日	5	500
12	雅安市名山区老峨眉茶叶种植农民专业合作社	龚熙萍	2011年3月2日	10	500
13	雅安市名山区藕花苗木种植农民专业合作社	周维智	2011年3月10日	7	300
14	雅安市名山区蜀源春苗木种植农民专业合作社	罗鹏飞	2011年6月29日	10	500
15	雅安市名山区圣山仙茶叶种植农民专业合作社	张显江	2011年7月26日	5	100
16	雅安市名山区春茗苗木种植农民专业合作社	蔡名南	2011年8月2日	30	700
17	雅安市名山区超众苗木种植农民专业合作社	阳超	2012年2月13日	5	500
18	雅安市名山区春满园农机服务农民专业合作社	李万林	2013年4月16日		204
19	雅安市名山区雾本汇农茶叶种植农民专业合作社	王忠华	2017年4月26日	7	200
20	雅安市名山区雾源种养殖农民专业合作社	詹肇杰	2018年1月23日	5	120
21	雅安市名山区前新茶叶种植专业合作社	王忠	2018年4月11日	6	104
22	雅安市名山区西蜀山叶茶叶种植农民专业合作社	周开均	2018年5月4日	5	500
23	雅安市名山区扶摇茶叶种植农民专业合作社	李柏林	2022年3月2日	5	20

注：本表农业专业合作社名单为不完全统计。

第三节 茶叶价格

一、古代茶价

自汉至唐初,蒙顶名茶品种有圣杨花、吉祥蕊、石花、露芽、五花等,但当时茶少价昂。

唐代,饮茶习俗风靡全国,蒙山茶受世人珍视,"雅州百丈、名山二者尤佳"。杨晔在《膳夫经手录》中写道:"蜀茶,得名蒙顶。于元和以前,束帛不能易一斤先春蒙顶。"当时,茶树成为名山民众谋生的主要作物。

宋神宗熙宁时期,官府统购名山茶叶价格。当时,在名山、百丈两地设立买茶场,采取强制手段,统购统销名山茶叶。茶场每岁初春借给茶农本钱,规定利息二分,实际收取五分,然后大秤压价收购。"名山茶一驮,榷买载足,至秦州不满十贯,卖价三十贯至四十贯"。茶场监官别作名目,取息五分或数倍以上,《净德集》卷三有"如雅州茶每斤三十文者,计一百文卖,十八文者,计三十二文卖"。如以名山茶易熙、秦马,100斤可换上马一匹(马价30000文)。宋徽宗时,"一百斤名山茶可换四尺二寸大马一匹"。宋崇宁三年(1104年),在"秦州买四岁至十岁四赤(尺)四寸大马一匹",用名山茶交易,只需112斤,每斤折价钱769文。但在黎州买马,每斤茶只折30文。宋崇宁四年(1105年),换上等良马每匹用茶250斤,中等马每匹用茶220斤,下等马每匹用茶200斤。当时,名山茶在熙河地区博马,每驮茶价78贯533文,贴卖茶价为每驮81贯651文。宋孝宗时,"陕西诸州岁市马二万匹,于名山茶运二万驮"。

明洪武二十二年(1389年),雅州茶马司按传统比价易马:"每勘中马一匹,给茶一千八百斤",高于陕十多倍。不久,朝廷硬性规定碉门地区的茶马比价:"诏'茶马司'仍旧,惟定其价:上马一匹,与茶一百二十斤;中马,七十斤;驹马,五十斤。"由于规定茶马比价失当,严重损害藏人利益,交易马源自然较少,雅州(名山)、碉门(天全)的茶马司门庭冷落,库茶无人问津。

明世宗嘉靖时期,官府定销边芽茶价每斤银3分,叶茶价每斤银2分,在市上可买大米3~4.5斤。以名山茶易马,120斤可换上马一匹,70斤换中马一匹,50斤换小驹一匹。

清康熙年间,边茶产量超过60万斤,细茶一度达到6万斤。清雍正年间,每斤细茶折银7分或8分。晚清同治时,名山边茶在康定的销售价,藏商用一"平"白银(50两),买砖茶13科珠(1科珠即一包篓装茶,重20斤),平均每斤价1.9钱;或金尖茶15科珠,平均每斤价1.67钱。

二、现代茶价

1927年，名山成品粗茶每斤售价为银元0.133元。1929年，金尖每斤售价为0.10元，砖茶0.112元，毛尖0.158元，可买大米3~4.5斤。1942年，粗茶每斤最高价1.5元，最低价1元。1943年，每斤最高价5元，最低价3.8元，可买大米3~3.8斤。1945年，平均价格为26.5元，可买大米1.1斤。

1936年，精制细茶每斤均价0.34元，可买大米10斤。1937年，每斤均价0.50元。

1938年，《建设周讯》刊载一篇茶业资料，记载有：茶农方面，初制成本，以每斤毛茶为单位，需采摘费2吊400钱（0.113元），柴火400钱（0.02元），揉制1吊钱（0.097元），共3吊800钱，折合法币0.18元。制茶50斤，其中白毫、花毫30斤，售价9~12元，元枝20斤，售价4~5元。以15元平均售价计，除去制造费9元，实际得纯利6元，若将茶树栽培费及投资利息扣除，仅获为数极少的工夫钱。

茶商方面，每100斤细毛茶，购价25元。开支烘焙费：工资0.4元，伙食0.2元，柴火0.1元，杂支0.2元，包装0.2元，房屋租金及用具损耗0.1元，共1.2元，名山至成都运费2.5元，交纳茶税1.6元；运至成都再制费1元；包装贮存费，资金利息及营业税0.5元。合计31.8元。在成都售价，每100斤为80元，品迭可获纯利48.2元。每100斤金尖茶毛茶，购价10元。雇工制造，可制成品边茶7包。每包支出费用：压制费1.44元，编制费0.04元，器具损耗及其他费0.02元，包装材料费0.15元，上税0.35元，至康定运费1.6元，合计3.6元。在康定每包售价5.5元，除去成本可得利润1.9元，如以100斤计算，则获利13.3元。

1942年，细茶每斤最高价为15.33元。1943年，每斤最高价为105元，最低价为37.63元，可买大米2.8~10.5斤。1944年，最高斤价为480元，最低价为107.5元。1945年，平均斤价为102元，能买到大米4.5斤。1948年8月5日，名山县政府规定茶价每斤1万元（民国旧币制，约合1元），对"不遵守规定者，准予押送来府依法惩办"。

1947年以后，百物腾贵，通货膨胀，市场出现以物易物，茶叶大多调换大米。1948年，每斤精制细茶的换米比例是：芽茶1:20.53，芽白毫1:10.5，上白毫1:6.5，次白毫1:6.25，细元枝1:4.251，边茶1:3.5。1949年，每斤精制细茶的换米比例是：芽茶1:20，芽白毫1:10.5，上白毫1:7.6，次白毫1:5.5，细元枝1:4.5，边茶1:3.7。每百斤芽茶、芽白毫、上白毫、次白毫、细元枝可分别换米2000斤、1050斤、760斤、550斤、450斤；每百斤粗茶可换米74斤。

三、当代茶价

1949年以后，计划经济时期，名山茶叶购销价格由国家统一按区域、时间规定，其间调拨、周转、手续差价照章办事。

1950—1952年，在细茶自由贸易期间，曾挂牌公布川西区税务局所定各级茶叶免税价格，限制商贩压价、抬价。

1955年名山县收购粗、细茶价格见表5-16。

表5-16　1955年名山县收购粗、细茶价格

单位：元

粗茶				细茶			
级别	做庄茶单价	级别	粗茶毛庄单价	级别	上等单价	中等单价	下等单价
一级	17.10	一级	11.50	一级	99.50	92.50	86.00
二级	16.20	二级	10.60	二级	70.00	73.00	67.00
三级	15.30	茶梗子		三级	61.00	56.00	53.00
四级	14.40	一级	7.20	四级	49.50	46.00	42.50
五级	13.10	二级	6.70	五级	39.50	36.00	
六级	12.60						

注：①表中为每担的价格。②本表由谭辉廷提供。

1961—1984年，10次调高细茶收购价，上升幅度为1954年茶价的2.45倍。其中，1961—1964年，实行超派购收购或收购三级以上的细茶加价20%。1980—1983年，9次调高边茶收购价，上升幅度为1954年茶价的4.9倍。销售于藏族地区的边茶价一直未变。如以毛茶售价与大米售价（国家牌价及市场价）相比，出售细茶1斤，可买大米5~8.8斤；出售粗茶1斤，可买大米1.3~4.7斤。以成品茶售价与大米售价（国家牌价及市场价）相比，出售名茶（甘露）1斤，可买大米80~189.9斤；出售细茶1斤，可买大米8.5~18.75斤；出售粗茶1斤，可买大米3~8.9斤。茶价较1949年以前提高2~9倍。

1962—1965年，在国民经济调整时期，国家采取措施，把茶叶生产权下放到生产小队，实行粮茶共管生产责任制。同时，为鼓励生产，发放茶叶生产补助款、预购订金和购价补贴，并结合收购奖售粮食、化肥、布票及其他工业券。为了进一步扶持茶农生产，除多次提高购价、含税加价及价外补贴，超任务减税外，还给予物资奖售。如1962年，交售100斤细茶，奖售化肥20斤，粮食5斤，奖给布票10尺；交售粗茶100斤，奖售化肥10斤，粮食3斤。1965年，按省和专区指示，对南路边茶毛茶收购品质规格作了调低，价格已将去年20%的价外补贴改为正式收购价，同时使粗茶价格提高，级别仍未变。细茶五级十五等，条茶三个等级，做庄粗茶三个等级，毛庄粗茶二个等级。毛茶收购，如一级：叶嫩粗壮，粗壮细条占30%以上，海椒形条线占60%左右，次品占10%左

右，色泽油润，呈青绿色，无夹杂物。二级：叶体较粗壮，粗壮细条占20%左右，海椒形条线占50%左右，代卷形条线占10%左右，次品占20%左右，色泽油润，呈青黑色，无夹杂物。做庄茶：条线紧卷均匀占60%左右，色泽油润，棕褐色，红苔嫩梗3斤上下，无夹杂物。毛庄茶一级：炒制均匀，较嫩，色泽呈浅黄或金黄色，壮红苔梗3斤上下。二级：炒制均匀，较老，色泽呈浅黄或金黄色，壮红苔梗3斤上下，次于一级。为提高茶叶等级，销售好的价格，收购或加工细茶后要精制，精制以传统方法为主，均以人工操作，将毛茶用竹筛筛去碎末，摊放于桌台或簸箕内，手工拣出鱼叶、老叶、茎梗、黄片、茶梗、茶籽及高粱屑片、棕丝、砂粒和其他非茶类夹杂物。干度不够，还要复火烘干。同时，用各种型号的筛子进行分筛归堆，便于茶叶拼配。这种精制方式一直沿用到20世纪七八十年代。收购水分按四川省茶叶公司鉴评的精神做了调整，炒（烘）青茶为9%，青毛茶为10%，南路边茶1964年为12%，1965年规定为14%。级间茶叶处理，易产生纠纷，一般视其级间差度大小掌握升降给价，级差在50%以上者上涨为靠近的某级，级差在50%以下者，下调为靠近下一级的某级茶。遵守白露封山停采制度，使茶园面积恢复1/3，达到9200亩，年收购量上升至5000担以上。1965年名山茶叶收购价格见表5-17。

表5-17　1965年名山茶叶收购价格

单位：元

项目	细茶			粗茶		
	级别	收购价格	加20%价补贴后结算价	级别	收购价格	加20%价补贴后结算价
炒青茶	一级中等	129.00	155.00	条茶一级	40.00	48.00
				条茶二级	36.00	43.00
	二级中等	99.00	119.00	条茶三级	32.00	39.00
	三级中等	77.00	92.00	做庄粗茶一级	27.00	33.00
	四级中等	65.00	78.00	做庄粗茶二级	25.00	30.00
	五级中等	52.00	62.00	做庄粗茶三级	23.00	27.50
青毛茶	一级中等	105.00	126.00	做庄粗茶四级	21.00	25.00
	二级中等	87.00	104.00	毛庄粗茶一级	18.50	22.00
	三级中等	68.00	82.00	毛庄粗茶二级	17.00	21.00
	四级中等	56.00	67.00	茶梗一级	14.00	19.00
	五级中等	46.00	55.00	茶梗二级	13.00	16.00

注：表中为每担的价格，本表由谭辉廷提供。

改革开放后，随着市场经济的建立，取消茶叶属于"二类产品"的规定，各生产加工企业自产自销成品茶，民营（个体、私营）企业异军突起。

1983年，1斤甘露价可买大米80~190斤，1斤细茶价可买大米8.5~18.7斤。1984年蒙山茶场名茶、特级、沱茶等销售价格见表5-18。1985年后，成品茶零售价及市场成交额逐年上升。1986年，黄芽、石花、甘露等名茶每斤零售价在100元左右，金尖边茶（藏茶）每斤0.82元左右，青毛茶三级边茶（藏茶）每斤2.2元左右（图5-62）。

图5-62 20世纪80年代蒙山茶

表5-18 1984年蒙山茶场名茶、特级、沱茶等销售价格

品名	批发价/元	零售价/元	品名	批发价/元	零售价/元
黄芽	44.64	50	玉叶长春	17.5	19.6
石花	44.64	50	特级素茶	7.81	8.75
甘露	22.5	25	二级沱茶	3.1	3.5
万春银叶	20	22.4	三级沱茶	2.07	2.3

注：表中为每公斤的价格，本表由谭辉廷提供。

2000年，黄芽、甘露、雀舌等市场每斤均价为300元左右，毛峰每斤均价约40元；精品康砖每斤均价约7.5元，普通康砖每斤均价约1.6元，金尖边茶（藏茶）每斤2.5元左右，精品三级边茶（藏茶）每斤6元左右。

2002年，国家减免农业税和农业特产税。2003年取消农业税和农业特产税，茶农、茶商种茶、制茶的积极性提高。当年11月，蒙山智矩寺制作的智矩贡茶在广州国际文化节上每斤售价2500元。

2004年4月3日，成都万人品蒙山茶迎国际茶文化"一会一节"新闻发布会在成都武侯祠、百花潭公园举行。其间，四川省蒙顶皇茶茶业有限责任公司在慧园门口以茶技表演助兴，拍卖蒙山茶，一斤禹贡名茶竞拍价16890元。

2014年底，黄芽、甘露、雀舌等市场每斤均价约480元，毛峰每斤均价约80元；精品康砖每斤均价约18.5元，普通康砖每斤均价约5.6元。均不含包装。

2015年春季，新茶上市，黄芽、甘露、石花等每斤均价超过520元，其余价格与上年基本持平。

不同茶业、不同茶品种各时期茶价见表5-19~表5-22。

表5-19 四川省国营蒙山茶场和四川省蒙顶皇茶茶业有限责任公司名茶零售价格统计
（1960—2000年）

单位：元

年度	蒙顶黄芽	蒙顶甘露	蒙顶石花	万春银叶	玉叶长春
1960	46	47.76	47.52	40.16	33.34
1965	50	46	48	40	33.6
1970	60	46	50	42	33.8
1975	70	48	90	42	36.4
1980	101	50.4	101	44.8	39.2
1985	101	80	101	50.4	44.8
1990	360	480	560	240	70
1995	460	360	460	240	160
2000	460	360	460	240	160
2005	640	640	720	320	100
2010	960	960	1040	440	160
2015	1360	1360	1440	520	240
2020	3600	2400	2600	1000	450

注：表中为每公斤茶叶的价格；不含包装。

表5-20 四川雅安义兴藏茶有限公司边茶（藏茶）零售价格统计

单位：元

年度	雅龙	金雅龙	古道金藏	藏家宝藏
2001	4			
2005	5			
2010	5		126	86
2015		25	148	98
2020		30	198	118

注：表中为每公斤的价格；四川雅安义兴藏茶有限公司前身为雅龙茶厂。

表 5-21 1996—2020 年（部分年份）名山茶叶市场零售价格统计

单位：元

品名	1996 年	2000 年	2005 年	2010 年	2015 年	2020 年
黄芽	360	380	460	500	760	3000
石花	380	400	420	460	760	2400
甘露	380	400	400	420	780	2400
毛峰	140	150	150	160	240	360
香茗	64	70	90	110	172	240
甘露飘香	300	320	360	380	760	2200
毛峰飘香	120	130	150	160	256	720
特级花茶	60	60	64	70	116	400
一级花茶	56	56	60	64	96	320

注：表中为每公斤的价格；散装，不含包装。

表 5-22 历年来蒙顶甘露价格

时间	售价	时间	售价
宋、元	细银 3 分 / 斤	1970	46 元
明	细银 3 分 / 斤	1975	48 元
清	细银 7~8 分 / 斤	1980	50 元
1927	0.38 元 / 斤（当时货币）	1985	80 元
1936	0.40 元 / 斤（当时货币）	1990	140 元
1942	15.33 元 / 斤（当时货币）	1995	300 元
1943	210 元 / 斤（当时货币）	2000	360 元
1944	960 元 / 斤（当时货币）	2005	400 元
1947	1∶10.5（大米）	2010	420 元
1949	1∶10.0（大米）	2015	780 元
1950	1∶8.8（大米）	2020	2400 元
1960	47.76 元	2021	2700 元
1965	46.00 元	2022	3000 元

注：表中为每公斤的价格；以上价格以均价统计。每时期价格均以当时货币单位统计。

第四节 茶 税

一、古代茶税

唐代以前，茶叶是自由生产经营，不收税。唐代中期以后，国家财政困难，开征茶税，后成定制，成为国家财政收入的主要税源之一。唐穆宗长庆元年（821年），"加茶榷（茶叶专卖税），旧额百文，更加五十文"。第二年，剑南西川茶税"以户部领之"（《新唐书·食货志》卷54），即由中央政府直接管理茶税征收和茶叶专卖。元年（827年），由西川节度使主管茶税征收。文宗太和九年（835年）十月，王涯为相，极言榷茶之利，乃置榷茶使，征购民间茶园，茶叶生产贸易全部由官府经营。结果民怨沸腾，推行不久，因王涯被诛而废止。文宗开成元年（836年），又将西川茶税归"盐铁使"管理，户部侍郎李石为盐铁使。晚唐至五代，虽战乱动荡，但仍实行榷茶，茶税管理归属不一，茶叶贸易基本为官府垄断，商人经营。

唐末至北宋英宗以前，名山茶税，纳入田赋征收，税率十分之一。神宗熙宁以后，茶税有专卖税、商税、土产税和杂税（如牙税、打角钱、息钱、头子等）4种。其中，仅商税一项包括住税6文，买茶翻税6文，过场务税平均5文，共达17文。据《宋会要·食货》记载，神宗熙宁十年（1077年），名山茶场商税收入多至19580贯，为雅州五场税收总额（22739贯）的87%。

元朝，政府设立榷茶转运司，主要职责是课赋，并不断增加茶叶课赋额。在主产茶区四川，设立西蕃茶提举司。汉藏贸易仍继承宋制，采取按"引"纳税办法。至元十七年（1280年），废除短引，课税额增加五倍之多，居民饮茶亦予征税。榷茶官员层层婪索贿赂，最后转嫁到茶农身上，茶业受到摧残。

明代中期，朝廷在四川招商种茶，规定茶农种茶十株，官取其一，征茶二两。茶商请领茶"引"，上税1000文，到产区买茶，运至茶马司，实行官商对分。一征一分，税收极重。后改为"商买商销"，茶商请领茶"引"，茶农上税虽未变更，但在交茶时，官府以重秤称进，实际超过正税的两倍多。茶商经营茶叶，芽茶每"引"配额100斤，上税3钱，叶茶每"引"上税2钱，并上商税、附加税和杂税，合计1.035两。最后增至1.215两，占官方核定卖价的40.5%。

清康熙时期，税收较宋、明轻，各种税占官方核定卖价的27%左右。雍正八年（1730年），名山配边引1830张，腹引50张。边引每张征课银1.25钱，税银4.72钱，羡银1.24钱，截银1钱，共8.21钱；腹引每张征课银1.25钱，税银2.6钱，羡银0.98钱，截银1.2钱，共6.03钱。此外，茶商运茶到茶引局验明茶色、数量，每茶10分，抽取1.5分。两项税收合计，占售价的27%左右。

二、近代茶税

至咸丰年间，课银增加2厘，税银增加1.5钱。同治时，又增征落地税2.5钱，并在茶农、茶商中每户劝办茶捐1.2两或1.4两不等，比清初税率增加5%左右。

光绪时期，由于外国列强入侵，中国战败赔款，茶税增加，税收占卖价的35%。

光绪二年（1876年），四川总督丁宝桢在雅州各县改革茶政，废除杂税，采取定案招商办法，茶商认额请"引"，派员驻打箭炉，按"引"征税，每"引"征库平银一两，其他陋规概行废除。但行之不久，附加税收又层见叠出，如征小关税0.42钱，炉关税1.99钱，出关驮捐2.1钱，加成1.726钱。1894年、1902年，为筹集中日战争军费、庚子赔款经费，先后在原征基础上加收茶税三成，统计每100斤细茶上税1.6两，粗茶上税1.2两，按当时名山金尖茶在康定售价每担3.4两计算，上税率达到35%。

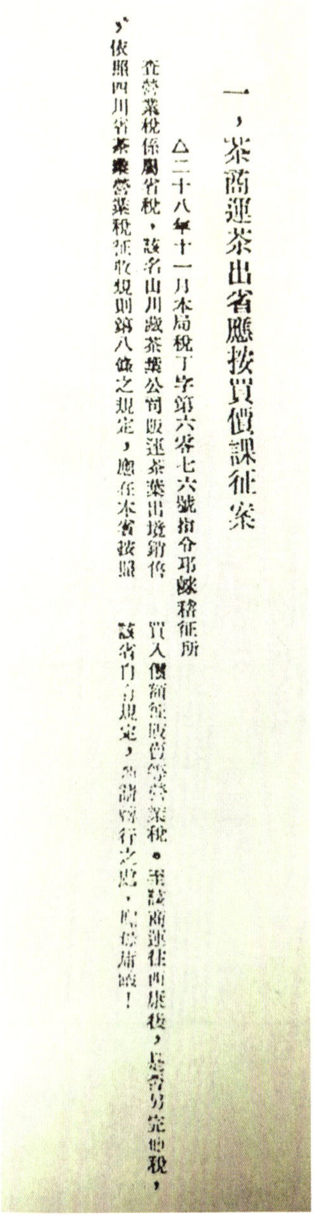

三、现代茶税

民国前期，改"引"为"票"，改征银"两"为"元"。每一张票，缴纳正税1.4元。杂税有护商费、出关税、雅江船捐、九龙杂捐以及地方各种捐税，其总额往往超过正税数倍。1938年7月10日，国民政府宣布废除引税制，改征营业税，茶税按当地售价征收总金额的3%，并征出厂税15%，各种税率总和不低于30%。1942年，茶课改由中央征收营业税，废止引岸制。1943年，除增征生产税外，又视毛茶等级，每100斤增征营业税2元、3元、4元，并增征出关税50070元（时民国币值，约相当于原来的5.007元；之前征收为0.8元），加上抗战捐及其他杂捐，所征税率亦不低于30%（图5-63）。

图5-63《茶商运茶出省应按买价课征案》1939年《四川省营业税局月报》第二卷第10~12期

四、当代茶税

1950年,实行边茶免税、细茶减税,茶叶税率比例下降。至1951年,出售粗茶免税,细茶上税5%。1951年,建立新税制,藏、细茶征税20%。1953年,税制修正,调整为25%。1954年,国家茶叶购销价格公布执行。1957年,茶叶实行派购统销。1958年,税制改为工商统一税,税率40%。

1980年,细茶超派购任务出售,减税加价20%,粗茶纳税由40%减为20%,减税金额返还茶农用于生产。按正价含税加价和价外补贴9%,同时实行超派购收购减税加价20%。1983年,细茶税率下降到25%,粗茶税率减至10%,所减税额用于降低销售价格,搞活茶叶购销市场。1986年,鉴定22个乡镇纳税茶园及产茶数量,实际入库税款31.73万元,为1985年21.23万元的149.46%。1987年6月23日,县人民政府布告征收农林特产税,自1987年1月1日起征,其中茶叶税率为收入的5%,按地方附加税额的15%征收。20世纪80年代中后期起,粗茶免税。

1994年9月,国税、地税分开,地税征收茶叶特产税,税率为收购环节的16%,生产环节的7%。1995年,全县实征茶叶地税98.54万元。1996年,收茶叶地税104.13万元。1997年2月24日调为收购环节的12%,全年收茶地税99.44万元。1998年收84.97 8万元。

1999年,名山县地方税务局普查全县各乡镇茶园情况,全县20个乡镇和3个国有茶场经自查统计,茶园总面积44975亩,其中投产茶园37025亩。经鉴定核实,茶园总面积为29469亩,其中投产茶园20829亩。按每亩投产茶园征收特产税41.34元计,征收特产税86.1万元。

2000年初,成立名山县茶叶税费征收管理办公室;2月19日,名山县人民政府对茶叶生产环节征收农业特产税,具体执行办法是"看园定税",即对茶园投产面积较大、茶苗圃成片的集中征收农业特产税,标准为投产茶园每年每亩40~50元。名山县地方税务局、名山县农村工作委员会办公室等部门,到乡镇反复开展茶园鉴定,核定投产茶园26707亩,鉴定茶叶特产税任务117.064万元。当年,征收茶叶特产税100万元。苗圃园423亩,每年每亩征收100元,征收特产税4.23万元;8月6日,取消茶叶收购环节的农业特产税,生产环节的税率调整为8%。全年征收国税30.01万元、地税106.45万元。从2000年起,一定3年不变。

2001年,征收国税19.50万元,地税149.86万元。茶叶特产税入库130万元。2002年3月,抽调全县77名干部组成工作队,再次核实统计全县茶园。经核实,全县所有乡镇和村都种有茶树,有种茶农户44528户,茶园面积57435亩(含四川省国营蒙山茶场1772亩、公安农场50亩),比2001年上报面积70169亩少12734亩。其中,良种茶投产面积

4468亩，未投产24208亩；老川茶投产24193亩，未投产3831亩；乌龙茶投产107亩，未投产627亩。2002年4月中旬至10月底，在全县进行农村税费改革工作，减轻农民负担。实施税费改革后，缓征农业特产税。2002年，国家减免农业税和农业特产税。2003年6月，取消农业税和农业特产税。2004年，国家全面取消农业特产税。2004年起，只在茶叶加工、销售环节征收税费。

1950—2022年，名山县茶税征收情况详情见表5-23。

表5-23　1950—2022年名山县茶税征收统计

年度	茶税/元	年度	茶税/元	年度	茶税/元
1950	1898	1976	181933	2000	1464600
1951	1381	1977	212622	2001	2993600
1952	11601	1978	224000	2002	279000
1953	14879	1979	277600	2003	19000
1954	22778	1980	256100	2004	
1955	61000	1981	268977	2005	
1956	77015	1982	275900	2006	
1957	76624	1983	214100	2007	2004—2013年，因税收征管系统变迁，每年税收额无法核实
1958	73930	1984	202667	2008	
1959（1—8月）	33091	1985	212300	2009	
1960（1—8月）	39528	1986	217300	2010	
1961	47962	1987	564900	2011	
1962	48448	1988		2012	
1963	46675	1989		2013	
1964	58983	1990		2014	6298400
1965	61000	1991		2015	4810000
1967	73867	1992		2016	4980000
1968	78400	1993		2017	8080000
1969	78300	1994		2018	14440000
1970	92865	1995	985400	2019	26390000
1971	106543	1996	1041300	2020	20430000
1973	114944	1997	994400	2021	59560000
1974	121203	1998	947700	2022	52660000
1975	173205	1999	711600		

注：档案资料中，1959年和1960年只有1—8月的茶税征收数，9—12月均未有记载。部分年份数据缺失。

区（县）国税局成立规范茶叶税收征管工作领导小组，每年召开茶叶税收征管工作会议，宣传税收政策，将茶叶税收列入乡镇年度绩效的考核内容中。规范户籍管理，组织专门人员，清理全区茶叶生产经营行业，摸清税源底数和分布状况。茶农自产自销免税，生产经销单位按不同对象征收增值税：一般纳税人实行查账征收，小规模纳税人实行根据情况可查账征收或定额征收，公司（集团）根据税法规定查账征收。有些年份还将税收作为奖励或企业宣传品牌费用的抵扣。

2009年以后，国税向规模以上茶业企业征收所得税。当年，全县规模以上茶叶企业30家，上缴税收169.3万元。

2010年底，全县规模以上茶叶企业33家，上缴税收258.2万元。2011年，全县规模以上茶叶企业15家，生产规模较大、有品牌、规范化管理的企业70余家，上缴税收217.6万元。2012年，全县规模以上茶叶企业15家，上缴税收246.9万元。2013年，全区规模以上茶叶企业14家，上缴税收265.6万元。2014年，全区规模以上茶叶企业16家，上缴税收221.5万元。2015年，全区规模以上茶叶企业17家，上缴税收143.9万元。

至2015年底，全区茶叶经营行业纳税人558户，其中：一般纳税人40户，小规模纳税人企业及个体经营者518户。增值税小规模纳税人企业及个体经营者按3%征收；一般纳税人，初加工按13%征收，精加工按17%征收。地税征收城市维护建设税、教育附加费、地方教育附加费。至2015年，城市维护建设税，按增值税的5%征收；教育附加费，按增值税的3%征收；地方教育附加费，按增值税的2%征收。

1. 增值税

一般纳税人：

2015年1月1日至2017年6月30日，精制茶加工按17%、粗制茶（毛茶）按13%征收。2017年7月1日至2018年4月30日，精制茶加工按17%、粗制茶（毛茶）按11%征收。2018年5月1日至2019年3月31日，精制茶加工按16%、粗制茶（毛茶）按10%征收。2019年4月起，精制茶加工按13%、粗制茶（毛茶）按9%征收。

小规模纳税人：

2015年1月1日至2020年2月28日按3%征收。2020年3月1日至2022年3月31日按1%征收。2022年4月1日至2022年12月31日免税。

2. 六税两费

六税两费指的是资源税、城市维护建设税、房产税、城镇土地使用税、印花税（不含证券交易印花税）、耕地占用税、教育费附加、地方教育附加。

2019年1月1日至2021年12月31日六税两费增值税小规模纳税人减半征收。2022年

1月1日至2024年12月31日六税两费增值税小规模纳税人、小型微利企业和个体工商户减半征收。

3. 企业所得税

2019年：小型微利企业年应纳税所得额不超过100万元的部分，减按25%计入应纳税所得额，按20%的税率缴纳企业所得税。对年应纳税所得额超过100万元但不超过300万元的部分，减按50%计入应纳税所得额，按20%的税率缴纳企业所得税。

2021年：小型微利企业年应纳税所得额不超过100万元的部分，减按12.5%计入应纳税所得额，按20%的税率缴纳企业所得税。对年应纳税所得额超过100万元但不超过300万元的部分，减按50%计入应纳税所得额，按20%的税率缴纳企业所得税。

2022年：小型微利企业年应纳税所得额不超过100万元的部分，减按12.5%计入应纳税所得额，按20%的税率缴纳企业所得税。对年应纳税所得额超过100万元但不超过300万元的部分，减按25%计入应纳税所得额，按20%的税率缴纳企业所得税。

不同时期，名山重点茶叶企业地税入库税收见表5-24~表5-26。

表5-24　2006—2009年名山重点茶叶企业地税入库税收统计

单位：万元

企业	2006年	2007年	2008年	2009年
名山正大茶叶有限公司	35.52	54.62	74.12	82.37
四川省茗山茶业有限公司	28.93	5.7	15.56	50.21
四川蒙顶山跃华茶业集团有限公司	2.59	7.34	10.7	8.25
四川省名山县宏宇蕾茶业有限责任公司	0.3	2.02	1.9	6.55
四川禹贡蒙顶茶业集团有限公司	0.04	4.08	3.06	5.2
四川省蒙顶皇茶茶业有限责任公司	8.01	2.69	0.95	3.93

表5-25　2012—2015年名山重点茶叶企业地税入库税收统计

单位：万元

企业	2012年	2013年	2014年	2015年
四川省茗山茶业有限公司	15.07	3.35	12.24	23.76
四川川黄茶业集团有限公司	2.59	3.72	3.53	2.8
四川蒙顶山味独珍茶业有限公司	3.8	1.27	4.21	1.15
四川蒙顶山跃华茶业集团有限公司	1.23	1.99	0.88	1.51
雅安市蜀秀茶业有限公司	1.62	0.93	3.23	1.95

表 5-26　2010—2022 年名山重点茶叶企业国税入库税收统计

单位：万元

年度	名山正大茶叶有限公司	四川省蒙顶皇茶茶业有限责任公司	四川蒙顶山跃华茶业集团有限公司	四川省茗山茶业有限公司	四川蒙顶山味独珍茶业有限公司	四川禹贡蒙顶茶业集团有限公司	四川蒙顶山雾本茶业有限公司	四川川黄茶业集团有限公司	雅安市蜀秀茶业有限公司
2010	65	7	0	52	7	18			
2011	63	16	0.2	43	16	15			
2012	64	32	7	40	21	12	2013 年开始规划建设，2015 年试运营		
2013	79	21	18	49	71	8			
2014	127	17	21	20	10	6			
2015	140.51	21.19	14.01	37.04	10.54	4.53	0.12	21.55	16.44
2016	122.96	10.19	15.12	19.66	33.87	4.23	0.6	51.87	38.73
2017	121.22	29.33	36.82	10.04	85.51	6.41	32.76	11.36	0.02
2018	66.69	21.36	18.79	1.76	39.39	4.84	1.2	5.2	0
2019	86.38	33.3	31.69	51.43	9.2	7.06	0.52	6.35	0
2020	117.43	8.98	22.18	6.25	5.72	5.53	77.05	5.77	0
2021	221.38	3.15	21.5	1.41	4.19	4.02	29.45	3.4	4.05
2022	37.54	−170	10.76	−0.07	0.55	1.59	121.79	18.28	5.7

第五节　茶叶加工机器生产

一、传统工具

自古以来，茶叶加工器具和设备均是加工作坊老板或师傅根据生产需要自己制作或找木工、篾工、铁匠等订制。明清至新中国成立，名山部分茶商自设作坊制造成品茶，设备传统、简陋，以竹、木工具为主，金属工具极少。炒茶仅有锅、灶，有斜锅灶和平锅灶之分。蒸茶压制有木甑、帕巾、春棒；揉茶有揉台、揉簸；凉茶有扇、簸箕、撮箕等，烘茶以笼、焙箱等为器具。精制分选有核桃篾筛（网格大若核桃）、方眼篾筛、簸箕等。装贮茶叶有篾筐、蜡纸、瓷罐或陶缸、生石灰等，做边茶有吊秤、茶架、篾篼、竹签、钩刀、切刀等，均为手工操作（图 5-64~图 5-74）。

图5-64 茶篼

图5-65 晾青架

图5-66 簸箕

图5-67 撮箕

图5-68 篾筛

图5-69 扫把（扫帚）

图5-70 茶灶

图5-71 草纸与包闷

图5-72 烘焙

图5-73 炭火盆

图5-74 溜茶架

二、当代机具

20世纪六七十年代,四川省国营蒙山茶场从外地引进木制揉茶机,进行生产加工效果显著。一些社队企业也购买或仿制木制揉茶机进行生产。

1981年,全县有机械初制加工点84个,精制加工厂3家,配备动力机械设备94套。1985年,初、精制茶叶机械设备有215台,其中瓶式炒茶机90台,揉茶机85台,平园分筛机6台,切茶机8台,阶梯拣梗机5台,烘干机7台,风选机7台(图5-75~图5-77)。

图5-75 木制揉茶机

图5-76 电炒锅

图5-77 电烘焙

1997年,四川省农业厅扶持名山茶树良种场名茶车间,引进名优茶机具20台(套)。至2001年,全县有大小茶叶生产加工厂239家,有各型制茶机械设备1560台(套),其中:名优茶机械设备(微型杀青机、微型揉捻机、理条机、多功能机、提毫机、烘干机等)406台(套);初制机械设备(瓶式杀青机、揉捻机、解块机、烘干机等)917台(套);精制机械设备(圆筛机、抖筛机、拣梗机、风选机、切茶机等)197台(套);粗(边)茶机械设备40台(套)。2015年底统计,全区大、中、小茶叶加工厂有1600余家,机具设备76427台(套、条)。

初制茶叶时有分选、杀青、萎凋、做青、揉捻、揉切、发酵、干燥等机械设备。鲜叶贮青、摊凉装置有茶叶萎凋槽、茶叶摊凉架。杀青机械有瓶式杀青机、滚筒式杀青机、锅炒杀青机。揉捻机械有茶叶揉捻机、红碎茶揉切机。茶叶发酵设备有发酵室、发酵架、发酵车和发酵机。青茶初制设备有摇青机、包揉机。茶叶干燥机械有烘干机、多槽扁茶炒制机、茶叶提香机等。

精制茶叶所用机械有筛分机具:平面圆筛机、滚筒圆筛机、抖筛机;风选机械:风选机、切茶机;拣梗机械:阶梯式拣梗机、静电拣梗机、光电色选机等。

三、茶机生产

1995年前,名山部分乡镇的农机站、机械厂开始从维修茶机到进行一些零配件生产。

1996年后，名山百丈农机站仿造生产茶叶加工机械。2005年，四川省茗山茶业有限公司投资600万元，自行研发自动化、清洁化名优茶生产线，并于2007年通过省级鉴定。2015年，卓霖茶厂改进茶叶风选机、热风红锅杀青一体机，获得国家专利。至2015年底，全区有生产茶叶机具的企业17家。主要生产杀青机、揉茶机、理条机（图5-78）、多功能机、烘干（提香）机、风选机等。

图5-78 茶叶企业的理条机

（一）四川龙腾茶机制造有限公司

1997年，百丈农机站改制，更名为名山县龙腾工贸服务中心。后来，又更名为名山县名星实业有限公司龙腾茶机厂。随后，提升组建为四川龙腾茶机制造有限公司。1998年，该公司产品通过省级重点科技产品鉴定，获四川省优秀产品三等奖、雅安行署科技进步二等奖、四川省乡镇企业科技进步一等奖。2001年，评为乡镇企业科技明星企业。2002年，被评为四川省乡镇企业农业产业化经营重点龙头企业。该公司为四川省农机补贴推广定点厂家，生产集机、炉、电、气于一体的茶机，适用于小型茶叶加工用户和专业制造厂家。2000—2009年，连续保持市级"重合同守信用企业"称号。2015年，年生产能力300台（套），生产总值2350万元。2020年后停止生产。

（二）苟氏茶机厂

2000年8月，原国营四川省名山县茶厂机修车间主任苟成芳建苟氏茶机厂。至2013年，自主研发制作第五代边茶成型机（产品产量由150~200包/班提高至500~600包/班）、第二代光电自控蒸箱（生产效率提高95%以上）、立式切梗机（产品产量由350公斤/班提高至8500公斤/班）、第三代无轴式滚筒圆筛机、紧压茶钢制模具、第二代选别机、阶梯式滑梗机、边茶解块机、无轴式干燥锅等边茶生产机具，销往西藏、贵州、云南及四川省内的都江堰、乐山、万源、眉山等地。

（三）雅安市名山区山峰茶机厂

成立于2005年6月，地址在蒙顶山镇虎啸桥。年产各类茶机1500余台，年产值1500余万元。销售单机6742台，产值1.02亿元（图5-79）。产品涵盖茶鲜叶处理、茶鲜叶清洗、名茶自动流水线；绿茶（毛峰、香茶）清洁化流水生产线；模块红茶、黑茶初制、发酵、炒制、紧压生产线；茶叶精制、再制生产线。生产连续自动生产线112条（在龙都、叙府、早白尖、圣山仙茶、仙人岭、重庆市农业科学院茶叶研究所、西藏朗赛等大型知名企业

图5-79 山峰茶机厂生产的加工成套设备、滚筒分筛机

安装)。茶机厂在四川、贵州、湖北、重庆、西藏设有10个售后服务点,产品获国家质量、信誉服务AAA级单位,是2009—2012年四川省支持推广的农业机械产品企业;2009年、2011年国家支持推广的农机产品企业;2010年国家农机补贴产品企业。现有员工48人,其中高级工程师2人,工程师3人。

(四)雅安市创宇茶业有限公司

2010年9月成立,地址在中峰乡茶叶市场。主要业务为茶机制造、销售。产品纳入国家农机补贴推广目录。

(五)雅安市名山区永祥茶机制造有限公司

2010年10月14日登记注册,地址在城东乡五里村五组,业务经理陈建祥。公司系2011年国家农机购置补贴产品入选企业,入选产品有6CHS-2/10茶叶炒(烘)机、6CST-60茶叶杀青机、6CZ-100茶叶杀青机、6CZ-300茶叶杀青机等。

(六)四川省雅安市名山区万洪茶叶机械厂

2013年成立,地址在新店镇解放路口。专业生产茶叶抖筛机、提升机、震动槽、杀青机、烘箱、冷却机、解块机,并维修茶叶机械。

(七)四川迪岸轨道交通科技有限公司

四川迪岸轨道交通科技有限公司成立于2019年,是专业从事机电设备研发制造的高新技术、专精特新企业,位于四川雅安国家经济开发区创业孵化园第12栋,茶机产品主要有智能型微波光茶叶杀青设备、高端全自动智能提香设备、茶叶加工无人自动线等(图5-80)。公司有核心技术研发实施团队,拥有发明专利和软著证书39项,与四川农业大学、四川大学、电子科技大学、茶业协会等单位的教授、博士及具有多年生产和市场经验的专家合作,在茶机自动化智能化创新发展和品质提升上不断开拓发展。产品在以雅安为主的四川茶区,以及贵州、湖北、重庆等地畅销。

图5-80 迪岸轨道交通科技有限公司生产的智能型微波光茶叶杀青设备与现场演示

品牌篇

第六章　蒙顶山茶产业管理

第一节　生产所有制

一、新中国成立前茶业生产所有制

新中国成立前，土地为私有制。名山农村大量土地被少数地主占有，广大无地或少地农民沦为雇农或贫农，遭受沉重地租剥削。1942年，占全县总人口数不足5%的地主，拥有58.6%的总耕地面积，而占总人口数95%以上的农民，只有41.4%的总耕地面积。1949年，占全县总人口数不到5%的地主，有30.45%的耕地面积，而占全县总人口数59.1%的贫农，有21.18%的耕地面积。地主平均每户占有土地90.8石（1石等于60kg），人均17.06石；贫农平均每户占有耕地3.64石，人均0.94石。茶区农户种茶，或租佃耕种，或自有自种。每户生产数量少则数斤，多则2000余斤（初制茶）。所产茶叶，多出售给茶号、商贩，进入加工、流通领域。面对落后的茶叶产业，四川省民国政府拟集资改良蒙山茶（图6-1），但因战争等因素终究没能实施。

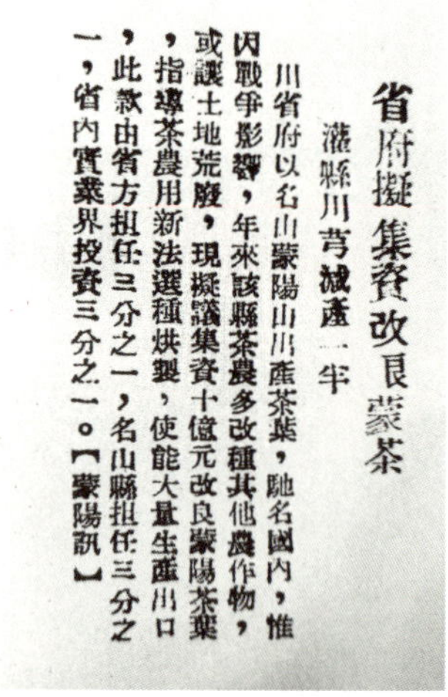

省府擬集資改良蒙茶

灌縣川芎減產一半

川省府以名山蒙陽山出產茶葉，馳名國內，惟因戰爭影響，年來該縣茶農多改種其他農作物，或讓土地荒廢，現擬議集資十億元改良蒙陽茶葉，指導茶農用新法選種烘製，使能大量生產出口，此款由省方担任三分之一，名山縣担任三分之一，省內實業界投資三分之一。【蒙陽訊】

图6-1 1948年《农业论坛》第一卷第一期第八页《省府拟集资改良蒙茶》

二、新中国成立后茶业生产所有制

新中国成立后，土地为国家、集体所有。名山区（县）茶叶生产分为全民（国营）、集体、家庭联产承包三种所有制形式。

1949—1980年，名山茶园绝大部分为全民（国营）、集体所有。至1980年底，全县茶园15209亩，其中，国有四川省国营蒙山茶场茶园1334亩、公安农场茶园42亩，占9.05%；集体茶园13563亩，占89.18%；农户自管茶园仅270亩，占1.77%。

1980年，名山公社、大队、生产队所属集体茶场（园）及全民所属国营茶场，普遍推行以"定、包、奖、赔"为内容的生产责任制。

1983年后，集体茶场（园）实行集体经济经营统分与农村家庭联产承包责任制相结合的双层经营制。全民（国营）茶场（园）所有制保持不变。

2000年以后，国营名山茶厂、国营蒙山茶场、县联社茶叶供销公司相继改制，茶园和资产租赁和便卖，名山茶叶面临新的体制、机制和市场格局，省、市、县多次召开会议研究蒙顶山茶发展问题（图6-2）。

2015年4月起，名山全面启动了农村土地承包经营权确权登记工作，稳定农村双层经营制。2017年7月通过省级验收后，随后转入整改和颁证阶段，名山区在原解放乡试点的基础上，于2021年颁证工作进入扫尾阶段，持续进行查漏补缺、信息纠错，全力做到证书颁发到农户手中，不颁"问题证"，确保农户土地承包经营权落到实处。

图6-2 2006年雅安市茶业发展推进会在名山召开

截至2022年底，全区有茶园391947亩，其中全民（国营）所有制茶场（园）1479.199亩；集体所有制茶场（园）近6000亩（不完全统计），均承包给企业、专业户、个体户或农户管理；农村家庭联产承包责任制茶园38万余亩。

（一）全民（国营）所有制

1951年，通过土地改革，城镇土地转为国家所有。

1951年，西康省农业林业厅在蒙山永兴寺建立西康省茶叶试验场。在寺外建立名山县第一个茶树良种园，面积约1亩。1955年，川康合省后，组建四川省雅安专区茶叶试验站，移交雅安专区管理，当时有茶地20亩。1957年，组建四川省雅安茶叶生产场。

1958年，名山组织817名民工到蒙山智矩寺、天盖寺四周垦荒，建成国营名山县蒙山茶叶培植场。至1959年3月，该培植场有茶地1500亩。1963年，两场合并建立四川省国营蒙山茶场（图6-3）。至1979年底，有茶园1240亩。

1983年，四川省国营蒙山茶场实行分户承包，以职工家庭为承包单位，定额上交，

图6-3 技术人员向职工讲解种茶技术与效益（图片来源：名山县茶叶技术推广站）

盈亏自负。承包前，双方签订合同，内容包含承包面积、产量、产值（鲜叶交场，定价收购）、年限（一般为15年）、技术规格。茶场每年为承包者提供一定数量的肥料、农药、技术资料，定期进行职工技术培训等。规定加工、销售统一由茶场管理经营；职工接受场方的领导、监督。承包后的1986年，该场获利5.96万元，缴纳国家税金10.6万元。2003年底，经营实体改制为民（私）营企业，土地、茶场（园）仍为全民（国营）所有，由蒙顶山风景区管理，四川省蒙顶皇茶茶业有限责任公司租赁经营。

1972年，为增加地方税收，政府投资22万元，建成国营四川省名山县茶厂。2000年7月，改制为民（私）营企业——四川省茗山茶业有限公司。

1986—1990年，名山县在农牧渔业部和四川省农业厅等有关部门的关心支持下，有偿承购中峰乡管理的牛碾坪茶园国有土地265.199亩，投资300万元，由农牧渔业部、四川省农牧厅、雅安地区和名山县四级共同投资建立四川省名山茶树良种繁育场（国家级）（图6-4），该繁育场系全国第四、巴蜀唯一的国家级茶树良种繁育场。至2022年底，该场是名山唯一全民所有制（国有）的事业单位企业管理的经营实体。

图6-4 四川省茶叶学会编印茶叶技术资料

2011年7月，雅安市人民政府和名山县人民政府共同出资组建雅安市蒙顶山茶叶交易所有限责任公司，它是雅安发展投资有限责任公司控股子公司。2013年5月27日，该公司上线运营。

2015年3月，雅安市人民政府和名山区人民政府共同出资3000万元，组建了四川蒙顶山茶业有限公司。2018年，公司在牛碾坪建立茶园基地，区政府划拨茶园400余亩交由公司经营管理。

2018年，名山区组建雅安市广聚农业发展有限公司，其主要负责名山区茶叶加工集中区的规划建设与管理，建立4个园区，总面积308.23亩，总投资9.51亿元，国有50年产权，园区具体情况如下。

1. 名山区蒙顶山茶北部（黑竹）加工园区

项目占地65.42亩，总投资约1.3亿元，建设内容包括1栋综合服务大楼、1栋仓储物流库和7栋标准性生产厂房及配套设施（图6-5）。项目由广聚农业公司参与建设并使用债券资金回购了园区资产。园区签约入驻茶企11家。入园茶企均于2021年2月实现投产运营。

2. 名山区蒙顶山茶中部（新店）加工园区

中部（新店）茶叶集中加工区项目占地99.1亩，总投资约2.3亿元，建设内容包括2栋综合服务大楼、8栋标准厂房、1栋仓储物流库及其他设施设备房，并配套道路、景观、绿化等基础设施。项目由国投公司下属全资子公司雅安广聚农业发展有限责任公司引进社会资本四川省崇州市大划建筑工程公司共同成立项目公司雅安市协创置业有限公司，负责融资、建设和运营。该项目于2019年12月进场施工，2021年6月完成竣工验收。园区8栋标准生产厂房已于2021年9月全部售罄，签约入驻16家茶企均于2022年2月实现投产运营（图6-6）。

图6-5 名山区蒙顶山茶北部（黑竹）加工园区
（图片来源：翟俐丽）

图6-6 名山区蒙顶山茶中部（新店）加工园区
（图片来源：翟俐丽）

3. 名山区蒙顶山茶南部加工园区

名山区蒙顶山茶南部加工园区位于雅安市经开区永兴片区永兴大道旁藏茶产业园内，占地约54.71亩，建设内容包括3栋标准厂房（占地面积13945m²）、3栋管理用房（占地面积9740m²）及配套道路、景观和绿化等基础设施，概算总投资0.85亿元。该项目施工方于2021年5月进场开始施工。2022年，园区12间标准厂房已全部销售完毕，以购置方式签约入驻茶企12家，已有5家茶企入园装修。2023年春，12家企业全部投入使用。

4. 雅安市名山区茶叶现代农业产业园区建设项目（一期）

雅安市名山区茶叶现代农业产业园区建设项目（一期）位于雅安市名山区百丈镇安桥村，面积约89亩，建设内容包括：手工茶坊、茶叶加工示范园、研发展示中心、茶文化主题体验区、仓储物流配套及实施10万亩茶园绿色防控设备安装等，总建筑面积7.3万m²。项目总投资为5.0582亿元，其中申请专项

图6-7 雅安市名山区茶叶现代农业产业园区

债券资金2.95亿元，截至2021年11月，已到位第一批债券资金1亿元。正在实施建设的是茶叶加工示范园，总投资3.3亿元，建设周期为2022—2024年。2022年计划完成投资1.5亿元，建设内容包括手工茶坊、精制茶加工中心、仓储及实施1万亩茶园绿色防控设备安装等（图6-7）。

同时，名山区还在红星区太平村7组建立雅安市名山区蒙顶山茶红星加工园区，占地100.39亩，总投资1.9亿元，建设内容包括10栋标准工业化厂房及配套研发车间、其他设施设备及道路、景观、绿化等配套基础设施，其中标准工业化厂房面积43000m²，其他配套面积27400m²。项目于2021年10月动工，2022年6月完成竣工验收。该项目由私营企业雅安坤三孵化园管理有限公司负责建设、招商、后期运营和管理工作。园区计划入驻年产值2000万元以上企业16家。截至2022年底，已有10家茶叶企业签约入驻，基本已完成厂房装修、设备调试，全力备战2023年春茶生产。

2021年8月，名山区委、区政府将中国重要农业文化遗产——蒙顶山茶核心区原真性保护工作安排落实给雅安市广聚农业发展有限公司，规划总投资6.2亿元。公司在蒙顶山海拔800m以上区域，从各村社茶农中集中流转成片茶园2380亩，签订流转协议长期租用。每亩每年给予1500元流转费，茶农还可以在社会专业服务公司下参加采茶、茶园

管理等。公司生产经营实施"六统一",确保产品原真性;逐步将部分原后期种植的非本地良种茶园改植为本地选育良种茶和老川茶,2022年改植400亩。

截至2020年底,全区有全民(国营)所有制茶场(园)1479.199亩,含蒙山景区1214亩(其中永兴寺100亩,四川省名山县国营蒙山农垦茶叶公司40亩),四川省名山茶树良种繁育场265.199亩。全区有全民(国有)所有制经营实体4家。

(二)集体所有制

新中国成立初期,通过四大任务(清匪、反霸、减租、退押)及土地改革运动,到1952年,广大群众分到了土地,茶农获得经营茶地自主权,茶树随地随户种植栽培。

1953年,全县建立互助组。1955年,农业合作化,除农户房前屋后的少数茶丛外,均并入合作社归集体所有。

1958年,"大跃进"及"人民公社化"运动开始后,除国有茶场(园)和社员房前屋后零星茶树外,均收归集体所有。1959年底,全县有茶园7603亩,其中,集体茶园6103亩,集体经营面积约占总面积的98%,生产、采摘、销售均采用集体作业,以生产队为基本核算单位,统一计划管理,统一调劳栽培,统一采制销售,统一评工记分,年终统一分配(图6-8)。各产茶区及收购单位,

图6-8 20世纪60年代的集体茶园
(图片来源:名山县茶叶技术推广站)

采取年初预付定金、封山不停采、严冬不停购等做法。继后,三年困难时期,集体茶场(园)面积减少,茶叶产量下降。

1972年,结合农田基本建设,各人民公社、生产大队、生产队,普遍建设集体茶园。全名山县建成集中连片、等高种植集体茶园8629亩。组成联办茶场、大队茶场、生产队茶场或茶叶专业组。开办前进公社袁山、张山茶场,车岭公社九包半茶场,双河公社天车坡、云台山茶场等,以及联合形式的集体茶场和专业组织。

1980年,中共中央、国务院关于经济管理体制改革的文件下达后,名山公社、大队、生产队茶场,逐渐推行以"定、包、奖、赔"为内容的生产责任制。主要形式包含:包产到组,责任到劳;联产计酬,包干到组;计件到人户,按劳付酬。调动茶农的生产积极性。截至1980年底,全县茶园15209亩,其中各公社、生产大队、生产队,开荒、垦荒建成的集体茶园13563亩,占总面积的89.18%。较大规模的茶场包括城西茶场、建

山茶场、联江茶场、前进袁山、张山茶场、车岭九包半茶场、双河乡天车坡、云台山茶场等。

1983年，全县实行第一轮土地承包。乡、村、组集体茶场（山）及果、桑、林、牧、渔等集体经济，实行专业承包与农村家庭联产承包责任制。以农村家庭联产承包责任制承包给农户的，土地所有权归集体，茶园经营权、使用权均归农户。以专业承包方式承包给农户的，土地及茶园所有权仍归集体，经营权归承包农户。以投标办法签订合同，包给一户或几户懂技术、会经营的农户。定出承包年限、年产量、产值及双方分成的比例。承包期按承包专业户与集体协议实行，由各乡、镇、人民政府代表县人民政府向各承包户颁发土地经营证书。合同签订后，由承包者独立经营，不受干预。如在承包期中管理不善或违背国家政策、法令，茶场有权收回并另行承包。截至1985年底，以此种形式承包集体茶园的农户13855户，占村、组茶农总户数的91%，对全县茶叶生产的发展，起到了很大的推动作用。如红光乡（1992年并入新店镇）新星村三组，有10亩茶园，1982年由大组承包，亏729元；1983年包给一农户专业经营，到1985年，产量、产值分别比承包前增长9.5倍和16.7倍。

双河乡天车坡茶场实行分户承包，先将茶园划成若干片，由职工报名承包，再根据承包面积和茶地、茶树优劣，定出年产量、产值、投资金额及奖、赔比例。其收入按四六分成，四成归承包人所有，六成归茶场作为生产投资和管理经费。生产过程中，技术规格、施肥、病虫防治、采摘、加工、销售都由茶场统一管理。承包后，解决了管理与分配的矛盾，生产者有经营自主权，促进生产发展。1983年，全场133亩茶园，产茶叶20548.5kg，平均亩产154.5kg，比上年增产19.7%，产值、收入分别比上年增长65.31%和78.5%。

在承包中，因承包期限过短（3~5年），有的农户在承包后随意毁约，不按合同办事，进行掠夺性采、割。也有因到户面积过于分散、零星，管理不便或栽培不善而减产。双河乡六合村三组有纯茶园7.63亩，承包前，由18人经营，精耕细作，树势旺盛，亩平均产量282.4kg，每年向生产队上交6500元，人均奖金35元。1983年，将茶园按人头分到216人承包，由于多数承包者"看不上眼"，只讲采、割，不问耕耘，亩平均产量降到约150kg，减产40%左右。

1988年6月，名山县委、县人民政府在新店镇试点基础上，完善农村集体经济经营统分结合与农村家庭联产承包责任制，全县各村撤销生产组，建立农业合作社。在完善土地承包的同时，完善村组集体项目，增加集体经济收入。彼时，全县有集体茶园1126个15952亩，占全县茶园面积63.21%。截至1991年底，全县有集体茶园1016个，面积

12752亩，占全县茶园面积39.24%。全县年总收入186.72万元。

1996年，第二轮土地承包，基本沿袭第一轮承包方式，延长承包期30年不变，所有制形式保持不变。

据不完全统计，截至2022年，乡（镇）、村、组所属集体所有制茶场（园）近6000亩，均承包给企业、专业户、个体户或农户管理。

在20世纪90年代前的大集体时代，名山县茶园面积虽然不多，但是有几个茶山、茶园比较有名，开发早、面积大、示范带动作用显著，具体如下。

1. 双河乡茶园

1963年，双河乡云台村十组（原双河公社五大队十队），有1万多丛茶树。实行除草、施肥、分批采、精采等措施，产量、质量均比上年增加、提高。1964年，老农郑思伦把自己多年精心培植的几百丛茶树，无偿交给生产队。杨方林、郑朝清于工余饭后，培植200余丛新移茶树。当年，全队茶叶产量3500kg，收入2459元，人均茶收入15元。1965年，国家预付茶叶奖售化肥1200kg。1965年1月4日，名山县委发布《自力更生多壮志，敢教日月换新天——双河公社五大队十队发展多种经营，促进粮食增长》专题报道，介绍该队茶业发展事迹。1966年，双河公社派代表出席在湖南省桃源县召开的全国茶叶工作会，参观学习桃源县茶叶生产，深受启发。而后，双河公社各生产大队、生产队发动社员垦荒植茶，将零星种植茶树移植归并，建设成集中成片、条状种植茶园，呈现新式茶园雏形。至1970年，茶叶总产量62.68t。1970年12月，开展群众种茶运动，分别在天车坡、金鼓山、云台山（五大队）开荒种茶。1971年，双河公社规划粮、茶、林用地，将适宜种茶可垦荒地开辟为新式茶园。同年2月，天车坡、金鼓山、云台山、麂子岗茶场初步建成，直播茶种。同年11月下旬，县、公社、大队组成农业学大寨宣传组，到双河学大寨检查行动和规划，认为双河学大寨行动快、措施良、收效好。当年，双河公社粮食总产量3393.6t，茶叶总产量68t，获得粮茶双丰收，受到雅安地区表彰。

1972年，掀起开荒种茶高潮。建成天车坡茶场（133亩）、金鼓山茶场（150亩）、麂子岗茶场（89亩）、云台山茶场（140亩）。全公社有新式茶园2259亩，比1970年茶园面积增加2.2倍，所有生产队均植茶。同年7月15—25日，雅安地区四川省外经贸局雅安地区办事处、农业局和双河公社党委书记聂明聪出席在湖南省桃源县召开的全国茶叶生产收购经验交流会，聂明聪受到全国茶叶先进表彰，并在会上作《狠抓路线教育，夺取粮、茶双丰收》的经验报告，并被列入全国茶叶生产经验材料汇编。

1973年9月，双河公社粮茶双丰收先进事迹在四川省展览馆展出，置10m²展面，图文并茂。图片由《四川日报》摄影记者金嘉华拍影，文字介绍由名山县农村工作委员会王家富、刘厚丰撰写。而后，全省各地市（县）组织到双河参观学习。

1974年起，云台山（五大队）茶场陆续开荒种茶121.15亩。1979年，著名茶叶专家庄晚芳、唐新力、陈文怀、王家赋编著的《中国名茶》（浙江人民出版社1979版）载："解放后，蒙顶茶受到党和政府的关注……许多农村人民公社，也不断扩大茶园面积。名山县双河公社有58个生产队，队队辟山种茶。近几年来，在荒山秃岭上开辟新茶园几千亩，茶叶产量成倍增长。"这肯定了双河茶叶生产。1980年，双河有茶园2571亩，产茶119.25t；社队企业总产值31万元。同年，云台山茶场产茶5.435t。

1983年，乡办、组办茶场实行分户承包和联产承包。同年，天车坡茶场产量达2.055t。1984年，双河茶厂精制车间投入生产。1985年，双河乡各村、组茶园承包给农户经营。至1986年2月28日，双河乡有乡茶场1个、村茶场6个、组茶园61个，茶叶总产310t。建成亩产千斤的茶园1亩，亩产400kg以上的茶园8.8亩，亩产150kg以上的茶园21.7亩；有设备齐全的精加工厂1个；茶叶产量占全县茶叶总产量近1/3；曾四次出席全国茶叶工作会议，其经验被写进全国茶叶工作会议纪要。

1986年12月5日，名山县农村经济委员会嘉奖双河低产茶园改造，并向全县各区、乡（镇）、县级有关部门印发《关于嘉奖双河乡低产茶园改造工作取得显著成绩的通报》。

1990年，全乡生产干细茶525t（10500担），成为名山第一个茶叶生产万担乡。2003年，通过产业结构调整，金狮村、骑龙村田地，绝大部分种植茶树，基本成为无粮村。2005年，骑龙村进行茶梨套作种植，并在全乡推广面积1200亩，投产510亩（图6-9）。2008年，双河乡被四川省茶叶行业协会评为"四川省十大绿茶名乡"。至2021年，全乡茶园立体栽培面积12000亩以上，其中"茶+梨（梨树）"2500亩，"茶+桂（桂花树）"6000亩以上，"茶+贵（名贵树木）"3500亩以上。

2. 中峰乡茶园

名山解放初期，中峰乡有20~30家专业种植户，每户茶园在1~10亩。

甘溪村高家茶园（现甘溪村茶园内）约5.5亩；大冲村与三江村大广坑茶园，是毛家、刘家、杨家等的零星小茶园，有30亩左右；四岗村四根葱岗上吴、李、杨几家顺山

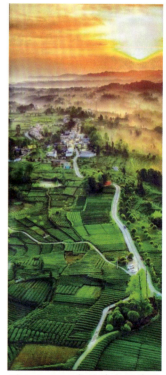

图6-9 2020年的骑龙场茶园风光（图片来源：名山区委宣传部）

岗基地茶园，约15亩；大冲村凤凰山几户零星地块茶园约10亩；秦场村、河口村挨界处，有片块星点布局小茶园。另有海棠村陈家茶园（陈茶园），该处茶园兴业较早，不但种茶，还是茶商。

甘溪村茶园位于甘溪村六组元沟顶坡右上端，六组、三组交界处。1947年，六组高文玉，在自家地里种植5.5亩茶树。第二年，将其中1.5亩，卖给七组郑本江。另4亩，一直管理经营至1957年，一同进入合作社。20世纪70年代，该大队党支部书记韩为兴与大队商定建立甘溪村茶园。从各生产队调出土地，通过队与队之间调整，规划以原高文玉家4亩小茶园为基础，建成甘溪村茶园基地，共39亩。调原多年任大队长的马永祥分管开建此茶园。建茶园时，每队派1人，计8人，既开垦荒山荒坡，又引进原有部分小田小地扩建与打造，播种蒙山老川茶茶果。茶园建成后，由大队经营管理，人员报酬由生产队评记工分，核定劳动报酬。1983年，随土地承包责任制，将茶园承包给农户。

3. 蒙阳镇关口村茶园

1964年，关口村四组罗家山（原城关公社六大队四队），有茶园110亩，粗茶产量4200kg，收入2244.65元，占农业总收入44%，人均茶叶收入15.8元。同年6月，县、区、公社党政领导和县级有关部门负责人，在罗家山召开茶叶生产现场会。会后，该队仅用13天时间，即完成12亩垦复荒茶任务。1964年10月至1965年初春，全体社员投入茶园开垦及管理工作。垦复荒地27.5亩，栽茶23亩，并对全部茶园进行两次除草，一次追肥。老茶农王青云和茶叶专业组组长罗定邦带队，"冒雨雪，披荆斩棘，奋战一冬春"，挖回荒野茶苗3万多株，完成3亩扩园计划。扦插短穗3600余株，90%成活。发动群众捕捉害虫。1965年11月15日，名山县委发布《名山县城关公社六大队四队——加速恢复茶叶生产，夺取茶粮双丰收的经验》专题报道，介绍该队发展茶业事迹。同年，该队粗茶产量4.365t（包括留种400kg，护蓬200kg），收入2403.64元。至1965年底，茶园面积1398.5亩（图6-10）。

图6-10 关口村茶园

4. 廖场乡茶园

1965年以前，廖场乡只有少数农家住宅旁园内种有少量川茶、老鹰茶、苦丁茶，多供自己饮用，少量销往百丈、廖场及邛崃夹关市场，供茶馆或极个别农户购回家饮用。1965年3月，藕塘村四组（原二大队四队）陈再兴任生产队长时，从双河公社购回老川茶籽350kg，在该队"老鹰窝"试种6~7亩。1966年9月，名山县委书记尹宾汤蹲点廖场公社，吃住在藕塘村四组，协调廖场公社从四川省国营蒙山茶场购回老川茶籽150kg，藕塘村四组分配50kg，其余分配给廖场各村。1984年，乡人民政府从外地调回老川茶籽6500kg，分到全乡各村组点播。至1984年底，发展集体茶园45个共277亩、家庭联产承包责任制茶园502亩。

5. 茅河乡"一把伞"茶园

1987年倡导开发农业时，茅河乡人民政府在香水村"一把伞"开发荒坡建成良茶基地，属乡所有，实行责任承包制。茶园地域涉及6个村共18个村民小组，总面积1000余亩。总计投入劳动力5万余个，总投资84.6万元。干细茶年均亩产可达250kg。年总产值500万元，纯收入300万元。1998年，其被列为四川省扶贫基金会项目扶贫基地，是名山县第一个千亩成片茶园，为全县茶叶大面积坪坝种植起到示范作用。

6. 解放乡茶山

位于二十四盘山上，约100亩。1974年大搞农田基本建设，解放公社，动员群众打窝子，栽佛手柑，当时由刘天贵负责，由于气候、水土不宜等原因种植失败。1977年，由县上出资买茶果子，月岗村（时称二大队）组织人员播种，品种是福鼎茶，当时由李树文负责。1983年土地到户，公社将茶山按原习惯划分土地权属，划分给大队、生产队，根据各自所分的茶园面积，按比例承担兴建茶山的农资费。该茶山于1983年底解体。

7. 万古乡东岳山茶园

从莫家村至高河村约4km的山岗，海拔在900~1000m，是与建山乡界的分水岭，自古就有农户开园种茶。1950年以前，有零星分散的老川茶园230余亩（部分是建山乡的飞地），分布于东岳庙与生基岗的山坡上，茶叶品质好，但产量低。20世纪六七十年代，开辟新茶园130余亩。1990年，发展村社集体茶园110亩，其中红草村35亩。而后，均承包给农户经营。2002年后，改为标准化良种茶园，与新发展茶园连片。

三、家庭联产承包责任制

1962年，一度实行包产到户，不久后取消。

1978年，根据四川省委关于农业要放宽政策、休养生息的方针，全县农村开始实行包产到组、包产到户的农业生产责任制。

1980年底，全县茶园15209亩，农户自管茶园仅270亩。

1981年7月，名山县委召开农村工作会议，要求大力推行专业承包、联产到劳生产责任制。1982年，生产责任制由联产到组过渡到"联产到户""大包干"等形式。

1983年后，实行集体经济经营统分与农村家庭联产承包责任制相结合的"双层经营"

制。1983年，全县实行第一轮土地承包，全面推行以户为主的家庭联产承包责任制，土地属集体所有，采取以产定亩（根据土地质量状况分类），将集体土地按人口承包到户，签订农业承包合同，分户经营，自负盈亏。发展各类重点户、专业户。茶、果、桑、渔等经济产地实行专业承包到户，提倡兴办小茶园。

1996年4月，在名山全县普遍实行第二轮农业生产家庭联产承包责任制的基础上，采用政策标准统一，合同文本统一，指导、签证统一和归档管理的办法，启动第二轮土地承包工作。期限为30年。全县共192个村1200个组66528户，有耕地242490亩，其中自留地24021亩，无土地人口10565人，需调出土地的有11102人，各类征占土地12079亩。完备手续的有1214个组，64509户，229107人；签订合同64426份，落实承包面积217365亩，其中水田166910亩、旱地50455亩。茶园和土地一并承包到户到人，由各乡（镇）人民政府代表县人民政府向各承包户颁发"土地经营证书"。

2015年后，继续签完善土地承包经营制，各乡（镇）村社集体经济组织茶园根据面积、品种、长势和效益状况、物价上涨实际情况，对二轮承包中指标相对过低的和承包时间相对过长的全部进行了调整提高，普遍增加3~5倍承包金，确保村社集体经济收入。

截至2022年底，全区农村家庭联产承包责任制茶园34万余亩。

第二节　茶业管理

一、古代茶政管理

（一）唐代茶政管理

名山茶叶行政管理从唐代开始。唐代中期以后，因国家财政困难，开征茶税。之后成为定制，成为国家财政收入的主要内容之一。唐穆宗长庆二年（822年），剑南西川的茶税"以户部领之"，"委度支巡院勾当榷茶，当司于上都召商人便换"，即由朝廷直接管理茶税的征收和茶叶的专卖。唐文宗太和元年（827年），由西川节度使主管茶税的征收。四川税茶由"使司自勾当"，定额为4万贯，占全国税茶的1/10。唐文宗太和九年（835年），王涯为诸道盐铁转运，榷茶使，武宗时期正式确定，"茶之有榷，自涯始也"。唐文宗开成元年（836年），户部侍郎李石为盐铁使，又将西川茶税归盐铁使管理，晚唐至五代虽战乱动荡，仍实行榷茶，茶税管理归属不一，茶叶的贸易基本为官府垄断，商人经营。

名山贡茶从唐天宝元年（742年）入贡起，逐渐形成制式，官府管理与年年入贡成为向朝廷表达忠心和政绩的最重要内容。《元和郡县志》中记载："蒙山在县南十里，今每岁贡茶为蜀之最。"欧阳修的《新唐书》记："雅州芦山郡……土贡有麸金、茶、石菖蒲、落雁木。"

（二）宋代茶政管理

四川榷茶，始于宋神宗熙宁七年（1074年），即"川茶之法，肇于熙宁甲寅"。《宋史》亦载："（川茶）旧无榷禁，熙宁间始置提举司，收岁课三十万。"熙宁榷茶主要设在今陕西、甘肃境内，有5个，而在四川只有永康县场（在彭州）和名山县场2个场，这表明熙宁榷茶只输入陕甘的川茶，并不涉及全区。宋代设置有茶马司和茶监，职责上有交叉。茶监设"提举茶监"一职，有正七品和从七品，非正式官名，职责范围包括开设茶场，挑选好茶，运输等。茶农、茶商在提举茶监处领取"引"票，以决定茶叶产量和销售量。茶监通过发放"引"票，在全国范围内全方位了解茶叶产销信息，并将信息上报朝廷。税茶的具体办法是"茶园税第三百文折纳绢二匹，三百二十文折纳绸一匹，十文折纳绵一匹，二文折纳禾草一束"。纳税之后，便可任令通商，不过只限于川陕数路，超越本区"则禁出境"。此法一直实行到宋神宗熙宁七年（1074年），"川陕、广南州军止以土茶通商，别无茶法"。

北宋政府在川陕四路建立榷茶机构的同时，针对川陕四路实际情况制定了完备的榷茶措施及办法。其内容涉及买茶场职责、交易规则、触犯榷茶规章处罚、官员奖惩考核等各个方面，且都有详细、具体的规定，其措施及办法：

一是买茶场职责按照市价尽数悉买园户之茶，正斤之外，量加耗茶。每岁民间资金缺乏时，买茶场预先计量现钱、斛斗，召园户自愿结保请借，每贯出息二分；至茶出时，以茶赴官折纳。如过夏季仍不纳茶抵偿，依法追催。

二是政府制定茶价。通常情况下，官价茶叶一般是在政府收购价基础之上再加价二分至三分。此外，息钱、头子钱、税钱、打角钱由政府征收。

三是交易原则。茶园户不得在茶场之外买卖茶叶，茶商必须到茶场按官价买茶；官方发行茶引，按照茶引指定的地区销售，并缴纳住税和过税；商人与园户私相交易，或贩卖无引私茶，皆许人告捕，并依法断罪；告捕之人按一斤以上赏钱三贯文，每十斤加三贯，至三十贯止。

四是奖惩考核按规定数额买卖茶叶，岁终审定，超额有奖、亏额有罚；茶场超额，官员相应加官晋爵，并予以物质奖励。茶场监官、吏人，收息一百贯文，赏钱五贯文；若亏五厘以上，罚俸半月，公人笞四十；满一分，监官笞二十，公人杖六十；满二分，监官、公人各加二等，至三分，停止加罪。

川茶入陕甘道路艰险，运输困难，致使课利不足，李杞主营川茶时，经营布帛，欲以布息补茶利,"自后又恐买布亦难敷及元数,则乞却雇回脚车船,般解入川。洎至盐法难行,则又乞将川中有茶去处并行收买"。宋元丰元年(1078年),蒲宗闵亦上书"乃议川陕路民茶息收十之三,尽卖于官……于是蜀茶尽榷"。

其后,哲宗时,四川曾一度废止榷茶。宋元祐元年(1086年)八月辛卯令曰:"废罢成都府在城博卖都茶场,止令产茶州县元置茶场处依未置都茶场日任便贩卖。"不过,没有持续几年,宋绍圣四年(1097年)二月二十五日陆师闵奏请"复行榷买川茶,依元丰法不许通商"。此后,直到南宋初期,川茶榷茶依元丰法再没更改。

榷茶事务由茶马司直属机构——买茶场办理,产茶区榷茶事宜由当地知州、通判兼提举。买茶场监官、专典、库称、牙人等专职办理茶叶交易,征收茶税事务。茶场监官是"茶场所在,州委都监、县委令、佐兼监"。可见,宋朝政府在川陕四路榷茶是通过都大提举茶马司,买茶场及地方政府等官僚机构协同办理榷茶事务,但榷茶具体事务主要由各地买茶场经办。

由上可知,北宋政府在川陕四路建立了一套完善的榷茶机构,制定严密的榷茶法规,从制度层面确立北宋政府榷茶的权威性、合法性,保证榷茶机构的高效运行。然而,税茶与榷茶终属苛政,必然会随之产生严重的负面影响,首当其冲的是茶农。一是阻碍茶业的正常生产与发展。"又昔日未榷茶,园户例收晚茶,谓之秋老黄茶,不限早晚,随时即卖。榷茶之后,官买止于六月,晚茶入官,依条毁弃。官既不收,园户须至私卖以陷重禁"。二是导致大量茶园户破产,激化社会矛盾。《忠肃集》卷五《论川肃茶法疏》载:"蜀茶之出,不过数十州,人赖以为生,茶司尽榷而市之。园户有茶一本,而官市之额至数十斤……园户有逃以免者,有投死以免者,已而其害犹及邻伍。欲伐茶则有禁,欲增植则加市。故其俗论谓地非生茶也,也实生祸也。"三是榷茶导购价格低廉,茶法严苛。"自官榷以来,以重法胁制,不许私卖,抑勒等第,高称低估,递年减价,见今止得旧价之半"。"今民有以钱八百私买茶四十斤者,辄徒一年,出赏三十贯"。显然,苏辙对四川地区的税茶与榷茶有客观分析,但总体来看是弊大于利。榷茶机构垄断茶叶贸易,茶课收入急剧增长,获得高额的垄断利润。

名山买马场及茶监公署,设在蒙顶山下清溪桥(现蒙顶山镇槐溪村槐溪桥)。南宋著名抗金名相虞允文,曾任名山茶监,主办"榷茶"买马事务。清溪桥边曾有茶监虞公祠,有茶厅及虞允文遗墨、亲植梅柳。清光绪版《名山县志》记载:"虞允文,绍兴初,为名山茶监",并有传。宋代贡茶已完全纳入县府的职责。知名山县事孙渐在蒙山留题:"余莅任斯土,每采贡茶,必亲履其地……因蒙茶攸关贡品。"蒙山茶作为贡茶在采摘、运送等的仪式也随之发展起来。

由于茶叶交易量巨大，对钱币的需求量也激增。据宋史记载，宋太祖于开宝中诏雅州百丈县（唐至明初与名山分治）治监冶铸，所铸宋元通宝为开国钱币。百丈、茅河等乡镇出土了百丈监制作的太平通宝，以及嘉熙通宝、太平通宝、宋元通宝、大宋元宝等，时间跨度长、品种多、数量大为世所罕见（图6-11）。名山先后出土了5处铁钱窖藏，少则500斤，多者以吨计。

图6-11 宋代名山铁钱监制铁钱、铁母
（图片来源：蒙顶山茶史博物馆）

（三）元代茶政管理

元代统一中国后，大江南北尽入版图，各地战马任其征调，对茶马互市不予重视，茶叶经营自由贸易。元朝政府设立榷茶转运司，主要职责是"课"赋（管理茶税），并不断增加茶叶"赋额"。

在主产茶的四川，设立西蕃茶提举司，汉藏贸易承继宋制，采取按"引"纳税的办法。至元十三年（1276年），对茶商实行"长引"（每引计茶60kg）、"短引"（每引计茶45kg）法。至元十七年（1280年），废除"短引"，"课税"额增加五倍之多，且对居民饮茶亦征税。同时，"榷茶"官员层层婪索贿赂，最后转嫁到茶农身上，给茶业带来严重摧残。"茶户本图求利，反受其害，日见消乏逃亡"。

（四）明代茶政管理

明代统一中国后，政府仍以官营茶马，形成一套完整的茶法和庞大的茶马官僚机构。政府除确定茶课，引岸制以控制产销外，还设巡茶御史惩办私茶；设茶课司、茶马司以办理征课易马；设批验所以检查真伪；设茶仓以利储备；设茶运以利转输；设茶厂（坊）以提高质量等，达到十分完密的阶段。明朝初年，朝廷虽曾迁移楚人到名山开荒耕种，任命廖贵为"名山卫"千户来县屯田生产，继又采取一些措施，企图加速茶叶生产发展的恢复，但始终不如唐、宋代兴旺。其原因：一是经过元末战争，名山人口锐减，多数茶园荒枯。二是苛取繁重，茶农茶商失去经营积极性：茶农种茶十株，官取其一，征茶二两；荒芜无人经营或所有主不明的茶树，由官府派人栽培、采制，以十分为率，官取其八。取一取八之数，皆折为茶斤，运至官仓收贮，以备易马，并定"茶园入户，除约量本家岁用外，其余数官为收买，若卖与人者，茶园入官"。三是"明定茶法倍于宋而超于元，愈整愈烂"。

陕西地区茶马司的茶源主要依赖四川省调运，雅州（名山）、碉门茶马司茶最初全是本地茶，后期除本地茶外，还来自夔州（今奉节）、叙州（今宜宾）等地。绝大多数川茶均供应藏族地区，从而形成特有的边、腹引茶引岸制度。明洪武十九年（1386年），设雅州、碉门茶马司，雅州即现名山茶马司，碉门即现天全县。名山茶马司地址在现新店镇白马村，当时从藏区来的马匹因路远劳顿，到茶马司验收前，藏民将马匹在洗马池洗澡梳毛、打扮增色，以提高其价值。雅州、碉门是茶马互市重点，碉门民间茶马比价大约为每匹马换茶一千七八百斤，明洪武二十二年（1389年），雅州茶马司按传统比价易马"每勘中马一匹，给茶一千八百斤"，高于陕西十多倍。但朱元璋无视川、陕两地茶马比价的特点，硬性规定碉门地区的茶马比价："诏茶马司仍旧，惟定其价：上马一匹，与茶一百二十斤；中马，七十斤；驹马，五十斤。"由于政府规定茶马比价失当，严重损害藏人利益，交易的马源较少、驽马多、骡混杂，雅州、碉门茶马司门庭冷落，库茶积存日久，无人问津，品质也发生变化，出现严重困难。同时，民间私贩充斥，商帮活跃，不少私商甚至官员、军人家属偷运茶叶，虽惧怕斩首充军亦铤而走险，造成"走私"排挤"官市"。明永乐七年（1409年）以后，明朝廷深感劳费无功，只得停止官茶互市，让位于传统的民间汉藏贸易，不得不承认茶商的合法经营。茶商的合法经营须持有执照、文凭。这时榷茶主要依靠批验茶引所管理，批验茶引所是检验茶引、茶票的官府机构，通常设在茶叶运输的主要通道、关隘、必经之路，商人运输的商茶或者运输的官茶，所经之地必须经批验茶引所检验，验证所运输的茶叶与茶引、茶票是否相符。但由于执行中出现较多问题，官府为了得到马匹、解决一些灾荒问题，先后采取了"运茶支盐""纳马中茶""纳粮中茶"等权宜措施，效果差强人意。最后实施"招商中茶"法，勉强解决了以茶易马之虞，"于是官、商皆得易马，而善马尽归于茶商矣"！弘治十五年（1502年），都察院左副都御史扬一清奏准，由巡茶御史"监理马政、茶法二事"，将两大政法结合配套改革，效果明显。扬一清之后，一切又恢复到从前。明神宗万历二十二年（1594年），巡茶"中官"来名山检查茶务，上上下下，"贿赂公行"，茶农茶商受尽掠夺。明神宗万历四十六年（1618年），又增征农民赋税，"每亩三厘六，第二年加至四倍"。《雅州府志》记载当年的情况说："后私茶出境，马价遂高，乃差'行人'禁约，又委官巡视，日久法弛人玩，虽禁而权主之，每茶百斤，私税银二钱或金五分，流弊不堪。"《名山县志》也说："市无溢额之交，复有官捕茶贼，岂禁茶园之件，盖浸衰时也。"到了明崇祯时期，名山人民在官府的残酷压榨下，终于爆发了"因县吏贪苛无度，县民愤而殴打蠹吏"的民变事件。

（五）清代初期、中期茶政管理

清代初期，朝廷在四川推行的茶政，基本上沿袭明制，然比之明代较为开放。对茶农曾几次减轻赋税，并采取了一些鼓励开荒种茶的政策，如借给垦民资金，以扶持生产；改革以园、树论茶税为按斤计征等。清初顺治和康熙时期由于战争需要，一度恢复茶马司，由官营茶马，后撤销。到雍正九年（1731年）、乾隆初期又恢复，乾隆中期完全停顿，茶马司变成汉藏贸易的管理机构，从此结束了中国历史上1000年的官营以茶易马制度。

清中期撤销茶马司后，茶马司被附近村民利用供奉菩萨，取名"长马寺"，得以幸存。20世纪末，川藏公路318线建设扩路，撤除前大厅；在距茶马司约2km的安桥村六社洗马池现在还保留有一个超过2亩的鱼塘。雅州名山茶马司遗址，现存正厅1间，左右厢房各2间，以及前厅柱石。"茶马司"遗址全国仅存，见证了宋代至清代名山以茶易马、朝廷以茶制边的历史。

贡茶到明清时期达到顶峰。在上清峰，吴理真所植茶树被圈定为正贡并封为"皇茶园"。所采鲜叶在吴理真制茶之所（智矩寺）烘焙。贡茶用途等级森严，正贡皇家享用，副贡皇帝享用，陪贡分与受宠之人受用，贡茶采制和一应仪式也十分繁冗，赵懿在《名山县志·蒙顶茶说》中记载，"官亲督而摘之"；贡茶的运送，"皆盛以木箱，黄缣丹印封之。临发，县官卜吉，朝服叩阙，先吏解赴布政使司投贡房。经过州县谨护送之，其慎重如此"。

清代实行茶引制度，有边引、腹引、土引之分，设茶引局掌管茶引发放，茶课征收。清雍正八年（1730年），经川省巡抚宪德等正式厘定川茶税制，茶业由盐茶道管理，直到宣统二年（1910年）。清代名山、雅安茶叶全由专商营运，官府主要在交通要道和州县衙门配备巡丁、设立关卡、稽查走私活动。实行"挂号放行""给票出关"。清康熙四十四年（1705年），名山额定茶引3314张，清中后期减至腹引50张、边引1830张。清光绪二年（1876年），丁宝桢任四川总督，针对以往的弊病，在雅州各县进行了茶政改革，采取"定案招商"办法，茶商认额请引，即作为自己的专利，非人亡产绝，不得另招承充；派员驻打箭炉，按引征税，每引征库平银一两，其他陋规概行废除；除正配引额外，发机动票5万张，由茶商便宜取用；因故损失资本无力经营者，由官府量其轻重发给无息票，或借给资本，或予以免税扶持。此后一二十年，名山茶叶产量回升到接近康熙时期的水平。茶商也发展到18家，生产、经营年收入10万两白银。清光绪三十三年

（1907年），名山茶商为了抵制印茶侵销西藏，保全自身利益，王恒升、李福盛、李广生、李云合、胡万顺等18家茶商曾集资5万两白银，筹办名山茶业有限公司，制定试办章程13款，向川滇边务大臣赵尔丰呈文申请开办，未获批准（图6-12）。第二年，入股名山、邛崃、天全、雅安、荥经五县茶商联合组成的官督商办边茶股份有限公司。不久，辛亥革命爆发后，公司解体，名山茶商的投资未能全数收回，经营资本严重削弱。

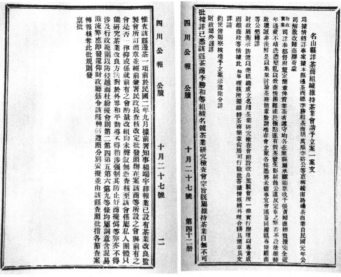

图6-12 1915年第42册《四川公报》公版（十月二十七号）

二、近代茶政管理

民国初期，全国一度废除"腹引"制。边茶经营几经争议，一直坚持"茶引"制，改行"茶票"，名山茶商认领额为2000张，年产边销茶30万斤，细茶3万斤，比清光绪年间下降约45%。1914年，"边引"茶票由川边财政分厅下属"打箭炉关"制发。为确保财政来源和经营资源，川康军政府总部沿用明清以来严禁茶种出关规定（图6-13）。近代蒙顶山茶管理史料见表6-1。

图6-13《川康军总部严禁偷运茶种出关》1935年《川边季刊》第一卷第二期

表6-1 近代蒙顶山茶管理史料

标题	作者	工作单位	发表刊物	发表时间
雅郡茶业		四川官报	四川官报	1907年
边茶交股		四川官报	四川官报	1910年
四川总督赵尔巽奏筹办川省边茶公司成立情形摺	赵尔巽	政治官报	政治官报	1910年

续表

标题	作者	工作单位	发表刊物	发表时间
本处援用财政司拟定川省西路边茶税暂行简章一案（茶税类）		四川税务汇刊	四川税务汇刊	1914年
名山县详茶商组织维持茶业会请予立案一案文	公牍	四川公报	四川公报	1915年
财政部呈遵核边茶关税情形由	国务卿徐世昌	政府公报	政府公报	1916年
财政部呈遵核边茶关税情形文并批令	国务卿徐世昌	政府公报	政府公报	1916年
吴大总统遵核边茶关税情形文	大总统轸念	税务月刊	税务月刊	1916年
财政部指令		财政月刊	财政月刊	1919年
减免川边茶税以恤商艰并抵制印茶案 全国实业会纪	川边总商会会长姜郁文	钱业月刊	钱业月刊	1924年
咨西康督办川边商会请将边茶税率减轻请核覆文		财政月刊	财政月刊	1925年
清末边茶股份有限公司之章程：四川商办边茶股份有限公司章程	汪席丰辑	边政	边政	1932年
西康边茶增加引票		四川农业	四川农业	1934年
边茶之厄运	上佑	康藏前锋	康藏前锋	1934年
西康当局增加康藏边茶引票		康藏前锋	康藏前锋	1934年
川康军总部严禁偷运茶种出关		川边季刊	川边季刊	1935年
再论边茶与康藏商务	王信隆	康藏前锋	康藏前锋	1936年
财厅规定本年度边茶印花票使用期		四川月报	四川月报	1936年
省府暂不限制西路边茶认销票额	商业	川边季刊	川边季刊	1936年
财厅豁减喧茶包销票额		川边季刊	川边季刊	1936年
改进雅属边茶意见	戈易	建设周讯	建设周讯	1937年
令西康建省委员会据呈复奉令发边政委员会改良雅属茶业意见书	西康建省委员会委员长刘文辉	军政月刊	军政月刊	1937年
南路边茶与康藏	金飞	新西康月刊	新西康月刊	1938年
西康建省委员会函请省府免征边茶营业税		军政月刊	军政月刊	1938年
四川邛、名、雅、荥四县茶业调查报告（续）	刘轸	建设周讯	建设周讯	1938年
茶商运茶出省应按买价课征案		四川省营业税局邛崃征集所	四川省营业税局月报	1939年
雅、荥、天全各县茶业，一律禁止运销腹地		四川省政府	康导月刊	1940年
雅灌名邛洪五县茶叶调查报告	郑以明 孙翼谌	贸易月刊	贸易月刊	1942年
历代茶叶边易史略	徐方干	边政公论	边政公论	1944年
财政厅长谈边茶运销		蒙藏月刊	蒙藏月刊	1946年
省府拟集资改良蒙茶		农业论坛	农业论坛	1948年

注：不完全统计。

三、现当代茶政管理

(一)现代茶政管理

1938年,西康建省后,名山茶转向"腹茶",运销成都直至川北,以及陕西、甘肃地区。那时,名山茶"边引"多为天全茶商经销。1939年,官僚资产阶级插手边茶经营,在康定、雅安组成康藏茶叶公司,实行官买、官制、官运、官销,垄断购销市场,压价收购茶叶,伤害茶农茶商经济利益,使产量复降。1944年,产边茶5万kg,细茶1.5万kg。后来,公司遭到同行反对,加之原料不足,被迫停业,恢复原经营体制,茶叶生产再行好转。到1946年,边茶产量近13.5万kg,细茶3万kg。1949年,边茶产量25万kg,细茶3.5万kg。

1942年3月23日,名山县政府下令转发财政部《全国内销茶叶管理办法》,将所有内销茶分为毛尖、炒(烘)青、茶末、沱茶、岩茶五类,每类再分4~5级,由贸易委员会各省办事处会同内销茶鉴定委员会制定标准茶样,实施管理。县政府先后设有劝业课、实业课、建设课、社会科兼管全县茶业。1944年,天全县当地警察所查封庆发茶店桤木叶冒充茶叶8仓零3背,后经张理堂请叔父张秉升致函县"释清误会",即启封发还,不了了之。

(二)当代茶政管理

名山解放初期,茶叶生产先后由县人民政府建设科、农水科管理,后归农业局管理(图6-14)。20世纪70年代至2001年,除由人民政府统管全县茶叶生产、加工、流通外,具体分职管理各项业务的部门有经委、财办、农委、农业局、乡镇企业局和多种经营办公室,国营蒙山茶场也委托给名山县农业局代管。相关部门有工商局、质监局等。

1955年2月,成立中共名山县委农业工作部。1974年初,建立名山县多种经营领导小组办公室。1986年3月,成立名山

图6-14 1964年,四川省农业厅勘测队在蒙顶山勘测茶园和地界(图片来源:名山区地方志办公室)

县农村经济委员会。1997年4月，其更名为名山县农村工作办公室。1997年，成立名山县农业产业化工作领导小组办公室，均为茶业主管部门。2001年12月，成立中共名山县委农村工作领导小组办公室。

2002年后，中共雅安市名山区（县）委和区（县）人民政府成立茶叶产业化领导小组，组建茶业发展局，组织、指导、协调全区（县）茶叶产业化工作；农业、工商、质监等部门，行使行政执法监管。各乡镇成立茶叶发展领导小组，配齐乡镇专（兼）职茶业员。名山县茶业协会、茶业商会和茶叶学会及其他涉茶群众团体（民间组织）各尽所能，围绕全区茶业发展和茶文化的弘扬开展工作。

四、主管机构

（一）农业农村局

2019年2月，机构改革，将名山区农业局、区农村工作委员会合并成立雅安市名山区农业农村局，两单位原茶叶、茶产业工作目标与责任一并归入，统筹安排落实。农业农村局下设茶产业发展服务中心。

1. 名山县农业局

名山县农业局下设茶叶技术推广站，同时还有植保站、土肥站、经管站等涉及茶业相关工作站点。

2. 名山县农村工作领导小组办公室

主要是在多种经营管理上，重点抓好茶叶产业规划布局、基地发展和产业管理监督及考核评定工作。

3. 名山县茶业发展局

2004年以前，茶叶工作主要由农业局主管。农业局设下属事业站，含农业技术推广站、茶叶技术推广站、植物保护站，均主要从事茶业管理和茶叶栽培技术、良种选育推广及作物病虫害防治等工作。设农业技术推广中心（副科级），挂靠在县人民政府茶叶产业化办公室。农业局下属独立事业单位有四川省名山茶树良种繁育场和名山县种子公司，下属企业有四川省国营蒙山茶场。

2004年，名山县委、县人民政府决定成立名山县茶业发展局，统筹管理名山茶业发展行政、事业工作；同年10月18日，雅安市机构编制委员会批准同意；10月20日，名山县茶业发展局正式成立，为县人民政府直属正科级事业单位，核定事业编制16名，领导职数设1正2副，下设办公室、科技推广股、综合规划股、品牌战略股。该局是全省唯一的正科级茶叶产业专职管理职能部门，下属事业单位有茶叶技术推广站、四川名山茶树良种繁育场和茶叶科究所。撤销原茶叶产业化办公室，将原茶叶产业化办公室、农业局茶技站、四川省名山茶树良种繁育场人员和职能归并到名山县茶业发展局。

主要职能：负责全县茶叶生产发展管理工作，调查研究涉及茶业发展各项政策，督促政策的执行；制定全县茶园基地建设的规划方案及实施管理意见，督促各乡镇落实茶叶生产发展计划，负责全县茶叶生产目标考核；分析、研究、预测全县茶叶生产形势，收集、发布有关信息，负责全县茶叶生产的统计工作；承担茶叶产业的对外联络，部门协调，招商引资工作；负责实施管理蒙山茶原产地域保护和茶叶无公害工作；由县人民政府委托牵头开展标准化种植、茶叶加工、市场及茶叶质量、品牌、包装的行政监管工作；负责指导茶树良种开发研究、引进试验、示范推广工作（图6-15~图6-17）。协调县茶叶"三会"（名山县茶叶学会、名山县茶业协会、名山县茶业商会）工作。至2007年，有职工34人，其中高级农艺师2名，中初级农艺师11名，高级技术工人3名；大专及本科以上学历的占60%以上。内设机构及人员：办公室4人、科技推广股1人、综合规划股1人、品牌战略股1人。下属事业单位及人员：茶叶技术推广站6人、四川省名山茶树良种繁育场21人。当年，中共名山县委编制委员会办公室批准，茶叶技术推广站编制由5人增加为8人。

2010年，全局职工33人，其中公务员4人，事业人员29人。内设机构：办公室、科技推广股、综合规划股、品牌战略股。下属事业单位及人员：茶叶技术推广站、四川省名山茶树良种繁育场。

2014年，全局职工30人，其中公务员4人，事业人员26人。内设机构：办公室、科技推广股、综合规划股、品牌战略股。下属事业单位：茶叶技术推广站、四川省名山茶树良种繁育场。黄文林、阳永翔担任局长，黄梅、余洪泉等任副局长。

2015年，根据中共雅安市委编办《关于调整名山区茶业发展局管理体制的批复》精

图6-15 名山县茶业发展局开展茶叶机械应用培训

图6-16 名山县茶业发展局实施并被农业部命名为"全国无公害农产品（种植业）生产示范基地"

图6-17 名山区茶业发展局开展茶叶清洁化生产加工规范培训

神；11月24日，经中共雅安市名山区委、区人民政府研究同意，区编制办下发名文件：雅安市名山区茶业发展局由名山区人民政府直属事业单位调整为区农业局管理的"公益一类"事业单位，保留正科级机构规格。内设机构仍为4个：办公室、科技推广股、综合规划股、品牌战略股。调整后区茶业局主要职责：负责拟订全区茶业发展规划和年度计划，组织实施行业管理，协调落实茶业强区建设目标任务；负责茶树良种繁育、茶叶基地建设和标准化生产的技术指导服务；承担蒙顶山茶龙头企业培育、市场体系建设、品牌保护提升及茶叶项目论证、申报和实施等相关事务工作；负责收集、整理、发布茶业综合信息，组织重要课题调查研究并提出工作建议；协调区茶业协会、茶业商会、茶叶学会工作；承办中共雅安市名山区委、区人民政府和区农业局交办的其他事项。

2018年，为完成整改中央环境保护督察组交办群众信访件，名山区建立名山区茶叶企业转型升级领导小组，领导小组由区委书记、区长为组长，分管领导为副组长，区政府办公室、区监察局、区发展和改革局、区经济和信息化局、区自然资源和规划局、区食品药品监督管理局、区市场监督管理局主要单位及乡镇主要负责人为成员，下设办公室，办公室设在经济和科技局。主要在全区开展茶叶加工企业的规划布局、成本控制、燃煤禁止、入园发展等工作。

2019年2月，名山区委、区政府公布实施《名山区机构改革方案》响应中央和省市机构改革，全面进行机构改革，将区农业局、区农村工作委员会合并，成立农村农村局。内设：茶业发展服务中心、四川省名山茶树良种繁育场。为实施和推进蒙顶山茶现代农业园区建设，同年7月又成立茶叶现代农业园区服务中心。茶业局自动撤销，茶叶技术人员分别在茶业发展服务中心及相关的现代农业园区服务中心。

2020年3月，雅安市名山区茶叶现代农业园区被四川省人民政府命名为四川省首批五星级现代农业园区。为加强园区建设和茶产业发展的组织管理，2020年7月，成立雅安市名山区茶叶现代农业园区管理委员会（雅安市名山区茶叶产业发展服务中心），设主任1名（副科级）、副主任2名。主要职责：贯彻落实中央、省、市、区关于园区建设管理的有关政策和意见，统筹做好园区建设相关工作；负责组织编制园区建设总体规划和年度实施计划；负责协调相关单位开展园区建设工作；负责茶叶科研、科技创新成果转化工作；负责园区信息宣传和工作交流；负责拟订全区茶业发展规划和年度计划；负责茶树良种繁育、茶叶基地建设和标准化生产的技术指导服务；承担蒙顶山茶龙头企业培育、市场体系建设、品牌保护提升以及茶业项目论证、申报和实施等相关事务工作；负责茶叶综合信息的收集、整理、发布，组织开展重要课题调查研究并提出工作建议；协调茶叶协会工作；负责完成区农业农村局交办的其他事项。

（二）茶产业推进小组办公室

2021年，名山区委、区政府发文成立茶产业推进小组，下设办公室，配备工作人员3人。

区茶产业推进办公室在区委、区政府直接领导下开展工作，由区委、区政府相关分管领导具体安排、指导工作，纳入区委、区政府年度工作目标单列考核。

1. 茶产业推进小组主要职责

① 贯彻区委、区政府关于茶产业发展的战略部署和政策要求，组织落实区委、区政府关于茶产业发展决策措施，全面统筹茶产业推进工作，推动茶产业转型升级，实现茶产业全产业链高质量发展。

② 牵头组织区经济信息和科技局、区农业农村局、区文化体育和旅游局、区市场监督管理局、区经济合作和商务局等部门编制茶产业发展规划；研究制定涉茶产业用地保障、财政扶持、金融服务、科技创新应用、人才支撑等产业发展扶持政策措施。

③ 负责制订全区茶产业发展年度计划，细化责任分工；建立健全目标考核评价体系和奖惩激励机制，组织实施目标考核管理，对各项工作目标任务完成情况进行督查督办。

④ 组织编制、储备茶产业重点项目，组织开展项目工作调度，协同相关部门开展产业招商，做好项目落地协调服务工作。

⑤ 组织协调区经济信息和科技局、区交通运输局、区农业农村局、区文化体育和旅游局、区市场监督管理局、区经济合作和商务局等部门统筹推进茶叶基地、加工、流通、品牌建设，组织开展茶产业宣传推广、茶文化研讨、对外交流、技术合作等活动。

⑥ 统筹整合茶产业发展资源，打通产业链层壁垒，促进茶产业链条延伸；强化要素保障，推动路、水、电、气、通信等基础设施建设，加快茶产业园区化建设，推动茶叶一、二、三产业有效衔接，协调发展。

⑦ 完成区委、区政府交办的其他工作任务。2022年9月15日，中共雅安市名山区委办公室、名山区政府办公室发文《关于调整雅安市名山区茶产业推进小组的通知》，茶产业推进小组组长：倪林（区政协主席），副组长：李良勇（区委常委、统战部部长）、韦燕伟（区人大常委会副主任）、马忠强（区人民政府副区长）、董家松（区人民政府副区长）、郑荣杰（区政协副主席），成员有王波、郭林虎、王龙奇、李晓涛、刘翔、郑进、袁棋、蒋建波、朱大峰、鄢晓琴、李锦、宋加高、李杰、韩力、周先文。

推进小组主要职责：认真贯彻落实中央及省、市、区有关茶产业发展决策部署和工作要求，统筹谋划和研究全区茶产业发展规划、发展方向、重点事项、重要政策等方向性问题，提出全区茶产业发展方案和意见审议全区涉茶产业重要政策文件、重点项目资金、年度工作计划和重要实施方案等重点事项，推进全区茶产业各项重点工作落地落实，协调解决茶产业重点工作推动中出现的新情况、新问题（图6-18），重点指导做好茶叶龙头企业培育及蒙顶山茶品牌宣传、茶事推广、市场拓展等工作，积极提升蒙顶山茶品牌知名度和市场占有率；审议其他需要提交小组研究事项。

图6-18 区政协建立"茗事民商"协调机制解决茶叶问题

推进小组下设办公室、产业基地专项组、茶企业加工专项组、市场品牌专项组。

雅安市名山区茶产业推进小组成立以来的两年时间，深入贯彻落实区委、区政府关于实施"茶业提效"工程的决策部署，立足加快打造"蒙顶山茶"百亿产业，紧扣茶产业短板瓶颈大力实施龙头培育、市场拓展、品牌提升、基地提质、茶旅融合五大行动，集中资源、资金和力量全力唱响蒙顶山茶。

2. 茶产业推进小组决策部署

（1）抓谋划、重部署

围绕茶产业"提质增效"中心目标，研究形成了"113"推动思路（主推蒙顶甘露，集中抢占成渝等重点市场，着重补齐龙头、市场和品牌三大短板），落实了"1+3+1"推进举措（以年度工作计划为统领，以龙头培育、品牌宣传、专家顾问3个专项方案为支撑，以50项重点任务为抓手），责任到人、时间到点、全面推进。2022年全区干茶产量5.98万t，同比增长9.7%；鲜叶产值25.36亿元，同比增长10.4%；茶叶加工产值突破45亿元，世界茶都市场交易额达25亿元，其中新增入规上限茶企10家（加工6家、商贸4家），茶产业综合产值达80亿元。2022年，"蒙顶山茶"区域公用品牌评估价值达43.99亿元，连续6年入围全国十强，稳居四川省第一。

（2）抓重点、补短板

实施龙头培育。一是培强产业龙头。印发支持培育壮大茶叶龙头企业9条措施及实施细则，预算资金1000万元，从9个方面集中支持省级及以上农业产业化龙头企业和年品牌销售额2000万元以上授权茶企做大做强；大力培育壮大区属国企——雅安广聚农业公司，争取专项债券2.95亿元，高标准建设百丈湖茶旅综合体，加大跃华、雾本等龙头企业扶持帮扶力度，跃华茶业全年销售额突破2亿元，成功招引景祐茶业、雅恒生物落户名山。二是推动转型升级。扎实做好茶企转型升级后半篇文章，全面建成黑竹、新店、永兴和红星4个茶叶集中加工园区，已入驻茶企49家，已投运的黑竹、新店园区实现年产值5.7亿元；推动茶企规范化建设，全区茶企一般纳税人达210户，同比增长624%，SC认证数达133家，同比增长15.7%；所有茶企均实现用电用气、清洁生产，茶企生产加工秩序得到持续规范。三是抓好茶企提标。全面启动茶企"1+6"对标提质行动，落实46个部门包保310家茶企，点对点指导茶企建章立制、规范生产、依法建账、产销分离、品牌培育及对标提质等各项工作，全面提升茶企现代化生产经营能力。

实施市场拓展。立足成渝及一线城市，进一步加大蒙顶山茶销售渠道拓展力度。一是加大主阵地建设。按照"政府搭台、企业唱戏"推动思路，联动重点茶企共同推动蒙顶山茶（成渝）品牌展销中心建设，目前在成渝地区建成2个、在建5个，着重打造展示茶品牌、销售茶产品、体验茶文化的综合性固定营销IP点。二是拓展经销渠道。坚持线上线下双拓展，以"茶九条"专项激励茶企外出建门店、搞商贸，2022年，引导15家茶企实行产销分离，支持品牌授权茶企外出新建品牌店23个、加盟店35个以上；积极推动技能培训进乡村，开展茶艺、网络营销等茶业技能培训277人次，举办蒙顶山名优茶网上购物节、天猫山河行等网购促销活动，春季蒙顶山茶京东全站品牌销量同比增长148%。三是维护品牌形象。全面启动"蒙顶山茶"地理标志产品运用促进工程和"四川省地理标志保护示范区创建"工作，挂牌蒙顶山茶商标指导站6个，编制发布蒙顶山茶实物标准样，编印蒙顶山茶品牌使用管理手册1000余份，开展授权茶企品牌抽检50个批次，多措并举维护区域公用品牌良好形象。

实施品牌提升。2022年整合和撬动资金2000万元集中"攻坚"用于品牌推广和茶事活动。一是加强宣传造势。坚持"线上+线下""新媒体+传统媒体"联动推广,投放蒙顶山茶央视广告2个,投放成雅高速、重庆洪崖洞(观音桥)等重点户外广告30余处,协助开通"蒙顶甘露号"动车,聘请专业品牌策划公司开展蒙顶山茶新媒体全网营销,发布线上作品40余条、全网总曝光量3750万余次,全网总互动量超25万,联合茶叶杂志专业推文426条次;大力支持重点茶企开展广告宣传,对重点茶企广告投放按40%比例/项(个)给予奖补,全年"蒙顶山茶""蒙顶甘露"百度搜索指数分别同比增加369%、168%。二是抓好茶事活动。坚持"请进来、走出去"相结合,以第十八届蒙顶山茶文化旅游节为统揽,联动重点茶企成功举办2022年第一背篓茶上市活动、蒙顶山茶品牌新闻通气会、"蒙顶甘露杯"斗茶大赛、"你我共茗·蒙顶甘露"全国品鉴会、植茶始祖吴理真汉白玉雕像成都茶文化公园揭幕落成仪式(图6-19)、重庆茶博会"渝见蒙顶甘露"双品牌输出、蒙顶山茶包装大赛等重点茶事活动20余场次,组织茶企参加成都茶博会、北京服贸会、千岛湖丰收节等会展10余次,支持茶企邀请经销商到名茶山行5000人次。三是打造核心保护区。加快推动蒙顶山茶核心区原真性保护,完成核心区茶园改种还植、示范基地建设、溯源体系搭建及理真品牌VI形象方案编制,大力开展企业品牌运作推广及市场拓展,预计全年广聚农业主打产品"理真"牌蒙顶甘露、蒙顶黄芽实现产值1000万元。

图6-19 2022年5月1日,成都茶文化公园植茶始祖吴理真像安座和祭拜仪式(李依凡 拍摄)

实施基地提质。落实各层级茶叶质量安全责任,牢牢守住茶叶基地安全底线。一是推动绿色防控。全面启动国家农产品质量安全监管县创建,大力推广绿色防控,全年扦插粘虫板30万余张,安装杀虫灯1050盏,安装诱捕器1.05万套;加大茶叶鲜叶抽检,累计抽检茶叶鲜叶样品3249个,检测指标13990个,检测合格率100%。二是加强安全监管。启动实施农药专项整治、茶叶产品质量安全提升2个专项行动,全年检查茶叶企业近200家,整改问题380个;全面推动农资实名制、限额制,建成农产品质量安全智慧监管平台,从源头上确保茶农用药安全,该智慧监管设计方案获评全省网络综合治理数字化应用场景优秀解决方案。三是抓好种质资源保护。大力推动茶叶种业育、繁、推体系建设，全年收集茶树种质资源30份，引进茶树新品种5个，开展茶树种质资源鉴定100份，茶业科技创新与转化中心、中国茶苗信息交易中心加快建设。

实施茶旅融合。一是做好文化兴茶。全年举办蒙顶山茶大讲堂及各类茶文化培训、茶研学游100余场次，策划制作首批吴理真雕塑50尊走进茶企门店，新设立市外蒙顶山茶文化科普中心6个；出版发行《中国名茶·蒙顶甘露》《蒙顶山茶文化科普读本》《蒙山茶乡诗文集》，启动《中国茶全书·四川蒙顶山茶卷》编撰工作，《蒙顶黄芽》专著获雅安市第十七届社会科学优秀成果二等奖；贾涛、向世全被评为第五批市级非物质文化遗产项目（蒙山茶传统制作技艺）代表性传承人，张跃华被推荐申报第六批国家级非物质文化遗产代表性传承人，中国传统制茶技艺及其相关习俗（含蒙山茶传统制作技艺）成功被列入联合国教科文组织人类非物质文化遗产名录。二是推动茶旅发展。以创建"天府旅游名县"为抓手，大力推动全域旅游基础设施建设、"一山一湖一城"打造及采茶制茶、品茗、民宿茶餐等特色业态培育，编制完成蒙顶山禅茶文化旅游专项提升规划，跃华茶庄成功升级为AAA级旅游景区。

（3）抓保障、促落实

夯实统筹机制。一是建强领导机构。组建区茶产业发展推进小组及办公室，落实一个领导体系、一个工作专班、一套调度机制、一张任务清单，构建形成横向到边、纵向到底的推进机制。二是加强专家指导。印发茶产业专家咨询团工作规则，聘请王庆、江用文、胡晓芸等20名行业专家担任产业发展顾问，把脉问诊蒙顶山茶产业，"站台"推介蒙顶山茶品牌。三是聚焦推动调度。印发2022年度茶产业考核细则，落实推进小组"双月"会议制度，定期研判、分析和推动产业发展，通过"一月一调度、双月一会议"，茶产业重点工作得到有效落实。

强化要素保障。一是保春茶上市。紧盯春茶生产黄金周期，多次召开专题会协调茶企用电用气、农资供应及疫情防控，多举措保障春茶生产，全力护航市场流通。二是争项目资金。加大省市涉农部门沟通，全年争取、整合和招引资金（含专项债券）4.68亿元投入基地提质、园区建设、品牌提升等方面，全面推动茶业提效。三是搭合作平台。多次组织召开茶产业银企对接会、政策解读会、电商研讨会研究谋划产业发展；编印涉茶信贷产品汇编资料500份，收集提供金融产品42个，设立和用好农担贷、风险基金补偿等担保机制，帮助茶企新增贷款3.5亿元（其中农担贷10620万元），全区涉茶贷款金额达8亿元以上。

抓实政策落地。全面启动茶企一般纳税人申报，抓好税源分析和征缴，2022年茶企全口径税收约5265万元（实际入库1065万元），预计2022年茶企应收税额与2021年基本持平，实际入库税收有所减少，主要是贯彻落实国家降税减负政策，对全区942户茶企留抵退税430万，对小规模纳税人减免税负500万；同时，积极争取用电用能政策，帮助52家茶企成功申报水电消纳、电能替代项目，为茶企节约用电成本2000万元。

五、协同部门

蒙顶山茶发展与品牌建设在名山县委、县政府统一领导下，除农业（茶业）专业管理部门主要负责外，还有其他相关部门协调、协助、配合。

（一）区委宣传部

自2004年第八届国际茶文化研讨会暨首届蒙顶山国际茶文化旅游节，即"一会一节"起，名山县（区）委宣传主要负责人均担任县（区）茶叶产业发展领导小组副组长，具体承担蒙顶山茶文化旅游节以及茶祖祭典、皇茶采制、茶文化论坛、第一背篓茶上市等系列活动的组织与实施工作，承担蒙顶山茶文化节组委会工作（图6-20、图6-21），组织实施"万人品蒙顶山茶活动"走进成都百花潭公园、文殊坊、南充、重庆等，负责"蒙顶山茶"品牌宣传建设，树立成雅、雅名、成渝等高速公路蒙顶山茶广告、品牌宣传进央视、进四川电视台、进机场等，每次较大以上活动均组织国家、省（市）级电视、网络等媒体记者进行采访与宣传报道。联系、落实国际巨星成龙在"5·12汶川特大地震"发生后公益代言蒙顶山茶一年。联系、落实国际著名钢琴演奏家、联合国和平使者郎朗公益宣传蒙顶山茶。2017年，与区农工委、茶业协会一起共同承担并成功申报中国十大茶叶区域公用品牌。2018年，一直由宣传部具体负责实施的蒙顶山茶文化旅游节成功获得"中国茶事样板十佳"荣誉。推动茶叶企业转型升级，完成866家茶叶企业功能分区和除尘降噪设施安装，实现茶叶企业"一企一档"全覆盖。多年来，组织文体旅游局、名山电视台、融媒体中心等及联系落实国家级、省级媒体宣传报道蒙顶山茶及建设成效，落实在中央电视台一频道、七频道等节目中广告宣传。一直推进茶叶产业发展规模化、

图6-20　2004年"一会一节"的公章和标识　　　　图6-21　2014年后启用的新章

图6-22 区委宣传部主要负责组织筹备第一届至十八届蒙顶山茶文化旅游节活动,图为2019年第十五届蒙顶山茶文化旅游节3月在成都宽窄巷举行新闻发布会、3月27日在蒙山茶苑举行开幕式

组织化、品牌化、市场化和融合化,保障茶叶质量安全(图6-22)。宣传部、社科联还指导支持名山茶人、作家等进行文化挖掘、整理、投稿、评奖及出版,出版《蒙顶山茶文化史料》(李家光著)、《蒙顶山茶文化丛谈》(欧阳崇正著)、《名山历代碑刻拓片与对联》(杨忠主编),2020年出版《民国报刊中的蒙顶山茶》(傅德华、杨忠主编),区文联坚持出版《蒙顶山》内刊12年,支持购买本地茶人所著茶书用于赠送宣传。2021年,与农业农村局一起负责牵头开展蒙顶山茶核心区原真性保护。

(二)区市场监督管理局

2018年机构改革前为区工商行政管理局,区质量和技术监督管理局,机构改革后合并为雅安市名山区市场监督管理局,主要负责"蒙顶山茶"商标品牌建设指导、产品质量监督管理、知识产权保护、打击侵权行为等工作(图6-23)。

图6-23 市、县工商局深入茶良场检查基地产品质量和品牌管理(2009年)

① 从1999年起,管理局有关负责人担任茶业协会的副会长,相关人员指导并协助协会于2001年申报注册"蒙顶山茶"商标,2003年成功申报国家地理标志产品,2010年申报为四川省著名商标,2012年申报为中国驰名商标。

② 引导、指导帮助蒙顶茶生产经营企业,申请注册商标,市场化、规范化管理,支持主要重点企业申报雅安市知名商标、四川省著名商标、中国驰名商标。禹贡、跃华、味独珍等11个商标成为四川省著名商标,蒙顶山茶、蒙山、蒙顶成为中国驰名商标。

③ 指导并帮助制定国家标准《蒙山茶》(GB/T 18665—2002),后调整完善《地理标

图6-24 指导检查企业规范管理（2017年）　　图6-25 质量抽查监管

志产品 蒙山茶》（GB/T 18665—2008），并贯彻实施。2018年组织开展《蒙顶山茶》行业标准的拟定，报国家茶叶标准化委员会审定通过并实施（图6-24、图6-25）。

④ 撰写蒙顶山茶品牌建设文章10余篇，发表在《中国工商报》《市场监督管理报》等，进行报道宣传。

⑤ 从2006年起，组织名山茶叶企业参加在成都、上海、桂林、南昌等至2023年的举办的中国商标品牌节、川货出川展示展销活动，宣传蒙顶山茶及建设品牌，并为企业参加评比获得荣誉。2019年，雅安市名山区茶业协会成为中国商标协会地理标志分会副会长单位，梁健成为副会长。

⑥ 指导区茶业协会将"蒙顶山茶"进行国际注册，2018年，成功在大不列颠及北爱尔兰、香港注册；2019年10月，在日本注册（《商标登录证》6168116号）；2021年3月，中欧地理标志获欧盟保护；2021年5月20日，在俄罗斯注册（注册号：NO811715），在德国、韩国、乌兹别克斯坦、摩洛哥、爱尔兰5个国家的国际注册申请已取得《受理通知书》，申请工作正在有序进行中。"蒙顶山茶"商标进入第二批中欧地理标志名录。

⑦ 2022年6月，协助协会申请了蒙顶山茶品牌建设资金建设项目，包括建立商标指导站、贯彻标准培训、品牌宣传等内容。

⑧ 常年开展茶叶投入品的监督管理，配合农业农村局开展农政执法、茶叶投入品管理、农产品安全等工作，指导茶业协会、茶叶企业开展标准制订、贯彻、标识标签应用等（图6-26、图6-27）。

⑨ 2022年11月，与茶业协会共同承办了"蒙顶山甘露杯"首届包装大赛，组织区内外企业50家，200个样品，评选出一、二、三等奖，引导企业做好包装及标识标注应用。

⑩ 2022年12月30日，《蒙顶山茶品牌建设案例》荣获国家知识产权局全国108个"商标品牌建设优秀案例"荣誉。

图6-26 2008年8月，国家级"科技兴茶富民强县"项目顺利通过验收　　图6-27 2017年7月，开展质量品牌监管和培训

（三）经济与科技局

经济与科技局是蒙顶山茶发展企业建设的主要管理部门，原分别是经济商务与信息化局、科学技术发展局，分别担负茶叶企业发展、生产加工、商贸管理、技术改造、科技引进、科技推动等职责。历年来一直实施茶叶企业技术改造，引导、协助和支持企业科技创新，申请办理发明专利等知识产权（2019年2月后职能转到市场监督管理局）。组织和协助政府和茶叶管理部门搞好茶叶企业参加四川茶叶博览会或中国西部博览会、科博会等展示展销活动。支持和推动茶叶企业开展网络销售，建立网络销售平台。每年定期开展科普活动，到乡镇、村社开展茶叶等实用技术培训，赠送《农村实用技术读本》等科普资料上万册。增补四川农业大学茶学博士、硕士生导师陈盛相为名山区科技特派员，开展科技助推茶产业工作。

2019年2月，名山区经济和信息化局与区科学技术发展局合并后，共同承担其茶叶经济发展职责。2018年，区茶叶转型升级领导小组挂靠在经济与科技局后，召开茶产业转型升级工作会议，引导茶企业安装除尘设备，实施煤改气、煤改电，兑现补助资金，实现减排目标。开展综合执法，规范茶叶加工企业生产环境，加工机具更新换代，茶叶产量质量得以有效提升。编制《名山区茶叶加工企业转型升级战略研究》《名山区茶叶加工企业空间布局规划》，启动"蒙顶山茶黑竹加工示范园区"建设，组织并支持成立雅安市广聚农业发展有限公司实施名山茶叶加工企业空间布局与建设，建立了北部（黑竹）、中部（新店）、南部（永兴）与茶叶现代农业园区，指导红星茶叶加工集中区的规划与建设，共入驻茶叶加工经营企业50家。

（四）文化体育和旅游局

名山区文化体育和旅游局原分为文化新闻出版和广播影视局、名山区旅游管理局两个单位，2019年因机构改革合为一个部门。

① **文化新闻出版和广播影视方面**：一直负责名山区茶文化茶文物的登记保护工作，特别是蒙顶山、茶马司、马岭等重点地区茶文物调查与保护。

2008年，"5·12"汶川特大地震、"4·20"芦山大地震发生后，文物管理人员及时进行抢救、登记，采取应急措施保护，而后报告灾情争取抢救、维修资金，及时进行恢复维修，为蒙顶山等区域文物传承保护尽职尽责。

负责蒙顶山茶史博物馆的管理，文物保管，定时开放，配备解说员，接待游客进行专门讲解，每年接待领导、茶叶专家、游客5万人以上。博物馆还请茶叶茶文化专家举行《蒙顶山茶文化》《茶叶绿色有机管理》、川藏茶马古道论坛、茶叶科普等专题讲座；配合名山区实验小学开展"小小茶文化讲解员"活动，馆内搞好文创，设有茶品品鉴厅、茶艺培训厅、雅安地方特色产品展示展销区。指导蒙顶皇茶公司世界茶文化博物馆的管理和宣传，每年接待游客上万人。

成立了名山区非物质文化遗产保护中心，开展了蒙山茶传统制作技艺、蒙山派茶技等非遗的保护与弘扬，论证立项涉茶类非遗9项（世界级、国家级1项：蒙山茶传统制作技艺；省级1项：蒙顶黄芽传统制作技艺；市级2项：永兴寺禅茶传统制作技艺、蒙山派龙行十八式；区级5项：蒙顶甘露传统制作技艺、蒙顶石花传统制作技艺、蒙顶山茶艺——天风十二品传统表演技艺、蒙山施食仪、蒙顶山皇茶采制祭祖大典），制定区级非遗申报评选命名管理办法，支持鼓励传承人申报非遗，逐级上报。经常参加非遗传承人举办的收徒、拜师、培训、年会等活动，支持建立了中国茶马司蒙山茶传统制作技艺传习所（图6-28）、非遗大师魏志文蒙山茶传统制作技艺传习所、非遗大师张跃华蒙山茶传统制作技艺传习所、中国制茶大师高永川蒙山茶传统制作技艺传习所。2021年6月，蒙山茶传统制作技艺成功申报为国家级非遗。2022年11月20日与全国44种茶共同被列入联合国"人类非物质文化遗产代表作名录"。

文化新闻和广播电视局多年来一直在报道宣传节目中设有蒙顶山茶的专题节目，每当有重要或特色的茶事活动，该局及新闻中心则安排记者进行记录、摄像等编辑报道，每年报道的新闻与事件在400~500条以上。同时，文化媒体方面还组织拍摄有关蒙顶山茶产品、历史文化方面的电视片《世界茶文化圣山——蒙顶山》《春早人更勤》等在旅游卫视《中国游》栏目首播，在名山电视台及国家、省、市级电视节目中播出（图6-29）。

② **旅游管理方面**：主要从事以蒙顶山为核心的名山全域的旅游管理，负责全区景区的总体规划，编制和申报区域详细规划，保护和合理开发利用旅游资源，综合管理景区内道路、交通、治安、环保、绿化、森林防火等。原下属有蒙顶山旅游管理处、百丈

图6-28 2020年5月20日，区非遗保护中心向中国茶马司蒙山茶传统制作技艺传习所授牌

图6-29 名山区文化体育和旅游局拍摄和报道蒙顶山茶文化旅游节

湖旅游管理处等事业单位。组织和服务蒙顶山景区旅游规划开发与监督管理，组织申报四川省风景名胜区、AAA级旅游景区至AAAA级旅游景区。2009年，贯彻落实名山县人民政府《关于大力发展乡村"茶家"休闲游的实施意见》，开展全县"茶家乐"和"茶家小院"的发展工作，加强督促指导，要求其按标准合理进行规划、改造基础设施、整治内外环境、规范标识标牌、提升服务水平；并对全县"茶家乐"星级创评工作进行检查验收和授牌，推进了全区茶乡茶旅融合发展。2012年，与名山县茶产业领导小组办公室配合开展全民广场茶舞大赛，有23支队伍，参赛队员共1000余人。2013年起，按区委、区政府"茶旅融合发展"要求，发挥名山区生态、文化、旅游、交通等优势，利用"5·12"汶川特大地震灾重建项目建设成果和"4·20"芦山大地震项目建设，组织开展实施"百公里百万亩茶经济茶文化产业走廊"和"1+7+N"名山茶旅游产业布局，助力成功申报"蒙顶山国家茶叶公园"。组织并实施牛碾坪景区、月亮湖景区AAA级景区建设，2020年5月，成功申报为国家AAAA级旅游景区。2015年起，就雅安市、名山区旅游产业发展要求筹划建设国家AAAAA级旅游景区，联系、聘请有关旅游编制公司进行策划与规划。

（五）妇 联

妇联从2004年"一会一节"起至2015年基本上每年都组织在蒙顶山、牛碾坪、骑龙岗等地配合市、县蒙顶山茶文化旅游节举办"名山区女子采茶能手大赛"，表彰采茶先进，增强妇女在茶产业发展中的荣誉感。推荐表彰巾帼创业、建功茶叶先进。

2004年3月27日，在蒙顶山举办首届"蒙顶皇茶杯"采茶女能手大赛，全县20个乡镇通过预赛，选出63名选手参赛，通过竞赛评选出一等奖1名、二等奖3名、三等奖6名、优胜奖53名。

2005年3月27日，名山县旅游发展大会筹备办公室、名山县创中国优秀旅游城市办公室，雅安市妇联、名山县妇联和县农业局、县茶业发展局等联合举办的名山县第二届"蒙顶皇茶杯"采茶女能手大赛，选拔出63名农村采茶女能手参赛。其中：红岩乡田华芬获一等奖，建山乡郑月、百丈镇宋涛获二等奖，解放乡郑萍、联江乡陈红、万古乡代晓凤获三等奖。四川省第三届旅游发展大会，县妇联、团县委精心挑选的150名采茶女，经培训方队排练，于2005年8月29日在雅安街头参加了旅发会的方队巡游活动；8月30日，在中峰茶良场参加采茶互动活动，充分展示了茶乡妇女的风采。

2006年3月上旬，经乡镇妇联通过举办茶叶技术培训班、初赛，选拔出120名采茶女能手，于3月26日参加了名山县在中峰万亩生态观光茶园举办的第三届采茶女能手大赛活动，中峰乡程洪英获一等奖，红星镇高秀霞、百丈镇杨涛等获二等奖。

2008年3月27日，由20个乡镇妇联经过预赛选拔出的80名参赛选手，参加了县妇联在县万亩生态观光茶园承办的"皇茗园杯"女子采茶能手大赛。

2009年3月20日，在蒙顶山举行的2009年春茶飘香国际联谊活动现场，挑选出60多名采茶姑娘参加了3月26日"中国生态旅游年"四川启动仪式、第五届蒙顶山国际茶文化旅游节开幕式暨茶祖吴理真祭拜大典系列活动之一的采茶表演活动。

2010年3月27日，组织100名采茶姑娘组成采茶能手方队在县城吴理真广场参加了2010第六届蒙顶山国际茶文化旅游节开幕式暨茶祖吴理真祭拜仪式活动。2010年6月10日上午，四川省现代农业产业（茶业）基地强县培育县名山县现场会在骑龙村万亩生态观光茶园现场县妇联组织105名采茶姑娘开展了采茶表演活动（图6-30）。

图6-30 妇女采茶能手大赛

2011年3月28日，组织60名采茶姑娘在蒙顶山参加了2011年中国国际文化旅游节（雅安）启动仪式暨第七届蒙顶山国际茶文化旅游节开幕式女子采茶观赏点相关活动。

2012年3月17日，组织参加了成都市人民政府、农业部农村社会事业发展中心、中国茶叶流通协会主办的2012第三届中国采茶节采茶技能大赛。名山县选派的3名参赛选手：解放乡吴岗村一社程兰丽、红星镇余坝村四社李莉分别取得第二名和第三名的好成绩，荣获个人一等奖，被授予"2012第三届中国采茶节十大采茶能手"荣誉称号。名山县代表队荣获"团队一等奖"。2012年4月10日，组织举办"绿川杯"2012第六届蒙顶山女子采茶邀请赛，来自名山、雨城、芦山、荥经、天全、宝兴、石棉、邛崃、蒲江、丹棱、洪雅的11支代表队的55名采茶选手参加比赛，共评选出了十大采茶能手，名山县代表队、蒲江县代表队获得团队一等奖，名山县代表队选手程兰丽、蒲江代表队选手袁贞红、丹棱县代表队选手程海燕等10位选手荣获该次邀请赛"十大采茶能手"荣誉称号。

2013年2月和3月，分别组织女子采茶能手参加了泸州市人民政府、四川省农业厅、中国农业科学院茶叶研究所在泸州纳溪区护国镇梅岭村举办的"中国·四川首届茶叶开采活动周"茶叶采摘技能大赛和成都市人民政府在蒲江县成佳镇同心村茶园举办的2013第四届中国采茶节采茶技能大赛，名山区选派的参赛选手解放乡程兰丽获得了第一名和团体一等奖，程兰丽、陈静、李莉、杨怀燕等获"十大采茶女能手"称号；4月8日，在双河乡骑龙村生态观光茶园成功举办了"绿川杯"第七届蒙顶山女子采茶能手大赛暨首届中国·蒙顶山茶技邀请赛。邀请邛崃、蒲江、丹棱、都江堰、雨城、芦山、荥经、天全、宝兴、石棉等县（市）11支代表队的55名采茶选手参赛，评选出"十大女子采茶能手"，名山区代表队选手和团体取得第一名的好成绩。当年，积极争取资金项目开展相关妇女居家灵活就业技能培训，帮助全区受灾妇女掌握1~2门实用技能，着力打造"蒙山茶女"技能培训品牌，努力为重建家园增强创业致富能力。同年6月7—14日，在城东乡政府举办"4·20"芦山地震灾区妇女居家灵活就业"蒙山茶女"培训班，省妇联党组书记、主席吴旭出席6月7日的开班仪式并发表重要讲话，来自城东乡8个村的110名妇女参加了培训。

2014年，积极组织妇女开展劳动技能竞赛和参加蒙顶山茶品牌宣传大型茶事活动。同年3月，组织女子采茶能手参加了泸州市人民政府、四川省农业厅在泸州纳溪区护国镇举办的"中国·四川第二届茶叶开采活动周"茶叶采摘技能大赛。在春茶采摘旺季，积极组织女子采茶技能大赛活动，组织解放、红岩、黑竹等乡镇妇联、骑龙村、香水村、万山村等村级妇女组织开展采茶技能比赛活动10余场次。

2015年3月7日，组织女子采茶能手代表队参加泸州市举办的"2015中国·四川第三届茶叶开采活动周"采茶大赛，名山区代表队荣获团体一等奖和优秀组织奖，选手解放乡吴岗村程兰丽、百丈镇涌泉村杨怀燕、陈静荣获个人一等奖，被授予"十大采茶能手"荣誉称号。2015年3月17日，组织女子采茶能手代表队参加中国优质农产品开发服务协会等主办的2015第五届中国采茶节采茶技能大赛和手工制茶大赛，名山区代表队荣获大赛团体二等奖。

2016年8月29日—9月7日，名山区妇联联合区委组织部以"做知性智慧魅力女人从领悟茶文化之美开始"为主题，在跃华茶庄举办第一期女干部茶文化研修班。区委、区人大和全区共30名副科级以上的女领导干部参加了此次培训活动。2016年9月29日，

第二期女干部茶文化研修班共36名副科级以上的女领导干部参加了茶文化研修培训。

2017年3月27日,组织"茶文化研修班"女干部茶艺师,参加了第十三届蒙顶山国际茶文化旅游节暨首届蒙顶山国际禅茶大会子活动中的蒙顶山禅茶品鉴会,展示茶艺,助推茶旅融合发展。2017年3月28日,在中峰乡牛碾坪万亩观光茶园,名山区妇联联合区总工会等单位完成了四川省总工会2017年"我学我练我能"全省女职工采茶、茶艺技能大赛(图6-31)。

2018年开展"双学双比"活动。在春茶采摘期间,积极组织女子采茶技能大赛活动,

图6-31 2017年,参加"我学我练我能"全省女职工采茶、茶艺技能大赛

组织双河、万古、解放等乡镇妇联开展采茶技能比赛活动5场次。

2019年3月17日,与双河乡人民政府在双河乡骑龙村万亩观光茶园,共同举办第八届蒙顶山女子采茶能手大赛。评选出了2019第八届蒙顶山女子采茶能手大赛"十大采茶能手"。在四川茂盛源茶业联合建立妇女茶叶培训基地。

2020年10月,争取到中国妇女发展基金会、可口可乐(中国)2020年@她创业计划·可口可乐"移动妈妈家"——"女性茶农茶园管护"能力培训项目。该项目对红星镇、百丈镇、万古镇、中峰镇的300名女性茶农进行了茶树种植管理系统的知识培训,引导妇女居家灵活就业。组织巾帼茶企参加"巾帼助力脱贫奔康·川妹带川货"直播带货活动。同年7月24日下午,推荐雅安蒙鼎好茶业有限公司总经理陈芷琳,作为雅安市唯一的产品推荐官,代表雅安市,在成都参加了四川省妇联、省网信办等8个部门开展的"巾帼助力脱贫奔康·川妹带川货"直播带货活动,推荐蒙顶山甘露茶,打造"川妹带川货"直播IP品牌,助力了"川货出川"。

2022年4月26日，分别在黑竹镇、茅河镇举办了茶叶种植、加工等妇女技能培训2期，培训妇女100余人，助力妇女掌握一技之长，深化"乡村振兴巾帼人才培养"计划。

（六）团区委

共青团名山县（区）委，从2004年"一会一节"起，每年均组织年轻靓丽女青年从事蒙顶山茶文化旅游节、制茶茶艺大赛礼仪服务，组织青年志愿者配合做跟车服务、讲述解茶文化等工作。

2016年4月7日，团区委联合区人社局等在名山区就业局共同举办的"助创为你添羽翼——雅茶创客沙龙"顺利举行。同年7月17日，联合首都师范大学2016年研究生暑期社会实践团"筑梦雅安队"组织了蒙顶山茶文化调研活动。

2018年12月30日、31日，共青团雅安市名山区委率队组织名山区实验小学《蒙山童韵》节目参加2018年四川省青少年文化艺术展演"少年话中国"语言类演出。最终，《蒙山童韵》在"少年话中国"语言类13个节目中脱颖而出。

2020年1月27日，由共青团雅安市名山区委推荐，名山区实验小学56名学生表演的诗朗诵《蒙山童韵》作为雅安地区唯一推荐的节目，登上2019年西南"三省一市"少儿春晚。2020年11月20日，联合组织由名山区黑竹小学、茅河小学、百丈红军小学400余名少先队员组成的小小少年研学团队走出校园，走进蒙顶山，开启为期一天的茶文化研学旅程。

2021年9月30日，团区委联合雅安职业技术学院团委共同组织100余名志愿者和礼仪人员为骑遍四川·2021年"环茶马古道"雅安公路自行车赛名山赛段提供志愿服务。

2022年5月18日，为持续开展"红领巾讲解员"实践体验活动，在第46个国际博物馆日到来之际，由共青团雅安市名山区委、雅安市名山区青少年宫推荐的15名红领巾讲解员来到蒙顶山茶史博物馆，参加"我来讲蒙顶山茶的故事"活动。同年7月2日、3日，团区委联合四川工商学院"蜀中蒙妙"乡村振兴团队（以下简称"团队"）。为了进一步助力乡村振兴和推广新农技，团队在黑竹镇黑竹关村委会挂牌成立蜀中蒙妙乡村振兴工作坊和蜀中蒙妙茶叶技术推广站。

2023年3月17日，春茶生产团委利用直播平台，联系指导百丈镇高岗村开展蒙顶山茶直播助农活动；3月19日，名山区社区少年宫走进德福社区开展了"强国复兴有我，茶文化传承"主题活动；5月2日，"新时代·蜀少年"2022年四川省青少年文化艺术展演舞台艺术类比赛在四川旅游学院成功举办，团区委、区青少年宫率本土原创舞蹈节目《茶都少年迎客欢》参加舞台艺术类少儿组团体舞蹈现场展演，获得少儿组团体舞蹈一等奖。

六、茶业领导小组

名山茶叶产业工作，涉及三次产业方方面面，除农业、茶业等职能部门主抓外，从20世纪90年代以后，成立专门领导小组（表6-2），一般由区委、区政府的主要领导担任组长，区委、政府分管农业、茶叶的领导担任副组长，农业、茶业、宣传部、工商、文体旅游、经济信息、供销社，以及主要涉茶乡镇为成员单位，便于组织协调、分工合作，领导小组下设办公室，办公室主要设在相关工作最主要执行单位，单位主要负责人担任办公室主任，主要副职为副主任，抽调专业技术人员为办公室工作人员，全面具体落实目标任务，以全面推动工作。多年来，领导小组及其办公室发挥了独特的组织协调、具体实施等作用，确保了茶产业目标任务的完成。

表6-2 历届名山县（区）茶叶产业、茶叶重点工作领导小组

年份	领导小组名称	组长	副组长	办公室	主任	副主任
1997—2000	名山县农业产业化工作领导小组	杨国华、高康健	郑朝伟、杨显良	县农村工作办公室	龚玉华	潘本润
1998—2000	四川省名山县国家级茶叶标准化示范区领导小组	高康健	杨显良、胡晓华	县质量技术监督管理局	闵国玉	徐晓辉
2001—2004	名山县创建无公害农产品（种植业）生产示范基地县领导小组	杜义	杨显良	县农业局	谢先华	黄文林等
2001—2004	名山县茶叶产业化领导小组	陈明祥、杜义	杜智慧、杨显良	县农业局		黄文林等
2002—2005	名山县茶叶产业化工作领导小组	陈明祥、杜义	杜智慧、杨显良	县农业局	黄文林	吴祠平
2005—2006	名山县茶叶产业化领导小组	杜义	杜智慧、杨显良	县茶业发展局	黄文林	
2006—2007	名山县茶叶产业化领导小组	杜智慧	李川、李本权、杨显良	县茶业发展局	黄文林	
2007—2007	名山县茶叶产业化领导小组	岑刚、徐其斌	杨显良、冯继跃、刘江、陈吉学等	县纪律检查委员会	程虎	黄文林
2007	名山县茶叶产业化领导小组	杜义	杜智慧、杨显良	县茶业发展局	黄文林	
2009—2012	名山县打造茶叶产业强县基地工作领导小组	徐其斌	程虎、秦德全	县茶业发展局	黄文林	汪福平、李良勇
2010—2012	"蒙顶山茶"证明商标申报中国驰名商标工作领导小组	徐其斌、张永祥	杨显良、林良军	县工商行政管理局	李永华	梁健、黄文林（后钟国林）
2010—2012	名山县创建全省现代农业产业（茶叶）基地强县实施方案领导小组	徐其斌	韦燕伟、秦德全	县茶业发展局	黄文林	汪福平、周群

续表

年份	领导小组名称	组长	副组长	办公室	主任	副主任
2012—2014	创建全国绿色食品原料（茶叶）标准化生产基地领导小组	秦德全	阳永翔	县茶业发展局	阳永翔	
2012—2014	雅安市名山区茶叶产业化领导小组	张永祥	韦燕伟、刘勇、秦德全、王欣	区人大常委会办公室	钟国林（负责）	冯学煌、梁健
2014—2016	雅安市名山区蒙顶山茶产业发展工作领导小组	冯俊涛	韦燕伟、刘勇、秦德全、王欣	区农村工作委员会	罗虎	张先锋
2016—2020	雅安市名山区现代农业（茶业）重点县建设领导小组	余力	樊伟	区农业局	李成军	
2015—2018	雅安市名山区茶叶产业化领导小组	余力、区长	刘勇、罗虎、樊伟等	区农业局	李成军、阳永翔	
2018—2021	雅安市名山区茶产业推进领导小组	区长	韦燕伟、刘勇、廖春雷	区茶产业推进办公室	王龙奇	罗江
2018至今	名山区茶叶企业转型升级领导小组	吴宏、区长	韦燕伟、魏存谊等	区经济信息和科技局	李剑锋、张崇华	
2021—2021	雅安市名山区茶产业推进领导小组	陈永康	廖春雷	区茶产业推进办公室	罗江	黄梅
2022至今	雅安市名山区茶产业推进领导小组	倪林	李良勇、韦燕伟、马忠强、董家松、郑荣杰	区茶产业推进办公室	李小涛	韩薇薇、张崇华、宋希霖

领导小组开展的产业化主要工作如下。

（一）产业化工作

1997年，重点抓茶叶、畜禽、蚕桑、林竹、果蔬、药材六大产业。1998年，全年新发展茶园6200亩，茶叶总产400.9万kg。

2001年初，名山县人民政府下发《名山县农业产业化"十五"计划和2010年规划》，提出"十五"期间着重抓茶叶、畜禽、林竹产业，"十五"末茶园面积要达10万亩。首次提出质量安全和品牌建设是名山茶产业发展的重点。

2004年，制订下发《2004年茶叶产业化工作计划》，将全年新发展生态茶园3万亩，更新改植低产茶园1万亩任务分解到乡镇、村、组、农户、田块，要求资金落实、茶苗落实、技术落实。研究拟定名山县2007年前的茶业发展、产量、产值总体规划。

2005年，制定《名山县2005年出口茶叶生产示范基地建设实施方案》。完成《中国三绿工程茶业示范县》项目立项并实施。拟订并实施《名山县2005年茶叶产业化工作计划》，印发《关于无公害茶叶基地经营使用农药的通告》，起草《名山县茶叶产业化相关职能部门的考核办法》《高度重视无公害茶叶质量安全实施意见》等工作意见。

2007年,编制、储备和上报茶叶科技项目4个。制作完成《名山县茶叶生产技术培训》光碟、蒙山茶国家标准实物样品,并发放到全县各乡(镇、村)和有关企业。引进培育省、市、县级龙头企业17家。开展茶叶加工乡镇骨干企业复评。名山全县197家茶叶加工企业获得"2007年度名山县乡镇茶叶加工骨干企业"称号。实施国家级"科技兴茶富民强县专项行动计划"和四川省"科技富民推进行动"两个专项,开展茶树良种繁育与示范、茶叶技术示范基地建设、茶叶技术创新与龙头企业培育、茶叶科技推广服务体系建设等。

2008年,全县209家茶叶加工企业获得"2008年度名山县乡镇茶叶加工骨干企业"称号。组织茶业局、茶业协会等评选出名山县首届"茶业十强"企业。

2009年,制订《名山县茶业发展规划(2009—2018年)》,制订名山县加快现代茶叶基地建设的意见、发展规划、实施方案、优惠政策、资金保障等政策和措施。按农业部和四川省农业厅要求,编制《名山县全国标准化茶园工作实施方案》及申报材料并上报。成立名山县蒙顶山茶投资担保有限公司,主要解决重点企业融资难问题。设计"蒙顶山茶"产品外包装盒、户外广告式样,统一对外宣传和销售。继续定点开展10户茶农茶叶收入调查和农业投入品监测。筛选、论证、包装上报农业部、省农业厅、省茶叶研究所茶叶项目5个。名山县人民政府与蒲江县人民政府签订《关于茶产业区域合作协议》,开展产业融合。

2012年起,名山县以县茶产业领导小组及其办公室在时任县人大常委会主任张永祥带领下,确立并实施了茶叶农药"源头治理、管查结合"制度。制定"六项制度"(培训上岗制、证照管理制、经营台账制、经营品种备案制、定点专柜销售制、举报有奖制),引进建富民、忠伟、润根、兴名、庆丰5家农药经营企业,建立共计212家乡村连锁店,从制度上解决了全区农药经营单位规模小、摊点多、分布散、经销渠道混乱、农药经营主体和经营行为不规范、无证经营现象普遍的问题。举行"名山县茶叶鲜叶农残快速检测"现场演示,召开全县"创绿"工作动员会,于2013年底成功申报"全国绿色食品原料(茶叶)生产基地县"。茶叶投入品的源头管理和农药的备案等系列制度,名山一直坚持实施至今,确保了名山茶叶总体上生态、安全、可控。同年9月,参加"2012中国商标年会暨(昆明)国际商标节"专题汇报"蒙顶山茶"商标情况;年底,"蒙顶山茶"商标成功申报中国驰名商标。

2014年,按照《名山县茶叶清洁化生产技术要求》,组织企业实行标准化、清洁化、规范化生产,全程监控茶叶产品质量。在全区抽取茶树种植户56户,调查生产茶季鲜叶收入，每月汇总上报，通过互联网发布。

2016年，完成《蒙顶山茶产业转型升级中长期发展规划》并发放给20个乡镇和30个部门。开展农业执法检查185次，出动执法人员687人次，检查农药、种子、肥料经营门市455个（次），整顿农资市场74个（次）。查处销售标签不合格农药、国家已撤销登记农药产品、过期和其他不合格农药产品案12个，共计37.5kg；登记备案农药品种650余个，推广生物农药品种2个，防治1000余亩次。

（二）标准化管理

1998—2005年，推行茶叶基地建设示范带动，规模发展。每年落实50个百亩以上的示范片：6个村以下乡镇每年落实2个100亩以上示范基地，6个村以上乡镇每年落实3个100亩以上的示范基地。名山县茶产业领导小组办公室和县农村工作办公室负责检查、指导、督促，制定验收考评办法，纳入中共名山县委、县人民政府对各单位、乡镇的全年目标考核。茶产业实施"四化六统一"：品种良种化，主推福鼎大白、福选9号、名山白毫131、特早213、名山早311等适宜名山种植的良种茶；产品优良化，突出名山甘露、石花名茶优势；制茶机械化，选购先进的制茶机具和制茶工艺；经营集团化，组建龙头企业，重点扶持。各乡镇落实1~2个茶叶加工企业，与县龙头企业形成集团化经营格局；统一质量标准，统一加工技术，统一检验标准，统一规范商标，统一研制包装，统一最低销价。打击侵权等行为，防止恶性竞争。

2010年，指导乡镇建立标准化示范茶园20个。茶园施肥75万亩次，病虫害防治89.5万亩次。指导改造低产茶园3.05万亩。实施灾后重建茶树品种资源选育项目，从本地区和全省主要茶区搜集500余个茶树品种进行培育。

2011年，按照标准化、规范化、集约化要求，建立万亩亿元示范片4个：双河骑龙场示范片、名王路示范片、茅河香水示范片、红星天王示范片，茶园面积共6万亩。示范片涉及29个村181个村民小组共1.2万户4.8万人。示范片均树立标识标牌。发布病虫害发生预防信息5期。推广物理机械防治技术。全年安装频振式杀虫灯272盏，其中太阳能频振式杀虫灯264盏；扦插粘虫黄板16.2万张。建立绿色防控技术示范园1.3万亩。示范片带动全县茶农自发安装太阳能杀虫灯90盏。同年11月，全国园艺作物标准园建设茶叶现场观摩交流会在双河乡骑龙村召开，31个省（直辖市、自治区）和新疆建设兵团的120余名领导和专家肯定了名山县茶园标准化建设、茶叶产业发展成绩。

（三）商标管理

2004年，检查全县203家茶叶加工企业的生产场地、机具设备、加工技术、质量要求和资产状况，规范企业生产。查处企业25家，扣押乱标厂名的包装袋3100个，整顿企业3家。

2008年，推广"蒙顶山茶"证明商标。同年9月中旬，启动"蒙顶山茶"证明商标推广工作，完善《"蒙顶山茶"证明商标使用管理规划实施细则》，指导取得国家食品质量安全许可（QS）认证的茶叶企业规范使用"蒙顶山茶"证明商标，首批授权15家企业使用"蒙顶山茶"证明商标（图6-32）。2008年10月20日，注册中文域名"中国绿茶第一县·CN"。

图6-32 "蒙顶山茶"2010年被四川省工商行政管理局命名为四川省著名商标

2012年，"蒙顶山茶"证明商标实行"区域品牌+企业品牌"双商标管理，企业使用证明商标须经申报、审查。

2013年，制定和完善《"蒙顶山茶"驰名商标保护办法》《〈"蒙顶山茶"证明商标使用管理规则〉实施细则》，并组织实施。

（四）质量安全管理

2004年，修订和完善了《名山县茶叶加工企业管理试行办法》，对全县境内茶叶加工企业进行多次执法大检查。申报无公害、绿色、有机茶认证，有10家茶叶企业首批获蒙山茶原产地域产品保护专用标志使用，16家企业的36个茶叶产品获无公害农产品认证；4家企业的13个产品获绿色食品认证。

2005年，开展茶叶加工企业和市场整治，规范茶叶市场。名山县茶业发展局、县工商行政管理局、县质量技术监督管理局等部门先后5次联合开展茶叶市场清理整顿，突击检查蒙顶山、川西茶叶市场和百丈湖旅游景点茶叶经营门市的包装，查处扰乱茶叶市场、不按蒙山茶国家标准生产的企业和摊点。颁布实施《〈名山县茶叶加工企业管理办法〉实施意见》《名山县茶叶加工骨干企业认证管理办法》。认证管理全县茶叶加工骨干企业，对符合条件的163家企业颁发《名山县茶叶加工骨干企业》证书。

2007年，初步建立茶树病虫监测体系。根据全县茶园分布特点，建立4个茶叶病虫害监测点，定期开展病虫监测预报，提供病虫预报信息。向全县印发《名山县茶叶投入品流通使用管理办法》和《名山县茶叶加工企业规范生产监督管理办法》。

2008年，继续开展病虫监测预报，提供病虫预报信息。

2009年，引导鼓励省、市、县级龙头企业及首届"茶业十强"企业实施病虫预测预报管理，与农户建立原料核心基地3.5万亩，辐射带动10.5万亩，涉及15个乡镇、84个村，带动农户11570户以上。

2013年，在红岩、中峰、双河、联江、新店等乡镇建立5个茶叶病虫害监测点，落实专人负责。

2015年，建立5个茶叶病虫害监测点，发布病虫害发生信息6期。指导茶叶生产企业按照国家标准《地理标志产品 蒙山茶》中茶叶清洁化生产技术要求进行标准化、清洁化、规范化生产。

（五）表彰激励

1975年12月9—12日，名山县召开全县茶叶工作会议，经县委同意，评选出以下单位、个人予以表彰（表6-3）。

表6-3 1975年名山县茶叶工作会表彰先进集体和先进个人

名称	先进集体和先进人个
发展茶叶先进公社	双河公社、永兴公社
先进公社茶场	双河公社茶场、建山公社茶场、中峰公社茶场
先进大队联办茶场	双河五大队、三大队、前进十大队、十二大队、马岭四大队、万古一大队，城西三大队、车岭八大队、解放二大队、中峰一大队、红光二大队
先进生产队办茶场	永兴十四大队1队、车岭二大队4队、城东七大队1队
科学种茶社队	双河公社茶场一亩地、六大队3队、红岩三大队1队、城东七大队1队
产茶万斤队	双河一大队4队、六大队3队、车岭八大队1队、九大队4队、十大队1队
先进个人	余洪林、张明伦、杨廷荣、陈兆明、汪鸣、龙光德、魏正品、郑德华、王良栋、侯瑞涛、郑尚臣、杨天炯、杨德雄、代显文、蒋成明、赵中清

2013年1月14日，中共名山县委、县人民政府召开茶业发展大会（图6-33），表彰茶叶产业发展先进集体和个人，详见表6-4。

2023年1月16日，中共名山区委、名山区人民政府表彰"2022年度雅安市名山区经济社会高质量发展先进集体和先进个人"（图6-34），详见表6-5、表6-6。

图6-33 2013年1月，召开名山县茶业发展大会

图6-34 2023年1月，表彰2022年度名山区经济社会高质量发展先进集体和先进个人

表6-4 2013年名山县茶业发展大会表彰茶叶产业和茶文化发展先进集体和先进个人

名称	先进集体和先进个人
茶叶产业和茶文化发展工作先进单位	中共名山县委宣传部、名山县茶业发展局、名山县财政局、名山县国土资源局、名山县经济信息和商务局、名山县林业局、名山县旅游管理局、名山县妇联、名山县工商行政管理局、名山县农村信用联社
茶叶产业和茶文化发展先进乡镇	名山县红岩乡、名山县双河乡、名山县中峰乡、名山县茅河乡、名山县新店镇、名山县万古乡、名山县百丈镇、名山县红星镇
茶叶产业和茶文化发展先进协会	名山县县茶业协会、名山县茶叶学会、名山县新店镇茶叶协会、名山县联江乡茶叶协会
服务茶叶基地建设和茶叶产业发展先进专业合作社	名山县蒙峰茶叶种植农民专业合作社（红岩乡）、名山县茶源农机合作社（茅河乡）
名山县茶叶基地建设和茶叶产业发展先进村	前进乡新市村、解放乡银木村、蒙阳镇关口村、万古乡红草村、茅河乡龙兴村、新店镇石桥村、车岭镇天池村、红岩乡青龙村、联江乡凉水村、永兴镇双墙村、廖场乡新场村、红星镇余坝村、百丈镇叶山村、马岭镇邓坪村、城东乡双田村、双河乡骑龙村、中峰乡大冲村、黑竹镇王山村、蒙顶山镇金花村、建山乡止观村
开展茶叶生产经营和推动产业发展优秀企业	四川蒙顶山跃华茶业集团有限公司、四川省蒙顶山皇茗园茶业集团有限公司、四川蒙顶山味独珍茶业有限公司、四川禹贡蒙顶茶业集团有限公司、四川蒙顶山大富茶业集团有限公司、四川蒙顶山金龙茶业集团有限公司、四川省蒙顶山绿川茶叶集团公司、四川省蒙顶山大众茶业集团有限公司、四川省茗山茶业有限公司、名山正大茶叶有限公司、四川名山西藏朗赛茶厂、四川省蒙顶皇茶茶业有限责任公司
获得"四川省著名商标"的企业	四川省蒙顶山皇茗园茶业集团有限公司（皇茗园）
获得"雅安市知名商标"的企业	四川蒙顶山大富茶业集团有限公司（圣山仙茶）、四川省蒙顶山皇茗园茶业集团有限公司（皇茗园）
茶叶产业和茶文化发展工作先进突出贡献奖集体	名山县工商行政管理局、名山县茶业发展局、名山县茶业协会、蒙顶山茶叶交易所
茶叶产业和茶文化发展工作先进个人	李德平、代显臣、王明清、杨天炯、吴祠平、徐晓辉、梁健、王娟、刘绪敏、夏家英、成先勤、钟国林、卢本德、杨万国、龙开军、王攀、李国勇、何卓霖、黄奇美、郭承义

表6-5 2023年雅安市名山区经济社会高质量发展先进集体

奖项名称	获奖单位
茶业提质增效先进集体	名山区茶业现代园区服务中心
	名山区茅河镇香水村

表6-6　2023年雅安市名山区经济社会高质量发展先进个人

奖项名称	姓名	单位
茶业提质增效先进个人	刘兵	四川蒙顶山蒙典茶业有限公司
	钟国林	雅安市名山区农业农村局
	成江	雅安市名山区喜年号茶叶有限公司
	裴璐	雅安市广聚农业发展有限责任公司
	施刘刚	雅安市雅州恒泰茶业有限公司
	杨启万	雅安市名山区金雅州苗木种植农民专业合作社
	郑舒萍	雅安市名山区税务局车岭分局
	何长博	雅安市名山区卓霖茶厂

第三节　质量安全

名山一直重视茶叶生产安全，采取各种措施，尽力确保茶叶产品质量安全（图6-35）。

图6-35　20世纪60年代，茶叶质量检测检验

一、实施茶叶投入品源头管理

2012年起，名山县以县茶办牵头，除日常工作外，还重点负责抓好茶叶基地安全工作，时任县人大主任、县茶领组组长的张永祥主任，调查咨询、总结分析多年来茶叶基地安全的经验和教训，确立了茶叶农药"源头治理、管查结合"的思路和办法

（图6-36）。组织农业、工商、供销等部门，制定并贯彻执行农药销售使用规范管理办法和制度，印制成手册并发放，以"六项制度"（培训上岗制、证照管理制、经营台账制、经营品种备案制、定点专柜销售制、举报有奖制）为抓手，引进建富民、忠伟、润根、兴名、庆丰5家农药经营企业，建立共计212家乡村连锁店，从制度上解决了全区农药经营单

图6-36　2003年，场镇赶集宣传无公害茶叶

位规模小、摊点多、分布散、经销渠道混乱、农药经营主体和经营行为不规范、无证经营现象普遍的问题，对随地设摊和使用机动、非机动车辆销售农药的经营者依法严厉打击，有效地规范了全区农药经营市场和行为。又开展农药市场整治，推进多部门联合执法，建立农药执法大队，抓好农药源头治理，每年出动执法宣传车180余车次，执法人员580余人（次），巡回宣传600小时以上，严厉打击经销使用违禁农药和外地来名山流动销售，取缔无证经营。2014年，开展农药执法检查20次，检查农资经营店279家，立案查处销售不合格农药3起，假农药案件1起。2016年至今，每年开展市场监督检查280次以上，检查农药经营门店280余个（次），2019年、2020年发出责令整改通知书56份，查处销售不合格农药案件14起，取缔无证照经营门店4家，共处罚金12.35万元。

召开名山县茶业投入品管理大会，2012—2015年每年1次专题培训会、农资专业知识考核，在新店、红岩等地召开现场会，请省农业厅、四川农业大学和当地茶叶专家对县、乡涉茶部门干部、农资经营企业、专销店、连锁店业主培训讲课。举行"名山县茶叶鲜叶农残快速检测"现场演示，并通过电视、简报等宣传，告诫存有侥幸心理者（图6-37）。支持各乡镇和主要茶叶企业配备茶叶快速检测设备，加强了茶叶生产和加工环节

图6-37　农残快速检测现场演示（2012年）

图6-38　落实质量监督管理

定期检测。组织全县主要涉茶部门、乡镇茶领组召开全县"创绿"工作动员会,开展全县基地核定、质量检测、环境监测、材料组织等申报工作,于2013年底成功申报"全国绿色食品原料(茶叶)生产基地县",面积27.1万亩。茶叶投入品的源头管理和农药的备案等系列制度,名山一直坚持实施至今,确保了名山茶叶总体上生态、安全、可控(图6-38)。

二、建立全程质量安全追溯体系

建立质量安全追溯系统是茶叶生产全程质量控制的一项重要举措,名山主要茶叶企业,如四川蒙顶山跃华茶业集团有限公司、四川省蒙顶皇茶茶业有限公司、四川省茗山茶业有限公司、四川省禹贡蒙山茶业集团有限公司、四川省蒙顶山皇茗园茶业集团有限公司、四川省大川茶业有限公司等,以本企业建立的茶园基地为基础,先后与科研院所、社会服务组织合作,投入人力、财力和物力,探索建立全程质量安全追溯体系。

全程质量安全追溯体系是指通过自动识别技术,将实物流与信息流结合起来,以商品条形码作为物品编码系统,以信息系统为依托,以规范化数字档案为基础,使得商品的所有生产信息记录贯穿整个供应链,最终达到跟踪和追溯实物的目的。消费者只需登录相关档案网络,直接输入产品外包装的追溯码,即可知道该产品从种植、采摘、收购、鲜叶检验、初精加工、成品检验、内外包装、销售等全过程的安全状况责任者的所有信息。茶叶企业,建立"生产有记录、信息可查询、流向可跟踪、责任可追究、产品可召回"的茶叶质量安全追溯体系,从而实现"茶园到茶杯"的全程质量安全监控。这对于促进产业体系建设,提高茶叶产销的质量安全水平,加强茶叶质量的监督管理,保障消费者安全,以及促进茶文化普及和茶叶消费者的正确引导具有重要意义和现实作用。

茶产业全程质量安全追溯体系,工作细致繁多,总体有四方面。

(一)基地原料

从茶园开始,建立茶管理制度,以档案记录茶园农事。通过建立一整套茶叶种植管理制度,与茶农签订协议,内容如下。

茶树栽培过程中农事活动的记录:种植、耕作、病虫害防治、施肥、鲜叶采摘、修剪、除草等(图6-39)。

采购数量:根据计划产量制订采购计划。

采购价格:根据市场预测确定,实际收购时一般均比协议价格高出一定比例。

茶叶质量:包括农药残留以及鲜茶叶等级等。

货款给付时间及结算方式:茶叶鲜叶交售企业后,当即按市场价现金支付结算。

图 6-39 茶园基地绿色生态防控

培训指导：每年对基地茶农开展多次全方位培训，指导茶农如何做好茶园农事记录，建立茶鲜叶生产管理档案，达到绿色、有机茶产品可追溯、可查询、可考究（图6-40、图6-41）。

图6-40 2008年，举办安全使用农药技术培训班

图6-41 在万古乡高山坡村进行茶叶基地安全培训

（二）收购采购

安排专业的采购员，熟知鲜叶质量好坏和等级标准以及价格，采购时标识好茶叶的产地（具体到某块茶园）、时间、等级、价格、采购员姓名或编号等内容。

（三）加工生产

加工步骤的记录档案包括两个部分：一是原料的检验，主要有鲜味的等级、质量、农药残留、重金属残留等的检验单，以及采购员信息等。二是各个加工步骤加工员的姓名或编号，以及加工使用设备。

（四）包装及销售

包装前进行成品茶检验和包装检查档案记录，包装成品的品级质量、感官品质描述、理化成分含量、农药残留等安全指标、包装材料安全信息、包装茶销往地区和门店市场等（图6-42）。

通过一系列的档案或生产卡记载，对茶农、茶叶采购员、茶叶加工员、产品包装等进行编号，录入茶叶质量安全追溯体系数据库，让消费者在企业官方网站上可查询、可追溯（图6-43）。

图6-42 加强品牌质量管理

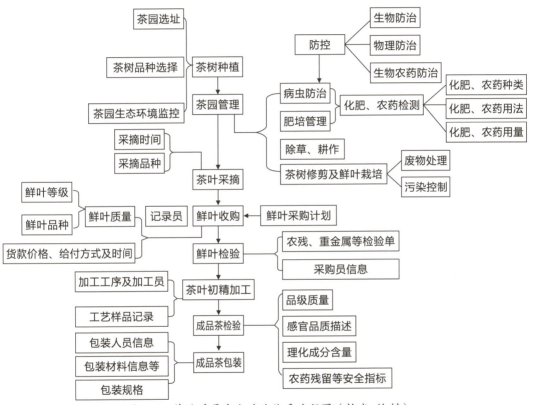

图6-43 茶叶质量安全追溯体系流程图（杜晓 绘制）

三、确立质量安全生产模式

茶叶生产组织与经营方式是茶叶质量安全的基础。目前，蒙顶山茶区多数是小农户分散生产经营，通过一定形式构建现代生产方式十分必要。

蒙顶山茶区充分发挥政府和民间组织作用，着力推动茶叶安全生产模式建设、规范组织建设，加强茶业民间组织的作用，成立了茶业协会、商会等社团组织，推广应用现代生产模式，加强茶产业信息化建设，构建茶叶质量安全支持体系。企业采取"公司+

农户""公司+基地+农户""公司+合作社+农户"等形式,进行"生产、加工、销售"一体化经营模式(图6-44)。

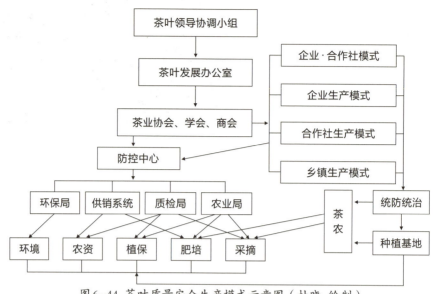

图6-44 茶叶质量安全生产模式示意图(杜晓 绘制)

同时,区农业农村局建立全区茶叶产业发展服务中心,政府政策引导与扶持,每个乡镇以农技服务中心及茶业员构建茶园病虫害防治中心,引导企业和经营能手、农机专业合作社。防控中心对茶园病虫害实行"统防统治",如统打高效低残留农药、扦插黄粘板、安装太阳能频振式杀虫灯等(图6-45),政府通过项目补贴部分投入资金。对茶园农药、肥料、遮阳网等农业投入品进行监督,对茶叶卫生、鲜叶收购进行规范,以及对企业和合作社的工作协调(图6-46)。

图6-45 安装太阳能频振式杀虫灯和扦插黄粘板

农机专业合作社主要联系承担茶叶企业基地或成片农户茶园病虫害统筹专业防治和猪沼粪等农家肥的统一灌施工作，实现病虫安全防治、猪沼粪还田、减少农村面源污染、降低生产投入成本和劳动强度的目标。镇、村、社和农户及企业严格执行政府及茶产业办公室推荐的农业投入品品目，严禁使用违禁农业投入品，以使用生物农药为主，辅助使用高效低残留化学农药。要求优化农药的使用量、使用方法，从而有效控制茶叶中的农药残留量。

图6-46 2010年，国家质量监督管理总局领导检查工作

四、建立现代茶叶检测中心

实现茶叶质量管控必须运用现代科技检测手段，具备现代检测设备、采用现代检测手段，建立茶叶检测中心，确保茶叶产品质量，使"蒙顶山茶"品质安全卫生获得资质证明的保障。名山是传统产茶区，全省、全国产茶大县，生产的茶叶种类多样、品种丰富，但茶叶质量的检测却要在杭州等具有检测质资和技术条件的单位进行，路途远、时间长、费用高、沟通不便，在名山建立一个国家级或省级的检测机构具有必要性和现实性。经建议和申请，1998年12月，四川省质量技术监督局下发文件，同意建立四川省蒙山茶叶技术开发质量检测中心。2000年5月动工，购置安装AA320原子吸收分光光度计、GC122型汽相色谱仪等先进设备和药品试剂，检测和监督茶叶标准规定的全项指标，2004年年底建成运行。

2000年3月28日，四川省质量技术监督局同意建立四川省边销茶质量检验中心，2010年4月，更名为四川省茶叶产品质量检验中心。地址在名山县茶都大道，负责全省边销茶质量监测。同年5月，正式运行。方便了雅安各区县及省内茶叶产品的检测和监督。检测中心自建立以来，广泛开展检测检验工作，方便了名山、雅安以及四川等地广大茶叶企业，减轻了他们的负担。建立了茶叶质量检测信息库，为名山茶叶及四川茶叶产品质量发展研究提供宝贵意见。由于全国茶叶面积产量规模迅速扩大，产地、企业和消费者及市场需要更多更好地为茶叶产品质量监督检验服务。同年，国家质监局计划在杭州之外再建一个茶叶产品质量监督检验中心。

2012年，国家茶叶产品质量监督检验中心（四川）正式落户雅安，由四川农业大学茶叶审检专家杜晓教授担任中心主任。国家茶检中心建成后，具备茶叶及茶产品项目检测能力，作为国家级茶叶检验与监督公共技术服务平台。检验产品种类覆盖绿茶、红茶、黄茶、白茶、黑茶、青茶、花茶、茶叶深加工产品以及代茶饮料9个大类茶叶产品，检验参数139个；配备了现代化的检测设备，一流的专业技术人员及专业管理队伍，按国际标准水平检测与监控茶叶中的农药残留（图6-47）、

图6-47 现场快速检测农药间隔期残留（2012年）

重金属及有害微生物，并对当地茶产业发展中存在的质量安全问题提出解决方案和合理化建议。该中心成为集产品开发、科技创新、标准研究、咨询服务、检验检测于一体的专业技术服务机构，大大解决了以雅安为中心，包括四川及西南地区茶叶的茶叶质量检测问题，为产业发展产品质量安全提供了强有力的技术支撑。

五、开展质量检测

名山区（县）质量技术监督管理局、工商行政管理局、卫生局、药品食品监督管理局、安全监督管理局、农业局、茶业发展局、经济和商务局、供销社等部门，联合开展农业行政执法检查，监管茶叶生产加工企业所涉及的农药、化肥、农膜等。农业局下设植保站、土肥站、畜牧发展股、农业行政执法大队和农产品质量安全监督检验检测站，依照职能职责开展质量监管工作。

2004年2月25日，名山县人民政府制发《名山县茶叶加工企业管理试行办法》，要求名山县相关部门按照农业部、国家质量监督检验检疫总局颁布的《无公害农产品管理办法》及国家标准《蒙山茶》相关规定，管理名山茶叶质量。

2006年6月，组织制作蒙山茶实物标样蒙顶黄芽、蒙顶甘露等31个样品，分箱低温保存。

2007年7月23日，名山县人民政府办公室制发《名山县茶叶加工企业规范生产监督管理办法（试行）》。名山县质量技术监督管理局、工商行政管理局、农业局、茶业发展局等相关部门，联合组成"名山县茶叶加工企业规范生产监管执法"主体，开展农业行政执法检查。

2007年8月7日，名山县人民政府办公室制发《名山县茶叶投入品流通使用监督管理办法》。名山县行政区内从事茶园农资生产经营和茶园生产经营的单位和个人，涉及茶园生产的农药、化肥、农膜等投入品均属监管范围。根据乡镇职责、经营单位和人员职责、

监管执法部门及其职责，进行考核奖惩和边区市场联合整治。名山县联合执法主体负责茶园投入品监管。

2010年8月，名山县农业局成立农产品质量安全监督检验检测站，核定编制为7人。负责辖区内农、畜、水产品准入、准出检测和农、畜、水产品质量安全日常监督检验工作；承担人民政府和农业行政主管部门下达的各项检测工作；受委托承担产地环境及农、畜、水产品质量检测等工作。

2013年，全区20个乡镇配备鲜叶快速检测仪，建立速测室。在茶叶生产期，开展鲜叶有机磷、有机氯、三氯杀螨醇、菊酯类、重金属铅5个指标快速定量检测，定量范围有机磷、有机氯、三氯杀螨醇 0.5~20mg/kg、菊酯类 0.2~50mg/kg、重金属铅 5~50mg/kg，为上级领导在农产品质量安全监管和生产指导上提供了科学依据（图6-48）。

图6-48 召开农药监管工作会

2016年，开展农业执法检查185次，出动执法人员687人次，检查农药、种子、肥料经营门市455个（次），整顿农资市场74个（次）。查处销售标签不合格农药、国家已撤销登记农药产品、过期和其他不合格农药产品案12个，共计37.5kg；登记备案农药品种650余个，推广生物农药品种2个，防治1000余亩次。

2020年，全区抽检鲜叶样品2188个、干茶样品30个、送检样品4个。经检测，检测样品合格率均为100%。同年，新增绿色食品认证20个，全区茶叶产品绿色食品认证达到60个；新增有机茶生产基地认证（转换期）1200亩，全区有机茶认证面积达到2000余亩。

至2022年底，全区有86家茶叶企业取得"QS"认证，名山区及雨城区有86家茶叶企业获得蒙山茶地理标志保护产品使用权。

2023年9月26日，四川省剑峰茶业有限公司生产的蒙顶春露（证书号248OP2300057）、芽细藏茶（证书号248OP2300061）、红茶金芽（证书号248OP2300057）、白毫银针（证书号248OP2300060）、黄金春露（证书号248OP2300059）获有机产品认证。2023年9月27日，四川吴明久茶业有限公司生产的黑茶（证书号248OP2300086）、白茶（证书号248OP2300083）、红茶（证书号248OP2300079）等共10款茶叶获有机产品认证。

六、土壤改造及配方施肥

2008—2016年，推广测土配方施肥技术150万亩（次），推广配方施肥60万亩（次），涉及全区20个乡镇192个村，共6.48万农户。分析化验土壤样品2845个、植株样品50个，布置田间肥效试验35个、示范展示30个，总面积4万多亩。完成、完善测土配方施肥数据库3个，研发、优化肥料配方18个，制定并发放测土配方施肥建议卡15万份，培训技术推广人员10067人，培训茶农28620人（次），服务农户6.48万户，完善更新全区施肥指标体系，完成名山区耕地地力评价，完成成果图25幅。实施巩固退耕还林成果基本口粮田建设项目，整合国家专项建设资金2702万元，建设基本口粮田4.24万亩，其中，改土培肥1.2万亩，改造中低产田土3.04万亩。

2011—2016年，整合区财政局、农业局、国土资源局、水利局等高标准农田建设成员单位涉农项目资金12600万元，建设高标准农田7.54万亩。

2013年，实施"4·20"芦山强烈地震灾后重建农田建设，修复受损农田1090亩。在名山区中峰乡、百丈镇、联江乡等地实施有机质提升项目，培肥地力1.8万亩。

2014—2015年，全区20个乡镇的192个行政村开展农产品产地土壤重金属污染普查工作，涉及耕地面积32.39万亩，其中涉及工矿企业周边的重点区域面积1.65万亩。采集土样300个，其中重点区域取样110个，普通区域采集土壤样品190个（图6-49），检测土壤铅等6种污染物总量。同时设置土壤重金属污染普查防治国家监控点34个，完成34个土壤样品和16个植株样品的采集和送检；按照省、市秸秆禁烧的相关要求，每年在全区开展秸秆还田综合利用10万亩。先后在建山、中峰、前进、百丈、茅河、车岭、红岩等乡镇开展测土配方施肥技术、中低产田土改造技术、茶园配方施肥技术等专题培训108余期，培训农民2.3万人次。

图6-49 茶园土壤样采集

七、食品安全监管

2005年1月，茶叶列入生产许可证管理。至2007年7月，四川名山西藏朗赛茶厂、名山区明阳茶厂取得"QS"认证。

2014年年初，茶叶食品安全监督管理划归食品药品监督管理部门。国家食品质量安全许可认证"QS"，变为"SC"，原取得"QS"认证的转换标识，继续使用。当年，巡查茶叶生产经营企业798户次，发出责令整改通知书86份，完成茶叶抽检45批次。

2015年，巡查茶叶生产经营企业980余户次，完成茶叶抽检62批次。茶企开展茶叶安全知识讲座15次，乡镇开展茶叶知识讲座8次，组织茶叶企业食品安全管理人员培训考核6次，培训总人数900余人次。同年3月，开展辖区内茶叶生产加工企业专项监督检查。执法人员按照《食品生产加工企业质量安全监督管理办法》《名山区茶叶清洁化生产加工规范（试行）》要求，重点检查茶叶生产加工企业证照许可、从业人员健康体检、茶叶生产加工和贮存、厂房车间卫生条件等。重点检查企业生产过程中原料采购、加工、包装、储存和运输等环节的场所、设施、人员是否符合食品安全国家标准《食品生产通用卫生规范》要求，是否严格按国家标准《地理标志产品 蒙山茶》组织生产；要求企业要清洁化、标准化生产，不得在茶叶生产过程中添加任何非茶类物质，产品未经检验或检验合格不得出厂销售。

2016—2022年，每年国家、省、市农业主管部门与市场监督管理部门均对名山茶叶进行市场随机抽检（图6-50），蒙顶山茶区产品每年合格率均在99%以上，特别是蒙顶山茶授权使用企业未出现农残超标等质量安全事件，主要存在自由市场销售的无厂名、包装、品牌的夏秋茶，以及包装不规范、标识不准确等问题。2019年，区市场监督管理局在茶马古城茶叶市场仓库发现一批产权争议茶产品，其中3箱存在违规添加物品，当场对该批茶叶进行查封没收和罚款处理。

图6-50 藏茶企业贮藏与卫生检查

第四节　标准管理

一、制定企业标准和地方标准

名山主要茶叶企业和技术人员一直对茶叶标准非常重视。1983年12月，由国营四川省名山县茶厂杨天炯等人起草，施嘉璠指导制定的雅安地区企业标准《三级茉莉花茶标准》（川Q/雅 83—83）发布实施。1984年11月，国营四川省名山县茶厂和四川省国营蒙山茶场联合，杨天炯、刘翔、杨蜀晋、景林森起草制定《茉莉花茶》标准，1986年6月1日，通过审定上升为四川省地方标准。1986年7月30日，由四川省标准计量管理局发布实施，系四川省首次发布实施的茶叶地方标准。1986年3月，由杨天炯等起草制定雅安地区企业标准《蒙山春露》，通过地区标准审评鉴定（标准号川Q/雅 123—86）。

1987—1988年，由四川省农牧厅经作处、省茶叶标准化技术委员会、国营名山县茶厂、国营蒙山茶场、名山县茶叶研究所、四川农业大学园艺系制茶教研室等起草制定四川省茶叶地方标准，主笔杨天炯、喻一尘、张世民、杨红等。1989年，四川省标准计量管理局发布，含《四川名茶——蒙顶甘露、万春银叶、玉叶长春》《蒙顶石花、蒙顶黄芽、蒙山春露》《四川省名茶指标检验方法》。1989年，由四川省农牧厅经作处、国营四川省名山县茶厂、名山县茶叶研究所杨天炯、张世民、杨红等起草制定《茉莉花茶窨制工艺技术标准》，同年，由四川省标准计量管理局发布（标准号DB-5100B04008）。

1993年6月15日，由名山县名蒙茶厂起草人杨红、古全林制定企业标准《金大茶》，经名山县质监局认定批准，是名山县第一家由企业制定并经国家认可的企业标准（Q/名蒙 001—93）。该标准是边茶（藏茶）制作最早的范本，为雅安边茶（藏茶）的标准制定奠定了基础。

1998年，县农业局、质量技术监督局、茶叶研究所，杨天炯、杨显良、闵国玉、徐晓辉、吴祠平等起草制定。1998年12月20日，名山县技术监督局以标准号DB 513122/T 01-04发布《四川省名山县农业标准（茶叶标准体系）》，适用于名山茶树栽培、加工工艺、产品标准、卫生标准、检验方法和包装运输等内容，从1999年1月1日起开始实施。包括四个部分：茶叶标准体系1个（蒙山茶），栽培标准7个，工艺标准5个，产品标准1个。

2000年以后，名山茶叶企业在市场、品牌影响下，注重了企业标准的制定，先后有四川蒙顶山跃华茶业集团有限公司、四川省名山大川茶叶有限公司、雅安市名山区绿涛茶厂（图6-51）、雅安广聚农业发展有限责任公司等企业制定了部分产品的企业标准。

图6-51 2016年雅安市名山区绿涛茶厂"西蜀山叶"茶加工艺标准审评会

二、制定实施国家标准

1998年，名山县茶业协会杨天炯、张秀春等起草制定四川省名山县农业标准——《蒙山茶》，自6月1日起开始实施。

2001年，四川省质量技术监督局提出，中国标准化协会、名山县蒙山茶原产地域产品保护办公室、名山县茶叶研究所杨天炯、张秀春、杨显良、闵国玉、杨红、夏家英、李廷松等起草标准，于2002年3月5日，国家质量监督检验检疫总局发布《蒙山茶》（GB

18665—2002）国家标准，为国家强制性标准，规定蒙山茶原产地域产品术语和定义、原产地域范围、产品分类、要求、试验方法、检验规则、标志、标签及包装运输贮存（图6-52）。自2002年6月1日起开始实施。经过几年努力，2008年6月17日，国家质量监督检验检疫总局和国家标准化管理委员会发布国家标准《地理标志产品 蒙山茶》（GB/T 18665—2008）替代原GB 18665—2002的《蒙山茶》国家标准。自2008年12月1日起开始实施。该标准为推荐性标准。国家标准的出台和实施，解决了全县生产销售中存在的茶叶标准不统一问题，为实施"蒙顶山茶"地理标志产品保护、打造公用品牌奠定了基础（图6-53）。

图6-52 蒙山茶获国家原产地域产品保护

图6-53 "蒙顶山茶"（含蒙山茶）历年来被国家质量技术监督局、国家工商行政管理局、国家市场监督管理局认定的原产地域产品、地理标志保护产品，红色的地理标志专用标志从2019年10月起正式实施，其他标识同时废止，过渡期至2020年12月31日止

2010年初，中国茶叶流通协会委托雅安市茶业协会制定《地理标志产品 蒙山茶》国家标准样品。2016年，又制作了部分标准样品。

三、制定蒙顶山茶行业标准

国家标准《地理标志产品 蒙山茶》，因其标准在全国的特殊性，加之国家机构改革单位调整等原因，已十多年未修订。为预防在今后的实施和标准管理调整中出现空档期，在各级专业部门和茶业专家呼吁下，以及在各届区委区人民政府大力支持下，2018年5月8日，区人民政府决定成立"蒙山茶"国家标准（修订）编制委员会，要求切实抓好《地理标志产品 蒙山茶》国家标准修订和"蒙顶山茶"系列行业标准的申报、审定、颁布实施等各项工作。编委会赓即组织中国茶叶流通协会、四川农业大学、雅安蒙顶山茶产业技术研究院、国家茶叶产品质量监督检验中心（四川）、雅安市名山区市场监督管理局、雅安市名山区茶业协会等单位进行联合编制，通过实地调研，特别是针对"蒙顶山茶"地理标志产品在种植创新、加工创新、品类创新发展的实际需求起草，历经三年时间，经过立项审批、征求意见、实物样评审、专家评审等程序，上报国家茶业标准化技术委员会。2020年12月7日，中华全国供销合作总社发布《蒙顶山茶生产加工技术规程》

《蒙顶山茶 第1部分：基本要求》和《蒙顶山茶 第2部分：绿茶》，于2021年3月1日起开始实施。2021年11月8日，中华全国供销合作总社发布公告，批准发布了《蒙顶山茶 第3部分：黄茶》（GH/T 1351—2021）、《蒙顶山茶 第4部分：红茶》（GH/T 1352—2021）和《蒙顶山茶 第5部分：花茶》（GH/T 1353—2021）为供销合作行业标准，该标准于2022年1月1日开始实施。至此，"蒙顶山茶"系列行业标准全部公布完成，蒙顶山茶所有产品形成了全面、完善的标准体系。系列标准的起草人员有：杜晓、申卫国、陈书谦、张瑜、韦燕伟、于英杰、魏晓惠、边金霖、夏家英、吴祠平、何春雷、李品武、李万林、代毅、钟国林、蒋丹、张强、郭磊、杨天君、杨文学、高永川（图6-54、图6-55）。

图6-54 2018年起，起草制定《蒙顶山茶》行业标准

该行业标准的制定对"蒙顶山茶"发展具有重要意义，其填补了蒙顶山茶原国家标准中茶类品种缺失标准，改变了原《地理标志产品 蒙山茶》国家标准，如增加红茶标准、完善黄茶中其他品类、绿茶中的部分品类，以及在品种、品类和相关技术方面的空白，为进一步规范茶叶生产加工，完善生产加工工艺

图6-55 2020年、2021年国家标准委分别通过《蒙顶山茶》系列行业标准审核并发布实施

流程，提升蒙顶山茶产品质量，促进蒙顶山茶多样化、市场化发展将发挥积极作用，也为"蒙顶山茶"品牌的进一步提升提供了技术保障。

第五节　核心区原真性保护

为重新树立具有千年贡茶历史、中国十大名茶、中国十大茶叶区域公用品牌——"蒙顶山茶"优质、高端、唯一形象，提升蒙顶山茶品牌价值，促进名山茶叶产业健康稳定

图6-56 核心区原真性保护茶园

发展,雅安市名山区政府依据中国重要农业文化遗产"名山蒙顶山茶文化系统"管理办法及有关法律法规,将蒙顶山海拔800m以上区域划定为核心区,共计茶园4500亩(图6-56),由名山区全国资的雅安市广聚农业发展有限责任公司(以下简称广聚农业)从村社农户手中,将土地茶园集中流转,进行有机生态标准化管理保护,联合名山主要企业进行品牌宣传和产品销售。

一、主要做法

从2021年年初开始,区政府领导及相关部门组织进行调查研究,咨询专家,形成初步意见,拟定实施方案。至同年8月底,确定由广聚农业具体负责实施,落实负责人、招聘技术人员,在农业农村局、市场监督管理局抽调专门技术干部协助,全面铺开工作。蒙顶山茶核心区原真性保护,做法上总体概括为实行"六统一",如下。

1. 统一土地流转

由广聚农业统一与核心区所在的蒙顶山镇相关村、社签订流转协议。

2. 统一生产管理

由广聚农业统一组织社会化服务组织,按照蒙顶山茶核心区原真性保护茶园标准化管理技术规程进行生产管理。

3. 统一鲜叶采摘

由广聚农业统一组织劳务人员开展鲜叶采摘,集中到加工企业。

4. 统一加工标准

由广聚农业牵头,组织合作联盟企业组织最好的加工企业按标准统一加工,生产最具代表性的产品。

5. 统一包装元素

产品包装统一设计公共元素,包装形态、材质、规格,由企业自主设计确定,包装上蒙顶山茶核心区原真性保护产品宣传、历史、文化、产品标准等公共元素一致。在包装显著位置设计联盟合作企业标志，以示区分不同企业出品，包装盒上统一粘贴核心区原真性保护产品防伪标记。

6. 统一销售管理

由广聚农业牵头，组织合作联盟企业共同议定产品销售品牌、渠道、标准，各企业由于品牌效应、宣传力度、客户群体差异，销售发挥各自优势，不得损毁核心区保护的信誉，共同维护核心区原真性保护产品的稀缺性、独特性、唯一性、高端化（图6-57）。

图6-57 蒙顶山茶核心区原真性保护启动仪式

二、基本概念

蒙顶山茶核心区原真性保护，是中国地理标志保护产品蒙顶山茶区的核心区——蒙顶山海拔800m以上区域（图6-58），生长的四川群体种（老川茶）和名山选育出优良品种，按照绿色和有机食品的生产技术规程进行种植和管理，采用

图6-58 划定原真性核心区

蒙顶山茶传统工艺和现代技术相结合加工而成的具有独特的品质特征的区域性茶产品。

三、保护内容

蒙顶山茶核心区原真性保护内容主要体现在"五个真"。

1. 生物资源保护，生态护真

蒙顶山海拔800m以上区域土层肥厚，土壤肥沃，名木古树众多，原始森林与茶园交错生长，森林覆盖率达80%，绿化率达95%，空气质量达国家Ⅰ级，水质量达国家Ⅱ级，珍稀动植物遍布山间，是国家大熊猫栖息地，非常适宜茶树生长，也是世界茶叶原产地之一。蒙顶山茶生态系统是中国重要农业文化遗产，"中国气候好产品"。蒙顶山茶核心区严格保护蒙顶山原茶园、森林、动物、环境等生态肌理，保持传统的茶园种植管理方式，蕴含"回归自然，天人合一"的生态智慧，体现出不可多得的生态原真和人文价值。

图6-59 种质资源保护

2. 种质资源保护，品种维真

蒙顶山是世界茶叶的原产地之一，山上不仅生长着很多野生古茶树，更管理着千年皇茶园、古茶园和百年左右老茶园。多年来，从蒙顶老茶园群体种中选育出蒙山6号、蒙山9号、蒙山11号、蒙山16号等省级良种，以及名山白毫131、名山311、名山213等品种，名山白毫131还被认定为国家级良种。这些品种与老川茶一并生产加工出蒙顶甘露、蒙顶黄芽、蒙顶石花等茶品，鲜爽浓郁、风味独特、品质优异，成为贡品、名品。蒙顶山茶核心区严格保护蒙顶山千百年来生生不息、名茶辈出的古茶树、老茶树和生产园中的川茶群体种及从中选育的优良茶树品种种质资源（图6-59），让理真甘露的原料得到原生品种的种质资源保障，体现出世界茶源独一无二的品种原真性和资源价值（图6-60）。

图6-60 理真甘露
（图片来源：广聚农业）

3. 传统制茶保护，技艺传真

蒙顶山茶核心区严格保护蒙顶山2000多年来无数代茶人用勤劳和智慧锤炼而成的传统制茶技艺，在中国制茶大师、非遗传承人和四川农业大学教授指导下，以非遗技艺的演绎和传承成就理真甘露"人茶合一"的珍贵品质，体现出国家级非物质文化遗产传统技艺的传真和绵绵不绝。

4. 产品安全保护，质量保真

统一由广聚农业公司建立从茶园到茶杯的产品质量溯源系统，体现出传统蒙顶山茶"色黄而碧，味甘而清，酌杯中香气幂复，经久不散"的显著特点（图6-61）。由蒙山原产的群体种制成的茶叶，具有汤色黄绿明亮、香气清高持久、滋味醇厚鲜美、叶底黄绿匀亮的特点。蒙山、名山系列良种春茶鲜叶按一芽一叶采摘，一芽二叶标准制蒸，青

图6-61 原蒙顶甘露成茶、开汤、汤色

样与福鼎大白3年数据相比，茶多酚、咖啡碱、儿茶素、可溶性糖、水浸出物等指标均高于福鼎大白。在香气方面，栗香、花香突出持久，可与梅占媲美。这里所产鲜叶原料价格历年来均高于山下和坝区，是老茶客和追求卓越品质茶人的首选。蒙顶山茶核心区原真性保护严格实行土地流转、农事管理、鲜叶采摘、加工制作、产品包装、销售价格"六统一"，实现理真甘露从茶园到茶杯的全程可追溯，从而维护理真甘露的优质性、稀缺性、独特性、唯一性，体现出统一管理科学有效的质量保证和求真务实。

5. 茶史古迹保护，文化承真

蒙顶山茶核心区严格保护皇茶园、甘露井等茶文化遗迹，以极具悠久历史和文化内涵的理真甘露为载体，共同见证中国茶叶的悠久历史和灿烂文化。继承体现蒙顶山茶五朝贡品的神圣和巴拿马万国博览会金奖、中国十大名茶、百年世博中国名茶金奖、中国十大茶叶区域公用品牌等荣誉，体现出中华茶人薪火的文化承真和历史延续。

四、品质特点

经化验，蒙顶山茶群体种内含物质极为丰富：茶多酚28.91%、氨基酸4.85%、可溶性糖2.13%、咖啡碱4.56%、维生素202~259mg/100g、水浸出物43.49%，非常适于饮用。

目前认定品种有两个：一是蒙顶山甘露（图6-62）；二是蒙顶山黄芽。理真甘露的品质特点：嫩香鲜爽，回甘悠长。外形紧卷多毫，颜色浅绿油润；汤色杏绿明亮，嫩香馥郁；口感鲜醇爽滑，回甘悠长；叶底秀丽匀整。理真甘露是中国地理标志产品——蒙顶山甘露的原真性标杆产品，也是我国卷曲型名优绿茶的杰出典范，充分体现其优质性、独特性、稀缺性、唯一性，是中华名茶宝库中一颗耀眼夺目的璀璨明珠。

图6-62 理真·蒙顶山甘露
（图片来源：广聚农业）

五、文化内涵

蒙顶山茶核心区原真性保护推出的代表性产品为"理真·蒙顶山甘露",被尊为"茶中故旧,名茶先驱",不愧为"原真好茶,人间甘露",定位为"中国高端文化名茶",以茶祖吴理真开创人工植茶,其精神代代传承,宣传口号为"致敬伟大的开创者!"2022年,"理真·蒙顶山甘露"冠名高铁专列(图6-63)。

一是铭记茶祖吴理真。蒙顶山是世界上有文字记载人工种茶最早的地方,公元前53年,植茶始祖吴理真在蒙顶山栽种野生茶树,开启了人工种茶的先河。为纪念铭记茶祖吴理真、传承弘扬茶文化,取名"理真"。

二是质优纯真。蒙顶山优越的地理气候环境条件,产出独具特色的"中国气候好产品"。产品内质理所当然,产品风味纯真好茶,取名"理真"。

三是名正味真。古诗云:"蒙山之巅多秀岭,不生恶草生淑茗。"蒙顶山茶核心区海拔800m以上区域划定为原真性保护基地,山高风畅,生物多样性丰富。2000多年来,这里原生川茶小叶品种,原生基因风味纯正。2021年,蒙顶山茶传统制作技艺入选国家级非物质文化遗产名录,遵循传统制茶工艺,茶性自然转化,嫩香鲜爽,回甘悠长,质纯品真,取名"理真"。

蒙顶山茶核心区原真性保护,依托雅安广聚农业发展有限公司生产核心区原真性保护产品,主要参加政府和各地方举办的茶业博览会等活动,开展了多渠道、多形式的广泛宣传,扎根成都、重庆,在成都浣花溪公园旁建立蒙顶山茶·理真茶空间旗舰店,渝北区礼嘉天街北岸建立蒙顶山茶·理真茶空间旗舰店,走西安、北京、广州等主要城市,拓展市场,扩大蒙顶山茶核心区原真性保护影响力。

图6-63 2022年"理真·蒙顶山甘露"冠名高铁专列

第七章　蒙顶山茶品牌建设

第一节　古代品牌

古时，蒙顶山茶区没有现代意义的商标，茶名即品名，也是品牌。

西汉时期，蒙山人吴理真在蒙山顶发现并驯化野生茶树，并制成名茶圣杨花、吉祥蕊。

南北朝，恢复名茶圣杨花、吉祥蕊。

唐文宗太和四年（830年），李德裕入蜀任西川节度使，"得蒙饼以沃于汤饼之上，移时尽化"，试制"鹰咀"炒青茶和只蒸不捣的"谷芽"散茶，"其味甘香""精于他处"。唐宣宗时期，种茶遍及全县大部地区，蒙顶石花、雷鸣茶、火前茶应运而生。唐懿宗大中十年（856年），杨晔撰《膳夫经手录》，称蒙顶茶"可居第一"。李肇所著《唐国史补》中记载的"蒙顶石花"为天下名茶之首。

至五代时期，前蜀司徒毛文锡《茶谱》曰："雅州百丈、名山二者尤佳。""蒙山有压膏露芽、不压膏露芽、并冬芽。"

宋徽宗宣和四年（1122年），创制万春银叶、玉叶长春，年贡皇室100片与40片。蒙顶石花、露芽、谷芽、圣杨花、吉祥蕊、不压膏、石苍压膏等名茶，位居全国名茶前8名。

明代，创制甘露名茶。所制黄芽、石花、芽白、雀舌驰誉全国。

清代，除黄芽、石花、芽白、雀舌外，贡茶中仙茶、陪茶、菱角湾茶、名山茶、颗子茶等为清代贡茶中的佼佼者，特别是仙茶，是皇家祭天祀祖专用品，陪茶是皇帝用品。销往藏区的茶叶品牌主要有"蒙山仙茶"（图7-1）"老僧施礼"（上书"蒙顶香茗"）、柯罗牌等包装产品（图7-2）。

民国时期，名山茶商使用"蒙顶仙茶"商标，图案为名山城及蒙山图案，由得益刊刻石印社木刻印刷，卖给茶商自行贴用。

图7-1 故宫所贮藏蒙顶贡茶之"仙茶"

图7-2 1955年的柯罗牌金尖产品标签
（图片来源：《中国藏茶文化口述史》）

第二节　品牌创建

一、品牌树立

新中国成立后，名山茶业复兴并逐步发展、壮大，成为支柱产业。1959年，蒙顶甘露被评为全国十大名茶之一。

1981年，名山县工商局为四川省国营蒙山茶场注册"蒙顶"（五峰）商标（图7-3），是名山县第一个可查证的、经国家核准的商标品牌。

图7-3 "蒙顶"是1949年后名山县第一个经国家工商注册的茶叶商标

1987年年初，国家工商行政管理总局商标局《商标公告》第3期，批准国营四川省名山县茶厂产品注册"蒙山"牌茶叶商标（图7-4）。同年4月30日，名山县工商局为该厂产品注册"蒙山"商标，注册号为285418。"蒙山"成为名山县第二个经国家核准的茶叶类商标。

2000年3月7日，县工商局为名山县龙腾工贸服务中心制茶机械注册"精诚"商标，注册号为1313692。

图7-4 20世纪七八十年代，名山县茶厂产品贴单与商标（图片来源：郭磊）

2001年3月19日，四川省名山茶树良种繁育场"理真"、四川省名山县国营蒙山农垦茶叶公司（原四川省国营蒙山茶场）"蒙顶"、四川雅安市蒙茗茶厂"蒙茗"、四川禹贡蒙山茶叶有限公司"宗玉"、四川省名山县蒙贡茶厂"蒙贡"被市工商局认定为第二批（名山首批）知名商标。同年12月29日，四川省名山县国营蒙山农垦茶叶公司"蒙顶"牌甘露茶、四川蒙顶甘露茶业有限公司"理真"牌甘露茶、四川禹贡蒙山茶叶有限公司"宗玉"牌毛峰茶、四川雅安市蒙茗茶厂"蒙茗"牌特级茉莉花茶、四川龙腾工贸服务中心"精诚"牌茶叶加工机具被名山市工商局授予"名优特新商品"称号。

2003年8月7日，名山县茶业协会通过国家商标局获准注册"蒙顶山茶"证明商标（图7-5）。

2009年6月，"蒙顶山茶""蒙顶"品牌获"四川省茶叶十大品牌"称号。"蒙顶山茶"证明商标开始授权推广使用（图7-6）。

图7-5 2003年8月7日注册"蒙顶山茶"证明商标

图7-6 "蒙顶山茶"证明商标推广使用工作会

截至2009年底，名山茶叶企业获四川省著名商标的有四川省茗山茶业有限公司"蒙山"牌等4个（含四川名山西藏朗赛茶厂"金叶把扎"，系西藏著名商标），获雅安市知名商标的有四川蒙顶皇茶茶业有限责任公司"蒙顶"牌等11个。2012—2014年，"蒙顶山茶""蒙顶""蒙山"注册商标相继被国家工商行政管理总局商标局认定为中国驰名商标。"蒙顶山茶""蒙顶""植茶始祖"获"四川省首届消费者最喜爱100件商标"称号。

为纪念1915年中国首次参加万国博览会（巴拿马），中国茶叶获21枚不同奖章，借助中国茶文化周活动，中国茶叶界组织了以周国富、陈宗懋、施兆鹏、王庆、刘仲华、鲁成银、郑国建、龚淑英、李立洋等国内级别最高、规模最大的评委团，从全国六大茶类17个省（自治区、直辖市）政府推荐的120余个品种中评出20个金奖、50个金骆驼奖。

2015年7月3日，意大利米兰世博会发布"百年世博中国名茶国际评鉴"结果："蒙顶山茶"区域品牌荣获百年世博中国名茶金奖，"蒙顶牌蒙顶黄芽"荣获百年世博中国名茶金骆驼奖（图7-7）。2016年，区茶业协会为保护"蒙顶山茶"品牌知识产权及产品品类产权，防止其他企业与个人抢占和混淆品牌，特向国家工商行政管理局商标局申报"蒙顶山甘露""蒙顶山黄芽""蒙顶山石花""蒙顶山毛峰""蒙顶山藏茶""蒙顶山黑茶"6个证明商标，2017年3月，国家工商行政管理局商标局通过公示批复。2020年4月，区茶业协会根据市、区政府要求，又从个体企业中转让购买了"老蒙茶"商标。同年10月，根据名山白茶生产加工量巨大，产业发展出现新结构，区茶业协会为保护产品及品牌，故注册了普通商标"蒙顶山白茶"。截至2022年底，全县共有茶叶类商标930个，其中：中国驰名商标3个，四川省著名商标11个，雅安市知名商标13个；获得四川省人民政府授予茶叶产品名牌证书企业2家。

图7-7 上海世博会"龙行十八式"表演宣传
（图片来源：名山区文化广播电视体育和旅游局）

2016年3月8日，"千秋蒙顶""蒙山""蒙顶""皇茗园""跃华""植茶始祖""味独珍""名山大川"等蒙顶山茶品牌企业，组建成立四川蒙顶山茶品牌联盟、企业联盟、基地联盟（图7-8），资源共享、信息互通。经过两年运行，由于组织、经费及企业效益等原因，后续未再发挥作用。但通过政府支持、项目推进和茶业协会组织的不断投入、组织参加活动，"蒙顶山茶"证明商标和品牌建设从注册到影响力不断提高，获得了"中国驰名商标""中国十大茶叶区域公用品牌"等称号（图7-9），荣获百年世博中国名茶金

图7-8 蒙顶山茶企业冠名全国茶艺赛

图7-9 2017年5月，获"中国十大茶叶区域公用品牌"荣誉

奖，被评为中国气候好产品。2022年，中国茶叶区域公用品牌价值评估43.99亿元，全国排名第十，连续六年排名前十位，一直为四川第一，成为国内国际具有重要影响力的品牌。同年12月30日，国家知识产权局确定108个商标品牌建设优秀案例，"蒙顶山茶品牌建设案例"获评区域建设类优秀案例。

2023年，品牌价值评估49.6亿元，保持排名第十位。浙江大学教授、中国农业品牌研究中心主任胡晓云一直关注和关心蒙顶山茶品牌建设和发展，对蒙顶山茶品牌建设提出了很多建议和意见。2023年3月，参加第十九届蒙顶山茶文化旅游节；3月27日在"三茶统筹·名山模式现场会"上分析了蒙顶山茶品牌结构，提出了发展建议（图7-10）。

图7-10 2023年3月27日，胡晓云教授在"三茶统筹·名山模式现场会"推介蒙顶山茶，名山区领导部门负责人向胡晓云教授请教品牌建设与管理

构建"公共品牌+企业品牌+产品品牌"的三级品牌体系，以蒙顶山茶为品牌发展基础，做最具文化特色的蒙顶山茶——蒙顶甘露。以蒙顶山茶区域品牌主抓手，出台公用品牌管理与使用办法，进行品牌整合，改变蒙山茶茶叶品牌多、小、散、杂的局面。对有一定规模的龙头企业建议采用"企业品牌+公用品牌+产品品牌"的子母品牌管理模式，让子母商标相互促进，使企业品牌借助公用品牌的影响力迅速提升知名度。

2021年，名山区茶业协会制定出台了《关于宣传建设"蒙顶山茶"品牌及文化的奖励办法（试行）》，在协会自有经费中拿出资金对参加各级

图7-11 2017年，在中国茶叶博物馆进行茶叶和茶艺宣传（图片来源：高仕杰）

比赛、品牌人价值评估、包装和门店、广告设置、发表论文或宣传文章、出版书籍、产品入选博物馆等进行奖励。截至2021年底，共奖励27项，合计1.75万元。2022年，继续执行奖励办法，共奖励29项，合计2.05万元（图7-11）。

二、证明商标注册

2001年，名山县工商局向县委、县政府建议打造名山茶叶公共品牌，注册茶叶证明商标。2002年7月18日，县政府同意并授权名山县茶业协会办理"蒙顶山茶"证明商标注册，并负责"蒙顶山茶"证明商标使用管理。县茶业协会赓即开展商标注册申报工作。2003年5月7日，国家工商总局商标局发布公告，将"蒙顶山茶"证明商标予以公示。为确保"蒙顶山茶"品牌和产品质量信誉，规定授权使用的产品有蒙顶甘露、蒙顶黄芽、蒙顶石花、蒙山毛峰4款产品。2004年3月29日，国家工商行政管理总局发文："核准注册"（发文编号ZC3283044）。名山县茶业协会是"蒙顶山茶"商标注册人，享有该商标专用权。

"蒙顶山茶"地理标志类商标有三种：一种图形商标和两种文字商标。图形商标以汉字"蒙顶山茶"和每个字的拼音开头字母"MGSC"的艺术组合构成商标总体。一个绿色的大"M"用书法笔墨形成整个商标主体，代表蒙顶山之形，山顶茶芽与"M"之组合；下方横之"S"象征"扬子江水"，左边外半圆是茶之读音"C"之图形。整体为绿色，与茶之地理标志和中国蒙顶山相契合，体现"蒙顶山茶"商标显著性（图7-12）。

2008年，名山县茶业协会又向国家工商总局商标局申请，用著名教育家、革命家、书法家马识途书写

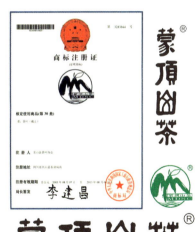

图7-12 "蒙顶山茶"图形和文字商标

的隶书体文字商标注册，形成"蒙顶山茶"横形、竖形各一个系列证明文字商标。2009年，第四届茶业协会理事会决定实行"公用品牌+企业商标"的双商标制，开始对县内符合条件的企业授权使用。同时，名山县茶业协会在此基础上于2016年注册了"蒙顶山甘露""蒙顶山黄芽""蒙顶山黑茶"等6个证明商标（图7-13）。

名山区部分商标品牌意识很强的茶叶企业也注册了商标，如四川蒙顶山味独珍茶业有限公司董事长、四川省制茶大师张强，在总结甘露特点的基础上，在自包高山茶园选择于2月底至3月中旬采制的一芽一叶初展原料制作的甘露，嫩香鲜爽，回甘悠长，取名

蒙顶山甘露® 蒙顶山黄芽® 蒙顶山石花®
蒙顶山毛峰® 蒙顶山黑茶® 蒙顶山藏茶®

图7-13 "蒙顶山茶"及系列文字商标

"早春甘露"并注册，2017年，编制其企业标准并通过认定公布。味独珍茶业自2020年起与北京小罐茶业有限公司合作，开展"早春甘露"的产品加工、市场开拓和品牌打造，2021年成效明显。跃华茶业集团公司董事长张跃华，是中国黄茶制作大师，也是选用本企业基地早春一芽一叶初展原料制作的甘露，鲜香浓郁，回甘爽滑，取名"张氏甘露"。其他企业也制作了很好的甘露茶。四川省著名茶文化专家徐金华，被尊称为"徐公"，在20世纪90年代就开始思考制作一款高档茉莉花茶，经过反复筛选比较，最后选用蒙顶甘露原料加茉莉花，窨制出高端茉莉花茶"碧潭飘雪"，其成为四川茶叶乃至中国茶叶中最高端的茉莉花茶。

三、国际商标注册

为认真贯彻落实《雅安市名山区蒙顶山茶产业提升行动2018年工作方案》，名山区茶业协会会同名山区工商和质量技术监督局对国际注册认真进行了研判（图7-14），向国家工商行政管理总局商标局国际司、四川省工商行政管理局商标分局、雅安市工商行政管理局商标科及办理国际商标注册专业人员进行了多次咨询和讨论，于2018年3月至9月由名山区茶业协会分别向英国、印度尼西亚、日本、中国香港四个国家（地区）申请了"蒙顶山茶"商标注册，同年12月5日，收到了首张英国颁发的国际商标注册证，为"蒙顶山茶"品牌拿到第一张通向欧洲市场的入场券（图7-15）。2019年10月，"蒙顶山

图7-14 市场监督管理局与协会茶企调研座谈

图7-15 2019年3月，蒙顶山给世界一杯好茶活动

茶"品牌在日本注册成功，随后也取得了香港注册证。今后，针对"一带一路"和当前主要在中国进口茶叶的国家和地区，如韩国、乌兹别克斯坦、摩洛哥、爱尔兰、俄罗斯等，名山区将分别在有关国家和地区申请蒙顶山茶商标注册，助推蒙顶山茶品牌进一步跻身国际市场，使中国名茶走向世界。

四、中欧地理标志协定

2017年6月，在江苏扬州举行的世界地理标志大会上，四川省市场监督管理局党组书记、局长万鹏龙以《蒙顶山茶地理标志证明商标品牌发展之路》作主旨演讲，向来自世界各地的嘉宾介绍蒙顶山茶品牌的成长历程。中美地标研讨会与会者曾专程到雅安市名山区考察，对蒙顶山茶地理标志引领茶产业发展取得的成效赞叹不已。经过多年坚持不懈的努力，蒙顶山茶已成为四川茶品牌和茶产业发展的典范。2017年11月16日，四川公共·乡村频道播出《"蜀土茶称圣"探秘》节目，对中国地理标志产品"蒙顶山茶"进行了宣传报道。2017年11月18日，《中国市场监管报》刊载《引领川茶品牌铸辉煌》宣传报道文章。

2019年6月，名山区市场监督管理部门和茶业协会在国家和省市场监督管理部门支持及四川农业大学帮助下，呈报蒙顶山茶加入中欧地理标志保护与合作名目中英文申报书。2020年9月14日，中欧领导人宣布正式签署《中华人民共和国政府与欧洲联盟地理标志保护与合作协定》（简称《中欧地理标志协定》），是中国对外商签的第一个全面的、高水平的地理标志保护双边协定。根据《中欧地理标志协定》，中欧双方各275个总计550个地理标志，涉及酒类、茶叶、农产品、食品等，将实现大规模互认，蒙顶山茶成功入选第二批（图7-16）。入选协定互认名单，将推动以蒙顶甘露为代表的"蒙顶山茶"进入欧洲市场，在更大范围内传播中国茶文化，踏上更辉煌的发展之路（图7-17）。该协定于2021年3月1日起生效实施。

图7-16 《中欧地理标志协定》

图7-17 2020年3月，召开"蒙顶山茶"品牌建设与地理标志协调发展研讨会

第三节　使用管理

"蒙顶山茶"证明商标实行"区域品牌 + 企业品牌"双商标管理，执行《"蒙顶山茶"驰名商标保护办法》《"蒙顶山茶"证明商标使用管理规则》，以及企业商标使用申报、审查等程序。获得"蒙顶山茶"证明商标授权使用，须在工商注册；茶叶原料来源是"蒙顶山茶"地理标志保护产品区域内生产；按照国家标准《地理标志产品 蒙山茶》生产加工；企业取得国家"SC"（原"QS"）认证，有自己独立的注册商标，是名山区（县）茶业协会的会员单位。企业具备上述条件，经申报，由协会常务理事会组织审定，实地考察通过并报理事会批准后，与企业签订使用授权协议，授权期一般为2年，没有出现明显问题则到期续签，每年授权要适当收取授权使用费。凡获"蒙顶山茶"品牌授权使用企业，实行"公用商标+企业商标"双商标制度，即使用授权企业在印制产品包装时，凡印上"蒙顶山茶"证明商标时，须同时印上企业商标，"蒙顶山茶"证明商标不能单独使用，使用时可用图文商标也可用文字商标，或文字和图文共同使用。"蒙顶山茶"证明商标使用印制包装的品种有4个，即蒙顶甘露、蒙顶黄芽、蒙顶石花、蒙山毛峰。其他茶叶品种因档次和安全保证尚未使用。2021年，"蒙顶山茶"行业标准陆续制定发布实施后，蒙顶山茶标准包括了绿茶、黄茶、红茶、黑茶、花茶五个方面，授权企业的产品均可使用证明商标。

2008年，县工商局获悉"蒙顶山茶"证明商标有被转让给民（私）营企业的可能，随即采取措施，力止转让；撰写调研文章，指出"蒙顶山茶"证明商标现状和存在问题，提出对策；及时与县茶业协会制定下发《"蒙顶山茶"证明商标使用管理规则》，凡要使用的企业必须经过申请，符合该管理规则，并签订《"蒙顶山茶"证明商标许可使用合同》。2009年，完善《〈"蒙顶山茶"证明商标使用管理规则〉实施细则》，做到使用有规，管理有据，公开公正，使用有效（图7-18）。首批申请并通过审查获授权使用的企业有四川省茗山茶业有限公司、四川蒙顶山跃华茶业集团有限公司等15家（图7-19）。

2011年，蒙顶山茶被评为消费者最喜爱的100个中国农产品区域公用品牌（图7-20）。

2012年1月，农业部中国优质农产品开发协会授予"蒙顶山茶"品牌"2011消费者最喜爱中国著名农产品区域品牌全国100强"称号。2013年底，名山区茶叶产业领导小组办公室、区工商行政管理局、区茶业协会配合编印《"蒙顶山茶"品牌使用管理手册》2000份，发放到全区茶企和相关部门，作为"蒙顶山茶"品牌管理的工具书。

截至2022年，有86家具SC认证茶叶规模企业获"蒙顶山茶"证明商标使用许可，是蒙顶山茶最具代表性企业，直接市场销售额24亿元。

图7-18 蒙顶山茶品牌管理资料

图7-19 蒙顶山茶品牌授权使用宣传牌　　图7-20 消费者最喜爱的100个中国农产品区域公用品牌

第四节　品牌荣誉

一、早期荣誉

1915年，巴拿马万国博览会上，四川商会选送的"四川商会·红绿茶"（蒙顶甘露）获得金牌奖章。

1956年，香港《大公报》登载"中国十大名茶"榜，四川蒙顶与西湖龙井、黄山毛峰等入选并列。

1959年，蒙顶山茶被国家商业部列为"全国十大名茶"之一，这也是国家首次评定的中国十大名茶。

1960年，于全国第二次茶叶科学研究工作会期间进行名茶评比，四川省的蒙顶甘露、蒙顶石花、万春银叶、玉叶长春被评为"全国名茶"。

2001年，美联社和《纽约时报》同时公布"中国十大名茶"，蒙顶甘露名列其中。

二、公用品牌荣誉

"蒙顶山茶"公用品牌主要荣誉和证书详见表7-1，图7-21～图7-25。

表7-1 "蒙顶山茶"公用品牌主要荣誉

项目	获奖单位	荣誉	授奖单位（组织）	授奖时间
蒙顶山茶	名山县茶业协会	国家原产地域产品（现已更名为国家地理标志产品）	国家工商行政管理总局商标局	2001年
名山县创建全国首批无公害农产品（茶叶）生产示范基地县	名山县人民政府	全国首批无公害农产品（茶叶）生产示范基地县	中华人民共和国农业部	2001年
名山县	名山县人民政府	四川省优质茶基地县	四川省农业厅	2002年
"蒙顶山茶"地理标志商标	名山县茶业协会	"蒙顶山茶"地理标志商标、证明商标	国家工商行政管理总局商标局	2003年
名山县茶叶科技专家大院	名山县农业局	国家科技示范大院	中华人民共和国科学技术部	2004年
名山县茶叶科技专家大院	名山县农业局	首批国家星火计划农村服务体系建设示范单位	中华人民共和国科学技术部	2005年
名山县	名山县人民政府	国家星火计划优质茶产业化示范基地县	中华人民共和国科学技术部	2005年
蒙顶山	名山县人民政府	蒙顶山为AAAA级国家旅游区	国家旅游局AAAA级风景区小组	2005年
名山县	名山县人民政府	全国"三绿工程"示范县	中华人民共和国国家林业局	2006年
名山县	名山县人民政府	国家级茶树良种繁育基地县	中华人民共和国农业部	2006年
名山县	名山县人民政府	四川省"南茶北草工程"蒙顶山茶项目中心区	四川省农村工作委员会	2007年
蒙顶山茶传统制作技艺	名山县文化局	省级首批非物质文化遗产名录	四川省文化厅	2006年
蒙顶黄芽	名山县人民政府	"蒙顶黄芽"茶入选代表黄色环	迎奥运五环茶战略合作高层研讨会	2007年
名山中峰万亩生态观光茶园	名山县人民政府	全国农业旅游示范点	全国农业旅游示范工作小组	2007年
名山县	名山县人民政府	四川农村改革开放30年巡礼最具特色十大活力县区	中共四川省委农业工作委员、四川省政府新闻办	2008年
"蒙顶山茶"牌蒙顶石花、蒙顶黄芽、蒙顶甘露	名山县茶业协会	2008年四川名牌农产品	四川省农业厅、四川名牌农产品推进会	2009年
"蒙顶山茶"商标	名山县茶业协会	雅安市知名商标	雅安市知名商标认定委员会	2009年
"蒙顶山茶"品牌	名山县茶业协会	四川省茶叶十大品牌	2009国际茶叶大会暨展览会	2009年

续表

项目	获奖单位	荣誉	授奖单位（组织）	授奖时间
名山县	名山县人民政府	2009年全国重点产茶县	中国茶叶流通协会	2009年
"蒙顶山茶"证明商标	名山县茶业协会	四川省著名商标	四川省工商行政管理局商标分局	2010年
"蒙顶山茶"区域公用品牌	名山县茶业协会	在"2010中国茶叶区域共用品牌价值评估研究"中品牌价值达9.9亿元，名列第17位，四川排名第一	浙江大学CARD农业品牌研究中心、《中国茶叶》杂志联合课题组	2010年
中国蒙顶山"龙行十八式"茶技表演	名山县	时任中共中央总书记、国家主席、中央军委主席胡锦涛在上海世博馆驻足欣赏	中国2010上海世界博览会	2010年
名山县	名山县人民政府	全省现代农业产业（茶叶）基地强县	四川省委农村工作委员会	2010年
名山县	名山县人民政府	全国十大重点产茶县	中国茶叶流通协会、第七届中国茶叶经济年会	2011年
"蒙顶山茶"区域公用品牌	名山县茶业协会	在"2011中国茶叶区域共用品牌价值评估研究"中品牌价值达10.84亿元，名列第17位，四川省名列第一	浙江大学CARD农业品牌研究中心、《中国茶叶》杂志联合课题组	2011年
"蒙顶山茶"区域公用品牌	名山县茶业协会	2011消费者最喜爱中国著名农产品区域品牌全国100强	农业部中国优质农产品开发服务协会、中国绿色食品协会等	2012年
"蒙顶山茶"区域公用品牌	名山县茶业协会	在"2012中国茶叶区域共用品牌价值评估研究"中品牌价值达12.72亿元，四川省名列第一	浙江大学CARD农业品牌研究中心、《中国茶叶》杂志联合课题组	2012年
名山县	名山县人民政府	中国名茶之乡	中国茶叶学会	2012年
名山县	名山县人民政府	2012年度中国茶叶产业发展示范县、2012年度全国重点产茶县	中国茶叶流通协会、第八届中国茶业经济年会	2012年
"蒙顶山茶"证明商标	名山县茶业协会	中国驰名商标	国家工商行政管理总局商标局	2012年
"蒙顶山茶"区域公用品牌	雅安市名山区茶业协会	在"2013中国茶叶区域共用品牌价值评估研究"中品牌价值达13.49亿元，四川省名列第一	浙江大学CARD农业品牌研究中心、《中国茶叶》杂志联合课题组	2013年
"蒙顶山茶"品牌	雅安市名山区茶业协会	消费者最喜爱的100件四川商标	四川省商标协会、四川省消费者协会	2014年
名山县	雅安市名山区人民政府	绿色食品原料（茶叶）标准化生产基地（27万亩）	农业部绿色食品管理办公室、中国绿色食品发展中心和四川省绿色食品发展中心组	2013年

续表

项目	获奖单位	荣誉	授奖单位（组织）	授奖时间
"蒙顶山茶"商标	雅安市名山区茶业协会	四川省首届消费者最喜爱的100个著名商标	四川省工商局、四川省消费者协会	2014年
蒙顶山茶	雅安市名山区茶业协会	百年世博中国名茶金奖	百年世博中国名茶金奖评审委员	2015年
"蒙顶山茶"区域公用品牌	雅安市名山区茶业协会	蒙顶山茶品牌价值全国农业品牌排第88位，进入100强	全国农业品牌价值评估中心	2015年
南丝绸之路、茶祖故里茶乡风情游	雅安市名山区旅游管理局	2015年中国十佳茶旅特色路线	中国农业国际合作促进会	2015年
中国茶旅之乡	雅安市名山区	2016年中国茶旅之乡	中国茶叶流通协会	2016年
蒙顶黄芽、蒙顶甘露、残剑飞雪	雅安市名山区茶业协会	入选中国茶叶博物馆茶萃厅陈列	中国茶叶博物馆	2017年
蒙顶山茶	雅安市名山区人民政府	中国十大茶叶区域公用品牌（排名第四）	首届中国国际茶业博览会（农业部、浙江省政府组织）	2017年
四川名山蒙顶山茶文化系统	雅安市名山区人民政府	第四批"中国重要农业文化遗产"	中华人民共和国农业部	2017年
名山区红草村	雅安市名山区红草村	中国美丽休闲乡村	中华人民共和国农业部	2017年
名山区中峰乡	雅安市名山区中峰乡	四川十大茶旅游魅力乡镇	宜宾市人民政府、四川省茶叶行业协会	2017年
名山区蒙阳镇	雅安市名山区蒙阳镇	四川十大古茶树资源保护基地	宜宾市人民政府、四川省茶叶行业协会	2017年
名山区双河乡	雅安市名山区双河乡	四川十大名优茶生态保护重镇	宜宾市人民政府、四川省茶叶行业协会	2017年
名山区万古乡	雅安市名山区万古乡	四川十大最美茶园	宜宾市人民政府、四川省茶叶行业协会	2017年
中峰乡、茅河乡、城东乡、蒙阳镇、双河乡、万古乡、红岩乡	雅安市名山区7个乡镇	川茶名镇名乡60强	宜宾市人民政府、四川省茶叶行业协会	2017年
蒙顶山茶	雅安市名山区茶业协会	四川"一城一品"金榜品牌	2019第二届西三角品牌大会	2019年
蒙顶山茶	雅安市名山区茶业协会	2019中国农业品牌建设学府奖评选荣获"优秀品牌案例奖"	2019中国农业品牌百县大会	2019年
蒙顶山茶	雅安市名山区人民政府	中国气候好产品	中国气象协会	2020年
名山区	雅安市名山区人民政府	中国特色农产品优势区（第四批）	中华人民共和国农业部等9个部门	2020年
"蒙顶山茶"地理标志	雅安市名山区茶业协会	入选中欧地理标志协定保护名录	中欧地理标志协定保护协定	2020年

续表

项目	获奖单位	荣誉	授奖单位（组织）	授奖时间
"蒙顶山茶"区域公用品牌	雅安市名山区茶业协会	在"2021中国茶叶区域共用品牌价值评估研究"中品牌价值达40.99亿元，全国排名第十，四川第一	浙江大学CARD农业品牌研究中心、《中国茶叶》杂志联合课题组	2021年
"雅安市名山区""蒙顶山茶"	雅安市名山区茶业协会	"百县·百茶·百人"茶产业助力脱贫攻坚、乡村振兴先进典型	中华茶人联谊会、中国茶产业联盟、中国国际茶文化研究会等	2021年
四川省"蒙顶山茶"	雅安市名山区茶业协会	中国茶叶区域公用品牌奖金奖	2020年阿联酋迪拜世博会中华文化馆	2022年
蒙山茶传统制作技艺	雅安市名山区人民政府	第五批"国家级非物质文化遗产"代表性项目名录	中华人民共和国文化和旅游部	2022年
"蒙顶山茶"区域公用品牌	雅安市名山区茶业协会	在"2022中国茶叶区域共用品牌价值评估研究"中获"最具资源力三大品牌"，"中国十大绿茶区域公用品牌"第七位	浙江大学CARD农业品牌研究中心、《中国茶叶》杂志联合课题组	2022年
"蒙顶山茶"区域公用品牌	雅安市名山区茶业协会	第二届世界绿茶大会2022中国绿茶区域公用品牌价值二十强	第二届世界绿茶大会组委会、浙江永续农业品牌研究院、华巨臣茶产业研究中心	2022年
"中国传统制茶技艺及其相关习俗"（蒙山茶传统制作技艺）	雅安市名山区人民政府	"中国传统制茶技艺及其相关习俗"列入联合国教科文组织人类非物质文化遗产代表作名录	联合国教科文组织	2022年
"蒙顶山茶"品牌建设案例	雅安市名山区茶业协会	国家知识产权局办公室关于商标品牌建设优秀案例的通知（区域建设类优秀案例）	国家知识产权局	2022年
雅安市名山区	雅安市名山区人民政府	2022年度茶业百强县域	中国茶叶流通协会	2022年
"蒙顶山茶"区域公用品牌	雅安市名山区人民政府	2023中国绿茶区域公用品牌20强（第七名），品牌资源力、品牌经营力全国第一	第三届世界绿茶大会组委会	2023年
"蒙顶山茶"区域公用品牌	雅安市名山区茶业协会	在"2023中国茶叶区域共用品牌价值评估研究"中获"最具经营力三大品牌"	浙江大学CARD农业品牌研究中心、《中国茶叶》杂志联合课题组	2023年
"蒙顶山茶"品牌	雅安市名山区农业农村局	"品尝乡土味道 传承农耕文明——2023'土特产'推介活动"入选推介"土特产"公示名单	农业农村部信息中心、农业农村部食物与营养发展研究所	2023年
蒙顶甘露、蒙顶黄芽、蒙顶石花	雅安市名山区农业农村局	全国名特优新农产品	农业部农产品质量安全中心	2023年
雅安市名山区	雅安市名山区人民政府	2022年度重点产茶县域	中国茶叶流通协会	2023年

注：不完全统计。

图7-21 中国驰名商标文件

图7-22 蒙顶山茶被评为中国茶叶区域公用品牌十强

图7-23 中国国际茶文化研究会名誉会长周国富及中国工程院院士、茶学教授陈宗懋题词百年世博中国名茶金奖

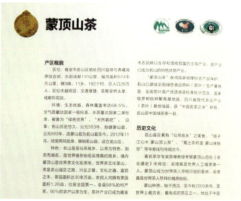

图7-24 蒙顶山茶荣获中国十大茶叶区域公用品牌

图7-25 2015年被中国茶叶流通协会授予"中国茶都"称号

三、企业品牌荣誉

"蒙顶山茶"企业品牌主要荣誉见表7-2。

表 7-2 "蒙顶山茶"企业品牌主要荣誉

产品名称	获奖单位	荣誉	授奖单位（组织）	授奖时间
蒙顶甘露	四川省国营蒙山茶场	全国十大名茶	中华人民共和国对外经贸经济合作部	1959年
蒙顶黄芽	四川省国营蒙山茶场	四川名茶	四川省人民政府	1959年
三级茉莉花茶	国营四川省名山县茶厂	全省茶叶评比第一名	四川省茶业公司	1979年
金尖茶	国营四川省名山县茶厂	全省茶叶评比第二名	四川省茶业公司	1979年
金尖茶	国营四川省名山县茶厂	全省茶叶评比第二名	四川省茶业公司	1982年
黄芽、甘露	四川省国营蒙山茶场	全省茶叶评比优质奖	四川省农牧厅	1983年
三级茉莉花茶	国营四川省名山县茶厂	全省茶叶评比第二名	四川省茶业公司	1983年
蒙山春露	国营四川省名山县茶厂	全省茶叶评比优质名茶	四川省农牧厅	1985年
一级川烘	国营四川省名山县茶厂	优质产品	雅安地区食品协会	1985年
"蒙顶"牌甘露、石花、黄芽	四川省国营蒙山茶场	全国名茶	中华人民共和国对外经贸经济合作部	1985年
"蒙顶"牌万春银叶、玉叶长春、蒙山春露	四川省国营蒙山茶场	全省茶叶评比全省名茶	四川省农牧厅	1985年
"蒙顶"牌石花	四川省国营蒙山茶场	全省优质名茶评比评为省优名茶	四川省农牧厅	1983年
"蒙顶"牌石花	四川省国营蒙山茶场	全省优质名茶评比评为省优名茶	四川省农牧厅	1984年
"蒙顶"牌石花	四川省国营蒙山茶场	全省优质名茶评比评为省优名茶	四川省农牧厅	1985年
三级茉莉花茶	国营四川省名山县茶厂	雅安地区食品质量评比第一名	雅安地区食品协会	1986年
蒙山春露	国营四川省名山县茶厂	雅安地区食品质量评比优质产品	雅安地区食品协会	1986年
"蒙山"牌春露	国营四川省名山县茶厂	全省茶叶评比评为优质产品	四川省农牧厅	1987年
"蒙顶"牌石花、黄芽	四川省国营蒙山茶场	首届中国食品博览会铜奖	首届中国食品博览会	1988年

续表

产品名称	获奖单位	荣誉	授奖单位（组织）	授奖时间
"蒙山"牌甘露、春露	国营四川省名山县茶厂	首届中国食品博览会铜奖	首届中国食品博览会	1988年
"蒙顶"牌甘露、玉叶长春	四川省国营蒙山茶场	全国农产品质量评比评为优质产品	国家农牧渔业部	1988年
"蒙山"牌	国营四川省名山县茶厂	茶叶优秀新产品	四川省人民政府	1988年
"蒙山"牌甘露、玉叶长春	国营四川省名山县茶厂	优质产品	国家农牧渔业部	1989年
"蒙顶"牌甘露	四川省国营蒙山茶场	92香港国际食品博览会获金奖	92香港国际食品博览会	1992年
"蒙山"牌	国营四川省名山县茶厂	首届巴蜀食品节银奖	四川省人民政府	1992年
蒙顶甘露	四川省名山茶树良种繁育场	全省茶叶评比评为省优名茶	四川省农牧厅	1992年
"蒙顶"牌黄芽	四川省国营蒙山茶场	泰国曼谷—中国优质农产品展览会国际金奖	泰国曼谷—中国优质农产品展览会	1993年
"蒙顶"牌甘露	四川省国营蒙山茶场	泰国曼谷—中国优质农产品展览会国际银奖	泰国曼谷—中国优质农产品展览会	1993年
"理真"牌黄芽、甘露	四川省名山茶树良种繁育场	泰国曼谷—中国优质农产品展览会国际银奖	泰国曼谷—中国优质农产品展览会	1993年
企业品牌	国营四川省名山县茶厂	四川省旅游商品定点企业	四川省人民政府	1993年
蒙顶翠绿	四川省名山茶树良种繁育场	四川省第三届"甘露杯"优质名茶	四川省农牧厅	1994年
蒙山雀舌	名山县蒙峰茶厂	四川省乡镇企业科学技术进步二等奖	四川省乡镇企业管理局	1994年
"蒙顶"牌甘露系列茶	四川省国营蒙山茶场	蒙古国乌兰巴托国际商工贸产品博览会金奖	蒙古国乌兰巴托国际商工贸产品博览会	1994年
"蒙山"牌	国营四川省名山县茶厂	四川省第二届消费者喜爱商标	四川省保护消费者权益委员会	1994年
蒙山雀舌	名山县蒙峰茶厂	优秀新产品三等奖	四川省人民政府	1995年
"蒙顶"牌甘露	四川省国营蒙山茶场	第二届中国农业博览会金奖	第二届中国农业博览会	1995年

续表

产品名称	获奖单位	荣誉	授奖单位（组织）	授奖时间
"蒙顶"牌黄芽	四川省国营蒙山茶场	第二届中国农业博览会银奖	第二届中国农业博览会	1995年
"蒙顶"牌石花	四川省国营蒙山茶场	第二届中国农业博览会铜奖	第二届中国农业博览会	1995年
"蒙顶"牌甘露	四川省国营蒙山茶场	《绿名茶基地》地方标准"陆羽杯"奖	四川省茶叶标准化技术委员会	1996年
老鹰茶嫩芽系列产品	名山县蒙峰茶厂	四川省乡镇企业科技进步二等奖	四川省乡镇企业局	1997年
"蒙顶"牌甘露、黄芽	四川省国营蒙山茶场	全省茶叶评比为省优名茶	四川省农牧厅	1983—1995年（连续13年）
蒙顶甘露	国营四川省名山县茶厂	全省茶叶评比为省优名茶	四川省农牧厅	1983—1995年（连续13年）
蒙山银峰、蒙顶翠绿	四川省名山茶树良种繁育场	第三届"峨眉杯"优质茶	四川省茶叶学会、四川省茶叶标准化技术委员会	1997年
"理真"牌一级花茶	四川省名山茶树良种繁育场	第三届"峨眉杯"优质花茶	四川省茶叶学会、四川省茶叶标准化技术委员会	1997年
蒙山毛峰	四川省名山茶树良种繁育场	四川省第四届"甘露杯"优质名茶	四川省农业厅	1997年
名山白毫	名山县农业局联江乡茶良场	四川省第四届"甘露杯"优质名茶	四川省农业厅	1997年
老鹰茶嫩芽系列产品	名山县蒙峰茶厂	雅安地区科学技术进步二等奖	雅安地区行政公署	1997年
"蒙顶"牌石花、黄芽、甘露	四川省国营蒙山茶场	第三届中国农业博览会名牌产品	第三届中国农业博览会	1997年
绿名茶系列	国营四川省名山县蒙贡茶厂	全国统检合格产品	农业部和国家质量技术监督局	1998年
"理真"牌蒙山银峰	四川省名山茶树良种繁育场	四川省第五届"甘露杯"优质名茶	四川省农业厅	1999年
"理真"牌蒙山甘露、蒙山银峰	四川省名山茶树良种繁育场	第四届"峨眉杯"优质绿名茶	四川省茶叶学会、四川省茶叶标准化技术委员会	1999年

续表

产品名称	获奖单位	荣誉	授奖单位（组织）	授奖时间
"蒙顶"牌黄芽、石花、甘露、毛峰	四川省国营蒙山茶场	第四届"峨眉杯"优质绿名茶	四川省茶叶学会、四川省茶叶标准化技术委员会	1999年
"理真"牌蒙山银峰	四川省名山茶树良种繁育场	'9中国国际农业博览会名牌产品	'9中国国际农业博览会	1999年
"蒙顶"牌	四川省国营蒙山茶场	四川省群众喜爱品牌	四川省群众喜爱商品民意调查办	1999年
"蒙顶"牌黄芽	四川省国营蒙山茶场	中国（成都）国际茶叶博览银奖	中国（成都）国际茶叶博览会	2000年
"理真"牌蒙顶黄芽、石花、甘露、蒙山银峰	四川蒙顶甘露茶业有限公司	雅安地区名优特新产品	雅安地区行署	2000年
"蒙顶"牌特、一级茉莉花茶	四川省国营蒙山茶场	品质、卫生标准达四川DB 51/102—1998的各项要求	四川省茶叶标准化技术委员会	2000年
蒙顶甘露	四川省名山茶树良种繁育场	雅安地区名优特新商品	雅安地区行署	2000年
花毛峰	四川省名山县蒙贡茶厂	四川省2000年群众喜爱产品	四川省群众喜爱商品民意调查办	2000年
花毛峰	四川省名山县蒙贡茶厂	雅安地区名优特新产品	雅安地区行署	2000年
"理真"牌黄芽、甘露、毛峰	四川省名山茶树良种繁育场	第二届中国（成都）国际茶博会金奖	第二届中国（成都）国际茶博会	2001年
"蒙顶"牌黄芽、甘露	四川省国营蒙山茶场	第二届中国（成都）国际茶博金奖	第二届中国（成都）国际茶博会	2001年
"蒙顶"牌甘露、黄芽	四川省国营蒙山茶场	四川省第六届"峨眉杯"优质名绿茶	四川省茶叶学会、四川省茶叶标准化技术委员会	2001年
"理真"牌蒙顶银峰	四川蒙顶甘露茶业公司	四川省第六届"峨眉杯"优质名绿茶	四川省茶叶学会、四川省茶叶标准化技术委员会	2001年
"蒙顶"牌甘露、黄芽	四川省国营蒙山茶场	2001年中国国际农业博览会名牌产品	2001年中国国际农业博览会	2001年
"蒙顶"牌茶产品	四川省国营蒙山茶场	重点保护名优产品	成都市打假办公室	2001年
"理真"牌蒙顶甘露	四川蒙顶甘露茶业公司	首届名优特新商品	雅安市人民政府	2001年

续表

产品名称	获奖单位	荣誉	授奖单位（组织）	授奖时间
"理真"牌甘露、蒙顶甘露	四川省名山茶树良种繁育场	2001年全省团体会员春茶展示优质茶	四川省茶叶学会、四川省茶叶标准化技术委员会	2001年
"理真"牌蒙山毛峰	四川省名山茶树良种繁育场	全省茶叶评比评为优质绿名茶	四川省茶叶学会	2002年
"理真"牌产品	四川省名山茶树良种繁育场	中国西部（四川）农业博览会名优农产品	四川省农业厅	2002年
名山银毫	名山县农业局联江乡茶良场	中国（云南）第二届茶叶交易会金奖	中国（云南）第二届茶叶交易会	2002年
名山银毫	名山县农业局联江乡茶良场	韩国·釜山第四届国际名茶评比金奖	韩国·釜山第四届国际名茶评比组委会	2002年
"仁增多吉"	雅安市名山西藏朗赛茶厂	全国民族用品定点生产企业	全国民族贸易与民族用品生产联席会议办公室	2003年
"仁增多吉"	雅安市名山西藏朗赛茶厂	四川省茶叶一等边销茶	四川省茶叶学会	2003年
"蒙山"牌石花	四川省茗山茶业有限公司	四川省第六届"甘露杯"优质名茶奖	四川省农业厅	2003年
高山乌龙茶	名山正大茶叶有限公司	中国海峡两岸茶文化交流鉴定安溪茶王邀请赛银奖	中国海峡两岸茶文化交流鉴定安溪茶王邀请赛组委会	2003年
"蒙顶"牌黄芽、毛峰	四川省国营蒙山茶场	首届"甘露杯"名优茶暨包装评比展示会优质奖	名山县人民政府	2003年
蒙顶甘露	四川省名山茶树良种繁育场	全省茶叶评比一等名茶	四川省茶叶学会	2003年
"蒙山"牌黄芽、石花、甘露	四川省茗山茶业有限公司	首届蒙顶山杯国际名茶金奖	第八届国际茶文化研讨会暨首届蒙顶山国际茶文化旅游节组委会	2004年
"味独珍"牌甘露	四川蒙顶山味独珍茶业有限公司	首届蒙顶山杯国际名茶金奖	第八届国际茶文化研讨会暨首届蒙顶山国际茶文化旅游节组委会	2004年
"顶上茶"牌黄芽	名山县顶上茶叶有限公司	首届蒙顶山杯国际茗茶·黄芽金奖	第八届国际茶文化研讨会暨首届蒙顶山国际茶文化旅游节组委会	2004年

续表

产品名称	获奖单位	荣誉	授奖单位（组织）	授奖时间
"蒙顶"牌甘露、黄芽	四川省蒙顶皇茶茶业有限责任公司	2004国际绿名茶评选会金奖	国际绿名茶评选会	2004年
"蒙顶"牌石花	四川省蒙顶皇茶茶业有限责任公司	2004国际绿名茶评选会银奖	国际绿名茶评选会	2004年
"蒙山"牌茶产品	四川省茗山茶业有限公司	全国质量信得过产品	中国质量检验协会	2004年
"蒙山"牌茶产品	四川省茗山茶业有限公司	中国三绿工程"放心茶中茶协推荐品牌"	中国茶叶流通协会	2005年
"理真"牌蒙顶甘露	四川省名山茶树良种繁育场	全省茶叶评比评为优质名茶	四川省茶叶学会	2005年
"金叶巴扎"牌康砖金尖	四川名山西藏朗赛茶厂	四川省名优工业产品	四川省工商行政管理局等	2005年
"蒙山"牌毛峰、石花、甘露	四川省茗山茶业有限公司	雅安十大名茶	雅安市茶业协会、雅安市工商行政管理局	2005年
"宗玉"牌蒙顶黄芽	四川禹贡蒙顶茶业集团有限公司	雅安十大名茶	雅安市茶业协会、雅安市工商行政管理局	2005年
"跃华"牌蒙山石花	四川蒙顶山跃华茶业集团有限公司	第六届国际名茶评比名茶金奖	第六届国际名茶评比组织委员会	2006年
雾海云芽	四川蒙顶山味独珍茶业有限公司	第六届国际名茶评比优质名茶	第六届国际名茶评比组织委员会	2006年
"蒙山"牌甘露	四川省茗山茶业有限公司	四川省十大名茶	四川省茶叶协会、四川省标准化协会、四川省特产协会	2006年
"蒙山"牌乌木盒甘露	四川省茗山茶业有限公司	四川省旅游商品包装金奖	四川省旅游协会	2006年
"蒙顶"牌皇茶系列	四川省蒙顶皇茶茶业有限责任公司	四川最有特色旅游商品	四川省旅游协会	2006年
蒙顶甘露	四川禹贡蒙顶茶业集团有限公司	世界茶叶博览会国际名茶银奖	世界茶叶博览会	2006年
"蒙山"牌黄芽	四川省茗山茶业有限公司	第七届"中茶杯"全国名优茶评比一等奖	中国茶叶学会	2007年
"蒙山"牌甘露	四川省茗山茶业有限公司	第七届"中茶杯"全国名优茶评比优质茶	中国茶叶学会	2007年

续表

产品名称	获奖单位	荣誉	授奖单位（组织）	授奖时间
"味独珍"牌蒙顶黄芽	四川蒙顶山味独珍茶业有限公司	"迎奥运·五环茶"甄选活动中，入选五环茶——黄茶	中国茶叶流通协会、中华合作时报、老舍茶馆	2007年
"蒙山"牌甘露、黄芽、石花	四川省茗山茶业有限公司	第九届"峨眉杯"评比一等奖	第九届"峨眉杯"评比组委会	2007年
"蒙山"牌甘露	四川省茗山茶业有限公司	四川名牌农产品	四川省农业厅	2008年
蒙顶甘露	四川省茗山茶业有限公司	四川名牌农产品	四川省农业厅	2008年
"蒙山"牌甘露、石花	四川省茗山茶业有限公司	全国茶馆专业委员会2008年金奖、银奖	全国茶馆专业委员会2008年筹委会	2008年
"跃华"牌黄芽、石花、甘露	四川蒙顶山跃华茶业集团有限公司	全国茶馆专业委员会2008年金奖、银奖	全国茶馆专业委员会2008年筹委会	2008年
蒙顶山黄芽、石花	名山县蜀蒙茶厂	全国茶馆专业委员会2008年银奖、优质奖	全国茶馆专业委员会2008年筹委会	2008年
石花、毛峰、甘露	四川省宏宇蕾茶业有限责任公司	全国茶馆专业委员会2008年银奖、优质奖	全国茶馆专业委员会2008年筹委会	2008年
"蒙山"牌黄芽	四川省茗山茶业有限公司	全国茶馆专业委员会2008年一等奖	全国茶馆专业委员会2008年筹委会	2008年
"蒙山"牌甘露	四川省茗山茶业有限公司	全国茶馆专业委员会2008年优质奖	全国茶馆专业委员会2008年筹委会	2008年
"金叶巴扎"牌康砖	四川名山西藏朗赛茶厂	全国茶馆专业委员会2008年优质奖	全国茶馆专业委员会2008年筹委会	2008年
"味独珍"牌蒙顶黄芽	四川蒙顶山味独珍茶业有限公司	联合国粮农组织政府间茶叶工作组第18次会议指定专用茶	联合国粮农组织政府间茶叶工作组	2008年
"跃华"牌蒙顶黄芽	四川蒙顶山跃华茶业集团有限公司	第十六届上海国际茶文化节金牛奖	第十六届上海国际茶文化节组委会	2009年
"味独珍"牌"蒙顶皇芽"	四川蒙顶山味独珍茶业有限公司	第八届"中茶杯"全国名优茶评比一等奖	第八届"中茶杯"组委会	2009年

续表

产品名称	获奖单位	荣誉	授奖单位（组织）	授奖时间
"蒙贡"牌名茶、绿茶、花茶	四川省名山县蒙贡茶厂	国家权威检测合格—质检合格好产品	中国质量检验协会	2009年
义兴藏茶	四川省雅安义兴藏茶有限公司	2009西部茶文化展"最受欢迎的茗茶"金奖	2009西部茶文化展组委会	2009年
蒙顶黄芽	四川禹贡蒙顶茶业集团有限公司	2009西部茶文化展西部最受欢迎的名茶	2009西部茶文化展组委会	2009年
"蒙山"牌茶	四川省茗山茶业有限公司	四川名牌产品	四川省农业厅	2009年
"金叶巴扎"牌康砖、金尖	四川名山西藏朗赛茶厂	四川省第十届"蛾眉杯"评比特等奖、一等奖、金奖等	四川省茶叶学会、四川省第十届"蛾眉杯"评比委员会	2009年
"金叶巴扎"牌康砖	四川名山西藏朗赛茶厂	首届中国（益阳）黑茶文化节茶叶评比金奖	首届中国（益阳）黑茶文化节组委会	2009年
边销茶	四川名山西藏朗赛茶厂	首届中国·文化节黑茶类评比金奖	首届中国·文化节组委会	2010年
"蒙山"牌甘露、黄芽	四川省茗山茶业有限公司	2010年上海世界博览会特许商品	2010年上海世界博览会	2010年
"蒙顶山茶"系列企业茶产品	四川蒙顶山跃华茶业集团有限公司、四川省蒙顶山皇茗园茶业集团有限公司、四川蒙顶山味独珍茶业有限公司、四川圣山仙茶有限责任公司、四川禹贡蒙山茶业集团有限公司	2010年上海世界博览会礼品茶	2010年上海世界博览会四川馆	2010年
"味独珍"牌"蒙顶皇芽"	四川蒙顶山味独珍茶业有限公司	第二届"蒙顶山杯"斗茶大赛金奖	第二届"蒙顶山杯"斗茶大赛组委会	2010年
"蒙山"牌甘露	四川省茗山茶业有限公司	第二届四川省"十大名茶"	四川省茶叶学会、2010年年会暨四川省第二届"十大名茶"评奖大会	2010年
"蒙顶"牌品牌	四川省蒙顶皇茶茶业有限责任公司	中国绿茶十大品牌	中国国际品牌协会	2010年
"味独珍"品牌	四川蒙顶山味独珍茶业集团有限公司	2011中国茶叶企业产品品牌价值百强排行榜	中国茶叶品牌价值评估中心	2011年

续表

产品名称	获奖单位	荣誉	授奖单位（组织）	授奖时间
"味独珍"牌蒙顶黄芽	四川蒙顶山味独珍茶业有限公司	2011中国（上海）国际茶业博览"中国名茶"金奖	2011中国（上海）国际茶业博览会	2011年
"禹贡"牌蒙顶道茶	四川省禹贡蒙顶茶业集团有限公司	"福窝·蒙顶山杯"第三届斗茶大赛	雅安市茶业协会、雅安市茶叶学会	2011年
蒙顶甘露	四川川黄茶业集团有限公司	四川省最具地方特色茶产品金奖	四川省首届茶产业职业技术技能大赛	2011年
"禹贡"牌蒙顶黄芽	四川省禹贡蒙顶茶业集团有限公司	四川省最具地方特色茶产品金奖	四川省首届茶产业职业技术技能大赛	2011年
"蒙顶"牌黄芽	四川省蒙顶皇茶茶业有限责任公司	全省茶叶评比金奖	四川省茶叶学会	2011年
"蒙山"牌甘露、毛峰	四川省茗山茶业有限公司	金奖	第十一届"峨眉杯"评比组委会	2011年
"味独珍"	四川蒙顶山味独珍茶业集团有限公司	全国茶叶行业百强企业	第七届中国茶叶经济年会	2011年
"跃华"	四川蒙顶山跃华茶业集团有限公司	全国茶叶行业百强企业	第七届中国茶叶经济年会	2011年
"味独珍"商标	四川蒙顶山味独珍茶业集团有限公司	四川省著名商标	四川省工商行政管理局	2011年
"味独珍"品牌	四川蒙顶山味独珍茶业集团有限公司	2012企业价值百强排行榜	中国茶叶企业品牌价值评估课题组	2012年
"味独珍"品牌	四川蒙顶山味独珍茶业集团有限公司	2012年度中国茶叶行业百强企业	第八届中国茶业经济年会	2012年
"味独珍"品牌	四川蒙顶山味独珍茶业集团有限公司	2012年度中国茶业电子商务十强企业	中国茶业电子商务协会	2012年
"皇茗园"品牌	四川蒙顶山皇茗园茶业集团有限公司	2012中国茶叶企业品牌价值百强	中国茶叶企业品牌价值评估课题组	2013年
"味独珍"品牌	四川蒙顶山味独珍茶业有限公司	2012中国茶叶企业品牌价值百强	中国茶叶企业品牌价值评估课题组	2013年
"禹贡"牌盛世天下、蒙顶甘露	四川省禹贡蒙顶茶业集团有限公司	四川省最具特色茶产品金奖	四川省茶产业职业技能大赛组委会	2013年
"禹贡"牌蒙顶道茶	四川省禹贡蒙顶茶业集团有限公司	四川省茶产业科技进步一等奖	四川省茶产业职业技能大赛组委会	2013年
残剑飞雪	四川省大川茶业有限公司	四川省（茶文化）城市文化名片	四川省城市文化名片评选活动委员会、四川省文化品牌发展促进会	2013年
"皇茗园"品牌	四川省蒙顶山皇茗园茶业集团有限公司	2013中国黄茶推荐品牌	2013第九届中国茶业经济年会暨首届中国黄茶文化节	2013年

续表

产品名称	获奖单位	荣誉	授奖单位(组织)	授奖时间
"蒙山"牌甘露	四川省茗山茶业有限公司	第十二届"峨眉杯"评比金奖	第十二届"峨眉杯"评比组委会	2013年
"味独珍"茶叶产品	四川蒙顶山味独珍茶业有限公司	2013最值得网友推荐的十款川茶新品	网上报名、网友推选、网络推荐、投票支持、参与评述	2013年
"蒙顶"牌茶叶产品	四川省蒙顶皇茶茶业有限责任公司	2013最值得网友追捧的五款四川高端茶	网上报名、网友推选、网络推荐、投票支持、参与评述	2013年
"蒙顶"品牌	四川省蒙顶皇茶茶业有限公司	消费者最喜爱的100件四川商标	四川省商标协会、四川省消费者协会	2014年
"植茶始祖"品牌	四川蒙顶山大富茶业集团有限公司	消费者最喜爱的100件四川商标	四川省商标协会、四川省消费者协会	2014年
"蒙山"商标	四川省茗山茶业有限公司	消费者最喜爱的100件四川商标	四川省商标协会、四川省消费者协会	2014年
"顶上茶"牌黄芽	雅安市顶上茶茶叶有限公司	蒙顶山杯国际茗茶·黄芽金奖	四川省茶叶学会、四川省茶叶流通协会	2014年
"味独珍"品牌	四川蒙顶山味独珍茶业有限公司	2012中国茶叶企业品牌价值百强	中国茶叶企业品牌价值评估课题组	2014年
"跃华"牌蒙顶山黄芽(黄茶)	四川蒙顶山跃华茶业集团有限公司	2014四川农业博览会金奖	2014四川农业博览会	2014年
"味独珍牌茶树花"品牌	四川蒙顶山味独珍茶业有限公司	2015年四川地方名优产品推荐目录	四川省经济和信息化委员会	2015年
"味独珍"品牌	四川蒙顶山味独珍茶业有限公司	2012中国茶叶企业品牌价值百强	中国茶叶企业品牌价值评估课题组	2015年
"义兴茶号"牌古道金藏黑金砖茶	四川省雅安义兴藏茶有限公司	2015北京国际茶业展茶业产品评选推介活动金奖	2015北京国际茶业展茶业产品评选推介活动组委会、中国茶叶流通协会	2015年
"蒙顶"牌蒙顶黄芽	四川省蒙顶皇茶茶业有限责任公司	"百年世博"中国名茶金骆驼奖	"百年世博"中国名茶国际评鉴委员会、意大利米兰世博会	2015年
"圣山仙茶"牌蒙顶黄茶	四川川黄茶业集团有限公司	第十一届"中茶杯"名茶评比一等奖	第十一届"中茶杯"组委会	2015年
"禹贡"牌高栗香型毛峰	四川省禹贡蒙顶茶业集团有限公司	四川省茶产业科技进步创新奖	四川省茶产业职业技能大赛组委会	2015年
"如意金鱼"藏茶	四川省雅安义兴藏茶有限公司	2015世界禅茶文化交流大会暨河北国际茶业博览会黑茶金奖	2015世界禅茶文化交流大会暨河北国际茶业博览会组委会	2015年

续表

产品名称	获奖单位	荣誉	授奖单位（组织）	授奖时间
"蒙顶"牌绿茶	四川省蒙顶皇茶茶业有限责任公司	第十六届中国绿色食品博览会产品评比金奖	第十六届中国绿色食品博览会	2015年
"正大"牌乌龙茶	名山正大茶叶有限公司	四川省最具地方特色茶产品金奖	中国职业技能大赛第三届四川省茶产业职业技能大赛组委会	2015年
"禹贡"牌蒙顶甘露	四川禹贡蒙顶茶业集团有限公司	2015年度全国名特优新农产品名录	农业部优质农产品开发服务中心	2016年
蒙顶石花	四川蒙顶山跃华茶业集团有限公司	2015年度全国名特优新农产品名录	农业部优质农产品开发服务中心	2016年
蒙顶山乌龙茶	名山正大茶叶有限公司组委会	2016年中国蒙顶山杯中国黄茶斗茶大赛金奖	2016年中国蒙顶山杯中国黄茶斗茶大赛组委会	2016年
一品红红茶	名山正大茶叶有限公司	2016年中国蒙顶山杯中国黄茶斗茶大赛银奖	2016年中国蒙顶山杯中国黄茶斗茶大赛组委会	2016年
顶上茶黄芽	雅安市顶上茶茶叶有限公司	2016年中国蒙顶山杯中国黄茶斗茶大赛金奖	2016年中国蒙顶山杯中国黄茶斗茶大赛组委会	2016年
残剑飞雪	四川省大川茶业有限公司	"峨眉山杯"第十一届国际名茶评比金奖	"峨眉山杯"第十一届国际名茶评比委员会世界茶联合会	2016年
"蒙山"牌黄芽、甘露	四川省茗山茶业有限公司	第五届中国（四川）国际茶业博览会金奖	第五届中国（四川）国际茶业博览会	2016年
"川黄"品牌	四川川黄茶业有限公司	消费者最喜爱茶叶品牌	第五届中国（四川）国际茶业博览会	2016年
"蒙山"牌黄芽、甘露、石花、毛峰	四川省茗山茶业有限公司	2016北京国际茶业展茶叶产品推介产品	2016北京国际茶业展茶叶产品评选推介活动	2016年
"义兴茶号"牌"古道秘藏"	四川省雅安义兴藏茶有限公司	第十四届中国绿色食品博览会产品评比金奖	第十四届中国绿色食品博览会	2016年
"大川"牌茶叶产品	四川省大川茶业有限公司	中国围棋甲级联赛四川代表队专用茶	中国围棋甲级联赛	2016年
"李含敏"蒙顶黄芽	雅安市名山区个旧茶庄	2017蒙顶山杯斗茶大赛特别金奖	中国黄茶产业联盟、2017蒙顶山杯斗茶大赛组委会	2017年

续表

产品名称	获奖单位	荣誉	授奖单位（组织）	授奖时间
"巧茶匠"牌甘露、红茶	雅安市巧茶匠农业科技有限公司	2017蒙顶山杯斗茶大赛金奖	中国黄茶产业联盟、2017蒙顶山杯斗茶大赛组委会	2017年
"味独珍"品牌	四川蒙顶山味独珍茶业有限公司	2018中国茶叶企业品牌价值百强	中国茶叶企业品牌价值评估课题组	2018年
"巧茶匠"牌黄芽	雅安市巧茶匠农业科技有限公司	2018蒙顶山杯斗茶大赛最美茶汤	蒙顶山杯斗茶大赛组委会	2018年
"顶上茶"牌黄芽	雅安市顶上茶茶叶有限公司	2018年蒙顶山杯中国黄茶斗茶大赛金奖	2018年蒙顶山杯中国黄茶斗茶大赛组委会	2018年
"巧茶匠"牌蒙顶黄芽	雅安市巧茶匠农业科技有限公司	第八届国际武林斗茶大会上品茶	第八届国际武林斗茶大会组委会	2018年
"蒙顶"牌"蒙顶黄芽"	四川蒙顶皇茶茶业有限公司	第八届国际武林斗茶黄茶类"斗茶品"金奖	2018年深圳春季茶博会第八届国际武林斗茶大会	2018年
"正大"牌正大红茶岩韵蜜香	名山正大茶叶有限公司	第十二届国际名茶评比金奖	第十二届国际名茶评比组委会	2018年
"正大"牌"正大乌龙茶"	名山正大茶叶有限公司	第十二届国际名茶评比银奖	第十二届国际名茶评比组委会	2018年
义兴"黑茶原味""黑金藏顿"	雅安义兴藏茶茶业有限公司	第十二届国际名茶评比银奖	第十二届国际名茶评比组委会	2018年
"味独珍"品牌	四川蒙顶山味独珍茶业有限公司	第十二届国际名茶评比金奖	中华商标博览会组委会	2018年
"味独珍"品牌	四川蒙顶山味独珍茶业有限公司	四川电子商务十年百强品牌	四川省茶叶流通协会	2018年
"味独珍"品牌	四川蒙顶山味独珍茶业有限公司	四川茶业最具发展潜力品牌	四川省茶叶流通协会	2019年
"巧茶匠"牌蒙顶黄芽	雅安市巧茶匠农业科技有限公司	2019蒙顶山杯斗茶大赛金奖	2019蒙顶山杯斗茶大赛组委会	2019年
"味独珍"品牌	四川蒙顶山味独珍茶业有限公司	2012中国茶叶企业品牌价值百强	中国茶叶企业品牌价值评估课题组	2019年
"正大"牌正大红茶	名山正大茶叶有限公司	"中茶杯"第九届国际鼎承茶王赛金奖	"中茶杯"第九届国际鼎承茶王赛组委会	2019年
"味独珍"品牌	四川蒙顶山味独珍茶业有限公司	2012中国茶叶企业品牌价值百强	中国茶叶企业品牌价值评估课题组	2020年
"味独珍"牌红茶	四川蒙顶山味独珍茶业有限公司	"华茗杯"2021全国绿茶、红茶产品质量推选活动金奖	中国茶叶流通协会	2021年

续表

产品名称	获奖单位	荣誉	授奖单位（组织）	授奖时间
"正大乌龙茶"	名山正大茶叶有限公司	第六届亚太茗茶大奖金奖	中国（北京）国际茶业及茶艺博览会组委会	2021年
"巧茶匠"牌黄芽	雅安市巧茶匠农业科技有限公司	2021蒙顶山杯斗茶大赛特别金奖	2021蒙顶山杯斗茶大赛组委会	2021年
"禹贡"牌蒙顶黄芽	四川省禹贡蒙顶茶业集团有限公司	2021蒙顶山杯斗茶大赛金奖	2021蒙顶山杯斗茶大赛组委会	2021年
"味独珍"品牌	四川蒙顶山味独珍茶业有限公司	2012中国茶叶企业品牌价值百强	中国茶叶企业品牌价值评估课题组	2021年
"味独珍"牌蒙顶甘露	四川蒙顶山味独珍茶业有限公司	2021"黄山杯"首届全国传统名茶产品质量推选活动金奖	2021"黄山杯"首届全国传统名茶产品质量推选活动组委会	2021年
"正大"牌知百的寸心、一品红	名山正大茶叶有限公司	第十三届国际名茶评比金奖	第十三届国际名茶评比组委会	2021年
"大川"牌金眉贵红茶	四川省大川茶业有限公司	第十三届国际名茶评比金奖	第十三届国际名茶评比组委会	2021年
"皇茗园"牌蒙顶甘露	四川蒙顶山皇茗园茶业集团有限公司	第十三届国际名茶评比金奖	第十三届国际名茶评比组委会	2021年
残剑飞雪	四川省大川茶业有限公司	2021年度全国茉莉花茶推荐单品	中国茶叶流通协会	2021年
"味独珍"牌蒙顶黄芽	四川蒙顶山味独珍茶业有限公司	第八届中国成都国际非物质文化遗产节首届非遗斗茶大赛金奖	四川省茶叶行业协会、四川省茶叶流通协会	2021年
"正大"牌正大红茶	名山正大茶叶有限公司	"中茶杯"第十一届国际鼎承茶王赛金奖	"中茶杯"第十一届国际鼎承茶王赛组委会	2021年
大川牌"金眉贵"	四川省大川茶业有限公司	2021年度展示样茶	中国茶叶博物馆	2021年
"跃华"品牌	四川蒙顶山跃华茶业集团有限公司	2022中国茶叶企业品牌价值百强	中国茶叶企业品牌价值评估课题组	2022年
"皇茗园"品牌	四川蒙顶山皇茗园茶业集团有限公司	2022中国茶叶企业品牌价值百强	中国茶叶企业品牌价值评估课题组	2022年
"味独珍"品牌	四川蒙顶山味独珍茶业有限公司	2022中国茶叶企业品牌价值百强	中国茶叶企业品牌价值评估课题组	2022年
真源茶舍	真源茶舍	"蒙顶山杯"中国黄茶斗茶大赛金奖	"蒙顶山杯"斗茶大赛组委会	2022年

续表

产品名称	获奖单位	荣誉	授奖单位(组织)	授奖时间
真源茶舍	真源茶舍	"黄金白露杯"成都中国工夫红茶斗茶大赛金奖	四川省茶叶学会	2022年
"巧茶匠"牌红茶	雅安市巧茶匠农业科技有限公司	"黄金白露杯"中国工夫红茶斗茶大赛金奖	"黄金白露杯"中国工夫红茶斗茶大赛组委会	2022年
蒙顶甘露	四川雅茶集团茶业有限公司	第十五届"天府名茶"金奖	四川省茶叶学会	2023年
跃华·张氏甘露	四川蒙顶山跃华茶业集团有限公司	第十五届"天府名茶"金奖	四川省茶叶学会	2023年
蒙顶黄芽茶	四川川黄茶业集团有限公司	第十五届"天府名茶"金奖	四川省茶叶学会	2023年
味独珍	四川蒙顶山味独珍茶业有限公司	2023年度重点茶叶企业	中国茶叶流通协会	2023年

注：不完全统计。

四、个人品牌荣誉

蒙顶山茶区制茶、茶艺、茶文化个人获得的荣誉见表7-3。

表7-3 蒙顶山茶区制茶、茶艺、茶文化个人获得的荣誉

姓名	活动名称	荣誉	授奖单位	授奖时间
曾志东	2004蒙顶山杯国际茗茶评比	黄芽类金奖	第八届国际茶文化研讨会暨首届蒙顶山国际茶文化旅游节组委会	2004年
曾志东	第八届国际茶文化研讨会	营销奖	第八届国际茶文化研讨会暨首届蒙顶山国际茶文化旅游节组委会	2004年
曾志东	第八届国际茶文化研讨会茶叶评比	展位设计优秀奖	第八届国际茶文化研讨会暨首届蒙顶山国际茶文化旅游节组委会	2004年
曾志东	2005雅安市茶叶评比	雅安十大名茶	雅安市茶业学会	2005年
刘绪敏（茶艺团队）	2006中国（重庆）永川国际茶竹文化旅游节	龙行十八式茶艺第一名	2006中国（重庆）永川国际茶竹文化旅游节组委会	2006年
刘绪敏	2011中国（上海）国际茶业博览会茶艺表演	第一名	2011中国（上海）国际茶业博览会组委会	2011年
刘绪敏	2012中国（上海）国际茶业博览会茶艺表演大赛	特别金奖	2012中国（上海）国际茶业博览会组委会	2012年
徐伟	"献礼奋斗百年路 启航美好新生活"2021雅安市首届乡村文化振兴魅力乡镇竞演大赛	文化能人	中共雅安市委宣传部、雅安市农业农村局、雅安市文化体育和旅游局	2012年
徐伟	四川省首届电视茶艺大赛	季军	四川省首届电视选拔赛组委会	2013年

续表

姓名	活动名称	荣誉	授奖单位	授奖时间
曾志东	蒙顶山杯斗茶大赛黄芽	金奖	四川省茶叶学会、四川省茶叶流通协会	2014年
徐伟	雅安教师节主题活动	特邀教师	四川省茶艺术研究会	2015年
柏月辉	中国（成都）西部茶业博览会茶叶评比黄茶类黄芽	金奖	成都中国西部茶业博览会组委会	2016年
曾志东	2016"蒙顶山杯"中国黄茶斗茶大赛	金奖	四川省茶叶学会、四川省茶叶流通协会、第五届中国四川国际茶叶博览会等	2016年
曾志东	第七届蒙顶山杯甘露手工制茶大赛	银奖	四川省茶叶学会、四川省茶叶流通协会、第五届中国四川国际茶叶博览会等	2016年
杨雨钰	中国职业技能大赛第四届四川省茶产业职业技能大赛	第二名四川省茶艺优秀技能人才	中国职业技能大赛四川省茶产业职业技能大赛组委会	2016年
杨雨钰	中国职业技能大赛第四届四川省茶产业职业技能大赛	创新功夫茶艺技能二等奖	中国职业技能大赛四川省茶产业职业技能大赛组委会	2016年
杨雨钰	2016中国技能大赛"绿宝石杯"第三届全国茶艺职业技能赛总决赛	个人赛优秀演艺奖	全国茶艺职业技能竞赛组委会	2016年
杨雨钰	四川省总工会2017"我学我练我能"全省女职工采茶茶艺技能大赛	第二名	四川省总工会	2017年
柏月辉	2017深圳国际武林斗茶大赛	银奖	深圳茶业博览会组委会	2017年
闵鹏飞	中央电视台传奇中国节—中秋节	优秀表演奖	四川省贸易学校	2017年
张跃华、施友权、高永川、刘羌虹、郭承义、张强、杨毅、代毅、宋勋、黄益云	第十二届雅安茶业经济年会制茶大师评选活动	雅安市制茶大师	雅安市茶叶流通协会	2017年
郭承义、张强、施友权、黄益云、高永川	第三届四川省茶业科技年会	四川省制茶大师	四川省茶叶流通协会	2018年
钟国林	第三届四川省茶业科技年会	2017四川省茶叶行业十大年度人物	四川省茶叶流通协会	2018年
文维奇	第八届成都（邛崃）采茶节手工制茶邀请赛	第一名	成都（邛崃）采茶节组委会	2018年

续表

姓名	活动名称	荣誉	授奖单位	授奖时间
名山队	第八届成都（邛崃）采茶节手工制茶邀请赛	团体第一名	成都（邛崃）采茶节组委会	2018年
柏月辉	2018深圳国际武林斗茶大赛	银奖	深圳茶业博览组委会	2018年
古学祥	第九届蒙顶山杯斗茶大赛	手工甘露金奖	蒙顶山杯斗茶大赛组委会	2018年
曾志东	第三届"蒙顶山杯"中国黄茶斗茶大赛	金奖	中国黄茶产业联盟、四川省茶叶学会、四川省茶叶流通协会等	2018年
高永川	中国茶产区"十佳匠心茶人"四川茶区遴选活动	首届"十佳匠心茶人"	中国茶产区"十佳匠心茶人"评选组委会	2018年
张玲华	2018年成都百万职工技能大赛——锦江区茶艺师技能大赛	最美茶艺师、优秀选手	成都市锦江区总工会、成都市锦江区人力资源和社会保障局	2018年
张玲华	2018年"雅州工匠杯"职业技能大赛	三等奖	雅安市人力资源和社会保障局	2018年
李娜	第十六届蒙顶山茶文化旅游节	蒙茶仙子	第十六届蒙顶山茶文化旅游节组委会	2019年
李含敏	成都市百万职工技能大赛手工制茶技能比赛	第一名	成都市百万职工技能大赛组委会	2019年
周梦菲	2019雄安雄展首届国际茶文化博览会	优秀表演奖	雄安茶文化博览会组委会	2019年
古学祥	第九届海峡两岸茶文化节暨"鼎白"杯两岸春茶茶王擂台赛	黄芽金奖	第九届海峡两岸茶文化节组委会	2019年
柏月辉	2019湖南邵阳斗茶赛	黄芽金奖	湖南邵阳斗茶赛组委会	2019年
闵鹏飞	2019雄安雄展首届国际茶文化博览会	优秀表演奖	雄安茶文化博览会组委会	2019年
闵鹏飞	四川省技能大赛第五届四川省茶产业职业技能大赛	长嘴壶茶艺技能二等奖	四川省技能大赛第五届四川省茶产业职业技能大赛组委会	2019年
闵鹏飞	四川省技能大赛第五届四川省茶产业职业技能大赛	四川省"优秀技能人才"称号	四川省技能大赛第五届四川省茶产业职业技能大赛组委会	2019年
闵鹏飞	四川省技能大赛第五届四川省茶产业技能大赛	高级茶艺师	四川省人力资源和社会保障厅	2019年
周梦菲	成都市锦江区茶艺大赛	三等奖	成都市锦江区工会	2019年
陈娜	四川省电大茶艺技能竞赛	一等奖	四川省广播电视大学	2019年
陈娜	全国武林斗茶大赛	金奖、铜奖	全国武林斗茶大赛组委会	2019年
徐伟	以茶论道——第一届国际茶文化茶叶论坛	特邀表演嘉宾	深圳市国际茶叶协会	2019年
周梦菲	四川省贸易学校首届茶文化节	优秀指导教师	四川省贸易学校	2019年

续表

姓名	活动名称	荣誉	授奖单位	授奖时间
王定燕等	第一届"蒙茶仙子"选拔赛	第一届"蒙茶仙子"选拔赛"蒙茶仙子"称号	雅安市名山区人民政府	2020年
张娅	雅安市名山区茶叶协会成立四十周年会	技艺传承贡献奖	雅安名山区茶叶学会	2020年
施友权	2020国际茶日,四川首届茶人节	茶文化传承杰出贡献奖	四川国际茶业博览会组委会	2020年
李娜	四川省首届川茶金花评选活动	川茶金花	四川省茶艺术研究会	2020年
周梦菲	甘孜州第三届工匠杯技能大赛	一等奖	甘孜藏族自治州人力资源和社会保障局	2020年
古学祥	第五届中国黄茶斗茶大赛	金奖	第五届中国黄茶斗茶大赛组委会	2020年
陈娜	第五届中国黄茶制茶大赛	银奖	蒙顶山杯第五届中国黄茶斗茶大赛组委会	2020年
陈娜	四川省乡村旅游协会	农村手工艺大师茶艺类	四川省乡村旅游协会	2020年
柏月辉	厦门海峡茶王擂台赛	黄芽银奖	茶博会组委会	2020年
李含敏	成都百万职工技能大赛(金牛赛区)手工制茶技能比赛	第一名	成都市金牛区总工会、成都市茶业工业联合会	2020年
王自琴	四川省首届"蜀茶杯"评茶员、茶叶加工工职业技能竞赛评茶员项目单项、全能	省级单项一等奖(第一名)、全能一等奖	四川省供销合作社联合社	2020年
王自琴	四川省职业院校教师教学能力大赛《爱心育人 匠心制茶——特种绿茶初制加工技术》案例	省级二等奖	四川省教育厅	2020年
陈娜	当好主人翁建功新时代技能比赛	茶艺一等奖	雅安市总工会	2020年
陈娜	四川省首届川茶金花评选活动	金花	四川省茶艺术研究会	2020年
陈娜	"蒙顶山茶"杯四川省我学、我练、我能评茶比赛	三等奖	四川省总工会	2020年
陈娜	"蒙顶山茶"杯四川省我学、我练、我能茶艺比赛	三等奖	四川省总工会	2020年
钟美景	2020年参加四川省总工会组织"我学、我练、我能"茶艺师技能大赛	优胜选手	四川省总工会	2020年
李含敏	四川省首届"蜀茶杯"茶叶加工工职业技能竞赛	二等奖	四省供销合作联合社	2020年
周梦菲	第二届蒙阳街道社区文化艺术节	一等奖	雅安市名山区蒙阳街道办事处	2021年

续表

姓名	活动名称	荣誉	授奖单位	授奖时间
徐伟	蒙顶山茶贡献奖	贡献奖	雅安市名山区茶业协会	2020年
周梦菲	蒙顶山茶成都茶博会专题推荐会	蒙顶山茶推广大使	四川省蒙顶山茶文化科普基地	2020年
文维奇	"建功十四五奋进新征程"蒙顶皇茶杯蒙顶甘露大师大赛	第一名	雅安市总工会	2021年
文维奇	"建功十四五奋进新征程"蒙顶皇茶杯蒙顶甘露大师大赛	五一劳动奖章	雅安市总工会	2021年
王自琴	雅安市第二届"雅州工匠杯"暨首届乡村振兴职业技能大赛评茶员项目	第一名	雅安市第二届"雅州工匠杯"暨首届乡村振兴职业技能大赛组委会（人社代章）	2021年
闵鹏飞	第七届中国非物质文化遗产博览会	蒙山派龙行十八式传承人	第七届中国非物质文化遗产博览会济南执委会	2022年
王自琴	全国乡村振兴杯职业技能大赛四川省选拔赛评茶员项目	省级一等奖（第一名）	四川省人社厅	2021年
陈娜	"创青春"第三届成都平原经济区青年创新创业大赛	蒙顶山茶项目"银奖"	四川省人社厅、科协、经信厅、农业农村局厅、省委组织部、科技局、团省委	2021年
陈娜	"青春建功经济圈·乡村振兴勇担当"2021川渝青年乡村振兴创新创业大赛	蒙顶山茶项目优秀奖	四川省人社厅、科协、经信厅、农业农村局厅、省委组织部、科技局、团省委	2021年
王自琴	全国省职业院校技能大赛教学能力大赛《绿茶审评》案例	三等奖	全国省职业院校技能大赛组织委员会	2021年
钟国林	"百县·百茶·百人"茶产业助力脱贫攻坚、乡村振兴	先进个人	中华茶人联谊会、中国茶产业联盟、中国国际茶文化研究会等	2021年
王自琴	全国行业职业技能竞赛第二届"武夷山杯"全国评茶员职业技能竞赛总决赛	单项二等奖、全能二等奖	中华全国供销社合作总社职业技能鉴定指导中心	2021年
李娜	寻遗民俗，传承共鉴	最佳贡献奖	四川茶马古道文化旅游发展有限公司	2022年
陈娜	雅安人力资源和社会保障厅"雅安市创业明星"评选	雅安市创业明星	雅安市人社局、科协、经信局、农业农村局、市委组织部、科技局、市团委	2022年
陈娜	2022"九狮寨"杯中国黄茶斗茶大赛	金奖	中国黄茶产业联盟、中国茶叶流通协会、黄茶专业委员会	2022年
陈娜	雅安市第五届"中国创翼"创业创新大赛	蒙顶山茶项目二等奖	雅安市人社局、科协、经信局、农业农村局、市委组织部、科技局、市团委	2022年
郭磊	2022年川渝地区茶叶产业职工职业技能大赛（国家二类职业技能大赛）	三等奖	2022年川渝地区茶叶产业职工职业技能大赛组委会（四川省总工会、重庆市总工会代章）	2022年

续表

姓名	活动名称	荣誉	授奖单位	授奖时间
陈娜	雅安市"创青春"青年创新创业大赛	金奖	雅安市人社局、科协、经信局、农业农村局、市委组织部、科技局、市团委	2022年
陈娜	名山菁英遴选培养计划	名山工匠	名山区委组织部、区人社局、区总工会	2022年
徐伟	寻遗民俗，传承共鉴	最佳贡献奖	四川茶马古道文化旅游发展有限公司	2022年
柏月辉	四川省贸易学校斗茶大赛	黄小茶金奖	四川省贸易学校	2022年
张玲华	四川省女职工"我学、我练、我能"茶艺师职业技能大赛雅安预赛暨雅安市2022年茶艺师职业技能大赛	二等奖	雅安市总工会、雅安市妇女联合会、雅安市人力资源和社会保障局	2022年
王自琴	全国省职业院校技能大赛教学能力大赛	《蒙顶甘露手工制作》案例二等奖	全国省职业院校技能大赛组织委员会	2022年
龚开钦、曾志东、刘全	四川省茶叶学会制茶大师、评茶大师评选活动	四川制茶大师	四川省茶叶学会	2023年
郭磊	四川省茶叶学会制茶大师、评茶大师评选活动	四川评茶大师	四川省茶叶学会	2023年
陈娜、周晓英	四川省茶叶学会制茶大师、评茶大师评选活动	四川茶艺大师	四川省茶叶学会	2023年
张强	2023"国茶人物·制茶能手"第三次调查工作	国茶物·茶业品牌官	中国茶叶流通协会	2023年
陈娜	2023"国茶人物·制茶能手"第三次调查工作	国茶物·制茶能手	中国茶叶流通协会	2023年
施友权、张强、钟国林、高永川、古学祥、庞红云、杨雨珏、丁苗苗、成昱、吴昀烨	1273《茶经》论坛暨2023"左圭奖"中国茶·传播者颁奖盛典	中国茶传播者"左圭奖"	北京国际和平文化基金会中国茶文化推广专项基金	2023年

注：不完全统计。

第八章　蒙顶山茶品质特征

蒙顶茶历史悠久，是中国最古老的名茶，被尊称为茶中故旧、名茶先驱。明代李时珍所著《本草纲目》载蒙顶山茶："真茶性冷，唯雅州蒙山出者，温而主疾。"指天下之茶本性均为寒性，唯有雅安的蒙顶山茶，是温性且祛宿疾。清光绪赵懿《蒙顶茶说》载："其叶细而长，味甘而清，色黄而碧，酌杯中香云蒙覆其上，凝结不散。"古人用中医来解释或用感受来笼统描述蒙顶山茶的品质特点与风味，而蒙顶山茶在古代就有多个品类，风格特点确有差别，现代蒙顶山茶是全国名茶中唯一的多品类茶，有绿茶、黄茶、黑茶、红茶及花茶，同时还代加工大量的白茶、部分乌龙茶。古代的评审方式还很不准确、细致，已不适应现代人理解需求，特别是现代人完全接受六大茶类分法，因此有必要结合现行的茶叶评审办法来进行。

现行蒙顶山茶标准有两套，其中一套是国家标准《地理标志产品 蒙山茶》和行业标准《蒙顶山茶基本要求》（GHT 1307—2020）等文件要求，蒙顶甘露茶原料来源必须在蒙顶山茶国家地理标志保护区范围以内，具体包括28°51′10″~30°56′40″N，101°56′26″~103°23′28″E；蒙顶山茶核心产区为29°40′~30°16′N，102°51′~103°23′E，原料须选择四川中小叶群体种（俗称老川茶）及本地选育的中小叶种适宜优良品种，按照季节和采摘标准及加工方式，进行分类与鉴评。蒙顶山茶品类主要有传统名茶与名优茶和大宗茶，传统名茶有：蒙顶甘露（绿茶）、蒙顶黄芽（黄茶）、蒙顶石花（绿茶）、万春银叶（绿茶）、玉叶长春（绿茶），2002年国家标准《蒙山茶》（现已作废）颁布实施后，万春银叶、玉叶长春被蒙山毛峰所代替（图8-1）。20世纪以来，市场需求日益旺盛，对品质安全、个性风格区分更多更细，绿茶的等级更多、更细，黄茶形成不同等级。2018年以来，名山区根据蒙顶山茶近十多年来市场经营者和消费者对茶产品的需求变化，特别是对产品多样化需求而进行规范而制定的《蒙顶山茶基本要求》行业标准，将原《地理标志产品 蒙山茶》国家标准进行了细化和系列化，主要有以下5种分类。

1. 绿茶类

除蒙顶石花、蒙顶甘露、蒙山毛峰外，还有蒙山春露、蒙顶山银毫、蒙顶山玉绿、蒙顶山香茶。

2. 黄茶类

除蒙顶黄芽外，还有蒙顶山黄毛尖、蒙顶山黄毛峰、蒙顶山黄金叶、蒙顶山黄珍眉、蒙顶山黄大茶、蒙顶山紧压黄茶。

3. 红茶类

特色名茶有蒙顶山红芽、蒙顶山红毛尖、蒙顶山红毛峰，特色优质茶：蒙顶山红珍眉、蒙顶山工夫红茶、蒙顶山红碎茶、蒙顶山袋泡红茶。

4. 黑茶类

有金尖茶、砖茶。

5. 花茶类

特色名茶有蒙顶山茉莉玉芽花茶、蒙顶甘露飘香花茶、蒙顶山特色（玫瑰、栀子、金桂等）花香茶；特色优质茶有蒙顶山毛峰花茶、蒙顶山香茗炒花茶、蒙顶山特色花（玫瑰、栀子、金桂等）香叶花茶。

图8-1 中国名优茶中唯一多品类名茶

第一节 品质特征

一、绿茶类品质特征

（一）传统名茶

1. 蒙顶甘露

"甘露"一词最早出自《老子》："天地相合，以降甘露，民莫之令而自均"，意指甜美的露水。古人认为甘露降，是太平瑞象。《晋中兴书》说："甘露者，仁泽也，其凝如脂，其美如饴。"古人常把美好的琼浆玉液比作甘露。

"甘露"作为蒙顶山茶名，最早见于南宋祝穆撰写的地理总志《方舆胜览》蒙山条："在严道南十里有五顶，前一峰最高，曰上清峰，产甘露茶。常有瑞云及现相影现。"蒙山茶称"甘露"，来源有四：一是甘露一词，既有道家崇尚自然的风韵。天地相合，以降甘露；在梵语中又有"念祖"之意，宋孝宗皇帝于宋绍熙三年（1192年）追封茶祖吴理真为"灵应甘露普惠妙济菩萨",用此茶命名甘露,是为纪念茶祖"甘露大师"吴理真。二是说茶汤清洌回甘,犹似甘露。三是《白虎通》中有:"甘露者,美露也,降则物不盛。"四是能治百病。古人认为是"太平之兆""德惠之泽",延年益寿的"圣药",其凝如脂,其甘如饴,食之能使"不寿者八百岁"。佛教以甘露喻佛法之法味,融物质与精神于不二。故因以命名蒙顶名茶为"甘露"。可见早期将蒙山茶称为甘露,与北宋时期蒙山佛教兴盛尊茶重茶密切相关。蒙顶甘露茶也从宋代演变,经明初朱元璋废团改散而逐渐定型为现代的细嫩绿茶散茶特征,其叶细嫩,其味甘美,其香芬芳。明世宗嘉靖二十年(1541年)编修的《四川总志》《雅安府志》记有"上清峰产甘露",被列入正史;蒙顶山茶中最具代表性的一芽一叶初展制作的烘青卷曲型绿茶,被命名为甘露,具有特别深刻的历史背景和现实意义。至清代,甘露茶越加兴盛著名,与石花、黄芽、万春银叶、玉叶长春一起被世人称赞为蒙顶山五大传统名茶。

蒙顶甘露是蒙顶茶的一种,既是中国历史名茶,也是蒙顶山茶(原产地保护)最具代表性的品类之一,其采摘标准为一芽一叶初展,新鲜芽叶经过采后适当摊放,以高温杀青,经过三炒、三揉、三烘和做形工序制成,具有外形紧卷多毫、色泽嫩绿、茶汤嫩绿明亮、香气鲜嫩馥郁、持久、滋味鲜爽浓醇回甘、叶底嫩芽秀丽匀整的品质特点。蒙顶甘露茶优异的品质特征,主要是源于原料丰富的内含物质基础,加上其千年传承精益求精的制作工艺,最大限度地保留了蒙顶甘露茶优质的本质,体现出蒙顶甘露茶娟秀淡雅的温性特征(图8-2)。诗赞《蒙顶甘露》:"一芽一叶自早春,三炒三揉曲卷润。嫩香鲜爽韵味长,细品甘露可温心。"这首诗将蒙顶甘露的采摘时间、制作工艺、茶类品级、品质特征和风味特点用4句话28个字就作了简明准确的描述。蒙顶甘露原料生长于蒙顶山茶国家地理标志产品保护区范围内,高海拔山区独特的雨雾气候条件、丰富有机质含量土壤和四川中小叶群体种优质品种,造就了蒙顶甘露茶独具特色的品质特征。

蒙顶甘露茶于早春季节采摘一芽一叶初展原料,经过三炒三揉等几道关键工序后,制成的蒙顶甘露茶紧卷多毫,嫩绿色润,外形美观,内含物丰富,品质优异,冲泡品饮

图8-2 蒙顶甘露成品、开汤与叶底

时，香气鲜嫩馥郁、持久、滋味鲜爽浓醇回甘、叶底嫩芽秀丽匀整。具体表现为细嫩芽叶明显的嫩毫香，略带兰花香，香高持久，汤色嫩绿，汤中仰光细看有毫溶入水中，滋味爽口润滑，香浓味稠，一丝涩感很快在口腔内散开，顿时口舌生津，甘甜醇

图8-3 紧卷多毫、色泽嫩绿油润、银毫披露特征明显

香，咽入喉中，回味悠长。总的特点可归纳为：嫩香鲜爽，回甘悠长。

蒙顶甘露茶风味与其他地区的绿茶、绿名茶及乌龙茶相比所具有的特点主要体现在既有嫩芽叶的鲜香、略带兰花香，又同时具备刺激感较强的涩爽顺滑与回口甘甜这3个特点。因此行业内将蒙顶甘露独具特色的品质特征定型为"鲜爽温韵"（图8-3）。

蒙顶山茶地理标志区域之外原料、大叶种、紫色芽等，单芽和一芽一叶以下，以及不按国家标准或行业标准采摘生产的均不能认定为蒙顶甘露茶。

2. 蒙顶石花

名山蒙顶石花产生于唐代，李肇《唐国史补》载："剑南有蒙顶石花，或小方，或散芽，号为第一"，得名于蒙顶山茶"石髓香粘绝品花"，即蒙顶山茶生长于高山烂石沃土之中，其芽出如玉石生叶开花。宋史《食货典》记载："唐人尚茶众家，有雅州石花、露芽、谷芽第一""茶产于天下多矣，若剑南有蒙山石花"可谓之为蒙山制茶工艺的鼻祖。此茶曾受到唐代白居易、段成式等诗人赞扬，明代兵部尚书王越诗《蒙山石花茶》赞道："若教陆羽持公论，应是人间第一茶。"蒙顶石花采摘蒙顶山茶地理标志保证区早春单芽，色黄绿，芽型适中，采用高温杀青和捧、抛、压、拉等手法制成，成茶外形扁直匀齐，银毫毕露，绿黄油润，饱满挺锐，形如峻峰奇石之石花。冲泡后茶汤色黄绿明亮，栗香浓郁，味醇鲜爽，香纯持久，是中国名优绿扁茶的代表（图8-4）。

图8-4 蒙顶石花鲜叶原料、干茶、开汤特征

3. 蒙山毛峰

原料一芽一叶初展至一芽二叶，采摘期为清明谷雨前后，鲜叶嫩度很高，内含物质最丰富。成茶外形紧细较直显锋苗，细嫩多毫，嫩绿油润，汤色黄绿明亮，滋味鲜醇甘爽，香气持久（图8-5）。

图8-5 蒙山毛峰采摘鲜叶、干茶、开汤特征

（二）优质绿茶

1. 蒙山春露

以蒙顶山茶区的中小叶种春季嫩芽叶（一芽一二叶开展）为原料，经杀青、揉捻、做形、炒（烘）干等工序加工而成的卷曲形优质茶。干茶紧结、稍弯重实，较嫩显锋有毫，匀整碎断少，栗香高长，汤绿明亮，滋味醇厚甘爽，持久耐泡，叶底多嫩叶，黄绿匀亮。

2. 蒙顶山银毫

以蒙顶山茶区的中小叶种春季多茸毛嫩芽叶（空心芽至一芽一叶开展）为原料，经蒸青、揉捻、理条、炒（烘）干等工序加工而成的优质针形茶。干茶紧直、挺秀匀齐洁净，嫩芽毫芯披银，嫩毫香清雅，清鲜醇爽，汤色浅嫩绿清澈，叶底嫩芽毫芯、较匀齐。

3. 蒙顶山玉绿

以蒙顶山茶区的中小叶种春季嫩芽叶（一芽一二叶开展）为原料，经蒸青、揉捻、炒（烘）干等工序加工而成的优质蒸青茶。干茶紧细、勾直、重实，嫩叶带尖带锋毫，墨绿油润，较匀整；香气清鲜高长，汤绿明亮，滋味鲜醇清爽。

4. 蒙顶山香茶

以蒙顶山茶区的中小叶种春季嫩芽叶（一芽一二叶开展）为原料，经杀青、揉捻、连续滚炒、炒（烘）干等工序加工而成的优质炒青茶。干茶紧结、稍弯、重实，显锋苗，匀整带嫩茎；香气清香或栗香，清鲜高长，汤黄绿明亮，滋味嫩鲜醇爽回甘。

二、黄茶类品质特征

（一）传统名茶（蒙顶黄芽）

黄芽最早见于毛文锡《茶谱》的"临邛数邑，茶有火前、火后、嫩叶、黄芽号"，是借用道家烧丹以铅华为黄芽，铅外表黑，内怀金华。传统工艺的黄芽外褐黑色，内金黄色，取内藏金华，茶之精之义也。蒙顶黄芽名称正式形成是从明代开始的，《群芳谱》载："雅州蒙山有露芽、谷芽，皆云火者，言采造禁火之前也。"明代的炒青散芽茶露芽、谷芽，其前身是唐代的饼茶、压膏露芽、不压膏露芽。《本草纲目》中载："昔贤所称，大约谓唐人尚茶，茶品益众，有雅州之蒙顶石花、露鋑芽、谷芽为第一。"露芽、谷芽即为后来的黄芽，在明、清及近代成为最具代表性茶品。蒙顶黄芽是名山区独有的产品，因季节性强、选料精细、工艺复杂，产量极少，为世独珍。蒙顶黄芽不仅具有优良的品质、得天独厚的自然条件，而且制作工艺特别精良，是名山人民的智慧创造，也是中华茶文明的传统瑰宝。

蒙顶黄芽为轻发酵类茶，蒙顶黄茶是在总结古代传统制作过程中，利用杀青后利用余热、水湿"闷黄"工艺，使儿茶素及其他成分发生轻度氧化、缩合或水解而引起黄变，并促进黄茶香气的形成，具有香气清甜、滋味鲜甜爽口和黄汤、黄叶的基本特征。

蒙顶黄芽是我国黄茶类的杰出代表性品类。黄茶类一般要求初制过程必须有"闷黄"工序，属微发酵茶。因此，没有经过"闷黄"的茶，即便色黄也不算是黄茶。黄茶除了色黄，香味一般带清甜香，微发酵香，滋味甜醇、甘爽，忌苦涩味。黄茶的色泽仅是表观现象，香味甜醇才是内质本色。传统蒙顶黄芽干茶色泽不是明显的黄，是褐黄色，而表现为汤黄、叶底黄、香味甜醇，具有茶褐黄、汤亮黄、底嫩黄的"三黄"特点（图8-6）。蒙顶黄芽开采于春分至谷雨，以茶树孕育的嫩芽有10%鳞片开展即可开园采摘，选采壮硕嫩芽，芽尖毕露，色嫩黄绿，1斤干茶需要4万~5万个芽头。成茶色泽黄亮，微扁而直，重实匀齐，色黄带褐，油润有金毫。开汤后，茶汤呈嫩黄或浅黄色（图8-7）；

图8-6 蒙顶黄芽原料干茶

图 8-7 蒙顶黄芽黄茶饼和黄芽开汤

茶香味清甜香、细长而不浓；滋味醇和、回味甘甜、无苦涩感；叶底嫩芽肥硕，鲜嫩黄色，嫩芽初泡直立，鲜活似嫩笋。最高等级的蒙顶黄芽具有醇浓鲜爽、蜜甜馥郁、韵味悠长的独特品质风格，是茶类中极品，因此被行业内定型为"黄韵蜜香"。

（二）优质黄茶

蒙顶山茶原主要是蒙顶黄芽这个单品，其他类黄茶产品极少。在四川雅安和湖南岳阳连续几届召开中国黄茶发展大会后，四川与湖南等加大了小众茶黄茶的挖掘和发展，蒙顶黄芽作为名山、四川黄茶的主要代表当仁不让，两省在开发、宣传、推广等方面下了大力，于2020年出版了《蒙顶黄芽》，影响和带动作用非常明显，茶叶企业受到黄茶市场方向引导与技术研发指导，蒙顶山茶区的黄茶已于2023年基本形成黄茶的五类系列品（图8-8、图8-9）。

图 8-8 黄大茶、黄小茶、蒙顶黄茶、蒙顶黄芽叶底

图 8-9 不同等级的蒙顶黄茶
（图片来源：名山区茶业协会）

1. 蒙顶山黄毛尖

以蒙顶山茶区的中小叶种春季幼嫩芽叶（一芽一叶初展至一芽一叶开展）为原料，经鲜叶摊放、炒青、摊凉、初揉、复炒、堆黄、初干（热风或微波）、复堆黄、烘干、提香等工序加工而成的具有黄茶品质特征的条形茶。干茶紧卷较细有锋毫，深黄嫩润，较匀整洁净，甜香较持久，醇爽回甘，汤嫩黄明亮，叶底细嫩有芽尖、匀亮。

2. 蒙顶山黄毛峰

以蒙顶山茶区的中小叶种春季嫩芽叶（一芽一叶开展）为原料，经摊放、炒（蒸）青、摊凉、初揉、复炒、初堆黄、复揉、初干、复堆黄、烘干等工序加工而成的具有黄茶品质特征的卷条形茶。干茶紧结微卷显锋毫，深黄较润，匀整洁净，甜香持久，醇爽回甘，汤黄明亮，叶底柔软有嫩尖、嫩黄明亮。

3. 蒙顶山黄金叶

以蒙顶山茶区的黄化、白化品种的春季嫩芽叶（一芽一二叶初展）为原料，经摊放、炒（蒸）青、摊凉、轻揉、初理条、初堆黄、复理条、复堆黄、烘干、提香等工序加工而成的具有黄茶品质特征的直条（或微卷）形茶。干茶紧结条直显锋苗，金黄鲜润，匀整洁净，鲜甜香持久，鲜嫩醇爽回甘，汤色嫩黄明亮，叶底柔软多嫩尖、嫩黄明亮。

4. 蒙顶山黄珍眉

以蒙顶山茶区的中小叶种春季嫩芽叶（一芽二三叶开展）为原料，经摊放、炒（蒸）青、摊凉、初揉、复炒烘、初堆黄、复揉、滚炒、复堆黄、初炒干、足干提香等工序加工而成的具有黄茶品质特征的珍眉型茶。干茶紧结卷曲带锋苗，黄绿较润，较匀整洁净，甜香浓郁带火功，醇厚回甘，汤色深黄明亮，叶底黄绿带嫩茎。

5. 蒙顶山黄大茶

以蒙顶山茶区的中小叶种芽叶（驻芽三四叶开展）为原料，经摊放、炒（蒸）青、摊凉、初揉、复炒烘、初堆黄、复揉、复堆黄、三炒、三揉、炒干焙香等工序加工而成的具有黄茶品质特征的多叶型茶。干茶紧结卷曲带锋苗，黄绿较润，较匀整洁净，甜香浓郁带火功，醇厚回甘，汤深黄较明亮，叶底黄绿带嫩茎梗。

6. 蒙顶山紧压黄茶

以上述蒙顶山黄茶产品为原料，经拼配、称量、压制成形、冷却脱模、定型干燥等工序加工而成的紧压形黄茶。干茶端正平整紧实，深黄较润，较为匀整，甜香持久，醇厚回甘，汤色黄明，叶底黄稍暗带嫩叶，有碎茶。

三、蒙顶山藏茶品质特征

又称南路边茶，现又称藏茶、蒙顶山黑茶，属黑茶类。唐代之前已有雏形，最早可从宋代制作交易开始，销往西藏、青海、甘肃及四川的藏区等地。史料记载有"蕃戎嗜名山茶，日不可缺"；民谚有"宁可三日无食（粮），不可一日无茶"；宋神宗元丰四年（1081年）特诏："专以雅州名山茶为易马用。"大观二年（年份）再次诏令："熙、河、兰湟路以名山茶易马，不得他用。恪遵神考之训"，并"定为永法"。蒙顶山茶区一直是藏茶生产主区和核心区，从宋元明清和民国，直到现在一直是藏茶原料主产区。蒙顶山藏茶一般用比较成熟的茶叶枝梢或春茶老芽、茶末作原料，调制拼配后，经过蒸、沤、晒（焙）、压而成。其特点是保持了原茶类品质，久藏不易变质，便于远途运输，熬煮食用，色老汤浓，利于消除油腻，帮助消化。至清代，因市场需要，名山边茶演变为粗、细两类。细茶类分为毛尖、芽细、芽砖；粗茶类分为金尖、金玉、金仓。现在主要是金尖茶、砖茶。经泡耐煮，特别是煮熬，味道更醇厚润喉，长期饮用温胃养胃，润肠通便，降脂减肥，效果特佳。

金尖茶外形紧细匀整，黑褐较润，香气高，带陈香，开汤后汤色红浓明亮，滋味醇和，叶底匀整，色泽棕褐。

砖茶每块外形长约15cm，宽约8.5cm，厚7cm，重520~530g，砖面平整较匀，色褐，较润；香气浓、带陈香，汤色红浓明亮，滋味醇和，叶底褐色较润。每10块茶砖平行叠压，装入竹篾编织的篾箩捆扎为一长条，称1包，既便于计数，又便于装袋背负运输（图8-10）。

图8-10 民族团结牌（岷）字金尖（白票）
（图片来源：郭磊）

四、蒙顶山红茶品质特征

蒙顶山茶区以前很少做红茶，近年受市场红茶宣传影响，也有大量红茶上市，特别是由嫩芽叶所加工制作的红茶，能与金骏眉相媲美，其他红茶味更醇和，香气浓郁，赏心悦目。

1. 蒙顶山红芽

以蒙顶山茶区的中小叶种嫩芽为原料，经萎凋、初揉、初发酵、初烘、理条、复发酵、初干、摊凉、整形、烘干等工序加工而成的具有特定红茶品质特征的芽形红茶。干茶紧细较直披金毫，红褐细润，完整匀净，甜香浓郁显花香，甜醇鲜爽，汤色黄亮，叶底肥嫩多芽红亮。

2. 蒙顶山红毛尖

以蒙顶山茶区的中小叶种一芽一叶初展至开展为原料，经萎凋、初揉、初发酵、初烘、复揉、复发酵、复烘、摊凉、做形、烘干等工序加工而成的具有特定红茶品质特征的条形红茶。干茶紧细弯曲黄红显金毫，完整匀净；甜香且花香浓郁持久，醇厚甘爽，汤色红亮，叶底嫩匀带芽尖、红匀较亮。

3. 蒙顶山红毛峰

以蒙顶山茶区的中小叶种一芽一叶、一芽二叶开展为原料，经萎凋、初揉、初发酵、初烘、复揉、复发酵、复烘、摊凉、烘干等工序加工而成的具有特定红茶品质特征的卷条形红茶。干茶紧细弯曲显锋毫，色泽红褐润，完整匀净，甜醇鲜美，花香浓郁持久，汤色红亮，叶底较软有叶尖、红匀较亮。

4. 蒙顶山红金叶

以蒙顶山茶区的黄化、白化品种的春季嫩芽叶（一芽二叶开展）为原料，经萎凋、初揉、初发酵、初烘、复发酵、复烘、摊凉、理条、烘干等工序加工而成的具有特定红茶品质特征的凤羽形红茶。干茶紧直，色泽黄红，完整匀净；鲜甜高长，鲜甜爽口，汤黄红亮，叶底黄红匀亮。

5. 蒙顶山红珍眉

以蒙顶山茶区的中小叶种一芽二三叶为原料，经萎凋、初揉、初发酵、初烘、复揉、复发酵、二炒、摊凉、复炒、烘干等工序加工而成的具有特定红茶品质特征的珍眉形红茶。干茶紧结卷曲、有锋苗带嫩茎，色泽乌润，较匀净；甜香带火功持久，醇厚回甘，汤色红浓较亮，叶底红尚亮。

6. 蒙顶山功夫红茶

以蒙顶山茶区的中小叶种一芽二三叶为原料，经萎凋、初揉、初发酵、初烘、复揉、复发酵、二烘、三揉、摊凉、烘干等工序加工而成的具有工夫红茶品质特征的条形红茶。干茶紧结重实有锋苗，完整较匀带嫩茎，色泽乌润；甜香较高，滋味浓厚，汤色较红较亮，叶底红暗尚匀。

7. 蒙顶山红碎茶

以蒙顶山茶区的中小叶种一芽三四叶及同等嫩度的对夹叶为原料，经萎凋、揉切、发酵、初干、摊凉、足干、摊凉、复火等工序加工而成的具有红碎茶品质特征的颗粒形红茶。干茶紧结重实显毫尖，色泽褐润，匀净；甜香高长持久，醇厚鲜爽，汤色红亮，叶底红匀较亮。

五、蒙顶山花茶品质特征

1. 蒙顶山石花飘香

以蒙顶石花为茶坯，以茉莉鲜茶窨制而成的具有特定品质特征的扁芽形茉莉花茶。干茶扁平重实隐毫，黄绿油润，完整匀净；香气鲜灵馥郁持久，滋味鲜醇爽口，汤色黄绿明亮，叶底嫩芽肥壮、嫩黄匀亮。

2. 蒙顶甘露飘香

以蒙顶甘露为茶坯，以茉莉鲜茶窨制而成的具有特定品质特征的卷曲形茉莉花茶。干茶紧结匀卷完整、显毫，黄绿较润，较完整匀净；香气鲜浓持久，滋味鲜多回甘，汤色绿黄明亮，叶底细嫩多嫩尖，嫩黄匀亮。

3. 蒙顶山玫瑰红芽

以蒙顶山红芽为茶坯，以玫瑰鲜花窨制而成的具有特定品质特征的芽形玫瑰花茶。干茶紧结较直显金毫，黄红较润，较完整匀净；香气浓郁持久显玫瑰香，滋味醇爽，汤色红亮，叶底嫩匀多芽尖，较红亮。

4. 蒙顶山银毫飘香

以蒙顶山银毫为茶坯，以茉莉鲜花窨制而成的具有特定品质特征的针形茉莉花茶。干茶紧直挺秀披银毫，银白较润，完整匀净；香气浓郁带毫香持久，滋味鲜醇，黄绿明亮，叶底嫩芽毫芯、黄绿匀亮。

5. 蒙顶山花毛峰

以蒙山毛峰为茶坯，以茉莉鲜花窨制而成的具有特定品质特征的卷曲形茉莉花茶。干茶紧细直秀显锋苗、多白毫，黄绿油润，完整匀净；香气浓郁持久，滋味鲜醇爽口，绿茶明亮，叶底较嫩有芽尖、黄绿匀亮。

6. 蒙顶山炒花香茗

以蒙顶山茶区的中小叶种春季嫩芽叶原料，按绿茶工艺加工而成的烘炒青绿茶为茶坯，以茉莉鲜花窨制（炒花）而成的具有特定品质特征的卷条形茉莉花茶。干茶紧结卷曲，显锋毫，黄绿油润，完整匀净；香气浓郁持久，滋味浓醇，汤色绿黄明亮，叶底黄绿匀亮。

7. 蒙顶山金桂香叶

以蒙顶山红金叶（黄金叶）为茶坯，以鲜桂花窨制而成的具有特定品质特征的桂花茶。干茶细紧直匀，色泽黄润，较完整匀净；花香浓郁持久，嫩黄（红）明亮，叶底嫩叶带（红）鲜亮。

不同活动中专家品鉴、审评蒙顶山茶（图8-11~图8-13）。

图8-11 2022年3月26日，"蒙顶甘露杯"第三届斗茶大赛，专家们正在审评蒙顶山茶参赛产品

图8-12 "蒙顶甘露杯"第三届斗茶大赛,专家审评蒙顶甘露

图8-13 四川农业大学何春雷教授鉴评蒙顶甘露

第二节 生化成分

一、蒙顶黄芽的内含物

据四川农业大学、国家茶检中心(四川)研发中心、国家茶叶质量检验中心检测,蒙顶黄芽的内含成分中水浸出物、茶多酚、可溶性糖、咖啡碱、游离氨基酸和香气成分均高于对照组其他产区黄茶及本产区对照组绿茶。其中:水浸出物含量高达(42.73±1.22)%,咖啡碱含量(4.98±0.34)%,没食子儿茶素、表儿茶素、表儿茶素没食子酸、表没食子儿茶素没食子酸等5种儿茶素总量12.91%,游离氨基酸总量达(4.55±0.88)%,可溶性糖含量高达(5.01±0.53)%,叶绿素总含量较低为(1.03±0.27)%,茶黄素、茶红素、茶褐素分别为0.12%、2.32%、2.75%,10种矿物质元素中锰、钠、锌含量分别为368.80mg/kg、190.00mg/kg、88.80mg/kg,明显较高,香气组成部分69种以上,醇类化合物的种类(22种)和含量最高,占挥发性物质总量的31.69%。

氨基酸、儿茶素和咖啡碱是与绿茶茶汤高度相关的3种主要化学成分,对滋味品质的作用相对较大,且主要表现为直接作用。高品质绿茶一般具有较高的氨基酸含量、中等儿茶素含量和较低的咖啡碱含量。

黄茶中含有大量的茶黄素。被誉为茶叶中"软黄金"的茶黄素有降血脂的独特功能,茶黄素不但能与肠道中的胆固醇结合以减少食物中胆固醇的吸收,还能抑制人体自身胆固醇的合成。茶黄素是第一次从茶叶中找到具有确切药理作用的化合物;经过临床试验,验证了茶黄素具有调节血脂、预防心血管疾病的功效,而且无毒副作用。这份研究报告已在国际权威医学杂志上发表。华中科技大学内科专家李彩蓉、蔡飞等人的实验表明,茶黄素可通过调节p38MARK信号转导通路而减少细胞外基外质的合成,从而延缓糖尿病人的肾小球肥大和肾小球硬化。茶黄素不仅可以降血脂,在治疗脂肪肝、酒精肝、肝硬化,抗炎和免疫调节等方面也具有一定功效。

二、蒙顶甘露内含物

蒙顶甘露茶主要滋味物质包括茶多酚、儿茶素、氨基酸、咖啡碱、可溶性糖等，这些物质成分的平均含量为：（23.98±0.26）%、（17.52±0.05）%、（4.26±0.21）%、（4.85±0.12）%和（4.66±0.16）%，酚氨比值在3.95~7.43；蒙顶甘露茶鲜爽味品质特征是以丰富的游离氨基酸种类（18~20种）和高含量的茶氨酸（16~20mg/kg）为物质基础，配以高含量的天冬氨酸、谷氨酸和精氨酸共同形成；其游离氨基酸总量为5.59%~6.34%，比西湖龙井（4.64%）、君山银针（4.3%）、信阳毛尖（4.15%）等名茶分别高28.67%、30.00%和43.86%，其他主要滋味物质，如可溶性糖、儿茶素等之间相互促进，共同成就了蒙顶甘露茶"鲜香味浓"的品质特征，且游离氨基酸总量越高，其鲜味浓度越高。

蒙顶甘露茶有检测出18~20种游离氨基酸组分。大量研究数据表明，蒙顶甘露茶中约有10种氨基酸组分的含量高于碧螺春、信阳毛尖和西湖龙井等中国名茶。呈"鲜甜味"的茶氨基酸含量在蒙顶甘露茶中高达2.05%，比西湖龙井和信阳毛尖等同等级原料分别高1.12倍和1.26倍。除茶氨酸外，蒙顶甘露茶中所含的天冬氨酸、谷氨酸、精氨酸和丝氨酸等含量均在1000mg/kg以上，色氨酸、络氨酸、半光氨酸和组氨酸等含量在100~500mg/kg范围内，均高于信阳毛尖相应氨基酸组分的含量。蒙顶甘露与碧螺春相比，游离氨基酸组分中，亮氨酸890mg/kg和缬氨酸720mg/kg的含量高70%以上；异亮氨酸530mg/kg和组氨酸470mg/kg的含量50%~70%；甘氨酸3730mg/kg、天冬氨酸4390mg/kg的含量高40%~50%。这也是蒙顶甘露茶鲜味高于其他茶类的主要原因之一。

蒙顶甘露茶涩味物质基础与绿茶滋味品质相关系数超过0.8，都形成含量丰富的儿茶素，其中酯型儿茶素（3.39%）和表没食子儿茶素没食子酸酯（6.97%）起主导作用。

蒙顶甘露的香气是由51种香气组分共同调和形成，其中主要的香气物质为醇类（12种）和酯类（9种），再者是醛类（6种）、酮类（6种）、烃类（6种）等；香气组分相对含量较高的有顺式芳樟醇（176.11%）、P-紫罗兰酮（163.92%）、反式芳樟醇（116.79%）、澄花叔醇（101.24%）和反澄花叔醇（86.57%）；这些组分的共同作用形成了蒙顶甘露茶嫩香持久馥郁的香气物质基础。

绿茶茶汤的鲜味大约70%由氨基酸贡献，特别是茶氨酸。氨基酸对绿茶苦涩味具有一定的减弱作用。儿茶素类与绿茶茶汤苦涩味呈显著正相关，是绿茶茶汤苦涩味的主要贡献物质，随着儿茶素浓度的增加苦涩味增强；其中，酯型儿茶素与茶汤的涩味和苦味高度相关，而简单的儿茶素具有苦涩味的同时还具有回甘特性。较高的儿茶素含量使绿茶茶汤的苦味和收敛性增强，而低含量的儿茶素会导致其特有的风味减弱。咖啡碱与绿茶茶汤的涩味和苦味相关，同时可少量增强表没食子儿茶素没食子酸酯的涩味。可溶性糖是茶汤甜味的贡献者，可以削弱茶汤的苦涩味、增进甜醇度。另外，可溶性果胶具有黏稠性，能增进茶汤浓度和"味厚"感，使茶汤甘醇。

第三节　鲜爽温韵

蒙顶山茶蒙顶甘露、蒙顶石花和蒙山毛峰，虽然同碧螺春、信阳毛尖、黄山毛峰、庐山云雾茶等一样属于名优绿茶，除外形有明显差别之外，它还具有丰富的内含物、独特的口感和温和性特征，尤其是具有嫩香鲜醇、爽滑回甘、温润绵柔的特点。蒙顶甘露体现出得与众不同的温润绵柔的特点，称之为"温韵"，蒙顶甘露独具特色的品质特征，就是鲜爽温韵。

中国历史上最著名的医学家李时珍在《本草纲目》中记载了茶叶的相关特性，特别是重点记载蒙山茶的一些古代论述后，得出"真茶性冷，唯雅州蒙山出者温而主疾"的论断，这里"主"字是指该种药品的功效，有控制、治疗的本意，而最为关键的是"温"字，指蒙山茶不同于其他绿茶，其他绿茶为寒性，而蒙山茶表现出温韵的特性。如何来理解认定蒙山茶的温韵特征，则应理清思路、找对方法、注重事实、科学求证。

一、"寒""温"之分是中医学对食药的分类方法

西方化学或西医对药品、食品的特性是按照药品或食品中各种分子化学物质的构成与功能进行分类的。而中医是一个特行独立的医学体系，对药材和食物的特征、特性，按阴阳五行的思辨方法将之分为寒、凉、平、温、热"五性"。因此，对蒙顶山茶寒、温与否要从中国传统医学的角度进行分析论证，用现代分子化学的方法进行补充。四川农业大学教授、博导杜晓认为："从食性的角度，茶性表现为凉（寒）性、温性。茶叶最早的功能是药用，在中药典籍中多有阐述，例如，《本草纲目》记载：'茶苦而寒，阴中之阴，沉也，降也，最能降火'。"《本经逢原》记载"茗乃茶之粗者，味苦而寒，最能降火消痰，开郁利气，下行之功最速"，这说明粗老的茶寒性更强。

传统区分寒性食物和热性食物的方法：从味道上来看，味甜、味辛的食品，由于接受阳光照射的时间较多，所以性热，如大蒜、石榴等。而那些味苦、味酸的食品，大多偏寒，如苦瓜、苦菜、芋头、梅子、木瓜等。从颜色来看，绿色植物与地面距离接近，吸收地面湿气，故而性偏寒，如绿豆、绿色蔬菜等。颜色偏红的植物，如辣椒、胡椒、枣、石榴等，虽与地面接近生长，但果实能吸收较多的阳光，故而性偏热。从生长环境来看，水生植物偏寒，如藕、海带、紫菜等。而一些长在陆地上的食物，如花生、土豆、

山药、姜等，由于长期埋在土壤中，植物耐干，所含水分较少，故而性热。从生长的地理位置来看，背阴朝北的食物吸收的湿气重，很少见到阳光，故而性偏寒，比如蘑菇、木耳等。而一些生长在高空中或东南方向的食物，比如向日葵、栗子等，由于接受光热比较充足，故而性偏热。食物寒热还与生长季节降水有关。在冬天里生长的食物，由于寒气重，故而性偏寒，如大白菜、香菇、白萝卜、冬瓜等。在夏季生长的食物，接收的雨水较多，故而性寒，如西瓜、黄瓜、梨、柚子等。

茶叶树木大多数低矮，生长于山野树林，色绿而离地面近，需阳而好雾，喜润而畏旱，汤绿而气清，味苦而涩口，能消脂解腻，适用于发热、口渴、烦躁、气郁、困乏等热症征象。茶树自身与生长整体上主阴，呈现出寒性特征。

二、《本草纲目》认为蒙山茶为温性茶

李时珍（1518—1593年）为中国最伟大的医学家，字东璧，晚号濒湖山人，蕲州（今湖北蕲春县）人，生于世医之家。他非常注重实证，结合祖传医术和几十年的学习、尝鉴与临床经验，按不同属性列出纲目，经过20多年的艰辛努力，于1578年完成了《本草纲目》这部空前的药物学巨著，其分类方法科学、严谨，其功能与疗效准确、完整，也纠正了一些古代医书和医生认识错误偏差，成为中医学的里程碑，是医学上最为伟大的著作之一。

其一，蒙山茶是温性茶论述是古已有之、传承绵延的。古代最早的是五代毛文锡《茶谱》中记载："昔有僧病冷且久……蒙之中顶茶……若获一两，以本处水煎服，即能祛宿疾……是僧因之中顶筑室以俟。及期获一两余。服未竟而病瘥。"说的是蒙顶山茶能祛治表现为寒冷的宿疾。写入医书最早见于宋代苏颂著的《图经本草》，其论述是"真茶性极冷，唯雅州蒙山出者温而主疾"。这里已将茶作为寒性药物，只有蒙山茶为温性茶，且文中"主"即祛的意思。"主疾"是主持、掌控疾病的发生。历史上，蒙山茶主要有三类茶：一是进贡皇室的蒙顶黄芽，它黄茶类代表，量较少，是微发酵茶；二是比例最大的南路边茶，也称为藏茶，主要用于与藏族同胞交换马匹、药材、兽皮等物品，是全发酵茶，属黑茶；三是内销茶，销往成都、自贡、内江等地的，以炒青、烘青为主，属绿茶。蒙顶黄芽嫩香甜美，南路边茶浓郁醇厚，烘青茶香甘爽滑。这三类茶的特点，均醇厚回甘，黄芽、藏茶明显均属温性茶；蒙顶山的炒青、烘青绿茶苦涩味不重，清香回甘，也可算温性茶或中性茶。

其二，李时珍经品、尝、鉴后，认为蒙山茶为唯一的温性茶。明代之前，中国及世界茶叶还未分化出现代的绿、黄、青、红、白、黑等种类。按古代工艺描述，其他地区

黄茶、青茶、红茶、黑茶等半发酵及全发酵工艺还未产生，均以炒、烘、晒青茶为主，因此，茶叶多酚类、茶碱等苦涩物质基本未转化，加之其他地区环境条件差异生长的茶叶其苦涩味较重，而蒙山茶独特的区域条件造成茶多酚类物质比例低、茶氨酸等物质比例高，呈现出的苦涩较轻、回甘较快的口感，成为与众不同唯一温性茶的依据，见表8-1。

表8-1 六大茶类体现出的寒温性特征

茶类	发酵程度/%	一般茶寒温性特性	蒙顶山茶寒温性特性
绿茶	0	寒性、凉性	平性、温性
白茶	5~10	凉性、平性	平性、温性
黄茶	10~20	平性、温性	温性
青茶	15~50	温性	温性
红茶	70~80	温性、热性	温性
黑茶	100	温性	温性

其三，一般茶不是极寒，而都表现为寒性近于凉性。因此，以李时珍把蒙山茶定为温性茶进行宣传销售，既是对中国传统食疗文化的继承与宣传，又是差别化营销和促进其发展所需。特别是对于国家颁布实施的《中华人民共和国中医药法》而言，是一种独特的诠释。

研究认为，这种温性并非与寒性相对立，实际是指蒙顶山茶具有温润绵柔的品质特征，是它独具的一种温性韵味。

三、茶树品种及其生长环境与蒙顶甘露的温韵

综合国内外对茶叶品质形成的研究分析，茶叶内含物构成十分复杂，有460多种，糖类、氨基酸、酚性物及其氧化产物（主要为茶多酚）、嘌呤碱（以咖啡碱为主）、有机酸和茶皂素等。其中，以茶多酚、氨基酸和咖啡碱对茶叶品质影响最大。主要滋味是苦、涩、鲜、甜4种。从茶叶内含物有关成分分析：苦涩——酯型儿茶素苦涩，游离儿茶素苦；苦——咖啡碱；鲜——氨基酸（茶氨酸甜鲜，谷氨酸鲜，天冬氨酸酸，精氨酸苦甜等）；甜——游离糖类，大多数氨基酸是呈甜味。因此，茶叶中茶多酚含量比例高就表现出寒性，氨基酸和游离糖类含量比例高，就表现出温性。

蒙顶山常称蒙顶山，晋朝乐资《九州志》载："蒙山者，沐也，言雨露蒙沐，因以为名。山顶受全阳气，其茶芳香。"蒙顶山具备了茶树生长繁育所有的最佳条件（图8-14），

在生长中造就了内质茶多酚含量低，氨基酸和游离糖类含量高的特点。

1. 纬度与海拔

蒙顶山位于北纬30°中国名优绿茶最佳纬度，川西平原向青藏高原激剧上升的过渡地带，海拔600~1456m，是真正的高山茶区。

图8-14 蒙顶山太阳坪茶园一角

2. 气候与温度

名山属亚热带季风性气候区，冬无严寒、夏无酷暑，气温在-5~23℃，年日照989小时，占年总日照数的20%，且夏季日照不太强烈，日照光辐射量350.90kJ/cm²，这种日照条件更接近茶树6000多万年前发育于原始森林下的原生光热条件。受西南季风影响，蒙顶山气候属暖温带潮湿气候类型。蒙顶山与周公山隔青衣江相守望，呈"两山夹一江"地形地貌，蒙顶山是最适产茶的小气候环境。

3. 降水与干燥值

小气候对水汽循环产生影响，蒙顶山年平均降水量1500~2086mm，降雨天190天，白天平均降水量601mm，夜晚平均降水量1485mm，雨雾天气平均225天，可谓"雅安天漏，中心蒙顶"。蒙顶山干燥值在0.5左右，按茶叶生产规律来看是出名优茶的最佳湿度。

4. 土壤与肥力

土壤主要为棕壤和部分黄壤，磷、钾含量高，均是茶树优质土壤，土层肥厚，一般在100cm以上，有机质3%~5%，pH值4.5~5.5，土质肥沃，不砂不黏，表土轻壤、疏松，耕作、保水、保肥性能良好，历史上有名的蒙山贡茶就出在此种土壤中。

5. 生态与环境

名山森林覆盖率54%，蒙顶山达80%以上，绿化率达95%，植被茂盛，还留存了部分原始森林，水质、空气达国家一级标准，生态条件极好。

6. 朝向与品种

其山之茶园全生长于东南之山坡，阳气足、降雨多、雾气重、生态好，其出产的茶叶内含物十分丰富。蒙山茶品种主要有：原生中小叶群体种、从山上和本地选育的国家级和省级良种蒙山9号、11号、16号、23号和名山白毫131、名选311、特早芽213等。

四川省茶科所罗凡、曾其国在论文《邛崃山脉不同地质背景茶叶的主要成分分析研究》中列出，名山种植的名山白毫131制作成的炒青茶和蒸青，检测出儿茶素、茶多酚、氨基酸、水浸出物指示总体均优于对照组福鼎大白、福选九号，同时，其内含物均高于在邛崃、蒲江、雨城等地的同种茶叶，见表8-2。

表8-2 加工制作工艺对茶叶主要内含物影响

品种	制作方式	儿茶素/(mg/g)	茶多酚/%	氨基酸/%	水浸出物/%
福鼎大白茶	炒青	144.29	19.97	3.94	50.7
	蒸青	151.69	20.56	3.73	49.2
名山白毫131	炒青	145.63	19.66	4.25	49.5
	蒸青	156.97	19.97	3.81	49.2
福选九号	炒青	171.36	21.65	3.49	50.3
	蒸青	171.47	21.72	3.51	51.4

7. 成 分

蒙顶山茶中儿茶素、咖啡碱、氨基酸等含量都相当高，据检测：叶茶多酚28%~36%、氨基酸3%~4.5%、维生素C 202%~259%、水浸出物43%~48%，与同一品种的同内含物相比，高10%以上，特别是茶氨酸含量高，茶多酚类较少，酚氨比低。茶叶酚氨比低呈现温性、中性特征，酚氨比高呈现寒性、凉特征。茶多酚与氨基酸含量之比，即酚氨比可以用来衡量绿茶滋味的醇度，绿茶浓、鲜、醇滋味的构成，要求茶多酚含量适宜，酯型儿茶素所占比例小，氨基酸和可溶性糖的含量高，酚氨比低。一般情况下，绿茶茶多酚含量在20%以内时，滋味得分与茶多酚含量呈显著正相关；茶多酚含量在20%~24%范围内，仍能保持茶汤浓度、醇度、鲜爽度的和谐统一；茶多酚含量进一步增加时，尽管茶汤浓度增大，但鲜醇度降低，苦涩味也加重。

8. 采摘时期

蒙顶甘露、蒙顶石花、蒙山毛峰的采摘期在每年2月底至4月中旬，即清明前后，最迟到谷雨前，此时的茶树气温低、光照不强，散射光多，一芽一叶初展嫩芽叶内含物丰富，而酚氨比低，茶叶清香爽甘，呈温性中性。谷雨以后气温上升、光照增强，茶叶酚氨比增大，苦涩味加重，呈现寒凉性。因此，蒙顶甘露呈温性、中性，而春尾、夏季、秋季的一芽一叶细嫩毛峰等绿茶显寒凉性。名山茶树品种酚氨比情况见表8-3。

表 8-3　名山茶树品种酚氨比情况

单位：%

品种	茶多酚	氨基酸	咖啡碱	可溶性糖	水浸出物	酚氨比
福鼎大白	19.97	2.46	3.81	2.7	50.7	8.2
蒙山16号	26.64	4.71	3.79	5.10	44.77	5.66
蒙山23号	22.57	5.12	4.15	4.07	44.15	4.41
名山早311	31.30	4.05	4.17		43.61	7.73
名山白毫131	28..54	3.98	3.74		39.88	7.2
名选213	24.10	3.13	3.83		44.15	7.7

清光绪版《名山县志》记载了蒙山茶"色黄而碧、味甘而清、香气馥郁"的特征，有别于其他地区的茶叶普遍苦涩味较重，回甘慢甚至回甘不明显的特点。蒙山茶这些基本特征在中医学上的食物归类上可被归纳为温性。

四、茶叶加工与蒙顶甘露的温韵

一般来说，绿茶因其在制作中未经"发酵"，多酚类含量高，具有性凉特征，可解渴，具有消暑功效，对胃肠有清热、刺激作用。黄茶、红茶分别属于轻发酵茶和发酵茶，多酚类适度转化，具有性温特征，为中性茶，具有暖胃、降血脂、降血压作用。黄茶、花茶和乌龙茶，是中性茶，茶香浓郁，适合平时喝茶不多的人饮用。藏茶（黑茶）属于后发酵茶，多酚类转化度高，原料成熟，咖啡碱低、茶多糖含量高，也属性温，其促消化、消脂、降糖功能较强。

当代，蒙顶山茶仍然在生产黄芽、甘露、石花、毛峰等，各有不同的生产工艺和产品特点，其制作过程中，一部分化学物质如多酚类、糖类等转化了，如蒋丹、杜晓在《蒙顶山特色甘露加工滋味成分变化及品质特征比较》的检验测定：蒙顶甘露在加工过程中茶多酚总量呈下降趋势，茶多酚总量降低率为：名山白毫13.92%、梅占6.83%、青心乌龙8.25%。蒙顶甘露的鲜度由游离氨基酸总量决定，游离氨基酸总量受加工工艺和品种共同决定，3个品种所制成的甘露游离氨基酸总量增加率为：名山白毫5.83%、梅占–4.78%、青心乌龙3.25%。可溶性糖总量的变化增加率为名山白毫28.62%、梅占3.25%、青心乌龙23.77%。四川农业大学速晓娟等检测蒙顶石花主要成分，其多酚类化合物含量24.94%、可溶性糖4.84%、咖啡碱4.56%、氨基酸5.66%，分别高于西湖龙井、洞庭碧螺春、君山银针等名茶。

主要滋味成分茶多酚、儿茶素、咖啡碱、可溶性糖和氨基酸的全含量为（23.98±0.26）%、（17.52±0.05）%、（4.26±0.21）%、（4.85±0.12）%和（4.66±0.16）%，酚氨比值为3.95~7.43，见表8-4。

表8-4 国内主要茶叶品种主要内含物量对比

单位：%

茶名	多酚类化合物	可溶性糖	咖啡碱	氨基酸
蒙顶甘露	23.98	4.85	4.26	4.66
蒙顶石花	24.94	4.84	4.56	5.66
西湖龙井	22.65	2.77	3.43	4.64
洞庭碧螺春	20.24	3.01	2.82	0.44
君山银针	12.29	2.57	4.07	4.3
霍山黄芽	23.47	3.03	3.25	2.6
白毫银针	18.49	2.48	3.92	4.96
铁观音	14.22	3.95	2.17	0.84
祁门红茶	10.36	2.31	3.48	2.36

由表可知，蒙山特色品种茶和加工工艺有非常明显的优势，保持了茶叶中更多的可溶性糖、氨基酸等温热性成分，并提升了蒙山茶的温性特点。

如藏茶和红茶经全发酵后，其物质转化较多，苦涩口感减少或消失，多糖类增加，更显醇厚，体现出更明显的温性特点。以前老人们在总结其特点的基础上，将藏茶或红茶中加入姜、糖，用于伤风受寒的患者增热祛寒，其效果更为明显；加入大枣、枸杞等熬煮，温补效果更好。

五、蒙山茶的独特口感适宜人群广泛

蒙山茶种类、品种最为丰富，有蒙顶黄芽、蒙顶甘露、蒙顶石花、蒙山毛峰等黄茶和绿茶，同时还有藏茶、红茶和青茶，也有芽茶、芽叶茶和叶茶，也分黄茶、绿茶、黑茶、红茶、青茶，还可分不发酵茶、轻发酵茶和全发酵茶等，可谓品类繁多、层次不一，满足不同人群消费需求——总有一款适宜你的茶。有胃病的人喝了酚氨比高的绿茶，表现出胃胀、胃烧、疼痛不适的状况。中医医师诊断认为食用寒凉食物所致，西医讲主要多酚类、茶碱等与胃酸发生中和反应造成消化不良。而喝了蒙顶甘露后，没有出现肠胃不适症状。蒙顶甘露有别于其他地区茶叶苦涩味较重，回甘慢甚至不回甘等寒性，具有明显的温性茶特点，适宜人群广泛，是千百年来蒙顶山茶傲立于世的不二法宝。

从中医的养生角度讲，喝茶有治病防病的功效，绿茶清热解毒显著，黄茶润喉生津明显，红茶黑茶甘温养胃有奇效，花茶养肝利胆能明目。对蒙顶山茶的老茶客或普通消费者而言，选择不同的茶品随自己的喜好；而对于对口味较为敏感或身体有一些小痒的人来说，选一款适合的茶既满足了自己的口福，又对身体有益起保健休养作用，是一件美事。寒性食物适用于热性体质和病症，热性食物适用于寒性体质和病症。身体强壮、肠胃健康者与身材较胖的人或常抽烟喝酒，或常接触有毒有害者，容易上火燥热，适宜微寒性的烘青、炒青绿茶、毛峰绿茶，也可选用甘露、石花等温性、中性绿茶、乌龙茶等。体质较虚弱者，即虚寒体质，肠胃虚寒，适宜喝蒙顶黄芽、花茶、红茶等中性茶或温性茶。若是老年人，身体机能下降者，适合饮用红茶及藏茶温性茶，醇和厚重，有暖胃、降血脂、降血压等保健作用。中医也主张可以根据季节来选择茶饮：春饮花茶，夏饮绿茶，秋饮青茶，冬饮熟茶，调节平衡人体寒热，止渴生津，祛邪扶正，以顺应四季变化，达到健康长寿之目标。

第四节　保健养生

一、茶叶中的茶多酚及其保健功能

蒙顶甘露中茶多酚含量丰富。茶多酚是一类含多元酚羟基的黄烷醇类物质，是一类存在于茶树中的多元酚类混合物。茶叶中主要为单体黄烷醇类多酚化合物，其总量占茶叶干物质量的20%~50%，包括儿茶素、黄酮、黄酮醇类、花青素、花白素类，以及酚酸及缩酚酸等。其中，儿茶素占茶多酚总量高达70%，在保健功能方面起着相似重要作用。这类物质具有以下保健功能。

1. **杀菌消炎作用**

利用茶叶杀菌，早已成为我国民间的一种治疗方法，古代医书中记载利用绿茶治疗细菌性痢疾，现代科学证明，这主要是茶多酚的功效。茶多酚具有收敛性，能沉淀蛋白质，细菌蛋白遇到茶多酚即凝结而失去活性，导致细菌死亡；另外，茶叶中的儿茶素类化合物，对金黄色葡萄球菌、链球菌、伤寒杆菌等多种致病菌都具有抑制作用；而黄烷醇类能间接地对发炎因子组胺产生抵抗作用，从而达到消炎的目的。

2. **抗辐射作用**

据日本学者报道，在广岛原子弹爆炸事件中，调查认为有长期饮茶习惯的人存活率高于不喝茶的人群，且放射病一般表现较轻。茶叶含的多酚类有吸收放射性锶并阻止其扩散的作用，具有抗放射性损伤的效果，还能增加放疗后的白细胞数。茶多酚的抗辐射效果，主要是因为其参与了体内的氧化还原反应、保护血相、修复有关生理机能、防治内出血等。当今，人们利用网络学习工作的时间不断增加，电脑、手机等带来的辐射不容忽视，多喝茶，尤其是绿茶可以起到一定的抗辐射作用。

3. 抗癌作用

茶多酚类和儿茶素类，可抵制和阻断亚硝胺的形成，抑制某些能活化原致癌物酵素系的作用，还能消除自由基。研究表明，D-儿茶素药效作用较强，绿茶中含15%~20%的儿茶素，是抗癌效果最好的茶类。

4. 增强毛细血管的作用

当人代摄入脂肪性食物过多时，毛细血管的通透性增大，脆性也随之增大，易引起血管壁的破裂出血。许多学者研究证明，茶多酚能改善毛细血管管壁的渗透性，增强血管壁的韧性，防止毛细血管破裂，从而增加血管的抵抗能力。在血管遭遇到破坏的情况下，只要每日服用100~200mg茶多酚，即可使毛细血管抵抗力自动恢复。

5. 降血压作用

茶叶中含的咖啡碱和儿茶素类能使血管壁松弛，扩大血管管径、弹性和渗透能力，达到降压作用。

6. 对甲状腺的影响

研究表明，绿茶茶多酚可以使甲状腺功能亢进恢复正常，但只有L-表没食子儿茶素和L-表没食子儿茶素没食子酸酯才具有这种功效，这两种儿茶素都是茶叶中的主要成分。

二、茶叶中的咖啡碱及其保健功能

咖啡碱是一类很重要的功能成分物质，在茶叶中的含量占干物质的2%~5%，因茶树品种、鲜叶老嫩程度不同而异。冲泡茶叶时约有80%的咖啡碱可被热水浸出，通常每日饮2~3杯茶，可摄取约0.3g咖啡碱，符合《英国药典》规定的允许摄入量的1/2以内。咖啡碱的保健功能主要有以下几方面。

1. 兴奋作用

茶叶中的咖啡碱能引起中枢神经系统和大脑皮质兴奋，从而使精神振奋，思维活跃度增强，工作效率和准确度提高，睡意消失，疲乏减轻。有研究表明，饮茶不仅能提高分辨能力、触觉、嗅觉和味觉，还能显著提高口头表达和逻辑思维能力。茶叶咖啡碱兴奋髓质后可增加肌力，有助于消除疲劳，但这种兴奋作用在几天内不吃后不产生依赖性，并不像某些兴奋剂那样有严重依赖、神经和器官损伤、肌肉萎缩、免疫力损害等后遗症或副作用。

2. 助消化、利尿、解酒作用

中等剂量的咖啡碱可通过刺激肠胃，使胃液的分泌量持久地增加，从而增进食欲，帮助消化。咖啡碱不仅可以直接影响胃酸的分泌，也能够刺激小肠分泌水分和钠离子。咖啡碱的利尿作用是通过肾促进尿液中水的滤出率实现的。此外，咖啡碱的刺激膀胱作用也协助利尿。

茶叶咖啡碱的利尿作用，能使酒精迅速排出，有助于解除酒精长时间滞留体内造成更大的毒害，并抑制肾脏对酒精的再吸收。另外，茶咖啡碱能提高肝脏对物质的代谢能力，增强血液循环，把血液中的酒精排除，缓解因酒引起的刺激，从而解除酒毒。

三、茶叶中的脂多糖及其保健功能

脂多糖是类脂和多糖结合在一起所形成的大分子复合物，它是构成细胞壁的重要成分，茶叶中脂多糖的含量大约3%。研究表明，将适量的植物脂多糖注入动物或人体，短时间内就可以增强机体的非特异性免疫功能，且不会有发烧等副作用。动物实验表明，茶叶脂多糖还能防辐射损伤、改善造血功能和保护血相等作用。

四、茶疗功效

中医药是中华民族的宝库，如果说食疗是这座宝库中的一个百宝箱，而茶疗则是百宝箱里最耀眼的一颗明珠。茶不但对多种疾病有治疗效能，又有良好的延年益寿、抗衰强身作用。从"神农尝百草日遇七十二毒，得茶而解之"到西汉时茶祖吴理真植茶、用茶为母亲治病、为民众解除瘟疫，再到东汉著名道士葛洪在用茶修行、为人治病。唐代即有"茶药"一说，唐代陈藏器强调："茶为万病之药！"宋代陈承《本草别说》称茶能"治痢"；明代吴瑞《日用本草》称茶能"治热毒赤白痢"；明代于慎行也称："茶能疗百病之瘼。"20世纪80年代又提出"茶疗"一词。狭义的茶疗，仅指应用的茶叶未加任何中药，这是茶疗的基础与主体。广义的茶疗，即可在茶叶外酌加适当适量的中药材料，构成一个复方来应用；也包括某些药方中无茶，但在煎服法中规定用"茶汤送下"的复方。

关于茶的传统用法的功效，在历代茶、医、药三类文献中多有述及，而在经史子集中也散见不少，近代，人们的文章也每有论述。根据《中国茶经》，我国学者根据五百种左右的古代文献等有关资料，将茶叶医疗效用总结为传统功效二十四项，即少睡、安神、明目、清头目、止渴生津、清热、消暑、解毒、消食、醒酒、去肥腻、下气、利水、通便、治痢、去痰、祛风解表、坚齿、治心痛、疗疮治瘘瘘、疗饥、益气力、延年益寿，其他如治脚气、去蚊蝇等。

科技篇

第九章　蒙顶山茶科技助力

　　从秦汉至民国，蒙顶山茶种植、管理、加工技艺都是以经验为主，技艺均以父子、师徒口口相传，没有形成现代意义上的科学技术。晚清、民国时期，随着西方科学技术的传入，才有了这方面的意识。新中国成立后，以四川省国营蒙山茶场、农业局茶业技术推广站等为主的茶叶技术人员，以茶学科技理论为支撑，收集、总结、恢复蒙山茶种植、制作技术，传承和提炼出了蒙山茶独特而科学的生产加工工艺。

　　晚清及民国时期，名山茶叶受到印度茶叶的冲击，使茶叶的公司化运行和科学技术的引进开始萌芽。1906年，名山王恒升、李公裕等18家茶商筹建名山茶业有限公司未获批准；1913年，李胜和、李公裕、胡万顺等茶商在名山成立茶叶改良监制会，同年3月18日选送蒙顶山茶和蒙山茶的种子到1915年举办的巴拿马万国博览会上参加评比。四川商会用"四川红绿茶"参加评比并获金质奖章。1937年，四川省政府民政厅批准名山县成立茶业同业公会，入会会员172人。1939年10月，王一贵在《农村新报》上发表《南路边茶中心产区之雅安茶业调查》，记述了西康茶业现状，指出存在的主要问题，并对康藏茶业公司寄予厚望，建议由公司牵头，提出增加生产区域，改进生产技术、制造技术、运输方法，废除引岸制度的建议。特别是在改进生产技术中提出了移植归并，淘汰老劣、育苗补植、促进茶园更新，选育优良品种，施氮磷钾肥，适当修剪，病虫害防治等建议，"列举种种，首应自研究及试验入手，而后付诸实施，务使一般园户实知仿行之利，而乐于采用"。在改进制造技术上，王一贵提出规定标准之采摘方法，以适合标准之制造；采用机器压制，俾减缩包茶体积；利用科学方法，以鉴定制茶之品质等。1948年，名山茶业同行成立陆羽会，吸收会员30人。1948年李锦贵在《西康经济导报》上发表《西康边茶之研究》，论文中提出"扩大植茶面积，推行合理茶园，改进栽培方法，注意管理问题，包括：中耕除草，施肥，修剪（刘干，剪枝，台刘），病虫害防治，茶叶制造"等茶叶生产管理科学技术。但因土地所有制、园户知识认知水平、企业和园户资金、科技试验与推广不力等，很多好的技术与建议没能落实。

新中国成立后，茶学专业大、中专毕业生陆续到名山工作，现代茶业科技在名山传播并发展。茶业科技工作者，走进田间地头，走进茶叶企业，依靠基层劳动者，依托四川农业大学、四川省农业厅经作处、四川省农业科学院茶叶研究所等科技资源，总结蒙山茶生产、加工理论，编写茶业科技教材，传授科技栽培知识，驯化培育优良品种，研制、改进茶叶加工工艺和茶叶机械，攻克科研课题，转化科技成果，用科技支撑名山茶业发展。

第一节　科技组织

一、科研机构

（一）西康省茶叶试验场

1951年，西康省农业林业厅在蒙山永兴寺建立西康省茶叶试验场。1955年，组建为四川省雅安专区茶叶试验站，移交雅安专区管理。至1956年4月，该试验站有职工24人。1957年，组建为四川省雅安茶叶生产场。1963年，与名山县蒙山茶叶培植场合并组建四川省国营蒙山茶场（图9-1）。

图9-1　西康省雅安茶叶试验场1954年、1955年工作总结及徽章
（图片来源：谭辉廷、郑维）

（二）名山县茶叶技术推广站

1957年，在县农业局设名山茶叶技术推广组。1958年，更名为名山县茶叶技术站。1964年，更名为名山县茶叶技术推广站。先后归建设科、农水科、农建站、农业局、茶业发展局、农业局领导，2019年机构改革，茶叶技术推广站撤销，站上所有人员并入农业农村局茶产业发展中心。早期，主要从事茶树繁殖及良种引进栽培，茶叶机械修剪、采摘，普及，茶叶学会等工作（图9-2），技术干部主要有林运长、谭辉廷、刘辉权、张明桂等。中期，主要从事良种茶选育及无性系良种繁殖、推广，主要技术干部有李廷松、徐晓辉、

夏家英、吴祠平、李登良、李玲、舒国铭等。至2015年底，育成3个省级茶树良种，其中2个晋升为国家级良种。一人享受国务院津贴，一人获雅安地区科技拔尖人才政府津贴，先后获得国家科学技术委员会、农业部、四川省人民政府科技进步二、三等奖12人次，四川省农业农村厅、市（地）人民政府一、二等奖17人次，其他区（县）级奖32人次。历任站长有谭辉廷、李廷松、徐晓辉、夏家英。

（三）名山县茶叶科学研究所

1986年成立，与四川省名山茶树良种繁育场（以下简称名山茶良种场）实行"一套班子两块牌子"，属县农业局、县科学技术委员会双重领导。主要从事茶树良种的引

图9-2 1982年由县科协、县茶叶学会编印的科普资料《茶业技术》

进、试验、繁育以及蒙顶山名茶品种制作工艺的发掘、研制、创新、推广工作。制定国家标准《蒙山茶》。制作蒙顶山茶标样31个品种。

二、科研基地

（一）茶叶科技专家大院

2003年起，建立茶叶专家大院。截至2015年底，全区成立4个茶叶专家大院。主要开展新品种的引进及推广、茶树品种选育、茶业调研、科技指导、科技服务等工作。具体如下。

①**新品种的引进及推广**：先后从浙江、云南、湖南、福建等省引进郁金香、黄金芽、碧云、紫娟、铁观音、中茶302等优质、特色的新品种200多个，并与名山茶良场合作，建立省外新品种品比园兼展示园，丰富品种资源。从省内各茶区引进川沐217、川沐28、华丰1号、巴山早、马边绿1号等省级新品种，在茅河乡一把伞、中峰乡、名山茶良场建立新品种展示园，推广种植。

②**新品种选育**：在名山茶良场及红岩乡茶园选育川农黄芽早、川茶2号、川茶3号3个省级良种，在名山茶良场建立新品种展示园，并在联江、茅河等乡（镇）推广种植。川农黄芽早被四川省农业厅推荐为2012年至2014年主推品种。指导并无偿提供新品种穗条、茶苗给香水、永昌苗木合作社，帮助建立新品种母本园，繁育新品种茶苗1000多万株。

③**茶树资源圃建立**：在四川省科技厅和市科技局的支持下，与名山茶良场共建省级茶树资源圃。到四川省泸州古蔺县、崇州市、宜宾市、洪雅县、沐川县、北川县以及雨城区等茶区，收集茶树资源材料1000多份，进行繁育。至2015年底，在名山茶良场种植500多份。2015年，与名山茶良场合作，成功申报省科技厅科技支撑项目——茶树资源

圃建设与资源评价利用,获得科研经费10万元。

④**茶树杂交试验园建立**:指导名山茶良场建成茶树杂交试验园,负责杂交园规划设计,帮助配置106个杂交亲本。

⑤**茶苗高密高效繁育技术研究**:与香水苗木合作社合作,指导、总结提炼出茶苗高密高效繁育技术,发表论文2篇,申报专利1项。

1. 四川农业大学·名山区(县)茶叶科技示范专家大院(名山分院)

按照中共雅安市委、市人民政府意见,2003年4月,雅安市科学技术局、四川农业大学科研处联合建立雅安市农业科技示范专家大院,下设四川农业大学·名山区(县)茶叶科技示范专家大院(名山分院)。同年6月9日,在四川省茗山茶业有限公司挂牌成立,由四川农业大学教授、茶学博士齐桂年担任首席专家(图9-3)。

图9-3 四川农业大学与名山县茶叶科技合作

2004年,专家大院的专家开展茶叶产业化调研,组织实施专家进行大院厂房、机器技改,国家标准《蒙山茶》标准化示范、微波茶叶加工新技术研究示范和成果转化以及出口珠茶技术引进、推广研究及技术培训等工作,年生产出口珠茶约400t。在专家指导下,四川省茗山茶业有限公司生产的茶叶通过中国农业科学院茶叶研究所有机茶认证中心验收,通过有机茶产品认证,荣获四川省质量信誉信得过单位称号,取得ISO9001:2000质量管理体系认证。被科技部批准为国家科技示范大院。2005年,进行蒙山茶产品精深加工技术开发,引进、研制的微波制茶及名优茶自动化生产机器,通过成果鉴定,获得科技部成果转化资金50万元。同年2月,被科技部命名为第一批国家星火计划农村科技服务体系建设示范单位。

2008年,专家大院首席专家调整为四川农业大学茶学系教授杜晓,茶学专家唐茜、何春雷、齐桂年等入驻;同年9月,续签合作协议。2011年,大院专家继续在四川省茗山茶业有限公司进行优质绿茶清洁化自动生产线成果转化工作,研制能节能增效、减轻劳动强度、提高生产效率的加工工艺；系统开展优质低氟边茶（藏茶）研究，提出低氟边销茶原料的采收标准，开展雅安边茶（藏茶）产品研发工作，完成低氟边茶（藏茶）便利茶包试制工作，完成低氟边茶（藏茶）包原料的指标测定和配方设计，通过研发得到最优配方2个；完成低氟边销茶国家标准草案制定工作；新安装240余盏太阳能频振式杀虫灯，发动群众扦插黄板16.2万张；改造鲜叶市场11个。2014年，实施区校合作课题5个。

2. 名山县朗赛藏茶专家大院

2008年7月4日，经雅安市人民政府批准建立。同年7月29日，在四川名山西藏朗赛茶厂挂牌成立。由杜晓担任首席专家，5~7名专家入驻。实行"政府引导、专家指导、企业主导"的运行机制，人民政府承担组织、协调等工作，从项目、资金、税收上重点扶持企业，同时，每年向专家组支付2万元工作经费（交通费）。所得技术成果由企业与专家协商双方共同所有。

该专家大院成立后，完成低氟边茶（藏茶）原料基地建设指导、低氟边茶（藏茶）包和红奶茶新产品开发工作。完成"雅安藏茶的品质与功能化学"研究，主审并出版《雅安藏茶——传承与创新论文集》。2008年12月，四川名山西藏朗赛茶厂被评为"四川省农业产业化经营重点龙头企业"和"建设新农村省级示范企业"。2009年，"金叶巴扎"牌康砖获中国（益阳）黑茶文化节黑茶评比金奖，"金叶巴扎"散边茶（藏茶）评为四川省第十届峨眉杯特等奖，康砖、金尖茶被分别评为一等奖。企业被评为雅安市"民族团结进步模范集体"。

3. 皇茗园绿茶工程技术研究中心

经雅安市国家农业科技园区管委会批准，2014年1月13日在四川省蒙顶山皇茗园茶业集团有限公司挂牌成立。由杜晓担任主任，7名专家入驻。

该研究中心成立后，完成新建现代茶厂规划设计、观光体验茶厂改造、企业文化与产品展示厅建设等企业设施现代化提升工作。完成蒙顶山名优绿茶自动化生产线、蒸汽杀青及微波脱水、提香技术、清洁化加工技术方案制订等企业加工清洁化提升工作。完成1500亩绿色茶园核心种植基地建设、茶叶病虫害统筹防控技术实施、质量安全全程管控技术体系建立、茶叶质量安全追溯制度实施等质量安全追溯体系构建工作。采用自动网带蒸青机，高温瞬时杀青，保持茶色绿翠。运用茶叶香味设计专利技术，采用电子（舌）鼻探测原料茶香味特征，通过计算机优化风味设计。运用茶叶香味分子识别理论，采用高效液相色谱-串联质谱（HPLC-MS）技术和气相色谱质谱联用（GC-MS）技术构建茶叶香味指纹图谱，用指纹图谱指导感官审评与拼配。

4. 雅安市茶叶病虫害绿色防控专家大院

2014年11月18日，在红岩乡四川蒙顶山跃华茶业集团有限公司成立，为雅安市第一个社会化专家大院。董事长为毛建辉（研究员），副董事长为张鸿（研究员）、张跃华，监事为杨晓蓉（副研究员）、张波，董事为张波，成员有卢代华（研究员）、姚琳、陈宇、王明清、陈凤明。

（二）雅安市现代茶业科技中心

2013年后，"4·20"芦山强烈地震灾后重建，把雅安市名山区科技服务中心、雅安市名山区茶树良种繁育体系两个项目合并，升级打造四川省名山茶树良种繁育场，原址建立雅安市现代茶业科技中心（图9-4），为雅安国家农业科技园区的茶叶核心区。建筑面积5130m²，集产、学、研，茶业成果展示和茶文化

图9-4 雅安市现代茶业科技中心挂牌

展示，后勤保障为一体。2014年5月开工建设，修建科技观光茶园旅游基础设施、农业设施（喷灌、物联网等），建成120亩茶树资源科普园，包括茶树品种资源圃、茶树选育品比园、新品种示范园、绿色生态示范园等。建茶叶基因库，收集本地资源品种300余种。建设品比园10亩，引进川农黄芽早、中茶302、黄金芽等10余个品种，制订川农黄芽早扦插技术标准。划分资源库功能区。至2015年12月，建成8000m³的冻库一个。配备必要的培训、办公、实验仪器等设施设备，安装清洁化自动化茶叶加工生产示范线1条。至2016年7月20日，茶叶博览中心、国际茶艺体验馆等设施全面完工并通过验收。总投资31310万元，其中攀枝花市援建资金2860万元。

2018年在中心建立蒙顶山茶陈宗懋院士工作站，2019年3月27日挂牌（图9-5），开展茶叶科研与推广工作，主要内容详见第九章第九节第五点：陈宗懋院士专家工作站。

图9-5 陈宗懋院士团队工作站与试验基地

第二节 科技人才

1950年后，陆续有茶叶专业大、中专毕业生分配到名山工作。中共雅安地区名山县委、县人民政府与四川农业大学、四川省农业科学院茶叶研究所等长期进行人才培养合作。县农业局、科学技术委员会、科技局、茶业局等长期进行茶叶生产知识培训。通过长期定向培养、短期专业培训、举办培训班、发送茶叶科技教材、评定专业技术职称、专家现场指导等形式培养种茶、制茶专业人才（图9-6、图9-7），并开展茶叶科研与推广工作（图9-7）。

图9-6 2006年表彰茶叶科技先进典型：文永昌（左二）、李廷松（左三）、齐桂年（左五）杨天炯（左六）

图9-7 陈宗懋院士在名山区指导生产技术

2000年底，全区有茶业专业技术人员和茶业行业人员计600多人。其中：研究员1人，高级农艺师2人，农艺师9人，初级技术人员88人，技师25人，工龄在25年以上的熟练工人400多人，从事茶机制造和维修的技术人员30多人，乡镇有20名茶技人员从事种、管、采、制的指导工作，有专业营销人员和农民技术员。

2022年底，全区有茶业专业技术人员和茶业行业人员计1000余名。其中：高级农艺师17名（正高级研究员3名），农艺师23名，初级技术人员150名，技师120余名，工龄在25年以上的熟练工人800余名，茶叶机械制造和维修的技术人员150余名。

从20世纪80年代起，进行茶叶专业人才的职称评定及聘任。截至2022年底，名山区有茶叶推广研究员3人，高级农艺师17人，国家高级评茶师25人，国家高级制茶师20人。

主要科技人才、科研人员介绍详见第十三章。

第三节 科研成果

科技人员在生产、试验、研究等工作中，围绕生产实践需要，普及和推广先进科学技术，总结和研制新技术、新方法，取得丰硕的茶叶科研成果。育成名山系列、蒙山系列、川府系列茶树新品种，扩大茶树栽培面积，提高茶叶单产、总产，普及无性系良种茶苗，实施丰收计划、星火计划，改进名茶制作工艺，建设茶叶标准化、无公害茶基地，培养高素质科技人才，弘扬和传播蒙山茶文化等。

据不完全统计，1959—2015年，茶业科技人员获得国家级、省部级、市级科技进步和丰收计划、星火计划三等以上的奖励200余项次，科技人员、企业家、茶农等获国务院、省市特殊津贴和劳动模范、先进个人等荣誉称号160余人次。

一、涉茶科研课题研究

1950年后，国家、省、市（地）、区（县）以及四川省茶叶研究所、四川农业大学茶学专家、茶叶科技工作者、茶企科技人员等依靠茶农开展茶叶科研活动。据不完全统计，至2022年，全区（县）开展国家部委级涉茶科研课题研究10余项，省厅级涉茶科研课题研究30余项，市（地）级涉茶科研课题研究40余项，区（县）级涉茶科研课题研究40余项。攻克茶叶科技难题30余项，荣获国家级奖项近10项，省级奖项近30项。

图9-8 20世纪60年代气象人员监测、掌握名山气候特点（图片来源：名山县茶叶技术推广站）

自1951年起，西康省茶叶试验场主要开展蒙山茶树群体优良单株培育，茶树不同时间、不同轮次采摘比较，茶树生长发育过程观察，茶树施肥试验，粗茶采割试验，监测、掌握名山气候特点（图9-8）茶树不同气候、土质生长情况对比，茶树病虫害防治等科研活动。在永兴寺外建立第一个茶树良种园，面积约1亩，在蒙山茶树群体中选出20余优良单株进行培育。1955年，有茶园20亩。1956年，开展边茶初制研究。

1968—1972年，攻克"南边茶初制新工艺的研究"项目，1978年获四川省重大科技成果奖。1986—1988年，攻克"茶树假眼小绿叶蝉测报技术研究"项目，1989年12月，获农业部三等奖。1985年，启动"蒙山名茶制作新工艺开发"项目，1986年被列入省"科技星火计划"，1988年6月，获四川省科技进步二等奖。1998—2001年，完成"茶树无性系栽培及机械化采茶技术"项目，2002年，获农业部二等奖。

2004年，组织申报国家、省、市重点科技项目15项，其中国家级2项、省级3项、市级10项；组织实施"专家大院农村科技服务体系建设星火培训"国家级项目1项，《蒙山茶国家标准》标准化示范等省级项目2项，"茶叶微波杀青新技术研究"和"苦丁茶推广示范"等市级项目4项。

2005年，名山县科技局申报"名山县2005年出口茶叶生产示范基地建设"项目，县供销社申报"中国三绿工程茶业示范县"项目，均被批准立项实施。由四川省茗山茶业有限公司等单位研制完成的"微波制茶新工艺及名优茶加工自动化成套设备"项目通过省科学技术成果鉴定。名山县茶业协会被省民政厅评为全省先进民间组织。

2006年4月，名山白毫131被鉴定为国家级茶树良种，是四川省第一个国家级茶树良种。组织实施"蒙山茶科技开发与示范"项目、"微波制茶技术及名优茶自动化生产设备研制"与"茶叶科技服务体系建设"项目，被立为国家级项目。

2007年，组织申报国家、省、市、县级科技项目17项，其中，"'酒-猪-沼-茶'复合型循环农业技术集成与示范"被列为国家重点星火计划项目。

2008年，组织申报国家、省、市重点科技项目12项，实施"低氟边茶关键技术研究及产业化示范"等市级以上重点科技项目8项，引进项目无偿资金77.7万元。开展省"科技富民推进"专项行动计划项目，组织实施和监督、检查国家星火计划项目"酒-猪-沼-茶"复合型循环农业技术集成与示范。国家重点科技项目"科技兴茶富民强县"和"微波制茶新工艺及名优茶加工自动化成套设备中试"通过验收。名山县完成专利申报5项。同年7月，红星镇白墙村五组的茶农闵志刚获国家知识产权局"轻便电动采茶机"实用新型专利授权1项。

2009年，申报"名山县茶叶科技示范园区""绿茶新品种选育研究"等市级以上重点科技项目。前者被省科技厅列为省级农业科技（试点）园区。引进日本鹿儿岛生猪喂养模式，建立茶香猪养殖基地1个。"'酒-猪-沼-茶'复合型循环农业技术集成与示范项目"取得重要成果。

2010年，获批绿茶新品种选育研究等9项市级以上重点科技项目。

2011年，组织申报国家级、省部级、市级"星火计划""富民强县""农业科技园区"项目及四川省茗山茶业有限公司科技支撑计划项目、科技成果转化项目9个，组织申报国家科普惠农项目1个、省级科普惠农项目1个，为企业争取科研项目经费200余万元。组织实施县校合作"发酵床养殖""茶叶资源库建设""专家大院""科技110"等县级项目8个，获得科技项目资金50万元。四川名山西藏朗赛茶厂边茶（藏茶）产品获省科技进步二等奖；四川省雅安义兴藏茶有限公司茶叶储存项目、四川蒙顶山跃华茶业集团有限公司红茶加工工艺申报国家专利；"优质绿茶清洁化自动生产线"成果转化、功能茶食品开发进入项目实施阶段。全县企业及个人申报专利20余项，仅四川省雅安义兴藏茶有限公司申报专利即5项。同年，名山县茶叶学会、名山县茶业商会，联合出版《名山县茶叶学会三十年（1980—2010）论文集》，收录茶业论文101篇，主编是徐晓辉、杨天炯。

2012年，完成"科技兴茶富民强县专项行动计划"项目的实施；完成2012年度"现代农业产业基地建设"项目；组织申报专利46项，其中发明专利7项，完成下达任务的153%。国家"星火计划"项目在名山县再度实施，创新产品"茶糖"在名山诞生。

2013年，受成都康农生物科技有限公司、成都蜀徽科技发展有限公司委托，开发"富硒茶"产品，在新店镇、解放乡、双河乡落实3个试验点，进行不同处理、制样分析等数据收集，为全区茶叶富硒产品开发提供科学数据。与四川省农业科学研究院茶叶研究所共同承担研制"优质低氟砖茶"项目。选用国家级茶树良种中茶108和中茶302两个低氟品种，通过不同嫩度、不同生产季节鲜叶原料、不同工艺比对，试验制作砖茶，找出降低氟含量的试验方法及最佳工艺。继续实施"科技兴茶富民强县专项行动计划"。编制上报"全国茶树无性系良种繁育工程第一县建设""科技成果转化（国家级茶树新品种'特早213'推广及茶树选育基地建设）""农业综合开发农业部专项2013年储备项目名山县茶树良种繁育基地建设""雅安市名山区现代农业（茶业）生态示范区建设""2013年雅安市名山区现代农业产业（茶叶）基地建设""雅安市名山区2013年度巩固退耕还林成果专项建设后续产业发展茶叶产业化示范"等项目。同年8月，特早213被鉴定为国家级茶树品种。

2015年，启动"全国绿色食品（茶叶）原料标准化生产基地建设"项目，印发《田间档案记录簿》5.2万册，指导基地农户详细记录生产季节内田间生产的管理、采摘、销售等有关工作情况，生产季节结束后交回乡镇基地单独保存。顺利通过农业部、省绿色食品管理办公室组织的年度检查。申报涉茶项目：应用新技术生产蒙顶山黄芽茶产业化、蒙顶山富硒茶生产技术应用和示范、蒙顶山名优黄茶加工关键技术集成及产品研发产业化示范、蒙顶山有机茶生产示范基地建设、蒙顶甘露特色产品加工集成技术研发及产业化示范、蒙顶山茶区急需良种种植示范及推广应用、蒙山名优茶鲜叶清洗成套设备的研发及示范推广、雅安百里茶果药产业带有机生态安全生产技术试验示范，共8个，资金达168万元，分别由四川蒙顶山跃华茶业集团有限公司、雅安市盟盛渊源茶业有限公司、四川农业大学、四川川黄茶业集团等公司申报并实施。2015年7月，雅安市现代茶业科技中心已全面完工并通过验收。科技局灾后恢复重建项目——名山区科技服务中心，获得项目资金450万元，由农业局牵头实施。

2016年，申报涉茶项目：石堰村优质高效茶园示范基地建设、一种绿茶生产工艺创新技术开发、保健茶推广及产业化、雅安市现代茶业科技服务中心（牛碾坪）、茶树新品种繁育示范、茶园种草养鹅模式关键技术研究与推广、雅安百里茶果药产业带有机生态安全生产技术试验示范，共7个，资金达147万元，分别由车岭镇石堰村及四川农业大学、四川省南方叶嘉茶业有限公司、四川省雅安义兴藏茶有限公司、四川省名山茶树良种繁育场、香水苗木种植农民专业合作社、九鼎茶叶、名山区生产力促进中心等企业单位申报并实施。全年利用科技活动周、科普宣传月、科技三下乡等活动节点，发放涉茶科普宣传册2800余份；开展茶叶栽培管理和茶树病虫害防治等技术培训12期，培训3200余人次；建立涉茶科普宣传栏7个，通过宣传、培训，增强茶农科学管理茶叶意识，实现茶叶增产、茶农增收。

2017年9月11日，中国农业科学院在成都举办"茶园化肥农药减施增效技术"考察活动，来自全国各省（自治区、直辖市）的茶叶主管部门负责人、茶叶科研院所专家教授和茶企业主、技术骨干及学术团体负责人参加并参观名山茶叶（图9-9）。申报涉茶项目花香红茶应用技术研究与开发、夏秋茶机采及配套加工技术研究与集成、茶园套作油茶助力精准扶贫共3个，资金达25万元，分别由雅安雅茜茶业有限公司、四川农业大学及四川省名山茶树良种繁育场、香水苗木种植农民专业合作社等申报并实施。四川省科学技术协会所属学会、协会等共举办茶叶实用技术培训班8期，培训人次2200人次，发放科普资料2000套，举办科普宣传月、科技活动周等大型科普宣传活动4次，名山区电视台开办"科普大篷车"宣传栏目，播放涉茶科普节目12期。

图9-9 四川省茶科所专家在联江茶树良种场开展科研工作

2018年9月，为服务全区的脱贫攻坚工作，建立科技特派团，成立了由省、市、区三级科技人才构成的科技特派团，科技特派团共10人组成，专业涉及茶叶、蔬菜、养猪等种养业，采取"一对多"的形式联系全区42个贫困村，实现科技人才服务贫困村全覆盖。在前进乡、马岭镇和车岭镇的16个贫困村建立"茶商在线农村电商综合服务站"并逐步正式投入运营，实现了茶产品的跨区营销、配送，开始走品牌化、规模化的发展路子。同年，申报涉茶蒙顶山茶科普基地培育示范、名山区油茶品种筛选及配套栽培关键技术集成与示范共2个项目，资金达40万元，由四川省名山茶树良种繁育场、四川农业大学生命科学学院与名山区联香油茶种植农民专业合作社共同申报并实施。全年利用科普宣传月、科技活动周等节点，开展涉茶科普宣传、科普培训11次，发放相关科普读物2100余册，培训人员2300余人次。

2019年总结经验后又建了24个贫困村的电商综合服务站，全面完成贫困村电商综合服务站全覆盖工作。同年3月，由雅安市名山区香水苗木种植农民专业合作社承办的"野生茶树种质资源发掘与特色新品种选育及配套关键技术集成与应用"项目被四川省人民政府授予2018年度四川省科技进步奖一等奖（图9-10）。2019年申报涉茶蒙顶山景区智慧旅游系统、雅安市名山区1000亩茶叶绿色生产技术示范基地、雅安市茶树新品种繁育工程技术研究中心科技项目（共3个），资金达281万元，分别由四川省名山蒙顶山旅游开发有限责任公司、四川蒙顶山跃华茶业集团有限公司、名山茶树良种繁育场申报并实施。开展了茶叶新品种苗木繁育、推广技术，茶

图9-10 2019年，四川省名山茶树良种繁育场荣获四川省科学技术进步奖一等奖

园化学农药减量增效技术，茶园"以螨治螨"防控技术，茶叶病虫害绿色防控技术等涉茶实用技术专题培训13期，培训人员1800余人次。

2020年申报涉茶的"优质高产型多茶类兼制新品种三花1951繁育及示范推广""插花贫困县名山茶产业科技特派员服务与创业""蒙顶山减化肥农药有机肥培实验及加工提质增效示范"项目，共3个，分别由雅安市名山区香水苗木农民合作社、雅安市名山区生产力促进中心、四川蒙顶山茶业有限公司申报并实施。利用科技活动周、科普宣传月、科普宣传栏等开展涉茶科技宣传9次，发放相关科普读物2500余册。邀请茶叶专家、涉茶科技特派员以及孵化中心进行茶叶栽培管理和茶树病虫害防治等专题培训8期，培训茶农1200余人次，发放技术手册超过1000份。

2021年，在瓦子村、延源村等贫困村继续实施"插花贫困县茶产业科技特派员服务与创新"项目，开展茶叶技术服务及培训10次，培训贫困农民2000人次；形成以绿色高效施肥模式为主体的名山茶园基地建设，形成技术规程1个；实施"雅安名山省级农业科技园区现代茶茶业关键技术集成研究与示范"项目，针对性作茶园防寒霜试验示范（图9-11），建设100亩现代化良繁

图9-11 雅安市忠伟农业有限公司做茶园防寒（霜）示范

示范基地，形成技术规程，实现园区内土地产出率和劳动力生产率较园区外提高20%以上，园区内农民平均增收较园区外提高15%。成立由四川农业大学和市、区专家组建的科技特派员服务团，涵盖茶业、林业、中药材等领域，并签订科技特派员服务团服务协议。同年4月1日，名山区区校合作项目"茶叶机采及配套加工技术研究与示范"的现场会在茅河镇万山村举行，探索名山茶叶产业健康和可持续发展的新路径。申报涉茶"雅安市名山省级农业科技园区现代茶产业关键技术集成研究与示范""适制蒙顶山甘露茶树品种研究""高香红茶制作方法成果转化"项目3个，资金125万元，分别由雅安市名山区生产力促进中心、名山区农业农村局、四川蒙顶山跃华茶业集团有限公司申报并实施。全年利用各个节点、各种载体，开展茶叶改良、茶园管理、品种繁育推广、病虫害防治等相关茶叶科普知识培训9期，培训茶农420余人次，发放资料400余份。

2022年，科技申报涉茶"蒙顶山茶生产管理技术培训""蒙顶山特色茶产品关键技术集成创新与示范""雅安茶园快速投产和提质增效关键栽培技术研究""特色茶树新品种高效繁育技术集成与示范"项目4个，资金达97万元，分别由名山区人文历史与自然遗产研究协会、四川蒙顶山雾本茶业有限公司、四川农业大学与茶树良种繁育场香水苗木农民合作社联合申报并实施。以科技特派员服务团为载体，积极开展全国科技宣传活动，在石堰村、骑龙村、沙河村、肖碥村开展茶园管护、茶叶采摘、病虫害防治等内容的科技下乡活动，举办培训4次，培训农村科技人才500余人次。

雅安市名山区国家部委级、省厅级、地市级、区县级科技成果名录见表9-1～表9-4。

表 9-1 雅安市名山区茶业科技成果目录（国家部委级）

课题名称	主持或主研人员（单位）	时间	完成或获奖情况	授予单位	授予时间
改造低产茶园和绿茶改革的技术推广	主持：国家农牧渔业部全国农业技术推广总站 主研：四川省农业厅、雅安地区农业局、名山农业局、县科学技术协会	1983—1985年	完成	中华人民共和国农牧渔业部	1986年
茶树假眼小绿叶蝉测报技术研究	张德发等	1986—1988年	农业科学技术进步三等奖	中华人民共和国农牧渔业部	1989年
茶树种植方式、密度及其配套技术研究成果	李廷松、杨天炯	1989—1993年	完成	国家科学技术委员会	1994年
名山县优质茶叶产业化示范工程（1998年列入国家科技星火计划）	四川省蒙山茶叶（集团）有限公司	1998—2000年	完成	中华人民共和国农牧渔业部	2001年
茶叶无性系栽培与机械化采茶技术应用（农业部丰收计划）	名山县农业局	1998—2000年	完成	中华人民共和国农牧渔业部	2001年
茶树无性系栽培及机械化采茶技术	名山县茶叶技术推广站，徐晓辉、李玲、吴祠平	1998—2001年	全国农业丰收计划奖二等奖	中华人民共和国农牧渔业部	2002年
"名山白毫131"茶树品种选育	名山县茶叶技术推广站，李廷松、徐晓辉、李玲、周杰、蒋家红等	1986—2005年	国家级茶树品种	全国农业技术推广服务中心	2006年
优质茶产业化示范基地县	名山县人民政府	2000—2005年	完成	中华人民共和国科学技术部	2005年
科技富民强县	名山县人民政府	2006—2007年	完成	中华人民共和国科学技术部	2007年
"酒-猪-沼-茶"复合型循环农业技术集成与示范	雅安硕博科技开发有限责任公司	2007—2009年	完成	中华人民共和国科学技术部	2009年
功能性茶叶食品生产技术集成与示范	名山县生产力促进中心、雅安硕博科技开发有限责任公司、四川农业大学	2011—2012年	完成	中华人民共和国科学技术部	2012年
茶树新品种选育及应用推广	四川省农业科学院茶叶研究所、名山区茶业发展局、名山区茶叶技术推广站，王云、李春华、罗凡、戴杰帆、段新友、徐晓辉、吴祠平、孙道伦等	2011—2013年	全国农牧渔业丰收奖农业技术推广成果奖一等奖	中华人民共和国农业部	2013年
"特早芽213"茶树品种选育	名山县种子公司，季思义；名山县茶叶技术推广站，李廷松、徐晓辉、李登良、吴祠平、杨心辉、李玲、季思良等	1997—2014年	国家级茶树品种	全国农业技术推广服务中心	2013年

续表

课题名称	主持或主研人员（单位）	时间	完成或获奖情况	授予单位	授予时间
一次性纸杯泡茶色泽口感变化的原因探究（第六届全国青少年科学影像节展映展评活动）	雅安市名山区第二中学，龚琦昕、杨滨侨、马君、代显刚	2015年	第六届全国青少年科学影像节展映展评三等奖	中国科协青少年科技中心、中国青少年科技辅导员协会	2015年
野生茶树种质资源发掘与特色新品种选育及配套关键应用技术集成应用	四川省名山茶树良种繁育场	2006—2019年	四川省科技进步一等奖	四川省人民政府	2019年

注：不完全统计。

表9-2 雅安市名山区茶业科技成果目录（省厅级）

课题名称	主持或主研人员（单位）	时间	获奖情况	授予单位	授予时间
蒙山茶树群体优良单株培育	西康省茶叶试验站，梁白希、陈少山、赵孟明、郭思聪、何长林、施嘉璠、徐廷均、戴书勤				
茶树不同时间、不同轮次采摘比较	四川省雅安专区茶叶试验站，周康禄、何长林、施嘉璠、彭学成、何永祥、赵元松、牟俊辉、张文辉、卓员贵、尹大文、黄光全、李永富、唐树成等	1951—1958年		西康省农业厅、四川省农业厅	1951—1958年
茶树生长发育过程观察					
茶树施肥试验					
边茶采割试验					
茶树不同气候、土质生长情况对比					
茶树病虫害防治					
边茶初制研究	四川省雅安茶叶生产场，杨敬才				
南边茶初制新工艺的研究	四川省国营蒙山茶场	1968—1972年	四川省重大科学技术成果奖	四川省革命委员会	1978年
茶叶半附线螨的虫害形态、特征、生活史、危害习性、茶园消长规律及综合防治的研究	四川省国营蒙山茶场	1975—1978年	四川省重大科学技术成果奖	四川省人民政府	1978年
南边茶初制新工艺的研究	四川省农业科学院，徐廷均；茶叶研究所，钟秉全、徐开富；四川省国营蒙山茶场，杨天炯；雅安地区外贸局，刘英骅；雅安茶厂，王孟冬	1975—1978年	四川省重大科学技术成果奖	四川省人民政府	1978年

续表

课题名称	主持或主研人员（单位）	时间	获奖情况	授予单位	授予时间
名山"迎春白毫"名茶系列工艺技术研究	杨心辉、杨红、杨天炯	1978—1983年	四川省乡镇企业科技进步二等奖	四川省人民政府	1978年
茶毛虫核型多角体病毒防治茶毛虫应用技术研究	四川大学生物系、四川省国营蒙山茶场侯瑞涛等	1978—1983年	四川省重大科学技术研究成果二等奖	四川省人民政府	1983年1月
茶系列产品研制（名茶系列"星火计划"）	名山县双河乡茶厂	1983—1988年	四川省科学技术研究成果二等奖	四川省人民政府、四川省科学技术协会	1988年
蒙山名茶制作新工艺开发（1986年列入省科技星火计划）	四川省国营蒙山茶场、国营四川省名山县茶厂、双河茶厂、名山县茶叶科学研究所，侯瑞涛、杨天炯、严士昭、李廷松等	1985—1988年	四川省科学技术进步二等奖	四川省人民政府	1988年
防治茶园虫害新型药剂区试验	陶家琦	1985—1988年	四川省科学技术进步三等奖	四川省植物保护学会	1988年
茶园种植方式密度研究—茶树成年高产期研究	名山县茶叶技术推广站	1985—1988年	四川省科学技术进步三等奖	四川省人民政府	1989年
"蒙山9号""蒙山11号""蒙山16号""蒙山23号"选育	四川农业大学园艺系茶学专业、四川省国营蒙山茶场、四川省农牧厅农场局、李家光、侯瑞涛、王升平、李春龙等	1970—1990年	四川省级茶树品种	四川省人民政府	1990年
推广蒙顶名茶制作工艺，提高名茶产量、质量	四川省国营蒙山茶场、国营四川省名山县茶厂、名山县双河乡茶厂，严士昭、李廷松、杨天炯	1986—1988年		四川省科学技术委员	1991年
"迎春白毫"制作工艺	名山县蜀蒙茶场	1993年	四川省乡镇企业科学技术进步二等奖	四川省乡镇企业局	1993年
蒙峰"雀舌"名茶开发研制	名山县峰茶厂杨国富	1991—1994年	四川省乡镇企业科技进步二等奖	四川省乡镇企业管理局	1994年
			四川省优秀新产品三等奖	四川省人民政府	1995年
提高春茶产量的剪采控调技术研究	李廷松	1984—1996年	四川省科学技术进步三等奖	四川省人民政府	1996年
老鹰茶嫩芽系列产品	茅河乡人民政府杨国富	1994—1997年	四川省乡镇企业二等奖	四川省乡镇企业管理局	1997年
名山县优质茶叶产业化示范工程	四川省蒙山茶叶（集团）有限公司	1996—2000年		四川省人民政府	1998年

续表

课题名称	主持或主研人员（单位）	时间	获奖情况	授予单位	授予时间
优质茶叶丰产栽培技术丰收计划	名山县茶叶技术推广站、科技教育站、李廷松、徐晓辉、吴祠平、李强、陈清宇等	1997—1998年	四川省农业科学技术进步二等奖	四川省农业厅	1999年
优质高产综合配套技术丰收计划	徐晓辉、吴祠平、李玲、李强	1997—1998年	四川省农业科学技术进步二等奖	四川省农业厅	1999年
良种名茶——"名山白毫"	名山县农业局	1998—2000年		四川省科学技术委员会	2001年
四川省坡改梯工程技术研究应用	魏成明	1998—2000年	四川省农业科学技术进步一等奖	四川省农业厅	2001年
名优茶规模化生产技术示范	徐晓辉	1998—2000年	四川省农业科学技术进步一等奖	四川省农业厅	2001年
3000亩生态茶园建设项目	徐晓辉	1998—2000年	四川省农业优秀项目，四川省农业科技进步二等奖	四川省金桥工程	2002年
四川省名山县国家级茶叶标准化示范区	李廷松、杨天炯、徐晓辉	1999—2002年	四川省科学技术进步二等奖	四川省人民政府	2003年
茶树特色新品种选育与引进及应用研究	李廷松、徐晓辉、李玲	2001—2007	四川省科学技术进步二等奖	四川省人民政府	2007年
四川省农业科技110示范工程	名山县茶业发展局	2006—2008年	四川省科学技术进步一等奖	四川省人民政府	2009年
优质绿茶清洁化加工自动生产线研究	四川省茗山茶业有限公司、四川农业大学、四川省农业科学院茶叶研究所	2007—2009年		四川省科学技术厅	2010年
蒙顶山黄芽闷黄工艺技术	四川蒙顶山跃华茶业集团有限公司	2008—2011年	四川省茶叶科技进步创新一等奖	四川省茶产业领导小组	2011年
蒙顶山茶"皇茗园特色甘露"加工技术集成及产品研发	雅安市名山区茶叶专家大院、四川省蒙顶山皇茗园茶业集团有限公司	2010—2013年		四川省科学技术厅	2013年
一种蒙顶山黄芽茶的生产方法	雅安跃华黄茶研究所	2010—2013年		四川省科学技术厅	2013年
蒙顶山黄芽新工艺成果转化	四川蒙顶山跃华茶业集团有限公司	2013—2014年		四川省科学技术厅	2014年
蒙顶山链灾后恢复提升示范工程建设	四川蒙顶山跃华茶业集团有限公司	2013—2015年		四川省科学技术厅	2015年

注：不完全统计。

表 9-3 雅安市名山区茶业科技成果目录（地市级）

课题名称	主持或主研人员（单位）	时间	获奖情况	授予单位	授予时间
蒙山茶品质提高研究	四川省国营蒙山茶场	1973—1975年		雅安地区科学技术委员会	1975年
茶叶螨类小绿叶蝉防治研究	四川省国营蒙山茶场	1973—1977年		雅安地区科学技术委员会	1977年
蒙山名茶加工机械化试验	四川省国营蒙山茶场	1978—1980年		雅安地区科学技术委员会	1980年
速成高产茶园建设和培育	雅安地区农业局，施嘉璠主持；双河乡天车坡茶场	1972—1981年	雅安地区科学技术进步一等奖	雅安地区科学技术委员会	1981年
蒙山名茶杀青机研制	国营四川省名山县茶厂、芦山县农机厂、四川省国营蒙山茶场	1980—1982年		雅安地区科学技术委员会	1982年
狠抓改造低产茶园，促进茶叶增产	名山县茶叶技术推广站，李廷松、严士昭	1981—1982年	雅安地区科学技术进步二等奖	雅安地区行政公署	1982年
科学种茶夺高产，单产三年翻一番	名山县茶叶技术推广站李廷松，双河乡茶厂	1981—1982年	雅安地区科学技术进步二等奖	雅安地区行政公署	1982年
试制蒙山特级绿茶新产品	四川省国营蒙山茶场	1981—1982年	雅安地区科学技术进步三等奖	雅安地区行政公署	1982年
GMS-50型远红外程序控制名茶杀青机试验	杨天炯、胡坤龙等	1982—1983年		雅安地区科委	1983年
GMH-2.64型远红外名茶烘干机	四川省国营名山茶厂杨天炯	1983—1984年	雅安地区科学技术进步三等奖	雅安地区行政公署	1984年
雅安地区企业标准《三级茉莉花茶》	四川省国营名山茶厂杨天炯等	1983—1984年	雅安地区科学技术进步三等奖	雅安地区行政公署	1984年
GMS-50型远红外程序控制名茶杀青机	四川省名山县茶厂杨天炯等	1983—1984年	三等奖	雅安地区行政公署	1984年
改进蒙山茶场现有制茶工艺，提高烘青绿茶品质研究	四川省国营蒙山茶场、四川省名山县茶厂，胡坤龙、肖凤珍、杨天炯等	1983—1984年		雅安地区科学技术委员会	1984年
茶树品种园的建立和另种培育	名山县农业局、国营四川省名山县茶厂，李廷松、杨天炯等	1983—1984年		雅安地区科学技术委员会	1984年
茶叶母本园研究	名山县茶叶技术推广站李廷松等	1983—1985年		雅安地区科学技术委员会	1985年

续表

课题名称	主持或主研人员（单位）	时间	获奖情况	授予单位	授予时间
茶叶大面积高产栽培	名山县茶叶技术推广站，李廷松等	1983—1985年		雅安地区科学技术委员会	1985年
细茶杀青机研制	国营四川省名山县茶厂	1983—1985年		雅安地区科学技术委员会	1985年
提高茶叶产量、质量的研究	名山县农业局	1983—1985年		雅安地区科学技术委员会	1985年
茶叶大面积高产试验（优质栽培研究）	双河公社联办茶厂	1980—1985年		雅安地区科学技术委员会	1985年
雅安地区企业标准《蒙山春露》（特级绿茶）	国营四川省名山县茶厂，杨天炯、赵民先；四川省国营蒙山茶场，侯瑞涛等	1985—1986年	雅安地区科学技术进步三等奖	雅安地区行政公署	1986年
大面积茶园高产优质栽培科技实验研究	名山县茶叶技术推广站，李廷松；双河茶场	1984—1986年	雅安地区科学技术进步三等奖	雅安地区行政公署	1986年
提高南路边茶产区经济效益和采摘组合研究	名山县茶叶技术推广站，李廷松、徐晓辉；双河茶场	1986—1990年	雅安地区科学技术进步三等奖	雅安地区行政公署	1990年
"蒙山18号"和"蒙山29号"	四川农业大学园艺系茶学专业，李家光；四川省国营蒙山茶场、四川省农牧厅农场局等	1970—1990年	雅安地区地方良种	雅安地区行政公署	1990年
推广蒙顶名茶制作工艺，提高名茶产量、质量	四川省国营蒙山茶场、国营四川省名山县茶厂、双河茶厂，严士昭、李廷松、杨天炯	1987—1990年	雅安地区科学技术进步二等奖	雅安地区行政公署	1991年
茶叶优质高产	李廷松、徐晓辉	1987—1990年	雅安地区科学技术进步二等奖	雅安地区农业局	1991年
茶叶优质高产栽培	李廷松、徐晓辉等	1988—1991年	雅安地区农业丰收计划二等奖	雅安地区农业局	1992年
遮阳网新技术在茶园中的试验推广	李廷松、周杰、李玲、高登全	1990—1995年	雅安地区农业丰收计划一等奖	雅安地区农业局	1995年
茶叶新品种选育研究	名山县茶叶技术推广站，李廷松、李玲、徐晓辉、蒋家红；联江茶厂，周杰；四川农业大学园艺系、苗溪茶场茶科所、雅安地区茶叶学会等	1990—1995年	雅安地区科学技术进步一等奖	雅安地区行政公署	1995年4月
名优茶规模化生产示范	徐晓辉	1995—2000年	雅安市科学技术进步三等奖	雅安市人民政府	2000年

续表

课题名称	主持或主研人员（单位）	时间	获奖情况	授予单位	授予时间
名优茶规模化生产技术示范	徐晓辉	1995—2000年	雅安市农业丰收计划三等奖	雅安市人民政府	2000年
建立茶树新品种选育品比园	名山县科学技术局	2000—2003年		雅安市人民政府	2004年
名山特早芽213选育研究	徐晓辉、季思义、李玲、吴祠平、李登良	2003—2007年	雅安市科学技术进步一等奖	雅安市人民政府	2004年
微波茶叶加工新技术	四川省茗山茶业有限公司、四川农业大学，齐桂年等	2003—2004年		雅安市科学技术局	2004年
低氟边茶关键技术研究及产业化示范	名山县朗赛藏茶专家大院，杜晓等	2008年		雅安市科学技术局	2008年
安全高效茶叶生产配套技术推广应用	四川省茶叶产品质量检验中心（四川名山）、雅安市质检所，魏晓惠	2007—2011年	雅安市科学技术进步二等奖	雅安市人民政府	2012年
名山区红星镇茶业发展的喜与忧	雅安市名山区红星镇中心小学，学生马冬晴、叶茂松，指导老师杨雪	2014年		雅安市第30届青少年科技创新大赛科技实践活动	2014年
认识中峰乡茶种类实践活动	雅安市名山区中峰初中八年级三班，主要指导老师张家敏	2014年		雅安市第30届青少年科技创新大赛科技实践活动	2014
追梦牧蜂人——蒙顶山茶花蜜源利用调查	雅安市名山区第二中学科技活动小组，指导老师马君、常志学	2014年		雅安市第30届青少年科技创新大赛科技实践活动	2014年

注：不完全统计。

表9-4 雅安市名山区茶业科技成果目录（区县级）

课题名称	主持或主研人员（单位）	时间	获奖情况	授予单位
蒙山茶品质提高和茶叶螨类的防治研究	四川省国营蒙山茶场	1973—1977年		1976年
蒙山名茶机揉试验	四川省国营蒙山茶场	1974—1978年		1978年
茶园小面积速成高产稳产研究	名山县茶叶技术推广站	1978—1980年	名山县科学技术进步一等奖	1980年
蒙顶皇茶制作工艺研究	四川省国营蒙山茶场	1978—1980年	名山县科学技术进步三等奖	1980年

续表

课题名称	主持或主研人员（单位）	时间	获奖情况	授予单位
全县茶叶区划调查	名山县茶叶技术推广站	1978—1980年	名山县科学技术进步二等奖	1982年
茶园大面积施用化学除草剂研究	四川省国营蒙山茶场	1979—1982年	名山县科学技术进步一等奖	1982年
改进制茶烘干机炉灶，提高热能效率	四川省国营名山县茶厂	1979—1982年	名山县科学技术进步一等奖	1982年
茉莉花茶窨制工艺技术试验	四川省国营名山县茶厂、名山县茶叶学会，杨天炯、杨朝柱、杨红	1980—1982年		1982年
提高秋茶产量及品质试验	名山县茶叶技术推广站	1980—1982年	名山县科学技术进步三等奖	1982年
茉莉花茶大面积丰产栽培及扦插育苗繁殖	名山县农业局严士昭等	1983—1984年		1984年
蒙顶名茶新工艺开发	名山县茶叶科学研究所	1985—1986年	名山县科学技术进步一等奖	1986年
推广蒙顶名茶制作工艺，提高名茶产量、质量	四川省国营蒙山茶场、国营四川省名山县茶厂、双河茶厂，严士昭、李廷松、杨天炯	1986—1988年		1988年
乌龙茶的生产试验	国营四川省名山县茶厂、名山县茶叶科学研究所，赵民先、杨天炯、严士昭	1986—1989年		1989年
茶树新品种区域试验研究	名山县茶叶科学研究所，严士昭、杨天炯、张明桂	1987—1991年		1991年
特种茉莉花茶——玉叶长春的研究	四川省国营蒙山茶场，李惠凡	1989—1990年	名山县科学技术进步三等奖	1991年
烘青绿茶精制工艺技术	杨天炯、杨红、杨心辉	1988—1992年		1992年
传统名茶"蒙山雀舌"制作工艺开发	四川省国营蒙山茶场、茅河茶厂	1991—1993年		1993年
开发蒙山夏秋季名优茶的试验研究	四川省国营蒙山茶场	1992—1994年		1994年
中峰大冲村50亩无性系良种茶业科学管理	吴顺奇、陆军、黄银树、何清锦	1995—1996年		1996年
改造蒙山名茶工艺技术，提高名优茶品质试验	名山县农业局、联江茶厂，李廷松、杨天炯	1995—1996年		1996年
老鹰茶（嫩度）系列产品研究	四川省国营蒙山茶场、名山县科委、名山县科协、名山县农业局，胡本源、王旗军、杨国富、马守礼、韩开富、郑超	1995—1996年	名山县科学技术进步二等奖	1996年
名优茶加工机械单相电系列设备	名山龙腾工贸服务中心，杨凤山、宋星佛、兰志刚、卫魏洪、何代良等	1995—1996年	名山县科学技术进步二等奖	1996年

续表

课题名称	主持或主研人员（单位）	时间	获奖情况	授予单位
名优茶规模化生产技术示范	雅安地区经作站、名山县茶叶技术推广站，邓健、杜晓、李全兴、李国林、徐晓辉	1995—1996年	名山县科学技术进步三等奖	1996年
小型名优茶叶加工机械研制		1996—1998年		1998年
机械化采摘在茶叶园的推广应用	名山县农业局、名山县茶叶技术推广站，李廷松、徐晓辉	1996—1998年		1998年
微型名优茶加工机械研制	名山县农机局	1997—1999年		1999年
机械化采摘在茶叶园的推广应用	名山县农业局	1995—1999年		1999年
中峰乡大冲村农业技术开发示范	名山县中峰乡大冲村	1998—2001年		2001年
老鹰茶树良种选育	名山县茶叶科学研究所	1999—2002年		2002年
老鹰茶树良种选育	名山县茶叶科学研究所，杨天炯等	1999—2003年		2003年
苦丁茶扦插育苗试验	名山县老科协、王良登、李廷松、卢本德	1999—2001年		2002年
无公害茶园示范片建设	名山县农业局，徐晓辉、李玲、杨心辉、李登良	1999—2001年		2002年
建设无公害标准示范茶园	名山县中峰乡人民政府，陈萍、陈代勇；名山县农业局，徐晓辉、高登全、陈昌林等	2000—2003年		2003年
老鹰茶"提纯复壮"选育	名山县农业局、名山县精品茶业研究所，李廷松	2001—2003年		2003年
茶叶黑粉虱、螨类观察与防治预报	名山县农业局、茶叶技术推广站，徐晓辉、李玲、杨心辉、李登良	2000—2003年		2003年
千亩无公害生态观光茶园建设	名山县红岩乡人民政府，王天荣、沈思荣等	2002—2005年		2005年

注：①不完全统计。② 1981—2019年为名山县农业局，2019年2月机构改革，农业局与农工委合并后成立：雅安市名山区农业农村局。

2005年以后，名山县农业局、茶业局、农村工作委员会等单位部门经历多次分设、合并等调整，加之政府职能转化，单位及茶业科技人员实施完成了很多各级各类项目，但未申报奖项。

茶树良种驯化培育名山川茶树以实生苗群体为主，但群体种茶树间差异很大，发芽时间、色泽形状、持嫩性、抗病性、抗劣性等性状不一，品质不易控制。20世纪60年代初，农业部的老领导曾批示四川省农业厅："一九五八年成都会议毛主席品尝的小叶元茶属珍稀品种，应得到保护。"通过几代科技人的不断努力，至2015年底，培育出国家级良种2个、省级良种12个，形成名山系列、蒙山系列、川府系列3个良种品系。

2000年前后，李廷松、周军、周杰等在双河、联江等地试验培育老鹰茶获得成功，并在县内外推广种植。

2000年前后，苦丁茶热销，名山一度掀起种植小叶女贞类苦丁茶，前后发展1000余亩，2005年后逐渐淘汰。

2015年在茅河乡建立新品种母本园，展示园30亩，在中峰乡建设品比园10亩，引进川农黄芽早、中茶302、黄金芽等10余个品种，并完成指定川农黄芽早扦插技术标准一份。良种繁育技术得以推广，茶苗出圃率30万/亩，比常规出苗高出30%~40%；收集获取有效科研数据2000余个，为筛选出适宜雅安以及省内茶区的优质、高产品种提供了重要依据。

二、茶树品种普查

名山茶树的原生和野生品种资源丰富，经过千百万年的自然选择和两千多年的人工培植，保留下来的主要是中、小叶群体品种，又称小叶元茶，俗称川茶、老川茶。特点是叶细长，叶脉对分，叶肉绵厚，内含物丰富，适制名优绿茶，也可制作其他各大茶类。成品味甘而清，色黄而碧，香甜浓郁，回味绵长。

图9-12 专家徐廷均正在介绍茶园建设情况
（图片来源：名山县茶叶技术推广站）

从20世纪50年代末起，以梁白希、施嘉璠、徐廷均、李家光为代表的茶业技术工作者（图9-12），全面深入地考察蒙山茶历史，在名山县开展茶树良种普查，选出300多个单株，着手选育蒙山系列新品种。

1982年7月，在四川农业大学李家光的指导下，培训名山县茶技员、茶叶技术干部以及古老茶区的部分茶农，调查茶树品种资源，调查和记载树龄在50年以上（地道的本地遗传种）、性状表现良好的老茶树的生物学特征特性。名山县按原城关区（一区）、新店区（二区）、百丈区（三区）分为3个小组，每个小组由茶技站技术干部带队，各公社茶技员为成员，各区以本区区号为调查单株首号（百位数），所调查单株从1开始至10位数依次排列，如名山早311就是三区第11个单株培育而成。历时1个月，3个小组的成员跑遍名山所有古老茶区，选择出205个性状较好的单株，全面调查每一个单株的生物学特性，采样制标本，采集枝条，送往联江乡藕花村进行扦插繁育，建立品种资源原始圃。在原始资源圃内通过多年观察，筛选出性状较好的有城西2号、4号，130、131、311等品系。

三、优良品种选育

新中国成立后，地方政府及领导认识并重视茶树良种的增产增收作用，茶叶科技人员积极投入到品种选育培育工作中。

1951年，蒙山永兴寺设立西康省茶叶试验场后，川西人民行政公署在寺外建立第一个茶树良种园，面积约1亩，茶叶科技人员梁白希、陈少山、赵孟明、郭思聪、施嘉璠、徐廷均等人，在蒙山茶树群体中选出20余个优良单株进行培育（图9-13）。

1963年，四川省国营蒙山茶场成立品种选育攻关小组，在智矩寺外建成茶树母穗园，面积约3亩，后在净居寺左侧选茶地近5亩建立品比园。又先后从广东、湖南、云南、浙江、福建等省级科研部门、大专院校、国营农场，引进优良茶树品种品系40余个，多数为种子，少数为穗条扦插。

图9-13 茶叶技术人员介绍茶园建设技术
（图片来源：名山县茶叶技术推广站）

20世纪六七十年代，名山县农业局从省内的宜宾和省外重庆、福建、云南、贵州、浙江等地采购大量茶籽，在蒙山、总岗山区点播建园。至2022年底，虽多数茶园已淘汰更新，但仍有零星茶树遗存，保留了福建单枞、云南大叶种茶的特征。

20世纪70年代末，农业部门组织力量，先后从广东、湖南、云南、浙江、福建等省级科研部门、大专院校、国营茶厂引进国内外优良茶树品种（系）57个，其中有英红一号、格鲁吉亚一号、福鼎大白茶等（图9-14）。

图9-14 蒙山茶场科技人员对良种进行观察记录
（图片来源：名山县地方志办公室）

1982年，国营蒙山茶场与四川农学院（1985年后为四川农业大学）共同开展蒙山原生优良品种选育工作。由李家光牵头，系统选育"蒙山"系列茶树品种。后由四川农业大学茶学系与四川省国营蒙山茶场、四川省农牧厅农场局合作，从本场群体中优选10多个品种品系，以单株分离的方法，经无性系繁殖方式系统选育，于蒙山茶场育成四个优良品种，以蒙山命名，即蒙山9号、蒙山11号、蒙山16号、蒙山23号4个蒙山绿茶系列新品种，其共同特点为灌木型、大中叶类，特早生、早生、中生偏早和中生芽性，高产和较高产，抗寒性强、适应性广。1989年11月25日，被审定为四川省级茶树良种并进行推广。1990年，蒙山18号和蒙山29号被审定为雅安地区地方良种。

国营蒙山茶场茶树母穗园除优选10多个品种品系外，还有先后从广东、湖南、云南、浙江、福建等省级科研部门、大专院校、国营农场引进的优良茶树品种品系40余个，多数用种子，少数用穗条扦插来进行驯化栽培。主要适制以绿茶为主及红绿兼制的品种。至2003年，蒙山茶场自有茶园发展到1208亩，辐射周围村社共约5000亩，支援荥经塔子山茶场、芦山雷马坪茶场等良种茶苗、茶籽，发展茶园3000余亩。

1982年，县农业局申请承担茶叶项目任务，由李廷松带队，组织茶业技术推广站人员和乡镇茶业技术、农业技术人员等配合协助普查全县茶树品种。技术人员顶日冒雨，翻山越岭，钻林拨荒，从蒙顶山区、总岗山区的各茶园和树林荒地、田边地角，选出181个本地优良单株，引进47个品种单株，分植于藕花茶场品种母本园，进行培育繁殖、筛选。这批茶叶单株中后来选育出了3个省级良种，特别是第1区第31号单株表现极为突出，它是从前进乡凤凰村选育的一个品种，被命名为名山白毫131，最后在2005年被审定为国家级良种。它属灌木、中叶、早生种，发芽整齐，个体小，密度大，持嫩性强，茸毛特多，产量高，品比试验比福鼎大白茶增产42.1%。名山白毫131鲜叶生化成分中，茶多酚、氨基酸、水浸出物和儿茶素总量均较福鼎大白茶含量高，制成绿茶外形紧细绿润披毫，内质毫香浓郁持久，滋味鲜浓醇厚回甘，适制名优高档绿茶，属鲜浓型品质风格。名山白毫131适应性强，产量高，品质优，年生长期长，进入21世纪后，在四川、贵州、湖北、重庆等全国各主产茶区均有推广，2019年初步统计面积约300万亩。

1986年10月，农牧渔业部、四川省农牧厅、四川省雅安地区农业局和名山县人民政府，在中峰乡海棠村牛碾坪建设联合国家级四川省名山茶树良种繁育基地。1989年8月15日，名山县国土局核准牛碾坪茶园国有土地为265.2亩，并划拨给四川省名山茶树良种繁育场用于建设茶树良种繁育基地。该场即收回承包茶园，统一规划改造建设。同时，茶良场建茶叶加工厂进行生产经营，解决了职工工资及科研经费的问题。陆续配套、增添设备。分为中峰牛碾坪良种苗木基地及初、精制加工厂和县城区科研、包装、销售、培训中心办公大楼、住宿区两大部分，占地1.5万 m²。至1990年，投资1000余万元。又租赁中峰和邛崃部分茶园、荒地，扩建为母本园350亩、示范园640亩、苗圃园120亩、试验茶园50亩。常年为省内外提供良种母穗条100t以上、良种无性系国家标准苗1000万株左右。该场承担茶树新品种区域试验及省级星火计划、丰收计划，茶树新品种引进、新技术试验示范推广等科研课题。先后承担早白尖和蜀永系列品种的国家级试验。多年来与四川省农业科学院茶叶研究所、四川农业大学茶学系等开展茶树引种、试验、筛选、示范、推广等科研工作，荣获国家、省、市等科技成果20余项，选育国家级良种2个：名山白毫131、特早芽213；省级良种16个：名山早311、天府1号、川茶2号、川茶3号、川茶4号、蒙山9号、蒙山11号、蒙山23号、蒙山16号等。

（一）蒙山系列茶树良种选育

1951年，蒙山永兴寺设立西康省茶叶试验场后，川西人民行政公署的茶叶科技人员梁白希、陈少山、赵孟明、郭思聪、施嘉璠、徐廷均等人，在寺外建立了第一个茶树良种园，面积约1亩，在蒙山茶树群体中选出20余优良单株进行培育。1963年，四川省国营蒙山茶场成立品种选育攻关小组，在智矩寺外建成茶树母穗园，面积约3亩，后在净居寺左侧选茶地近5亩建立品比园。1982年，四川省国营蒙山茶场与四川农业大学共同开展蒙山原生优良品种选育工作。由李家光牵头，全面考察蒙山茶的历史和现状，整理、系统选育蒙山系列茶树品种。后来四川农业大学园艺系茶学专业与四川省国营蒙山茶场、四川省农牧厅农场局合作，从本场群体中优选10多个品种品系，以单株分离的方法，经无性系繁殖方式系统选育，于四川省国营蒙山茶场育成蒙山9号、蒙山11号、蒙山16号、蒙山23号4个蒙山绿茶系列新品种，其共同特点为：灌木性、大中叶类、特早生、早生、中生偏早和中生芽性，高产和较高产，抗寒性强、适应性广。1989年11月25日，这4个新品被审定为四川省级茶树良种并进行推广。1990年，蒙山18号和蒙山29号被审定为雅安地区地方良种。

经化验，蒙山茶原始小叶种内含物质极为丰富，有茶多酚28.91%、氨基酸4.85%、可溶性糖2.13%、咖啡碱4.56%、维生素202~259mg/100g、水浸出物43.4%，非常适于饮用。

1. 蒙山5号

由四川省名山茶树良种繁育场、四川农业大学选育。属于小乔木型，树姿半开张，分枝较密，枝条无"之"字形；叶片椭圆形，中叶类，特早生种。春季发芽较早，早春须防倒春寒。一芽一叶期为2月下旬（较福鼎大白提前18~21天），一芽二叶期在3月上旬（较福鼎大白提前14~18天），属特早生种。新梢浅绿色，茸毛多，叶质柔软，持嫩性强，叶缘微波，叶尖渐尖，叶齿深、密；花萼5片，无茸毛，绿色；花瓣6瓣，白色；花冠3.78cm；花柱长0.82cm，分叉数3，裂位高，有茸毛；雌雄蕊等高。内含物较丰富，茶多酚含量为19.92%、氨基酸为4.59%、咖啡碱3.47%、水浸出物50.51%、儿茶素17.17%，适制绿茶、红茶等。抗旱能力较强，抗茶小绿叶蝉和茶炭疽病（图9–15）。

图9–15 蒙山5号

2. 蒙山6号

由四川省名山茶树良种繁育场、四川省农业科学研究院茶叶研究所选育。属于小乔木，生长势强，树势半披张。叶片椭圆形，向上着生，叶色深，叶片横切面内折，正面隆起强，叶片先端形态急尖，边缘波状强，边缘锯齿状，叶基楔形。春季发芽较早，一芽一叶期为3月中旬（3月11—17日），发芽整齐，新梢浅绿色，一芽三叶长7.55cm，新梢有茸毛，百芽重34.25g；花瓣为白色，花冠直径3.84cm，子房有茸毛，花萼外部无茸毛，花柱长0.78cm，花柱分裂位置低，雌蕊低于雄蕊的高度。春季新梢一芽二叶茶多酚含量为20.34%、氨基酸含量为3.85%、咖啡碱含量为3.19%、水浸出物含量为46.09%、水溶性碳水化合物3.2%。适制高档绿茶，尤其适制卷曲形名优茶，属绿茶品质型品种，并兼制红茶等。抗寒性强，适应性较强（图9–16）。

3. 蒙山8号

由四川省名山茶树良种繁育场、四川省农业科学研究院茶叶研究所选育。属于小乔木，生长势强，树姿半开张，分枝密。叶片窄椭圆形，向上着生，叶片长11.35cm，叶片

图9-16 蒙山6号

图9-17 蒙山8号

宽4.3cm，叶片绿色程度为中等，叶片横切面内折，正面平或微隆，叶片先端形态急尖，边缘波状弱，边缘锯齿浅，叶基楔形。春季发芽较早，一芽一叶期为3月中旬（3月12—19日），发芽整齐，新梢浅绿色，一芽三叶长6.95cm，新梢有茸毛，茸毛密度中，百芽重33.5g。花瓣为白色，花瓣5~6瓣，花冠直径约3.83cm，花柱长0.88cm花柱开裂位置低，柱头3裂，雌雄蕊等高或雌蕊高于雄蕊。夏、秋季新梢略带紫芽。春季新梢一芽二叶的茶多酚含量21.93%、氨基酸含量4.3%、咖啡碱含量4.0%、水浸出物含量50.88%，水溶性碳水化合物3.25%。适制绿茶、红茶等。抗寒性强，适应性较强（图9-17）。

4. 蒙山9号

1976年春，时任国营蒙山茶场技术员的李家光，在蒙山永兴寺大生产茶园中，根据茶树丰产优质相关性初选的30个单丛之一，通过1983—1985年3年的物候期观察，1984—1988年的产量对比，1985—1987年的生化分析、制茶和评审（蒙山11号、蒙山16号、蒙山23号相同）。该品种属灌木，产量高于福鼎大白茶41.51%~67.92%，内含物质如茶多酚、儿茶素、可溶性糖、咖啡碱、水浸出物均高于福鼎大白茶。制成绿茶，滋味浓厚鲜醇。栗香高长，带花香，水浸出物含量为49.16%，耐冲泡，属于优质绿茶品种。属灌木大叶型中生种，抗逆性强，在四川西部、南部、东部和江北中山区海拔1000~1200m种植无冻害反应，可在全省推广（图9-18）。

图9-18 蒙山9号

5. 蒙山11号

原国营蒙山茶场技术员的李家光，从蒙山大生产群体种中系统分离单株选育而成，属于灌木中叶，特早生型（一芽二叶采摘在丘陵、中山茶区，比福鼎大白茶早7天以上）。小区品比产量比福鼎大白茶高33.51%~54.31%。大田生产水平生产性种植增产39.86%。蒙山11号茶多酚33.36%、氨基酸3.29%，可溶性糖4.33%、酚氨比10.17、咖啡碱4.51%、水浸出物47.43%。制成绿茶，外形条索紧结、绿润，内质香味纯正，具栗香，茶汤黄绿色，滋味醇厚，适制名茶和高档绿茶（福鼎大白茶鲜醇型，蒙山11号醇厚鲜浓型）。适应性强，宜在全省绿茶区推广，可与晚生品种搭配（图9-19）。

图9-19 蒙山11号

6. 蒙山16号

原国营蒙山茶场技术员的李家光，从蒙山大生产群体品种中系统分离单株选育而成，灌木、中叶、早生，小区品比产量比福鼎大白茶增产31.73%~45.56%，多年生产试验在海拔1200m常规种植，大田生产管理水平下增产29.20%~34.72%，茶多酚26.64%，氨基酸4.71%，酚氨比5.66，可溶性糖5.10%，咖啡碱3.79%，水浸出物44.77%，主要内含物质显著高于福鼎大白茶，更优于蒙山大生产群体。制成绿茶，外形紧细绿润，内质栗香持久，滋味醇爽。鲜度、醇度最高，叶底软，黄绿匀亮。适制高香型鲜醇名优绿茶。抗寒性强，种植在海拔1200m处，未发生过经济性冻害。

7. 蒙山23号

原国营蒙山茶场技术员的李家光选育,属灌木、中叶、早生。产量比福鼎大白茶增加35.44%~60.92%,属于高产品种。茶多酚含量为22.57%,氨基酸5.12%,酚氨比4.41,其余多种内含物质指标接近或超过福鼎大白茶和蒙山大田生产群体,制成绿茶,外形紧细、绿润,滋味鲜醇爽口,汤色黄绿亮,香气清高,内质评分高于福鼎,适宜制作上档绿茶、名茶(图9-20)。

图9-20 蒙山23号

(二)"名山"系列茶树良种选育

1972年,名山县农业部门在联江乡藕花村杨水碾建立2.5亩茶树品种园。1977年,退伍军人周杰到场负责管理。在名山县农业局茶业技术推广站和名山县多种经营办公室的鼓励帮助下,引进品种,建立品种园、示范园,观察记载品种数据。至1979年,先后从海南岭头茶场茶科所,广东茶叶研究所,湖南农学院,云南凤庆、景东两县茶试站,四川省农业科学院茶叶研究所和四川荥经县塔子山茶场等地引进48个原始品种,进行观察选育。采用单行条植,在培养过程中定型修剪、采摘、养穗,并按一般采摘茶园措施管理。1986年,成立名山县联江乡茶树良种场。

20世纪70至80年代,名山县农业局茶叶技术推广站的李廷松、徐晓辉等,在名山收集品种资源,进行选育研究。1983年起,李廷松带领徐晓辉、周杰、季思义等科技人员普查全县茶树良种，选出300多个单株，与名山县联江乡茶树良种场等单位合作，从茶树品种群体中，以单株分离的育种方式，用无性繁殖方法培育出名山系列茶树良种。其中，名山白毫131、特早213为国家级茶树良种，名山早311为省级茶树良种。

1. 名山白毫131

选自前进乡凤凰村，从名山县川茶群体品种中系统分离单株选育而成。1980年，县农业局茶叶专家李廷松，在凤凰村发现一株奇特茶树，叶边白毫多。通过无性繁殖，培育出良种茶苗，取名"131"。经过15年的选育、观察、品比、区试。1994年，经雅安地区科学技术委员会组织专家、教授鉴定验收，认定其为地区级茶树优良绿茶品种，并建议和同意申报为省级良种。同时，在省内新胜茶场、筠连茶场、五马坪茶场、雷马坪茶场、苗溪茶场以及冕宁等绿茶地区试推广茶苗60万余株。各地区试验反映，鲜叶生化成分分析，名山白毫131的茶多酚、氨基酸、水浸出物和儿茶素总量均较福鼎大白茶含量高，其中：氨基酸含量为3.98%，名山白毫酚氨比为7.2（福鼎大白茶为7.82）。适制名优高档绿茶，制成绿茶，外形紧细绿润披毫，内质毫香浓郁持久，滋味鲜浓醇厚回甘，属鲜浓型品质风格。1997年，被四川省农作物品种审定委员会审定为四川省级优良绿茶良种，排名第二位。1998年参加全国茶树品种区域试验。1999年，经国家良种委员会同意，送贵州省湄潭茶科所、河南省信阳茶试站进行国家级良种区试。2006年4月16日，通过国家级良种鉴定，鉴定编号为"国品鉴茶2006001"。至2022年底，在全国推广面积为200余万亩（图9-21）。

图9-21 名山白毫131

2. 特早213

原名"名山特早芽213"。20世纪80年代中期，名山县种子公司的季思义从福选9号茶树栽培品种自然分离群中，选择一株特早生芽单株穗条进行无性系扦插，繁殖成1亩多茶园，2月中旬即可采制名优茶上市。1988年2月13日，县农业局茶叶技术推广站的李廷松、徐晓辉等人前往调查，果然见该茶树已可采制，故取名"名山特早芽213"。先后又与多单位、多人进行合作，纳入县、市科技攻关项目参加省茶树品种区域试验，2003年12月30日，经四川省茶树品种审定委员会第五届第四次会议审定通过为四川省级茶树优良品种，审定编号为"川审茶2003001"。后立项进入国家品种区域试验。属灌木、中叶类、特早生种，叶片长椭圆形，叶面平整，叶缘微波，嫩叶背卷，叶绿色，叶质柔软，持嫩性强，发芽整齐，产量较福鼎大白茶高12.7%。大面积区试反应良好。2月上旬开采，较福选9号早7~13天，较福鼎大白茶早20天左右；与福选9号亲本相比，特早213发芽早，锯齿较深，叶尖稍钝；正规品比，内含物质与福鼎基本相近，其水浸出物49.3%、茶多酚29.7%、氨基酸3.13%、咖啡碱4.2%，适制名优绿茶。制作出的名茶外形紧细较直，清香带栗，鲜爽甘醇，是特早生、高产、优质、高效的特色新品种，适应性强，适宜在四川及省外名优茶区种植推广。2013年8月1日，特早213通过国家级良种鉴定，鉴定编号为"国品鉴茶2013001"（图9-22）。

图9-22 特早213

3. 名山早311

选自于双河乡云台村，从本地古老川茶群体中系统分离单株选育而成（图9-23）。属灌木、中叶、特早芽种，名茶采摘期较福鼎大白茶早5~8天。发芽整齐，持嫩多毫，密度大，比福鼎大白茶增产38.8%；鲜叶生化成分分析发现，其氨基酸含量比福鼎大白茶高16.7%，酚氨比为7.73（福鼎为7.82）。制成绿茶，条索紧细，绿润多毫，香气清香带栗，汤色黄绿，滋味鲜醇，适制名优高档绿茶，属浓香型风格；适应性广、抗逆性强，宜在全川各茶区推广，特别适合在名茶区种植。1994年，和名山白毫131同时被鉴定为地区级茶树优良绿茶品种，在省内推广茶苗15万余株。1997年，被四川省农作物品种审定委员会审定为四川省级优良绿茶良种，排名第三位。

图9-23 名山早311

（三）"天府"系列茶树良种选育

1. 天府1号

四川省农业科学院茶业研究所与名山区藕花苗木种植农民专业合作社，从雅安市名山区总岗山野生的四川中小叶茶树群体品种中，选择优良单株，通过系统选育而成。属小乔木型、中叶类、早生种。植株主干明显，分枝部位较低，树姿半开张。叶呈椭圆形，深绿色，有光泽，叶片较厚，叶面半隆起，叶缘微波，锯齿较深，叶呈尖钝圆，叶脉较粗，有9~11对；嫩叶黄绿色，发芽整齐，芽形肥大，满披白毫，持嫩性强，一芽二叶百芽平均重39.7g，易采独芽。抗旱性和抗病虫性均优于福鼎大白茶。适宜加工成绿茶、红茶和白茶等名茶。2011年至2013年，一芽二叶及同等嫩度对夹叶鲜叶平均亩产75kg，比福鼎大白茶高8.9%。2015年6月13日，被四川省农作物品种审定委员会审定为省级茶树良种（图9-24）。

图9-24 天府1号

2. 天府茶2号

四川省农业科学院茶叶研究所、雅安市名山区农发苗木繁育农民专业合作社，从雅安市名山区双河乡云台村森地坡野生的四川中小叶茶树群体品种中，选择优良单株，通过系统选育而成。属灌木型、中叶类、特早生种。植株主干不明显，分枝低，树姿半开张。叶呈椭圆形，嫩叶黄绿色，成叶绿色，有光泽，叶片较厚，叶面平，叶缘微波，锯齿较浅，叶尖钝圆，叶脉12对左右；发芽整齐，芽形细长，有茸毛，持嫩性强，一芽二叶百芽重平均23.7g。该品种抗旱性和抗寒性优于对照。一芽二叶春茶烘青绿茶样感官评审中，其形状和汤色明显优于福鼎大白茶。用该品种加工的成品茶，外形紧结绿润，香气栗香浓郁，滋味鲜爽醇厚等特点，适宜加工卷曲形、毛峰形和针形等名优绿茶。2011—2013年3年鲜叶（一芽二叶及同等嫩度对夹叶）平均亩产72.3kg，比对照福鼎大白茶高4.9%。

3. 天府茶3号

四川省农业科学院茶叶研究所、雅安市名山区农发苗木繁育农民专业合作社，从雅安市名山区双河乡云台村森地坡野生的四川中小叶茶树群体品种中，选择优良单株，通过系统选育而成。属灌木型、中叶类、早生种。植株主干不明显，分枝部位较低，树姿开张，分枝中等；叶呈椭圆形，叶色翠绿，有光泽，叶脉较粗，有10~13对；叶质柔软较厚，半隆起，叶缘微波，锯齿浅，叶尖渐尖，嫩叶黄绿色，发芽整齐，有茸毛，一芽二叶百芽重平均24g。在郫县种植，春季萌动期在2月26日左右，一芽一叶期在3月29日左右，新梢休止期在9月30日左右。其萌芽期与福鼎大白茶相当，休止期比福鼎大白茶早10天左右。该品种具有较强的抗逆性和适应性。该品种加工的绿茶，外形翠绿油润，香气浓郁持久，滋味醇厚回甘，适宜加工名优绿茶等。2011—2013年3年鲜叶（一芽二叶及同等嫩度对夹叶）平均亩产77.3kg，比福鼎大白茶高12.0%。

4. 天府茶28号

四川省农业科学研究院茶叶研究所、雅安市名山区农发苗木繁育农民专业合作社、四川省苗溪茶场在四川省苗溪茶场种植的四川中小叶群体茶树品种中经多年单株系统选育而成的品质型新品种。树姿属直立型，分枝盛，节间较长，叶型长椭圆，深绿色，叶片较厚，芽叶茸毛多，发芽整齐，育芽能力强，持嫩性较好，一芽二叶百芽重52g，发芽较早，一旦萌发，生长较快。天府28号茶叶内含物质丰富，适宜制作名优绿茶。成品茶清香味醇，耐冲泡，叶底鲜活成朵。该品种抗寒性、抗旱性强，尤其对抗小绿叶蝉等虫害能力远远超过对照品种，是一个高抗性新品种。其产量高，育芽能力强，成林茶园亩产鲜叶487.2kg，比福鼎大白茶增产7.4%，且比天府11号高11.1%，属高产型新品种。

5. 甘露1号

四川省农业科学院茶叶研究所、四川省名山茶树良种繁育场从野生四川中小叶茶树群体品种中，经单株选择，系统选育而成的新品种。属灌木型，中叶类，新梢色泽黄绿，发芽特早，发芽整齐，芽形肥壮，产量高，品质优。内含物质丰富，适制绿茶、红茶、黑茶和白茶等茶类，尤其适宜加工蒙顶甘露等卷曲型名茶，加工的卷曲型名茶外形紧细，满披白毫，香气嫩香带花香，汤色嫩绿明亮，滋味鲜爽甘甜，叶底嫩黄成朵。抗寒、抗旱、抗病虫性较强，适宜在与四川相似气候条件的茶区种植推广（图9-25）。

图 9-25 甘露1号

（四）"川农"系列良种选育

2005年，四川农业大学茶学系副教授唐茜从福建、浙江、安徽、沐川、杭州等地引进经多年观察的品种、品系单株，经无性繁殖15个后代进入四川省名山茶树良种繁育场，建成8亩引种观察圃，进行小型生产品比示范。通过3~5年田间鉴定选育新的优良茶树品种。

2006年至2013年，四川省名山茶树良种繁育场联合四川省农业科学院茶叶研究所、四川农业大学茶学系和联江乡茶树繁育场，先后从福建、浙江、广东、湖北等地引进名优绿茶良种200多个，建立品种试验园，从中筛选出适宜四川茶区推广的优质特色新品种40多个。

至2015年底，引进优良品种和自选品种约70个，其中扩大繁殖和推广43个，引进茶树种质资源约500份。自选品种黄芽早、川茶2号、川茶3号、川茶4号等被审定为省级品种。另5个品种将进入下一轮审定。

1. 川农黄芽早

四川农业大学从名山县红岩乡的四川中小叶群体品种生产园中，经单株选择无性繁殖方法选育而成。该品种属特早芽型、高产和优质型品种。发芽特早，一般在2月15日左右可采单芽，发芽期与特早生品种福选9号相当，较福鼎大白茶早7~15天；产量较福鼎大白茶高11.51%，主要生化成分含量丰富且配比适宜，春梢氨基酸含量为4.15%，酚氨比为3.8~6.7。品质好，做名优绿茶芽形适中，尤其干茶，叶底色泽好，香气高；抗性和适应性均较强。此外，该品种成熟新梢的氟含量较该省主栽品种低10%左右。适宜在四川省内各茶区生长（图9-26）。

图9-26 川农黄芽早

2. 川茶2号

由四川农业大学茶学系与四川省名山茶树良种繁育场、四川一枝春茶业有限公司等单位联合研发，唐茜教授主持。从峨眉山市普兴乡青春村的四川中小叶茶树群体品种茶园中，选择优良变异单株，经系统共同选育而成。属灌木型、中叶类、早生种。氨基酸含量高，儿茶素和酚氨比较低，所制茶叶滋味鲜醇带栗香，苦涩味较轻。易采独芽，大小适中，芽形匀齐、直立，较紧实，茸毛较少，适宜加工名优茶。适宜在四川省的茶区种植。2014年2月被审定为省级良种（图9-27）。

3. 川茶3号

由四川农业大学、四川省名山茶树良种繁育场、四川一枝春茶业有限公司、四川雅安国家农业科技园区管理委员会联合研发。在峨眉山市普兴乡青春村的四川中小叶茶树群体品种茶园中，发现一株发芽特早的变异单株，经连续多年的单株定向无性繁殖培育而成。所制茶叶滋味鲜爽浓厚，耐冲泡，适宜加工名优绿茶。适应在四川省的茶区种植。

2014年2月被审定为省级良种,审定编号为"川审茶2013002"(图9-28)。

图 9-27 川茶 2 号

图 9-28 川茶 3 号

4. 川茶4号

由四川农业大学茶学系与四川省名山茶树良种繁育场、雅安市雨城区科技和知识产权局联合研发，由唐茜教授主持。从雅安市雨城区草坝镇种植的四川中小叶茶树群体品种中，选择优良单株，经单株连续扦插繁殖选育而成，为抗性型茶树品种。适宜加工成扁形芽茶、甘露和毛峰等名优茶。2013年至2015年三年鲜叶平均亩产487.2kg，比福鼎大白茶高3%。适宜在四川省的茶区种植。2016年3月被审定为省级良种（图9-29）。

图9-29 川茶4号

5. 川茶6号

四川农业大学茶学系与四川省名山茶树良种繁育场等单位以崇庆枇杷茶群体品种中的优良单株为育种材料，经系统选种、无性繁殖育成的红、绿茶兼制的茶树品种。属于小乔木，早生种，生长势强，树姿半开张。叶片呈中椭圆形，向上着生。子房有茸毛，花萼外部无茸毛。春季新梢黄绿色，一芽三叶长11.25cm，新梢有茸毛，百芽重53.46g，夏、秋季新梢略带紫芽。适制绿茶、红茶等。抗寒性强，适应性较强。茶多酚19.37%，氨基酸4.02%，咖啡碱3.93%，水浸出物45.52%，烘青绿茶，外形肥壮、较紧实绿润，嫩香高长，汤色绿亮，滋味爽，叶底肥实。所制红茶外形肥壮显金毫，香气甜浓，汤色红浓较亮，滋味浓甜，叶底红匀。田间调查表明，川茶6号对茶炭疽病抗性为中抗，与福鼎大白茶抗性相近；对茶小绿叶蝉抗性为中抗，优于福鼎大白茶（感）。抗寒性强，优于福鼎大白茶。第1生长周期亩产380.12kg，比福鼎大白茶增产9.51%；第2生长周期亩产452.4kg，比福鼎大白茶增产10.64%（图9-30）。

图9-30 川茶6号

6. 川黄1号

四川农业大学、成都市玉川子黄金芽茶业有限公司、蒲江县农业和林业局、四川省名山茶树良种繁育场于2001年春季，在成都市蒲江县成佳镇同心村一农户种植的福鼎大白茶生产茶园中，发现的1株春、夏、秋新梢均呈黄色，生长势较旺盛的茶树的变异单株，经无性扦插繁殖育成的茶树无性系品种。该品种属灌木型，中叶类，晚生种。树姿半开展，分枝较密。叶呈椭圆形，叶面较平展，新梢嫩黄色，茸毛较少，成叶逐渐转变为绿色，叶质柔软，叶脉7~8对，叶尖渐尖，叶身内折。发芽较整齐，一芽三叶百芽重40g左右。抗性高，适宜加工特色茶叶，制作的名茶滋味鲜爽浓厚，香气高，品质好。该品种为光敏感型，新梢嫩黄色，生物学性状独特，适制名优绿茶和黄茶，具有良好的种植和加工效益，可在四川茶区广泛推广（图9-31）。

图 9-31 川黄 1 号

四、茶树良种繁育场种质资源圃

四川省名山茶树良种繁育场，简称茶良场。位于名山区中峰镇海棠村，占地 1000 余亩，始建于 1987 年，是原国家农业部、四川省农业厅、雅安地区和名山县共同投资兴建的全国首批、四川省唯一的国家级茶树良种繁育场，是雅安国家农业科技园区名山茶产业核心区的重要组成部分，依托茶良场，建成了国家 AAAA 级景区科普茶乡牛碾坪。茶良场在芦山地震灾后重建成雅安现代茶业科技中心，2021 年，"四川农业大学耕读教育实践基地"落户在雅安现代茶业科技中心。

目前，茶良场已建成雅安市现代茶业科技中心 1 个、杂交试验园 1 个，打造全国茶树品种区试点和品比试验园 56 亩、茶树资源圃 72 亩、品种展示园 640 亩、标准化生产示范基地 1328 亩，茶文化科普展示长廊 420m。其中，雅安市现代茶业科技中心建筑面积共计 5130 平方米，是集茶业产学研用、茶产品成果展示和后勤保障为一体的综合体建筑，具有较完善的开展茶叶科技创新所需的办公室、实验室、培训中心、信息化指挥控制中心等。

多年来，茶良场充分发挥本土科技人才优势，强化与中国农业科学院茶叶研究所、四川农业大学和四川省农业科学研究院等科研院所的合作。一是与陈宗懋院士合作，建成陈宗懋院士（专家）工作站，围绕产业发展关键技术开展攻关，合作实施茶叶中农药残留与污染物管控项目，在牛碾坪等基地开展实验示范，形成茶园绿色防控名山模式。二是与四川农业大学园艺学院、新农村发展研究院互动推进，在茶叶种质资源收集保护利用、茶叶新品种选育、高密高效茶苗繁育技术研发等方面成效显著。三是与四川省农业科学院茶叶研究所联合开展四川省茶树育种攻关—茶树特色新品种选育项目研究，牵头研发的"野生茶树种质资源发掘和特色新品种选育及配套关键技术集成应用"获2019年四川省科技进步一等奖。

建场30多年来，名山区和茶良场先后选育出名山白毫131、名山特早芽213、天府茶28号等3个国家级品种和22个省级品种（包含国家级），广泛推广到西南、西北、华中等茶区，种植面积达数百万亩；共收集省内外茶树种质资源3000多份，建成了四川最大的茶树种质资源圃（基因库）；引进省内外茶树良种260余个，筛选出适宜在四川茶区推广的优良品种20余个，健全了"四园一圃"（茶树种质资源圃+品比试验园+母本园+苗圃园+新品种生产示范园）的良种"育繁推"体系；构建了"茶良场+新农村发展研究院茶叶产业部+专家团队+企业+茶叶专业合作社+茶农"的良种选育与推广模式；开展了高密高效茶苗繁育技术研发工作，使名山每年出圃合格的无性系茶苗15亿多株，每亩达30万株以上，建成了中国茶苗第一县。

1990年，四川省名山茶树良种繁育场建成后，先后承担早白尖和蜀永系列品种的国家级试验。2005年，四川农业大学茶学系副教授唐茜从福建、浙江、安徽、沐川、杭州等地引进经多年观察的品种、品系单株，无性繁殖后代15个进入四川省名山茶树良种繁育场，建成8亩引种观察圃，进行小型生产品比示范。通过3~5年的田间鉴定选育出新的优良茶树品种。2006年至2013年，四川省名山茶树良种繁育场联合四川省农业科学院茶叶研究所、四川农业大学茶学系和联江乡茶树繁育场，先后从福建、浙江、广东、湖北等地引进名优绿茶良种200多个，建立品种试验园，从中筛选出适宜在四川茶区推广的优质特色新品种40多个。至2015年底，引进优良品种和自选品种约70个，其中扩大繁殖和推广43个，茶树资源约500份。此后，茶良场不断从中国农业科学院茶叶研究所、浙江、福建、湖南等地引进茶树良种，进行繁育研究，品种不断增加。

截至2022年底，四川省名山茶树良种繁育场引进、选育主要茶树品种名录：福鼎大白，福选9号，早白尖5号，梅占，蜀永1号，蜀永2号，蜀永3号，蜀永307，蜀永703，蜀永808，蜀永906，黔湄303，黔湄303，黔湄419，黔湄502，南江一号，青心乌龙，迎霜，龙井43，劲峰，龙井长叶，菊花春，乌牛早，翠峰，浙农113，元宵绿，平阳特早，春波绿，黄叶水仙，黄芽早，安吉白茶，杨树林，黄金芽，金光，千年雪，郁金香，四季雪芽，中茶108，中茶302，川农黄芽早，软枝乌龙，黄玫瑰，毛蟹，黄旦，瑞香，紫玫瑰，黑旦，春兰，玉麒麟，铁罗汉，水金龟，奇兰，水仙，矮脚乌龙，北斗，奇茗，悦茗香，瑞茗，九龙袍，福萱，春萱，大红袍，紫牡丹，金牡丹，金观音，浙农701，黄观音，福云6号，浙农902，玉笋，浙农702，福建1号，福云10号，早逢春，浙农901，短节白毫，春阅，福安大白，福云7号等，详见表9-5。

表9-5 四川省名山茶树良种繁育场引进、选育外地主要茶树品种名录（截至2022年）

品种名称	来源	主要特征
福鼎大白	福建省福鼎县点头镇柏柳村	小乔木、中叶、早芽、适应广、抗逆强、高产、优质
福选9号	福建省福鼎县选出同上品种	芽早10天，叶肉较薄、黄毛少
早白尖5号	原四川省茶叶科学研究所	灌木、小叶、早芽、树开张枝密生、耐寒力强
梅占	福建省安溪县卢田镇	小乔木、中叶、中芽、株高树直，宜制乌龙茶，适制红、绿茶
蜀永1号	原四川省茶叶科学研究所	小乔木、中叶、中芽、株高树直，叶厚芽壮毫多，适制红茶
蜀永2号	原四川省茶叶科学研究所	小乔木、大叶、中芽、株高，叶色富光泽、叶厚质软，适制红茶
蜀永3号	原四川省茶叶科学研究所	小乔木、大叶、中偏早、树开张、主干明显、梢壮、叶隆，适制红茶
蜀永307	原四川省茶叶科学研究所	小乔木、中叶、中生种、树开张、主干明显、梢壮、持嫩强，适制红绿茶
蜀永703	原四川省茶叶科学研究所	小乔木、大叶、早生种、新梢黄绿、持嫩强、芽壮，宜制红茶
蜀永808	原四川省茶叶科学研究所	小乔木、大叶、晚生种、树姿开张主干不明显、梢壮、持嫩强，适制红茶
蜀永906	原四川省茶叶科学研究所	小乔木、中叶、树姿半开张、芽头密多毛，适制红、绿茶
黔湄303	原四川省茶叶科学研究所	小乔木、中叶、树姿半开张、芽头密多毛，适制红、绿茶
黔湄303	贵州湄潭茶科所	小乔木、中叶、中生种、嫩叶绿色多毛，适制红、绿茶
黔湄419	贵州湄潭茶科所	小乔木、大叶、迟芽种、叶肉厚毛特多，持嫩强，适制红茶
黔湄502	贵州湄潭茶科所	小乔木、大叶、中芽种、树姿开张分枝较疏、适应强，宜制红茶
南江一号	四川省茶科所	灌木、中叶早生种、新梢绿，持嫩强，耐寒，适制高档茶
青心乌龙	台湾省文山县	灌木、中叶、迟芽种、适制绿茶、乌花茶
迎霜	杭州茶叶试验场	小乔木、中叶、早芽种、树直立、叶长椭圆形、芽密，适制红、绿茶
龙井43	中国茶叶研究所	灌木、中叶、早芽种，树矮半张开枝，密叶茂，肉厚质软，宜制绿茶
劲峰	杭州茶叶试验场	小乔木、中叶、早芽种、树姿半张开，叶椭圆形，紫绿色宜制红、绿茶
龙井长叶	杭州茶叶试验场	灌木、中叶、早芽种、持嫩性强，宜制龙井、竹叶青形茶

续表

品种名称	来源	主要特征
菊花春	中国茶叶研究所	灌木、中叶、早芽种，树高半张开，分枝密叶向上斜生，宜制炒烘青茶
乌牛早	浙江永嘉县山岭下	灌木、中叶、早芽种，树矮半张开，分枝密，芽粗壮，宜制炒烘绿青茶
翠峰	杭州茶叶试验场	小乔木、中叶、芽叶分枝密、叶长椭圆形、绿色、抗性强，宜制绿茶
浙农113	浙江农业大学茶学系	小乔木、中叶、叶长椭圆、深绿、抗寒性强，宜制绿茶
元霄绿	福建省霞浦县	灌木、中叶、特早生种、持嫩性强、抗旱抗寒，宜制绿、红茶
平阳特早	浙江省平阳县	小乔木、中叶、特早生种、持嫩性强，宜制名优绿茶
春波绿	福建省霞浦县	灌木、中叶、特早生种、持嫩性强、抗旱抗寒，宜制绿、红茶
黄叶水仙	广东省茶科所	小乔木、中叶、叶椭圆形、叶黄绿色、抗寒性强，宜制红茶
金观音	福建省茶科所	小乔木、中叶、早生种、芽叶紫红色、适应性广，宜制乌龙茶
黄芽早	四川农业大学茶学系	小乔木、中叶、早生种、芽叶黄色，适应性广，宜制绿、白茶
安吉白茶	浙江省安吉县	灌木、中叶、中生种、持嫩性强，适制绿、白茶
杨树林	安徽省宣州溪口乡	灌木、大叶、早生种、植株高、持嫩性强、抗逆性强，宜制绿茶
黄金芽	浙江余姚德氏家茶场	小乔木、中叶、中生种、芽叶金黄色，适应性广，宜制白、绿茶
金光	浙江大学茶研所	小乔木、中叶、早生种、芽叶早期金黄色，宜制白、绿茶
千年雪	浙江大学茶研所	小乔木、中叶、中生种、芽叶金黄色，适应性广，宜制白、绿茶
郁金香	浙江大学茶研所	小乔木、中叶、中生种、芽叶早期金黄色，宜制白、绿茶
四季雪芽	浙江大学茶研所	小乔木、中叶、中生种、芽叶早期金黄色，宜制白、绿茶
中茶108	浙江中茶所	灌木型、中叶类、特早生种、育芽力强，持嫩性好，抗性强，产量高，制绿茶品质优，适制龙井、烘青等名优绿茶
中茶302	浙江中茶所	小乔木、中叶、早生，高产，抗逆性强，适应性强，适制单芽或烘青类名优绿茶，也可制红茶
川农黄芽早	四川农业大学	灌木型、中叶种，持嫩性强，芽形适中，叶底色泽好，香气高；抗性和适应性均较强，新梢含氟量低，适制名优绿茶、黄茶

注：不完全统计。

五、良种繁育与推广

（一）良种繁育

1964年，城关公社六大队四队（蒙阳镇关口村四组罗家山）茶叶专业组组长罗定邦等，扦插短穗6000余株，90%能成活，但扦插技术未能及时推广（图9-32）。

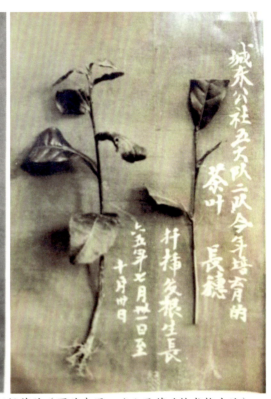

图9-32 原城关、城东公社（现蒙阳街道）扦插茶苗（图片来源：名山县茶叶技术推广站）

1979年，引进无性系良种，扦插繁育成功（图9-33）。由四川省农牧厅统一协调，组织人力物力去福建省福鼎县，火车调运首批福鼎大白茶苗试种在城东、万古、合江（联江）、双河、红星等公社。当时，无性系良种处于探索阶段，绝大部分茶苗死于牛马践踏。成活率最高的是合江公社九大队（藕花村）茶场，有1.2亩，科研人员通过留养枝条进行扦插繁殖，用蕨萁草或竹帘遮光，首次试验成功，成活率及出圃率在75%以上茶叶技术人员向重点公社大队讲解扦插繁育技术，在名山全县推广无性系茶苗繁育（图9-34）。

图9-33 1965年科技人员茶苗扦插
（图片来源：名山县茶叶技术推广站）

1982—1983年，县农业部门、科研机构及有关单位，组织人员普查县内茶树品种，选出181个本地优秀单株，引进47个品种单株进行培育繁殖。

1984年，科技人员在联江乡建立33亩福鼎大白茶示范园及母穗园，以此为样板向全县主产茶叶乡镇推广。由于茶农对茶良种认识不足，推广困难。因此，科技人员宣传茶良种优越性，普及推广茶良种。县茶叶技术推广站技术人员指导联江乡合江村二组、百丈镇肖坪村二组，建成良种茶园并投产。茅河乡"一把伞"试种取得成功。

图9-34 茶技人员向社员讲解茶苗育种技术
（图片来源：名山县茶叶技术推广站）

1990年，名山县联江乡茶树良种繁育场在名山县中峰乡四岗村、茅河乡香水村、联江乡续元村、百丈镇肖坪村建立无性系良种茶苗繁育基地，无偿提供良种茶枝条给当地群众扦插，支付定金，签茶苗回收合同，并传授扦插、种植、管理技术。

1992年，雅安地区外贸局与名山县农业局茶叶技术推广站在中峰乡大冲村建立百亩良种优质高产示范茶园，亩产值在5000元左右。

截至2005年，通过技术培训，把良种茶苗短穗扦插繁育技术普及到千家万户的茶农。

同时，名山全县推广遮阳网覆盖遮光技术，提高茶苗扦插繁殖成活率与出圃率。每亩苗圃园扦插量18万穗左右，出圃合格茶苗15万株，出圃率80%左右。

四川省名山茶树良种繁育场和名山县联江乡茶树良种场为茶树良种繁育与推广中心扦插繁育大量无性系良种茶苗（图9-35），辐射到全县各乡镇，其中，茅河、联江、中峰、百丈、双河、红星等乡镇由于最先发展良种，故母本园多，采集穗条多，繁育茶苗也多。截至2005年底，出圃合格茶苗有42亿株。全县茶园23.06万亩，其中良种茶园20.4万亩。

截至2022年，建成全国茶树品种区试点1个、品比试验园3个、杂交试验园1个，有国家级、省级茶树品种260余个，茶树种质资源3000余份。以茅河镇为中心，良种茶苗年扦插繁育3000亩左右，年出圃10亿株左右，平均亩出合格苗达

图9-35 四川省名山茶树良种繁育场扦插无性系茶苗

40万株，最高达45万株，创全国第一。全区茶园无性系良种化率98%，先后扩大繁殖和推广品种43个。

（二）良种推广

优良茶树品种使名山很快成为全国最大的无性系茶树良种繁育基地。除满足本区良种需求外，还为各地良种茶园提供优质种苗。向四川省成都、乐山、峨眉、泸州、北川、宜宾、达州、万源、广元、绵阳、攀枝花等地提供茶苗，遍布全省所有产茶市（县）；向四川省外的重庆、甘肃、陕西、云南、贵州、湖南、湖北、浙江、广西、江苏、安徽等绿茶产区提供茶苗。主要销售品种有名山白毫131、名山早311、特早213、福鼎大白、福选九号等（图9-36）。仅2000年至2015年间，名山每年扦插良种茶苗面积2000亩以上，销往四川各茶区及云南、贵州、陕西、甘肃、重庆等省市茶苗4亿株。2004年至2015年，年均销售量10.66亿余株，在全国推广无性系良种茶323万余亩。特别是在2016年至2020年期间，全国脱贫攻坚落实目标任务，全国各地茶区山区大力发展茶叶，名山茶苗繁育均在3000亩以上，最高达5000亩，累计提供茶苗62亿株以上，促进省内外新发展茶园113万亩。多年来，名山累计繁育出圃无性系良种茶苗118亿株，可种植茶园456万余亩（表9-6）。不少茶苗繁育户和技术人员到名山市外及贵州、云南、湖北、陕西等地承包或指导茶苗繁育，助力脱贫攻坚。

图9-36 茶良场科技人员对良种进行鉴定

表9-6 雅安市（地）名山区（县）繁殖出圃无性系茶苗统计

年份	苗圃面积/亩	茶苗数量/亿株	可种面积/亩	区（县）内销售/亿株	省内销售/亿株	省外销售/亿株
1995以前	1000	2	36300	1	0.7	0.3
1995-1999	2200	5.5	100000	1.7	2.5	1.3
2000	2800	8.4	152700	0.28	3.6	4.52
2001	3200	9.6	174500	0.4	3.8	5.4
2002	3500	10.5	190900	2.05	3.85	4.6
2003	3700	11.1	201800	2.56	3.95	4.59
2004	2600	7.8	141800	2.97	2.5	2.33
2005	3000	9.0	163600	1.94	3.2	3.86

续表

年份	苗圃面积/亩	茶苗数量/亿株	可种面积/亩	区（县）内销售/亿株	省内销售/亿株	省外销售/亿株
2006	3300	9.9	180000	0.50	3.9	5.5
2007	3800	11.4	207200	0.77	4.5	6.13
2008	3967	11.9	216400	0.70	4.5	6.7
2009	3850	11.6	210000	0.58	4.8	6.22
2010	4043	9.87	164468	0.60	5.0	4.27
2011	4050	12.2	220900	0.76	5.5	5.94
2012	3600	10.8	196300	0.05	5.3	5.45
2013	4385	10.5	190910	0.08	5.1	5.32
2014	4191	9.87	179483	1.82	2.5	5.55
2015	4574	13.93	253303	1.10	4.2	8.63
2016	3056	7.64	138909	1.15	1.30	5.19
2017	3275	8.19	148864	1.55	1.55	5.09
2018	4507	11.27	204909	1.60	1.65	8.02
2019	4233	10.58	192409	1.65	1.47	7.46
2020	2200	5.50	100000	1.80	1.50	2.20
2021	1214	3.04	55182	2.00	0.80	0.24
2022	1600	4.00	72727	1.60	1.10	1.30
合计	26261	228.32	4566400	31.21	78.77	118.34

说明：①苗圃面积计算标准：1995年以前20万株/亩，1996—1999年为25万株/亩；2000—2009年，为30万株/亩；2010—2015年，按实际出圃数；2016年后平均为25万株/亩。②可种面积标准种植量：5000株/亩。

六、名优茶传统制作工艺恢复与推广

1959年，四川省雅安茶叶生产场及县商业局土产经理部所属茶厂，在雅安茶厂梁白希等的指导协助下，恢复蒙顶甘露、蒙顶石花、蒙顶黄芽、万春银叶、玉叶长春（称"五朵金花"）传统名茶原料标准及工艺技术规程，但工艺技术资料未能保留。

1962年，四川省雅安茶叶生产场生产上述5种名茶，但尚未研究总结出完整的工艺技术，年产量仅50kg左右。1963年，间断生产，产量极少，年产量200kg左右，且产品质量不够稳定。

1963—1965年，四川省国营蒙山茶场的杨天炯与工人一起，经过3年研制，系统规范、总结出上述五种名茶的工艺技术，并定蒙顶黄芽为黄茶类名茶，其余4种为绿茶类

图9-37 2001年5月18日,省、地、县三级共同在名山召开四川蒙顶名茶研讨会

名茶。其工艺技术被编入全国高等院校教材《制茶学》(1987年版)和陈椽主编的《中国名茶研究选集》(1985年版)于2000年,入选《中国名茶志》(图9-37)。

1989—1991年,完成四川省星火计划"推广蒙山名茶制作新工艺,提高名茶质量产量"项目。到1991年,名优茶产量73.26t,产值239.65万元,税收28.76万元,企业利润26.36万元,农民增收47.93万元。分别比实施项目前增加19.28倍、22.56倍、18.43倍、19.33倍、26.84倍。又开发了蒙峰雀舌、蒙山毛峰名茶、玉叶长春花茶、春露花茶等新产品。

1991年,茅河乡建成蒙峰茶厂。1993年3月,负责人杨国富开发研制蒙峰雀舌名茶,1994年获四川省乡镇企业科学技术进步二等奖;1995年获四川省人民政府优秀新产品三等奖。1996年,开发研制老鹰茶嫩芽系列产品;1997年3月获四川省乡镇企业科技进步二等奖,同年7月获雅安地区行政公署科学技术进步二等奖。

2002年起,四川省蒙顶山洪兴茶厂的施刘刚,开始研究蒙山雀舌、礼佛石花的制作工艺。

2004年春,第一次初试制作。至2007年,经过30余次试制,形成较成熟的工艺流程。同年8月24日,国内著名茶叶学术专家钟萝、钟渭基、吴善庭、李廷松等及茶文化界的钱晓宪、蒋昭义、成先勤等组团对礼佛石花的生产工艺进行专项鉴评,认定施刘刚成功发掘恢复了石花的历史传统工艺。

第四节　专利保护

蒙顶山茶一直较为重视技术创新和知识产权保护，特别是高度认识到将知识产权建设与发展定为发展战略，对优化营商环境，保障创新发展意义重大。近年来，名山区政府及知识产权部门（原归口科技局，2019年后归口市场监督管理局），坚持以知识产权战略行动计划为指导，认真贯彻落实上级关于强化知识产权的保护要求，切实加大知识产权管理和保护力度，始终把培育和发展品牌作为重要工作内容，确定专班、专人抓落实，充分发挥自身职能职责，主动服务市场，指导市场主体树立知识产权保护意识，加强商标及专利培育、申报和注册管理的力度，不断提升知识产权保护水平。

2021年，建立完善的知识产权保护工作机制，统筹整合基层各方知识产权保护资源，合力开展知识产权保护，设立了名山区知识产权人民调解委员会，建立了知识产权维权工作站2个、商标品牌指导站7个，以"五书一制度"形式开展工作，多元化开展知识产权纠纷化解工作。两年时间，商标品牌指导站接待各类咨询45件，维权工作站调解知识产权纠纷4件。

以"春雷行动""铁拳行动""双随机、一公开"等为抓手，大力整治辖区内知识产权违法乱象。2020至2022年三年中，联合相关部门，出动执法人员300余人次，开展知识产权保护跨区域跨部门协作检查、蒙顶山茶品牌授权使用企业普查、重点商品假冒专利行为排查等行动，查处商标侵权案10件（蒙顶山茶商标侵权案2件），罚没金额10余万元；查处专利侵权案10件，撤回非正常专利21件。

以蒙顶山茶生产、加工、销售企业为基础，四川农业大学、中国茶叶流通协会等为依托，由区市场监管局牵头，会同名山区农业农村局、区茶业协会积极开展国家行业标准制、修订工作，截至2021年11月8日已全部发布公告，于2022年1月1日正式实施。目前，已编印了《蒙顶山茶品牌使用管理手册》《蒙顶山茶标准汇编》各1000册，发放给相关茶企，引导开展对标提质行动。

积极推进蒙顶山茶商标国际注册，已完成了俄罗斯、英国、日本及中国香港4地商标注册。2021年，积极在德国、韩国、摩洛哥、爱尔兰、乌兹别克斯坦5个国家注册商标，已取得了《受理通知书》，后续注册工作正有序推进。目前，蒙顶山茶已入选中欧地理标志协定保护名录，正在争取将蒙顶山茶作为四川茶叶代表纳入中俄互保协定。

2021年，成功申请了国家级地理标志运用促进工程重点项目和省级四川地理标志产品保护示范区创建。2022年，获得了省级专项资金20万元，由区政府印发了《雅安市名山区创建蒙顶山茶省级地理标志产品保护示范区实施方案》，组织召开了启动会，压实责任，明确任务，相关工作正按照时间节点有序推进。

截至2022年底，全区共有有效注册商标1876件。其中，蒙顶山茶地理标志证明商标9件、中国驰名商标3件（蒙顶山茶、蒙顶、蒙山）、四川省著名商标11件、雅安市知名商标12件。蒙顶山茶商标单一国国际注册4件。有效专利94个，较2021年增加6件，其中发明专利11个，较2021年增加1件涉茶发明专利，实用新型专利29个，外观设计专利54个。雅安市名山区茶叶类专利统计见表9-7~表9-9。

表9-7 雅安市名山区茶叶类发明专利统计

序号	专利权人	联系人	专利号	证书号及授权公告日	发明名称
1	杨天炯、杨红等4人	杨天炯	ZL.2012102825103	2013年8月28日	一种黄茶的制造方法
2	杨天炯等5人	杨天炯	ZL.20133106604227	2015年5月20日	一种茶鲜叶杀青的方法
3	雅安市名山区大川茶厂	高永川	ZL.201310728899.4	第1766147号 2015年8月19日	一种高品质茉莉花茶的制作方法
4	郭承义	郭承义	ZL.201110080126.0	第1129749号 2013年1月30日	保健茶
5	四川省南方叶嘉茶业有限公司	代毅	ZL.201410328820.3	第2220626号 2016年7月31日	一种蒙顶石花绿茶的加工方法
6	四川省南方叶嘉茶业有限公司	代毅	ZL.201410370708.6	第2345366号 2014年7月31日	一种蒙顶甘露花茶的加工方法
7	四川省南方叶嘉茶业有限公司	代毅	ZL.201410251002.8	第2111146号 2016年6月9日	一种蒙顶山名优红茶的加工方法
8	四川蒙顶山跃华茶业集团有限公司	张跃华	ZL.201410798320.1	第2556289号 2014年12月19日	一种红茶的制作方法
9	四川蒙顶山跃华茶业集团有限公司	张跃华	ZL.201410800020.7	第2552005号 2014年7月19日	一种绿茶的制备方法
10	郭承义	郭承义	ZL.20100231014.6	第1266498号 2013年9月4日	一种高效节能杀青机
11	郭承义	郭承义	ZL.20090059314.8	第1003020号 2012年7月18日	一种旋转式紧压茶边续成型机
12	雅安市雅州恒泰茶业有限公司	施刘刚	ZL.201710178829.4	第4001938号 2020年9月25日	一种促使茶叶发花的方法

注：不完全统计，1号和2号证书号缺失。

表 9-8 雅安市名山区茶叶类实用新型专利统计表

序号	专利权人	联系人	专利号	证书号及授权公告日	实用新型名称
1	雅安市名山区永祥茶机制造有限公司	陈建祥	ZL.201520905616.3	第5096503号 2016年3月30日	一种节能型茶叶热风炉
2	雅安市名山区永祥茶机制造有限公司	陈建祥	ZL.201520899152.X	第5096342号 2016年3月30日	一种节能换热器
3	雅安市名山区永祥茶机制造有限公司	陈建祥	ZL.201520897372.9	第5096023号 2016年3月30日	一种动态烘干机
4	雅安市名山区永祥茶机制造有限公司	陈建祥	ZL.201520894894.3	第5096446号 2016年3月30日	一种热风炉装置
5	雅安市名山区永祥茶机制造有限公司	陈建祥	ZL.201520899177.X	第5096187号 2016年3月30日	一种节能动态脱水机
6	雅安市名山区永祥茶机制造有限公司	陈建祥	ZL.201621017936.6	第6257729号 2016年8月31日	一种用于蒸汽杀青的环管
7	雅安市名山区永祥茶机制造有限公司	陈建祥	ZL.201621017938.5	第6357120号 2016年8月31日	一种用于蒸汽杀青机的传送装置
8	雅安市名山区永祥茶机制造有限公司	陈建祥	ZL.201520895518.6	第5097005号 2016年3月30日	一种杀青机加热系统
9	任先志	任先志	ZL.201721673700.2	第7677881号 2018年8月7日	一种闸式隔王板
10	任先志	任先志	ZL.201822101829.7	第9532450号 2019年10月29日	一种适用于中蜂无药养殖的蜂箱

注：不完全统计，1号和2号证书号缺失。

表 9-9 雅安市名山区茶叶类外观专利统计

序号	专利权人	联系人	专利号	证书号及授权公告日	外观设计名称
1	四川省名山县国营蒙山农垦茶叶公司	郑天华	ZL.CN97305595.2	1998年10月28日	茶叶包装盒（甘露）
2	四川省名山县国营蒙山农垦茶叶公司	郑天华	ZL.97305594.4	1998年10月28日	茶叶包装盒（毛峰花茶）
3	四川省名山县国营蒙山农垦茶叶公司	郑天华	ZL.CN97305593.6	1998年10月28日	茶叶包装盒（黄芽）
4	四川省名山县国营蒙山农垦茶叶公司	郑天华	ZL.97305596.0	1998年10月28日	茶叶包装盒（毛峰）
5	四川省雅安义兴藏茶有限公司	郭承义	ZL.201730494574.3	第4589892号 2018年4月10日	包装盒（如意金鱼）
6	四川省雅安义兴藏茶有限公司	郭承义	ZL.201730494570.5	第4589709号 2017年10月17日	包装盒（四方梵音）
7	四川省雅安义兴藏茶有限公司	郭承义	ZL.201730493239.1	第4589758号 2017年10月17日	包装盒（简单）

续表

序号	专利权人	联系人	专利号	证书号及授权公告日	外观设计名称
8	四川省南方叶嘉茶业有限公司	代毅	ZL.201830046309.3	第4820399号 2018年1月31日	茶叶包装套件
9	四川省南方叶嘉茶业有限公司	代毅	ZL.201830046744.6	第4861602号 2018年10月12日	茶叶包装套件
10	四川省南方叶嘉茶业有限公司	代毅	ZL.201830046986.5	第4822109号 2018年9月7日	茶叶包装套件
11	四川省南方叶嘉茶业有限公司	代毅	ZL.201830046990.1	第4822640号 2018年9月7日	茶叶包装套件
12	四川省南方叶嘉茶业有限公司	代毅	ZL.201830046996.9	第4821021号 2018年9月7日	茶叶包装套件
13	四川省南方叶嘉茶业有限公司	代毅	ZL.201830025901.5	第4720103号 2018年6月29日	罐
14	四川省南方叶嘉茶业有限公司	代毅	ZL.201830025902.X	第4718603号 2018年6月29日	罐
15	四川省南方叶嘉茶业有限公司	代毅	ZL.201830025903.4	第4719626号 2018年6月29日	罐
16	四川省南方叶嘉茶业有限公司	代毅	ZL.201830025904.9	第4719627号 2018年6月29日	罐
17	四川省南方叶嘉茶业有限公司	代毅	ZL.201830025905.2	第4719994号 2018年6月29日	罐
18	四川省南方叶嘉茶业有限公司	代毅	ZL.201830026142.4	第4718604号 2018年6月29日	罐
19	四川省南方叶嘉茶业有限公司	代毅	ZL.201830026145.8	第4719995号 2018年6月29日	罐
20	四川省南方叶嘉茶业有限公司	代毅	ZL.2018530026429	第4719927号 2018年6月29日	罐
21	四川禹贡蒙顶茶业集团有限公司	施友权	ZL.201730538300.X	第4579598号 2018年4月3日	包装盒（蒙顶道茶）
22	四川禹贡蒙顶茶业集团有限公司	施友权	ZL.201730538299.0	第4579647号 2018年4月3日	包装盒（圣世天下）
23	四川禹贡蒙顶茶业集团有限公司	施友权	ZL.201730538301.4	第4579669号 2018年4月3日	包装盒（蒙顶黄芽）
24	四川禹贡蒙顶茶业集团有限公司	施友权	ZL.201730537703.2	第4579641号 2018年4月3日	包装盒（蒙顶甘露）
25	四川禹贡蒙顶茶业集团有限公司	施友权	ZL.201730538305.2	第4579486号 2018年4月3日	包装盒（桂花飘香）
26	四川蒙顶山跃华茶业集团有限公司	张跃华	ZL.201830770338.4	第5208036号 2019年5月31日	包装盒（跃华茶业1）
27	四川蒙顶山跃华茶业集团有限公司	张跃华	ZL.201830770313.4	第5170324号 2019年5月7日	包装盒（跃华茶业3）

续表

序号	专利权人	联系人	专利号	证书号及授权公告日	外观设计名称
28	四川蒙顶山跃华茶业集团有限公司	张跃华	ZL.201830771790.2	第5300931号 2019年7月26日	包装盒（跃华茶业2）
29	四川蒙顶山跃华茶业集团有限公司	张跃华	ZL.201830771780.9	第5171494号 2019年5月7日	包装盒（跃华红鼎2）
30	四川蒙顶山跃华茶业集团有限公司	张跃华	ZL.201830771787.0	第5283429号 2019年7月16日	包装盒（跃华红鼎1）
31	四川蒙顶山丰丰茶业有限公司	乔琼	ZL.201630445304.9	第4078979号 2017年3月15日	茶叶盒（甘露2）
32	四川蒙顶山丰丰茶业有限公司	乔琼	ZL.201630444661.3	第4081329号 2017年3月15日	茶叶包装盒（蒙顶三杰）
33	四川蒙顶山丰丰茶业有限公司	乔琼	ZL.201630444648.8	第4078728号 2017年3月15日	茶叶盒（黄芽4）
34	四川蒙顶山丰丰茶业有限公司	乔琼	ZL.201630444644.X	第4079197号 2017年3月15日	茶叶盒（黄芽2）
35	四川蒙顶山丰丰茶业有限公司	乔琼	ZL.201630444622.3	第4079139号 2017年3月15日	茶叶盒（雾本红1）
36	四川蒙顶山丰丰茶业有限公司	乔琼	ZL.201630445307.2	第4078957号 2017年3月15日	茶叶盒（甘露1）
37	四川蒙顶山丰丰茶业有限公司	乔琼	ZL.201630445246.X	第4079154号 2017年3月15日	茶叶盒（雾本红2）
38	四川蒙顶山丰丰茶业有限公司	乔琼	ZL.201630444615.3	第4079196号 2017年3月15日	茶叶盒（石花2）
39	四川蒙顶山丰丰茶业有限公司	乔琼	ZL.201630445273.7	第4078483号 2017年3月15日	茶叶盒（石花1）
40	四川蒙顶山丰丰茶业有限公司	乔琼	ZL.201630445301	第4079362号 2017年3月15日	茶叶盒（黄芽1）

注：不完全统计。1~4号证书号缺失。

第五节 科技应用

一、科技推广

从名山种茶起至民国时期，名山茶叶技术均以口口相授、经验传承为主，发展进步缓慢。民国时期，虽然有四川省、西康省农业厅的专家调研、呼吁，但茶农基本未受到政府的支持和资助，未见到有实质性的栽培技术培训。栽培管理技术基本靠老一辈口授或自己总结。制茶技术或老一辈传授，或师徒相传，普及面狭窄。

新中国成立后，农业局、茶业局、科技局等涉茶科技单位，开展茶叶培训，普及茶叶栽培技术，提高茶园栽培、管理、鲜叶采摘、名茶制作等水平。

20世纪50至70年代末，由人民政府出资，每年组织各级业务部门的茶业人员，进行中、短期的技术培训。乡镇、村、社及重点茶区农户，或脱产一月，或十天半月，或三五天，通过集中学习、以会代训、现场观摩等形式，学习茶树栽培、茶苗繁育、茶

图9-38 1974年，省农业厅农垦局夏孝怀（右二）地区农业局施嘉璠（右四）给蒙山茶场知青讲授茶叶知识（图片来源：李惠凡）

园建设、茶园管理、病虫害防治、鲜叶采摘、分级采茶以及茶叶初制加工、名优茶制作等知识技术（图9-38）。免费培训，赠送书籍，发放资料。据谭辉廷当年在工作笔记中记录：1955—1958年，进行工具改革，技术革新，推广木制揉茶机54台，其中水力9台、修枝剪350把；培训茶叶技术人员181人，召开茶叶技术现场会3次，共计200余人次。扩大茶园面积，新移栽350亩，短穗扦插苗圃地70亩，共计560万株。茶园施肥面积449亩，用清粪1516担、化肥7530斤、其他粪6400斤。老茶更新5500丛（400丛折1亩），防治病虫害面积250亩。

改革开放后，以经济建设为中心，人民政府每年在初春举办名优茶采制技术培训班，3天1期，1年3~4期，每期少则20人，多则百余人。农业部门的茶叶技术干部、四川省国营蒙山茶场的工人师傅、供销社系统事茶职工及采茶能手等现场传授黄芽、石花、甘露、毛峰、玉叶长春、万春银叶等名茶的鲜叶采制技术（图9-39），多次举办培训班。农业、茶业部门每年出版一期《茶事一年早知道》，出版5~8期《茶叶简报》，介绍茶树栽培管理要点（图9-40）。

图9-39 国营蒙山茶场技术员正在指导职工茶叶采摘（图片来源：施友权）

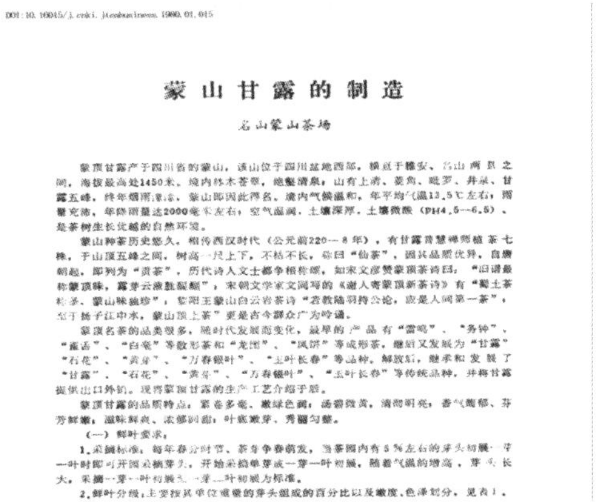

图9-40 1980年《茶业通讯》1980年第一期发表《蒙山甘露的制造》

1981年11月21日，中共名山县委、县人民政府召开茶叶工作会议，21个公社重点产茶场队的生产队长、专业组长、技术骨干共500余人参加。会上，茶叶技术干部讲授低产茶园改造、茉莉花栽培技术，印发茶叶生产经验、栽培技术资料2000余本。

1982—1983年，县农业部门、科研机构及有关单位，举办名茶采制、病虫防治、茶园冬管、幼龄茶园管理等培训班。

1985年，举办名茶采制、病虫防治、投产茶园冬管、幼龄茶园管理、低产茶园管理等培训班34期，参加学习的有1750人次。推广改造低产茶园经验。

1986年，在名茶开采之前，从3月5—14日，举办茶叶技术培训班，有61人参加。聘请6名四川农业大学茶学系的副教授、专业讲师和3名茶叶农艺师任主讲。主要传授茶叶丰产栽培、高产优质的综合技术措施，涉及茶叶采摘、茶树病虫防治、名茶品种应用、名茶制造理论、名茶制作工艺、名茶审评等9个专题技术、技能及茶叶知识。然后，依靠这批骨干，在各乡镇举办以名茶采摘、加工为主要内容的技术培训班，有1525人参加。制作《蒙山顶上茶》录像片，系统介绍蒙顶茶栽培技术和制作工艺，省电视台、县广播局均公开播放。翻录20余套，发至各乡镇，在干部会、群众会上播放。

1986—1991年，全县新发展茶园3500亩，采用无性系良种茶苗移栽定植技术。推广名优茶的分级采摘技术和名优茶加工技术。举办涉茶技术培训班95期，参加学习人员达2345人次。其间，雅安市（雨城区）、宝兴县、荥经县茶农先后到名山参观、学习名优茶采制技术，名山茶叶技术人员被聘请到上述县（市）传授采制技术。

1992—2004年，举办涉茶技术培训班1210余期，参加学习人员达3.4万余人次。

2004年，对全县8万亩投产茶园和10万亩幼龄茶园分别进行茶树维护与技术指导，指导百丈茶厂、新店茶厂、中峰茶厂建成高标准无公害的千亩示范茶园3个；年初，全县茶园黑刺粉虱及煤烟病出现流行趋势，县农业局先后下发《关于防治黑刺粉虱》农业信息多期，指导农户适期开展防治。到各乡镇举办培训65期（次），受训人员达1.4万人次，印发资料1300余份。同年，茶叶科技进步对国内生产总值增长贡献率达42.3%。在20个乡镇确定无公害茶叶科技示范区，实施《无公害茶叶科技示范区建设实施方案》，带动全县无公害茶叶生产。

2001—2004年，黑竹镇先后请市、县茶叶专家，四川农业大学教授到镇、村讲授茶树栽培、管理、采摘等技术。镇、村两级举办茶树栽培管理培训45次，培训人员达10.3万人次。

2004年起，联江乡聘请四川农业大学和四川省贸易学校的茶叶专家培训茶树栽培知识，培养评茶师和检验员。

2005年，农业系统与各乡镇、村社联合，举办茶业技术培训班152期，办专刊、黑板报、广播、电视讲座253期，发放技术资料6万份，培训乡镇、村社干部及群众、专业户、示范户、加工企业主等5.5万人次。发布茶叶生产信息29期。组织专业技术人员10余人编写培训资料、复习资料、考试题900余份。利用广播电视等新闻媒体，宣传普及茶叶标准化知识，引导农户和加工企业按标准进行生产经营。科技系统全年开展技术培训165期，培训人员达1.4万多人次，发放技术资料65623份。2005年3月和5月中旬，分别在蒙阳、中峰、联江等乡镇开展科技之春宣传月和科技活动周活动，市、县13个单位的83名科技人员送科技下乡，发放资料5200多份，接待咨询310多人次。与县广电局联合开办科普之窗"星火科技"栏目，播放40多期。同年，举办大型科普讲座1期，农村实用技术培训6期，培训人员达1000多人次。2005年5月18日，在科技活动周期间，结合移民安置工作，在城东乡五里村专门为该乡的三峡移民举办无公害茶叶技术培训班。

2006年，建设茶叶科技推广服务体系。建立科技人员与茶业专业户、示范户和茶农之间的信息平台。通过茶叶专业技术协会，举办茶业科技培训班100余期，培训人员达1万余人次。建设茶叶科技信息网络体系，启动"名山茶业信息"网站和"四川农业科技110名山指挥中心"。开展基层茶业技术推广体系研究，形成《名山县基层茶叶技术推广服务体系研究报告》。

2007年，茶业局举办茶叶技术培训班共73期，培训茶农达1.12万人次；办专刊、黑板报、广播电视讲座156期；发放技术资料1万份，发布茶叶信息51期。科技局开展农村实用技术培训153期，参训人员达7.76万人次，在科普宣传月和科技活动周期间，组织科技人员开展科技三下乡活动4次，发放技术资料2.2万份，接待群众咨询2500人次。开展茶业讲座大型科普宣传活动，社区群众受教育面达70%。在红岩、中峰等乡（镇）推广800亩"黑光灯"物理防治病虫害技术。2001年9月18—28日，中共名山县委党校在解放乡瓦子村、新店镇新坝村开展解民忧、助民富的茶叶实用技术培训活动，2个村12个组300余名茶农参训。2007年11月，邀请四川省农业科学院茶叶研究所到名山举办评茶员培训班，名山茶叶技术干部和茶叶企业负责人17人参加学习培训，通过考试考核获高级评茶员资质。

2008年，邀请相关专家或教授到名山开展科技讲座和科技培训3期（项目操作实务1期、知识产权保护1期、青少年科技创新大赛辅导员培训1期）。指导乡镇建立标准化示范茶园20个，开展茶园种植、安全生产、采摘等技术培训48期，培训茶农8700人次。向全县茶农印发《秋季茶园主要病虫的发生与防治》等技术资料14.6万份。全县组建农村专业技术协会60个，其中茶叶类21个，发展会员1.3万人。组织开展科普宣传月和科技活动周送科技下乡活动，组织科普挂图100张，发放科技资料8000份，接受群众咨询450人次，面向农村开展技术培训活动12次，参训人员2600余人。2008年11月13日，省、市农业植物保护部门及名山县茶业发展局在蒙顶山大酒店联合举办茶叶安全使用农药技术培训班，全县20个乡镇的茶业员、县首届茶业十强企业基地建设负责人、种茶大户及茶业发展局科技人员共60余人参加培训。推广单采机、双采机、单修机、双修机1000余台，机采面积15万亩次，冬季修剪20万亩次。

2009年，完成茶园种植、安全生产、采摘等技术培训80期，培训茶农1.4万人次，发布茶叶生产管理信息60余条，印发生产技术资料7.3万份，编印《茶叶生产技术手册》3.5万册。进行茶树病虫监测，定期开展病虫监测预报，发布《茶叶信息》11期，网络发布名山快讯50期（次），提供病虫预报信息，减少施药范围和施药面积。

图9-41 机械化采摘和手工采摘培训

发布《名山茶业信息》10期，通报产业有关情况。在科技之春科普宣传月，活动组织科普挂图560张，发放科技资料7000份，接受群众咨询860人次，面向农村开展科学技术培训活动14次，参训人员有2800余人；配合市科技局、市科学与技术协会开展科技赶场、科普培训等一系列大型科普活动，发放农业科普知识宣传资料3万余份。应用并推广使用诱蛾灯、黄板等无公害安全生产技术和措施。推广单采机、双采机、单修机、双修机1500余台，机采面积15万亩次，冬季修剪20万亩次（图9-41）。

2010年，根据乡镇和农户的需求，开展无公害茶叶生产技术培训275期，培训茶农6.5万人次，发布茶叶生产各类信息40余条，印发各类技术资料3.7万余份，发布《名山茶业信息》7期。引进和推广茶叶单采机、双采机、单修机、双修机共1200余台，机采面积11万亩次。

2006年，全县实施"科普惠农兴村计划"项目，加强农村科普宣传站、科普宣传栏、科普宣传员建设，农村项目覆盖面在75%以上，受惠群众18万人，占农村总人口的69%。到2010年底，四年共投入项目资金95万元，其中上级科学与技术协会和财政下拨85万元，县财政配套10万元。建立科普宣传站10个、科普宣传栏57个、配置科普宣传员55人。在项目实施过程中，培养农村科普带头人15名，建立科普示范基地12个和示范农技协8个，举办农村实用技术培训班88期，培训人员3.6万人次，发放科普资料5.5万套，举办科普宣传月、科技活动周等大型科普活动12次，县电视台开办《科普大篷车》宣传栏目，播放科普节目120期。该项目实施涉及18个乡镇，群众受惠面达85%以上。

2011年，组织科普志愿者和科技人员送科技下乡近200人次，发放科普挂图500多张，发送科技资料1.5万份，举办知识产权知识、法律知识、农村实用技术、现代信息技术等科普报告会5次。组建民营企业科学技术协会1个、社区科学技术协会2个。建立社区科普活动室4个，配置科普图书1.1万册、电脑4台、电教设施2套。投入7万元，在全县60个重点村设立科普宣传栏60个。建成国家级科普示范基地1处、市、县级科普示范基地12处，建立科普宣传室65处。推广采茶机50余台、修剪机300余台、机动喷雾器1500余台，绿茶清洁化自动生产线通过省级科技成果鉴定。

2012年，完成茶园种植、安全生产等技术培训45期（图9-42），培训茶农1.2万人次，发放生产技术资料3.1万份。举办茶叶生产技术培训班4期，培训茶农、茶叶加工人员1500人次，发放技术资料3500余份。设立病虫害观察圃，开展茶树有害生物种类与发生危害特点研究，发布病虫害发生信息15期。同年9

图9-42 农药检查（2009年）

月底，四川省农业科学院茶叶研究所博茗茶叶技术培训中心为名山县现代农业产业基地建设举办蒙顶山茶加工技术与品牌建设技师等级培训班，为期5天，全县20家茶叶加工企业的20名茶叶加工技术骨干参训，并获技术等级证书。推广采茶机30余台、修剪机500余台、机动喷雾器1800余台。

2013年，茶业局开展茶叶技术培训250期，培训茶农6万余人次，发放生产技术资料20.1万份。名山县茶产业领导小组办公室、农业局，开展茶叶投入品管理、使用知识培训2期680人次，并考试领证。科技局举办茶叶生产技术培训班5期，培训茶农、茶叶加工人员1200人次，发放技术资料5000余份，针对茶农在鲜叶下树、肥水管理、病虫害防治等方面的问题，开展技术培训15期（次），受训茶农和茶叶企业加工人员2200人次，发放技术资料3500份。推广采茶机130余台、修剪机900余台、机动喷雾器2000余台。

2014年，茶业局举办技术培训22期，培训茶农5500人次，发放生产技术资料7200份。名山县茶产业领导小组办公室、农业局开展茶叶农药管理培训1期，达380人次，并考试合格领取《名山区农业生产资料经营销售培训合格证》。科技局培养农村科普带头人12名，建立科普示范基地6个和示范农村科学技术协会3个，举办农村实用技术培训班22期，培训人员8000人次，发放科普资料1.5万套，举办科普宣传月、科技活动周等大型科普活动8次。名山区电视台开办"科普大篷车"宣传栏目，播放科普节目22期。"科普惠农兴村计划"项目实施涉及6个乡镇，群众受惠面达85%以上，完成设定的技术经济指标。在红岩、中峰、双河、联江、新店等乡镇建立5个茶叶病虫害监测点，发布病虫害发生信息10期。安装频振式杀虫灯100盏、扦插粘虫黄板28万张，建立绿色防控技术示范园11250亩。推广采茶机40余台、修剪机250余台、机动喷雾器300余台。

2014年，四川蒙顶山跃华茶业集团有限公司利用国家发明专利实施省级成果转化项目，四川省蒙顶皇茶茶业有限责任公司引进成果实施省级成果转化项目（项目资金300余万元）。雅安国家农业科技园区绿茶工程技术研究中心进行蒙顶山浓香型直条毛峰精加工技术、产品研发和蒙顶山石花传统制作技艺的开发整理。

2015年，开展各类技术培训25期，培训茶农6500人次，发放生产技术资料0.85万份。利用3月科普活动月、5月科技活动周等，组织职能部门参与区委宣传部组织的网络安全宣传活动。组织科普志愿者和科技人员，参加送科技下乡、进社区、到企业活动，组织科普挂图500张，发送科技资料1.2万份，销售科技图书1450册。通过试验、示范，推广采茶机25台、修剪机123台、机动喷雾器95台，茶园植保机械化和半机械化率达100%，茶树机械化修剪率达100%。在红岩、中峰、双河、联江、新店等乡镇建立了5个茶叶病虫害监测点，及时、准确地发布病虫害发生信息6期，有效减少了农药施用量，提高了病虫害防治效果。四川省蒙顶皇茶茶业有限责任公司实施名优茶清洁化生产及产业化开发项目，实现高新技术产值2700万元；四川蒙顶山跃华茶业集团有限公司实施应用新技术生产蒙顶山黄芽茶产业化项目，实现高新技术产值3300万元；四川禹贡蒙顶茶业集团有限公司实施高栗香型优质绿茶加工新技术应用及产业化项目，实现高新技术产值1200万元，茶产业科技贡献率超过90%。

2016年，全面完成建设物联网络综合服务平台、生产管控系统、安防及基地管理系统，建设自动喷灌物联网应用终端。安装太阳能频振式杀虫灯440盏，维修522盏杀虫灯；扦插粘虫黄板17万张。通过积极开展"三品"申报宣传、乡镇（茶叶）农残速测工作、推广生物农药等引导茶农向本区内具有专业技术能力和资质的农资公司购买植保服务，在万古乡九间楼村、红岩乡肖碥、罗碥村开展茶园统防统治试点工作，为今后大面积实施"绿色防控与专业化统防统治相融合"工作，以达到茶叶农药残留不超标、安全优质的要求摸索经验、奠定基础。指导茶农进行低产茶园改造6300亩。对茶苗专业合作社进行茶穗扦插技术培训，全区繁育无性系良种茶苗11.6亿株。全区茶园无性系良种化率已达99%以上。实现机耕18.2万亩、机收5.8万亩、机灌12万亩，成立农机合作社24个，作业面积约12万亩次，综合机械化水平达44%。兑现农机补贴603.064万元，受益1640余户，补贴机具2506台（套）。更新建设提灌站19座345.5kW、修复改造提灌设备

263台套3080kW、修建机耕道4.1kM。抗旱机具出勤总数达3100次/台，提水灌溉总量达150万m³，提水保灌面积3.8万亩。在红岩、中峰、双河、联江、新店等乡镇建立5个病虫害监测点，发布重大病虫防治预案1期，病虫害趋势预报及防治方案3期，短期预报3期，准确率达90%以上。茶园安装频振式杀虫灯2000盏、扦插粘虫黄板45万张，在双河乡建立茶叶绿色防控核心示范园300亩，辐射带动1000亩，省间调运检疫67批次，检疫茶苗7822.64万株，茶树230株，茶树穗条2500kg；省内调运检疫101批次，检疫茶苗19606.84万株，茶果10t，均未发现检疫性有害生物。

2020年，名山区农业局、区科学技术协会针对异常天气，及时发布了《加强茶园管理，防治倒春寒》《茶园黑刺粉虱防治》《茶园青苔防治技术》《茶树抗旱措施》等农业信息，并及时对茶农进行科学施肥、合理修剪培训指导。同时，大力推广高效低毒生物农药、太阳能频振式杀虫灯、粘虫色板等物理防治措施，扦插粘虫黄板10万余张，安装频振式杀虫灯200盏。针对新冠病毒疫情，严重影响外来采茶工，制发"外来采茶人员采茶证"，制发"外来采茶人员采茶证""鲜叶交易流通证"，实行网格化管理，指导茶企做好《疫情防控工作方案》，做到科学用工、科学防疫。同年9月20日，名山区与陈宗懋院士团队签订茶叶中农药残留和污染物管控技术体系创建及应用项目，并深入开展污染物防控技术推广和蒙顶甘露适制品种筛选工作。

二、科研文章

蒙顶山茶科研工作是从1950年名山县解放后开始的，历代茶叶科研工作者星火相会、不懈努力，成果颇丰。蒙顶山茶科技论文目录见表9-10。

表9-10 蒙顶山茶科技论文目录

题目	作者	发表刊物（图书）	发表或写作时间	工作单位或相关情况
四川邛名雅荥四县茶业调查报告	刘轸	建设周讯	1938年	
西康雅茶产销概况	郑象铣	边政公论	1942年	
雅灌名邛洪五县茶叶调查报告	郑以明 孙翼谌	贸易月刊	1942年	
历代茶叶边易史略	徐方干	边政公论	1944年	
茶树留种调查报告	施嘉璠	中国茶叶科技	1964年	1955年，在西康省茶叶试验场开展"茶叶留种"工作
蒙山茶场自然环境与土壤调查报告	赵民先	蒙山茶场土壤调查报告	1964年	四川省农业厅农垦局勘测规划第三队

续表

题目	作者	发表刊物（图书）	发表或写作时间	工作单位或相关情况
南边茶传统初制工艺技术	杨天炯、徐廷均		1966年	四川省国营蒙山茶场四川省农业科学院茶叶研究所
论茶树种植密度（3篇）	施嘉璠	四川茶叶科技	1977—1978年	雅安地区农业局
四川边茶的历史及其演变	徐廷均、李廷松、杨天炯、刘英骅		1977年	四川省农业科学院茶叶研究所、四川省国营蒙山茶场、雅安地区外贸局
蒙顶沱茶工艺技术与品质初探	杨天炯		1977年	四川省国营蒙山茶场
蒙顶甘露名茶系列工艺技术研究报告	杨天炯		1977年	四川省国营蒙山茶场
南边茶初制新工艺技术	徐廷均、杨天炯、刘英骅		1977年	四川省农业科学院茶叶研究所、四川省国营蒙山茶场、雅安地区外贸局
新茶园速成丰产园	施嘉璠		1978年	雅安地区农业局
小面积茶园高产试验初报	施嘉璠	中国茶叶科技	1978年	雅安地区农业局
单条植茶园速成高产	施嘉璠	中国茶叶科技	1979年	雅安地区农业局
蒙山甘露的制造	名山蒙山茶场	茶业通讯	1980年	国营蒙山茶场
利用热风排湿杀青效果初探	杨天炯、唐继平	茶叶生物化学、茶叶通讯	1979年、1981年	四川省国营蒙山茶场、西南农学院
七龄茶园干细茶超千斤	徐廷均、李廷松、杨天炯	贵州茶叶	1980年	四川省农业科学院茶叶研究所、名山县农业局
浅谈高品质炒青绿茶初制工艺技术	杨天炯	茶叶科技	1980年	四川省国营蒙山茶场
利用热风排湿杀青效果初探	杨天炯、唐继平	名山县茶叶科技三十年论文集	1982年	国营四川省名山县茶厂
茉莉花茶窨制工艺技术试验报告	杨天炯、杨朝柱、杨红	名山县茶叶科技三十年论文集	1982年	国营四川省名山县茶厂、名山县茶叶学会
蒙顶茶	王少相	科学文艺	1983年	
蒙山"迎春白毫"名茶系列工艺技术研究总结报告	杨心辉、杨红	名山县茶叶科技三十年论文集	1983年	名山县农业局，名山县蜀名茶场
改造烘干机炉灶提高热效率	杨天炯	茶业通报	1984年	国营四川省名山县茶厂
蒙顶甘露工艺技术，蒙顶黄芽工艺技术	杨天炯、胡坤龙、肖凤珍	中国名茶研究选集	1985年	四川省国营蒙山茶场

续表

题目	作者	发表刊物（图书）	发表或写作时间	工作单位或相关情况
论茶园的深耕技术	徐廷均、钟秉全、徐开富、杨天炯	四川省茶叶学会优秀论文集	1985年	四川省农业科学院茶叶研究所、国营四川省名山县茶厂
提高南路边茶产区经济效益的采割组合研究	李廷松、王世福	名山县茶叶科技三十年论文集	1985年	名山县农业局
论南边茶的采割技术	徐廷均、钟秉全、徐开富、杨天炯	四川省茶叶学会优秀论文集	1985年	四川省农业科学院茶叶研究所、国营四川省名山县茶厂
蒙顶黄芽工艺技术	杨天炯、胡坤龙、肖凤珍	中国名茶研究选集	1985年	四川省国营蒙山茶场
蒙顶黄芽工艺技术研究报告	杨天炯	名山县茶叶科技三十年论文集	1986	四川省国营蒙山茶场
"改造低产茶园和提高绿茶品质"技术推广协作项目总结报告	杨天炯、严士昭	名山县茶叶科技三十年论文集	1986年	名山县农业局
雅安地区茶类生产区划	杨天炯	雅安茶叶区划	1987年	四川省国营蒙山茶场
密植茶园种植五年试验小结	杨正煜、杨天炯	茶叶科技	1987年	国营四川省名山县茶厂
蒙顶石花采制工艺技术	杨天炯	茶叶科技	1987年	国营四川省名山县茶厂
蒙顶名茶制作新工艺开发总结报告	杨天炯	名山县茶叶科技三十年论文集	1988年	四川省国营蒙山茶场
蒙山9号选育报告	李家光、侯瑞涛、王升平、李春龙	茶叶科技	1990年	四川省国营蒙山茶场
推广蒙山名茶制作新工艺，提高名茶质量、产量总结报告	杨天炯	名山县茶叶科技三十年论文集	1991年	四川省国营蒙山茶场
蒙山11号选育报告	李家光、侯瑞涛、王升平、李春龙	茶叶科技	1990年	四川省国营蒙山茶场
振兴名山茶叶生产建议书	严士昭	名山县茶叶科技三十年论文集	1986年	名山县茶叶技术推广站
蒙山16号选育报告 蒙山23号选育报告	李家光、侯瑞涛、王升平、李春龙	茶叶科技	1991年	四川省国营蒙山茶场

续表

题目	作者	发表刊物（图书）	发表或写作时间	工作单位或相关情况
茶叶加工及贸易	徐晓辉	名山县茶叶科技三十年论文集	1991年	名山县茶叶技术推广站
蒙山石花探源	李廷松、李玲		1991年	名山县茶叶技术推广站
茶叶资源的开发利用	李玲	名山县茶叶科技三十年论文集	1991年	名山县茶叶技术推广站
茶叶资源开发规划	徐晓辉	名山县茶叶科技三十年论文集	1991年	名山县农业局、名山联江茶树良种场
茶叶资源的构成与分布	刘辉全	名山县茶叶科技三十年论文集	1991年	名山县农业局、名山联江茶树良种场
茶树品种资源	蒋家红	名山县茶叶科技三十年论文集	1991年	名山县农业局
四川省名山茶树良种繁育基地体系建设情况简介	高登全	名山县茶叶科技三十年论文集	1991年	四川省名山茶树良种繁育场
综合抓低改茶园 经济效益翻番	徐晓辉	名山县茶叶科技三十年论文集	1992年	名山县茶叶技术推广站
蒙山春露工艺技术规程	杨红	名山县茶叶科技三十年论文集	1992年	名山县蜀名茶场
狠抓科技示范 带动茶叶生产发展	熊能	名山县茶叶科技三十年论文集	1992年	名山县联江乡人民政府
烘青绿茶初制工艺技术 烘青绿茶精制工艺技术	杨天炯、杨红、杨心辉	名山县茶叶科技三十年论文集	1992年	四川名山茶树良种繁育场、名山县农业局
在实践中探索	朱元德	名山县茶叶科技三十年论文集	1993年	名山县百丈镇人民政府
"绿茶品种丰产栽培技术研究"课题组九三年总结汇报	李廷松	名山县茶叶科技三十年论文集	1993年	名山县茶叶技术推广站
五年挣回一个场	周杰	名山县茶叶科技三十年论文集	1994年	名山联江茶树良种场
全国茶树品种区试总结	张明桂、严士昭	名山县茶叶科技三十年论文集	1994年	名山县农业局
四川名山茶树良种繁育场"八五"计划及是年规划	严士昭	名山县茶叶科技三十年论文集	1994年	四川省名山茶树良种繁育场
蒙山茶的历史演变	李廷松	名山县茶叶科技三十年论文集		名山县茶叶技术推广站
不同生态茶树引种研究初探	李廷松	广东茶叶	1994年	名山县农业局
老鹰茶资源与开发利用	李廷松、李强、周维智	贵州茶叶	1995年	名山县农业局
		中华茶人	2001第	

续表

题目	作者	发表刊物（图书）	发表或写作时间	工作单位或相关情况
茶树品种对比试验	严士昭、张明桂	四川农业科技	1995年	名山县农业局
名山白毫131选育研究报告	李廷松、李玲、蒋家红、徐晓辉、周杰	贵州茶叶	1995年	名山县农业局、名山联江茶树良种场
茶苗覆盖扦插茶苗试验初报	张明桂	名山县茶叶科技三十年论文集	1996年	名山县农业局
开发名优产品，提高两个效益	卢华珍	名山县茶叶科技三十年论文集	1996年	名山县蒙联茶厂
茶叶专用肥施用效果初报	严士昭、张明桂	四川农业科技	1996年	名山县农业局
蒙山茶的现状与发展策略		名山县茶叶科技三十年论文集	2000年	名山县农业局
蒙顶茶	杨天炯、韩廷相	中国名茶志	2000年	名山县政协
茶叶信息与产销	李廷松	名山县茶叶科技三十年论文集	1998年	名山县茶叶技术推广站
名山县1999年"优质茶高产综合配套技术"工作报告	徐晓辉	名山县茶叶科技三十年论文集	1999年	名山县茶叶技术推广站
浅谈茶叶贸易中市场与消费和销售的关系	林静	名山县茶叶科技三十年论文集	1999年	名山县农业局
名优茶机制中存在的问题及解决办法	林静、夏家英	茶报（上海）	2001年	四川省名山茶树良种繁育场
名山县2001年"茶树无性系栽培及机械化采茶技术"项目总结	徐晓辉、吴祠平	名山县茶叶科技三十年论文集	2002年	名山县茶叶技术推广站
如何解决炒青绿茶品质下降问题	夏家英	名山县茶叶科技三十年论文集		四川省名山茶树良种繁育场
"蒙山茶"是特定的、知名的、通用的商品名称的历史史料	杨天炯	名山县茶叶科技三十年论文集	2002年	四川省名山茶树良种繁育场
四川省名山县国家级茶叶标准经示范区工作总结报告	杨天炯	名山县茶叶科技三十年论文集	2002年	名山县农业局
名选特早芽新品系213选育研究	徐晓辉、吴祠平等	名山县茶叶科技三十年论文集	2002年	名山县农业局、四川省农业科学院茶研所、四川省名山茶树良种繁育场等
茶兰同庚蒙顶生——蒙顶山古刹茶兰木石浮雕群考	卢本德、徐晓辉	名山县茶叶科技三十年论文集	2003年	名山县农业局

续表

题目	作者	发表刊物（图书）	发表或写作时间	工作单位或相关情况
名选213新品种的选育	徐晓辉、王云	西南农业学报	2003年	名山县农业局、四川省农业科学院茶叶研究所
茶道鲜叶验收标准及制作工艺	施友权	名山县茶叶科技三十年论文集	2004年	四川禹贡蒙顶茶业集团有限公司
关于名山茶业发展的概况及建议	闵国全	名山县茶叶科技三十年论文集	2005年	国营四川省名山县茶厂
浅谈茶树花的开发与利用现状	杨天炯	名山县茶叶科技三十年论文集	2005年	中国人民政治协商会议名山县委员会
调整产业结构发挥资源优势——论蒙山茶原产地域保护与"入世"对策	杨天炯	名山县茶叶科技三十年论文集	2005年	中国人民政治协商会议名山县委员会
茶树花初制工艺技术试验报告	杨天炯、杨心辉	名山县茶叶科技三十年论文集	2005年	名山县农业局
如何抓茶叶质量安全	夏家英	名山县茶叶科技三十年论文集	2006年	名山县茶业发展局
蒙山茶区茶树良种选育与推广	徐晓辉、李玲、李登良、吴祠平、杨心辉	四川茶业	2006年	名山县茶业发展局
发展绿色食品是提升蒙顶山茶品牌的一把金钥匙	林静	名山县茶叶科技三十年论文集	2007年	名山县农业局
如何打造蒙顶山茶品牌	夏家英	名山县茶叶科技三十年论文集		名山县茶业发展局
桂花茶的研究初探	徐晓辉	四川茶业	2007年	名山县茶业发展局
名山茶区黑刺粉虱调查与防治	李登良、徐晓辉、吴祠平、李玲、魏成明	四川茶业	2007年	名山县茶业发展局
研制蒙山休标准样品（试行样品）总结报告	杨天炯	名山县茶叶科技三十年论文集	2007年	中国人民政治协商会议名山县委员会
名山茶业可持续发展的战略思考	徐晓辉、吴祠平	四川茶业	2008年	名山县茶业发展局
茶园秋末冬初病虫无害化治理技术初探	李登良、徐晓辉、吴祠平、李玲	四川茶业	2009年	名山县茶业发展局
整体推进基地建设 强力推动茶业发展	钟国林	四川省现代农业产业基地典型100例（省农业厅林业厅编）	2009年	名山县茶业发展局、名山县茶叶产业领导小组办公室办

续表

题目	作者	发表刊物（图书）	发表或写作时间	工作单位或相关情况
稳步创新 传承品牌	魏志文	名山县茶叶科技三十年论文集		四川省名山县蒙贡茶厂
为全面提升蒙顶山茶产业——怎样做大品牌发展的一点浅谈	施友权	名山县茶叶科技三十年论文集	2009年	四川禹贡蒙顶茶业集团有限公司
蒙顶山茶——绿茶的保健功能	施友权	名山县茶叶科技三十年论文集	2009年	四川禹贡蒙顶茶业集团有限公司
狠抓茶叶基地建设，促进农民增收致富	夏家英	名山县茶叶科技三十年论文集	2009年	名山县茶业发展局
开拓和保护"蒙顶山茶"品牌产品的效益	徐晓辉	名山县茶叶科技三十年论文集	2009年	名山县茶叶技术推广站
走有机茶发展路子，尽全力树立使用"蒙顶山茶"品牌	徐晓辉	名山县茶叶科技三十年论文集	2010年	名山县茶叶技术推广站
浅谈名山县无性系良种茶苗的发展	周杰	名山县茶叶科技三十年论文集	2010年	联江乡茶树良种繁育场
砖茶氟浸出的试验研究	胡燕、魏晓惠、高荣、郭洁	安徽农业科技	2010年	四川省边销茶质量检验中心（四川名山）、四川省雅安市产品质量监督检验所
突出特色优势，打造骑龙万亩茶海	钟国林	四川省现代农业千亿示范工程万亩示范区建设典型50例	2011年	名山县茶业发展局、名山县茶叶产业领导小组办公室办
高效能卧式金属热风机环保节能项目论述	帅希云	名山县茶叶科技三十年论文集	2011年	雅安市新达机械有限公司
茶叶热风杀青机关键技术的论述	帅希云	名山县茶叶科技三十年论文集	2011年	雅安市新达机械有限公司
雅茶的出路关键在于打造品牌	林静、夏家英	四川茶业		名山县农业局
名山县茶业"十一五"回顾与"十二五"展望	夏家英	四川茶业	2011年	名山县茶业发展局
名山县茶叶产业的现状、优势及前景	夏家英	四川茶业	2012年	名山县茶业发展局
四川省砖茶渥堆过程中优势真菌的分离鉴定	郑云华	安徽农业科学	2013年	四川省边销茶质量检验中心（四川名山）、四川省雅安市产品质量监督检验所
发展茶叶特色产业，建设中国绿茶第一县	钟国林	中国茶叶	2012年	名山县茶业发展局、区茶领办
名山县茶叶种植户鲜叶收入抽样调查	夏家英	中国茶叶	2013年	名山区茶业发展局

续表

题目	作者	发表刊物（图书）	发表或写作时间	工作单位或相关情况
两个品种制作蒙顶甘露的品质特征分析	郭磊、齐桂年	第十六届中国科协年会茶学青年科学家论坛论文集	2014年	四川农业大学园艺学院
蒙顶茶唐代入贡并奉为天下第一的四个关键人物	钟国林	四川茶叶	2014年	名山区茶业局、名山区茶叶产业领导小组办公室办
蒙顶甘露加工工艺、适制品种及品质研究来源	郭磊	四川农业大学	2014年	四川农业大学园艺学院
有机茶生产技术	陈清宇	基层农技推广	2015年	名山区红星镇农业服务中心
康砖茶中儿茶素、咖啡因、没食子酸HPLC-DAD分析	李建华、齐桂年、陈盛相、朱明珠	食品工业科技	2015年	四川农业大学园艺学院、四川省茶叶产品质量检测中心（四川名山）
"新常态"下雅安茶企生存发展的研究涪翁黄庭坚为地方特产 推荐高手	钟国林	四川茶业	2015年	名山区茶业发展局、名山区茶叶产业领导小组办公室
有机茶生产技术资料	陈清宇	基层农技推广	2015年	名山区红星镇农业服务中心
农业品牌化战略初探	梁健	市场监管论坛	2015年	名山区工商行政管理局
名山区近四年茶农鲜叶收入抽样调查总结	夏家英	四川茶叶	2016年	雅安市名山区茶业发展局
从名山茶马司管理窥中国茶政	钟国林	蒙顶山茶	2016年	名山区农村工作委员、名山区茶叶产业领导小组办公室
雅安市农产品商标发展现状及对策	梁健	市场监管论坛	2016年	名山区工商行政管理局
"蒙顶山茶—性温"论	钟国林	蒙顶山茶、茶缘、茶博览	2017年、2021年、2020年	名山区农村工作委员会、名山区茶叶产业领导小组办公室
古代蒙顶山茶对韩国的深远影响	钟国林	四川茶叶	2016年	名山区农村工作委员会、名山区茶叶产业领导小组办公室
雅安茶产业在转型升级中快速发展	陈开义	中国茶叶	2017年	雅安市农村工作委员会
名山区国学与传统文化调研报告	钟国林	政协工作	2017年	名山区农村工作委员会、名山区茶叶产业领导小组办公室
蒙山茶文化的核心理念	沈仕林	2017年社科研究成果	2017年	雅安市名山区地方志工作办公室

续表

题目	作者	发表刊物（图书）	发表或写作时间	工作单位或相关情况
实施"蒙顶山茶文化+"战略的思考	雅安市委宣传部	首届蒙顶山国际禅茶大会文集（光明出版社）、雅安文史资料挖掘与传承研讨文集	2018年	中共雅安市委宣传部、雅安市社会科学联合会
蒙顶山禅茶文化溯源及精神内涵	钟国林		2018年	名山区农工委、区茶领办
挖掘整理茶史资料 丰富蒙顶山茶文化	董存荣		2018年	雅安市广播电视台编委
抓好名山茶旅融合发展推进乡村全面振兴战略	钟国林	茶世界	2018年	名山区农村工作委员会、名山区茶叶产业领导小组办公室
说长道短话老茶	钟国林	蒙顶山茶	2018年	名山区农村工作委员会、名山区茶叶产业领导小组办公室
蒙顶山黄茶发展机遇与战略构想建议	钟国林	茶旅世界、新茶网	2019年	名山区农业农村局
蒙顶山五朝贡茶考	钟国林	茶博览	2019年	名山区农业农村局
透过茶马司存废管窥中国茶政史	钟国林	茶博览	2020年	名山区农业农村局
"蒙茶"品牌发展实施路径的思考	梁健	雅安市社科联	2020年	名山区市场监督管理局
对实现"蒙顶山茶"单品突破的思考	梁健	雅安市社科联	2020年	名山区市场监督管理局
新冠疫情下茶叶产业变化与名山茶叶企业的应对建议	钟国林	茶缘、精制川茶	2020年	名山区农业农村局
名山在川藏茶马古道中的作用与历史地位	钟国林	茶缘、精制川茶	2021年	名山区农业农村局
对中国茶叶出口问题与思路的思考	钟国林	茶行天下（获中国国际茶文化研究会三等奖）	2021年	名山区农业农村局
蒙顶山的遗珠：蒙顶黄芽	钟国林	茗边茶生活美学（西泠印社出版社）	2021年	名山区农业农村局
对西汉甘露年间吴理真在蒙顶山种茶的理解	程启坤			原中国农业科学院茶叶研究所所长、中国茶叶学会理事长
吴理真身份略谈	沈仕林	《蒙顶山茶》第十八届蒙顶山茶文化旅游节特辑	2022年	名山区地方志办公室
蒙顶山五朝贡茶考	钟国林			名山区农业农村局
百年前"藏茶章程"呈现的川商精神	陈书谦			雅安市供销合作社
蒙山茶文化遗存与茶文物古迹	董存荣			雅安电视台

续表

题目	作者	发表刊物（图书）	发表或写作时间	工作单位或相关情况
雅安市名山区建设国家茶叶公园城市的理论与实践	贾环通	茶文化助力世界大熊猫文化旅游重要目的地建设征文集	2023年	中共名山区委党校
雅安蒙顶山茶文化的国际化对外传播策略研究	黎征			四川农业大学
蒙顶山茶文化传播及茶旅游融合发展研究	代学梅、张莉涛			雅安市文化体育和旅游局
名山茶馆的前世今生	钟国林、钟胥鑫			名山区农业农村局 中共雅安市委党校
名山茶区老川茶和古茶树现状与保护利用				
名山在川藏茶马古道文化中的作用与历史地位				
实施"蒙顶山茶文化+"战略的实践与思考	杨杰新			雅安文旅熊猫新城投资开发有限公司
抓住关键突出重点果断推动雅安"三茶"融合发展攀新高	杨忠			名山区人民政府办公室

注：不完全统计。

三、对外技术援建

1967年，四川省国营蒙山茶场派遣技术人员何光明、邓克明到西藏察隅等地，协助藏民进行茶叶生产。

1978年，雅安地区茶叶进出口公司和雅安县（雨城区）凤鸣公社七大队（桂花村）茶厂，在四川省国营蒙山茶场技术人员的指导下，生产出凤鸣毛峰。1982年和1983年，该品茶被商业部、农牧渔业部评为全国优质名茶。为参加1985年在葡萄牙首都里斯本举行的第24届食品博览会，更名为峨眉毛峰，并获金奖。

1983—1988年，国营四川省名山县茶厂派遣技工岑化礼、郭光荣、曾显蓉前往西藏波密县易贡农场、林芝县易贡农场，指导加工金尖茶、细茶，并获得成功。

1984年，按照上级安排，名山茶技站调运本县茶籽25t，支援西藏林芝县农场发展茶园。

1991年，国营四川省名山县茶厂派遣技工曾显蓉前往四川省宣汉县供销社，指导加工细茶，并将加工的精制细茶调销回厂，实现精制绿茶联合经营。

2007年后，由于贵州、湖北、陕西、重庆等省（自治区、直辖市）以及省内的峨眉、宜宾、达州等地将茶叶发展作为当地农村经济发展的重点，需要大量茶苗，名山所育茶苗90%以上卖给上述省、市重点茶叶发展区。同时，这些地区聘请名山茶苗繁育能手到当地做技术指导或技术承包。据统计，2009年到贵州的繁育能手约30人（李万林、罗鹏飞等），到其他省、市10余人，到四川省内的青川、北川等有6人。截至2015年底，帮助省内外繁育茶苗300亿株以上，其中贵州省200亿株。

西藏墨脱县是茶叶技术援助县。2014年起，名山茶叶专家徐晓辉指导墨脱县科学种茶、管茶；1月，在墨脱县德兴乡文浪村、荷扎村，背崩乡檫曲卡茶园试种6亩茶树。至2015年初，各项指标达到初投产标准。同年4月2—3日，三个试验地采摘一芽一叶和一芽二叶鲜叶共19.8kg，制作干茶经专家评审，绿润显毫，紧细匀整，滋味鲜爽甘醇，香气栗香清香，汤色嫩黄明亮，叶底嫩黄明亮，有雪域高原茶韵。2015年后，林静、夏家英受邀请多次前往西藏墨脱县进行指导和培训。

2018年，名山实施茶叶转型升级、淘汰小散企业后，部分茶叶加工企业和人员分散到名山区周边区县和省内其他茶叶产区，特别是到贵州的湄潭、凤冈、毕节、遵义等地的加工技术人员200余名，带去加工机器设备和技术，承包茶厂或生产加工计件，使当地茶叶加工技术和质量迅速提升，带动当地茶产业发展。其中有大量甘露类、毛峰类产品运到世界茶都茶叶交易市场出售。

第六节 工艺研究与产品开发

作为中国传统茶区的名山区，一直重视工艺传承和产品开发，自1959年恢复蒙顶甘露、蒙顶石花、蒙顶黄芽、万春银叶、玉叶长春传统名茶原料标准及工艺技术规程后，1989年，结合四川省星火计划"推广蒙山名茶制作新工艺，提高名茶质量产量"项目，开发蒙峰雀舌、蒙山毛峰名茶和玉叶长春花茶、春露花茶等新产品。21世纪初，蒙山茶师柏月辉开发老茶树蒙顶黄芽，2018年，又开发出茶胎果茶。2002年四川省蒙顶山洪兴茶厂开发施刘刚，研究蒙山雀舌、礼佛石花。

2009年以来，蒙顶山茶区的茶叶企业根据市场需要大力研发红茶产品，四川省蒙顶皇茶茶业有限责任公司生产的蒙顶红茶、四川省蒙顶山茶业有限公司生产的蒙顶红韵、四川蒙顶山味独珍茶业集团有限公司生产的红玫瑰、四川省大川茶业有限公司生产的红眉贵、四川蒙顶山禹贡蒙茶业集团有限公司生产的红茶等均从普通做到了优质，达到了"红、浓、醇、香"的要求，将蒙顶山茶从晚春到初夏、秋季的普通原料做出了春茶的价值，成为蒙顶山茶又一得力品类。雅安市盟盛源茶业有限公司总经理龚熙萍，建立玫瑰花种植专业合作社，种植玫瑰50余亩，采摘收购鲜花窨制玫瑰花茶，花味纯正、花香浓郁、安全养颜，成为市场热捧的产品。

2016年起,有部分名山区茶叶企业承接福建茶商订购加工的白茶,两三年后,在生产中,学习、模仿中,逐步摸索出了白茶加工生产的门道,技术上开始成熟。2020年,雅安市盟盛源茶业有限公司的龚熙萍也开发出了自己的白茶产品,压制白茶饼,做自己的白茶品牌。其他有品牌和市场意识的企业也正在探索白茶的生产加工技术。

一、茶工艺研究

(一) 蒙山春露制作工艺开发

1975年3月至1980年12月,四川省国营蒙山茶场的杨天炯牵头试验创制蒙山特级绿茶(后更名为蒙山春露)新品种(图9-43)。1981年12月22日,名山县农业局、县科学技术委员会鉴定其为合格。1982年获地区科技进步奖。同年,国营四川省名山县茶厂改进蒙山春露的制作工艺。1983年至1985年小批量试产,连续三年被雅安地区食品协会和四川省农牧厅评为"优质产品""优秀产品"。1986年1月,蒙山春露通过地区标准审评鉴定,开始批量生产。同年3月12日,四川省雅安地区标准局批准四川省雅安地区企业标准《蒙山春露川》,同年5月1日实施。同年,该品种被列为省计经委和省科委星火计划、蒙山名茶制作新工艺的开发项目。1987年12月,通过雅安地区经济委员会技术开发与成果鉴定,通过四川省科学技术委员会鉴定验收。

图9-43 蒙山春露

(二) 新工艺黄芽研发

2010年,四川省大川茶叶有限公司的总经理高永川与茶叶茶文化专家钟国林共同研制黄芽制作新工艺,在黄茶闷黄过程中减少闷的环节与时间,以提高干茶的色泽美感和冲泡的下沉速度为目

图9-44 金黄芽

标,经3年试验,终于成功研制出新工艺黄芽产品金黄芽(图9-44),该产品以蒙顶山早春单芽为原料,通过一杀一闷两烘工艺,产品嫩芽饱满挺直、色泽金黄油亮,茶汤绿黄明亮,香气为甜香兼栗香,滋味鲜爽甜润,获得奖,深受消费者喜欢。

(三)西蜀山叶产品工艺研发

西蜀山叶(图9-45)是由雅安市名山区绿涛茶厂厂长周天均与高级评茶师张永祥共同于2012年研制开发的产品,经过2年研制成功。该产品采用蒙顶山余脉的万古镇高山坡海拔900m左右的春季第一批一芽一叶至一芽二叶茶叶,采用重杀青、轻揉捻、慢烘焙工艺,保护芽叶完整自然形态,茶叶汤绿明亮、香高味鲜、鲜活灵动。2019年由钟国林、周天均共同起草制定企业标准《西蜀山叶茶加工技术规程》,经专家评定和质量技术监督局认定,标准于4月16日发布,标准号为Q/XSSY 0001S—2019,产品获得市场消费者的高度赞扬和喜爱。

图9-45 西蜀山叶

(四)蒙顶山茶黄茶新工艺研发

2014年,四川省川黄茶业集团有限公司在老技师、非遗传承人刘羌虹等的协助下研发试验出黄芽茶(蒙顶黄芽)、黄小茶(黄甘露)、黄大茶(万春、圣春)、黄茶砖、黄茶饼等黄茶系列产品(图9-46)。

图9-46 黄茶新工艺

(五)金花藏茶工艺研发

2008年起,四川雅州恒泰茶业有限公司董事长、制茶师施刘刚,受安化黑茶启发,在藏茶生产中有意在湿度和温度上进行调节,培养产生金花,其主要成分为菌冠突散囊菌,经过500多次试验对比,用茶超过5000kg,最终成功研制出金花藏茶(图9-47),其核心工艺于2020年获得国家发明专利,符合低氟、零黄曲霉毒素的安全指标,氨基酸、茶褐素、膳食纤维等营养成分含量远高于国内同类产品,先后被西南交通大学生命科学院、四川省农业科学院、四川大学华西医院大经实验证明具有降血脂、降血糖、调理肠胃

图9-47 金花藏茶

代谢功能等作用,荣获2018年意大利米兰国际手工艺博览会金奖,并被作为2018年中国西部国际博览会外宾国礼品茶。

(六)藏王黑金丹工艺产品研发

2007年,雅安市卓霖茶厂的厂长何卓霖在生产加工蒙顶山藏茶期间,发现藏茶在揉捻过程中会有少量结块现象,受汉景帝墓出土茶叶结成块状的启发,遂开始研究怎样使藏茶加工成均匀的颗粒状。经过2年的反复试验,用茶几千斤,经四川农业大学何春雷教授的指导和点拨,在保持藏茶特有风味和耐贮藏的基础上,最终加工成细粒,制成形状滚圆、光滑色黑、久泡不散的颗粒丹药型藏茶,然后筛分为两类,一为1.5mm细粒,二为2~2.5mm的大粒。泡入水中汤色红润,藏茶的红、浓、醇、和的特点充分,完全保留了藏茶降脂、减肥、降糖、调

图9-48 藏王黑金丹包装

理肠胃的功能,能长期保存,方便卫生。2012年进入市场试品和宣传,消费者反映良好。2013年经茶业局、四川农业大学等专家鉴评,认定这是一种外形独特、口感醇和、藏茶风味浓郁的新形状茶品,是藏茶中最为独特的一类新产品,有独特的开发和推广价值。2015年卓霖茶厂设计了类似药品的精美包装,申请并获得国家专利,取名藏王黑金丹,受到市场的欢迎(图9-48)。

(七)张氏甘露加工研发

四川蒙顶山跃华茶业集团有限公司于2009年开始对企业产品进行详细规划,建设企业品牌,从"回归本源"到"川茶典范,蒙顶跃华",再至"制茶世家,蒙顶跃华"。为打造一款蒙顶山茶的代表性产品,董事长、中国制茶大师张跃华组织、带领团队对蒙顶甘露进行改进和提升,以形成自己的特色和风格。2010年开始,通过拜访老一辈制茶人、专家、学者,根据蒙山茶国家标准,从茶树品种、加工技艺等方面,既继承蒙顶山茶的传统制法,保持基本品质风味等,又通过不断调整改进加工温度、

图9-49 张氏甘露

摊凉时间和揉捻轻重,提高茶叶的花香,降低产品的涩味,于2015年,推出张氏甘露产品(图9-49)。张氏甘露一经推出就得到了广大消费者与专家的一致好评。为进一步提升产品的竞争力,丰富产品品类,结合企业品牌文化,2019年,张氏甘露世家、张氏甘露宗师、张氏甘露匠心系列正式与消费者见面,更好地完成了产品等级细分。张跃华大师团队又认真选择茶园、茶树品种,经过3年精心研制,推出花香与带檀香风味的张氏甘露·世家檀香,产品于2023年上市,定位更加明确,主抓高端客群,产品的独特性更加明显。

(八) 残剑飞雪工艺研发

2002年以来,四川省大川茶叶有限公司的总经理高永川,根据市场需要和当地产品特点,用春季嫩芽制作的绿茶窨制高端茉莉花,用残剑称茶、用飞雪喻花,在不完美中感受完美,演绎花茶的经典,"白雪绕绿剑,花飞剑舞扬,味鲜嫩爽滑,残字衬花香"。经过多年探索与验证,推出了中国具有代表性的花茶残剑飞雪(图9-50),获国家发明专利,该产品深受消费者喜爱,多次荣获国内外大奖,2017年、2021年被中国

图9-50 残剑飞雪

茶叶博物馆茶萃厅收藏展示,2022年作为中国茶叶流通协会茉莉花茶产品品牌推荐活动的推荐产品。

(九) 茶胎果加工研发

2013年国家卫生健康委员会批准茶树花等为新食品资源,名山味独珍茶业试制开发出第一批茶树花泡饮茶。2014年,老茶文化专家蒋昭义认为茶树嫩果的有益内含物比茶叶、茶树花更为丰富,加工为茶品岂不更好!于是在同年4月,到山野间采得1.5kg幼茶果,按黄茶加工程序,杀青包闷、烘干,结果是果无香味、汤无色泽,品尝无味,不成功。2015年5月,按同样的工序

图9-51 茶胎果

制作,汤色微黄,口感略有甘甜,经分析,推断出采果时间应该要往后推。到2016年6月20日,采果剖面切开进行观察。幼果中心,都是如冰粉一样闪亮的液体,分析这个时候正是加工的好时机,因为过了7月,茶果中心的水体就会凝固成柔嫩的种子,苦涩味必定很重。这次采摘了5kg鲜果,经淘洗晾干,蒸气杀青50分钟,摊干50℃。装箱(包闷)

24小时调温2次，历经4天，有黄茶甜香味后，立即摊至半干，开始一烘、三烘、五烘。经10天劳作，茶果表面褐黄，干香焦甜，冲泡开后汤透明黄亮，煮泡后汤色转酒红，甜香浓郁，微甘爽滑，回甘生津，耐泡持久（图9-51）。其产品分给黄茶师傅柏月辉、茶人钟国林、杨静等品尝之后赞不绝口。柏月辉之后的几年按此工艺加工出的茶胎果（亦称黄茶果）得到市场的高度认可，很快销售一空。

2022年，这项技术得以推开，以蒋广勇、柏月辉为代表的厂家加工超过1.5万kg，已无存货。

（十）理真甘露工艺与风格研究

2021年9月，雅安市广聚农业发展有限责任公司蒙顶山茶核心区原真性保护产品——理真甘露工艺与风格项目研究启动，由四川农业大学何春雷教授、推广研究员夏家英共同主持，周先文、钟国林、张强、李成军、梁健、周华、张发荣、魏江勇等共同参与。同年11月29日召开了由夏家英起草，相关人员参与的拟定《蒙顶山茶核心区原真性保护产品生产加工技术规范》评审会。按规范，制作出品种和风格均有差异的茶样

图9-52 理真甘露

13个，2022年1月10日，在雅安藏茶村举行了理真甘露感官品质特征定型会，对13个甘露茶样进行感官审评，经反复比较、逐级淘汰最后规定理真甘露产品的种植必须是在蒙顶山海拔800m以上区域，生长环境生态，实施有机种植管理，达到绿色标准，人工采摘一芽一叶初展至一芽二叶初展，加工流程按蒙顶甘露要求将主体机械化清洁化，加工的关键环节用手工，产品细嫩卷曲、油润披毫，汤色绿黄明亮，滋味嫩香鲜爽，回甘悠长，叶底绿黄明亮匀整（图9-52）。同年1月16日，在成都茶文化公园进行了新产品的试加工品鉴，得到到会专家和嘉宾的称赞。同年3月中旬，蒙顶山上的广聚农业茶园基地把原料精选出来，按标准生产后，产品效果达到要求，然后根据市场反应又对标准进行了微调，完全达到嫩香鲜爽，回甘悠长的独特风格。

二、茶树适制品种研究

2018年"适宜加工蒙顶山甘露的茶树品种鉴定选育与利用"项目由原雅安市农村工作委员会、原名山区农村工作委员会、四川省农业科学研究院茶叶研究所共同合作实施，由省农业科学研究院茶叶研究所的罗凡所长担任组长，钟国林为副组长，李兰英、龚雪

蛟等为主要成员共同实施。该项目针对蒙顶山茶的代表性产品蒙顶甘露在生产加工中存在茶树品种的不确定性、产品品质的不稳定性问题而提出，旨在提高蒙顶山茶核心竞争力，促进名山茶产业提质增效。项目通过两年在以名山、雅安为核心区域，扩展到乐山、眉山等茶树生长地的收集、选择、制样，以35份茶树品种（资源）为原料制作蒙顶甘露，经茶叶生化成分检测及感官审评，筛选

图9-53 适宜加工蒙顶山甘露的茶树品种鉴定选育与利用项目验收

出蒙山九号等6个适制和福山早等9个较适制蒙顶甘露的茶树品种（资源）；同时，还建立了茶树新品种（资源）的试验示范基地4个，为适制蒙顶甘露茶树品种的选育奠定了坚实的基础。2021年2月2日在跃华茶庄举行了项目验收会，四川省农业科学研究院茶叶研究所、四川农业大学、市农业农村局、区农业农村局的相关人员参加会议并通过验收（图9-53）。

三、深加工茶

（一）茶多利即溶茶研究开发

2020年，由成都佰茶盛文化传播有限公司发起，余家宇等合资入股的雅安市名山区茶多利生物科技合伙企业，是一家专注于茶叶深加工、研发原叶即溶茶和低温冻干茶等相关技术和产品的新型合伙企业。以健康、安全、便捷、分享为理念，经创始团队多年调研、实验论证、改进工艺，研发制造出现代化科

图9-54 茶朵利亚原叶即溶茶产品

技生产线，研制出茶朵利亚原叶即溶茶产品系列（图9-54）。一期生产线于2021年建成，每条生产线可生产优质冻干即溶茶粉20t/年，产品可广泛应用于新式茶饮、食品添加、新消费产品研创、日化和大健康领域等。产品从茶园端管控和精选原料，通过特殊初加工方法提升茶叶的色香味，在深加工阶段通过先进工艺流程及技术确保成品色香味俱全，大数据监控产业链和设备数据，保障科学量化分析。生产过程全程无添加剂或中间剂，

遇冷热水瞬间即溶,并保持原茶色香味和通过浓缩提升营养物质含量,具有天然的口感、香气,方便携带冲饮,并已经成功试制出能保持鲜叶色泽的原叶干茶系列冻干成品。其产品和工艺具备先进性和创新性。

(二)藏茶·茶色糖饮品

历史上,南路边茶、边销茶对保障民族同胞的身体健康曾起到不可替代的作用。现代科学研究发现藏茶具有多种保健功能,表现在抗氧化,防辐射,抗缺氧,抑制淀粉酶、脂肪酸合酶活性,降血糖、血脂、尿酸等多种生物学功能,特别是在降血脂方面表现尤为突出。四川省藏茶产业工程技术研究中心于2022年11月联合四川农业大学精制川茶四川省重点实验室、四川大学华西医院、雅

图9-55 藏茶·茶色糖饮品

安市人民医院等单位,共同承担了四川省重点研发项目"健康中国背景下雅安藏茶医药价值的挖掘与全过程质控体系构建",以进一步弄清雅安藏茶核心功能成分、生物活性、理化特性与作用机理,开发出适合高血脂、高血糖与高尿酸患者的功能性藏茶产品,促进藏茶产业的升级发展。经过半年来的深入研究,基本上锁定了茶褐素与茶多糖为藏茶的核心功能成分,并经过细胞实验与小白鼠试验验证,研究并制定了茶褐素、茶多糖富集提制技术方案,在此基础上,采用现代分离纯化技术,将藏茶中的核心功能成分茶多糖、茶色素萃取出来,制成含有高茶褐素、茶多糖的制品,限制了藏茶中2%~3%的咖啡碱,与雅亘生物科技有限公司合作开发出了方便饮用的藏茶·茶色糖饮品(图9-55),提高了茶多糖与茶色素的浸出率,每支50ml饮品相当于50g藏茶所含有的有效成分,从而保证了降血糖、血脂与尿酸的有效摄入量。

四、茉莉花种植试验

1978年,国营四川省名山县茶厂从广州花木公司购进12万株茉莉花苗(每株1.5元),分栽于厂部、县农场及城关、百丈等10多个公社,由国营四川省名山县茶厂的赖明才、高永全、刘大琼负责指导田间管理。20世纪80年代初,名山曾在城西(蒙顶山镇)、百丈、黑竹等乡镇引种栽培400余亩茉莉花,最终因引种不能过冬、花朵香味淡而淘汰。

五、老鹰茶研究

20世纪80年代后，县农业局与县科协的相关技术人员开展了老鹰茶加工工艺的研究，主要借鉴了绿茶加工工艺，并逐渐一致。方法有名茶法、烘青法、炒青法和晒青法，具体如下。

①**名茶法**：全芽或一芽一、二叶，三炒三揉，做型提毫，烘干成形。成品形美、多毫、香高味醇、汤绿清澈，属高档老鹰茶。

②**烘青法**：一芽二、三叶，三炒三揉烘干而成。茶条紧细显毫，香气较好，汤绿明亮，属中上档老鹰茶。

③**炒青法**：一芽三、四叶，两炒两揉烘干而成。条索紧细，香高味醇，汤色黄绿透亮，属中档老鹰茶。

④**晒青法**：一芽四、五叶嫩枝，经一炒一揉晒干而成。汤色明亮，滋味醇正，属大宗老鹰茶，需久泡或略熬煮。

1993年5月，在名山县马岭茶厂做碎茶法试验，以一芽四、五叶为原料，经高温杀青、电动粉碎、低温慢烘而成。其茶颗粒匀净，滋味香醇，汤黄明亮，饮用价值高，冲泡时间缩短。

1997年6月，国家科委和四川省人民政府在成都举办97中国新技术、新产品交易博览会，名山县茅河乡蒙峰茶厂送展的老鹰茶获银奖。此后，老鹰茶加工技术基本沿袭上述方法。

第七节　古茶树保护与开发

一、古茶树资源

茶树起源距今已有6000万~7000万年。中国是世界上最早发现、利用、栽茶制茶的国家，各国对茶的认识、利用、生产，都是由中国直接或间接传入。西汉文豪王褒《童约》中就有："烹茶净具""武阳买茶"。东晋郭璞《尔雅注》载："树小似栀子，冬生叶，可煮羹饮"。陆羽《茶经·茶之源》："茶者，南方之嘉木也。一尺、二尺乃至数十尺。……其树如瓜芦，叶如栀子，花如白蔷薇，实如栟榈，蒂如丁香，根如胡桃。"

名山，为茶树原产地域。蒙山茶为当地原产茶树种经驯化、选育形成。名山茶品是由次生野生茶树选育而来的，现在蒙顶山上还有部分自然生长的古茶树（图9-56）。

西汉甘露年间，吴理真在蒙顶五峰驯化野生茶树，选育蒙山优良品种。《四川通志》（清嘉庆版）中载："名山县治之西十五里，有蒙山……即种仙茶之处。汉时甘露祖师，

图9-56 蒙顶山自然生长的古茶树

姓吴名理真者手植。"清光绪版《名山县志》中载："城东北三十里香花崖下所产雾钟茶，树大可合抱，老干盘屈，枝叶秀茂，父老皆言康熙初罗登应手植也。枝叶较别茶粗厚，斟入杯中，云雾蒙结不散，因名。"香花崖，今万古乡沙河村，属邛崃山脉支脉莲花山麓，植树距今已有350余年，古树迹于1962年因施用化肥不当死亡，幸好罗家在自留地边扦插繁殖有三棵单株，树径8cm。20世纪90年代末，罗家有后人再扦插繁殖有10多株，树径3cm。

古代名山茶区，主要分布于蒙山、莲花山、总岗山和沿山麓一带，茶园以山岗坡地为主，且为零星丛植，平坝及粮地、粮田少有种茶。大规模成片茶园种植已无从可考，但在蒙山、莲花山和总岗山还分布有许多老茶园遗迹，有不少零星的野生和半野生老茶树（图9-57、图9-58）。

1979年1月29日，四川省国营蒙山茶场的茶叶技术干部李家光等人，在蒙顶山中部海拔1400m处的柴山岗娄子岩发现四株古老野生茶树，其中最大一株有9个分枝，主干直径28cm以上，分枝处距地面2.6m，树冠幅5.2~5.5m²，叶长8.32cm，叶宽2.92cm，叶脉有7~8对。经鉴定，树龄有600多年，是典型的披针柳叶型灌木树种，与清光绪版《名

图9-57 蒙顶山古茶园、老茶园

图 9-58 蒙顶山徐家沟古茶园

山县志》中记载的蒙山茶"其叶细长,叶脉对分"完全吻合。进一步证明名山茶源于蒙顶野生茶,即后人称之为川茶小叶种(小叶元茶)。

1972年,中峰乡大冲村一社的高登全任乡茶叶技术员时,播种在屋后(海拔780m)3株实生苗云南大叶种,树型为小乔型,叶脉10~14对交错对分。至2015年,最高株高6.8m,株幅近12m^2。

1983年,由名山县农业局牵头组织专业技术人员,地毯式搜索调查蒙顶山野生大茶树,实际查验树龄在百年以上的古茶树有8株(图9-59)。

2004年,建山乡见阳村二组的赵成壁从邛崃山脉支系莲花山一侧引进大茶树两株,生长良好,距地面10cm处干径为22~26cm,树高7m左右,大分枝5~6个。叶片属中小叶种。

图 9-59 蒙顶后山古茶树园

2008年,四川省名山蒙顶山旅游开发有限责任公司再次派人调查蒙顶山野生大茶树,结果与1983年的调查结果一致(图9-60)。

2011年6月19日,名山县林业局派7名林业工程师上山和四川省名山蒙顶山旅游开发有限责任公司共同核实,查实蒙顶山百年以上的古茶树为8株。

蒙顶山的莲花山区建山乡止观村有相对成片的老茶树2000余株,树龄在50~400年,处于半野生、野生状态(图9-61),承包给四川蒙顶山止观茶叶公司经营管理。

截至2015年底,经雅安市名山区蒙顶山古茶树保护协会初步考察查明:全区有树龄60年以上的原生茶树12300余株,200年以上的古茶树300余株,500年以上的200余株。树干直径50cm以上的有80余株,最大树冠直径逾8m。2016年,该协会引进区内外半野生、

图 9-60 蒙顶山古茶树与老茶园

图 9-61 止观村古茶树

野生老茶树400余株，树龄在60~800年，植于百丈镇茶祖盛宴农家乐内。2022年再次核实，情况与2015年基本一致，遗憾的是不少移植的古茶树死亡已过半。

二、古茶树现状

目前，老川茶、老茶园主要分布在蒙顶山、莲花山、老峨山、总岗山"四山"海拔800m以上的部分山区，除蒙顶山外，其他山区总体呈小片、散布、零星的特点，总面积约在1万亩。老茶树主要在"四山"的树林与地边，也是呈点状分布。

（一）形成规模的老川茶茶园

1. 蒙顶山老川茶茶园

蒙顶山古茶树、老茶园众多，均为中小叶种灌木型茶树。20世纪50—70年代原国营蒙山茶场点播种植的茶园有1700余亩，现已有六七十年的树龄，是属正宗的老茶树。蒙山茶场之外的福坦寺、山折子、仰天凹等地还有成片的老茶园约2500亩，老川茶与良种茶交叉混种。在山上的树林和一些零星茶园和原古茶园中，还遗存上百年树龄的古茶树5000余株，300年以上的有130多株；天盖寺后的一株也有500余年以上的树龄（图9-62）。

图9-62 蒙顶山古茶树

2. 止观村古茶树林

蒙顶山镇止观村止观寺北侧海拔900m的区域有相对成片的老茶树2000余株，最大树龄在400年，50~100年的是多数，处于半野生、野生状态，承包给四川蒙顶山止观茶叶有限公司经营管理。2018年初被雅安市茶叶协会评为古茶树保护基地，目前保护状态良好。

3. 新市村老川茶茶园

位于前进镇新市村总岗山尖峰顶和袁山一带830m以上的海拔区域，有茶园1300余亩，其中老川茶约1000亩，部分还是窝子茶，茶农管理良好。目前，雅安市忠伟农资有限公司签订约有500亩合作协议，实行有机生态管理（图9-63）。

4. 六包顶茶园

前进镇双龙村六包顶茶园原为20世纪70年代村社集体开辟所建的茶园，均为茶籽点播的茶树，后又多次转包，有部分改植良种茶，现还保留部分老川茶与良种茶交叉种植。

图9-63 前进镇总岗山茶园

（二）茶树园艺园

1. 跃华百茶园

位于蒙顶山麓的跃华茶府，公司在2018年建好后，逐步移栽本地古茶树、老茶树以及各种新良种品种（图9-64）。

2. 茶祖盛宴农家乐

位于百丈镇白马街，老板李光斌，多年来移栽古茶树、老茶树，对一些品种还进行嫁接与杂交，收集百年以上的老茶树100余株，500年以上的茶树有10多株（图9-65）。

3. 川金一品茶厂

蒙顶山厂川金一品茶厂长蒋广勇从蒙顶山上的老茶园和树林中移植的半灌半乔型古茶树有7株，树干直径在25cm，树龄400年左右，还有几十株近百年的茶树（图9-66）。

图9-64 跃华茶府百茶园　　　　图9-65 茶祖盛宴所移栽的古茶树

图9-66 川金一品茶厂所栽古茶树

三、古茶树保护

1983年，名山县农业局茶叶技术推广站采集蒙山柴山岗娄子岩的野生古茶树穗条进行扦插、繁育、培育，保留一个资源在名山县联江乡杨水碾。

2011年，根据掌握的情况，制定详细有效的保护措施。划定蒙顶山野生茶树保护区，实行专地保护，修筑高1.5m、长6m、宽2m的保护围栏，对其中一株600年树龄的古茶树实行专人重点保护，对另外7株古茶树进行移植保护，成活率100%。对移植的古茶树实行挂牌保护（标牌上注明茶树所属科属、树名、学名、保护编号、管理单位），及时收集古茶树生长情况，对8株茶树的管理和保护工作提供技术指导和资金支持。

2015年后，区内出现古老茶树盗挖、盗售现象，区人民政府林业、农业等部门采取措施进行打击。同时，茶叶技术人员向古茶树种植户、茶叶企业、农户等讲解宣传古茶树移植的难度，成活率很低，完全是破坏资源、暴殄天物，老茶树就地保护，开发单枞特色茶效益比卖树更好，老茶树盗挖、盗售现象明显减少。

2016年3月，雅安市名山区启动蒙顶山茶文化申报世界重要农业文化遗产工作，促进蒙顶山茶区古茶树资源的保护管理和开发利用。同年4月24日，雅安市名山区蒙顶山古茶树保护协会成立，当日，四川省农业科学研究院、市区相关单位的相关负责人，中国国际茶文化研究会、四川省茶业行业协会、四川农业大学等单位的专家、学者、著名茶人以及国内外茶商、30余家媒体参加授牌仪式，发布《蒙顶山古茶树保护办法》。参观古茶树，采摘古茶树叶，观看手工制茶、茶艺表演。开展品鉴、竞拍古茶树所制的茶叶活动，现场制作的古树茶叶成品，被外国嘉宾以每千克0.9万元的价格买走。

2016年有外国生物间谍潜入名山欲盗取名山选育的茶树良种一案，加上以前出现过偷盗良种苗和穗条情况，名山茶树良种繁育场加强了安全保卫，采取打乱标识，不按规律种植良种等措施。2019年后，繁育场又对品种园、种质资源圃修筑了围墙以防止偷盗。

2021年，名山区开展蒙顶山茶核心区原真性保护，由雅安市广聚农业发展有限责任公司实施，保护蒙顶山海拔800m以上的老川茶茶园。2022年5月，公司按照规划从蒙顶山老茶园中选择表现良好的单株进行剪穗条扦插繁育，保证蒙顶山老川茶品种的纯正，以更新区外品种及衰老茶园。2022年，四川忠伟农业有限公司在总岗山、袁山一带租赁当地老川茶茶园500余亩，实施原真性保护，开发出特色产品，计划将进一步扩展（图9-67）。

图 9-67　总岗山袁山茶园被忠伟农业公司保护开发

第八节　社会团体

1913 年 3 月 18 日，名山组织蒙顶山茶种子送成都参加评比，并送蒙顶山茶到巴拿马万国博览会上展销，筹备建立茶叶组织。

1915 年，由李裕公、胡万顺等茶商，在名山发起成立茶叶改良监制会。

1937 年，四川省政府民政厅批准名山县成立茶业同业公会（图9-68），入会人员172人。

1948 年，名山茶叶同行成立陆羽会，吸收会员30余人。

图 9-68　1937年成立的名山茶叶同业公会会员证（图片来源：高殿懋）

1980 年春，成立名山县茶叶学会。

1999 年 12 月，组建名山县茶业商会、名山县茶业协会。至2016年4月，名山区民政部门登记涉茶学术团体8个。

2022 年名山区登记在册涉茶学术团体名录，详见表9-11。

表 9-11　2022年名山区登记在册涉茶学术团体名录

名称	登记时间	管理单位	现法人代表
雅安市名山区茶业协会	1999年9月18日	名山区农业农村局	高永川
雅安市名山区蒙顶山吴理真茶文化研究院	2004年12月3日	名山区教育局	曾志东
雅安市名山区联江乡茶业协会	2009年3月4日	名山区茅河镇政府	蔡耀松
四川省蒙顶山茶业商会	2011年5月9日	名山区工业联合会	杨文学
雅安市名山区万古乡绿廊生态观光茶业协会	2011年10月10日	名山区科学技术协会	杨玲
雅安市名山区蒙顶山茶文化发展研究院	2012年9月20日	名山区文化体育和旅游局	钟丹珠

一、茶业学会、协会、商会

（一）雅安市名山区茶叶学会

于1980年春成立。由全县茶叶科研推广、茶叶生产加工、贸易等业界人士组成。

第一届（1980—1984年）理事会理事长李廷松，副理事长杨天炯、侯瑞涛，秘书长严士昭，理事江小波、肖凤珍、谭辉廷。

第二届（1985—1987年）理事会理事长李廷松，副理事长杨天炯、侯瑞涛，秘书长严士昭，理事江小波、肖凤珍、白朝清、丁寿君、谭辉廷。

第三届（1988—1990年）理事会理事长严士昭，副理事长李廷松、杨天炯，秘书长徐晓辉，理事侯瑞涛、刘天廷、谭辉廷、赵民先、丁寿君。

第四届（1991—1993年）理事会理事长杨天炯，副理事长李廷松、严士昭、江小波，秘书长徐晓辉，理事刘天廷、魏志文、张克良、李惠凡。

第五届（1994—1996年）理事会名誉理事长李廷松、严士昭，理事长杨天炯，副理事长何尚荣、马守礼，秘书长徐晓辉，理事肖凤珍、魏志文、杨国富、刘天廷、林静。

第六届至第十一届（1997—2015年）理事会理事长杨天炯，副理事长郑天华、蔡春果、张明桂，秘书长徐晓辉，理事李廷松、陈光健、马守礼、杨心辉、刘天廷。

2009年2月，名山县茶业协会分设；名山县茶叶学会、名山县茶业商会仍合署办公，2014年以后，办公地址设在新城区四季名城商住楼旁。

第十二、十三届（2015—2020年）理事会理事长夏家英，终身荣誉会长杨天炯，副会长徐晓辉、魏志文、施友权、胡国锦、张跃华、杨凤山、张忠伟、林勇，秘书长吴祠平，办公地点在名山区彩虹南路1号农口大楼农业局内。

（二）雅安市名山区茶业商会

1999年12月26日，茶业人士新组建名山县茶业商会，与茶叶企业新组建的名山县茶业协会，实行一套理事两块牌子。

第一届（1999—2002年）理事会名誉理事长魏正荣，副理事长杨天炯、郑天华、闵国全、施友权，理事魏志文、闵国玉、徐位成、杨怀军、周杰，秘书长徐晓辉，副秘书长黄兴国。

2009年2月，名山县茶业协会分设；名山县茶叶学会、名山县茶业商会仍合署办公。

（三）雅安市名山区茶业协会

1999年12月26日，茶叶企业新组建名山县茶业协会，与茶业人士新组建名山县茶业商会，实行一套理事两块牌子（图9-69）。

2009年2月，名山县茶业协会分设。同年2月21日，召开会员大会，表决产生第四届理事会，吸收39个企业（单位）为团体会员。

会长杨显良，副会长次仁顿典、李国勇、张跃华、张强、吴永刚、杨文学、施友权、胡永泽、钱永洪、梁健、徐位成、黄文林，秘书长黄文林，副秘书长钟国林、吴祠平、徐晓辉。

团体会员常务理事会单位有四川省茗山茶业有限公司、四川省名山县蜀蒙茶场、四川名山西藏朗赛茶厂、名山县跃华茶厂、名山正大茶叶有限公司、名山县敦蒙茶厂、四川蒙顶山味独珍茶业有限公司、四川圣山仙茶有限责任公司、名山县皇茗园茶厂、四川省禹贡蒙山茶业有限责任公司、四川省名山县宏宇蕾茶业有限责任公司。

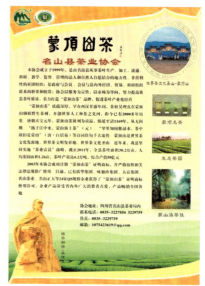

图9-69 协会2009年宣传彩页

团体会员理事单位有四川省名山县蒙贡茶厂、四川省名山茶树良种繁育场、名山县联江乡茶树良种场、名山县佛茶研究会、茅河乡茶叶协会、雅安市大元茶厂、名山县大川茶厂、名山县奇茗茶厂、中峰乡茶叶协会、百丈镇茶叶协会、红岩乡茶叶协会、解放乡茶叶协会、双河乡茶叶协会、蒙顶山镇茶叶协会、四川省蒙顶皇茶茶业有限责任公司、蒙山派茶文化传播有限公司、四川省太平茶厂、四川省名山县蒙茗茶厂、四川省名山蒙顶山旅游开发有限公司、车岭镇茶叶协会、四川大众茶业有限公司、四川蒙峰茶业有限公司、名山县蒙山智矩寺皇茶坊、前进乡茶叶协会、新店镇茶叶协会、廖场乡茶叶协会、蒙顶山茶文化协会、名山县蒙顶香茗茶厂。

2013年，名山县茶业协会更名为雅安市名山区茶业协会。

2020年3月底，按名山区政府要求，区茶叶学会与区茶业协会合并，使用"雅安市名山区茶业协会"名称。同年4月19日，茶业协会举行了换届选举，选举高永川为会长，王龙奇、宋希霖、李成军、夏家英、梁健、周先文、吴朝仁、张波、施友权、张强、杨文学、郭承义、胡国锦、胡雅建为副会长，任命钟国林为秘书长，吴祠平、李涛、杨天君、郭磊、李玲为副秘书长。聘请副区长毛建美为名誉会长，后因工作调整，聘副区长廖春雷为名誉会长。理事：王龙奇、李成军、代先隆、宋希霖、梁健、夏家英、钟国林、吴祠平、淡国兵、杨华强、高红梅、龚开钦、吴朝仁、张波、高永川、施友权、杨文学、张强、张大富、曾志东、乔琼、施刘刚、胡国锦、郭承义、周先文、李国勇、黄奇美、何卓霖、李寒松、胡雅建、龚熙萍、李柏林、张海龙、次仁顿典、杨凤山、成昱、杨雪梅、李万林。

2021年5月召开的协会年会上,增选淡国兵、乔琼、龚开钦为副会长,增选徐健为理事。

近十年在蒙顶山茶品牌区在应用与建设方面,做了大量卓有成效的工作,取得了辉煌成绩,得到各级党委政府、有关部门和社会各界的广泛赞誉。

茶业协会机构完整,人员稳定,常年开展工作(图9-70),在蒙顶山茶产业发展中作出了巨大贡献,除表7-1取得的品牌建设荣誉外,其他获奖情况见表9-12,部分证书如图9-71、图9-72所示。

图9-70 2022年底,装修一新的茶业协会品牌展示中心,市、区人大到协会进行立法调研

图9-71 2010年12月,中国科协、财政部评名山县茶业协会为"全国科普惠农兴村先进单位"

图9-72 2019年中国农业品牌建设学府奖评选蒙顶山茶获优秀品牌案例奖

表9-12 雅安市名山区(县)茶业协会获奖情况

获奖单位	获奖名称	授奖单位	授奖时间
名山县茶业协会	四川省先进民间组织	四川省人事和社会劳动保障厅、四川省民政厅	2005年
	全国科普惠农兴村先进单位	中国科学技术协会、中华人民共和国财政部	2010年

续表

获奖单位	获奖名称	授奖单位	授奖时间
名山县茶业协会	"蒙顶山茶MDSC及图"证明商标认定为"中国驰名"商标	国家工商行政管理总局商标局	2012年
	名山县茶叶产业化发展先进协会	中共名山县委、名山县人民政府	2013年
	名山县茶叶产业和茶文化工作突出贡献奖	中共名山县委、名山县人民政府	2013年
雅安市名山区茶业协会	2015第六届中国国际商标节暨川货全国行海口站展示展销活动优秀组织银奖	中华商标协会	2015年
	中国西部茶产业特别贡献奖	首届中国西部茶文化节组委会	2015年
	中华商标协会地理标志分会副会长单位	中华商标协会	2017年
雅安市名山区茶叶学会	AAA级社会组织	雅安市名山区民政局	2018年
	A级社会组织	雅安市名山区民政局	2018年
	2018年度全国茶旅游金牌路线	中国茶叶流通协会	2018年
雅安市名山区茶业协会	"蒙顶山茶"在2019中国农业品牌建设学府奖评选中荣获"优秀品牌案例奖"	中国农业品牌建设学府奖评选委员会	2019年
	百条红色茶乡旅游精品路线"红军长征在蒙顶山"红色茶乡旅游精品路线	中国农业国际合作促进会 中国茶产业联盟茶产业委员会	2021年
	"名山区魅力茶乡风情游"入选图书《行走魅力茶乡》	中国农业国际促进会茶产业分会	2022年

（四）"三会"合并

2001年12月18日，名山县茶叶学会、名山县茶业商会、名山县茶业协会召开理事会，将"三会"合并成一套班子（以下简称茶业三会），保留各会名称、牌子、公章。

第一届理事会（2002—2006年），理事长杨天炯，副理事长黄文林、魏志文、施友权、张跃华、次仁顿典，秘书长徐晓辉，理事徐位成、李廷松、刘碧清、郑天华、周杰、杨心辉、闵国玉、陈光健、游少校、胡国锦、杨怀军、周爱国、张大富、李远钦。

2006—2009年，理事长杨天炯，副理事长黄文林、施友权、张跃华、梁健、韩经纬、游少校、魏志文，秘书长徐晓辉，副秘书长吴祠平、杨心辉，理事徐位成、次仁顿典、周杰、陈光健、胡国锦、杨怀军、田少彬、高世全、龚开钦、潘大生、成先勤、马守礼、吴祠平、杨心辉（增补）、杨文学、杨凤山、吴永刚、杨显良、程虎、陈吉学、倪亮、张强。

名山县茶叶学会、名山县茶业商会、名山县茶业协会合并后，实行资源共享。2002年7月18日，县人民政府批准由茶业协会申请蒙顶山茶证明商标，协会赓即申请；2004

年3月29日，获得国家工商行政管理总局核准注册。截至2009年底，有会员195人，团体会员31个，其中有11家获得蒙顶山茶证明商标的使用权。

2009年2月，名山县茶业协会分设；名山县茶叶学会、名山县茶业商会仍合署办公。2009年11月26日，名山县茶叶学会、名山县茶业商会召开会议通过，产生理事会。理事长杨天炯，副理事长魏志文、施友权、胡国锦、张跃华、徐位戍、杨凤山，秘书长徐晓辉，副秘书长吴祠平，理事夏家英、杨红、高世全、陈光健、杨文学、周杰、张强、周文玖、龚开钦、游少校、梁健、马守礼、李鸿翔、吴筱塘、加央罗点、杨心辉、高永川、杨怀军。

二、茶业其他协会

（一）雅安市名山区（县）茶文化协会

2004年2月12日成立。顾问王云、欧阳崇正、施嘉璠、李廷松、吴洪武、彭大辉，名誉会长杨天炯，会长张大富，副会长邓黎民、成先勤，秘书长马守礼。

2005年12月换届，顾问王云、欧阳崇正、李廷松、吴洪武，会长彭大辉，副会长邓黎民、成先勤，秘书长马守礼。

2007年12月换届，顾问王云、欧阳崇正、李廷松、彭大辉，名誉会长杨天炯，会长李鸿翔，副会长邓黎民、成先勤，秘书长马守礼。

2004年，为迎接2004第八届国际茶文化研讨会节暨首届蒙顶山国际茶文化旅游节，与雅安市楹联学会、名山县老年诗书画研究会合作，编辑出版《蒙山茶咏》，印制3000册；组织成立蒙山茶文化茶艺表演队，挖掘、整理《蒙山茶道·天风十二品》和《蒙山茶技·龙行十八式》等。

2005年，蒙山茶文化茶技表演队在省内外演出50余场次。自编自演节目有名山马马灯（雅安市非物质文化遗产）《蒙山茶唱词》、名山民歌对唱《蒙顶茶味道鲜》、小歌舞《蒙顶山上采茶忙》、民歌独唱《请喝一杯蒙顶茶》、连箫《蒙顶山上对茶歌》、金钱板《邀邀约约上蒙山》、四川清音《蒙顶山上放风筝》、黄梅戏《茶祖仙姑结良缘》、茶技表演"龙行十八式"等。

（二）雅安市名山区（县）蒙顶山佛茶研究会

2008年10月成立。顾问欧阳崇正、杨天炯、吴洪武、蒋昭义，会长施刘刚，副会长邓健、施永德，秘书长马守礼。

研究会申报国家专利产品《花水女人茶》。研制佛茶、礼佛石养心保健茶、嫩叶藏茶、相思藤茶、橙皮红茶等。

（三）雅安市名山区蒙顶山吴理真茶文化研究院

2004年10月成立。下设文化科研、媒体宣传、书法美术、文化艺术、茶技茶艺、摄影艺术6个职能组。院长曾志东，秘书长汤斌，副秘书长代先隆、陈龙翼。会员有50多人。研究院办公地址及生产、研究基地设在雅安市蒙山顶上茶业有限公司，科研基地设在蒙山关口村采摘基地。

2015年11月15日，在名山区茗都花园酒店召开2015年度工作会。

（四）四川省蒙顶山茶业商会

2011年8月，由四川省蒙顶山皇茗园茶业集团有限公司、四川蒙顶山跃华茶业集团有限公司、四川川黄茶业集团有限公司、四川蒙顶山味独珍茶业有限公司、四川省蒙顶山绿川茶叶集团公司、四川禹贡蒙顶茶业集团有限公司、四川省蒙顶山大众茶业集团有限公司、四川蒙顶山金龙茶业集团有限公司等8个茶叶集团公司联合组建成立。受人民政府及职能部门委托，承担协调服务指导雅安市名山区茶叶行业工作职责。至2015年底，有8个茶业集团，2个茶叶市场，77个会员单位，200多个合伙企业。自2011年以来，商会每年发布茶业信息10期以上，与名山区委宣传部、经济信息与商务局、农业农村局、茶业协会等合作发布名山茶业十大新闻，增强蒙顶山茶叶的影响力。

（五）雅安市名山区手工茶制作协会

2013年12月29日登记成立，会长李海文，副会长李东、叶胜伟、谢家蓉、黄昭兵、周奎；秘书长何长明。主要从事蒙山茶传统手工制作工艺挖掘、整理、改革、推广、服务、传承工作。协同雅安市名山区香满堂茶厂，自主开发蒙顶山手工茶产品——玉石花。有会员单位85个，带动农户220余户。在蒙顶山镇、万古乡、红星镇、四川雅安经济技术开发区分别建有蒙顶山手工茶制作培训基地。

（六）雅安市名山区蒙顶山古茶树保护协会

2016年4月24日成立，会长向从明。协会建立后，考察全区古茶树资源，得到初步数据，并采取相应措施予以保护。对古茶园、古茶树进行登记保护。开发研究古茶树品种。在百丈镇白马街协会基地的基础上筹建雅安市名山区古茶树保护博览园、古茶树产业观光体验休闲园。

（七）雅安市名山区人文历史与自然遗产研究协会

该协会成立于2013年，是专门收集、整理、打造、弘扬、推广名山优秀历史文化与优质自然遗产的公益型社团组织，主管单位先后为名山社科联、名山县地方志办公室、科学技术协会，并在民政局注册，创始会长杨忠，副会长余仕刚、杨家祥，秘书长钟国林，副秘书长李文全。

该协会成立后，先后举办承办了名山历史文化展、名山奇石根艺展、名山文物古玩展、名山书画艺术展、中日韩茶器展等活动近百场，吸引各级领导、干部、职工、群众前来调研、参观、学习。该协会将蒙顶山茶文化、茶产业、茶科技、茶旅游、茶生活融合发展作为主要工作方向，着力挖掘蒙顶山茶历史文化、自然特色和当代价值，成功创建省级蒙顶山茶科普基地\茶文化普及基地，成为蒙顶山茶文化科普的重要平台。

该协会承办的名山区委区政府主管、区委宣传部主办的《名山记忆》地情刊物及其微信公众号，成为名山地方历史文化、自然生态的弘扬、传承和发展的重要阵地，成为广大干部群众阅读、收藏、期待的重要精神资料。

2022年底，该协会有会员108余人。

三、茶科普基地

四川省蒙顶山茶科普基地（四川省蒙顶山茶文化普及基地），是由中共四川省委宣传部、四川省科技厅、四川省科学技术协会、四川省社科联批准的省级蒙顶山茶及其文化的科普专业机构。基地依托单位为雅安市名山区人文历史与自然遗产研究协会，在基地相关成员、单位、企业和省内外专家学者、志愿者的努力下，在名山构建了蒙顶山茶科普交流中心、蒙顶山书院、茶艺培训学校、非遗传习工坊、研学示范茶园等科普传播体系，在名山区以外着力共建蒙顶山茶各地科普中心、示范窗口8个。基地组建了涵盖省内外知名专家学者共28人的蒙顶山茶科普专家委员会。

该基地联办有《守望雅安》《名山记忆》《蒙顶山》杂志及微信公众号，出刊39期，其中涵盖蒙顶山茶相关专题科普18期。参与编辑出版的有《蒙顶山茶文化丛书》《蒙顶山茶史话》《首届中国蒙顶山国际禅茶大会文集》《蒙山顶山茶》等系列茶文化书籍16部，填补了多项蒙顶山茶的历史空白。参与策划组织实施多届蒙顶山茶文化旅游节、首届中国蒙顶山国际禅茶大会、蒙顶山茶"十大茶企、茶人、茶叶"评选、中日韩茶器展、禅茶大会寻根峰会、蒙顶山茶给世界一杯好茶、蒙顶山茶与世界共享、中国名家名刊名山行等大型茶文化系列活动。代表四川茶叶界承办第六届中国国际智博会川茶展、迎接二十大四川特色展之川茶展，代表雅安科普界在全市科普大会上发布了蒙顶山茶科普倡议书，承办的蒙顶山茶大讲堂不仅是科普基地（图9-73），还将一大批茶叶科学家、茶文化专家和茶企大咖凝聚到科普基地旗帜下，形成融合发展新格局。同时，基地在地方申报中国重要农业文化遗产"蒙顶山茶文化系统"、国家非物质文化遗产蒙山茶传统制作技艺、全国茶文化之乡、全国茶旅融合实践基地等活动中提供智力支撑和工作支持。基地采取多种形式展开直播行动，采取专家直播与平常直播相结合的方式，发动专家、会员、志愿者开展直播活动，网络直播浏览量达数百万人次。基地还不断推进人才队伍建设，推出的会员有数十人次在各级各项大赛中获奖和被评为各级地方英才。

目前，四川省蒙顶山茶科普基地（四川省蒙顶山茶文化普及基地）已经成为省内外茶业界、茶文化界和中小学生及各界人士开展茶文化科普研学、游学、实践和

图9-73 四川省蒙顶山茶文化普及基地在茶马古城开展"蒙顶山茶大讲堂"，茶产业促进小组组长倪林讲蒙顶山茶

生产、商贸交流的重要平台，吸引国内外各类茶产业和茶文旅机构、团体和个人纷纷寻求合作，共同擦亮蒙顶山茶文化的金字招牌，推动蒙顶山茶科普占领世界茶文化制高点。

四、乡镇茶业协会

全区20个乡镇均以茶为主导产业，先后均成立茶业协会。制定茶业协会章程，根据本乡镇的具体情况吸收乡镇内茶业界同仁组成，协助本乡镇茶叶产业化发展。2009年底名山县乡镇茶业协会情况统计见表9-13。

茅河乡茶业协会，组织全乡茶苗生产和对外销售，促进茶农增收，2004年民政部授予其"全国先进民间组织"称号。

2008年，中峰乡茶叶协会被中国科协评为"5·12"汶川特大地震抗震救灾先进集体。

联江乡茶业协会秘书长周维智被评为高级茶技师，顾问周杰获"四川省劳动模范"称号。

表9-13 2009年底名山县乡镇茶业协会情况统计

协会名称	成立时间	会员数	理事长	秘书长
车岭镇茶业协会	1992年8月	500	李子云	戴秉华
蒙阳镇茶业协会	2001年4月	65	魏志文	魏志文
中峰乡茶业协会	2001年5月	105	陈兰	付亮
茅河乡茶业协会	2001年6月	150	吉廷波	冯学全
红岩乡茶业协会	2001年7月	60	沈思云	杨天丽
联江乡茶业协会	2002年5月	80	胡国锦	周维智
双河乡茶业协会	2002年7月	117	陈家清	代显臣
万古乡茶业协会	2003年4月	70	李洪翔	杨龙全
百丈镇茶业协会	2003年8月	52	李邦伟	李邦志
解放乡茶业协会	2004年6月	132	郑毅	王怀德
新店镇茶业协会	2004年6月	160	杨桂琼	杨桂琼

续表

协会名称	成立时间	会员数	理事长	秘书长
前进乡茶业协会	2005年5月	530	古全林	刘士军
廖场乡茶业协会	2005年5月	50	黄小华	黄小华
城东乡茶业协会	2005年5月	60	周代华	杨永洪

注：不完全统计。

乡镇协会成立得多，由于结构不健全，领导、工作人员变动大，多数工作开展不多。特别是后来机构改革人员调整、协会整顿、撤乡并镇，至2020年多数乡镇协会没有续展。工作做得较多较突出的是联江乡茶业协会、双河乡茶业协会、新店镇茶业协会。

第九节 区（县）所校合作

自2004年起，雅安及名山举办的蒙顶山茶文化旅游节，均邀请农业农村厅茶叶专家、四川省农业科学院茶叶研究所负责人、四川农业大学茶学教授、四川省贸易学校和雅安职业技术学院茶相关专业的老师参加开幕式、采茶祭拜仪式、茶叶茶文化研讨会，向社会介绍蒙顶山茶及产业文化及研究成果。2017—2022年，四川省总工会举办、名山区承办的2017"我学我练我能"全省女职工采茶、茶艺大赛，2018年8月中国茶叶学会举办第六届茶叶感官宴请研究学术沙龙，四川省总工会举办、名山区承办的2020"川茶"职业技能赛暨四川省"蒙顶山茶杯"评茶员职业技能赛；雅安市总工会举办、名山区承办的2021年4月在蒙顶山举办的建功十四五奋进新征程"蒙顶皇茶"杯蒙顶甘露制茶大师大赛、"蒙顶甘露杯"第三届斗茶大赛、"蒙顶甘露杯"首届茶包装大赛等活动。

一、与四川省农业科学院茶叶研究所合作

20世纪70—80年代，所长钟渭基等常到名山进行茶树品种、茶叶资源、茶叶生产考察调研，指导生产。进入21世纪，四川省农业科学院茶叶研究所与名山茶业发展关系更加密切，以王云为代表，包括李春华、罗凡、唐晓波、王迎春为主的科研团队，后增加马伟伟、张厅、王小平等科研人员，常到名山指导生产。每年补助四川省名山茶树良种繁育场科研资金。共同选育出国家级良种特早213、省级良种川茶1号等。指导名山举办蒙顶山茶文化旅游节、茶业发展大会、茶文化研讨会及茶产业规划发展、茶叶项目实施，在各种场合宣传名山茶业和蒙顶山茶。为名山开展技术培训和以会代训80余期，参训人员3万余人次。2007年11月，茶科所下属的四川省博茗茶叶职业技能培训中心专门开办

图9-74 茶科所所长罗凡（右二）正在查看茶树品种

一期名山茶叶评茶员培训班，培训学员17人，以茶业局人员为主，全部获得高级评茶员资格。之后，每年该中心举办培训，学员中均有名山事业干部、茶叶企业主及茶业从业人员。2009—2011年，与四川省名山茶树良种繁育场签订合作协议，实施四川省"茶树种质资源保护与新品种选育"项目，引进省内外的茶树品种进行繁育、选育和种植试验（图9-74），支持红岩乡和四川蒙顶山跃华茶业集团有限公司引进低氟品种国家级良种中茶108和中茶302，种植面积131亩。

2015年5月，该院植保所专家到名山区茶树病虫害绿色防控专家大院，对红岩乡茶叶生产企业和茶农开展绿色生态基地技术培训。

由四川省名山茶树良种繁育场提议协商，经名山区政府与四川省农业科学研究院多次协商确定，2015年名山区划牛碾坪茶良场中茶场段国有土地60亩给省农业科学研究院茶叶研究所，建设茶叶试验基地，以建立全省科研示范基地，推进茶叶科研发展为目标。2019年，茶研所规划并设计投入资金3000余万元，用于建设办公大楼、茶叶温控大棚，进行茶园改造等，2022年底，主体工程已封顶，其他基础工作正在进行中。

2018年，雅安市领导和茶界针对蒙顶山茶代表性产品"蒙顶甘露"生产加工中存在茶树品种的不确定性、品质的不稳定性问题，提出"适宜加工蒙顶山甘露的茶树品种鉴定选育与利用"项目，旨在提高蒙顶山茶的核心竞争力，促进名山茶产业提质增效。该项目由原雅安市农工委、原雅安市名山区农工委、四川省农业科学研究院茶叶研究所共同合作实施，由四川省农业科学研究院茶叶研究所的罗凡所长担任组长。罗凡开展科研的团队有李兰英、龚雪蛟等。

该项目以名山、雅安为主收集可做蒙顶甘露的茶树品种，包括了省内部分茶区，共48个品种，最后以35份茶树品种（资源）为原料制作蒙顶甘露，经茶叶生化成分检测，在雅安职业技术学院进行感官审评，筛选出蒙山九号等6个适制和福山早等9个较适制蒙顶甘露的茶树品种（资源）；同时，还建立了茶树新品种（资源）的试验示范基地4个，2021年底项目全面完成委托合作协议内容，并召开该项目验收会（图9-75），取得了阶段性成果，为适制蒙顶甘露茶树品种的

图9-75 适宜加工蒙顶山甘露的茶树品种鉴定选育与利用项目验收会

选育奠定了坚实的基础。目前，甘露1号已通过农业农村部品种审定登记，其他品种正在区试和审定中。

为筛选适制蒙顶甘露的茶树品种，2022年5月10日，四川省名山茶树良种繁育场在牛碾坪基地开展了蒙顶甘露茶树品种适制性研究及品质评价工作。四川省农业科学研究院茶叶研究所研究员王云等专家对当年采制加工的20个茶树品种（资源）适制甘露的茶样进行了感官审评，总结归纳了不同茶树品种（资源）加工蒙顶甘露的品质特征，为适制蒙顶甘露茶树种质资源筛选、加工工艺优化、品质成分研究等奠定了基础。

2012年，名山与四川农业科学院茶叶研究所共建，在四川省茶树良种场，无偿划拨60亩土地建设国家土壤质量雅安观测实验站暨茶叶科技创新与转化中心基地，投资计划3200万元，2022年5月31日，院茶叶所举行开工奠基仪式。国家土壤质量雅安观测实验站由农业农村部考核认定，开展茶园土壤质量的长期监测，积累系统性、连续性、长期性观测基础数据，夯实茶叶科技原始创新基础的实验站。实验站作为国家农业科技创新体系的重要组成部分，将在农业科技领域为农业农村部重点实验室的研究活动提供支持和支撑。茶叶科技创新与转化中心基地是由四川省发改委批准立项，四川省农业科学院茶叶研究所与名山区人民政府协议合作成立的现代农业科技示范园区工程的重点项目。目标是打造茶树育种、茶树生理生态及栽培、茶树病虫害及绿色防控、茶叶精深加工、茶叶标准及品质检验、茶艺茶文化培训等方面的基础研究和创新技术研发综合体，搭建集基础研究及应用科研试验，全产业链技术集成创新，新成果新技术转化和新产品研发及加工中试于一体并服务于全省的茶产业技术研发平台和成果转化与示范中心。

2016年，四川省农业科学院茶叶研究所的2位专家到车岭石堰村的进行关于茶叶栽培管理和病虫害防治专题培训，帮助贫困村，助力脱贫攻坚。邀请四川省农业科学院茶叶研究所植物保护所专家8人，到跃华茶业公司茶苗繁育基地、鲜叶生产基地，指导茶叶绿色生态基地建设。

2016年6月23日，由四川省农业科学院茶叶研究所与雅安市名山区藕花苗木农民专业合作社共同选育的茶树品种天府1号，通过四川省农作物品种审定委员会第八届四次会议审定，向全省公布并推广。7月27日，四川省农业科学院植物保护研究所主持的植保无人机茶树病虫害统防统治示范现场会在名山区万古乡召开。

名山区与省茶研所合作，出资并冠名"蒙顶山茶杯"，于2010年9月，在成都市新华公园联合举办全省茶叶职业技能大赛。2014年，在成都联合举办第四届全省茶叶职业技能大赛。2019年10月，在成都市宽窄巷子共同举办2019四川技能大赛·全国职业技能大赛暨全国茶艺竞赛四川赛区选拔赛。

二、与四川农业大学园艺学院合作

名山与雅安城区相连,距离16km。自从四川农业大学建校后,名山一直与其保持科技合作关系。两方签有合作协议,学校有专家、教授长驻名山指导生产,推广科技成果,帮助引进新技术。名山县主动为学校师生提供实习场所。

2002年6月11日,名山县与四川农业大学签订协议,开展县校合作。协议签订后,名山县利用四川农业大学的科技人才资源优势,不定期邀请该校专家到名山进行指导和培训。

2003年,四川农业大学茶学系与名山县科学技术局完成"国际茶文化节筹备研讨"合作项目,包装展示蒙顶山茶科技含量。四川农业大学与名山县农业局合作实施"茶叶产业化技术攻关"项目,完成蒙顶山茶技术参数和理化分析指标。四川农业大学与名山县茗源茶业有限公司合作"千吨浓缩茶开发"项目,申请国家级农业成果转化基金。

2005年起,四川农业大学茶学系将四川省名山茶树良种繁育场作为教学科研基地,并签订合作协议,每年组织学生到该场进行茶苗繁育、茶园管理、茶叶加工实习。

2005年至2020年,签有区(县)校合作协议,学校安排唐茜、何春雷教授,定期到名山开展茶叶科技咨询或指导工作。

2006年,四川农业大学指导四川省茗山茶业有限公司(图9-76),完成"优质绿茶清洁化加工自动生产线"项目,并开发蒙山花茶新产品。杜晓教授指导四川名山西藏朗赛茶厂,实施低氟边茶(藏茶)原料基地建设,低氟边茶(藏茶)包、红奶茶等新产品投入生产营运,"速溶藏茶"成为西藏驰名商标(图9-77、图9-78)。同年,唐茜教授与四川省名山茶树良种繁育场签订合作开发茶树良种合同。至2022年,项目实施一直推进,每年进行茶树品种区试,学生在大田实习种植、管理、测量、记录和鉴定总结。

为促进农业科学技术开发应用转化,密切深化学校与地方合作,2007年四川农业大学与名山县人民政府加强了衔接联系,续签科技合作协议(图9-79)。2009—2013年,四川农业大学茶叶教学试验工厂生产车间设立在该场。该场提供土地8亩,引进良种与

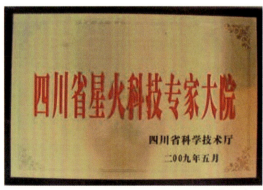 

图9-76 茗山茶业建立科技专家大院

图9-77 朗赛茶厂建立藏茶专家大院

图9-78 央视《农广天地》播放四川农业大学杜晓教授讲解蒙顶山茶技术

特色品种70余个，进行种植试验。至2015年，选育出川茶2号、川茶3号、川茶4号、川黄1号四个省级良种。

2013年3月28日上午，四川农业大学新农村发展研究院名山区茶业产业服务中心暨四川雅安国家农业科技园区茶产业科技创新基地授牌仪式在

图9-79 2007年续签县校合作协议

名山中峰万亩生态茶园举行。四川农业大学、雅安市人民政府、雅安市名山区人民政府等单位领导及各界群众代表70余人参加。雅安市科技局与名山区茶业局现场签订《四川雅安国家农业科技园区茶叶产业科技创新基地建设任务书》。

2014年，实施区校合作课题5个。2015年3月，名山区科技知识产权局组织涉茶相关部门、企业到四川农业大学温江校区，主动将企业在发展中的科技需求与高校科技成果对接，洽谈合作意向，促成名山区1项市校合作科技项目与四川农业大学成功签约。

四川农业大学退休教授李家光热心于蒙顶山茶文化研究，出版了《蒙顶山茶说史话典》《蒙顶山茶文化史料》等专著。陈昌辉教授与张跃华等共同成立跃华黄茶研究所，研究发掘蒙顶黄芽，退休后一直关心蒙顶山茶发展，培训指导茶叶企业生产加工、产品研发，在蒙山茶传统制作技艺申报国家级非物质文化遗产工作中大力给予指导和建议。

2016年1月18日，在"十三五"开局之年，召开雅安市名山区与四川农业大学"十三五"科技合作协同创新工作会，区政府与四川农业大学签署《科技合作协同创新协议》。向四川农业大学7名专家教授颁发科技特派员聘书，并召开座谈会商谈"十三五"期间科技工作主攻方向、合作重点和工作载体。名山将依托四川农业大学的科技、人才优势，借势而上，在提高茶叶产量、品质，做长产业链条，加大科技成果转化等方面与四川农业大学加强合作，并努力抓好非宜茶区种植、养殖业发展以及脱贫攻坚等工作，将名山建成四川农业大学科技成果转化和检验的平台，实现茶叶原料优势向茶产业优势

的转变。与四川农业大学为名山区科技局涉茶科技项目储备工作出谋划策，提供支持。2016年4月17日，名山区中峰牛碾坪雅安现代茶业科技中心举行四川农业大学新农村发展研究院雅安服务总站茶叶产业部授牌建成仪式，为区校合作服务提供平台。

2021年，何春雷教授与雅安广聚农业发展有限公司签订协议，指导、提供茶叶生产加工技术。2019至2021年雅安市开办农业专业技术人员继续教育、专业技术人才乡村振兴能力提升研修班等，何春雷教授授课茶叶生产加工技术。

2023年初，四川甘露堂茶业有限公司的吴韵烨承包租赁成都顺兴老茶馆茶馆部，经营蒙顶山茶品饮、展示蒙顶山茶艺，结合四川农业大学何春雷教授发明的茶叶加工两段法蒙顶甘露传统制作工艺，现场用冷藏鲜叶炒制蒙顶甘露，消费者也可在制茶师的指导下现场制作，一年四季品新茶，成为一种新的体验式消费。

三、与四川省贸易学校合作

四川省贸易学校始建于1950年，隶属四川省供销社，是四川省西部地区最早设立的国家示范中等职业学校。开设有茶叶生产与加工、农业机械使用与维护、旅游服务与管理等中央财政资金重点建设专业。

2005年，四川省贸易学校与名山县教育局联合办学，租赁名山县职业高级中学成立名山校区。学校主要培养茶叶生产与加工、茶叶销售、蒙顶山茶艺、茶文化旅游，以及评茶、茶艺等专业人才。2010—2015年，举办涉茶培训28期，培训人员达3300余人次。学校聘请名山茶叶科技干部进课堂，为学生和农民工讲授茶叶生产、加工，茶文化，茶经销的实用技术与知识，讲授23期、教授人员达2600余人次。2015年，结合"4·20"芦山强烈地震灾后恢复重建工作，四川省贸易学校与名山茶叶科技人员共同编写职业技能培训教材《茶叶加工工艺》（中级、高级），2016年8月正式出版发行。学校创编《茶歌飞扬》健身舞操一套并推广，在学生中广泛传播。学校师生在全国职业院校技能大赛手工制茶和茶艺比赛中代表蒙顶山茶获得多项奖项。

名山区（县）校合作授课教师、科技干部有四川省贸易学校茶艺高级讲师唐芳，茶艺讲师王映，茶艺助讲周晓英、谢丹，茶叶加工讲师孟令峰、李应文，名山区推广研究员夏家英，高级农艺师林静、舒国铭，茶文化专家钟国林。

学校还实施校企合作，提高学生社会实践能力，2015年，区校合作的蒙顶山茶企业有四川省大川茶业有限公司、四川雅安义兴藏茶有限公司、四川蒙顶山皇茗园茶业集团有限公司、四川蒙顶山茶业有限公司等，在学校师训大楼、办公室设置企业办品鉴室，开展学生实践培训课、茶文化、茶品牌、茶叶营销的讲座。2023年底，学校与雅安藏茶坊茶业有限公司签订学校茶叶加工厂租赁"校企合作实训基地"协议。由四川省贸易学校发起，组织名山、雨城等雅安市手工茶大师、技师，于2024年7月，成立"雅安市手工茶行业协会"，学校茶学老师王自琴任会长，办公地点设在学校内。

2021年5月，四川省贸易学校承办雅安市茶文化进校园骨干教师培训班，聘请名山茶文化专家钟国林、陈开义等授课，结业考核汇报表演也邀请名山茶文化专家打分点评。2022年11月，全省供销合作社开设培训班，钟国林应邀前往培训，讲述蒙顶山茶文化和四川茶文化。

四、成立雅安职业技术学院蒙顶山茶产业学院

雅安职业技术学院（以下简称雅职院）是公办全日制普通高等学校。为加强地方茶产业基本技术的传承与弘扬，为地方培养人才并支持地方产业发展而办学，经调查和协商，由雅安职业技术学院牵头，名山区政府、雨城区政府共同参与组建蒙顶山茶产业学院。2020年11月12日，雅安职业技术学院蒙顶山茶产业学院举行揭牌仪式（图9-80），聘请名山区干部刘勇、茶叶专家夏家英、茶文化专家钟国林为茶产业指导老师（图9-81），在四川蒙顶山跃华茶业集团有限公司、四川蒙顶山雾本茶业有限公司设校企合作基地、四川省大川茶业有限公司设品牌建设基地，全面开启茶叶专业实用专科人才的教育培训。2021年开始招生，只有几名学生；2022年，经过提高宣传力度，茶叶茶艺专业招生就上百人。

图9-80 蒙顶山茶产业学院揭牌仪式

图9-81 蒙顶山茶产业学院聘请客座教授和产业导师

2021年，四川省雅安义兴藏茶有限公司与雅职院共同研发调味茶（冬瓜荷叶藏茶）、研发藏茶啤酒，并获得成功。

2021年5月22日，由雅职院经济与管理学院副书记、副教授、高级茶艺师任敏担任直播嘉宾的《如何冲泡好一杯蒙顶山茶——给世界一杯好茶》茶艺直播课在蒙顶山景区天盖寺正式开课，名山区茶业干部、茶艺人员、蒙顶山景区茶艺师参与其中。2020—

2022年，钟国林受聘在雅职院为2019级、2020级酒店、旅游管理专业讲授雅安地方特色文化课、蒙顶山茶文化34学时。2022年6月，刘勇在蒙顶山茶产业学院开办《蒙顶山茶核心区原真性保护》专题讲座。

2021年4月29日，第十届四川茶业博会期间，名山区农业农村局与蒙顶山茶产业学院、区茶业协会等共同举办蒙顶山茶专场品茗推介会，学院组织20余名学生展示蒙顶山茶艺，标准规范地向来客奉上一杯蒙顶甘露。2022年3月，雅职院蒙顶山茶产业学院与名山区茶业协会等共同承办名山区政府、市农业农村局举办的"蒙顶甘露杯"第三届斗茶大赛；同年11月与名山区市场监督管理局、茶业协会等共同承办由名山区政府主办的"蒙顶甘露杯"首届包装大赛（图9-82）。

图9-82 斗茶、制茶、包装、职业技能大赛

五、雅安和敬汉嘉茶文化职业培训学校

雅安和敬汉嘉茶文化职业培训学校成立于2017年，系雅安市人力资源和社会保障局定点培训学校，校长：魏瑛，其任务主要承担政府对农村劳动力转移者、城镇登记失业人员等'六类'人员的职业技能培训以及其他为就业、创业提供技术支撑人员的提升学习培训。学校现有专兼职人员12人，其中国家一级技师3人、国家二级技师7人、国家高级工2人；高级考评员1人、考评员3人；四川省茶文化协会裁判资源库成员1人；具

备四川省技工院校工学一体化三级资格教师1人；雅安市魏瑛茶艺技能大师工作室领衔人1人及雅州工匠1人，学校还聘请四川农业大学、雅安市职业技术学院、四川省贸易学校、雅安市及名山区茶叶专家为顾问，开展咨询与教学指导。建校以来，围绕和贯彻国家和省、市、区茶叶实用技能人才培养目标与任务，定期开展茶叶加工、茶艺师和评茶职业技能培训，学员以雅安市地区为主，还有来自成都、乐山、达州等地区人员，按照标准化、规范化开展制茶、茶艺、评茶等培训，学习茶理论、茶文化，实际操作训练，专家大师讲解、演示、指导等（图9-83），培至今累计训100余期，培训人员达6000余人次并获得相应的职业技能证书。指导带队不同学员参加省内外职业技能大赛，多次荣获一等奖、二等奖、三等奖佳绩。几年来，先后接受省、市、区领导和各界的检查指导并给予充分肯定和高度认可，成为蒙顶山茶地区茶叶实用性人才的培训基地。

图9-83 雅安和敬汉嘉茶文化职业培训学校理论学习和实操培训蒙顶山茶实用性人才

六、成立陈宗懋院士专家工作站

2004年，陈宗懋院士来名山考察，在他的关心支持下，131通过国家品种认定。2005年陈院士在茶良场说："我到了全国多个茶区，名山茶园标准化是最好的。"

2018年，名山就建工作站与陈院士衔接。

2011年，全国茶叶工作会即将在峨眉山召开前夕，最著名茶叶专家、《中国茶经》主编、中国工程院院士陈宗懋在四川省茶科所有关领导专家的陪同下，专程到名山县考察茶叶产业情况。6月7日，陈宗懋到蒙顶山生态茶园，对茶叶生长、茶园管理、环境生态、病虫发生等进行了仔细考察，对蒙顶山深厚的茶文化底蕴和优异的茶生态环境表示赞叹，并建议名山县和四川省茶科所详细整理记录蒙顶山茶从古至今的发展历史，宣传蒙顶甘露，提升蒙顶山茶知名度；6月8日一早，陈宗懋一行来到名山茶树良种繁育场，了解茶良场实施的四川省茶树种质资源保护与新品种选育项目和四川省科技创新团队茶树新品种引进示范项目，对名山县茶树选育所做的工作表示肯定。随后，陈宗懋一行来到了双河乡骑龙岗万亩生态标准化茶园，了解名山茶园管理、品牌建设、农民增收等情况，对名山茶叶产业这几年在面积规模、生产加工、安全质量、品牌建设、产业化程度等方面的发展感到欣慰，欣然提笔写下"名符其实的中国茶乡四川名山"和"蒙顶山茶"（图9-84）。

2020年9月20日，名山区政府召开"陈宗懋院士来雅欢迎会暨茶叶产业发展座谈会"（图9-85），陈宗懋对名山区茶叶品质和茶旅融合发展取得的成绩给予充分肯定，并对茶产业今后的发展提出建议；名山区政府与陈宗懋院士团队签订"茶叶中农药残留和污染物管控技术体系创建及应用"项目。该项目通过与中国农业科学院茶叶研究所合作，配套形成茶园绿色防控、农药合理使用和污染物源头控制技术，并示范应用，形成"源头保证、过程控制、产品保障"的名山茶叶质量安全管控体系。会后，陈宗懋院士率团队来到设在中峰牛碾坪"陈宗懋院士工作站"（图9-86），查看工作站、科研基地，向团队成员布置任务（图9-87）。2020年1月7日，名山区人民政府派相关领导到杭州拜访陈宗懋院士，表达希望陈宗懋院士继续指导蒙顶山茶产业站的请求，并向陈宗懋院士颁发了名山茶产业发展顾问聘书（图9-88）。

图9-84 陈宗懋院士为蒙顶山茶题字

2020年5月，陈宗懋院士专家工作站按照陈宗懋院士规定的提升蒙顶山茶品质和确保质量安全的任务要求，在名山区举行"茶园化肥农药减施增效技术集成研究与示范"现场培训会（图9-89）。同年11月下旬，在四川省名山茶树良种繁育场承办下，于牛碾坪科研基地开展了蒙顶甘露样茶审评工作。本次样茶审评得到了中国茶叶研究所、四川省茶叶研究所的大力支持，并邀请到茶叶界知名专家对75个茶树品种制作的蒙顶甘露进行了感官审评，旨在测试不同茶树品种制作蒙顶甘露的适制性，寻找最适宜制作蒙顶甘

图9-85 2020年9月20日，名山区召开陈宗懋院士来雅欢迎会暨茶叶产业发展座谈会，陈宗懋（中）、金武（右一）、吴宏（右三）、林智（左三）、王云（左一）等参加

图9-86 陈宗懋院士专家工作站团队

图9-87 陈宗懋院士（中），在院士工作站基地检查布置任务

图9-88 2021年1月，陈宗懋院士在杭州接受名山区人民政府顾问聘书，时任宣传部部长刘勇（右二）、副区长廖春雷（左二）、农业农村局局长王龙奇、时任省茶科所党委书记王云（右一）

露的茶树品种，为蒙顶甘露的品牌提升、茶树的改种换植提供科技支撑。审评现场，专家们通过观察干茶样、闻香气、看汤色、品滋味、看叶底，对75个茶样逐个逐项进行评价、打分，审评过程严谨有序、客观公正。下一步，还将对表现好的样茶进行品质和安全监测。

图9-89 "茶园化肥农药减施增效技术集成研究与示范"现场培训会

文化篇

第十章 蒙顶山文化丰厚

蒙顶山茶文化是2000多年来蒙顶山茶农、茶师、茶商、茶客茶企业们在栽培、生产、加工、交易和品饮茶的过程中，所形成的物质财富和精神文化的总和。蒙顶山茶文化包括大规模的茶树栽培和生产基地、传统的加工工艺与产品、繁荣的市场贸易与品牌；包括较为完整的茶文化产品、茶叶加工设备、茶品饮器具、茶史资料、茶文化遗迹等内容；还涉及汉文化、儒释道三教文化，以及相关的旅游、休闲等第三产业文化，具有独特、全面、系统的茶文化体系（图10-1）。蒙顶山茶文化，是名山地域文化之精髓，是中国茶文化的重要组成部分，是中华文明史上的璀璨明珠，蒙山茶传统制作技艺被联合国教科文组织列为人类非物质文化遗产代表名录（图10-2）。

图10-1 2017年6月，四川名山蒙顶山茶文化系统被中华人民共和国农业部列为第四批"中国重要农业文化遗产"

图10-2 "蒙山茶传统制作技艺"被列入人类非物质文化遗产代表作名录

第一节 价值特性

一、茶文化特性

（一）悠久性

蒙山历史极为悠久，蒙山因大禹蒙山旅祭的故事出自地理文献《尚书·禹贡》，世称"禹贡蒙山"。蒙山产茶已有2000多年的历史，西汉末年，邑人吴理真将7株野生茶树移植到蒙顶山上清峰，开创了人工植茶的先河，茶叶从此被推广发展，传遍五湖四海。蒙顶山茶区是中国最为古老的茶区，2000多年来蒙顶山茶绵延不断，至今还熠熠生辉，古风犹存。神农氏是一个先古时期的神，他发现茶叶治病解乏，因此被世人尊为"茶神"；吴理真是第一位将野生茶树，人工种植的人，茶树由此遍种华夏，功利万代，被世人奉为"茶祖"；陆羽著写《茶经》，系统总结茶叶生产和使用，被世人奉为"茶圣"。茶祖吴理真塑像被后人供奉在蒙顶山天盖寺、落座于中国茶叶博物馆（图10-3、图10-4）、成都茶文化公园等地，是中国茶文化的形象符号之一。

图10-3 四川茶人汇集天盖寺"茶祖殿"（刘枫题字）举行新匾揭牌仪式

图10-4 2005年茶祖像落座中国茶叶博物馆，杭州市委副书记叶明（叶明）、雅安市委副书记何大清（右二），副市长孙前（右一）为雕像揭幕

（二）独特性

蒙顶山自然条件得天独厚是茶叶的原生地之一，是茶文化的发源地，原全国政协副主席张怀西赞誉题写"茶之源 中国蒙顶山"（图10-5），优越的生态环境（图10-6），造就了蒙顶山茶香郁、鲜爽、回甘的优异品质。唐朝天宝元年（742年）蒙顶山茶被列为贡品，延续到清末（1869年）从未间断，经历了从药品、饮品、贡品、祭品到商品的完整发展过程，在中国茶叶历史上绝无仅有，在中国和世界茶叶史上都有极其重要的地位。还延伸出了贡茶文化、茶马文化等传统文化。蒙顶山自古就被文豪骚客称颂："琴里知闻唯渌水，茶中故旧是蒙山（唐·白居易）。""积雪犹封蒙顶树，惊雷未发建溪春（宋·欧阳

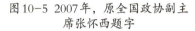

图10-5 2007年，原全国政协副主席张怀西题字

图10-6 深秋的天盖寺，蒙顶山优越的生态环境（图片来源：名山区委宣传部）

修）。"明代的"扬子江心水，蒙山顶上茶"更是千古流传。目前，蒙顶山茶已经形成了绿茶、黄茶、黑茶、青茶、红茶、白茶六大品类，是全国地标产品中唯一的多品类茶。

（三）丰富性

蒙山茶文化是中华传统优秀文化的组成部分，其内容十分丰富，涉及生产加工、经济贸易、餐饮旅游、科技教育、文化艺术、医学保健、历史考古，以及哲学、宗教文化等茶产业、茶经济、茶旅游、茶文化等方面，尤其受到当今各种茶产品、茶文化传播渠道方式多样化、信息碎片化的冲击，各种文章、专著、视频等层出不穷，使蒙顶山茶史料更丰富、遗迹得认定、传说更优美、文化更加丰富和全面（图10-7、图10-8）。

图10-7 2022年3月27日，前外交部长李肇星在茶叶乡村振兴论坛上介绍女娲补天的传说

图10-8 川藏茶马古道图

（四）广泛性

经过2000多年的建设、传承与发展，蒙顶山茶已成为名山经济和民众生活的重要组成部分，名山区茶叶界对蒙顶山茶历史文化有较深刻的认识，广大干部、群众均对其有基本的了解。通过多年的宣传与普及，高校、茶叶管理部门、茶叶行业组织和很多外地茶商均对蒙顶山茶产业、文化有很多了解。蒙顶山茶叶不仅带动名山及周边市县农业、农村和农民实现脱贫致富奔小康的目标，而且还推动今后的乡村振兴战略实施，茶产业已融入第二、第三产业中，已融入旅游、休

闲、餐饮、城建、乡风文明、精神文明建设等经济、文化等方面（图10-9）。

图10-9 2016年5月1日，中国国际茶文化研究会会长周富国在孙前副会长等陪同下来到蒙顶山祭拜茶祖、参观皇茶园（图片来源：四川省名山蒙顶山旅游开发有限公司）

（五）深远性

1958年，毛泽东主席在成都会议期间品尝到蒙顶山茶后指示："蒙山茶要发展，要和群众见面！"2004年《世界茶文化蒙顶山宣言》正式确立了"蒙顶山是世界茶文明发祥地、世界茶文化发源地、世界茶文化圣山"的历史地位。2010年，中共中央总书记、国家主席、中央军委主席胡锦涛亲临2010年上海世界博览会四川馆，欣赏中国蒙顶山"龙行十八式"茶技表演队的精彩表演，该表演赢得了总书记的微笑和赞许。蒙顶山茶是四川茶叶和中国茶叶的典型代表，是省委、省政府重点打造的茶叶区域品牌。蒙顶山茶被授予"中国驰名商标""中国茶叶十大区域公用品牌""国家级非物质文化遗产""中国重要农业文化遗产""中国气候好产品"，还被列入"联合国人类非物质文化遗产名录"，2022年蒙顶山茶区域公用品牌评估价值达43.99亿元，稳居全国前十，四川第一。蒙顶山茶及其茶文化不仅在过去和现在对民生、民族、历史发挥了重要作用，而且必将在今后继续发挥重要作用，体现出更多更深的价值。当代的蒙顶山茶人牢记责任使命，传承弘扬、创新发展，确保蒙顶山茶文化长盛不衰（图10-10、图10-11）。

图10-10 2018年11月四川省十大茶文化传承人颁证（图片来源：四川省名山蒙顶山旅游开发有限公司）

图10-11 2014年，第十届蒙顶山茶文化旅游节蒙顶山茶人祭拜茶祖、感恩奋进

二、茶文化内涵

（一）物质内涵

蒙顶山茶文化的物质内涵上来源于劳动创造、生产结晶。

蒙顶山茶的种植管理、群种选育、品种培育、茶苗繁育；传统名茶原料选择、制作工艺；茶市茶价、品名品牌、包装销售、品饮茶艺等，均有一整套的经验和理论，并制定成国家和行业茶叶执行标准、获得国家地理标志产品保护。以植茶始祖吴理真为开山祖师的历代蒙山种茶人、制茶人，不断总结、改进、创新，制作出数种名茶，享誉天下。贡茶、边茶、祀茶更是名耀史册，光照千秋。当代，科技工作者致力于蒙山茶种植、制作研究，成绩突出；茶叶企业经营者们致力于蒙山茶品牌的推广和蒙山名茶的营销，成效显著；旅游界建设者们投资建设茶文化景区、景点，修建茶文化设施，成立茶技、茶艺专业团队，培养茶文化传承人，打造茶文化品牌，利在当代，功在千秋（图10-12、图10-13）。

图10-12 1984年，四川省委书记谭启龙题字

图10-13 2020年7月，刘仲华院士在第十届四川国际茶博会上推介蒙顶甘露

（二）文化内涵

文化内涵上的蒙山茶文化也来源于劳动创造、精神提升。

茶农、茶人从劳动中领悟到身心健康的重要性，因而创造出茶技"龙行十八式""凤舞十八式"；茶商、茶客从品饮中感受到茶的高雅，因而陶冶出"天风十二品"；佛家用蒙山茶作为其思想传播的载体，因而创编出至今仍被天下丛林庵院，乃至居家信徒作为日课的《蒙山施食仪》等禅茶茶道。清代赵懿等挖掘、整理、总结、完善蒙山茶文化，使之成为完整的文化体系，是蒙山茶文化的开拓者和奠基人。而当代文化界人士及佛教界人士整理、发掘、发展、传播蒙山茶文化、茶佛文化，文化工作者积极创作茶文化作品，则是蒙山茶文化的倡导者和传承人（图10-14、图10-15）。《名山县志》《名山茶业志》《名山茶事通览》《名山茶经》《蒙顶山茶当代史况》《蒙顶黄芽》《中国名茶蒙顶甘露》等专著，更是蒙山茶文化的丰硕成果。以茶待客、以茶会友、以茶入艺、以茶兴文，使蒙山茶文化走出国门，走向世界。

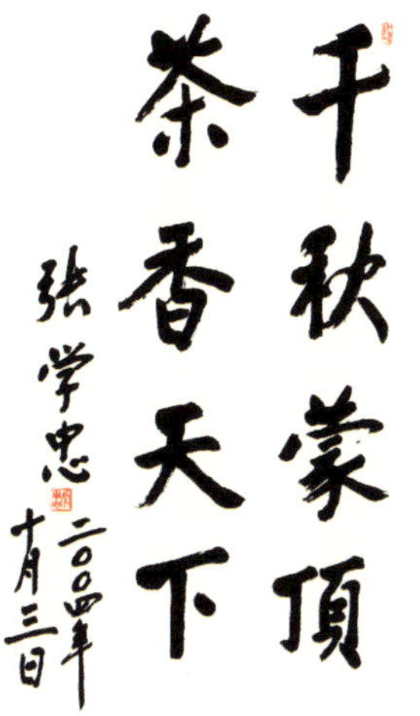

图10-14 2004年10月，四川省委书记张学忠题字

图10-15 2020年5月，影星赵亮公益行寻茶走进蒙顶山

三、茶文化价值

（一）历史价值

蒙山，最早出现在我国历史地理文献中，是以祭天活动闻名于世。大禹祭天史事，被载入《尚书·禹贡》。后来发展为朝廷祭天祀祖、地方和民间祭茶祖、释家禅林敬佛、道家洞府祭神等各种仪式。蒙顶山是世界上有文字记载的人工植茶最早的地方，蒙顶山种茶、制茶、贡茶2000多年从未间断，史料、遗迹丰富，记录茶叶作为药品、饮品、贡品、祭品、商品等的历史过程，全面、系统、完整地反映蒙顶山茶和中国茶文化发展的主要过程和重要阶段，在中国茶文化史中占据浓墨重彩的篇章（图10-16、图10-17）。

（二）政治价值

名山是边茶种植、加工、生产的中心，是川藏茶马古道的起点。名山边茶自东汉始，起初由民间商人与茶户自行交易。唐代，文成公主进藏，将茶叶引入西藏上层，很快成为藏民日常生活的必需品，"宁可三日无食（粮），不可一日无茶"。宋代，形成严格的以茶易马的榷茶制度；明、清两代，一直沿袭茶马贸易，实行以茶治边、以茶安边的制

图10-16 名山茶文化专家正在调查收集资料
（图片来源：文海燕）

图10-17 2005年蒙顶山茶走进韩国河东郡
（图片来源：陈书谦）

度。茶马古道，是连接汉藏的政治、经济、文化纽带，不仅使藏区人民获得不可或缺的名山茶叶，弥补藏区所缺，满足藏区人民所需，而且让长期处于封闭环境的藏区打开门户，将藏区土特产运入内地，形成长久的互利互补的经济关系，促进藏区商贸城镇的兴起和发展，带动藏族社会经济繁荣，沟通藏族与汉族和其他民族的文化交流，推动藏区与祖国统一和藏汉民族团结。历史上，即使未在藏区驻扎军队的宋代、明代，藏区各部也始终归服，心向统一。其中，边茶、茶马古道发挥了重要作用，功不可没。1000多年的贡茶制度，也为维护中央集权、国家统一、稳定民心、长治久安发挥了重要作用。因此蒙山边茶得到藏族、羌族与汉族的文化价值认同，是民族茶、团结茶、政治茶（图10-18）。2023年3月27日，第十九届蒙顶山茶文化旅游节期间，名山区在牛碾坪召开"三茶统筹·名山模式"现场会，中华茶人联谊会秘书长孙蔚、名山区政协主席倪林、中国工程院院士刘仲华、中国茶叶流通协会副会长姚静波、中国农业科学院茶叶研究所党委书记、副所长江用文、浙江大学CARD中国农业品牌研究中心主任胡晓云、四川农业科学院茶叶研究所党委书记王云等分别分析、介绍、总结最具代表性的"三茶统筹·名山模式"，共同发布《三茶统筹·名山共识》。"三茶统筹·名山模式"成功入选全国"三茶"统筹发展典型县域（图10-19）。

图10-18 2019年9月19日，纪念蒙顶山茶文化"一会一节"15周年座谈会

图10-19 2023年3月27日，在牛碾坪万亩生态观光茶园召开"三茶统筹·名山模式现场会"

（三）民生价值

2000多年来，蒙顶山茶树种植不断，完全成为名山及周边民众的赖以生存的经济项目，成为名山人民衣食之源，也成为地方财政的重要来源。唐宋时期民众种植茶树"以窥厚利"，明清税赋中茶叶收入占当时州、县财政收入的半数有余。特别是改革开放以来，名山茶叶迅速发展到39.2万余亩，产生的纯收入占农村居民人均可支配收入的2/3，90%的农民以茶业为主，帮助本地和其他地区农村脱贫致富，助力乡村振兴。茶产业，更成为名山经济社会发展的主导产业。名山因茶产业而容纳了三峡移民550余人、瀑布沟水电站移民5500余人，让全国最大的移民接纳县实现移民安得下、稳得住、有项目、能致富。2014年，名山区贯彻落实党中央、国务院关于农村全面实施脱贫攻坚的总要求，依托名山茶叶产业规模基础和优势，采取支持茶苗、扩展面积、出村采摘、茶企务工等措施，推行茶叶产业扶贫、项目扶贫、技术扶贫，为全区所存在的42个贫困村、6668户、19235人找到出路和办法，2017年大多数贫困村、贫困户实现脱贫，2018年贫困户、贫困村整体退出，2019年继续以茶为主巩固脱贫攻坚成果，至2020年底名山区全面实现脱贫（图10-20）。

图10-20 助力脱贫致富和乡村振兴，提高民众物质文化生活水平（图为茶叶销售火爆场景，区茶业领导小组组长张永祥主持2012年"茶农杯"广场健身舞比赛）

（四）文化价值

吴理真身为庶民，识茶种茶，亲手植于蒙顶及五峰之中，是我国有文字记载的最早的种茶人，开创世界人工种茶之先河，被奉为"植茶始祖"，具备了敢为人先的创新精神。蒙山，因此成为世界茶文明发祥地。大约700万年以前茶树自然演化生长，直到吴理真在蒙顶山栽种、培植野生茶树，将野生转变为家养，由自然转变为人工，由野蛮转变为文明，看是简单，实则是质的飞跃。文明开化，物种创新，影响巨大，时代共享。茶树的人工栽培为茶叶的大规模生产、大面积推广提供先决条件。茶叶的人工栽培和传播为茶叶贸易的发展、制作工艺的演进、饮茶习俗的形成、茶叶功能的研究和茶文化的兴起奠定了物质基础（图10-21、图10-22）。

图10-21 2004年9月，韩国茶人在吴理真广场祭拜茶祖

图10-22 2017年，成都宽和茶馆举行蒙顶黄茶品鉴活动（图片来源：何修武）

茶以文传，文随茶播。千百年来，蒙顶山茶吸引无数文人墨客用最优美的词汇歌咏和赞誉。唐代孟郊、刘禹锡、白居易作诗称赞，尤其是白居易的"琴里知闻唯渌水，茶中故旧是蒙山"，将蒙山茶与名曲《渌水》相提并论，反映出唐代蒙山茶的崇高地位，蒙山茶是文人和士大夫的最高精神享受。宋代文彦博、文同、苏轼、陆游写诗吟唱，文同的"蜀土茶称圣，蒙山味独珍"，直接称赞蒙山茶为圣茶，品位第一。元代李德载，作曲赞颂蒙山茶。清乾隆皇帝（爱新觉罗·弘历）也曾作《烹雪叠旧作韵》。当代李半黎、白航、马识途等书法家、文学家均写诗讴歌蒙山茶。当代辞赋家张昌余作《蒙顶山茶赋》，赞曰："捧'甘露'而洌'玉叶'，撮'石花'而品'黄芽'。欣欣然情满茶山，顿忘昨日为名也利也；飘飘然心醉茶水，不知此身是仙也佛也。"脍炙人口，广为流传（图10-23、图10-24）。

图10-23 2004年蒙顶山茶万里祭拜孔子（图片来源：名山县地方志办公室）

图10-24 名山区茶人代表向茶祖祭拜（黄健 拍摄）

蒙顶山茶园生态美、环境美和茶叶内质美、造型美、品鉴美，构成完整的美学体系。蒙顶山茶道至少有千年历史，堪称中国茶道的"祖庭"。蒙山茶技"龙行十八式""凤舞十八式"蒙山茶艺"天风十二品"，一刚一柔，一武一文，一动一静，赏心悦目，心驰神往，极具观赏价值，成为蒙山派双璧，被誉为中国沏茶文化的两座里程碑。茶歌、茶

舞等形式多样关于茶的文学艺术作品不断涌现，精彩纷呈。

（五）工艺价值

蒙顶山茶崇高的地位和独特的品质源于蒙顶山茶得天独厚的自然条件和精湛的制作工艺。早在西汉，蒙顶山茶制作工艺已具雏形。吴理真在蒙顶山植茶，用茶叶治病防疫。南梁简文帝大宝元年（550年）前后，恢复名茶圣杨花、吉祥蕊。陶谷的《清异录》载："吴僧梵川，誓愿燃顶供养双林傅大士，自往蒙顶结庵种茶，凡三年，味方全美，得绝佳者圣杨花、吉祥蕊，共不逾五斤，持归供献。"

到唐代，蒙顶石花、雷鸣茶、火前茶、谷芽应运而生。唐李肇《唐国史补》记"剑南有蒙顶石花，或小方，或散芽，号为第一"。

清光绪版《名山县志》，详细记载了贡茶采摘、制作、入贡的盛典概况，蒙顶贡茶从采摘、烘烤、揉制、晾晒、拣选，均有严格的技术要求。该工艺流程经过1000多年来不断传承、改进和完善，已成为一个独特体系，既有蒙顶石花、蒙顶黄芽等绿茶，蒙顶黄芽等黄茶，还有红茶、花茶等茶类，包含高规范性工艺和技术价值，是全国名茶中技艺丰富的多品类茶，具有较高的科学价值（图10-25、图10-26）。

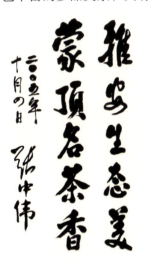

图10-25 2005年10月，原四川省人民政府省长张中伟题词

图10-26 20世纪80年代的雅安砖茶

（六）宗教价值

蒙山，是闻名四海的禅茶圣地。三国时，蒙山已建寺院。北宋时，不动禅师于蒙山永兴寺集瑜伽焰口及显密诸部而成《蒙山施食仪》，融通显密及瑜伽经典。仪轨将蒙山雀舌茶作为专用祭祀茶，为大乘佛法地区佛门每日晚课必诵仪轨，深为佛教界所信奉，为佛教教义传播发挥巨大作用。道家也把蒙顶春芽、雀舌、先春"奉献天颜诸仙"。蒙顶仙茶年年进贡，是明清时期皇家祭天祀祖之品，祈求上苍护佑江山永固、国泰民安。蒙顶

图10-27 建昌道黄谕（清黄云鹄永兴寺保护谕碑），茶人和百姓均把茶祖吴理真奉为祛灾降福之神，在茶厂、家中供奉

山茶作为禅林、洞观和广大信众诵经打禅、交流切磋、弘扬佛法、日常修行的主要选择介质，诚心静心清心，以达到忘我、无我的境界（图10-27）。

（七）社会价值

蒙顶山茶产业的发展，促进了农民增收和农业、农村发展，确保了地方和区域经济的全面发展，促进教育、卫生条件改善，农村治安得到根本好转（图10-28）。由于农村90%左右劳动力都从事茶和与茶相关的工作，都未远离家乡外出，农村中少有留守儿童、留守老人等情况，不少六七十岁的老人还可以采茶、卖茶，人人有收入，农村社会就很和谐。不少条件好的茶农还在城中买了商品房，将孩子送到区级中小学或邻近重点学校学习，子女受教育条件与水平有了很大提高。有了蒙顶山茶产业作支撑，乡村振兴条件更优，社会经济发展更有底气。

图10-28 名山茶农的龙灯、马马灯表演与名山城乡优美整洁安宁祥和的环境

第二节 独特文化

蒙顶山茶经过2000多年发展，演化形成丰富而多彩的茶文化，除常见的史料典籍、制作技艺、诗词歌赋、小说传记等茶文化外，还演化形成独具特色、突立于世的"一山、一祖、五大文化、五句诗联、五个茶品、一公园"的总体格局。

一、一山：世界茶文化圣山——蒙顶山

蒙山，又名蒙顶山，位于四川省名山县境内西北部，因大禹治水蒙山旅祭的史事，在我国最早的地理文献《尚书·禹贡》中有"蔡蒙旅平，和夷底绩"记载，是我国历史文献中最早出现的山名之一。因自然环境优美，文物古迹众多，使蒙顶山茶更闻名于世。1986年名山县政协编印的文史资料（蒙山专辑），汇集了蒙顶山茶文化圣山的史料研究成果（图10-29）。2004年，第八届国际茶文化研讨会，来自联合国粮农组织和世界28个产茶国代表、全国所有产茶省（自治区、直辖市）及主要科研院所专家1250余人，共同发表了《世界茶文化蒙顶山宣言》，确立了"蒙顶山是世界茶文明发祥地、世界茶文化发源地、世界茶文化圣山"的历史地位。

图10-29 1986年名山县政协编印的文史资料（蒙山专辑）

《中华大字典》和"30国学"中对"圣"字解释为："一是最崇高的，如圣地，神圣。二是称学识或技能有极高成就的，如圣手，诗圣。三是指圣人，如圣贤。四是封建社会尊称帝王，如圣上，圣旨。五是宗教徒对所崇拜的事物的尊称，如圣经，圣灵。六是姓氏。"根据以上五个内涵，"茶文化圣山"即：茶叶界有极高内涵和成就、获得最崇

高地位并被世人所崇拜的茶山。按此概念，对应的蒙顶山茶、事物、产品、人物、史迹、代表性和社会共识等各方面均是全国、全世界第一、唯一或最前列。茶文化圣山之名名副其实、当之无愧（图10-29）。

（一）崇高的地位

主要体现在茶叶、佛经、道经等方面。

蒙顶山茶种植生产从汉代开始，已有2000多年的历史，中间从未间断，是全国最古老、生产时间最长、文化最丰富、至今仍发挥巨大作用的茶区，从这四个方面来比较，蒙顶山茶均为全国第一。

图10-30 故宫所贮蒙顶贡茶之"陈蒙茶"
（图片来源：《故宫贡茶图典》）

蒙顶仙茶作为贡品，清《名山县志》与清宫档案中记载一致，均作为"郊天"即祭天祀祖的专用茶，这是历史上全国所有茶叶的唯一（图10-30）。

佛经《蒙山施食仪》是由不动禅师在蒙顶山永兴寺创作，在赞词有中"蒙山雀舌茶奉献，酥酡普供养释迦"，是把蒙山雀舌茶作为敬奉佛祖的专用茶，这是茶叶界和佛教界唯一（图10-31）。

图10-31 福建莆田广化寺：
《禅门日诵》之《蒙山施食仪》

道教中也把蒙顶茶作为祭天之茶，《斋天科仪》中记载"献茶揭：夫茶者，武夷玉粒，蒙顶春芽。烹成蟹眼雪花，煮作龙团凤髓，葵天天鉴亨地表，以此春茗。雀舌遇先春，长蒙山有味香馨。竹炉烹出，沸如银满，泛玉瓯缶樽。"

（二）极高的成就

主要体现在历史名茶、五朝贡茶、茶古迹、茶文献史料、名人讴歌、国家茶叶公园、最高荣誉等方面的极高成就。

蒙顶山茶在2000多年的发展中名茶辈出，唐以前的"圣扬花""吉祥蕊"，唐代的"蒙顶石花""小方""散芽""鹰嘴芽白茶""露鋑芽""篯芽""压膏露芽""不压膏露芽""井冬芽""紫笋"，宋代又有"万春银叶""玉叶长春"，以及后来的"黄芽""甘露"，特别是"仙茶""陪茶""菱角湾茶"等（图10-32）。

蒙顶山茶从唐代天宝元年开始进贡，宋元明清五代不断，长达1169年，是全国贡茶朝代最多，时间最长的。据《故宫贡茶图典》记载，故宫中现存完全可证的贡茶共44个，其中蒙顶山贡茶达8个，规格、种类、数量均为第一。

蒙頂茶名山縣蒙山上清峯甘露井側產茶葉厚而圓色紫赤味略苦春末夏初始發苔蘚庑之陰雲霞爲相傳甘露大師自嶺表攜靈茗播五頂舊志稱頂茶受陽氣全故芬香唐李德裕入蜀得蒙餅以沃於湯餅上移時盡化以驗其真傳稱雅州蒙山上有露芽故蔡襄有歌曰露芽錯落一番新白樂天詩茶中故舊是蒙山吳中復謝人惠茶詩吾聞蒙山之嶺多秀山惡草不生生淑茗皆謂此茶也

图10–32 清《四川通志》所记述的蒙顶茶

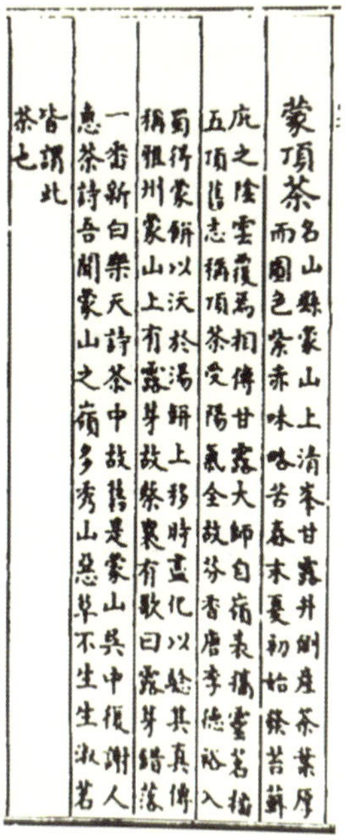

蒙顶山上保留了皇茶园、甘露井、天梯古道、古茶树等文物，还有天盖寺、永兴寺、智矩寺、千佛寺等与茶直接相关的文物遗址，是全国保存古代茶文化遗址文物最多、最丰富的地方（详见第十章第四节）。上述古建筑还是全国重点保护文物单位（图10–33）。

蒙顶山茶文化史料文献丰富，目前，据不完全统计，清代以前的达150余篇段，清代以前古诗词歌赋达150余首，被白居易、刘禹锡、文彦博、陆游、王越、乾隆等名人讴歌，这在中国各地茶叶中是排第一，还涉及小说、文学等方面。但最有特色的是2000多年的蒙顶山茶文化演化并形成其他地方没有或不足的茶祖文化、贡茶文化、禅茶文化、茶马文化、茶艺文化（图10–33）。

蒙顶山是全国唯一以茶为主题的旅游区和风景名胜区，蒙顶山茶叶国家公园是全国唯一的茶叶国家公园。

名山还有其他茶文化遗迹散布，如全国唯一留存的茶马司，明代重修的天目寺道路碑、茶马古道等。

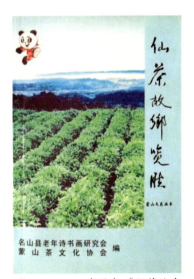

图10–33 2004年编印《仙茶故乡览胜》，崇祯辛未春进士傅良选书蒙山“石笋”拓片（图片来源：《名山历代碑刻拓片与对联》）

近代以来，蒙顶山茶获得1915年巴拿马万国博览会金奖；1956年中国香港《大公报》刊登“中国十大名茶”，蒙顶山茶入列；1959年被中国商务部评为“中国十大名茶”；1960年被全国茶叶科学研究会评为“全国名茶”；2001年被美国《纽约时报》评为“中国十大名茶”；2015年获百年世博中国名茶金奖；2017年被评为中国十大茶叶区域公用品牌，蒙顶黄芽、蒙顶甘露、蒙顶石花、残剑飞雪入选中国茶博馆茶萃厅，同年蒙顶山茶文化系统被列为全国重要农业文化遗产；2019年被中国气象学会评为中国气候好产品，是唯一获此殊荣的茶叶；2021年蒙山茶传统制作技艺被列为全国非物质文化遗产；2022年11月20日被列入联合国人类非物质文化遗产名录。

（三）圣贤的封号

世界植茶始祖的地位树立与普遍认可：蒙顶山是世界上有文字记载最早人工植茶的地方，邑人吴理真是世界公认的人工植茶第一人，被奉为茶祖。《茶业通史》（图10-34）《制茶学》《中国茶经》等权威专业书籍均有记载，茶叶专家普遍认可，广大茶人、茶企普遍供奉。

图10-34 陈椽教授编著《茶业通史》

（四）敬奉的尊号

吴理真至少在北宋以前就被供奉在智炬寺，南宋时被供奉在甘露井旁，有《孙渐智矩寺留题》和《宋甘露祖师造像并行状》为证。除名山、雅安外，中国茶叶博物馆、成都茶文化公园、山东莒县等地均有巨型塑像供人敬拜。

蒙顶山贡茶最早为皇室及赏赐使用，明清时"仙茶"更是作为皇家祭天祀祖专用，其他贡茶作为赏赐使用。自古以来全国称得上"仙茶"并被皇家和朝廷认可的只有蒙顶山五峰所产之茶。毛泽东、邓小平、胡耀邦、江泽民等党和国家领导人也品饮了蒙顶山茶，并给予赞誉。

（五）社会的共识

中国西南地区是世界茶叶原生地、发源地，四川是中国茶文化发祥地，能代表四川茶历史文化的唯有蒙顶山。

2004年第八届国际茶文化研讨会暨首届蒙顶山国际茶文化旅游节，联合签署发表了《世界茶文化蒙顶山宣言》，正式确立了吴理真世界植茶始祖的地位，蒙顶山作为世界茶文明发祥地、世界茶文化发源地、世界茶文化圣山，得到茶叶界广泛认可。

《茶业通史》《制茶学》《四川茶业史》《中国茶经》等专著均有茶祖吴理真的记载，

中国茶叶博物馆出版的《画说中国茶》，讲述了吴理真是第一个种茶人的故事。

综上所述，蒙顶山在茶山、事物、产品、人物、史迹、代表性和社会共识等各个方面均完全具备了世界茶文化圣山的历史地位（图10-35）。

图10-35 中国茶叶博物馆出版的《画说中国茶》，讲述了吴理真是第一个种茶人的故事

蒙顶山核心，一是"茶祖"，即茶祖故里；二是"仙茶"，即仙茶故乡；三是"祭天"，即祭天祀祖。蒙顶山是让天下茶人信服、顶礼膜拜，上山朝圣的神祇。蒙顶山的其他方面，如禅茶文化、茶马文化、茶艺文化、三教文化、生态文化、红色文化、旅游文化等均围绕此拓展。

二、一祖：世界植茶始祖——吴理真

西汉甘露年间（公元前53年），名山人吴理真在蒙顶五峰之间驯化野生茶树，培育出"高不盈尺，叶片细长，叶脉对分"的灌木茶树品种，开创了人工植茶的先河，茶树人工种植由此推向全国，惠及世界。北宋孙渐的《智矩寺留题》写道："昔有汉道人，薙草初为祖。"宋淳熙十三年（1186年），孝宗皇帝敕封吴理真为甘露普惠妙济大师，时过两年，又将其封为灵应甘露普惠妙济菩萨。南宋石碑"宋·甘露祖师像并行状"碑文，宋代大学者王象的《舆地记胜》、明代杨慎的《蒙茶辨》中均有记载。由于受地理条件、社会观念、文化挖掘等历史局限，茶祖吴理真在宋代之前是名山本地的地方之神，虽然在南宋宋淳熙年间孝宗皇帝敕封他为大师、菩萨，上升为大神之列。但由于宋末战争和元代压制，茶祖吴理真仍被迁限于雅安、四川，即使有碑刻证明，依然名声不响。特别是作为来自交通不便、经济不发达、影响力弱小的蜀地小地方的人物，多年来被世人忽视，淹没于历史长河中。

1977年，国营蒙山茶场技术干部李家光发表《名山名茶的形成与历史演变》，首述蒙山"贡茶"与"凡茶"的演变过程，认定吴理真就是名山当地植茶人，并且是有文字记载的最早的人工植茶者。

1978年初冬，著名茶学家、茶学教育家、制茶专家陈椽教授（图10-36）受国家委托，组织10余人的专家队伍到全国茶区进行调研考察，为撰写《茶业通史》收集素材与资料。陈椽教授、王镇恒教授等一行在施嘉璠、李家光、彭天贵等陪同下考察蒙顶山，仔细查看相关文献资料。当陈椽教授一行看到蒙山"天下大蒙山"碑文，并经核实蒙山天盖寺石碑原文、《名山县志》等关于吴理真在蒙山种茶的记载，兴奋地说："我走遍了各省茶区，未见到有时间、地点，有名有姓的人工种植记载。今天，终于在蒙山看到了！""这是至今为止有文字记载的最早种茶人"。后在出版的《茶业通史》中记道："蒙山有我国植茶最早的文字记载。"1980年8月，乘编写全国农业院校统一教材，在重庆西南农学院召开审定讨论会之便，陈椽教授与20多位专家再次到蒙顶山考察茶叶生产、摄取资料。同行人员有浙江农业大学、云南农业大学、西南农业大学、四川农学院、广西农学院、福建农学院和杭州茶厂的教授、讲师及技师，陈椽教授再次查看相关史料，肯定了吴理真是有文字记载的种植茶树第一人，确定了吴理真就是世界茶人祭拜的植茶始祖。

图10-36 著名茶学家陈椽教授

2004年9月，第八届国际茶文化研讨会联合签署发表了《世界茶文化蒙顶山宣言》，正式确定了吴理真世界植茶始祖的地位，并得到茶叶界广泛认可。

植茶始祖吴理真是广大做茶之人、爱茶之人共同尊崇和敬仰的历史人物，是中国茶文化的代表、茶叶精神的象征、创新和感恩的典范，中国人应该永远尊敬这位茶祖。名山雅安及四川茶人将不断深入搜集、挖掘和充分论证他的植茶事业，不断弘扬蒙顶山茶文化。

三、祭祀文化

又称祭祖文化，祭祀创人之祖女娲、三皇五帝之大禹、祭祀茶祖吴理真。蒙山，因女娲文化、大禹文化而成为华夏大地上最早的名山，因茶而称圣山。蒙山祭祀文化源远流长。

（一）蒙山之名

蒙山，亦名蒙顶山。传说女娲炼五彩石以补苍天，补至蒙山上空，元气耗尽，身融大地，手化五峰，留一隙漏缝，雨露常沥。故有："西蜀漏天，中心蒙山"之说。《先蜀记》载："蚕丛居岷山石室中。"这句话中，"岷"与"蒙"古音通假，"岷山"即为"蒙山"。可见，古蜀国开国国君蚕丛曾居于蒙山一带。《九州志》载："蒙山者，沐也，言雨露蒙沐，因以为名。"蒙山顶五峰环峙，酷似莲花。旧有七刹，山顶有天盖寺。

蒙山之称，历史悠久。大禹治水前，就有蒙山之称，故《尚书·禹贡》有"蔡蒙旅平"的记载。战国时，更有蒙山的准确记载。屈原，战国末期楚国人。其《天问》曰："桀伐蒙山，何所得焉？妹嬉何肆，汤何殛焉？"东汉王逸《楚辞章句》注曰："桀伐蒙山之国，而得妹嬉。"淮南子亦云："桀伐蒙山得妹嬉。""蒙顶山"之称，也由来已久，是从西汉甘露年间吴理真植茶于蒙顶开始的。唐代文学家段成式的《锦里新闻》云："蒙顶山有雷鸣茶，雷鸣时乃茁。"宋代王存《元丰九域志》载："名山，州东北四十里，九乡，百丈、车岭二镇。名山、百丈二茶场。有蒙顶山、名山水。"

多部典籍载有"蒙山""蒙顶山"词条。历代文人墨客，将蒙山、蒙顶山写入诗词歌赋，成为题材独特的艺术篇章。蒙山延龄桥畔"蒙山"二字，为清代名山知县赵懿手书。蒙山天盖寺《天下大蒙山》碑保存完好。

（二）禹贡蒙山

蒙山，是我国历史地理文献中最早出现的以祭祀活动闻名的圣山。

传说4000多年前的尧舜时期，中华大地洪水泛滥成灾。鲧受命治水，9年不见成效。舜命鲧之子禹担当抗击、治理天下洪水的重任。禹吸取父亲筑坝堵截洪水失败的教训，采取引流办法疏通河道，依照黄河流域山脉地形，开挖沟渠，使洪水顺畅流泄，入江河，归大海。后大禹转入长江流域治水，走遍包括四川在内的梁州地域。治水成功后，即在蔡山（今周公山）、蒙山举行祭祀大典。

《尚书·禹贡》对上述史实予以详细记载："华阳、黑水惟梁州。岷嶓既艺，沱涔既道。蔡蒙旅平，和夷底绩。"大意是：华山以南，黑水一带是梁州（蒙山古属九州之梁州），岷山、嶓山一带已可定居从事农业生产了，沱江、潜江河道也已疏通，于是就在蔡山（今周公山）、蒙山举行大典，庆贺治水功成。此段文字，说明蒙山几千年前就有祭祀活动。蒙顶山，是最古老的祭天之地。

《尚书》是最早记载蒙山的典籍，蒙山因此被称为"禹贡蒙山""名山""蜀土文化之发源地"。蒙山顶有1000余级石梯，相传是大禹登山祭祀的古道，后成为历代地方官为天子摘取皇茶的必由之路，因高耸入云天，登之艰难，故名"天梯"。

（三）祭祀活动

蒙顶山茶历来是皇家（图10-37）、官府及民间重大活动祭祀用品。

古代，每年三月二十七日（茶祖诞辰日）或四月二十四日（茶祖去世日），县官、僧道、茶农，聚集蒙顶天盖寺，祭奠祖师，开采贡茶。清光绪版《名山县志》，详细记载蒙顶贡茶采制大典、进贡皇茶祭祀流程以及祭祀蒙山、吴理真等的流程。

2003年3月30日，蒙顶贡茶采制大典恢复，重现蒙山皇茶祭天祀祖仪式。内容有祭

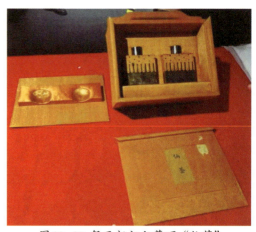

图10-37 祭天祀祖之蒙顶"仙茶"
（图片来源：钟国林）

祀茶祖、皇茶采制、贡茶启运等。大典后，送茶使者一行护送蒙顶贡茶到陕西黄陵县公祭黄帝陵。此后，每年3月27日，均举办蒙顶山国际茶文化旅游节开幕式，均要举行茶祖祭拜仪式。每年，都有国内外茶人自发到蒙山天盖寺、吴理真广场祭拜茶祖。宜宾醒世茶业有限责任公司等将吴理真雕像请回供奉，定期祭拜。

2004年3月29日，祭祀汉昭烈皇帝的仪式在成都举行。雅安市人民政府率市县相关人员，宣读《祭汉昭烈皇帝祭文》，并将蒙顶山茶作为祭品。同年4月24日，蒙顶贡茶被送到陕西省扶风县法门寺供奉佛祖释迦牟尼。同年9月19日，在吴理真广场举行植茶始祖吴理真祭拜大典。

2007年3月26日，在吴理真广场举行祭祀植茶始祖吴理真仪式。同年3月29日，成都大慈寺释大恩法师率弟子20余人到蒙山朝拜茶祖吴理真，观看禅茶表演并到皇茶园按旧制采摘、制作贡茶。

2009年7月9日，著名茶学家杨贤强、宛晓春、刘勤晋带领参加2009年全国农业高等院校茶学学科发展与改革研讨会的25所高等农业院校70余位专家、教授到蒙山，考察蒙顶山茶文化，祭拜茶祖吴理真，为名山茶业发展把脉支招（图10-38）。

2018年、2021年、2022年等，名山区茶产业推进小组办公室、茶业协会，四川蒙顶皇茶茶业有限公司、雅安广聚农业有限责任公司等组织茶人代表进行了春季开园祭祖和秋季封园祭祀仪式（图10-39）。

《尚书·禹贡》《汉书·地理志》《寰宇记》《四川通志》以及当代《中国古今地名大词典》《中文大词典》《中国市县大辞典》等均记载有禹贡蒙山的史迹。

图10-38 2009年7月9日，全国高等农业院校茶学学科建设与教学改革研讨会的25所农业高校、中国农业出版社、中国茶叶论坛的茶学专家、教授等70余人齐聚蒙顶山，考察蒙顶山茶文化，为名山茶业发展把脉支招

图10-39 茶山封园祭祖仪式（图片来源：名山区茶业协会）

四、茶祖文化

西汉甘露年间，吴理真在蒙顶山上寻得野生茶树苗，亲手植于蒙顶及五峰之巅上清峰前。吴理真是世界有文字记载的最早种茶人，被誉为世界植茶始祖。在宋代之前，甘露井旁、智矩寺皆供有吴理真像。僧人们种植、管理上清峰皇茶园、永兴寺及智矩寺等寺庙所属茶园。

《智矩寺留题》五言长诗中有"步庑阅硕碑，开龛礼遗塑""昔有汉道人，薙草初为祖"诗句，说明当时天盖寺和智矩寺分别塑有吴理真的塑像和碑记。宋代名山进士喻大中，于南宋淳熙年间，上奏孝宗皇帝，报吴理真功德。南宋淳熙十三年（1186年），因吴理真种茶，"上裕国赋，下利民生"，孝宗皇帝赐封吴理真为"甘露普惠妙济菩萨"，享受民众祭祀。又二年，又加封其为"灵应甘露普惠妙济菩萨"。至此，吴理真由地方茶祖变为天下茶祖，从民间小神变为天下之神。身份变成"菩萨"，重塑金身，声名远播（图10-40）。

为表彰吴理真事迹，宋光宗绍熙三年（1192年）二月二十六日，在蒙山甘露井侧（一说在甘露峰顶）立"甘露祖师像"碑，石刻《甘露祖师行状》。图像正中刻吴理真立像，两侧联曰"形归露井灵光灿　手植仙茶瑞叶芬"。清代刘喜海辑录《金石苑·宋·名山》（清光绪年间出版，四川大学图书馆藏），录有上图，并附原图行状（文字说明）：

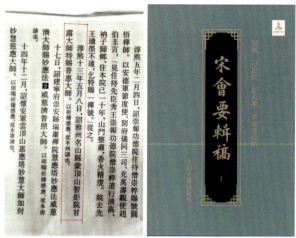

图10-40《宋会要辑稿》记载甘露大师被赐普惠大师之圣旨（图片来源：孙前）

甘露祖师行状

淳熙戊申敕赐普惠妙济菩萨

师由西汉出现，吴氏之子，法名理真。自岭表来，住锡蒙山。植茶七株，以济饥渴。元代京师旱，敕张秦枢密二相，诏求雨济。时，师入定救旱，少倾，沛泽大通。一日，峰顶持锡井，忽隐化井中，侍者觅之，爰得石像，遂负井右，建以石屋俸祀。

时值旱魃取井水，霖雨即应，以至功名嗣绩，疾疫灾祥之事，神水无不灵感，是师功德有以遗之也。故邑进士喻大中奏师功行及民，宋孝宗敕赐灵应甘露普惠妙济菩萨遗像。

时绍熙三年二月二十六日勒石于名山县蒙顶山房

宋代大学者王象之《舆地纪胜》，大约成书于宋理宗绍定年间，有吴理真人工种茶蒙山的记载。

明武宗时期，四川新都人杨慎的《杨慎记》载："西汉僧理真，俗姓吴氏，修活民之行，种茶蒙顶。"

清代《天下大蒙山》碑（见附录），立于清世宗雍正六年（1728年），详尽记载了吴理真种茶蒙顶的史实："祖师吴姓，法名理真，乃西汉严道，即今雅之人也。脱发五顶，开建蒙山。自岭表来，随携灵茗之种，植于五峰之中。高不盈尺，不生不灭，迥异寻常。至今日而春生秋枯，惟二三小株耳……皆师之手泽，百事不迁也。由是而遍产中华之国，利益蛮夷之区，商贾为之懋迁，间阎为之衣食，上裕国赋，下裨民生，皆师之功德，万代如见也……故有名邑进士喻大中，奏闻宋淳熙，敕赐甘露大师，夙唪奉甘露菩萨。又师之灵爽不昧，流芳千载也。非名山乎！然地灵人杰，代出行僧，而物华天宝，世多伟修（图10-41）。"

清嘉庆版《四川通志》载："名山县治之西十五里，有蒙山，其山有五顶，形如莲花五瓣，其中顶最高，名曰上清峰，至顶上略开，一坪直一丈二尺，横二丈余，即种仙茶之处。汉时甘露祖师，姓吴名理真者手植。至今不长不灭，共八小株，其七株高仅四五寸；其一株高尺二三寸。"

1977年，四川农业大学茶学专家李家光教授最早做了调研论证，认定吴理真是有文字记载最早的人工植茶者。1978年初冬，著名茶学家陈橼受委托，组织10余人的专家队伍到全国茶区调研考察，为撰写《茶业通史》收集资料。看到此碑文，高兴地说："这是至今为止有文字记载的最早种茶人。"此后，《茶业通史》中记道："蒙山有我国植茶最早的文字记载。"《中国茶叶大辞典》《中国茶经》《制茶学》等大型工具书和高等院校茶叶专业教材普遍认同。吴理真被认定为"世界植茶始祖"，名山被称为"茶祖故里"。

图10-41 古时蒙顶山僧人为保护和传承蒙顶山茶做出了很大贡献，现依然在茶文化发挥作用（图片来源：名山区茶业协会）

宋代以前，吴理真的塑像在蒙顶山半山的智矩寺西龛，南宋时在山顶的甘露井旁边雕刻有一尊，两尊像连同石碑均在民国时期被毁。1985年开发蒙山旅游时在天盖寺及山顶毗罗殿塑茶祖尊像。2000年10月，在名山县名海花园前落成一尊茶祖吴理真红花岗石像。2004年第八届国际茶文化研讨会召开之际，在名山县政府前吴理真广场由著名家、雕塑家韩德雅设计、雕刻并赠送吴理真雕像，像高约12m，重180t，体健伟岸，身负披肩，面目清秀，平视凝思，左手抱茶树，右手持铲，表现茶祖成熟稳重、种茶裕民的中年形象，成为最具代表性的茶祖像，政府及区内外民间组织、企业常在这里举行祭拜茶祖仪式。其后，书画家韩德云、李松涛也制作并生产了一批35cm左右的茶祖像，供企业、茶人请回供奉。2005年9月29日，茶祖吴理真雕像落户杭州中国茶叶博物馆，放置在该馆公园供人瞻仰祭拜，标志着植茶始祖吴理真进入中国茶叶最高殿堂。该尊雕像高约2.5m，是用雅安市宝兴县的汉白玉石雕刻而成，落款"植茶始祖"。2006年5月26日，第九届国际茶文化研讨会暨第三届崂山国际茶文化节在山东省青岛市崂山区开幕，雅安市千里护送茶祖吴理真汉白玉雕像，两地政府主要领导在开幕式上共同为雕像揭幕，茶祖吴理真雕像永驻青岛。2011年9月5日，名山召开蒙顶山茶祖文化座谈会（图10-42）。

2021年初，成都市金牛区政府开展茶店子茶文化公园的提升建设，四川省茶艺术研究会何修武会长、钟国林副会长提出在茶文化公园内立"植茶始祖——吴理真"大理石像，彰显四川茶文化发源地地位，得到名山区政协党组书记、主席、区产业推进小组组长倪林支持。金牛区政府及茶店子街道办同意，经过招投标，由宝兴县雕刻师杨鑫利雕刻。后茶祖石像安全顺利安座。

图10-42 2011年9月5日，召开蒙顶山茶祖文化座谈会

五、贡茶文化

唐玄宗天宝元年（742年），蒙顶山茶被列为贡品，开始入贡皇室。至唐宪宗时，进贡数量超过全国许多贡品名茶。唐代李吉甫《元和郡县志》、裴汶《茶述》，均有蒙山贡茶的记载。刘禹锡在《西山兰若试茶歌》中吟咏"何况蒙山顾渚春，白泥赤印走风尘"，就是描写唐代蒙顶贡茶制作出来后用白泥封口、铃盖赤印、快马加鞭、风尘仆仆入贡的情形。宋代的《新唐书》《宣和北苑贡茶录》《锦绣万花谷续集》，明代的《西吴里语》，清代的《陇蜀余闻》《四川通志》《雅安府志》和沈廉的《退笔录》等书中，均有蒙山贡茶记载。

清光绪版《名山县志》，详尽记载了名山贡茶管理、采制、包装、运送、接收情况，并记录有大量贡茶题材的专文及诗词歌赋。尤其知县赵懿的《蒙顶茶说》（详见附录），详尽描述名山茶优秀品质以及名山贡茶作用、品种、采摘、制作、选配、包装、运送等情况，并将"仙茶"描写为"民间不可渝饮""一蠢吏窃饮之，被震雷击死"，只能"天家玉食"的"灵异茶"。该文被许多研究贡茶的著述引用。

2010年，故宫研究院到名山考察蒙顶山茶进贡历史。2014年12月，故宫出版社出版《清代贡茶研究》，详细记载清代蒙山贡茶史实，并刊录照片4幅。2022年2月，故宫出版社又出版《故宫贡茶图典》，全面详细介绍了清宫贮藏的贡茶，其中，录入的茶叶必须是有茶、有名、有记载，并且与地方

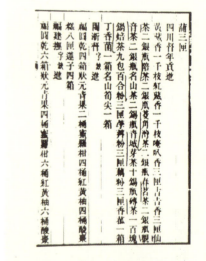

图10-43 《四川督年贡进》名山贡茶清单

志书记录相吻合的，共44个茶品类，蒙顶山茶就占8个，占总数的18.2%，占四川贡茶（11个）的72.7%。清宫档案中记录的内容与清代的《名山县志》《雅州府志》《四川通志》完全一致（图10-43）。

（一）贡茶品类

唐代蒙顶石花，或小方，或散芽，露芽，谷芽。

宋代万春银叶团茶、玉叶长春团茶、蒙顶石花、露芽、仙茶、研膏茶、紫笋茶。

元代万春银叶团茶、玉叶长春团茶、仙茶、蒙顶石花、西番茶。

明代万春银叶散茶、玉叶长春散茶、仙茶、陪茶（露芽、谷芽）、蒙顶石花、名山茶。

清代仙茶、陪茶、菱角湾茶（甘露）、蒙顶山茶、陈蒙茶、名山茶、观音茶、颗子茶（副贡）、春茗茶（图10-44~图10-47）。

图10-44 故宫所贮蒙顶贡茶之"陪茶"
（图片来源：钟国林）

图10-45 故宫所贮蒙顶贡茶之"仙茶"
（图片来源：钟国林）

图10-46 故宫所贮蒙顶贡茶之名山茶（图片来源：钟国林）

图10-47 故宫所贮蒙顶贡茶之"菱角湾茶"（图片来源：钟国林）

（二）祭祀开园

贡茶采摘、制作和运送上台均要按古法礼制，观茶芽萌发时择吉日，县官率贤达与众僧，祭祖祀天，焚香开园，到半山智矩寺制作，后又择吉日，穿朝服向京城叩拜，遣布政司官员护送进贡。清赵懿《名山县志》中载："岁以四月之吉祷采，命僧会司，领摘茶僧十二人入园，官亲督而摘之。""自是相沿迄清，每岁孟夏，县尹筮吉日朝服登山，率僧僚焚香拜采。"

2004年3月27日，皇茶采制大典在蒙顶山皇茶园举行（图10-48）。大典按古法进行：贡茶采摘、制作和运送上台均按古法礼制，择吉日，县官率贤达与众僧，祭祖祀天，焚香开园，到半山智矩寺制作。至2022年，皇茶采制大典已连续举办共18届，每届都要进行蒙顶皇茶采制大典暨茶祖吴理真祭拜仪式。

图10-48 率僧焚香拜采（图片来源：黄健）

（三）制作工艺

蒙顶山茶饼茶制法如《茶经》所记："蒸之、捣之、拍之、焙之、封之、茶之干矣。"即茶叶蒸后热捣成膏，又称研膏；然后装入圆形、方形或有纹饰的模具内，用同形状的石台压制成压膏茶；成型后，用锥刀凿穿，用竹箴条或绳穿起成串；用无烟的炭火烘焙干；计数包装，封藏入库。《茶谱》中"蒙顶有研膏茶，作片进之。亦作紫笋。"研者，碾也，即捣碎后不压去汁，入模成型之茶，说紫笋茶制作保持原汁原味。毛文锡《茶谱》

称："眉州洪雅、昌阖、丹棱，其茶如蒙顶制茶饼法。"《唐国史补》载："剑南有蒙顶石花，或小方，或散芽。号为第一。"《茶业通史》："每岁采贡茶三百六十五叶。万春银叶和玉叶长春都是贡茶，属蒸青团茶。"说明唐代蒙顶山茶是被制成饼茶并进贡的。

宋代贡茶制造过程中，压黄是一道重要的工艺流程。茶芽蒸熟后称为茶黄，采用压榨茶黄，除去茶黄中的水分和部分茶汁的方法称为压黄，压黄又称为出膏。黄儒《品茶要录》认为："榨欲尽去其膏，膏尽则有如干竹叶之色，唯饰首面者。"压榨是一种静压力，经过压榨后，茶叶的苦涩味减少。宋代之后压黄工艺被淘汰，主要是锅炒杀青的应用，头杀后茶叶的含水量大幅度减少。

元代名山所产西番饼应是用石模压制的半发酵的饼茶。下石凿凹成圆形，直径约7寸，深约3寸，上石重约六七十斤，凿凸圆形，直径约7寸，突出约两寸半，杀青后的茶叶用布包裹，装入石模中利用石的重量压制一天成型，烘干后取下白布，饼大重约1斤。

明代、清代贡茶制作工艺（图10-49）如清赵懿《名山县志》中记载："今蒙顶贡焙作，固已同于宋制矣，茶生于磐石，味迥殊大观茶。"即现在的蒙顶贡茶的工艺和风格已不同于宋代大观时期的贡茶。李家光考证："六世纪前后，除'仙茶'保持片茶精心烘焙成为'贡茶'外，开始嫩摘，只采芽头或单片，制作石花和颗子茶即'帮贡'或称'陪贡'。"民国《名山县志》中载："三百六十叶

图10-49 永兴寺师傅在制茶
（名山区非遗中心 拍摄）

外，并采菱角峰下'凡种'揉制成团，另贮十八锡瓶陪贡入京，天子御焉。中外通称贡茶，即此两种也。"

清代贡茶"仙茶"及副贡制作工艺如赵懿《蒙顶茶说》载："尽摘其嫩芽，笼归山半智矩寺，乃剪裁粗细及虫蚀，每芽只拣取一叶，先火而焙之。焙用新釜燃猛火，以纸裹叶熨釜中，侯半蔫，出而揉之，诸僧围坐一案，复一一开，所揉匀摊纸上，绷于釜口烘令干，又精拣其青润完洁者为正片贡茶。茶经焙，稍粗则叶背焦黄，稍嫩则黯黑，此皆别为余茶，不登贡品，再后焙剪弃者，入釜炒蔫，置木架为茶床，竹荐为茶箔，起茶箔中揉，令成颗，复疏而焙之，曰颗子茶以充副贡，并献大吏。""仙茶"的杀青不是将鲜叶直接投入高温的釜（铁锅）中，而是将茶叶包裹在纸中，釜通过纸包将高温传递给鲜叶，纸包鲜叶杀青的温度会比直接投入铁锅中杀青的温度高，容易杀透，茶叶不容易

变红。这种用纸包杀青的方式属于闷炒,待到半蔫叶也变黄,甜香初成。后经揉、拣,再用纸包裹,然后烘焙干,择拣青润完洁者为正片贡茶(图10-50)。蒙顶黄芽贡茶极重色、香、味、形,通过炒、

图10-50 故宫所藏蒙顶"仙茶"(图片来源:钟国林)

晾、揉、焙,使蒙顶绿茶的外形和内质为之大变,形成了"味甘而清、色黄而碧、酌杯中香云幂覆、久凝不散"的特点。

(四)贡茶使用

根据清宫贡茶研究,清代宫廷茶文化集养生养身、愉悦情志、教化安邦的作用为一体,既属于王宫贵族的个人喜好,又属于朝堂国事政务,在清代宫廷生活中扮演了重要的角色。清宫贡茶五个功能用途如下。

①**日常饮用**:喝清茶饮、奶茶饮、浓茶、卤果茶。乾隆在位的60年间,清代正处于康乾盛世,加之乾隆皇帝酷好饮茶,又擅作诗,每年正月初二至初十便选择吉日在重华宫举行茶宴,由乾隆亲自主持,其主要内容一是由皇帝命题定韵,由出席者赋诗联句;二是饮茶;三是诗品优胜者,可以得到御茶及珍物的赏赐。清宫的这种品茗与诗会相结合的茶宴活动,持续了半个世纪之久,几乎每逢新正都是要举行的,称为"重华宫茶宴联句",传为清宫韵事。中国第一档历史档案馆藏:宫中杂件第2088包,物品类,食品茶叶"小太监李文泰传,上要去仙茶小银瓶四瓶,联陪茶小银瓶四瓶,菱角湾茶小银瓶四瓶,春茗茶小银瓶四瓶,观音茶小银瓶四瓶。"乾隆皇帝理政后品茶消遣作《烹雪叠旧作韵》:"通红兽炭室酿春,积素龙樨云遗屑。石铛聊复煮蒙山(图10-51),清兴未与当年别。"即用石锅煮蒙山茶品饮,没有失去未当皇帝之前的那种清雅兴致的感觉。据传当年乾隆皇帝还对义兴茶号贡茶封赏,赐金漆丹书匾一副(待考)。

②**赏赐**:如例行赏赐、不定期赏赐。清宫档案记载赏赐妃嫔、公主和朝廷重臣的是蒙顶仙茶,共计一百五十六瓶,奉旨:"赏妃嫔公主等位,大小银瓶茶一百四十三瓶,赏阿桂,和珅……每人蒙顶仙茶六瓶。"赏赐阿哥的是观音茶,其余宫廷服务人员赏赐的是春茗茶。表明身份等级越高,受赏赐的茶叶越珍贵。也说明接触皇帝最多的群体受赏赐的概率越高。而赏赐外国使节和朝贡国及外蕃首领一般都用普洱茶、安化茶、六安茶、武夷茶砖茶和茶膏。

图10-51 石铛聊复煮蒙山

③**宴会饮用**：如各类节日、常朝、凯旋、会射、日讲、经筵、恩荣宴、会试等。如康熙、乾隆各举行的两次千叟宴，有2000~5000人出席。千叟宴的进餐程序，仍然是首开茶宴。

④**药用**：茶叶最早就是作为药材使用的。"嘉庆两年九月十八日，王欲清得嫔仙茶两钱、两服。""嘉庆二年一月十二日，刘进喜请得嫔藿香正气丸三钱，仙药茶二钱一服、二服。"

⑤**祭祀**：蒙顶山贡茶、陪茶、菱角湾茶、蒙顶山茶、名山茶皆为上述3个用途，"三百六十叶外，并采菱角峰下，凡种揉制成团，曰颗子茶，另贮十八锡瓶陪贡入京，天子御焉"。

但仙茶却是祭天之用，这也是史料文献中记述专用于祭天的贡茶。万秀锋《清代贡茶研究》载："宫廷中用作祭祀品的茶叶大都是由皇帝精心挑选的。""祭祀的茶叶也主要集中在蒙顶茶、莲心花茶、普洱茶等几类，在这些茶叶中蒙顶仙茶采摘数量极少，以稀有之物供献祖先也代表了皇帝的仁孝之心。"《名山县志》载："自是相沿迄清，每岁孟夏，县尹筮吉日朝服登山，率僧僚焚香拜采……采三百六十叶，贮两银瓶贡入帝京，以备天子郊庙之供。"这与1000多年来蒙顶七株仙茶赋予了茶神奇的传说有关，与儒释道三家皆认可有关，更是与唐代以来宋元明清五朝贡品的身份有关，也可能与《蒙山施食仪》中记蒙山雀舌茶是专供佛教、道教中《斋天科仪》献茶揭敬神专用品的地位有关。

另外，茶叶还可以贮藏一定的时间，特别是黑茶、黄茶贮藏的时间更长。宫廷在接纳到贡茶后交由御茶膳房及茶房保管，并按皇帝安排使用。蒙顶贡茶除上述用途外，程子衿《茶事未了》记载："乾隆二十五年到五十六年，清宫在三十二年时间里共攒下了四百一十一瓶，平均每年十三瓶，可见其珍贵。""用一方盘摆毕，安在养心殿东暖阁，呈上览过。"1925年3月1日，清室善后委员会刊行《故宫物品点查报告》第二编，册六·卷四·茶库 二四五号"蒙茶九箱"，说明蒙顶贡茶保存还很多。

（五）盛茶用具

唐宋元时期，蒙顶贡茶盛装用具没有专门记载，但根据茶叶制作工艺，以团茶为主，部分散芽品饮前需烘烤，名山县本地包装茶爱用黄白纸等特点推测，蒙顶贡茶以黄白纸包装第一层，纸上可能印有龙凤图案。外层多用盒或匣盛装，用黄缣丹印封之。

明清时期，因贡茶主要是烘青、炒青芽茶、芽叶茶，需要干燥、避光保存。因此，茶叶的包装分内外层，内层是盛装茶叶的罐、瓶，外层为茶匣。

1. 茶 罐

内包装主要盛装茶叶，茶具有罐、瓶、盒等，要求有较好的密封性、美观性和方便性，材质主要有银、锡、瓷、陶（紫砂）、玻璃等。故宫专家万秀锋《清代贡茶研究》中载："清代贡茶中以银质容器包装的，只有四川的五种茶品，即仙茶、陪茶、菱角湾茶、观音茶和春茗茶，其中以仙茶为首……这几种茶是为了专补仙茶之不足，所以包装才一如仙茶（图10-52）。这几种茶叶的包装分为长方盒与圆瓶两种，每两瓶茶叶放入同一木匣内（图10-53）。包装匣通体以木为心，内外分别以明黄色布或黄绫包裹，匣盖外有墨书'仙茶'字标，匣内有两长方银瓶，瓶口以黄色封签封口。之所以使用银质容器包装，首先是因为仙茶的产量非常少，'每岁采贡三百三十五叶'，其次是因为'天子郊天及祀太庙用之'，用于祭祀天地祖先的茶叶当然要用贵重的材料包装。""银茶叶罐的数量有限，表现在清晚期只限于三种特殊用途贡茶的包装上，即四川蒙顶山进贡的仙茶、陪茶、菱角湾茶三种。三种贡品在宫廷礼仪中应用很多。当年除皇帝、慈禧等人啜饮一部分，还用以祭太庙、祭祖，所以外包装以贵金属为之。这种茶罐虽无雕琢，但在材质上做文章，体现着茶叶有以享神灵的价值。"

图10-52 故宫所贮蒙顶贡茶之"春茗茶"和包装

图10-53 故宫所贮蒙顶贡茶之"观音茶"和包装

据考证，清代的贡茶基本沿袭了前代贡茶的包装风格，材质以银、锡为主，锡器采用铸、錾等工艺制作出各式各样的花纹图案，主要有龙凤纹、暗八仙纹、水仙纹及花鸟纹等。造型有如意云、花瓶等各式。容器外一般包有黄色的布套或黄缎套。此外还有一些大的包装盒，将茶叶放置在其中，这些包装盒也基本上以黄色或者明黄色为主，显示出皇家独有的特性。《名山县志》卷十记载："贡茶和银瓶、饭食费用均由县府支付。"

2. 茶匣

外包装主要是箱、盒、匣，为的是美观和保证内包装的安全，虽然用的材质是木、纸、竹等，但内在门道却丝毫不减。蒙顶贡茶的黄绫面木茶叶匣最有特色，贡茶一般置于包装匣、箱之中，体现着茶品的尊贵。名山所贡茶叶的包装在设计、制作中还充分考虑到了宫中祭祀使用。包装匣通体以木为心，内外以明黄色布或黄绫包裹。匣内有与茶罐尺寸相合的卧槽，外仍有与茶桶相吻合的凹槽板，最外设可拉的盒盖。当提拉最外的前脸抽拉盖，再将槽板掀起时，两瓶银制茶叶罐便显露出来。照原样依次扣合，茶叶桶便稳稳立于匣内。匣外顶部设有提手，专为外出提携而设。这类用料、造型的茶叶匣有两大特点：一是注重茶叶罐的稳定性，保证茶叶桶在匣内不因颠簸而受损；二是从设有的提手可知，匣内所装茶叶是有特别用途的，需要太监等提携以供清帝取用。匣外还分别用墨书书写仙茶、陪茶、菱角湾茶，以便取用时不会混淆出错。

（六）贡茶运送

唐代，文学家刘禹锡《西山兰若试茶歌》中"何况蒙山顾渚春，白泥赤印走风尘"描述了唐代蒙顶贡茶入贡的情形。蒙山茶作为贡茶在采摘、运送等的仪式也随之发展起来。《名山县志》载："临发，县官卜吉，朝服叩阙，选吏解赴布政使司投贡房。经过州县谨护送之，其慎重如此。"说明蒙顶贡茶的运送有一套规范且有效的程序，年年进贡已是常态，县官要择黄道吉日，穿上官服朝京城方向叩拜，表示进贡皇上，感谢皇恩浩荡（图10-53）。由布政司官员护送到京解送进贡房。沿途州县谨慎护送，但具体里程、经过地、时间无记载。以《普洱府志》记载为例"自省至京五千八百九十五里，普洱至省九百四十里，至京六千八百三十五里。"武夷岩茶水路3141里，陆路1650里，共计4791里。名山到成都作为"四川总督年贡"，成都到京城总里程大约在5000里。何绍基诗："旗枪初报谷雨前，县官洁祀当春仲。正茶七株副者三，旋摘轻烘速驰送。"明代文昂在《天目寺重修道路碑记》载："今岁新委内相金璋领命至此，大管茶兰进贡。见得路道崎岖，行人马力难便，亲书化疏，结众喜舍资财米谷，命匠用工修砌。"说明贡茶之路艰辛，并要常修砌维护。

（七）茶园管理

蒙顶贡茶以山顶五峰之中的7株仙茶为核心，包括皇茶园后面的上清峰、右侧的菱角峰等茶园，唐以后建的皇茶园被列为禁地，闲人严禁入内。设僧正（正七品）管理茶叶，茶园由天盖寺管理，称薅茶僧，静居庵和尚专管采茶（陪茶）称采茶僧，智矩寺的僧人负责制作，称制茶僧，永兴寺僧人负责供佛，称供茶僧。各司其职，费用由县衙下文各持摊付，拒者法办。

清《雅州府志·卷十五·外记》载："蒙顶山寺僧满训，晓阴阳术数。咸丰间，贡茶忽枯一株，僧告令开园焚香诵经，朝暮以龙井（古蒙泉）水灌濯，一日忽活。"（图10-54）后又载："名山县：仙茶产蒙顶上清峰甘露井侧，叶厚而圆，色紫，味略苦，春末夏初始发，苔藓庇之，阴云覆焉。相传甘露祖师自岭表携灵茗植五顶，至今上清峰仅八小株，七株高四五寸，一株高仅尺二三寸，每岁摘叶止二三十片，常用栅栏封锁。其山顶土止寸许。故茶自汉到今，不长不灭。"

图10-54 佛茶开园仪式
（图片来源：名山区茶业协会）

清赵懿《蒙顶茶说》："名山之茶美于蒙，蒙顶又美之，上清峰茶园七株又美之。世传甘露慧禅师所植也。二千年不枯不长，其茶叶细而长，味甘而清，色黄而碧，酌杯中香云蒙覆其上，凝结不散，以其异，谓曰仙茶。每岁采贡三百三十五叶，天子郊天及祀太庙用之。园以外产者，曰陪茶。相去十数武，菱角峰下曰菱角湾茶，其叶皆较厚大，而其本亦较高。岁以四月之吉祷采，命僧会司，领摘茶僧十二人入园，官亲督而摘之。尽摘其嫩芽，笼归山半智矩寺（图10-55）。"

至今，蒙山上皇茶园尚存7株仙茶（图10-56），周围五峰老茶园得到保护，几百年近千年的古茶树零星分布，老茶树、老茶园至今还有1200亩左右。

图10-55 僧尼采摘永兴寺庙产茶叶

图10-56 上清峰前皇茶园

六、茶马文化

（一）茶马互市

名山边茶自东汉始，兴于唐，盛于宋，是南路边茶的生产中心、贮藏中心、集汇中心，成为川藏茶马古道的起点。

唐代，因文成公主进藏，蒙山茶大规模传入少数民族地区。汉区输入藏区的物品主要有茶叶、布绸、铜铁等，藏区主要以马匹、牦牛、药材、动物皮毛等交换。

宋代，由于赵宋王朝与北方少数民族政权的战争，朝廷下旨以名山茶交换藏区的良马，即以茶易马的榷茶制度，由此产生的茶马文化是名山茶文化的重要内容之一。名山槐溪桥茶监遗址，现存有茶马司、茶马古道，是全国仅存的文化遗迹。宋、明、清时期有关茶马互市的文献资料很丰富。

茶马互市的兴旺和繁荣，形成川藏间互利互惠的商业交易通道——茶马古道。历史上的茶马古道，是一个庞大的交通网络。它以川藏道、滇藏道、青藏道（甘青道）三大道为主线，辅以众多的支线、副线，构成四通八达的道路系统，地跨川、滇、青、藏、黔，并与南方丝绸之路相互融合，向外延伸至南亚、西亚、中亚和东南亚，远达欧洲。三条大道中，川藏道开通最早，运输量最大，道路最长最崎岖，内容最为丰富，是川藏间互利互惠的商业贸易通道，延伸出藏茶文化、茶马古道文化、背夫文化、锅庄文化、汉藏文化等，是最为著名的一条主道。在雅安境内又分为大路和小路两条到康定，再从康定到西藏拉萨，最后到不丹、锡金和尼泊尔。

北宋初百丈县（今名山百丈）人曹光实，任雅（黎）州知州期间，派人从名山、百丈、邛崃、眉山、嘉州等地，收购大量茶叶，组织背夫和马帮将茶叶运往藏区，并从藏区换回大量优质战马供军需民用。每年收购10万余驮茶叶运往藏区，换回大量战马，形成茶马互市格局。此后，形成严格的榷茶、以茶治边制度。

明清两代，沿袭宋代以茶治边的制度，到清代乾隆以后废止。茶马交易和土货交易照常进行，茶马古道上依然人来人往，物流不断。其间经历战争、土匪、瘟疫，又经历雪灾、山洪、垮方等自然灾害，主道路还是由官府、商人关卡哨所设立、旅店幺店、时常维修，保证了通畅，直至1954年底川藏公路修通，用车运输。

2008年1月，"雅安南路边茶传统制作技艺"被列入第二批国家级非物质文化遗产。

（二）历史地位与作用

1. 名山是川藏茶马古道的产品输出中心

以蒙顶山茶为核心的名山茶叶，唐代以来蒙顶山就是主产区，也是茶马古道的起点、中心枢纽。一方面，古代名山茶叶占整个雅州茶叶的大部分，蒙顶山茶区、莲花山茶区、万古寺岗茶区、总岗山茶区及名山周边茶园的茶叶均通过名蒙路、名万路、名建路、名车路、名回路等大路和石板石头小路汇集到名山、百丈、双河、延镇（车岭）等乡镇加工生产（图10-57）。另一方面，名山茶叶向外运出（图10-58），一条从名山、雅安为起点，至打箭炉（今天康定），再至察木多（今西藏昌都）以西之道。该道是以四川雅州、名山为起点，产地包括碉门（今天全）、荥经、芦山、邛崃、崇州等。名山、碉门、黎州（今汉源）是茶马互市的集散地。从名山雅安出发，经过碉门，翻越二郎山和黎州飞越岭到泸定，然后到打箭炉。因西藏、川康地区需求量大、战略地位重要，故明洪武十九年（1368年）在碉门、雅州（名山新店）设茶马司，专司茶马贸易。另一条是通过宋、元、明时期的阴平古道和青唐道销往青海、甘肃等地。清中期以后该区域的茶销售让位于湖北、湖南、江西、福建产区的茶。

图10-57 蒙顶山天梯段茶马古道，关口村箭竹坪段茶马古道　　图10-58 马岭大石梯茶马古道

清代至民国，由于全国统一后，不再买马，茶马互市终止，所以茶易马之道变成了茶土贸易之道，贸易重心从甘青地区转移到了四川。清政府对茶叶产销区严格实行"引岸制"，这一时期茶土贸易路线基本上沿袭先前的路线。在清代内地与藏地间的3条交通线中，川藏线无疑是最主要的一条，派驻大臣入西藏和达赖、班禅进京觐见清帝，都走这条道路。"行销打箭炉者，曰南路边引；行销松潘厅者，曰西路边引；行销邛州者，曰邛州边引"。

四川茶马古道南路的起点虽可从成都算起，但成都不过是发放引票的盐茶道衙门所在，真正的茶叶生产、加工、销售及仓储都是在名山和雅安。茶马古道南路从雅安、名山直接就地分为大（南）路和小（北）路两条线，两路在四川打箭炉会合。出打箭炉后，该路分为南、北两路，会合于察木多（今西藏昌都），又分南、北两路会合于拉萨，到日喀则。该道经清政府大力整修，新建驿站塘汛，均比原先好走。这条道有一个特点，即无论是在哪一个分岔地段，南面的那条道都是正道，沿途驿站数量最多，往来官员、僧侣、商贩等一般都愿意走这条道路。清人王世睿《进藏纪程》、允礼《西藏往返日记》、林儁《西藏归程记》和《晋藏小录》、张其勤《炉藏道里最新考》都有关于这条道路行程道里的记录。后来的川藏公路基本上是沿这条道路修筑，很多路段已叠压。

2. 名山到藏区销茶历史最早

名山茶叶销往藏区，一种说法是在唐以前就有一定的交易，从藏族的古文献《汉藏史集》中"甘露之海"传说就有汉地的茶叶传入藏区，治好了吐蕃王朝的都松莽布支赞普国王的病。另一种说法是文成公文嫁给松赞干布进藏时所带的陪嫁物品中就有了茶叶，《西藏政教鉴附录》（641年）有"茶亦自文成公主入藏土也"，这种观点最为流行。蒙顶山茶从汉代就开始人工种植、生产，距藏区最为近便，汉藏地区的药材、皮毛、矿产、牛羊肉类与汉区的粮食、布匹、日用品、茶叶等商品进行交易早已形成市场与线路，只是限于考古资料的缺失，无从考证。但在宋初，名山人曹光实任雅（黎）州知州期间，派人从名山、邛崃、眉山、嘉州等地，收购大量茶叶，组织背夫和马帮将茶叶运往藏区，并从藏区换回大量战马供军队需要，形成茶马互市的初步格局。

3. 蒙顶山茶销售藏区时间最久

名山茶销往藏区的历史最为久远，从唐算起一直延续到20世纪50年代，从无间断，时间超过1400年。

4. 名山茶销售藏区量最大

唐代，韦齐休《云南行记》佚文："名山县出茶，有山曰蒙山，联延数十里，在县西南。按《拾道志》《尚书》所谓蔡蒙旅平者，蒙山也。在雅州，凡蜀茶尽出此"。杨晔《膳夫经手录》中写到，名山茶"遂新安草市，岁出千万斤""惟蜀茶，南走百越，北临五湖""岁取数百万斤，散落东下"，当时已有部分销往藏区。宋代名山茶年生产量已占全省茶叶近1/10，宋神宗元丰初年（1078年）至南宋孝宗淳熙末年（1188年）的111年间，常年产量达到200万斤左右。宋王朝为维护统治的战马所需，实行榷茶制度，即藏茶专买专卖用于交换战马。藏茶的产区集中在蜀，蜀的主产区在以名山、雅安为中心的川西茶区，包括了少部分的陕西汉中茶。宋熙宁七年（1074年）"川陕民茶尽卖入官，更严禁私行交易，全蜀茶尽榷"。宋元丰四年（1081年）诏"专以茶易马，以蕃人所嗜"。又诏"专以雅州名山茶易马之用"。规定名山茶专用博马，不得他用，因为《宋会要·职官》载"蕃戎性嗜名山茶，日不可缺。"熙（甘肃临洮）河（甘肃临夏）地区"所管茶数共四万余驮，数内名山茶约一半以上，依条专用博马，不许出卖"。1076年，四川运往熙河地区榷茶3946驮（一驮100斤）；1077年，四川运往熙河地区榷茶33740驮；1078年，四川运往熙河地区榷茶36500驮。

《大明一统志》载："宕州城在岷州卫南一百二十里，宋时运蜀茶市马于岷。今金人据洮州，遂置蕃市于此，岁市马数千。因置宕昌驿，为纲马憩息之所。""无论北宋还是南宋，因上游的松州一带已经非北宋之疆界，故蜀地名山等茶叶北运岷州或宕昌寨，都只有经过金牛道等北上至利州，再沿白江即今白龙江而上到宕昌寨和岷州。在两宋市马蜀茶叶，来自成都府路的名山茶数量最多，《画墁录》所说的那条古道，应该是最重要的一条'茶马古道'。"明代《食货志四·茶法》中写到，茶和陕茶"一出河州，运茶五十余万斤，获马万三千八百匹"。明洪武十年（1377年），一次茶马交易中，朝廷用50万斤茶叶换得河州（今甘肃临夏）吐蕃战马13800匹。明宣德五年（1430年），六番招讨司奏："旧额岁办乌茶（藏茶）五万斤，二年一次，运赴碉门茶马司易马。"

宋、元、明、清至今，名山是藏区茶叶的主产地。明晚期战争造成人口急降，由于地缘因素和陕西、山西茶商的进入，清初名山藏茶生产走向了以毛庄茶为主，生产量较大，但额定引数严重下降，雍正八年（1730年），生产量超过12kg，名山额引1830张，只占总额引数的1.75%，名山在打箭炉仅存瑞兴、同春、庆发兰记3家茶号。后因行政区划的变化，名山不在西康省，失去近水楼台优势，致使其沦落为只能做毛庄茶初加工的原料基地，直到现在名山粗茶还基本保留了这种模式。

5. 蒙顶山茶对藏区的影响最大

《宋会要》记载："蕃戎性嗜名山茶，日不可缺。"藏族人非常喜爱名山茶，原因在于藏族人生活在高寒山区，常年食用牛羊肉，缺少蔬菜水果和维生素，油腻重，火气高，时间一长就出现心血管和肠道疾病。雅安藏茶内含物质丰富，特别是茶多酚、维生素、纤维素含量高，能很好地解决藏族民众因膳食结构不合理对身体造成很大影响的实际问题。特别是名山茶叶所制藏茶口感香醇爽滑，含茶皂素高，能更好地溶解脂肪，更好地达到降脂减肥、润肠通便、利尿解毒的作用。长期使用，使藏族人对其产生了深深的感情，《地卢浸露》中有"以其腥肉之食，非茶不消，青稞之热，非茶不解""日暮不可暂缺"。晚清时期，英属殖民用印度茶入侵西藏，一度因价格低廉，大力推广而占上风，但清政府、茶企业、茶商及广大藏族贵族、藏民最终认可还是雅安名山藏茶，终于将印度茶赶出了西藏。藏茶不仅用于冲泡清饮、打酥油茶、待客食用，而且可以贮存收藏，以物易物，充当一般等价物的作用。在藏区的大小寺庙，都可以看见专用于熬茶的巨大铜锅，寺庙每天清晨的第一道仪式，就是颂念《献茶经》。

川藏茶马古道从唐至民国，客观上促进了藏族与四川汉族的物质文化交流，促进了民族团结和边疆稳定，维护了国家统一和文化认同。

七、禅茶文化

（一）蒙顶山禅茶文化遗存丰富

永兴寺金刚殿石楼石鼓刻有《茶兰芝共生图》，体现蒙山茶与佛教的密切联系。1999年，台湾高雄文殊讲堂恭印新版《蒙山施食仪》，成为佛教界一大盛事，影响深远。

蒙山《茶佛图》石刻，是蒙山茶佛合一的体现。20世纪80年代，民工修毗罗（玉女）峰路基，忽现一石，石刻蒙山禅茶"茶佛"图腾。该茶佛图（收藏于蒙顶山茶史博物馆）长80cm，宽66cm，厚3.7cm。茶佛图正中刻仙茶一株，仙茶开一仙葩，花开8瓣，花心端坐一佛。该佛仪态端庄，体态丰腴，面容慈祥，身披袈裟，右手挂佛珠，左手自然平放于左膝。双脚自然舒展屈伸于前，呈左下右上交叉状。仙茶叶开4片，右下叶化为一兰。仙茶下方为蒙山五峰，仙茶后衬一仙桃。据专家考证，该茶佛图当是天盖寺所供奉之物，雕刻工艺极具元末明初特色。茶佛石中心所刻，便是蒙山人认为已成正果的吴理真。印证了宋孝宗淳熙十三年（1186年）封吴理真为甘露普惠妙济菩萨的历史事实。

马岭大石梯石瓮子《天目寺重修路道碑记》碑（见附录），立于明代武宗正德十五年（1520年）。碑文记载天目寺僧人"栽茶为业，思得茶株为兰，供佛"。清光绪《名山县志》及蒙顶天盖寺《天下大蒙山》碑，均记载天盖寺僧人释照澈（字霁白）自康熙二十年（1681年）至雍正六年（1728年）植茶万株于蒙山的事迹。后者立于清雍正六年（1728年），碑文（见附录）记载："白乃雅东上里任氏子弟也。由少而削发蒙山，受持诸戒，知蒙山为名山，阐扬佛教，勤修功德，于丛树灌习百千本，于茶茗栽蓄亿万株。且于大殿之前，竖立经楼五间，以及首顶毗罗宝阁，则蒙山焕然一新，灿然改此。"

建山横山村定慧寺碑《承办贡茶的公告》（见附录），立于清光绪三十二年（1906年），为名山县正堂通知，规定贡茶"须由庙僧缴茶"，体现佛教对茶叶的垄断地位。

2002年9月，台湾天福茶博物院和陆羽茶学研究所负责人组团到名山，向蒙山永兴寺回赠《蒙山施食仪》和《蒙山施食仪规》。2003年9月，智矩寺禅茶茶技艺术表演获2003年中国·重庆（永川）国际茶文化旅游节"中华茶艺杯"国际茶艺茶道邀请赛综合奖。同年11月，获第三届广州国际茶文化节茶艺茶道表演优秀奖。2004年4月24日，名山县向陕西法门寺博物馆赠送茶祖吴理真汉白玉塑像，并将蒙山茶送到法门寺贡奉佛祖释迦牟尼，法门寺为此专门举行中断了近百年的供奉仪式。同年，曾将甘露茶赠送台湾净耀法师。2008年1月，名山县蒙顶山佛茶研究会挂牌成立。

2010年，首届《"中华禅茶一味"茗品推荐示范榜》，蒙山茶为川茶唯一，因为东汉年间蒙顶山禅寺成为中国茶源地；首届《"中华禅茶之乡"推荐榜》，雅安市为川茶唯一上榜城市，禅茶典故是"茶祖吴理真在蒙山上的甘露之说"（图10-59）。

2017年3月28日，首届蒙顶山国际禅茶大会寻根峰会在名山召开，会议通过《中国蒙顶山国际禅茶大会宣言》，确立蒙顶山是禅茶文化发祥地的地位。

（二）蒙顶山禅茶文化溯源与精神内涵

蒙顶山茶2000多年历史、1000多年的贡茶史中，儒、释、道高僧大德

图10-59 名山僧人把禅与茶结合

及其教派均参与其中，甚至主导其发展，由此产生并形成深厚而独特的蒙顶山禅茶文化，在茶界、宗教界中有相当的地位和影响力，蒙顶山禅茶文化因贡茶祀天祭祖而名留史册，因《蒙山施食仪》而名著禅林，因茶祖吴理真被封为菩萨而道佛一体，因茶叶内质、内涵特殊而千年畅销。

1. 三教均将蒙顶山的茶与禅融入教义

蒙顶山禅茶文化经过千百年来的发展演化，已融进了儒、释、道教义及参悟禅机要义，茶理禅机，一物一心、有相无相，万宗归一，茶禅一味，玄妙朴实，成为万品归一的中国茶，是最具有包容性、最有禅机的茶及茶文化。

（1）儒家济世之物

公元前53年，邑人吴理真为母亲治病，上山寻药，得茶而病愈。于是在蒙山寻得7株野生茶树植于蒙顶五峰之间，并以此为药为饮，治病救人，消灭当时川西地区之瘟疫。吴理真开创世界人工植茶之先河，清雍正六年（1728年）《天下大蒙山碑》载："由是而遍产中华之国，利益蛮夷之区，商贾为之懋迁，闾阎为之衣食，上裕国赋，下裨民生，皆师之功德，万代如见也。"因此，被后人尊为茶祖，供奉于甘露井边及智矩寺。吴理真以茶为药，治病救人，至孝至善；教民种茶，富县裕民，济世苍生，均为儒家义行善举，是天下楷模。

茶叶具有的保健养生功效和清心和谐的人文价值内涵被挖掘和提炼出来，历来被世人所推崇，成为平民百姓开门七件事"柴米油盐酱醋茶"的生活必需品，成为文人雅士"琴棋书画诗酒茶"的高雅之品，成为待客交友、人情往来、处世为人的礼仪之物，由此而形成茶礼、茶道，体现儒家"中庸和谐"的核心理念。蒙顶山茶优秀的品质和深厚的历史文化积淀，更加充分地体现了儒家的理念。儒家的崇拜者和追随者，是通过道德学养达到自身的和谐，再推广到"人与人的和谐"。主张"礼之用，和为贵"，用礼节、仪

式及道德规范，来做到人与自然的和谐、人与人的和谐以及自我身心的和谐，体现和之美。儒家还主张足之乐，知足常乐，不生邪念。《本草纲目》认定蒙山为温性茶，更能体现茶叶和儒家追求"温良恭俭让、仁义礼智信"之品格，不燥不寒谓之温，利身利养谓之良，尊礼得体谓之恭，淡雅寡欲谓之俭，隐忍谦和谓之让。从品德高尚层面讲，良心天理，恻隐之心，宽裕温柔，谓之仁；因时制宜，因地制宜，刚义之气，谓之义；尊卑长幼有序，处事有规，恭敬之心，谓之礼；明白是非、曲直、邪正、真妄，文理密察，谓之智；诚心之意，处世端正，谓之信也。

（2）道家养身之药

道教是汉代从四川大邑县鹤鸣山、都江堰市青城山起源的，蒙顶山相距鹤鸣山约50km、距都江堰市约100km，唐以前，特别是汉代道教盛行，至今周围还有很多与道教相关的遗址和传说。蒙山虽不是很大，也不是很高，但蒙山出好茶、出仙茶，与道教有很深的渊源。北宋绍圣年间原温江县令孙渐游览蒙山后写《智矩寺留题》："步庑阅刊碑，开龛礼遗塑。""昔有汉道人，薙草初为祖。"说明至少在北宋之前就有名山人将吴理真奉为茶祖供奉，其身份是修道之人。蒙山最早出现在战国时期《尚书·禹贡》，有"蔡蒙旅平，和夷厎绩"，即水治理好后，和夷一带（今大渡河、青衣江流域）也取得了治理成功，于是登蔡山（今周公山）、蒙山祭祀上天。蒙山在大禹时代已是祭天的地方，已成为名山。蒙山又是处于成都往西到青藏高原的第一座高山，远望巍峨雄伟，象征连天接地，蒙顶五峰也是道家所崇尚的五行学说理想的场所，五峰也代表"金、木、水、火、土"5种基本元素，五峰之中皇茶园突出表示为"阳"，甘露井下凹象征为"阴"，阴阳相济，中心栽种7株仙茶，象征北斗七星，用四面栏杆圈围，象征四方、四季等，总之蒙顶五峰所具备的特殊地理地形与道教崇尚的基本内涵相吻合，这样天造地设的灵异宝地才能出"仙茶"，所以蒙山又被世人誉为"仙茶故乡"。东汉《图经》记载蒙山茶"蜀雅州蒙顶茶受阳气全，故芳香。"唐李德裕入蜀"得蒙茶饼以饫于汤瓶上，移时尽化"以验其真假。此均为阴阳五行的思想。

道教《言功设醮全集》载："献茶词：夫此茶者，蒙顶摘芽，采仙春于峰上……望瑶台而献上。"说明道家也把蒙顶仙茶作为祭天敬神的祭品。道教主张的"清静无为，天人合一"思想用在养生最为恰当，茶清心淡雅、朴素天然，无味乃至无味也，静品静养，才能达到入凡忘我、天人合一的境界。茶叶也是道家奉行的十大仙草之一，东汉时期著名道士灵宝派始祖葛玄"植茶之圃已上华顶"作为养生之药。

蒙顶五峰分别是上清、菱角、灵泉（毗罗）、甘露、玉女峰，除明代在灵泉峰上建的毗罗石殿是佛家之名外，其他都是道家自然之名。汉代的吴理真，这位西汉修道之人有志在名山的蒙顶山修炼并种茶，才有可能种出"仙茶"，才有晋、唐、五代、宋、明、清各种古籍、史书中记述的各种喝了蒙山上清峰的茶后长生、成仙的神奇传说。据史书记载，唐玄宗李隆基是一个非常信仰道教的人，登基后，便在全国找寻与长生有关的仙道、仙品与灵丹妙药，并在大明宫内设置道观，以利于道士炼丹和个人修道。蒙顶山茶在西汉时就有名气，在唐朝天宝元年（742年），唐玄宗改元天宝的第一年，在其恩师神仙道士叶法善的推荐下，蒙顶山茶成为贡茶，并成为第一茶，无不与仙、道有关。宋代的蒙山名茶万春银叶、玉叶长春，以后的黄芽、石花、甘露等名茶也与道家一脉相承。

北宋《东斋记事》记蒙山"方茶之生，云雾覆其上，若有神物护持之"。北宋诗人吴中复亦有诗云："我闻蒙顶之巅多秀岭，烟岩抱合五峰顶。岷峨气象压西重，恶草不生生荈茗。""今少有者，盖地既远，而蒙山有五峰，最高曰上清，方产此茶，且常有瑞云影相现。"北宋诗人文同诗："蜀土茶称圣，蒙山味独珍；灵根托高顶，胜地发先春。"说明在北宋之前，蒙顶山茶为仙、道的主流茶。

（3）佛家禅悟之具

从东汉起，佛教在四川等地传播，已有僧人进入蒙山地区传佛、修炼、种茶。成都古大圣慈寺唐代开山祖师、新罗国王子出家的无相禅师，在参禅品茶的长期实践过程中，开创了"无相禅茶之法"，对禅茶文化做出了很大贡献。名山民间相传，无相禅师在名山蒙顶山、邛崃天台山、峨眉山等地传佛讲经、说法化众，将蒙顶山茶进一步推向唐王朝的神坛，并介绍到新罗国（有待进一步考证）。蒙顶山山腰毛家山是他曾经讲经说法的地方，名山人民和信众为他修建了一个庙宇，取名为"金花庙"，该地为金花村沿用至今，以纪念他的功德、弘扬他创立的"净众派"教仪。他的禅法还传到了西藏，据藏文史书《八氏陈述书》记载，藏王赤德祖赞之子赤松德赞曾到内地求法，受到皇上礼遇，返藏时遇到益州金和尚（即无相禅师），金和尚送他三部经典及众多蒙顶茶。无相禅师是马祖道一的师傅，马祖与其弟子百丈怀海共同制定《百丈清规》，是农禅共举的倡导者，是禅茶的鼻祖。在古大慈寺中，有礼仪就必有茶事。如供奉佛、菩萨、祖师时要献奠茶，结夏时要按照僧人戒腊先后饮戒腊茶，平时方丈议事请僧众吃茶，称为"普茶"等。至今，成都大慈寺坚持每年采购蒙顶山茶，用蒙顶山茶做茶事。大恩法师已主持研制出以蒙顶山种植的绿茶为原料的大慈玉竹、大慈佛珠茶、大慈普济茶等大慈禅茶系列品牌。

蒙顶山茶从唐代传入吐蕃，成为藏民的"蕃嗜名山茶，日不可缺"。特别是经过无相禅师的净众派传播佛教、无相禅茶的传播、藏区密宗的强化，蒙顶山茶叶已融入藏人、喇嘛生活的方方面面，一直到今天。

宋代陶谷所撰《荈茗录》载："吴僧梵川，誓愿燃顶供养双林傅大士，自往蒙顶结庵种茶，凡三年味方全美。得绝佳者圣扬花、吉祥蕊，共不踰五斤持归供献。"宋代佛门中把吴理真奉为茶祖，特别是南宋绍熙三年（1192年），碑《宋甘露祖师像并行状》中记述：祖师自西汉时已出山显露（道行），姓吴法名理真，在蒙顶山修炼传法，用茶种子在山顶种茶七株。宋高宗时显灵，降大雨救了旱灾。南宋淳熙十四年（1188年）后吴理真又被孝宗皇帝封为"灵应甘露普惠妙济菩萨"。

吴理真被信奉佛教的宋孝宗皇帝封为菩萨后，蒙顶山佛教更为盛行，多数时间超过了道教与儒教的风头，从蒙山现存历史遗迹看，宋以后的蒙山以佛教为主，道教、儒教并存。有关文史资料中不仅有相关记述，而且佛教高僧也到蒙山参禅，把蒙顶仙茶奉为敬佛祀祖的专用茶。宋代有不动上师，人称甘露大师，居于蒙山，曾为普济幽灵，集瑜伽焰口及密宗诸部，辑成《蒙山施食仪》（图10-60）。《蒙山施食仪》，旨在利济孤魂。《供养赞》中有"虔诚献香花，智慧灯红焰交加，净瓶杨柳洒堪夸，橄榄共琵琶，蒙山雀舌茶奉献，酥酡普供养释迦，百宝明珠奉献佛菩萨，衣献法王家"。《蒙山施食仪》成为佛门必备课诵仪轨后，蒙顶山茶在大乘佛教地区传播得更广、名气更大。

图10-60 古本《蒙山施食仪》（图片来源：名山区茶业协会）

以后，蒙山雀舌茶作为供佛专茶在佛门中广泛使用，永兴寺成为制作蒙山雀舌茶的专门寺院。蒙顶山的智矩寺作为制作贡茶的专门寺院，天盖寺则常驻僧人负责管护皇茶园及周围茶园。蒙顶山寺庙均把茶园作为寺产，历代僧侣均将种茶、制茶、品茶作为一种功课修行，禅茶并举，代代相传。宋代名山才子出家为僧，法名禅惠，相传在禅修吃茶时，以禅茶为宗，以茶道为本创立了掺茶技法，后经演变，被整理为"蒙山派龙行十八式茶艺"。

2. 相争相融成共尊祀天祭祖之品

儒、佛、道三教在蒙山对茶叶的尊崇和倚重，相互之间产生了褒贬争执。五代毛文锡《茶谱》记一则传奇贬佛扬道："昔有僧病冷且久，曾遇一老父，谓曰蒙山中顶茶，尝以春分之先后，多搆人力，俟雷之发声，并手采摘，三日止，若获一两，以本处水煎服，即能祛宿疾。二两，当眼前无疾。三两，固以换骨。四两，即为地仙矣。是僧因之，中顶筑室以候，及期获一两茶，服未竟而病瘥，时到城市，人见容貌，常若年三十余。其后入青城访道，不知所踪。"

吴理真被孝宗皇帝封为灵应甘露普惠妙济菩萨后，佛教在蒙山大行其道，天盖寺、永兴寺（图10-61）、智矩寺等寺院香烟袅袅、钟声悠悠。在蒙山顶灵泉院石牌坊旁所立《重修甘露灵泉碑记》（明·牟尚恩文）、天盖寺所立碑《天下大蒙山》均记载："祖师吴姓，法名理真，乃西汉严道，即今雅之人也，脱发五顶，开建蒙山。自岭表来，随携灵茗之种，植于五峰之中。"因此，关于吴理真的身份就有了本地茶农、修道之人、僧人仙人之说，成了后人一直争论不休的问题。其根本原因是都将吴理真作为本教的茶祖、茶神，作为本教传法弘道的大德高僧。

图10-61 甘露道场——永兴寺

此后，相关的历史文献记录更多，《四川通志》载："名山之西15里有蒙山，其山有五顶，中顶最高，名曰上清峰……即种仙茶之处。"汉时甘露祖师吴理真手植茶树7株于山顶，"高不盈尺，不生不灭"，称曰仙茶，并建立御茶园，遗址至今尚存。明代李时珍验证后在《本草纲目》记："真茶性冷，唯雅州蒙山出者，温而主祛疾。"《名山县志》载：蒙顶山茶"味甘而清，色黄而碧，酌杯中香云幂覆，久凝不散。"清雍正十二年（1734年），沈廉在《退笔录》写道："仙茶每年采送各上台，贮以银盒亦不过钱许，其矜如此。"蒙山仙茶在清雍正时期不仅为贡茶，而且成为皇家祭天祀祖之茶。茶文化专家李家光认为蒙山仙茶之所以成为皇家祀天祭祖之茶，是因为其融汇了天地之灵气、三教之内涵，古今皆推崇，无可替代。

3. 蒙顶山茶与禅真正融通一味

宁静的心，质朴无瑕，回归本真，这是能参透人生，便是禅。解渴生津，清淡静思，降浊涤凡，有利身心，便是茶。

禅机当中，品茶之道：茶不在品而在心；禅茶之道：茶不在类而在悟。禅心茶味，即禅茶一味。

儒、释、道三教所具有的"真、善、美"基本理念在中华大地上经过近2000年的相互碰撞、借鉴、吸收、融合，逐步和平共处，万法归宗。蒙顶山茶具有天然的"真、善、美"和特有包容和谐品性，逐步做到了万品归一，蒙顶山禅茶文化也兼容并蓄，形成特色，真正体现"禅茶一味"，正如佛家所讲"空持百千偈，不如吃茶去！"

（1）文化融合

明代晚期天启年间，蒙顶山上重修灵泉院时所立石牌坊融合了儒、释、道三教的主旨，正中为"西来法沫"，两旁题"一瓢甘露""蒙雾聚龙"，背面题"不二禅宗""三乘普度"，标志蒙顶茶文化三教合一。牌坊前一石照壁，照壁采用歇山顶穿逗式全石结构，正面中间为浮雕麒麟，头顶祥云、脚踏海水，背后为一莲花。蒙顶五峰上清、菱角、灵泉（毗罗）、甘露、玉女峰名称不变，共同体现出儒、释、道三教合一、和平共处这一特点。

清雍正年间，朝廷因蒙顶山茶历代为贡品，且儒、释、道三教均推崇、互相认同，故正式选用蒙顶山茶为祀天祭祖之茶，成为中国最为神圣的茶叶。清赵懿在《名山县志》的《蒙顶茶说》中记载："世传甘露普惠禅师手所植也。二千年不枯不长，其茶叶细而长，味甘而清，色黄而碧，酌杯中香云蒙覆其上，凝结不散，以其异，谓曰仙茶。每岁采贡三百三十五叶，天子郊天及祀太庙用之。园以外产者，曰陪茶。"并详细记载采摘、制作和运送过程，"岁以四月之吉祷采，命僧会司，领摘茶僧十二人入园，官亲督而摘之……又精拣其青润完洁者为正片贡茶……每贡仙茶正片。贮两银瓶，瓶制方高四寸二分，宽四寸。陪茶两银瓶，菱角湾茶两银瓶，瓶制圆如花瓶式。颗子茶大小十八锡瓶，皆盛以木箱，黄缣丹印封之。临发，县官卜吉，朝服叩阙，选吏解赴布政使司投贡房，经过州县，谨护送之。其慎重如此。"

（2）内质相聚

内质体现在茶叶自身的内含物质优质丰富，能做出不同品种、风格的茶叶，也体现出蒙顶山茶兼容并蓄的特点。

①**品种融合**：蒙顶山茶不仅体现出最佳的色香味形，其品种除本地原生种、川茶品系（小叶元茶）外，选育出了蒙山9号、蒙山11号、蒙山16号、蒙山23号等系列省级良种，名山131、名山311、名山213、天府1号、川黄1号等国家省级良种，还有近几十年来从各地引进的茶籽点播繁育的茶叶品系和全国引进的200多个国家级、省级品种。

②**茶品丰富**：古有圣扬花、吉祥蕊、蒙顶石花、雷鸣茶、火前茶、鹰咀、谷芽、露芽等，后有蒙顶黄芽、蒙顶甘露、蒙顶石花、万春银叶、玉叶长春等，还有边茶的康砖、金尖以及各类茶叶。总体上茶叶中六大茶类均能生产，尤以绿茶、黑茶为主，黄茶、红茶、青茶等皆属上乘品质。

③**可做天下茶**：蒙顶山茶原料优质，根据不同原料级别也适合做竹叶青、碧螺春、龙井、庐山云雾、南京雨花、信阳毛尖、永川秀芽等外地绿茶，也能加工成功夫红茶、金骏眉、正山堂等红茶，还可加工成普洱茶、铁观音等，有些茶品甚至超过原产地的口感。每年就有1/3的茶叶被外地商家加工成当地品种出售。

④**销往全国各地**：蒙顶山茶品质超群，众口皆和，适合不同地区、不同民族的广大

消费者，以四川为核心，销售至全国24个省（自治区、直辖市），600余个市（县）。藏茶销往西藏、青海、甘肃和四川三州。外销率达99.99%（图10-62）。

（3）和衷共济

茶叶具有升清降浊、保健养生、醒脑益智的自然属性，与中国传统文化中的"天人合一""中庸之道""忠孝仁爱"等思想理念相吻合。禅茶文化的功能主要包括"感恩、包容、分享、结缘"这8个字。因此，往往将茶的品饮作为一项高尚、优雅的艺术活动，茶与王宫大臣、

图10-62 "让蒙顶山茶走向世界"纪念世界茶文化蒙顶山宣言发表十周年活动

平民百姓、三教九流等各类人都结下渊源。茶贡朝廷，有了宫廷茶宴；与文人雅士结缘，有了文人茶道；茶入佛门，有了禅宗茶道；茶入民众，与平民百姓打成一片，有了市井茶饮、民俗茶饮；传入少数民族，有了少数民族茶文化；传入外国，有了各国茶文化。真正做到惠泽天下，和衷四方。

（4）神质一体，茶禅一味

①**虚实相间**：茶是大自然给予人类最好的饮品，内含的茶多酚、氨基酸、维生素等400种成分均有益于人的身体，可用茶汁"洗涤"人的身体。禅是神佛对人心灵最好的精神饮品，有无数的人生偈语哲理，可用禅悟来荡涤人的内心精神。品茶与参禅均从"苦、静、凡、放"来调心、作用、感知、体悟，蒙顶山茶所蕴含的深厚文化与广泛意义尤为突出，使茶与禅一物一心，有相无相，互融互助，相得益彰，促进禅悟，使人的身体和灵魂得以净化。

②**内涵一致**：茶机与禅悟相通，内涵相同。佛教中的禅悟，是指僧人信徒在参禅中顿悟，驱除睡魔，静心自悟。这与饮茶悟道相似相通。茶香四溢，犹如戒定真香，就是持戒；忍受采摘、揉捻、高温炒焙、开水冲泡，就是忍辱；提神益思，助禅去睡，就是精进；和敬清寂，茶味一如，就是禅定；行方便法，净心导和，就是智慧。

③**精神相通**：茶饮的精神概括是四个字"和、敬、清、美"，而佛释内容为"和、敬、清、寂"，前三个内容精神一致，第四个字"美"与"寂"略有差异，"美"表达出舒适、平和、美好、和谐等感觉，"寂"表达出寂静、寂灭、超脱等无欲无妄的体悟，道教的"清静无为"精神与佛教、儒教也基本近似，只因为信奉的神祇不同、角度不同、方式不同而产生的差异，其精神内核是相通一致的。因此，有人将禅茶文化的精神概括

为"正、清、和、雅"4个字,禅茶的"正"就是八正道,"清"就是清净心,"和"就是六和敬,"雅"就是脱俗。

④ **物我玄会**:《坛经》有"一切众生,一切草木,一切有情无情,悉皆蒙润,诸川众流,汇入大海,海纳众水,合为一体。众生本性般若之智,亦复如是"。这一物我玄会理念,强调在品茶过程中主体要超越人类自身的生理局限性,无论是绿茶、黄茶、青茶、红茶、黑茶等,还是祭天贡茶、皇室宗亲宴饮,及至寺僧道士、文人书生、平民百姓饮用等,从思想上泯灭物我界限,用全身心去与客体进行感情上的交流,不张扬,不摆阔,不奢华,追求一种平实,一种随意,一种从容,通过物我的相互引发、相互融通,最终达到"思与境偕""情与景冥"的境界,并通过这种审美体验,去感受人与茶,人与自然之间最深刻、最亲密的和谐关系,达到物我玄会的境界。与道家主张的"天人合一"、儒家主张的"中庸和谐"一致,即从实景中生禅境,从有限中生无限,从缥缈中见韵致,从空灵处见精神。在这一刻,人与自然完全融为一体,人的个体生命即在这一刻融入了刹那终古。一滴万川,有限无限,片瞬永恒都在顿悟中消融。我即茶,茶即我。我与自然一体,于是人的个体思想就达到了绝对自由的"天乐"或物我皆无的境界。

八、茶艺文化

(一)龙行十八式

蒙顶山派茶技"龙行十八式",是四川盖碗茶长嘴铜壶斟水技艺,属刚健派,在冲泡阶段表演。相传是北宋高僧禅惠大师结庐蒙山清修时,在习武过程中所悟出的铜壶茶技,被称为"千年活化石"。原只在蒙山僧人中流传,直到清末才逐渐传入民间。清末名山人、峨眉山派宗师何崇政文武双全,茶艺精湛,何崇政又将其传给永兴寺僧人。1999年以来,经整理相关资料,对蒙山茶艺、茶技进行挖掘,最后形成了蒙山派茶技"龙行十八式"和蒙山派茶艺"天风十二品",被誉为蒙山"茶艺双绝"。将铜质的、壶嘴长达85cm的专用提梁壶中(图10-63)的沸水在1m开外用18个武术动作造型准确无误地

图10-63 龙行十八式标志——长嘴茶壶

斟入茶碗中，融传统茶道、杂技、武术、舞蹈、禅学、易理于一炉，每一式均仿龙的动作，刚劲有力，景驰浪奔，如行云流水，一气呵成，充满玄机妙理。表演时配专门音乐或《精忠报国》等豪迈、雄浑的音乐。

"龙行十八式"初为蛟龙出海、白龙过江、乌龙摆尾、飞龙在天、青龙戏珠、惊龙回首、亢龙有悔、玉龙扣月、祥龙献瑞、潜龙腾渊、龙咏天外、战龙在野、金龙卸甲、龙兴雨施、见龙在田、龙卧高岗、吉龙进宝、龙行天下。

1998—2001年，经成先勤、何正鸿等改进为吉龙献瑞、玉龙扣月、惊龙回首、乌龙摆尾、祥龙行雨、白龙过江、潜龙腾渊、威龙出水、青龙入海、异龙行天、战龙在野、神龙抢珠、飞龙在天、亢龙有悔、龙咏天外、猛龙越海、龙转乾坤、游龙戏水。

2001年5月，该茶技在蒙顶山天盖寺仙茶楼表演，受到欢迎。同年7月，中央电视台二台、中央电视台四台、凤凰卫视、亚洲卫视、广东卫视、四川各大电视台等先后专题采访，称其为"中华一绝"，推向世界。

为保护该茶艺，2002年4月23日，名山县旅游管理局向四川省版权局提出著作权登记申请。2002年5月13日，四川省版权局对该茶技予以登记，登记号：21-2002-D-（0763）-0090号，作品类型为杂技作品。

蒙顶山派茶技龙行十八式如图10-64所示。

第一式：蛟龙出海

第二式：白龙过江

第三式：乌龙摆尾

第四式：飞龙在天

第五式：青龙戏珠

第六式：惊龙回首

第七式：亢龙有悔

第八式：玉龙扣月

第九式：祥龙献瑞

第十式：潜龙腾渊

第十一式：龙咏天外

第十二式：战龙在野

第十三式：金龙卸甲

第十四式：龙转乾坤

第十五式：见龙在田

第十六式：龙卧高岗

第十七式：龙兴雨施

第十八式：龙行天下

图10-64 蒙顶山派茶技"龙行十八式"招式示意图（徐伟 表演）

截至2022年底,蒙顶山派茶技"龙行十八式"有专业表演人员5000余人。在国内表演超过1万场次,在国外表演超过300场次。徐伟、任国平、刘绪敏、王国富、李丹、周梦菲、何正明、闵鹏飞等茶艺师,频频在国内外茶叶博览会、电视台表演"龙行十八式",宣传茶文化(图10-65)。

王霏在米兰世博表演

闵鹏飞在中国香港表演

金刚小石在意大利表演

何俊峰在绵阳表演

张琼丹在乐山表演

周梦菲在澳大利亚表演

刘绪敏一家进央视节目

郑绍儒在杭州西湖表演

图10-65 蒙顶山茶艺师表演"龙行十八式"

钟国林作《蒙山派龙行十八式赋》以记：

蒙顶雨雾，常凝聚阴阳之质；仙山氤氲，有吐纳天地之势。长集久聚，藏龙鳞幻化之象；德惠芬芳，孕仙茶灵异之籽。宋邑禅惠结庐蒙山，以茶禅修，悟出掺冲茶技艺，在寺僧中隐秘承袭，蒙山茶艺始祖奉祀；今有茶人先勤成氏，种茶习技，总结长嘴壶茶艺，在巴蜀弘扬光大，成为茶艺一代宗师！

茶长于山峦，芳香润喉，能养生祛疾消食；龙生于九渊，变化多端，可上天入地列室。品茶与龙行结合，演绎变化，终自成一派，名曰：蒙山派龙行十八式。

蒙山龙行十八式，铜壶嘴长有三尺。遵茶水之要诀，清轻活洌水温炙；取武术之变化，腾挪转闪身体直。借舞蹈之造型，旋转翻摆手握实，融禅茶之易理，持握平仄心有尺。十八个迥异掺茶招式，相应龙之潜升飞降造形，用带龙的词语演之名之。扑跨抛转，茶壶上下翻飞、眼花缭乱、却水不洒施；压注拉收，舞者左右旋转、刚劲精准、而气和神实；景驰浪奔，龙兴雨施！水注入杯中而不溢不洒，茶浸泡在盖碗已展开舒适；动静变化之间盛出香茶，异乎常类之举杯敬宾师。有龙亦有凤，又出凤舞十八式成双对；有山必有水，再编天风十二品系列之。行走巴山蜀水，技惊四座；来到五洲四海，号鸣马嘶。蒙山龙行十八式，茶艺之经典范式；中国之国粹名片，茶技之宋词唐诗！

今日之蒙山派茶艺，正发扬光大，更艺德扎实。已建祖庭之尊位，立非遗之谱系，传承五代，承续子嗣。弟子遍及神州，惠恩泽及后世。为蒙顶山茶发展建功立业，为振兴四川茶叶立志信誓！

二〇一九年九月二十九日于蒙山麓

（二）凤舞十八式

2001年至2002年，成先勤等在"龙行十八式"基础上发掘、整理出一套适合女性表演的"凤舞十八式"（图10-66），具体招式如下。

第一式：玉女祈福；第二式：春风拂面；第三式：回眸一笑；第四式：观音掂水；第五式：怀中抱月；第六式：织女抛梭；第七式：蜻蜓点水；第八式：木兰挽弓；第九式：贵妃醉酒；第十式：凤舞九

图10-66 凤舞十八式在十三届四川国际茶业博览会上表演

天；第十一式：丹凤朝阳；第十二式：孔雀开屏；第十三式：凤凰点头；第十四式：借花献佛；第十五式：反弹琵琶；第十六式：喜鹊闹梅；第十七式：鱼跃龙门；第十八式：百鸟朝凤。

2003年，组建中国第一支女子茶技表演队，李莉为队长。除在国内各地表演外，先后赴韩国、美国、奥地利等国演出。至2022年底，"凤舞十八式"有专业表演人员1500余人，在国内表演超过5000场次，在国外表演超过20场次（图10-67）。

图10-67 第31届世界大学生夏季运动会前夕，雅女、四川省茶艺术推广大使王霏在成都金牛宾馆锦蓉庄为彭丽媛、印度尼西亚总统夫人伊莉亚娜表演"凤舞十八式"

2021年，传统文化研究者代先隆，长期研习儒释道传统国学经典，结合《易经·乾卦》思想，按照人的成长规律和思想变化，对蒙顶山派茶技龙行十八式进行重新排序为：青龙戏珠、潜龙腾渊、蛟龙出海、见龙在田、战龙在野、龙卧高岗、乌龙摆尾、白龙过江、龙兴雨施、玉龙扣月、吉龙进宝、祥龙献瑞、飞龙在天、金龙卸甲、龙行天下、惊龙回首、亢龙有悔、龙咏天外。结合《易经·坤卦》思想对蒙顶山派茶技凤舞十八式进行重新排序为：喜鹊闹梅、春风拂面、玉女祈福、借花献佛、观音掐水、怀中抱月、鱼跃龙门、凤凰点头、贵妃醉酒、蜻蜓点水、织女抛梭、反弹琵琶、丹凤朝阳、回眸一笑、百鸟朝凤、孔雀开屏、木兰挽弓、凤舞九天，赋予蒙顶山派长嘴茶壶技艺新思想、新内涵。

（三）天风十二品

蒙顶山茶艺"天风十二品"属典雅派。相传是茶祖吴理真及其夫人蒙茶仙姑首创，本用于祭祀女娲，后经历代演变。蒙顶山茶艺有12道程序，故名"天风十二品"。茶艺表演通常在山顶进行。表演者需沐浴焚香后才可操作，每一个细小环节均一丝不苟。用具为盖碗或玻璃杯若干个、白瓷茶壶一把、防滑茶托盘一个、茶具一套、铜壶一把、盛茶罐一个、蒙顶名茶甘露或石花每人4g、檀香一炷、香炉一个。表演时配《高山流水》《梁祝》《春江花月夜》等悠美、舒缓的音乐。

"天风十二品"原创为：天地氤氲、琴瑟和鸣、瑶池洗玉、紫玉生烟、仙茗出宫、雨涨秋池、漫天花雨、潮满春江、碧波春色、天风飘香、细品琼浆、神游天荒。2002年，成先勤等在南北茶艺基础上，结合蒙山茶艺，将其改进为（图10-68）：第一道：焚香祀茶祖（点香）；第二道：圣水涤凡尘（温杯）；第三道：玉壶蓄清泉（蓄水）；第四道：碧玉落清江（赏茶）；第五道：清宫迎佳人（投茶）；第六道：甘露润仙茶（润茶）；第七道：迎客凤点头（冲水）；第八道：绿波荡雀舌（候汤）；第九道：玉女献香茗（奉茶）；第十道：茶香沁心脾（闻香）；第十一道：色淡味悠长（品茶）；第十二道：茶融宾主情（谢茶）。

第一道　焚香祀茶祖（任敏）

第二道　圣水涤凡尘（兰翔迪）

第三道　玉壶蓄清泉（罗婷）

第四道　碧玉落清江（刘兴雨）

第五道 清宫迎佳人（任雪艳）

第六道 甘露润仙茶（欧倩）

第七道 迎客凤点头（吕思雨）

第八道 绿波荡雀舌（秦岚）

第九道 玉女献香茗（廖晨轩）

第十道 茶香沁心脾（廖薇）

第十一道 色淡味悠长（廖晨轩）

第十二道 茶融宾主情（任敏）

图10-68 蒙顶山茶艺"天风十二品"流程（图片来源：任敏）
（天风十二品由雅安职业技术学院蒙顶山茶产业学院任敏领队，老师和学生表演）

至2022年底，蒙顶山茶艺"天风十二品"有专业表演人员8000余人，在国内表演超过1.5万余场次，在国外表演上百场次（图10-69）。

图10-69 四川省贸易学校茶艺老师学生茶艺表演（图片来源：彭兴仁）

（四）蒙山禅茶茶艺

蒙山禅茶茶艺为茶佛合一的茶技，被誉为蒙山千年活化石。原创为十八式：童子拜佛、高山流水、一花五叶、天降甘露、普度众生、佛祖拈花、漫天法雨、随波逐浪、达摩面壁、菩萨入狱、香汤浴佛、法海听潮、法轮常转、佛法无边、涵盖乾坤、万流归宗、苦海无边、回头是岸（图10-70）。核心是"茶禅一味"。表演时配佛教梵音音乐。

图10-70 2010年在首届四川省茶艺大赛上表演禅茶茶艺

后经压缩为十二式：高山流水、回头是岸、梵我一如、止观双修、佛祖拈花、漫天法雨、法海听潮、普降甘霖、醍醐灌顶、涵盖乾坤、达摩面壁、万流归宗。

智矩寺双人禅茶技艺为智矩寺禅茶艺术表演队独创：三花聚顶、涤尽凡尘、见性成佛、灵山说法、文殊现身、缘起缘灭、两腋清风、茶禅一味。

九、茶 俗

（一）比 茶

又称鉴茶，名山以前没有斗茶，大概是"斗"有争斗之义。制茶师、农户制得一款好茶，或某人得到一包好茶，便约上同行或朋友共同品尝、比较、分享，既可提高鉴赏能力，又可总结技艺。

（二）聊 茶

即以茶代酒聊天。名山人自古爱喝茶：早起一碗润喉茶，午后一碗清醒茶，晚上还来清肠茶，酒后一碗醒酒茶，饭后一碗消食茶，劳动后一碗解乏茶。亲朋好友相见，一碗友谊茶；文人雅士相聚，一碗情趣茶。茶馆里，四方木桌（图10-71），茶客围坐，品茶、清谈、聊天。家事国事天下事尽在茶饮中。客人到，亲捧茶水待之。当代，或引宾朋至茶馆，喝茶、打牌、娱乐、休闲。

图10-71 名山古家具上的饮茶图（卢仝爱茶）

（三）秋 茶

即秋壶煮茶解渴、待客。名山农村家家有土灶，烧柴火。灶门焰口处吊一个土陶茶壶，俗称秋壶（图10-72）：大圆肚，有盖，粗大提梁把挂在灶门铁钩上，内装泉水，多以粗老茶、老鹰茶、刺梨茶投入其中。利用烧锅时焰口火加热烧水，一壶水往往喝两三天，并可不断往壶内续水。做农活回家，或有客至，倒一碗晶莹、黄亮的茶水，不冷不热，一饮而尽。每每用土碗接喝茶水、待客。临时缺菜下饭，就用茶泡饭，即"粗茶淡饭"。农忙时连壶碗带至田间地头，渴了就喝。进入21世纪后，用电、天然气，金属炊壶、玻璃杯、陶瓷杯、紫砂壶或特制陶

图10-72 秋 壶

瓷盖碗、饮水机、桶装矿泉水等逐渐普及并成为主流。灶门焰口处吊土陶茶壶基本消失，快成记忆了。

（四）婚　约

20世纪70年代前，名山殷实之家，多用蒙山茶作为订婚重要礼品。男方将蒙山茶与女方八字一并送达女方家，将神龛压在八字之上一周，一周内双方家中诸事顺利，婚事成，以作为订婚凭证。与《红楼梦》中记载意思一致：女方喝了男方家的茶，表示同意此婚事。

（五）酬　客

即以茶酬谢宾客。名山城乡娶媳、嫁女、升学酒、竣工酒等喜宴，有送匾、送彩、说席等习俗，至今盛行。送匾人、送彩人、说席人、婚礼主持人等，均有赞美主人家、新娘、新郎、新生，祝愿主人家生活幸福、新人早生贵子、新生前途高远的说唱节目，均以茶为主题或与茶相关（图10-73）。

图10-73 民国时期彩礼、酬宾盘

接匾（彩）说唱词（节选）

一道灯笼红又圆，亲朋送来双茶盘。

茶食糕饼彩装满，中间又放礼信钱。

一个茶盘四方角，酒壶片茶摆中央。

接茶盘说唱词（节选）

一个茶盘四支角，张郎采来鲁班作。

四方嵌起云牙板，杯杯筷筷上面搁。

喜酒说唱词（节选）

主人来远迎，事多难照料。

烟也来亲拿，茶也来亲倒。

莫嫌喜酒清，菜也少味道。

喜花说唱词（节选）

胡椒花开香又麻，客来拿烟又倒茶。

胭脂花儿红尖尖，吃个烟花把话端。

（六）说　春

名山民间，古时有送春（俗称"说春"）习俗。春官（说春人）在春节期间给乡亲送黄历（俗称"春单子"或"春牛图"）时，要结合当时情景咏唱春歌。春官一到，主人立即斟茶、做饭。该风俗一直延续到"破四旧"时期。20世纪八九十年代时有出现，后逐渐消逝。1990年8月，《中国民间歌谣集成·四川省雅安地区卷》收录程吴氏采集的《太阳落山又落云》，即为春歌。

太阳落山又落云（节选）

太阳落山又落云，唱个山歌谢主人。

一谢主人茶和饭，二谢主人酒三巡。

（七）磨　锅

磨锅是名山茶师做茶相传已久的风俗。每年开春即将采茶制茶的时节，茶师就组织家人、徒弟、帮工及茶商进行磨锅仪式，家人杀鸡、炒菜、做饭，徒弟和帮工把作坊堆放的杂物誊开，把茶叶作坊的制茶工具找出来清洁卫生，花柴堆垛，最后，由师傅手拿砂石，众人围观，开始磨锅，反复摩擦，直到铁锅银白光滑、无锈无垢，擦拭干净，即可做茶。第一锅茶做好，大家品尝新茶。然后众人吃饭、喝小酒，互相祝愿新茶茂盛、加工顺利、收入满满，这个磨锅仪式标志新的一年茶叶制作生产开始。

（八）祭茶祖

这是从古至今相传已久的茶叶习俗，分为官祭与民祭两种。官祭主要是名山县令在初春就差人在蒙顶山观察山顶皇茶园的茶叶萌发情况，待即将可采时组织众官员、名家乡贤、茶作坊老板、茶师及僧人上蒙顶山智矩寺或天盖寺，沐浴、更衣、净手、焚香、念祭文、诵经、叩首祭拜茶祖吴理真，众僧人选12僧进入皇茶园，采摘360叶，然后回智矩寺制作，制完后选择标准者装入银瓶，赤印封口入木匣作为正贡，和五峰和菱角湾等陪贡、名山茶副贡等一起交由布政司，鸣锣开道到成都交给省总督，省总督再交到紫禁城。民祭主要流行于蒙顶山、中峰、万古、车岭、双河等茶乡及主要茶叶作坊，一般由种茶大户或茶作坊在春茶开采前，组织家眷或雇工，盛装香烛、果茶或酒，然后来到茶园边，选择一处台地，摆果、盛酒（茶）、点香、燃烛，口中一般说感谢茶祖赐予茶树，给予经济，保佑今年风调雨顺、茶叶丰收等，或大声喊："春回大地，嫩芽满园，茶祖护佑，开采丰年。"语毕，众人将茶水抛洒向大地，然后进园正式开采（图10-74）。

图10-74 民间开园祭茶祖仪式

十、茶 谚

饭后茶一盅，周身都轻松。（清肠）

头道水，二道茶，三道四道是精华。（品茶）

莫吃空心茶，害得眼睛花。（空腹饮茶）

扬子江心水，蒙山顶上茶。（赞茶水）

宁要三日无食，不可一日无茶。（藏民）

每天茶漱口，牙齿坚无垢。（坚齿）

烫茶伤口，凉茶伤心。（人走茶凉）

饭后茶消食，酒后茶解醉。（消食解酒）

食多使人胖，茶多令人瘦。（减肥）

脑满肠肥少吃酒，清心寡欲多饮茶。（修行）

酒要勾兑，茶要拼配。（要诀）

茶要掺七分，酒要倒满杯。（敬客）

早采三天是宝，迟采三天是草。（采茶）

采茶最怕连日雨，连晴两日茶正香。（适采）

吃茶吃味道，看戏看成套。（品味）

十一、茶 谜

生在蒙山巅，采回置堂前。客来我出面，客去谢我鲜。（茶叶）

人在草木中。（"茶"字）

吕子明爱剃光头。（茶名一：蒙顶甘露）

生在山中青幽幽，采回家往红锅丢；翻来覆去成干瘪，放进开水众人嗅。（茶叶）

一个老者黑又黑，阿泡尿来又吃得。（秋壶）

一个老者灶头挂，满身漆黑不说话。烟熏火燎吐汤水，既解渴来又解乏。（秋壶）

一只白公鸡，立着不肯啼。喝水不吃米，客来把头低。（白瓷茶壶）

妹子上山挎篾篼，双手快抓不停休；绿鳞装满便回家，炒来泡水香悠悠。（采茶）

有天有地人中间，泡茶品饮皆方便。春风拂面味正好，鲜香爽滑润心田。（盖碗）

客来有请出闺房，倒入龙宫四座香；解渴舒心增情谊，谈天说地俱欢畅！（品茶）

第三节　涉茶文物

名山区，地处成都平原向川西山地过渡地带，是川藏茶马古道起点，是西出康巴、南下云贵的重要通道，传统的农业文明发育成熟，文物资源分布广泛，品种众多。蒙顶山古建筑、石刻和遗存等文物呈群落分布。

2013年，名山文庙、茶马古道名山段（皇茶园、天梯古道、净居寺石牌坊、甘露灵泉院石牌坊、禹王宫）被公布为全国重点文物保护单位（表10-1）。2014年10月，雅安市名山区非遗保护中心成立。至2022年底，全区（县）有景区5处，自然景观和人文景点100余处。文物保护单位30处，其中国家级6处，省级20处，市县级4处，有可移动文物567件，涉茶文物保护单位见表10-2~表10-4；非物质文化遗产15项，其中国家级1项，省级2项，市级4项，区级8项。

表10-1　雅安市名山区全国重点文物保护单位名录

文物名称	年代	类别	所在地	公布时间
皇茶园	唐至清	古建筑	蒙顶山镇蒙山村	2013年5月第七批
天梯古道	唐至近现代	古遗址	蒙顶山镇蒙山村	2013年5月第七批
净居寺石牌坊	明	古建筑	蒙顶山镇蒙山村	2013年5月第七批
甘露灵泉院石牌坊	明天启二年（1622年）	古建筑	蒙顶山镇蒙山村	2013年5月第七批
禹王宫	清同治元年（1862年）	古建筑	蒙顶山镇蒙山村	2013年5月第七批

注：涉茶文物保护单位。

表10-2　雅安市（地）名山区（县）省级文物保护单位名录

文物名称	年代	类别	所在地	公布时间
千佛崖摩崖造像	唐至明	石窟寺及石刻	蒙顶山镇蒙山村	2007年6月第七批
看灯山摩崖造像	唐至明	石窟寺及石刻	马岭镇康乐村	2012年7月第八批
观音殿	明洪武三年（1370年）	古建筑	马岭镇康乐村	2012年7月第八批
甘露石屋	明嘉靖十九年（1540年）	古建筑	蒙顶山镇蒙山村	2007年6月第七批
大石梯古道	明万历十六年（1588年）	古遗址	马岭镇七星村	2012年7月第八批
智矩寺	明	古建筑	蒙顶山镇蒙山村	2007年6月第七批

续表

文物名称	年代	类别	所在地	公布时间
盘龙石刻	明	石窟寺及石刻	蒙顶山镇蒙山村	2007年6月第七批
永兴寺	明至清	古建筑	蒙顶山镇蒙山村	2007年6月第七批
千佛寺	明至清	古建筑	蒙顶山镇名雅村	2007年6月第七批
天盖寺	清乾隆四十三年（1778年）	古建筑	蒙顶山镇蒙山村	2007年6月第七批
文昌庙	清乾隆五十二年（1787年）	古建筑	蒙顶山镇蒙山村	2007年6月第七批
古蒙泉	清同治元年（1862年）	古建筑	蒙顶山镇蒙山村	2007年6月第七批
茶马司遗址	清	古建筑	新店镇长春村	2012年7月第八批
中峰牛碾坪、双河骑龙场万亩茶园	当代	其他	中峰乡海棠村、双河乡骑龙村	2012年7月第八批

注：涉茶文物保护单位。

表10-3 雅安市（地）名山区（县）市区级文物保护单位名录

文物名称	年代	类别	所在地	公布时间
栖霞山遗址	石器时代至汉	古遗址	百丈镇百家村	1981年9月
石笋题刻	明崇祯四年（1631年）	石窟寺及石刻	蒙顶山镇蒙山村	1981年9月

注：涉茶文物保护单位。

表10-4 雅安市名山区境内涉茶名胜

名称	年代	所在地	备注
不动禅师雕塑	宋	蒙山永兴寺后院	显示甘露禅师道场
花鹿池	明	蒙山花鹿池	呈蒙顶长寿之地传说
石龙雕塑	明清	蒙顶上清峰下古蒙泉	显示古井悠久历史
杨汝岱题词	当代	上蒙顶至花鹿池小路	赞誉蒙顶山仙茶文化
谭启龙题"仙茶故乡"碑	当代	蒙顶山中心景区入口	赞誉蒙顶山仙茶文化
上槐溪桥、下槐溪桥	清中期	名山城槐溪坝	展示蒙顶山茶文化
杨汝岱题"茶祖故里"碑	当代	名山城千米文化景观长廊西头入口	展示蒙顶山茶祖文化
古蒙泉井艺术墙	当代	蒙顶甘露灵泉院石牌坊至古蒙泉井通道	展示蒙顶山贡茶文化、茶马文化
大禹像石雕	当代	蒙顶山五峰	展示名山悠久历史
白虎石雕	当代	蒙顶皇茶园后坎	表现蒙顶仙山的神秘与珍贵
龙井泉水山庄艺术墙	当代	蒙山智矩寺上侧，通往千佛寺路口	展示蒙顶山丰富的茶文化

续表

名称	年代	所在地	备注
茶文化广场	当代	名山城新东街	展示蒙顶山茶文化
千米文化景观长廊	当代	名山城沿江路	茶文化主题休闲观光设施
中国茶城雕刻石	当代	蒙顶山形象山门旁	宣传展示蒙顶山茶
茶马古城砖亭	当代	三蒙路茶马古城旁	宣传展示蒙顶山茶
茶文化栏杆	当代	名山城同贯路	宣传展示蒙顶山茶诗词
皇茶大道	当代	名山城槐溪坝至吉家河	宣传展示蒙顶山茶诗词
理真桥	当代	名山城平桥坝	宣传展示蒙顶山茶诗词
甘露桥	当代	名山城沿江中路桥	纪念植茶始祖吴理真
藏汉一家雕像	当代	新店镇东街口	展示千年茶马互市
茶马交易雕塑	当代	新店镇西街万古路口	记载千年茶马互市
甘露亭	当代	中峰镇牛碾坪	茶文化旅游观光设施
石花亭	当代	中峰镇牛碾坪	茶文化旅游观光设施
黄芽亭	当代	中峰镇牛碾坪	茶文化旅游观光设施
德孝广场	当代	百丈镇月亮湖边	茶文化旅游观光设施
过溪	当代	中峰镇三江村	茶文化旅游观光设施
茶乡水韵	当代	茅河镇临溪村	茶文化主题旅游观光设施

注：不完全统计。

第四节　茶史胜迹

蒙顶山茶文化古迹非常丰富，分为寺庙、石窟、石刻等大类。寺庙建筑包括天盖寺、智矩寺、永兴寺、千佛寺、禹王宫、文昌庙等，石刻包含千佛崖摩崖造像、蟠龙亭石刻、"蒙山"摩崖石刻，还有甘露石屋、甘露灵泉院石牌坊、净居寺石牌坊、天梯古道、茶马古道等古代石结构建筑。

一、蒙顶山茶古迹

（一）皇茶园

位于蒙顶主峰5个小山峰的中心位置，周围山峰形似莲花，皇茶园坐落于莲心而成为风水宝地（图10-75）。清代状元骆成骧诗："谁将海底珊瑚树，种向蒙山老烟雾。五峰撮指擎向天，七株正在掌心处。"世界植茶始祖吴理真植"灵茗之种"8株（现存7株）于此。从唐至清，在此采摘贡茶，专供皇室。宋孝宗淳熙十三年（1186年）被命名为皇茶园。坐西向东，面积40m²。园以石栏围绕，栏杆高1.2m，宽7.5m，深5.1m。园内有茶树7株，即为仙茶。东面（正面）正中有一仿木结构石门楼，高1.7m，宽2m；双扇石门，两侧有"扬子江中水　蒙山顶上茶"石刻楹联，横额书"皇茶园"。清时，为皇室祭祀太庙用茶专采地，园后有石雕"白虎"巡山护茶。皇茶园中所采贡茶，品质优异，名扬

图10-75　皇茶园

神州。2013年5月，公布为第七批全国重点文物保护单位。

（二）古蒙泉

位于蒙顶皇茶园下侧，坐西向东（图10-76）。井后石壁上斗大的"甘露"二字苍劲有力。古蒙泉占地面积约25m²。相传为西汉吴理真种茶汲水处，又名蒙泉井、龙井。古井为圆形，直径0.5m，深2.8m，井内用卵石垒砌，井顶用板石开孔覆盖井口，板石直径0.3m，井盖上有龙纽装饰。距井口0.35m用石柱围护（为20世纪80年代新修）。井左前4.5m处有明天启年刻"蒙泉"题刻碑一通（图10-77），行楷竖读阴刻，字径约0.3m；左侧1.2m有清代所刻"古蒙泉"题刻碑一通，楷书横读阴刻，字径约0.15m。井有盖，井内斗水，雨不盈、旱不涸。古籍载："游者虔礼后，可揭石取水，烹茶有异香；若擅自揭开，虽晴日，即大雨。"2007年，公布为第七批四川省重点文物保护单位。

图10-76　古蒙泉

图10-77　"蒙泉"题刻

（三）甘露石室

位于蒙顶毗罗峰，与蒙茶仙姑像相对（图10-78）。为悬山顶抬梁式结构。通体用石头建成，有：石门、石柱、石壁、石挑檐、石顶。明嘉靖十九年（1540年）重建。门联书"突兀危峰昭禹绩　蓬瀛佳景自天成"，横额"蒙山胜境"。梁上有"大明嘉靖十九

年庚子岁为"题记。相传为汉代吴理真植茶休憩之所，内塑其侧卧像一尊，后被毁。2017年8月19日，新塑并安放于原处。该石屋坐北向南，占地面积78.4m²。面阔3间，间宽4.10m；明间宽2m；进深三间，各深4.14m；通高6.45m。素面台阶，垂带踏道，共有13级，台基高1.3m。该建筑对研究蒙山茶历史和明代石质建筑艺术、技术都有很高的价值。2007年，公布为第七批四川省重点文物保护单位。

图10-78 甘露石室

（四）甘露灵泉院石牌坊及石屏风

位于蒙顶天盖寺后，毗罗峰之下（图10-79），占地面积150m²。明天启壬戌年（1622年）立。坐北向南，为四柱三间三楼红砂石牌坊，全石重檐歇山式斗拱建筑，高6.63m，宽5.63m，三门四柱，上雕花卉、鸟兽。其中，凤凰多为镂空。檐下石雕石斗拱，为六铺作，明间补间二朵，次间补间一朵，前后抱鼓式靠背石。正中题"西来法沐"，两旁分别题"一瓢甘露""蒙雾聚龙"；背面题"不二禅宗""三乘普度"，是蒙山儒、释、道三教合一的标志。牌坊左右各有明代碑一通，左碑为《重修甘露灵泉碑记》，记载茶祖吴理真的种茶事迹，高2.51m，宽1.37m，右碑为《凿殿仿碑记》，高1.87m，宽1.75m。

图10-79 甘露灵泉院石牌坊及石屏风

牌坊前一红砂石屏风（照壁），高2.58m，宽2.2m，正中为浮雕麒麟，头顶祥云，脚踏海水。该浮雕屏风选蒙山特殊石料雕刻而成，无论晴雨，其云雾和海水图案潮湿欲滴，而麒麟永保干燥，因而被称为"阴阳石麒麟"。可惜"4·20"芦山大地震损坏，维修后，干湿特征已不明显。屏风左右各有一对高1.3m的残石狮，古朴无华。

该牌坊保存较完整，有很高的历史和艺术价值，是研究蒙山茶和清代建筑的重要实物资料。2013年5月，公布为第七批全国重点文物保护单位。

（五）天梯古道

该古道南北走向，起自蒙山雷动坪，直通天盖寺（图10-80），总占地面积1020m²。主道全长850m，全为红砂石条铺成，有1456阶，路宽1.2m，两侧有条石镶边，从433阶至560阶为原古道，计128阶，坡度为70°，最为陡险，清代诗人称"云梯可登天"，有"随岩作天梯，直上与天齐。从此登绝顶，殊觉众山低"之说。相传大禹治水成功后，率众登蒙顶祭天曾经此道。唐玄宗以后，历代县令率僚属和僧人上山采摘贡茶必经此道。2013年5月，公布为第七批全国重点文物保护单位。

图10-80 天梯古道（图片来源：依凡）

（六）禹王宫

位于蒙山天梯古道中段，为纪念禹王治水功成登蒙顶祭天而建（图10-81）。坐南向北，总占地面积约1270m²。现存大殿约450m²，1985年从县城西大街迁于现址，为清同治元年（1862年）建造，四合院落布局，结构典雅，庄重古朴。由正殿和两配殿、前门组成，重檐歇山顶，穿逗式架梁。

图10-81 禹王宫

正殿面阔三间13.48m，明间5.16m，次间3.66m，进深三间7.01m，前有一步廊1.2m，通高13m。红砂石素面台基，长19.6m，宽12.1m，高0.35m。1985年12月，被列入县级文物保护单位。2013年5月，公布为第七批全国重点文物保护单位。

（七）石笋与王越诗刻

位于蒙顶半山智矩寺后，古时上山的小路边，左边一红砂巨石高约4m直立，形如出土红笋，兀立岩畔。明代崇祯进士邑人傅良选题写"石筍（笋）"二字（图10-82），石笋原与三人合抱的千年红豆杉相伴生，古树巨石，是蒙顶山一重要景点，红豆杉于21世纪初死亡，甚为可惜。右边的悬崖是一高约5m的崖壁，在崖壁整面上，刻有明代兵部尚书王越的《蒙山石花茶》诗，隶书工整漂亮，气势恢宏，诗中"若教陆羽持公论，应是人间第一茶"是当今宣传、推荐蒙顶山茶的最好诗句。

图10-82 崇祯辛未春进士傅良选书蒙山"石笋"拓片（图片来源：《名山历代碑刻拓片与对联》）

（八）"蒙山"摩崖石刻

位于蒙山半山智矩寺下延龄桥，坐落于蒙泉之上，古称五峰桥，是一座明代建设的红砂石条古桥，长12.1m，宽1.8m，上侧石栏尚存，下侧石栏已无。桥边石壁，坐西南向东北，分布面积约82m²。20个龛分别刻于3块摩崖上，1号摩崖石刻长6.3m，高4.1m，有10龛，左侧2号龛记述有茶祖吴理真携灵茗之种7株茶种植于蒙山。现山上很多茶园为庙产，若发现有盗割之事要给予处罚。3号摩崖石刻距1号摩崖石刻3.6m，12号龛高1.69m，宽1.25m，明临邛进士杨伸题"旷览"二字。8号龛高0.4m，宽0.8m，清道光名山知县王宝华辛丑六月题"蒙泉"二字，阴刻横读。9号龛高2.26m，宽7.28m，清光绪名山知县赵懿光绪辛卯二月题"蒙山"二字，阴刻竖读（图10-83）。距桥约20m有一石崖，刻有民国十七年（1928年）胡国燨、胡国甫、胡存琮三兄弟在蒙顶山祝寿、饮酒、欢聚之事勒石题记。

图10-83 "蒙山"摩崖石刻

（九）六根桥

六根桥在蒙顶半山，古时上山的小路上，石桥由6根约2.5m长的红砂石并排横搭在小溪上而成，当地传说茶祖就是蒙顶山六根桥之人，当年种茶就时常从这里往返山顶。旁边有一清代所立字库（图10-84），字库上书对联"五峰山下春风暖，六根桥下甘露香"，是古时走路上山必经和休息之地。

图10-84 六根桥字库

二、蒙顶山禅茶古寺

（一）天盖寺

天盖寺位于蒙顶五峰之下，坐北向南，占地面积983m²。因名山多雨，故以"漏天之盖"而得名（图10-85）。西汉吴理真结庐于此。宋淳熙元年（1174年）重建，专门用于蒙顶茶事评比。清雍正七年（1729年）又重建。清乾隆四十三年（1778年）复重建。民国初

图10-85 天盖寺

年增建层楼。尚存建筑为穿逗式石木结构，正房五间，长23.35m，宽7.5m，面阔五间23.20m，进深六间12.42m，歇山顶，前檐廊，素面台阶，垂带踏道五级。门上悬挂"茶祖殿"牌，乃中国国际茶文化研究会名誉会长刘峰所书，正中塑植茶始祖吴理真像，上为"灵应甘露普惠妙济菩萨"匾额，四周墙壁绘有仙茶传说壁画。寺前立清代雍正六年（1728年）所立"天下大蒙山"碑，记述蒙山种茶历史，是蒙顶山重要文物。该建筑保存完整，岁有维修。建筑正前方为空旷地带和12株千年以上的参天古银杏。天盖寺以及清代"天下大蒙山"碑，对研究蒙山茶及贡茶史有很高的价值。2007年，公布为第七批四川省重点文物保护单位。

（二）永兴寺

三国末，印度高僧空定大师，在此积极布施，遂成梵刹，名"大梵音院"，取"梵音远播三千界 各随其心而得解"之意（图10-86）。唐代高僧道宗禅师重修，经历七载，复其旧观，又增规模，并响应马祖、百丈师徒"农禅并举"的号召，植茶树，习茶艺，禅茶相融。两宋时期，西域高僧不动禅师于

图10-86 永兴古寺

此集瑜伽焰口及显密诸部成《蒙山施食仪》，深为佛教界所信奉，为海内外佛门每日晚课必诵仪轨。仪轨用蒙山雀舌茶作为专用献供茶。僧藏有赵孟頫（赵文敏，宋元时期著名书法家）蓝版金书《药师经》一部，为某茶商留镇山门之物，也引来杀身焚寺之祸。现寺主要为明清建筑，内有多处清建南观察使黄云鹄（1819—1898年）的题记。

1988年，经名山县人民政府批准对外开放，作为佛教活动场地。住持寂能法师率众弟子重光殿宇，佛教再兴于蒙山。寺庙占地面积约13300m²。1995年初，寂能法师无病圆寂，传于照海。2004年，政府划拨给永兴寺发展用地150亩。2005年，修建讲经楼，两层建筑，上下各7间；改建砖永路（砖窑岗至永兴寺）为水泥路。2007年，公布为第七批四川省重点文物保护单位。

2013年，永兴寺建成千手观音殿，同年5月，举行千手观音开光仪式。2014年，启动祖师殿建设。至2015年底，永兴寺有林地50亩，茶园近100亩，为四川省国营蒙山茶场时期所植老川茶，品质优异，年产干茶超过500kg。每年，永兴寺均在清明前举行禅茶采摘开园仪式，并在寺内作坊用传统手工技艺制成雀舌、甘露、毛峰、玉叶等名茶，除部分供应国内及在寺求购者外（甘露均价每斤2000元），多数作为礼茶赠予拜佛信众。

2013年后，"4·20"芦山强烈地震灾后恢复重建，改造堡坎，维修石殿文物，修建围

墙1000多米，修建正门石牌坊。庙宇坐北向南，有建筑8栋，主要有山门、天王殿、金刚殿石楼、大雄宝殿、观音殿等，以金刚殿石楼与大雄宝殿之间的天井为中心，构成七天井四合院布局。山门由石围栏、石照壁、石牌坊组成。石照壁正面书1m²大小"福"字，两侧刻麒麟浮雕，福字右上刻"千祥"，左上刻"云集"，后为寺庙题记，皆为黄云鹄书写。

红砂石牌坊，明代始建，清代重修，宽2.9m，深0.35m，正上方书"永兴古寺"，正中书"五峰禅林"，左右书"大千界""不二门"，雕梁画栋，保存完整。

天王殿（门楼），清雍正三年（1725年）建，后代有维修。石木结构面阔三间10.9m，明间3.9m，次间3.5m，进深3间6.9m。正中供奉弥勒佛尊，后面供奉护教伽蓝菩萨，两侧供奉四大天王，因此被称为天王殿。由遍能法师题名。

金刚殿石楼，原为大雄宝殿，清乾隆五十六年（1791年）建。1987年后改为金刚殿，正中供奉藏密格鲁派大师奉宗喀巴，后面供奉护法韦陀，两侧供奉金刚力士。石殿一楼一底，全石结构，屋面为青瓦，架梁上有彩绘，面阔3间15.3m，明间4.45m，次间4.42m，进深4间9.3m，高12.5m，有廊。这是全国仅有的两大石楼古建筑之一。石楼石鼓刻有《茶兰芝共生图》（图10-87）。茶树高50cm以上，叶面向下披垂，叶细长呈披针形，脉对分，恰似蒙山原始茶树种。茶树下垂荫处有兰草一株，无花，7片叶对生。兰草基部有一高8cm、伞幅6cm的灵芝相伴。茶树右上方有一轮红日和波状彩云。茶、兰、芝图阳纹凸出平面3~5mm，栩栩如生。

大雄宝殿，原为观音殿（图10-88）。清乾隆三十四年（1769年）建，清乾隆四十七年（1782年）重修。1987年后改为大雄宝殿，正中供奉毗卢遮拿佛、卢舍那佛、释迦牟尼佛，后面供奉地藏王菩萨，两侧供奉十八罗汉。梁架为明代构件，面阔5间17.47m，明间4.47m，次间2.6m，稍间3.9m，进深4间13m，垂带踏道，有廊。殿名由赵朴初题名。

观音殿，1987年后建。正中供奉大悲观世音菩萨，左侧供奉大智文殊师利菩萨，右侧供奉大行普贤菩萨，两侧供奉十二圆觉菩萨。由遍能法师题名。

千手观音殿，为传统石木结构穿斗飞檐式建筑。面阔3间28m，进深16m，高16m，三层两滴水。正中供奉千手观音。

图10-87 永兴寺石楼及茶兰芝共生石雕

图10-88 永兴寺大雄宝殿

（三）千佛寺

千佛寺位于蒙顶山镇名雅村。始建于宋绍兴十一年（1141年），明嘉靖十一年（1532年）重建。因寺后岩石上刻有唐代遗存的众多佛像，故得名（图10-89）。占地面积约5600m²，是境内保存较完好的古刹之一。专管蒙山禅茶种植，大殿立有明嘉靖壬寅岁（1542年）三月重修之碑记，可供寻踪。

图10-89 千佛寺

清光绪年间失火，部分重修。1988年，经名山县人民政府批准，对外开放作为佛教活动场地。20世纪90年代，重建山门、天桥、观音殿，由皈依弟子募资建成居士堂。庙内佛像，经过修饰，重换金身。

寺后岩石上千佛岩造像，建于唐代，在高3.9m、宽2.7m的崖壁上，刻有神态各异、大小不同的佛像72尊，主龛高3.35m，宽2.26m，顶部刻有半裸飞天像，潇洒自若。

（四）智矩寺

智矩寺又名智矩院，清始称"大五顶"。专管蒙山贡茶制作。汉甘露祖师始建（图10-90）。宋淳熙时重修，明万历时补修。自唐至清，每年多于此制作贡茶。2000年，新塑吴理真像，刻茶文化图，设有禅茶表演。

该寺位于蒙顶山镇蒙山村四组蒙山公路侧，占地面积约196m²，坐西北向东南，

图10-90 智矩寺

清代重修，梁架为明代构建，为穿逗式木结构建筑，面阔五间18.8m，进深4间15.69m，明间5.4m，次间3.25m，稍间3.45m。前有一步廊。重檐歇山顶，三素石台级，殿内左侧有一眼古泉井，元初被题名为"圣水"。井盖上有龙形雕刻，长方形，宽0.45m，深0.65m。该建筑对研究清代建筑艺术有一定价值。

2020年，照杰法师改建恢复智矩院，增加清代古建筑五开间大殿，大殿原为川西一家族祠堂，早年法师整体购买现搬迁至此，按原格局和风格新修，总长21.13m，7柱5开间，正厅开间5.33m，两侧分别3.8m和4.1m，进深9.3m，前走廊4.73m，后走廊2.55m，总高8m左右。大厅的两边柱上保留了清晚期刻的忠孝仁义、妻贤子孝的对联。整个大殿保存完好、古朴大气。新修后进大门可见，抚廊、双龙柱、前品茶楼等建筑；法师还在两边厢房进行了修缮和补充，所有建筑上均增加了很多茶文化方面的对联、禅语，茶文化氛围极为浓厚。

（五）静居寺

静居寺位于蒙山腰际，与智矩寺隔溪相邻。为汉甘露祖师退居之所，昔名退居寺。专管蒙山禅茶采摘。明万历年间，僧会建石牌坊，更名为净居寺。后遭兵劫残毁。清康熙七年（1668年）僧法定重修寺宇。曾称退居庵、净居庵、静居庵。山门联"撷蒙顶当头古刹分香仙茗烹来春雪满 揽群峰在抱夕阳晚翠圣灯照处佛光多"。清道光十一年（1831年）名山知县莫瑞堂联："近禹贡旅平之山拔地倚天原是夏王旧物 本甘露净居之处幽泉怪石犹存汉代遗踪。"

遗存石牌坊（图10-91）建于明代天启年间，坐北向南，占地面积74.53m²。面阔3间，4柱3楼，宽5.29m，通高5.89m，5脊顶，前后抱鼓石。牌坊正面所题刻大字被损不可辨认，落款依稀可辨"天启二年"。有花卉斗拱雕刻，脊上有鸱尾装饰，右侧脊上鸱尾装饰已毁，梁、柱、枋上雕刻精美。牌坊前方5.5m处为12阶重带式台阶，保存完好，后4.6m处残存5级重带式台阶。2013年5月，公布为第七批全国重点文物保护单位。

图10-91 静居寺遗存石牌坊

三、茶马司与茶马古道

明洪武十九年（1386年），设雅州茶马司，地址在雅州名山新店（图10-92）。清中期，撤销茶马司机构。此后，茶马司建筑被附近村民用以供奉菩萨，取名长马寺，得以幸存。清道光二十九年（1849年）曾补修。该茶马司位于新店镇长春村川藏公路旁。占地约2亩，建筑面积600余平方米。建筑以中轴线对称布局，坐北向南，为石料檐柱砖木结构四合院。1991年，名山县人民政府公布茶马司遗址为县级文物保护单位，由名山县文物管理所、名山县新店镇管理。20世纪末，川藏公路318线建设扩路，拆除前大厅，石柱堆放留存。尚存大殿及左右厢房，保存基本完好。为歇山顶穿逗式石木结构，面阔三间，房柱用整块石头凿成。2000年5月，新店镇人民政府投资1万元维修，并竖碑以志，中撰一联"茶马互易相得益彰垂青史 汉藏交融和衷共济贯古今"。2004年"一会一节"期间，进行保护性修缮。大门两侧新绘"藏汉一家亲""以茶易马"青石壁画，壁画表现汉藏人民互易茶马的景象，画面人物载歌载舞，藏汉人民亲如一家。2012年，公布为第八批四川省重点文物保护单位。2019年，区政府又对地震后造成损坏的屋面、墙面等进行了维修。距茶马司约2km的安桥村六组曾设洗马池，保留有约2亩大小的一个鱼塘。该茶马司遗址为全国仅存，见证宋代至清代名山以茶易马、朝廷以茶治边的历史。

图10-92 雅州茶马司

四、马岭大石梯古道及天目寺重修道路碑

马岭镇大石梯茶马古道（图10-93）为四川省省级文物保护单位。第三次全国文物普查新发现，位于马岭镇七星村。大石梯古道，东南、西北走向。全长145.4m，有台阶313级，由当地所产红砂石建造，道路两侧有垂带式踏道。古道中

图10-93 马岭镇大石梯茶马古道　　图10-94 明代天目寺重修道路碑

段东北面踏道外0.2m有一六边形"□目寺分岭边界"石柱（已残），高0.7m，边长0.1m，上刻有"□历十六年十一月立"题记①，据推断该边界石柱应为明万历十六年（1588年）所立。该古道包括"天目寺重修路道碑"一通（图10-94，文见附录），明正德十五年（1520年）所立，坐西向东，圆弧形顶。碑原立于石亭中，石亭倒塌后，大部分构建散落于碑四周。碑完整保存，正面刻《天目寺重修路道碑记》，记叙修建至天目寺的道路的过程，有天目寺僧人"栽茶为业，思得茶株为兰，供佛"及贡茶始末记载。这是研究贡茶历史、茶马古道和茶马互市难得的实物资料。2019年左右，名山区、乡部门出于对文物的保护，恢复了遮雨避风的石亭。两处文物点相距约1200m。

---

① □表示刻字无法识别。

五、建山定慧寺碑

建山定慧寺碑位于建山乡横山村（图10-95），立于清光绪三十二年（1906年）。碑完整保存，正面刻定慧寺碑记《承办贡茶的公告》（见附录），为名山县正堂公告，规定贡茶"须由庙僧缴茶"，证实当时当地佛教寺院对贡茶的垄断地位。

六、金鼓村大地指纹

金鼓村大地指纹位于红星镇金鼓村（图10-96），原为十多座并列连续的圆顶小山包，状如铜鼓，古时多种有茶树，20世纪70年代被大量开发、种植，变为茶园，因有的茶行沿山水平环绕至山顶、有的茶行纵行并排，恰如人手的指纹，被摄影爱好者誉为"大地指纹"，是名山茶园风光的典型代表。

图10-95 建山定慧寺碑
（图片来源：卢本德）

相传三国时期，武侯诸葛亮率军南征平定叛乱，到了名山双河与孟获大军对垒相持，孟获大军驻扎在东北高处的骑龙山岗，有泰山压顶之势。诸葛亮把大营扎在西南低处延镇河之畔（现名扎营村），阻断孟获大军的南下之路；又在车岭的西部山上"下营五垒，若莲花"（现五花村），以伏敌退之兵，但在总体态势上处于不利形势。诸葛亮精通易经八卦地理，于是到北面的高山看地势、观天象（现百丈镇观斗山），地势和天象均已有龙蛇之形，即孟获已有从蛇变龙的趋势，将是蜀汉政权的心腹之患。于是安排士兵将蒙顶山至骑龙岗之间的一段山体挖去一半，断其龙脉，保留命和血脉，该处即为现在的百丈镇挖断山，以体现"攻城为下，攻心为上"的战略理念。正面营寨由蜀将廖化化装成老将黄忠，银须飘飘，手持长刀，身背银弓箭，下跨"燎原火"红色大马，威风凛凛，使孟获大军不敢近前。为排除孟获军队从西面以破竹之势击垮蜀军的危险，在西北面点化

图10-96 金鼓村大地指纹（图片来源：名山区茶业协会）

18座山头为金鼓，不时发出"咚咚咚"的战鼓声，是为疑兵之计。孟获军队欲从侧翼出击蜀军的冒险，但接近到这里就听到"咚咚咚"的战鼓声，以为这段埋了大量的伏兵，故不敢前往突袭蜀军。最后，诸葛亮使用声东击西之计，前后夹击，大败孟获大军，孟获退走西部小道至车岭镇五花山被生擒。诸葛亮与其讲道理，孟获不服，说是中了诸葛亮诡计，不是靠蜀军的实力战胜他的，说如果再战未必能输。诸葛亮为了收服孟获，就将之放了，此地就成了七擒孟获的第一擒纵地。诸葛亮为了不使孟获等人再犯作乱，在这里设长沙府（现为长沙村），立黄忠庙（现有黄忠庙遗址），供奉黄忠，以树忠诚之心，镇异心之人。

之后，当地百姓在18座金鼓山头栽种茶树，茶行如人的指纹，被誉为大地指纹。钟国林作诗感叹道："当年孔明征孟获，点化金鼓十八锅。手指犹摇战鼓响，催促后人勇拼搏。"

七、名泉秀水

名山虽无大江大河，但雨水充沛、河溪纵横、泉水众多，特别是20世纪70年代所建的玉溪河引水工程，彻底解决了全区高岗山区4月、5月间农田灌溉缺水的问题，也使得原有的河溪、泉水更为充沛，水质清洌，做饭煮菜、饮用泡茶均宜。

（一）泉　水

1. 古蒙泉

详见第十章第四节，此处略。

2. 圣水泉

圣水泉位于蒙顶半山智矩寺，西侧从岩石缝中浸出有一股细泉，长年不断，水质清澈，甘甜清洌，可直接饮用，用于泡茶能充分体现茶的真味。原住寺的僧众常用于饮水、冲茶、做饭。智矩寺经营者常用此泉泡茶待客，博得好评。后蒙山茶场职工也常用此泡茶，茶香水甘，又因该泉位于茶祖石像旁，被视为茶祖所赐神圣之水，故名"圣水"。《名山县志》（清光绪版）卷十五《外纪》有载："智矩寺甘露石像旁有圣水牌，中大书'圣水'二字。旁列衔名有：照历王居仁、签事完者、继协邓忠、同知小云失卜花、副使脱因达鲁花赤、泰州安抚别里哥帖木儿，末行安抚使司官，至元二年岁次丙子蕤宾吉日施。"记述了南宋末年，名山及其蒙顶山在1258年左右被蒙古军攻占并归其统治后的至元二年，即1265年，农历五月吉日，上述照历王居仁、签事完者、继协邓忠、同知小云失卜花、副使脱因达鲁花赤、泰州安抚别里哥帖木儿，末行安抚使司官众官上蒙顶祭拜茶祖、求仙祈祷，在智矩寺品赏仙茶、品鉴圣水，仙茶已有名，圣水还未定，于是出资请工立功德碑"圣水牌"。

3. 月华山泉

月华山泉位于名山月华山（现名文庙山）下，原名山县衙大院后（现月华山居小区后院），水质优、水量大，长年不断，古时凿为水井，一直是县衙官吏士兵生活、泡茶的水源，是自古以来名山城内唯一的一股泉水。名山河发洪水、干旱或遇围城之困时，全城百姓不用出城，可来此取之饮用，不致有干渴之忧。现月华山居小区用坎围之，引其作为水景。

4. 金环井

清光绪版《名山县志》载："体九甲合水村有一井，清洌香甘。相传有金环，乡人嫁娶焚香祝之，则金环浮出，可以假用，仍焚香还之。有诳者，后遂不能借。今井在庞氏紫落祠侧。"体九甲合水村，今马岭镇青冈滩村，原庞氏宗祠紫落祠侧。

5. 八角井

八角井位于蒙顶山下的梨花村何家沟（又名漂草沟），是蒙山东麓一条小溪沟，上小下大，形似葫芦，小溪蜿蜒东去，入名山河，沟两岸竹树葱郁，芳草鲜美，溪水潺潺。沟上游有一口八角井，井直径约3.5m，深7m左右，四周用红砂条石相砌。井对面建有八角庙。井、庙建于何时已无稽考。相传，井底与蒙顶植茶始祖吴理真当年种茶汲水的甘露井相通，井水清洌甘甜，冬暖夏凉。天久旱，其水仍不枯竭。人长饮其水可延年益寿，因此，该地人年龄在80~90岁的老人有很多。

唐天宝年间，康定盛产一种奇草，织席光洁柔软，人睡其上很快就能进入甜美的梦乡。皇帝得知后，将其列入贡品，下旨命土司每年进贡。土司遵旨，每年8月收集奇草，精工挑选，再由心灵手巧的织女，焚香祭祀后开工织席，织成后，用洁白哈达包裹，用快马护送到名山，用最好的清水漂洗、晾干，再用上等黄绫绸缎打封，加盖名山官印，选黄道吉日同蒙顶贡茶一道送往京城。

头年贡席到名山，县官差人四处寻找好水，多日难觅，眼看进贡日期一天天临近，心急如焚，忽听何家沟八角井水好，县官、土司闻言大喜，立即坐轿到八角井察看，果见水清如镜，呷进口中，顿觉清爽宜人，沁人心脾，连说："好水、好水！"急忙返衙，尔后锣鼓喧天，抬贡席用此井水漂洗。从此，八角井名声远播。

2004年春，当地老龄协会集资重建了八角井台，旁还建了八角凉亭、游人活动室，每天到此游览观光、取水饮用者络绎不绝。

6. 温玉泉

温玉泉位于中峰乡朱场村3社，海拔850m，位于与成都市邛崃境的太和场交界的山垭口名山一侧（图10-97）。系莲花山背景四包山下段，润叶次生林，植被丰厚，人工所植棕木和慈竹交错成林、藤萝密布、清爽宜人。泉水从紫色的泥崖缝中喷涌而出。清朝光绪初年对此已有记载，后立碑明示作堰灌田、冲碾磨，估计流量不下0.1m/s，现已减半。现在，十几平方米的浅潭中，有小虾游弋，清澈触底的崖缝中不时冒出泉泡至水面，尤如珍珠泉。捧饮甘洌，消渴除困。早有居民用胶管引下坝中作生活用，但古堰依旧，沿山腰而下灌溉稻田。经检测富含阴离子、矿化度高，含锂、锶、溴、碘、锌、硒等，pH值7.73（中性水），色度为0，混浊度为0，无臭味，肉眼可见物无。水温恒至19℃，属冷水泉。

7. 玉液泉

图10-97 温玉泉（图片来源：《名山茶经》）

玉液泉坐落在百丈山栖霞寺左腋，与古刹栖霞寺共存共荣1500多年。据传是唐末张守虚在百丈山结庐修道时所凿，始称"玉液泉"。因泉水似玉液琼浆，传说是玉皇大帝到人间巡游时的饮水处，张落魄就是饮此泉水而飞升成仙的。泉水从崖缝中终年涌流，冬暖夏凉，清澈透明，甘甜如饴，烹茶芳洌，夙号名胜。

明弘治七年（1495年），督学王舜田（王敕）到四川督查途经百丈，专程去百丈山看此泉，但见此泉年久失修，如不疏浚，可能淹没。于是出资命僧人清理疏浚，重修石栏建亭保护。并欣然提笔写下"玉液泉"三个大字，请人刻于石碑上，并附上《题玉液泉》回文诗一首："前山古井露开莲，井露开莲玉液泉；泉液玉莲开露井，莲开露井古山前。"

玉液泉之名因此而载入史册，古名泉也就成为百丈一大景观。南来北往的官员只要途经百丈，都要慕名到玉液泉中取水烹茶享用。以示与玉皇大帝同饮一水而荣耀。

清光绪年间，时任名山知县的赵懿，曾多次游览栖霞寺，经常取玉液泉之水专烹茶用，并写下了《题玉液泉》的五言诗："琤琮玉液清，泉废作蹄涔。带烟我为剔，开蒙翳一方。明镜依然未，识云玉液泉。"并命人刻碑竖于井旁。谁知刻碑的人没有打标点符号，有意无意中竟刻成了："琤琮玉液清泉，废作蹄涔带烟。我为剔开蒙翳，一方明镜依然。"等碑在玉液泉边竖好后，再看时，发现五言诗竟刻成六言诗了，一看平仄对仗还可以，只说一声如果是六言诗就去掉最后一句"未识云玉液泉"，便袖手而去。于是赵懿为玉液泉题的一首诗就变成了两首诗，并都收录在光绪版《名山县志》上，成为名山历史上的一段名人趣谈。

奇峰喷泉，峰麓环护的玉液泉，历经千年，依然如故，泉水甘泉如饴，除供栖霞寺及周围近百户的居民用水外，1970年百丈供销社曾用此水试制过啤酒，20世纪80年代曾用水管供应百丈居民用水。如今百丈虽然有了自来水，但部分单位和居民仍然上山背水回家当"矿泉水"饮用。前些年，栖霞寺又重新疏淘了玉液泉，装上护栏和井盖，安装了抽水机，一按电钮，清澈如饴的泉水喷涌而出，供人们尽情地享用。于是民间就有歌谣："玉液古名泉，烹茶味独鲜；水质甘如饴，利民上千年。"

8. 豆芽房泉

豆芽房泉位于县城西北角文化广场后。自清朝起，已有数户人家用此水生产黄豆芽、绿豆芽，芽根大、产量高、品质佳，市卖百多年誉载史册，至今一如既往。

9. 李沟山泉

李沟山泉位于蒙阳镇关口村，海拔780m，属蒙山东麓矿泉水，距县不足5km，现已修池，专供县城人背、提运回家里烧开后作泡茶、烹汤菜用。

10. 涌 泉

涌泉位于建山乡止观寺山左侧约300m处的堰缸沟，泉水长年喷涌不断，清澈如玉，既是佛门圣水，又是村民饮水的泉和粮食加工的动力，20世纪70年代以前曾建有一高车碾磨，每日加工粮食近千斤。

11. 珍珠泉

珍珠泉位于建山乡政府西北部3km的飞水村8社，泉中喷出"水泡"大小不一，形似珍珠，因此得名。珍珠泉池宽3.5m，长10.5m，四周群山环抱，绿荫葱葱，经年累月，不分昼夜，噗噗地冒出串串"珍珠"，接连不断。此泉冬暖夏凉，终年恒温14℃，其喷出之水可供一寸管抽水机提灌农田。

12. 百丈红军井

百丈红军井位于百丈镇曹公村三组挖断山成雅高等级公路右侧，井水清冽甘甜。据老人讲，1935年冬，百丈关战役时，红四方面军英勇奋战七天七夜，不仅靠它饮用，还直接用井水为伤员清洗创口。

13. 徐家沟矿泉水

徐家沟矿泉水，水露头于四川省AAAA风景名胜区、世界茶文化发源地、人工植茶最早的蒙顶山北麓的城东乡徐沟村，位于县城西北295°方向，直距约5km处。地理坐标为东经103°03′08″，北纬30°06′29″，出露头海拔高为820m。该泉水在不同季节变化甚微，其流量均大于7m³/s，即日产量约800m³；不同时期多次测定水温均为17℃，表明不受气温影响，属冷水泉。

蒙山徐家沟泉水含水层位为白垩系夹关组砂层崖系，集水面广，蕴藏量大，天然出露条件好，泉水自然溢出，无须打井，具有优越的水文地质背景。四周自然环境优良，没有受污染，是一处取之不竭，易于开发利用的优良地下水资源。1992年，县地矿局于5、6、9月三次取样送地矿部成都综合岩矿测试中心、四川省放射卫生检测了城东乡徐家沟天然涌出的矿泉水，含锂、锶、溴、碘、锌、硒等，pH7.9属于中性水，综合定名为：偏锶酸矿泉水。

该泉水按中华人民共和国天然矿泉水标准，即GB8537-87属饮用天然矿泉水，锶含量0.3mg/L和一定量的氡、锗等多种对人体有益的矿物元素，具有较高的开发利用价值。

14. 虾子沟

虾子沟位于马岭镇场东面超过300m处，海拔710m，属总岗系支岭。泉水甘冽，冬暖夏凉（实为恒温冷水泉），大旱之年不干涸，洪涝季节水色不变。1966年冬，著名作家沙汀等"逃难"至此，饮用沟水后留下"西蜀老峨山，仙山出名水；龙泉马乳出，古今人赞美"的诗句。2000年，集资扩建汲水古道，另辟新井，树碑铭记。有歌谣："总岗山层叠，老峨山余脉。马鬃岭坡下，虾子沟景色。群山拥碧翠，沟壑绕小溪。石罅涌清泉，涓涓流不歇。天旱水不断，大雨水清澈。缸小不漫溢，常年取不竭。冬饮味甘甜，蒸气冒雾色。夏饮冷似冰，入口牙欲裂。观音均称奇，饮之皆叫绝。常饮此井水，聪慧更明哲。久饮能增寿，延年强体魄。天下名泉多，惟此最难得。"

（二）河　流

1. 名山河

亦称蒙水。源出雅安雨城区碧峰镇后盐村至名雅桥，积莲花山之水经蒙顶山镇官田村至县城，绕蒙顶山、蒙阳街道、永兴镇及汇前进镇，在双龙村两河口汇延镇河后入高羌河，流入青衣江。长41.5km，其中境内37.6km，沿途纳头道河、二道河、贯沟、吉家河、花溪沟、拴马沟、靳沟、瓦沟及蒙泉诸流，流域面积212.7km²。

2. 延镇河

又名盐井河。源起红星镇黄泥沟，沿东南积总岗山麓之水，经车岭镇、前进镇至五显咀，于双龙村汇合名山河。全长28km，沿途纳倪沟、郑沟、李沟、赵沟等小溪，流域面积141km²。

3. 临溪河

又名百丈河。源于万古镇七里漫，东流经三江坝至百丈镇（入百丈湖），过黑竹镇、茅河镇入蒲江县铁溪河，全长38km。沿途纳富充河、车沟、丁沟、黑石河之水，流域面积199km²。

4. 朱场河

源于万古镇横山村，沿莲花山、大幕山麓流向东北边境。纳甘溪沟之水，注入邛崃夹关河。全长17km，流域面积51km²。

5. 两合水

又名深沟河。源出百丈镇月儿岗，向东沿红星镇深沟子经马岭镇青冈滩村至名山与蒲江交界处，纳马岭镇甘木沟和小海子水，全长16km，流域面积103km²。

（三）塘库堰

1. 埝渠

据《名山县志》载，自清康乾以来，全县境内依海拔高处山泉、河口修建的埝渠至名山解放前夕达34条之多。它们是：二加埝、马埝、大弓埝、吴家埝、置水埝、檬子埝、槐溪大埝、大埝口埝、曾江埝、大杉树沟塥埝、姜江堰、厢上埝、枇杷埝、汪埝、沈大埝、庙子滩埝、后埝、泥巴埝、正侯埝、崩坎埝、海棠埝、倒流埝、横山埝、龙爪埝、桂香埝、蒋埝、冯埝、人字埝、温玉泉埝、飞水岩埝、黎坝大埝、王沟埝、蔡大埝、杨水埝等。总长150km，分布于全县各乡镇。长年流水，供灌溉、冲动碾磨，所经之处人畜饮水自流"优佳"。其中，吴家埝、厢上埝、姜沟埝、崩坎埝、温玉泉埝等还树碑铭记冲碾磨与灌溉的纪律秩序。

新中国成立后，大兴水利，所增埝渠不下300处（条）。较大且著名的有永兴的江落埝、红岩的落佛埝、城东的鸡公滩埝等，集发电、灌溉、人畜饮水（自来）于一体。

2. 山湾塘

20世纪80年代中叶，全县已建成山湾塘、母猪埝千余处，蓄水千万立方米左右，既供灌溉，又供人畜饮水。如今，户营承包土地后，不少已将其加固改造为养鱼塘，成为水乡名胜的茶家乐场所，供休闲垂钓等有偿服务，作为最佳景点吸引游客。

（四）水 库

全县有中小型水库25座，正常总库容量超过3500万 m³。百丈湖（原名百丈水库）、清漪湖（原名红光水库）、观音寺水库、猫跳水库、小海子水库、悔沟水库、双溪水库、双溪水库、拴马沟水库、王坝水库、脚基塥水库、朱埝岗水库、深沟子水库、石桥滩水库、石龙寺水库、英雄桥水库、烂湾水库、后底沟水库、高炉沟水库、龚沟水库、牟沟水库、白云庵水库、樱桃坝水库、槐溪水库、双龙峡水库等。多数集灌溉、发电、养殖、旅游于一体。著名的百丈湖、清漪湖、双龙峡为AAAA级国家名胜风景区——蒙顶山系列景点，接揽国家、省、市、县中型以上会议及旅游团体，最高年近百万人次。

（五）玉溪河引水

玉溪河发源于芦山县境的大雪塘，海拔约4000m，流域面积1414km²。拦河坝以上集雨面积1054km²，河长90km，河床降比3‰，多急流险滩，为山区性幼年期河流，多年平均流量为41.3m³/s，是20世纪70年代建成的四川省大型跨域工程。主干渠经邛崃的高河、天台、太和和名山县建山、中峰于赵沟跌落60m入百丈水库（百丈湖），渠线在海拔800m高程以上，经名山至蒲江、邛崃、大邑、雅安雨城区。总进水口在名山县建山赖疤石隧洞，25个流量入建山渡槽、倒虹管分流，主干渠经中峰至百丈湖，建西渠沿莲花山腰至雅安雨城区，名左渠至前进，万星渠经万古至新店、红星、解放，总长度125km，即名山县境内凡海拔800m以下者均可自流，加上提蓄结合，保灌面积在95.5%以上。

玉溪河配套工程，在县境内支渠4条，长68km；分支渠5条，长57km；斗渠24条，长107km，年引水总量4950万 m^3，加上大中小、引蓄提结合网络可覆盖农田95.5%以上。历经20多年渠系培修保养，预制板块护坡、防渗，其净水的实际利用率在90%以上。玉溪河水，融溶于"岷山千里雪"，是优质自然水，且在上游筑坝、沿途多为隧道涵管无人区，加上所经路线国家投资引水工程的配套、全民环保意识的提高，成为供全区27万城乡居民饮用水、灌溉水，该水经沉淀、消杀，水质好、无异味、清冽甘甜，做饭泡茶均佳，品质接近瓶装水。

八、珍稀草木

蒙顶山区为动植物王国中的一颗明星，存在丰富的珍贵植物，如古茶树、方竹、鹿含草、五顶松等，有很多重要孑遗植物，如银杏、红豆杉、桫椤等，还有一些不知名的植物，如牛奶汁树，尤其以与茶有关的古树名木闻名。

1. 古茶树

20世纪50—70年代，原国营蒙山茶场点播种植的茶园1200余亩，现已有六七十年的树龄，属正宗的老茶树。在山上的树林、一些零星茶园和原古茶园中，还遗存上百年的古茶树5000余株，300年以上的有130多株，柴山岗娄子岩4株，其中最大一株有9个分枝，树龄有600多年，天盖寺后一株也有400年以上树龄的古茶树（图10-98）。

图10-98 天盖寺后的古茶树

2. 古银杏树

蒙顶山顶天盖寺周围有13株古银杏（图10-99），均为雌树，雄树一株在1974年被毁后现已长出新干，其中5株树大参天，树龄约2000年，枝繁叶茂，春夏季一片碧绿，深秋季节一片金黄，传说该片银杏林是茶祖吴理真所植。该树最神奇的是结的果无胚芽，

图10-99 天盖寺周围的古银杏（图片来源：四川省名山蒙顶山旅游开发有限公司）

却能发芽生长，种皮毒性极微或无毒，滋补性大；枝干上寄生有跌打损伤灵药"人头发"，故名"仙树"。永兴寺及其他地方均有较大的古银杏，是名山特有植物。

3. 夫妻树

皇茶园左侧10米岩边有2株树，相距3.5m，树干直立高挺，学名白辛树，生长已有200余年（图10-100）。2006年在整理皇茶园参观平台时，揭去表面一层泥土，忽然发现两棵树的根缠绕在一起，尤其是外侧略大一点伸出的大根如抱住了内侧略小一点树的基部，如夫妻搂抱，非常神奇。联系到茶祖吴理真与蒙茶仙姑的爱情故事，是诗句"在天愿作比翼鸟，在地愿为连理枝"最好的注释，这就是象征茶祖爱情的夫妻树。

图10-100 皇茶园旁的夫妻树

4. 古山茶花树

漫山均有野生山茶花分布，蒙山顶距皇茶园50m左右菱角湾路旁一株白花山茶，树围105cm，高4m，树龄在400年以上（图10-101）。

图10-101 古山茶花树

5. 红豆树

红豆树在蒙顶后山雨城区后盐村，树高47m，胸围8.3m，需要9个成年人才能拉手围住，生长在形如卧虎的观音巨石之上，根似瀑布飞流直下扎入大山深处，开红白相间的蝶形花，结绿豆角形果，果中镶嵌着成双成对的红豆，树龄2670多年，是我国罕见的一棵古稀种活化石奇树，世界仅此一株（图10-102）。红豆树与红豆杉是完全

图10-102 千年红豆树

不同的树种，蒙山生长着大量的红豆杉，智矩寺后大五顶的红豆杉树围3m，树龄上千年，惜已死亡。另一株隐藏在智矩寺下的蒙泉边，树围也有3m，枝繁叶茂。

6. 古石栗树

石栗树在蒙顶山分布广泛，大大小小，不计其数，沿上山索道、游道，均可见大片的常绿巨树石栗树，尤其在天盖寺附近、大禹像道路和菱角湾保存最多，树木直径多数在1m以上，树龄200年以上，最大的有500年，遮天蔽日，一展原始森林风貌（图10-103）。

7. 蒙山仙菌

蒙顶山特产，也称千佛菌，学名灰树花，生长在深山阔叶树根周围腐土上，子实体灰白色，状若珊瑚，高可盈尺，是名贵菌类之一（图10-104）。含丰富的维生素和氨基酸，气味芬芳，味鲜美，肉柔软嫩脆。20世纪80年代经过科研人员努力，已能人工栽培，是名山著名土特产。

图10-103 古石栗树

图10-104 蒙山仙菌（图片来源：四川省名山蒙顶山旅游开发有限公司）

九、当代胜迹

（一）蒙顶山

1. 大禹石像与祭台

《尚书·禹贡》有"蔡蒙旅平，和夷厎绩"，即大禹治水成功后，上蔡山（周公山）、蒙山，旅祭苍天，禀报水患已平，和夷一带百姓安居乐业的记载。20世纪90年代初在蒙顶灵泉峰上塑有手持治水工具，气宇轩昂，高5.3m的大禹石像（图10-105）。2005年，蒙顶山建设国家AAAA级景区，在大禹石像后的菱泉峰顶重建大禹祭天的平台，以资留纪，恢复祭天仪式。

图10-105 大禹石像

2. 蒙茶仙姑石像

位于蒙顶毗罗殿旧址。蒙茶仙姑又称玉叶仙子，1985年，用汉白玉石雕刻成亭亭玉立的古装少女，高5.3m（图10-106）。相传羌江河神的女儿，钟情于勤劳善良的吴理真，与其结成恩爱夫妻，共同培植蒙顶仙茶。因人神结合，触犯天规，为了忠贞不渝的爱情，她投身蒙井，化为山峰，即毗罗（玉女）峰。抛起的纱巾，化作云雾，时常飘荡笼罩着蒙顶茶树生长。

图10-106 2020年3月，12位"茶仙子"拜蒙茶仙姑像（图片来源：名山区委宣传部）

3. 红军百丈关战役纪念馆

蒙顶山红军长征纪念馆，也称红军百丈关战役纪念馆，坐落于蒙顶山之巅，位于蒙顶山角峰山顶，为纪念红军百丈关战役而修建（图10-107）。这里原来是蒙顶山天竺院旧址，是红军百丈关战役的指挥部。据史料记载，1935年11月中旬，徐向前元帅曾在蒙顶山天竺院旧址召集红军和群众集会。纪念馆始建于1985年，占地面积521m²，馆内陈列着

图10-107 蒙顶山红军百丈关战役纪念馆

红军1935年11月进入名山后，特别是百丈关战役的活动史实。红军百丈关战役纪念馆馆名是原国家主席李先念夫人林佳楣题写的，馆内的史料除了大量的文字、图片外，还有兵器、货币、分田证、公文包、石刻标语等实物，里面的电视反复播放百丈关战役的情况。馆内还有邓小平、徐向前、张爱萍、刘伯承、杨成武、肖华等题词的碑刻。纪念馆周围还有红四方面军217团所挖的战壕、交通壕、掩体工事等遗址。在名山县百丈镇，还建立了百丈关战役纪念碑。纪念馆门前有几棵挺拔的石栗大树，据说其中小的一棵还是徐向前元帅当时的拴马树。四周林木葱茏，茶园青翠。

4. 碑 廊

碑廊有3处，第一处位于蒙顶天盖寺后（图10-108），仿古建筑，排列有序的碑碣镌刻著名书法家张海、王学仲、吴丈蜀、王澄、李半黎、刘云泉、白德松、李普、李雁及知名画家吴一峰、岑学恭等人手迹，诸体皆备，风格独特，所撰写诗文，格调高古，形成典雅的茶文化书法长廊。第二处为上山小路花鹿池至天盖寺长约500m的路段两旁，依石而刻，或立碑而刻，多为省内外著名书法家、诗人等艺术家所题。第三处是2022年，蒙顶山甘露井右侧至皇茶园69幅新成茶诗的书法题刻碑林。

图10-108 天盖寺后碑廊，甘露井右侧至皇茶园茶诗书法题刻碑林
（图片来源：四川省名山蒙顶山旅游开发有限公司）

5. 世界茶文化博物馆

2005年，四川省蒙顶皇茶茶业有限责任公司投资3800余万元，在蒙顶山景区茶坛兴建世界茶文化博物馆。博物馆占地面积1700m^2，建筑面积3800m^2。馆名由时任中共四川省委书记张学忠题写（图10-109）。

茶博馆分为中心区、场景展示区、接待区、展览区、销售区等七大功能区，具有搜集、研究、宣传三大功能。馆内陈列从远古至今3000多件代表世界茶文化发展历程的文物史料，展示蒙顶茶起源、发展、演变、种植、制作工艺及其折射出的茶文化，展现蒙顶山作为世界茶文明发祥地、世界茶文化发源地、世界茶文化圣山的风貌。主题馆中央水区，为增添茶博馆的灵气，有6根白色浮雕立柱分别记载世界茶人、茶事、茶具、茶叶、茶俗和茶诗。2010年7月5日，收藏中国蒙顶山"龙行十八式"茶技在中国2020上海世界博览会上为党和国家领导人胡锦涛等专场表演的茶具。

图10-109 世界茶文化博物馆

6. 茶坛大茶壶

茶坛大茶壶位于蒙顶景区茶坛，直径10m，壶嘴长3m，壶把13m，壶身加壶嘴直径近16m，壶高9.8m，壶身绘青花纹饰，"茶水"从大茶壶嘴里喷出，形成落差50m的"茶瀑布"。茶树环绕，依山傍水，气势恢宏（图10-110）。

图10-110 茶坛大茶壶

7. 皇茶楼与牌楼

皇茶楼与牌楼位于蒙山山腰金花桥，蒙山旅游公路4.5km处。2004年由蒙山旅游公司出资，四川省古典建筑园林设计院设计，四川省国园建筑有限公司承建，建筑属明清风格，总投资80万元。牌楼体魄采取三楹并列型制，三跨竖立横展16.5m，高11m。正中明间高于两侧次间，顶层为最高建制的庑殿顶，翼角轻盈飞起，出檐铺设飞檐，下悬垂花罩。正中明间正背面均为中国国际茶文化研究会名誉会长刘枫书"蒙顶山"（图10-111）。

图10-111 皇茶楼和景区牌楼

2021年,雅安文化旅游集团有限公司在金花桥即景区牌楼旁结合茶叶加工车间建设,投资4800万元建成1万余平方米的中式仿古式4层皇茶楼,正面底层挂匾"皇茶楼",顶层置匾"人间第一茶"。内设置接待品茶大厅、蒙顶山茶叶展销区、茶文化茶产品展示区等。建成后移交给下属四川省蒙顶皇茶茶业有限公司使用,成为蒙顶山一个集接待、展销、宣传的新景点。

(二)城　区

1. 蒙顶山茶史博物馆

1986年8月30日,四川省文化厅下发《关于建立名山县蒙山茶史博物馆的通知》。1987年9月建成并对外开放,是中国第一座茶史博物馆。由原国防部长张爱萍将军题写馆名,著名书法家李半黎题赠白居易诗联:"琴里知闻惟渌水,茶中故旧是蒙山。"该茶史博物馆分室内陈列展示与室外遗址保护两部分。室内展示原馆址在蒙山天盖寺,分为茶树种植技术和制茶工具演变、品茶用具、中国茶叶与世界的关系、名茶传统制作表演等5个部分。后移至坐落于蒙顶山天梯之下、海拔1100m的雷动坪蒙山禹王宫。该博物馆占地面积9900m^2,建筑面积1120m^2。两处大殿正中皆塑蒙茶始祖吴理真坐像。室外遗址有五峰(皇茶遗址)、千佛寺(种茶遗址)、净居寺(采茶遗址)、智矩寺(制茶遗址)、周边茶园(蒙茶遗址)。1992年9月,四川省人民政府赴日本广岛举办《四川风物展》,其中茶文物展由该馆承担,受到日本各界人士好评。1993年名山国际名茶节时,四川省文化厅、名山县政府投资30万元,维修禹王宫,新增设茶史、茶具、制茶室、书画展、碑碣展、四川茶馆、藏族茶室等展厅。1998年,增设茶树品种和茶艺展示室。

2013年,"4·20"芦山强烈地震灾后重建,投资1662万元,在蒙顶山镇槐溪村新建,更名为蒙顶山茶史博物馆(图10-112)。建筑面积2700m^2,展览面积1500m^2,分上下两层。涵盖从茶祖吴理真开始到汉晋、唐宋元明清至今的史料、文物、雕塑、实物、图片、文字和音响等,全面、系统、真实地反映蒙顶山茶史全程全貌,将整个博物馆提高到国内先进水平。建成后,取得国家补贴免费开放和预约讲解,常年接待国内外重要嘉宾、专家、茶业界同仁,外地游客慕名来参观学习,成为名山、蒙顶山对外接待和宣传的重要窗口。2017年7月7日,中国茶叶博物馆馆长吴晓力、副馆长朱珠珍一行仔细参观了蒙顶山茶史博物馆,认为其茶史全面、史料详实、文物丰富、手段先

图10-112 蒙顶山茶史博物馆

进，反映了蒙顶山茶叶的博大精深。2019年3月，故宫博物院刘欣、贾辉专家参观了茶博馆后，也对其表示肯定。

2. 槐溪桥

槐溪桥位于蒙顶山麓原槐溪坝，距世界茶都市场上方100m，有2座石桥横跨槐溪，均为全红砂石结构，是名山城内区少有保存的古建筑。下游名甘露桥，是一座全石拱背桥（图10-113），桥长14m，宽5.03m，高6.04m，桥原嵌有龙头、龙尾，均损毁；拱高4.9m，拱跨径8.15m，拱梯完整，桥栏损毁仅剩一组，桥体结构完整，仍可过人，桥面光素无纹，为明以前建筑。古时，此桥又称"转山桥，旧名甘露桥，入蒙山路也。相传此桥甚古，桥成甘露祖师亲为踩桥。虽大水，永无崩圮。桥侧有古楠树，圆径数围"。上游一座相距约80m，也是全红砂石结构龙首拱桥，名槐溪桥，相对完整（图10-114），可过小车，长12m，宽4.7m，所嵌龙头完整，口含宝珠，龙尾断毁。拱宽7.7m，拱高2.85m，桥下4m建有拦水坝，以减缓洪水冲击，形成小型瀑布，桥边还长有一株六七十年的柑子树，一派小桥流水瀑布、古树青草远山风景。宋代，这里是名山县茶监，全国茶马交易最活跃、最繁忙的地方之一，也是南宋名臣虞允文在名山任茶监时工作闲暇时栽桃花柳树的地方。现在，蒙顶山茶史博物馆、蒙顶山世界茶都市场、民俗名居花间堂、跃华茶府、梅园小圳环绕在其周围，极具丰富的人文色彩。2022年底，名山区文物管理和市政工程对两桥进行了保护性修复，使千年文物得以留存并以完整的姿态供人游览。

图10-113 甘露桥

图10-114 槐溪桥

3. 蒙顶山形象山门

蒙顶山形象山门位于名山城318国道与蒙山路接口处，为蒙山路口标志性建筑。原山门建于1987年，仿古三门。正面为张爱萍将军手书"禹贡蒙山"，背面为马识途手书"天下大蒙山"。正面侧门柱对联为"扬子江心水，蒙山顶上茶"。背面侧门柱对联为"琴里知闻惟渌水，茶中故旧是蒙山"。牌坊上方刻飞天、凤凰、茶叶彩绘。后曾改建，书"蒙顶山"名。2004年，为迎接"一会一节"，拆除原山门，原址新建形象山门，投资约170万元（图10-115）。四川省蒙顶山旅游开发有限责任公司出资，四川省古典建筑园林设计院设计，湖北大

图10-115 蒙顶山形象山门（杨兴 拍摄）

冶古建筑装饰公司承建。山门高13.8m，宽46m，明清风格。牌楼体魄采取三榀并列型制，三跨竖立横展36m，末端两侧设引道牌坊各一，地平按功能分配设置高差。正单榀为二柱三楼格式，双柱梁置主次三楼。正中明间高于两侧次间，顶层为最高建制的庑殿顶，翼角轻盈飞起，出檐铺设飞檐，下悬垂花罩，斗拱用品字斗口跳与五踩斗拱配备。大圆柱前后双设，柱距短，3m以下有明式夹竹石。两次间单榀除檐口无垂花，其余均有。明间阶前配辟邪石兽。正中明间正面为刘枫书"蒙顶山"，上竖书篆体"蒙顶"。柱联隶书"禹贡旅平之山拔天倚地原是华夏旧物茶祖手植之处幽泉怪石犹存汉代遗踪"。左次间正中书"禹贡蒙山"，柱联"九州共饮岷江水，华夏寻踪蒙顶山"。右次间正中书"神茶圣地"，柱联"琴里知闻惟渌水，茶中故旧是蒙山"。背面明、次间正中书与正面同。明间联隶书"撷蒙顶当顶古刹分香仙茗烹来春雪满，揽群峰在抱夕阳晚翠圣灯照处佛光多"。左次间联"蜀土茶称圣，蒙山味独珍"。右次间联"扬子江心水，蒙山顶上茶"。

4. 茶祖广场

茶祖广场位于名山城陈家坝新区茶都大道旁，是新区文化娱乐功能的枢纽中心和构图中心（图10-116）。广场占地3.1万m²，投资1000多万元。2002年10月17日动工兴建，2004年8月建成，命名为"吴理真广场"，又称"茶祖广场"。广场设计以蒙山茶文化为主题，利用自然地形，面向蒙顶山，背靠中共名山区（县）委、区（县）人民政府新办公大楼，前矩形，后圆形，寓天圆地方。由低至高成三级分布，融艺术与自然为一体，可供万人休闲娱乐。主要景观有吴理真雕像、茶文化浮雕、音乐喷泉、茶文化柱和历代文

图10-116 世界植茶始祖——
吴理真雕像

人墨客赞咏蒙山、歌颂蒙山茶的诗画石刻。

广场塑吴理真像，高11.8m，重180t，由韩德雅设计，用都江堰青砂石凿就。人物站在蒙山，身挂披风，左手抱茶树，右手握锄头，全神凝视远方。左下侧崖壁上刻有吴洪武撰文，徐登辅书写的"中国植茶始祖吴理真碑记"，记录吴理真开创中国乃至世界上有文字记载最早人工植茶的历史。雕像两侧前后耸立茶文化柱6根，雕有茶字、茶具、斗茶、皇茶、茶艺表演图。2020年对广场进行改造，中间平台下增建双层停车场，平整广场，增加茶诗壁题字。

5. 茶祖雕像

位于名山城原名山车站名海花园，2000年10月1日建成，由韩德雅设计雕刻，东西长4m，南北宽3.03m，高1.9m（图10-117）。黑色长方形花岗石底座，上方用红色花岗石塑吴理真像。人物站在蒙山山坡上，两眼平视前方，右脚直立，左脚踩于一石之上，略显弯曲，左脚前和左面山坡上栽满茶树，茶树长势旺盛；右手握镢柄，镢从右侧插入泥中，左手握茶树幼苗。右侧不远处放一茶罐，罐系粗绳。身后背景为蒙山。底座是长方体形状，东面刻吴洪武撰书"中国植茶始祖吴理真碑记"（见附录），南面刻"赠送外使""以茶易马""入贡皇室"三幅图像，西面（正面）刻徐登辅书"中国植茶始祖吴理真"，北面刻吴理真种茶故事。

图10-117 茶祖雕像

6. 千米茶文化景观长廊

千米茶文化景观长廊是2008年"5·12"汶川特大地震灾后重建项目之一，2008年底立项，2010年4月开工建设。全长1700m左右，建筑面积2万m²，总投资700万元，位于名山城区名山河新桥至高速出口引道大桥东南岸（图10-118）。以"人、茶、诗、水"为设计主题，展现植茶、制茶、品茶等的茶文化历史及现代成就。西头入口，碑刻原全国政协副主席杨汝岱"茶祖故里"题词。该题词后侧设立3道山形碑刻，正中用毛体镌刻1958年3月毛泽东主席在成都会议期间所作发展蒙山茶的重要指示大意。左碑镌刻张昌余《蒙顶山茶赋》（节选），右碑镌刻《蒙顶山茶文化宣言》（节选）。由西至东依次有：树阵广场，石刻有经典茶诗、茶文化历史人物；"吴理真与茶仙"茶壶雕塑；宋神宗、慈觉圆仁、甘露法师、神农氏、闵钧、文同、文成公主、蒙茶仙姑、"三苏"品茶雕塑；浮

图 10-118 千米文化长廊

雕广场,石刻有种茶、采茶、制茶、品茶及边茶制作、蒙茶进贡情景;茶具柱广场,石刻各式茶具;李时珍、白居易、大禹、赵懿、毛文锡、雷简夫、吴理真、吴之英雕塑;《文化景观长廊灾后重建碑记》石刻。沿河边石栏杆,镌刻本土人士涉茶书法作品,篆、隶、楷、草、行,诸体皆备。2021年在仙茶路过名山河修建一古色古香的科雅苑廊桥,碧水绕城,霓虹灯灿,成为名山城市一景。

7. 中国茶城

中国茶城在雅安市名山区,主要分布在城区西部、蒙顶山东麓,包括了蒙顶山世界茶都茶叶市场(图10-119)、蒙都茶叶市场、茶马古城茶叶市场、川西茶叶市场及茶都大道、名茶街、三蒙路、皇茶大道等茶叶门店街,占地3km², 有固定的茶叶商户400余家,季节性商户1000余个,以蒙顶甘露、蒙山毛峰、信阳毛尖、永川秀芽、大宗绿茶等绿茶销售为主,年销售额达30亿元以上。2016年3月,中国茶叶流通协会授予雅安市"中国茶城"称号,是目前为止授予的全国第二个中国茶城。2020年2月,正式投产的蒙顶

图 10-119 蒙顶山世界茶都茶叶市场

山世界茶都市场，面积7万m^2，其中建筑面积3.5万m^2，入驻区内外及全国茶区茶商300余家，产品除本地、四川省的外，还包括贵州、云南、湖北等地产品，年销售达30余亿元，是蒙顶山茶品牌和市场影响力的又一体现，更是为中国茶都锦上添花。

蒙顶山茶文化历史悠久、丰富深厚，在中国茶叶史、茶文化史上书写了浓墨重彩的篇章。名山区广大干部群众、茶人茶企，以传承和弘扬蒙顶山茶文化为历史使命和责任担当（图10-120、图10-121），守正创新，开拓进取，用茶文化提升茶品牌、赋能茶产业，使蒙顶山茶文化枝繁叶茂、长盛不衰。

图10-120 2021年名山区委召开蒙顶山茶文化专题研讨会，区委书记余云峰主持，四大班子主要领导参加，请市、区茶文化专家讲述蒙顶山茶产业与文化

图10-121 名山区委学校党员干部培训讲蒙顶山茶文化课

第十一章　蒙顶山茶文化传承

第一节　制作技艺传承

受机械化制茶的影响，传统手工制作技艺人员减少，手工茶产量减小。近年来，名山区重视传统技艺的传承和保护，评定非物质文化遗产传承人，申报国家级非物质文化遗产，开展相关活动，推崇、制作个性化产品，使蒙顶甘露的传统制作技艺得以传承。

一、传统制作技艺立项与申报

蒙山茶传统制作技艺自20世纪八九十年代以来开始推广，名山在主要茶叶企业和广大农村个体加工厂大力推广茶叶机械，截至目前，全区机械化率近100%，只有少数制茶师和茶企因追求情调而少量制作全手工甘露茶、部分企业还在揉捻环节保持手工制作外，多数已采用全机械化制作。当地普遍出现传承人年纪大或去世、手工制茶效益不高、制作人员减少的情况，传承千年的蒙顶甘露传统制作技艺，面临断代的困境。

蒙山茶传统手工制作技艺作为名山县级、雅安市级非物质文化遗产，于2006年被列为四川省非物质文化遗产（图11-1），因准备不足，2008年"5·12"汶川特大地震和2013年"4·20"雅安大地震的灾后重建任务繁重等原因未及时申报国家级非物质文化遗产。2014年，名山区非物质

图11-1　2015年，名山区举办制茶技艺大赛
（图片来源：名山区委宣传部）

文化遗产保护中心成立,成为名山区文体广电新闻出版局下属事业单位,是名山区委、政府重视非物质文化遗产保护工作的一个重要举措,非遗中心的工作开展力度增强,陆续立项、确定了区级非遗项目,审核命名了一批非遗传承人。2020年12月18日,该技艺被列入国家级非物质文化遗产项目。蒙山传统手工制作技艺持续传承2000余年,独特的技艺、丰富的内涵时刻激励着名山茶人不懈的追求与弘扬。

在申报国家级非物质文化遗产时,名山非物质文化保护中心根据茶叶专家建议将其试改为蒙顶山茶传统手工制作技艺。但根据国家非物质文化遗产保护和申报规定,原申报是蒙山茶传统手工制作技艺,现承续关系还是报"蒙山茶"。如果要改为蒙顶山茶传统手工制作技艺,只能从区县级开始申报评定,一是会错过时间和机会,二是又不知需要多少年。蒙山传统手工技艺包括蒙顶甘露、蒙顶黄芽、蒙顶石花、蒙山毛峰(万春银叶和玉叶长春)、蒙顶山藏茶传统手工制作技艺。蒙顶甘露因其代表性强,在申报省级和国家级非物质文化遗产时,作为主体代表技艺填报,除基本内容外,还包括核心要素、工艺特征、重要价值、相关实物与文化场所等(图11-2)。

图11-2 2021年"蒙顶皇茶杯"蒙顶甘露制茶大师赛(图片来源:蒙顶山皇茶公司)

联合国教科文组织保护非物质文化遗产政府间委员会第十七届会议于2022年11月28日—12月3日在摩洛哥拉巴特召开。委员会经过评审,正式通过决议,将中国申报的中国传统制茶技艺及其相关习俗列入联合国教科文组织新一批人类非物质文化遗产代表作名录。中国传统制茶技艺及其相关习俗包括了绿茶制作技艺(蒙山茶传统制作技艺)、黑茶制作技艺(南路边茶制作技艺)与其他茶叶制作技艺,共44项,这是蒙顶山茶自2021年7月获得国家级非物质文化遗产认定后,抓住机遇顺势而上,取得的又一项世界级的重大成果,蒙顶山文化传承、传统技艺保护又上了一个台阶。

中国向联合国教科文组织提交和播放的宣传材料中,有蒙顶山茶的三个镜头,分别是蒙顶山茶区大地指纹、蒙顶山茶茶树萌发新芽、雅安蒙顶山茶同意联合申报签字(图11-3~图11-5)。

图11-3 申报人类非遗宣传片中用的蒙顶山茶镜头之一（图片来源：名山区非物质文化遗产保护中心）

图11-4 申报人类非遗宣传片中用的蒙顶山茶镜头之二（图片来源：名山区非物质文化遗产保护中心）

图11-5 申报人类非遗宣传片中用的蒙顶山茶镜头之三（图片来源：名山区非物质文化遗产保护中心）

二、传承方式

（一）师徒传承

蒙山茶是以蒙顶甘露、蒙顶黄芽、蒙顶石花、万春银叶、玉叶长青五种茶制作技艺为核心的传统手工制作技艺，主要是以师傅带徒弟的方式，制茶师一代代口传、手教、心悟、传授制作原汁原味的蒙山茶各品类的技艺。

清朝末期，名山茶叶最大茶商代表王恒升，师从晚清官办贡茶坊从业的大师王定玉。民国建立后，官办贡茶坊解体，王恒升等积极举办新式茶厂。后于20世纪30年代，传艺于李公裕。李公裕于20世纪30年代传艺于周银星。周银星后在国营蒙山茶场工作，周银星、施嘉璠、杨天炯等传艺于职工陈少芬、钟秀芬、徐廷琼，知青成先勤、江晓波、张德芬等，江晓波传艺于同事刘美虹、侯建平等。成先勤、张德芬传艺于儿子成昱、成波、徒弟杨静等。2003年刘美虹退休后，被四川川黄茶业集团有限公司聘请为技术顾问，刘美虹传艺于姜文举、周宏、李江及川黄公司法人代表和负责人张大富、张显龙、张显江等。

永兴寺禅茶传统制作技艺传承更是师徒传承最典型的形式：宋代，由甘露祖师初创，后由明代真玄禅师继承，到清代传承谱系就很清楚，道明—照恩—普照—通伦—湛清—

慧珂—清正—道乾—德纯，至民国，明耀—真瑄—如琏—性远，20世纪70年代后，继承者照海法师在永兴寺传艺于普明，普明传艺于普照。

（二）家族传承

四川蒙顶山味独珍茶业有限公司张强在蒙山茶场参加工作，跟茶场老师傅和父亲张作均学习和摸索黄茶制作，创办四川蒙顶山味独珍茶业有限公司，后被四川省文化厅认定为蒙顶黄茶手工制作非物质文化遗产传承人。

大师杨天炯传技艺给其女杨红，杨红又传授给其子。

中国制茶大师（黄茶）张跃华，从小受家族熏陶，第一代高祖张文炳、第二代张启富、第三代张镇邦、第四代父辈张明忠、张跃华为第五代，也求学于施嘉璠、李家光、杨天炯、李廷松，学习制茶技艺，张跃华传其子张波等。

蒙顶山山间茶叶公司理事长古学祥从小跟随父亲古广均学习制作蒙顶黄芽、蒙顶甘露，手工技艺很精湛，后又在尹大权、邓健指导下，黄茶制作技艺有了进一步提高，不仅制作黄芽、黄小茶，而且压制黄茶饼，成为名山黄茶技师的代表之一。

魏正品师从名山老师傅，后传技艺给儿子魏志文，魏志文成为四川省级非遗传承人，再传技艺给儿子魏启祥，魏启祥成为第四代传承人。

（三）寺院传承

永兴寺禅茶传统制作技艺也是一种师徒传承，只不过师傅与徒弟均必须是僧人，均是一代代教学传授。永兴寺禅茶传统制作工序是在采摘制作前要烧香燃烛、诵经念佛，采摘主要以一芽一二叶为原料，按照"杀青—揉捻—二青—揉捻—烘焙提香—包装"的工艺流程，制好后还要敬佛，以备于念诵《蒙山施食仪》时使用。

（四）指导交流与学习传承

1. 蒙顶甘露

名山有很多对蒙顶甘露制作技艺较为了解的师傅与能手，在生产和日常交往中经常指导后生小辈，帮助后生小辈提高技艺。蒙顶甘露的制作技艺现场学习展示容易，其基本要领等便于观摩和掌握。20世纪八九十年代，农业局茶技站等进行过多轮培训，李廷松、谭辉廷、严士召等就曾指导各乡镇村社代表制作。后来杨天炯被调入农业局后也进行了多场培训。茶叶技术推广站技术干部还经常到乡镇企业、个体私营茶厂进行指导。茶叶加工厂或个体手工茶作坊人员也不断收徒弟、要求严格，能制作蒙顶甘露的人员超过2000人。老一辈技艺比较好的有施朝珍、张德芬、施友权、张跃华、胡国锦、黄学云、张强、杨红、曾志东、何卓霖、向世全、刘思祥、周启秀、李海文、胡玉辉、陈绍康等（图11-6），中青年一代有文维奇、高先荣、李含敏、张超云、庞红云、刘全、何长明、黄益云、古学祥、靳吉武、王显银等，新一批青年有杨静、高华松、蒋丹、周宏、卢丹、杨锦、杨鑫、罗兵、谢成、郭磊、李涛等。

2. 黄茶

茶文化专家蒋昭义，长期从事茶文化

图11-6 2016年，首届甘露杯斗茶比赛（图片来源：雅安市茶叶学会）

研究，热心于茶叶事业，积极倡导黄茶推广，指导制茶师柏月辉创建月辉谷黄茶坊，开发蒙顶黄芽等产品，黄芽体现了传统的"三黄"特色和香甜醇厚，并取得了较好的成效。蒙山派"龙行十八式"传承人、青年茶艺师卢丹，自己摸索黄茶制作，在钟渭基老所长、茶文化专家钟国林指导下，黄茶制作技艺突飞猛进，成为青年一代的代表。高级制茶师李含敏跟随蒋昭义、胡玉辉等学习多年，深有体会，制作技术已达较高水平。同时，李含敏还专门研究黄茶机械制作工艺，发明和改进黄茶发酵机，目前正在申请发明专利。成都草木间茶业有限公司贾涛长期从事茶叶生产经营，与胡玉辉一起，在蒋昭义指导下，共同学习黄茶制作技艺，已具备一定水平。四川省茶文化研究会会长、成都宽和茶馆馆长何修武一直以来钟情于蒙顶山茶，研制、开发雅安黄茶，大力推广发展黄茶。成都郫都区人杨静，师从成先勤，经常请教蒋昭义、柏月辉等老师，黄茶制作技艺达到较高水平，2020年，其与钟国林、王云等共同编写了《蒙顶黄芽》专著并出版发行。绵阳市邓小艳在名山手工茶协会、柏月辉处学得黄茶制作技术后，回北川县开发推出北川黄茶、北川黄小茶、古树黄茶，并荣获"蒙顶山杯"（图11-7）第四届中国黄茶斗茶大赛金奖，

图11-7 2016年，第七届蒙顶山杯斗茶比赛（图片来源：雅安市茶叶学会）

邓小艳被誉为"黄茶娘子"。依靠书籍资料和录像、视频、电脑等现代传媒技术，有部分制茶人无师自学，在蒙顶山茶区、雅安和四川已形成黄茶振兴的趋势。传承谱系详见表11-1。

表11-1 "蒙顶山茶"蒙顶黄芽传承谱系

时间	传承关系
明、清、民国	王定玉（晚清）—王恒升（民国初期）—李公裕（民国中期）—周银星（20世纪30年代）
1949年以后	周银星（20世纪50年代蒙山茶场制茶）； 施嘉璠（20世纪60年代初，20世纪70年代后到川农大从事教学工作）； 杨天炯、李廷松（20世纪60年代初）； 周银星、杨天炯（单位安排车间工作）—陈少芬、钟秀芬、徐廷琼、侯建平、江晓波、成先勤—刘羌虹、张德芬、陈光建、施友权、陈朝芬、周启珍、杨文英、李海文等； 罗和尚（20世纪50年代）—杨德斋—杨廷仲
1982年以后	杨天炯、李廷松—张跃华、张作均—张波、张强； 杨天炯、徐廷琼—陈光建、林静、林勇、杨红、张跃华、陈兆康、何卓霖等（20世纪90年代）； 陈朝芬、周启珍、刘思祥等—刘伟； 成先勤、张德芬—成昱、成波、贾涛、杨静； 杨廷仲—谭旭（20世纪90年代）
2003年以后	刘羌虹—姜文举、周宏、李江、张大富、张显龙、张显江； 杨文英—杨文均等

（五）传习所传承

进入21世纪以来，受国家对非遗的重视的影响，地方文化、人力资源社会保障部门指导以及资金支持，开始学习和推广非遗传习所这种形式，非遗传承人张跃华、魏志文、张强、高永川、向世全、高华松等建立了蒙山茶传统制作技艺传习所或大师工作室，招收徒弟传承技艺，实施技艺保护，对外开展宣传交流。

（六）录音录像

2019年，名山区非物质文化遗产保护中心申报蒙山茶传统制作技艺省级抢救性记录保护被批准立项，聘请专业公司对魏志文、张跃华、钟国林等进行采访记录，全面介绍他们的经历，了解蒙顶山茶传统制作技艺的产生、发展、形成和技艺要点，钟国林作为学术专员，还对相关事件和问题进行补充和完善，形成蒙山茶传统制作技艺音像记录史料（图11-8）。2020年，蒙山茶传统制作技艺省级代表性传承人抢救性记录工作通过省级部门验收，排名四川省非遗项目第二。

图11-8 蒙山茶传统制作技艺抢救性记录

三、技艺要诀

以蒙顶甘露为例。

工艺：采用一芽一叶鲜叶，三炒、三揉、烘焙。

特征：第一、二、三次揉捻均在簸箕内，以推揉为主。目的是使成茶外形曲卷披毫，嫩绿油润。

核心要素：蒙山茶传统制作工艺没有具体的理化指标，全凭经验掌握。一是根据芽叶原料季节、下树时间、含水量，即师傅传口诀"看茶制茶"（图11-9）。二是杀青温度高，全凭经验，看锅的颜色、靠手触摸的感觉。三是采用全手工制，主要手法有捧、抛、拉、压、撒、推、揉等。四是专门配备火丹师（俗称掌火的）负责锅温，与制茶师配合默契。

图11-9 师傅指导徒弟鲜叶摊凉

四、传承工具

传统制作技艺工具包括：茶篓、土灶台（或炒锅，图11-10）、棕刷、篾簸箕、撮箕、篾筛、烘焙、烘帕、炭火盆、茶盘、黄白纸、茶叶罐、篾垫、晾青架等。

图11-10 土灶台

五、传承场所

一是茶叶加工厂、手工作坊，如四川蒙顶山跃华茶业集团有限公司的讲习所（图11-11）、新店茶马司非遗传习所等带徒传授。二是蒙顶山永兴寺、智矩寺等寺庙的僧尼茶师带徒传授。三是名山区手工茶制作协会、四川农业大学茶学系、四川省贸易学校、雅安职业技术学院的教学专业培训。

图11-11 跃华茶府非遗传习所

六、非物质文化遗产传承人

以蒙山茶传统制作技艺为主的非物质文化遗产，包括了市级、区级蒙顶黄芽、蒙顶甘露传统制作技艺，当前存续状况良好。截至2022年底，非遗传承人认证并授牌的共16人，其中省级4名、市级4名、区级8名。蒙顶黄芽传统制作技艺四川省级非遗，其中省级1名，区级1人。永兴寺禅茶传统制作技艺雅安市级非遗，市级1人，区级2人。蒙顶石花传统制作技艺为名山区级非遗，传承人有2人；蒙顶甘露传统制作技艺为名山区级非遗，传承人有2人。国家级、省级、市级和区级非遗传承人均在雅安市名山区内，主要从事茶叶生产和经营。传承群体数有120余人，分布以四川雅安为中心，受众人口50万余人，辐射名山、雅安周围，分布在西藏自治区、贵州省、重庆市等部分地区，带动茶农50余万人。该项目得到了完整的保留和继承，具有良好的传承和发展能力。目前，蒙山茶传统制作技艺主要传承人有省级、市级和区级，国家级传承人张跃华正在申报审定中（图11-12）。

图11-12 传统手工制作（张跃华大师）

1. 省级非遗传承人

成先勤、魏志文、张跃华、张强（蒙顶黄芽）。

2. 市级非遗传承人

刘羌虹、向世全、贾涛、释普照（永兴寺禅茶）。

3. 区级非遗传承人

蒙山茶传统制作技艺：高永川、杨静、胡玉辉、魏启祥、高世全、施友权、高华松、古学祥、罗洋、白婷婷、张波、郭磊、蒋丹、陈娜、杨鑫、黄奇美、彭胡彬、韦鹏、舒太勇、莫建、詹天朵而、刘思强、李柏林、成昱、赵琼、杜川龙、龚开钦（表11-2）。

蒙顶甘露传统制作技艺：张大富、周启秀（表11-3）。

蒙顶石花传统制作技艺：杨文学、杨济峰（表11-4）。

蒙顶黄芽传统制作技艺：余孟聃、魏久淞、曾志东、李含敏、柏月辉、李丹、刘夏、聂毅（表11-5）。

永兴寺禅茶传统制作技艺：释照海、释普明。

表11-2 蒙山茶传统制作技艺省、市、区级非物质文化遗产传承人

姓名	工作单位	批准机关
成先勤	四川省蒙山派茶文化传播有限公司	四川省文化厅
魏志文	四川省名山区蒙贡茶厂	
张跃华	四川蒙顶山跃华茶业集团有限公司	四川省文化和旅游厅
刘羌虹	四川川黄茶业集团有限公司	雅安市文体广电新闻出版局
张跃华	四川蒙顶山跃华茶业集团有限公司	
张跃华	名山县跃华茶厂	名山县人民政府
魏启祥	四川蒙茗茶业有限公司	雅安市名山区人民政府
高永川	四川省大川茶业有限公司	雅安市名山区人民政府
向世全	雅安市天下雅茶业有限公司	
贾涛	四川蒙顶山草木间茶业有限公司	雅安市名山区人民政府
杨静	本善茶修学堂（成都）	

表11-3 蒙顶甘露区级非物质文化遗产传承人

姓名	工作单位	批准机关
张大富	四川川黄茶业集团有限公司	名山县人民政府
周启秀	四川蒙顶皇茶茶业有限公司	雅安市名山区人民政府

表11-4 蒙顶石花区级非物质文化遗产传承人

姓名	工作单位	批准机关
杨文学	四川省蒙顶山皇茗园茶业集团有限公司	名山县人民政府
杨济峰	四川省蒙顶山皇茗园茶业集团有限公司	

表11-5 蒙顶黄芽省、区级非物质文化遗产传承人

姓名	工作单位	批准机关
张强	四川蒙顶山味独珍茶业有限公司	四川省文化厅
张强	四川蒙顶山味独珍茶业有限公司	名山县人民政府
余孟聃	四川省芳竹茶业有限公司	雅安市名山区人民政府

2022年底，趁着蒙山茶传统制作技艺被列入联合国人类非物质文化遗产名录的春

风，名山区非物质文化遗产保护中心组织开展了一轮非物质文化遗产的申报评定工作，广大蒙山茶技术传承人、制作者踊跃报名，填报申请表，附上各种证书资料。2023年4月，经区文体旅局组织专家组评定审核，报名山区政府批准，区文化广播电视体育和旅游局发文，高世全、施友权等人被认定为蒙山茶传统制作技艺非物质文化遗产区级传承人。此次区级非遗的评定申报和批准的人数，是历年来数量最多的一次，目的是认可蒙山茶传统制作技艺人员的多年追求、努力奋斗，也为蒙顶山茶传承技艺、培养大师、建设品牌奠定人员基础。同年4月16日，由区政府主办，区农业农村局、区文化广播电视体育和旅游局、区委宣传部、区非遗中心、四川省贸易学校、雅安职业技术学院等承办，在跃华茶庄园举办了2023"蒙顶甘露杯"世界非遗——蒙顶山茶技艺传承制茶大赛，这次评定有来自区内及雅安、成都、峨眉、四川省贸易学校的45名蒙顶山茶非遗传承人和制茶师经过选拔和单位推荐参加比赛，既有多年从事茶叶生产加工的老师傅，也有经过严格培训的在校学生，最大的70岁，最小的18岁，体现了对世界非物质文化遗产——蒙顶山茶传统制作技艺的传承和热爱。本次比赛分蒙顶山茶知识、实程操作和感官评定三部分，制作和展示蒙顶山茶代表性茶品蒙顶甘露绿茶工艺，从上午9点开始分两轮进行。烈日下，选手们磨锅、杀青、揉捻、烘炒，认真专注，流畅的程序和娴熟的手法赢得评委老师和省内外观众的赞誉，不少茶学体验者拍照、录像记录传播。经过激烈比赛、评委组严格认真地评定，名山区蒙顶黄芽茶业有限公司推荐茶师刘思强、雅安藏茶坊茶业有限公司选手汤哲鉴、四川省贸易学校学生冯晓艺荣获一等奖，舒太勇、张超云、李丹、蒋广勇、杨云遥等茶师获二等奖，黄开莲等7人获三等奖。

2023年1月14日，由农业农村部农村社会事业促进司指导，全国乡村文化产业创新联盟、苏州市农业农村局主办的第二届全国乡村文化产业创新发展大会在北京举办，蒙山茶传统制作技艺助力乡村振兴发展的案例被作为典型案例在大会上被推介（图11-13）。

图11-13 被列为助力乡村振兴发展案例（图片来源：名山区非遗中心）

2023年5月12日，名山区文化体育和旅游局公布了第六批区级非物质文化遗产代表性传承人名单，并于同年6月30日在茶马古城茶叶交易大厅举行了颁证仪式。蒙山茶传统制作技艺区级传承人：高世全、施友权、高华松、古学祥、罗洋、白婷婷、张波、郭磊、蒋丹、陈娜、杨鑫、黄奇美、彭胡彬、韦鹏、舒太勇、莫建、詹天朵而、刘思强、李柏林、成昱、赵琼、杜川龙、龚开钦；蒙顶黄芽传统制作技艺区级传承人：魏久淞、曾志东、李含敏、柏月辉、李丹、刘夏、聂毅。

第二节　茶艺传承

蒙顶山茶文化非遗保护中，还有一个特殊的传统技艺：雅安市级"蒙山派：龙行十八式"，名山区级"蒙顶山茶艺——'天风十二品'表演技艺"。这是蒙顶山茶艺多年演化发展的结果，可分为长嘴壶茶艺、盖碗茶艺、禅茶茶艺。

一、茶艺起源与现状

北宋时期，名山县人禅惠大师，年轻时博学多闻，才思敏捷，风流倜傥，但有一个弱点就是恃才傲物、不拘小节、我行我素，因此久考不第，难登仕途，后入蒙顶山出家为僧，自此与蒙山茶结下不解之缘。相传他在蒙顶山修炼时，也要种茶、制茶、品茶，强身健体，并参透禅茶一味之真谛，练就了一手有武功禅趣的掺水方式，以艺入道，在蒙顶山寺院中世代相传。该茶艺融传统茶道、武术、舞蹈、禅学、易理于一炉，充满玄机妙理。清乾隆年间，由悟彻和尚继续传扬，曾作为僧人修行的一门功课，只在蒙山僧人间流传，直至清代才逐渐传入民间，清末由武术名家何崇政传承，后在民国时期名山县城茶馆常有传习。

20世纪90年代初，蒙顶山老茶人成先勤依据寺僧用三尺长嘴壶茶艺掺茶与演练，再根据表演需要进行整理、编排，每式均以龙的名字命名，完全不同于四川传统的一尺长嘴铜壶表演。早期又名长嘴壶十八式，在成都鹤鸣茶社，由成先勤指导、何正鸿等演练定型，成为蒙山派花式长嘴壶茶技。2000年，成先勤回蒙顶山创办文化传播公司，带儿子及徒弟练习，雅安市、名山县领导和专家上山视察工作，茶艺人员一经表演，引起重视，迅速推广，成为蒙顶山待客的重要内容。后来，也有女子学习长嘴壶茶艺，但因三尺长嘴壶相较于个子体力相对要小的女子来说，动作较慢、力量感不足，成先勤又演绎编排出适宜女孩子表演的"凤舞十八式"，一龙一凤，龙凤同技，相得益彰，相映生辉。

2002年11月，何正鸿等还带着川派花式长嘴铜壶茶艺到新加坡进行表演和传播。2003年，雅安市组织人员到南京参加茶文化活动，蒙山派茶技一经亮相，引进轰动，媒体争相报道。2004年9月，雅安市人民政府承办第八届国际茶文化研讨会暨首届蒙顶山国际茶文化旅游节（简称"一会一节"），加之当时电视连续剧《射雕英雄传》中的"降龙十八掌"等武术名词非常响亮，根据雅安市副市长孙前提议，取名蒙山派茶技"龙行十八式"。"一会一节"期间，在开幕式主会场四川农业大学的体育馆，由108人组成的蒙山派茶技"龙行十八式"表演，气势磅礴、熟练整齐，技惊四座，成为历届国际茶文化研讨会上最为耀眼的节目。

同时，成先勤又结合根据茶祖敬祖仪式的盖碗茶品饮，创立开发出"天风十二品"茶艺。蒙山派茶艺"龙行十八式"属于刚健派，刚劲有力，虎虎生风，"天风十二品"属于典雅派，轻柔优美，舒缓有致。一动一静，动静皆宜，成为蒙山派茶艺的双璧，是蒙顶山茶文化两张最闪亮的名片。

自此，来蒙顶山学习"龙行十八式"茶艺的青年男女络绎不绝，涌现出一大批优秀的表演人员，省内外所有重要茶事活动、其他隆重活动均有"龙行十八式"的表演，其表演还外访到亚洲的日本、韩国、新加坡、马来西亚、菲律宾、泰国、哈萨克斯坦、卡塔尔等国（图11-14），欧盟的所有国家以及英国、俄罗斯、美国等40余个国家和地区。2010年，第十届上海世界博览会，"龙行十八式"茶艺被推选为四川馆的表演节目，党和国家领导人及全世界来博览会的民众均看到了"龙行十八式"的精彩表演，名声进一步提高。

图11-14 2015年，名山接待韩国茶人参加团，交流茶艺

2012年后，成先勤携其子成昱、成波等到成都成立四川省蒙山派茶文化传播有限公司，开展蒙山派茶艺的进一步推广，还与四川省农业科学院茶叶研究所四川博茗茶叶培训中心等合作，承接四川省总工会的锦江区、金牛区、双流区等百万职工职业技能培训，开展茶文化、茶艺的职业技能培训教育20余期，培训茶艺和评茶等人员800余人，茶艺得到进一步弘扬（图11-15）。

图11-15 2018年，名山区工会举行茶叶职业技能比赛培训

2017年2月10日凌晨，成先勤突发疾病去世，挽联"一代宗师"。

成先勤的儿子成昱继承衣钵，在成都市望江公园租房成立薛涛艺坊，继续开展茶艺培训与传播，组织徒弟参加省内外各种茶艺比赛，获得3项冠军、5项亚军等好名次。徒弟徐伟技艺标准、精湛，成为"蒙山派：龙行十八式"市级非遗传承人，获多项大奖，多次代表四川艺术界在全国舞台与展示技艺，在成都、名山设点收徒授艺；孙子辈的周梦菲在四川省贸易学校学得"龙行十八式"，技艺炉火纯青，受本校返聘成为茶艺老师，教授学生长嘴壶茶艺等，同为市级非遗传承人。

目前，全国学习了蒙山派茶艺的有上万人，其中在各地茶楼或经常参加各种活动进行表演的人员有2000余人，较有名的有徐伟、周梦菲、刘绪敏、王霏、刘国富等。四川省政府及文化旅游部门宣传片中常常出现的三个文化内容：一是大熊猫，二是川剧变脸表演，三就是蒙山派长嘴壶茶艺。蒙山派已成为四川乃至中国文化的一张名片（图11-16）。

图11-16 四川省贸易学校举行首届校园茶文化节（图片来源：周梦菲）

二、茶艺类型

长嘴壶茶艺在晚清以后传至四川全省，尤其在成都、重庆较为盛行。后因表现动作与风格差异，又分为蒙山派、峨眉派、芙蓉门等。蒙山派"龙行十八式"主要以成先勤大师为宗，保留了传统技艺与风格（图11-17）。

图11-17 2019年，龙行十八式茶艺表演（周梦菲）与介绍在央视新闻中网络直播

（一）蒙山派"龙行十八式"

蒙山派"龙行十八式"的掺茶技艺要求动作标准、熟练流畅、准确入杯、滴水不洒。因此技艺培训主要有文化讲解学习、体力提升、身体柔韧度、灵活性训练，掺茶动作的要领，耐开水烫力培养，18个动作的反复练习，舞台技巧和心理素质培养。

（二）蒙顶山茶艺"天风十二品"传统表演技艺

"天风十二品"的技艺要求标准优美、依序熟练、汤热味正、庄重典雅。因此技艺培训主要有文化讲解学习，形体坐姿动作要求训练，发饰、服装、鞋帽搭配，冲泡掺茶动作的要领，12个动作的反复练习，舞台技巧和心理素质培养。

（三）"蒙山施食仪"禅茶茶艺

在佛门禅林中，《禅门日诵》规定僧人早晚课念诵《蒙山施食仪》的同时，要上香、献花、燃烛、敬果、敬茶、敬百宝明珠、敬僧衣袈裟及施食给亡灵孤魂野鬼，以超度其脱离苦海转世。其中，奉敬之茶必须是蒙山雀舌茶。

《蒙山施食仪》在宋代不动禅师创立后，就一直在永兴寺传承。后被兴慈大师编辑入《禅门日诵》，大乘佛教地区均将其作为早晚课必诵的仪轨功课，在寺院举行的功课仪式大同小异。只是后来蒙山雀舌茶难以得到，用其他地区茶代替。

三、传承场所

一是四川省贸易学校、雅安职业技术学院的教学专业培训。二是四川省蒙山派茶文化传播有限公司，在名山三蒙路、成都望江公园设有专门培训基地；三是蒙山派"龙行十八式"传承人周梦菲在雅安建立的壶水韵长嘴壶茶艺传习所，蒙山派"龙行十八式"传承人徐伟在名山茶马古城租房建立的草中仙长嘴壶茶艺传习所，招收学生、茶艺爱好者等进行培训。蒙顶山茶艺师均为"龙行十八式"和"天风十二品"茶艺双修，一般授徒也均采用双艺均授（图11-18、图11-19）。

图11-18 草中仙茶马古城传习所，龙行十八式传承人徐伟收徒仪式

图11-19 壶水韵长壶文化非遗传习所开业

四、传承工具

"龙行十八式"茶艺工具包括长嘴铜壶、盖碗、玻璃杯、小方桌、桌布、茶巾以及服装。

"天风十二品"技艺、永兴寺禅茶工具包括茶桌茶台、香炉、香、盖碗、品茶杯、茶荷、茶匙、茶针、茶夹、茶盘、茶海、茶巾、电炉和电水壶等。

五、传承人

（一）蒙山派"龙行十八式"

第一代非遗传承人：成先勤。

市级非遗传承人：徐伟、周梦菲。

区级非遗传承人：闵鹏飞、何正明、张玲华、周蝶（丹棱）、李丽（新津）、毛莉芳、杨雨钰、黄媛（武胜）。

（二）"天风十二品"

区级非遗传承人：李娜。

（三）"蒙山施食仪"

区级非遗传承人：释照海（永兴寺）。

（四）蒙顶山皇茶采制祭祖大典

区级非遗传承人：钟国林。

第三节　非遗保护

一、组织保障

为确保蒙山茶传统制作技艺申报国家级非物质文化遗产成功，并在申报成功以后做好非物质文化遗产工作，名山区采取了以下措施。

调整、充实名山区蒙山茶传统制作技艺项目领导小组。制定、实施有关蒙山茶传统技艺传承与保护的政策性文件、传统技艺培训和认证制度、传承人开展相关传承活动的奖励政策，进一步促进蒙山茶传统技艺的保护与传承（图11-20）。

组织一支专业性强的非物质文化遗产申报工作团队。在名山区非物质文化遗产中心挑选业务骨干，在全国范围内邀请有知名度及影响力的茶叶专家、茶企负责人、非物质文化遗产传承人，组成蒙山茶传统技艺非物质文化遗产申报工作团队，进一步高水平、高标准完成非物质文化遗产项目申报。

加大资金投入力度。设立保障基金，在资金的保障下，保证蒙山茶传统技艺研究、传承的有效性、持续性。

利用宣传媒介，营造良好宣传氛围。广泛向社会宣传、推介蒙山茶的历史文化和制作标准，提高广大消费者辨别真伪蒙山茶的能力。

图11-20 倪林（右）向高永川大师（左）工作室授牌

二、保护计划

名山区制订了蒙山茶传统制作技艺、蒙山派"龙行十八式"等非遗的五年保护计划。

完善名山区蒙山茶传统制作技艺项目领导小组。由区文化体育和旅游局牵头成立了名山区蒙山茶传统制作技艺项目领导小组，层层压实责任，强抓非遗项目保护工作。在领导小组的指导下，出台有关保护非物质文化遗产项目的政策性文件。进一步收集、整理、研究蒙山茶的传统制作技艺，形成完整、全面的文字记录，实物标准样品，工艺图片和音像资料。

举办特色会（节）活动，扩大茶文化影响力。依托一年一度的蒙顶山茶文化旅游节，利用新兴媒体和传统媒体传播蒙山茶及传统制作技艺，扩大其影响力，提升其知名度和美誉度（图11-21）。

培养一批高素质的蒙山茶传统技艺传承人（图11-22）。建立蒙山茶传统技艺培训和认证制度，为蒙山茶传承人提供制度保障。定期开展蒙山茶手工制作技艺培训，结合全区茶叶企业转型升级工作，使不符合要求的茶企转变为手工制作作坊，转型为传统手工茶制作工坊，让传统制作技艺传承后继有人。

打造蒙山茶传统制作技艺馆。在跃华、丰丰、蒙顶山茶业3家大型茶企周边，均建设一处传统制作技艺讲习所、展示厅

图11-21 第十六届蒙顶山茶文化旅游节祭拜茶祖仪式

图11-22 非遗传承人关爱留守儿童

及体验园,归类展示蒙顶甘露茶传统制作器具、制作程序、制作成品及体验品,进一步传承蒙山茶的传统技艺。

建立健全蒙山茶传统技艺传承弘扬机制。建立传统技艺传承弘扬专门保护制度,设立专项保护基金,形成传承体系认证规范,建立健全传统技艺传承弘扬机制,实现蒙山茶传统技艺积极保护、长久传承、宣传弘扬的目标。

三、开展活动

(一)技艺比赛

由区政府主办,区委宣传部、文化广播电视体育和旅游局、农业农村局、区总工会、人力资源和社会保障局、雅安职业技术学院蒙顶山茶产业学院、茶业协会等共同承办,四川省农业科学研究院茶叶研究所、四川农业大学、省茶艺术研究会、省茶叶行业协会等指导开展活动。2020年9月23日,在蒙顶山世界茶都举办2020"川茶"职业技能竞赛暨四川省"蒙顶山杯"评茶员职业技能竞赛(图11-23)。2021年4月24—25日在世界茶文化圣山蒙顶山举行2021年雅安市建功"十四五"·奋进新征程"蒙顶皇茶杯"蒙顶甘露制茶大师大赛。在四川大学附属中学,开展2021年度学生劳动教育课进蒙顶山茶区实践活动。

图11-23 2019年9月,四川省总工会在名山举办评茶员职业技能竞赛

(二)支持活动

相关部门及协会支持企业开展技艺传承与宣传活动:2019年11月14日,盛世御叶、龙御上品、金叶度人、茂盛源茶叶成都专店开业;12月12日,举办三饮茶会·雅安茶香——蒙顶皇茶品鉴会暨宽和茶馆开业典礼(图11-24);12月18日,四川省贸易学校举办了首届校园茶文化节。2020年1月11日,名山月辉谷黄茶坊举办了落成典礼暨宽和茶院挂牌仪式;5月20日,在新店镇举行雅安市

图11-24 2019年三饮茶会蒙顶山活动
(图片来源:茶友网)

名山区首个国际茶日活动启动仪式暨中国·茶马司蒙山茶传统制作技艺传习所授牌仪式；8月18—19日，举办2020·赵亮公益行"寻茶"走进蒙顶山，拍摄非遗和产品并在网络进行宣传；9月19日，在雨城区藏茶村举办义兴茶号二十五周年"藏茶缘"暨"砖心砖义"纪念茶发布会。2021年1月9日，蒙山派茶艺区级非遗传承人周梦菲举行了雅安市壶水韵长壶文化非遗传习所开业庆典暨拜师仪式；9月18日，名山区蒙顶山实验小学与名山正大茶叶有限公司共建研学实践基地，主要负责茶艺教学与表演。徐伟于2021年8月29日举行收徒弟仪式。2021年7—8月，星瀚职业技能培训学校举行蒙顶山茶艺培训与表演。2022年3月3日，蒙顶山雾本茶业高华松手工茶传习所建立并挂牌；10月30日，魏志文大师的大徒弟胡玉辉收徒暨罗开勇先生、杨洁女士拜师仪式。

（三）建立传习所

2018年，省级非遗传承人张跃华大师在位于蒙顶山麓三蒙路的跃华茶府建立了非遗工作室，2019年，省级非遗传承人魏志文大师在蒙贡茶厂内建立了非遗工作室，均开展了收徒传艺活动。2020年的第一个世界茶日活动，中国茶马司蒙山茶传统制作技艺传习所举行授牌仪式（图11-25）。2021年3月，蒙山茶传统技艺制茶师高华松与四川蒙顶山雾本茶业有限公司签订协议，在该公司设立高华松传习所。2023年1月17日，中国制茶大师、茶叶技能大师、蒙山茶传统制作技艺市级传承人高永川在位于中国茶都的四川省大川茶业有限公司建立了非遗传习所并举行挂牌仪式（图11-26）。

图11-25 向非遗传承人向世全和传习所授牌

图11-26 区非遗中心主任黎绍奎（右）向高永川（左）大师非遗传习授牌

（四）聘为教师

四川省贸易学校聘请周梦菲为蒙顶山长嘴壶茶艺、天风十二品茶艺专职老师，对茶艺班、茶学班、旅游班等的学生进行教学培训。名山区实验小学于2020年聘请周梦菲为茶艺教师，每周传授学生茶艺；聘请钟国林为茶文化老师，指导编撰小学生《蒙顶山茶文化读本》（初级、中级、高级三册）。2021年5月，举行2021年雅安市茶文化进校园骨干教师培训班。雅安职业技术学院蒙顶山茶产业学院聘请徐伟、周梦菲为茶艺老师，开展茶艺培训和教学示范；聘请钟国林、夏家英、刘勇、高永川等为茶产业导师，开设相关课程与茶文化、非遗文化讲座。

（五）邀请表演

名山区政府及相关部门、协会等在开展茶叶、旅游、体育、晚会、开业等活动时突出特色，安排表演茶艺人员表演非遗技艺龙行十八式和天风十二品，给予出场表演费，增加非遗人员的收入。同时，将其拍摄为各种视频，进入电视节目制作，在相关的电视、微信平台、网络上传播，增强传承非遗的信心。

（六）给予荣誉

2010年，推荐非遗传承人、制茶大师张跃华为全国劳动模范，受到隆重表彰。2017年，推荐施友权、高永川、张强、黄益云、郭承义为省级制茶大师，受到四川省茶叶流通协会的认定表彰。2022年10月，名山区政府授予蒋丹、陈娜2名茶艺师为名山"菁英人才"称号。

第四节　茶文化宣传

蒙山茶文化传播历史久远。东汉《巴郡图志》即有"蒙顶茶受阳气全，故芳香"的记载。唐宋以后，以蒙山茶文化为题材的诗词歌赋更是浩如烟海，广为传播。

名山解放后，即计划经济时期，主要宣传蒙山茶生产、加工、销售等活动和成就，宣传先进人物和新产品等。改革开放后，市场经济日益繁荣，伴随茶产业和旅游产业发展，茶文化宣传逐渐成为名山政治、经济、文化，茶产业发展和茶旅游建设的重要部分。主流媒体宣传、公益事业宣传、企业自主宣传、民间自发宣传等齐头并进、精彩纷呈。制作蒙山茶文化广播电影及电视作品，创作涉茶文学艺术作品，编写茶业专著，并通过区内普通学校和区外高等院校弘扬、传播蒙山茶文化。通过中共名山区（县）委、区（县）人民政府和茶文化工作者的共同努力，蒙山茶文化得到普及和发展（图11-27、图11-28）。

图11-27　2015年，蒙顶山茶文化旅游节蒙山长嘴壶茶艺表演

图11-28 名山区举办无人机表演宣传蒙顶山茶文化

一、茶诗茶赋

唐代孟郊作《凭周况先辈于朝贤乞茶》，是迄今为止最早的咏蒙山茶诗，"蒙茗五花尽，越瓯荷叶空"，抒发了孟郊对蒙山"五花"茶的喜爱。刘禹锡作《西山兰若试茶歌》，"何况蒙山顾渚春，白泥赤印走风尘"，描绘了蒙山茶进贡京师的隆重情景。白居易《琴茶》中"琴里知闻唯渌水，茶中故旧是蒙山"成为千古佳句。

宋代文彦博作《蒙顶茶》，称赞蒙顶茶"露芽云液胜醍醐"。文同作《谢人惠寄蒙顶茶》，用"蜀土茶称圣，蒙山味独珍"写出对蒙山茶的喜爱与推崇。苏轼、孙渐、陆游等，均有赞颂蒙山茶诗歌。

元代李德载作《赠茶肆》曲，其中"蒙山顶上春先早，扬子江心水味高"佳句派生出"扬子江心水，蒙山顶上茶""扬子江中水，蒙山顶上茶"等脍炙人口的茶联。

明朝翰林侍讲叶桂章作《蒙顶》，有"数朵芙蓉插半天，一双龙象拥青莲"佳句。

清代雅州知府曹抡彬，将"蒙顶名茶茁石香"写入《雅州旧八景》。清乾隆皇帝（爱新觉罗·弘历），特别钟爱品茶，曾作《烹雪叠旧作韵》，"石铛聊复煮蒙山，清兴未与当年别"表达对蒙山茶的喜爱。名山举人闵钧创作反映茶事各程序的诗歌八首（见附录），留下古人茶事珍贵资料，为今人研究古茶之经典。清代状元骆成骧，作《登蒙山饮茶歌》，"何人解饮九霄露，试汲蒙泉煮蒙芽"体现蒙山茶与蒙泉的相得益彰。

名山解放后，以蒙山茶文化为题材的茶诗茶赋更是题材广泛，体例众多。20世纪70年代至20世纪末，以蒙山茶文化为题材的优秀诗篇有十世班禅的《视察雅安边茶厂题诗一首》、李国瑜的《诗六首》、黎本初的《蒙山评茶》、刘尚乐的《游蒙山》、洪钟的《蒙山赞》、白德松的《诗一首》、韩致中的《登蒙山有感》、赵长庚的《蒙山颂》、刘滨的《蒙山情》、曹纪祖的《蒙顶品茶》、欧阳崇正的《蒙茶仙姑》、李光初的《颂蒙山》等。

后被选入《名山县志（1911—1985）》或《名山县志（1986—2000）》。通过研讨、宣讲等形式来歌咏蒙顶山茶（图11-29~图11-31）。

1983年5月3—5日，流沙河、白航、刘滨等诗人，到名山参加蒙山诗会，雅安地区各县均派诗歌爱好者参加。白航诗歌《蒙山品茶》在《星星》诗刊发表。当代著名诗人、书法家李半黎，作《沁园春·蒙山颂》，"愿神茶圣地，香遍人间"。何郝炬作《思佳客·登蒙顶品茶》，有"蒙泉清水穿修竹，几见采茶仙子来"佳句。上述诗词均被选入《名山县志（1911—1985）》《名山县志（1986—2000）》《蒙山茶事通览》《名山茶经》等。

图11-29 2023年3月17日，著名诗人郦波在蒙顶山讲蒙山茶诗

图11-30 著名诗人陶一在蒙顶山讲茶诗

图11-31 2023年，广聚农业举办"春天里的蒙顶山茶诗歌节"

2004年，辞赋家张昌余，为"一会一节"作《蒙顶山茶赋》，开篇即有"九州方圆，此地早占'雅州'之雅号；千山锦绣，其县独享'名山'之名徽"的佳句，中段有"名山因蒙山而谓名区，蒙山凭名茶而称圣山""试问名山之茗树：世上几人不饮茶？且询蒙顶之蒙茶：天下谁人不识君？"的妙笔，结尾有"望蒙顶而歌之，拜理真而赞之：茶经济之福地！茶文化之圣山！茶种植之渊薮！茶集会之乐天！"的咏唱。是当代蒙山茶文化代表作。这首赋被选入《名山县志（1986—2000）》。

蒙山老茶文化专家蒋昭义，以诗为言，将几十年来讴歌蒙顶山茶的诗作整理、编辑，在2021年11月出版了《蒙山茶乡诗集》，包含茶诗100余首，2022年9月，辉联出版社出版《春江诗辞选》，包含茶诗200余首，妙诗佳句颇多。

蒙顶山小学老师徐培元,一生不离故土,自费出版《诗联集》《培元联集》《培元文集》,涉茶诗、联近千首(图11-32)。

茶文化专家钟国林酷爱写诗,时常在参加各级茶叶活动、重大茶事后,或茶人聚会时,写茶诗,记茶事,将诗词发表在与茶相关的刊物,或在微信群中传播,很多诗被转发、引用,目前已写茶诗词700余首(图11-33)。茶文化专家陈开义、沈世林,作家向加富,用诗词歌唱蒙顶山茶,有多首蒙顶山茶诗发表在相关诗刊上。

据不完全统计,当代涉及蒙山茶文化的诗集超过600本(集),涉及蒙山茶文化诗歌当逾10万首。

图11-32 徐元培的《诗联集》及蒋昭义的《春江诗辞选》

图11-33 钟国林在蒙顶山讲蒙顶山茶诗与产品(蒋霜 拍摄)

二、茶刊茶文

1983年1月,名山县文化局主办创刊《蒙山》文艺报,其是改革开放后最早涉及蒙山涉茶的文学报。专版发表文学作品,涉茶作品占据相当篇幅。截至1993年底,共发行39期。

1989年10月,中共名山县委宣传部出版发行《名山通讯》报纸,专版刊发文学作品,其中不少涉及蒙山茶相关的内容。

1997年,中共名山县委宣传部主持编纂名山县爱国主义教育读本《蒙山魂》,5章37节,共10.4万字,首印7000册。设蒙山、百丈湖、文物古迹、蒙山茶和茶文化等专节,设"蒙茶始祖吴理真"专题人物,并收录自唐代至1987年涉茶诗文88首(篇)。该书在全县党政机关、乡镇及学校发放,在校初中以上学生人手一册。

2003年起,每年举行祭天祀祖、祭茶祖吴理真、祭黄帝陵、皇茶园开采、祭汉昭烈皇帝、祭法门寺佛祖等大型祭祀活动。《祭文》初稿由欧阳崇正等撰写,并经集体修改、领导审阅后,在祭祀活动中宣读。

2004年3月，董存荣主编《蒙山茶话》（图11-34）、张国防主编《茶祖吴理真演义》、高富华主编《蒙顶山最后的知青部落》，均由中国三峡出版社出版。同年8月，董存荣主编《蒙山茶文化读本》，由中国国际文化出版社出版；孙前、李国斌、董存荣主编的《历代名人吟蒙山》由中国国际文化出版社出版。同年9月，董存荣等主笔的《蒙山茶》由北京出版社出版。同月，名山县老年诗书画研究会、雅安市楹联学会主编《蒙山茶咏——献"一会一节"》出版。中共雅安市委宣传部等出版《"走向世界的蒙顶山茶文化"研讨会论文集》，涉及蒙山茶祖、茶马古道、蒙顶茶生态环境、雅安茶经济等。琛明主编的《佛教·茶·蒙山茶》，由巴蜀书社出版，介绍永兴寺的历史沿革、茶文化和蒙山佛教文化。永兴寺内印《蒙山施食仪发源地——永兴寺》，主要介绍《蒙山施食仪》的产生和传播。同年，四川省蒙顶山旅游开发有限责任公司编纂出版《千秋蒙顶》，收录茶文化文章21篇；蒙山茶文化协会编写出版《蒙山茶咏》。

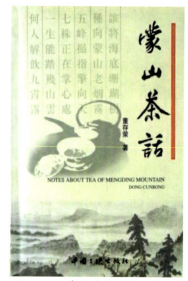

图11-34 董存荣著《蒙山茶话》

2004年，出版发行《雅安日报·名山报道》报纸，宣传名山社会经济发展状况，第四版设为文学版，择优刊登赞誉蒙山茶的文学作品。出版《名山——中国绿茶第一县》画册，宣传蒙山茶文化。出版雅韵诗社与雅安市旅游局合编的《雅州风情》，名山县作协编写的"蒙山文丛"《蒙山春来早》（综合文体），蒙山雅韵诗社编辑《蒙山雅韵》等，均有宣传蒙山茶文化作品。"一会一节"《论文集》收录国内外重要茶文化论文58篇，是很好的研究资料（图11-35）。

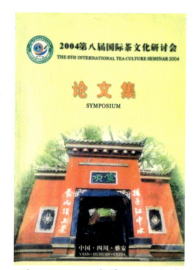

图11-35 2004年第八届国际茶文化研讨会出版《论文集》

2005年7月，名山县老年诗书画研究会、蒙山茶文化协会主编并出版《仙茶故乡览胜》。蒙山雅韵诗社与老年诗书画研究会合署后，坚持编辑、出版本土作者作品，书籍均涉及蒙山茶文化。出版书籍《吴之英诗文集》《心韵》《杯中岁月》《爱莲神韵》《蒙山茶韵》《丰碑》等，均有赞颂蒙山茶篇幅。从1980年起，《蒙山雅韵》诗刊散见有吟咏蒙山茶诗作。2005年，在该诗刊专版刊载蒙顶山茶作品，或在《蒙顶山》（2011年以后）刊发蒙山茶文化文章。

2008年4月，程启坤主编、董存荣编著的《蒙顶茶》，由上海文艺出版社出版。

2009年，中共名山县委宣传部出版《茶祖故里行》，以蒙山茶为题材，展示蒙山茶文化。

2010年4月，名山县文学艺术界联合会创刊的《蒙顶山》一直持续办刊发行（图11-36），多年来，刊登了很多关于蒙顶山茶的散文、诗词、故事传说、书法、绘画，本土文人倪觉非、李林、沈世林、杨忠、吴洪武、周庆安、陈开义、吴伯泱、吴荣毅等均有多篇刊登。

2011年9月，中共名山县委宣传部出版《茶祖故里行——世界茶文化发源地中国·蒙顶山巡礼》，涉及蒙山茶文化的作品超过120件。其中，散文专栏及篇首有名报名记看名山18篇、茶文化穿越千年时空26篇，均涉及蒙山茶文化，旅游文化品山奇水秀中13件作品涉及蒙茶，民间文化传承茶乡文明4件作品涉及茶文化；吟咏蒙山茶的诗词歌赋有67首。

2011年11月，创刊《蒙顶山》文学期刊，登载有蒙山茶文化作品。并设立"茶言观色"专栏，主要登载关于蒙山茶的散文（图11-36）。

2012年，中共雅安市委宣传部创刊《生态雅安》杂志，不定期发表介绍名山茶产业文章。同年11月，军旅作家徐杉创作《藏茶秘事》，涉及蒙山茶马古道。2012年，名山

图11-36 2011年创办的《蒙顶山》期刊

县地方志办公室和名山县社会科学联合会联名成立名山县人文历史与自然遗产研究协会，出版《名山纪事》1期、《名山记忆》2期，均有茶事记载。

2013年，《四川日报》《四川经济日报》《雅安日报》分别刊发《"蒙顶山茶"获称中国驰名商标》《"蒙顶山茶"喜获中国驰名商标》《"蒙顶山茶"喜获中国驰名商标认定》消息，报道时间集中在2013年1月4日头版。搜狐网、新浪网、中金在线、第一茶叶网、中国茶叶经济信息网、食品商务网、茶联网等20余家网络媒体刊发《茶乡名山春茶开采早茶叶交易将有新平台》《四川名山茶园首批春茶开园较去年提前约20多天》《忙采茶忙卖茶名山茶农忙并快乐着》等新闻文章30余篇幅；2月28日和3月1日，中新社"大美雅安"专题报道组参观永兴寺和茶马司后，分别在中新网发表图片新闻《蒙山施食仪》（8幅图）和《探访古代茶马遗址四川名山茶马司》（3幅图）；12月，李红兵出版《蒙山顶

上茶》，李家光、陈书谦编著《蒙山茶文化说史话典》，由中国文史出版社出版，介绍了蒙山茶历史、工艺、文化。

2014年2月，中共雅安市名山区委宣传部组织编印《蒙顶山文存——名山现代文学艺术作品选》，以主要篇幅赞誉蒙山茶；杨忠主编，光明日报出版社出版了《历史拾遗文化印记：名山历代碑刻拓片与对联》，以主要篇幅记载蒙山茶；6月，杜晓、李家光、陈吉学主编《蒙顶山茶品鉴》，介绍蒙山茶文化历史、内容、分类和重点。同月，雅安市名山区茶办、区茶叶协会钟国林等编著《蒙山茶文化简明知识读本》，介绍蒙山茶文化，印刷2万册；8月，雅安市蒙顶山茶叶交易所有限责任公司、前海天府酒类交易中心创办《茶酒金融》杂志，重点介绍蒙山茶文化；9月，中共雅安市名山区委、区人民政府主编的《蒙顶山茶文化丛书》出版（中国文史出版社出版），含《蒙顶山茶文化读本》（杨忠主编）、《蒙顶山茶文化史料》（李家光主编）、《蒙顶山茶文化丛谈》（欧阳崇正编著）（图11-37）。2020年，《民国报刊中的蒙顶山茶》（傅德华、杨忠主编）出版。

2015年1月，中共雅安市委农工委茶叶领导小组办公室创办《蒙顶山茶》刊物，每年出季刊4期，发表研究蒙顶山茶以及名山茶旅融合的文章，以宣传蒙顶山茶为主要内容，包括了蒙顶山茶与雅安藏茶方面的茶事资讯、茶人世界、学界观点、特别关注、茶界争鸣、茶源品茗、他山之石、养生与雅玩、龙门阵等（图11-38）；12月，中国名茶金奖及金骆驼奖编委会编纂《百年荣耀》，介绍蒙顶山茶产区概况、历史文化及蒙顶甘露、蒙顶石花、蒙顶黄芽、蒙山毛峰的工艺品质，介绍四川省蒙顶皇茶茶业有限责任公司蒙顶牌黄芽产品。《人民日报》《光明日报》《四川日报》《四川文学》《雅安日报》《吃茶去》《青衣江》《西康文学》《北纬30°诗坛》《雅安新报》以及《雅风》诗刊等，均不断选发介绍蒙山茶的文章、文学作品及图片等（表11-6、表11-7）。

图11-37 李家光、欧阳崇正、杨忠编著出版的茶书

图11-38 2015年创办的《蒙顶山茶》期刊

表 11-6 蒙顶山茶文化宣传文章（一）

标题	作者	工作单位（作者备注）	发表刊物、报纸	发表时间
八月二十六日京报		《申报》社	申报	1872年
边茶公司成立		《成都商报》社	成都商报	1910年
西蒙渔父集：蒙茶歌	吴之英（西蒙渔父）	四川国学院	四川国学	1913年
名山八咏：蒙顶仙茶	赵怡（汉鳌生）		独立周报	1913年
北京全国实业会纪要（续）减免川边茶税以恤商艰并抵制印茶案	姜郁文	川边总商会	国货月报	1924年
川康考察团南路西抵雅安	国闻社	《申报》社	申报	1934年
今年农村经济如何——最近数月来的观察		《申报》社	申报	1934年
雅属各县茶业没落		《四川经济》月刊	《四川经济》月刊	1935年
赵橘农宗瀚寄赠四川蒙顶茶	前人		国学论衡	1935年
中国的安哥拉天府之国的四川，是战时后方的重镇，是民族复兴的磐石		《申报》社	申报	1938年
雅灌名邛洪五县茶叶调查报告	郑以明、孙翼谌	《贸易》月刊	《贸易》月刊	1942年
南诏史论（三）	向逵	《申报》社	申报	1948年
蒙顶茶评为全国十大名茶	该报记者	《四川日报》社	四川日报	1959年
蒙顶山上采茶忙	该报记者	《四川日报》社	四川日报	1974年
蒙山春茶产量增长	该报记者	《四川日报》社	四川日报	1975年
蒙顶茶乡话今昔	该报记者	《解放军报》社	解放军报	1978年
蒙山圣灯	戴善奎	《四川日报》社	四川日报	1980年
茶的故乡	于公介		中国青年报	1981年
蒙山蝴蝶	张吉仁		四川日报	1982年
蒙山顶上茶	何祥显		青衣江	1980年
蒙顶茶	王少湘		科学文艺	1983年
蒙山夜雨	陈汉兴		现代作家	1984年
蒙顶山上茶	耕野		光明日报	1984年
蒙山品茗记	沉贵		成都晚报	1984年
蒙顶品茶记	姚枫	雅安地区文化局	龙门阵	
月夜品茗	曹荣		西南旅游	

续表

标题	作者	工作单位（作者备注）	发表刊物、报纸	发表时间
茶中故旧是蒙山	匡远辉		四川城乡建设	
蒙山品茗记	治贵		成都晚报	1984年
蒙顶名茶声誉鹊起	罗永清	中共名山县委办公室	四川日报	1985年
蒙山多胜迹	欧阳崇正、胡本泽、罗永清	名山文化局	四川日报	1986年
四川蒙顶山茶区喜摘新茶	该报记者	《中华经济文汇报》社	中华经济文汇报	1986年
若教陆羽持公论，应是人间第一茶	冯和平	《经济参考》通信员	经济参考	1986年
蒙山石楼听雨	郑汝成	《四川日报》社	四川工人日报	1987年
愿蒙山仙茶香遍人间	杨祖穆	《四川农村报》社	四川农村报	1987年
迷人的蒙山	任锄		四川日报	1987年
采茶女儿绵绵情	宋玲		四川工人日报	1988年
蒙山顶上茶	施南勋、冯永文	名山县志办公室	四川地方志	1991年
蒙山导游词	吴洪武、徐西等	名山县志办公室、名山县旅游局	四川省导游词汇编	1992年
蜀土茶称圣蒙山味独珍	欧阳崇正、聂德林	名山县文化局	巴蜀风	1996年
立足职能做文章 围绕旅游谱新歌	梁健	名山县工商局	《中国工商行政管理二十年》丛书	1998年
蒙顶茶传奇	姚枫	雅安地区文化局	巴蜀风	1998年
蒙山品茶、茶文化传播写真照			四川日报	1999年
名山茶叶（图、文）			中国报道	1999年
"茶香百丈"及"捧蒙顶"照片			四川日报	2000年
蒙顶山上"女茶仙"			四川日报	2000年
扬子江心水 蒙山顶上茶	胡建	《中国食品报》社	中国食品报	2002年
蒙山——圣山、茶山、佛山	高殿懋	名山县志办公室	西部雅安	2002年
蒙山三题	高殿懋	名山县志办公室	巴蜀史志	2002年
茶技龙行十八式扮靓雅安茶文化	王大军	《雅安日报》社	雅安日报	2002年
雅安向国际茶文化大舞台冲刺	张国防	《雅安日报》社	雅安日报	2002年
实施商标品牌战略 振兴蒙山茶叶经济	梁健	名山县工商局	四川工商	2003年

续表

标题	作者	工作单位（作者备注）	发表刊物、报纸	发表时间
"五一"蒙顶山上看采茶	朱建国	《华西都市报》社	华西都市报	2008年
茶亦醉人何须酒	倪觉非	国营蒙山茶场退休职工	彭水日报	2010年
蒙顶酌泉	倪觉非	国营蒙山茶场退休职工	雅语诗刊	2010年
品味雅安"茶祖故里行"只是开始	周琦	《雅安日报》社	雅安日报	2010年
蒙顶问茶	赵亦东	《工人日报》社	工人日报	2010年
蒙顶山上有"御茶"千年品牌富百姓	王建民	《四川经济日报》社	四川经济日报	2010年
蒙顶藏真	黄家骢	《重庆晚报》社	重庆晚报·重晚副刊·夜雨	2010年
蒙顶山上探茶祖	罗劲松	《广西日报》社	广西日报	2010年
那一片汪洋恣肆的绿黄	远流	《四川日报》社	四川日报·天府周末·原上草	2010年
寻访蒙顶禅茶	孙琪	《四川日报》社	四川日报	2010年
让茶文化熠熠生辉让茶产业增添活力	李丹	《经济日报》社	经济日报	2010年
蒙山赋	杨大德	《贵州日报》社	贵州日报·七色花	2010年
茶祖故里的茶真味	左正红	《大连日报》社	大连日报	2010年
千年茶乡	陈颖	《今晚报》社	今晚报	2010年
名山之名	李鑫	《解放军报》社	解放军报	2010年
蒙山顶上茶	余加新	《杭州日报》文艺中心	杭州日报·西湖副刊	2011年
茶马古道：百斤名山茶换一匹高头大马	蒋太旭	《长江日报》社	长江日报	2011年
仰望蒙顶山	刘裕国	《人民日报》四川记者站	人民日报	2011年
蒙顶茶魅	舒婷	当代著名作家、诗人	人民日报（海外版）	2011年
无愧"名山"	徐缫民	《解放日报》社	解放日报	2012年
品茶的心情品茶的格调	钟国林	名山区茶业发展局、区茶领办	四川茶业	2014年
名山区工商局查获一起销售劣质化肥案	梁健	名山区工商局	四川经济日报	2014年

续表

标题	作者	工作单位（作者备注）	发表刊物、报纸	发表时间
品茶的兴趣	钟国林	名山区茶业发展局、区茶领办	四川茶业	2014年
品味蒙顶山茶	陈开义	雅安市农工委	雅语	2015年
蒙顶山茶业富区品牌路	梁健	名山区工商局	市场监管论坛	2015年
千秋蒙顶 茶香天下	高殿懋	名山区地方志办公室	巴蜀史志	2015年
中国茶都，雅安实至名归	陈开义	雅安市农村工作委员会	蒙顶山茶	2015年
蒙山茶，就在沉浮之间	陈开义	雅安市农村工作委员会	中华茶文化	2015年
古道乡愁	陈开义	雅安市农村工作委员会	蒙顶山茶	2015年
以七株老茶树的目光见证	陈开义	雅安市农村工作委员会	中华茶文化	2015年
茶乡情思	胡宗林	西藏自治区人大常委会	血染的征途 壮丽的诗篇	2015年
蒙山茶，一个温暖的名词	陈开义	雅安市农村工作委员会	中华茶文化	2015年
蒙山茶，从唐诗宋词中走来 蒙山茶，一个温暖的名词 深入一枚蒙顶山茶	陈开义	雅安市农村工作委员会	四川政协报、北京茶叶网、中国茶叶	2015年
蒙山茶，从唐诗宋词中走来（组诗）	陈开义	雅安市农村工作委员会	茶缘	2016年
大道至简 品味绿茶	钟国林	名山区农村工作委员会	四川茶业	2016年
行走的雅安茶马古道	陈开义	雅安市农村工作委员会	茶博览	2016年
宣称茶叶有减肥抗癌功效 ××茶业公司赔款又遭处罚	梁健	名山区工商行政管理局	市场监管论坛	2016年
蒙顶山国家茶叶公园出名山	罗虎、钟国林	名山区农村工作委员会	茶产业	2017年
科普之乡——名山区中峰乡	钟国林	名山区农村工作委员会	茶缘	2017年
创建蒙顶山国家茶叶公园实现茶旅融合发展	钟国林	名山区农村工作委员会	四川农村	2017年

续表

标题	作者	工作单位（作者备注）	发表刊物、报纸	发表时间
千秋蒙顶，茶禅一味	陈开义	雅安市农村工作委员会	青衣江	2017年
蒙山茶，一个温暖的名词	陈开义	雅安市农村工作委员会	西康文学	2017年
蒙顶天下雅	陈开义	雅安市农村工作委员会	茶旅世界	2017年
茶乡秋景美如春	钟国林	名山区农村工作委员会	蒙顶山茶	2018年
天下大蒙山	陈开义	雅安市农工委	走遍中国	2018年
"蒙顶山茶"引领川茶铸辉煌	钟国林	名山区农村工作委员会	茶产业	2018年
雅安：绿色小茶叶，促进乡村大振兴	陈开义	雅安市农村工作委员会	中华合作时报茶周刊	2018年
蒙顶山茶代表茶诗赏析	陈开义	雅安市农村工作委员会	四川茶报	2018年
植茶始祖吴理真	高殿懋	名山区地方志编纂中心	互联网、北纬网	2018年
名山独辟蹊径精准扶贫获双赢	梁健	名山区工商行政管理局	中国工商报	2018年
品牌战略十周年蒙顶山茶创辉煌	钟国林、梁健	名山区农村工作委员会、区工商行政管理局	新茶网、四川茶叶	2018年
三苏与蒙顶山茶	陈开义	雅安市农工委	四川农村日报	2018年
入贡宜先百物新	钟国林	名山区农村工作委员会	蒙顶山茶	2019年
黄韵蜜香——蒙顶山黄芽	钟国林	名山区农业农村局	茶旅世界、新茶网	2019年
当四川状元遇见蒙顶山茶	陈开义	雅安市农业农村局	四川农村日报	2019年
蒙山派龙行十八式赋	钟国林	名山区农业农村局	蒙顶山茶	2019年
天梯古道	陈开义	雅安市农业农村局	2019年四川诗歌年鉴	2019年
立足资源 推动产业升级 促进茶农增收	吴祠平	名山区农业农村局	小农户 高质量 现代化	2019年
名山集中力量保护"蒙顶山茶"	梁健	名山区市场监督管理局	中国知识产权报	2020年
蒙顶山茶地理标志入选中欧地理标志协定保护名录	梁健	名山区市场监督管理局	人民网	2020年

续表

标题	作者	工作单位（作者备注）	发表刊物、报纸	发表时间
浅议擅用地理标志的法律后果	梁健	名山区市场监督管理局	中国知识产权报	2020年
蒙顶山茶品牌故事	梁健	名山区市场监督管理局	中国市场监管网	2020年
茶马古道走笔	陈开义	雅安市农工委	四川省志川茶志	2021年
红色沃土茶更香	钟国林	名山区农业农村局	亚太茶业、茗边	2021年
赞"川字号"优质农产品品牌	钟国林	名山区农业农村局	茶友网	2021年
记2021年蒙顶甘露制茶大师赛	钟国林	名山区农业农村局	茶友网	2021年
《蒙顶山茶当代史况》出版改造松赞干布与蒙顶山茶	陈开义	雅安市农业农村局	《茗流》（创刊号）	2021年
从老舍茶馆到北京奥运茶艺表演——东北女孩李娜结缘蒙顶	何修武、张泽荣	四川省茶艺术研究会	《茗流》（创刊号）	2021年
从电视媒体人到茶业老板——陈娜与茶的不解之缘	何修武、张泽荣	四川省茶艺术研究会	《茗流》（创刊号）	2021年
蒙山茶传统制作技艺入选第五批国家级非物质文化遗产代表性项目名录推荐项目名单	世界茶源生态名山	名山区融媒体中心	茶缘·精制川茶，蒙顶山茶专刊	2021年
音符与茶海"对话"郎朗携百名琴童奏响蒙顶山茶文化旅游节"序曲"	彭绎铭、文莎	四川在线雅安观察	茶缘·精制川茶，蒙顶山茶专刊	2021年
蒙顶甘露与蒙顶黄芽的十大不同	陈开义、郭磊	雅安市农业农村局	茶缘·精制川茶，蒙顶山茶专刊	2021年
我心中的蒙顶山茶	刘仲华	湖南农业大学	茶缘·精制川茶，蒙顶山茶专刊	2021年
蒙顶甘露与蒙顶黄芽之大不同	陈开义、郭磊	雅安市农业农村局	楚天茶道	2021年
"蒙顶山茶"品牌建设与地理标志发展管理研讨会综述	梁健	名山区市场监督管理局	市场监管论坛	2021年
"蒙顶山茶"商标在俄罗斯获准注册	梁健	名山区市场监督管理局名山区市场监督管理局	茶缘·精制川茶	2021年
"蒙顶山茶"国家行业标准全部通过发布	梁健、杨天君	名山区市场监督管理局名山区市场监督管理局	茶缘·精制川茶	2021年
《蒙顶山茶核心区原真性保护产品生产加工技术规范》审评会满园召开	黄余丹、杨天君	名山区市场监督管理局名山区市场监督管理局	茶缘·精制川茶	2021年
名山：中国重要农业文化遗产蒙顶山茶核心区原真性保护正式启动	亚太茶业	亚太茶业	茶缘·精制川茶	2021年

续表

标题	作者	工作单位（作者备注）	发表刊物、报纸	发表时间
雅安市名山区参加世界绿茶大会推介"蒙顶山茶"	钟国林	名山区农业农村局	茶缘·精制川茶	2021年
雅安市名山区新增2位省级非遗代表性传承人	名山文旅	名山文旅	茶缘·精制川茶	2021年
别茶人白居易——大唐蒙顶山茶宣传大使的由来	陈开义	雅安市农业农村局	中华合作时报茶周刊	2021年
常喝蒙顶甘露，人生"曲"伸有度	陈开义	雅安市农业农村局	茗边副刊、茶缘·精制川茶	2021年
典籍里的雅安茶	高殿懋	名山区地方志编纂中心	中国民族	2021年
蒙顶山上品甘露			中华茶道网	2021年
行走的雅安茶马古道	陈开义	雅安市农业农村局	茶旅世界	2022年
百县——名山区 百茶——蒙顶山茶 百人——钟国林	钟国林	名山区农业农村局	中华茶人	2022年
"蒙顶甘露"搭乘高铁开启品牌传播新征程	陈开义	雅安市农业农村局	《蒙顶山茶》特辑	2022年
蒙山茶传统制作技艺：在传承中创新的国家级非遗	黄伟	《雅安日报》社	《蒙顶山茶》特辑	2022年
以"理真"蒙顶山甘露为产品标杆实施蒙顶山茶核心区原真性保护	钟国林	名山区农业农村局	《蒙顶山茶》特辑	2022年
中国绿茶第一县——名山区茶产业发展成就瞩目	胡月	《雅安日报》社	《蒙顶山茶》特辑	2022年
蒙顶山一绝"龙行十八式"	戴富丽	《雅安日报》社	《蒙顶山茶》特辑	2022年
一瓯甘露更驰名	陈开义	雅安市农业农村局	中国茶叶加工	2022年
大明"战神"王越：以茶自喻人间第一	孟辉	雅安市名山区融媒体中心	茶道	2022年
2022年蒙顶山茶春季祭祖开园仪式在雅安蒙顶山举行	茶旅世界	茶旅世界网	茶缘·精制川茶	2022年
2022中国茶叶区域公用品牌价值评估发布蒙顶山茶品牌价值达43.99亿元稳居全国十强		四川蒙顶山茶网	茶缘·精制川茶	2022年
品味蒙顶甘露，拨开心中云雾	陈开义	雅安市农业农村局	茗边副刊	2022年
名山区魅力茶乡风情游	钟国林	名山区农业农村局	行走魅力茶乡	2022年
"蒙顶山茶"品牌十年奋进铸就辉煌	钟国林	名山区农业农村局	茶缘·精制川茶，茶友网	2022年

注：不完全统计。

表 11-7　名山茶、蒙山茶文化宣传文章名录（二）

标题	作者	标题	作者
蒙顶山的数字之谜	杨国先	蒙顶山寻幽	倪觉非
蒙顶茶在日本	聂德林	茶神、茶祖、茶圣	董存荣
品味蒙顶	赵良冶	天赐蒙山	董存荣
永兴寺	赵良冶	蒙顶瑞云	周庆云
名山——川藏茶马古道的源头	吴洪武	禅茶一味—蒙山禅茶文化	释普明、张陶涛
禅茶一味	成先勤	蒙茶仙姑	张炳林、聂德林
蒙顶山品茶	陈庆明	诗人笔下的蒙山	马国栋
茶山悠悠	曹红英	蒙山古迹景点掌故	欧阳崇正
茶马古道追思	许志勇	蒙顶夜游记	蒋昭义
茶人的思索	倪觉非	大禹登蒙山　旅祭太平年	蒋昭义
蒙顶圣山	倪觉非	蒙山秋叙	黄健
人生是一片茶叶的旅行	陈开义	蒙山赏雪	黄健
蒙山冬韵	张再兰	自豪啊，故乡的仙茶	高晏
牛碾坪观光茶园	卢本德	享誉千秋蒙顶茶	廖国锦
小叶元茶赋	卢本德	蒙茶何以称仙茶	廖国锦
蒙山仙茶	俸金龙	蒙山天下雅	曹宏

注：不完全统计。

三、茶歌、茶舞、茶剧

名山，有丰厚的传统民间歌舞资源，山歌对唱，灯舞表演，形式多样，内容广泛。其中以茶叶、茶事、茶人、茶文化为主题的歌舞占 30% 左右。

（一）茶　歌

茶农劳作中喊出的号子，茶姑采茶时哼唱的山歌，茶客品茗时由衷的赞叹，文人抒情时咏出的诗章，孕育出丰富多彩的茶歌。

1983年，陈昌祥收集名山山歌《太阳出来照山岩》《蒙顶山上对茶歌》。2005年，整理上演。

1983—1984年，县文化局普查全县民歌资源，收录到涉茶民歌100余首。1990年8月，中国民间文学集成雅安地区编辑委员会录编《中国民间歌谣集成四川省雅安地区卷》，收录名山县以茶为题材的民歌5首。其中2首如下。

下田薅秧水浑浑（张敬元采集）

下田薅秧水浑浑，阿哥得病奴担心。吃茶吃饭想念你，眼泪汪汪进房门。

十二月望郎（节选）

四月望郎正栽秧，勉强无意巧梳妆。假意送茶四角望，不知小哥在哪方？

八月望郎看月华，装盘月饼倒壶茶。想来小阿哥难吞下，手拿月饼泪如麻。

在蒙山一带流传的山歌《蒙山茶歌》，用名山传统高腔调山歌咏唱，悠远高亢。传唱过程中，根据具体情况即兴改词。

蒙山茶歌（节选）

这山望见（哟）那山（哦）高（哦），望见阿妹（哟）采（啊）茶（啊）忙（哦）。
山上的茶叶（哟）多得很（哦），采回家去（哟）待（啊）你的郎（哦）。

名山文化专家张炳林收集整理《名山民歌对唱》：

齐：（唱）太阳出来红艳艳，采茶姑娘上蒙山。蒙顶山上唱茶歌，引来小伙一串串。

男：阿妹长得真好看，青幽幽的秀发水汪汪的眼。红扑的脸蛋似仙桃，嫩闪闪的身姿赛天仙。

女：阿哥休夸妹好看秀，哥的美姿也不凡，健壮潇洒又智慧，文化青年谁不赞？

男：阿妹采茶真能干，快如春风采嫩尖。刚刚喝完一碗茶，妹采春茶一大篮。

女：阿哥休夸妹能干，哥的技能不一般。翻土施肥流汗多，牵动妹的心尖尖！

男：太阳出来红艳艳，妹的心儿比蜜甜。想跟阿妹讲相好，不知阿妹干不干？

女：哥的深情妹领会，羞羞答答口难言。唱支茶歌给哥听，悄悄话儿藏里面：小妹早把阿哥爱，我可不离蒙顶山，哥若真心把妹爱，请到蒙山我家来。

合：同在蒙山种香茶，茶牵情缘传佳话。恩爱永远不分离，上到蒙山把根扎。

20世纪90年代后，经音乐人实地体验采集、整理、提炼，留下许多茶歌、茶舞作品。2001年，组织省音乐机构专业词曲作者，策划、制作蒙山景区主题歌，参加全省景区主题歌评选大赛，获得二等奖。参赛歌曲主要有《最爱这幅画》《神游蒙顶山》。

2003年，新编历史剧《茶马司》。2004年"一会一节"期间，创作《茶马古道打茶歌》等大量歌曲。开幕式上，组织600人合唱团，64人组成的乐队，演唱主题曲；组织108人进行茶技表演。青年歌手罗蓉演唱《蒙顶山茶歌》。2009年8月，名山县文化体育局、名山县文学艺术界联合会收编出版《天下名山 茶祖故里 蒙顶山茶歌集粹》歌曲集，收录蒙顶山茶歌61首。其中，《蒙山茶歌》脍炙人口，被选为蒙山索道配乐，并多次在蒙山茶文化节、蒙山旅游节等重大会节活动中演唱。

2005年，蒙山茶文化茶艺表演队自编自演歌舞节目，有名山民歌《蒙顶茶味道鲜》（对唱）、《请喝一杯蒙顶茶》（独唱），有歌舞《蒙顶山上采茶忙》、连箫《蒙顶山上对茶歌》、金钱板《邀邀约约上蒙山》、四川清音《蒙顶山上放风筝》等（图11-39）。四川省第三届旅游发展大会期间，名山组织100人的大型茶技表演，在名山中峰乡牛碾坪演唱《太阳出来照山岩》《蒙顶山上对茶歌》，时任中共四川省委书记张学忠、省长张中伟等参加，并唱茶歌。

图11-39 龙泉窑采茶姑娘

2012年，央视《走遍中国》栏目组到名山茶园拍摄采茶姑娘采茶、唱采茶歌情景。拍摄蒙顶山茶采制过程、蒙山派茶技"龙行十八式"表演。央视七套《乡土》栏目组，亦到名山拍摄采茶姑娘采茶、唱采茶歌场景。

2014年3月27日，名山区举办茶文化旅游节，藏族青年扎西多吉演出原创歌曲《蒙山情》；8月25—26日，旅游卫视《最美中国》栏目组到双河乡骑龙场万亩观光茶园，拍摄采茶女对唱茶歌情景。同年，四川省茶艺术研究会会长何修武挖掘、整理蒙顶山茶文化，创作以吴理真与茶仙姑为题材的《植茶歌》。刘绪敏在茶艺和变脸节目中变出蒙顶山茶品牌（图11-40）。

图11-40 2014年，刘绪敏在深圳茶博会表演川剧变脸

2015年，中峰乡老年协会编写快板《四个老妈话关爱》《茶乡情》，以牛碾坪万亩观光茶园为题材，讲述茶乡风情变化，在全乡巡回演出。万古乡九间楼村的杨荣良、童少武编写快板《不简单》《茶乡颂》《农村新面貌》歌词，讲述万古乡农村新气象。

2017年3月28日，首届蒙顶山国际禅茶大会寻根峰会在名山召开，演唱主题歌《禅茶一味》及歌颂名山茶旅的《我的名山》。

代表性茶歌谱如下。

仙茶歌

（根据名山高腔山歌和民歌《好久没到这方来》改编）

廖国锦 词
胡本柱 曲

$1=A$ $\frac{4}{4}$

自古哎　仙茶产西哎　蒙哎哟喂
云雾哎　将敬酒哎一柱哎　香哎哟喂

西蜀那个蒙山　云雾那浓啊　茶祖啊植茶　蒙啊山顶那啊
风流那个千古　一奇那葩啊　当年啊尽属　王啊公有那啊
祖宗那个功德　不能那忘啊　年年啊开采　祭啊天地那啊

遥望那茶山　绿葱茏那哈　蒙顶仙茶　嗯哎绿呀茵茵啊
今入那寻常　百姓家那哈　蒙顶仙茶　嗯哎味呀独香啊
岁岁那清明　拜炎黄那哈　蒙山仙茗　嗯哎味呀独鲜啊

高唱山歌忆古今哎　黄芽甘露哎　情哟义重
五州四海美名扬哎　邮封寄往哎　天哟涯去
杯底留香贵自然哎　常欲绿茶哎　防哟绝症

蒙山起舞迎佳宾迎哟佳宾。
异土亲人思故乡思哟故乡。
强身健体保平安保哟平安。

杜鹃花儿四季　开哟嗬　春夏嘛秋冬
美酒佳肴不必　备哟嗬　一杯嘛仙茗

贵客客　哟嗬呀小海棠花儿香

暖心哟怀哟喂

蒙顶茶味道鲜

（名山民歌）

请喝一杯蒙山茶

1=G 2/4

黄少翔 词曲

散板
(6 - - - 16 52 3 - - 2 - - - 5. 3 1321 6 - - - |

慢
35 11 | 66. 6 | 5165 | 3 - | 6.1 66 | 2. 3 |
扬子江中水哟，蒙山顶上茶，扬 江中 水，

♩=78
1 3 2 1 | 6 - 6 - | 6.1 6.1 | 2352 33 | 2.5 321 |
蒙山顶上茶。蜀土茶称圣哟，蒙山茶

6161 2 | 6662 16 | 3512 556 | 6135 | 6 1 6. | 6565 2 |
味独 珍，黄芽茶甘露茶，玉叶长春石花茶，万春银叶 哟

3 - | 0123 | 2251 | 2 - | 2 - | 0 0 |
喂， 还有那茉莉花茶舍， （白：又甜

0 0 | 3235 | 6. 5 | 1321 | 6 - 6 - |
又香哦!）禹贡 皇家茶 香飘百姓 家。

6.1 6.1 | 2352 33 | 2.3 532 | 6161 2 | 6662 16 | 3512 216 |
天风十二引人醉也，龙行十八 迷人眼，叶儿细嫩绿黄 褐色青 茶味长，

222 542 | 6145 542 | 61 66 | 3 53. | 252 2 | 6 16. |
叶儿细嫩绿黄褐色青 茶味长。尝一口哟 喂， 尝一口哟 喂，

0123 | 351 | 123 2. | 2 - | 0 0 0 0 |
味道 硬是 香 哦! （白：硬是香哦!）

332 35 | 6. 5 | 116 2352 | 33. | 1161 53 | 2. 3 |
喝口 贡 茶 下山 来哟，走遍天下还

5315 | 6166 | 3511 | 6 - | 2425 6 | 5 - |
回味 香哦！父老乡亲舍， 快快来哟，

1161 | 3323 | 6. 1 | 6 (1235) | 6 2. 1 | 6 - 6 - ‖
请喝一杯请喝一杯蒙山茶， 蒙 山 茶。

蒙山茶歌

柳堤 词
薛明 曲

1=F 2/4
中速 优美

（笛引
（童声伴唱）

扬子江中水哎 蒙山顶上茶哎 扬子江中水哎
蒙山顶上茶哎衣咃。 扬子江中水 蒙山顶上茶 扬子江中水 蒙山顶上茶

扬子江中水啊 蒙山顶上茶

雅雨飘飘洗 蒙 山
青衣江水滚 滚 流，

蒙山茶林发新芽， 蒙山 的 茶 歌 千 年 唱，
蒙山茶香飘天涯， 贡茶 最 数 蒙 山 好，

都知道蒙 山 最先来种茶， 从古至今 最美一句
藏族弟 兄 最爱蒙山 茶， 茶马古道 马铃叮咚

话， 扬 子 江 中 水 蒙 山 顶 上 茶，
响，

伴唱：啊 啊

(二)茶 舞

蒙山茶文化舞蹈多产生于改革开放后。20世纪80年代起,多有舞蹈演出,以民族舞、现代舞等形式,反映蒙山茶发展历程、吴理真与蒙茶仙姑的爱情故事、茶马古道背茶进藏的故事以及采茶故事等。其中,1982年,《蒙茶仙姑》在雅安地区文艺会演中获奖。

2004年,"一会一节"期间,中央电视台在名山二中举行《千秋蒙顶》大型主题歌舞晚会。晚会分为茶之源、贡之茗、汉之茶和茶之风4个部分。种茶、采茶、制茶、品茶连贯,集歌、乐、诗为一体。舞美、灯光、歌曲等,节目均是原创。

2009年9月,特邀成都战旗歌舞团国家级编剧与名山县专业人员共同编排茶舞《蒙顶茶韵》,参加全市庆祝新中国60周年国庆文艺汇演。同年,舞蹈《茶马古道背夫故事》参演非物质文化遗产巡礼,名山茶歌、茶舞在全国省市县活动中巡游演出。

(三)茶 剧

1982年8月,聂德林编剧、陈昌祥作曲,完成神话小话剧《蒙茶仙姑》创作。同年10月,经二人改编后,由名山县业余宣传队在全县演出。

2005年,四川省第三届旅游发展大会在雅安市举行期间,县文体局组织编演情景剧《茶马互市》,以宋代茶马交易为场景,演绎"蜀茶总入诸藩市,胡马常从万里来"的盛况,受到中共四川省委、省人民政府领导赞扬。大会期间,中共雅安市委、市人民政府聘请四川音乐学院主要音乐人集体创作舞剧《千秋蒙顶》,反映蒙山茶发展和茶祖吴理真的浪漫爱情故事,在会节晚会演出,得到中外嘉宾赞誉。

2005年,蒙山茶文化茶艺表演队自编自演雅安市非物质文化遗产名山马灯剧目《蒙山茶唱词》、黄梅戏《茶祖仙姑结良缘》等。

2013年,四川省茶艺术研究会、蒙顶山茶艺培训中心等民间团体策划创作首部舞台剧《茶祖吴理真》(图11-41),彰显蒙顶山茶文化;1月25日,在成都举行首场公演。

图11-41 舞台剧《茶祖吴理真》研讨会

2014年,何修武创作舞台剧《茶祖吴理真》。

2017年,俸金龙创作舞台剧《黄云鹄》,发表于2018年第一期《戏剧家》《青衣江》《蒙顶山》杂志。《天赐甘露》创作于2019年,发表于2020年《蒙顶山》冬刊号。

四、茶文化相关作品

从古至今，历代政府官员、领导，书法家、画家、摄影家、雕塑家、学者，外国友人，茶人茶客等，都创作了大量蒙山茶文化作品。名山古牌坊、石碑、石刻、雕塑以及现当代艺术家创作的作品，很大部分涉茶。书法、绘画、雕塑等艺术是传播推广蒙顶山茶及文化的有效形式，当代名山文联、名山老年诗书画研究会、名山书法家协会、蒙山画院等都发挥了很好的作用。各种形式作品见表11-8，图11-42~图11-66。

表11-8 蒙顶山茶文化相关作品

类别	内容	作者	创作时间	地点
题词	蒙泉	王宝华	清道光	蒙顶甘露井壁
题词	蒙山	赵懿	清光绪	蒙顶山延龄桥畔
题词	蒙顶山上春风暖　六根桥边甘露香		清晚期	六根桥字库
题词	禹贡蒙山	张爱萍	1983年	蒙顶山至永兴寺分路口、原蒙山形象山门牌坊（正面）
题词	蒙山茶史博物馆	张爱萍	1983年	原"蒙山茶史博物馆"馆名
题词	天下大蒙山	马识途	1983年	蒙山、原蒙山形象山门牌坊（背面）
题词	蒙顶	张海	1984年	蒙顶山天盖寺山门门楣
题词	漏天之盖		1984年	蒙顶山天盖寺山门后楣
题词	来到蒙山品贡茶人生一快事	杨凤	1984年	蒙顶山
题词	蒙山胜景秀　贡茶誉神州	杨国攀	1984年	蒙顶山
题词	蒙山第一茶	李步云	1984年	蒙顶山
题词	清明时节雨　蒙山顶上茶	杨汝岱	1984年	蒙顶山
题词	扬子江水流不尽，蒙山名茶永飘香	冯振伍	1984年	四川省国营蒙山茶场
题词	郁郁青山，濛濛烟雾。香碣名茶，誉满神州	杨析综	1984年	蒙顶山
题词	蒙山古名山，贡茶传千年。品茗蒙山巅，余香越雅安	陈森	1984年	蒙顶山
题词	中华名茶纷繁陈　蒙山仙茗弥足珍	冯举	1984年	蒙顶山
题词	常闻蒙顶雾，久慕理真茶。雾浓盼晚晴，茗淑思黄芽	吕齐	1984年	蒙顶山
题词	饮茶蒙山顶　乳雾随香飘	刘伟	1984年	蒙顶山
题词	历代名茶　首推蒙顶	杨超	1984年	蒙顶山
题词	名茶之间（译文）	四釜一（日本）	1984年	蒙顶山

续表

类别	内容	作者	创作时间	地点
题词	蒙山玉女　天下第一美人 蒙山花茶　天下第一名茶	陈仕萍（泰国）	1984年	蒙顶山
题词	我被蒙山茶迷住了（译文）	雅克·叶尼（瑞士）	1984年	蒙顶山
题词	绝世佳茗（译文）	布南·肯尼迪（英国）	1984年	蒙顶山
题词	我才发现了一种新的仙茶并找到了很多新挚友（译文）	乔治·麦阿尼（美国）	1984年	蒙顶山
题词	蜀土茶称圣，蒙山味独珍	杨超	1984年	蒙顶山
题词	蜀土茶称圣，蒙山味独珍	何郝炬	1984年	蒙顶山
题词	词《思佳客·登蒙顶品茶》	何郝炬	1984年	蒙顶山
题词	仙茶故乡	谭启龙	1985年	蒙顶山
题词	雨露濛沫，仙茗飘香	谭启龙	1985年	蒙顶山
题词	蜀土茶称圣，蒙山味独珍	吴觉农	1988年	蒙顶山
题词	弘扬国饮	李瑞河	1995年	大元茶厂
题词	名山名家名品	韩邦彦	1997年	蒙顶山
题词	搞好边茶生产，让西藏人民喝上放心茶、满意茶	郭金龙	2002年	四川名山西藏朗赛茶厂
题词	云流藏古寺，木落露高亭	何世珍	2003年	蒙顶山
题词	蒙顶山	刘枫	2003年	蒙顶山形象山门、蒙顶山景区山门门楣
题词	扬子江中水　蒙山顶上茶	刘枫	2003年	蒙顶山天盖寺山门门联
题词	蒙山甘露　香飘万里——题四川茗山茶业公司	陈宗懋	2004年	四川省茗山茶业有限公司
题词	千秋蒙顶，茶香天下 弘扬茶文化，发展茶产业	张学忠	2004年	蒙顶山
题词	蒙山茶	施兆鹏	2004年	四川省茗山茶业有限公司
题词	雅安生态美，蒙顶名茶香	张中伟	2005年	蒙顶山
题词	茶之源　中国蒙顶山	张怀西	2007年	蒙顶山
题词	蒙山饮甘露　得道一杯中	徐楚德	2009年	蒙顶山
题词	天府天盖　名山名茶	龙协涛	2009年	蒙顶山

续表

类别	内容	作者	创作时间	地点
题词	蒙顶皇茶健康之饮	王定国	2009年	蒙顶山
题词	蒙顶山茶香天下	杨贤强	2009年	蒙顶山
题词	蜀中一绝 独珍蒙顶	刘勤晋	2009年	蒙顶山
题词	茶祖故里	杨汝岱	2010年	名山城千米文化长廊
题词	名副其实的中国茶乡	陈宗懋	2011年	名山
题词	蒙顶山茶	陈宗懋	2011年	名山
题词	蒙顶山茶文化说史话典	朱自振	2014年	《蒙顶山茶文化说史话典》封面
书法	琴里知闻惟渌水，茶中故旧是蒙山	李半黎	1984年	蒙顶山碑林
书法	仙茶沁心助尔攀峰 玉女多情伴我入藏	黄宗英	1984年	蒙顶山
书法	录白居易《琴茶》诗	王维德	1985年	蒙顶山茶
书法	名山茶业志	李半黎	1987年	《名山茶业志》封面
书法	永兴寺	赵朴初	20世纪90年代	蒙顶山永兴寺
书法	天下第一茶	李普	20世纪90年代	蒙顶山碑林
书法	扬子江心水，蒙山顶上茶	岑学恭	20世纪90年代	蒙顶山碑林
书法	人间第一茶	王学仲	20世纪90年代	蒙顶山碑林
书法	峰回	李雁	20世纪90年代	蒙顶山碑林
书法	录赵懿《咏蒙山茶诗》	张海	20世纪90年代	蒙顶山碑林
书法	录《咏蒙山茶诗》	韩天衡	20世纪90年代	蒙顶山
书法	茶山秀峰归蒙顶 若教陆羽持公论，应是人间第一茶	吴洪武	2004年	名山城吴理真广场
书法	扬子江心水，蒙山顶上茶 蜀土茶称圣，蒙山味独珍	徐登辅	2004年	名山城吴理真广场
书法	蒙顶山茶	马识途	2008年	茶业协会注册为公共商标
书法	茶禅一味 德品双馨	司徒华	2008年	蒙山
书法	记录与颂扬蒙顶山茶诗、茶联书法碑刻	韩德云、吴洪武等	2010年	名山城千米文化长廊

续表

类别	内容	作者	创作时间	地点
书法	天下名山，千秋蒙顶	刘大为	2013年	蒙顶山
书法	茶香思蒙顶，鱼雅念青弋	张幼矩	2013年	名顶山
书法	最爱晚凉佳客到，一壶新茶泡松萝	翟志成	2013年	蒙顶山
书法	录《蒙顶山茶赋》	张昌余	2014年	蒙顶山景区
书法	中国茶都	舒炯	2015年	蒙顶山形象山门石碑
书法	天下休闲地 人间养生场	吴洪武	2005年	蒙顶山茶坛
书法	中国蒙顶山 世界茶之源	徐登辅	2005年	蒙顶山茶坛
书法	问弥陀（黄云午鹄）	舒相	2006年	智矩寺后
书法	蒙顶山茶当代史况	姜永智	2019年	《蒙顶山茶当代史况》专著封面题字
书法	蒙顶黄芽 黄韵蜜香	姜永智	2020年	《蒙顶黄芽》专著封面、内页题字
书法	百茶园 本源 传承	钟国林	2022年	跃华茶庄园百茶园
图画	蒙山图	关山月	1984年	名山
图画	蒙山之春	庞泰嵩	1984年	名山
国画	蒙山山水图	吴一峰	1986年	蒙山碑林
国画	生在蒙山自得清露	刘云泉	1990年	蒙山碑林
国画	蒙山仙境图	韩德云	2012年	名山城福隆酒店大厅、《中国名茶蒙顶甘露》封面
国画	雨后茶乡	钟国林	2013年	《蒙顶山茶文化简明知识读本》封底
国画	翠谷幽兰	赵乃璐	2014年	《吴裕泰新注茶经》
国画	茶乡云雾	钟国林	2019年	《蒙顶山茶当代史况》专著封面
国画	一片小茶叶托起大产业	韩德渊	2020年	入展中国国家博物馆，中央电视台二频道播放
国画	蜀茶十贤（配茶诗）	韩德渊、李镜	2021年	蒙顶山茶史博物馆
国画	茶海花香	钟国林	2021年	蒙顶山茶史博物馆
摄影	蒙山茶园、天盖寺	袁明	2015年	名山
摄影	永兴寺、茶乡新村	熊翔	2015年	名山
石雕	大禹像	韩德渊	1984年	蒙顶山灵泉峰
石雕	蒙茶仙姑像	韩德渊	1985年	蒙山玉女峰

续表

类别	内容	作者	创作时间	地点
石雕	茶祖吴理真像	韩德雅	2000年	名山城名海花园
石雕	"以茶易马汉藏一家"群雕	韩德渊、韩光涛	2000年	新店镇街
石雕	茶祖吴理真像茶文化柱及茶文化系列雕塑	韩德雅	2004年	名山城吴理真广场
石雕	植茶始祖吴理真1.2m高汉白玉石像	韩德雅	2004年	陕西省扶风县法门寺供奉
石雕	植茶始祖吴理真2.5m高汉白玉石像	韩德雅	2005年	中国茶叶博物馆（杭州）
雕塑	吴理真、文同、"三苏"品茶、神农氏、闵钧、吴之英、赵懿、"吴理真与茶仙"茶壶等	韩德云	2010年	名山城千米文化长廊
石雕	曹光实像	吴继清	2012年	百丈镇曹公村
雕塑	吴理真像（玻璃钢仿铜像）	李松涛	2014年	茶业商会、有关企业
雕塑	茶叶生产制作群雕	韩光宇	2015年	茶马古城
石雕	植茶始祖吴理真5.30米高汉白玉石像	杨鑫利	2022年	成都茶文化公园（钟国林面部修正）
陶塑	植茶始祖吴理真石像	曾庆红	2022年	名山区茶业协会、雅安广聚农业订制、会员企业供奉
浮雕	蒙顶山龙墙	韩德雅	2006年	智矩寺旁龙井泉水山庄
浮雕	蒙顶山茶历史画卷	韩德雅	2020年	蒙顶山茶坛

注：不完全统计。

图11-42 书法、绘画作品传播茶文化

图11-43 张爱萍题字
（图片来源：名山区文化广播电视体育和旅游局）

图11-44 书法家王学仲书

图11-45 画家书法家岑学恭书

图11-46 韩天衡书法

图11-47 原中国书协主席张海书法

图11-48 中国书协主席刘大伟书法

图11-49 书法家李半黎书法

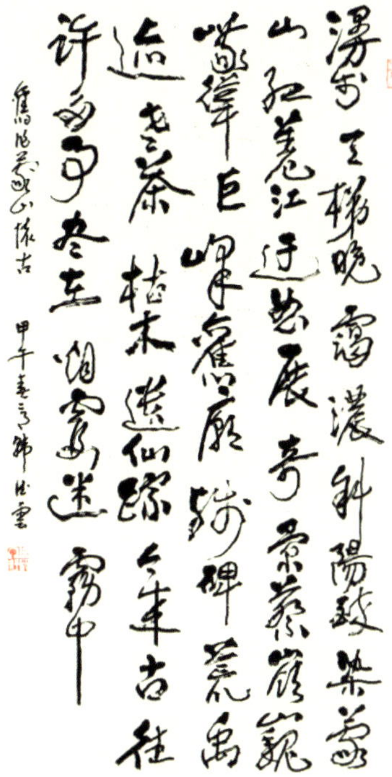

图 11-50 韩德云书法 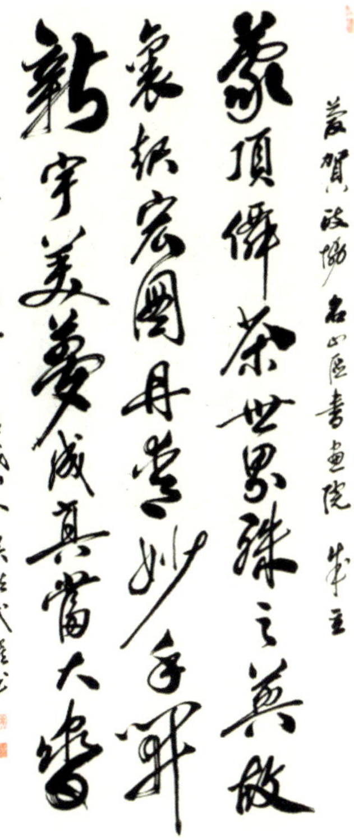　　　图 11-51 吴洪武书法 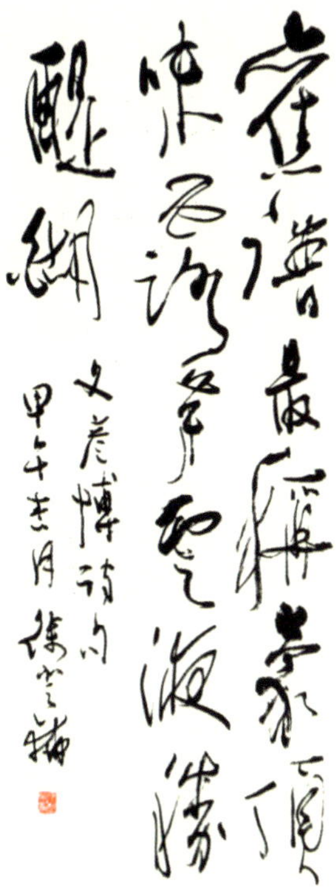　　　图 11-52 徐登辅书法

图 11-53 姜永智书法　　　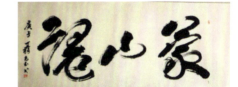
图 11-54 聂光玉书法

图 11-55 画家韩德云作《蒙山仙境图》

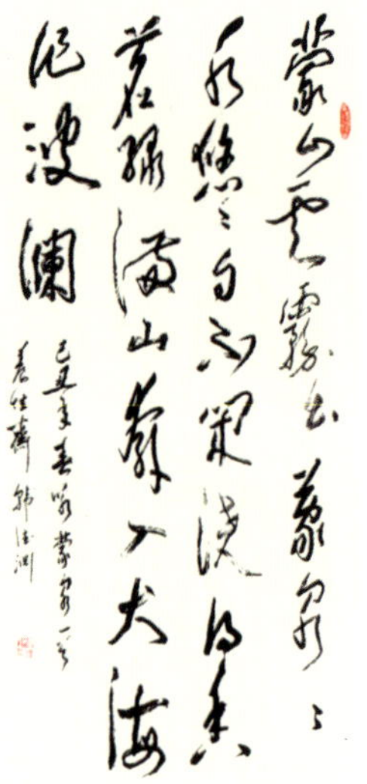

图 11-56 韩德渊书法　　图 11-57 韩德雅绘画 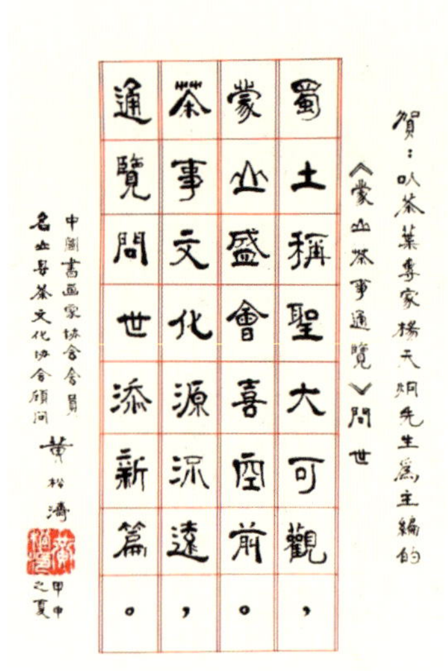　　图 11-58 黄松涛书法

图 11-59 钟国林画作《仙茶故乡云雾浓》

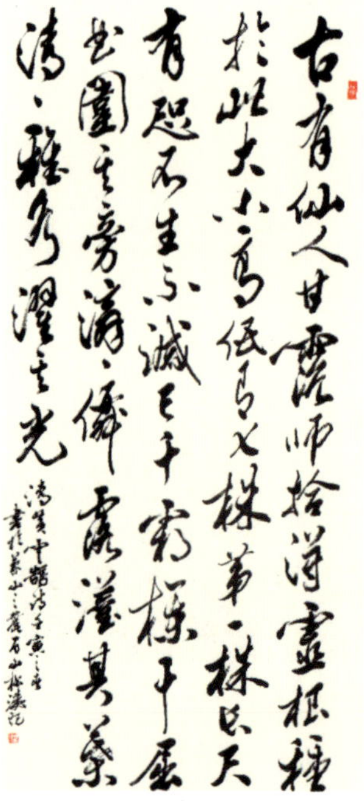

图 11-60 李松涛书法 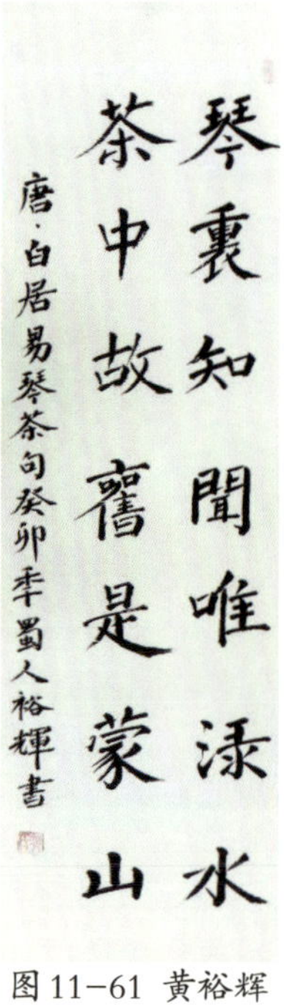　　图 11-61 黄裕辉书法 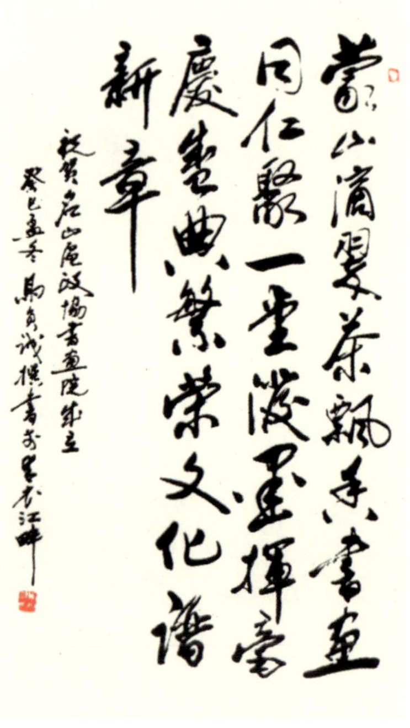　　图 11-62 马负诚书法

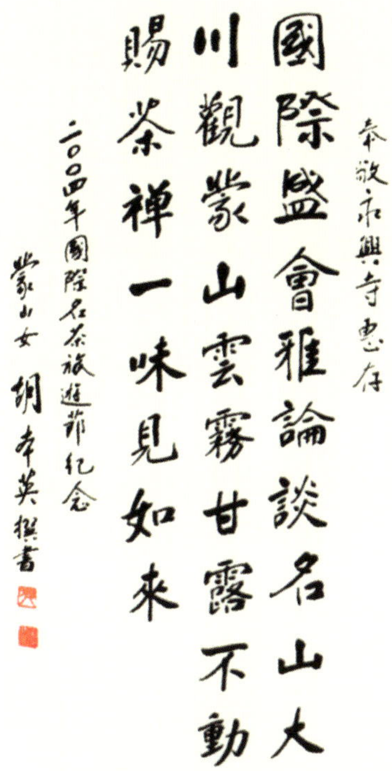

图11-63 胡本英书法 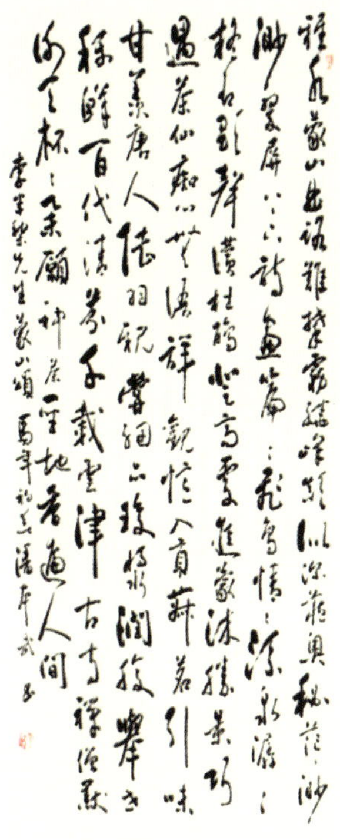　　图11-64 潘本武书法 　　图11-65 杨家祥书法

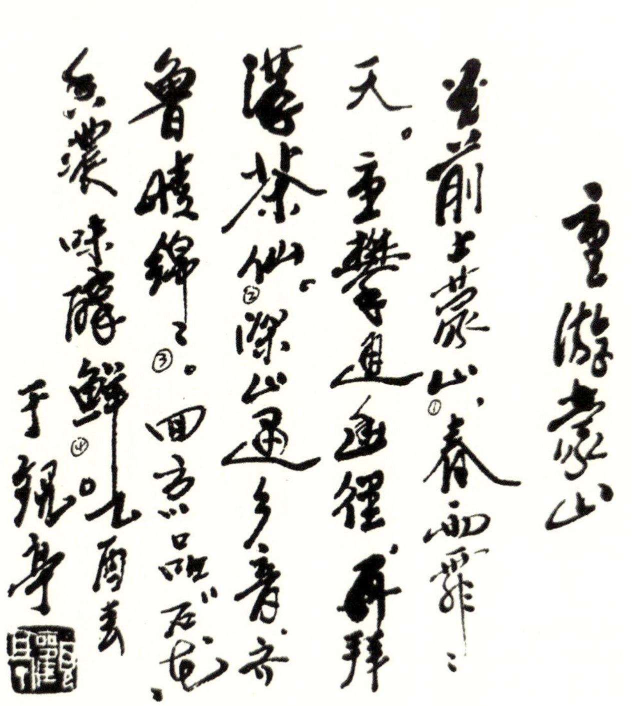

图11-66 著名茶人于观亭诗书《重游蒙山》

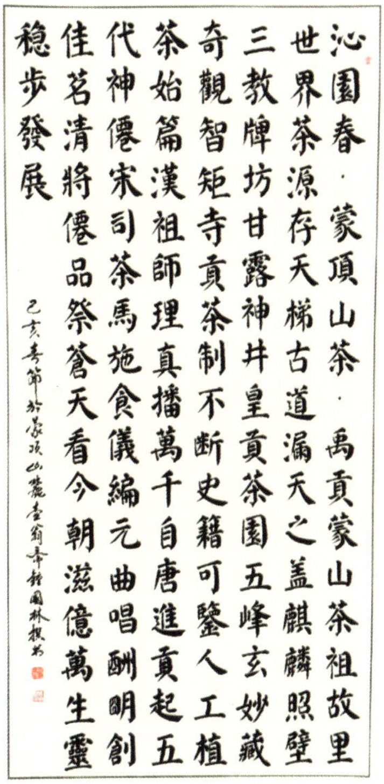

图11-67 钟国林词《沁园春·蒙顶山茶》

五、电影电视作品

（一）影视作用

1984年，艺术家黄宗英自编、自导、自演电影《小木屋》，以蒙顶山及蒙顶山茶文化为背景，将蒙顶山茶首次搬上银幕。该剧在蒙山开镜。黄宗英在剧中扮演一位种茶成功的女科学家。拍摄期间，黄宗英在蒙山体验学习茶鲜叶采摘技术。

1989年，以名山县籍作者、四川省作家协会会员聂德林鲜叶小说《蒙茶仙姑》为原本改编的电视剧《玉叶仙子》在蒙顶山开镜拍摄。该剧详细反映了吴理真在蒙山种茶的史实，塑造蒙茶仙姑形象，得到广泛传播。

（二）广播电视专题节目

新中国成立后，名山先后设广播站、卫星地面接收站、电视台，通过调频广播、有线电视台、微波电视网络、广播电视网络、广播网络以及千乡电视工程、村村通工程等，将茶文化传播到城镇、乡村、学校、企业，普及千家万户。

1982年至1988年9月，名山县广播站设《本县新闻》栏目，特设《蒙山之声》栏目。均设有以蒙山茶文化为主要题材的专题文章及节目，在全县广为传播。

1986年，名山广播局电视台与农业局共同录制《蒙山顶上茶》蒙山茶栽培技术和制作工艺专题片，在省、地、县电视台播放，同时翻录20套下发到乡镇播放，作为乡村普及培训教材。

1988年9月，名山电视台开设《本县新闻》栏目，蒙山茶文化宣传进入电视节目。

20世纪90年代以后，电视宣传逐渐普及。蒙山茶宣传，不断通过专题片，直接推向电视荧屏。截至1994年，从中央到省、地、县电视台，以新闻报道和专题栏目摄制名山风光专题片20多部，在各级电视台播放。

1994年9月20日—1996年9月20日，通过四川电视台《风景名胜区天气预报》栏目，播出名山蒙山景区每日天气预报，展示蒙山、百丈湖风光。

1995年，中央电视台国际频道拍制蒙山茶文化专集，时长10分钟，滚动播出。

1998年，中央教育台录制《中华茶苑》专题节目52集，其中第二集为《蒙山仙茶》，节目时长10分钟，由欧阳崇正讲解蒙茶历史，并表演蒙山文人茶道。

2000年3月15日，日本国家电视台在蒙山拍摄蒙山茶文化专集。同年，名山县广播站、名山电视台等，制播涉茶新闻80条，广播评论《蒙山茶出路在何方》获雅安市优秀节目一等奖。

2001年，在中央电视台十五频道和西藏卫视滚动播出蒙山风光片。同年4月下旬，成都有线电视台十五频道、西藏卫视均插播蒙山、百丈湖广告。同年7月2日，中央电视台二套《生活》栏目《龙行天下》节目摄制组在名山拍摄茶文化专题。同年8月3—7日，中央电视台第四套《西部风采》栏目摄制组到名山拍摄茶文化专题片，并在四川卫视、四川电视台一套、二套、三套播出。全年，名山县广播站、名山电视台等，制播茶业及茶文化相关新闻82条，其中电视短消息《蒙山茶首批获得世界茶叶自由贸易"通行证"》获四川省人民政府二等奖。同年，在四川电视台恢复蒙山、百丈湖景区天气预报。

2002年，继续在中央电视台二台生活栏目、四川电视台及《成都晚报》《天府早报》等媒体宣传名山旅游。全年，名山县广播站、名山电视台等，制播涉茶新闻79条。

电视形象宣传片《仙茶神韵》获省人民政府三等奖，广播消息《"仙茶故乡"名山获得国际茶文化节举办权》获市人民政府二等奖。

2003年3月，举办蒙顶山皇茶祭天祀祖活动暨采茶节，数十家新闻单位跟踪采访。同年4月，制作专题风光片《茶圣》，反映蒙山茶文化。同年11月，中央电视台七套"搜寻天下"栏目组制作专题节目，介绍蒙山茶历史和现状，节目时长30分钟，于2004年1月28日播出。全年，名山县广播站、名山电视台等，制播涉茶新闻90条，广播消息《蒙顶山禅茶技艺表演获国际比赛特别奖》《蒙顶山液体浓缩茶畅销美国市场》均获得雅安市人民政府二等奖。

2004年7月21日，为宣传报道第八届国际茶文化研讨会暨首届蒙顶山国际茶文化旅游节，中央电视台少儿、科技频道《异想天开》栏目组在雅安拍摄系列片《走进雅安》，其中《茶吧·茶艺·茶技》在名山县拍摄。会节期间，新华社、中央电视台、东方卫视及《光明日报》《美国国际日报》《香港文汇报》《香港大公报》等近100家中外新闻单位的200余名新闻记者，全程报道。全年，名山县广播站、名山电视台等，制播涉茶新闻123条。电视音乐作品《请喝一杯蒙山茶》获省人民政府一等奖。

2005年，国家、省、市、县电视台等，均宣传报道第三届四川旅游发展大会暨第二届蒙顶山国际茶文化旅游节盛况。时任中共四川省委书记、省人大常委会主任张学忠接受名山电视台采访，肯定了名山茶文化宣传；制播茶文化专题片《名山风景独好》。年内，中央电视台国际频道播出专题片《茶中故旧是蒙山》，由雅安电视台董存荣撰稿编导。该节目获当年四川省"宣传四川好新闻"电视类一等奖。全年，名山县广播站、名山电视台等，制播涉茶新闻102条。

2006年，名山县广播站、名山电视台等，宣传报道第三届蒙顶山国际茶文化旅游节、万人品蒙顶春茶等重大活动。全年，名山县广播站、名山电视台，制播涉茶新闻120条。同年4月23日，旅游电视片《世界茶文化圣山——蒙顶山》，在旅游卫视《中国游》栏目首播。

2007年，国家、省、市、县电视台等，宣传报道第四届蒙顶山国际茶文化旅游节、万人品蒙山茶等活动。全年，名山县广播站、名山电视台等，制播涉茶新闻156条。

2008年，省、市、县电视台等，宣传报道全国茶馆专业委员会2008年年会暨第五届蒙顶山茶文化旅游节、万人品蒙山茶等重大活动。全年，名山县广播站、名山电视台制播涉茶新闻123条。

2009年，省、市、县电视台等，宣传报道首届蒙顶山茶品赏推介周等活动。中共名山县县委宣传部拍摄《天下名山 世界茶源》专题宣传片，宣传蒙山茶文化。同年，任国平前往马来西亚表演蒙顶山茶技"龙行十八式"，名山县广播站、名山电视台等跟踪报道。全年，名山县广播站、名山电视台制播涉茶新闻109条。

2010年，国家、省、市、县电视台等，宣传报道第六届蒙顶山国际茶文化旅游节、第二届蒙顶山茶品赏推介周、蒙顶山茶走进上海世博会等活动。同年6月，中国蒙顶山茶技队受邀出访哈萨克斯坦进行国际茶文化交流，并为哈萨克斯坦总统表演巴蜀茶艺，名山县广播站、名山电视台等跟踪报道。同年11月26日，台湾大爱电视台《彩绘人文地图》栏目摄制组在名山蒙顶山拍摄茶文化。全年，名山县广播站、名山电视台等，制播涉茶新闻126条。电视系列报道《龙行十八式舞动世博会》获市人民政府二等奖。

2011年，名山县广播站、名山电视台宣传报道中国四川国际茶文化旅游节暨第七届蒙顶山国际茶文化旅游节、第三届蒙顶山茶品赏推介周等重大活动，全年制播涉茶新闻156条。

2012年2月11日，国家、省、市、县电视台等，均宣传报道第八届蒙顶山国际茶文化旅游节、2012蒙顶山国际茶文化研讨会、蒙顶山茶（成都）品赏推介周、2012中国（四川）国际茶业博览会等重大活动。同年2月26日起，《林师傅在首尔》在北京、深圳、陕西三大卫视首播，林永健、张瑞希、宋丹丹主演，蒙山派茶艺师王国富出演剧中茶艺师，用"龙行十八式"招式泡制蒙山茶。同年6月21—26日，中央电视台纪录频道走进名山拍摄大型茶文化纪录片《茶，一片树叶的故事》。第一集为《土地和手掌的温度》，以蒙山茶为主题，以一个名叫曾亿馨的外地女孩学习蒙顶山茶技为线索，反映蒙山茶起源和发展，反映以成先勤为代表的蒙山派茶技、茶艺，反映蒙山茶文化以及蒙顶黄芽的制作过程等，片长30分钟。全年，名山县广播站、名山电视台制播涉茶新闻133条。

2013年，省、市、区电视台等，宣传报道第九届蒙顶山国际茶文化旅游节暨蒙顶山茶春交会、首届蒙顶山民间斗茶大赛暨春茶品鉴会等重大活动。全年，名山区广播站、名山电视台制播涉茶新闻145条。

2013年，中央电视台二频道、四川卫视、四川卫视第四频道播出《四川蒙顶山春茶上市机器制茶效率提高百倍》《蒙顶山春茶开采用工缺口四到五万人》等新闻。中共雅安市名山区委宣传部与《大爱如山——雅安地震中的故事》栏目摄制组合作，拍摄《四季名山》专题片。同年5月28日，成都电视台拍摄《这里是成都》，第一集主题词为"古道遗香"，专题介绍蒙山茶文化。电影人成龙公益代言蒙顶山茶（图11-68），从7月5日起，央视电影频道每天播出4次，为期1个月；从8月初起在央视农业频道播放，为期1年（图11-67）。

图11-68 国际巨星成龙公益代言蒙顶山茶

2014年，国家、省、市、区电视台等，宣传报道蒙顶山茶全国订货会暨首届茶马古城文化艺术节、第十届蒙顶山国际茶文化旅游节、第八届蒙顶山女子采茶能手大赛、蒙顶山茶成都品赏推介周、2014春季广州国际茶博会等重大活动。报道成龙蒙顶山"敬茶感恩"公益助阵国际茶文化旅游节及名山区"感恩奋起·敬茶以爱"系列活动情况。全年，名山区广播站、名山电视台制播涉茶新闻共232条。同年3月16日，中新网刊发《全国茶商携手雅安名山·共援茶产业恢复重建》专题报道，腾讯网、凤凰网、网易、搜狐、中国网、《中国日报》等16家媒体转载。同年3月29日，中央电视台十三频道播放《四川雅安：茶业生产基本恢复到震前水平》专题片。每经网视频播放《雅安名山茶旅游景点和产业园区建设如火如荼》专题片。同年5月25—26日，旅游卫视《最美中国》栏目组在名山区拍摄茶产业、茶文化、茶旅游内容，节目在旅游卫视播出。同年5月26日，中央电视台科教频道《地理·中国》栏目组在名山探寻茶文化、拍摄名山茶产业灾后恢复重建情况，拍摄茶马古城、雅安市蒙顶山茶叶交易所有限责任公司等茶文化茶产业项目。

2015年，省、市、区电视台等宣传报道第十一届中国·四川蒙顶山国际茶文化旅游节。展示四川"4·20"芦山地震灾后恢复重建两周年名山生态文化旅游融合发展阶段性成果，推介"世界茶源"城市宣传名片。全年，名山区广播站、名山电视台制播涉茶新闻共301条。同年2月2日，电视剧《武媚娘传奇》播出，其中第74集、94集和95集有武媚娘频繁夸赞蒙顶山茶剧情的画面。同年7月8日，湖南卫视播出《花千骨》，有蒙顶山茶作为仙家调香用品的剧情。

2017年4月，牛碾坪生态茶园基地和观光旅游区作为四川省茶产业推进农业供给侧结构性改革典型登上《新闻联播》；央视新闻直播网拍摄名山茶产业专题片《茶马古道起点，春茶采摘进行时》并播出。中央电视台七台农业频道专题录制地方特产蒙顶山茶，多次在中央电视台农业广播电视课堂节目中播出（图11-69）。

2022年12月30日，湖南卫视茶频道的《倩倩直播间》分享好茶，由名山区茶业协会秘书长钟国林和雅安市广聚农业发展有限公司董事长周先文共同介绍蒙顶山茶和理真甘露，后期又重播两次（图11-70）。

图11-69 2017年，中央电视台农业频道录制节目

图11-70 湖南卫视茶频道直播蒙顶山茶核心区原真性保护节目

2013—2022年茶业宣传广播电视专题节目列表详见表11-9。

表11-9 2013—2022年茶业宣传广播电视专题节目

节目名称	表现形式	播（登）出台站	播（登）时间
名山风景独好	电视专题片	名山电视台	2005年5月
茶人张跃华与蒙顶山传统制作技艺	电视专题片	名山电视台	2013年5月
成龙代言蒙顶山茶	电视专题片	名山电视台、雅安电视台、四川电视台	2013年7月
春早人更勤	电视专题片	名山电视台	2014年4月
采茶人韩中国	电视专题片	名山电视台	2014年4月
蒙顶山茶产品质量安全有保障	电视专题片	名山电视台	2014年11月
名山藏茶发展势头强劲	电视专题片	名山电视台	2015年2月
茶乡绿道 别样风情	电视专题片	名山电视台	2015年3月
茶山茶歌	音乐作品	名山电视台	2015年3月
建百里茶走廊 茶旅融合发展	电视专题片	名山电视台	2015年5月
骑龙场万亩观光茶园游记	电视专题片	名山电视台	2015年6月
潘清宇——手工制茶的守护者	电视专题片	名山电视台	2015年8月
世界茶源 茶味名山	电视专题片	名山电视台	2015年12月
茶都涅槃	电视专题片	名山电视台	2016年3月

续表

节目名称	表现形式	播（登）出台站	播（登）时间
蒙茶重生	电视专题片	名山电视台	2016年6月
四季名山	电视专题片	名山电视台	2016年6月
蒙顶山国家茶叶公园	电视专题片	名山电视台	2016年10月
蒙顶山茶	音乐作品	名山电视台	2017年9月
爷爷的蒙山茶	电视专题片	四川电影家协会、雅安市委宣传部	2022年6月
"大牛"的名山之旅	电视专题片	名山广播电视台	2022年9月
制茶能源的变迁	电视专题片	央视频、新华社客户端	2022年9月
推广电制茶助力碳达峰碳中和	电视专题片	央视频、新华社客户端	2023年6月
蒙顶茶香代代传	电视专题片	央视频、新华社客户端、人民视频	2024年4月

注：不完全统计。

六、茶业专业著述

（一）涉及名山茶业及蒙山茶文化的专著

主要有《中国茶业通史》《中国农业百科全书·茶业卷》《中国茶经》《中国名茶志》《茶业大全》《中国茶叶大辞典》等，均大量收录有关蒙山茶和蒙山茶文化文章，并共载逾百幅彩图于多种巨著扉页后，详见表11-10。

表11-10　茶学、茶业著述收录名山茶及蒙顶山茶文化内容情况统计

书名	主要作者	出版社	出版时间	涉及蒙顶山茶内容
茶叶制造学	陈椽	新农出版社	1949年	全国高等院校茶学专业教材；登载四川边茶以及玉叶长春、万春银叶等名山名茶；登载蒙顶山名茶的石花、谷芽等名茶
怎样种茶		四川省农业厅	1976年	全国高等院校茶学专业教材；登载蒙山茶史、茶事及种茶知识
四川茶叶		四川人民出版社	1977年	全国高等院校茶学专业教材；登载蒙顶名茶制造工艺，并收录四川省国营蒙山茶场、双河茶场照片等
茶树栽培生理学	施嘉璠		1977年	全国高等院校茶学专业教材；蒙山茶种植技术
制茶学（第一版）	陈椽	农业出版社	1979年	全国高等农业院校试用教材；杨天炯参与编写并审稿；载有蒙顶甘露、蒙顶黄芽特点及制作工艺
中国茶艺	许明华、许明显	中国广播公司（台湾台北市）印行	1983年	有《毛一波氏话蒙山顶上茶》专文

续表

书名	主要作者	出版社	出版时间	涉及蒙顶山茶内容
中国茶业通史	陈椽	农业出版社	1984年	多处叙述蒙顶茶历史；载有"西汉甘露禅师吴理真在四川蒙山亲植七棵茶树，史载为最早人工栽培茶树遗址和碑文""四川名山的古茶马司，为宋、明时管理茶马交易的官方机构"等彩图数幅于"扉页"后
中国名茶研究选集	陈椽	安徽省科学技术委员会、安徽省农学院	1988年	多处叙述蒙顶茶历史；载有蒙顶黄芽、蒙顶甘露特点及制作工艺，由四川省国营蒙山茶场杨天炯、胡坤龙、肖凤珍主笔
中国农业百科全书·茶业卷	中国农业百科全书编辑部等	农业出版社	1988年	选载蒙山茶史事蒙山茶文化内容，登载蒙顶甘露、蒙顶黄芽特点及制作工艺
四川茶业史	贾大泉、陈一石著	巴蜀书社	1989年	大量涉及蒙顶山茶从汉代至1949年前的生产、贸易、文化等方面的内容
南路边茶史料	何仲杰、李文杰、冯沂	四川大学出版社	1991年	有蒙山茶厂简介
中国茶经（第一版）	陈宗懋	上海文化出版社	1992年	有蒙顶石花、蒙顶甘露、蒙顶黄芽、蒙顶玉叶等名茶介绍，有蒙山、蒙山茶、蒙顶茶等词条介绍，以及四川省国营蒙山茶场、国营四川省名山县茶厂等企业介绍
茶业大全	潘根生等	中国农业出版社	1995年	专题记载名山县的蒙顶黄芽、四川的南路边茶等
中国名茶志（第一版）	王镇恒、王广智	中国农业出版社	2000年	在四川卷中记载蒙顶茶的自然环境、茶树品种、历史沿革、产品演变、采制技术；特别记载蒙顶石花、蒙顶甘露、蒙顶黄芽三品茶叶
制茶学（第二版）	陈椽	中国农业出版社	2006年	全国高等农业院校教材；杨天炯参与编写并审稿；载有蒙顶甘露、蒙顶黄芽特点及制作工艺
工艺名茶品评与鉴赏	陈昌辉	中国方正出版社	2007年	详细介绍蒙顶甘露、蒙顶黄芽的品评与鉴赏
中国茶叶大辞典	陈宗懋	中国轻工业出版社	2008年	国家"八五"重点科技项目；有专门章节介绍蒙山茶及蒙顶石花、蒙顶甘露、蒙山春露、万春银叶、蒙顶黄芽、南路边茶、金尖、康砖等蒙山名茶
茶树栽培学	骆耀平	中国农业出版社	2008年	普通高等教育"十一五"国家级规划教材，全国高等农林院校"十一五"规划教材；介绍蒙顶山茶历史、6个茶树良种等
茶叶标准汇编（第三版）	中国标准出版社	中国标准出版社	2008年9月	编入《蒙山茶》（GB/T 18665—2002）、《紧压茶 康砖茶》（GB/T 9833.4—2002）、《紧压茶 金尖茶》（GB/T 9833.7—2002）
制茶学	陈椽	中国农业出版社	2008年	详细介绍蒙顶黄芽制作工艺、南路边茶（蒙顶山黑茶）制作工艺

续表

书名	主要作者	出版社	出版时间	涉及蒙顶山茶内容
四川制茶史	阚能全	中国农业科学技术出版社	2013年	详细介绍蒙顶山茶及其各品类蒙顶石花、蒙顶甘露、蒙顶黄芽、南路边茶等在四川制茶的过程、工艺与重要作用
清代贡茶研究	万秀峰、刘宝建	故宫出版社	2014年	详细记载清代名山贡茶历史，并刊录照片4幅
制茶学（第三版）	夏涛	中国农业出版社	2016年	全国高等农业院校教材；杨天炯参与编写并审稿；载有蒙顶甘露、蒙顶黄芽特点及制作工艺
茶事未了	程子衿	故宫出版社	2018年	记载清代名山贡茶历史，品种3幅
故宫贡茶图典	陈丽华	故宫出版社	2022年	详细记载清代名山贡茶历史，并刊录照片38幅

注：不完全统计。

（二）蒙顶山茶专著

1985年，名山县科委、县人大教科文卫科、县文化局、县农业区规划办公室、四川省国营蒙山茶场联合编辑出版《中外人士赞蒙茶》。该书刊登蒙山茶及茶文化相关照片16幅，登载中外古今领导、专家学者、书法家、诗人等的论文、题词、诗歌等共43篇（首）（图11-71）。

1991年，政协名山县委员会编《名山县文史资料·蒙山专辑》。此书约8万字，共编入稿件16篇，含蒙山地理、蒙山茶史、蒙山珍异、蒙山文物古迹、蒙山革命史实、蒙山风貌等内容。书前图页登载蒙山全景图、蒙顶、蒙山植茶祖师吴理真等图片6幅。

图11-71 1985年，出版的《中外人士赞蒙山茶》

1993年，出版发行《仙茶故乡山奇水秀》。

1999年，台湾高雄文殊讲堂恭印新版《蒙山施食仪》。

2004年3月，《蒙山茶话》由雅安电视台编辑董存荣编著，中国三峡出版社出版。全书共15万字，以交流讲解的方式全面介绍蒙顶山茶历史与文化。

2004年7月，《蒙山茶事通览》出版，茶学家杨天炯主编，由四川美术出版社出版。该书分6辑，76.9万字，158幅图片。全书均选载有关蒙山茶的文献、研究文章、文学作品等。

2008年4月，《蒙顶茶》由程启坤、董存荣主编，上海文化出版社出版。全书13万字，177幅图片，全面介绍蒙顶山茶历史、生产、加工、诗词歌赋等。

2010年6月,《名山茶经》出版(图11-72)。由名山县茶业协会、名山县茶业局主持编修,卢本德为主编,参编人员有黄文林、魏成明等。该书分14篇,70万字,130幅图片。县茶叶学会内印《名山县茶叶学会三十年论文集》。

2012年6月,《蒙山顶上茶》由茶人李红兵著,中国文史出版社出版。该书全面记述了蒙顶山茶历史、生产、文化等,共20万字,130幅黑白图片(图11-73)。

2012年11月,由王云主编的《说茶论道蒙顶山——第六届全国茶学青年科学家论坛论文集》由光明日报出版社出版,收录论文67篇,包括茶树品种、种植、加工、生化、管理及文化等方面。

2013年12月,由李家光、陈书谦主编的《蒙山茶文化说史话典》由中国文史出版社出版。全书共分为蒙山茶史概述、茶文化撷要、茶文献选读、山花传奇4个部分。全书通过对大量历史资料的对比分析,从社会历史、时代背景研究入手,对蒙顶山茶文化进行了全面、系统的介绍。

2014年6月,《蒙顶山茶品鉴》由四川农业大学教授杜晓、雅安市供销社陈书谦、陈吉学编著,中国农业出版社出版(图11-74)。全书32万字,图片47幅图片,全面、系统地介绍了蒙顶山名茶制作技艺、品鉴养身、文化历史和生态景观等具体内容。

2015年2月,《蒙顶山茶文化丛书》(之一《蒙顶山茶文化读本》杨忠主编,之二《蒙顶山茶文化史料》李家光主编,之三《蒙顶山茶文化丛谭》欧阳崇正编著),由中国文史出版社出版一。三本书共60万字,对蒙顶山历史和文化进行了全面的汇集和整理。

2016年5月,《蒙顶山茶话史》由杨忠主编,钟国林部分参与编写,光明日报出版社出版发行。全书共8章24节,约15.5万字,主要记述了蒙顶山茶历史、茶艺、诗词、胜迹等。

2019年1月,《蒙顶山茶口述史》由雅安市供销社陈书谦、四川农业大学教授窦存芳、名山区农业农村局郭磊编著,中国农业出版社出版。全书21万字,近50幅照片,以口述

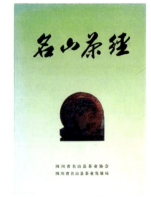

图11-72 2010年出版的《名山茶经》

图11-73 李红兵著作《蒙山顶上茶》

图11-74 2014年,杜晓教授等编著的《蒙顶山茶品鉴》

的方式记录了当今的老茶人、老茶企、老背夫、老工匠等亲历的蒙顶山茶历史事件与感受，是一本别具一格的茶文化素材。2021年5月，该书获雅安市第十六次社会科学优秀成果一类成果奖。

2019年4月，《民国报刊中的蒙顶山茶》由复旦大学教授傅德华、名山区委宣传部杨忠主编，复旦大学出版社出版。该书收录涉及蒙顶山茶、名山茶及南路的专刊文章与信息115条、报纸15条、图片19幅，计18.7万字（图11-75）。

图11-75 2019年出版的《民国报刊中的蒙顶山茶》

2019年10月，《蒙顶山茶当代史况》由名山区农业农村局钟国林、四川省农业科学研究院茶叶研究所王云共同编著，中国农业科学技术出版社出版发行（图11-76）。该书共24.4万字，180余幅图片，详细记述了中华人民共和国成立70年来蒙顶山茶发展历程与成就。该书荣获雅安市第十六次优秀社科成果三等奖。

2020年6月，《蒙顶黄芽》由名山区农业农村局钟国林、四川省农业科学研究院茶叶研究所王云、成都本善茶修学堂创始人杨静共同编著，中国农业科学技术出版社出版发行。该书18万字，110幅图片，全面介绍了蒙顶黄芽的历史文化、品种工艺、生产加工、文化传承和发展建议等，是全国第一本黄茶类专著（图11-76）。该书荣获雅安市第十七次优秀社科成果二等奖。

2022年3月，《中国名茶 蒙顶甘露》由名山区农业农村局钟国林、四川省农业科学研究院茶叶研究所罗凡共同编著，中国农业科学技术出版社出版发行。该书共29.2万字，160余幅图片，全面介绍了蒙顶甘露的历史文化、地位荣誉、品种工艺、品饮欣赏、诗词美文、传承弘扬和发展展望等，是第一本甘露单品类专著（图11-76）。

图11-76 钟国林、王云、罗凡、杨静编著的蒙顶山茶专著

（三）地方志专著

清光绪版《名山县志》，清光绪十八年（1892年）刊刻，知县赵懿主持编纂，其兄赵怡受邀参与编纂。该志整理、完善历代蒙山茶文化史料，记载了蒙山茶史，茶文化诗词、文赋，是研究名山历史和蒙山茶史、茶文化的重要文献。名山解放后，仅存孤本。1995年5月，名山县志办公室搜集整理后用简化汉字出版校注本，主要校注人为吴洪武、李平国。2016年3月，雅安市名山县地方志办公室整理重印并增加"校注记"，主要校注人为沈仕林、高殿懋、胡启瑜、周萌。

《名山县新志》，1930年刊刻，胡存琮、赵正和主修，收集有蒙山茶文化诗词、文赋。名山解放后，尚存孤本。1996年5月，名山县志办公室整理后用简化汉字出版校注本，主要校注人为冯永文、施南勋。

《名山茶业志》（图11-77），名山县志办公室编纂，主要作者为张栩为、王加富、冯永文、严士昭、叶开智、张国锦、邓泽汉。1988年4月出版，近9万字，介绍蒙山茶沿革、生产、加工、购销等史料，是名山第一部茶业志书。1989年，该志书获省地方志优秀成果三等奖。

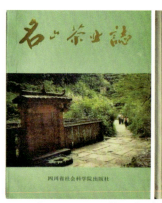

图11-77 名山第一本《名山茶业志》，1988年出版（左），2018年再版（右）

《名山县志（1911—1985）》，名山县人民政府主持编修，名山县志办公室编纂，主编王加富，副主编吴洪武，编辑冯永文、李平国、施南勋、张栩为、叶开智，顾问蒙默。1992年12月，出版发行。该志为宣传蒙山茶，特意将茶业升格，设立专章。分节记载蒙山茶的生产、加工、购销以及蒙顶茶业状况，近3万字，书前彩页登载蒙山茶园及蒙山茶获奖奖杯彩色照片。1993年，该志书获全国地方志优秀成果二等奖。

《仙茶故乡山奇水秀》，名山县志办公室编纂，主要作者吴洪武、王加富、冯永文、李平国、施南勋。该书近6万字，介绍蒙山茶文化景点30多个，珍异8种，1993年4月出版。该书获四川省地方志优秀成果地情资料类三等奖。

《仙茶故乡——名山》，名山县志办公室编纂，2000年出版。

《城西镇志》，城西镇人民政府主持编修，主要作者张中俊、唐学奇、李熙钊，2001年9月出版。该志书有专门篇幅记载蒙山茶及蒙山茶文化，附录收集历代蒙山茶文化代表作品。2002年12月，该志书获四川省地方志优秀成果志书类一等奖。

《仙茶故乡·名山》，名山县志办公室编，主要作者施南勋、高殿懋、郑永进、沈仕林，2004年4月出版。

《名山县志（1986—2000）》，名山县人民政府主持编修，名山县志办公室编纂，主编施南勋、张启钧、李德益，副主编高殿懋，编辑郑永进、沈仕林、彭大辉、王加富、吴洪武、李平国、王显烈。2006年8月，方志出版社出版发行，该志书设茶业专章，用大量篇幅记载蒙山茶及蒙山茶文化，附录收集历代蒙山茶文化代表作品。2008年12月，该志书获四川省地方志优秀成果志书类一等奖。

《百丈镇志》，百丈镇人民政府主持编修，主要作者聂金福，2011年9月出版。该志书中有涉及茶叶、百丈山茶与茶马古道，附录中有收集描述茶的诗文作品。2014年，该志书获四川省地方志优秀成果奖志书类优秀奖。

《解放乡志》，解放乡人民政府主持编修，主要作者郑环锦，2013年12月出版。该志收录茶业历史及现代照片30余幅。

《"5·12"汶川特大地震名山抗震救灾志》，雅安市名山区人民政府主持编修，名山县（区）地方志办公室编纂，主要作者沈仕林，2014年12月出版。该志涉及茶业篇幅。

《前进乡志》，前进乡人民政府主持编修，主要作者胡启先，2015年6月出版。该志书中有"茶叶"章节。

《"4·20"芦山强烈地震名山抗震救灾志》，雅安市名山区人民政府主持编修，名山区地方志办公室编纂，主要作者高殿懋，2016年12月出版。该志书有茶产业恢复重建章节。

《名山年鉴》，1998年起，雅安市（地）名山区（县）人民政府主持、区（县）地方志（县志）工作办公室编纂出版的地情资料文献丛书，"一年一鉴"。主要作者吴洪武、施南勋、郑永进、沈仕林、高殿懋、李德益、张启钧、丁建辉、杨忠、胡启瑜、罗永建、严永康、高波等。截至2015年，年鉴出版19部，茶业均作为重要篇幅展示。每部在大事记、特载、事业专栏以及附录中，均登载有当年年度主要茶人、重大茶事、涉茶文学作品和茶业研究成果等，卷首照片，每卷均有茶产业、茶旅融合题材。

《名山茶业志》。2017年12月由方志出版社出版，名山区人民政府《名山茶业志》编纂委员会编制，主编高殿懋，副主编沈仕林、胡启瑜、钟国林等，全书7篇22章与附录共70万字，真实、全面、系统、完整反映了名山茶产业、蒙顶山茶历史文化、种植管理、生产加工、销售营销、企业品牌、旅游开发、历史人物等各个方面。2018年12月，该志获四川省第十八次地方志优秀成果志书类一等奖。

第五节 茶文化传播

一、高等院校蒙山茶文化传播

高等院校编纂茶业教材、茶业专著时，均用一定篇幅重点介绍蒙山茶、蒙山茶文化。其书目主要有：《制茶学》和ALL ABOUT TEA（译为《茶叶全书》）及《茶叶制造学》等30余部：《茶叶制造学》《怎样种茶》《四川茶叶》《茶树栽培生理学》《制茶学》等，在全国农业高等院校中培养了一批批熟悉蒙顶山茶的专业人才（图11-78）。四川省农学院茶学系，后升格为四川农业大学园艺学院茶学系，一直致力于培养茶叶专业技术人员，这些人成为四川及西南地区茶叶生产、管理、科研等方面人才和主要骨干。

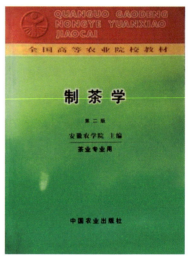

图11-78 全国高等农业院校教材《制茶学》（第二版）

二、四川省贸易学校茶业教育

四川省贸易学校东校区，由原名山县联江职高和车岭职高于2005年底合并组建。位于雅安市名山区蒙顶山麓蒙顶山大道西侧，占地58亩。2015年，在册学生1275人（其中在校学生1020人、实习学生255人）；在册职工39人，其中：中学高级教师7人、中学一级教师16人、中学二级教师12人、后勤工人4人。这是一所省属的部级重点职业学校。该校区设有农学专业三个，其中，农副产品加工——茶叶加工与营销专业，学制三年，中专学历，专为西部茶区培养中级茶叶加工与营销科技综合人才。学校有茶科专职教师大专学历、中二（助讲师）级教师5人，根据课程需要聘请地方茶叶专家、茶艺等客座讲师教授专门（特种）课程。课程有茶树栽培生理学、茶树良种繁育学、有机茶生产与管理、制茶学、茶树植物保护学、茶文化学等。学校还实施校企合作，与蒙顶山茶的大川茶业、义兴茶业、皇茗园茶业、蒙顶山茶业等企业合作，开展学生实践培训课、茶文化、茶品牌、茶叶营销的讲座，让学生课堂教育与社会实践教学结合。本专业毕业生多数在茶叶企业工作，不少成为管理、营销佼佼者，如杨珍梅、邓晓梅、王贵妃

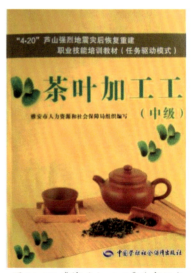

图11-79《茶叶加工工》（中级）

分别在成都巴国布衣茶馆、成都文殊院川茶馆、成都香茗茶馆任馆长、经理。部分人员成为茶区旅游业导游和茶技茶艺表演技师、高级技师。

四川省贸易学校与雅安市人力资源与社会保障局联合编写茶叶技术教材，于2016年出版《茶叶加工工（中级）》和《茶叶加工工（高级）》。将其作为茶叶专业教材，并作为全国中等职业学校通用教材（图11-79）。

三、雅安职业技术学院蒙顶山茶产业学院

雅安职业技术学院与名山区和雨城区政府联合，于2020年9月成立雅安职业技术学院蒙顶山茶产业学院（图11-80），开始招生，并教授茶叶技术、茶产业和茶文化。学校也利用与区县合作，把学生带到茶叶博览会、生产经营企业进行实习。同时在酒店管理、旅游管理专业中开设以蒙顶山茶文化、雅安旅游文化等为主要内容的《雅安地方特色文化》选修课，共34学时，聘请茶文化专家钟国林主讲。

图11-80 蒙顶山茶产业学院在蒙顶山直播茶艺课
（图片来源：任敏）

四、区内普通学校茶文化传播

（一）雅安市名山区教育局

2014年9月至2017年8月，雅安市名山区教育局主持，名山地方志办公室参与，编纂地方传统文化读本《蒙山童韵》，用韵文形式写作。主要作者为向加富、钟先文、郑天云等。2016年9月，形成试读本。2017年8月，正式出版。该读本设正文、附录两部分。正文部分1080字，重点介绍名山区地理山川、历史人文、民俗民情以及蒙山茶文化、红军文化等，其中，专题介绍蒙山茶及茶文化4节，近200字，涉茶题材超过400字。附录部分专题介绍世界植茶始祖吴理真，包含主要的茶诗、茶史、茶古迹等。教材适应人群为小学中高段及初中学生。2016年10月1日，雅安市名山区实验小学学生组队在牛碾坪茶旅融合示范点配乐朗诵、咏唱该读本，引千人观赏，反响强烈。区内重大活动均将其作为保留节目演出。

2017年7月以来，全区各校以"蒙山童韵+"模式，传承乡土文化。

①"蒙山童韵+校园"：将《蒙山童韵》、校园文化与文化传承有机结合，通过学生

课外活动课、打造茶文化墙等方式，以文化涵养校园环境。将文化传承与"一校一品"相结合，坚持根植于本地区地域传统文化底蕴，结合学校环境条件，开发特色兴趣团队，组建"龙行十八式"茶技队、"天风十二品"茶艺队等，利用早读时间，以班为单位在教师的指导下进行朗读，熟读成诵，引导学生热爱家乡。"蒙山童韵+课程"注重课程中传统文化的渗透和融入，以"蒙山童韵+课程+课堂"为载体，在兴趣课、校本课以及主题班会课程中融入地方读本，开展茶艺体验课、茶文化历史课，加深学生对本土文化的体验。加强学科渗透，发挥课堂教学主渠道的作用，将《蒙山童韵》的诵读与语文、历史、地理等学科的教学活动有机结合，在课堂上适当加入对地方传统文化的学习与指导。

②"蒙山童韵+活动"：将《蒙山童韵》的经典语句制作成PPT，通过优美的画面背景、悠扬的音乐，将孩子们的诵读带入优美的意境，帮助孩子们更好地理解语句内容。根据学生年龄特点，围绕《蒙山童韵》为学生量身打造"咏茶诗赋赏析""茶史知多少""我来讲传说"等一系列专题学习活动，帮助学生积累家乡特色茶文化知识。以实践活动为抓手，通过走进茶乡牛碾坪庆国庆、学前教育展演、网络春晚节目录制等形式多样、内容丰富的茶文化主题教育活动，将《蒙山童韵》进行配乐吟诵，发挥实践活动的独特育人价值，播种热爱家乡、热爱本土文化的种子，在实践活动中传承本土文化精髓。以活动常态推进，广泛开展《蒙山童韵》朗诵会、《蒙山童韵》诵读擂台赛和评选《蒙山童韵》诵读小能手等活动，采用个人诵读、小组诵读、班级诵读、师生同台诵读等形式，调动学生的诵读热情。

③"蒙山童韵+家庭"：向家庭延伸，通过家长会、学生课外实践作业等挖掘先辈文化资源，听一段段茶史故事，使少年、儿童获得更为贴近的励志教育和精神感召，形成家校合力，传播家乡文化。

2022年，积极与四川省贸易学校对接，邀请四川省贸易学校派出茶技教学团队对10所推广学校就茶技教学、茶文化示范、茶文化健身操等内容进行系统培训。通过茶文化教材学习、茶文化健身体操、茶文化特色课程等形式，让广大师生学茶艺、品茶史、知茶情，接受茶文化的熏陶。积极与符合资质的企业联系并获得支持，建立茶文化实践基地，让学生到茶园、茶厂参观学习采茶、种茶、修剪茶，直观地认识茶叶的种植和加工，体会茶农的艰辛，掌握茶的历史，进一步拓宽学习思路，打开认识眼界，锻炼学生乐观的意志，增强学习茶文化的信心和决心。深入挖掘名山茶文化历史内涵，积极开展茶文化研究，联合相关部门、单位，助力各项茶事活动，推进茶文化传播，促进茶产业转型升级；6月，结合艺术节等活动，组织10所推广学校开展茶艺、茶技、茶文化健身操表演，择优确定5所学校参加市级展演。通过茶文化进校园建设工作，形成校园文化、德育教育（茶文化思政）、教育教学、科研课题等物化成果；11月，向雅安市名山区精神文明建设办公室申请茶文化进校园专项资金5万元，及时完善相关学校茶文化进校园设备设施，做好物资保障，建好茶文化活动室，为活动的开展提供坚实保障。

2023年5月，邀请四川省贸易校专业老师在名山区实验小学开展雅安市名山区2023年度茶文化（茶艺茶道）进校园培训工作。

（二）蒙顶山实验小学

2012年，学校组建茶技队，每周二到周五下午4:00—5:00进行常规训练。2012年、2014年，茶技队先后参加雅安市名山区（县）教育局主办的师生艺术节演出，获得多方赞誉。同年，中新网、雅安频道、北纬网、四川新闻网、四川在线等媒体先后对学校《四川雅安茶艺进课堂——孩子乐翻天》《以茶育人 传承文化》《地方文化融入校园文化》《龙行十八式茶技走进小学课堂》等内容进行报道。

2013年1月，组织师生参加中共雅安市委宣传部、市文明办、市文体局主办的"书香雅安经典诵读"活动，获二等奖。同年9月，参加资助学校建设的成都兴盛公司周年庆典，得到一致好评。

2019年8月，编撰校本课程读本《润雅·茶系课程读本》第一期；2022年，编撰校本课程读本《润雅·茶系 课程读本》第二期（图11-81）。

2020年，组织学生参加中国（成都）国际茶博会蒙顶山茶科普主题茶会表演，获得一致好评；12月6日，依托四川省蒙顶山茶科普基地，共建茶文化培训学校（图11-82）。开展蒙顶山茶技艺、茶歌茶舞和茶诗词朗诵等培训，在蒙顶山茶文化旅游节、中国（成都）茶博会等大型活动中展现风采，成为蒙顶山茶文化传承的生力军。同年，蒙顶山实验小学少儿蒙山茶技艺术团被命名为雅安市美育类示范特色社团。

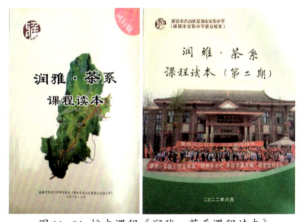

图11-81 校本课程《润雅·茶系课程读本》（图片来源：蒙顶山实验小学）

图11-82 茶艺学习培训（图片来源：名山区教育局）

2021年，组建茶技表演队，每周开展"龙行十八式"茶技常规训练，参加市、区各项文化活动，传承蒙顶山派茶技；3月29日，组织师生走进全国首批"万亩茶园示范基地"、西南的茶树基因库——雅安市名山区中峰乡牛碾坪，开启茶文化研学旅程；6月1日，举办六一国际儿童节文艺汇演暨校园艺术节，表演了《蒙山茶韵悠悠情》《蒙山茶技——龙行十八式》等节目，展现以"茶文化"为主题的鲜明的地域特色文化；9月8日，名山区委、区政府领导参观师生创作的茶文化"龙行十八式"画作展和手工渲染作品，给予高度肯定；9月18日，校领导赴名山区正大茶叶有限公司，参加校企共建学生研学实践基地授牌仪式（图11-83）；10月28日，四川省蒙顶山茶文化科普基地、区科协相关领导到校为师生们带来精彩的茶文化课，重温茶文化经典故事，让师生们进一步了解茶文化内涵；12月3日，中共四川省委组织部相关领导调研学校党建工作，参观学校党建活动展板、师生建党100周年剪纸作品展、茶文化"龙行十八式"画作展等，感受学校独特的校园文化氛围。

图11-83 名山正大公司与蒙顶山实验小学共建研学实践基地

2022年3月23日，组织学生开展"走进茶博馆"研学活动。让学生深刻了解茶文化，走进茶科学，发挥博物馆作为爱国主义教育基地和科技文化窗口的宣传教育功能；4月14日，在蒙顶山茶史博物馆内开展"喜迎二十大，争做好队员"优秀红领巾讲解员评选活动，红领巾讲解员们声情并茂地为大家讲解了蒙山茶发展简史；4月21日，雅安市文明办工作组到学校开展"茶文化进校园"调研活动。工作组参观了茶文化浮雕墙、二十四节气文化墙等以茶文化元素为核心打造的校园主题景观，现场欣赏学校少儿蒙山茶技艺术团优秀学员表演的名山非物质文化遗产蒙山茶技"龙行十八式"，听取学校多年来致力于"茶文化进校园"系列工作开展情况及取得成绩的汇报；4月23日，在爱国主义教育基地、四川省少先队实践教育基地——蒙顶山茶史博物馆开展优秀红领巾讲解员"喜迎二十大，争做好队员"评选活动；6月23日，雅安市召开2022年"中华茶文化（茶艺茶道）进校园"工作推进会，蒙顶山实验小学作经验交流，并组织师生进行"龙行十八式"茶技表演(图11-84)。

图11-84 表演"龙行十八式"(图片来源:蒙顶山实验小学)

(三)雅安市名山区实验小学

2016年,区实验小学聘请校外专业教师,进行"龙行十八式"和"天风十二品"茶艺的培训,让学生在了解茶叶知识的基础上学会茶艺表演(图11-85)。

2017年,由名山区博物馆组织,区实验小学参加了"我讲蒙山茶"小小讲解员活动,一个个小故事如涓涓细流,将蒙山茶文化注入学生心田。全校师生致力于茶文化研究,老师们根据名山区地方特色文化和学生年龄特点,编写了地方课程"茶艺年华"(图11-86)。

图11-85 茶艺表演

图11-86 茶文化教育研究
(图片来源:名山区实验小学)

2018年,成立茶瓷对话工作坊,着力研究茶和瓷的融合发展。名山区实验小学参加四川省"蜀少年"语言类展演,学生们通过茶技、茶艺、书法和朗诵来展现蒙山茶的魅力,荣获省级二等奖。学校茶瓷对话工作坊代表雅安市参加四川省第九届师生艺术节,获得省级二等奖。

2019年,组织师生参加四川省少儿春晚展演,得到一致好评。同年,"茶瓷融合在小学高品质美术课堂中的实践研究"项目正式立项,于2022年结题。省级课题、市级重点课题阶段研究成果《蒙顶山茶文化在小学教育中的推广实践研究》荣获省级三等奖、市级一等奖,邀请茶叶专家钟国林指导编写课本和撰写结题报告。课题研究成果《茶文化读本》分小学低、中、高段呈阶梯式渗透茶文化知识和实践,具有很强的推广价值(图11-87)。

2020年,舞蹈《茶山娃娃》参加四川省庆中秋晚会。

2021年,舞蹈《采茶姑娘》参加雅安市师生艺术节展演荣获一等奖。

2022年4月,学校参加团省委举办的"喜迎二十大 争做好队员"红领巾讲解员主题活动,在视频的拍摄、制作过程中,红领巾讲解员们海量阅读茶文化知识,拍摄中注重仪容仪表,讲解术语准确,娓娓道来,展现了新时代好少年蓬勃向上的精神风貌。

图11-87 茶博馆小小讲解员培训
(图片来源:名山区实验小学)

全校共报送39个讲解视频,32个荣获区级奖,7个荣获市级奖;4月开始,组织师生参加"蒙顶山茶文化大讲堂"活动,持续近距离聆听专家系统地讲解茶文化;5月,"5·18"博物馆日,学校组织学生走进博物馆,面向大众讲解蒙顶山茶的传奇故事(图11-87)。区实验小学茶瓷对话工作坊立足于传承千年茶文化,致力于发掘本土特色文化,集教、学、研为一体,采取"1坊+1室+1课题"的课程模式,走进牛碾坪、走进茶园,采集制作标本,进行"艺术+科技+科研"的综合探究(图11-88~图11-90),让学生在茶文化的熏陶中融合美育、劳育、德育、智育、体育发展,让"五育"在特色中"并举"。

2022年,参加四川省"蜀少年"舞蹈类节目展评,获一致好评。

图11-88 采茶体验
(图片来源:名山区实验小学)

图 11-89 体验制茶
（图片来源：名山区实验小学）

图 11-90 认识茶树品种
（图片来源：名山区实验小学）

（四）名山区前进镇中心小学

2008年，学校得到台湾慈济慈善事业基金会援建，建立茶道室，配备相应茶艺活动室设备、茶艺表演服等，设立茶文化标识标牌，丰富茶文化元素，提出"以茶修德，以茶识礼"的育德理念，安排专人负责茶文化进校园相关事宜。开设茶文化课，与学校的德育教育、文明礼仪教育、探究性学习有机结合，开展茶文化活动、排练茶文化节目。

2018年，《蒙茶·孝亲》节目在四川省第九届中小学生艺术展演活动中，获艺术表演类三等奖、市级一等奖、市级优秀创作奖。

2019年4月23日，雅安市供销合作社监事会、雅安市精神文明建设办公室、四川蒙顶山味独珍茶叶有限公司、四川省贸易学校相关领导就茶文化进校园工作进行考察调研。四川蒙顶山味独珍茶叶有限公司与学校结成"茶文化进校园校企合作单位"，给予大力支持和赞助，开启"校企合作"双赢、共享模式。调研组一行参观学校特色课程"茶艺"，给予一致好评。

2020年3月，结合雅安市茶文化进校园活动暨建设"中华茶文化校园"示范学校为契机，全面推进茶文化进校园工作，与省贸易校联合召开劳动和职业启蒙教育暨茶文化进校园合作研讨会，双方就学校教学研究、师资培养、教学跟踪、质量监督、成果提炼、成果转换等进行洽谈，达成"校校合作"模式（图11-91）。结合课后延时服务拟定开展茶文化健身操、茶艺、茶技、茶文化经典诵读等一系列特色活动，特聘省贸易校的相关专业老师指导教学，选派本校的老师进修茶艺专业知识。

2020年，组建茶艺兴趣班，聘请省贸易校的专业茶艺老师为学生上课，讲授茶的历史、种类，认识茶具及用途，帮助学生了解茶艺基本礼仪，让学生在知茶、赏茶、品茶过程中，了解源远流长的中国传统茶文化。同年，组建茶技兴趣班。聘请省贸易校专业

图 11-91 领导、企业参观名山区前进镇中心小学茶艺特色课（图片来源：前进镇中心小学）

老师授课，学习蒙山派茶技"龙行十八式"，购置铜壶、桌子、茶碗、茶杯等设备，全面保障该课程顺利开展；4月4日，与省贸易校、雅安市田家炳中学联合开展茶文化进校园空中大讲堂直播活动——宋代点茶法，获得同学们和家长们的一致好评；5月21日，以首个国际茶日为契机，在雅安中国藏茶城茶祖广场举行"无我茶会"，茶艺班的孩子们受邀进行表演，她们端庄、优雅、娴熟的手法为大家带来一场视觉盛宴；10月25日，中央电视台财经频道《走村直播看脱贫》节目暨名山区首届总岗山文化艺术节聚焦前进镇新市村。学校节目《蒙茶韵》结合茶文化，融入茶艺、茶技及赞扬家乡的诗歌朗诵，内容丰富多彩，表演精湛、完美，获得现场观众们的阵阵掌声和一致好评（图11-92、图11-93）。

图 11-92 组织学生参加首个"国际茶日"健康之约 无我茶会活动（图片来源：前进镇中心小学）

图 11-93 "赞蒙山 颂家乡"走进央视节目暨名山区首届总岗山文化艺术节（图片来源：前进镇中心小学）

（五）四川省名山中学

2014年，名山中学选取蒙顶山茶文化作为乡土教育主要内容，由语文教研组程大菊、周冰清等主笔，编写名山乡土教材《茶中故旧是蒙山》用于教学，让学生学习、了解蒙山茶文化、工艺、品种、产业；12月，由电子科技大学出版社出版。书中重点收集了历代描写蒙山茶的诗词歌赋，部分收集当代人描写蒙山茶的文学作品。教材主要适用人群为名山中学在校学生。

五、蒙山派茶文化传播

2000年前后筹备，2001年4月，成立四川省蒙山派茶文化传播有限公司，同月在四川省工商局注册。公司组建集培训、接待、表演、购物于一体的中华蒙山派茶文化艺术培训基地和蒙山派茶文化艺术传播中心，实行一个基地两个牌子。地址在雅安市（地）名山区（县）皇茶大道北一街11号。持"蒙山派"商标。公司法人程昱，为国家茶艺师考评员、高级茶艺师。彼时有员工14人，其中高级茶艺师3人，中级茶艺师5人。公司主要学习、传播中国茶文化，以"修习茶道、陶冶情操，弘扬国饮、振兴川茶"为宗旨，从事营业性演出及茶艺师培训。2003年2月12日，成立蒙顶山茶文化艺术表演队。截至2015年底，培育茶技、茶艺表演从业人员1万余人（"龙行十八式"3000余人，"凤舞十八式"1000余人，"天风十二品"6000余人），其中亲传弟子3000余人，高级茶艺师200余人，中级茶艺师1200余人。人员遍布北京、上海、深圳、重庆、广州、天津等地及海外。负责人成先勤，为蒙山派茶技、茶艺创始人。从20世纪80年代起，成先勤潜心钻研蒙山茶文化，专题遍访掺茶招式，进行挖掘。2000年蒙山名茶节前后整理和创作出蒙山茶道，包括蒙山茶技"龙行十八式""凤舞十八式"，蒙山茶艺"天风十二品"，蒙山"禅茶一味"茶技，甘露茶道等。2001年8月，招收学员25名，结业后被碧峰峡旅游区一次性接收。

培训基地主要有成先勤、成波、彭红帅、李江、靳华5位老师，1位客座老师李莉。学员主要来自四川省内成都、广元、眉山、乐山、凉山、南充、资阳、宜宾、内江等地，四川省外北京、西安、重庆、广州、湖北、山东等地。学员结业后，主要到全国各大城市宾馆、茶楼从事茶事活动表演、接待。部分学员到俄罗斯、美国、荷兰、日本、新西兰、新加坡、马来西亚、韩国、印度等国家和国内香港、澳门等地表演或工作。

四川省蒙山派茶文化传播有限公司先后与四川省博茗茶叶培训中心、成都市总工会等合作，在成都市广泛开展蒙山茶艺培训与传播，培训上千人，学员还取得相应的职业技能资质证书。同时，成都市及四川省举办的各种文化、商务活动，公司还派遣或联系弟子参加表演。

2017年，成先勤去世后，成昱继承为蒙山派掌门人，主要与成都望江公园管理处合作办培训班。蒙山派弟子将蒙山派茶艺传播到各地，经常在省内外各种商务活动中表演"凤舞十八式""天风十二品"茶艺，不少人还建立茶艺培训机构、茶文化传播公司，开班培训学生。蒙山派优秀茶技师、茶艺师名录详见表11-11。

表 11-11　蒙山派优秀茶技师、茶艺师名录

姓名	级别	主要事迹
成昱	高级茶艺技师	现为蒙山派茶艺掌门人
赵夏	高级茶艺技师	蒙山派茶艺总监，中国第四届茶艺技能大赛长嘴铜壶冠军、四川第二届电视茶艺大赛冠军
李美丽	高级茶艺技师	中国驻俄罗斯莫斯科大使馆首席茶艺师
彭红帅	高级茶艺技师	南京潄明轩茶艺创始人
李莉	茶艺技师	西安茶林学堂创始人
胡亦峰	茶艺技师	中国茶联盟发起人
魏君野	高级茶艺技师	美国夏威夷中国商会会长，常年驻夏威夷推广、宣传蒙山茶文化及蒙山派茶艺
李永浪	高级茶艺技师	迪拜帆船酒店蒙山派茶技"龙行十八式"表演艺术家
黎雕	高级茶艺技师	2006—2012年，在荷兰香格里拉酒店推广、演绎、传播蒙山茶文化及蒙山派茶技、茶艺
陈伟	高级茶艺技师	常年驻新加坡四川豆花饭庄，推广、演绎、传播蒙山茶文化及蒙山派茶技、茶艺，受到新加坡总理李光耀接见
杨晓云	高级茶艺技师	日本东京培训传播蒙山茶文化新加坡"四川豆花庄"，推广、演绎、传播蒙山茶文化及蒙山派茶技、茶艺
李明疏	高级茶艺技师	
陈秀琼	高级茶艺技师	西安"秀秀茶艺"（西安秀秀茶书院）创始人
刘绪敏	高级茶艺技师	蒙顶山"龙行十八式"表演艺术家，青城派茶技、茶艺创始人；2014年8月19日，在CCTV-3《综艺盛典》"笑摆龙门阵"栏目表演茶艺
王国富	高级茶艺技师	2012年雅安蒙山"龙行十八式"形象代言人
马敬轩	高级茶艺技师	2004年雅安旅游形象代言人
徐伟	高级茶艺技师	创办雅安草中仙茶叶有限公司
李娜	高级茶艺技师	创办雅安草中仙茶叶有限公司
周梦菲	高级茶艺技师	创办雅安壶水韵茶文化传播有限公司
王敏	高级茶艺技师	光和设空间主理人
陈娜	高级茶艺技师	创办雅安蒙顶好茶业有限公司

续表

姓名	级别	主要事迹
王振明	高级茶艺技师	宽仁茶坊创始人，茶艺教师
黄金	高级评茶员	法语茶创始人，将法律与蒙山茶结合为己任
闵鹏飞	高级茶艺技师	蒙山派"龙行十八式"非遗传承人，擅茶艺、川剧变脸，在成都院子表演
李扬琴	高级茶艺技师	参加省内外比赛并多次获奖
钟美景	高级茶艺技师	参加省内外比赛并多次获奖
张玲华	高级茶艺技师	参加省内外比赛并多次获奖
郑娟	高级茶艺技师	从2017年至今，以宣扬推广蒙山茶文化为己任，先后获得"濯锦工匠""成都市技术能手"等荣誉称号
李姿颖	高级茶艺师	成都滋颖堂茶叶创始人
吴叶飞	高级茶艺师	甘露堂茶叶、茶文化推广人，高级评茶师
陈艳华	高级茶艺师	成都遇茗源茶业创办人，高级评茶师
田露	高级茶艺师	半山壹号茶业创始人，高级评茶员
杨洁	高级茶艺师	蒙山茶传统手工制茶人，致力匠心黄芽、匠心甘露、匠心飘雪推广
李文琴	高级茶艺师	茶事优品品牌创始人
陈霏嫣	高级茶艺师	左未凌文化传媒有限公司创始人
郑荣超	茶叶审评师	四川高山茶业有限公司负责人，制茶师
林权江		中山市成凤茶艺有限公司
向秀丽	高级评茶员	成都市贡茗茶业创办人，八马茶业合伙人
易健	高级评茶员	四川省农业会展集团有限公司，宣传推广中华蒙山茶
钟灵	高级茶艺师	四川润之源茶业有限公司创始人
唐桂英	高级茶艺师	成都忆香缘茶业有限公司合伙人
吴友英	高级评茶员	一雅一禅心创始人

注：不完全统计。

公司经常主持或派员参加市（地）、区（县）重大活动多次出国参与外事活动。新西兰总理访问四川时，该基地学员周晓芳进行茶艺表演，2003年被该总理点名邀请到新西兰表演茶艺20多天，得到高规格接待，并为四川引进大型经济项目1个，四川省人民政府特授予其"劳动模范"称号和五一劳动奖章。2003年，参加雅安市皇茶祭天祀祖活动。2004年，参加"一会一节"表演与接待。韩国、新加坡、日本等国和中国的港澳地区电台、电视台先后报道播放10余场次,《人民日报》《北京晚报》《四川日报》《成都晚报》《雅安日报》《南充日报》《阿坝日报》《华西都市报》《成都商报》《法制日报》等报刊报道20余篇(次)。2005年,参加旅发会大型主题晚会,表演《千秋蒙顶》。2006年,参加西部博览会演出。2007年,参加贵州茶文化节开幕式。2008年,受哈萨克斯坦国务院邀请为其演出。2009年,日本国家电视台专访并拍摄蒙山派茶艺专集在全球播放。2010年,蒙山派茶艺表演队进入世博会中国馆演出,受到多位国家领导人接见。2011年,受中国驻土库曼斯坦大使馆邀请,参加当地中国茶文化节演出。2012年,组织选手参加中国职业技能大赛(四川赛区)。2013年,受四川省人力资源和社会保障厅委托,主持培训、考核全省茶艺师、评茶师、制茶师工作。2014年,组织培训茶艺人员,参加成都百万职工技能大赛茶艺比赛暨第二届四川电视茶艺大赛。2015年,参加成都百万职工技能大赛茶艺比赛暨第三届四川电视茶艺大赛。

六、其他学校的传播

四川大学附属中学在名山电视台孟辉主任牵线下,与四川省蒙顶山雾本茶业有限公司、新店镇政府建立学生教学实践基地,开设劳动文化教育体验与实践课,聘请茶文化专家钟国林为客座老师。2019年以来,学校多次组织学生和老师到雾本茶业参观茶叶加工、生产基地,体验采茶制茶茶艺,学习茶文化知识。附中学生还根据学生的口味和喜爱,设计了3套茶叶与包装,在全国学生实践比赛中获奖。2021年,四川蒙顶山雾本茶业有限公司和新店镇政府送四川大学附中约300株名山茶树苗,在钟国林示范指导下,学生全部将茶苗种植在学校的植物园区,约0.1亩(图11-94)。

图11-94 四川大学附中在雾本茶业建立实践基地

七、网络传播

2000年后，互联网在名山普及，名山茶及蒙山茶文化宣传走进网络。截至2022年底，据不完全统计，专业或涉及名山茶、蒙山茶文化宣传的网站超过300家，设专门宣传名山茶业及蒙山茶文化链接：名山之窗、雅安之窗、北纬网、天下茶友网、茶友网、亚太茶业、新华网·新华纵横、吃四方、中国茶叶在线、蒙山茶网、新农村商网、茶网·中国、新华网·四川频道、人民网、中国农业网等。

八、蒙顶山茶大讲堂

2021年5月，蒋昭义、卢丹、钟国林、汤斌成立蒙顶山茶大讲堂，地点设在蒙顶半山藏茶坊，讲课4期（图11-95）。2021年7月，中共名山区委党校常务副校长代先隆发起并成立名山史志讲堂，重点讲授茶文化、红色文化和地方文化，对干部、党员、茶农等讲授茶文化100余期（图11-96）。2022年4月，名山区茶产业推进小组办公室组建蒙顶山茶大讲堂，由杨忠等负责，地点落实在茶马古城市场，请区内外专家、企业家讲课10余期（图11-97）。2022年，蒙顶山旅游开发有限公司成立蒙顶山大讲堂，请省内外专家学者讲课3期（图11-98）。

图11-95 蒙顶山茶大讲堂（图片来源：藏茶坊讲堂）

图11-96 "名山史志讲堂"开班仪式(图片来源:区委党校讲堂)

图11-97 蒙顶山茶大讲堂(图片来源:茶马古城讲堂)

图11-98 蒙顶山大讲堂（图片来源：蒙顶山假日度假酒店讲堂）

茶旅融合篇

第十二章　茶旅游开发

名山水土宜康养,蒙顶香茗冠古今。茶乡景美多秀色,喜逢盛世再添新。自古以来,名山气候生态和特产就丰富且优异,民风淳朴,诗书传家,人们安居乐业。其景色和名胜较多,清代中期以前,名山的"古八景"有:蒙顶遐眺、紫府真栖、月窟人家、石城台阁、虎跳飞桥、龙回深壑、晓驿云容、石井茗况。至清光绪年间,名山评出"新八景"并在《名山县志》中刊刻图景,即蒙顶仙茶、紫霞圣迹、莲峰夕眺、青衣春耕、栖霞晚钟、回龙瀑布、石城夜月、罗纯雪晴。1930年版的《名山新志》,刊刻名山6座文化景观的山图景,分别是蒙山、紫霞山、笔山、石城山、天目山、栖霞山。从中可以看出历代名山之景排名第一的是蒙顶山,重点是均以蒙顶山茶、茶文化景观和遗迹为傲。

20世纪80年代后,中共雅安市名山区(县)委、区(县)人民政府开发旅游产业,促进茶业繁荣发展。40年间,名山旅游业从无到有,从弱到强,形成以蒙山景区为龙头,以茶文化为品牌,茶产业为载体,以茶兴旅、以旅促茶的旅游格局,促进第一、二、三产业互动。经过改造后的蒙顶山旅游景区被业界公认为世界茶文明发祥地、世界茶文化发源地、世界茶文化圣山。

2013年起,名山区结合"4·20"雅安地震灾后恢复重建的历史机遇,制订"茶旅融合发展"战略,建设"百公里百万亩茶产业茶文化经济走廊",实施"1+6+N"的公园布局。

2015年9月14日,名山区"中国南丝绸之路蒙顶茶乡风情游路线"被中国农业国际合作促进会茶产业委员会评选为2015"中国十佳茶旅路线";中峰牛碾坪万亩生态观光茶园获得首批"全国生态茶园示范基地";12月,名山区被中国互联网新闻中心评为"中国美丽乡村建设示范区(县)";12月底,名山区被农业部和国家旅游局列为"全国休闲农业与乡村旅游示范区"（图12-1）。是年，全区接待游客285.75万人次，旅游综合收入21.55亿元，旅游从业人员1万余人。

2022年，全区接待游客559.5万人，旅游综合收入60.76亿元，旅游从业人员1万余人（图12-2）。

2023年9月27日，名山区被四川省政府列入第五批天府旅游名县。

图12-1 2015年，农业部和国家旅游局授予名山区"全国休闲农业与乡村旅游示范区"称号

图12-2《茗边》采风团来名山考察茶产业、茶文化、茶旅游

旅游业已成为名山茶产业重要组成部分，与茶产业互为融合，共同促进，协同发展。名山在茶旅融合上的成功尝试，被中国农业国际合作促进会茶产业委员会称为"茶旅发展的先行者"。

第一节　蒙顶山景区

蒙顶山自古以来就是历史名山旅游胜地。古有名山八景，闻名遐迩。蒙顶山上有禅林宝刹、摩崖雕刻、大禹治水祭祀遗迹、新石器遗址、红军长征遗迹等，文化积淀丰厚。

1982年，名山县开始开发蒙山。1986年，蒙山被四川省人民政府列为首批省级风景名胜区。1987年4月，蒙山风景名胜区正式开放。1989年，名山县被国务院列为对外开放县。1990年底，名山县开发百丈湖。1996年，名山县开发双龙峡，形成"一山两湖"的配套旅游格局。2000年12月，蒙山经四川省旅游局批准为AA级旅游区。2002年12月12日，蒙山经国家旅游局评定为AAA级旅游区。2005年12月22日，蒙顶山经国家旅游局评定为AAAA级旅游区。

一、省级景区创建

20世纪80年代初，全国掀起旅游风景区开发热潮。四川峨眉山、青城山及蒲江朝阳湖均被开发为旅游景区。中共名山县委、县人民政府也将茶旅游开发提上议事日程。

1982年，中共名山县委、县人民政府提出开发蒙山的计划，县文化局做前期准备工作。同年8月，县文化局局长欧阳崇正带领韩德雅（负责绘画记录）、杨忠涛（负责摄影）、邓黎民（负责文字记录），由蒙山茶场韩庆和、曾克明、施友权等带路，到蒙山考察文物遗存、遗址，评估名山旅游价值。彼时，蒙山顶文物有天盖寺、皇茶园、甘露石室、甘露灵泉院石牌坊及照壁（阴阳石麒麟）、甘露井等，除石牌坊因大树倒砸有所损毁外，其余文物基本保存完好，但被杂草、乱石掩盖。天盖寺内长满竹笋，五峰杂草丛生。经考察，工作人员形成《关于保护蒙山文物的调查报告》，上报雅安地区行署，并转报给四川省委副书记刘西尧。随后，又形成对蒙山文物开发材料，上报给中共名山县县委、县人民政府，并转报中共雅安地委、地区行署。年内，中共雅安地委召开专门会议讨论开发蒙山事宜。

1984年1月，名山县人民政府颁布《关于保护蒙山自然资源及文物古迹的布告》。当时，刚离任中共雅安地委书记的秦长胜，"文化大革命"期间曾被下放到蒙山劳动，对蒙山文物、文化有一些了解。见到名山上报的材料后，赓即汇报给地委书记谢世杰。谢世杰立即派遣地区副专员张愚汉到蒙山考察。继后，组织全雅安8县文物部门领导、专家共9人组成考察组，由地区文化局牵头再到蒙山，历时半个月，对蒙山文物分年代进行系统考察。特别是针对永兴寺、千佛寺、佛禅寺、净居寺、智矩寺等几大庙宇，考察极为详细（图12-3）。同年3月，中国人民政治协商会议名山县委员会（以下简称"县政协"）成立。第一届政协主席文念劬支持开发蒙山，组织政协委员们提出可行性开发措施。在县政协一届二次全

图12-3 "重修甘露灵泉碑记"拓片

会上，提出《修建蒙山永兴寺，开发蒙山旅游事业》的提案，中共名山县县委、县人民政府领导非常重视，当月成立名山县开发蒙山领导小组，由中共名山县委副书记马万培任组长。随后，由中共名山县县委顾问、原县委书记季世福具体负责，领导指挥开发蒙山工作。领导小组庚即全面考察蒙山，同时，到峨眉山、青城山等景区参观考察。结合名山县实际，先后制定《蒙山旅游区开发规划》《蒙山风景名胜区总体规划》。根据规划，蒙山核心景区范围为：自周家山向北沿丁木槽到茶店楼，转向东北到老房子，转西北到

高家岩，再沿陡坡下沿向东北到邓家山，向东经山折子到达阳坡800m等高线，沿800m等高线向西南到周家山。标志界限为金花桥以上，面积13.5km²。同年6月22日，中共名山县委召开常委会议，专题讨论开发蒙山事宜。同年10月，设立蒙山资源管理所，为文化局下属单位，开发蒙山工作全面展开，蒙山景区对外开放。同月，雅安地区行署拨付蒙山开发经费3万元。同年，多位中共四川省委领导到名山视察茶业、旅游业并题词。众多学者、艺术家为蒙山及蒙山茶题词、作画。

因当时财力有限，1985年1月，县政协发出《"爱我蒙山、修我蒙山"社会赞助的倡议书》，发动社会各界捐资赞助，开发蒙山（后为捐资者立碑刻名于蒙山禹王宫）。倡议书激发全县人民热爱家乡、热爱蒙山的积极性，有83个单位，共27800多人解囊相助，其中捐款5元以上2186人；共捐款5.4万余元，水泥20t，木材40m³。四川省文化厅文物处、地区财政为蒙山文物保护拨出专款进行早期开发，省财政拨出部分资金用于改造五峰，两项共计28万元。通过各级人民政府、各界人士努力，蒙山景区初具雏形。

1986年5月，张国伦调到风景区从事基建工作。同年11月20日，四川省人民政府审定蒙山为"第一批省级风景名胜区"（全省12个），并命名其为"蒙山风景名胜区"。

二、国家级景区创建

1987年4月22日，中共名山县委、县人民政府举办名山县仙茶故乡品茶会，宣布蒙山风景名胜区正式开放。同年9月，建成蒙山茶史博物馆，这是中国第一座茶史博物馆。

1989年，四川省城乡规划设计院编制《蒙山风景名胜区总体规划》，包含蒙山、碧峰峡、上里古镇、金凤寺、后盐景区5个景点，面积140km²。

1990—1999年，按规划先后修建蒙顶招待所、三里桥导游图墙、蓄水池、蒙山车站、住宿楼、花鹿池玉皇楼；设置蒙山及百丈湖宣传画；维修后山路、蒙顶天盖寺山门外石梯步、天盖寺西侧石壁、蒙泉井外石塔、花鹿池配套工程，完善灵泉院四栋房盖等；装饰八仙宫，修建花鹿池大型塑像、红军纪念馆。各大庙宇派驻专管人员7人，印制门票、导游图、《蒙山》专辑。建设和购置服务、通信设备。蒙山仙菌（千佛菌）人工种植成功。1993年8月12日，蒙山索道投入使用。1994年9月，三蒙路建成水泥路面。1996年9月，中共雅安地委、地区行署确定蒙山为名山县爱国主义教育基地。1996年，蒙山被评为四川省文明风景区。其间，名山县旅游局投资200多万元增添旅游硬件设施。1997年3月10日，名山县人民政府颁布《关于加强蒙山风景旅游区资源保护的布告》。

2000年，蒙山景区进行基础设施建设，总投资5000万元。新修后山危险地段安全防护栏，完善八仙宫、红军纪念馆、天仙池、禅慧寺脊顶造角，重新刻制并安装中英文对照景点介绍引导牌。同年12月20日，名山县旅游事业管理局向四川省旅游局作《关于申报AA级旅游区工作报告》。同年12月底，经四川省旅游局组织评定组评定，蒙山景区分值为：服务质量与环境质量690分，景观质量75分，游客意见75分，符合AA级旅游区（点）分值标准。同年12月26日，省旅游区（点）质量等级评定委员会批准蒙山为AA级旅游区。

2001年，提升景区交通、游览、卫生、安全等级。截至2001年底，蒙山景区建成5峰48个景点。由于同年12月，蒙顶山茶获得国家原产地域产品保护，2003年蒙顶山茶成为证明商标，更名为国家地理标志产品保护，为与茶叶品牌一致，因此，从此人们多称其为蒙顶山，特别是2004年"一会一节"筹备期间，雅安市委市政府统一通称其为蒙顶山后，蒙山就很少用了。

2002年11月17日，国家旅游局进行复查。同年12月12日，蒙顶山经国家旅游局评定为AAA级旅游区，并定位为四川三大历史文化名山及世界茶文化发源地。

2003年，聘请北京工人景观与建筑规划设计研究院对蒙山景区进行规划设计，编制《蒙山风景名胜区总体规划大纲》《蒙山风景名胜区总体规划》，规划蒙山景区面积为$51km^2$，核心景区$15.7km^2$。聘请四川大学营销工程研究所、四川喜得资产管理公司编制《雅安蒙山风景名胜旅游区项目计划书》，四川省工程咨询研究院编制《四川蒙山风景名胜区天盖寺景区旅游设计建设项目可行性研究报告》（图12-4）。同年8月，组建中国蒙山旅游网。

图12-4 2003年，蒙顶山二期建设系列工程暨世界茶博馆定稿论证

2004年，筹办第八届国际茶文化研讨会暨首届蒙顶山国际茶文化旅游节，提升旅游区设施。同年6月12日，名山县人民政府与四川省蒙顶皇茶茶业有限责任公司达成共同开发、管理、建设蒙山协议，新组建四川省名山蒙顶山旅游开发有限责任公司，接管蒙山景区及茶园1530余亩。该公司投入资金，维修和改造蒙顶山旅游公路、天盖寺核心景区、蒙山游道、亭廊、花鹿池等，新修茶坛、景区大门和形象山门等会节所要求项目。截至9月底，工程投入资金8989万元，拆迁国营（集体）企业6家（含蒙粮山庄、交通宾馆、金桥山庄），农户及个体经营户7家，拆迁建筑总面积2万余平方米。完成旅游公

路改造，高速公路连接线两侧堡坎，天盖寺、茶史博物馆、索道、游道维修改造等项目25个，实现亮山、亮景、亮特色。

2005年，借创建中国优秀旅游城市和筹办第三届四川旅游发展大会的机遇，实施蒙顶山二期开发。按照川西民居风格风貌改造蒙顶山旅游公路两侧农户住房，涉及住户40户、单位5个，建筑面积2万余m²。

蒙顶山景区聘请北京圣唐古驿设计事务所，设计世界茶文化博物馆、天盖寺茶艺厅（图12-5）。投资2000万元，进行世界茶文化博物馆装修、布展，面积2677m²；投资1000万元，装修、改造天盖寺茶艺厅等，面积5096m²，集品茗及茶技、茶艺、禅茶表演为一体。投资380万元，重建红军百丈关战役纪念馆，原国家主席李先念夫人林佳楣亲笔题写馆名。新建游人接待

图12-5 蒙顶山天盖寺茶艺厅屏风设施

中心，新增天下第一壶、龙墙、龙行十八式雕塑、茶艺表演台等10余处人文景观。承接第三届四川旅游发展大会期间全部工作。同年8月6日，国家旅游局"创优"国检组公布验收报告，授予雅安市（含名山）"中国优秀旅游城市"称号。同年12月22日，国家旅游局评定蒙顶山为AAAA级旅游区（图12-6）。

图12-6 2006年，蒙顶山旅游区游览图

2004—2015年的12年间,四川省名山蒙顶山旅游开发有限责任公司开展了AAAA级规划及申报,蒙顶山自然与文化遗产申报等重大茶文化活动;承办皇茶采制大典,吴理真祭祀大典,蒙顶山茶技、蒙顶山茶艺、蒙顶山禅茶表演等重要茶文化宣传(图12-7);呈报蒙顶皇茶著名商标、驰名商标申请,以及开展海峡两地茶文化交流观光及茶叶发展合作等。

图12-7 2016年,蒙顶山景区茶文化旅游宣传节目表演

2013年"4·20"芦山发生强烈地震,蒙山景区多处景点损毁。同年4月21日起,四川省名山蒙顶山旅游开发有限责任公司开展灾后恢复重建及国家5A级旅游景区创建工作。实施蒙顶山旅游索道更换提升项目,新建户外体验游乐设施"树冠漫步"项目及吊桥,实施天盖寺片区改造,恢复、装修天盖寺片区原有建筑,恢复石牌坊、古蒙泉、蒙茶仙姑像,新建祭天台;完善后山游步道改造、禅慧寺及景区水源、电力、电信设施等项目;启动净居寺游客接待中心新建项目,规划新增用地近280亩,建筑面积1.6万m^2,保留原有老牌坊,恢复净居寺,新建停车场,新建步游道连接茶坛、佛禅寺片区、商业街区皇茶大院等。

2015年,启动蒙顶山景区创建国家AAAAA(以下简称5A)级旅游景区工作,成立领导小组,中共雅安市名山区委、区人民政府主要领导任组长,分管领导任副组长,责任单位负责人为成员。制发《蒙顶山景区创建国家5A级旅游景区工作实施方案》,制定《蒙顶山创建国家5A级旅游景区改造提升项目和软件建设分类总汇(任务书)》发到责任单位,将具体项目细化到责任单位;从区级单位抽调工作人员20名到创建办、蒙顶山管委会和蒙顶山镇,安排专门办公场地和设备,开展5A级旅游景区创建工作。聘请专业人员编制《蒙顶山景区总体规划》和《蒙顶山创建国家5A级旅游景区提升规划》。同年10月15日,两个规划通过省景评专家评审。同年11月20日,上报《蒙顶山景观资源评价报告》、蒙顶山景区宣传片(初稿)和景观资源汇报片等软件材料至国家旅游局。启动部分硬件建设项目。对照AAAAA级旅游景区创建标准,对需提升的硬件项目和软件项目进行分工,将任务落实到人头。责任单位按照项目责任书,实施硬件建设和软件项目的收集、整理。

2017年11月17日,雅安市文旅集团有限公司与四川省名山蒙顶山旅游开发有限公司签订股权合作协议。2018年,聘请北京中科博道旅游规划设计院有限公司编制《蒙顶山景区提升创建国家AAAAA级景区及重点片区建筑概念规划》，规划组织专家审查，收集资料，上报省环保厅，经省环保厅反馈资料，出具正式专家审查意见后，继续推进AAAAAA级旅游景区项目建设。

2017年，因建设安全评估与手续等问题，暂停了5A级旅游景区创建工作。2019年，雅安文化旅游集团有限责任公司通过多轮谈判，控股接收四川省名山蒙顶山旅游开发有限责任公司、四川省蒙顶皇茶茶业有限责任公司。公司入驻后对蒙顶山景区进行了升级改造，在半山金花桥建设了皇茶楼，景区入口改造新建皇茶宾馆，加宽并硬化了茶坛至福坦寺道路，并在山顶右侧2km福坦寺修建了玻璃观光栈道凌云台，为蒙顶山建设5A级景区打下硬件基础。

2018年3月18日，在蒙顶山景区举行以穿汉服、祭花神为主题的花朝节传统文化活动，借此宣传蒙顶山旅游资源。

2018年5月19日，在第二届中国国际茶叶博览会系列活动的第二届中国当代茶文化发展论坛上，蒙顶山茶文化旅游节被推选为"中国茶事样板十佳"之一。

2018年11月，"中国百茶宴"百城巡演首发茶会在蒙顶山启动（图12-8）。由此开始3年内，活动组织方将甄选出的100款中国名茶，陆续在国内100个大中城市举办1000场百茶宴，由70名茶艺师，在70张至美茶席间为10万名爱茶人士奉茶。

2021年，名山区引进照杰法师完善智矩寺，增设祠堂大殿风格的茶楼及品茶饮茶的场所设施。2022年7月，雅安市组织相关部门和名山区一道规划设计蒙顶山天盖寺、永兴寺、千佛寺、智矩院、静居寺5座寺院的蒙顶山禅茶文化旅游建设。历史文献记载，天盖寺突出仙茶祭天，体现唐代茶文化；永兴寺传承仙茶奉佛，体现宋代茶文化；千佛寺重点是薅茶，展示元代茶文化；静居寺主要是茶艺，体现明代茶文化；智矩院重点是制贡茶，体现清代茶文化，5座寺院分期建设一条车道连接线、一条步行连接线，让游访者可选择性体验禅茶文化之旅。在蒙顶山主路上的静居寺设立禅茶文化接待中心，并从山下的蒙顶山茶史博物馆建立一条步行道上山，沿途增加茶文化元素。

2022年，四川省名山蒙顶山旅游开发有限责任公司开设了蒙顶山大讲堂，请四川著名文化学者谭继和讲授四川茶文化，请陶一教授讲解茶诗等。

图12-8 "中国百茶宴"百城巡演首发茶会在蒙顶山
（图片来源：四川省名山蒙顶山旅游开发有限责任公司）

第二节　蒙顶山国家茶叶公园

为深化农业农村改革，实现农业产业转型升级，抓住2013年"4·20"芦山大地震灾后重建机遇，中共名山区委、区人民政府依托茶叶产业和旅游产业基础，创新发展，产业融合，资源互补，优势互助，提出"以茶产业为引擎，康养双轮驱动，工业为持续动力"新理念，大力实施推动区域茶业发展的"1333"措施。即做好一个顶层设计，聘请全国知名专业策划团队规划设计，从茶树良种、基地建设、产品安全、标准化生产、企业培育、市场营销、品牌打造、茶文化挖掘和茶旅融合等方面，科学编制完成蒙顶山茶产业转型升级中长期规划，统领蒙顶山茶产业持续发展。做好蒙顶山茶基地、企业、品牌3大联盟，筑牢茶产业发展基础。做优市场、文化、宣传3个平台，提升蒙顶山茶核心竞争力。持续推进蒙顶山茶核心竞争力、蒙顶山茶品牌影响力、蒙顶山茶市场占有率3个目标。制定促进名山茶业发展产业转型升级的措施，打造茶中有花、梯次开放、色彩纷呈、四季辉映的花香茶海，实现产业与休闲农业无缝结合，放大经济、社会效益，实现产业转型、农村发展、农民增收、生态平衡的目标。2016年9月，成功创建蒙顶山国家茶叶公园。

一、创新理念思路

2014年，按照雅安市委、市政府关于百公里、百万亩茶产业生态文化旅游经济走廊建设要求，名山区以"4335"项目（4个重要节点、3个核心区域、3个万亩观光茶园、5个幸福美丽新村）为抓手，着力打造"一三互动、茶旅融合"产业带，建设成效得到广大群众的高度肯定和广泛支持。4个重要节点特色彰显：蒙顶山节点以全新姿态彰显茶文化圣山形象，新店节点深情诉说茶马文化历史，红星节点展示茶乡改革开放新姿态，茅河节点展现茶旅融合新亮点。3个万亩观光茶园各有千秋：红草坪万亩观光茶园产村相融，主打骑游休闲观光；牛碾坪万亩观光茶园科普基地（图12-9），主打茶树基因库、生态茶园观光；骑龙万亩观光茶园层层梯田、生态有机；

图12-9　名山区3个万亩观光茶园之牛碾坪万亩生态观光茶园

旅游线路串连起碧波荡漾的百丈湖、清新雅致的清漪湖，湖光山色，茶海苍茫（图12-10）。5个幸福美丽新村茶叶主导、特色各异，带动农民增收，示范作用明显。全新的发展理念为蒙顶山茶产业可持续发展注入无穷活力，通过茶产业经济走廊建设，有力促进名山茶产业从平面型向立体型，单一型向综合型，传统型向观光旅游型转型升级。名山区新建设的"中国南丝绸之路，蒙顶山茶乡风情游"路线被授予"中国十佳旅游路线"称号，有力促进了名山茶产业从茶叶资源大县向茶叶产业强区跨越。

图12-10 碧波荡漾百丈湖、清新雅致的清漪湖（图片来源：文化广播电视体育和旅游局）

二、高标准规划布局

名山区依托产业优势，以"4335"项目建设成效为基础，创新思路，实施茶叶旅游"一三互动"、融合发展，提升建设成就，建设全域性茶叶公园。总体布局为"1+6+N"："1"即以蒙顶山为核心的1条百公里百万亩茶产业生态文化旅游经济走廊（图12-11）；"6"即6个特色茶乡（佛禅之乡、酒香茶乡、骑游茶乡、科普茶乡、水韵茶乡和梯田茶乡）组团（图12-12）。"N"即融入N个休闲农业、乡村旅游元素，实现茶园变公园、茶区变景区、茶山变金山的美好愿景，给休闲者提供农作变娱乐、劳动变运动、美景变心境的世外茶园。

图12-11 蒙顶山国家茶叶公园总体布局图

图12-12 特色茶乡

三、高质量建设落实

中国至美茶园绿道是雅安生态茶产业文化旅游经济走廊在名山境内的一段（图12-13），全长达32km，从名山城区茶马古城开始，经过骑游茶乡红草坪，直至科普茶乡牛碾坪。项目整合了相关涉农项目资金，建设总投资近7000万元。在绿道建设过程中，十分注重发掘、保护和展示茶文化，结合连片观光茶园、自然风光以及农民原始劳动生活遗迹、农村传统建筑等元素，打造了龙滩子、茶马遗韵、鸡公堰、尖峰顶等生态景观节点，全方位展示农村"日出而作、日落而息"的生产、生活规律，提升了绿道形象和服务水平，成为名山茶旅游的一道靓丽风景，有效地促进了乡村旅游和休闲农业发展，推动了产、城、村、景融合发展。

图12-13 中国至美茶园绿道一段（图片来源：名山区委宣传部）

佛禅茶乡：蒙顶山的永兴寺，始建于三国时期，历代寺僧都以种茶、制茶为主，以茶入禅，禅茶一体。宋代元丰四年（1081年），西域梵僧不动禅师到永兴寺挂锡修行，著有《蒙山施食仪》经书一部，纳入《禅门日诵》。禅茶文化是蒙顶山茶文化的重要组成部分。佛禅茶乡以茶为本，以禅为魂，通过"茶作"体验佛门茶作工艺；通过"茶修"探寻禅茶文化精髓；通过"茶养"享受茶文化养生；通过"茶贡"参与茶祖祭祀、茶文化朝拜、圣山旅游（图12-14）。

图12-14 佛禅茶乡——蒙顶山

酒香茶乡：官田坝地处蒙顶山景区覆盖区域，官田坝做好茶庄、酒庄和新农庄近郊旅游休闲文化。蒙顶酒业打造古典园林式酒庄，展示酿酒工艺、酒文化观光、酒文化体验。官田坝高品质开发、建设一批休闲茶庄，打造茶庄集群；形成前茶庄后茶园的产业布局；实施"新农庄"带动计划，营造邻山、亲水、听鸟鸣、忆乡愁农庄住宿特色和自然、纯正乡土餐饮地带（图12-15）。

图12-15 官田坝蒙顶酒业

骑游茶乡：红草坪（图12-16）集万亩观光茶园、湿地公园、旅游新村为一体，现初步形成观光体验、骑游体验、餐饮购物、滨湖观光、垂钓休闲、特色餐饮、康养度假乡村住宿、寻找乡愁产业发展态势和茶区变景区、茶园变公园、劳动变运动、产品变商品的农业休闲格局。穿越十万亩茶海的中国至美茶园绿道是骑游爱好者的"理想之路"。

图12-16 骑游茶乡——红草坪

科普茶乡：牛碾坪核心区坐落于名山区中峰镇海棠村，小地名叫牛碾坪。这里地处高岗丘陵，没有水，村民们用牛作为动力，拉动石碾加工粮食，慢慢地就有了牛碾坪这个地名。此地有1.5万余亩观光生产茶园，近1000亩科研、科普基地（图12-17）。引进茶树良种260余个，收集种植野生茶树资源超过2000余份，是西南最大的茶叶基因库。选育国家、省级茶11个。结合"4·20"芦山大地震灾后产业重建重点项目，集茶科技、茶种植、茶生产、茶旅游、茶文化为一体的生态文化旅游融合发展综合体。综合体是在原名山茶树良种繁育场的基础上，整合茶叶良种繁育基地、科技服务中心、茶产业基地3个灾后重建总规项目，总投资人民币5000万元进行建设。已建成5000m^{2}的科研综合大楼——雅安市现代茶业科技中心，设公司科研检测楼、生化室、审评室、生产车间、专家大楼和游客接待中心等；观景平台等配套设施有旅游餐厅、客房、品茶室，可供300余人同时就餐、60余人入住、60余人品饮。建成茶园骑游道、游步道、观光亭廊等配套设施、200亩茶树品种园、200多亩示范园和上万亩的"茶+桂"立体种植茶园，真是"五彩缤纷像是花，春风吹拂发新芽。来得半天牛碾坪，便能知晓天下茶"！如此种种促进了乡村旅游与休闲农业的有机结合，为茶产业发展提供了强有力的科技支撑。2020年，牛碾坪景区被省文化和旅游厅评为AAAA级旅游景区。

图12-17 科普茶乡——牛碾坪

水韵茶乡：茅河乡年育售良种茶苗达10亿株，被誉为"中国茶苗第一乡"。临溪、铁溪两河水系蜿蜒绕流，修建岸边绿道，连接茅河古镇、临溪新村、龙兴新村3个示范点形成整体，以茶为本，以水为魂，体现茶乡水韵；以"一把伞"万亩观光茶园为核心建设花乡茶海，串联临溪新村、茶花山寨2个新村，为游客提供色彩缤纷的茶园、自然山水的农村，可体验古朴淳厚的农耕生活（图12-18）。

图12-18 水韵茶乡——茅河（茅河乡 提供）

梯田茶乡：骑龙岗有"世外茶园""绿野仙踪""梨园茶乡"美誉。春观梨花绿茶争美斗色；夏看茶园层层峰峦叠嶂；秋赏红叶口尝香甜鲜果；冬觅宁静清幽白雪茫茫。通过茶产业提升工程，注入了乡村文化符号、游玩观景亭廊、茶园健身（骑）步道、农村风味餐饮等休闲农业元素。初步形成了以茶叶生产、茶叶加工、乡村旅游体验为一体的茶叶融合发展模式。同时，新开发的红星镇"大地指纹"茶园风光是又一绝（图12-19）。

图12-19 梯田茶乡——骑龙岗

2017—2018年，为拓展完善蒙顶山国家茶叶公园，名山区将总体布局增加建设浪漫茶乡——月亮湖农业主题公园，变为"1+7+N"格局（图12-20）：

浪漫茶乡：月亮湖农业主题公园（图12-21）位于雅安市名山区百丈镇高岗村，地处雅安市名山区域腹心，水域面积220亩，总面积3km^2，周围茶海花香3万余亩，距离市中心约20km，依傍省级风景旅游区百丈湖。近20年来，以茶叶为主导，是仙茶故乡、蒙

图12-20 名山区全域旅游"1+7+N"格局

图12-21 月亮湖农业主题公园夜景
（图片来源：茶马文旅公司）

顶山茶主产区。该公园是名山区依托产业优势，创新思路，实施茶叶旅游"一三互动、融合发展"，是雅安市百公里百万亩茶产业生态文化旅游经济走廊中一个重要节点，是雅安市一处最具代表性的风景旅游区。

月亮湖原名观音寺水库，是一个集湖光山色、茶香美景为一体的农业自然景区。按照乡村振兴和"五美乡村"标准，名山区和解放乡挖掘整理当地特色文化，发挥其特色优势，建设集知青文化、民宿、垂钓、婚庆为一体的浪漫茶乡。月亮湖建设了婚庆广场、林下花海、爱情殿堂、月牙台、环湖路、知青广场、垂钓平台、湿地公园以及夕阳和日出观景平台10个节点，同时以知青文化为背景，通过高端民俗带动乡村振兴，打造知青大院3个，茶家乐、茗宿10余家。

银木村是月亮湖农业主题公园的核心区，该村以乡村振兴示范点"银木驿家"为主题，以建设"3大中心"，推进茶业转型升级，进而带动乡村全面发展。一是银木村党群服务中心。开展"两学一做"和主题教育，发扬"心红、志坚、常青"的银木精神，努力建设"浪漫茶乡月亮湖、幸福美丽新银木"。进行环境整治提升，盘活集体资源，村集体经济收入稳定增长达10.2万元；成立月亮湖农民旅游专业合作组织，开展手工茶制作、民俗发展、厨师厨艺等专业培训。建设孝德广场，开设孝德教育和评选活动。率先建立"户分类、村收集、乡转运、区处理"的农村垃圾处理模式，村容村貌变美。二是职业农民孵化中心。建成培育手工茶制作、茶艺等为一体的农民夜校规范化教学基地，合作开展各类人才培训。三是银木村农服务中心。主要包括中心供销社和游客接待中心。开展农资农具、农产品销售和质量监管、土地托管等服务，全面实施农业社会化服务惠农工程。主要提供游客接待、导游、便民等服务，常年接待游客，2018年游客18万人次，2019年达25万人次。

解放乡共有标准化茶园17360亩，分布于全乡6个村，家家种茶，户户均以茶为主。主要栽培名山白毫131、名山311、福鼎大白、福选9号等品种。近年来，又更新换种中茶108、川农黄芽、乌牛早、黄金芽等品种。2018年，实现产量2465t，产值15624亿元，茶叶实现可支配收入10540元，占当年实现可支配收入的14535元的72.5%。全乡有茶叶加工企业30余家，主要生产加工蒙顶甘露、黄芽、毛峰及藏茶，产品畅销省内外。解放乡狠抓基地建设和产品质量安全，积极推广茶叶绿色防控和生态化茶园管理，产品安全、优质，实现茶叶稳定发展。

解放乡按照区委乡村振兴思路，围绕"生态文明解放，幸福文化家园"的发展定位，以打造浪漫茶乡为目标，以服务群众、服务基层、服务发展为着力点，率先在解放乡银木村开展乡村振兴，开展浪漫茶乡——月亮湖示范点创建工作，为新农村建设和实施乡村振兴战略工作做了有益探索。示范点以"银木驿家"为主题，包括提升银木村党群服务中心，建设银木村为农服务中心、银木村职业农民孵化中心、德孝广场、婚庆广场、停车场。该示范点占地超过4000m²，投资约300万元，2018年3月底设计规划，5月全面完工。

浪漫茶乡——月亮湖农业主题公园建成，实现了该乡茶园变公园、茶区变景区、茶山变金山的美好愿景，促进了农业与旅游一三产业的深度融合，吸引雅安及成都等地游客前来观光旅游，休闲品茗，吃鱼尝鹅，购买茶叶产品，带动建设了10多家农家乐、茶家乐。延长了农业产业链，促进了茶产业发展，推动了乡村振兴。2018年、2019连续两年名山区在此举办"中秋桂花节"，有品茶、尝月、闻桂香、游湖、观景、访茶家等活动。2018年名山区农民丰收节活动主场、2019年四川省农民丰收节活动分场也设在此处，对蒙顶山茶等农产品与品牌作了很好的宣传。

2020年，浪漫茶乡——月亮湖农业主题公园被四川省农业农村厅评为"省级示范农业主题公园"，于2021年被四川省文化和旅游厅评为AAAA级旅游区（图12-22）。

中国农业国际合作促进会茶产业委员会、中国合作经济学会旅游合作专业委员会组织专家论证并实地考察，确认雅安市名山区依托蒙顶山AAAA级景区打造的蒙顶山国家茶叶公园为中国首个以茶叶为主题的休闲农业公园，充分并环保地利用了当地自然生态资源，融合第一、二、三产业共同规划发展，具有创新性和先进性，于2016年10月15日在名山举办的2016中国（名山）茶乡旅游发展研讨会暨蒙顶山国家茶叶公园创建试点单位授牌仪式上，正式授予雅安市名山区"蒙顶山国家茶叶公园"称号（图12-23）。农业部有关局司和专家后来主要依据蒙顶山国家茶叶公园的标准制定并颁布实施《国家茶叶公园标准及评定》（T/ACPIAC 0001—2017）与管理办法，以推进全国茶旅融合发展新模式。

图12-22 月亮湖雪景

图12-23 2016年9月，名山区成功创建蒙顶山国家茶叶公园

2019年，在成功打造集农业观光、休闲体验、康体养生、茶旅互融于一体的中国至

美茶园绿道基础上,新建新店镇安桥村公园路茶旅融合旅游公路,全长2.85km,沥青混凝土路面宽8m,建安费2477.18万元,搬迁调地费544.66万元,于2020年3月全面完工。以乡村振兴示范点项目建设为载体,2019年,名山区茶产业文化旅游经济走廊提质扩面,开工、建设项目13个,投资6500余万元,开启了茶乡婚摄、垂钓等新业态培育,逐步实现产业带沿线挂果兴业、增彩增效。被农业部评为"全国农村一二三产业融合发展先导区创建单位"。

2020年,名山区确立全域旅游"1+7+N"空间布局,全线提升中国至美茶园绿道,推出6条文旅精品线路,打造六大精品文旅景区,建成特色民宿、乡村度假旅游接待点等300余家(图12-24)。举办四川省2020年度"万人赏月诵中秋"主会场展演活动,2020年举办第十届环中国国际公路自行车赛,2021年、2022年连续两年举办全国自行车公路赛等重大活动,精心举办蒙顶山茶文化旅游节、农耕文化旅游节等会、节、活动,成功创建"天府旅游名县"候选县(图12-25)。

图12-24 牛碾坪生态观光茶园上的帐篷酒店

图12-25 第三届茶乡旅游发展大会名山经验分享

第三节 乡村旅游

20世纪八九十年代,名山县茶区各乡镇农村,在依山傍水、风景秀丽、交通方便的大宅小院,相继兴办农家乐,供城区居民工作之余或节假日休闲娱乐。初期设施简单,提供茶水和民间风味的豆花饭、老腊肉、土鸡、天然河鱼火锅和副食品等。

2000年后,伴随生活水平不断提高,乡村旅游逐渐成为时尚。

2005年,名山县人民政府下发《关于加强和规范全县农家乐及各类度假村管理的意见》,制定《名山县农家乐旅游服务质量等级划分及其评定》和农家乐星级评定程序。同年9月21日,名山县旅游产业领导小组名旅产办将名山县农家乐星级评定委员会更名为"名山县乡村旅游评定委员会";9月22日,名山县乡村旅游评定委员会经过检查评比,批准星级乡村旅游接待单位:晓阳春(三星级)、松竹园、玲珑山庄、官田渔村(二星级）。同时，编制《名山县农家乐旅游规划》，筛选县内有一定品质的农家乐，指导槐溪山庄、葡萄苑等农家乐从突出茶文化特色上进行改造建设。中峰乡万亩生态观光茶园、双河乡骑龙观光茶园、茅河乡一把伞茶园以田园风光、茶园观光为特色的乡村度假旅游点，受到成都、邛崃、雅安等地游客喜爱，成为雅安市社会主义新农村建设的示范点。

图12-26 2009年6月3日，举办乡村茶家乐休闲游业务培训会

2007年，开展星级农家乐评定；5月12日，成立名山县农家乐星级评定委员会。年内，经县人民代表和县政协委员提议，将农家乐办出名山特色，更名为茶家乐，纳入县旅游局管理。截至年底，全县茶家乐、茶家小院近40家，其中：四星级1家、三星级4家、二星级28家，除餐饮娱乐外，还提供住宿，接待游客（图12-26）。

图12-27 2009年6月29日，名山县旅游协会成立

2009年5月8日，名山县人民政府制发《关于大力发展乡村"茶家"休闲游的实施意见》，决定以"走进绿色茶乡，感受茶家风味"为主题，发展乡村茶家休闲游，要求抓紧建设灾后美好新家园，打造成都美丽后花园的历史机遇，推进乡村旅游业发展（图12-27、图12-28）。

2010年后，自驾游和短线游成为旅游主要方式。名山推出以田园风光、渔业、苗圃、茶园观光为主的乡村度假旅

图12-28 2009年5月14日，老红军王定国（左二）回到1935年11月红军战斗过的百丈关战役牛碾坪战场，看到这里是一片茶海，百姓安居乐业，非常高兴

游，吸引众多自驾游和短线游旅客。2014年，完成省级乡村旅游示范区复核。重点发展蒙山景区沿线、茅河乡村旅游示范乡镇、百公里生态茶文化旅游经济带。截至2015年12月20日，雅安市名山区骑游茶乡——万古红草坪茶旅融合发展示范片基本建成，包括茶

叶基地提升，茶园绿道、湿地公园、新村、敬老院建设，投资约1.2亿元。

截至2015年12月31日，全区茶家乐283家，其中星级50家。从业人员2400余人；接待能力为每天208万人次。全年乡村旅游综合收入5.63亿元，占全区旅游收入总额的26.1%（图12-29）。

为彰显名山茶产业和茶文化，茶家乐均有茶宴、茶膳。配套优质茶园，设置手工制茶作坊，客人可采茶、制茶、品茶。邀请茶文化专家讲解蒙山茶文化，聘请茶技、茶艺专业人士表演"龙行十八式""凤舞十八式""天风十二品"，并销售各种蒙山茶（图12-30）。

图12-29 2017年9月，农业部授予万古镇红草村"中国美丽休闲乡村"称号

图12-30 牛碾坪万亩生态观光茶园

第四节 茶　馆

雅安市名山区虽为茶祖故里、茶文化发源地，但茶馆始于何时，现已查无史据。但根据全国饮茶之风盛行于唐代和宋代，明清时期茶馆如雨后春笋般涌现，成都作为全国茶馆之都，茶叶古名联并在明代本地、成都等地茶馆专用的楹联"扬子江心水，蒙山顶上茶"，及明代百丈"天一店"的故事推算，名山茶馆至少是与成都茶馆开办同步的。

一、明清时期茶馆分布和特点

茶馆不同于酒馆、饭馆、旅店，其主要存在的价值就是为往来路人、商旅走卒提供喝茶解渴、休息解乏的专门场所。名山是中国最悠久、产量最多的重点茶区，又是仙茶故乡、茶祖故里，当地男女老少都会喝茶，不少还是资深茶客，在家中每天要喝茶，在外交往、走动、休闲也要喝茶，因此在名山县城区和乡村均分布有大小不等的茶馆。

明清时期，名山茶馆大多设在穿越县域的主干道，方便往来路人、商旅走卒，还设在依山傍水、交通方便的弯道、拐角、大树旁，空气清新、风景宜人或商贸繁华地段，便于本地休闲娱乐、社交活动、洽谈生意。当时的路况主要是路中铺相连不断的石板，两边大小卵石错落，泥土混合成土石路，中间便于马牛车或鸡公车运输，两边走人。因为都是马牛车或鸡公车，或人背负重前行或雨伞小包袱轻装前行，马牛车行一天百十里，人行一天三五十里。因此在沿途的黑竹关、百丈关、新店、名山及姚桥等重要场镇每隔10~20里就有一个茶店，有的茶馆还兼顾了简单的吃饭与住宿。县城到各乡镇间，为便于乡间背夫、挑夫、商旅赶场步行，每相距8~10里就建有简陋茶亭，供路人驻足喝茶、躲雨歇凉。部分逐渐成为集市，如张店子、幺店子、观音场、龚店子等。

茶馆一般是依托于1个门店，几十到百十个平方米，内设一烧水的灶台，上有两三个灶口用于烧水，规模大的设七星灶，用木炭或煤烧水。室内摆几张小方桌，每桌配4把竹椅、4套盖碗，主要卖蒙顶山所产的茶叶，能品米芽（石花、甘露）的极少，一般就是现在所称的毛峰、花茶类。

名山城里的茶馆来往人气要好些，资金要丰厚些，不时有说评书、金钱板、唱双簧、弹琵琶等的民间艺人在茶馆表演，也常有外地戏班子、本地"打玩友"唱戏娱乐，为茶馆招徕客人；一些民间纠纷亦在茶馆"讲理信"，判断是非曲直，输者以汇茶钱为"承礼"，体现喝茶讲理之风。

明代最有名的当属百丈"大明店"。位于百丈场镇下街，店主胡运清，为祖传老茶旅店。据传张献忠剿四川时，店主胡廷赞率乡团御之，不胜被俘推斩，他反身骂贼，张献忠戟指其首厉声曰："汝好大胆，敢骂我，然亦是好男子。"为躲戟尖与之歪头对骂。其后，皆称之为"歪脖子老爷"。张献忠兵败后，清朝官府以"天下第一店"之誉赠之，称其为"天一店"，该店多代传承，人气一直很旺。

县城荣华店是谢家在名山老东街经营的，历史也较为久远，至少是清代早期就在经营，传承多代，晚清、民国时期主要由谢荣泽经营。其家中遗留的茶具可追溯至明代万历年间，尤以康熙、乾隆年间的茶具最多，且多为民窑精品（图12-31）。

图12-31 图中盖碗、茶盘、铁炉均为明清时期名山老东街沈家、谢家（荣华店）茶馆茶具（图片来源：钟国林）

二、民国时期主要茶馆

民国时期茶馆沿袭清制,并逐步改进。名山解放前期,名山县城街巷内,有茶馆七八家,各乡场集镇多者三四家,少者一二家。百丈、车岭、永兴、马岭虽为名山县边远集镇,但茶馆亦不少。至名山解放时,县城一直营业者有老东街雷泽普茶馆和老西街茶馆等数家,其茶馆为休闲娱乐场所,常有文化节目上演,之后多歇业或改营他业。

①**县城沈家茶馆**:位于原老东街尾,兼营住宿、茶座、丝烟和酒业作坊。侧旁空地宽敞,是畜牲交易市场,历经扩大,逐年红火,吸引温江、郫县、崇庆、新都、新津、灌县、双流、大邑、邛崃等地客商到名山贩牛。春耕生产前夕,茶旅店住客爆满,成为职业茶馆。老板为雷泽普,是县城老式茶馆之一。

②**县城谢家荣华店茶馆**:位于老东街街尾,与沈家茶馆相邻,主要在春季收购和加工茶叶,销往成都、简阳、内江等地。平时开茶馆,接待外地客商与本地茶客。

③**县城青江茶楼(张家茶馆)**(图12-32):位于大板桥头。老板张定邦,无文化,但他是袍哥小头目,人缘好,威信高。私人间或团体间(帮派)有矛盾口角需解决,常约定在此茶楼坐茶馆、讲理信。张定邦能言善辩,断是非或充当和事佬,两边撮合,和欢而散,结束时,理亏的人需支付全堂听客茶钱而息事。

图12-32 青江茶楼匾(晚清民国)

④**县城李家茶馆**:位于西门洞十字街口。老板李天禄。该茶馆主要以讲评书吸引茶客。每天上下午各两道(两场),每道一个半小时左右,当说到半小时,即书中高潮时,说书人便端个茶盘向吃茶人乞讨"口水费"。有时,茶馆也用长嘴茶壶掺一下水,要两个招式以吸引一下茶客。听书者大多是中学生、半文化人、兴趣者。若逢有钱人包场招待,说书者即"拱手"加段。

⑤**县城李家茶馆**:位于东街小桥子。老板李世林,是公口舵把子,主要接触上层人士、名望人家。以"打玩友",吹、拉、弹、奏乐器,吸引茶客。县内、县外各乡镇有身份、名望,"吃得开"的人常来常往。在该茶馆办婚丧嫁娶、订婚、寿庆、生日、升迁、乔迁等,请玩友在黄昏、晚上清唱川剧高腔折子戏。

⑥**百丈"天一店"茶馆**:之后改为"大明店",意为"反清复明",继续经营。

⑦**百丈王家茶馆**:位于中街,店主王显立租用黄家铺面营业。该茶馆以文会友,以开诗条、打花宝、打金钱板、打花鼓、说相声、讲评书等招徕茶客,街上戏迷常邀,在

此"打玩友"。是青年人聚会的地方，曾热闹一时。

⑧**百丈陈茶铺子**：位于水巷子旁，为陈茹辉母亲所开。五老七贤、社会名流好聚此喝茶，茶铺掺茶师张老幺手脚麻利，掺茶技艺精湛，赢得人们赞许。

⑨**马岭郑家茶馆**：位于马岭中街，店主郑良功，其兄郑显铭为抗日烈士。郑良功乃教书先生，茶馆后面是花园，奇花异草繁多，吸引不少茶客。解放后加入公私合营。

⑩**永兴青江茶馆**：位于永兴正街，是民国时期较为古老的茶肆。两间铺面可摆11张方桌，方桌四周安4根长条板凳，"青江茶馆"招牌挂在铺间梁柱上，非常醒目。店主名望高，茶馆兴旺。

⑪**车岭德音茶馆**：位于关帝庙门口，店主袁成修。老板数十年为车岭袍哥组织十大公口总管事，茶馆生意红火。大凡打玩友、讲评书、讲理信等到车岭，必先到此茶馆。为三教九流、军政人员办事、会友联络接头处，是民国时期车岭一大门面，直至解放。

三、中华人民共和国成立初期和计划经济时期茶旅店

1949年后，经过公私合营、"大跃进"和"人民公社化"运动，茶馆一度匿迹。而后县城设招待所、茶旅社，乡场设茶旅店，便于出差住宿或旅客驻足。西门洞李家茶铺子垒的是台灶，用青杠材花子烧茶水，有三四把铜壶，壶嘴一尺多长，圆壶，直径20~30cm，茶小儿左手一张帕子搭在手腕，右手提壶倒水，可以从茶客的头上、肩上，甚至隔人掺茶，滴水不漏。茶铺子有打玩友的（业余组织无偿或有偿表演），唱一阵就端起锣请看客打赏钱，一般是1分、2分，5分的很少了。吃成"穿白"，就喊换一个叶子……当时，经过新中国成立初期的土地改革，农民得到土地，生产恢复建设，政局稳定祥和，茶叶生产有所恢复，民众生产之余也有几分闲适时间。

新中国成立初期，茶馆一度被取缔；公私合营期间，允许集体所有制综合商店开食堂、摆茶座。截至1953年5月，全县有茶馆15家。县城有国营招待所，公社有茶旅店。前进公社广盛茶馆，由20世纪50年代公私合营成茶旅店，归供销系统代管，经营食堂、杂货、住宿、茶饮等。茶旅店有20个床位、10余张小方桌、40把竹椅。旅店供过往小商贩歇脚，茶馆逢场开放，最多容50余人同时饮茶。

四、改革开放以来名山茶楼星罗棋布

20世纪80年代起，茶叶生产作为经营项目，在销售上出现多元形式，以促进人们消费。随着市场经济体制的建立，茶产业壮大和茶文化传播不断发展，城乡集市出现休闲市场，城区和乡镇茶馆应运而生。城镇茶馆规模由简单、低档逐渐发展，出现高中档茶

馆和茶楼。一般都不再用柴、煤烧水，均以卫生方便的电炉为主。高档茶馆集品茶、棋牌、茶艺为一体，设茶艺、茶技表演；中档茶楼是休闲娱乐、社交活动、款待亲朋的去处；低档茶馆为喝茶、打麻将、玩长牌、斗地主等之地，娱乐遣时。

2000年后，随着名山茶产业发展和茶文化传播，名山茶楼、茶馆不断翻新，古色古香的仿古茶楼，装修豪华、设施完备的时尚茶楼、楼堂、院厅、盆景、风帘，电视、空调、麻将等一应俱全，品茗、休闲、娱乐，各取所需。

2004年"一会一节"以后，蒙顶山茶影响逐渐扩大，到名山品茗者纷至沓来，名山出现茶客爆满现象。不久后，名山出现相对集中的休闲喝茶去处。沿江中路、滨河花园、陈家坝、吴理真广场茶馆群为开发最早的地区。后来，出现蒙顶山沿线茶楼、茶馆群以及分散在全区的茶家乐。几乎所有酒店、饭店都有专门的喝茶厅。2010年后，茶馆还提供无线网络传输服务。

截至2015年12月31日，区治城蒙阳镇（含城郊）和乡镇场镇有大小茶馆200余家。

陈家坝新区吴理真广场茶馆群，有茗香园茶楼、蒙山茶坊、广场休闲、聚源茶坊、桂花香茶坊、养生茶坊、聚友茶庄、美平方、清怡茶坊、蒙顶茶味府、黄桷树茶坊、雾峰茶坊、兰芳园茶坊、妙供来香、好雨茗茶、天下雅茶、茶坊等，春夏秋之际，特别是节假日，室内室外全是喝茶人。

城区老街、陈家坝新区有御贡春茶坊、友谊茶楼、悠雅茶楼、缘木坊、茶一味、一杯时光、蒙雨茶楼、聚友轩、在水一方、清风阁茶楼、好运茶楼、尚好家茶楼、川雅茶坊、蜀峰居茶楼、杨家茶楼、张家茶座、西河茶楼、聚友茶楼、蒙里飘香、东来顺茶楼、小桥流水、一米阳光、明月茶楼、蓝月亮客栈茶坊、碧水兰馨、一壶岁月、茗香阁、福馨茶韵、齐氏生态茶、咖茶世家、肽牛茶楼、颐中茶楼、翠饮茶楼、闲暇时光、雨花茶楼、盛世茶府、茶雨听竹、聚仙阁茶楼、华中画休闲会所、蜀绣苑茶坊、云升茶楼、聚源茶楼、一品鲜轩茶楼、雅闲茶楼、白果树茶楼、和韵茶楼、鸿运茶楼、时光味道、金三角茶座、乐乐茶楼、名蒙宾馆茶楼、蒙山茶楼、缘点茶坊、蒙缘茶楼、朋友圈茶楼、和意茶楼、碧潭听竹茶楼、君泰朝阳茶楼、尚琴茶座、雅典茗香园、雨花茶楼、品茗轩茶、三回味茶庄、锦绣阁、月华茶府、馨悦茶楼、银河茶楼等。

南大街名山河畔滨河花园有圣淘沙茶楼、滨河茶坊、成记茶坊、中发北茶府、蒙山人家、茗香阁、心语茶坊、游乐茶坊、大自然茶楼、名茶人家、休闲茶苑、姐妹茶坊、和源茶府。

滨河路有天府茗门、四季茶坊、郦景茶楼、依江茶楼、近水楼台、满意茶园、阳光茶楼、顺河茶坊、浅水湾茶坊、禾田田茶坊、蒙源茶楼。或室内品饮，或沿河摆茶。

1986年，蒙山被开发为风景名胜区。1989年，在天盖寺设立高档茶楼，作为旅游观光客人休闲、喝茶场所。1996年，车岭农民工杨奇用自己打工所得的资金和争取到的贷款，在城西镇火烧桥附近建立全县第一家农家乐晓阳春，园林式设计，初期以餐饮为主，品茶为辅，有中式庭院2个，特设品茶室，以蒙山茶"五朵金花"命名，供客人休闲娱乐。该做法为稍后兴起的茶馆、茶楼所仿效。

1992—2012年，名山192个村民委员会和17个城镇社区居委会，先后成立老年人协会组织，均建有老年活动中心，有房子、活动室，均有喝茶、品茶服务。

改革开放后，名山县城大板桥头江边街道（黄桷树下）形成花木市场，后逐渐形成兰花一条街。一胡姓中年妇女便设条桌、藤椅，供应茶水。世人竞相模仿，江边茶座不断增加。县城沿名山河两岸（自三汇市场至名茶街），乡镇沿河、沿湖，均有茶座。

①**蒙顶山皇茶楼**：位于蒙山天盖寺，于1989年依山而建，为仿古竹木装饰。2005年重修。设有专业茶技、茶艺、禅茶表演。是蒙山索道上至山顶景区必经之道，千年银杏树遮阴，名茶每杯25~100元不等。

②**茗都花园酒店**：位于城东乡平桥坝，是名山星级最高的酒店，有专门接待客人的休闲厅堂，接待餐饮的同时，也为客人提供喝茶、休闲服务。

③**滨河花园圣淘沙茶楼**：位于蒙阳镇滨河路48号二楼，于2007年夏开业。经营面积440m^2。有茶座20余个，可同时容纳200多人品茶。可品黄芽、甘露、竹叶青、碧潭飘雪、毛峰等各级名茶。

④**四川蒙顶山茶业公司牛碾坪基地和红草村基地**：建有高档茶楼，可品茗，赏万亩茶园景色，舒适宜人。

五、茶馆民宿融合趋势

近几年来，受大环境影响，名山茶馆也出现调整经营方式，优化环境和服务的新趋势，这与明清时期交通干道上设置的茶馆、茶店兼营简易便餐和简单住宿的茶旅店如出一辙。茶叶主要是本地蒙顶山茶的蒙顶甘露、蒙顶黄芽、蒙顶石花、蒙山毛峰、甘露飘雪、残剑飞雪等茉莉花茶、藏茶、红茶，本地人喜欢饮本地茶，外地人到此也愿意品一品当地的茶，极少用普洱茶、乌龙茶。

①**茶馆与蒙顶山旅游结合**：依托蒙顶山旅游及文化，从城区到蒙顶山顶沿途建立了理真、跃华茶府、真源茶舍、茶祥子、云栖谷多个装修考究的茶馆，专开有茶室、茶台、茶道，按品类每壶计价收费，品茶赏茶，辅以销售。

②**茶馆与民宿结合**：如宽舍、花间堂以简捷清新风格的民宿吸引游客和商人住宿，

同时配套同样风格的高档茶叶品饮消费，与传统的嘈杂喧闹、人来人往的品茶氛围完全不同。整个环境优美，格调优雅，安闲幽静，清新自然，住宿与品茶相得益彰。茶馆锁定了来名山旅游、商贸洽谈、接待等中高档消费人群。

③**茶馆与茶园旅游结合**：如牛碾坪万亩观光茶园酒店结合科普茶乡牛碾坪万亩观光茶搞茶叶品饮与旅游住宿。名山创业青年结合双河茶园和金鼓村大地指纹、吴岗十三碗景点，经营小茶院民宿、尚水希木·茶岸民宿、茶山吾舍、花筑·雅安时间之外等茶家乐民宿，中峰镇万亩生态茶园过溪茶家乐民宿、玩土乐园、栀子院、遇见芳华、过溪、水云间等将品茶、体验做茶、购买茶叶作为重点，让游客到茶乡游、吃农家菜、品生态茶、住茶家宿。

第五节　茶　具

常言道："水为茶之母，壶为茶之父。"要品得一杯上好的香茗，需要做到茶、水、火、器四者相配，缺一不可。饮茶器具不仅是实用器，而且不同的器具对不同的茶还有助于提高其色、香、味、形，茶具不仅是艺术品、收藏品，而且反映了一个地区茶文化的演变和发展。蒙顶山茶区所出土和珍藏的茶具，充分反映了蒙顶山茶区2000多年来茶叶的演变、茶的品饮和茶文化的发展，是四川乃至中国茶具演化和发展的缩影。

历史上，名山地区没有出现过大的、著名的窑口，地方窑口生产的陶与磁茶具属于邛崃窑系产品，较为粗糙。主要为外来茶具。

一、唐代以前

自神农尝百草日遇七十二毒，得茶而解之，至秦之前，茶作为药用，都用罐、缶、锅熬制，用碗盛喝，以解其病。至两汉两晋时期，人们已将茶作为饮品，特别是吴理真首开人工植茶以来，茶叶的种植生产和品饮更加广泛，主要是采摘茶叶生叶烹煮或直接烘干，用时放入水中烹煮成羹汤而饮，有的还加入葱、姜、桂、盐等，类似今天的菜羹汤，吴人称之为茗粥，这种饮茶方法被称为煮茶法。蒙山茶史博物馆收藏并展出的茶具中，有公元前476年前煮（盛）茶的三足陶鬲、双耳陶罐及陶把杯（有真的，也有仿制的）。

西汉王褒的《僮约》中就有"烹茶尽具""武阳买茶"，"尽具"即为"净具"，也就是饮茶已有专用茶具并要清洁干净。本地文物显示，当时使用器具以锅、缶、罐等熬制，用碗、盅、匜、爵、耳杯等具盛喝，材质有陶、磁、青铜、漆器、原始青瓷、木碗等。

最有代表性的是鸡首壶（图12-33）。

陶鬲（战国）　　　酱釉瓜棱鸡首壶（南北朝）　　　青釉小茶盏（南北朝）

白釉茶盏、茶杯（隋）　　　青釉茶杯、小茶罐　　　青釉茶碗

图12-33 唐代以前茶具（蒙顶山茶史博物馆）

二、唐 代

经南北朝和隋代演化，唐代的煎茶法已流行和成熟。主要是把制成的饼茶，经过炙烤、碾末过罗，汤沸投末，并加以环搅，汤沸则止，盛入碗中品饮。煎茶法所用茶具较多，有风炉、炭挝、火夹、碾、罗、瓢等20多种。饮具以碗、盏、瓯为主（图12-34）。白居易有诗"白瓷瓯甚洁，红炉炭方炽。沫下麹尘香，花浮鱼眼沸。"刘禹锡有诗"骤雨

邛窑青釉褐彩四系壶　　　邛崃窑双耳执壶（修）　　　邛崃窑双耳执壶

图12-34 唐代茶具

松声入鼎来,白云满碗花徘徊。"茶壶均略显肥壮,广口、圆身、短嘴,四系或两系,短流平底,釉施上半。茶碗、茶盏敞口平底,砂底。出土文物显示,名山茶具主要以邛窑为主,青釉、绿釉,部分青釉点褐彩,少有瓷峰窑的白色茶具,铜红釉的极难见。也有耀州窑、吉州窑的茶具运入销售。这个时期也出现了初期的盖碗。

三、宋 代

宋代,名山饮茶也时兴了点茶法。点茶法是将茶碾成细末,置茶盏中,以沸水点冲后品饮,并形成斗茶之风。因此茶具中的汤瓶就演变成长细形,出水变得细长,冲水集聚成线有力。宋代茶具是中国茶具的第一个高峰。名山茶具虽然仍以邛窑为主,包括玉堂窑、大邑窑、金凤窑、西坝窑、广元窑等瓷器。这个时期有大量使用仿制建窑黑釉的、兔毫的盏、壶、碾等,龙泉窑(本地人称土龙泉)的青釉碗、盏、壶,多为广元窑、西坝窑、金凤窑等仿制生产的茶具,以名山的茅河、百丈一带出土最多(图12-35)。

邛窑青釉双系执壶

青釉双耳执壶

黑釉双耳执壶

黑釉双耳执壶

青白釉葵口盏

白釉葵口盏

青釉小盏

青釉斗笠盏

青釉茶碾

青釉匜形急须

邛窑青釉双流双系执壶

| 青釉双系小 | 黑釉花口盏 | 邛窑青釉茶盏 |

图12-35 宋代茶具（蒙顶山茶史博物馆）

宋代时茶壶均高瘦，流长有3~4寸；茶盏有五瓣或六瓣葵花口，平底；这个时期，已有龙泉窑的茶具出现在名山，正宗的龙泉窑茶具，釉厚而温润，粉青、格子青均有，虽经近千年，但仍宝光奕奕；也有偏窑的，釉薄略显粗糙，经过时间沉淀，光泽晦暗涩滞。唐宋时期，有茶碾子（制饼茶用）、壶、瓶、罐、杯。辽、金、元略有改进。

四、元 代

元代皇家和上层饮茶受蒙古民族统治者影响，喜好奶及奶酪等制品，茶叶中加入黑茶等熬煮制作，或制作酥油茶，以碗盛之。茶壶就变得矮胖，嘴变短。民间饮茶器具没有大的变化（图12-36）。

| 白釉执壶 | 酱釉点花纹小执壶 | 酱釉剔莲瓣花鸟纹执壶 |

| 酱釉白覆轮小盏 | 褐釉白覆轮茶盏 | 白釉斗笠盏 |

钧窑茶盏　　　　　　　龙泉窑小盖缸　　　　　　龙泉窑执壶

图 12-36 元代茶具

五、明　代

朱元璋下旨废团改散后，名山生产的蒙顶黄芽、蒙顶甘露、万春银叶及大宗茶也跟随加工方式调整改为散茶，茶叶的品饮大多变成了以散茶为主的泡茶法，茶具也发生相应的变化。各种炉、壶、罐、瓶、盒、杯、盏，应有尽有，制茶、储茶（藏茶、饮茶）功能齐全，花色品类繁多。因受宋末元初战争的严重打击，绝大多数邛窑荒废，茶具几乎没有了。景德镇的青花瓷器也运销到了名山，早、中、晚期的均较多，从中峰镇、茅河镇等山地的瓷片看，绝大多数为民窑青花的碗、盘、杯，也有不少茶壶、茶杯，细路茶具，也有白瓷、龙泉、酱褐釉茶具，官窑的最为精美，很难得；民窑的最为广泛，较为粗简普通。明代的茶壶一般为圆肚或桶形、短颈、短流（图 12-37）。

青釉敞口执壶　　　　　　　　五彩花鸟纹茶盏（2个）

龙泉窑茶炉　　　　　　青花山水纹茶船　　　　　　青花牧童图茶壶

图 12-37 明代茶具

六、清 代

清代茶具最为丰富，是中国茶具的第二个高峰。壶、杯、碗、盏、盘、罐、缸等几乎都有，除各种圆形、方形、桶形、鼓形、瓜棱形等壶形外，还有瓷、陶、铜、锡、银、玉、石等材质，瓷的最多，又以青花瓷居多，纹饰以花草、山水、渔樵耕读、三星、龙纹为主；还有粉彩、龙泉、青瓷等（图12-38）。蒙顶山贡茶均为银罐，底衬黄绸缎，外用金丝楠木作盒，并配以方便提携的把，茶叶与包装均为所有贡茶中等级最高。茶壶多为提梁桶壶，青花、粉彩均有，纹饰与盖碗相同，主要是家庭中使用，泡茶盛水方便取用。普通的、贫困的家庭一般使用的是本地窑厂烧制的半陶半瓷的青釉或酱釉大茶壶，多为四系，泡的是粗老的茶叶或老鹰茶（细嫩的茶叶均用于卖钱，换油盐柴米），主要是解渴，大多用于送茶水到做活的田间地头，将上面盖子（碗）取下便可倒入茶水饮用。农村中广泛使用的是炢壶（现代人称吊壶），均是高约25cm、直径25cm的大圆肚陶壶，固定的提梁、长流，盛上水、盖上碗，挂在灶台烟口处，烧火做饭时，灶中的烟火就把壶中的水烧开，茶也泡好了，因为长期挂在灶头烟熏火燎，全身漆黑，所以称之为秋壶。农村一个谜语："一个老头黑又黑，吊在灶头不怕热，烧火做饭不一会，阿帕尿来就吃得。"谜底就是秋壶。

名山地区最流行的还是进茶馆喝盖碗茶，盖碗最宜泡绿茶，是盖、杯、托（船）组成的，碗大盖小，盖入碗内，如盘如船，喝茶时盖与杯不易滑落、汤不易撒泼，也不烫手。盖放在碗内，若要汤浓一些，可用盖在水面上轻轻一刮，使整碗茶水上下翻转，轻刮则淡，重刮则浓，是其妙也。且端着茶船就可稳定重心，喝茶时也可以不必揭盖，只需半张半合，茶叶既不入口，又避免了壶堵口之烦，茶汤内物质可徐徐浸出，茶香茶味久泡不淡，甚是惬意。盖碗后被演绎为"三才碗"，包含了古代哲人"天盖之，地载之，人育之"的道理，把饮茶与器具同自然界联系在一起，用"天、地、人"三才来为三头盖碗命名恰如其分。人以茶为饮，上有天，下有地，人在中间顶天而立；非天，地不能行，非地，万物不能生，非人，哪个来用茶。杯口的喇叭形，防尘、端放、观形、闻香、吹拂、品啜、清洗，显得方便、优雅、舒服和惬意，直口杯和缩口杯是没有这个感觉的。

青花松竹梅三友纹盖碗
（清康熙）

青花几何兽面纹盖碗
（清康熙）

白釉暗刻八卦纹盖碗
（清乾隆）

官窑粉彩八宝纹盖碗
（清光绪）

粉彩高士图方壶（晚清）　青花陶渊明爱菊纹茶叶罐　粉彩无双谱盖碗（清道光）　粉彩富贵长寿纹执壶（晚清）

提梁锡壶（晚清）　粉彩清供图提梁壶及杯（晚清）　青花梅花纹竹节罐

青花卷草凤眼纹大提梁壶　提梁大铜壶　提梁锡壶　粉彩福禄寿喜人物纹鸡心壶

青花麒麟送子纹大茶壶　青花矾红龙纹执壶　黄釉剔花开窗青花茶诗文大茶罐　青花龙赶珠纹大茶叶罐

粉彩西厢记纹茶盘　粉彩人物纹茶船　矾红二龙戏珠纹盖碗（清光绪）

蒙顶山贡茶包装、茶瓶为银瓶

青花缠枝寿字纹茶船

蒙顶山茶史博物馆馆藏部分清代茶具

保温木制茶桶

竹编茶壶保温盒

荥经黑砂小炉

铸铁温茶酒炉

图 12-38 清代茶具

七、民国时期

民国时期，已无贡品之责，加之战乱不止，广大人民生活在水深火热之中。使用茶具均以民窑民用瓷器、陶器之品，喝茶以碗盛，讲究一点的用瓷杯和盖碗，不讲究的直接把茶壶端起从壶嘴吸吮。民间还是普遍为秋壶。只有官僚和富裕阶层能品上好之茶，所用茶具也较为精细，茶具还是以瓷为主。这个时期，景德镇的珠山八友、江西各瓷业公司等生产的名家瓷器也有进入，器型有各种提梁壶、执壶，四川的隆昌陶也有精美的。有桶形、梨形、瓜棱形、鼓形、心形等，茶杯有桶杯、钟式杯、压手杯、六方杯、马蹄杯等。壶与杯青花、新粉彩居多，也有豆青的龙泉，花纹有花鸟、人物、山水、书法印章等，档次有高有低，画工好的欣赏价值较高（图 12-39）。

富贵白头钟形提梁壶　　新粉彩清供纹执壶　　粉彩花卉纹执壶　　长嘴铜壶

粉彩三娘教子图盖碗　　墨彩牡丹纹盖碗　　新粉彩花卉纹盖碗

图12-39　民国茶具

殷实人家用棕包锡壶、铜壶或桶装茶壶。名山产棕榈树，棕包锡壶即由棕片缝成，十多层棕片重叠缝制成圆桶形袋子，将锡壶铜壶瓷壶包裹其间以保温，外再罩一层上漆描花的精美木桶或竹编提盒，安全、美观、方便。早晨烧一大壶茶水装在锡壶中，锡壶身隐其间，可保温20小时，到下午茶水仍温热，随喝随倒，倒后盖上棕搭即可。20世纪三四十年代，达官显贵使用铜质真空保温瓶，后出现真空玻璃水银涂内胆保温瓶。

抗日战争时期至新中国成立初期，名山地区的茶馆业兴旺，标志性的盖碗茶更显地方特色。茶杯茶盖以瓷为主，船身以瓷、铜、锡居多。这时，长嘴壶茶艺由寺院传入民间，由于茶馆人多，用长嘴铜壶掺茶成为茶馆的一道风景。

八、当　代

新中国成立后，国民经济百废待兴，农业生产以粮为纲，茶叶等只能作为经济作物、农副产品。工业品生产逐步普及竹、铜、铁、铝壳水壶，内装容量五磅或八磅保温瓶胆，可盛开水或茶。

广大群众使用瓷杯、搪瓷盅、搪瓷杯冲泡茶，品个三级素茶或三花就感到生活很惬意。每每遇到运动会、评劳模、评先进等，发一个瓷杯、搪瓷盅或温水瓶，上面印有什么先进、什么纪念的，引以为荣，拿在手里、放在桌上觉得很自豪。

农村人家还一直是土灶焰口处挂提梁土陶茶壶秋壶。20世纪80年代后，出现电炊壶、电磁炉、电磁杯，烧水更为方便。茶盅有不锈钢盖、有机玻璃钢盖，便于携带。茶馆、茶楼多用长筒玻璃杯，圆形、方形、棱形各式各样。饮用绿茶、红茶、黑茶等使用的茶具以瓷器为主，亦有铁质、石质、紫砂、塑料等。

改革开放后,民众物质文化生活极大丰富,酒足饭饱后,品茶成为养生、交际和文化的活动,茶叶产品品质提升,所用茶具空前发展,城乡人民饮茶用具也呈现不同形制、不同材质、不同功用的特点,异彩纷呈。在茶楼、茶企业、茶空间推介销售的茶具很是齐全,常有茶盏、盏托、茶杯、茶盖、茶壶、茶碗、茶船、茶盘、茶灶、茶焙、茶鼎、茶瓯、茶磨、茶碾、茶筅、茶笼、茶筐、茶筒(罐)、茶摄、茶滤、茶炉、茶海、茶荷、闻香杯、茶匙、茶夹、茶几、茶案、茶椅等(图12-40)。茶馆中有使用盖碗和玻璃杯的,茶楼主要以玻璃杯泡茶为主,而茶叶销售经营、品牌宣传展示的茶叶门店、茶府以盖碗为主,也有用紫砂壶泡乌龙茶、红茶的。铁质、铜质石质茶具用得很少,多用于做节目、搞表演或特殊茶品鉴赏。居家饮用绿茶、红茶、藏茶、花茶等通常以瓷器、玻璃杯为主。茶馆、茶店及茶人家里很多都备有多种茶具,以便冲泡、饮用各类茶。

21世纪以后,蒙顶山茶艺"天风十二品"表演,多用配套盖碗;"龙行十八式""凤舞十八式"表演,用专业铜质长嘴提梁壶,壶嘴直长约85cm,壶身錾刻龙纹,多用4套盖碗配全掺茶。

铜炊壶(赖强收藏)

掺茶铜壶

茶艺炉

蒙顶山茶茶具

图12-40 当代蒙顶山茶茶具(以上未标注图片来源的均为钟国林收藏)

茶道、茶几与茶桌多用木材、石材，样式众多，贵贱不一。亦有根雕、乌木、红木等名贵材质制成的，形制多样。

重点企业为宣传产品，多设计注有企业名称，反映企业产品特点，并具有专利的泡茶、饮茶、贮茶器具。四川省蒙顶皇茶茶业有限责任公司、四川省茗山茶业有限公司、四川蒙顶山味独珍茶业集团有限公司、四川蒙顶山跃华茶业集团有限公司、四川省大川茶业有限公司、四川省蒙顶山皇茗园茶业集团有限公司、四川川黄茶业集团有限公司、雅安市广聚农业发展有限责任公司等，均有自主研制的茶具。或盖碗，或茶壶；或玻璃，或陶瓷，或紫砂，或玻璃真空；或圆形，或方形；或现代，或仿古。风格多样，不少企业订制加上企业的品牌、联系电话或"扬子江心水 蒙山顶上茶"宣传口号，造型美观，各具特色。特别是四川省茶树良种繁育场在生产经营茶叶时最先加上企业名称与宣传口号，政府、宣传部历年搞茶文化节赠送嘉宾礼品时，茶具上都是有"扬子江心水 蒙山顶上茶""茶祖故里""世界茶源"等宣传口号以及茶祖像等。如今的四川蒙顶山茶业有限公司、雅安市广聚农业发展有限公司等专门订制茶具，上面均刻印上有"蒙顶山茶""理真"等商标和口号，将其作为赠送嘉宾和馈赠大单消费者的礼品。雅安市名山区茶业协会多次订制的年会礼品，更是印刻上"蒙顶山茶"图形与文字商标。茶人钟国林私人订制茶壶、茶杯均写上"蒙顶山茶"用以赠送和宣传。

第六节　特色茶餐

一、茶餐厅

茶餐厅处于仙茶故乡、蒙顶山国家茶叶公园，茶叶与旅游在政府引导与自身需要特色发展情况下，茶餐、茶宴得到开发与普及。20世纪90年代，四川省名山蒙顶山旅游开发有限公司就开发了一些与茶有关的菜品，如茶叶煎蛋、黄茶饨肉等。2015年后，随着名山旅游开发与宣传，跃华茶府、雅月食府、福轩楼等中餐厅也开发了茶菜品、茶宴席，得到消费者的认可。蒙顶山、月亮湖、骑龙岗、牛碾坪等部分茶家乐也仿制、开发茶菜品，如红茶焖肉，满足外地来名山旅游者特色消费的需求。2019年后，特色民俗酒店花间堂也开发了众多的茶菜品。2022年10月，福轩楼茶餐厅开业，餐厅环境中布置装饰茶诗、茶画，推出茶宴全套菜品，烧、煮、熏、饨、焖等均有独特茶风味，体现出名山茶餐的独特魅力。

二、茶菜品

（一）茶香虾

该菜谱由福轩楼叶朝宗大师提供。

主料：基围虾250g。配料：蒙顶甘露3g。调料：食盐、菜籽油、姜、蒜片、葱花、干辣椒段、花椒。

做法：

① 虾开背码盐，沾生粉备用；

② 蒙顶甘露用85℃水泡几分钟备用；

③ 锅下油，高温炸虾，炸成金黄色捞起；

④ 用开水泡过的蒙顶甘露，炸酥脆；

⑤ 趁油锅，放少许油，炒干辣椒、花椒、姜、蒜、炒香约10秒；

⑥ 下入基围虾，酥脆甘露，继续煸炒入味，撒上葱花，起锅装盘。

（二）茶叶小酥（蒙山雀舌）

该菜谱由福轩楼叶朝宗大师提供（图12-41）。

原料：嫩茶芽叶50g、鸡蛋一个、水豆粉、食盐、花椒面、辣椒面、菜油500g。

图12-41 蒙山雀舌

做法：

① 在浓稠的水豆粉中加入少许鸡蛋清和盐调匀；

② 将茶嫩芽叶放入调好的料中拌匀裹满备用；

③ 将菜油倒入锅中煎热；

④ 用筷子裹着豆粉，一颗一颗地下到热油中炸酥，炸成表面略黄即可起锅装盘；

⑤ 趁热在面上撒上汉源花椒粉、辣椒面即可。

茶叶小酥一颗颗如小鱼，香气扑鼻，外酥里嫩，有鱼肉感，鱼肉的鲜香，茶的清香，一丝苦涩，生津爽口，回口余香。

（三）蒙茶烤全羊

名山晓阳春业主杨奇经过多年摸索创制的名小吃之一。将蒙山黑山羊用米汤喂一两天后宰杀，用蒙茶鲜叶、茶粉和其他多种香料码味12小时，在木炭火上翻转烘烤至色泽金黄。配以羊杂萝卜汤食用，麻辣酥嫩，茶香萦绕。该菜获"雅安市名优特新产品"称号。

（四）蒙茶全席

随着名山茶旅游业兴盛，中共名山县委、县人民政府引导和鼓励餐饮业开发茶餐饮。2004年，名山县旅游管理局、四川省名山蒙顶山旅游开发有限公司在蒙顶山银杏宾馆、蒙顶山度假村、天梯饭店等开发出茶叶炒鸡蛋、茶香酥肉、茶汁炖肉、茶香鸡等菜品。2015年以来，雅月饭店、福轩楼茶餐厅、跃华茶庄园、雾本茶庄等开发出各自特色的蒙茶全席，有凉菜、炒菜、煎菜、烧菜、煮菜、炖菜等，均融入了茶叶茶汁、茶香茶味，并取了含茶字的菜名，形成有一定名气的名山特色茶餐饮。2024年初，名山区茶产业推进小组组织编撰了《吃在名山》，隆重推介名山茶餐等特色餐饮。如蒙茶炒鸡蛋、蒙茶煮鸡蛋、蒙茶烘鸡蛋、蒙茶肉丝、茶香肘子、玉叶豆腐、茶香盖口、茶椒鸡、春露烩玉笋、茶椒鱼、茶松、黄芽熏鸭、甘露如意卷、仙茶老腊肉等（图12-42）。

绿茶羹（跃华）

茶香酥排骨（跃华）

绿茶多宝鱼（跃华）

红茶红烧肉（跃华）

茶香酥排骨（跃华）

茶汁小米粥（福轩楼）

茶汁猪手（福轩楼）

红茶猪天梯（福轩楼）

蒙茶节节香（福轩楼）

茶油清蒸翘嘴鱼（福轩楼）

黄芽拌雅笋（福轩楼）

玉叶折耳根（福轩楼）

图12-42 蒙茶全席

三、茶食品

四川伟达餐饮管理有限公司下属雅安布雅月皇茶食品有限公司开发有茶糕、茶点、茶糖、茶饼干、茶水饺、茶抄手（图12-43）等，受到消费者的喜爱。

原料配比

茶香水饺

茶香抄手

图12-43 茶香水饺与抄手食品

（一）蒙顶山皇茶月饼

雅安市雅月皇茶食品有限公司研发的皇茶月饼系列，选择无糖、低糖、营养的蓉馅、果馅，辅以天然果仁、绿茶粉等原料加工而成，口感酥软而不腻。该月饼根据茶粉原料命名，如仙茶月饼、皇芽月饼、石花月饼、香茗月饼等（图12-44）。

图12-44 皇茶月饼

（二）茶 酥

四川省蒙顶皇茶茶业有限责任公司、四川蒙顶山跃华茶业集团有限公司开发和生产绿茶酥、红茶酥等产品（图12-45），酥软香甜，化渣细润，茶香滋味。

绿茶酥（跃华）

红茶酥（跃华）

绿茶挂面

红茶酥与绿茶瓜子　　　　　　　　　　　佐茶：绿茶瓜子

图12-45　绿茶挂面、绿茶酥、红茶酥与绿茶瓜子

四、茶工艺品

使用乌木或金丝楠木制作茶壶、茶桌、茶盘、茶缸，用竹材制作茶篓、茶筛等。雕刻茶祖吴理真塑像，创作茶文化书法、绘画、摄影、金石作品等。

五、文创产品

四川蒙顶皇茶茶业有限公司，在茶具、镇纸等旅游商品上印上蒙顶山茶的宣传口号、书法等，扩大蒙顶山茶叶旅游宣传影响。雅安藏茶坊茶业有限公司制作藏茶小饼茶，用红绳穿串，既可取下冲泡，又可作为挂饰。2004年，名山区"一会一节"办公室在每张扑克牌上均印上本地书法家书写的蒙顶山茶诗、茶联作品，用以宣传推广。四川省大川茶业有限公司、四川蒙顶山茶业有限公司在企业产品宣传册上附加一袋4g花茶或绿茶，用于接受宣传册页的人宣传与品尝，加深印象。雅安市名山区茶业协会配合产品宣传，采用仿竹木硬盒内套装茶叶克袋，外刻印蒙顶山茶宣传语与图案，茶叶用完后，盒子既可以继续装茶，又可以作为办公用笔盒放笔、装物品等。同时，协会在年会中发放纪念品均采用茶杯，茶杯均刻印有蒙顶山茶商标和字样，用以平时赠送给相关人员与前来名山的宾客。

第七节　茶旅游宣传与活动

进入21世纪以来，中共名山区（县）委、名山区（县）人民政府各届领导，高度重视蒙顶山茶产业发展、茶文化建设和茶品牌树立，通过名山自己举办茶文化节活动、承办各级茶事活动、外出参加各种茶业博览会、茶产品推介会、茶文化研讨会等活动，走出去，请进来，让蒙顶山茶走出了四川、走向了全国、走向世界，也让全国、全世界茶人、消费者了解、品饮到了蒙顶山茶。2003年以来名山主办承办的县（区）内外主要茶事活动分列于表12-1，以及图12-46~图12-57。

表 12-1 2003 年以来名山主办承办的县（区）内外主要茶事活动情况

活动名称	活动时间	活动主题	主办单位	承办单位	主会场	分会场	主要茶事活动	主要宣传成果
2003年蒙顶山茶文化节	2003年3月27日		名山县人民政府	四川蒙顶山旅游开发有限公司	蒙顶山	名山	祭拜茶祖、皇茶采制、女子采茶展示	省内外20多家媒体报道、茶产品展示
第八届国际茶文化研讨会暨首届蒙顶山国际茶文化旅游节	2004年9月19—25日		四川省人民政府、中国国际茶文化研讨会、中国茶叶流通协会	雅安市人民政府、四川省文化厅、旅游局、农业厅、供销社	蒙顶山、四川农业大学	名山、吴理真广场	茶祖祭拜大典、皇茶采制、女子采茶能手大赛、茶歌舞、激情飞扬蒙顶茶晚会	省内外100多家媒体报道、茶叶展销、商品展销、发表《世界茶文化蒙顶山宣言》
第二届蒙顶山国际茶文化旅游节	2005年3月27日	迎接旅发大会	名山县人民政府	县委宣传部、四川蒙顶山旅游开发公司	蒙顶山		祭拜茶祖、皇茶采制、第二届蒙顶山皇茶女子采茶能手大赛	省内外30多家媒体报道、茶产品展示
2005成都万人品蒙顶春茶	2005年4月2—5日	品蒙顶春茶、漫游雅安、迎旅发大会	雅安市人民政府	名山县人民政府	成都百花潭公园		品尝蒙顶春茶、文艺表演、蒙顶山茶叶企业产品展销、新闻发布会	省内外60多家媒体报道、茶产品展示、销售
创建中国优秀旅游城市国家检查验收	2005年8月2—7日		雅安市人民政府		雅安市	蒙顶山、牛碾坪、吴理真广场等	旅游各要素检查、验收	6月四川省检查验收通过，8月国家检查验收通过，雅安市被命名为中国优秀旅游城市
四川省第三届旅游发展大会	2005年8月29—31日		四川省人民政府	雅安市人民政府、四川省旅游管理局	蒙顶山	蒙顶山、吴理真广场、牛碾坪	茶祖祭拜大典、皇茶采制、女子采茶能手大赛、茶歌茶舞	省内外100多家媒体报道、茶叶、商品展销
2006年雅安市茶叶产业促进会	2006年3月26日		雅安市人民政府	名山县人民政府	蒙顶山	牛碾坪	茶祖祭拜大典、皇茶采制、女子采茶能手大赛、茶歌茶舞	省内外60多家媒体报道、茶叶、商品展销
四川省茶叶安全生产技术培训暨茶叶生产工作会	2006年5月19日		四川省农业厅	名山县人民政府	蒙顶山大酒店	四川省名山茶树良种繁育场	参观茶场基地茶园、召开茶叶安全生产技术培训、部署茶叶发展工作	了解茶叶生产技术、落实茶叶安全生产工作

续表

活动名称	活动时间	活动主题	主办单位	承办单位	主会场	分会场	主要茶事活动	主要宣传成果
第三届蒙顶山国际茶文化旅游节	2007年3月27日	继承创新 发展交流	名山县人民政府	名山县委宣传部、四川蒙顶山旅游开发有限公司	蒙顶山	名山	祭拜茶祖、皇茶采制、女子采茶能手大赛	省内外40多家媒体报道、省内外品展示
迎奥运、五环茶战略合作高层研讨会	2007年12月8日		雅安市人民政府	名山县人民政府	雅安红珠宾馆		研讨雅安等地茶叶与老合茶馆合作、迎奥运宣传	省内外相关茶叶产地参加，省内外10多家媒体报道、茶叶产品展示
全国茶馆专业委员会2008年会暨第四届蒙顶山国际茶文化旅游节	2008年3月27—28日	继承创新 发展交流	全国茶馆专业委员会	名山县人民政府	茗都花园酒店	蒙顶山、牛碾坪	茶祖祭拜大典、皇茶采制、女子采茶能手大赛、茶歌茶舞	省内外40多家媒体报道、省内外品展示
"中国生态旅游年"四川启动仪式暨第五届蒙顶山国际茶文化旅游节	2008年3月27日	走进绿色雅安，感受生态文明，同品蒙顶春茶	四川省旅游管理局、雅安市人民政府	雅安市旅游管理局、名山县人民政府	蒙顶山		祭拜茶祖、皇茶采制、女子采茶能手大赛	省内外40多家媒体报道、省内外品展示
2009蒙顶山茶品赏推介周	2009年4月3—9日		四川省旅游管理局、四川省农业厅、雅安市人民政府	名山县人民政府、雨城区人民政府	成都市文殊坊		文艺表演等幕式、签订战略合作协议、茶叶产品展销	省内外茶叶企业参道、名山14家茶商加展示、销售。茶国诗琳通公主专程参观展览
2009国际茶业大会暨展览会（名山展区）	2009年6月8日		中国茶叶流通协会、四川省农业厅	名山县人民政府	成都	牛碾坪茶园、蒙顶山	参观中峰牛碾坪万亩观光茶园、游览世界茶文化圣山	100余名茶叶专家、茶商参观、品赏蒙顶山茶、省内外20家媒体报道
2009全国高等农业院校茶学组学科建设与教学研讨会	2009年7月7—9日	祭拜茶祖吴理真，弘扬中华茶文化	四川农业大学	名山县人民政府	蒙顶山	茗都花园酒店	祭拜茶祖吴理真，参观茗山茶业、朗赛茶厂，名山茶业发展座谈会	向世界表明：全国茶叶院校专家共同祖认同吴理真是世界植茶始祖

续表

活动名称	活动时间	活动主题	主办单位	承办单位	主会场	分会场	主要茶事活动	主要宣传成果
第六届蒙顶山国际茶文化旅游节	2010年3月27日		四川省旅游局、雅安市人民政府	名山县人民政府	蒙顶山	名山县	茶祖祭拜大典、皇茶采制、女子采茶能手大赛、蒙顶山茶文化研讨会	省内外30多家媒体报道
2010第二届"蒙顶山茶"（成都）品鉴推介周	2010年4月2—5日	品蒙顶山上茶，游清明文殊坊	四川省农业厅、省旅游局、雅安市人民政府	雅安市农业局、市旅游局、名山县人民政府	成都市文殊坊		名山企业授旗进军世博会，宣传蒙顶山茶，授证十大品赏茶专家，十大销售门店	省内外50多家媒体报道，名山、雨城20家茶叶企业展示、销售，开设门店
四川省现代农业茶业基地强县现场会	2010年6月10日		四川省农业厅		双河乡骑龙岗		展示名山茶产业、宣传蒙顶山茶品牌	全省产茶市县农业局主要负责人，省市媒体宣传蒙顶山茶文化旅游
2011中国四川国际茶文化旅游节（雅安）启动仪式暨第七届蒙顶山国际茶文化旅游节	2011年3月27日	品蒙顶新茶，游大熊猫故乡圣山	四川省旅游管理局、雅安市人民政府	名山县人民政府	蒙顶山	名山	茶祖祭拜大典、皇茶采制、女子采茶能手大赛、蒙顶山旅游宣传	省内外30多家媒体报道，宣传蒙顶山茶文化旅游
2011四川省新农村建设连片推进成果展示暨第三届"蒙顶山茶"（成都）品鉴推介周	2011年4月1—3日	品蒙顶新茶，游大熊猫故乡圣山	四川省农村工作委员会、省农业厅、省旅游局、雅安市人民政府	名山县人民政府	成都市文殊坊		宣传蒙顶山茶、茶艺表演、赠送蒙顶山门票	省内外50多家媒体报道，名山雨城20家茶叶展销
蒙顶山国际茶马文化研讨会	2011年6月9日		雅安市人民政府	雅安市茶叶学会、雅鹿房地产有限公司	蒙顶山大酒店		茶马文化研讨、宣传	
蒙顶山茶祖文化座谈会	2011年9月5日		名山县人民政府	名山县茶业发展局	名山晓阳春		研究讨论宣传茶祖相关理真	雅安市、四川农业大学、名山县茶文化专家学者

续表

活动名称	活动时间	活动主题	主办单位	承办单位	主会场	分会场	主要赛事活动	主要宣传成果
"蒙顶山杯"全国名品茶日、四川省首届茶产业职业技能大赛	2011年9月20—21日		中国茶叶学会、四川省茶叶学会	名山县人民政府、四川博荟茶技培训中心	成都市新华公园	四川省农科院多功能会议厅	全省首届茶技茶艺比赛、四川省首届茶产业职业技能大赛川茶发展高峰论坛	全省的20多个市州近50多个区县参加，20多家媒体宣传报道，名山8家企业参加展销
全国农业园艺工作物标准化茶园建设现场会	2011年11月1日		四川省农业厅	名山县人民政府	成都市	名山县骑龙场万亩生态茶园	参观名山标准化茶园建设，茶产品展示，茶机耕作，茶艺表演等	全国参会代表100余人参观、考察
第八届蒙顶山国际茶文化旅游节	2012年3月27日		雅安市人民政府、四川省茶叶学会	名山县人民政府	蒙顶山	名山县城、县政府会议室	茶祖祭茶大典、女子采茶能手大赛、皇茶采制、茶文化研讨会	省内外30多家媒体报道、茶叶展销、进一步确立蒙顶山和茶祖历史地位
名山县茶业发展大会	2013年1月15日	落实茶产业提升工程	中共名山县委、名山县人民政府	名山县茶产业领导小组办公室	名山县人民政府底楼会议室	宣传部会议室	总结工作、表彰先进，增添措施，落实茶产业提升工程	增加信心、明确方向，增添措施，研究审议《蒙顶山茶文化丛书》
第九届蒙顶山国际茶文化旅游节	2013年3月27日		四川省旅游管理局、雅安市人民政府	雅安市名山区人民政府	蒙顶山	名山	祭拜茶祖、皇茶采制、女子采茶能手大赛	省内外40多家媒体报道，茶产品展示
中国农产品区域公共品牌建设研讨会	2013年5月23—24日	品牌建设的途径	浙江农业大学、《中国茶叶》杂志社	浙江大学CATE农业品牌研究中心	四川农业大学宾馆		中国农业区域品牌研讨、经验交流	了解了情况、增添了信心、明确了方向
雅安市名山区"茶衣杯"广场健身舞比赛	2013年10月29日	宣传蒙顶山茶文化	名山区茶产业和茶文化领导小组	区老年人协会、老体协、关工委、老促会	名山区灯光球场	蒙顶山	全区推广采茶健身舞，宣传蒙顶山茶文化	推广采茶健身舞，普及茶文化知识
第十届蒙顶山国际茶文化旅游节	2014年3月12日		四川省旅游管理局、雅安市人民政府	雅安市名山区人民政府	名山区茶马古城	蒙顶山、中峰牛碾坪	祭拜茶祖、皇茶采制、女子采茶能手大赛、参观茶良场、茶文所、中国茶城	省内外40多家媒体报道，茶产品展示

续表

活动名称	活动时间	活动主题	主办单位	承办单位	主会场	分会场	主要茶事活动	主要宣传成果
春到雅安赏花海、品贡茶旅游资源推介会	2014年3月31日		雅安市人民政府	雅安市旅游管理局	成都市金河宾馆		雅安旅游推介、茶叶等产品推介、展示,茶艺表演等	四川蒙顶山茶业有限公司,四川省蒙顶皇茶茶业有限公司等参加
第十一届蒙顶山茶文化旅游节	2015年3月12日		中国茶叶流通协会、雅安市人民政府	名山区人民政府	名山区茶马古城	蒙顶山、中峰牛碾坪观光茶园	祭拜茶祖、皇茶采制、采茶能手大赛、女子采茶良场、参观茶交所	省内外40多家媒体报道,蒙顶山茶产品展示
第十二届蒙顶山茶文化旅游节	2016年3月27日		中国茶叶流通协会、雅安市人民政府	名山区人民政府	名山区茶马古城	蒙顶山、中峰牛碾坪茶园	祭拜茶祖、皇茶采制、参观茶交所、茶良场、蒙顶山茶史博物馆	省内外40多家媒体报道,蒙顶山茶产品展示
全国休闲农业大会	2016年5月4—6日		中华人民共和国农业部	雅安市人民政府	牛碾坪观光茶园	牛碾坪、红草坪	全国150个县(市、区)领导、参观考察名山区茶旅融合发展成果,交流发展经验	省内外40多家媒体报道,蒙顶山茶产品展示
2016中国(名山)茶乡旅游发展研讨会暨蒙顶山国家茶叶公园授牌仪式	2016年10月15—16日		中国农业国际合作促进会、中国合作经济学会旅游合作专业委员会、雅安市名山区人民政府	四川蒙顶山茶业有限公司,雅安市名山区茶业协会	名山区茶马古城	茶生态文化旅游走廊、牛碾坪、蒙顶山	蒙顶山国家茶叶公园授牌仪式,参观蒙顶山国家茶叶公园、茶文化圣山	省内外50多家媒体报道,蒙顶山茶产品展示
2016雅安名山冬喝汤民俗美食文化节暨首届中华植茶节	2016年12月16日		雅安市名山区人民政府	四川蒙顶山茶业有限公司,万古乡人民政府	万古乡红草新村		民俗节目表演、喝羊肉汤、植茶树纪念茶山、宣传茶业	省内外20多家媒体报道,雅安市上万人参加、游览
第十三届蒙顶山茶文化旅游节暨首届禅茶大会	2017年3月27—28日	把茶同禅蒙顶山修心 悟道天地间	中国茶叶流通协会、雅安市人民政府	雅安市名山区人民政府	蒙顶山	茶马古城	皇茶采制及禅茶论坛、第一青苑茶、茶叶发展论坛、蒙顶山茶推介会等	央视二台现场直播,省内外30多家媒体报道

续表

活动名称	活动时间	活动主题	主办单位	承办单位	主会场	分会场	主要茶事活动	主要宣传成果
2017四川省"我学我练我技能"女职工采茶和茶艺技能大赛	2017年3月28日	我学我练我技能	四川省总工会	雅安市名山区总工会	中峰乡牛碾坪		全省女职工通过预赛、进入采茶和茶艺决赛、决出一二三等奖	有10多个市州、20多个县区上千人预赛、70名决赛
四川省茶产业博览培训中心成立十周年庆典	2017年5月27日		四川省农业科学院茶叶研究所	雅安市名山区人民政府	中峰乡牛碾坪		代授予王云"党农助章奖"证书与授牌、四川茶叶发展交流	以名山为核心，促进全省茶叶界与名山联系
第十四届蒙顶山茶文化旅游节暨中国开茶节	2018年3月27—28日	给世界一杯好茶	中国茶叶流通协会、雅安市人民政府	雅安市名山区人民政府	中国茶城（博物馆广场）	蒙顶山、百公里茶产业走廊	茶祖祭拜仪式、茶园开采仪式、第二届神茶大会	省内外40多家媒体报道，蒙顶山茶产品展示
全国新时代茶产业发展与乡村振兴研讨会和中国茶质量控制与可持续标准研讨会	2018年3月27—28日	给世界一杯好茶	中国国际茶文化研究会、广东省茶文化研究会、深圳市华巨臣实业有限公司	雅安市名山区人民政府	雅安、名山牛碾坪		研究和探讨新时代茶产业发展与乡村振兴、全国茶叶质量可持续标准工作	省内外40多家媒体报道，茶叶产品展示
"残剑飞雪"杯茗星茶艺师第五届全国评选大赛·成都分赛（决赛）	2018年5月25日			四川省名山大川有限公司	成都市青羊区	清源社区	四川、重庆、贵州共21名茶艺师参赛	四川电视台等10多家媒体报道
中国茶叶学会第六届茶叶感官审评研究学术沙龙	2018年8月9—10日		中国茶叶学会	雅安市名山区人民政府	中峰乡牛碾坪	蒙顶山	介绍中国黄茶研究、品种选育、品鉴全国主要黄茶	全国茶学界、高校专家、教授、黄茶产区全体代表、名山黄茶生产企业
"中国百茶宴"百城巡演活动蒙顶山启动仪式	2018年9月9日	一百个茶品，一百个茶区	四川省茶叶流通协会、雅安市茶办、雅安文旅集团	蒙顶山旅游开发有限公司、荥经县文旅公司	蒙顶山		品100种全国名茶，展示茶艺，召开雅茶产业座谈会	全国30多家媒体报道，主要茶山、茶品代表参加

续表

活动名称	活动时间	活动主题	主办单位	承办单位	主会场	分会场	主要茶事活动	主要宣传成果
2018蒙顶山植茶节暨中国产茶区（四川）十佳匠心茶人授牌仪式	2018年11月15日		四川省茶艺术研究会、四川茶叶流通协会、雅安市茶产业领导小组办公室	雅安市文化旅游集团有限公司、四川茶协、雅安日报传媒集团	蒙顶山		蒙顶山上植茶纪念茶祖、颁发中国产茶区（四川）十佳匠心茶人	召开四川黄茶发展研讨会
第十五届蒙顶山茶文化旅游节	2019年3月26—28日	蒙顶山给世界一杯好茶	中国茶叶流通协会、四川省农业农村厅、名山区人民政府	雅安市农业农村局、名山区人民政府	茶史博物馆—蒙山茶苑	好逸、梨花园、蒙顶山、中国藏村	中茶协会黄茶专委会成立、中茶协常务理事会、峰会、招商会、拜祖茶祖	全国40多家媒体报道，蒙顶山茶文化晚会宣传蒙顶山茶文化
蒙顶山茶公用品牌市场格化运营峰会	2019年5月6日	资本推动蒙顶山茶品牌发展	中国茶叶流通协会、四川省农业农村厅、四川蒙顶山茶有限公司	四川省农业农村厅、名山区人民政府	世纪城国际会议中心		落实千亿川茶产业战略目标、打好蒙顶山茶这块川茶的金字招牌	推动蒙顶山茶产业从全国原料供应向品牌化运营转变
金牛区大西南茶叶市场蒙顶山茶品鉴推广	2019年5月22日	产销茶商联手	成都市金牛区街道、大西南茶叶市场	名山区人民政府、名山区茶叶协会	成都	大西南茶叶市场	展示展销蒙顶山茶、联系茶商、茶客，宣传蒙顶山茶及蒙顶山茶文化	与大西南茶叶市场加深了联系与合作商，达成合作意向
2019中国雄安首届国际茶文化博览会	2019年7月26—28日	蒙顶山茶走进雄安	河北雄安展览文化有限公司	名山区住建局、名山区茶业协会	河北雄安	雄安体育馆	展示展销蒙顶山茶、联系茶商、宣传蒙顶山茶文化	40余家全国重要媒体报道，达成合作意向
首届名山区桂花飘香节	2019年9月12—14日	赏月闻香浪漫之约	雅安市名山区人民政府	名山区委宣传部、区农业农村局等	名山区解放乡	月亮湖	展示展销蒙顶山茶、艺盆景、水果品尝、桂花节晚会	5万余人能加，50余家媒体、网站宣传报道，宣传名山生态、旅游
2019年中国农民丰收节暨雅安市名山区"庆典·感恩·振兴"活动	2019年9月17日	庆典·感恩·振兴	中共雅安市名山区委、名山区人民政府	名山区委宣传部、区农业农村局、区文化体育和旅游局等	名山区解放乡	月亮湖	欢乐庆典、表彰优秀农民、返乡创业之星、十大茶人、茶企业、创新产品等	约1万人参加活动，20余家媒体网络报道
第十四届环中国自行车大赛最后一站雅安段公路赛	2019年9月21—22日		中共雅安市名山区委、名山区人民政府	名山区委宣传部、文化体育和旅游局	名山区	城乡公路段、至美茶园绿道	环名山乡到乡村的公路赛、名山城区环公路赛	全区参与并观看，在全国电视转播、网络报道，宣传蒙顶山生态、茶文化、茶生态、茶旅游

茶旅游开发

续表

活动名称	活动时间	活动主题	主办单位	承办单位	主会场	分会场	主要茶事活动	主要宣传成果
"蒙顶山茶杯"2019四川技能大赛第五届四川茶产业职业技能大赛暨全国茶艺竞赛四川赛区选拔赛	2019年10月11—13日		四川省茶叶流通协会、四川省职业技能鉴定指导中心、雅安市名山区人民政府	四川省博茗茶产业技能培训中心、名山区委宣传部	成都	宽窄巷子	全省15个市地州200多名选手,50多名进入决赛,长嘴亚茶艺、盖碗茶艺、茶席才艺等比赛	有关媒体网络报道,上万人次观赏助威宣扬蒙顶山茶文化,弘扬蒙顶山茶艺
第十一届"全民饮茶日""成都活动日之"金花藏茶"推荐日活动	2019年10月31日—11月1日	茶为国饮品味川茶	第十一届四川茶叶博览会组委会	雅安雅州恒泰茶业有限公司	成都	新世纪会展中心	金花藏茶内含检测报告公示、品质特点介绍、品鉴等活动	让媒体、消费者都认识金花藏茶与传统藏茶、黑茶区别和营养、风味
天猫春茶山河行"第一蒙顶山茶•蒙顶山茶上市"	2020年2月20日	给世界一杯好茶	雅安市人民政府、名山区人民政府、浙江天猫技术有限公司、四川日报全媒体集群	名山区委宣传部、区农业农村局、区卫生健康局、中峰镇等	名山	中峰牛碾坪	名山茶产业介绍、茶叶采摘示范、现场制作茶叶、表演、产品拍卖	向全国发布2020年蒙顶山茶已正式上市,宣传蒙顶山茶
世界茶都——茶叶市场开市暨早春蒙顶山茶鉴活动	2020年2月20日	给世界一杯好茶	第十六届蒙顶山茶文化旅游节及茶文化旅游节组委会	名山区茶都置业有限公司、蒙顶山茶业、皇茶	名山	蒙顶山世界茶都市场	鲜叶入场、茶艺表演、茶叶制作、第一锅新茶拍卖、专家推介等	向全国发布2020年蒙顶山茶已正式上市,宣传推介蒙顶山茶
第十六届蒙顶山茶文化旅游节及茶仙子系列活动	2020年3月27—28日	给世界一杯好茶	第十六届蒙顶山茶文化旅游节组委会	名山区委宣传部等	名山	蒙顶山	茶祖祭拜、皇茶采制大典、茶仙子打卡最美茶乡、评选12名茶仙子,向抗疫先进	宣传推介蒙顶山茶和蒙顶山茶文化、茶旅游
雅安市名山区首个"国际茶日"活动启动仪式暨中国茶马司蒙山茶传统制作技艺传习所授牌仪式	2020年5月20日	非遗传承	中共名山区委宣传部、区文体旅局、区农业农村局	中共名山区新店镇党委、新店镇政府	名山	新店镇茶马司	茶艺表演、领导贺词、茶马古道文化介绍、赠送茶文化书籍、传习所授牌等	宣传蒙顶山茶传统制作技艺非遗,开启国际茶日活动,提倡全民饮茶

续表

活动名称	活动时间	活动主题	主办单位	承办单位	主会场	分会场	主要茶事活动	主要宣传成果
义兴茶号二十五周年暨"藏茶缘·砖兴砖义"纪念茶发布会	2020年9月2日	传递·传播·传承	四川省雅安义兴藏茶有限公司	四川省雅安义兴藏茶有限公司	雅安	雨城区藏茶村	藏茶茶艺、产品推介、质量介绍、文化推介、嘉宾客商推介、长嘴壶茶艺等	宣传推介义兴藏茶产品、客商订货、多家媒体报道
2020年"川茶"职业技能竞赛暨四川省"蒙顶山茶杯"评茶员职业技能竞赛	2020年9月23日	我学我会我能	四川省总工会、四川省人力资源和社会保障厅	省茶叶流通协会、雅安市总工会、名山区政府等	名山	蒙顶山世界茶都市场	开幕式领导讲话和文艺表演、理论考试、现场操作、评定颁奖	宣传推介蒙顶山茶和蒙顶山茶文化、茶产业
2020年第二届金牛茶文化节	2020年10月18日	品茶玉块石熊猫看成都	成都市金牛区人民政府	成都市大西南茶叶市场（五块石）	成都	大西南茶叶市场	产品展示、圆桌论坛、授牌仪式、蒙顶山茶推介、茶文化讲座、赠蒙顶山茶书	宣传推介蒙顶山茶、蒙顶山茶文化、茶产业、加深产销两地茶商合作
蒙顶山茶品鉴暨招商引资推介会	2020年10月22日	以茶结缘相聚北京城	2020北京国际茶业博览会组委会	雅安市名山区茶业协会	北京	北京展览馆	蒙顶山茶产品展销、茶艺表演、专家推介、签订战略合作协议、企业推介	宣传推介蒙顶山茶文化、促进蒙顶山茶进入北京
2021年蒙顶山茶第一背篓上市	2021年2月26日	一片茶叶富裕一方百姓	中国茶叶流通协会、四川省农村厅、雅安市人民政府等	名山区人民政府、云南省投资集团有限公司	名山	蒙顶山世界茶都市场	鲜叶入场、第一锅茶叶拍卖、茶艺表演、茶叶专制作、茶叶示范交	向全国发布2021年蒙顶山茶已正式上市，宣传蒙顶山茶
"蒙顶山茶"品牌建设与地理标志协调发展研讨会	2021年3月26日	协调发展共建产业繁荣	中国茶叶流通协会、四川省农村厅、雅安市人民政府、中华商标协会等	名山区市场监督管理局、名山区茶业协会	名山	花间堂	全国品牌专家介绍中欧地理标志互保、蒙顶山茶行业发展、茶产业高质量发展、商标与地标协调发展等	取得品牌建设与地理标志协调发展的政策理解与法律共识，提出建议意见，共推茶产业发展
第十七届蒙顶山茶文化旅游节	2021年3月27日	给世界一杯好茶	中国茶叶流通协会、四川省农村厅、雅安市人民政府等	第十六届蒙顶山茶文化旅游节组委会	名山	蒙顶山	企业展销、茶祖祭拜皇茶制大典、禅茶大会、乡村振兴产业峰会、蒙顶山茶行业标准审查会	宣传蒙顶山茶和蒙顶山文化、茶旅游、茶产业成就

续表

活动名称	活动时间	活动主题	主办单位	承办单位	主会场	分会场	主要茶事活动	主要宣传成果
"建功'十四五'、奋进新时代""蒙顶皇茶"杯蒙顶甘露制茶大师大赛	2021年4月24—25日	建功"十四五"奋进新时代	雅安市总工会、名山区人民政府、四川省茶叶流通协会	名山区总工会	名山	蒙顶山	理论考试、现场制作、评品打分、颁奖、评出甘露制茶大师	全省10个重点产茶县10支代表队30人进入决赛,宣传了蒙顶甘露和蒙顶山
第十三届国际名茶获奖产品品鉴推介会	2021年8月10日	蒙顶茶香飘四海	雅安市名山区茶业协会	四川大川茶业有限公司、名山正大茶叶有限公司	名山	十里梅香茶源综合体	十三届国际名茶获奖大川、正大产品品鉴、推介、点评宣传	宣传推介蒙顶山茶的茶叶企业和名优产品
中国重要农业文化遗产蒙顶山茶核心区茶园原真性保护启动仪式	2021年11月1日	给世界一杯好茶	中共名山区委、名山区人民政府	雅安市广聚农业发展有限公司	名山	蒙顶山	核心区原真性保护内容介绍、宣传、土地流转签约、茶园管理现场演示	宣传推介蒙顶山茶核心区原真性保护
蒙顶山茶核心区原真性保护产品"理真甘露"品牌推进研讨会	2022年1月16日	给世界一杯好茶	雅安广聚农业有限公司	雅安广聚农业发展有限公司	成都	茶文化公园	茶叶现场炒制、理真甘露核心区原真性保护介绍、《蒙山茶乡诗文集》签售	宣传推广蒙顶山茶核心区原真性保护产品理真甘露
2022年蒙顶山茶核心区原真性保护春祭茶祖开园仪式	2022年2月25日	传承技艺弘扬非遗	雅安市名山区茶产业推广办公室	名山区茶业协会	名山	蒙顶山	茶祖祭拜、茶园开园	宣传推介蒙顶山茶、蒙顶甘露
2022年蒙顶山茶第一背篼茶上市	2022年2月26日	中国蒙顶山世界茶之源	雅安市人民政府	名山区政府、雅安市文体旅局、雅安市农业农村局	名山	世界茶都市场	新茶上市新闻发布、茶产业介绍、现场茶叶制作展示、拍卖第一背篼新茶	宣传推介蒙顶甘露、蒙顶山茶、30余家媒体网络报道
"蒙顶甘露杯"第三届斗茶大赛	2022年3月26日	传承技艺弘扬非遗	雅安市名山区人民政府、雅安市农业农村局	名山区农业农村局、名山区茶业协会等	名山	蒙山茶苑	对参赛的40个茶进行审评、打分、评出奖项	宣传推介蒙顶山茶、蒙顶甘露

续表

活动名称	活动时间	活动主题	主办单位	承办单位	主会场	分会场	主要茶事活动	主要宣传成果
蒙顶山大讲堂	2022年4月15日	文化宣传弘扬	名山区委、区政府、茶产业推进小组	名山区委组织部、宣传部、农业农村局、文体旅局等	名山	茶马古城	茶专家、学者、教授、领导、茶企业等讲茶产业和茶文化	至2022年底共举办6场12次大讲座，听众近千人，媒体网络进行了报道
2022"国际茶日"成都茶文化公园系列活动暨茶祖吴理真石像落成仪式	2022年5月20日	给世界一杯好茶	四川省茶艺术研究会、金牛区政府、茶店子街道、省茶研所、省茶叶学会	茶店子文化传播中心、名山区茶业协会等	成都茶店子街道	茶文化公园	蒙顶和茗轩店开业、茶祖像揭幕祭拜仪式、《蒙顶甘露》出版发行仪式、三饮茶艺等	宣传蒙山茶理真甘露、传统制作技艺非遗、开展国际茶日活动、推动全民饮茶
蒙顶甘露推介会	2022年7月3日	给世界一杯好茶	雅安市名山区人民政府	名山区农业农村局、茶业协会、雅安广聚农业发展有限公司	成都	新世纪会展中心	蒙顶甘露品鉴、介绍、蒙山茶艺表演、茶叶企业推介、茶商交流	宣传推介蒙山茶、蒙顶甘露
第十六届中国（重庆）国际茶产业博览会—"渝见·蒙顶山""蒙顶甘露"品牌专场推介会	2022年7月9日	渝见·蒙顶甘露	名山区人民政府、雅安市农业农村局	名山区茶业推进小组、区农业农村局、区茶业协会、雅安广聚农业发展有限公司	重庆	南坪会展中心	茶产品展示展销、"蒙顶山茶"品牌专场推介、企业合作签约、川渝贡茶分享	宣传、销售蒙顶山茶，宣传蒙顶山茶文化，茶旅游、茶产业，重点开发重庆茶叶市场
"蒙顶山甘露杯"首届包装大赛	2022年11月11日	文化·创新·简约·低碳	雅安市名山区人民政府	名山区市场监督管理局、农业农村局、茶业协会等	名山	世界茶都市场	包装展示、企业交流和专家评审、专家点评	企业50家参加，产品200个，10多家媒体网络进行宣传报道
2023年蒙顶山茶区第一锅春茶上市活动	2023年2月27日	千秋蒙顶中国名山	雅安市人民政府	雅安市名山区人民政府	名山	世界茶都市场	蒙顶山茶第一锅销售、手工制茶展示、茶文化品牌巡游	20多家媒体网络宣传报道，50多名网红直播
2023年蒙顶山茶区第一背篓茶上市重庆推介活动	2023年2月28日	千秋蒙顶中国名山	雅安市人民政府	雅安市名山区人民政府	重庆市	解放碑	蒙顶山茶企业产品销售、手工制茶展示、茶文化品牌推介	30多家媒体网络进行宣传报道，市民、游客上万人

续表

活动名称	活动时间	活动主题	主办单位	承办单位	主会场	分会场	主要茶事活动	主要宣传成果
2023年惊蛰祭茶全球联动暨蒙顶山茶核心区原真性保护春季祭祖开园仪式	2023年3月6日	千秋蒙顶中国名山	雅安市人民政府	雅安市名山区人民政府	名山		开园第一锅茶制制作，敬祖、祭祖仪式，蒙顶山茶品牌发展论坛	活动全球联动报道，提高蒙顶山历史地位
理真·2023年春茶上市暨春天里的蒙顶山茶诗歌节启动仪式	2023年3月16—17日	千秋蒙顶中国名山	雅安市名山区人民政府	雅安广聚农业发展有限公司	成都	蒙顶山	宣传推介理真·蒙顶山甘露上市，邮波讲"诗意如春蒙顶山茶诗词"直播	推介蒙顶山茶核心区原真性保护产品，宣传蒙顶山茶诗词文化
第十九届蒙顶山茶文化旅游节	2023年3月27—28日	千秋蒙顶中国名山	雅安市人民政府	雅安市名山区人民政府	名山区吴理真广场	蒙顶山	宣传推介理雅蒙顶山茶上市，宣传蒙顶山茶文化	30余家茶叶企业展示、销售，50多家媒体网络进行宣传报道
雅茶宣传推广暨万人品雅茶活动之蒙顶甘露成都站	2023年4月1日	千秋蒙顶中国名山	雅安市人民政府	雅安市名山区人民政府	成都市茶文化公园		祭拜茶祖、蒙顶山企产品展示销售，茶文化集体推介、三饮会活动	40多家媒体网络进行宣传报道，市民、游客上万人
2023年"蒙顶杯"世界非遗—蒙顶山茶技艺传承制茶大赛	2023年4月16日	千秋蒙顶中国名山	雅安市名山区人民政府	名山区农业农村局、区非遗中心等	名山区跃华茶庄园		蒙顶山茶传统手工艺展示和比赛（参赛人员45人）	20余家媒体报道，宣传展示、传统技艺得到展示、宣传
适制蒙顶甘露茶树茶样品种研讨会	2023年6月26日	千秋蒙顶中国名山	雅安市名山区人民政府	名山区农业农村局、四川农业大学、四川省农业科学院茶叶研究所	名山区牛碾坪		品鉴13个蒙顶甘露茶树品种讨论适制蒙顶甘露茶品种	筛选了5个较宜茶树品种，要求继续选育最宜品种
蒙顶黄茶品鉴研讨会	2023年11月15日	千秋蒙顶中国名山	名山区茶产业推进小组	政协名山区委员会办公室、名山区茶业协会、四川省川黄茶业有限公司	黄茶村		品鉴9个中国主要黄茶茶样，专家解读蒙顶黄黄茶制作水平、5家茶叶企业推介产品	统一蒙顶芽品质特征标准，提升蒙顶黄茶制作水平，交流销售宣传经验

续表

活动名称	活动时间	活动主题	主办单位	承办单位	主会场	分会场	主要茶事活动	主要宣传成果
蒙顶山茶品牌推广蒙顶甘露品鉴会	2024年2月4日	同心共建现代化名山	名山区茶叶高质量发展领导小组	政协名山区委员办公室、名山区茶业协会、四川蒙顶山跃华茶业集团有限公司	跃华茶庄园		品鉴23个蒙顶甘露茶样，专家解读蒙顶甘露，10家茶叶企业推介产品	统一蒙顶甘露品质特征标准，全力实施蒙顶甘露单品突破战略，交流销售宣传经验
第四届"蒙顶甘露杯"蒙顶山茶贡茶王大赛	2024年3月23日	弘扬非遗技艺 高标准蒙顶甘露	雅安市名山区人民政府	名山区农业农村局、区委宣传部、区茶业协会等	蒙顶山世界茶都市场		蒙顶山茶企业23个蒙顶甘露产品，并参与共同现场评审，决赛出茶王和5个金奖产品	实施好蒙顶甘露单品突破战略，打造蒙顶甘露高端品牌形象
第二十届蒙顶山茶文化旅游节	2024年3月26—28日	中国蒙顶山世界茶之源	四川省农业农村厅、四川省供销合作社联合社、雅安市人民政府	雅安市农业农村局、雅安市名山区人民政府	名山吴理真广场	蒙顶山、蒙顶山茶史博物馆	宣传推介雅茶上市，宣传蒙顶山茶文化，参观故宫贡茶回蒙顶山展	30家茶叶企业展示、销售产品，60多家媒体，100余家网络进行宣传报道
故宫贡茶回蒙顶山	2024年3月27日—6月26日	中国蒙顶山世界茶之源	故宫博物院、雅安市名山区人民政府	蒙顶山茶史博物馆	蒙顶山茶史博物馆	蒙顶山	展出故宫所藏蒙顶山贡茶：仙茶、陪茶等7类共12件	展现蒙顶山延续千年的贡茶历史，提升蒙顶山茶文化力、影响力、品牌力
盛世清尚——蒙顶贡茶的文化与文物	2024年5月27日	中国蒙顶山世界茶之源	故宫博物院、雅安市名山区人民政府	雅安市名山区茶叶产业发展中心	名山区数字影院	蒙顶山茶史博物馆	介绍了贡茶的历史文化，讲解蒙顶贡茶的进贡制度、现存在清代宫廷中的使用情况	深刻地了解蒙顶山茶文物特点和文化内涵，为领导、茶人、茶企推介宣传蒙顶山茶提供了参考和启发

注：不完全统计。

图12-46 2018年,"蒙顶山茶文化旅游节"荣获"中国茶事样板十佳"称号

图12-47 世界顶级钢琴大师郎朗担任2021年蒙顶山茶公益推广大使

图12-48 2018年,中国开茶节直播

图12-49 2018年,蒙顶山茶冠名全省技能大赛

图12-50 名山举办首届中国农民丰收节

图12-51 世界顶级钢琴大师郎朗在名山种下一株茶树

图12-52 2021年,名山茶企代表外省参展接受媒体采访直播

图12-53 2022年，央视一套节目中的蒙顶山茶

图12-54 参加四川茶博会展示展销

图12-55 2011中国四川国际茶文化旅游节（雅安）启动仪式暨第七届蒙顶山国际茶文化旅游开幕式

图12-56 第十七届蒙顶山茶文化旅游节新闻发布会现场（王磊 摄）

图12-57 2016年12月，举办冬喝汤民俗美食文化节暨首届中华植茶节活动

星光荣耀篇

第十三章　茶人与茶企

2000多年的蒙顶山茶历史，时光荏苒，很多帝王将相、迁客骚人都与蒙顶山茶有了交集，为蒙顶山茶的生产、发展、壮大作出了不可磨灭的贡献，留下诗词歌赋、史话典故、轶事佳话。据不完全统计，晚清以前现可查的诗词有150余首，名人典故100余个，传说故事不计其数。本章选择部分具有代表性的人物、史话、典故、轶事进行介绍。

第一节　古代茶人

一、吴理真

吴理真（图13-1），西汉严道蒙山（今名山蒙顶山）人，生于公元前1世纪。据世代相传及清光绪版《名山县志》记载：3月27日为其诞辰日，4月24日为其去世日。

相传甘露年间，吴理真母亲生病，久治不愈。吴理真上山寻得一些草药和野生茶树叶，为母煎服。母服后，身体日渐康复，终得痊愈。

为济世于人，吴理真踏遍蒙山，采集野生茶树集中种植，其中8株（现余7株）植于蒙顶五峰莲花座心。其茶树为蒙山原产，"其叶细长，叶脉对分""高不盈尺，不生不灭，迥异寻常"。吴理真精心种植这些茶树，并坚持采摘茶叶煎水给母亲服

图13-1　吴理真广场茶祖石雕像

用。其母终得长寿。吴理真精心研究茶叶制作工艺，制成名茶"圣杨花""吉祥蕊"。

吴理真培植、驯化野生茶树，开创人工种茶之先河，是世界上现有文字记载的最早种茶人，被誉为世界植茶始祖。后人追思其功德，奉其为茶神，勒石像于天盖寺、智矩寺供奉祭拜。

南宋孝宗于淳熙十三年（1186年）封其为甘露普惠妙济菩萨。又两年，加封其为灵应甘露普惠妙济菩萨。南宋光宗绍熙三年（1192年）二月，进士喻大中组织名山官员及僧众在天盖寺将皇帝诏书及此事记录下来，勒石（石刻）"甘露祖师行状"，茶农及僧道更加将他作为祖师供奉，神尊有3处，分别在天盖寺、智矩寺和甘露井。天盖寺虽几经道佛变更，但供奉吴理真始终未变，香火旺盛，众人尊崇。

吴理真种茶事迹最早见于汉碑记载，南宋王象之《舆地纪胜》、明曹学佺《蜀中名胜记》、清嘉庆版《四川通志》及当代《中国茶经》《中国名茶志》等书中均有记载。

二、曹光实

曹光实（931—985年，图13-2），字显忠，北宋初期百丈县（今名山百丈镇）人。父曹畴，为五代十国后蜀静南军使。曹光实22岁时，父去世。后来，曹光实接替父亲的职位。26岁升任永平军节度使，主管邛、蜀、雅、黎四州军政。960年，北宋建立。曹光实顺应天时，协助宋朝完成统一大业，被宋太祖赵匡胤盛赞为"蜀中杰俊"，并任命其为雅（黎）州第一任知州，兼都巡检使。985年，其阵亡于葭芦川。他的生平事迹被载入《宋史·列传》。

图13-2 曹光实石雕像
（何长博 拍摄）

曹光实任雅（黎）州知州期间，经常带兵巡游藏区，发现藏民嗜好茶叶，不可一日或缺。为满足军队筹集资金和稳定边区的需要，便派人从名山、百丈、邛崃、眉山、嘉州等地，收购大量茶叶，组织背夫和马帮运往藏区，并从藏区换回大量优质战马供军需民用。为解决收购茶叶的资金问题，奏请宋太祖批准，于968年在百丈场置监铸铁钱。他每年收购茶叶10万余驮运往藏区和甘肃、宁夏等西北地区，换回大量战马，形成茶马互市的格局。

三、雷简夫

雷简夫（1001—1067年，图13-3），字太简，北宋仁宗时陕西合阳人。初隐居不仕，后受人推荐始入仕，曾任坊州（今陕西黄陵）知州、简州（今四川简阳）知州，后来被益州太守张方平推荐为雅州（今四川雅安）知州。其新手制茶荐蒙顶的故事详见本章第二节。

图13-3 雷简夫塑像

四、喻大中

喻大中（图13-4），雅州名山人。南宋孝宗隆兴元年（1163年）进士，后入京师为官。他一直在淳熙年间，上奏南宋孝宗皇帝，奏报吴理真植茶驱疫、祛病佑民的功德。南宋淳熙十三年（1186年），南宋孝宗皇帝恩准奏报，封吴理真为甘露普惠妙济菩萨。次年，又加封其为灵应甘露普惠妙济菩萨。喻大中组织名山官员及僧众将皇帝诏书及该事勒石以记，立茶祖石像于甘露井旁供奉，并举行隆重的纪念仪式。至此，吴理真由地方"小神"成为菩萨，重塑金身，由蒙山茶祖变为天下茶祖，声播九州。此事，于图书《宋会要辑稿》（2014上海古籍出版社）中得到印证："以祈祷感应，从本州请也。"

图13-4 喻大中（钟国林 绘）

五、爱新觉罗·弘历

清高宗乾隆皇帝名爱新觉罗·弘历（1711—1799年，图13-5），清朝第六位皇帝，年号乾隆，在位60年，是最长寿的皇帝，乾隆生于1711年，卒于清嘉庆四年（1799年），终年88岁，人称"米寿"。清乾隆六十年（1795年），84岁的乾隆皇帝决定次年让位给十五子颙琰（后来的嘉庆皇帝）。一位老臣劝谏道："国不可一日无君啊！"乾隆皇帝却端起御案上的一杯茶幽默地说："君不可一日无茶也！"此事被传为千古佳话，意味深长。

乾隆皇帝于清乾隆八年（1743年）规定，每年在正

图13-5 乾隆皇帝

月初二至初十之间选吉日在重华宫举行茶宴，宴请文武百官，"列坐左厢，宴用盒果杯茗"，饮茶品茗，联楹赋诗。宴会上，乾隆皇帝圣制《三清茶》诗，还会赏赐给近臣御茶及宫廷御制的三清茶碗以示恩宠。这种品茗与诗会相结合的清宫茶宴持续了半个世纪之久，被传为清宫韵事。

清宫档案记载："赏妃嫔公主等位，大小银瓶茶一百四十三瓶，赏阿贵、和珅……每人蒙顶仙茶六瓶。"赏赐阿哥的是观音茶，其余宫廷服务人员赏赐的是春茗茶。乾隆对蒙顶贡茶非常珍爱，清乾隆二十五年到五十六年（1760—1791年），清宫在32年时间里共攒下了411瓶，平均每年约13瓶，可见其珍贵。史书有载："用一方盘摆毕，安在养心殿东暖阁，呈上览过。"民国十四年（1925年）三月一日，清室善后委员会刊行《故宫物品点查报告》第二编·册六·茶库二四五号载有"蒙茶九箱"，说明保存的蒙顶山贡茶还有很多。

清乾隆五十七年（1792年），英人贝尔在《西藏志》中说："不仅在不丹、尼泊尔、锡金、拉合尔及拉达克等地的藏人，即在大吉岭的藏人也偏爱历尽艰辛而运入的中国茶。"驻藏大臣文案中记载："四川南路边茶（毛尖、芽细、砖茶）由藏商运往不丹、尼泊尔换回土布、土产等物品，其开始年代及运销数量则难稽考。"蒙顶山茶、雅安藏茶在清代或更早已由西藏输往邻国。

1739年前后，乾隆写下《烹雪叠旧作韵》："通红兽炭室酿春，积素龙樨云遗屑。石铛聊复煮蒙山，清兴未与当年别。圆瓷贮满镜光明，玉壶一片冰心裂。须臾鱼眼沸宜磁，生花犀液繁于缬。软饱何妨滥越瓯，大烹讵称公鸳列。挑灯即景试吟评，檐间冰柱摐拟阶坼。我亦因之悟色空，赵州公案犹饶舌。忽忆江南灾馑馀，抚字心劳荒政拙。九重岂宜耽晏安，大君原为斯民设。安能比户免饥寒，三代高风真邈绝。"

该诗开头四句，表现出天子的派头，烧的炭是被制成兽形的，极端奢侈，把他的茶室烘得春意浓浓，雪水好似古老如龙的银桂花遗下屑末，用如石样的紫砂陶罐烹煮蒙茶，这与当年作皇子时的雅趣一样。紧接着描述了煮水烹茶、品饮的全过程，思想几乎进入参禅悟道的境界，吟道："我亦因之悟色空，赵州公案犹饶舌。"但蒙山茶终究是清心提神之物，遂写道："忽忆江南灾馑馀，抚字心劳荒政拙。九重岂宜耽晏安，大君原为斯民设。安能比户免饥寒，三代高风真邈绝。"乾隆在神清气爽后想入非非的瞬间，马上意识到自己的责任，与上古时的三代皇帝关心百姓相比还差得很远啊。全诗主要描述了乾隆皇帝在品尝蒙山茶后萌生的美好感受和人生感悟，同时告诫自己不要沉于享乐，要忧国忧民，建万世基业，表达了他做一位圣明天子的情怀和决心。

乾隆皇帝虽然没有到过蒙顶山，却对蒙顶贡茶尤为尊崇和喜爱，给予了高度评价，赋予了蒙顶山贡茶很高的地位。可见历史上的蒙山茶作为唐代、清代的第一贡茶，有着不可撼动的地位。蒙山茶因乾隆皇帝的率先垂范品饮和经典传世茶诗而极具文化影响力和品牌穿透力。

六、闵 钧

闵钧（图13-6），名山百丈闵坡人，清光绪五年（1879年）举人，曾任芦山文明书院主讲。

闵钧因自幼经常参与茶事活动，亲身经历种、采、拣、焙、窖、贡、市等实践，写出反映茶事程序的诗《茶》八首（见第二章），留下古人茶事珍贵资料，为今人研究古茶之经典。

图13-6 闵钧塑像

七、赵 懿

赵懿（1854—1896年，图13-7），贵州遵义人，字悔予，又字渊叔，号延江生、南湖。清光绪二年（1876年）举人。光绪十六年（1890年），任名山县知县，先后两任，卒于官。蒙山茶文化重要的开拓者和奠基人。

赵懿经史、百家、训诂、堪舆、金石之学，无不精通。才艺俱佳，喜作诗，跌宕有奇气，有神韵遗风。喜交游，多与名士唱和，名声远传川黔之外。擅工书画，书仿北魏，画工人物极秀雅。一生著作宏富，有《延江生诗集》12卷、《梦悔楼诗余》2卷、《友易》2卷、《榕轩茗谈》《南农录》《蜀江滩石记》《江行十日记》《名画经眼录》《观海录》《北征日记》《诗微》等。

图13-7 赵懿塑像

他在任职名山期间，亲自参与并规范名山贡茶的采摘、制作、包装、运送标准及程序，"露芽三百题封遍"。并详尽记入《名山县志》（详见附录《蒙顶茶说》），为后人研究贡茶提供了宝贵资料。

清光绪十八年（1892年），赵懿邀其兄赵怡主持完成《名山县志》。该志挖掘、整理、总结、完善蒙山茶文化，使之成为完整的文化体系，成为研究名山历史和蒙山茶史、茶文化的重要历史文献。

《名山县志》中载："渊叔筑亭廨舍东圃，陈书满室，狼藉纸砚，文书听断之罅，辄入坐其中，肆究而博参，掇幽而搜轶，虽至夜分烛，不少辍。"每出行，询问民间疾苦、山川脉络、溪涧源流、古老传说、碑碣之载，穷于目，营于耳，审于心，勤勤恳恳，历二年余终为后世留下珍贵资料。该《名山县志》共15卷，但凡关于蒙山、蒙山茶和蒙山茶的文化，记载无不详尽。赵氏兄弟，对蒙山情有独钟，写有《蒙山十首》，对花溪、甘露井、天盖寺、智矩寺、蒙泉院等蒙山胜景的咏颂流传至今。其中，《蒙山采茶歌》气势非凡、文气晓畅，为大家风范。

第二节　名人典故

一、白居易：晚年闲作《琴茶》诗

白居易（772—846年，图13-8），唐代诗人，字乐天，号香山居士，祖籍山西太原，唐贞元年间进士，后因得罪权贵被贬为江州司马。官至翰林学士、左赞善大夫。晚年曾官至太子少傅。在文学上积极倡导新乐府运动，现实派诗人。

图13-8　白居易画像

白居易一生以44岁被贬江州司马为界，可分为前后两期：前期是兼济天下时期，后期是独善其身时期。后期闲适、感伤的诗渐多。他说自己是"面上灭除忧喜色，胸中消尽是非心"。70岁致仕，回到故居洛阳市郊区安乐乡狮子桥村，常与朋友裴度、刘禹锡等喝酒、吟诗、弹琴、品茶，与酒徒、诗友、琴侣一起游乐，后来老了，体弱多病，卖掉了心爱的马，辞了小妾和丫鬟，在家静养，减少外出活动。按白居易身体状况和诗中描写的情况，推断他在73岁左右，一日独坐家中，静心闲思，想起自己一生即将走到尽头，仍旧怀念过去美好的时光，不免心生感慨，便以《琴茶》为题作诗一首：

兀兀寄形群动内，陶陶任性一生间。自抛官后春多醉，不读书来老更闲。
琴里知闻唯渌水，茶中故旧是蒙山。穷通行止常相伴，谁道吾今无往还？

诗文大意为：活在这个世上勤勉不止，劳神费力任性过了一生。自从没有当官后经常喝醉酒，不读书，不操持公事，感觉更加清闲。琴曲最喜爱听的只有《渌水》曲，茶中老朋友是蒙顶山茶。无论贫穷富贵、忧乐得失相伴一生，谁知道我现在还要再经历呢？

《琴茶》表达了诗人到老后，已超然得道，静心回忆过去，坦然面对病痛与忧乐。如《庄子·让王》所言："古之得道者，穷亦乐，通亦乐。所乐非穷通也，道德于此，则穷通为寒暑风雨之序矣。"

二、刘禹锡：西山寺庙试茶咏歌

刘禹锡（图13-9），苏州嘉兴（今属浙江省）人，字梦得，祖先来自北方，自言出于中山（今河北省定州市），又自称"家本荥上，籍占洛阳"。唐朝著名诗人，中唐文学的代表人物之一。因曾任太子宾客，故称刘宾客，晚年增加检校礼部尚书、秘书监等虚衔，故又称秘书刘尚书。

蒙山茶从唐天宝元年（742年）进贡到唐中期时，已是名誉天下的贡茶，唐元和八年（813年）李吉甫撰写的《元和郡县图志》中记载："严道县蒙山，在县南十里，今每岁贡茶为蜀之最。"浙江长兴县顾渚山，茶圣陆羽与陆龟蒙曾在此置茶园，并从事茶事研究，陆羽在此作有《顾渚山记》，顾渚山是陆羽撰写《茶经》的主要地区之一。蒙山茶与顾渚茶两朵名茶奇葩，一个是官方所定贡茶，一个是民间最高手评的名茶，当时茶人各有评价，难分伯仲。

图13-9 刘禹锡画像

刘禹锡是一个爱茶、懂茶之士，曾在四川筠连县西山寺庙亲自观看山僧"自采至煎俄顷余"，亲自尝茶，并作《西山兰若试茶歌》[①]。著名茶叶专家朱自振在《古代茶叶诗词选注》第五首中说："本诗作于刺连州（古治在今四川筠连县）[②]。"

山僧后檐茶数丛，春来映竹抽新茸。宛然为客振衣起，自傍芳丛摘鹰觜。
斯须炒成满室香，便酌砌下金沙水。骤雨松声入鼎来，白云满碗花徘徊。
悠扬喷鼻宿醒散，清峭彻骨烦襟开。阳崖阴岭各殊气，未若竹下莓苔地。
炎帝虽尝未解煎，桐君有箓那知味。新芽连拳半未舒，自摘至煎俄顷余。
木兰沾露香微似，瑶草临波色不如。僧言灵味宜幽寂，采采翘英为嘉客。
不辞缄封寄郡斋，砖井铜炉损标格。何况蒙山顾渚春，白泥赤印走风尘。
欲知花乳清泠味，须是眠云跂石人。

---

① 兰若指阿兰若寺院，梵文 aranyakah 的略语之意。
② 也有浔州浔江郡（今广西桂平市）、朗州武陵郡（今湖南常德市）之说。

前面11句均描写采茶、制茶、品茶的过程,细致优美。最后两句是刘禹锡的感叹,筠连县西山寺山僧亲自采制的茶如此美妙惬意,何况是蒙顶和顾渚春茶,这两种茶都是制好后用银瓶盛装并用白泥封口加盖红印送京进贡的茶。要真正知道茶叶清香爽泠的味道,只有我这个睡在云间卧在石上的超脱之人。

三、无相禅师:新罗国王子讲经蒙顶山

蒙顶山茶在唐代开启了它辉煌历史的新篇章。除进贡皇室外,还通过朝廷、宗教、民间传播到韩国,极大地影响了韩国茶文化发展。

韩国自新罗善德女王时代即自中国(唐朝)传入喝茶习俗,至新罗时期兴德王三年(828年),遣唐使金大廉自中国带回茶种子,朝廷下诏种植于地理山(今智异山),促成韩国本土茶叶发展及促进饮茶之风。高丽时期,是韩国饮茶的全盛时期,在贵族及僧侣的生活中,茶已不可或缺,民间饮茶风气亦相当普遍。

据《宋高僧传》第十九卷载:"释无相(图13-10)。本新罗国(朝鲜古国名)人也。是彼土王第三子。"

图13-10 无相禅师画像

俗姓金,为该国国王的第三个儿子,因敬佩其妹断俗出家修道而效法之,在该国郡南寺出家,人称"金和尚"。于唐玄宗开元十六年(728年)"浮海西渡",来到我国当时的京都长安。他到长安后受到了唐玄宗的召见,将他编籍于禅定寺。住了一段时间后,闻智诜禅师德行禅法,便来到四川资州德纯寺(今四川省资中县宁国寺),想参拜智诜禅师,但此时的智诜禅师已经谢世,便拜于智诜禅师的法嗣处寂禅师门下,处寂给他取名无相。留他在身边学了两年禅法,之后便到离德纯寺数里之遥的天谷山石岩下(现名御河沟)苦修"杜多之行"①。

唐开元二十七年(739年),章仇兼琼任益州长史,闻知无相禅师的德行,将他迎请到成都,在成都县令杨翌和安史之乱时逃奔到成都的唐玄宗的帮助下,在成都修建了净众寺、大慈寺、菩提寺、宁国寺,他广设道场,开示禅法,成为中唐时期在四川独树一帜的高僧。据名山民间相传,无相禅师在名山蒙顶山、邛崃天台山、峨眉山等地传佛讲经、说法化众,将蒙顶山茶进一步推向唐王朝的神坛,并将其介绍到新罗国(有待进一

---

① 杜多:梵文Dhūta的译音,亦译作"头陀"。谓除去衣、食、住三种贪欲。也用以称行脚乞食的僧人。唐玄应《一切经音义》卷二三:"杜多……谓去其衣服、饮食、住处三种欲贪也。旧言头陀者,讹也。"

步考证)。蒙顶山山腰毛家山是他曾经讲经说法的地方，名山人民和信众为他修建了一座庙宇，取名为"金花庙"，该名被金花村沿用至今，以纪念他的功德、弘扬他创立的净众派教仪。他的禅法还传到了西藏，据藏文史书《八氏陈述书》中记载，藏王赤德祖赞之子赤松德赞曾到内地求法，受到皇上礼遇，返藏时遇到益州金和尚（无相禅师），金和尚送他三部经典及众多蒙顶茶。该书将金和尚称为神和尚，对他的神通多所渲染。唐玄宗宝应元年（762年）五月十九日夜坐化，享年七十九岁。

具有仙茶之誉的蒙顶山茶一直吸引着朝鲜半岛的人们，如林椿写诗赞蒙山茶、草衣禅师写《东茶颂》，说明韩国茶文化深受蒙顶山茶文化的影响，尤其是对上层社会和佛教界的影响巨大。近几十年来，韩国常有茶人或茶叶社团到蒙顶山寻根拜茶祖，与当地茶人共同弘扬中国和韩国的茶文化（图10-21、图11-15）。

四、陶谷：编写《清异录》

陶谷（图13-11），字秀实，邠州新平人。本姓唐，因避后晋高祖石敬瑭名讳改姓陶。历任北齐、隋、唐的官职，成为名家望族。生逢乱世，各民族政权更迭频繁，在朝中任职不易，在夹缝中求生存，造成他做事很矛盾、有时很滑稽。

图13-11 陶谷画像

陶谷（970年）的《茗荈录》记述了很多种茶叶的传奇故事，其中记载："圣扬花吴僧梵川，誓愿燃顶供养双林傅大士，自往蒙顶采茶，凡三年味方全美。得绝佳者圣扬花、吉祥蕊，共不踰五斤持归供献。"

该段讲述吴越之地一位叫梵川的和尚，虔诚发誓愿以香火烧灼头顶供养双林寺傅大士（维摩禅祖师、弥勒化身），自己亲往蒙山采茶制作，经过3年方才做到了形、色、味最好，得到了绝佳者圣扬花、吉祥蕊两个茶品，总共还不超过5斤，背回来供献给傅大士。说明当时蒙顶山有圣扬花、吉祥蕊两个高级茶品，且是供奉佛、菩萨之茶。

宋无名氏《湘湖近事》中记有陶谷烹茗的风雅之事传于后世。说的是，一次陶谷得一婢女，此婢女原来的主人为一党姓的粗俗之人。一日天降大雪，陶谷便让婢女用雪水煮茶。他得意地对婢女说："你原先的主人也这样吧？"婢女说："他们是粗人，哪里知道这样风雅的兴致，只知道在锦帐内大块吃肉饮羊羔酒。"陶谷听后得知婢女都懂得的事，自己却在这里卖弄而感到很惭愧。元李德载在元曲《赠茶肆》中的唱词"蒙山顶上春先早，扬子江心水味高，陶家学士更风骚。应笑倒，销金帐，饮羊羔"就记述了陶谷这件窘事。

这样一位风雅之士还流传了一个"陶谷赠词"的丑剧。北宋初年，陶谷出使南唐，后主李煜便派国内才名最大的韩熙载作陪。没想到，陶谷对韩熙载态度极为傲慢，对后主李煜这样充满文人气质的君王也是如此。南唐君臣无法容忍他的这种态度，便设下圈套，派歌妓秦蒻兰装扮成卖唱女子来到陶谷下榻的旅馆中接近陶谷。陶谷见秦蒻兰谈吐风雅、貌美如花，遂邪念萌动，也顾不上平日的操守了，早把往常的一本正经抛之脑后。他对秦蒻兰又是曲意逢迎，又是赠词讨好。词曰："好因缘，恶因缘，奈何天。只得邮亭一夜眠，别神仙。琵琶拨尽相思调，知音少。待得鸾胶续断弦，是何年？"次日，后主李煜设宴款待陶谷，他仍然摆出不可一世的架势。李后主一挥手，召来怀抱琵琶的秦蒻兰前来献曲。秦蒻兰随口唱出陶谷的赠词，陶谷很快认出秦蒻兰就是昨晚在旅馆中和自己一夜风流的卖唱女子，原本正襟危坐的他顿时坐立不安，面红耳赤，急得汗如雨下。后来，明代唐伯虎画了一幅《陶谷赠词图》并于画上题跋讽刺曰："一宿姻缘逆旅中，短词聊以识泥鸿。当时我作陶承旨，何必尊前面发红？"他认为，若他是陶谷（陶承旨），便不会面红耳赤了。唐伯虎自号"江南第一风流才子"，眠花宿柳乃家常便饭，遇到此事当然会处若不惊了。陶谷的弱点在于心存风流之念，却道貌岸然，难免会给世人留下笑柄。

陶谷强记好学，博通经史，诸子佛老，都有所研究；多收集法书名画，擅写隶书。为人隽辨宏博，但奔竞务进，热心宦途迁升，见后学有文采者，一定极力赞誉；听说达官有名望者，则巧为诋毁排挤，这就是他的多忌与好名，因此常常又被人取笑。他对时政看得很准，也很会取阅皇帝主子的心，多次在朝廷斗争中取胜，官做到刑部、户部二尚书，但得不到皇帝的深信。唐开宝二年（969年）去世，终年68岁。追赠右仆射。

五、雷简夫：亲手制茶荐蒙顶

北宋仁宗时，雅州有位知州亲手制茶，在京城大力提振蒙山茶声名，当朝宰相及文人学士写了不少高度赞誉蒙山茶的诗篇。其中，京官名士《梅尧臣文集》二十七卷里有《得雷太简自制蒙顶茶》诗一首并作了详细记载。

雷简夫（图13-12），字太简，陕西合阳人，初隐居不仕，后受人推荐始入仕，曾任坊州（今陕西黄陵）知州、简州（今四川简阳）知州，后来被益州太守张方平推荐为雅州（今四川雅安）知州。

雷简夫在雅州有3件事被后人广为传颂。一是向欧阳修、张方平、韩琦各修书一封，举荐苏洵，后来三苏父子名扬天下，世人皆颂雷简夫荐贤之功。二是雷简夫书法甚佳，史载,他学书入迷,忽一夜闻青衣江之涛声,灵感大动,作《江声贴》,传为书法史上的佳话。三就是喜爱茶叶,受儒家"民为本"的影响很深,因而对地方农业生产很关心。他治下的蒙山是盛产茶叶的名山,生产出的茶叶在唐朝时作为天下第一茶年年进贡,宋朝时虽然仍为贡品,但宋朝面对北方少数民族政权的威胁和战争需要,对茶叶实行官营,茶马互市是当时的国策,名山县是宋王朝与西北贸马的茶叶主产地,因此在名山设立了专管茶叶生产、收购、转运的衙门——茶监(正七品衔)。运往西北的茶叶都是为满足少数民族需要的粗茶,或称边茶、藏茶,因还是军需品,所以,数量必须保证

图13-12 雷简夫蜡像
(蒙顶山茶史博物馆)

年年完成。但久负盛名的蒙顶细茶品质反而下降了,比之闽浙等省的建溪、阳羡、顾渚的细茶,似乎要落伍了,作为地方长官的雷简夫,不甘在他治下的蒙山茶败在闽浙后生手下。

当时国内流行斗茶之风甚炙,作为官僚、学者的雷简夫,决心使蒙山茶不仅是国内瞩目的军需品,还应恢复它的历史声誉。他微服出访,几上蒙山,遍访茶农和制茶高手,终于找到了恢复历史名茶和新的制茶工艺,把原来的龙团凤饼改造提高,同时发展了唐代久享盛誉的蒙顶先春散芽茶的制作工艺,制出一批冲泡散芽茶,也就是今天的"玉叶长春和万春银叶",即蒙顶甘露的前身(图13-13)。

这批茶一经制出,就急送给他在京城为官的好友梅尧臣,梅品尝后大加赞赏,特写了一首诗答谢故人。其诗中有:"蜀茆久无味,声名漫驰骋。因雷与改造,带露摘牙颖。自煮至揉焙,入碾只俄顷。汤嫩乳花浮,香新舌甘永。"

梅尧臣将此茶分送给京城各名流共饮,均赞不绝口。但当时官场的主流茶品已是北苑贡茶,主要是追随宋朝皇帝喜好,欧阳修曾有诗云:"建安三千里,京师三月尝新茶",

图13-13 蒙顶茶

正所谓"上有所好,下必甚焉",朝中大多数大臣、茶博士都去追捧北苑贡茶,所以蒙顶细茶受到了冷落,以至于只有自己收藏起来,送也不是,自己品也不是,如同累赘。

正是世上识货者寡，趋势者众！

得雷太简自制蒙顶茶

陆羽旧茶经，一意重蒙顶。比来唯建溪，团片敌金饼。
顾渚及阳羡，又复下越茗。近来江国人，鹰爪奈双井。
凡今天下品，非此不览省。蜀荈久无味，声名谩驰骋。
因雷与改造，带露摘牙颖。自煮至揉焙，入碾只俄顷。
汤嫩乳花浮，香新舌甘永。初分翰林公，岂数博士冷。
醉来不知惜，悔许已向醒。重思朋友义，果决在勇猛。
倏然乃以赠，蜡囊收细梗。吁嗟茗于鞭，二物诚不幸。
我贪事事无，得之似赘瘿。

后来，陆游作《效蜀人煎茶戏作长句》茶诗最后一句"饭囊酒瓮纷纷是，谁赏蒙山紫笋香？"是最好的注解。

六、欧阳修：和诗时会堂

欧阳修（图13-14），字永叔，号醉翁，庐陵（今江西吉安）人。宋仁宗天圣八年（1030年）进士，曾任谏官后拜参知、政事，徙青州。因与王安石不合，以太子少师致仕。文章冠天下，文坛领袖，"唐宋八大家"之一，撰有《新唐书》《新五代史》等，有周必大等编定的《欧阳文忠公文集》153卷，约百万言。

图13-14 欧阳修画像

欧阳修一生著文章无数、品茶无数。他在《新唐书》地理志中专门列出了当时全国贡茶共17种，其中雅州芦山郡所产蒙顶贡茶。用诗词描写赞美了蒙山茶、龙团凤饼、双井茶。晚年在《茶歌》中写道："吾年向老世味薄，所好未衰惟饮茶。"可见他对茶非常喜爱。

他与刘敞皆学识渊博，又是同乡，互为敬重。常作诗词互和，欧阳修有《和原父扬州六题·昆丘台》《和原父扬州六题·蒙谷》《和原父扬州六题·竹西亭》《和原父扬州六题·自东门泛舟至竹西亭登昆丘入蒙谷戏题春贡亭》传世。刘敞字原父，新喻（江西）人，庆历年进士，出使契丹，迁扬、郓等州知军。英宗时后侍（讲读），后因瘖病出汝州，又判职于南京御史台。知识渊博,长于春秋,为书四十卷。五十而卒。

欧阳修与刘敞共事时,有一年早春的一天,俩人共同参加宋皇帝的新进贡茶品尝宴会。宴散后,刘敞回到"时会堂"的家中,舌根还回甘、口中有余香,心情久久不能平静,于是写了一首赞赏新茶的诗叫仆从送到欧阳修的府上,欧阳修看罢,同样有感慨:想起历年来所品尝的贡茶中蒙顶山茶、建溪春茶最好、印象最深,今年已有地方早早地送来了新的贡茶,蒙顶山茶、建溪春茶怎么还没有进贡到朝廷(图13-15)?我已在急切地盼望着。大概是现在蒙山顶上的茶园还覆盖着厚厚的积雪,春雷还未响起、未促动建溪茶发芽,这两款贡茶还没有萌发、没有采制出来?还是采制好了正走在进贡朝廷遥远的路途中?京城开封这个地方处于中州,春天的气温升得快,各种植物萌芽较早,入贡的茶叶更是要抢一个早、一个新。于是和诗一首:

图13-15 入贡宜先百物新
(图片来源:名山区茶业协会)

和原父扬州"时会堂"之一

积雪犹封蒙顶树,惊雷未发建溪春。
中州地暖萌芽早,入贡宜先百物新。

后来,刘敞又作诗一首,谈论退朝之后品茶与饮酒愉悦之事并送与欧阳修,欧阳修也和诗一首,共同回忆两人多年来坚守做大臣的职责,直到头发都白了还受到重用,并得到皇帝赏赐一杯早春所制的贡茶的美好心情:

和原父扬州六题·时会堂之二

忆昔尝修守臣职,先春自探两旗开。
谁知白首来辞禁,得与金銮赐一杯。

七、文同:钟情蒙顶茶

"蜀土茶称圣,蒙山味独珍""扬子江心水,蒙山顶上茶""琴里知闻唯渌水,茶中故旧是蒙山"几句诗文对联是在中国茶叶界中影响较广较深的茶联,常在古代文献、现代茶典中看到。"蜀土茶称圣，蒙山味独珍"是北宋著名画家文同所写《谢人惠寄蒙顶茶》诗中的第一句。

文同（图13-16），字与可，号笑笑先生，人称石室先生。四川梓潼人。宋皇祐元年（1049年）进士，官司封员外郎，出守湖州，称文湖州。著名的诗人、书画家，善画竹、山水，有《丹渊集》。

图13-16 文同塑像

文同在四川邛州（邛崃）、汉州（广汉）、普州（安岳）、汴州（开封）、洋州（陕西西乡等县）做官。有一年春天，在外省为官的他收到家乡人寄来的蒙顶茶，品饮后顿感神清气爽，感慨万千：家乡四川的茶叶是全国最好的，蒙顶茶更加神奇独珍，春天这时候正是采茶制茶的季节，是品质最好的，如果用惠锡泉、乾崤盏来点蒙顶茶，睡觉甜香，做梦也不会遇上鬼，吟咏诗词思维敏捷如有神助；蒙顶茶清爽的滋味如冰霜一样浸入骨髓，好像腋下已长出翅膀要入天宇，我心胸坦荡做人磊落，要做自己的主人，我要学习嗜茶的玉川子，不会厌嫌，时常给我寄蒙顶茶来。

谢人惠寄蒙顶茶

蜀土茶称圣，蒙山味独珍。灵根托高顶，胜地发先春。
几树惊初暖，群篮竞摘新。苍条寻暗粒，紫萼落轻鳞。
的皪香琼碎，䰐鬖绿虿匀。漫烘防炽炭，重碾敌轻尘。
惠锡泉来蜀，乾崤盏自秦。十分调雪粉，一啜咽云津。
沃睡迷无鬼，清吟健有神。冰霜凝入骨，羽翼要腾身。
磊磊真贤宰，堂堂作主人。玉川喉吻涩，莫厌寄来频。

文同先生是在去湖州（今浙江省吴兴、德清、安吉、长兴等县）任职的路上去世的。湖州也是著名茶区，贡茶顾渚紫笋便产于此，是唐代的官贡茶叶。如果文同到了湖州，品赏了顾渚紫笋不知要写出多少赞美蒙顶山茶和顾渚紫笋的诗句来，实为茶之憾事。

文同以学名世，擅诗文书画，深为文彦博、司马光等人赞许，尤受其从表弟苏轼敬重。文同以善画竹著称。他注重体验，主张胸有成竹而后动笔。他画竹叶，创浓墨为面、淡墨为背之法,学者多效之,形成湖州竹派。文同在诗歌创作上很推崇梅尧臣,他的《织妇怨》描写织妇辛勤劳作,反被官吏刁难,与梅尧臣反映民间疾苦的诗同一机杼。他的写景诗更有特色。如"烟开远水双鸥落,日照高林一雉飞"(《早晴至报恩山寺》)、"深葭绕涧牛散卧,积麦满场鸡乱飞"(《晚至村家》)等句形象生动,宛如图画,充分表现了画家兼诗人善于取景、工于描绘的特点。他在诗中还常常把自然景物比作前人名画,如"独坐水轩人不到,满林如挂《暝禽图》"(《晚雪湖上寄景儒》)、"峰峦李成似,涧谷范宽能"(《长举》),为古代诗歌描写景物增添了一种新的手法,这同当时画家乐于在前人诗中寻找画意具有同样的意义,表明了北宋前期诗与画这两门艺术已更为密切地结合在一起,比起前人王维的"诗中有画"就更前进了一步。

苏轼对文同做了公正的评价。苏轼说,文同诗一,楚辞二,草书三,画四。

八、黄庭坚:为蒙顶山茶发狂

黄庭坚(图13-17),字鲁直,号山谷道人,晚号涪翁,今江西修水人,进士。绍圣初知鄂州,为蔡京所恶贬宜州。诗学杜甫,以草书闻名于世,是宋代著名的诗人、书法家,"宋四家"之一。

黄庭坚爱品茶,对茶相当有研究,他作了一首《煎茶赋》,写了自己对茶的认识与感慨:"建溪如割,双井如挞(挞),日铸如绝,其余苦则辛螫,甘则底滞。呕酸寒胃,令人失睡,亦未足与议。或曰:无甚高论,敢问其次。涪翁曰:味江之罗山,严道之蒙顶。黔阳之都濡高株,泸川之纳溪梅岭,夷陵之压砖。临邛之火井。不得已而去于三,则六者亦可酌兔褐之瓯,瀹鱼眼之鼎者

图13-17 黄庭坚画像

也……如以六经,济三尺法,虽有除治,与人安乐,宾至则煎,去则就榻,不游轩石之华胥,则化庄周之蝴蝶。"

宋绍圣初,新党谓其修史"多诬",贬涪州(今重庆市长寿区)别驾,后居戎州(今宜宾),安置黔州等地。黄庭坚有一表亲眉山女博士史炎玉嫁在雅州芦山县,芦山河中产一种如海带一样的藻类植物——绿菜,其表妹得知表哥黄庭坚正在戎州,于是托人带去了当地特产绿菜和蒙顶山茶,黄品尝了绿菜写了一首诗《绿菜赞》给予赞扬:

蔡蒙之下，彼江一曲。有茹生之，可以为蔌。蛙蟆之衣，采采盈掬。
吉蠲铣泽，不溷沙砾。芼以辛咸，宜酒宜餗。在吴则紫，在蜀则绿。
其臭味同，远故不录。谁其发之？班我旨蓄。维女博士，史君炎玉。

《绿菜赞》在宋代大观年间被刻为碑石，现藏于芦山县博物馆内，是该馆的镇馆之宝。

黄庭坚早就对蒙顶神奇五峰、仙茶传说有了解，在品尝了蒙顶山茶后，更是赞不绝口，兴奋之余用诗人特有的情怀与方式作词一首：

西江月·茶

龙焙头纲春早，谷帘第一泉香。已醺浮蚁嫩鹅黄，想见翻成雪浪。
兔褐金丝宝碗，松风蟹眼新汤。无因更发次公狂，甘露来从仙掌。

这首诗也是历史上有名的咏茶诗之一，不少作者因没有弄清文章出处，将"甘露来从仙掌"理解为湖北当阳境内的玉泉山所产的仙人掌茶。

他把福建龙团贡茶用唐代刘伯刍评的天下第一泉谷帘泉水，冲点出那样美好的茶汤（图13-18），与蒙顶山茶相比较，还是来自仙山蒙顶五峰的甘露茶使自己喜欢得发狂。可见黄庭坚对蒙顶山茶评价之高。也说明黄庭坚非常重视用茶之水，这也是"扬子江心水，蒙山顶上茶"演变定型的源头之一。

图13-18 想见翻成雪浪

黄庭坚去世后，后人将遗体运回家乡江西修水杭口镇安葬。现黄庭坚墓是省级文物保护单位。该村江边有座石崖形成的钓鱼台，台下水中有二井，北岸山腰石壁上有黄庭坚手书摩崖石刻的"双井"二字。茶园坐落在钓鱼台畔，这里依山傍水，土质肥厚，气候湿润，茶树芽叶肥壮，柔嫩多毫。经常有茶人、旅客到此瞻仰凭吊，品购双井茶。

九、禅惠大师：创蒙顶山派茶技

在蒙顶山后山，与碧峰峡相望的中段，悬崖峭壁、古藤危树处，有一处古屋，曰

"禅惠之庐",相传是名山人禅惠大师(图13-19)修炼之所,后山的"黄崖",据传就是他参禅打坐的地方,右侧有一危岩,似重叠的书卷,是他所著佛教真经的保存处。

禅惠大师是北宋时期名山县人,年轻时博学多闻,才思敏捷,风流倜傥,但有一个弱点就是恃才傲物、不拘小节、我行我素,因此久考不第,难登仕途。宋元符元年(1098年)他去找郡守吕由诚,想走通过推荐而入仕途的路子。这位吕郡守早就知道这位不拘小节、出口成章的才子,大概是害怕这样的人进入仕途,其能力和性格只会误其一生,出于对他的爱护,看他与佛是否有缘,就与他开了个小玩笑,即送他一个信封,内装"僧勒"(准许出家当和尚的官府文件)。

图13-19 禅惠大师(钟国林 绘)

这位才子回家后沉思一宿,慧根立显,就削去了头发,立志出家为僧。次日一早,骑上肥马上蒙山找天宁长老叩头要学习佛法,长老说:"既然要出家为僧,哪有当和尚还乘马出入的呢?"才子随口念诗一首:

文殊驾狮子,普贤跨象王;新来一个佛,骑马也何妨?

长老感到此人才思敏捷,有顿悟灵性,即收他为徒,取叫禅惠。从此,他在蒙山潜力研究佛理,得禅宗真谛,著有《禅惠语录》传世。《舆地纪胜》这部古籍详细记录了他的一些事迹。禅惠大师后来到雅安与眉山交界的洪雅县瓦屋山,当地有人不信其才学,专门到寺中问道:"瓦屋何以木皮盖?"大师随口答道:"锦府岂从机上织?"问者正惊诧间,大师又道:"剑门宁自匣中开!"问者佩服得五体投地。

相传他在蒙顶山修炼时,也同其他僧人一样要种茶、制茶、品茶,结合强身健体,练就了一手有武功禅趣的掺水方式,经僧俗茶人世代相传,流传至今,形成蒙顶山派茶技。这一茶技经现代挖掘整理取名为蒙山"龙行十八式",一展示就技惊四座,成为蒙顶山茶文化的重要内容(图13-20)。

图 13-20 龙行十八式（韩德渊 作）

十、苏东坡：思家乡雅鱼蒙山茶

苏轼（图13-21），中国历史上杰出的文学家、书法家。字子瞻，号东坡居士。眉州眉山（今四川眉山）人。东坡堪称千古才子第一人。少年时随父苏洵、弟苏辙来雅州拜谒知州雷太简。雅安过去曾有三苏遗迹，现已毁。

苏轼一生官场失意，才干没真正发挥，又屡遭贬谪、居无定所，长期离开故乡，缺少可以倾诉的亲友、故交，在大量的诗词中，有几首思乡怀旧的诗词，表达出他对故乡非同寻常的眷念，如《东湖》《寄黎眉州》《寄蔡子华》《送张嘉州》等，其中《寄蔡子华》应提到了家乡特产雅鱼和蒙山茶。

图 13-21 苏轼画像

寄蔡子华

故人送我东来时，手栽荔子待我归。荔子已丹吾发白，犹作江南未归客。
江南春尽水如天，肠断西湖春水船。想见青衣江畔路，白鱼紫笋不论钱。
霜髯三老如霜桧，旧交零落今谁在。莫徒唐举问封候，但遣麻姑更爬背。

苏轼是16岁时离开家乡,之后只有宋英宗治平三年(1066年),即苏轼32岁,时因丁忧父亲匆匆回过家一次,之后就再难回老家了。蔡子华是苏轼父亲苏洵在眉山非常好的朋友。宋嘉祐四年(1059年),在苏洵携苏轼、苏澈两兄弟沿水路东出三峡奔赴京师之际,蔡子华曾热情地对他们父子加以相送,并手栽一荔枝树,以树相望,说一定要等着好友父子回来共同品尝荔枝。时光飞逝,30年过去了,苏轼在诗中所说:如今当年蔡子华所栽的荔枝树已果满枝头,红得诱人,而自己也头生白发,却未实现回去的愿望,依旧在作江南未归客。诗歌平淡的语言,却表达出来一种岁月荏苒、旧交零落的难言况味。据南朝刘义庆《世说新语》载,当年东晋大将桓温追敌到前为琅琊时种柳处,见柳已十围,慨然而曰:"树犹如此,人何以堪。"泫然流泪而还。两事如出一辙。看似平易的语句中所传达出来的物是人非、想念故旧之感,无不让稍有经历者眼涔涔泪潸潸!

古代交通不便,人们音讯难通。一般人要得知故乡亲友的消息,真是难上加难。所以深念故土之乡,即使偶尔回望故园,也会"双袖龙钟泪不干"。苏轼在面对江南如花春景,想到故乡,也是别有一番浓烈的思乡滋味,所谓"江南春尽水如天,肠断西湖春水船"。作为水乡泽国的江南,在春尽之后进入水天茫茫的丰水期,作者云它"水如天",可谓抓住了其最显著的特征。而西湖的风景最宜人,堤柳堆烟,画舫林立早已为世人周知。但在这里,诗人却借这番描绘传达给我们的是如此美好的景致,只能让人更加向往乡关,更加心伤、肠断情思。何以如此,因为"一切景语皆情语",诗人远仕异地,希望回到家乡的愿望又难以实现,所以见他乡之美景而反生伤感之情。因为在苏轼目睹异乡之景后而反思己乡,想到这个时节的家乡,在"青衣江畔"和大路之旁(图13-22),可能满眼都是"不论钱"(不能讨价还价)的美食特产"白鱼"(细白甲的雅鱼)、"紫笋"(蒙山也产紫笋茶)。继而又想到故乡的不少旧交已须发皆白了,犹如冬霜中的桧树。诗末一句"莫徒唐举问封侯,但遣麻姑更爬背"是戏谑,更是心酸,"唐举问封侯"语出

图13-22 想见青衣江畔路(彭琳 摄)

《史记·范雎蔡泽列传》，作者用蔡泽找唐举看相，终遭戏弄却最终有成的故事，反衬诗人自己的颠沛流离和失意潦倒。意即老朋友你不要问我有关功业的事情，自己感觉犹如请女仙麻姑之爪给我搔背，我是凡人一个，哪里敢想、哪里承受得起。整首诗歌表露的思归、想念亲旧之情，深切感人，跃然纸上。

十一、苏辙：和韵苏轼思念家乡蒙山茶

和韵，是旧时古体诗词写作的一种方式，按照原诗的韵和用韵的次序来和诗，也称步韵。世传次韵始于白居易、元稹，称"元和体"，是古代文人之间用诗词来表现才学、交流情感的一种常见形式。

苏辙（图13-23），字子由，眉州眉山（今四川眉山）人，其兄子瞻（东坡），嘉祐年与兄苏轼同举进士，累官翰林学士、门下侍郎。同父苏洵、兄苏轼位列"唐宋八大家"，著有《栾城集》《龙川略志》等。

图13-23 苏辙画像

苏轼和苏辙兄弟俩都是宋嘉祐二年（1057年）同时步入仕途，苏轼25岁应制科试后不久，被任命为大理事签书凤翔府（今陕西凤翔）判官。宋嘉祐六年（1061年）十一月，苏轼离京赴任，苏辙送他到郑州西门外，从此兄弟聚少离多，开始了彼此间的酬唱。宋元祐前后（宋哲宗年号1086—1094年），正是苏轼、苏辙两兄弟一生宦游、分处别地的时间，因此靠鸿雁传书传达亲情，酬唱非常多。两兄弟酬唱大多是相互之间的勉励、问候、安慰以及对故土风物的回忆和留恋。

苏轼在凤翔任上或改知杭州、密州、徐州、湖州等地时经常出游，无论他走到哪里，都会把身边的一草一木写进诗里寄给子由，一同分享大自然之美和自己心得。

漳州师大黄文丽据《坡门酬唱集》统计：兄弟间五言、七言和词等苏轼唱有420首、苏辙和有83首，苏辙唱有118首，苏轼和有25首，共计646首。

二苏之间的情谊远远超过了一般手足之间的兄弟情，而更为丰富的内涵，即为千古知音。得意时共同分享，失意时给予安慰，对双方性格也可以规劝。《宋史苏辙传》中说："辙与兄进退出处，无不相同，患难之中，友爱弥笃，无少怨尤，近古罕见。"而唱和诗就是他们"友爱弥笃"最集中的表现。《水调歌头·明月几时有》是苏轼创作于宋神宗熙宁九年（1076年）中秋，当时作者在密州（今山东诸城）。丙辰中秋，欢饮达旦，大醉，作此篇，兼怀子由。词以月起兴，以与其弟苏辙7年未见之情为基础，围绕中秋明月展

开想象和思考,把人世间的悲欢离合之情纳入对宇宙人生的哲理性追寻之中,"但愿人长久,千里共婵娟",表达了词人对亲人的思念和美好祝愿,也表达了在仕途失意时旷达超脱的胸怀和乐观的情致,使该词成为千古绝唱!想必兄弟子由也有唱和之作。

同样,宋熙宁五年(1072年)苏辙出任河南推官,第二年收到兄长苏轼来信,回敬兄长苏轼和唱所作:

次韵子瞻道中见寄

兄诗有味刻隽永,和者仅同如画影。短篇泉冽不容把,长韵风吹忽千顷。

经年淮海定成集,走书道路未遑请。相思半夜发清唱,醉墨平明照东省。

南来应带蜀冈泉,西信近得蒙山茗。出郊一饭欢有余,去岁此时初到颍。

该诗主要表达苏辙为兄苏轼带来的好消息高兴的心情,诗文大意:

兄长苏轼的诗思想感情深沉幽远,意味深长,我等和韵者水平不及,如同影子一样相陪衬。

你的诗短小精干,如甘泉珍贵不易揖起;长诗赋韵,如大风吹过千顷湖水激起波澜。

你指导学生秦观(秦少游)经过一年左右时间就编辑成了《淮海集》四十卷,文后集六卷,长短句三卷,成为当代巨著。在出任各地马不停蹄的同时,还不断来信告诉我所见所闻,与我分享。

对兄长思念到半夜睡不着,自己唱吟步韵你的诗歌,酒后不睡给你写书信一直到天亮。

图 13-24 蒙山香茗

南边朋友带来的应该是江都(扬州)蜀冈"蜀井"的泉水(相传地脉可通蜀,故名),西部来信函消息,刚得到蒙山香茗(图13-24),这些都解了我思乡之苦。

真是好事都集中到一起了!特地出城到郊外野炊一次庆祝一下,正好欢庆去年这个时候刚到颍州郡任职。

十二、孙渐:智矩寺拜祖品茶

北宋绍圣年间原温江县令孙渐,应门生名山县知县张刚中(官为从六品"通直郎",代理名山知县)之邀来名山旅游,上蒙顶山,孙渐描述了到蒙顶山智矩寺的时间、周围环境,坐落和环境与现在智矩寺的情况完全一致,特别是看到寺旁石壁上存在很多年的茶祖石龛,自古以来就被后人供奉祭拜,知道了有一个汉代的修道人氏吴理真,开山种茶,被奉为茶叶祖师,也讲了五代毛文锡《茶谱》中一病僧饮用蒙顶仙茶后眉发变绿成仙的故事,并记叙了在智矩寺碾茶、煮水、冲茶后感到"暂啜破积昏,飘飘腋生羽",头脑清醒、与友闲聊到天明的情景。

智矩寺留题

郊行半舍近,炎曦正欹午。涉浅水郴郴,陟高峰参伍。

寺藏翠蔼深,门映苍松古。明暗双泯时,榜明标智矩。

入憩望远亭,好风声清暑。素曳瓦屋烟,虹挂峨眉雨。

千里豁入怀,万象纷指顾。步庑阅刊碑,开龛礼遗塑。

香火肃僧仪,堂皇凉客屦。继登凌云阁,倚栏眺茶圃。

昔有汉道人,薙草初为祖。分来建溪芽,寸寸培新土。

至今满蒙顶,品倍毛家谱。紫笋与旗枪,食之绿眉宇。

雷动转蜀车,云屯富秦庾。我贪事幽寻,更值忘形侣。

鼎抽竹叶烧,瓶汲龙泉煮。暂啜破积昏,飘飘腋生羽。

相对话夜阑,萤点流星度。金鸡鸣一声,回首关头路。

会约摘春山,十咏龟蒙具。

孙渐,眉州人,熙宁进士,北宋绍圣二年(1095年)至宋大观元年(1107年),任温江县令、蜀州知州,宋徽宗政和元年(1111年),为京东西路提刑(《宋会要辑稿》官)。宋徽宗政和二年、三年时,为权发遣湖北转运副使。八年,以中奉大夫、直秘阁知梓州。

蒙山智矩寺主持在后来请人镌刻立碑这首诗(图13-25),请张中刚作了碑跋,《碑跋云》:"都转孙公,眉阳之名士也。德行纯固,文章绝妙。曩以雅安上幕行按诸邑,每探幽寻胜,莫不寓意风骚,皆雕玉镂冰,尽一时之美。顷朝廷以治行优嘉,诏除河东路保申兼提刑。当是时,刚中蒙公置之门生之末,今领兹邑,幸睹云云。"阙"门生通直郎知县事,管句学,劝农公事同监茶场,赐绯鱼袋张中刚上石"说明,张刚中当时也监管官办茶场,这个碑是张刚中为纪念老师孙渐蒙山之旅所立。

图13-25 智矩寺留题残碑拓片
(《名山历代碑刻拓片与对联》)

这首诗和碑刻是重要的文物史料，具有非常重要的史料价值：一是它表明汉代历史上有吴理真其人种茶其事；二是吴理真是一个修道之人；三是吴理真至少在北宋以前就被当地人奉为茶祖常年祭祀。这与蒙顶山其他史料和传说也是相吻合的。

十三、陆游：家国情仇寄蒙顶

南宋伟大诗人、抗金名臣——陆游（图13-26）一生酷爱饮茶，早年入仕蜀中，虽然未在雅州任过职，也还不能证实他是否到过名山，但他肯定是长久品尝蒙顶茶，对蒙顶山茶情有独钟。常以诗言志，用蒙顶茶来喻自己。

陆游，字务观，越州山阴（今浙江绍兴）人。南宋高宗绍兴二十四年（1154年）试礼部，名前列。因触秦桧被黜免。孝宗时赐进士。乾道中任夔州（重庆奉节）通判，在蜀时任蜀州（今崇州）通判，嘉州（今乐山）、荣州（今荣县）知州。光宗时任朝仪大夫、礼部郎中，

图13-26 陆游画像

后被劾职，回归故里。诗人在民族危难时，持有浓厚的爱国热情，是著名的爱国诗人，特别对蜀地有特殊感情。一生创造有近万首诗词，著有《渭南文集》《南唐书》《剑南诗稿》《老学庵笔记》等。

因受社会及家庭环境影响，陆游自幼立志杀胡（金兵）救国。他始终坚持抗金，在仕途上不断受到当权派的排斥打击。南宋绍兴二十三年（1153年）赴临安应试进士，取为第一，而秦桧的孙子秦埙居其次，秦桧大怒，欲降罪主考。二十四年（1154年）参加礼部考试，主考官再次将陆游排在秦埙之前，竟被秦桧除名。陆游一生常被排挤、打压，不能有效抗金雪耻，不能施展才华，常常郁闷。一天在家午休起床后煎茶，触景生情，作下一首仰天长叹之诗：

睡起试茶

笛材细织含风漪，蝉翼新裁云碧帷。端溪砚璞斫作枕，素屏画出月堕空江时。

朱栏碧甃玉色井，自候银瓶试蒙顶。门前剥啄不嫌渠，但恨此味无人领！

诗文大意为：将精细的笛膜材料制作为旗帜（不识材用在易损坏的方面），将蝉翼纱裁剪作为天蓝色帷幕（不懂得识材用材）；把高档端溪砚石制作成石枕（浪费了珍贵的材料），在白色的画屏上画月亮当空（突不出月亮的洁白）。在红砂石围栏砖瓦砌成的井

边，我独自用银瓶汲水煎制蒙顶茶。开着前门不设限制，希望更多的人来品尝，只是恨没有人能领会这么好的茶所蕴含的丰富的滋味啊！

又一日，陆游午睡时梦见自己同庄周一样变为蝴蝶，醒来后很是感慨，于是仿照蜀人煎茶之法，用红丝石的小石磨碾细茶，用石头做的龙头把盏盛水，风炉烧好水后点入盏中，品了一口顿时目光有神、精神焕发，把瞌睡都赶跑了，品了几盏后肚子里咕咕作响，很快就饿了，这茶的清心解困作用太明显；感叹世上饭囊酒瓮者太多了，谁又知道蒙顶紫笋茶的醇香呢？隐喻如朝中的秦桧之流如饭囊酒瓮，根本不了解也不知道我的才能，怎样让我发挥才能。这种感觉好极了，于是用诗将这件事和感叹记叙下来：

效蜀人煎茶戏作长句

午枕初回梦蝶床，红丝小碾破旗枪。

正须山石龙头鼎，一试风炉蟹眼汤。

岩电已能开倦眼，春雷不许殷枯肠。

饭囊酒瓮纷纷是，谁赏蒙山紫笋香？

宋淳熙五年（1178年），陆游诗名日盛，受到宋孝宗召见，但并未真正得到重用，宋孝宗只派他到福州、江西去做了两任提举常平茶盐公事。他向南到汨罗江悼念屈原，向西过蜀地到贵州。宋淳熙六年（1179年）秋，陆游从提举福建常平茶盐公事，改任朝请郎提举江南西路常平茶盐公事，十二月到抚州任所。公干之余思念家乡，不知自己能活多少岁，能否在有生之年回到家乡，于是作诗《卜居》一首，其是"雪山水作中泠味，蒙顶茶如正焙香"（图13-27）是"扬子江心水，蒙山顶山茶"最早的原型。

图13-27 蒙顶茶如正焙香

南浮七泽吊沉湘，西沂三巴掠夜郎。自信前缘与人薄，每求宽地寄吾狂。

雪山水作中泠味，蒙顶茶如正焙香。倘有把茅端可老，不须辛苦念还乡。

宋淳熙七年（1180年）抚州大旱，陆游上奏要求开仓放粮，被停职待命，收集药方刊印便民竟以擅权罪名被罢职还乡。因此，在一次饮醉醒后作诗《病酒新愈独卧华风阁戏书》以自励，告诫自己不要因酒伤身，同时要学习屈子时刻保持清醒，不让有野心之人如曹操一样成就了霸业，可见其忧国忧民之心：

用酒驱愁如伐国，敌虽摧破吾亦病。狂呼起舞先自困，闭户垂帷真庙胜。

今朝屏事卧湖边，不但心空兼耳静。自烧沉水瀹紫笋，聊遣森严配坚正。

追思昨日乃可笑，倚醉题诗恣豪横。逝从屈子学独醒，免使曹公怪中圣。

宋淳熙十五年（1188年），陆游在严州任满，卸职还乡。不久，被召赴临安任军器少监。次年（1189年），光宗即位，改任朝议大夫礼部郎中。于是他连上奏章，谏劝朝廷减轻赋税，结果反遭弹劾，以"嘲咏风月"的罪名再度被罢官。此后，陆游长期蛰居农村，至晚年没有官场的斗争、没有名利思想的羁绊，生活恬淡平静，陆游时常悦亲戚之情话，乐琴书以消忧。或命巾车，或棹孤舟；既窈窕以寻壑，亦崎岖而经丘，但回到家中也是又一喝酒就在心底涌出一丝壮志未酬、平淡度余生的感叹，无聊中只有自己动手，推动横浦出产的含有红色丝纹的石磨，冲泡品饮与自己命运相同、得不到重用的蒙顶山紫笋茶，与老朋友蒙山茶叙情（白居易"茶中故旧是蒙山"），以平心静气。

秋晚杂兴

置酒何由办咄嗟，清言深愧淡生涯。聊将横浦红丝硙，自作蒙山紫笋茶。

十四、林椿：高丽文人用诗歌赞颂蒙顶山茶

朝鲜半岛历代王国及世风均受中国思想和文化的影响，饮茶之风如影随形。新罗统一初期的高僧元晓大师，其和静思想是韩国茶道精神的根源，李奎报把高丽时期的茶道精神归结为清和、清虚和禅茶一味。唐宋时期，高丽诗人就用诗词和文章描写品茶和启蒙茶文化，林椿是高丽毅宗时期（相当于中国南宋）著名的诗人、画家，是海左七贤之一。"椿字耆之，西河人，以文鸣世，屡试不第。郑仲夫之乱，阖门遭祸。椿脱身仅免卒，穷天而死。任老集遗稿为六卷，目曰西河先生集，行于世"，这是见于《高丽史》列传中对林椿所作之描述。他作有一诗：

近得蒙山一掬春，白泥赤印色香新。澄心堂先知名品，寄与尤奇紫笋珍。

描写近日得到蒙顶山的一包春茶（图13-28），用白泥赤印封装好，其香气清香浓郁跟刚刚生产出来一样。得知是大宋朝蔡襄用澄心堂纸（南唐后主李升和后来即位的李煜的御用书房的堂号，其中一种皇家专用纸定名为澄心堂纸——"肤如卵膜，坚洁如玉，细薄光润"，在北宋就已经是相当珍贵、难求的名纸）写的信。纸、信、茶是与湖州的

图13-28 近得蒙山一掬春

紫笋一样珍贵,那是何等的好茶!

从而可证实至少在南宋就已有蒙顶山茶传到高丽国,高丽国的名人知道蒙山茶非常珍贵。蔡襄,字君谟,汉族,兴化军仙游县(今枫亭镇青泽亭)人,北宋著名书法家、政治家、茶学专家。在建州时,主持制作武夷茶精品小龙团,所著《茶录》总结了古代制茶、品茶的经验。所著《荔枝谱》被称赞为世界上第一部果树分类学著作。蔡襄工书法,诗文清妙,其书法浑厚端庄,淳淡婉美,自成一体,为"宋四家"之一,有《蔡忠惠公全集》(钟国林,2016)。

十五、杨慎:状元书写《蒙茶辨》

杨慎(图13-29),字用修,号升庵,四川新都人,明代文学家,年少就聪慧,明正德六年(1511年)殿试第一,状元,授翰林院修撰、任充经筵讲官。明嘉靖三年(1524年)因议大礼触怒世宗,被谪戍云南。诗人一生著述颇多,不下百余种。王夫之称杨慎诗"三百年来最上乘",周逊《刻词品序》中称他为"当代词宗"。

当时明世宗嘉靖皇帝昏庸,有小人将山东蒙阴县蒙山所产的一种苔藓称为蒙山茶进贡,世人皆不敢言,都附和,"士大夫珍贵味亦颇佳",当时还有很多书和诗都记录、咏唱了蒙阴县蒙山所产的苔藓蒙山茶。杨慎因是四川新都人,对名山蒙山和蒙顶山茶非常了解,据理相争,无奈世风

图13-29 杨慎画像

日下,皇帝都点头认定了的,谁敢说不是呢?杨慎只能奋笔疾书,引经据典写下《蒙茶辨》,留予后人评说:

"世以山东蒙阴县所生石藓谓之蒙茶,士大夫珍贵而味亦颇佳。殊不知形已非茶,不可煮饮,又乏香气,而《茶经》之所不载。蒙顶茶四川雅州,即古蒙山郡,其《图经》云:蒙顶有茶受阳气之全,故茶芳香。《方舆胜览》《一统志》土产俱载蒙顶茶。"后又列举了唐宋各代名人对雅州蒙顶茶的赞誉,充分说明山东蒙阴县所产非真正的蒙山茶,而正宗的蒙山茶是雅州蒙顶山所产之茶。可见在那个奸佞当道的朝廷,作为一个正直、敢讲真话的人"世人皆醉我独醒"多不容易。

"滚滚长江东逝水,浪花淘尽英雄,是非成败转头空,青山依旧在,几度夕阳红。白发渔樵江渚上,惯看秋月春风,一壶浊酒喜相逢,古今多少事,都付笑谈中。"这是杨慎所作的《临江仙》,是杨慎经历与生活态度的真实反映。罗贯中在著《三国演义》时,认

定其非常有内涵，适合小说的传播，将它放在小说的开头。杨慎在被放逐滇南漫长的30多年流放生活中，并未因环境恶劣而消极颓废，仍然奋发有为，著书反对朱熹、陆九渊的"阔论高谈""虚饰文词"空洞无用之物。同时，不肯向邪恶势力屈服，他不仅寄情山水，而且悉心著述，为白族修史。每到一处，往往借咏边塞奇花异草，抒发政治热情。在咏物之中，寄寓着自己正直的人格和理想。更难能可贵的是杨慎在被放逐期间，仍然关心人民疾苦，不忘国事。如当他发现昆明一带豪绅以修治海口为名，勾结地方官吏强占民田，化公为私，敛财肥己，坑害百姓时，不仅正义凛然地写了《海门行》《后海门行》等诗痛加抨击，还专门写信给云南巡抚赵剑门，力言此役"乃二三武弁投闲置散者，欲谋利自肥而倡此议"，请求停止如此劳民伤财的所谓的水利工程。

十六、草衣禅师：作《东茶颂》

朝鲜中期以后，酒风盛行，又逢清军入侵，茶文化一度衰落。李朝后期，大约于清乾隆晚期到道光初期，韩国人丁若镛，号茶山，著名学者，对茶推崇备至。著有《东茶记》，乃韩国第一部茶书，惜已散逸。金正喜是与丁若镛同时期且齐名的哲学家，亲得清朝考证学泰斗——翁方纲、阮元的指导。他的金石学和书法也达到了极高的水平，对禅宗和佛教有着渊博的知识，有咏茶诗多篇传世，如《留草衣禅师》诗："眼前白吃赵州茶，手里牢抯焚志华。喝后耳门软个渐，春风何处不山家。"

图 13-30 草衣禅师像（钟国林绘）

草衣禅师（1786—1866年，图13-30），曾在丁若镛门下学习，通过40年的茶生活，领悟了禅的玄妙和茶道的精神，著有《东茶颂》和《茶神传》，成为朝鲜茶道精神伟大的总结者，被尊为茶圣，丁若镛的《东茶记》（遗失）和草衣禅师的《东茶颂》是朝鲜茶道复兴的成果。

在第16颂中赞道：

道人雅欲全其嘉 曾向蒙顶手栽那 养得五斤献君王 吉祥蕊与圣扬花（傅大士 自往蒙顶结庵 植茶凡三年 得绝嘉者 号圣扬花 吉祥蕊 共五斤 持归供献）

在第19颂中赞道：

东国所产元相同 色香气味论一功 陆安之味蒙山药 古人高判兼两宗（东茶记云 或疑东茶之效 不及越产 以余观之 色香气味 少无差异 茶书云 陆安茶 以味胜 蒙山茶以药

胜 东茶盖兼之矣 若有李赞皇陆子羽 其人必以余言为然也）

作者在创作《东茶颂》前，饱览了大量中国古代茶书与茶诗，并深受影响，记述了茶祖吴理真种植仙茶，后人采摘吉祥蕊与圣扬花，并将蒙顶山茶誉为能治病长寿的仙药，说明蒙顶山茶的神奇与陆羽的茶道精神对草衣的影响尤为深刻，《东茶颂》在韩国影响深远（图13-31）。

图13-31 寺藏翠蔼深

东茶颂

韩国（清）草衣禅

承海道人命作草衣沙门意恂（摘要）

……

道人雅欲全其嘉，曾向蒙顶手栽那。

养得五斤献君王，吉祥蕊与圣杨花。

……

东国所产元相同，色香气味论一功。

陆安之味蒙山药，古人高判兼两宗。

还童振枯神验速，八耋颜如夭桃红。

我有乳泉 把成秀碧百寿汤 何以持归 木觅山前献海翁

……

十七、陈绛：记载"扬子江心水 蒙山顶上茶"

唐代，陆羽经过长期实施调查研究，终于在758年左右创作辑成《茶经》，全书分上、中、下三卷共10个部分，是中国乃至世界现存最早、最完整、最全面介绍茶的第一部专著，一出版天下闻名。相传陆羽评定了天下水品二十等，庐山康王谷的谷帘泉为第一水，惠山泉被列为天下第二泉……江苏镇江的中泠泉排名第七。

同一时代的茶人左司郎中张又新和刑部侍郎刘伯刍不以为然，专门找到陆羽品评天下之水，并反复品鉴的结果得到了陆羽认可，张又新以《煎茶水记》记述了这件事情，天下之水排序如下：

扬子江南零水第一；无锡惠山寺石泉水第二；苏州虎丘寺石泉水第三；丹阳观音寺

水第四；扬州大明寺水第五；吴松江水第六；淮水最下，第七。

南零水也称中泠泉、中濡泉、南泠泉，位于江苏省镇江市金山寺外。此泉原在波涛滚滚的长江水之中，长江下游古称扬子江，据记载，以前泉水在江中心，江水自西来，受到石牌山和鹘山的阻挡，水势曲折转流，分为三泠（三泠为南泠、中泠、北泠），而泉水就在中间一个水曲之下，故名中泠泉（图13-32）。因位置在金山的西南面，故又称南泠泉。因长江水深流急，汲取不易。在清康熙时期由于河道变迁，泉口处已变为陆地，现在泉

图13-32 扬子江江水味高——中泠泉

口地面标高为4.8m，有三股泉眼，分为上泠泉、中泠泉、下泠泉，以中泠泉水量最大、水质最好。当时，李肇在《唐国史补》中记载："风俗贵茶，茶之品名益众，剑南有蒙顶石花，或小方，或散芽，号为第一。"蒙山茶被誉为天下第一茶，用天下第一水泡天下第一茶成为最好的搭配、最高的礼遇。所以有白居易《琴茶》诗中的"琴里知闻唯渌水，茶中故旧是蒙山"，成为第一茶与水对联的雏形。

宋代人对茶的品饮到了一个新的极致，南宋著名诗人陆游在诗《卜居》中载"雪山水作中泠味，蒙顶茶如正焙香"，将中泠水与蒙顶茶基本正式对上。也许是江苏镇江过于遥远，该诗中只好把雪山之水充作中泠水，成为该诗联的最好注释。南宋政治家、民族英雄文天祥豪情奔放赋诗抒志一首："扬子江心第一泉，南金来此铸文渊，男儿斩却楼兰首，闲品茶经拜羽仙。"表达收复旧山河、建天下第一功绩的决心。

元代是元曲时兴的时代，民间才子、元曲作家、"词林英杰"李德载在中吕·阳春曲《赠茶肆》中写道："蒙山顶上春先早，扬子江心水味高。陶家学士更风骚。应笑倒，销金帐，饮羊羔。"成为"扬子江心水，蒙山顶上茶"的基础版本。

到了明代，蒙顶山茶在全国又掀起了高潮，受很多名人喜爱，如杨慎、王象晋、方以智、谢肇淛等，《煮泉小品》《茶谱》《茶考》《茶书》《茶董》《茶经》等茶书记载了蒙山茶相关内容，明熊相《四川志》载："土产，雅州：名山蒙顶茶，俗称'蒙山顶上茶'即此也。"记述了后一句。特别是陈绛（图13-33）在《辨物小志》中记载有"世传：扬子江心水，蒙山顶上茶"之句，是现存可查史料中最早的记载。而宋范景仁《东斋纪事》

称："蜀茶数处，雅州蒙顶最佳。其生最晚，在春夏之交，方生。则云雾覆其上，若有神物护持之。"晁氏客话亦称："雅州蒙山常阴雨，谓之漏天，产茶最佳，味如健品。竟不知昔诗，所称蒙山茶配合江心水者，定是谁茶也。"皆证为明中晚期"扬子江心水，蒙山顶上茶"正式定版，成为天下第一茶联。

清代，在四川各地茶馆均挂"扬子江心水，蒙山顶上茶"茶联，很多都请名人或书法家撰写，悬挂于茶馆正门两侧或中堂。到后来，也许是因为扬子江的水太远，难以取来，后来以当地之佳泉来冲泡茶，于是有些茶馆也请书法家写刻"虽无扬子江心水，却有蒙山顶上茶"，真心实意告诉消费者，成

图13-33 陈绛画像
（钟国林 绘）

为街头巷尾的一个美谈。名山当地百姓口中也常常传唱"扬子江中水，蒙山顶上茶"，几字之别，意思相同：即扬子江中泠泉的水与蒙山顶上的茶叶。

现在四川地区也有很多茶馆茶楼挂有此联的，也有些茶区将此联改为当地特点并加以宣传，如"扬子江心水，黄山顶上茶""扬子江心水，云雾山上茶""趵突泉中水，济南市里茶"等。前些年茶叶界办过一次全国古茶联评比，茶联"扬子江心水，蒙山顶上茶"被评为十大古茶联，并排名第一。该联是中国最具代表性的茶联，是好茶配好水的最佳注释，是雅安市名山区"蒙顶山茶"的宣传口号，是蒙顶山茶悠久历史、深厚文化和优异品质的见证。

十八、黄云鹄：月夜吹箫响天籁之音

黄云鹄（1819—1898年，图13-34），湖北蕲春县人，黄庭坚第十七代孙，清咸丰三年癸丑科（1853年）进士，官至四川盐茶道，清廷二品大员。晚清著名学者，一生著述甚丰，有多部著作传世。任雅州太守5年，忙于事务，虽常品蒙山茶，却无暇上蒙顶山赏景品茗。至第五年，清同治十二年（1873年）十月十五日，黄云鹄得以清闲，在名山县令李洪钧和友人的陪同下登上蒙顶山，正是"五载望蒙山，客冬始登顾"。此时初冬时节，当日，晴空万里，正是"天无纤云水清澈"，但蒙山青山绿水、茶畦连绵，猴鹿

图13-34 黄云鹄

嬉戏于山林、雀鸟鸣唱于溪涧，好一幅诗情画意的山水茶园图，让人陶醉山野、流连忘返。他们在山顶品了蒙顶仙茶，感慨万千，要求县令和寺僧们要管理好茶园，多增加山区人民的收入，多为国家交纳税赋。因此作诗《蒙顶留题》。

到了下午，黄云鹄一行计划夜宿山顶西南侧的永兴寺。刚到永兴寺前门，黄云鹄激动起来，急忙走到照壁前上观下看，向陪同及寺院的住持说："我昨晚梦见一寺院前一巨石发出五彩霞光，今天这里的情景与我梦见的一模一样，寺前照壁上面却空空如也。"永兴寺的住持道乾说，该照壁是其师爷清正师父始建于清道光三年（1823年），建好后先师没有在上面题字刻联，说50年后会有一贵人来题，今天刚好50年终于迎来了贵人，看来贵人就是有缘人啊！黄云鹄哈哈大笑，在场的人都非常惊讶。住持吩咐小和尚拿来笔墨纸砚，黄云鹄欣然题写一个大的"福"字，并写下这件奇事。后来，道乾住持请匠人将"福"字及这件事刻在了照壁上，至今尚存，成为一桩美谈。

由于大家白天游览都很累了，晚餐后各自早早休息，特别是山林寂静，很快他人便进入梦乡。蒙山终年多雨、云雾缭绕，难得有十五看到圆月之景，而远在他乡的黄云鹄却怎么也睡不着，起得身来，来到永兴寺大雄宝殿前院坝、石楼走廊上，欣赏蒙山夜景。是夜，皓月当空，万籁俱寂，银色月光洒向蒙山，树林茶园似披上一层薄薄的白霜，漫步院中，月影相伴，肃寂寒深，宁静清心，似被此山、此茶、此月洗涤。为不辜负这良宵美景，他取出了竹箫，和着这月色，一曲舒缓、悠扬的乐曲响起，这声音如诗如梦、如歌如颂，传遍了整个寺院，传到了寺外的山林、茶园，引来了山中鸟儿、野兽的鸣叫和唱，如同一首森林交响曲，奏响一曲天籁之音，正是"此曲只应天上有，人间难得几回闻"。于是作诗《石楼下吹箫》以记（图13-35）:

图10-35 清黄云鹄诗《石楼下吹箫》

　　天无纤云水清澈，五载雅州无此月。
　　我来蒙顶夜吹箫，惊起山灵叫奇绝。
　　静极寒深未忍眠，绕楼徐步看银魄。

第二天，黄云鹄又乘兴游览了永兴古寺，了解到永兴寺建于三国，宋时称蒙龙院，因寺中珍藏黄庭坚的手书《药师经》而被歹人撕票焚毁，明代、清代又重修等历史，自己祖先与蒙山和永兴寺有较深的渊源。特别是西域高僧不动禅师仰慕圣山,在此寺驻锡修行,除日常佛事活动外,还研究佛教教义,创《蒙山施食仪轨》,成为海内外大乘佛教寺僧每日必修功课,在佛教界影响很大。于是又题写了"甘露""宗风"两幅字,以颂扬不动禅师的智慧功德,还在石楼留下了不少楹联。同时,颁写了建昌道谕,要求各地香客要遵守寺规,爱护寺庙财物,违者将会受到处罚。

后任四川按察使期间,他到雅安名山,又上了一次蒙山,因岁月不饶人,70岁的他已策杖登山、犹豫不前,感到与在官场上一样伸张正义独木难支,力不从心。又到永兴寺住宿,作《永兴寺留题》后因反冤狱,得罪了蜀地权贵,因而于清光绪十六年(1890年)辞官携全家返乡。

永兴寺留题

再宦邛南路,蒙山欠一游。良辰值初腊,绝顶豁吟眸。

石蟀仙茶老,云根古柏道。高寒浑不觉,归杖且夷犹。

十九、吴之英:与杨锐同蒙顶茶之缘

著名学者、蜀学大师吴之英(图13-36),字伯朅,四川名山人。清末维新志士"戊戌六君子"之一的杨锐(1857—1898年),字叔峤,四川绵竹人,与吴同庚。同年进入四川高等学府尊经书院深造,同场考上优贡,一同进京朝考,后又一道参与旨在保国保种的变法维新运动。他俩是知交,是战友,还与蒙顶茶结下不解之缘,留下了鲜为人知的传奇故事。

图13-36 吴之英塑像

1875年,张之洞创办尊经书院,从府州县选拔100人入院深造,吴之英、杨锐及富顺的宋育仁、井研的廖平,被誉为"尊经四杰"。空暇时,吴之英邀约聚会,沏上蒙顶茶,边品茗,边纵谈古今。有一次在谈到将来的打算时,吴先生说:"人生犹如蒙顶茶,清香惠泽天下人。"杨锐啜了口蒙顶茶后慷慨陈词:"杨某虽然才疏学浅,然若为世用,当效伊皋,辅佐贤明,治天下为尧舜之世,死而后已!人生犹如蒙顶茶,愿将身心祭苍天。"

1881年,全国沿制选拔优贡,小省有2个名额,四川是大省仅有4个名额。杨锐、吴之英等积极准备迎考。"三更灯火五更鸡,正是学生用功时。"吴先生请人带去家乡的蒙顶茶,分送给杨锐等,并告之喝蒙顶茶可清心明目,提神醒脑,每当学习困乏时,饮上一杯蒙顶茶,倦意顿消,精神倍增。杨锐尝到蒙顶茶的神奇功效,感觉很好。临考试前,杨锐、吴之英畅饮一杯醇香味浓的蒙顶茶，胸有成竹地走进考场，拿上考卷，豁然开朗，思维敏捷，文如泉涌，见解独特。结果杨锐、吴之英、刘子雄、陈崇哲从三千选秀中脱颖而出。杨锐兴奋地对吴之英说："蒙顶茶神功，助我等考中。"

第二年（1882年），杨锐、吴之英等一同赴京考试。杨锐提前对吴之英说："千万别忘了带蒙顶茶啊！""你吃蒙顶茶吃上瘾了哇。"吴先生半开玩笑地说，"你放心，我忘不了！"到了北京城，杨、吴同住一处，沏上蒙顶茶，清香四溢。来自河北省的几个考生，觅香而来，一到门口便招呼施礼惊叹道："仁兄，这是哪里的好茶？清香汤亮！"杨锐随口吟出："扬子江中水，蒙山顶上茶。"考生们有知道的，脱口说道："原来是大名鼎鼎的蒙山茶！"吴先生给客人泡上茶，解释说："我们现在品尝的蒙顶茶，属凡茶，即皇茶园以外的茶，极品是皇茶园中采制的称贡茶。从唐开元年间入贡直到现在从未间断。蒙顶正贡茶连皇帝都舍不得自己饮用，而专门作为祭祀太庙祖宗的珍品……有诗为证：'唯时石花特矜贵，琼叶三百辑神瑞，一尊清湑贡郊坛，曾孙于穆皇陵醉'。"在座的无不啧啧交口称赞。品了蒙山茶后，无不为蒙顶茶的嫩香鲜爽回甘折服。

1898年，杨锐倡立蜀学会，并参加保国会，成为"军机四卿"（实际是四位变法的新宰相）之一。宋育仁与吴之英等组织蜀学会，创办四川第一家报纸《蜀学报》，由吴先生担任主讲和主笔，竭力宣传维新变法。但以慈禧太后为首的顽固派，反对变法，发动政变。1898年9月17日，光绪帝召见杨锐，给他一封密诏，杨锐含泪通知其他人，告知光绪的无奈处境。同年9月24日，杨锐等被捕，废除一切新政。同年9月28日，杨锐等6人被害于北京菜市口，史称"戊戌六君子"。噩耗传来，吴先生不顾个人安危，写下《哭杨锐》长诗和挽杨锐联："书院订知交，富子云才，存范滂志，抱义怀仁，德量汪洋波万顷；伤心悲永诀，挂徐君剑，碎伯牙琴，抚今追昔，晦明风雨梦三生。"然后奠上一杯杨锐生前最喜欢的蒙顶茶，叩祭英灵。

二十、谢无量：与吴伯竭结蒙顶茶谊

谢无量（1884—1964年，图13-37），名沈，号无量，别署啬庵，四川乐至县人。著名学者、诗人和书法家。曾任孙中山先生大本营的秘书、参议。他向往蒙顶山，咏赞蒙顶茶，敬重在蒙山这方茶文化底蕴富厚的土地上成长起来的爱国志士、著名学者、经学家、书法家吴之英先生。

1909年，清廷聘吴伯竭先生为礼部顾问官，自公卿至布衣视为重选，哪知吴先生却之不就。次年，成都开办存学堂，谢无量任监督（校长），恭请吴先生去执教。时年仅26岁的谢无量对年过半百的吴伯竭先生推崇备至，发来一封封热情洋溢的信，信中盛赞吴伯竭先生"敝履荣贵,学富五车,著述等身,书法瑰玮",热切期望吴先生"远绍渊(王子渊,即王褒)云(扬子云,即扬雄),近齐轼(苏轼)辙(苏辙),风同齐鲁(孔子家乡)炳蔚来者"。吴先生被这一封封情真意切的书信感动,在《答谢无量书》中表示要让"张华老病,强对册文;江淹昏忘,犹握秃管"的精神发挥应有的作用。谢无量收到信后,非常高兴,便决定亲自到名山来接吴先生。

吴伯朅先生在名山县立高等小学堂接待谢无量。用清洁的盖碗茶具,沏上一杯上好的蒙顶茶。谢先生揭开盖碗,只见雾气缭绕,久不散去,清香扑鼻,呷一口沁人心脾,不禁

图13-37 谢无量

赞诵道:"春风拂面雾蒸腾,满屋馨香醉游人。如茗人生高品位,先生钟爱撼心灵。"

吴先生双手一拍说:"好!谢君硕学通敏,既为公垂,所鉴自是,精诚感人,会当径造。"

宾主一见如故,情投意合,谈笑风生。

次日,吴先生偕谢先生游蒙顶山。一路上介绍禹贡蒙山的悠久历史和灿烂的茶文化,参观皇茶园、天盖寺等名胜古迹。天盖寺住持得知两位名人到此,盛情接待,亲自取蒙泉水烹蒙顶茶,确是异香非常。吴伯朅先生写下《煮茶》诗,缅怀茶祖吴理真济世活民的功德:"嫩绿蒙茶发散枝,竟同当日始栽时。自来有用根无用,家里神仙是祖师。"

谢无量先生咕一绝:"银杏参天万乳悬,枝枝垂溜屈如拳。理真手植灵名种,仙果仙茶美誉传。"

赴成都时,吴伯朅先生取出2斤蒙顶甘露和蒙顶黄芽赠送给谢无量先生。到了存古学堂,在为谢、吴两位先生接风洗尘的会上,谢先生拿出蒙顶茶让众学士分享,受到高度赞美。

"吴(朅)廖(平)把臂谈经学,齐鲁风流嗣古人。"这是谢先生的诗句,是他虚心学习的真实写照。"谢无量谦虚地拜吴之英为师,既当校长,又当学生,一时传为美谈。"(《近代四川经学人物遗迹概述》)。民国元年(1912年),吴伯朅先生任四川国学院院正,吴先生荐聘谢无量、刘申权为院副。他们拟定"研究国学,发扬国粹,沟通古今,切于实际"的宗旨。续修通志是学院的任务之一。在规划中将禹贡蒙山和蒙顶茶载入志书中,光耀史册。

谢无量还撰写一副雅达俱善的对联赠送吴伯朅先生,表达他对名山、名人、名茶的赞誉:

自王(闿运)伍(嵩生)以还,为人范,为经师,试问天下几大老?

后扬（雄）马（司马相如）而起，有文章，有道德，算来今日一名山。

二十一、毛泽东主席：关心蒙顶山茶

毛泽东主席一生博览群书，学识渊博，除国家大政方针外，日常工作生活中也关心着地方的特色产业、文化和民生。现分享他对蒙顶山茶有关的三件事情。

（一）毛主席用藏茶膏茶招待藏民

雅安是革命老区，也是红色热土。1935年5月至11月，红军主力一、四方面军先后在这里开展革命斗争达半年之久。强渡大渡河、翻越第一座大雪山、百丈关大战、建立中共四川省委等长征壮丽史实均发生在这里。毛泽东、周恩来、张闻天、王稼祥、刘少奇、陈云、邓小平、李先念、杨尚昆等党和国家领导人在长征期间，都在雅安留下了光辉的足迹；共和国十大元帅中的朱德、徐向前、彭德怀、刘伯承、罗荣桓、聂荣臻、叶剑英、林彪8位元帅都在雅安指挥过战斗。红军长征在雅安是长征史上非常重要的光辉篇章，是中国革命史和中国共产党历史上极其重要的一页。

长征中红军一、四方面军的广大指战员和战士多为江西、安徽、河南、湖南、四川、广东等茶区的人，从小就看着茶、种过茶、喝过茶，有的还制过茶，很了解茶。在艰苦卓绝的斗争和历尽千难万险的长征途中，短暂休息和得到给养时，能喝到蒙顶茶或蒙顶茶膏，是他们感觉很幸运的事情。蒙顶茶从精神上激励着红军将士在血雨腥风中不畏艰苦、勇敢战斗。据与徐特立、董必武、林伯渠和何叔衡一同被誉为"苏区五老"之一的谢觉哉的夫人、已故老红军王定国回忆，1935年，红四方面军到达雅安，首先由三十一军试熬蒙顶茶膏，成功后在四方面军中推广。部队开拔时，每队红军将士分发五斤茶膏。老红军王定国还在回忆中说："长征时，她去看望挨着周恩来副主席住的毛泽东主席，毛主席用藏民的木头碗泡蒙顶茶膏招待大家。当时用茶树上最好的嫩尖芽做茶叶，老叶子做茶砖，剩余的筋筋络络捣碎后熬制成茶膏。长征路上，毛泽东主席也只有一点儿茶膏喝，可见当时红军的生活条件很艰苦。在进军途中，这些蒙顶茶膏不仅解决了个人的需要，而且还靠它向少数民族同胞换取粮食和搞好军民关系，所以蒙顶茶膏对红军翻雪山过草地起到了很大作用。"因此，可以说，蒙顶山茶是为中国革命作出过卓越贡献的红色之茶、生命之茶。

（二）毛主席说：趵突泉中水，济南市里茶

毛主席一生到济南有25次之多。1952年10月26—29日，毛主席利用第一次休假的机会，在济南游览了三泉一湖一山一河，这是他第二次到济南，也是时间最长的一次。

27日上午，毛主席在许世友等陪下来到了趵突泉，主席问："你们知道这泉水古代

叫什么名字吗?""叫泺水。"李宇超回答。"对。"毛主席肯定了他的回答,接着说:"据《春秋》记载,在公元前694年,鲁桓公和齐襄公曾相会于泺,就是这个地方。泺是个水名,这是2600多年前的事了。"趵突泉东面的临泉亭榭亦称蓬莱茶社,是游人饮茶小憩和观赏泉水的最佳处。服务人员送来了一壶用刚煮开的泉水沏的龙井茶,并给每一位贵宾斟了多半碗。毛主席接过茶杯,慢慢地喝了一口,品了品滋味,高兴地说:"不错!这泉水泡的茶,原汁原味,喝了很爽口!"毛主席随即又评价道:"人们都说'扬子江心水,蒙山顶上茶'最好,我看'趵突泉中水,济南市里茶'也不错嘛!"

1954年3月,毛泽东到浙江视察工作时,与即将去山东工作的谭启龙说:"山东人口多,又爱喝茶,你到山东去工作,应当把南方的茶引到山东去。"并建议他在山东多种些茶。谭启龙到山东工作任省委书记,开始了"南茶北引"工作,经过多年努力,终于引种成功,山东遂成为全国的产茶省之一。

(三)毛主席指示:蒙山茶要发展,要与群众见面

1958年春,毛泽东主席到四川视察,并在成都召开了"成都会议"。会议休息时,西南局领导和四川省委的领导向毛主席提到了蒙山茶,因为蒙山茶品质好,历代作为贡茶,学识广博的毛主席当然知道蒙山茶在历史上的地位。加上红军长征时在雅安生活过一段时间,对蒙顶茶膏印象很深,便主动提出要品一下蒙顶山茶。1958年早春时的一天晚上,名山县委办公室接到四川省委办公厅打来电话,说中央工作会议在成都召开,需要一点蒙山茶,请速送来。时任县委书记的姚清接到任务迅速落实。次日一早,便步行上山,找到当时的蒙山茶叶培植场负责人和村组的负责人布置此事,亲自督战,共有六七名茶农和干部采摘。当时蒙顶山上茶园不多,零星而分散,特别是三月份雨雾天气重,山中树密路滑,经过一天采摘,大约有六七斤一芽一叶鲜叶。当夜,姚清与三四个年轻人将鲜叶背到县供销社茶厂,早已在茶厂等候的厂长冯国勋及魏正品、吴荣森、曾怀全、郑德华、王梁栋等制茶师傅接过茶叶,将鲜叶进行摊晾,而后用钢炭生火烧锅,杀青、揉捻、整形、烘焙,全手工制作,经过一晚上精心制作,一斤多的蒙顶甘露装入特制的茶叶罐中密封。第二天,天一亮由雅安地委派车将姚清送到金牛坝宾馆。省委工作人员即向中办有关领导报告:"蒙山茶送到了。"贺龙元帅向朱老总说:"只听说'扬子江中水,蒙山顶上茶',到底如何,快沏来尝尝。"他们立刻冲了几杯,各自喝了起来。办公厅同志对姚清说:"你的任务完成得很好,领导很是赞扬。"重要任务完成了,心就放下了,姚清回到名山与其他领导一起带领干部群众继续投入社会管理和生产劳动中。

成都会议结束后,西南局李井泉办公室又打来电话说,毛主席等中央领导喝了你们的蒙山茶,认为很好。毛主席还指示:"蒙山茶要发展,要和群众见面(图13-38)!"当

时正值传达贯彻"鼓足干劲力争上游、多快好省地建设社会主义"总路线,加上这一条振奋人心的好消息,更使名山茶农深受鼓舞。大战红五月结束,名山县委立即组织了800多人,由南下干部董卢喜和任席华两位老同志带领组成的二十几个连队吃住上蒙山开荒种茶、移植集中种植。县政府农水科的老茶叶技

图13-38 "蒙山茶要发展,要与群众见面"雕塑

术干部一起上山指导技术,后来四川省农业厅、商业厅也派出技术专家指导,按等高线沿山坡垦荒砌成梯地,历经半年共开荒1160余亩,当年就移栽和播种300多亩,继后逐年扩大。

改革开放后,时任胡耀邦、江泽民总书记先后来雅安视察,都喝过蒙顶甘露和蒙顶黄芽,其赞赏有加。

"昔日皇帝茶,今入百姓家。"蒙山茶闻名全国,走向世界,都与世纪伟人的指示、关怀密切相关。如今,蒙顶山茶已经发展到39.2万多亩,全县人均超过2亩,产量达6万t,综合产值100多亿元,是名山农业、农村经济的主导产业,农民收入的骨干项目,名山已经成为全国重点产茶县(区)、全国茶产业强县(区)。

第三节 当代蒙顶山茶的功勋人物

当代蒙顶山茶发展,主要靠现代科学技术的推广应用,更是靠来自五湖四海的茶叶科技工作者和茶人持之以恒的推动。

一、施嘉璠

施嘉璠(图13-39),生于1935年1月,浙江余姚人。1954年7月,安徽大学农学院茶学系毕业后,被分配至西康省茶叶试验场(在蒙山永兴寺)任技术员,从事茶树生理、生化研究工作,主持茶树物候期研究、南方16省茶树品种观察对比研究等科研项目。1956年1—8月,调往荥经县新建雅安地区第三茶场(荥经塔子山茶场),担任建场领导小组组长,主持建造新茶场。

1955年10月,川康合省后,西康省茶叶试验场组建为四川省雅安专区茶叶试验站;

1956年8月至1958年5月，施嘉璠任副站长（主持工作）。1958年5月至1981年12月，他在雅安地区农业局工作，主要从事茶叶科研及技术推广。1981年12月调往四川农业大学任教，主讲茶叶栽培学、茶树生理学等课程，任教研室主任，正高级职称，1995年退休。

图13-39 施嘉璠

1955年5月31日，西康省人民政府农林厅发《通知》给雅安专署，要求迅速布置名山县茶叶留种工作。同年6月初，雅安行政公署布置名山具体落实。西康省茶叶试验场和名山县人民政府立即统一调配，组成茶叶留种指导组，在马岭、车岭、双河、回龙、城西、城东收集茶种。施嘉璠为指导组技术员。主要工作地点在永兴寺和回龙乡。同年6—8月，施嘉璠驻在回龙乡，每天到村上巡回检查，发现问题并及时指导解决。工作结束后，中共回龙乡支部、乡人民政府评价他："不怕雨淋，不怕黑夜""泥糊一身""经常在农村"；名山县人民政府建设科评价他："工作积极负责，能吃苦耐劳，联系群众。"在此之后，他完成《茶树留种调查报告》，刊登于《中国茶叶科技》1964年第二期。20世纪50年代末，他与梁白希、徐廷均、李家光等茶叶科技工作者一道，考察蒙山茶历史，在全县开展茶树良种普查工作，选出300多个单株进行培育。1972—1981年，主持完成雅安地区"速成高产茶园建设和培育"科研项目，实施地点在名山县双河乡天车坡茶场。经过7年努力，创建速成高产茶园。1978年，双河乡被雅安地区行政公署评为科学种茶、提高单产先进集体。至1979年，建成2.2亩丰产茶园，五年生茶树，平均单产细茶213.2公斤、粗茶122.05公斤。其中1亩，亩产干细茶1013斤，达到全国最先进指标。扣除成本后，亩平均净收入700余元。双河乡因此成为全国粮茶双丰收典型，受到中央、省、地区、县表彰，省内、全国各地纷纷到双河参观。1981年，该项目获雅安地区科技一等奖。其间，在《中国茶叶科技》《四川茶叶科技》等刊物上发表《小面积茶园高产试验初报》等专题论文10余篇。

在四川农业大学任教期间，仍致力于名山茶叶科技研究和名山茶产业发展。与李家光、李廷松、杨天炯、严士昭、谭辉廷等长期保持科技研讨关系，经常到名山为茶叶科技人员授课，并培养出名山茶叶科技大院专家杜晓、唐茜、陈昌辉、何春雷等优秀茶叶科技人才。

1979年，与李家光合著《茶树修剪》（油印本），首印1000本，被茶叶技术干部广泛使用。1985年，获四川省1978—1984年度重大科技成果三等奖，《全国茶叶科技简报》予以报道。1983年，指导、参与国营名山县茶厂制定雅安地区企业标准《三级茉莉花茶》；1986年，上升为四川省地方标准。主编的《茶树栽培生理学》作为全国高等院校茶学的专业教材。2000年5月27日上午，四川蒙山名茶节与县域经济发展研讨会在百丈湖松林山庄召开。施嘉璠在会上作《蒙山茶与县域经济发展》发言，被收录进《名山县志（1986—2000）》。

2002年，任名山县人民政府茶叶顾问。

2005年11月4日，因病去世。

二、李廷松

李廷松（图13-40），生于1938年，四川省简阳人，1961年10月毕业于西南农学院园艺系茶叶二年制专科，同期被分配至名山县工作，从事茶叶技术推广。历任技术员、助理农艺师、农艺师、高级农艺师、推广研究员。

20世纪80年代，先后任名山县农业局茶叶技术推广站副站长、站长，四川省名山茶树良种繁育场场长，名山县茶叶学会理事、理事长，中国人民政治协商会议名山县委员会第一、二、三、四届委员、常委，中国农学会会员、中国茶叶学会会员、省茶叶学会理事、雅安地区茶叶学会副理事长。20世纪90年代，主持、主研茶树品种引种驯化和无性系品种

图13-40 李廷松

选育工作，其中名山早311为四川省级良种。先后在国家、部省、地市级专业刊物上发表《密植茶园七龄超千斤》《浅谈茶树合理密植、高产稳产优质》《老鹰茶开发利用》等论文30余篇，获四川省人民政府科技进步奖二等奖3项、三等奖1项、厅（地、县）级奖20余项。1993年10月，因发展我国农业技术作出贡献，经国务院批准，获农技推广特殊贡献奖并终生享受政府特殊津贴。2003年，"一种茶树快速高产育苗方法"获国家知识产权局颁发的专利证书。2004年10月，获"全国优秀科技工作者"称号。2006年，主研的名山白毫131被鉴定为国家级茶树良种，在全国推广面积200万亩以上。

退休后，坚持收集、观察茶树品种资源，与在岗的茶叶技术人员一道系统研究、总结、推广蒙山茶。2013年，指导并参与主研的茶树特早213被鉴定为国家级茶树良种。2008年病逝。

三、李家光

李家光（图13-41），生于1932年，江苏省镇江人，中国民主同盟盟员。1954年毕业于武汉华中农学院农学系茶学专业，被分配至雅安地区。先后在天全、荥经农业局茶场工作。1974年，任四川省国营名山蒙山茶场技术员。1979年，调入四川农业大学茶学系任教。1982年，《茶树修剪》专著获四川省科技三等奖。

李家光毕生致力于茶树育种、栽培、茶文化研究，在茶树育种、蒙山茶史研究方面成绩突出，是雅安市茶业协会、雅安市茶叶学会顾问，日本茶学会荣誉会员，是享誉世界的茶学、茶文化专家。

图13-41 李家光

在名山工作期间，他全面细致地考察蒙山茶文化、文物古迹和遗存，走遍蒙山每一个角落，发现蒙山篼子岩一棵近千年的茶树。主持育成的茶树新品种蒙山9号、蒙山11号、蒙山16号、蒙山23号，被评为四川省级良种，成果收入《中国"八五"科学技术选》。

在开展科研工作的同时，李家光利用机会去成都查阅资料，投入蒙山茶文化研究。1977年，写出《名山名茶的形成与历史演变》，首肯蒙山贡茶与凡茶的演变过程，认定吴理真就是名山当地植茶人，并且是有文字记载的最早的人工植茶人。

1978年，著名茶学专家陈椽教授受国家委托，为撰写《茶业通史》收集资料，率10余人的专家队伍到蒙山调研、考察，专家组肯定李家光观点。《茶业通史》中记有"蒙山有我国植茶最早的文字记载""据蒙山茶场李家光记载，蒙山茶就是本地茶，吴理真就是本地人，不是外来的和尚"。《茶业通史》的权威记载得到全国乃至世界茶界一致认可。被《中国茶叶大辞典》《中国茶经》《制茶学》等大型工具书和高等院校茶叶专业教材普遍收录。吴理真因此被认定为"世界植茶始祖"，名山为"茶祖故里"。

李家光有关茶树栽培、育种、茶史、茶文化等方面的文章和日、英译文共100余篇，先后发表在《中国茶叶》《浙江茶叶》《福建茶叶》《安徽茶业》《湖南茶叶》《云南茶业》《四川茶叶》《农业考古》《大自然探索》等刊物。《古蜀蒙山茶史考》在1989年被中国科学院技术文章编委会收录；2000年被日文东京版"东洋之茶"茶道系列第七集收录。《茶树东种西引》编入高校教材《茶树育种学》。《蒙山茶史初考》《蒙山名茶的形成与历史演变》（见附录）被收录进《名山县志（1986—2000）》。李家光多次承担对外专题主讲，1982年和2000年，日本茶叶学术代表团两次访问四川，四川省农业厅经作处安排李家光主讲四川茶叶栽培史及现状和四川茶叶发展史。

2006年7月,他应邀参加文化部、人民日报社在北京联合主办的"党魂——共和国杰出人才庆祝中国共产党85周年"活动会,人民日报社同时征集个人照片刊发。2009年,被授予"新中国60周年茶事功勋"先进个人。其事迹被收入香港版《世界华人突出贡献专家名典》(中国中外名人文化研究会编)、《历史回眸》系列等6家名人辞典。

1992年退休后,李家光仍关注雅茶产业及蒙山茶文化宣传。参与《名山县志》《名山茶业志》等专业著述资料收集及审稿。笔耕不辍,勤奋刻苦。2014年初,出版《蒙顶山茶文化说史话典》。同年3月26日,带病参加第十届蒙顶山国际茶文化旅游节启动仪式。次日凌晨去世。

四、成先勤

成先勤(图13-42),生于1945年12月15日,成都人。1963年下放到四川省国营蒙山茶场,是第一批知青。1986年,任茶场副场长。2003年后,任四川省茶业行业协会专家顾问、四川省茶艺术研究会顾问、四川省茶叶行业协会茶产业发展中心特邀研究员。2008年12月,被四川省文化厅任命为四川省非物质文化遗产项目蒙山茶传统制作技艺代表性传承人。2010年10月,被四川省茶叶行业协会任命为吴理真茶祖杰出传承人。

图13-42 成先勤

20纪80年代初,张爱萍、谭启龙、杨汝岱、王兆国、安子文、谢世杰、黄宗英、李半黎等政界和文化界名人,到蒙顶山探茶寻踪,成先勤参与接待,并介绍蒙山及蒙山茶历史。

1998年,成先勤到成都市九眼桥开蒙顶山茶庄。期间,结识手持长嘴铜壶表演花式茶技的何正鸿。成先勤觉得何正鸿的表演很有特色,但招式不多,力度不够,便根据蒙顶山传统长嘴壶茶艺特点,建议发掘、整理更多招式。此后半年,成先勤、何正鸿每日手持三尺铜茶壶在望江公园比划、演练,并将此套茶技招式初步定为"十八式"。

2000年9月,成先勤回到蒙顶山,租赁房屋兴办蒙山茶艺馆,馆主为成先勤,茶技师为何正鸿。一边开展茶文化讲座,一边开展茶技培训。很快,蒙顶山风景管理处职工也被吸引,到场听讲座、练茶技。最早参加培训的学徒有高凌风、刘永贵、罗力、成波等。

2001年4月,成先勤成立四川省蒙山派茶文化传播有限公司,组建中华蒙山派茶文化艺术培训基地和蒙山派茶文化艺术传播中心，集培训、接待、表演、购物于一体；5月，在蒙顶山天盖寺仙茶楼表演茶技，受到欢迎。雅安市人民政府副市长孙前到蒙顶山检查工作时，被蒙顶山风景管理处职工表演的茶技吸引。随之，参与整理、发掘，并命名为"龙行十八式"；7月，中央电视台财经频道、中央电视台中文国际频道、凤凰卫视、亚洲卫视、广东卫视、四川各大电视台等先后进行专题采访，以"中华一绝"推向世界；8月，招收学员25名，结业后全部被碧峰峡旅游区接收。

2002年4月，蒙山派茶技"龙行十八式"表演人员随雅安市政府代表团参加南京旅交会，首次出四川表演就一炮打响；5月13日，四川省版权局对该茶技予以登记。随后，国内外媒体纷纷到蒙顶山采访，迅速把蒙山派茶技"龙行十八式"推向海内外。

2004年9月19日，第八届国际茶文化研讨会开幕式在四川农业大学体育馆举行。开幕式上，108人进行了"龙行十八式"方阵表演。

2001—2002年，成先勤等在"龙行十八式"的基础上，发掘、整理出一套适合女性表演的"凤舞十八式"。2003年，组建中国第一支女子茶技表演队，除在国内各地表演外，还先后赴韩国、美国、奥地利等国进行表演。至2015年底，有专业表演人员1000余名，在国内表演超过3000场次，在国外表演超过20场次。期间，还整理出蒙山"禅茶一味"茶技、甘露茶道等。

2002年，成先勤、何正鸿等在南北茶艺的基础上，改进原流传于蒙山的传统茶艺，并命名为"天风十二品"。

2012年，成先勤参加中央电视台大型茶文化纪录片《茶，一片树叶的故事》第一集《土地和手掌的温度》拍摄，被称为中华蒙山派茶技创始人。2013年，受四川省人社厅委托，主持全省茶艺师、评茶师、制茶师培训考核工作。参加中央电视台四台《走遍中国》、中央电视台七台《乡土》栏目以及成都电视台《川茶的滋味·古道迷香》等专题片拍摄。

截至2015年底，共培养茶技、茶艺表演及从业人员1万余人，其中，亲传弟子3000余人。其中，高级茶艺师200余人，中级茶艺师1200余人。"龙行十八式"有专业表演人员3000余人，"凤舞十八式"有专业表演人员1000余人，"天风十二品"有专业表演人员6000余人，遍布北京、上海、深圳、重庆、广州、天津等地及海外。国内表演超过2万余场次，国外表演超过250场次。高凌风、卢丹、任国平、刘绪敏、王国富、周晓芳、李莉、徐伟、赵夏、李美丽、魏君野、李永浪、黎雕、陈伟、杨晓云、李明疏等，频频在国内外茶叶博览会、电视台上表演蒙山派茶技、茶艺，宣传茶文化。

2017年2月10日凌晨，因病去世，挽联"一代宗师"。

五、严士昭

严士昭（图13-43），生于1940年，四川青神县人，西南农大茶学专业毕业，被分配至名山县农业局茶叶技术推广站，高级农艺师，长期从事蒙山茶茶叶基地建设、茶叶科研和生产工作，开展蒙山名茶制作新工艺开发，低产茶园改造，茉莉花扦插苗繁育，乌龙茶名茶引种与制作及生产试验。1988年与他人共同编撰的《名山茶业志》出版。1988年担任四川省名山茶树良种场场长，筹备和建设茶树良种繁育场，引种示范推广茶树良种，承担国家茶树良种区域试验等。1980—1996年担任县茶叶学会秘书长、理事长、名誉理事长等职，退休后指导、协助茶叶企业从事产品宣传、推销。2015年去世。

图13-43 严士昭

第四节 当代科学家、专家与蒙顶山茶

一、区外科学家与专家

（一）院 士

1. 陈宗懋

陈宗懋（图13-44），1933年10月出生于上海市，原籍浙江海盐县，著名茶学家，中国工程院院士，1954年毕业于沈阳农学院植保系。曾任中国农业科学院茶叶研究所所长、研究员、博士生导师，中国茶叶学会理事长、名誉理事长、国际茶叶协会副主席。是我国茶学学科带头人，国内外著名茶学专家，也是我国茶园农药残留研究的创始者。在其代表作《中国茶经》等书中，详细介绍了蒙顶山茶主要传统品类、蒙山茶场、县茶厂等。在《中国茶叶大字典》中用专门章节介绍蒙山茶、蒙顶石花、甘露、黄芽、春露、万春银叶、南路边茶、金尖、康砖等蒙山名茶。多次到名山蒙顶山考察，为名山题词"蒙顶山茶""名副其实的中国茶乡""蒙顶甘露 香飘万里"等，2018年为《名山茶业志》提供资料、提出修改意见并作序。2020年9月，与名山区政府签订茶园安全管控和农残项目合作，2019年在名山区雅安茶叶科技园区建立陈宗懋院士工作站，开展茶叶病虫害防治、茶园土壤农残、新型肥料、海洋生物有机肥、植物保护技术、茶树品种等科学试验与研究。

图13-44 陈宗懋

2. 刘仲华

刘仲华（图13-45），生于1965年3月，湖南省衡阳市人，清华大学生命分析化学方向博士，现任湖南农业大学教授、茶学博士、药用植物资源工程学科带头人、中国工程院院士。多次到名山考察、指导茶叶生产工作，参加雅安、名山举办的蒙顶山茶文化旅游节、四川国际茶业博览会等茶事活动，推介蒙顶山茶，为名山茶业作宣传。2020年7月第九届四川国际茶业博览会演讲推介"我心中的蒙顶山茶"，2020年10月在北京国际茶业展北京展览馆中专题宣传蒙顶山茶，2020年7月，专门为《蒙顶黄芽》作序，2022年1月，为《中国名茶 蒙顶甘露》作序，介绍作品，高度赞扬蒙顶山茶。

图13-45 刘仲华

（二）四川省农业科学研究院茶叶研究所

1. 王 云

王云（图13-46），生于1963年4月，四川达县人，1985年7月从西南农业大学茶学专业毕业后一直在四川省农业科学院茶叶研究所从事科研、成果转化及技术服务等工作。现任四川省农业科学院茶叶研究所党委书记、研究员，四川省学术技术带头人、国务院政府特殊津贴专家、中国茶叶学会监事长、中国茶叶流通协会名誉会长、四川省茶业工程技术中心主任、四川省茶叶产业技术创新联盟理事长，2016年获"全国优秀科技工作者"称号，2020年获"天府农业大师"和"中华杰出茶人"称号。

图13-46 王云

30多年来，王云单独和带领团队成员在名山区开展了一系列的茶叶科研试验示范、成果转化、产业发展规划、咨询服务和技术指导等工作，合作选育国家级茶树新品种1个（特早213）、省级茶树新品种4个（蒙山6号和蒙山8号等），协助选育国家级茶树新品种1个（名山白毫131）、省级茶树新品种数个；鼎力支持名山区申报"中国名茶之乡""中国茶叶之都""蒙顶山茶全国十大区域公用品牌""世界名茶""四川省首批五星级园区（茶叶）"等众多荣誉和平台，均获得成功，并协助名山区政府及相关企业成功申报国家级、省级重大产业化和科技支撑项目，此外，20年来，积极培养当地各类技术和实用型人才达3000余人次，为名山区茶产业高效、快速发展和企业不断壮大、升级作出了巨大贡献。

2. 李春华

李春华（图13-47），生于1964年2月，四川射洪人，1987年7月从西南农业大学茶学专业毕业后一直在四川省农业科学院茶叶研究所从事科研工作。四川省学术技术带头人，国务院政府特殊津贴专家，四川省茶叶创新团队首席专家。多年来，为名山茶产业发展建言献策，带领团队成员在名山区省茶叶创新团队的试验示范基地开展了一系列的技术指导和试验示范工作，指导四川朗赛茶叶公司进行低氟藏茶的生产技术试验并取得了成功。带领团队在春茶期间采摘不同茶树品种的一芽一叶鲜叶，统一以标准工艺制作蒙顶甘露，密码审评出最适宜的茶树品种。此外，还带领团队持续不断地进行名山区茶树种植资源圃的建设，并帮助名山选育出2个国家登记品种蒙山6号和蒙山8号，帮助名山茶树良种繁育场从省外引进优良的茶树新品种。

图13-47 李春华

3. 罗 凡

罗凡（图13-48），生于1969年，茶学博士，研究员，现任四川省农业科学院茶叶研究所所长，国家茶叶产业技术体系成都综合试验站站长，国家土壤质量雅安观测实验站站长，茶叶标准与检测技术四川省重点实验室学术委员会副主任，精制川茶四川省重点实验室副主任，四川省茶叶学会副理事长兼秘书长，《中国茶叶》杂志编委等职。主要从事茶树育种及栽培生理、茶叶加工及新产品开发等工作。主持国家重点研发计划项目1项并担任首席专家，主持或主研部省级科技项目20多项，获全国农牧渔业丰收奖一等奖2项，四川省科技进步一等奖1项、二等奖3项；主持或主研选育省级以上茶树新品种13个，主持或指导开发省级以上获奖名茶20多个。在核心学术期刊及国内外学术会议上发表论文50多篇，出版《茶树氮磷钾营养生理》等专著3部。先后荣获中国茶叶学会青年科技奖，"四川省有突出贡献的优秀专家""四川省农业科学院'百人计划'领域科学家"等称号。

图13-48 罗凡

4. 唐晓波

唐晓波（图13-49），生于1978年5月，四川大邑人，茶学本科学历，现为四川省农业科学研究院茶叶研究所科技管理办公室主任，研究员，四川省学术与技术带头人后备人选、四川

图13-49 唐晓波

省农业科学院科技人才"百人计划"青年领军人才、国家茶产业技术创新战略联盟理事、高级评茶师、高级制茶师。多年来，先后在茶树种质资源收集、新品种选育、新技术示范推广、茶叶科技成果转化基地建设、品牌打造、人才培养等方面开展了大量现场技术指导和咨询服务，为名山区蒙顶山茶产业高质量发展作出了较大贡献。先后获全国农牧渔业丰收奖一等奖1项，四川省科技进步一等奖1项，二等奖1项、三等奖1项，神农中华农业科技奖三等奖2项。选育国家级、省级茶树良种4个，其中，国家级茶树良种2个，选育的特早213、天府28号茶树新品种和研发的茶叶优质安全高效技术和名优茶机制技术分别被省农业农村厅列为全省主导品种和主推技术。

5. 马伟伟

马伟伟（图13-50），生于1987年2月，江苏赣榆人，茶学硕士，助理研究员，现就职于四川省农业科学院茶叶研究所，曾任四川省农业科学院茶叶研究所质检中心副主任、国家土壤质量雅安观测实验站（茶树栽培研究中心）副主任，现任茶树育种中心副主任，四川省茶叶行业协会监事，从事茶树资源综合利用与品控工作。先后参与国家现代农业（茶）产业体系、第五轮全国茶树品种区域试验、四川省茶叶创新团队、四川省茶树育种攻关、茶叶所科技创新与转化中心基地建设、陈宗懋院士名山专家工作站等并在雅安名山区实施、指导选育和登记

图13-50 马伟伟

蒙山5号等茶树新品种4个，引进并推广茶树新品种8个，推广茶叶标准化生产、新品种配套关键技术等新技术、新成果4项，开展蒙顶甘露、蒙顶黄芽等品种适制性与工艺创新试验，指导研发甘露、黄芽、四川白茶新产品3个，先后参与"蒙顶山杯"中国黄茶斗茶大赛、"蒙顶甘露杯"斗茶大赛、"蒙顶山杯"职业技能大赛等多项工作。

（三）四川农业大学

1. 唐 茜

唐茜（图13-51），生于1963年11月，四川名山人，教授，博士生导师，四川农业大学茶学专业负责人、四川省精制川茶实验室主任，为茶学学科点负责人，主讲《茶树栽培学》《茶树育种学》等课程，获四川省优秀教学成果二等奖1项（主持）。担任中国茶叶学会理事会理事、中国茶产业联盟理事会理事、四川省茶叶学会副理事长。先后主持或主研国家重点研发计划课题《茶园绿色高效栽培技术集成与示范基地建设》《四川省茶树育种攻关子

图13-51 唐 茜

课题》等省部级课题40余项；获四川省科技进步一等奖（主持）和三等奖各1项。选育特早生、高花青素、高产优质型的系列茶树品种12个，其中，主持选育10个（3个品种获农业农村部新品种登记证书、7个被审定为省级品种），获国家植物保护品种证书1个。获授权国家发明专利5项，新型实用专利20余项。先后在Journal of Agricultural and Food Chemistry《茶叶科学》《作物学报》等国内外期刊上发表论文80多篇。主编四川省志《茶叶特色志》《茶艺基础与技法》，参编《茶树栽培学》《茶树育种学》等专著或教材8部。2000年被中国科技部、中国科学技术协会评为全国科技扶贫先进个人；2014年被中国茶叶学会评为全国优秀茶叶科技工作者。为名山区科技特派员和茶叶科技顾问，与名山茶树良种繁育场、香水苗木农民合作社等紧密合作，共同实施省级、市县级科技项目10多项，共建省级茶树种质资源圃，收集保存茶树种质资源材料1000多份，合作选育省级和农业农村部登记品种7个，合作获省科技进步一等奖1项。在名山及全省大力推广茶树良种、机械化采摘管理等。

2. 杜 晓

杜晓（图13-52），生于1963年，茶学博士，四川农业大学博士研究生导师，教授，主要从事茶叶品质控制及质量安全监测研究工作。中国茶叶学会审评专委会委员，中国茶叶学会审评教师，中国农促会茶叶专家、委员会专家，现任四川省高校茶学重点实验室主任、四川精制茶学研究院院长、四川农业大学党外知识分子联谊会会长。主持国家重点研发计划课题3项，主持省重点计划课题6项，主持省攻关（重点）课题16项、主研省级应用开发项目28项，主持企业与地方横向项目28项；在

图13-52 杜 晓

国内外15种期刊上发表学术论文70余篇，出版专著《茶树氮磷钾营养生理》《天然产物制备工程》2部，主编大学教材《茶叶市场营销及贸易》等4部，获国家授权发明专利6项，其中3项应用于生产，实现专利转化。先后指导博、硕士研究生60余人，毕业博士6人，硕士56人。荣获四川省同心专家服务先进个人、四川省科技特派员工作先进个人、四川省科技进步一等奖、四川省高等教育优秀教学成果二等奖等多项荣誉。

3. 何春雷

何春雷（图13-53），生于1965年2月，四川南充人，四川农业大学茶学系教授，四川省藏茶产业工程技术研究中心执行主任，雅州创新菁英。长期致力于雅茶产业的发展，开展系列研究与成果推广工作，向蒙顶山茶产业发展建言献策。1991年与雅安制药厂联合在名山创办四川蒙山茶多酚厂；1994年由四川农业大学投资建立了茶饮料研究开发中心，产品中华冰茶获1995年成都国际博览会金奖；1996年联合创办四川茗源茶业有

限公司，生产的茶浓缩液先后被百事可乐、乐百氏、旭日升等数十家企业采购用来生产茶饮料；2005—2009年，先后主持国家级与省级关于边销茶的重点研发项目，并于2011年获得四川省科技进步三等奖；2017年积极参与四川省藏茶工程技术研究中心的申报并获四川省省级研发平台建设批示，出任工程中心执行主任；2018年11月与雅安供销集团公司和雨城区实业发展公司合作创办了四川康润茶业有限公司，出任公司首任总经理；2022年完成茶鲜叶与在制品保鲜技术研究项目，在名山广聚农业公司进行示范推广，并出任技术顾问。

图13-53 何春雷

4. 李品武

李品武（图13-54），生于1979年8月，安徽安庆人，博士、教授。四川农业大学茶学专业负责人、茶学学科点点长、系主任、园艺学院党委常委。任四川省科技特派员服务团名山团长、雅安市院士（专家）工作站茶叶驻站首席专家、四川省藏茶工程中心加工所所长等。曾任雅安青联常委、雅安市名山区人民政府副区长、乐山市夹江县委常委、副县长等职。2010年，雅安市筹建蒙顶山茶叶交易所，成立专题考察组，作为主要人员考察了郑州商品交易所和广州1号茶仓并撰写考察报告。2013年

图13-54 李品武

5月至2014年9月，任名山区副区长，主要抓名山高标茶园建设、茶叶质量安全和病虫害绿色防控工作，建成牛碾坪雅安市现代茶业科技中心。长期担任名山区特派员，2020年四川省科学技术厅发文组建名山区科技特派员服务团，任团长，在全产业链开展茶业科技服务工作。2021年支持四川蒙顶山跃茶业集团有限公司成功申报雅安市院士（专家）工作站，任驻站首席专家，全方位指导和助力企业发展，孵化新成果并辐射全区茶产业。

5. 陈盛相

陈盛相（图13-55），生于1981年9月，福建龙岩人，博士、硕士生导师，现为园艺学院对外科技服务中心主任、四川省科技特派员服务团队专家、四川省"三区"科技人才、重庆市科技特派员、福建省科技特派员，主要从事茶叶加工及茶树育种工作。2013年起聚焦蒙顶山茶产业发展，实施校地共建计划，构建"四川农业大学+科技特派员+政府部门+企业"合作模式，坚持为名山茶产业发展服务，持续推动雅安名山省级农业科技园区建设，搭建专家工作站、工程技术研究中心等科技平

图13-55 陈盛相

台3个，引进（选育）茶树新品种20余个，建立1个茶叶科普基地——蒙顶山茶科普基地，建立高效绿色茶园科技示范基地2个，编印《名山区茶园管理手册》等技术资料3套，开展技术培训10000余人次，获四川省科技进步一等奖、神农中华农业科技三等奖各1项，被评为2021年度名山发展突出贡献奖先进个人。

（四）上级部门和有关学校

1. 张世民

张世民（图13-56），生于1939年5月，吉林九台人，1964年毕业于吉林农业大学药用植物专业。同年被分配到四川省农业厅，一直从事茶叶生产与管理工作。原任四川省农业厅经济作物处副处长（正处级），高级农艺师。曾任四川省茶叶学会副会长，四川省茶文化协会副会长，国际《纽约》茶叶科学文化研究会常务理事等。1999年5月退休。在四川省农业厅主要负责茶叶工作，一直把名山区茶产业发展列入日程，作为重点来抓。20世纪70年代，重点把名山县双河公社作为粮茶双丰收

图13-56 张世民

示范点，成为全省、全国先进典型。论证和支持在名山中峰建立国家级茶树良种繁育场，成为全省茶叶科研、科普、应用推广和示范带动的基地。落实省厅《丰收计划》《星火计划》经济扶持开发蒙顶名茶。召开茶叶植保会、粮茶双丰收现场会、茶产业发展社会化服务座谈会、茶类结构调整，大力开发名优茶会、全省茶树良种推广现场会等。1987年争取到了农业部何康部长来蒙山视察，争取农业部、农业厅领导到名山指导工作等。先后写的《蒙山甘露》《发扬茶马古道精神，再创蒙山茶辉煌》等多篇文章在《中国茶叶》《四川茶叶》上刊登。

2. 邓 健

邓健（图13-57），1965年4月生于四川雅安，四川隆昌人，1988年7月毕业于四川农业大学园艺系茶学专业，农学学士，推广研究员。现在雅安市农业农村局茶叶产业发展中心从事茶叶技术推广和管理工作。任雅安市茶叶学会第六至第九届秘书长，第八届四川省农作物品种审定委员会茶糖桑专业委员会委员，四川省茶叶学会第六、七届副秘书长。在雅安市各县（区）及蒙顶山茶区推广茶树新品种、配套栽培技术和加工工艺，主持或主研项目获奖10多项，其中优质茶高产综合配套技术获四川省农业丰收奖一等奖；名优茶规模化生产技术示范获四川省农业科技进步一等奖；茶树无性系栽培及机械化采茶技术获全国农牧渔业丰收二等奖；

图13-57 邓 健

安全高效茶叶生产配套技术推广应用获雅安市科技进步二等奖。参加审定峨眉问春、川茶5号、川黄1号、天府红1号等省级茶树新品种10个。获雅安市农业科技先进工作者、全国服务农村青年增收成才先进个人荣誉。

3. 任 敏

任敏（图13-58），生于1984年1月，四川南充人，茶学硕士，副教授，雅安职业技术学院经济与管理学院副书记，蒙顶山茶产业学院首任院长。国家级茶艺技能大赛裁判员、高级茶艺师、评茶员、制茶师考评员，高级茶艺技师（一级），茶文化与产业服务研究中心、工作室负责人。先后发表茶相关研究学术论文20余篇，负责或参与各项研究课题近30项，开展蒙顶山茶学术讲座、带领师生承办和参与蒙顶山茶事活动等社会服务百余项；主编、副主编教材《茶艺》、科普读本《蒙顶山茶》等书籍7部；在校内牵头建设茶创空间，负责与四川省农业科学院茶叶研究所共建项目国家土壤质量雅安观测实验站科研实训室的建设；牵头组织建成蒙顶山茶产业学院，建成茶艺与茶文化、茶叶加工与栽培技术大专学历专业；研发和建设各类茶艺课程以及国家级教学资源库，开发的《如何冲泡好一杯蒙顶山茶》直播课程播放量达20余万次。

图13-58 任 敏

二、区外茶产业与茶文化专家

1. 孙 前

孙前（图13-59），生于1948年6月，河南洛阳人，生于贵阳市。四川师范大学中文系毕业，客座教授。曾任雅安市副市长（正厅级）、雅安市茶业协会创会会长，中国国际茶文化研究会副会长、西南茶文化研究中心主任，世界茶文化交流协会名誉会长。四川省文旅厅一级巡视员，省旅游协会执行会长。2000—2005年在雅安工作期间，定点帮扶蒙山村产业文化发展。2001年提出打造"世界茶文化圣山——蒙顶山"的文化旅游品牌概念。2002年9月到马来西亚成功申办第八届国际茶文化研讨会暨首届蒙顶山国际茶文化旅游节（简称"一会一节"）在雅安市的举办权。作为"一会一节"的常务主任和秘书长，主持了国际茶文化界规模、影响最大的"一会一节"的实施，使世界茶文化圣山名扬天下。参与推动第18届蒙顶山国际茶文化旅游节，加强对蒙顶山茶及文化宣传、促进对外交流与合作，帮助支持名山区茶产业、文化、旅游品牌做大做强。

图13-59 孙 前

2. 覃中显

覃中显（图13-60），1959年5月出生于重庆市大足县。财贸学院营销专业大专毕业、高级评茶师，四川省食品安全专家委专家、雅安市名山区政府茶产业专家咨询团成员。现任中国茶叶流通协会副会长、中国国际茶文化研究院西南茶文化研究中心副主任、四川省茶叶行业协会会长，并在省非遗协会、省农产品协会等担任副会长，成都龙和国际茶城董事长。覃中显说："与茶相遇是一种缘分，能够见证并参与川茶的发展是自己终生追求。"1998年覃中显担任成都市五块石综合市场党支部书记、市场主任、成

图13-60 覃中显

都大西南茶叶专业批发市场、成都五块石食品城等专业市场主任，其中影响最大、意义最远的是创立了四川茶产业的专业流通批发平台——成都大西南茶叶专业批发市场。2019年，覃中显当选为四川省茶叶行业协会会长，组织专家团队在四川积极开展调研工作。覃中显为蒙顶山茶品牌建设发展奔走、呼吁，在蒙顶山茶产业、茶科技、茶文化方面积极为政府制定相关政策出谋划策，发挥积极作用，发挥协会的力量，在协会会刊《茶缘》杂志上每一期均有蒙顶山茶的新闻和文章，分别增加两期《蒙顶山茶》《雅安藏茶》专刊，在各级平台活动中宣传四川茶叶和蒙顶山茶。目前，组织四川茶叶主产区编纂《中国茶全书·四川卷》，指导各主产茶市、州、县（区）开展相关分卷的工作。对《中国茶全书·四川蒙顶山茶卷》非常关心，多次组织专家进行指导、建议、交流。

3. 陈书谦

陈书谦（图13-61），生于1953年1月，四川汉源人，四川省茶叶流通协会秘书长，雅安市委市政府决策咨询委员会委员。原雅安市供销社副主任、调研员，雅安市茶业协会、雅安藏茶协会副会长兼秘书长。2013年退休后先后兼任中国茶叶流通协会名茶专业委员会副主任、中国国际茶文化研究会西南茶文化研究中心副主任兼秘书长、雅安蒙顶山茶产业技术研究院副院长等职。

全程参与2004年"一会一节"的申报与承办；2005年发起首

图13-61 陈书谦

届川藏茶马古道论坛并出版论文集；负责南路边茶传统制作技艺的非遗申报工作，南路边茶传统制作技艺先后成为市、省、国家级和人类非物质文化遗产；牵头申报"中国藏茶之乡"。2010年牵头完成《地理标志产品 蒙山茶》国家标准实物样研制。主编《中国茶·茶具茶艺》《鉴茶·泡茶·赏茶》《中国茶道·从入门到精通》《新手轻松学茶艺》；牵头承办第六届全国茶学青年科学家论坛并出版论坛论文集；2012年参编的《制茶工》作为职业技能系列培训教材；2013年合著《蒙山茶文化说史话典》

《蒙顶山茶品鉴》；2019年主编《蒙顶山茶文化口述史》，荣获雅安市第十六次社会科学优秀成果一等奖；2020年参编《人与生物圈》茶叶之路专辑；先后在各种论坛、刊物上发表论文120多篇。先后获吴觉农茶学思想研究会觉农勋章、中华茶人联谊会中华兴业茶人、改革开放四十年——四川茶业突出贡献奖、中华茶人联谊会杰出中华茶人等奖与表彰。

4. 陈昌辉

陈昌辉（图13-62），生于1954年7月，四川名山人，茶学教授，曾担任四川农业大学茶学系主任，原四川省茶叶学会副会长兼秘书长；四川省茶叶行业协会专家委员会主任，中华茶文化优秀教师，国家一级评茶师；获改革开放四十年——四川茶业突出贡献奖。在四川农业大学一直从事茶叶教学和科研工作，时常关心蒙顶山茶产业发展，一直参与名山区的茶产业技术培训及茶文化宣传活动，多次担任蒙顶山制茶、斗茶评审专家，多次受聘于名山茶叶专家大院和政府专家咨询团队，为名山茶产业出谋划策。

图13-62 陈昌辉

与四川蒙顶山跃华茶业集团有限公司组建蒙顶山黄茶研究所，并任所长，研究和恢复蒙顶黄茶的传统制作工艺，联合申报"一种蒙顶山黄芽茶的生产方法"发明专利，并发表科研论文多篇，有效地促进了蒙顶黄茶生产技术的提高。参与跃华高香绿茶工艺技术研究及川农黄芽早选育。积极指导和参与蒙顶山茶文化宣传的著书立说与培训宣传，编撰出版《工艺名茶品评与鉴赏》《茶叶贮藏保鲜与包装》等书籍。退休后，仍时常指导和参与名山区茶产业发展与茶叶企业技术创新，解决茶叶生产、销售中的问题；作为省级非遗评审专家，在多届评审活动中积极促成名山茶叶非遗项目和传承人申报。

5. 何修武

何修武（图13-63），生于1978年11月，四川仪陇人，国家茶艺二级技师、国家二级评茶师，国务院国资委商业饮食服务中心茶馆业办公室副主任，现任四川省茶艺术研究会会长，雅安黄茶品牌提倡者、推广者，《素问雅安黄茶》的发起人。2010年起至今，策划在上海世博会推介蒙顶山茶文化，携手龙行十八式参加重庆永川第十一届国际茶文化研讨会开幕式《欢乐中国行》，成立全球首家中国蒙顶山茶文化主题茶馆——宽和茶馆，出品、总策划《茶祖吴理真》舞台音乐剧；茶艺师"长壶少侠"代浩携

图13-63 何修武

手龙行十八式亮相《2014中国城市春晚》，创办茶旅世界网站；开发多条全国茶旅线路；主办2018蒙顶山植茶节暨中国产茶区（四川）十佳匠心茶人授牌仪式，打造原创三饮茶会；发起《素问雅安黄茶》活动，举办30多场荥经黑砂遇见雅安藏茶活动，打造金牛区

茶文化公园，把植茶始祖吴理真请进成都，建成蒙顶山茶园；举办10多场"三饮茶会"与遇见金花藏茶活动。

三、老一辈科技专家

1. 杨天炯

杨天炯（图13-64），生于1935年10月，高级农艺师，名山县政协退休干部。1962年，从西南农业学院毕业后来到雅安市名山县蒙山茶场，当时蒙顶山的茶树大多散乱分布在田间地头，老化严重。1965年，杨天炯和同事从福建引进茶种，开荒种茶，引进的茶种经过试种，挑选出了最适合蒙顶山的品种，加上蒙顶山的本山茶品种，形成了蒙顶山现代茶叶产业的基础，并为蒙顶山茶十多个品种做出国标作出巨大贡献。推广密植茶园技术，提高茶叶产量。1985年，杨天炯被评为全国农村科普

图13-64 杨天炯

先进工作者、四川省农村科普先进工作者，2021年被评为雅安好人。为了名山蒙顶山茶叶、川茶品质更高、名气更响，走向更广阔的市场，付出了毕生精力。在茶叶制作、加工工艺研究方面取得不俗的成绩，获得了一系列科技进步奖项。主持重大茶业项目"恢复蒙山传统名茶——蒙顶石花、蒙顶黄芽、蒙顶甘露""蒙山名茶制作新工艺开放""四川省名山茶树良种繁育基地"，申请"蒙山茶原产地域产品保护"项目、起草制定《蒙山茶》国家标准及标准样品，为申报"蒙顶山茶"证明商标撰写材料，编写《四川省名山县国家级茶叶标准化示范区》项目总结报告、《四川省"南茶北草"双百工程》修编项目可行性报告。主编出版《蒙山茶事通览》《蒙山茶飞跃历程》。

2. 谭辉廷

谭辉廷（图13-65），生于1933年，重庆江津人，江津园艺学校茶叶专业毕业，1955年到名山县农业局工作，从事全县茶种留籽和播种扩大面积工作，1958—1961年参加国营蒙山茶场的开发建设工作，担任技术员，后任农业局茶叶技术推广站副站长、站长，规划、指导全县茶叶生产与发展，开展茶叶种植、引种试验与推广、茶叶增产增收和科研工作，1981年任农业局副局长，分管茶叶建园、生产，良种引进推广及茶产业发展，管理和协调国营蒙山茶场、四川省名山茶树良种繁育场建设等，保存了很多20世纪50年代至90年代的蒙顶山茶资料。1995年

图13-65 谭辉廷

退休后一直关心并关注蒙顶山茶发展，四川省茶叶学会颁发给他茶叶工作30年荣誉。

3. 卢本德

卢本德（图13-66），生于1938年5月，四川名山人，高级农艺师，大学本科农学专业毕业，1962年参加工作，从事农技推广和管理工作，曾任县农科所所长、农业局局长等职，1995年被四川省政府授予先进工作者称号。1999年5月退休后，因对名山农业、茶业了解熟悉，被县志办、农业局、茶业局、茶业协会等聘为专业撰稿主笔，编撰有《名山县志农业卷》《名山县农业志》《名山茶经》，并自著有《农闲记事》等。《名山茶经》共14篇70余万字、300余幅彩图，是当代第一次全面记述蒙顶山茶茶史、茶文化的专著。先后撰写《蒙山小叶元茶赋》《蒙山禅茶赋》《蒙顶山茶铭》等20余篇，被转载和收入相关书籍中。

图13-66 卢本德

4. 周 杰

周杰（图13-67），生于1949年9月，四川名山人，高级农艺师，复员退伍军人，曾任名山县联江茶苗繁育场负责人，现任名山区藕花苗木种植农民专业合作社高级顾问。从1977年至今一直从事茶树良种选和名优绿茶制作工作，与县茶叶技术推广站合作，主研选育名山白毫131、名山311，与四川省农业科学院茶叶研究所主研选育了天府1号；建立全省第一个乡级茶树良种场，开展品种引种、选育、试验、示范工作，先后完成茶园施肥技术、低产茶园改造、茶树树冠培养、移栽茶苗适宜期等课题与项目10多个。在全县、全省繁育推广茶树良种累计10亿株。制作的名山银毫茶获2002年在韩国举办的第四届国际名茶金奖、中国云南第二届茶叶交易会名优茶评比金奖等。2002年被评为四川省劳动模范，2008年被评为四川省农村优秀人才。

图13-67 周 杰

5. 高登全

高登全（图13-68），生于1953年，四川名山人，茶叶农艺师，1973起在原中峰乡任茶叶辅导员，1987年调四川省名山茶树良种繁育场工作，后任副场长，负责茶园基地管理，一直参与国家茶树品种区试项目实施、标准化茶园建设试验与推广，配合四川省茶研所、四川农业大学等开展并具体承担茶叶种质资源项目，茶树品种的选育、选定、推广等工作，是国家级良种名山131、省级良种名山311的主要选育者之一，1992年获四

图13-68 高登全

川省农业厅丰收计划科技成果一等奖。

6. 林 静

林静（图13-69），生于1957年，1974年参加工作；受从事茶叶工作的父亲影响，农学专业中专毕业，茶学专业大专毕业，在农业单位从事农业生产、农业技术推广、农业科技教育、农产品质量安全等工作40余年（其间，兼职农业广播教育工作20余年），参加四川省名山茶树良种繁育场建设，参与茶树良种的选育和推广工作，茶叶专业高级农艺师；以茶叶种植、茶叶加工及教学为长。主要编写《茶叶加工工（中、高级）》教材，退休后经常受邀广泛培训茶农和茶叶加工工。

图13-69 林 静

7. 徐晓辉

徐晓辉（图13-70），1960年生于四川名山，本科学历，农业技术推广研究员。1978年参加工作，一直在名山农业局从事茶叶技术推广工作。曾任名山县茶叶技术推广站站长，名山区茶叶学会、协会、商会秘书长，雅安市茶业协会、学会副理事长、副秘书长。主持选育国家级茶树良种名山特早213；参与选育国家级茶树良种名山白毫131、省级茶树良种名山早311；主持茶树种质资源收集保护与新品种选育，在全省主产茶区收集优良单株700余个，建立品比园3个，已被国家登记品种蒙山5号、6号、8号。深入各乡镇茶园指导茶叶生产，推广茶树良种种植、标准

图13-70 徐晓辉

化茶园建设、提高茶园产量和质量，多年来在全区范围内培训茶农、专业技术人员10万余人次。特聘为西藏墨脱县茶叶技术专家，指导当地茶叶发展。在国家和省级刊物上发表《蒙山茶区良种选育与推广》等论文10余篇；先后获农业部丰收奖一等奖、二等奖各1项，四川省科技进步奖二等奖4项，其他市、区级奖励30余项；获"第四届四川省优秀科技工作者""省农村科普先进工作者""雅安市优秀科技人才示范岗"等荣誉称号。

四、茶叶科技人才

1. 夏家英

夏家英（图13-71），生于1965年10月，四川蓬溪人，推广研究员，国家高级评茶员。1989年7月毕业于四川农业大学茶学专业，一直在名山区农业农村局从事茶叶工作。参加四川省名山茶树良种繁育场的筹建，茶树品种引进、选育、推广，茶园标准化建设，

参与品种区试等科研工作。起草《无公害蒙山茶生产和加工技术规程》与《雅安市蒙山茶》地方标准；制定《蒙顶山茶原真性保护产品生产加工技术规范》；编写《茶叶实用技术》和《绿色食品原料标准化技术》手册；制定《名山县"十二五"茶业发展规划》；参与《地理标志产品 蒙山茶》国家标准、四川省绿茶加工工艺的制定和《四川茶经·名山卷》《名山茶业志》的编写；主持蒙顶山茶产业转型升级中长期发展规划的撰写；草拟《百年名茶》之蒙顶山名茶篇；编写出版《茶叶加工工》中级和高级培训教材；撰写茶叶论文40余篇。曾被评为省茶叶学会先进工作者、雅安市十佳茶人、吴理真优秀传承人、区先进茶叶工作者等。

图13-71 夏家英

2. 黄 梅

黄梅（图13-72），生于1980年3月，四川新都人，国家一级评茶师，2003年毕业于西南农业大学茶学专业和计算机科学与应用专业，双学士学位。2003年到名山区从事茶产业相关工作，先后在县茶产业化办公室、茶业发展局、区农业农村局任职。

主要参与筹办了共十四届蒙顶山茶文化旅游节，成功申报了全国首批区域性良种示范基地；成功申报国家级《四川省雅安市名山区2018年农村（茶业）一二三产业融合发展先导区》《省级特色农产品优势区》《雅安市名山区红草坪省级现代农业产业融合示范区》，万古镇红草村和中峰镇海棠村先后被农业部成功认

图13-72 黄 梅

定为全国最美休闲乡村；蒙顶山茶公共商标获农业部批准进驻《中国农业年鉴》，蒙顶山茶文化系统成功进入农业部第四批重要农业文化遗产；同时，在国家期刊发表茶叶论文3篇。

3. 吴祠平

吴祠平（图13-73）生于1973年10月，四川名山人，农业技术推广研究员。1997年7月毕业于四川农业大学茶学专业，农学学士。一直在农业局从事茶叶技术工作，参与实施的优质茶丰产配套技术、优质高产综合配套技术、茶树无性系栽培及机械化采茶、茶树新品种引选育及应用推广等多个项目，获得农业部、省、市表彰；发表《"蒙顶山茶"品牌打造应从基地建设抓起》等学术论文多篇；主持编写《名山县茶叶生产技术手册》和《名

图13-73 吴祠平

山县绿色食品原料（茶叶）标准化生产基地生产技术手册》；参与选育的名山白毫131、名山特早213获得国家级茶树良种，蒙山5号获得非主要农作物品种登记；获得四川省科学技术厅科技特派员先进个人表彰、雅安市第六批科技拔尖人才称号、四川省吴理真茶祖优秀传承人称号；被名山县委县政府评为茶叶产业和茶文化发展工作先进个人。

4. 李德平

李德平（图13-74），生于1964年7月，本科学历，高级农艺师。1990年参加工作，一直在新店镇政府农业服务中心从事农业技术推广服务工作。1998年后主要从事茶树栽培、新技术推广、茶树新品种选育推广、技术培训工作，推广标准化茶园3.1万亩，指导、宣传做好茶园基地的管理、标准化生产与质量安全工作；负责镇茶业协会工作。参与选育蒙山5号、川茶21、甘露1号等茶树良种，收集试种20余个优良茶树单株提供给茶良场、四川农业大学等科研单位进行新品种选育工作。曾获得部（省、市、区）级各奖励25项，1999年被农业部评为全国农业技术推广先

图13-74 李德平

进工作者；2012年被四川省农业厅评为全省先进个人；2013年参与并完成茶树新品种引选育及应用推广项目，获2011-2013年度全国农牧渔业丰收一等奖；2013年被名山县委、县政府评为县茶叶产业和茶文化发展工作先进个人；2020年名山区茶叶学会授予其技术推广成就奖。

5. 钟国林

钟国林（图13-75），生于1966年3月，四川名山人，大专学历，国家一级评茶师、高级农艺师、茶业协会秘书长、四川省茶艺术研究会副会长。一直从事农村经济、茶业管理工作，2004年起每年参加筹办名山县举办的主要茶事活动，参与名山万亩生态观光茶园打造、蒙顶山建设、品种选育、茶文化茶技培训与宣传等工作。从2008年起主要负责区茶业协会、蒙顶山茶品牌建设工作，负责申报中国十大茶叶区域公用品牌、百年世博金奖、中国气候好产品，协助蒙山茶传统制作技艺申报国家级非遗，提议并参与将茶祖吴理真石像请进成都茶文化公园。执笔起草名山县茶叶产业"十五""十一五"发展规划，编写《名山县绿色食品茶叶生产实用技术手册》《"蒙顶山茶"证明商标使用管理手册》《蒙顶山茶文化简明知识读本》等，撰写《蒙山仙茶考》《世界植茶始祖——吴理真实至名归》

图13-75 钟国林

《建设以茶文化为核心的西部文化大县》《蒙顶山禅茶文化溯源及精神内涵》等40余篇论文并发表在国家级、省级刊物上。编著出版《中国名茶 蒙顶甘露》《蒙顶山茶当代史况》《蒙顶黄芽》，合作撰写《名山茶业志》《茶叶加工工（中级）》等专业书籍等，多篇论文与专著获国际征文和政府奖。是首届蒙顶山茶十大茶文化传承人，四川省十大茶文化传承人，全国百县·百茶·百人茶人。

五、茶文化专家

1. 欧阳崇正

欧阳崇正（图13-76），1931年生，四川广汉人，于西南革命大学毕业，1951年参加工作，1952年到县供销社，1978到农业局任局长，1981年任文化局局长，直到1991年退休。其间，组织发展社队茶园，推广新式茶园，1982年具体组织干部群众调查和收集蒙顶山文物古迹，起草并落实保护规划，实施开发蒙顶山旅游项目。邀请并组织省内外名人到蒙顶山游览、作文赋诗、题字，挖掘、编写了20余篇蒙顶山文化、论文，发表茶诗10多首，撰写蒙顶皇茶开采祭文、祭黄帝陵文等6篇，2015年中国文史出版社出版其著作《蒙顶山茶文化丛谭》。

图13-76 欧阳崇正

2. 蒋昭义

蒋昭义（图13-77），1935年1月生，四川内江人。1953年参加中国人民志愿军，1963年转业到名山工作，曾任县委办主任、县委常委、组织部长。在此期间，曾促进并执行县委开发蒙山茶文化旅游区工作，修复天梯等古迹，担任集资领导小组副组长，筹资拍片《蒙茶仙姑》来宣传蒙顶山茶与旅游。1985年组织编辑出版《中外人士赞蒙茶》。2021年10月出版发行《蒙茶乡诗文集》，2022年4月又出版发行《春江诗选》来歌颂、宣传蒙顶山茶与茶文化。2007年，参加了茶叶局以李廷松为首的茶树种质资源团队，赴四川西北茶主产县等，采选100年以上的高山老川茶枝条，配合团队采选500多个品种进入扦插园。2016年3月获中国茶百度百科专家称号。2003年参与《蒙山茶事通览》的编辑，任副主编，参与《名山茶业志》的编辑，任特约编审。数十年来曾成功研发出红桔茶、茶胎果黄茶、桑尖茶，发现了蒙山紫笋茶、贡茶原种"铁夹子"。《雅州黄茶》的选编工作正在进行中。

图13-77 蒋昭义

3. 梁 健

梁健（图13-78），生于1965年6月，四川达州人。本科学历。长期在工商、行政管理及市场监管工作一线，先后任工商所所长、局办公室主任、局副局长等职；四川市场监管研究院特聘研究员，雅安市名山区茶业协会副会长，雅安市茶业协会、雅安市茶业流通协会、雅安市茶业学会知识产权顾问，中华商标协会地理标志分会副会长。2000年率先向县委政府提出并一直参与申报、注册蒙顶山茶地理标志证明商标，主要参与蒙顶山茶品牌建设工作，实现从知名商标、著名商标到驰名商标的壮大。长期从事蒙顶山茶品牌的许可使用和管理工作，维护蒙顶山茶知识产权。指导培训名山茶叶企业开展商标品牌的注册、成长与发展。牵头组织相关单位及人员起草与申报《蒙顶山茶》行业标准并贯彻实施。在国家级、省级市场监督管理刊物上发表蒙顶山茶品牌建设相关文章20余篇。

图13-78 梁 健

4. 陈开义

陈开义（图13-79），生于1972年9月，四川名山人。本科学历。1995年参加工作，先后在县乡镇政府办、经济、文化、文联等多部门工作，现任四川省茶叶行业协会副会长、雅安市茶叶流通协会会长、雅安市作协会员。先后在各级茶叶、文化专刊、网络等50余家媒体上发表各类文章、诗歌500多篇（件）。参与主编名山县抗震救灾专著《撼魂》，参与策划、编辑《茶祖故里行》《吴之英评传》《丰碑》等著述和《蒙顶山》《蒙顶山茶》杂志，作品多次入选刊登，著有个人文集《杯中岁月》。

图13-79 陈开义

经常参加名山、雅安及四川茶文化、茶活动，宣传介绍蒙顶山茶产业、茶文化。2015年6月25日《汴梁晚报》、2015年7月30日《四川政协报》对他在弘扬蒙顶山茶文化、加强雅茶品牌建设上所做的工作作了专题报道。

5. 高殿懋

高殿懋（图13-80），笔名蒙懋，生于1963年10月，四川省教育学院汉语言文学本科毕业，1981年7月参加工作，1999年4月从教育系统调入名山县志办公室，后任县志（地方志）办公室副主编，取得副编审任职资格。个人著书《志书编修》，主编

图13-80 高殿懋

《名山茶业志》（2018年版），是《名山茶事通览》编辑、《蒙山茶飞跃历程》《蒙顶山茶文化读本》副主编。将蒙山茶史、茶文化，雅安市、名山区茶产业情况收录进《名山县志》《雅安市志》《名山茶业志》以及其他涉茶著述、论文中，拟收录进《雅安藏茶志》。参与市、区涉蒙顶山茶宣传活动，为茶企、茶农、茶人提供茶文化服务。建设尔雅书店，设置茶文化专柜，并提供蒙顶山茶文化书籍400余本。2019年被评为首届蒙顶山茶十大茶人。

6. 杨 忠

杨忠（图13-81），生于1965年12月，四川名山人，历史学学士，高级茶艺师，被评为雅州英才文化旅游菁英、蒙顶山茶十大茶人。编著出版《蒙顶山茶文化丛书》《民国报刊中的蒙顶山茶》等专著10部，填补了蒙顶山禅茶文化、民国时期的蒙顶山茶、蒙顶山茶歌民谣等多项历史空白。先后策划和组织实施第三届四川省旅发大会蒙顶山活动、首届中国蒙顶山国际禅茶大会、全国名刊名家对话蒙顶山茶活动、四川四大特色展之川茶展等大型茶文化活动20余场。协助申报蒙顶山茶证明商标、中国重要农业文化遗产蒙顶山茶文化系统、蒙顶山茶传统制作技艺国家非遗、中国茶文化之乡名山等。成功创建省级蒙顶山茶科普基地、茶文化普及基地，构建起蒙顶山茶新型科普平台。

图13-81 杨 忠

7. 代先隆

代先隆（图13-82），生于1976年12月，四川名山人，本科学历。现任中共雅安市名山区委党校常务副校长、四川长征干部学院雅安夹金山分院外聘教师、四川农业大学远程与继续教育学院非学历培训外聘教师，曾任名山区委宣传部副部长、区委网信办主任、区文联主席、第五届区茶业协会理事。2000年开始先后在区内乡镇和宣传文化系统工作，从事蒙顶山茶种植的宣传推广、蒙顶山茶文化旅游节系列系统活动的策划、组织和宣传报道工作。20多年来，从事线上线下茶修文化、蒙顶山茶文化的宣讲培训，目前累计培训宣讲100余场、线上线下50万人次。研习儒释道传统国学经典，结合《易经》乾卦、坤卦思想，对蒙顶山派茶技"龙行十八式""凤舞十八式"进行重新排序，为"天风十二品""贡茶十八品"赋予新内涵。提出喝茶修身悟道的六重境界，提升茶文化精神内涵。

图13-82 代先隆

8. 郭友文

郭友文（图13-83），生于1968年9月，四川人，出生于黑龙江，大专学历，在职就读西南大学旅游管理专业，长期从事蒙顶山旅游和旅游管理工作，曾任四川省名山蒙顶山旅游开发有限公司副总经理，现任市场营销总负责人。挖掘蒙顶山历史文化，整理编写多个版本的导游词和茶文化讲解词，组织实施琴茶诗歌大会、秋光茶色茶会、蒙顶禅茶音乐会、诗歌里的蒙顶山等多种茶文化活动。2006年、2015年，被国家旅游局授予"全国优秀导游""中国好导游"称号；2018年被四川省茶艺术研究会授予"四川省十大茶文化传承人"称号；被四川省贸易学校聘请为客座教师；多次为景区员工、名山区讲解员进行培训。组织申报了蒙顶皇茶采制祭祖大典区非遗项目。多年来接待10多位党和国家领导人等，受到各位领导的一致好评。

图13-83 郭友文

六、蒙顶山茶制茶大师

1. 张跃华

张跃华（图13-84），生于1953年5月，四川名山人，四川省非物质文化遗产蒙顶山茶传统制作技艺传承人，制茶世家第五代，中国制茶大师（黄茶），四川省制茶大师，2010年被评为全国劳动模范，荣获"吴理真茶祖杰出传承人"称号。1993年开办茶叶手工作坊，1994年建名山县跃华茶厂，2010年成立四川蒙顶山跃华茶业集团有限公司，任董事长，公司为中国茶叶行业综合实力百强企业、省级农业产业化重点龙头企业。以"茶道喻人道、产品见人品"为理念，传承张氏制茶世家一百多年的传统手工制茶技艺，并不断创新发展，其张氏甘露具有汤绿香浓、醇爽甘鲜的特点，为蒙顶山茶品牌建设和茶叶产业化发展作出突出贡献。跃华茶产业生态科技园包括现代化生产车间、茶叶采摘制作体验中心、休闲品茗中心等综合体。跃华茶艺传习所有拜师堂、手工制茶房、世家走廊、手工制茶体验区、茶艺展示区、茶山等。第六代传人张波，茶叶本科毕业，已子承父业。四川省委组织部等5部门联合颁发并建立了张跃华技能大师工作室。

图13-84 张跃华

2. 魏志文

魏志文（图13-85），生于1951年10月，四川省非物质文化遗产蒙顶山茶传统制作技艺传承人，从17岁跟随父亲学艺，一生从事制茶和营销工作。其父魏正品是蒙山茶传承人，1958年3月毛泽东同志在成都会议所品之茶为魏正品等所制。他在生产中，不断改进制茶工艺，1975年将团子茶改良为现代手工制茶的青毛茶，后试点高产茶园并取得成功；1978年进入县土产茶叶公司，期间购进茶种300t推广扩面。1983年2月，魏志文担任名山县土产茶叶公司经理，创办了土产公司的下属企业——名山县土产公司蒙贡茶厂，1998年

图13-85 魏志文

2月改制为私营企业建名山县蒙贡茶厂，由他带领一部分下岗工人继续经营茶叶，产品获国内外多项大奖。发表文章有《手工茶是不该消亡的记忆》《蒙山手工茶的另一个春天》《非物质文化遗产的传承能否产业化运作》。2008年12月，魏志文被四川省文化厅评为四川省非物质文化遗产项目蒙山茶传统制作技艺的代表性传承人。他举办了蒙山茶传统制作技艺非遗传习所，传习徒弟50余人，亲传弟子有白朝清、胡玉辉、贾涛、龚开钦、罗开勇、杨洁等，儿子魏启祥大学茶叶专业毕业，子承父业，经营蒙贡茶厂，是蒙山茶传统制作技艺的省级非遗传承人。

3. 释普照

释普照（图13-86），生于1972年，雅安市非物质文化遗产蒙顶山禅茶传统制作技艺传承人，任蒙顶山永兴寺副监院，1991年学习制作蒙山禅茶。师承普明，继承了蒙山茶与永兴寺禅茶禅修、供佛等相结合的制作技艺，以技艺传承文化，以禅茶广结善缘，其技艺只在永兴寺中传承。

图13-86 释普照

4. 高永川

高永川（图13-87），生于1969年2月，四川名山人，四川省大川茶业有限公司总经理，雅安市名山区茶业协会会长，现任四川省贸易学校、四川省茶业职业技术学院宜宾学院茶叶专业的客座教授，2022年被中国茶叶流通协会认定为国茶人物·制茶大师。

1989年5月毕业于宜宾农校（茶叶专业）并在国营名山县茶厂工作；2005年自办名山县大川茶厂，后转型升级为四川省大川茶业有限公司，2017年被评为四川省农业产业化重点经营龙头企业，同年入选中国茶行业品牌五十强；2012年以来在四川省贸易学校

与雅安市职业技术学院常举办茶叶种植、茶叶营销的专题讲座；自主开发茶叶产品，创残剑飞雪茉莉花茶加工工艺并获得国家发明专利；2014年参编四川省贸易学校的《茶叶销售技巧》；2016年2月与赴英学子在伦敦开办了蒙顶山茶室残剑飞雪；2018年8月，被授予"四川茶区十佳匠心茶人"称号，名山区茶叶学会授予其品牌建设成就奖。

图 13-87 高永川

5. 施友权

施友权（图13-88），生于1956年5月，四川雅安人。大专文化，国家一级评茶师、国家一级制茶师，四川禹贡蒙顶茶业集团有限公司总经理，被评为吴理真茶祖杰出传承人、四川省茶产业十大新锐人物、四川省制茶大师，四川博茗茶产业技能培训中心聘其为茶专业技能培训指导老师。1974—1985年，在名山县国营蒙山茶场从事开荒种茶、品种选育、田间管理、茶叶制造、市场营销等工作；后于1986—2000年在国营名山县茶厂工作并任销售科长。国有企业体制改革后，在四川禹贡蒙顶茶业集团有限公司工作并任总经理。从事茶

图 13-88 施友权

业42年，曾任名山县茶叶协会、茶文化协会、茶叶学会等副会长，四川省茶叶协会、雅安市茶叶协会理事，雅安市茶叶学会常务副会长。研发和生产的产品多次荣获国际金奖及国家、省、市地大奖。"一种绿茶及其制备方法"获第六届国家专利发明金奖、国家专利技术创新银奖。带领禹贡茶业创新、开拓，以及稳步发展，并成为四川省农业产业化经营重点龙头企业，雅安市、名山县十强茶企业。

6. 张 强

张强（图13-89），生于1974年5月，四川名山人，高级制茶师、高级评茶师，2021年被中国茶叶流通协会评为中国制茶大师（黄茶）。1997年在名山县国营蒙山农垦茶叶公司工作，跟随本场职工的父亲学习制茶和茶文化，1999年8月至2003年3月任该公司总经理的助理。2003年公司改制下岗后，创办蒙山味独珍茶庄，次年办个人独资企业四川省名山县蒙顶山味独珍茶厂，任法人、厂长，2007年2月至今任四川蒙顶山味独珍茶业有限公司（有限责任公司）法人、执行董事。2004年雅安市政府授予其先进个人、"2007雅安茶业之星年度人物"称号，四川省茶叶行业协会授予其"吴理真茶祖优秀传承人"称号。2011年，被

图 13-89 张 强

评为雅安非物质文化遗产项目蒙顶黄芽传统制作技艺的代表性传承人，后被评为四川省蒙顶黄芽传统制作技艺非遗代表性传承人，2018年被评为四川省制茶大师，2021年被中国茶叶流通协会评为中国制茶大师（黄茶）。公司建立了大师工作室，培训和传授传统制茶技艺，传播蒙顶山茶文化。其公司味独珍茶业坚持传统制作技艺，确保产品的质量与信誉，是中国茶业百强企业、中国茶叶企业品牌价值百强、四川省电子商务示范企业、中国茶叶电子商务十强企业，四川省著名商标。

7. 郭承义

郭承义（图13-90），生于1965年10月，雅安雨城人，1985年投身茶产业，一干就是30多年，成立四川省雅安义兴藏茶有限公司并担任董事长兼总经理，是雅安市雅安藏茶非物质文化遗产传承人、四川省制茶大师。郭承义以诚信为宗旨、以质量为生命，坚持"做食品就是做良心"的理念，产品多次获中国绿色食品博览会、中华商标节暨商品博览会等国内外大赛金奖，产品行销西藏、青海和四川甘孜州、阿坝州等藏区，将义兴藏茶公司从

图13-90 郭承义

小，到强，到大，成为雅安藏茶重点企业、四川省农业产业化重点龙头企业。郭承义秉承了藏茶传统制作技艺并不断精进，探索创新，获得旋转式紧压茶连续成型机、保健茶、包装瓶等发明和实用新型专利证书。开拓内地汉区市场，畅销西北、东北、华北及广东等地，得到中老年人、减肥人群的喜爱。义兴藏茶有限公司采取"公司+基地+农户"的经营模式，带动基地农户2100余户增收。

8. 刘羌虹

刘羌虹（图13-91），生于1955年3月，四川荥经人，蒙山茶传统制作技艺雅安市级非遗传承人，市级制茶大师，高级评茶员。1972年在国营蒙山茶场工作，初跟随杨天炯、江晓波等学习制茶技艺，后到雅安市茶叶公司工作并任生产科长、生产厂长等职，负责蒙顶山名优茶、大宗茶的生产加工及茉莉花茶的窨制工作。1987年、1988年在雅安、名山举办的培训班上任操作技师，1990年参加中商部、

图13-91 刘羌虹

外贸部等举办的部优产品评选现场制作雨城云雾荣获部优产品。退休后在华夏茶艺培训学校授课。在四川省川黄茶业有限公司任技术负责人，制作的玉叶长春在2012年获"国饮杯"一等奖；制作的蒙顶黄芽获2015年"中茶杯"一等奖、2017年四川博会金奖、北

京茶博会金奖、"蒙顶山杯"斗茶大赛金奖；在第四届中国黄茶斗茶大赛中获金奖。培养了10多名徒弟。

9. 黄益云

黄益云（图13-92），生于1969年2月，四川射洪人，大学本科学历，2018年被评为四川省制茶大师。1992年起先后就职于四川省名山县茶叶公司、四川省绿川茶业有限公司、四川省茗山茶业有限公司、四川蒙顶山茶业有限公司，一直从事绿茶初精制生产加工、茶叶质检、蒸青茶初制加工质检、茶叶包装等技术管理及日常事务管理工作，分别担任过所在公司的生产主管、质量主管、技术主管。

图13-92 黄益云

10. 胡国锦

胡国锦（图13-93），生于1962年12月，四川名山人，经济管理经济师，高级评茶员。从1994年开始从事茶业工作，现任雅安市敦蒙茶业有限公司董事长。坚持"诚信经营，坚持做好茶"的宗旨办企业。公司是中国十大名茶蒙顶山茶品牌获准使用单位，公司建有茶叶基地2000余亩，以敦蒙为注册商标，主要加工生产绿茶、红茶、花茶、甘露、石花、黄芽、毛峰等20多个品种。2022年销售额达3000多万元，是四川省绿色健康放心食品单位，四川省"3.15"消费者金口碑单位，雅安市农业产业化重点龙头企业。公司董事长被授予"四川省第八届创业之星"称号。

图13-93 胡国锦

11. 古学祥

古学祥（图13-94），蒙山茶传统制作技艺市级非遗传承人，1994年跟随父亲古广均：原国营蒙山茶厂制茶师父，进入国营蒙山茶厂学习制茶。1998年回家建立手工制茶作坊，负责手工茶制作。2003年在成都龙泉成立蒙顶山茶销售店，后进入蒙山国际茶叶学习现代化茶叶的生产加工，后成立蒙顶山山间茶叶公司，全力从事茶叶种植、加工、销售。现负责蒙顶山智炬院经营管理。产品在第九届蒙顶山杯斗茶大赛暨"蒙顶甘露杯"斗茶大赛手工甘露茶荣获金奖，第九届海峡两岸茶文化季暨"鼎白"杯两岸春茶茶王擂台赛"黄茶"金奖；"古学祥"牌黄茶饼荣获第五届中国黄茶斗茶大赛金奖，现有在册弟子3名和记名弟子10多名。

图13-94 古学祥

七、蒙顶山制茶茶艺非遗传承人

1. 魏志文（图13-95）

简介略，详见本节的六、蒙顶山茶制茶大师部分。

2. 张跃华（图13-96）

简介略，详见本节的六、蒙顶山茶制茶大师部分。

3. 释普照（图13-97）

简介略，详见本节的六、蒙顶山茶制茶大师部分。

图13-95 魏志文大师（右二）传授技艺

图13-96 张跃华

图13-97 释普照

4. 向世全

向世全（图13-98），生于1964年11月，四川名山人，国家茶叶加工二级技师。1980年起在家里开荒种茶，学习做茶。1987年起，任成都红河茶厂制茶车间组长2年；1989年，在家开办手工制茶作坊。2004年至今，担任四川天下雅茶业有限公司制茶技师；2014年至今，担任四川省贸易校手工制茶培训教师，先后在名山、雨城、天全、荥经石棉等区县培训师生3000余人；2018年，被认定为蒙山茶传统制作技艺区级非遗传承人；2019年5月至今，担任中国·茶马司蒙山茶传统制作技艺传习所负责人；2022年，被认定为蒙山茶传统制作技艺市级非遗传承人。2013年参加第四届"蒙顶山杯"斗茶大赛，获手工茶银奖。2015年参加第六届"蒙顶山杯"斗茶大赛，获手工茶金奖。作为指导教师，带队参加贵州、四川等省举办的职业学校制茶大赛，学生多次获得金奖、银奖。

图13-98 向世全

5. 张大富

张大富（图13-99），生于1966年2月，四川名山人，师从蒙山茶场退休技师刘羌虹，名山区蒙顶甘露传统制作技艺非遗传

图13-99 张大富

承人。1988年进入文化旅游行业，多次通过学习培训提升自我。承租蒙山茶史博物馆经营权，投资太平湖生态园，将其改造成黄茶村庄园，收购川西茶叶市场、蒙山茶场，改制成立蒙顶皇茶公司和四川省名山蒙顶山旅游开发有限公司，承办了第八届国际茶文化节和首届蒙顶山国际茶文化旅游节主要活动，其间打造了蒙顶山的形象山门等景点，后组建了四川圣山仙茶有限公司。多次当选区人大代表、优秀乡土人才，2011年荣获杰出茶祖吴理真传承人称号，2012—2021年担任四川省茶叶行业协会副会长职务。

6. 杨文学

杨文学（图13-100），生于1966年，雅安名山人，大专文化，师从原蒙山茶场茶师杨文英、茶叶专家杨天炯等，是高级评茶师、高级制茶技师，名山区蒙顶石花传统制作技艺非遗传承人。1992年兴办名山县皇茗园茶厂，以质量为基础，重视特色和建设品牌，后发展为四川省蒙顶山皇茗园茶业集团有限公司，任董事长，先后荣获雅安茶业之星年度人物、吴理真茶祖优秀传人等称号，兼任四川省川茶品牌促进会副会长、四川省茶业流通协会副会长、蒙顶山茶业商会会长等。皇茗园牌蒙顶甘露荣获第十届、十三届国际名茶评比金奖、第十届中绿杯特金奖、四川名牌产品等荣誉，黄芽荣获第二至第七届中国黄茶斗茶大赛金奖，第四届获特金奖。

图13-100 杨文学

7. 杨济峰

杨济峰（图13-101），生于1988年10月，四川名山人，本科学历，茶艺师、茶叶加工工，名山区蒙顶石花非遗传承人。2007年到四川省皇茗园茶业有限公司工作，师承父亲和原蒙山茶场退休技术人员杨文，任销售部业务员、副经理、经理。2009年任集团公司副总经理。具有丰富的管理及茶叶加工经验，主导研发的2项产品获得国家发明专利。2020年4月荣获名山区品牌建设贡献奖；2021年荣获蒙顶山茶贡献奖；2022年被名山区委组织部、中峰镇党委聘请为中峰镇四岗村发展顾问。

图13-101 杨济峰

8. 魏启祥

魏启祥（图13-102），生于1981年3月，四川名山人，2003年于四川农业大学茶学专业学习，是蒙山茶传统制作技艺非遗传承人。受家族传承耳濡目染，2001年在父亲魏志文（四川省非遗传承人）的指导下开始学习茶叶制作和经营，到广西横县实践窨制茉莉花茶，一直从事茶叶鲜叶收购、毛茶加工、手工制茶工

图13-102 魏启祥

作，后实践大宗茶的分筛、精制，学习实践毛茶的收购、分级制作。2013年继承父亲的四川省蒙顶山蒙贡茶业有限公司，任公司法人代表、总经理，加工生产销售蒙贡牌蒙顶山茶绿茶、花茶系列。

9. 贾 涛

贾涛（图13-103），生于1978年5月，四川成都人，是蒙山茶传统制作技艺市级非遗传承人、成都金牛工匠、草木间创始人。自幼受家族熏陶，便对茶有种独特的情愫，16岁左右从蒙山学艺归来后便开始从事绿茶粗加工工作。1998年10月创立四川蒙顶山草木间茶业有限公司和草木间品牌。2000年拜大师魏志文为师，潜心钻研，匠心打磨。在名山区承包了一块茶园，建立生态基地，实现年生产销售蒙顶山茶8600余万元，旗下"竹可心""玉肌香"品牌大获市场好评。

图13-103 贾 涛

10. 杨 静

杨静（图13-104），生于1984年9月，成都市郫都区人，国家二级茶艺师、评茶师，师从成先勤、茶文化专家蒋昭义等，蒙山茶传统手工制作技艺区级非物质文化遗产传承人，长期从事蒙山茶生产加工和茶艺培训推广工作，具有丰富的茶艺茶文化传播、推广技能和经验，本善茶修学堂创始人。担任中国川菜产业学校川茶大师工作室负责人，雅安黄茶形象推广大使，蒙顶山手工茶制作协会副会长，四川省茶艺术研究会培训中心主任等职，是《蒙顶黄芽》的主编。

图13-104 杨 静

11. 文维奇

文维奇（图13-105），生于1974年6月，四川名山人，大专学历。现任四川省名山茶树良种繁育场基地负责人，高级农艺工。从事茶树栽培管理、茶树品种新品种选育推广、茶树资源收集、茶叶加工技术研究及茶样的制作工作20余年。参与茶树种植资源收集与新品种选育工作，共参与收集茶树种质资源2600余个，引进优良品种260个；选育出川黄1号、川茶3号、川茶4号、川茶6号、蒙山5号茶树新品种5个，获得省科技进步一等奖。2021年在雅安市蒙顶皇茶杯蒙甘露制茶大师大赛中获得个人一等奖，被授予四川省甘露制茶大师称号。

图13-105 文维奇

12. 曾志东

曾志东（图13-106），生于1974年2月，雅安市名山区人，雅安市蒙山顶上茶业有限公司总经理，中国茶叶流通协会第七届理事会理事，蒙顶黄芽非遗传承人，四川省制茶大师、国家高级评茶师、国家高级茶艺师。2004年，其产品在第八届国际茶文化研讨会暨首届蒙顶山国际茶文化旅游节中荣获蒙顶山杯国际茗茶"黄芽金奖"，多次荣获蒙顶山杯斗茶大赛"黄芽金奖"。一直致力于蒙顶黄芽传统制作技艺的保护与传承，收徒50余人。先后接受中央、省市媒体栏目采访、宣传报道。

图13-106 曾志东

13. 胡玉辉

胡玉辉（图13-107），生于1966年10月，四川雨城人，国家高级制茶师，四川省农业科学研究院茶叶研究所创新团队成员。14岁习制茶至今40余年不辍，2008年师从魏志文大师，主制蒙顶甘露、蒙顶石花、蒙顶黄芽等蒙山名茶，以蒙顶黄芽为最擅长，凭此屡获2018、2019年"蒙顶山杯"中国黄茶斗茶大赛特别金奖。自承茶艺，授徒10余人。2022年被四川蒙顶皇茶茶业有限责任公司聘任为蒙顶甘露制茶大师。

图13-107 胡玉辉

14. 龚开钦

龚开钦（图13-108），生于1971年6月，四川名山人，蒙山茶区级非遗传承人，高级评茶员，高级制茶师。从20世纪90年代初期进入茶叶行业以来，长期在成都、重庆等地从事茶叶生产和销售工作。2003年回到名山，组建了四川省蒙顶皇茶茶业有限责任公司，参与了第八届国际茶文化研讨会和世界茶文化博物馆建设工作，后连续参与主办文化节及建设蒙顶山工作。2020年拜魏志文大师为师。2020年被名山区茶叶学会授予贡茶文化传承成就奖；2021年被名山区委政府授予"农业农村耕耘者"称号；2022年被四川省茶叶学会授予"四川省茶业优秀工作者"称号；2023年被四川省茶叶学会授予"制茶大师"称号。

图13-108 龚开钦

15. 蒋 丹

蒋丹（图13-109），国家一级评茶员、国家二级制茶师，担任雅安市茶叶学会副秘书长，并任茶叶加工专项组主任，2022年

图13-109 蒋 丹

入选"名山工匠",雅安十佳巾帼奋斗者,2023年拜中国制茶大师张跃华为师。成立蒋丹工匠人才创新工作室。主持雅安职业技术学院重点院级课题"蒙顶黄芽闷黄工艺优化及技术集成"。主持雅安市科技局科研项目"蜡梅甘露加工工艺优化及技术集成"。多次参加省内外制茶、茶艺比赛并获奖。创立雅安国色茶业科技有限公司,公司主要是开展茶叶加工技术的研发与推广,并从事茶文化服务与培训工作。在天府国际会议中心成立天府新区蒙顶山茶品牌推广工作站。在雅安、成都等地开展近百场蒙顶山茶品赏推广活动。拥有3个项目专利,发表多篇论文。

八、蒙顶山派茶艺主要传承人

1. 成 昱

成昱(图13-110),生于1972年7月,四川成都人,继承父母的制茶、茶艺,是高级茶艺技师,高级茶艺考评员,非物质文化遗产传承人,中国蒙山茶十大茶人之一,任中华蒙山派茶艺掌门人,四川省茶馆协会常务理事,四川省蒙山派茶文化传播有限公司总经理。1993年开始在成都创办九霄露茶行从事茶叶销售工作,2000年在父亲的带领下参与创作茶技"龙行十八式"和茶艺"天风十二品"。2002年蒙山派创立后,进行茶文化的培育与传播工作,推动蒙山茶制作技艺及"龙行十八式"长嘴铜壶非遗

图13-110 成 昱

文化,举行非遗活动进校园系列推广活动。参加皇茶祭天祭祖、《千秋蒙顶》表演、西博览、多地茶文化节、20多个国家表演、电视茶艺大赛,承接职工技能培训与大赛、开办20余期培训班,培养茶艺师、评茶师人才800余人,培养蒙山茶手工制作学员10余人。

2. 徐 伟

徐伟(图13-111),生于1987年9月,四川名山人,2003年师从成先勤大师学习蒙山派"龙行十八式"茶技,开启蒙顶山长嘴壶茶艺"龙行十八式"的表演宣传人生,先后在国内成都、北京等各大城市及德国、奥地利、卡塔尔、俄罗斯等10多个国家表演,曾担任蒙顶山旅游景区皇茶楼主管茶艺教练并传授茶艺。技艺纯熟准确,风格硬朗稳健,2018年,成为市级蒙山派"龙行

图13-111 徐 伟

十八式"非遗代表性传承人。2019年,创立四川龙行十八式文化传媒有限公司,致力于传播蒙顶山茶文化,传承蒙顶山茶艺,在名山区茶马古城经营草中仙茶叶门店。

3. 周梦菲

周梦菲（图13-112），生于2000年7月，四川名山人，蒙山派龙行十八式非物质文化遗产项目代表性传承人，高级茶艺师，现工作单位为雅安市名山区川锦龙庆典礼仪有限公司。2015年就读于四川省贸易学校，开始了茶叶学习和茶艺表演，后正式拜师学艺，技艺精纯。

图13-112 周梦菲

常年受邀代表省级、市级部门参加国内外茶事活动，先后多次出访美、俄、法、德、日、韩等多个国家展示茶艺。2019年参加央视新闻直播打卡最美乡村茶艺展示"龙行十八式"茶技，2020年参加四川省甘孜州第三届工匠杯茶艺大赛并荣获一等奖。2021年创建雅安市名山区壶水韵长壶文化非遗传习所，收徒和培训来自全国各地学员近100余名。受聘于四川省贸易学校、雅安市兴贤小学、名山区实验小学、石棉县希望小学等7所学校，担任茶艺表演指导老师，每年培训学员500余名。

4. 李 娜

李娜（图13-113），生于1988年2月，吉林柳河人。2006年起从事茶叶、茶艺工作，先后在北京老舍茶馆、竹叶青茶叶公司、四川省名山蒙顶山旅游开发有限公司工作，2018年起创办四川龙形十八式文化传媒有限公司、名山区茶马古城草中仙茶叶销售店。2019年荣获第十六届蒙顶山茶文化旅游节蒙茶仙子称号、首届四川省川茶金花称号，非遗蒙

图13-113 李 娜

山茶艺天风十二品代表性传承人，在茶艺非遗传习所，正式收徒传艺15名，积极参加并推广雅安市名山区茶事活动上百场，荣获名山"寻遗民俗，传承共鉴"活动最佳贡献奖。

5. 陈 娜

陈娜（图13-114），生于1987年9月，四川名山人，蒙山茶制作技艺传承人，长期从事茶叶销售与茶艺工作，雅安蒙鼎好茶业有限公司总经理、国家一级茶艺技师、国家二级评茶技师、名山工匠，雅安市创业明星。研发生产的桂花茶、栀子花茶、蜡梅花茶获全国斗茶大赛再加工茶类二等奖、金奖，蒙顶山藏茶获全国武林大赛铜奖。获得四川省首届川茶金花、四川省手工艺大师称号，获得雅安市茶艺比赛一等奖、全省茶艺比赛二等奖等省、市、区各种奖项30余项。

图13-114 陈 娜

九、茶业新锐

1. 张波：新一代茶人领军人物

张波（图13-115），1988年5月出生，四川名山人，2009年6月毕业于西南大学茶学系，从业于父亲张跃华大师创办的四川蒙顶山跃华茶业集团有限公司，在父亲的指导下，从茶园管理到做销售员、销售主管、副总经理再到现任总经理，掌握了蒙山茶传统制作技艺，是张氏茶叶的第六代传人，接班跃华茶业。积极响应和实践国家大力发展民营经济方针，引进现代企业制度，应用现代加工技术，提升产品质量，开展网络销售，不断做大做强企业。四川省青年民营企业家协会会员，雅安市企业家协会副会长，雅安跃华黄茶研究所副所长，2016年获得雅安市优秀青年企业家荣誉称号，入选2017年四川新经济十大领军人物，雅安市第四届人大代表，四川省第十三届人大代表。

图13-115 张　波

2. 乔琼：茶旅融合践行者

乔琼（图13-116），生于1976年10月，四川邛崃人，1998年毕业于成都市邛崃市经济管理学院经济管理专业，毕业后在成都丰丰食品有限公司担任办公室副总经理。2014年，在雅安市芦山县地震灾后重建工作中回到雅安市名山区投入茶行业工作，带领团队成立四川蒙顶山雾本茶业有限公司，并担任四川蒙顶山雾本茶业有限公司法人、执行董事、总经理。她一直致力于企业生产经营管理，认真钻研生产技术，提高制作水平，确保产品质量。同时，组织实施茶叶旅游融合规划，将公司打

图13-116 乔　琼

造成集茶叶生产、茶产品购销、茶叶制作体验、茶餐饮品赏、茶文化展示宣传为一体的茶文化、茶旅游综合体，成为蒙顶山茶重点企业、蒙顶山茶文化公园的重要旅游节点。公司获得了四川省农业产业化经营省级龙头企业、四川省诚信企业、雅安市中小型科技企业荣誉称号，以及在各届四川国际茶叶博览会上先后荣获4项金奖。2020年12月，被四川省农民工工作领导小组办公室评为"四川省返乡下乡创业明星企业"，并当选名山区政协委员。2021年10月被评为雅安市雅州百千英才计划——创业菁英。

3. 刘兵：市场品牌营销的先锋

刘兵（图13-117），1972年7月生，四川达州人，1992年起在四川省人民政府驻北京办事处参加工作，现任省政府驻京办下属企业北京龙爪商贸有限公司负责人，四川川

名堂商业管理有限公司总经理、四川蒙顶山蒙典茶业有限公司总经理。由刘兵创立的北京龙爪商贸有限公司从2003年成立至今，以"川名堂"连锁专卖店推广四川各类特色优势产品。2016年，在四川省委、省政府高质量发展农业的战略要求下，刘兵主持创立蒙顶山茶高端品牌"大相藏茶"和"蒙典1456"，完成品牌孵化、产品策划和生产加工，在北京、成都和深圳等高地市场建立起品牌连锁专卖店和专业化营销团队，并在四川雅安蒙顶山建立茶厂，实现自有茶品牌第一、二、三产业融合发展，品牌年销售额快速突破千万元，成为蒙顶山茶众多品牌中主动征战全国市场的代表。

图13-117 刘 兵

4. 施刘刚：茶叶新品探索开创者

施刘刚（图13-118），四川名山人，1981年生，从小就从事茶叶生产经营工作，创立洪兴茶厂，一直探索、改进蒙顶山茶各种茶品生产工艺。后把方向定在金花藏茶上，经过多年探索、试验，费茶上万斤，最终取得发明成果，成为金花藏茶发明人。金花藏茶是在传统藏茶工艺基础上创新制作的新品，金花藏茶突破了嫩叶深度发酵茶"发花"的瓶颈，其核心工艺先后获得国家专利11项，产品及品牌获得2018意大利米兰国际手工艺博览会金奖，产品远销香港、新加坡、加拿大、德国、美国等地，是中国黑茶类中的高端产品。他合股创立金花藏茶集团公司，与四川省农业科学研究院合作，以金花藏茶作为主要原料，通过定向提取制成的固态速溶茶，研制开发出深加工产品"金花藏茶精华"，具有即时性辅助降低血糖的作用，长期使用还具有改善糖脂代谢作用，对于糖尿病的病情延缓、减少并发症等方面具有重要意义。公司于2023年推出新品"九钱茶"饮料，酒前饮用具有少喝醉、醒酒快、保肝护肝的特性，得到广大商务人士的欢迎与喜爱。施刘刚现任四川省农业科学院加工所特聘研究员，金花藏茶集团董事长。曾获四川省2021茶叶产业新锐人物、名山区2022年民营经济优秀人物等称号。

图13-118 施刘刚

5. 何卓霖：马连道市场上的奋斗者

何卓霖（图13-119），生于1970年1月，四川名山人，国家高级制茶师，国家一级评茶师。20多岁向杨天炯等老师拜师学艺，后开始制茶、销茶。何卓霖是雅安第一批外出闯荡的茶

图13-119 何卓霖

人，2001年，携妻子一起在北京马边道市场开设蒙顶山茶形象店，以质量求生存、谋发展，稳扎稳打，立足北京市场至今已20余年，成为蒙顶山茶在京销售的代表。2008年，回到家乡名山，筹办雅安市名山区卓霖茶厂，严把质量，生产蒙顶山茶、蒙顶山藏茶，其妻子、儿子负责北京和名山本地的网络销售。2010年前后，思考藏茶生产中形成颗粒的原因，分析颗粒的内含物与特色，精细化加工生产，形成黑茶新品类"藏王黑金丹"。2017年，何卓霖出口藏茶至国外，是西南地区第一家藏茶出国的企业。现担任中国少数民族用品协会民族茶酒分会副秘书长。

6. 黎绍奎：蒙顶山茶文化保护传播者

黎绍奎（图13-120），生于1986年12月，籍贯安徽省六安市霍山县，任雅安市名山区文化馆馆长、区非遗保护中心主任，馆员（专技十级）；主要从事群众文化策划和传统文化挖掘保护工作。历年来，积极参与蒙山茶文化品牌宣传工作，担任名山区大型茶事活动策划者、主持人，多次前往成都、西安等地推介蒙山茶；组织编排大量以蒙山茶为元素的茶歌、茶舞等系列文艺节目。收集整理了大量名山民俗传统文化的图文影视资料并归纳入档，负责蒙山茶传统制作技艺等非遗传承人的申报

图13-120 黎绍奎

与评定工作，主持、策划并执行了"蒙山茶传统制作技艺"人类非物质文化遗产代表作名录的国家级非遗和世界非遗申报工作。主持国家级项目4项、省级项目10项，参演的《家门口》入选第十九届全国群星奖；主持的文化馆工作获评国家一级馆；个人获得雅安市文旅先进个人、雅安市名山区文旅菁英等荣誉称号。

第五节　蒙顶山茶企业

一、国家、省级龙头企业

1. 四川蒙顶山跃华茶业集团有限公司

四川蒙顶山跃华茶业集团有限公司（图13-121），位于四川省雅安市名山区蒙顶山大道560号，是由成立于1994年的跃华茶厂升级、组建而成的私营企业，公司现有职工315人，企业总资产1.45亿元，商标"跃华"，法人代表为张跃华，总经理为张波。公司是集茶园栽培管理、初制生产、精致加工、产品研发、茶文化观光旅游为一体的综合型茶叶企业，是国家级农业产业化重点龙头企业、中国茶叶企业百强、四川省十强茶企业。

跃华茶业坚持实施"公司+合作社+基地+农户"的农业生产联合经营模式。主要生产绿茶、黄茶、花茶、红茶，原创品牌跃华张氏甘露被评为四川十大名茶、四川最具影响力茶叶单品、四川著名商标、四川名牌。跃华蒙顶山石花、跃华蒙顶山黄芽、跃华红鼎红茶等品牌也深受国内外茶友喜爱，跃华蒙顶山茶品牌效应成效明显，产品营销网络遍及全国。同时，公司在融合传统手工制茶工艺的基础上，引进清洁化自动化全套生产线，实现茶叶加工的自动化、清洁化、标准化，建立绿色食品质量安全追溯体系，确保茶叶品质。公司建立生态绿色茶园基地5万余亩，包括党村坝、石佛庵、知青茶园、彭店子、回龙寺5大茶园基地和茶树新品种繁育园1个，公司的茶产品农药残留已经率先达到欧盟标准。成立雅安市名山区蒙峰茶叶种植农民专业合作社，吸纳成员410户，涉及名山、雨城区13个村民小组，合作社荣获全国农民专业合作社示范社、国家级示范社、全国500强合作社等多项荣誉。

图13-121 四川蒙顶山跃华茶业集团有限公司及"跃华"注册商标

公司与四川省农业科学研究院、四川农业大学建立了"产、学、研"合作关系，聘请10余名茶叶专家，推进产、学、研、用一体化建设，与农业、科技、文化旅游部门、省、市、区茶业学会、协会合作，提升产品科技含量和文化内涵，取得了多项科研成果，获得发明专利、实用新型专利等17项。已建成四川省茶叶病虫害绿色防控专家大院、公司"专家工作站"、雅安跃华黄茶研究所、雅安市企业技术中心等科技创新平台，先后承担"农业科技成果转化""农业产业化工程"等20余个项目。

公司致力于茶旅融合，建立跃华茶文化生态科技园，面积50余亩，园区集现代化茶叶加工、仓储营销、企业办公、茶叶采摘制作体验、茶艺茶文化培训、休闲品茗、茶文化主题旅游酒店等于一体，展示蒙顶山茶非遗文化、张氏制茶世家文化，将茶文化、茶旅游、茶产业紧密结合，实现从茶园到茶杯的体验式营销，是推进农村第一、二、三产业融合发展的示范产业园。

2. 四川禹贡蒙顶茶业集团有限公司

四川禹贡蒙顶茶业集团有限公司（图13-122），位于雅安市名山区蒙顶山镇虎啸桥路99号，1995年11月注册，注册资本为1160万元；是一家集茶园基地、茶产业合作社、初加工企业和科研于一体的综合型的茶叶企业。主要生产和销售蒙顶山茶系列产品绿茶、黄茶、花茶，年产名优茶1180t。现有名优茶初制车间、精制车间、包装车间、办公楼等建筑总面积6100m²。

图13-122 四川禹贡蒙顶茶业集团有限公司及"禹贡"注册商标

2011年8月被认定为四川省农业产业化经营重点龙头企业；公司"宗玉"和"禹贡"牌商标获四川省著名商标，通过ISO9001：2015质量体系认证，2019年"禹贡"被评为四川茶业最具发展潜力品牌。

公司生产经营的名茶、优质绿茶、茉莉花茶、老鹰茶、中国道茶已形成系列，带动县内17家茶叶初加工企业共同发展，有国家一级评茶师15人，国家一级制茶师28人，国家二级评茶师14人，国家二级制茶师16人，制茶技工29人。公司建立了19000亩安全高效茶叶基地，以协议保护价全额收购基地内茶农鲜叶，带动农户5369户，助农人均增收1000多元。

公司宗玉牌产品蒙顶甘露于2004年获得国际金奖，蒙顶石花获得国际银奖，蒙顶石花、毛峰绿茶于2006年获国际名茶评比国际银奖，蒙顶道茶于2005年获得国家专利产品发明金奖、茶产业科技进步创新一等奖，蒙顶黄芽被评为最具地方特色茶产品金奖，2015年高栗香型绿毛峰获得最具地方特色茶产品金奖。

3. 四川省蒙顶皇茶茶业有限责任公司

四川省蒙顶皇茶茶业有限责任公司（图13-123），于2003年11月，由国营蒙山茶场改制为民营企业。2018年转为国企，由雅安文化旅游集团有限责任公司与四川蒙顶山茶马古道文化旅游发展有限公司共同持股，职工总数30人，总资产1.15亿元。2022年6月由文旅集团划转至四川雅茶集团有限公司，成为四川雅茶集团有限公司控股的全资国企。位于四川省雅安市名山区蒙顶山镇静居庵，公司独家拥有蒙顶山海拔在1000m以上的优质生态茶园1530余亩，其中有机茶园892亩，属蒙山茶地理标志产品保护区的核心区。公司生产厂区135亩，有生产厂房、仓库及配套用房超过6500m^2；有各类制茶机械240多台（套），连续化、清洁化名优茶生产线2条，年加工能力达到260万斤。生产销售蒙顶皇茶、蒙顶黄芽、石花、甘露、毛峰、蒙顶红、甘露花茶等65个单品，2011年，蒙顶品牌获得了中国绿茶十大品牌及金芽奖，蒙顶黄芽获中国茶叶学会"陆羽杯"一等奖。2015年，蒙顶黄芽获米兰百年金骆驼奖。蒙顶黄芽于2018年获黄茶斗茶大赛金奖、于2019年获黄茶斗茶大赛特别金奖、于2021年获黄茶斗茶大赛金奖。公司被评为省级农业产业化经营龙头企业、省级扶贫龙头企业、全国绿色食品一二三产业融合示范园，其中有892亩茶园连续17年获得有机认证。公司也是中国首个京东数字化茶叶种植基地。

图13-123 四川省蒙顶皇茶茶业有限责任公司及"蒙顶皇茶"注册商标

4. 雅安市名山区西藏朗赛茶厂

雅安市名山区西藏朗赛茶厂（图13-124），始建于2001年1月4日，经四川省经贸委批准，由原西藏朗赛经贸有限公司在名山县投资800万元兴建，地址在蒙阳街道东城社区五里村，占地面积12830m^2，建筑面积7193m^2。有制茶设备80余台（套），检验设备20台（套），法人代表为次仁顿典，是首个藏族人建场生产藏茶、川内最大国家级藏茶定点生产企业。主要生产、加工、销售和批发金叶巴扎牌康砖、金尖等系列主打产品，在藏区市场受到好评，占主市场，在青海玉树及四川甘孜、阿坝等地供不应求。先后向销区投放三冠、竹果青、精品仁增多杰等产品，满足国内西藏、青海、四川等省区和印度、尼泊尔、不丹等邻国市场需求。有2条生产线：一是速溶茶生产线生产的产品，既保持传统酥油茶风味，又减少熬制，年产30t；二是佛灯油茶叶生产线，年产500t。公司是省级农业产业化经营重点龙头企业。

图13-124 雅安市名山区西藏朗赛茶厂

2008年，获名山县首届茶业十强企业称号。该厂金叶巴扎商标为西藏自治区的著名商标。

5. 四川省茗山茶业有限公司

2000年，由原四川省国营名山县茶厂改制建成。公司地址在蒙阳街道名车路199号。系四川省首批获蒙山茶原产地域产品保护的企业，四川省农业产业化重点龙头企业（图13-125）。占地面积36亩，公司注册资本3000万元，资产总额5506万元，有员工40人，法人代表是游少校。有"蒙山"和"蒙山童子献茶"图形商标。改制后，在成都、重庆、西昌、绵阳、广汉设销售中心。年产名优茶超过400t，出口绿茶1000t。有3万亩无公害绿色食品基地。公司建有质量检测检验室，有原子光谱等高精检测检验设备，具备农残及卫生指标检测及控制技术。自主研制国内首创微波制茶新工艺和名优茶加工自动化生产线，引进全新绿茶自动化生产线。先后通过ISO9001：2008质量体系认证、ISO22000：2005食品

图13-125 四川省茗山茶业有限公司及"蒙山"注册商标

安全管理体系认证、HACCP体系认证、有机茶认证、SC认证。2003年，开发老鹰茶系列产品。2008年，获名山县首届茶业十强企业称号，2009年获省科技厅四川省星火科技专家大院，2009中国茶叶行业百强企业称号。2010年，蒙山牌甘露、黄芽成为上海世博会特许商品。2014年1月28日，蒙山注册商标被国家工商行政管理总局商标局认定为中国驰名商标。公司产品进入成都等省内城市的超市销售。2015年，法人代表变更为荣宝山。2016年，在北京设立蒙山牌蒙顶山茶专卖店，并开通网店。

6. 雅安市盟盛源茶业有限公司

雅安市盟盛源茶业有限公司（图13-126），位于雅安市名山区马岭镇山娇村一组1号，成立于1995年，注册资本500万元，厂房占地面积8600m²，拥有员工40余人，组建了两类专业种植合作社，一是茶叶种植，二是玫瑰花种植，有1100亩生态茶园，玫瑰基地50亩，是集茶叶种植、研究、加工和销售于一体的农业产业化省级重点龙头企业，负责人为龚熙萍。公司坚持"质量为本、创新精制、健康之饮、品位生活"的经营理念并运用蒙顶山茶传统工艺和现代先进技术，着力打造"安全、健康、绿色"的蒙顶山茶系列产品，于2020年建立和完善了公司产品溯源体系。

图13-126 雅安市盟盛源茶业有限公司及"竹漂"注册商标

生产经营蒙顶山系列名优绿茶、黄茶、红茶、高端茉莉花茶，自主研究开发蒙顶山白茶，填补蒙顶山白茶的空白。目前，公司拥有"竹漂""看灯山""盛世御叶"等注册商标3个，申报各类专利15件。主要采取直接面向市场的销售模式。公司面对面服务市场和顾客，现已在成都设立品牌店1家，新疆2家，在重庆、西安、山东等及四川各中小城市设立加盟店16家，产品进驻天猫、京东等国内知名网店进行销售，深得消费者喜爱。

7. 四川省大川茶业有限公司

四川省大川茶业有限公司（图13-127），成立于2003年，是一家以优质花茶为主、全系产品为辅的茶叶品牌企业，是四

图13-127 四川省大川茶业有限公司及"名山大川"注册商标

川省农业产业化省级重点龙头企业。公司现有资产1000余万元，员工20人，注册商标有"名山大川""残剑飞雪"等，负责人为高永川。公司坚持"以茶立信"发展原则，以"精于心，善于形"为核心文化，融传统工艺与现代科技于一体，做到绿色科技化，科技美学化，2007年在中国国际航空公司机上用品招标采购中通过严格的筛选，成为中国国际航空公司机上指定用茶，并持续合作至今，2017年入驻中国国际航空公司和中国东方航空公司双流机场的头等舱、VIP休息室。于2016年在蒙顶山镇贫困村关口村成立了茶叶种植加工合作社，围绕关口村打造蒙顶山茶核心产区。产品多次荣获国际和国内大奖。2017年残剑飞雪、2020年金眉贵入选中国茶叶博物馆茶萃厅。2018年残剑飞雪荣获金芽奖中国茉莉花茶品质创新优秀品牌称号，同时进入中国茶叶品牌50强。2021、2022年连续两年残剑飞雪被中国茶叶流通协会评为中国茉莉花茶推荐单品。公司是四川农业大学、雅安职业技术学院、四川省贸易学校、宜宾学院的茶叶产教融合实践基地，建有高永川雅安市茶叶加工大师工作室和蒙山茶传统制作技艺非遗传习所传承弘扬传统技艺和文化。2023年9月2日，残剑飞雪入选北京故宫"茶世界——茶文化特展"。

8. 四川蒙顶山雾本茶业有限公司

四川蒙顶山雾本茶业有限公司（图13-128），成立于2014年4月，位于雅安名山区新店镇新坝村3社，占地92.6亩，注册资金2350.7万元，建有完整配套的生产加工、检验贮藏、包装车间和设施，有清洁化、自动化绿茶生产线2条，红茶生产设备1套，传统生产设备1套，可年产500t名优茶，员工66人。是集茶叶种植、茶叶加工、茶叶销售、餐饮住宿以及茶文化宣传为一体的茶旅综合体，商标为"雾本"，负责人乔琼。公司定位为标准产业园，秉承质量安全是园区发展的核心要素，实施"公司+基地+合作社+农户"的产业化模式，2017年成立雅安市名山区雾本汇农茶叶种植农民合作社，建成2100亩核心标准化茶叶原料基地，全程实现农产品质量安全可

图13-128 四川蒙顶山雾本茶业有限公司及"雾本"注册商标

追溯，10件产品获绿色食品A级产品许可。生产的红茶、绿茶、黄茶、花茶等，深受消费者喜爱，实现年销售收入1亿元以上，先后6次获得金奖、银奖，是四川省农业产业化重点龙头企业，获四川省专精特新中小企业、四川科技型中小企业、优秀民营企业称号。公司打造茶旅融合为一体的体验式绿色生态农业观光旅游综合体，建成集茶文化传播、绿色养生、休闲娱乐为一体的雾茶庄园，庄园川西古民居院落群、大型品茗观光道和茶园庭院火锅、大型宴会厅，嵌入茶文化与传统文化元素，建成新的网红打卡地，引来茶人游客观光休闲。

9. 四川蒙顶山茶业有限公司

四川蒙顶山茶业有限公司（图13-129）是由雅安市和名山区两级政府共同组建的国资茶叶生产经营企业，带领名山企业建设蒙顶山茶品牌，推动茶产业发展，商标有"吴理真"。2015年，该公司在茶马古城入口租赁商铺建立营销中心，推出五朝贡茗、茗山之巅、千秋蒙顶等茶品，线上线下营销，在京东、天猫等设立网络专销渠道，现主推蒙山五峰、甘露元年品牌。2015年底，雅安市名山区人民政府将位于中峰镇的牛碾坪茶区茶良场的大部分厂房、设备和350余亩部分茶园和蒙顶山半山的云栖谷等国有资产划拨给该公司管理使用，拓展茶叶与旅游融合开发，开展茶叶生产经营与茶文化、茶生态休闲康养体验活动。2017年由四川省投资集团有限公司控股，2023年2月被纳入所属四川省旅游投资集团有限公司管理。

图13-129 四川蒙顶山茶业有限公司及"吴理真"注册商标

10. 四川川黄茶业集团有限公司

四川川黄茶业集团有限公司（图13-130），位于世界茶文化圣山——蒙顶山麓，是集生产、供应、销售为一体的茶业企业，四川省农业产业化省级重点龙头企业，四川省农产品加工示范企业。目前，注册的商标有"川黄""圣山仙茶""植茶始祖""西川黄门"等，法人代表为张大富。2002年，公司收购川西茶叶市场；2003年，收购国营蒙山农垦茶场，成立蒙顶皇茶公司并组建四川省名山蒙顶山旅游开发有限公司；后创立四川圣山仙茶有限责任公司后组建四川川黄茶业集团有限公司，拥有资产9600多万元，员工30多人。公司走"公司+基地+农户"和"产、学、研"的发展模式，专注黄茶创新研发，以传承、创新、发展、诚信的理念，志将集蒙顶大成，做传世黄茶，公司10余种产品获得了绿色食品认证，是省级质量信誉企业，蒙顶黄芽、蒙顶甘露产品荣获2010上海世博会特许生产商；蒙顶甘露荣获四川省最具地方特色茶产品金奖，玉叶长春获第二届"国饮杯"全国茶叶评比绿茶类一等奖；2013年川黄茶业集团"植茶始祖"获得四川省著名商标；2014年，"植茶始祖"被评为四川首届消费者最喜爱的100件四川商标之一；2015年8月，蒙顶黄茶荣获第十一届"中茶杯"一等奖；2017年，蒙顶黄芽获中国黄茶斗茶大赛金奖。2019年，公司万春黄茶荣获蒙顶山茶杯金奖，2022年，川黄甘露荣获蒙顶山甘露杯斗茶大赛优质奖。

图13-130 四川川黄茶业集团有限公司及"川黄"注册商标

11. 四川雅茶集团茶业有限公司

四川雅茶集团茶业有限公司（图13-131），成立于2021年9月10日，位于四川省雅安市雨城区草坝镇永兴大道628

图13-131 四川雅茶集团茶业有限公司及"雅茶"注册商标

号,由雅安天润茶业有限公司转型而来,国有性质,现有资产总额6127万元,职工41人。商标为"雅茶",法人代表为马兴旺。公司下设一家藏茶厂和四川省蒙顶皇茶茶业有限公司绿茶厂(控股)。藏茶厂项目占地65.16亩,总建筑面积约23000m²,总投资1.48亿元,其中一期为新建5号、6号厂房16857.39m²,生产综合用房6211.95m²,二期为配套建设藏茶生产示范区,项目建成后自有产能为1000t/年。2022年6月22日,取得生产许可证,同年6月底开始试生产,顺利生产出散茶、袋泡茶、砖茶、小颗粒等多种形态藏茶。取得ISO9001质量管理体系认证、ISO14001环境管理体系认证、ISO45001职业健康安全管理体系认证。雅茶集团将紧紧围绕四川省委、省政府打造千亿川茶产业的目标,成为引领川茶、雅茶产业高质量发展的国有龙头企业。

12. 四川省蒙顶山皇茗园茶业集团有限公司

四川省蒙顶山皇茗园茶业集团有限公司(图13-132),位于雅安市名山区中峰镇,组建于2009年(原为名山县皇茗园茶厂,成立于1992年),现有3家子公司和9家加盟茶企,是一家集茶叶种植、加工、销售、茶文化推广、茶叶科研于一体的蒙顶山茶业企业,现有固定资产3800万元,员工52人,年生产蒙顶黄芽、石花、甘露、毛峰、红茶等各类名优茶近500t,公司产品销售网络覆盖国内的四川、重庆、湖北等125个地区。

图13-132 四川省蒙顶山皇茗园茶业集团有限公司及"皇茗园"注册商标

皇茗园茶业依托当地中峰、万古优质茶叶资源,建立茶园基地,实施绿色食品管理,先后被评为四川省农业产业化经营省级重点龙头企业、四川省小巨人企业、四川省专精特新企业、中国茶业综合实力百强企业、中国茶业十佳成长型企业、中国茶叶品牌价值评估百强企业。

"皇茗园"牌系列产品继承蒙顶山茶传统制作工艺,结合现代茶叶生产加工技艺,工艺独特、品质优异,连续五年入选四川省名优产品库,先后获得"特等名花茶""上海世博会指定产品""四川省手工艺文化品牌产品""中华名茶""中国黄茶推荐产品""四川省城市名片""四川省最具地方特色产品""四川茶业最具发展潜力品牌""四川名茶""四川省名牌产品""中国黄茶斗茶大赛金奖、特别金奖"、第十届、第十二届、第十三届"国际名茶评比金奖""第十届中绿杯特金奖"等荣誉。

13. 四川省雅安义兴藏茶有限公司

四川省雅安义兴藏茶有限公司（图13-133），于1995年建厂，2007年正式成立公司，位于雅安市名山区新店镇新坝村，厂区面积15000m^2，资产总额3000余万元，拥有独立完善的生产线，商标为义兴茶号，法人代表为郭承义。公司有2条边茶生产线，5条雅安藏茶紧压茶生产线，3条雅安散茶、袋泡茶生产线，产品分工明确，制茶器械系统，能生产出不同种类的藏茶。公司拥有专业技术人才15名，配以生产设备30余台，其中包含为更好地生产而自主研发的设备8台，年生产力达5000t，拥有3项国家发明专利、4项实用新型专利。公司"以诚信为宗旨、以质量为生命"，坚持"做食品就是做良心"，产品多次获绿博会、中国商标博览会等国内外大赛金奖，产品远销西藏、青海和四川甘孜州、阿坝州等藏区。义兴藏茶公司从小，到强，到大，成为雅安藏茶重点企业、四川省农业产业化重点龙头企业。公司为满足当代人群需要，开发出"义兴茶号"牌内销藏茶产品，并与雅安职业技术学院共同研发调味茶（冬瓜荷叶藏茶）、藏茶啤酒，销往广东、上海、北京、河北、河南等地，深受中老年朋友和减肥人士的喜爱。

图13-133 四川省雅安义兴藏茶有限公司及"义兴茶号"注册商标

二、市、区级重点企业

1. 名山正大茶叶有限公司

名山正大茶叶有限公司（图13-134），位于四川省雅安市名山区蒙阳街道五里村，是1995年12月28日注册成立的合资企业，注册资本3030万元。公司产品主要以正大集团的"正大"及"方圆"商标进行运营，同时还有20多个产品商标、包装专利及著作权案；公司主要经营种植、生产和销售乌龙茶、蒙顶山红茶及绿茶。

1995年初，泰国正大集团永远荣誉董事长谢大民先生与时任四川省委书记的谢世杰书记等领导一起座谈时达成了正大集团扶持四川农业

图13-134 名山正大茶叶有限公司及"正大"注册商标

产业及扶贫规划。经集团专家团队多次在四川实地考察以及与地方政府多次协商后，确定蒙顶山茶叶项目。公司在名山区牛碾坪自建母本示范基地150亩，蒙顶山茶区以"公司+农户"的合作基地300余亩及茶区多个合作茶叶基地，引进当时国际上附加值较高的台湾清心乌龙茶进行培育，是全国纬度最高的乌龙茶种植区。公司成立之初采用了喷灌系统及燃气加热杀青等，建设标准茶叶加工厂及引进多套进口设备；坚持绿色安全、标准规范的原则，获QS生产证书及绿色食品认证，先后通过了ISO9001质量管理体系、HACCP认证、GAP良好农业规范认证。

公司产品于2003年获得海峡两岸评茶大赛的五星级茶王奖，并多次在国内、国际茶评，如"中茶杯""国饮杯"等获金奖、银奖。公司拥有由多名评茶技师、制茶技师组成的研发小组，近年研发出的小绿叶蝉红茶、凤眉绿茶、青红萃乌龙红茶等新品，均获得消费者好评。

公司近些年年均缴税总额都达100万元，成立至今累计缴税总额达2000万元，是茶企中的交税大户，为当地经济的发展作出了应有的贡献。打造出绿茶新品——正大凤眉，把蒙顶山茶带给更多的消费者。按照集团发展规划，正将公司向集原叶茶、茶饮及茶食多品类生产和销售的多元化企业发展。

2. 雅安市广聚农业发展有限责任公司

雅安市广聚农业发展有限责任公司（图13-135）是雅安市名山区国投公司旗下的全资子公司，成立于2018年。广聚农业肩负着名山区政府实施的"蒙顶山茶核心区原真性保护"战略及蒙顶山茶品牌化使命，对蒙顶山海拔800m以上的核心区茶园实行"六统一"管理,实现产品可追溯,确保产品质量安全高端。通过品牌化打造,实现蒙顶山茶引领全川,享誉全国,走向世界。公司拥有32年历史的"理真"商标。理真·蒙顶山甘露是该公司的核心主打产品,还有理真·蒙顶山黄芽等代表性特色产品。理真,以原真性保

 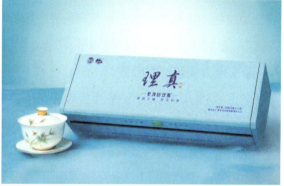

图13-135 雅安市广聚农业发展有限责任公司及"理真"注册商标

护为标杆,树立中国高端文化名茶,带动蒙顶山茶品牌价值提升和产业升级,实现茶农增收,茶企增效,茶业富区,乡村振兴的目标,擦亮川茶金字招牌。理真·蒙顶山茶——致敬伟大的开创者。2023年专门成立理真茶业有限公司,负责原真性保护理真牌蒙顶山茶的营销。

3. 四川蒙顶山味独珍茶业有限公司

2003年6月,创办个体工商户蒙山味独珍茶庄,次年6月,升级为四川省名山县蒙顶山味独珍茶厂,为个人独资企业,法人代表为张强。2007年1月,组建为四川蒙顶山味独珍茶业有限公司(图13-136),持"味独珍""早春甘露""玉玫瑰红"等注册商标,"味独珍"商标被评为四川省著名商标,拥有10余项国家专利。地址在蒙阳镇蒙山大道125号,总资产3000余万元。有位于蒙顶山金花村的绿色生态茶园1000多亩,

图13-136 四川蒙顶山味独珍茶业有限公司及"味独珍"注册商标

并与四川农业大学签订校企合作协议。2004年至2022年"味独珍"牌甘露、黄芽、石花、红茶、花茶等获20多项国际、国内的金奖、银奖，2005年3月，被国家质检总局认定为蒙山茶原产地域产品专用标志企业。同年4月、12月，由中国茶叶流通协会和《中华合作时报》共同主办，老舍茶馆承办的"迎奥运·五环茶"甄选活动中，味独珍牌蒙顶黄芽入选五环茶——黄茶。中国茶叶经济年会上，公司多次进入中国茶叶百强企业。2010年至2022年多次参加中国农业品牌研究中心价值评估，品牌价值3.94亿元，进入百强。

4. 雅安市敦蒙茶业有限公司

雅安市敦蒙茶业有限公司（图13-137）的前身为1994年成立的名山县敦蒙茶厂，地址在名山区联江新街6号，法人代表为胡国锦。公司以生产和经营蒙顶甘露、蒙山毛峰等蒙顶山绿茶为主。

敦蒙茶业宗旨为"诚信经营，坚持做好茶"，是中国十大名茶蒙顶山茶品牌获准使用单位。公司建有茶叶基地2000余亩，以"敦蒙"为注册商标，生产的蒙顶山甘露、蒙山毛峰销往全国十多个省市。敦蒙茶业是雅安市农业产业化重点龙头企业，是四川省绿色健康放心食品单位，是四川"3·15"消费者金口碑单位。

图13-137 雅安市敦蒙茶业有限公司及"敦蒙"注册商标

5. 四川省宏宇蕾茶业有限公司

四川省名山区宏宇蕾茶业有限责任公司（图13-138）始建于2004年。地址在蒙阳镇蒙山大道名茶街C1栋。法人代表为李国勇。公司占地面积20余亩，其中厂房及

图13-138 四川省名山区宏宇蕾茶业有限责任公司及"宏宇蕾"注册商标

办公楼2500m², 固定资产1500万元, 员工100余人。从事茶叶生产、加工、销售工作。名优茶、大宗茶年生产量600t以上。是国家QS认证的B级企业, 雅安市市级重点龙头企业。主要生产"宏宇蕾"牌黄芽、石花、蒙山飘雪、明前毛峰、春露等系列产品。

6. 雅安市名山区藕莲春茶厂

雅安市名山区藕莲春茶厂（图13-139）位于雅安市名山区黑竹镇鹤林村七组, 2008年正式注册成立, 法定代表人为魏存文。茶厂面积4500m², 资产1200万, 人员38名; 专业加工生产以蒙顶甘露、石花、毛峰等为主的各种名优绿茶, 主要是以线下批发为主。公司坚持"以诚为信, 以茶会友"的精神, 注重质量, 不断进取, 加快发展。依托周边万亩绿色无公害茶园, 走"公司+基地+农户"的产业化经营道路, 与4500户农民签订了茶叶原料基地协议, 实行合同订单收购, 与当地茶农建立了利益共享, 风险共担的经济利益共同体。该厂在2013年获得雅安市市级重点龙头企业称号、2016年获得爱心企业称号、在2018年获得优秀民营企业称号。

图13-139 雅安市名山区藕莲春茶厂及"藕莲春"注册商标

7. 雅安市翠源春茶业有限公司

雅安市翠源春茶业有限公司（图13-140）于2008年12月成立。原地址在万古乡高河村四组, 后迁至黑竹镇莲花村四组。法人代表为李祥刚。占地27亩, 生产车间2000m², 主要生产设备80台（套）, 包装车间1500m², 办公楼800m²; 主体设备110台（套）, 资产总额2000万元。职工30人, 技术人员5人。主要生产经营蒙顶山名优绿茶、黄茶、茉莉花茶。年生产、销售名优茶300t。2022年, 销售收入3000余万元。在成都大西南茶城等地有销售门店, 该茶厂组建雅安市名山区茗香源茶叶种植农民专业合作社, 种植绿色无公害生态茶叶, 规模1000余亩。

图13-140 雅安市翠源春茶业有限公司及"翠源春"注册商标

8. 雅安市止观茶业有限责任公司

雅安市止观茶业有限责任公司（图13-141）成立于2013年3月，位于雅安市名山区蒙顶山镇止观村，现有资产1200万元，人员30余人，法人代表为许君励。公司为雅安市农业产业化龙头企业，拥有1000余亩海拔在1000m左右的高山古茶园，有几百年、上千年的原生古茶树，是雅安市代表性古茶树基地，公司坚持做

图13-141 雅安市止观茶业有限责任公司及"沁叶"注册商标

好古茶树保护与古法制作特色茶，君黄凤团富有特色，同时做茶产品深度开发利用。

9. 雅安市巧茶匠农业科技有限公司

雅安市巧茶匠农业科技有限公司（图13-142）成立于2019年8月，位于雅安市雨城区晏场镇宝田村，前身是聚祥春茶厂，法人代表为庞红云。拥有原生种高山老川茶基地600余亩，辐射茶园面积2000余亩，海拔在1200m，自然生态。公司创始人庞红云一家四代以种茶、制茶为生，投资300多万元，建成厂房面积3000m²，引进现代化先进茶叶加工生产设备，精心生产制作各类高山生态红茶、绿茶、黄茶、花茶等，生产各类名优茶50t。红茶产品聚祥红韵、花茶产品聚祥瑞雪多次荣获省级斗茶比赛金奖。公司实施"公司+基地+农户"

图13-142 雅安市巧茶匠农业科技有限公司及"巧茶匠"注册商标

产业化模式，2010年成立了雅安市雨城区绿宝茶叶合作社，带动周围农户打造高山生态茶园基地，确保产品质量、助农增收、企业发展。

10. 雅安市赋雅轩茶业有限公司

雅安市赋雅轩茶业有限公司（图13-143）创建于1996年，2013年正式成立雅安市赋雅轩茶业有限公司，是一家集茶园种植、茶叶加工、产品销售为一体，包括茶体验、茶

文化传播的市级龙头企业。位于雅安市雨城区合江镇双合村2组138号。主要生产经营蒙顶山绿茶、花茶、红茶、黄茶、黑茶、特种茶。公司秉承以人为本、人与自然和谐相处的理念，坚持"做良心茶、匠心制"和"传承、传统、创新"的宗旨。依

图13-143 雅安市赋雅轩茶业有限公司及"赋雅轩"注册商标

托雅安当地得天独厚的自然环境，公司着力于传统手工茶技艺的挖掘、传播并与当地校、乡联合培养茶技、茶艺人才。创新研发新型花果茶，改善常规茶饮。用天然的花、果与茶调配，精制出了不同香型和滋味的无其他添加剂的茶饮。公司严格遵守国家食品管理法律、法规以及安全管理制度，生产过程可控，实施追溯管理，推行合格证使用。

11. 四川航棵福硒茶业有限公司

四川航棵福硒茶业有限公司（图13-144），位于前进镇双龙村，以含硒有机茶研发种植、生产加工、品牌运营为一体，秉承"给世界一杯干净的茶"的宗旨，坚持用匠心、严谨、执着、科技的理念，打造高品质、差异化、多元化、高科技的特色

图13-144 四川航棵福硒茶业有限公司及"茶玉十二客"注册商标

茶产业。法人代表为刘骐。总公司（4家加工企业）占地总面积约50亩，有20000m²的标准化清洁厂房，有标准化红茶、白茶、绿茶、藏茶、花茶生产厂房和生产线，冻干茶粉精加工厂房和生产线。茶科专业顾问和导师2名，高级制茶师8名（36年以上制茶经验），中级制茶师25名，员工150名，有高山含硒有机茶园基地6万亩以上。销售公司5家，其中2家为茶叶进出口贸易公司。主要生产和可代加工的产品有绿茶、红茶、白茶、花茶、茶粉、黑茶（藏茶）、花果茶、调味茶、花草茶、代用茶等，年产量3000t以上，年产值约3.5亿元。公司经过6年的沉淀，目前生产的含硒有机茶已经通过了欧盟有机转换认证。

12. 四川雨蒙禾盛农业发展有限公司

四川雨蒙禾盛农业发展有限公司（图13-145）创建于2014年，位于蒙顶后山的雨城区北郊镇蒙泉村七组，注册资本为1000万元，公司法人代表彭丽凤。是一家以茶体验、茶文化、茶风情、茶观光为载体，集茶园种植、加工、销售及科研为一体，第一、二、三产业联动发展的综合型现代民营企业，是雅安市农业产业化重点龙头企业。

图13-145 四川雨蒙禾盛农业发展有限公司及"清雨牧叶"注册商标

公司依托四川蒙顶山后山海拔800~1000m区域建立的自主高标准生态茶园500亩，实行"公司+合作社+农户"的运营模式，按照绿色有机标准生产管理，确保产品质量，带动周边农户发展茶园1000余亩。公司生产的"清雨牧叶"牌系列产品，采用传统制作工艺，多次获得茶叶大赛荣誉证书。清雨牧叶茶叶分绿茶、红茶、藏茶3大系列近16个品种，产品受到广大消费者青睐，畅销省内外。

13. 雅安市名山区金顺茶厂

雅安市名山区金顺茶厂（图13-146），成立于2013年12月，位于雅安市名山区新店镇新坝村六组，法定代表人为蒋城，现有职工20余人，从事茶叶加工、销售工作。企业面积3000m²，机

图13-146 雅安市名山区金顺茶厂及"金顺"注册商标

器设备30余台（套），车间布局合理，连续化、自动化、清洁化程度高，资产总额1300万余元。公司生产、销售蒙顶山茶系列产品，十分注重产品质量和服务信誉，取得食品生产许可证、质量管理体系认证，获外观设计专利、登记证书5个，拥有"蕊雪""天益娇子""金顺天益"等7个注册商标。在成都宽窄巷子、南充、绵阳、重庆磁器口分别设立了4个门市分店销售推广蒙顶山茶；已与北京、重庆、浙江、上海、江苏、湖北、湖

南等多家公司建立了长期合作关系，深受舞东风、红旗连锁、各大型商场和广大群众的喜爱。该公司是雅安市农业产业化重点龙头企业，与雅安市名山区新店镇山河村（贫困村）签订了鲜叶收购协议，为该村脱贫工作作出了一定的贡献。

14. 四川种茶人茶业有限公司

四川种茶人茶业有限公司（图13-147）位于雅安市名山区联江乡，成立于2014年7月，注册资本600万元，公司厂区占地10亩，现有资产5000多万元，员工50人，其中技术工人26人，管理人员10人，销售人员14人，法人代表为蔡耀松。主营各种名优绿茶、大宗绿茶和白茶的生产加工、销售，产品销往四川、福建、深圳、广东等地区。公司厂房及设备总投资3000余万元，含白茶制作车间2层及各种名优茶制作车间4个，还有独立检测实验室。坚持品质优先，信誉经营，让企业在强区富民中发挥作用。公司生产能力稳定提高，营销

图13-147 四川种茶人茶业有限公司及"种茶人"注册商标

市场不断扩大，各类干茶年产量达200t，产值达8000万元，2019年，获得"雅安市返乡下乡创业示范企业"授牌，2022年获得雅安市农业产业化重点龙头企业，多次荣获市、区两级政府表彰，2020年蔡耀松担任联江乡茶业协会会长。

15. 四川省雅安市红灵实业有限公司

四川省雅安市红灵实业有限公司（图13-148）成立于1998年，位于雅安市雨城区青衣江路中段21-22号，主营茶叶生产与销售，法人代表为王文斌。公司在雅安国家级经济开发区藏茶产业园区7-2拥有2000m²现代化茶叶生产工厂，员工18人，年销售额2000多万，拥有海拔1000多m的高

图13-148 四川省雅安市红灵实业有限公司及"红灵"注册商标

山生态茶园近万亩,秉承顾客至上,诚实守信,传承历史,开拓创新理念,陆续推出了蒙顶甘露、石花、黄芽、红灵飘雪等名茶,研发红茶、花果茶、黑茶以及茶叶代用茶等。拥有红灵茶叶旗舰店、茶叶配送中心、茶具店、天全红灵茶行等多个店铺。2013年红灵公司入驻天猫店,2017年公司入驻京东店。

16. 四川雅安雅泉茶业有限公司

四川雅安雅泉茶业有限公司(图13-149)成立于2004年1月,位于雅安市雨城区合江镇双合村一组,主要加工、经销蒙顶山绿茶、黄茶、花茶、红茶等产品,私营企业,资产规模1000万元,固定员工12人,法人代表为刘文义。公司坚守质量服务信誉第一,产品多次获全国、全省大奖,带领当地茶农增收、茶产业发展,是雅安市农业产业化重点龙头企业。

图13-149 四川雅安雅泉茶业有限公司及"雅泉"注册商标

三、骨干企业

1. 雅安市蜀名茶场

雅安市蜀名茶场(图13-150)建于1992年,位于雅安市名山区蒙顶山镇皇茶大道南五街,面积1万m²,资产1300万元,员工20人,是一家集茶叶研究、生产、加工、销售、茶园种植及茶叶生产资料销售为一体的企业,法人代表为杨红。多年承担多项产品研发任务,是蒙山茶国家标准实物标准样提供单位之一,商标为蜀蒙牌、蒙茶仙子牌,主要产品有蒙顶山各类传统名茶、毛峰类绿茶、花茶等,名山县首届茶叶十强企业。该场"一种黄茶制作方法"获发明专利,"一种茶鲜叶清洗机"获实用型专利。

图13-150 雅安市蜀名茶场及"蜀蒙"注册商标

2. 雅安市名山区旭茗茶厂

原为名山县旭茗茶厂(图13-151)。2013年4月,升级组建为公司。地址在中峰镇大冲村七组,法人代表为文婷。公司坚持质量第一,信誉至上,原料来自中峰牛碾坪生态观光茶园等高山茶园，是蒙顶山茶证明商标授权使用企业，有"羽信""旭雅""旭雅竹""旭雅竹雪"等注册商标，产品主销成都、重庆、河南等地。在京东、淘宝等平台开通网络销售，品牌销售成效显著，连续多年上缴税金居名山茶企前十位。

图 13-151 雅安市名山区旭茗茶厂及"旭雅"注册商标

3. 雅安市名山区香满堂茶厂

雅安市名山区香满堂茶厂（图 13-152）建于 2007 年，位于雅安市名山区万古乡红草村九组，占地面积 3500m²，现有标准化生产车间 2 组，是一家集蒙顶山茶叶种植、加工、销售为一体的茶叶私营企业，有员工 96 名，法人代表为李东。本着"做知茶之人，交知茶之友"理念，在成都建立了香满堂茶厂知茶人品牌营运中心、品牌销售管理公司、品牌旗舰店，已经发展香满堂茶厂——知茶人品牌专卖店 32 家，专柜上百家，茉莉飘雪、大汉春秋、蒙顶甘露、蒙顶黄芽品牌系列产品在市场取得了消费者的广泛认可。

图 13-152 雅安市名山区香满堂茶厂及"知茶人"注册商标

4. 雅安市雅州恒泰茶业有限公司

雅州恒泰茶号创立于 1862 年，是雅安六大老字茶号之一，其传承企业——雅安市雅州恒泰茶业有限公司（图 13-153）坐落于雅安市名山区蒙顶山麓，是一家侧重于茶叶生产技术研发的创新型小微企业，公司年产值 1500 余万元，有员工 20 名，法人代表为施刘刚。公司独家研发、生产的产品金花藏茶，其核心工艺获得国家发明专利，产品质量安全，养身保健，风味独特，荣获 2018 年意大利米兰国际手工艺博览会金奖，是第十七届西博会外宾国礼茶品，国内热销，并销往新加坡、德国、法国、澳大利亚等海外市场。

图 13-153 雅安市雅州恒泰茶业有限公司及雅州恒泰注册商标

5. 雅安市建昌茶业有限公司

雅安市建昌茶业有限公司（图13-154）成立于2010年10月，由原建昌茶厂变更，厂房建筑面积5000多m²，拥有先进的茶叶粗制和精制设备，是一家专业生产、经营蒙顶山茶并以传承和弘扬蒙顶山茶为己任的私营企业，法人代表为艾猛。公司自有基地3000余亩，始终坚持"以质量求生存，以信誉促发展"的理念，向市场提供优质安全的蒙顶山绿茶、红茶、花茶等茶叶产品。

图13-154 雅安市建昌茶业有限公司及"碧峰鸣春"注册商标

6. 雅安市名山区绿剑茗茶厂

雅安市绿剑茗茶厂（图13-155）始建于2007年，位于四川省雅安市名山区。厂房面积2000m²，有冷库1个，杀青机、扁形机等各类茶叶设备近100台，年产值近2000万元，企业拥有高级茶艺师1名、中级茶艺师3名、茶艺师15名，法人代表为戴贵霞。茶厂遵循合作共赢原则，以品牌为先导、渠道为依托，为全国各地茶友提供差异化、高品质的产品及服务，线上线下销售相结合，蒙顶甘露、黄芽、石花、毛峰等产品销售至上海、北京、江苏、浙江等10多个省区。

图13-155 雅安市绿剑茗茶厂及"六包顶"注册商标

7. 雅安藏茶坊茶业有限公司

雅安藏茶坊茶业有限公司（图13-156）位于有世界茶文化圣山之称的蒙顶山牌坊处，主要生产销售古道背夫系列藏茶，以及蒙顶甘露、蒙顶黄芽、老川红茶

图13-156 雅安藏茶坊茶业有限公司及"坊茶藏"注册商标

等手工茶产品，是集采茶、制茶体验、茶餐、茶艺、品茶、购茶为一体的茶旅驿站。公司坚持"传承、专注、匠心"的发展理念，坚守初心，感恩奉献。公司坚持以优质原料、传统渥堆发酵技术为核心，产品在2016年"蒙顶山杯"斗茶大赛中一举荣获2项金奖，位于蒙顶山碾沟的生态茶园被授予高山生态茶树资源基地称号。

8. 四川省雅安市染春茶业有限公司

四川省雅安市染春茶业有限公司（图13-157）建立于2018年，从传统经营转型为电子商务销售、推广模式经营，是集茶叶加工、精制、销售、研发，线上、线下销售为一体的综合性企业，占地面积5000m²，有员工30人。坚持抓产品质量，确保向消费者提供安全、健康、绿色的茶产品，坚持实施现代营销理念，在雅安、成都、福建均设有销售网点、体验店，优质服务消费者。在2022年第七届"蒙顶山杯"中国黄茶斗茶大赛中取得银奖、在第三届"蒙顶甘露杯"斗茶大赛中获取优质奖。

图13-157 四川省雅安市染春茶业有限公司及"染春"注册商标

9. 雅安市名山区喜年号茶叶有限公司

雅安市名山区喜年号茶叶有限公司（图13-158）位于雅安市名山区蒙阳镇沿江中路45号，公司从2003年开始进入茶叶行业，创立自己的品牌，2022年7月成立公司，公司资产2000万元，旗下有一方茶水、1169两个品牌，有员工100余人，法人代表为成江。公司立足于蒙顶山茶的品质与深厚文化，将加工厂设在茶

图13-158 雅安市名山区喜年号茶叶有限公司及"1169"注册商标

园基地，确保质量，从2005年至今，在品牌线上开设了天猫店、京东店铺以及抖音店铺，发展至今有线下直营门店达30余家，总部位于成都武侯祠附近，主要分布于以成都为主的四川西南片区。

10. 四川省蒙顶山奇茗茶业有限公司

四川省蒙顶山奇茗茶业有限公司（图13-159）于1996年成立奇茗茶厂，位于雅安市名山区联江乡续元村一组，营销中心位于蒙顶山麓世界茶都2栋，2014年2月成立四川省蒙顶山奇茗茶业有限公司，员工30人，商标为"禹蒙"，法人代表为黄奇美。

图13-159 四川省蒙顶山奇茗茶业有限公司及"禹蒙"注册商标

公司一直坚持"产品质量第一、信誉至上"的原则，针对茶叶标准和不同省市的消费特点，改进生产工艺，提供多元化产品，深受广大茶客的喜爱。创新地将黄茶饼压制成方便携带的龙珠，将小青柑与藏茶结合。2005年1月禹蒙牌蒙顶甘露、蒙顶石花被四川国际茶业博览会评为一等奖；2019年黄奇美被评为蒙顶山茶十大茶人。公司基地茶园被雅安市茶叶学会审定为高山生态茶树资源基地。公司还合作推出茗悦1233茶酒系列，于2019年比利时布鲁塞尔国际葡萄酒大奖赛中荣获CMB银奖第一名。

11. 雅安市嘉会茶业有限公司

雅安市嘉会茶业有限公司（图13-160）成立于1998年10月，生产厂区坐落于名山区蒙顶山茶中部加工区，品牌营销中心位于成都市金牛区，是一家集原料种植、研发、生产、营销推广、品牌运营为一体的现代化农业加工企业，资产总额2000万元，员工100余人，法人代表为贾涛。草木间多年来一直致力于全国地道茶饮的开发、生产和营销服务，自主品牌有竹可心、玉肌香、嘉会等，以成都为基础，

图13-160 雅安市嘉会茶业有限公司及"草木间"注册商标

开设8家品牌旗舰店，辐射四川20余家专营店，100多家专柜，生产、销售蒙顶甘露、茉莉花茶、功夫红茶等四川特色茶，获得中国茶叶博物馆2021年中国好茶年度展示茶样、中国首届传承博览会金奖。

12. 雅安市名山区井中月茶业有限公司

雅安市名山区井中月茶业有限公司（图13-161），成立于2010年，位于蒙顶山茶区

平均海拔800m的万古镇，企业由小到大，厂房面积超过2000m²，固定资产500万，员工30余人，是一家集茶叶种植、生产、销售、科研为一体的茶叶企业，注册商标"井中月"，法人代表为李柏林。主

图13-161 雅安市名山区井中月茶业有限公司及"井中月"注册商标

营名优绿茶、茉莉花茶、中高端红茶的代加工和销售，金额达2000余万元。公司坚持产品质量、信誉服务第一，是宜宾职业技术学院校外实习基地，雅安市返乡下乡示范企业。

13. 四川蒙顶山春上早茶业有限公司

四川蒙顶山春上早茶业有限公司（图13-162）位于雅安市名山区联江乡孙道村一组新街112号，成立于2017年2月23日，资产总额1500万元，人员35人，是一家集生产、加工、销售为一体的茶叶企业，法人代表唐发杰。拥有春上早（绿茶）、早雪（茉莉花茶）、早红（红茶）等商标。秉承"创名企、争一流"精神，实施标准化管理，公司于2017年通过了ISO9001质量管理体系认证，进驻天猫店、京东POP店、京东自营店、拼多多店、抖音店5家电商平台销售，2022年公司电商平台销售额共计2100余万元。

图13-162 四川蒙顶山春上早茶业有限公司及"春上早"注册商标

14. 雅安市皇茶坊茶业有限公司

雅安市皇茶坊茶业有限公司（图13-163），位于蒙顶山侧雨城区碧峰峡镇蒙泉村10组，是一家集种植、研发、加工、销售、旅游、观光茶园等为一体的现代化综合企业，法人代表周震宇。公司拥有蒙顶山上海拔在800m以上的优质生态

图13-163 雅安市皇茶坊茶业有限公司及"皇茶坊"注册商标

茶园1200余亩，坚持"做茶如做人""安全、健康、绿色"的原则，运用传统制作工艺和现代加工先进技术，对茶叶生产的各环节进行标准化质量检测管理，精心制作茶叶，有蒙顶甘露、黄芽、花茶等产品，蒙顶甘露获2022首届蒙顶山甘露杯斗茶大赛金奖。

15. 四川蒙顶山蒙典茶业有限公司

四川蒙顶山蒙典茶业有限公司（图13-164）成立于2019年7月，位于雅安市名山区新店镇新星村4组15号-中部茶叶加工园区内，法人代表刘兵，现有资产2003万元，在职人员15人，自有品牌"蒙

图13-164 四川蒙顶山蒙典茶业有限公司及"蒙典1456"注册商标

典""1456"；公司主要生产、经营蒙顶山绿茶、黄茶、藏茶等，在北京、成都、深圳等城市设有专销店20个，年产销量20多万斤茶叶。公司在2022年1月荣获2021年度名山发展突出贡献奖绿美乡村建设者称号；2022年3月荣获雅安市名山区文化旅游节"蒙顶甘露杯"斗茶大赛优质奖；2022年11月荣获"蒙顶山甘露杯"首届包装大赛二等奖。下一步，公司将着力于优化经营结构，加快茶业品牌商业布局，以线下实体旗舰店和合作店经营模式为主的多渠道经营等措施使企业快速发展壮大。

16. 雅安市名山区卓霖茶厂

雅安市名山区卓霖茶厂（图13-165）建于2007年，位于雅安市名山区百丈镇挖断山，个人独资企业，以生产和销售优质雅安藏茶、名优绿茶、花茶及蒙顶山茶系列产品为主，现有资产规模2000余万元，固定员工15人，法人

图13-165 雅安市名山区卓霖茶厂及"卓霖"注册商标

代表何卓霖。建厂至今，先后经过7次技术改革，始终保持生产能力及创新能力。2011年卓霖牌雪兰独珍荣获四川省最具地方特色茶产品金奖，创新产品颗粒藏茶藏王黑金丹荣获蒙顶山杯斗茶大赛银奖。公司产品主销北京、河北市场，在北京稳定经营已近20年。产品在线下线上销售良好，成效逐年提升。

四、知名企业

雅安市名山区知名企业见表13-1。

表 13-1　雅安市名山区知名企业名单

授权编号	企业注册商标	企业名称	企业地址	法人代表	企业主要产品
009		雅安市名山区太平茶厂	雅安市名山区红星镇西街	宋大芳	"蒙都"牌蒙顶甘露、蒙顶黄芽、蒙顶石花、蒙山毛峰及红茶、花茶等系列产品
014		雅安市大元茶厂	雅安市名山区蒙顶山镇虎啸桥路91号	彭光强	"仙关"牌蒙顶甘露、蒙顶黄芽、蒙顶石花、蒙山毛峰及红茶、花茶等系列产品
017		雅安市华盖茶业有限公司	雅安市名山区新店镇古城村二组19号	王文川	"华盖"牌蒙顶甘露、蒙顶黄芽、蒙顶石花、蒙山毛峰及红茶、花茶等系列产品
019		雅安市名山区新春茶厂	雅安市名山区新店镇中峰路口	赵仕明	"韵茗湖"牌蒙顶甘露、蒙顶石花、蒙山毛峰等绿茶及红茶、花茶等产品,代加工绿茶
021		雅安市蒙茗茶厂	雅安市名山区蒙阳镇陵园路342号	高世全	"蒙茗"牌蒙顶甘露、蒙顶黄芽、蒙顶石花、蒙山毛峰及红茶、花茶等系列产品
022		四川省蒙顶山蒙贡茶业有限公司	雅安市名山区蒙阳镇陵园路342号	魏启祥	"蒙贡"牌蒙顶甘露、蒙顶黄芽、蒙顶石花、蒙山毛峰及红茶、花茶等系列产品
025		四川雅安博娟农产品开发有限公司	雅安市雨城区沙湾路233号	罗泓博	"博娟"牌蒙顶甘露、蒙顶黄芽、蒙顶石花、蒙山毛峰及红茶、花茶等系列产品
026		雅安市名山区春尖茶厂	雅安市名山区新店镇茶马司	赵仕刚	"蒙尖"牌蒙顶甘露、蒙顶黄芽、蒙顶石花、蒙山毛峰及红茶、花茶等产品,代加工绿茶
030		雅安市名山区绿涛茶厂	雅安市名山区万古乡高山坡村5组	李碧莲	"西蜀山叶"牌蒙顶甘露、蒙山毛峰等产品
031		四川雅安蒙顶山九天茶业有限公司	雅安市名山区茶马古城13幢22号	王光新	"蜀九天"牌蒙顶甘露、蒙顶黄芽、蒙顶石花、蒙山毛峰及红茶、花茶等系列产品
033		雅安市名山区帝知春茶业有限公司	雅安市名山区蒙顶山镇梨花村2社	高永达	"帝知春"牌蒙顶甘露、蒙顶黄芽、蒙顶石花、蒙山毛峰及红茶、花茶等系列产品
039		四川天凤御品茶业有限公司	雅安市名山区蒙顶山镇黄茶大道27号	马飞鹏	"天凤十二品"牌蒙顶甘露、蒙顶黄芽、蒙顶石花、蒙山毛峰及红茶、花茶等系列产品

续表

授权编号	企业注册商标	企业名称	企业地址	法人代表	企业主要产品
040	蒙山雨颂	四川蒙顶山茶业有限公司	名山区中峰镇海棠村牛碾坪生态观光茶园	郭涛	"蒙山雨颂"牌蒙顶甘露、蒙顶黄芽、蒙顶石花、蒙山毛峰及红茶、花茶等系列产品
042	妙供来香	雅安市名山区妙供来香茶业有限公司	雅安市名山区茶都大道479-8号	文琪	"妙供来香"牌蒙顶甘露、蒙顶黄芽、蒙顶石花、蒙山毛峰及红茶、花茶等系列产品
043		雅安市天然香茶业有限公司	雅安市名山区新店镇阳坪村八组	杨冲	"天然香"牌蒙顶甘露、蒙山毛峰及大宗等产品，代加工绿茶
048	三合寨	四川省世鼎茶业有限公司	雅安市名山区黑竹镇王山村215号	刘志祥	"三合寨"牌蒙顶甘露、蒙顶黄芽、蒙顶石花、蒙山毛峰及红茶、花茶等系列产品
052	仙态茶	四川德益茶业有限公司	雅安市名山区永兴街道双墙村二组	王钧	"三合寨"牌蒙顶甘露、蒙山毛峰等绿茶，黄茶、红茶、花茶等产品，代加工绿茶等
054		雅安天润茶叶有限公司	雅安市雨城区朝阳街4号	李鸿	大熊猫图形牌蒙顶山藏茶、红茶、花茶等系列产品
055	叶之韵	雅安叶之韵茶业有限公司	雅安市名山区茅河镇香水村8组107号	黎蓝萍	"叶之韵"牌蒙顶甘露、蒙顶石花、蒙山毛峰绿茶，及红茶、花茶等系列产品
058	南方叶嘉 NAN FANG YE JIA TEA	四川省南方叶嘉茶业有限公司	雅安市名山区红星镇余坝村七组	代毅	"南方叶嘉"牌蒙顶甘露、蒙顶黄芽、蒙顶石花、蒙山毛峰及红茶、花茶等系列产品，代加工绿茶等
061	康润虹	四川康润茶业责任有限公司	雅安市雨城区多营镇下坝村	李鸿	"康润"牌蒙顶山藏茶、红茶、花茶等系列产品
062	绿乡茗	四川先春茶业有限公司	雅安市名山区蒙阳皇茶大道19号19栋1层11、12号	黄耀	"绿乡茗"牌蒙顶甘露、蒙顶石花、蒙山毛峰及花茶等系列产品，代加工绿茶
065	八宝 BA BAO	雅安市名山区名蒙茶厂	雅安市名山区前进乡六坪村	古全林	"八宝"牌蒙顶甘露、蒙顶石花、蒙山毛峰及花茶等系列产品
067		四川省金顺天益茶叶公司	雅安市名山区新店镇新坝村六组	蒋城	"金顺"牌蒙顶甘露、蒙顶黄芽、蒙顶石花、蒙山毛峰及红茶、花茶等系列产品
068	锦秀金针	雅安市名山区培秀茶业有限责任公司	雅安市名山区百丈镇王家村102号	罗培秀	"锦秀金针"牌蒙顶甘露、蒙顶黄芽、蒙顶石花、蒙山毛峰及红茶、花茶等系列产品
072	川蒙	四川省雅峰茶业有限公司	雅安市名山区城东乡五里口	高锡宁	"川蒙"牌蒙顶甘露、蒙顶黄芽、蒙顶石花、蒙山毛峰及红茶、花茶等系列产品

续表

授权编号	企业注册商标	企业名称	企业地址	法人代表	企业主要产品
076		四川昱茗茶业有限公司	雅安市名山区新店镇新民路上段165号	冯萍	"熊猫甘露"牌蒙顶甘露、蒙顶黄芽、蒙顶石花、蒙山毛峰及红茶、花茶等系列产品
077	名旅	雅安市名山区碧春茗茶厂	雅安市名山区联江乡孙道村3组	江显峰	"名旅"牌蒙顶甘露、蒙顶石花、蒙山毛峰及花茶等系列产品,代加工绿茶
078	韵令	雅安市名山区藕花茶厂	雅安市名山区联江乡藕花村二组28号	戴列	"韵令"牌蒙顶甘露、蒙顶石花、蒙山毛峰及花茶等系列产品,代加工绿茶
079	蒙茶荟萃	雅安市名山区福军茶厂	雅安市名山区百丈镇曹公村三组	邹福军	"蒙茶荟萃"牌蒙顶甘露、蒙山毛峰等绿茶,黄茶、红茶、花茶等系列产品,代加工绿茶
080	雅利绿景	雅安市雅雨露茶叶有限公司	雅安市草坝镇水津村四组	万德全	"雅利绿景"牌蒙顶甘露、蒙顶石花、蒙山毛峰及花茶等系列产品,代加工绿茶
081	早春甘露	四川早春甘露茶叶有限公司	雅安市名山区蒙阳镇皇茶大道13号13栋1单元2层63号	张忆萍	"早春甘露"牌蒙顶甘露、蒙顶黄芽、蒙顶石花、蒙山毛峰及红茶、花茶等系列产品
082	残剑飞雪	四川省残剑飞雪茶业有限公司	雅安市名山区蒙顶山大道162号	高士杰	"残剑飞雪"牌茉莉花茶、蒙顶甘露、蒙顶黄芽、蒙顶石花、蒙山毛峰及红茶等系列产品
084	青峰阳光	雅安市青峰阳光养殖专业合作社	雅安市雨城区上里镇建新村八组	张亭	"青峰阳光"牌蒙顶甘露、蒙顶黄芽、蒙顶石花、蒙山毛峰及红茶等系列产品
085	龙门蕊雪	雅安天天品茶业有限公司	雅安市名山区蒙顶山镇世界茶都A2区域6幢	卢全富	"天天品"牌蒙顶甘露、蒙顶黄芽、蒙顶石花、蒙山毛峰及红茶等系列产品
088	瑞扶祥	雅安市瑞扶祥茶厂	雅安市雨城区草坝镇雅泉路39号	罗光洪	"瑞扶祥"牌蒙顶甘露、蒙顶石花、蒙山毛峰及大宗茶等系列产品,代加工绿茶
090	九霄露 jiu xiao lu	雅安市名山区九霄露茶业有限公司	雅安市名山区蒙阳镇茶都大道1号附5-7号	冯鹏	"九霄露"牌蒙顶甘露、蒙顶黄芽、蒙顶石花、蒙山毛峰及红茶等系列产品
091	前新	雅安市忠伟农业有限公司	雅安市名山区蒙阳镇沿江中路62号	蒋达伟	牌蒙顶甘露、蒙顶黄芽、蒙顶石花、蒙山毛峰及红茶等系列产品
092	比屋之饮	雅安市名山区蜀名春茶厂	雅安市名山区新店镇长春村一组	黄先锦	"比屋之饮"牌蒙顶甘露、蒙顶石花、蒙山毛峰及花茶等系列产品,代加工绿茶

续表

授权编号	企业注册商标	企业名称	企业地址	法人代表	企业主要产品
093	蒙峰 MENGFENG	四川蒙峰茶业有限公司	雅安市名山区茅河乡	李远钦	牌蒙顶甘露、蒙顶石花、蒙山毛峰及红茶、花茶等系列产品
095	玉芽仙露	雅安云禾山茶业有限公司	雅安市雨城区西康路东段84号	杨棕凯	"玉芽仙露"牌蒙顶山藏茶、蒙顶甘露、蒙顶石花及红茶、花茶等
096	羌皓	雅安市羌皓茶业有限公司	雅安市名山区皇茶大道茶马古城三期三幢八号	周宏	"羌皓"牌蒙顶黄芽、蒙顶甘露、蒙顶石花、蒙山毛峰及红茶、花茶等系列产品
097	川福红	雅安市川福红茶业有限公司	雅安市雨城区草坝镇塘坝村一组14号	尹川	"川福红"牌蒙顶山红茶、蒙顶甘露、蒙顶石花、蒙山毛峰等系列产品
098	赋雅轩 FU YA XUAN	四川赋雅轩农业科技有限公司	四川省雅安市经开区永兴大道南段626号7-3	陈攀	"赋雅轩"牌蒙顶黄芽、蒙顶甘露、蒙顶石花、蒙山毛峰及红茶、花茶等系列产品
099	新毫	四川新毫茶业有限公司	雅安市名山区红星镇茗园路1号5-2号	黄丹	"新毫"牌蒙顶黄芽、蒙顶甘露、蒙顶石花、蒙山毛峰及红茶产品
100	清漪湖 QINGYIHU	雅安云逸茶叶有限公司	雅安市名山区百丈镇安桥村5组	刘良影	"清漪湖"牌蒙顶黄芽、蒙顶甘露、蒙顶石花、蒙山毛峰及红茶、花茶等系列产品
101	云顶尚	雅安市名山区茶都置业有限公司	雅安市名山区蒙阳镇372号F幢16号	刘利	"云顶尚"牌蒙顶黄芽、蒙顶甘露、蒙顶石花、蒙山毛峰及红茶、花茶等系列产品
102	开宇 TEA KAIYU	四川雅安开宇茶叶有限公司	雅安市名山区蒙顶山镇蒙山大道一栋一层282-292号	刘体兵	"开宇"牌蒙顶黄茶、绿茶、红茶、花茶、黑茶等系列产品
103	咽云津 YANYUNJIN	四川雅安咽云津茶叶有限公司	雅安市名山区万古镇莫家村3组总通厂A栋1-2	叶发英	"咽云津"牌蒙顶黄芽、蒙顶甘露、蒙顶石花、蒙山毛峰及红茶、花茶、藏茶等系列产品
104	雅茗达	雅安喝点好茶叶有限公司	雅安市名山区万古镇横山村安乐新村农创园	任国葳	"雅茗达"牌蒙顶甘露、蒙顶石花、蒙山毛峰、蒙顶黄芽及红茶、花茶等系列产品
105	最烟火	四川茶小白茶业有限公司	雅安市名山区西蒙路1号1栋1层129号	白婷婷	"茶小白"牌蒙顶黄茶、绿茶、红茶、花茶、藏茶等系列产品

参考文献

《名山茶业志》编纂委员会, 2018. 名山茶业志[M]. 北京: 方志出版社.

董燕灵, 郑晓娟, 卿钰, 等, 2014. 蒙顶甘露名茶主要滋味成分及香气组分检测分析[J]. 食品科学, 35(24): 158–163.

范仕胜, 徐萍, 黎美, 等, 2011. 蒙顶甘露自动化清洁加工过程中品质成分的变化[J]. 食品科学, 29(4): 5.

傅德华, 杨忠, 2019. 民国报刊中的蒙顶山茶[M]. 上海: 复旦大学出版社.

郭磊, 2014. 蒙顶甘露加工工艺、适制品种及品质研究[D]. 成都: 四川农业大学.

贾大泉, 陈一石, 1988. 四川茶业志[M]. 成都: 巴蜀书社.

江用文, 2011. 中国茶产品加工[M]. 上海: 上海科学技术出版社.

蒋丹, 2016. 蒙顶甘露工艺技术优化及品质评价[D]. 成都: 四川农业大学.

阚能才, 2013. 四川制茶史[M]. 北京: 中国农业科学技术出版社.

李红兵, 2013. 蒙山顶上茶[M]. 北京: 中国文史出版社.

刘燕苹, 2018. 名优茶自动化生产线制茶技术与品质管控研究[D]. 成都: 四川农业大学.

速晓娟, 郑晓娟, 杜晓, 等, 2014. 蒙顶黄芽主要成分含量及组分分析[J]. 食品科学(12): 7.

宛晓春, 2015. 茶叶生物化学[M]. 北京: 中国农业出版社.

杨加祥, 夏家英, 2017. 茶叶加工工(中级)[M]. 北京: 中国劳动社会保障出版社.

尹军峰, 2009, 谈谈名优绿茶的摊放与设施摊放[J]. 中国茶叶, 31(12): 33–34.

张栩为, 王加富, 冯永文, 等, 1988. 名山茶业志[M]. 成都: 四川省社会科学院出版社.

钟国林, 2019. 蒙顶山五朝贡茶考[J]. 茶博览(6): 9.

钟国林, 罗凡, 2022. 中国名茶蒙顶甘露[M]. 北京: 中国农业科学技术出版社.

钟国林, 王云, 2019. 蒙顶山茶当代史况[M]. 北京: 中国农业科学技术出版社.

钟国林, 王云, 杨静, 2020. 蒙顶黄芽[M]. 北京: 中国农业科学技术出版社.

附录一

蒙顶山茶大事记

尧舜时期

公元前2140年前,大禹(公元前2140—前2095年在位)在蔡山(今周公山)、蒙山举行祭祀大典,庆贺治水功成。

商 周

《华阳国志》载,商末时期,武王伐纣后,古巴蜀国以桑、蚕、麻、铜、铁、丹漆、茶、蜜等皆纳贡之。

西 汉

西汉甘露年间,名山人吴理真在蒙山顶移植野生茶树,进行人工种植,并制成名茶圣杨花、吉祥蕊。

东 汉

《巴郡图经》载:"蜀雅州蒙顶茶受阳气全,故芳香。"

南北朝

北魏延兴五年(475年)前后,土耳其商人在中国西部边境以物易茶,中国茶叶开始流入西亚、欧洲市场。

南梁大宝元年(550年)前后,恢复名茶圣杨花、吉祥蕊制作工艺。

唐

唐天宝元年(742年),蒙茶开始入贡皇室。

唐元和八年（813年），蒙茶进贡数量为蜀之最，在全国名列前茅。

唐长庆年间（821—824年），李肇撰《唐国史补》，记载："剑南有蒙顶石花，或小方，或散芽，号为第一。"

唐开成五年（840年），日本遣唐僧圆仁在回国路上得友人送蒙顶茶二斤、团茶一串，带回日本。

唐宣宗时期，茶叶种植遍及名山县大部分地区。唐大中十年（856年），杨晔撰《膳夫经手录》，称："蜀茶，得名蒙顶，于元和以前，束帛不能易一斤先春蒙顶。"

前 蜀

公元935年前后，司徒毛文锡著《茶谱》，称赞蒙顶露钱芽、钱芽、压膏露芽、不压膏露芽、井冬芽、研膏茶的品质和制作技术，并记述蒙顶仙茶故事。

宋

宋熙宁七年（1074年），李杞入川榷茶，提举茶马司在名山设立买茶场和炽焙作坊。尽榷（统管）全县茶叶。采取强制手段，一驮（100斤）名茶榷买载足至秦州（甘肃天水），本钱不满10贯，卖30贯、40贯。名山场、百丈场设商税务，征收茶税、商税。

宋熙宁九年（1076年），在百丈设置买茶场。

宋神宗时期，官府统购名山茶价格，贵者每斤300文，贱者二三十文。

名山茶易熙（甘肃临洮）、秦（甘肃天水）马，100斤茶可换上马一匹。

宋元丰元年（1078年），朝廷在名山建茶监（地址在现名山区蒙顶山镇槐溪村槐溪桥），统管以茶易马的公务茶政。

宋元丰四年（1081年）七月十二日下诏："专以雅州名山茶为易马用。"从宋神宗熙宁至宋孝宗淳熙时期，名山茶每年运至熙秦、河州（甘肃临夏）及今青海地区与吐蕃易马，多达2万驮。

宋建中靖国元年（1101年）十二月重申宋神宗原诏："用名山茶易蕃马"并"定为永法"。

宋大观二年（1108年）再诏："熙、河、兰、湟路，以名山茶易马，恪遵神考之训，不得他用。"

宋宣和二年（1120年），创制万春银叶，年贡皇室40片（一片即一饼）。

宋宣和四年（1122年），创制玉叶长春，年贡皇室100片。

蒙顶石花、露芽、谷芽、圣杨花、吉祥蕊、不压膏、石苍压膏等名茶，位居全国名茶前八名。

宋乾道末年，提举茶马司赵彦博以名山细茶博马。

宋淳熙十三年（1186年），人工植茶创始人吴理真，被封为"甘露普惠妙济菩萨"。上清峰的8株仙茶（后死1株），被列为正贡茶，并修建石栏围护，赐名"皇茶园"。

元

至元六年（1269年），设立西蜀四川监榷茶场，禁民私自采卖。

至元八年（1271年），诏以四川民力用弊，免茶盐等课税。名山茶业逐步恢复。

至元十三年（1276年），恢复南宋茶引制，规定："茶商货茶必令实行，无引者与私茶同""犯私茶者，枝其茶，一半没官，一半付告人充偿。"

至元十四年（1277年），"置榷茶场于碉门、黎，与吐蕃易马"。

明

明洪武年间，实行官买官销政策，严禁私人买卖茶叶。

明洪武初年，蒙顶贡茶，改制芽茶进贡。

明初，西藏人赶马到雅州换茶，由皇帝下诏，规定："上马一匹茶一百二十斤，中马一匹茶七十斤，下马一匹茶五十斤。"创制甘露名茶，品质、特色超过唐、宋时期的"石花"。

蒙茶制艺，改饼茶为炒青，着重色、香、味、形。所制黄芽、石花、芽白、雀舌驰誉全国。

明洪武十九年（1386年），设雅州、碉门茶马司。雅州茶马司在现名山区新店镇长春村。

官府在名山实行商运法，组织商人雇请劳工，将统购的茶叶运至雅州、打箭炉等地易马。

明嘉靖三年（1524年），经营茶叶改为商买商销，由官府印制茶引卖给茶商，商人持引到规定地区买卖。

明万历年间，张谦德著《续茶经》，记载当时的51个茶叶品种，有蒙顶石花、蒙顶甘露等炒青茶。

明万历二十二年（1594年），朝廷派中官到名山巡查茶务，茶农茶商备受掠夺。

明崇祯末年，名山发生民变，茶农因官府的残酷压榨"愤而殴打蠹吏"。

清

清初,改革以园、树论茶税为按斤计征。并鼓励开荒种茶,由官府借给垦民以资金,扶持生产。

清康熙二十年(1681年)至清雍正六年(1728年),天盖寺僧人释照澈(字霁白,上里任氏子弟)植茶万株于蒙山。

清康熙、雍正时期,名山实行引岸制,允许茶商在一定地区内自由贸易。县设茶引局,负责配引征茶。

清雍正八年(1730年),全县配边引(销往外地之茶引)1830张,腹引(销往内地之茶引)50张。所征税目有课、税、羡、截。

蒙顶仙茶演变为皇室祭祀太庙之物。皇茶园内外所产茶叶,始列为正贡、陪贡、菱角湾茶(甘露)、名山茶(颗子茶)、观音茶、春茗茶。

清光绪二年(1876年),四川总督丁宝桢在雅州各县实行招商认岸办法,规定茶商请引认岸后,即作为自己专利,非人亡产绝,不得另招承充。

清光绪十八年(1892年),知县赵懿主持并邀兄赵怡协助完成《名山县志》,该志整理、完善蒙山茶文化,并收集大量蒙山茶文化诗词、文赋,成为研究名山历史、蒙山茶史、茶文化的重要文献。

清光绪三十二年(1906年),名山王恒升、李裕公等18家茶商,为抵制印度茶侵销西藏,保全自身利益,集资5万两白银筹建名山茶业有限公司,并制定不同简章18款,向川滇边务大臣赵尔丰呈请开办,未获批准。

清光绪三十三年(1907年),赵尔丰、周孝怀(劝业道道台)联合名、邛、雅、荥、天5县茶商,在雅安组成官督商办边茶股份有限公司,王恒升等人以5万两白银入股,在名山县城设置制茶处,将所制茶叶运往清溪中转,出售康藏地区。

民国时期

1912年,腹引取消,边引改行茶票,原以"银两"计征茶税,改为以"元"计征。

1913年,李胜和、李公裕、胡万顺等茶商在名山成立茶叶改良监制会;3月18日,茶叶改良监制会选送名山茶叶(蒙顶甘露)、蒙茶种子至省会成都参加评比选拔。

1915年,四川蒙顶绿茶(蒙顶甘露)代表四川商会参加美国旧金山巴拿马太平洋万国博览会,获金牌奖章。

1930年,由胡存琮、赵正和主修的《名山县新志》出版,该志收集大量与蒙山茶文化有关的诗词、文赋。抗日战争之前,中国茶道专家夏自怡曾在金陵举行茶道集会。所用为蒙山野茶、野明前、狮峰明前3种名茶，烹茶之水汲自南京雨花台第二泉。

1937年，四川省政府民政厅批准名山县成立茶业同业公会，入会会员172人。

1938年，废除茶引制，任商户自由经营。引税改征营业税。

1939年，西康省官僚资本插手边茶经营，在康定、雅安成立康藏茶叶公司，实行官买、官制、官运、官销垄断经营。伤害茶农、茶商利益，边茶产量大幅度下降。

1942年，西康省主席刘文辉派遣二十四军部队官兵，到蒙山永兴寺附近屯垦植茶，从宣塘坪到回龙寺，开垦熟荒100余亩，实行粮茶间作，命名为骆蒙茶场。因时政腐败，技术落后，经营不善，仅维持3年。同年，名山开征茶类统税。

1944年，县警察所查封庆发茶店桤木叶冒充茶叶8仓零3背，并派警士看守。后张理堂请叔父张秉升致函县长"释清误会"即"启封发还"，不了了之。

1947年，百物腾贵，通货膨胀，市场出现以物易物，名山所产细茶大多用于调换大米。

1948年，名山茶业同行成立陆羽会，吸收会员30余人。

中华人民共和国成立后

1949年，国民党元老张群（字岳军，成都人）去台湾时，专为张学良将军送去蒙顶茶。

1950年，名山县人民政府将茶叶纳入农产品纳税项目，以抵公粮征收。茶农出售边茶免税，细茶上税5%。城厢、永兴、回龙、新店、车岭、马岭设立细茶市场，允许茶商、小贩自由贸易。

1951年，西康省农业林业厅在蒙山永兴寺建立西康省茶叶试验场。在寺外建立第一个茶树良种园，面积约1亩，在蒙山茶树群体中选出20余个优良单株进行培育。

1952年，县供销合作社为中国茶叶公司西康省公司代购茶叶。同年，全县茶农代表会在县城首次召开。

1953年，农业部划定名山为内销茶和南路边茶区。同年，修正茶税，细茶税率调整为25%。

1955年5月底，名山县落实西康省人民政府农林厅的"迅速布置名山县茶叶留种工作"要求，在全县收集茶种。至8月全县完成任务数124350kg，为西康省发展茶叶生产的五年计划提供了有利条件。同年10月，改建为四川省雅安专区茶叶试验站，移交雅安专区管理，时有茶地20亩。

1955年，川康合省后，县供销合作社专为雅安专区中茶公司代购边茶。

1956年，车岭、中峰等6乡扩大茶地面积，播种茶籽6万kg。同年，香港《大公报》登载"中国十大名茶榜"，四川蒙顶与西湖龙井、黄山毛峰、祁门红茶等入选并列。

1957年，全县茶地9012亩，总产58.46万kg。茶叶被列为第二类农产品，实行派购统销。同年，改建为四川省雅安茶叶生产场。

1958年，中共名山县委按照毛泽东主席关于"蒙山茶要发展，要和群众见面"的指示，组织817人上蒙山开荒种茶。历经半年，开荒850亩，垦复荒茶、新种茶地338亩，建成"蒙山茶叶培植场"。

1959年，四川省雅安茶叶生产场及县商业局土产经理部所属茶厂，在雅安茶厂梁白希等人的指导协助下，恢复蒙顶甘露、蒙顶石花、蒙顶黄芽、万春银叶、玉叶长春等传统名茶制作工艺。同年，蒙顶甘露在全国第一次名茶评选活动中被评为全国十大名茶之一。

1960年2月，在杭州举行的全国第二次茶叶科学研究工作会上，鉴评全国175项献礼茶，蒙顶甘露、蒙顶石花、万春银叶和玉叶长春被评为全国名茶。

1961年，县供销社在茶叶收购中，开始奖售化肥、粮食，奖给布票等工业品。

1962年，名山县人民政府发放垦复荒茶补助款，收购单位预付茶叶定购金，扶持茶农生产。同年，全县产茶生产队普遍实行"定、包、奖、赔"责任制。

1963年，四川省雅安茶叶生产场与名山县蒙山茶叶培植场合并组建四川省国营蒙山茶场，直属省农业厅，场部设在永兴寺。在智矩寺外建成茶树母穗园，面积约3亩，引进优良茶树品种品系40余个，驯化栽培。又从本场群体中优选10多个品种品系进行无性系繁殖，推广至数千亩。主要是制绿茶为主的品种。

1964年，省农业厅勘测队到四川省国营蒙山茶场勘测地形，调查土壤、植被、气候等情况。

1965年，四川省国营蒙山茶场首次批量生产精制细茶。

1963—1965年，四川省国营蒙山茶场杨天炯等，经过3年研制，系统总结出蒙顶甘露、蒙顶石花、蒙顶黄芽、万春银叶、玉叶长春的名茶工艺技术，并定蒙顶黄芽为黄茶类名茶，其余4种为绿茶类名茶。其工艺技术成果资料，编入陈椽主编的《中国名茶研究选集》（1985年版）和全国高等院校教材《制茶学》（1987年版）。2000年，其入选《中国名茶志》。

1966年，各公社配备多种经营干部，监管茶叶生产。同年，四川省国营蒙山茶场下放给名山县代为管理。

1967年，四川省国营蒙山茶场派技工何光明、邓克明到西藏察隅等地协助藏民进行茶叶生产。

1969年，茶叶购销，改属名山县农副产品购销站革命委员会主管。

1970年，四川省国营蒙山茶场及车岭、前进、红岩等公社发展新式茶园。

1971年，双河公社规划粮、茶、林用地，将适宜种茶的可耕荒地辟成新式茶园，发展茶叶生产，获得粮茶双丰收。

1971年，从四川省国营蒙山茶场抽调技术骨干，在德光坪征地近20亩，兴建国营四川省名山县茶厂。1972年动工，并实现当年建成、当年试产、当年盈利。

1972年7月，双河公社党委书记聂明聪出席在湖南省桃源县召开的全国茶叶先进表彰大会，经验报告《狠抓路线教育，夺取粮、茶双丰收》被列入全国茶叶生产经验材料汇编。

1974年，四川省国营蒙山茶场采用机械加工细茶。

1975年，名山县革命委员会召开茶叶工作会议，交流联办茶场及科学种茶经验。表彰先进乡3个，先进茶场12个，先进个人16名。

1976年，产茶各乡配备专职茶叶辅导员。

1977年，四川省国营蒙山茶场李家光发表《名山名茶的形成与历史演变》（载于《名山科技》1979年第二期），首述蒙山贡茶与凡茶的演变过程，认定吴理真就是名山当地植茶人，并且是有文字记载的最早的人工植茶人。

1978年初冬，著名茶学家陈椽受国家委托，组织10余人的专家队伍到全国茶区进行调研考察，为撰写《茶业通史》收集资料。看到蒙山天盖寺《天下大蒙山》碑文关于吴理真在蒙山种茶的记载，高兴地说："这是至今为止有文字记载的最早种茶人。"之后，《茶业通史》中记道："蒙山有我国植茶最早的文字记载""据蒙山茶场李家光记载，蒙山茶就是本地茶，吴理真就是本地人"。同年，县农业部门先后从云南、湖北、湖南、广东、海南岛等地引进优良品种47个，其中大叶型17个，中小叶型30个。

1979年11月，农业出版社出版全国高等农业院校试用教材《制茶学》（安徽农学院编写，陈椽主编），杨天炯参与审稿，并收录其主笔的蒙顶黄芽及蒙顶甘露制作工艺条目内容。

1979年，李家光等人在蒙山中部海拔1400m处的柴山岗娄子岩，发现4株树龄超过800年的古老野生茶树。同年，著名茶学家庄晚芳和唐庆忠等编著《中国名茶》，介绍蒙顶茶历史。

1980年8月，著名茶学家陈椽再次到蒙顶山考察茶叶生产。同行人员有浙江农业大学、云南农业大学、西南农业大学、四川农学院、广西农学院、福建农学院和杭州茶厂的教授、讲师及技师，陈椽教授及全体专家再次查看相关史料，肯定了西汉时期吴理真是有文字记载的种植茶树第一人。同年，全县各茶场普遍实行包干到组生产责任制。名山县茶叶生产、加工、流通经济联合体——联营公司成立。参加联营的有国营四川省名山县茶厂、县供销合作社及各基层社，19个乡和部分村的66个茶场，901个产茶组。同年，边茶税率由40%减到20%；细茶超派购出售，减税20%。

1981年5月，国营四川省名山县茶厂杨天炯等设计研制6CMH-2.64型远红外烘干机获得成功，提高工效10倍，降低86.25%成本。

1981年11月21日，中共名山县委、县人民政府召开名山县茶叶工作会议，21个公社重点产茶场队的生产队长、专业组长、技术骨干共500余人参加，是名山县自解放以来规模最大的茶叶专业会议。会上，县长李永森代表县委、县人民政府作《积极开展多种经营大力搞好茶叶生产》讲话；8个茶叶工作先进单位代表在大会上介绍经验。同年11月22日，冒雨参观双河公社联办茶场、红星公社六大队联办茶场以及联江六大队二队茶地，观摩合江（后改称联江）九大队三队的大面积丰产茶园。同年，地处浅丘坪岗的黑竹、联江、廖场3乡，首次成片种植茶树。同年，县茶叶学会开展技术活动，与茶叶专业户、重点户签订技术联产、加工承包合同，并举办县、乡两级茶技培训班，编写印发《茶叶技术》《茶事活动》等书。

1981年，四川省国营蒙山茶场注册蒙顶（五峰）商标，是名山第一个茶叶商标。

1982年3月，雅安地区科委下达研制CMS-50型远红外程序控制名茶杀青机科研项目。1984年研制试验成功，该机提高工效3.5倍，降低生产成本39.71%。同年，名山县农业部门组织人员普查茶树品种，选出181个当地优良单株及引进的47个品种单株，分植于藕花茶场品种母本园，进行培育繁殖。

1982年至1988年9月，名山县广播站设《本县新闻》栏目，并特设《蒙山之声》分目，播放以蒙山茶文化为主要题材的专题文章及节目，在全县广为传播。

1983年，国营四川省名山县茶厂派技工岑化礼、郭光荣、曾显蓉前往西藏波密县易贡农场，指导加工金尖茶、细茶获得成功。同年，细茶税率由40%降为25%。同年，四川省人民政府确定名山为边销茶生产基地县。同年，四川省国营蒙山茶场、国营四川省名山县茶厂创制名茶蒙山春露。

1982—1983年，全县改造低产茶园4229亩，使亩单产干茶由13kg增产到29kg。

1984年4月20日，著名电影演员黄宗英自编自导自演的电影《小木屋》在蒙山开镜，蒙山茶首次被搬上银屏。黄宗英还在蒙山学习采茶技术。

1984年，名山县茶叶技术推广站调运该县茶籽2.5万kg，支援西藏林芝县农场。同年，中共四川省委书记杨汝岱，中共四川省委原书记谭启龙，中共四川省委副书记、四川省人民政府省长杨析综，副省长何郝炬等领导到名山视察茶业、旅游业，并题词。同年，四川省国营蒙山茶场生产的"蒙顶"牌甘露、黄芽、石花名茶及国营四川省名山县茶厂生产的盒装蒙山春露名茶，由政协名山县委员会及县茶厂副厂长郑国邦牵线搭桥销往香港市场。《文汇报》以"昔日皇帝茶，今入百姓家"为题整版介绍，报道蒙顶茶"不愧为实至名归之茶中极品"。

1985年1月，政协名山县委员会倡议开发蒙山旅游区，开展"爱我蒙山、修我蒙山"的社会赞助活动，集资5万余元，修复唐代遗迹皇茶园和天梯古道等名胜。同年5月10日，名山县人民政府制发《调整农业结构，退耕种茶》实施办法。同年7月22日，名山县人民政府批准边茶生产领导组《关于进一步搞好我县边茶生产的意见》的通知。

截至1986年2月，双河乡已建成干茶亩产1000斤的茶园1亩，亩产800斤以上的茶园8.8亩，亩产300斤以上的茶园21.7亩。茶叶产量占全县茶叶总产量近1/3。曾4次出席全国茶叶工作会议，其经验写进全国茶叶工作会议纪要。同年3月，成立名山县茶叶科学研究所。同年8月30日，省文化厅下发文件同意建立名山县蒙山茶史博物馆。次年9月建成，是中国第一座茶史博物馆。国防原部长张爱萍将军题写馆名。馆址原在蒙山天盖寺，后迁至禹王宫。2013年"4·20"芦山地震后，名山县蒙山茶史博物馆在蒙顶山镇槐溪村异地新建，名山县蒙山茶史博物馆更名为蒙顶山茶史博物馆。同年10月，农牧渔业部（甲方）、四川省农牧厅（乙方）、四川省雅安地区农业局（丙方）和名山县人民政府（丙方），签订《四川省名山茶树良种繁育基地建设项目协议书》，共同投资208万元，有偿承购中峰乡管理的国有土地310亩，建成四川省名山茶树良种繁育场。

1987年4月22日，名山县举办仙茶故乡品茶会，宣布开放蒙山风景名胜区。同年，建成蒙山牌坊。2004年改建提升后称形象山门。

1988年4月，名山县志办公室编辑出版《名山茶业志》，该书近9万字，介绍蒙山茶的沿革、生产、加工、购销等情况，收集茶业文存以及大事记。

1992年12月，名山县志编委会新编《名山县志》出版。该志设"茶业"专章。同年，蒙顶牌甘露茶在香港国际食品会上获金奖。

1993年5月28日，举办"93名山国际名茶节"。

1994年5月5日，名山县农业局茶叶技术推广站选育的名山白毫131和名山早311茶树良种新品种通过地区级品种审定委员会的鉴定，被审评为雅安地区茶树良种。同年5月，位于县城名车路口的川西茶叶市场建成投入使用。同年，中央电视台国际频道拍制蒙山茶文化专集，专集共10集，并多次播出。

1996年4月，四川省民间文艺家协会和省茶文化协会在名山县组织茶文化和茶业经济研讨会，全省各地60余名学者参会。同年，由中共四川省委书记谢世杰引荐，名山县人民政府招商引进泰国正大集团到名山开发乌龙茶。

1997年4月28日至5月5日，在蒙阳镇举办"97茶乡商品交易会"，省内200余家客商参加。

1998年5月，国家质量技术监督局发布《关于下达全国高产优质高效农业标准化示范区计划（第二批）的通知》，将名山纳入全国高产优质高效农业标准化示范区计划。2000年11月，名山通过国家质量监督局考核验收，成为国家级农业标准化示范区。同年9月，四川省第一期名优茶实用专业技术培训班在四川省名山茶树良种繁育场举办，全省80多人参加。同年12月10日，四川省质量技术监督局下发第247号文，同意建立四川省蒙山茶叶技术开发质量检测中心。同年，中央电视台教育频道录制《中华茶苑》专题节目，共52集。第一集为"概述"，第二集为"蒙山仙茶"。

1999年5月1日至10月30日，名山茶文化在昆明举办的世界园艺博览会中国展馆四川展厅展示。厅内悬挂蒙山茶园、采茶制茶、天盖寺品茶等照片。

2000年3月15日，日本国家电视台在蒙山拍摄蒙山茶文化专集。同年3月28日，四川省质量技术监督局同意建立四川省边销茶质量检验中心，地址在名山县陈家坝新区，负责全省边销茶质量监测；同年5月，建成运行。2010年，更名为四川省茶叶产品质量检验中心。同年5月26日至6月4日，"2000四川蒙山名茶节"举行。简阳市坛罐乡政府徐尚林的"蒙茶·旅游·发展"被选为活动主题。同年5月，新店镇人民政府投资修复茶马司，并竖碑以志。同期，在新店场街口塑"茶马交易 藏汉一家"雕塑。同年，中共名山县委、县人民政府决定从2001年起到2005年全县营造茶园经济林5万亩，使全县茶园面积达到10万亩。

2001年1月4日，藏胞次仁顿典投资800万元，在城东乡五里村建藏茶生产企业四川名山西藏朗赛茶厂。同年1月14日，中共名山县委、县人民政府决定在全县实行茶叶看园定税。同年5月8日，农业部下发《关于在全国创建无公害产品（种植业）生产示范基地县的通知》，在全国选定100个县作为第一批创建基地县，名山被纳入其中。同年5月18日，省农业厅农场管理局主持召开《让蒙顶名茶走向世界》研讨会，由四川省国营蒙山茶场承办。同年9月12日，副省长邹广严到名山检查工作，表示"省上支持你们再发展茶园5万亩"。同年10月下旬，四川省发展计划委员会以工代赈办公室主任王光四一行到名山调研，又提出"名山再发展10万亩茶园，充分发挥茶业优势"的建议要求。同年12月6日，国家质量监督检验检疫总局发布2001年第35号公告，将蒙山茶列入原产地域产品保护，保护范围含名山全境及雨城区碧峰峡镇后盐村，陇西乡陇西村、蒙泉村。同年12月,《名山县茶叶产业化战略规划》出台。主要目标是到2007年,全县发展无公害良种茶园13万亩,其中乌龙茶0.9万亩。同年,结合四川省南茶北草工程、茶叶双百工程,名山县决定新建10万亩无公害无性系良种生态茶园。

2002年3月5日,国家质量监督检验检疫总局发布国家标准《地理标志产品 蒙山茶》,2002年6月1日起实施。同年3月21日,四川省发展计划委员会以工代赈办公室主任王光四到雅安调研时表态,连续4年支持雅安发展"以名山为中心,以雨城为重点"的茶叶基地,传达国家林业局把茶叶作为生态林,可享受8年退耕还林优惠的政策(1999—2013年,全县实施退耕还林11.09万亩)。同年4月1日,成立名山县人民政府茶叶产业化办公室,负责全县茶叶发展和管理工作。同年4月2日,名山县人民政府发布《蒙山茶原产地域产品保护实施意见(试行)的通知》,实施蒙山茶原产地域产品保护。同年4月3日,中共名山县委、县人民政府召开名山县茶叶产业化工作会议,专题布置调整农村产业结构,作出"抓住新机遇,弘扬茶文化,加快建设全国茶叶经济强县"的重大战略部署。同年7月,名山茶叶生产获得4个全省第一,分别为无性系良种茶苗繁育质量数量第一、无性系良种茶园面积比例第一、名优茶产量产值第一、机械化采摘加工第一。同年8月,中国国际茶文化研讨会常务副会长宋少祥、四川省茶文化协会会长谢运全一行9人到蒙山考察茶文化。同年9月2日,四川省茶叶产业化工作会议召开。名山县人民政府县长杜义在会上作题为《发展生态茶叶,振兴名山经济》经验交流。同年9月8日,台湾天福茶博物院院长阮逸明和陆羽茶学研究所所长蔡荣章一行专程到名山,向蒙山永兴寺赠送《蒙山施食仪》和《蒙山施食仪轨》两本经书。同年11月27日,全省无公害茶叶技术培训及2002年全省茶叶工作会在名山召开。同年12月12日,雅安蒙山风景名胜区,被国家旅游局旅游区(点)质量等级评定委员会批准为国家AAA级旅游区,通过国家评审并被定位为四川三大历史文化名山之一及世界茶文化发源地。

2003年1月3日,农业部批准名山县无公害茶叶生产示范基地县建设验收达标。同年3月30日,举行蒙山皇茶祭天祀祖采制大典暨皇茶入陕祭祖活动,重现蒙山皇茶祭天祀祖仪式。大典后,送茶使者一行护送皇茶到陕西黄陵县公祭人文始祖黄帝陵。同年3月,成先勤成立全国唯一的女子茶技表演队,挖掘、整理出蒙山凤舞十八式茶技。同年4月,四川电视台拍摄制作蒙顶山风光纪录片《茶圣》。同年5月7日,国家工商行政管理总局商标局将蒙顶山茶证明商标予以公示。

2004年3月29日,国家工商行政管理总局发文核准注册(发文编号ZC3283044)。同年3月27日,皇茶采制大典在蒙顶山皇茶园举行。大典后,确定每年3月27日为蒙顶皇茶采制大典暨茶祖吴理真祭拜日。同日,县文化局、第八届国际茶文化研讨会暨首届蒙顶山国际茶文化旅游节（以下简称"一会一节"）办公室，市、县妇女联合会，市科学技术协会和市农业局联合在蒙顶山举办蒙顶山首届"蒙顶皇茶杯"采茶女能手大赛，600多名选手参加初赛，63名选手参加决赛。同年3月29日，祭祀蜀汉昭烈皇帝仪式在成都举行。雅安市人民政府率市县相关人员，用蒙顶茶祭祀。同年4月3日，成都万人品蒙山春茶迎"一会一节"新闻发布会在成都武侯祠百花潭公园举行。其间，四川省蒙顶皇茶茶业有限责任公司在慧园门口以茶技、茶艺表演助兴，并进行蒙山茶拍卖，一斤禹贡名茶以拍价16890元成交。同年4月24日，向陕西法门寺博物馆赠送茶祖吴理真汉白玉塑像，法门寺举行蒙顶贡茶供奉佛祖释迦牟尼仪式。同年4月25日，在南充市北湖公园举行果城万人同品蒙顶春茶暨雅安国际茶文化推介会。同年4月27日，四川省茗山茶业有限公司蒙山牌茶叶商标被四川省工商行政管理局认定为四川省著名商标，成为全市茶叶类第一个省级著名商标。同年6月19日，中央电视台与名山县共同在名山县第二中学举办"激情飞扬·走进蒙顶山"大型文艺晚会。同年6月21—22日，名山县举办首届"甘露杯"名优茶暨包装评比展示会，38家企业，82个茶样，56个包装参评，评出金奖3个、银奖5个、特别奖2个、消费者喜爱包装9个。同年7月21日，央视少儿、科技频道《异想天开》栏目组在雅安拍摄系列片《走进雅安》，其中《茶吧·茶艺·茶技》在名山县拍摄。同年8月，建成吴理真广场，占地31000m^2，投资1000余万元。同年9月19日上午，"一会一节"在雅安四川农业大学体育馆开幕。下午3时，在吴理真广场进行植茶始祖吴理真祭拜大典。同年9月19—25日，在吴理真广场举行无我茶会表演。每日上下午由3支企业茶艺表演队各举行龙行十八式表演。同年9月19日，中国农业科学院茶叶研究所陈宗懋院士，应邀参加"一会一节"并专程考察雅安茶产业发展状况。同年9月20日，智矩寺禅茶茶技参加中国重庆永川国际茶文化旅游节，禅茶茶技表演获一等奖。同年9月20日，中共雅安市委书记侯雄飞代表"一会一节"组委会宣读《世界茶文化蒙顶山宣言》，宣言称：蒙山是"世界茶文明发祥地、世界茶文化发源地和世界茶文化圣山"。同年11月18日，成立名山县茶业发展局。同年11月，名山县茶叶科技专家大院被科技部批准为国家科技示范大院。

2005年3月27日，祭拜植茶始祖吴理真暨蒙顶山皇茶采制大典和第二届蒙顶皇茶杯女子采茶能手大赛在蒙顶山举行。同年4月2日，万人品蒙顶春茶暨第三届四川省旅游发展大会新闻发布会在成都举行。同年8月29日，第三届四川旅游发展大会召开，名山为主会场。中共四川省委书记张学忠，省委副书记、省人民政府省长张中伟出席，并到牛碾坪茶园体验采茶，并品茶、唱茶歌。同年8月30日，第二届蒙顶山国际茶文化旅游节开幕式暨世界茶文化博物馆开馆仪式在蒙顶山举行。同年9月29日，茶祖吴理真雕像落户杭州中国茶叶博物馆，雕像由中共雅安市委副书记何大清、副市长孙前率雅安市党政代表团专程护送。该尊雕像高约2.5m，用雅安市宝兴县汉白玉石雕刻而成。

2006年3月23日，旅游纪录片《世界茶文化圣山——蒙顶山》，在旅游卫视《中国游》栏目首播。同年4月16日，名山白毫131通过国家级良种鉴定，是四川省第一个国家级茶树良种。同年4月27日，蒙顶山风景区游道扩建工程施工时，发现一处古墓，在墓中发现有大量的铁钱散落在泥土里，并有茶碗、茶壶等文物。一把茶壶中尚有30多克茶叶，据专家鉴定为宋代随葬品。同年5月23日，在人民大会堂召开蒙顶皇茶万里祭孔新闻发布会。同年5月24日，在山东曲阜孔庙大成殿用蒙顶皇茶祭祀孔子。名山县人民政府县长徐其斌宣读祭文，53人组成的表演团队在大成殿广场展示茶叶背夫形象。同年8月，《名山县志（1986—2000年）》出版发行，该志设茶业专章，记载蒙山茶及蒙山茶文化，附录收集历代蒙山茶文化代表作品。

2007年3月27日，中国茶文化研究会副会长宋少祥率队参观、考察茶马司。同年3月29日，成都大慈寺释大恩法师率弟子20余人到蒙山朝拜茶祖吴理真，观看禅茶表演，并至皇茶园按旧制采摘、制作贡茶。同年3月27日，全国茶馆专业委员会2008年年会暨第四届蒙顶山茶文化旅游节在蒙顶山开幕。同年6月17日，国家质量监督检验检疫总局和国家标准化管理委员会发布中华人民共和国国家标准《地理标志产品 蒙山茶》，标准号"GB/T 18665—2008"，替代标准号为"GB 18665—2002"的《蒙山茶》，2008年12月1日开始实施。同年12月25日，蒙顶山景区被省建设厅和省世界遗产办公室授予全国首批省级自然与文化遗产称号。

2009—2011年连续3年4月初，蒙顶山茶品赏推介周活动在成都文殊坊举行。名山14家企业统一宣传品牌、统一价格、统一布展。推介周期间，举行茶艺、茶技表演，在成都主要媒体发布广告，人民日报、大公报、四川日报以及新华社、四川电视台等50多家媒体关注和报道。2009年7月9日，参加"2009全国农业高等院校茶学学科发展与改革研讨会"的25所高等农业院校70余位专家、教授自发组织到蒙山，在著名茶学家杨贤强、宛晓春、刘勤晋带领下祭拜茶祖吴理真。

2010年3月27日，"2010年第六届蒙顶山国际茶文化旅游节开幕式暨祭拜茶祖吴理真仪式"在吴理真广场举行。同日，蒙顶山永兴寺举行2010年首届蒙山甘露法会。同年4月9日，中共中央政治局常委、中央书记处书记、国家副主席、中央军委副主席习近平在上海世博会联合国馆品蒙顶茶。同年4月21日，蒙顶山茶在2010中国茶叶区域公用品牌价值评估研究中，品牌价值9.9亿元，在四川茶叶区域公用品牌价值评估中排名第一。同年4月29日上午11时，中共中央总书记、国家主席、中央军委主席胡锦涛在上海世博馆驻足欣赏中国蒙顶山龙行十八式茶技表演，专场表演的茶具于同年7月被蒙顶山世界茶文化博物馆收藏。同年4月，中共中央政治局常委、国务院总理温家宝在上海世博会四川馆观看"龙行十八式"表演。同年5月19日下午，上海东方卫视《看东方》栏目在世博会四川馆采访，全程拍摄蒙顶山茶技龙行十八式。同年5月28日，中国蒙顶山茶技队登上中央电视台《欢乐中国行》栏目，与中央电视台主持人董卿、影视明星郑伊健，互动表演"龙行十八式"。同年6月，中国蒙顶山茶技队受邀出访哈萨克斯坦进行国际茶文化交流，并为哈萨克斯坦总统表演巴蜀茶艺。同年9月29日，中共名山县委、县人民政府在名山县吴理真广场举行授牌仪式，为新成立的4家茶业集团公司授牌，分别颁发帮扶资金20万元。同年11月，故宫研究院考察蒙顶山皇茶进贡历史。

2011年2月5日中午，央视《春节大庙会》节目播出名山蒙顶山茶技龙行十八式。同年3月13日，世界首部中国茶文化纪实电影《南方嘉木》摄制组，在蒙山拍摄蒙顶山场景，3月19日至4月25日，央视一频道每天18：53；3月21日至4月19日，央视二频道每天12：20，播出"蒙顶山茶"品牌广告。同年5月，"福窝·蒙顶山杯"第三届斗茶品茗大赛在雅安举行，名山茶企选送的茶品包揽五金。同年5月29日至6月11日，名山县组团参加第三届成都国际非物质文化遗产节。会节期间，名山县省级非物质文化遗产蒙山茶传统制作技艺、蒙顶山茶技"龙行十八式"及名优茶吸引中外嘉宾5万余人次欣赏。同年6月8日，中国工程院院士陈宗懋再次到名山，参观蒙顶山、中峰乡万亩生态观光茶园、名山茶树良种繁育场和双河乡骑龙场万亩生态标准化茶园。在了解名山茶园基地建设、生产加工、安全质量、品牌建设、产业化程度等发展情况后，题词"名副其实的中国茶乡——四川名山"和"蒙顶山茶"。同年7月20日，雅安市人民政府、名山县人民政府共同出资组建的蒙顶山茶叶交易所挂牌成立。同年8月28日，四川省蒙顶皇茶茶业有限公司与台湾省嘉义县玉山茶叶生产合作社签订《建立和推进海峡两地茶文化交流观光及茶叶发展合作协定》，共同推进蒙顶山和玉山（阿里山茶区）"中华茶文化观光之旅"。

2012年6月30日，名山县人民政府印发《名山县全国绿色食品原料（茶叶）标准化生产基地环境保护制度》，要求各乡镇人民政府，县级有关部门严格遵照执行。同年11月8日，2012年中国茶叶学会年会上，名山县被命名为中国名茶之乡。同年12月31日，"蒙顶山茶"注册商标被国家工商行政管理总局商标局认定为中国驰名商标，是四川省首个茶叶类地理标志类中国驰名商标。

2013年6月4日，台湾佛教界代表团到名山举行佛教文化交流，向地震受损严重的千佛寺、永兴寺和古城寺捐赠善款36万元。同年8月1日，特早213通过国家级良种鉴定。同年12月27日，"蒙顶"注册商标被国家工商行政管理总局商标局认定为中国驰名商标。

2014年1月28日，"蒙山"注册商标被国家工商行政管理总局商标局认定为中国驰名商标。同年1月，农业部绿色食品管理办公室、中国绿色食品发展中心批准名山茶叶基地为全国绿色食品原料（茶叶）标准化生产基地，认证基地规模27万亩。同年3月6日至9月5日，蒙顶山茶广告在成都2路、7路、72路等10条公交线路10辆车身上刊出。同年3月7日，雅安市名山区在成都锦里古街举办蒙顶山茶成都品赏推介周启动仪式。以"品蒙顶山春茶游茶文化圣山"为主题，为第十届蒙顶山国际茶文化旅游节系列活动造势。同年3月27日，第十届蒙顶山国际茶文化旅游节开幕式暨祭拜吴理真大典在名山区吴理真广场举行。同年5月8日，四川省名山茶树良种繁育场和四川农业大学合作的茶树杂交试验园开工建设。该园占地1200m^2，杂交试验品种103个进园。名山茶树良种进入单株分离和杂交两种选育法并存发展阶段。同年7月25日至26日，旅游卫视《最美中国》栏目组在名山区拍摄茶产业、茶文化、茶旅游专题片，该节目在旅游卫视9月14日晚上首播，次日重播。同年7月26日，中央电视台科教频道《地理·中国》栏目组在名山探寻茶文化、拍摄名山茶产业灾后恢复重建情况。同年7月，雅安市名山区茶业局、气象局、省农业科学研究院共同建设的茶园小气候观测站落户名山区双河乡骑龙村。同年11月14日，雅安市名山区人民政府下发《关于加快蒙顶山茶产业发展的实施意见》，结合名山"茶业富区、旅游兴区"发展思路，提出名山茶叶产业3次产业融合的茶产业大体系和新格局的总体要求。同年11月，雅安市人民政府名山区人民政府共同出资组建的四川蒙顶山茶业有限公司成立。

2015年3月12日，第十一届中国·四川蒙顶山国际茶文化旅游节开幕。启动仪式上，雅安市被中国茶叶流通协会授予"中国茶都"称号。同年5月，中国茶叶区域公用品牌价值评估发布，蒙顶山茶区域品牌价值17.44亿元，居四川第一。同年7月3日，意大利米兰世博会发布百年世博中国名茶国际评鉴结果，蒙顶山茶区域公用品牌获百年世博中国名茶金奖，蒙顶牌蒙顶黄芽获百年世博中国名茶金骆驼奖。同年9月14日，雅安市名山区中国南丝绸之路·蒙顶茶乡风情游路线获2015中国十佳茶旅路线；中峰牛碾坪万亩生态观光茶园获得首批全国生态茶园示范基地，由中国农业国际合作促进会茶产业委员会评选。同年9月底，雅安市名山区人民政府完成《蒙顶山茶产业转型升级中长期发展规划（2015—2025）》。其中包含《蒙顶山茶产业转型升级中长期发展总体规划》《蒙顶山茶产业转型升级基地专项规划》《蒙顶山茶产业转型升级企业专项规划》《蒙顶山茶产业转型升级品牌专项规划》《蒙顶山茶产业转型升级茶旅融合专项规划》。同年11月21日，在第三届四川农业博览会上，以"千秋蒙顶、千年贡茶"为主题的四川蒙顶山茶品鉴活动在成都世纪城新国际会展中心1号馆（雅安主题馆）举行。同年12月31日，雅安市名山区人民政府下发《关于加快生态文化旅游融合发展的实施意见》，布置生态文化旅游融合工作。

2016年3月27日，第十二届蒙顶山茶文化旅游节开幕，并举办首届中国藏茶文化周、女子采茶大赛、茶文化和乡村旅游体验等系列活动，全面展示"4·20"芦山强烈地震名山区灾后恢复重建和百公里百万亩茶产业生态文化旅游经济走廊建设成果。同年10月15日，中国农业国际合作促进会茶产业委员会、中国合作经济学会旅游合作专业委员会在名山举办的2016中国（名山）茶乡旅游发展研讨会暨蒙顶山国家茶叶公园创建试点单位授牌仪式上，正式授予雅安市名山区"蒙顶山国家茶叶公园"称号。

2017年3月27日，第十三届蒙顶山茶文化旅游节暨首届蒙顶山禅茶大会在雅安市名山区茶马古城隆重开幕。本届会节以"把茶问禅蒙顶山，修心悟道天地间"为主题，另有蒙顶山第一背篓茶上市活动、全省女职工"我学我练我能"采茶茶艺大赛、中国黄茶联盟宣言、中国至美茶园绿道观光之旅等系列活动。同年4月，牛碾坪作为四川省茶产业推进农业供给侧结构性改革典型登上中央电视台《新闻联播》。同年5月20日，由农业部和浙江省政府组织的首届中国国际茶叶博览会上，蒙顶山茶与西湖龙井、信阳毛尖、安化黑茶等评为中国十大茶叶区域公用品牌，是继1959年蒙顶山茶获中国十大名茶后又一殊荣。四川名山蒙顶山茶文化系统向农业部申报中国重要农业文化遗产工作通过。同年6月30日，被列入第四批中国重要农业文化遗产。名山区成立转型升级领导小组及办公室，制定以环保突破为目标，开展企业的清洁化、规模化、自动化生产、煤改气、煤改电，加大技术改造、科技创新力度，推进茶叶企业转型升级，建立茶叶集中加工园区，让转型企业入驻。

2018年3月27日，第十四届蒙顶山茶文化旅游节、全国新时代茶产业发展与乡村振兴研讨会和中国茶质量控制与可持续标准研讨会在名山区开幕。下午在蒙顶举行"蒙顶山给世界一杯好茶"活动，著名历史文献学家、复旦大学傅德华教授、著名川藏文化专家社科院任建新教授分别作《蒙顶山茶不知道的事》《蒙顶山茶马古道演义》演讲。韩国国际禅茶研究会会长崔锡焕带领团队表演了韩国清风茶法，日本茶人松本宗弘表演了日本表千家茶道，浙江大学"童一家"茶培训机构带来了原叶茶水丹青茶道表演，首届全国最美茶艺师大赛五强选手献上了精彩的茶艺。同年10月底，由农业农村局茶叶技术干部钟国林、省茶研所王云研究员共同撰写的《蒙顶山茶当代史况》由中国农业科学技术出版社出版发行，该书获雅安市第十六届社会科学优秀成果三等奖。

2019年3月27日，以"蒙顶山·给世界一杯好茶"为主题的第十五届蒙顶山茶文化旅游节在雅安市名山区蒙顶山茶史博物馆广场开幕。中国茶叶学会名誉理事长和国际茶叶协会副主席陈宗懋向陈宗懋院士名山工作站授牌。四川省茶叶流通协会会长王云等代表中茶协向名山全国绿色食品一二三产业融合发展示范园授牌。

2020年3月27日，第十六届蒙顶山茶文化旅游节在蒙顶山天盖寺开幕。举行了蒙顶山皇茶采制大典、12位茶仙子采摘360颗茶芽，蒙顶山首届蒙茶仙子颁证，向抗击新冠疫情优秀代表赠茶等系列活动。同年12月7日，中华全国供销合作总社发布《蒙顶山茶生产加工技术规程》《蒙顶山茶 第2部分：绿茶》和《蒙顶山茶 第1部分：基本要求》，于2021年3月1日实施。

2021年2月2日，适宜加工蒙顶甘露的茶树品种鉴定选育与利用项目验收会在跃华茶庄举行并通过。同年3月1日，中欧地理标志协定正式生效。蒙顶山茶是第二批纳入协定的保护品牌。同年3月27日，第十七届蒙顶山茶文化旅游节开幕。主题为"一片茶叶富裕一方百姓"，举行蒙顶山茶对话名家名刊活动、蒙顶山茶品牌建设发展研讨会等系列活动。国际著名钢琴演奏家、联合国和平大使郎朗，受邀担任公益推广大使。同年4月25日，由雅安市总工会主办、名山区总工会承办的建功"十四五"奋进新征程"蒙顶皇茶杯"蒙顶甘露制茶大师大赛在蒙顶山茶坛举行，来自全省不同产区的30位制茶大师经过理论和实操激烈角逐，分别决出一、二、三等奖，名山队文维奇荣获一等奖，并被授予"四川甘露制茶大师"称号。同年4月上旬，名山区委、区政府决定开展中国重要农业文化遗产四川名山蒙顶山茶文化系统"蒙顶山茶核心区原真性保护"。同年7月，确定国有雅安市广聚农业发展责任有限公司对该项工作开展"六统一"，打造出蒙顶山茶先进性、高端化、标杆性新形象，带动提升蒙顶山茶价值。同年11月1日，在蒙顶山凌云台举行了正式启动仪式。同年6月10日，国务院批准并公布文化和旅游部确定的第五批国家级非物质文化遗产项目名录，蒙山茶传统制作技艺列入名录。同年7月，四川大学附属中学与新店镇人民政府和四川蒙顶山雾本茶业有限公司签订了战略合作协议，学校在名山设立了以茶文化体验为主题的劳动教育实践基地。同年9月30日，雾本茶业有限公司到成都向川大附中赠送茶苗300株，在学校教学实践基地，同学们在名山茶叶专家的指导下，亲手种下了来自仙茶故乡的茶树苗。2022年4月，区文体旅局拍摄《千年贡茶展新芽》微纪录片以记录。同年9月24日，国家知识产权局党组成员、副局长甘绍宁，四川省知识产权服务促进中心副主任杨早林一行到名山区调研蒙顶山茶地理标志工作。同年11月8日，中华全国供销合作总社发布公告，批准发布了《蒙顶山茶 第3部分：黄茶》（GH/T 1351—2021）《蒙顶山茶 第4部分：红茶》（GH/T 1352—2021）和《蒙顶山茶 第5部分：花茶》（GH/T 1353—2021）为供销合作行业标准。至此，蒙顶山茶系列行业标准全部公布完成，黄茶、红茶及花茶标准于2022年1月1日开始实施。同年11月21日，茶文化专家蒋昭义将自己几十年来所作的茶诗词、对联、记事、策划等力作汇集成《蒙山茶乡诗文集》正式出版发行。2021年11月，味独珍张强被中国茶叶流通协会评为"中国制茶大师"（黄茶）。同年11月底，中华茶人联谊会、中国茶产业联盟、中国国际茶文化研究会等共同主办的"百县、百茶、百人"茶产业助力脱贫攻坚、乡村振兴先进典型公益推选，雅安市名山区、蒙顶山茶、钟国林榜上有名。同年12月21日，名山区人民政府主办的蒙顶山茶核心区原真性保护冬至祭祖仪式在蒙顶山甘露石屋隆重举行。

  2022年3月22日，中共名山区委中心组召开学习会议，按会议安排，专家陈书谦、郭友文、钟国林向区委四大班子领导报告名山茶茶文化、茶旅游、茶改革史情况。同年3月27日，第十八届蒙顶山茶文化旅游节受疫情影响创新采取线上发布的形式，举行了蒙顶山春季祭祖开园仪式、第一背篓茶交易活动、蒙顶山核心区原真性保护理真甘露茶拍卖、第三届蒙顶甘露杯斗茶大赛，陆续举办了"蒙顶甘露杯"首届包装设计大赛、蒙顶山茶走进重庆等活动。"蒙顶甘露杯"第三届斗茶大赛在蒙顶山麓蒙山茶苑举行，按盲评办法和规则，共同评选出来自市内外32家企业36个茶样的金奖、优胜奖和优质奖。同年4月1日，由名山区农业农村局钟国林、四川省茶研所罗凡撰写的《中国名茶 蒙顶甘露》专著由中国农业科学技术出版社出版发行。同年4月28日，由名山区茶业推进小组主办的蒙顶山茶大讲堂开讲，主要邀请区内外茶叶教授、学者、专家、企业精英等讲茶叶、茶品牌、茶文化，已有倪林、陈书谦、何春雷、任敏、陈昌辉、陈盛相等相继讲课。同年5月1日，高5.3m的汉白玉茶祖吴理真石像落户成都金牛区茶文化公园。同年5月21日，第三个"国际茶日"，四川省茶业界在成都茶文化公园集会庆典，举行了植茶始祖吴理真汉白玉雕像在成都茶文化公园揭幕仪式、名山参会代表祭拜茶祖仪式、2020国际茶日《中国名茶 蒙顶甘露》新书发布签售会、蒙顶山茶成都营销中心揭牌开业庆典及无我茶会、三饮茶会等活动。同时，由区政府主办的聚集中国蒙顶山，"你我共茗蒙顶甘露"全国品鉴会（线上）活动盛大开启，刘仲华院士、姜仁华所长、胡晓云教授、王岳飞教授、王云书记、倪林主席等茶叶大家和专家共同品鉴蒙顶甘露、推介蒙顶山茶文化。同年7月8—11日，区委、政府和茶产业推进小组在重庆茶博会期间，抓住《故宫贡茶图典》签售仪式的契机，与李飞副主编衔接，商议邀请《故宫贡茶图典》主编参加第十九届蒙顶山茶文化旅游节并考察名山茶文化、茶产业，对接商议策划故宫贡茶回访名山一事。同年5月上旬，雅安市名山区茶业协会，根据产业发展工作需要，调整更新《蒙顶山茶品牌使用管理手册》，汇编出版《蒙顶山茶标汇编》《蒙顶山茶绿色食品农药使用手册》。同年10月中旬，茶文化专家蒋昭义《春江诗辞选集》正式出版发行。同年11月29日，雅安市名山区在区茶业协会会议室召开《中国茶全书·四川蒙顶山茶卷》编撰工作

第一次会议，编委会负责人、主编、副主编及编辑等参加会议，四川省茶叶行业协会会长、《中国茶全书·四川卷》主编覃中显，副主编陈昌辉、陈开义、孙道伦等到会指导交流。同年11月18日，大川茶业高永川被中国茶叶流通协会评定为第七批国茶人物·制茶大师（花茶类）。同年11月29日，联合国教科文组织保护非物质文化遗产政府间委员会第十七届委员会经过评审，正式通过决议，将中国传统制茶技艺及相关习俗列入联合国教科文组织新一批人类非物质文化遗产代表作名录，包括蒙山茶传统制作技艺等44个国家级非遗项目。蒙山茶传统制作技艺由去年的国家级跃升为世界级非遗项目，这是蒙顶山茶近年来取得的又一世界级成果。同年11月28日，中国茶叶流通协会对申报并评定出2022年度中国茶叶百强县，名山区名列其中。同年11月30日，《蒙顶山茶品牌建设案例》荣获国家知识产权局表彰全国108个商标品牌建设优秀案例之一，为2022年蒙顶山茶品牌建设宣传工作画上一个圆满的句号。

2023年9月2日，故宫博物院在午门城楼举办《茶世界——茶文化特展》，分4个主题展出555件代表性茶叶、茶文化文物，其中贡茶、仙茶、陪茶、菱角湾茶、蒙山茶、名山茶、春茗茶、观音茶、陈蒙茶和当代蒙顶黄芽、残剑飞雪在第四单元茶韵绵长中展出，名山区茶马司遗址图在第三单元茶路万里中展出。本次特展以县为单位，蒙顶山茶是品类最多的。

附录二

茶产业发展相关重要文件

名山县人民政府关于保护蒙山自然资源及文物古迹的布告

蒙山历史悠久，景色秀丽，五峰七刹，堪称名胜。尤以盛产茶叶闻名于世，自唐宋以来蒙顶茶即列为贡茶，沿袭至清代，有"扬子江心水，蒙山顶上茶"的美誉。为了保护蒙山茶及自然资源、文物古迹，发展旅游事业，特布告如下：

一、列我县所属蒙山为保护区。

二、凡蒙山境内之寺庙庵观、摩崖造像、碑碣石刻、匾额楹联以及红军长征遗留下来的标语、口号、革命文物、会议遗址均属保护范围。任何单位和个人都不准搬迁损坏，任意改变其原有的结构。临摹、拓片要批准。

三、保护区内，实行封山育林，不准任意砍伐竹木，不准猎取鸟兽，不准挖掘花草和药材，不准开山取石。

四、对稀有千佛菌、老鹰菌、珍贵银杏、红豆、古老茶树要严加保护。不准损坏。

五、保护蒙山水源，对境内的溪流、泉源和古井不准污染，不准堵塞。

六、境内的建筑工程，科研设施不准损坏。

七、蒙山管理所是实施上述规定的管理机构。工作人员履行职责，受法律保护，任何单位和个人不得阻扰、刁难。违者要严肃处理。以上规定从公布之日起生效。

此布

名山县人民政府
公元一九八四年元月

中华人民共和国国家质量监督检验检疫总局公告

根据《原产地域产品保护规定》（原国家质量技术监督局令第6号），我局通过了对蒙山茶原产地域产品保护申请的审查，现批准自即日起正式对蒙山茶实施原产地域产品保护。蒙山茶原产地域范围以蒙山茶原产地域保护申报办公室《关于蒙山茶原产地域产品保护区域范围的补充说明》（川蒙保护办〔2001〕06号）提出的地域范围为准，包括四川省雅安市名山县以及雅安市雨城区地处蒙山的碧峰峡镇后盐村和陇西乡陇西村、蒙泉村。

特此公告。

二〇〇一年十二月六日

中共名山县委 名山县人民政府
2002年茶叶产业化发展实施意见

各乡镇党委、政府，县级各部门：

为了大力调整农村产业结构，推进农业产业化经营，加快我县茶叶发展步伐，特制订2002年茶叶产业化发展实施意见。

一、目标任务

今年我县茶业产业化的目标任务是：新发展无公害良种茶园3万亩，茶叶总产量达700万公斤，其中名优茶160万公斤，分别比上年增加16万公斤、25万公斤，分别增长2.3%、18.5%，茶业总收入增加10%以上，突破1亿元；引进培育能带动农户2000户以上，投资规模4000万元以上的茶业加工龙头企业1个；茶业生产促进农民人均纯收入增加30元至40元；实施国家茶叶无公害示范基地县和蒙山茶原产地域产品保护工作取得突破性进展。

二、工作措施

1.加强宣传。充分利用报刊、会议、广播、电视、网络等方式大力宣传蒙山茶及独特的蒙山茶文化，为形成和强化发展茶叶的共识打好基础。一方面是对内宣传，重点是增强广大干部群众对蒙山茶原产地域产品保护意识和生产无公害茶叶意识。通过市场经济知识宣传，调整结构典型事例算账对比的宣传，增强广大干部群众的改革开放意识、市场经济意识、机遇发展意识、质量效益意识，增强调整结构、发展经济的紧迫感，调动广大干部群众调整结构的积极性，自觉投身到挑战传统农业、构建现代农业的大潮中去，为今年茶叶大发展做好思想准备。另一方面是对外宣传，将茶叶产品与全国唯一的蒙山茶文化旅游宣传相结合，多形式、多渠道，以"蒙顶甘露"为主导产品宣传，打造"蒙山茶"品牌，为蒙山茶叶的招商引资、市场开拓营造良好的氛围。

2.完善管理、技术服务体系。县上成立茶叶产业化办公室，作为茶叶产业化的副局级专门机构，负责全县茶叶产业化的综合管理、协调工作；各乡镇也要成立茶叶产业化领导小组，由乡镇长任组长，成员包括：分管领导、经发办主任、农业服务中心主任、财政所长、信用社主任、茶叶管理员等；各乡镇要在现有在职干部中选拔配备1~2名专职茶业管理员。专职茶业管理员要在"县茶办"和乡镇党委、政府的双重领导下，负责所在乡镇茶叶产业发展规划制订，技术培训、指导，良种茶苗的繁育、推广管理，市场调研，生产信息的搜集、整理、上报等工作。拟建茶叶专业村要确定一名村干部兼职担任茶技员，负责所在村茶叶生产管理工作。

3.实施蒙山茶原产地域产品保护，加大名山茶叶质量管理力度。要充分利用蒙山茶原产地域产品保护成果，严格执行《蒙山茶》国家标准，贯彻执行好县上制定的各种管理实施意见和办法，县茶办、县质监局、县工商局要通力合作，打击假冒蒙山茶的侵权行为，对无照生产及产品质量低劣的蒙山茶生产加工企业要坚决依法取缔，对产品质量不合格和流通环节中无证经营或使用其他不正当手段违法经营的要依法予以惩处，达到规范茶叶加工市场的目的。

4.依靠科学，大力发展高产优质无公害茶园。坚持高标准、高起点、高质量的原则，着重推广《无污染生态茶园栽培技术规范》，做到非良种不种。主推品种以蒙山茶群体中选育出的名选131、311和蒙山9号、11号、16号、23号为主，同时搭配种植福鼎等优良品种。各乡镇要认真开展良种茶苗扦插繁育专项调查，在摸清情况的基础上根据发展规划制订切实可行的良种茶苗供应方案，在5月底前完成良种茶苗的预定工作，保证秋季有苗可栽。发展地域重点是蒙顶山、百丈湖、318线和108线两侧50m以外、1000m以内，县城周围、莲花山、总岗山及其他宜茶地区。发展茶园要尽力做到集中、成片、规模开发，每个乡镇要重点规划落实好建立100亩以上的茶叶示范片。要大力推广生物农药，严格禁止高毒高残农药，多施有机肥，少施无机肥。

5.培育壮大龙头企业。对机制好、资产优、人员素质高、经营业绩好、具有发展潜力的茶业骨干企业，要从政策、资金、技术方面重点扶持，帮助企业做大做强。鼓励走"公司+基地+农户"的路子，通过龙头企业带动农民发展茶叶和增收致富。要强化在名山投资茶叶的优势宣传，优化投资环境，大力招商引资，力争培育或引进1个投资规模在4000万元以上的龙头企业，加速我县茶叶产业化的进程。

三、明确责任，狠抓落实

今年新发展良种茶园的任务已下达各乡镇。各乡镇要将今年茶叶发展的任务层层分解落实到村、社、农户，落实到田块、地块，实行建立卡片管理。县委、县政府将把调整结构发展茶园任务纳入各乡镇目标考核管理，对工作不力，未完成任务的乡镇要追究主要领导和分管领导的责任。县农业局、县茶办要搞好茶叶宣传，茶叶发展及茶树良种的繁育规划，无公害茶叶生产技术培训等工作；县质监局要负责蒙山茶原产地域产品保护的实施、"蒙山茶"的包装审定、质量检测工作；县工商局要抓好商标管理，规范市场秩序；地税、国税部门要完善税收征管办法，着重研究扶持茶叶骨干企业的税收优惠政策；县信用联社要把资金投放向茶业倾斜；其他相关部门要结合自身工作、职能，为茶叶产业化发展出力；联系乡镇的县级领导要加强指导，联乡帮村部门要把扶持茶叶作为一项重点，在宜茶乡镇要建立1个50亩以上的示范片，纳入联乡帮村目标考核。对工作失职的部门和单位，要追究主要负责人及相关责任人的责任。

附：2002年各乡镇茶叶发展任务表

中共名山县委

名山县人民政府

2003年4月3日

2002年各乡镇茶叶发展任务表

任务	新发展茶园/亩	更新改植/亩	茶叶发展重点村
蒙阳	1500	200	关口村、贯坪村、安坪村、律沟村
城东	1500	100	官田村、徐沟村
城西	1500	200	名雅村、蒙山村、金花村
永兴	500	250	双墙村、箭道村
红岩	900	200	金龙村、青龙村
前进	600	300	楠水村、新市村
车岭	700	300	几安村、龙水村、五花村、石堰村
双河	1800	400	云台村、延源村
马岭	1900	300	山娇村、江坝村、中岭村、兰坝村

续表

任务	新发展茶园/亩	更新改植/亩	茶叶发展重点村
红星	1800	300	龚店村、上马村
联江	1900	300	万安村、续元村、凉水村
百丈	2000	200	天宫村、涌泉村、叶山村、王家村
解放	1800	300	吴岗村、月岗村
黑竹	2000	200	鹤林村、莲花村
茅河	1900	400	龙兴村、万山村
廖场	2000	200	藕塘村、观音村
中峰	1800	300	大冲村、一颗印村、三江村、河口村
新店	1700	300	新坝村、大坪村、新安村、南林村
建山	600	100	止观村
万古	1600	150	红草村、沙河村
合计	30000	5000	53个

中共名山县委　名山县人民政府关于推进名山茶业发展的若干意见

为了进一步发展壮大我县茶叶产业，使茶业成为我县的富县裕民产业，成为我县社会主义新农村建设的支柱产业，按照"弘扬茶文化，发展茶产业，推动茶旅游，致富千万家"的发展战略，现提出如下意见：

一、实现"茶业富县"的目标任务

按照建设"中国绿茶第一县"的总目标，严格执行"蒙山茶地理标志保护"和"无公害茶叶生产示范基地县"标准，加强茶园科学管理，确保基地质量安全，提高亩平收益和综合经济效益，到2010年：实现茶园总面积28万亩，茶叶总产量37500t，名优茶12500t，茶叶总产值84938万元，茶叶工业产值110460万元；确保茶园基地无公害，农民人均茶叶纯收入占当年农民人均纯收入的50%以上。全县重点茶叶企业全部取得食品质量安全QS认证；鼓励和支持企业发展"公司+基地+农户"等产业化经营模式；发展上亿元产值的茶叶生产加工企业1家，5000万元以上的2~4家，培育国家级龙头企业1个，省级龙头企业2~3个；争创驰名商标1个，著名商标2~3个；发展好乡镇茶叶鲜叶交易市场；在"中国茶城"兴建名茶交易市场；"蒙顶山茶"在全国60%以上省会城市设立专卖店，"蒙顶山茶"品牌销售率达20%以上。

二、推进茶业发展的主要措施

（一）科学发展，搞好"五个结合"，实现"五个转变"

把发展茶叶与保护生态结合起来，与"十一五"规划结合起来，与建设"绿色食品大市"结合起来，与建设社会主义新农村结合起来，与建设高水平小康名山结合起来；按照"强基地、树品牌、抓龙头、拓市场、增效益"的茶业发展思路，推进基地建设由规模发展型向安全效益型转变，推进蒙顶山茶由"历史名茶"向"现实名茶"转变，推进茶叶加工由粗放型向集约、规模型转变，推进茶叶产品销售由消极被动向积极主动转变，推进茶业发展由以裕民为主向裕民富县双赢转变，从而全面推进茶叶产业的发展。

（二）高标准建设无公害茶叶生产基地，确保茶叶基地质量安全

1. 控制源头，确保茶园安全。第一，加大对农资市场的执法监管力度，从源头防止并禁用高毒、高残留农药和假冒伪劣农资流入基地。切实做好农业投入品登记管理、质量检测、残留监测及农业投入品市场的监督管理工作。农业投入品（化肥、农药等）需要试验、推广的，须经县农业行政主管部门登记、备案，依法推广使用；茶园中施用的有机肥、叶面肥、生物肥等必须通过国家认证。第二，按照"合理布局、方便茶农"原则，建立茶叶农资连锁店。各茶叶农资连锁经营店按要求统一封签标识、统一店名、统一进货、统一价格、统一管理、统一销售，质量安全可靠，符合我县茶叶安全生产标准要求，并建立茶叶农资销售登记卡制度，严格把好农资购销源头，指导茶农购买使用优质、高效、安全的农资产品。第三，加强对茶农的科教普及和服务，推广农药科学合理使用技术，提高病虫综合防治技术水平。通过推广化学防治替代技术、精准施药技术和新型药械，严格按安全间隔期施药，避免选用农药与防治对象不对口、防治失时、盲目混用、喷药次数过多等现象，确保茶叶生产环节无农药残留。第四，按照属地管理原则，加强茶农施药监管。要利用企业、茶叶协会、茶业专业合作社订立村规民约、购销合同，对违规使用农业投入品的茶农给予批评教育、解除合同、不准鲜叶销售等制裁。第五，建立质量安全追溯制，结合农药残留标准，加强农药质量和农药残留体系建设。通过对基地环境、生产过程和茶叶产品进行全程监控，做好茶叶主产区农药使用情况、农药残留情况的跟踪调查。

2. 建立健全病虫监测体系。在全县主要乡镇茶区建立茶叶病虫害专业监测预报点和监测点，制定安全茶园生产管理的长效监督管理制度，提高病虫预警水平，定期开展病

虫监测预报，及时准确提供病虫预报信息，减少施药范围和施药面积。

3. 强化管理，提高效益。通过多种形式，加强对农民的教育和引导，抓好高标准无公害茶园建设，搞好茶园的管理，提高茶叶采摘水平，特别是名优茶的采摘水平，提高茶园单产。进一步推广适应本地种植的国家级、省级优良绿茶茶树品种，对达到一定经济年限的茶园逐年更新换种。科学实施"茶果间作""茶草间作"，改善茶园生态环境，提高茶叶品质，确保效益提高。

（三）培育壮大龙头企业，不断推进产业化经营

4. 积极培育现有企业，引进强势龙头企业。培育信誉好、有基础、有潜力的现有骨干企业，促进做大做强；搞好招商引资和项目推出，引进规模大、有核心竞争力、有市场的知名品牌企业，特别是从事茶叶深度开发的企业和大型营销企业，延长茶业产业链；充分运用法律的、经济的、市场的、政策的手段，规范和淘汰资源浪费大、无品牌、无质量保证、无发展潜力的小型企业；取缔不按茶叶生产加工质量安全等规范要求的企业。

5. 开展"茶业十强"企业评选活动。制定"茶业十强"企业评定标准，从生产规模、带动能力、经济和社会效益、市场影响力等方面进行考核评定。"茶业十强"企业实行动态管理，一年一评，能上能下。对"十强"企业建立重点保护制度，在企业发展、资金支持、项目申报等政策上优先考虑。鼓励企业之间实行资产重组，开展生产加工联合和市场营销联合，整合资源，扩大规模。通过制定章程、平衡利益、建立约束机制，统一品牌、标准、质量、包装，共同开拓市场，提高抗御市场风险的能力。

6. 强化质量管理。分区域、定责任，建立长效监管机制。所有企业必须按照《蒙山茶》国家标准组织生产，实行标准化、清洁化、规范化生产经营。对茶叶加工企业实行分类管理，按市场准入原则，茶叶加工骨干企业必须取得食品安全QS认证，强化茶叶生产的质量管理，把好上市茶叶产品质量关，对茶叶产品质量实行全程监控。凡不合格产品不得出厂和销售，抓好茶叶产品质量检测、检查，对抽检不合格的企业要停产整顿，对掺杂使假的加工企业要从重处罚。鼓励企业进行无公害、绿色、有机食品认证。凡申报并获得国家绿色食品、有机食品认证的企业，政府给予2万元奖励；对获得国家免检产品的茶叶企业给予10万元奖励。

7. 积极引导企业建立茶叶基地。引导龙头企业建立原料基地，走"公司+基地+农户""公司+协会+农户""公司+农户"等产业化经营模式，加大对基地和农户服务和指导力度，与农户结成风险共担、利益共享的统一体。龙头企业要建立质量监督机制和奖惩制度，加强对茶农施肥、用药、采摘的管理，提高鲜叶质量；有条件的地方可组织统防队，进行统防统治，从而真正做到从源头上控制农残。

8. 大力发展茶业专合组织。按照"民办、民管、民受益"的原则，实行"政府指导、部门配合、典型引导、自愿联合"的方式，在茶叶生产、茶叶加工、茶叶营销等产业链的各个环节上，组建专业合作经济组织，把分散的茶农、企业和营销队伍连成一体，进行专业化生产经营，形成互利互惠、风险共担的利益共同体。并在项目、资金、贷款、技术改造等方面给予大力支持，促进茶业专合经济组织发展。

9. 充分发挥茶业专业协会的作用。对现有茶业"三会"（县茶业协会、学会、商会）、乡镇茶业协会给予关注和支持，有关部门要加强对协会的指导服务；协会要创新工作方法、组织模式，切实发挥行业自律作用，使协会成为茶业行业中具有较强影响力、亲和力的"茶人之家"。

10. 扶持茶叶产业化重点龙头企业。重点龙头企业在生产经营中，政府给予重点支持，提供优质服务。在企业创品牌、拓市场、融资金、引人才过程中，需要政府协调配合的，给予大力支持。

（四）实施品牌战略，大力打造"蒙顶山茶"品牌

11. 统一品牌，实行双商标管理。名山茶叶销售，以"蒙顶山茶"为总的品牌对外销售，逐步统一。县上倾力打造"蒙顶山茶"品牌。名山县蒙顶山茶叶协会和名山县蒙顶皇茶公司要将"蒙顶山茶"做成全国驰名商标。在"蒙顶山茶"的证明商标下，各企业使用企业商标和企业产品名称。对采取不正当竞争手段，扰乱市场秩序的，严格按相关法律法规予以重处。

12. 规范包装管理。坚持包装设计、印制的审定审批制度；企业设计印制的包装，必须经茶叶产业化领导小组审核认定，严格规范茶叶产品包装，坚决取缔不合格包装。依据《中华人民共和国商标法》有关规定，加强对茶叶产品商标印制和使用的管理，保护茶叶类商标专用权，打击侵权行为。

13. 加强知识产权的保护。茶业主管部门要对茶叶区域公用品牌、涉及茶业重大事项的商标等建立知识保护体系和机制，保护"蒙顶山茶"证明商标，迅速申报注册"皇茶祀祖"等名山茶业公共商标品牌。企业要加强自身知识产权的保护，重点保护企业的品牌、商标和核心技术，防止他人盗用侵权。

14. 鼓励争创品牌。政府对获得驰名商标的茶叶企业给予10万元奖励；对获得著名商标的茶叶企业给予2万元奖励；对通过国际质量体系认证的茶叶企业给予0.5万元奖励。对选育出国家级茶树良种的单位或个人给予5万元奖励；选育出省级茶树良种的单位或个人给予2万元奖励；对我县茶叶产业发展做出突出贡献的单位或个人给予表彰和奖励。

15. 大力宣传蒙顶山茶，弘扬蒙顶山茶文化。通过"政府搭台，企业唱戏"，积极开

展形式多样的茶叶产品宣传、推介活动，每年开展蒙顶皇茶采制大典暨采茶女能手大赛、蒙顶皇茶祭天祀祖活动，万人品蒙顶春茶等系列活动；积极组织本县龙头企业参加省内外各种商品博览会、交流会、茶文化研讨会；开发蒙顶山茶文化旅游，茶与旅游联姻，打造精品旅游线路；开展蒙顶山茶文化进校园活动，将蒙顶山茶文化知识编入中小学乡土教材，进行普及教育；大力培训蒙顶山派茶技表演人员、茶艺师，通过他们将蒙顶山茶文化推向全国，进一步提升蒙顶山茶和蒙顶山茶文化对外的知名度。

（五）加强市场建设，扩大营销队伍

16. 建设好"中国茶城"。在"中国茶城"建立集茶产品、茶品牌、茶文化展示为一体的茶业专业市场，做成功能一流、管理科学、运作规范、优质高效、辐射面广的名茶交易市场。

17. 建设好鲜叶市场。在茶叶主产乡镇、产区做好对鲜叶市场的建设、管理和引导，将主要的鲜叶市场建设成为基本设施齐备、功能完善、管理规范的鲜叶交易中心。

18. 鼓励企业建立销售网络。支持有一定实力和基础的企业开拓省内外市场，有组织、有计划地在全国大中城市建立蒙顶山茶营销窗口。营销窗口要有蒙顶山茶的明显特征或统一专门设计，店面要独立。对年销售额在100万元以上的营销窗口，政府连续3年每年给予1万元奖励；鼓励扩大销售渠道和范围，开发网络销售，扩大"蒙顶山茶"的市场占有率，提高"蒙顶山茶"销售品牌率。

19. 加强营销队伍建设。制定对营销人员的专门培训计划，聘请茶叶专家、管理专家、市场营销成功人士等培训企业和社会销售人员、经纪人。大力鼓励茶叶经营人员、经纪人队伍走出名山，走出四川，拓展省外和国外市场。

（六）加大资金投入，提高科技水平，推进茶业发展

20. 加大财政资金投入。县财政每年专门安排一定资金用于茶叶产业公益性、基础性项目的资金投入，列入财政预算。主要用于：茶树良种选育、引进和繁育，病虫害综合防治研究，病虫害监测体系建设，茶叶质量监控体系建设、品牌建设和市场开拓等公益性、基础性的茶业项目。

21. 加大信贷资金支持力度。金融部门要搞好"金融助推"工作，农村信用联社要继续发挥农村金融主力军的作用，加大对茶叶企业和茶农的信贷支持，每年新增贷款的80%要用于"三农"；重点支持县上的茶业十强企业，省市县重点龙头企业，为茶叶龙头企业的生产经营提供资金保障。

22. 加强科研合作。依托四川农业大学继续办好"茶叶科技专家大院"，创新合作模式，把科研院校的新品种、新技术、新工艺、新的管理方法尽快应用于实践，转化成现实的生产力。鼓励大专院校专家教授和各类科技人员来我县从事茶叶产业的科技开发。建好县茶叶研究所，积极开展茶树种质资源保护和开发利用及提高茶叶生产加工技术等基础科研工作。

三、加强领导，强化管理

23. 健全机构。调整充实县茶叶产业化领导小组，由县长担任组长；茶业局、农业局、质监局等部门为成员单位。各成员单位要结合部门工作职责，制定加快茶业发展的具体管理办法或实施细则，各司其职，互相配合，共同推进我县茶叶产业的发展。各乡镇要按照"属地管理"原则，调整充实茶业工作领导小组，明确具体分管领导，配备专职的茶业管理员1~2人，实行茶业局和乡镇双重领导，专职专用，具体负责本乡镇的茶叶产业化工作。

24. 落实责任。县有关职能部门和单位要充分履行职责，加强对乡镇、村社、农户和茶叶企业的指导，规范加工经营，做好综合服务。县委办、政府办要协调县级相关部门抓好茶叶产业化工作，对重点工作进行督查。名山县农村工作委员会办公室要做好农业产业化重点龙头企业的申报、管理及相应项目争取；加强劳务开发，着力解决茶叶采摘用工难的问题。县茶业局要做好茶叶产业化发展综合协调、加强茶叶生产技术培训、建设无公害茶园、加强对茶叶加工企业的引导服务与管理。县农业局、工商局和质监局要加强农业投入品的管理，依法整治农资市场，确保农产品质量安全，组织企业申报无公害农产品、绿色食品、有机食品、QS认证等。县财政局要加大对茶业发展的资金安排，加大对龙头企业的资金扶持力度。县扶贫办要将扶贫帮扶资金主要用于全县茶叶技术培训，支持农户进行茶叶生产。县经济和商务局要指导和帮助企业加强内部管理、实现制度创新和体制创新，做好茶叶企业技改项目的包装、申报，组织企业参加省内外大型招商和经营活动。县发展和改革局、招商引资局要做好茶叶项目的储备、上报立项和项目资金的争取工作、推出茶叶重点项目对外招商，引进大型龙头企业。税务部门要加强税收征管，确保茶叶税收政策公开、透明，实现公平税赋。农行、信用联社等金融部门要为企业、茶农提供优质的信贷服务。县科技局要做好蒙顶山茶信息网站建设、开展茶叶实用技术培训、抓好专家大院建设和科技人员包村、指导和支持发展农村合作经济组织。其他相关职能部门和单位也要认真履行职责，围绕茶叶产业依法行政，搞好服务。各乡镇要把抓经济建设的主要精力用于茶叶产业化，乡镇的主要领导要懂茶业、熟悉茶叶产业化工作，把茶叶产业的服务工作作为乡镇经济建设的中心工作。

25. 规范执法。县级有关部门要清理收费项目，严禁对茶叶企业和专合组织乱收费、乱摊派、乱罚款，严禁"吃、拿、卡、要"；任何单位和个人不得干预企业的合法生产经营活动，不得违反规定随意进入企业和专合组织检查，严禁强制企业和专合组织参加评比、研讨、竞赛等活动；健全监督机制，完善追究制度，县监察局要设立举报电话，对检举揭发的各种违纪违规行为公开曝光，及时处理，并追究当事人和部门领导责任，情节严重的依法移送司法机关查处。

26. 加强督查。坚持把茶业发展纳入对乡镇和部门年度综合目标考核，兑现奖惩。县委政府目标督查室要按茶叶产业化工作计划和安排对乡镇和县级有关部门进行督促检查，确保茶叶产业化目标的实现。

中共名山县委

名山县人民政府

2006年6月15日

名山县人民政府
关于禁止销售、使用剧毒、高毒、高残农药的通告

为促进名山县绿色和有机茶叶产业发展，提升茶叶产品质量安全，增强"蒙顶山茶"品牌的市场竞争力，确保名山茶业快速、健康、持续发展，根据《中华人民共和国农产品质量安全法》《农产品质量安全监测管理办法》《四川省农药管理条例》和《四川省人民政府关于构建农业生产资料销售监管长效机制的意见》等规定，结合我县实际，特通告如下：

一、凡在名山县行政区域内从事农药经营和使用的单位和个人必须遵守本通告。

二、在名山县行政区域范围内：

（一）农药经营单位不得经营国家和四川省规定禁用和限用类农药品种；农药使用单位和个人禁止在茶叶上使用治螟磷、特丁硫磷、治螟磷、内吸磷、涕灭威、灭线磷、环磷、蝇毒磷、氯唑磷、硫丹、氰戊菊酯及其复配制剂。

（二）推荐使用茶叶农药品种：氯虫苯甲酰胺（康宽）、溴氰虫酰胺（倍内威）、噻虫·高氯氟、苏云金杆菌、吡虫啉、10%苏吡、球孢白僵菌（菜将军）、醚菊酯（茶盛）、联苯菊酯、多角体病毒（和生绿源）、阿克泰、虫螨晴（帕力特）等茶叶类新型农药。

（三）提倡采用农业防治、物理防治和生物防治等技术防治茶叶病虫害，提倡交替使用农药，杜绝使用含有隐性成分的农药。

三、茶农应自觉维护茶叶质量安全,拒绝购买和使用茶叶禁限用类农药,并严格按照农药使用标准施药。施用农药后必须达到安全间隔期才能采摘茶叶。对不按规定使用农药,不按农药标准施药和未达安全间隔期采摘茶叶,并造成农药残留超标的,经检测认定后,对该批茶叶实行就地销毁,并依法给予从严处理。

四、农药经营单位要建立健全农药连锁经营制度,农药经销人员必须取得农业部门颁发的培训合格证并持证上岗。农药经营单位及其下属连锁店要建立农药购销台账并将购销票据保存三年以上。未经许可不得在我县范围内经营剧毒、高毒、高残留农药及其复配制剂。

五、工商部门要严把市场准入关,严格证照管理,坚决取缔无证经营。

六、县农业行政主管部门要切实加强对农业投入品的监督管理,全面负责农药市场的监督管理和行政执法工作。县工商、质监、茶业、供销、卫生、公安、乡镇人民政府等部门密切配合,并积极协助农业行政主管部门开展执法监督工作。

七、违反本通告的,按照有关规定依法查处。对工作失职,造成严重后果的,追究有关人员责任;造成重大危害触犯刑律的,移送司法机关处理。

八、任何单位和个人有权向负有农药监督管理职责的部门举报和投诉农药违法行为,对举报和投诉经查证属实的,将给予奖励。

九、本通告自发布之日起执行。

举报电话:12316(农业局)、3233121(茶业局)、3229759(名山县茶产业领导小组办公室)

特此通告

二〇一二年十一月二十七日

雅安市名山区人民政府
关于加快生态文化旅游融合发展的实施意见

各乡镇人民政府,区级各部门:

为抓住雅安建设国家生态文化旅游融合发展试验区的良好机遇,充分发挥我区生态文化旅游优势和交通区位优势,加快生态文化旅游融合发展步伐,促进全区经济社会持续、健康、快速、稳定发展,提出如下实施意见。

一、指导思想

贯彻落实省委十届七次全会"创新、协调、绿色、开放、共享"五大发展理念，围绕"以茶为本、文化为魂、茶旅融合、生态康养、全域旅游"的茶旅融合发展思路，坚持科学规划引领，按照"一廊四线两湖"的空间布局，统筹要素保障，以项目为重要支撑，不断完善提升旅游基础设施和配套设施，加快景区茶区一体化、茶旅品牌一体化、茶旅文化一体化、茶旅康养一体化建设进程，促进茶叶产业、文化产业、旅游产业、康养产业融合发展，实现"旅游兴区"。

二、发展目标

通过将名山建设成为生态文化旅游目的地、健康养老目的地、自驾游休闲度假集散地、国际茶文化集中展示地，努力把名山打造成生态文化旅游融合发展的先行示范区。2015年，旅游接待达到280万人次，旅游产业综合收入20亿元；到2016年，旅游接待达到330万人次，旅游产业综合收入26亿元；到2020年，旅游接待达600万人，旅游综合收入50亿元。

三、主要工作

（一）景区茶区一体化

1.推进景区变茶区。在蒙顶山景区、清漪湖景区、百丈湖景区和旅游村寨、幸福美丽新村等周边实施茶园全覆盖工程，发展优质新茶园、改造低产老茶园，打造精品观光茶景，提升景区茶园覆盖率。深入落实茶产业发展措施，加快雅攀共建蒙顶山茶产业园"一园三区"建设，打造以茶文化、茶旅游、茶市场为代表的蒙顶山景区——茶马古城，以茶基地、茶加工、茶体验和茶科研为代表的雅攀共建蒙顶山茶产业园丰丰加工园区——中峰茶树良种繁育场，骑游茶乡万古和水韵茶乡茅河等，真正使景区变茶区。

2.推进茶区变景区。

（1）提高旅游通行能力。围绕茶区变景区发展目标，整合各部门项目资金，加快道路基础设施建设，参照百上线两侧道路标准，改建城区道路、蒙顶山大道、通往景区道路，加强现有道路、公路的黑化，加快皇茶大道（二期）、景区观光游步道的建设，进一步完善旅游、交通标识，安装信号灯、护栏等，对全区通往旅游点位的重要道路两侧进行绿化、美化，对两边建筑物进行规范和景观提升，发挥产业路和旅游观光道双重作用。

（2）提升旅游服务水平。按照《雅安市名山区"茶家乐"旅游服务质量等级划分及其评定办法》，加强"茶家乐"建设管理，规范"茶家乐"经营标准，提高"茶家乐"服务人员水平，提升乡村旅游接待品质，鼓励支持成立行业协会，强化自我管理、经营和提升意识。结合灾后重建和幸福美丽新村建设，坚持产村相融，完善基础设施、服务功能和产业培育，打造具有茶文化特色的典型茶乡新村和精品风情小镇。加强旅游从业人员培训，坚持"走出去、请进来"方式，组织旅游从业人员到雅安、成都周边参观学习，同时积极争取省、市旅游部门和省旅游协会、省旅游学校、省贸易校等单位的支持，聘请专家、教授到我区开展旅游服务技能培训，规范服务行为，提升服务质量。

（3）培育独特的茶园景观。以雅攀共建蒙顶山茶产业"一园三区"建设为核心，加快茶产业重建，不断延长茶产业链，大力促进茶产业转型升级，重点在茶源科普基地—中峰、世外茶园—双河、骑游茶乡—万古3个万亩观光茶园实施景区打造工程，打捆水利、交通、通信和旅游设施等项目，加快旅游配套设施建设，积极探索"茶+贵"发展新模式，因地制宜发展观光花卉，把茶园打造成具有特色景致的公园，培植"茶中有花、花香茶海、色彩纷呈、四季辉映"的独特景观。

（二）茶旅品牌一体化

1.建设品牌景区。

（1）加快蒙顶山国家AAAAA级旅游景区创建进程。按照AAAAA级旅游景区标准，坚持以茶带旅、以旅促茶，充分挖掘蒙顶山生态文化旅游资源，通过创建、完善景区基础设施和配套设施。开发蒙顶山系列旅游项目和产品，提升景区品质和服务水平，将蒙顶山景区打造成为集茶市、茶作、茶修、茶养、茶贡为特色的精品茶文化体验景区，到2016年6月，实施完毕所有规划项目，具备申报国家AAAAA级旅游景区条件。

（2）加快推进百丈湖、清漪湖开发进程。进一步完善百丈湖开发相关协议内容，完善控制性详规编制，明确项目开发的阶段性时间进度和工作任务，力争到2025年将百丈湖景区全面打造成为享誉川西南乃至全国的区域性、国际化的高端旅游度假区。加大清漪湖景区项目的包装策划和招商引资力度，加快推进景区开发，通过项目招商，采取市场化运作方式，将清漪湖景区打造成为集文化体验、休闲观光、度假颐养等功能于一体的颐养产业休闲度假示范区。

2.打造品牌线路。围绕以百公里百万亩茶产业生态文化旅游经济走廊为主线，抓住灾后重建机遇，进一步完善精品线路的旅游基础设施、旅游接待功能和配套设施，打造中国十佳茶旅路线——"中国南丝绸之路·蒙顶茶乡风情游"【成雅高速成佳出口—茅河—百丈湖景区—中峰牛碾坪万亩生态观光茶园—万古红草万亩生态观光茶园—清漪湖景区—太平湖—双河骑龙万亩生态观光茶园—茶马古城—蒙顶山景区（蒙山新村）—雅安】旅游精品线路。加强与省内外知名旅行社合作，重点推广成佳—茅河—名山、名山—茶马古城—蒙顶山、成温邛高速百丈出口—中峰万亩生态观光茶园—名山、成温邛高速百丈出口—新店—万古红草万亩生态观光茶园—城东—名山四条旅游小环线为主的1日、2日短期旅游线路。在2018年前，新创建2~4个国家AAA级以上旅游景区，将名山打造成高品质的茶文化休闲度假游、乡村休闲度假游的目的地和重要经由地。

3.培育品牌商品。重点打造以茶产品为主的旅游商品，以绿茶为主，结合市场需求，开发藏茶、红茶、乌龙茶等，推出高、中档茶叶旅游商品，努力打造与蒙顶山茶有关的茶香猪、茶香兔、茶香鸡等附属旅游商品。挖掘禅茶文化，延伸茶产业链条，开发茶疗、茶饮、茶枕、茶禅修等以茶为主的旅游产品。开发民俗茶饮食，推出农家老鹰茶、罐罐茶，茶膳、茶香系列卤制品等民俗饮食"茶乡特色菜"。抓好民间工艺品、特色商品、旅游纪念品等开发，培育壮大特色旅游商品企业。围绕区域性特色发展山珍和农副产品，对蒙顶山千佛菌、三塔菇、土耳苔、方竹笋、猕猴桃、民间特色小吃等进行规范和包装，打造地方特色旅游商品。

4.策划品牌营销。紧紧围绕"世界茶源·中国茶都""中国蒙顶山·世界茶圣山""千秋蒙顶·千年贡茶"3个茶文化旅游品牌，聘请专业策划公司策划全年旅游宣传营销活动和重大会节活动。加强与中央电视台、四川电视台、《华西都市报》、携程旅行、途牛等国家级、省级新闻媒体和网站合作，搭建旅游宣传营销平台，大力宣传名山旅游资源。在微博、微信等新兴媒体上加大对名山生态、文化、旅游等资源的信息发布和形象宣传力度，建立名山旅游APP、客户端和二维码，多渠道宣传推介名山，扩大名山旅游的影响力。积极组织参加旅博会、文博会、农博会、旅交会等，强力宣传名山旅游"6+6"资源，吸引更多的游客来名山，提升名山知名度和美誉度。

（三）茶旅文化一体化

1.多角度展示茶文化历史。挖掘以茶为重点的历史文化、民俗文化，升级世界茶文化博物馆，建好蒙顶山茶史博物馆，分类错位展示世界茶文化、中国茶文化、蒙顶山茶文化，精细打造禅茶文化和贡茶文化。收集整理蒙顶山茶文化历史、诗歌、散文、传说，编撰《蒙顶山茶文化》丛书等系列作品，以实景舞台形式呈现《蒙山施食仪轨》《祭祖大典》《茶祖吴理真》，以"龙行十八式"为代表推广蒙顶山派茶艺茶技。

2.全方位融入茶文化元素。将茶文化元素融入城乡建设涉及的道路名称、绿化美化、店招店牌和各种服务设施中，在全区形成茶树遍地、茶字遍街、处处茶影的茶都氛围和茶乡氛围。通过招商引资，着力引进花间堂、太极禅、正山堂等全国知名企业建设高品质茶文化精品酒店、茶室、工坊、创意小区等，提升名山茶文化品质。

3.高密度组织茶主题活动。按照"月月有活动、四季有主题、一年一会节"的原则，以市场为导向，突出特色，发挥优势，依托我区四季有产品、四季有特色、四季皆宜游的优势，进一步强化"春"品茶季、"夏"避暑季、"秋"风情季、"冬"赏雪季的产品形象，以季节性线路产品为卖点，以旅游节庆活动为亮点，精心举办蒙顶山国际茶文化旅游节等系列活动，向省内外游客充分展示名山区茶文化、茶产业、旅游资源的独特魅力，切实营造出良好的节庆氛围，不断掀起名山四季旅游的高潮，实现我区旅游业又好又快发展。

（四）茶旅康养一体化

1.科学制定茶旅康养产业发展规划。充分利用名山区位、交通、生态、文化等比较优势和茶旅融合发展的良好基础，做好康养产业发展规划，推进《蒙顶山国家级茶叶公园总体规划》《蒙顶山旅游度假区概念性策划方案》《百丈湖旅游度假区控制性详规》等规划的编制完善，在规划中完善康养产业发展内容，做好项目包装和储备，加快康养产业的培育。

2.积极引进康养项目。精心包装高端旅游休闲康养度假区——茅河茶乡颐园、清漪湖等项目，通过项目招商，采取市场化运作方式，引进国内知名企业发展名山康养项目，将康养产业培育成具有带动辐射效应的新兴朝阳产业，将名山打造成为集文化体验、休闲观光、度假颐养等功能于一体的颐养产业休闲度假示范区。

3.强力推动康养产业项目落地。加大资金融合和投入，完善服务功能，努力推进康养产业项目陆续分期分批落地。力争在2017年建成一个高端康养产品——蒙顶山禅茶文化体验中心（一期），在2018年底完成一个高端旅游度假区阶段性成果——百丈湖国际旅游度假区（一期）。

四、保障措施

（一）加强组织保障

进一步明确和强化区旅游产业领导小组职能职责，完善以区委、区政府主要领导为组长，区委、区政府联系分管领导为副组长，区级相关部门主要负责人为成员的领导小组工作机制，定期召开旅产会议，及时研究协调解决茶旅融合发展中的重大问题，落实相关部门工作职责，加强协调配合，形成推进茶旅融合发展的合力。区级相关部门、乡镇成立相应的旅产工作机构，制定细化工作方案，落实专人负责，加大工作力度，着力推进茶旅融合发展建设。

（二）坚持规划引领

按照茶旅融合发展重点方向，突出规划先行，按照"科学规划、合理布局、准确定位、突出特色"的原则,围绕发展定位和目标,完善我区已编制和正在编制的《四川省雅安市蒙顶山风景名胜区总体规划》《雅安市名山区灾后恢复重建旅游总体规划》《蒙顶山旅游景区总体规划》《蒙顶山创建国家AAAAA级旅游景区提升规划》《雅安市名山区国家级茶叶公园总体规划》等涉及茶旅融合的规划,突出名山特色,做好规划相融,理顺主次纲目关系,发挥好规划对茶旅项目落地的重要保障作用和促进作用,发挥好规划对茶旅融合发展的引领作用。

(三)强化政策扶持

对发展茶旅融合的旅游企业,依据政策落实行政审批手续简化、税收优惠、水电气价格优惠等。对符合土地利用总体规划和城市总体规划的重点茶旅产业项目,优先安排土地利用年度计划,按"一事一议"方式及时研究投资促进优惠措施。对社会资本进入旅游交通、旅游公共厕所、旅游停车场、自驾营地、景观绿化等非盈利性基础设施建设的,用地可按划拨方式提供。

(四)加大资金投入

区财政每年安排1000万元茶旅融合产业发展资金,用于开展旅游宣传营销、"茶家乐"提升扶持、旅游品牌商品培育、蒙顶山国际茶文化旅游节举办及旅游基础设施、服务设施管理和维护等。由区旅游产业发展领导小组整合统筹各部门、乡镇项目资金,围绕茶旅融合发展目标,重点投入旅游基础设施项目工程,形成合力,全面提升全区旅游基础设施和配套设施水平。

(五)提供人才保障

通过"上挂""外训"等方式,选派一批业务骨干到茶旅融合发展好的地方交流学习培训,进一步增强业务能力;重视发现和培养扎根基层的乡土生态文化旅游发展能人、民族民俗文化传承人,培训旅游从业人员;加快完善人才发现、吸纳、借用、储备、培育机制,加大对优秀人才的表彰和奖励力度,引进、培育一批生态文化旅游融合发展的骨干人才,对高端人才,按雅安市出台的引进人才相关奖励政策引进,为茶旅融合发展提供人才支撑。

(六)逗硬督查考核

完善茶旅融合发展目标考核办法,发挥目标考核的激励作用。由区旅游产业发展领导小组牵头,组织区委政府目标督查室、区旅游局加强对相关部门和乡镇的工作责任落实情况进行检查考核,强化监督约束、跟踪问效,严格奖惩。

雅安市名山区人民政府

2015年12月31日

关于开展蒙顶山茶核心区原真性保护管理的公告

为切实加强中国重要农业文化遗产——蒙顶山茶文化系统管理，强化"蒙顶山茶"地理标志产品，提升蒙顶山茶品牌价值，根据《中国重要农业文化遗产管理办法》《地理标志产品专用标志管理办法（试行）》等有关法律法规的规定，按照《雅安市名山区蒙顶山茶核心区原真性保护划定工作实施方案》《蒙顶山茶核心区原真性保护管理办法（暂行）》等文件要求，现将蒙顶山茶核心区原真性保护有关事项公告如下：

一、保护范围

按照"保护与发展、传承与创新"的总体要求，将雅安市名山区境内蒙顶山茶核心区海拔800m以上区域划定为蒙顶山茶核心区原真性保护范围。

二、保护原则

按照"在发掘中保护、在利用中传承"的指导方针，核心区原真性保护遵循"动态保护、协调发展、多方参与、利益共享"的管理原则。

三、保护方式

划定的蒙顶山茶核心区受到依法保护，确保其基本功能、范围和界线不被破坏；核心区通过树立标识标牌、挖掘茶文化、保护茶史古迹、传承蒙顶山茶茶技茶艺、落实网格化管理等多种措施实施有效保护和管理。

四、有关要求

公告发出后，各有关镇（街道）、企事业单位、组织和个人对蒙顶山茶核心区原真性保护工作应给予支持和配合，在该区域从事生产、生活或者其他活动的，应当遵守《中国重要农业文化遗产管理办法》《蒙顶山茶核心区原真性保护管理办法（暂行）》等相关规定，违反规定者将依照其规定要求予以处罚。

特此公告。

雅安市名山区农业农村局
雅安市名山区文化体育和旅游局
雅安市名山区经济信息和科技局

雅安市名山区市场监督管理局
雅安市名山区经济合作和商务局
二〇二一年十二月二十七日

关于印发《支持培育壮大茶叶龙头企业的九条措施（试行）》的通知

各镇（街道），区级相关部门：

经报区三届第五次政府常务会议研究同意，现将《支持培育壮大茶叶龙头企业的九条措施（试行）》印发你们，请遵照执行。

雅安市名山区农业农村局
雅安市名山区经济信息和科技局
雅安市名山区经济合作和商务局
雅安市名山区文化体育和旅游局
雅安市名山区人力资源和社会保障局
雅安市名山区财政局
2022年6月2日

支持培育壮大茶叶龙头企业的九条措施（试行）

为深入推进"茶业提效"工程，加快擦亮"蒙顶山茶"金字招牌，集中资源做强龙头企业，做大市场，做响品牌，根据《四川省财政厅 四川省农业农村厅关于印发<统筹推进精制川茶产业发展的指导意见>的通知》（川财农〔2019〕186号）等文件精神，结合我区实际制定本措施。

一、支持对象

本措施支持对象为雅安市名山区省级及以上农业产业化龙头企业或"蒙顶山茶"品牌销售额2000万以上的区域公用品牌授权企业。

二、支持内容

（一）激励做大做强。对茶企当年主营业务收入（依据会计事务所出具的财务审计报告）首次达5000万、1亿元、3亿元、5亿元、10亿元的，分别给予一次性奖励20万、50万元、100万元、200万元、500万元。当年新认定为农业产业化国家级、省级龙头企业的，分别给予一次性奖励100万元、10万元，政府项目资金对省级及以上龙头企业予以重点倾斜。2018年（含）以来已获得国家级、省级农业产业化龙头企业资格并经农业农村部年度监测为合格的茶企，分别给予一次性奖励5万元、1万元。

（二）鼓励市场拓展。支持茶企在省会城市（含副省级城市）和地级城市的主城区建设实体门店，对建成投运满一年、装饰带有"蒙顶山茶"统一标识的品牌专卖店，且实体门店面积20~50m²（含）、51~100m²（含）、101m²以上的，省会城市（含副省级城市）分别给予一次性奖补5万元/个、10万元/个、15万元/个，其他地级城市分别给予一次性奖补3万元/个、6万元/个、8万元/个。鼓励茶企开拓线上市场，支持在天猫、京东等网购平台开设"蒙顶山茶"品牌专营店，对年网络销售额首次达1000万元、3000万元、5000万元的，分别给予一次性奖补10万元、30万元、50万元。

（三）加大品牌宣传。支持茶企在国家级、省级媒体以及高速公路沿线、高铁、机场、高端楼宇等区外重点区域投放宣传广告，对茶企广告投放金额按40%比例/项（个、次）给予奖补。鼓励茶企外出开展品牌展销、专场推介等茶事活动，对茶企自行组织经区级相关部门审核认可的专场茶事活动，活动支出金额按20%比例/场（次）给予奖补，每场（次）最高不超过5万元，单个企业最高奖补不超过50万元/年。

（四）支持贸易发展。鼓励加工型茶企"产销分离"，对成立茶叶商贸公司实现主营业务收入（依据会计事务所出具的财务审计报告）首次达2000万元、5000万元、1亿元的，分别给予一次性奖励10万元、20万元、50万元；支持茶企开拓境外市场，提升外贸出口额，对茶企年出口茶产品及衍生品首次达1000万元、2000万元、5000万元的，分别给予一次性奖励10万元、20万元、50万元。

（五）鼓励融资发展。鼓励茶企新增贷款拓展主业，对茶企当年同比新增涉茶贷款按照同期贷款基准利率的50%比例给予贴息（贴息率不高于贷款实际执行利率），单个企业贴息总额不超过50万元/年。鼓励茶企上市发展，对在新三板、创业板、中小板等挂牌上市的，分别给予一次性奖励50万元、100万元、150万元。

（六）强化品质管控。支持茶企建设智慧茶园，对在自有茶园新建成全程可追溯系统的，按建设成本10%比例给予奖补，单个奖补不超过20万元/年。鼓励开展"两品一标"认证，新获得绿色、有机食品认证的，分别给予一次性奖补0.5万元/个、2万元/个。

（七）支持科技创新。支持茶企开展茶叶新品种选育、新产品开发及工艺创新，对新获得涉茶国家发明专利的（不含实用新型专利和外观设计专利）给予一次性奖励5万元/项；新获得国家级科技进步奖一、二、三等奖的，分别给予一次性奖励100万元、50万元、30万元；新获得省级科技进步奖一、二、三等奖的，分别给予一次性奖励50万元、20万元、10万元。

（八）建强人才队伍。对茶企新引进工商管理类（普通高等学校专业目录）全日制大学本科、硕士研究生学历人才满一年的，分别给予茶企一次性奖补2万元/人、3万元/人；对新引进茶业相关专业全日制专科、本科、硕士研究生学历人才满一年的，分别给予茶企一次性奖补1万元/人、2万元/人、3万元/人，单个企业最高补助不超过20万元/年。对新评得国家级、省级制茶大师分别给予一次性奖励5万元/人、2万元/人。新进入国务院和省、市政府公布的非遗传承人，分别给予一次性奖励10万元/人、5万元/人、2万元/人。

（九）推动融合发展。鼓励茶企打造以茶庄园为载体的综合体，对新投资5000万元以上建成集茶叶种植加工、文化体验、休闲度假等为一体的生态茶庄园，经区级相关部门验收通过的，给予一次性奖补100万元/个。

三、其他事项

（一）本措施由区农业农村局会同区级相关部门负责具体解释工作。

（二）区农业农村局会同区级相关部门负责资料申报、审核和报批，区财政局负责落实、兑现奖补资金。

（三）本措施若与其他奖补扶持政策相冲突的，按照就高不就低原则执行，不重复奖励。

（四）本措施执行时间为2022年1月1日—2023年12月31日。

附录三

茶相关文献资料

马岭大石梯碑：天目寺重修路道碑记

太极生乎！

天地万形万象全焉。天有日月星辰，地有江山社稷。昼夜相映，无穷复载，育民莫限。其地万形万象，方生名境，高峰挺出，人间修立，观诸坛无休古迹。

今夫蜀西边域，治地千里，而至于雅安名山县。东至延镇百余里间，有名古迹佛鼻山天目寺也。其寺后脉龙岗，乃文殊菩萨示现之处，谓之佛鼻天目寺也，乃天之眼目常明，谓之天目。其寺启于至正甲午。始祖正得和尚舍身入荒，撰草开修鸿迹。洪武戊申，可印文公禅师亦行撰草临住拱惟。

我朝太祖高皇帝登立天位，人民未安，山林树木浩荒，不能住持，弃出游览。正统丁巳，有同门法弟可真无碍禅师，乃邛州大乘山法师，圆合之首，嗣拜师，求问所居，其师指曰："有雅安名山县延镇乡，有名荒迹，寺曰'佛鼻山天目寺也'。"惟是可真和尚听师指引，彭门落卬，遂入大山林中，撰草果寻得住。修理自然。感得信众不请而自至，僧徒不求而自来。天地两佑，落成，栽茶为业，思得茶株为兰，供佛。不能进上答报土恩。于天顺三年将茶报入蜀国府中投纳。蒙委内相官员并旗军同来看守，一年一进无违。奈何往来途道大石梯也，山高陡峻窄峡，不能通使。府中委差公务、官员、人马、轿夫、担夫，所行亦步，身力多受艰辛。虽有前修，未通平处。今感新委内相金璋领命至此，大管茶兰进贡。见得路道崎岖，行人马力难使，亲书化疏，结众喜舍资财米谷，命匠用工修砌。

伏蒙，蜀府飞鱼服色历侍六朝承奉正宋公，闻知修路，喜舍锦缎，同助路缘。其路远贰佰余丈，阔三尺有五，步步夹石行梯，永作万载不颓之路也。今功克毕，溥使行人肩担背负，乘骑旅士步稳坦平，皆是舍财者所修，得其无险无危之步也。其前路立有碑，非同其志，恐失后修舍财者之心，理合再碑，重立道旁。祈感天地恩泽常临，巡路圣神永佑，江山巩固，社稷统坚。惟愿：

天皇蜀主寿无穷，文武官僚禄增位。昔日宋公修积，固有寿考福禄之报，舍财重修内相金璋指日乔升，永作跨海金梁。同修僧俗，共高增禄位，步踏金阶，寿命延长，己躬安泰。伟是为记。

龙集大明正德十五年，岁在庚辰，季春三月吉旦蒲江县隐士文昂 撰

蒙顶天盖寺碑：天下大蒙山

西蒙山序

稽《禹贡》所载："山有二蒙，在徐曰东蒙，在梁曰西蒙。"则两山之雄，并甲天下，而两山之灵，各镇一方，皆神禹治水功成，亲为祷祀之所。故于蒙羽其艺之后，即纪之曰："蔡蒙旅平"。此西蒙山之所由传，而邑以名山为称，有自来矣。观其胜状，在邑西耸峙，去城一十五里。临于上俯视一切，蔡山嵬然，面对若壁；羌水澄然，环绕如带。且而东望古洪嘉阳，烟霞万种；西顾邛崃芦峰，景趣千般。南北转盼，尽□雅治。且有时白云出岫而排空，圣灯至夜而飞献。此蒙山之大概也，非名山乎！

故山灵所钟，皇茗有贡，地脉之效，龙泉可祝。迄今石端昭垂，在足考曰："祖师吴姓，法名理真，乃西汉严道，即今雅之人也。脱发五顶，开建蒙山。自岭表来，随携灵茗之种，植于五峰之中。高不盈尺，不生不灭，迥异寻常。"至今日而春生秋枯，惟二三小株耳，故《图经》有云："蒙山有茶，受阳气之精，其茶芳香。"皆师之手泽，百事不迁也。由是而遍产中华之国，利益蛮夷之区，商贾为之懋迁，闾阎为之衣食，上裕国赋，下裨民生，皆师之功德，万代如见也。且一日道登彼岸，持锡掘井而隐化石身。后世凡遇旱年，辄井泉石像，并迎而共祷，灵雨为之顺应。故有宋邑进士喻大中，奏闻宋淳熙，敕赐甘露大师，夙嗥甘露菩萨。又师之灵爽不昧，流芳千载也，非名山乎！

然地灵人杰，代出行僧，而物华天宝，世多伟修。自元顺至洪武，历世几秋，而一时望胜地、托身者，无不踵事增华，非师之法力所致乎，真名山也！迨万历己未，天启壬戌，行僧通明，复立牌坊碑记。历三十年，而师祖胜明，道号本宗出焉，乃保宁阆邑张姓人也。栖息于此，几乎如师之再世。历四十余年，于康熙壬戌仲春，绸缪补葺，而曩日当路大人，督府张、邑宰朱，各发清俸，共勷厥功。又非师之戒力，若或有以使之乎？实名山也！后又贻传法徒寂通、寂惠二僧，俱巅人也。然种功果，亦无异于师之再

世。今又贻传戒子霁白，白乃雅东上里任氏子也。由少而削发蒙山，受持诸戒，知蒙山为名山，阐扬佛教，勤修功德，于丛林灌习百千本，于茶茗栽蓄亿万株。且于大殿之前，竖立经楼五间，以及首顶毗罗宝阁，则蒙山焕然一新，灿然致此。白之前有师，而师之后又有白，白与师，即谓之功不出禹下也，可洵名山矣！

今，亦犹今之视昔。迩日者白年六十余龄，欲以生平事业，志诸石碣，属予作文。予曰："不敢为文。"但不为之歌功，虽美弗彰，莫为之颂德，虽胜弗扬。故不揣鄙陋，特搦管而书之，窃自愧贻哂於游览胜地之君子。

时大清雍正六年岁次戊申十月望五日之吉
雅安生员马伟平六氏薰沐敬书

蒙顶茶说

名山之茶美于蒙，蒙顶又美之，上清峰茶园七株又美之。世传甘露慧禅师手所植也。二千年不枯不长，其茶叶细而长，味甘而清，色黄而碧，酌杯中，香云蒙覆其上，凝结不散，以其异，谓曰仙茶。每岁采贡三百三十五叶，天子郊天及祀太庙用之。园以外产者，曰陪茶。相去十数武，菱角峰下曰菱角湾茶，其叶皆较厚大，而其本亦较高。岁以四月之吉祷采，命僧会司，领摘茶僧十二人入园，官亲督而摘之。尽摘其嫩芽，笼归山半智矩寺，乃剪裁粗细及虫蚀，每芽只拣取一叶，先火而焙之。焙用新釜燃猛火，以纸裹叶熨釜中，候半蔫，出而揉之。诸僧围坐一案，复一一开所揉，匀摊纸上，绷于釜口烘令干，又精拣其青润完洁者为正片贡茶。茶经焙，稍粗则叶背焦黄，稍嫩则黯黑，此皆剔为余，茶不登贡品，再后焙剪弃者，入釜炒蔫，置木架为茶床，竹荐为茶箔，起茶箔中，揉令成颗，复疏而焙之，曰"颗子茶"，以充副贡，并献大吏。不足，即漫山产者充之。每贡仙茶正片，贮两银瓶，瓶制方，高四寸二分，宽四寸。陪茶两银瓶，菱角湾茶两银瓶，瓶制圆，如花瓶式。"颗子茶"大小十八锡瓶。皆盛以木箱黄缣，丹印封之。临发，县官卜吉，朝服叩阙。选吏解赴布政使司投贡房。经过州县，谨护送之。其慎重如此。相传，仙茶民间不可瀹饮，一蠢吏窃饮之，被震雷击死。私往撷者，山有白虎巡逻，以故樵牧不敢擅入。官采时，虽亢阳亦必云雨。懿验之，果然。此山之灵异与！抑亦天家玉食之重也。

清光绪版《名山县志》
清·赵懿

建山定慧寺碑：承办贡茶的公告

名山县正堂禄示谕：

县属军民及僧会人等知悉，可来承办贡茶。须由庙僧缴茶，锡匠凑现，经遵札禀奉总督锡、将军绰宪批示：一律禁革其馈送；各衙门茶觔，亦一律裁革。以后买茶、造瓶一切由县捐备。特此示谕，立碑永远遵照。以后该僧会每年贡茶之际，只准照采配，不得向各庙敛钱帛、役人等，亦不得向庙僧人、僧会、锡匠需索，如敢故违，许各庙僧人、锡匠指控严究。凛遵毋违！特示

右谕通知
光绪三十二年十一月二十二日立

蒙山甘露的制造

名山蒙山茶场

蒙顶甘露产于四川省的蒙山，该山位于四川盆地西部，横亘于雅安、名山两县之间，海拔最高处1450m。境内林木苍翠，绝壑清泉；山有上清、菱角、毗罗、井泉、甘露五峰，终年烟雨蒙蒙，蒙山即因此得名。境内气候温和，年平均气温13.5℃左右，雨量充沛，年降雨量达2000mm左右；空气湿润，土壤深厚，土壤微酸（pH值4.5~6.5）、是茶树生长优越的自然环境。

蒙山种茶历史悠久，相传西汉时代（公元前220—8年），有甘露普惠禅师植茶七株，于山顶五峰之间，树高一尺上下，不枯不长，称曰"仙茶"，因其品质优异，自唐朝起，即列为"贡茶"，历代诗人文士都争相称颂，如宋文彦博赞蒙顶茶诗曰："旧谱最称蒙顶味，露芽云液胜醍醐"；宋朝文学家文同写的《谢人寄蒙顶新茶诗》有"蜀土茶称圣，蒙山味独珍"；黎阳王《蒙山白云岩茶》诗（注：应为黎阳王越蒙山石花茶诗）："若教陆羽持公论，应是人间第一茶"；至于"扬子江中水，蒙山顶上茶"更是古今群众广为吟诵。蒙顶名茶的品类很多，随时代发展而变化，最早的产品有"雷鸣""务钟""雀舌""白毫"等散形茶和"龙团""凤饼"等成形茶，继后又发展为"甘露""石花""黄芽""万春银叶""玉叶长春"等品种。解放后，继承和发展了"甘露""石花""黄芽""万春银叶""玉叶长春"等传统品种，并将甘露提供出口外销。现将蒙顶甘露的生产工艺介绍于后。

蒙顶甘露的品质特点：紧卷多毫、嫩绿色润、汤碧微黄，清澈明亮；香气馥郁、芬芳鲜嫩、滋味鲜爽、浓郁回甜，叶底嫩芽、秀丽匀整。

（一）鲜叶要求

1. 采摘标准：每年春分时节、茶芽争春萌发，当茶园内有5%左右的芽头初展一芽一叶时即可开园采摘芽头，开始采摘单芽或一芽一叶初展，随着气温的增高，芽头长大，采摘一芽一叶初展至一芽二叶初展为标准。

2. 鲜叶分级：主要按其单位重量的芽头组成的百分比以及嫩度、色泽划分，见表1。

表1 蒙顶甘露茶鲜叶分级标准

级别	单芽		一芽一叶初展		一芽二叶初展		单片		色泽
	重量/%	个数/%	重量/%	个数/%	重量/%	个数/%	重量/%	个数/%	
一	20~30	30~50	60~70	50~60			5~10	3~8	嫩黄绿色
二	0~5	0~10	70~80	70~80	10~25	8~15	5~10	5~8	嫩淡黄绿色
三			40~55	45~60	40~50	30~40	10~17	8~10	嫩绿黄色

3. 鲜叶采摘要求：鲜叶采摘要求严格，采摘时要求芽叶大小、长短匀齐，做到"四不采"，即紫色芽叶不采、病虫芽叶不采、雨水露水芽叶不采、超过或不够标准的不采。

（二）制法

蒙顶甘露茶制法概括为鲜叶摊（凉），高温杀透，三炒二揉，多次解块整形，精细烘焙。

1. 鲜叶摊放：鲜叶进厂经验收后，按级分别堆放，通过摊放，蒸发一部分水分，促进部分生化的变化，有利于提高成品茶的色、香、味。一级鲜叶摊放在大簸箕里，二、三级摊放在蔑晒席垫上。摊放厚度和时间因时制宜，一般摊4~8小时，摊放厚度1.5~2寸，切忌厚堆，以免发热变。

2. 杀青：蒙顶甘露茶品质要求高，制作精细，所以制茶锅宜小，（锅口直径50cm左右）有利于操作，燃料采用木柴或电热加温均可。

在杀青时对鲜叶水分含量的多少、锅温的高低、抖闷的结合等技术措施，要合理掌握。杀青要求锅温升到140~160℃时，投入鲜叶八市两，双手迅速将叶均匀翻抖，炒2~3分钟，当叶温升高到70~90℃时，须逐渐降低锅温。待水汽大量蒸发后，为了使鲜叶杀熟杀透适当进行闷炒，形成高温蒸气，借其穿透力的作用，使顶芽和茎柄脉内部迅速升温，解决茎柄、脉、叶失水不易均匀一致的矛盾，防止顶芽叶片炒焦，断碎和产生红梗、红脉的现象，闷炒时间1~2分钟，再抖炒2~3分钟，当手捏叶子感到松软，稍有弹性没有粘手感觉时，叶色翠绿匀称，无青草气，茶香显露，杀青叶含水量减至60%左右，即为杀青适度，便可出锅，出锅后即速摊凉。

3. 头揉：将杀青叶放在直径60cm左右的簸箕里，翻抖摊凉后，随即双手握着茶叶，然后一手用力推滚茶叶，另一手将茶叶握着，推滚一次，左、右手交换，再将茶叶向前推滚一次，然后拿回原处，再行推滚。但要注意不能使茶叶在簸箕上往回拖动，因往返拖动时，由于茶叶和簸箕产生摩擦力，使茶叶松条、碎断，影响芽叶的完整。当茶叶往复推滚揉捻2~3分钟，细胞破碎率达50%左右，茶叶基本成条，进行团揉10转左右，使茶叶松块，并促使茶叶分开，即完成头揉工序。

4. 炒二青：炒制二青主要是散发水分，同时使茶叶进一步卷缩成条，对外形和内质的提高起着一定的作用。锅温100~120℃、操作手法以抖炒为主，炒至茶叶含水量45%左右起锅摊凉进行二揉。

5. 二揉：目的为进一步卷紧成条。揉捻手法与头揉相同，揉捻2~3分钟转为团揉10转左右，再行解块一次，以便散热，同时避免产生水闷气和影响成品汤色叶底。总揉捻时间6~8分钟，中间团揉解块3~4次，至细胞破碎率达60%左右，即为二揉适度。

6. 炒三青：三青炒制继续散发水分，卷紧条索，操作仍以抖炒为主，锅温60~80℃，如锅温过高，则易产生焦泡，降低品质。

7. 三揉：三揉要先轻后重，先团揉几转后，滚揉1~2分钟再团揉10转左右进行解块，就这样滚团揉捻反复进行3~4次，全程时间6~7分钟，使全部茶叶卷紧成细条，细胞破碎达70%左右，揉捻结束，放在锅中解块做形。

8. 做形：茶叶做形工艺是决定外形品质特征的重要环节。在做形阶段由于茶叶含有一定的水分、柔软如棉，这时茶叶是随人们的主观意愿需要做成不同的形状。蒙顶甘露做形锅温宜掌握在50~70℃，三揉叶投入锅中，使叶受热解块，抖炒散失水分，拣出劣茶，经3~4分钟后，水分减至25%左右，改换手法，用双手将锅中茶叶抓起，五指分开，两手心窝相对，将茶握住团揉4~5转，撒入锅中，反复数次直至形状基本固定，水分继续减至15%~20%，这时是显露白毫的关键时刻，抓住这一时期，提高锅温到70℃左右，双手在锅中握住茶叶翻动，提高叶温，加速团揉约一分钟左右，盛显白毫，含水量减至12%~14%，即可起锅摊凉，上烘干燥。

9. 初烘：采用烘笼烘焙，热能由杠炭燃烧产生。烘笼高80cm，两头直径75cm，中旬直径65cm，直烘笼的中间放上活动的蔑垫，然后垫上白布，撒上每锅做形茶2两左右，等炭火无烟后放上烘笼进行烘焙。茶叶在烘焙过程中由于水热作用，不但有物理变化而且有化学变化，特别是芳香物质的挥散较为显著，为了保持名茶的香气，烘焙温度须保持在45~50℃的温度下慢烘，烘焙时2~4分钟翻茶一次，烘至手捏茶叶成粉末，含水量为7%~8%，即将茶叶下烘摊凉，然后用草纸包好，记上时间，以便关小堆审评优劣。

10. 关小堆：是将头天个人做的小锅茶分别进行观看，将形状、色泽基本接近的茶叶合并成一斤左右一包，以利于复烘和关堆定级。

11. 复烘：将关小堆的茶叶进行复烘，每次数量一斤左右，烘至茶叶达到要求水分，即为成品茶干度、下烘摊凉。

12. 关堆定级：关堆是保证产品品质稳定的重要措施。其做法是将已关小堆复烘的茶进行干看，视其品质符合哪个标准的关定为哪个级，如干看发现形状、条索、色泽、香气有问题的，可开汤审评，分类关堆，并找出存在的问题，提出改进意见，在关堆的同时，拣出劣茶，隔去茶末，然后包装成一市斤一包，装箱入库。

该文发表在《茶业通讯》1980年第一期，1980年1月15日

名山县1983年茶叶收购业务知识（1983年7月）（摘录）

扬子江心水 蒙山顶上茶

蒙顶云雾茶产于四川省雅安名山县境内的蒙山。当地常年云雾遮盖，土层深厚肥沃，适宜茶树生长。

因芽叶鲜嫩，制法精巧，形态优美，香味俱佳，早在唐代就被列为贡品，并有"扬子江心水，蒙山顶上茶"的诗句传诵。

蒙顶茶是名贵绿茶，其中特点有：

蒙顶甘露：银亮曲卷，色泽匀润，香郁味鲜，回味甘爽。

蒙顶石花：银芽挺秀，扁直匀整，香纯味醇，黄汤泛碧。

万春银叶：细紧秀丽，银毫显露，香高味鲜，芽绿匀亮。

玉叶长春：细嫩紧实，墨绿油润，香浓味厚，碧汤泛光。

旅游形成新产业

第一次登蒙山是一九五九年，那是我调到名山工作不久。早饭后从县城出发，沿登山小路步步登高，经一千五六百个台阶的"天梯"，直上蒙顶，在蒙顶看"皇茶园""蒙泉"等景点后，走访了沿山的农民和茶场职工，看了永兴寺等庙宇，下午返回县城。五八年"大跃进"时，县上决定扩大蒙山茶场，我在登"天梯"时，看见两边的灌木全部砍光，砍倒的树木遍地，尚未收捡。这就是现在"天梯"两边的茶地。当时的庙宇古建筑物基本完整，但破烂不堪。以后把一些庙宇改建成养猪场，茶叶加工房，茶场职工宿室。许多景物遭到进一步的损坏。从当时的观点看，蒙顶山的作用是宜种茶，可提供林产品，当地农民通过观察蒙顶山花木的变化，可预测农时季节和气候变化。没有人会想到，可利用迷人的风景，众多的古建筑，百丈大战中，红军在蒙顶的宝贵遗迹和优越的地理位置，可成为旅游风景区。20世纪80年代末，在名山县政协倡议下，开发蒙山旅游业资源到现在的十多年中，全县开发旅游业已先后投入上亿元，形成以蒙山为中心的百丈湖、清漪湖、双龙湖等一系列旅游度假村，逐步成为名山县的新兴支柱产业。蒙顶旅游区现在已成为省级旅游风景区，已申报国家级风景区。有关专家已经过考察论证，可望近期升为国家级风景区。从开发蒙山旅游以来，我多次陪客人登山，每次登山都发现有新的变化，不断增设景点，完善服务设施。这次登蒙山，乘车沿水泥专线直达"天梯"脚下，转乘缆车，八九分钟登顶。有充足的时间品茶、游览蒙顶风景点。在"天梯"上下之间，缆车的左左右右的林荫之间，又新修了多处高、中、低档的宾馆、饭店，准备接待各方来客。在蒙顶又新设了高档的茶楼。服务设施仍在不断增加、完善。在开发蒙顶山的同时，充分利用玉溪河引水工程在境内连通的大小塘库，开辟为旅游度假村。规模较大的百丈湖度假村，同百丈镇建设统一规划，分期施工，目前已具备相当规模，服务设施更加完善配套。还有一业为主多种经营的清漪湖、双龙湖以及众多塘库管理站点，把管水、养鱼、发电、开发旅游度假融为一体，成为休闲、度假的好去处。名山众多的旅游点与雅安市、乐山市、甘孜州的旅游点连成一片。随着成雅高速公路的通车，原国道318线改造完工，全县配套乡村公路的改善将会迎来众多的游客，为全县社会进步、经济发展开辟了一条新的重要渠道。

（尹宾汤，《足迹》1999年出版，该文曾刊登于《雅安日报》，1999年1月20日）

蒙山施食·献供赞

虔诚献香花，智慧灯红焰交加；净瓶杨柳洒堪夸，橄榄共枇杷。蒙山雀舌茶奉献，酥酡普供养释迦；百宝明珠奉献佛菩萨，衣献法王家。南无普供养菩萨摩诃萨（三称）

新版晚课《蒙山施食仪》序文

　　蒙山产甘露,清冽甜美。宋不动上师居止四川蒙山修道,时称甘露大师。夫蒙山施食者,乃师为普济幽灵,集《瑜伽焰口经》及密宗诸部,编辑而成。而后编入《禅门日诵》因是诸方丛林寺庵,为日间晚课必备课诵仪轨。

　　嗟乎!真言密法始于唐,而宋以降几成绝响,今所睹之《蒙山施食仪》隶属真言所摄。又真言所重"身结印、口诵咒、意观想"文中未具载详明,令后学者渺茫无所依从,或今多有诸方丛林寺庵谓绕净瓶之说,然必也施之。

　　盖密藏具载,佛已嘱咐阿难为来世众生授施食法,故遍寻藏经诸施饿鬼法及古德注疏,又依《云栖本》集斯成册。

　　此《蒙山施食仪》凡四众弟子皆可行之,如《瑜伽焰口经》云:"佛告阿难:若当来世比丘、比丘尼、乌波索迦、乌波斯迦,常以此法及诸真言、七如来名加持饮食,施诸饿鬼及馀鬼神便能具足无量福德,则同供养百千俱胝如来功德等无差别。寿命延长,增益色力,善根具足。一切非人、夜叉罗刹,诸恶鬼神不敢侵害,又能成就无量威德。"由斯文意,知世尊悲愍三途所设权机,孰可悭斯禁人勿学耶!

　　又附录文后二章,盖世尊慈愍,曲垂方便,开捷径门,宣说净土。言僧慎终,俗可同遵,至诚恳切,谆谆相劝。持佛名号,忆佛念佛,仗佛慈力,得生净土。永出生死,获不退转,能报四恩,究竟成就,无上菩提。

高雄文殊讲堂 释慧律谨序

公元一九九九年七月二十六日

蒙顶皇茶祭天祀祖采制大典祭文

　　癸未之春,清明前之吉日,县长杜义率僧众、官员为祭黄帝陵而采贡茶,致祭于天盖寺前,祷告植茶始祖之文曰:

　　西汉甘露,祖师于此,手植灵根,解民疾苦。开人工种茶之先河,创蒙顶仙茶之起始。由是而遍植中华大地,商贾为之营运,山民为之衣食,上裕国赋,下利民生,皆祖师首植仙茶之德泽也。

　　自唐至清,钦定贡茶;岁贡京师,祀祖祭天;千年不衰,名声远传。文人学士,众口齐夸;诗词歌赋,华章连篇;露芽云叶胜醍醐;色淡香浓品自仙;蒙山味独珍;人间第一茶——溢美之词,代代有加。扬子江中水,蒙山顶上茶,千古绝唱,世代流传。

蒙顶仙茶，不仅历代文人倾倒，各朝政府倚重，寺院僧众顶礼膜拜；边陲兄弟民族，更是生活必需，不可一日或缺。千余年来，维系民族团结，宏开茶马互市，中华大地和平统一，汉藏蒙回亲如一家，师之功德，伟大至极！

今逢盛世，重开采贡之举，以祭于中华始祖黄帝之灵，俾使中华各族儿女团结奋进，社会主义祖国繁荣富强，炎黄子孙共奔小康。开园之前，虔诚敬祭。茶祖山灵，来品来享。

二〇〇三年四月二日

（欧阳崇正撰写）

黄帝陵祭文

维公元二〇〇三年四月二日，岁序癸未，节届清明。四川省雅安市名山县人民政府及市县同仁，谨以蒙山皇茶，致祭于吾中华民族始祖轩辕黄帝之陵曰：

赫赫始福，安靖四方，奠基华夏，规范典章，繁荣文化，首重农桑，倡创礼仪，淳化万邦。

蒙山皇茶，国人首创，皇茶贡品，历代钦定。茶有十德，俭德第一，艰苦奋斗，与时俱进。清茶一杯，喻意清廉。以茶祭祖，礼德永馨。

蒙山皇茶，疗疾最灵，源远流长，药饮传承。千里贡茶，恭祭黄陵。蒙山儿女，永铭祖恩。祭礼告成。

伏维 尚飨

二〇〇三年四月二日

（欧阳崇正撰）

皇茶园开采祭文

维公元二〇〇四年三月二十七日，岁序甲申，节近清明，名山县人民政府县长杜义，率僧众和我县同仁，为祭人文初祖轩辕黄帝、法门寺佛祖和汉昭烈皇帝而采贡茶，致祭于皇茶园前，祭拜植茶始祖之文曰：

祖师种茶，始于西汉，手植灵根，蒙顶之颠，解民疾苦，德泽永传。蒙茶祭祀，上古已然，茶代三牲，周礼可鉴，廉俭育德，古风今现。今逢盛世，采贡重兴，弘扬茶德，勤政为民，以茶兴县，以茶富民。

今祭茶祖，不忘祖恩，佑我全县，茶业大兴。

伏维　尚飨

二〇〇四年三月二十七日

法门寺佛祖祭文

维公元二千零四年四月之吉日，名山县政协主席王维率有关信众，用蒙顶贡茶，致祭于法门寺佛祖金身之前，其文曰：

佛法东传，始于东汉，三国之际，传入西川。天竺高僧，住锡蒙山，蒙山从此，佛法普传。大唐怀海，清规出现，农禅结合，茶佛结缘。禅法入茶，已历千年，蒙山施食，在此发端。蒙山仙茶，进贡皇家，祭天祀祖，敬献菩萨。今逢盛世，采贡重兴，茶献佛前，以求福荫。法门古寺，佛祖有灵，虔诚恭祝，佑我人民。社会祥和，茶业大兴。

伏维　尚飨

二〇〇四年四月二十四日

茶祖吴理真祭文

维公元二〇〇四年九月十九日，岁在甲申，时序金秋，第八届国际茶文化研讨会暨首届蒙顶山国际茶文化旅游节之佳宾，齐集名山吴理真广场，祭拜茶祖吴理真，其文曰：

祖师种茶，始于西汉，甘露年间，驯化野茶，开人工种茶之先河，启茶业文明之发端。解渴疗疾，务活民之术，众民争种，开商品之源。商贾为之营运，山民赖为衣食，皆祖师首植茶树之德泽。祖师首植之茶，世人视为灵根，饮之宿疾可愈，久服令人身轻，有毛氏《茶谱》详载蒙山茶之神奇；更有《本草纲目》赞誉其功效"真茶性冷，惟雅州蒙山出者，温而祛疾"，因之世代传为仙品，众民珍爱，皇室青睐。自唐至清，钦定贡茶，岁贡京师，为历朝不变之永法；县令督采，乃地方必办之皇差。正贡黄芽，乃祀祖祭天所专用，副贡甘露，方为王公大臣之饮品。

蒙山仙茶，迥异寻常，质"号第一"，名播遐迩。僧道黎民，顶礼膜拜，文人学士，溢美华章。"扬子江心水，蒙山顶上茶"千古传颂，"人间第一茶""蒙山味独珍"，万众吟咏。

蒙山仙茶，唐始入贡，钦定礼茶，赏赐使节。赠新罗、赐扶桑，为友好邦交之纽带，运吐蕃、至西域，乃民族团结之圣品。宋时辽与西夏，雄据北方，觊觎中原。宋连年用兵，所需战马，皆赖青藏，特诏蒙山茶为易马专用，定为永法，以固国防，安靖边疆。感念祖师恩泽，南宋孝宗光宗，两次加封吴氏，"甘露普惠妙济菩萨"，永享供奉。吴氏植茶，功德无量，维系民族团结，宏开茶马互市，中华大地和平统一，汉藏蒙回亲如一家，盛德巍巍，万众景仰，彪炳史册，千载流芳。

千秋蒙顶，茶香天下，仙茶文化，源远流长，饮茶溯源，蒙山寻根。今逢盛世，专家学者，中外茶人，聚汇于此，恭祭种茶始祖，不忘首创之人，齐颂理真伟业，弘扬先哲精神，愿我中华，繁荣昌盛，四方来贺，永享太平！

伏惟 尚飨

二〇〇四年九月十九日

世界茶文化蒙顶山宣言

今天，世界茶文化的奥林匹克盛会在有二千多年种茶历史的故乡——中国四川省雅安市蒙顶山召开。

我们，来自联合国粮农组织、其他国际性茶叶组织、相关国家政府茶叶部门、茶文化团体、茶叶学术团体、茶叶研究机构、茶叶企业等方面的代表，在世界茶文化蒙顶圣山，本着茶文化、茶产业可持续发展的共同愿望和目的，发表本宣言。

基于茶文化普及、茶产业发展，

基于茶叶学术研究探讨相关规则，

基于人们对健康、时尚、和平的追求，

基于21世纪为茶的世纪的重大机遇。

旨在挖掘与利用茶文化历史资源，

旨在扩大交流与合作，促进茶产业发展。

蒙顶山———世界茶文化圣山

茶文化———人类共有共享的文明成果

茶，是大自然赐予人类的特殊恩惠，是世界三大健康饮品之首。

中国是世界茶文化的故乡，是世界最早的茶叶生产贸易大国。

相传五千多年前，华夏民族始祖炎帝神农氏最早发现和利用茶，"茶之为饮，发乎神农"。

据文字记载和史迹佐证，雅安蒙顶山最早人工种茶。公元前53年，雅安人吴理真在蒙顶山种下七棵茶树，首开世界人工种茶之先河。

蒙顶茶自唐至清，一直是中央朝廷祭天祀祖专用茶。蒙山雀舌茶自古就专用于供奉佛祖释迦牟尼。

历代名人留下了"扬子江心水，蒙山顶上茶""蜀土茶称圣，蒙山味独珍"等千古传颂的名句。

陆羽《茶经》及后人著述对蒙顶茶都有很高的赞誉，各国典籍对蒙顶茶也多有记载。

从魏晋南北朝开始，茶通过丝绸之路和茶马古道从中国传到很多国家。现在不少国家的语言，如日语、韩语、俄语、波斯语、葡萄牙语等，关于茶的发音都来源于汉语的茶。

现在全球种植茶叶的国家已超过了60个，有150多个国家、20多亿人饮茶。

茶叶品种更加多样化，有红、绿、黄、黑、白、青等六大茶类，几百个品种。

茶文化也愈加丰富多彩，有东亚茶文化、南亚茶文化、中东茶文化、欧陆茶文化、美洲茶文化等不同国家、不同地区、不同民族的茶文化。

茶文化已成为各民族优秀传统文化的重要组成部分，茶的滋味浸润着人们的心灵，深深地渗透在普通百姓的寻常日子里。中国人居家过日子离不开"柴米油盐酱醋茶"，茶道是日韩等国人社交礼仪、修身养性和道德教化的必修课，茶对英国人而言已成为一种生活方式，许多民族更是"不可一日无茶"。

茶文化有利于提高人的文化素养与精神境界，对人与自然、社会和谐的追求，对自由、和平的向往，已成为人类共同的文明。

茶文化作为物质文明和文化载体，自古就是世界各国家、各民族物资交易、民族融合、文化互动的桥梁，是各国、各族人民世世代代睦邻友好的象征。

俄国著名文学家托尔斯泰在《战争与和平》这部伟大史诗中，写到有关中国茶的茶炊、茶具、茶桌、茶饮、茶礼的就有41页共78处，与战争相对应，茶文化成为和平的象征。

发源于蒙顶山的茶文化深刻影响了全世界，本届茶文化盛会的"寻根之旅"必将成为下一个"轮回"的开端。

蒙顶山是世界茶文化发源地，也是世界茶人"寻根"和"朝圣"的神往地。

蒙顶山是世界茶文化圣山，蒙顶山茶文化是人类共有的灿烂文明。

蒙顶山茶文化是中国的，也是世界的、全人类的。

茶文化——人类共同发扬光大

茶，作为一种特殊的文化载体，其文化含义已远远超出了茶本身的色香味形的物质表现形式。茶与人文精神的结合，渗透着精神内容和深刻意蕴，产生教化功能和社会文化现象。

茶文化根在自然，发展在人文，是物质文明和精神文明完美结合、辩证统一的产物。

在中国古代，茶文化融入了古代先贤"天地人和"的哲学思想，并被赋予淡泊、朴素、节俭、清廉的人格理念，形成中华民族由来已久的文化心理。国人可以从茶中感悟道家的"道法自然"及"天人合一"的平静与和谐，感悟儒家"宁静致远"及"仁义礼乐"的意境和礼节，感悟佛家"禅茶一味"及"苦静凡放"的思想和修炼。

日本茶道、韩国茶礼等起源于中国，是茶文化的表现形式。茶道以"和、敬、清、寂"为旨，茶礼追求"和、敬、俭、美"，都把茶事与传统文化结合，成为社交礼仪、修身养性和道德教化的手段。

当今是经济全球化、政治多极化和科技信息化的世界，是以人为本的世纪，文化的力量深深地熔铸在民族的生命力、创造力和凝聚力之中，是当代经济社会发展的内在动力，是永恒的牵引机。

如何使茶文化与现代化、国际化和谐、共生发展，提升牵引茶产业、茶经济发展的茶文化力，是摆在全体茶人面前的共同研究的课题。

茶文化的母体在民间，茶风、茶俗的根基在大众。深化茶文化研究，促进茶文化交流，是促进茶文化与时俱进，提高人们道德素质和生活品质，振兴茶经济、发展茶产业的基础性工程。

茶文化应当不仅是一种文化，更是一种乐达的心境，使我们追求"健康、舒坦、宁静、和谐"的生活状态，从而回归追求幸福健康的本源。

随着国际间茶文化交流活动的不断增多，茶文化对世界经济文化交流与合作的促进作用必将日趋显明、显著。

"茶为国饮"的倡议，得到了广泛的响应和赞许，这是对茶文化的传承和弘扬。

人类文明需要创造、延续和发展，茶文化需要在研究、交流和合作中与日月同辉。我们倡议：

茶叶学术团体、研究机构要加强茶文化研究，扩大茶文化交流与合作，既继承传统，又弘扬创新，使茶文化与时俱进。

要抓好茶文化基础建设，从培育健康有益的大众生活方式做起，倡导并积极营造"茶为国饮"的氛围，积极扩大茶在国际上的影响。

促进茶文化作为世界人民、人类社会追求和平，向往美好生活而跨民族、跨地域的时尚、高雅的最有效的一种文化载体。

我们倡导把茶文化在人与社会的和谐、人与自然的和谐、人类和平、共同进步中发扬光大。

茶产业———造福于人类的事业！

茶不仅是消渴的纯天然饮品，茶叶富含多种营养成分，有利于提高身体素质：有助于提升人体免疫力，有消炎、杀菌、预防疾病的作用。

茶有"三降"功效，即降血压、降血糖、降血脂；茶有"三抗"功能，即抗衰老、抗辐射、抗癌症；茶有"三增"效应，即增力、增智、增美。

茶的养生、益智、保健功能与药用价值，已为中国数千年以来无数炎黄子孙的生活实践和历朝历代无数杏林才俊的医学实践所证实。

随着社会的进步、文化的昌明、经贸的发展，近10年由于绿色文明的全球化扩展，返朴归真、回归自然健康意识的上升，茶已经成为全球最大众化的、最普及的、最有益于身心健康的时尚饮料。

要大力宣传饮茶有利于健康，从而进一步促进茶叶的消费。

国际性的茶叶组织机构应在指导协调各国弘扬茶文化、促进茶产业发展方面发挥更积极的作用。

各地在茶叶种植、茶产业发展、茶产品开发、茶文化研究、茶知识普及等方面，科学规划、加强指导、加大投入，大力发展茶经济，造福广大茶农。

各地茶叶企业要加强合作交流，加强茶叶新产品的开发，加强管理，做强做大，使茶产业、茶经济走上可持续发展之路。

各国要加大科技投入，促进茶叶科技进步，使茶产业发展具有更大的后劲。

各国应致力于制定更合理、更具有操作性的贸易规则。对他国茶叶贸易应减少非关税壁垒等歧视性待遇。

要加大对茶叶原产地域、知名商标等知识产权的保护力度，把创名牌作为当前的首要任务。

要加快茶叶生产基地、茶叶生产企业、茶叶产品质量认证，制定好行业准入和市场准入标准。

致力于倡导、建立公平、正当竞争的环境，维护公正、公平的市场秩序，加大对不公平、不正当竞争行为的处罚力度。

切实维护茶叶消费者的人身、财产等各项合法权益。

我们期待：世界茶人更进一步了解蒙顶山，充分挖掘与利用茶文化历史资源，深入茶文化研究，促进社会的进步和茶产业的发展。

我们期待：世界茶人能够形成合力，肩历史责任、展天纵英明、开产业新篇，共同推进茶文化在世界范围内更大幅面的发展，使茶文化在新世纪进一步发扬光大。

我们期待：通过大家的共同努力，促进国际茶业的信息沟通、资源共享、技术进步、品牌提升、产业升级、市场扩展，促进各国各地区茶叶经济的可持续增长，实现世界茶业的共同繁荣。以这次国际盛会为契机，通过不懈的努力，由历史走向未来，以卓越再创辉煌！

第八届国际茶文化研讨会暨首届蒙顶山国际茶文化旅游节
2004年9月20日于雅安

冬至祭祖封山祭文

维公元二〇二一年十二月二十一日，岁序辛丑，节气冬至，周先文率名山区众茶人代表，上世界茶文化圣山蒙顶山，为祭祀世界植茶始祖——吴氏理真，致祭于甘露石屋前，祭拜植茶始祖之文曰：

祖师种茶，蒙顶之巅，惠泽天下，德仁永传。采制管理，尊重自然。蒙顶甘露，进贡祭天。今逢盛世，喜事连连。品牌价值，连年翻番。非遗技艺，名列国单。今有广聚，责任承担。谨遵祖训，创新争先。六规统一，树立标杆。传统技艺，原真承传。世界茶源，川茶典范。茶园管护，冬季封山。茶茂质优，调养休眠。茶代三牲，周礼可鉴。理真甘露，敬祖奉献。廉俭育德，古风再现。诚心祈祷，并求来年。风调雨顺，春茶盈园。

愿：天下民众，甘露常饮，康健平安！

伏维 尚飨

时 辛丑冬月二十一日

（钟国林撰写）

"蒙顶山茶"品牌十年奋进铸就新辉煌

"蒙顶山茶"图文商标是2002年经名山县人民政府授权，由茶业协会申请注册的地理标志商标。2003年协会注册"蒙顶山茶"证明商标，并按照相关法律法规及市场规则推广使用。在国家、省、市各级党委、政府及相关部门、协会的关心、大力支持下，雅安市名山区茶人茶业工作者，在党的十八、十九大精神指引下，牢记习近平总书记"要把茶文化、茶产业、茶科技统筹起来"要求，发扬蒙顶山茶"传承弘扬，开拓创新"的精神，经过十年耕耘建设，十年壮大发展，提升了"蒙顶山茶"品牌，壮大了名山茶产业，增收了一方百姓，引领了名山区区域经济。目前，已有蒙顶山茶业、跃华、味独珍、康润、天润、赋雅轩、巧茶匠、川黄、禹贡、名山正大等86家SC茶叶规模企业获得了"蒙顶山茶"证明商标使用许可，企业产品畅销全国各地深受消费者喜爱，86家企业直接市场销售额达24亿元。"蒙顶山茶"品牌建设带动力、影响力、公信力取得了巨大的成效：

一、加大"蒙顶山茶"品牌建设力度，品牌带动力大提升

1. 品牌价值大增，信誉影响更大。2012年，加强了"蒙顶山茶"品牌宣传和影响力度，积极参加各种评定与评估活动，以寻找差距，提升美誉度。2014年4月，"蒙顶山茶""蒙顶""圣山仙茶"获"四川省首届消费者最喜爱的100个著名商标"称号。2015年7月，"蒙顶山茶"获百年世博中国名茶金奖。2017年，蒙顶黄芽、蒙顶甘露、残剑飞雪等茶叶入选中国茶叶博物馆茶萃厅。2017年5月，在农业部组织的首届中国国际茶业博览会上获"中国十大茶叶区域公用品牌"（排名第四），标志着"蒙顶山茶"作为历史名茶又再次步入全国著名品牌行列。同年7月，"四川名山蒙顶山茶文化系统"被命名为"中国重要农业文化遗产"。2019年获"四川一城一品金榜品牌"，2020年蒙顶山茶获中国气象协会"中国气候好产品"认定，同时蒙顶山茶地理标志入选中欧地理标志协定保护名录。2021年6月蒙山茶传统制作技艺被文化和旅游部列入第五批国家级非物质文化遗产代表性项目名录。2022年5月全国区域公用品牌价值评估"蒙顶山茶"43.99亿元，稳居全国前十，四川第一。

2. 授权企业数量更多，带动能力更强。品牌授权使用企业达到86家，较2012年授权企业数22家增加64家；授权企业年销售茶叶24亿元，其中品牌销售额6.5亿元，茶叶销售额增加21亿元，增加7倍，其中品牌销售额增加5亿元，增长433%。确保了名山全区茶园35.2万亩稳定发展，实现产量达5.4万t，农民鲜叶产值达21亿元，茶叶实现农村人均纯收入达12100元，较2012年增加茶叶纯收入7200元，增长247%；茶产业综合产值达68亿元，较2012年增加53亿元，增长453%；带动雅安及周边其他市县茶叶种植100万亩，综合产值150亿元。建设"世界茶都"等3个茶叶专业商场，建成了

规模大、标准高的"中国茶都"茶叶市场，年销售额约40亿元，成为西南茶集散中心，全国绿茶批发中心。

3. 产品质量更可靠，市场信誉度更高。2012年，名山区调整茶叶产业领导小组及办公室，制定茶叶质量与安全管理措施，实施"茶叶投入品源头管理"，坚持对市场主体资格和经营行为规范整顿，严格实施名山区《农药市场监督管理办法》等管理办法。十年来，坚持不懈，落到实处，组建联合执法大队，宣传政策法律；检查、处理有关问题，对茶农购买使用高毒高残留等违禁农药，进行教育和严厉处罚。大力推广使用农家肥，尽量减少化肥使用，减少农村面污染源。近几年来，国家专业部门和各级专业检测机构对名山茶叶产品进行专检与抽检均合格，确保茶叶质量安全和信誉。

4. 加工营销成规模，科技力量有基础。通过环保整治，狠宰不达标企业，目前，全区有茶叶加工企业318余家，实现工业总产值达32亿元。2012年跃华、皇茗园、味独珍为一般企业，通过引导与培育，现壮大为全国百强茶企业，蒙顶山跃华茶业集团有限公司，2012年被评为第六批省级重点龙头企业，经过技术改造、面积扩大、渠道拓展、品牌建设、转型升级、非遗传承、提升带动能力等的10年努力，于2020年被评为国家级农业产业化重点龙头企业。全区现有省、市、县级龙头企业达33家，全区形成以名优绿茶为主的种类齐全、加工精细、有相当规模和产品经营层次的产业格局。名山培育有一大批高中级茶叶加工技术人员，有一批科技推广人员，引进3名茶叶专业硕士研究生。已建立雅安现代茶产业科技创新中心，2019年建立了"陈宗懋院士工作站"，管理好2017年被国家农业部命名为3个国家级区域性良种繁育基地之一——茶树良种繁育场。10年来，名山依托四川省茶科所、中国茶科所、四川省农业大学科研力量，广泛开展茶叶科技项目和技术攻关，取得了茶叶安全防控、茶树品种选育7个省级良种品种、良种繁育体系建设等重要科研成果。

5. 品牌建设基础设施，企业品牌同发展。坚持实施"三品一标"制度，2014年1月、2019年1月续展"全国绿色食品原料标准化生产基地"27万亩，有力保障企业产品安全达标。蒙顶山茶五大品系中，现有11家企业产品获得国家无公害农产品认证；有5家企业、40个产品获得国家绿色食品认证；1家企业、1个产品获得国家有机茶认证，80家企业已取得国家食品质量安全SC认证；在近十年中，"蒙顶山茶"证明商标属"跃华""皇茗园""大川""圣山仙茶""义兴"等11个商标已成功申报为省级著名商标。2012年12月"蒙顶山茶"证明商标评为中国驰名商标，2013年"蒙顶"商标、2014"蒙山"也评为中国驰名商标。

二、强力推进"蒙顶山茶"品牌宣传，品牌影响力大提升

1. 加大广告投入，宣传"蒙顶山茶"品牌。从2012年的460万元逐年递增至2021年的2200万元，市、区政府每年拿出上千万专项资金，组织开展各种宣传和广告活动，全力打造"蒙顶山茶"品牌。2013年以后，结合蒙顶山和生态茶乡旅游开发，在市区主要路段、街道、城市雕塑、乡镇和要道、三大生态茶园基础等加上蒙顶山茶元素与符号，形成浓郁的茶文化茶品牌氛围。在成雅、雅乐高速公路主要路段设立"蒙顶山茶"及授权企业品牌广告牌。规划实施"1+7+N"茶乡旅游建设，于2016年9月经中国农业国际促进会等检查验收，成功创建"蒙顶山国家茶叶公园"。"4·20"芦山地震发生后，影坛巨星成龙公益代言"蒙顶山茶"，2021年，请世界著名钢琴演奏家郎朗公益代言蒙顶山茶，取得了巨大的宣传效果，同时授权企业也分别在全国主要高速公路设立柱路牌广告26幅。2022年在新冠疫情后时代，协会和企业积极搞好网络营销，推行网络带货直播，区长、茶企负责人、茶企网红各显身手。

2. 积极开展和参加各种活动，大力宣传"蒙顶山茶"品牌。

（1）区政府继续举办第十八届"蒙顶山茶文化旅游节"及茶祖吴理真祭拜仪式、皇茶采制大典、女子采茶能手赛、春茶交易会等系列活动。从2012年的第九届开始规模与投入递增，参加人员不仅有省内外茶人、茶商，还增加了更多的网红、直播人员。今年第十八届活动陆续开展，举行了前期"蒙顶山茶第一背篓茶上市"、蒙顶山皇茶采制大典暨茶祖吴理真祭拜仪式，活动期间，举办了"《蒙顶山茶 第三部分：黄茶》等三项行业标准审查会""蒙顶山茶品牌建设与地理标志协调发展研讨会""第五届蒙顶山禅茶大会"，皇茶园开园仪式及祭拜茶祖仪式、"蒙顶山茶乡村振兴产业峰会"、蒙顶山茶对话名家名刊采风活动等，使蒙顶山茶影响力进一步提高。

（2）响应政府实施成渝经济圈发展战略，组织茶企业参加成渝经济协商，连续5年参加中国（重庆）国际茶业博览会，参加企业从2016年的5家，增加到今年的12家，在重庆增设宣传广告和视频，鼓励企业在重要街区建立蒙顶山茶专营店。

（3）10年来，政府和协会持续组织授权企业并参加成都、北京、广州、深圳、香港、海口、桂林、唐山、银川、南昌等各地举办的各种茶叶博览会活动和中国商标节等活动："蒙顶山茶"到香港、进台湾，南下广州，北上东三省，出军世博会，外到俄罗斯等。

（4）政府及单位部门宣传茶都统一使用"蒙顶山茶"品牌，党政网、企业网页等加上"蒙顶山茶"文化元素，建立蒙顶山茶价格发布网页，提高蒙顶山茶点击率和关注度。

（5）连续13年申报参加浙江大学中国茶叶杂志社组织的农业品牌价值评估，品牌价值逐年提升，今年品牌价值较2012年的12.72亿元增加31.27亿元，增长345.8%。蒙顶山茶2019年获全国区域公用品牌优秀案例奖。编写茶书《蒙顶山茶当代史况》《中国名茶蒙顶甘露》《蒙顶黄芽》等专著，参与《名山茶业志》《中国古茶》《蒙顶山茶话史》等书籍的编撰出版等，撰写蒙顶山茶文化论文、茶产业调研文章50余篇，发表在将《中国茶叶》《茶产业》《茶博览》等国家、省级刊物，将"蒙顶山茶"品牌通过文字和媒体推向全国。

3. 开展商标国际注册，促进企业开发国际市场。

2017年，开展了"蒙顶山茶"商标国际注册，2018年，"蒙顶山茶"商标在英国、日本等国家和中国香港地区成功注册，为企业产品进入欧、美、日国家奠定基础。2021年5月20日，"蒙顶山茶"商标在俄罗斯获准注册，有效期至2030年9月2日。获得了俄罗斯知识产权保护的权利，以确保蒙顶山茶能顺利进入俄罗斯市场，满足俄罗斯人民对中国茶叶的需求。近几年，蒙顶山茶陆续有少量进入这些国家销售。目前，向德国、韩国、乌兹克斯坦、摩洛哥、爱尔兰等五国申请正在等待审批。

2020年7月，蒙顶山茶地理标志入选《中欧地理标志协定》保护名录。按照《协定》，将有力保障蒙顶山茶于2024年起进入欧盟市场，提升市场的知名度、影响力。

三、严格"蒙顶山茶"品牌管理监督，品牌公信力得到维护

（一）制定管理规则

1. 健全商标管理体系。"蒙顶山茶"有图案商标和两个文字系列商标，2012年至今，协会还申请了"吴理真""万人品茶""千秋蒙顶"等23个商标，作为补充和完善，2016年，协会成功申请了"蒙顶山甘露""蒙顶山黄芽"等6个地标，用于单品授权使用、品牌保护。

2. 严格授权使用标准。严格执行《"蒙顶山茶"证明商标使用管理规则》及实施细则，获得"蒙顶山茶"证明商标授权使用必须具备五项基本条件，经申报、考察、批准后，与企业签订使用授权协议，授权期一般为2年，并适当收取授权使用费。

3. 实行双商标制度。"蒙顶山茶"证明商标使用时实行"公共商标+企业商标"的双商标制。明确使用品种与范围。目前授权使用企业应用较好，申请逐年递增。

（二）加强商标的管理和保护

十年来，每年协会都要对授权企业进行一次商标使用情况检查，并配合工商部门对全区茶叶企业商标使用情况进行检查，对存在问题督促改正。每年举办培训班2~3次，

对"蒙顶山茶"证明商标使用管理进行培训,讲解最新政策、介绍先进经验。2013年编印发放《"蒙顶山茶"品牌使用管理手册》2000份,加强和规范蒙顶山茶品牌的使用与管理,确保其产品质量。2022年5月,又经过修改、调整、完善,印发了《"蒙顶山茶"品牌使用管理手册》1000份,《蒙顶山茶标准汇编》1000份,《蒙顶山茶农药使用准则》4000份,发放到所有企业与相关领导、部门人员。近三年来,向工商部门检举和打击损害和侵权企业行为13起,商标纠纷案2起,阻止侵害名山区茶叶公共利益行为5起,维护蒙顶山茶系列品牌5个。

(三)开展《地理标志产品 蒙山茶》国家标准修订、《蒙顶山茶》地方标准制定的工作

区委区政府非常重视标准建设,拨付了专项资金,由工商质监局牵头,区茶叶学会、协会承办,将国家标准《地理标志产品 蒙山茶》(GB/T 18665—2008)进行修订,并分别申报《蒙顶山茶》各单项行业标准。工作已于2017年8月启动,国家标准委2020年通过的《蒙顶山茶生产加工技术规程》等3项标准,从2021年3月1日起实施。2021年底,《蒙顶山茶 第3部分:黄茶》《蒙顶山茶 第4部分:红茶》《蒙顶山茶 第5部分:花茶》3项行业标准获全国茶行业标准委员会通过,2022年起实施,确保蒙顶山茶优质、标准、规范、安全。

四、实施核心区原真性保护,维护蒙顶山茶优质生态形象

近十年来,"蒙顶山茶"管理较为规范,市场和品牌亲和路线走得稳,品牌形象与价值通过市场、会展、会议等各方面有了一定展现。2021年初,为开发好、利用好、保护好蒙顶山自然禀赋和茶文化资源,树立蒙顶山茶高端化、先进性、标杆型产品品牌,实现蒙顶山茶品牌价值提升。名山区委、区政府集全区之力,聚全区之智,经充分调研和论证,将蒙顶山海拔800m以上区域划定为核心区实施原真性保护,茶园共计4500亩,由国有广聚农业和皇茶公司承担。蒙顶山茶核心区茶园原真性保护工作落实,实行"六统一"原则,即:统一土地流转,统一生产管理,统一鲜叶采摘,统一鲜叶加工,统一包装元素,统一核定底价。达到:一是生物资源保护,生态护真;二是种质资源保护,品种维真;三是传统制茶保护,技艺传真;四是产品安全保护,质量保真;五是茶史古迹保护,文化承真。实施两年来,强化了蒙顶山茶生态、品种、品质、文化等的优势,向全国、全世界消费者奉上"蒙顶山茶"原生态、高品质、富内涵的高端产品,将进一步推动蒙顶山茶产业发展和实现乡村振兴战略目标。

一年一个样,十年一跨越;蒙顶山茶扬,奋进不停歇。下一个十年,名山区广大干

部和茶人将以党的二十大精神为引领,"将茶文化、茶科技、茶产业统筹起来",发扬蒙顶山茶人精神,继往开来,不断奋进,开拓创新,百尺竿头更上一层楼,把"蒙顶山茶"品牌和产业做得更优、更强、更大。

钟国林
雅安市名山区农业农村局
雅安市名山区茶业协会
2022 年 9 月 19 日

(该文发表于《茶缘》2022 年第三期,《茶友网》《茶旅世界》等转载)

三茶统筹·名山共识——中国·雅安·名山

"三茶统筹·名山模式现场会"于 2023 年 3 月 27 日在"世界茶源·中国茶都"四川省雅安市名山区隆重举办。全国茶界的顶尖专家、业内精英齐聚名山,共襄盛会。会议认真学习领会习近平总书记关于茶文化、茶产业、茶科技"三茶统筹"的重要指示,就"三茶统筹"理念是指导未来茶产业发展的方向,名山模式是践行"三茶统筹"和乡村振兴的典型模式,达成共识。茶,是中华民族的国饮,是中国人民的生活方式,是中国对世界的文化贡献。"三茶统筹",就是要把茶文化、茶产业、茶科技有机结合起来,形成一个协调发展、互相促进、相得益彰的整体。会议认为,茶文化是中华传统文化的重要组成部分。中国,是茶的故乡。五千年以来,中国人民创造了独特而灿烂的茶文化。茶,承载了中华民族上下五千年的文明史,是最具中国传统文化元素的代表之一,也是最能代表中国的文化印记之一。茶文化是茶产业发展的灵魂和动力。尤其是"中国传统制茶技艺及其相关习俗"被列入人类非物质文化遗产代表作名录之后,茶更是以前所未有的高度再次登上世界舞台,为我们弘扬和传播中华优秀传统文化提供了难得机遇和责任担当。中国茶界有义务和责任深入挖掘和传承中华优秀传统文化中蕴含的精神内涵和价值理念,讲好中国故事、中国茶故事;有责任和担当做好茶文化的传承与传播,彰显世界大国的文化自信。会议指出,茶产业是乡村振兴战略实施的重点领域。中国茶产业发展势头强劲,中国茶叶生产规模在全世界首屈一指,占据全世界茶园面积和总产量的半壁江山,中国是名副其实的世界第一大茶叶生产国和茶叶消费国。百花齐放、多元业态的茶产业格局,实现了中国茶的可持续、高质量发展。茶产业,是乡村振兴的重要支柱,是绿色发展的典范,是农民增收致富的有效途径。我们要推动全产业链融合发展,拓展市场空间和消费需求。名山的"茶+N"

以及全国各地呈现的"喝茶、饮茶、吃茶、用茶、玩茶、事茶"等"六茶共舞"多业态发展方式，也为世界茶产业发展提供了"中国式经验"。会议强调，茶科技是推动茶产业转型升级的关键支撑。随着近年来科技的进步与发展，数字化与科技化逐渐深入到茶叶生产、流通各个环节。数字科技赋能，带来茶产业的标准化与科学化，让茶产业焕发新机。我们要坚持科技创新引领发展战略不动摇，在基础研究上追求突破，在应用研究上注重实效，在成果转化上加快推进，在人才培养上着力投入，在科技服务上提供保障，着力保障茶叶产品质量、丰富产品品类、厚植产品内涵，提高产品效益，推动中国茶产业高质量发展。会议还认为，名山区依托一座"世界茶文化圣山"，以弘扬茶文化为引领、"五茶文化"为内核，持续铸造了蒙顶山茶文化吸引力，不断扩大了蒙顶山茶品牌影响力。名山区始终坚持"文化兴茶"战略，聚焦茶祖文化、贡茶文化、禅茶文化、茶马文化、茶艺文化等5大茶文化核心内涵，以茶文化保护、挖掘、传承与宣传为着力点，积淀茶文化财富，彰显茶文化魅力，全力推动蒙顶山茶文化在传承创新中焕发活力，不遗余力让"千秋蒙顶·中国名山"的美称闻名遐迩，成了川茶复兴路上的风向标、排头兵与领航员。会议还指出，名山区依托一个"国家茶叶公园"，以做强茶产业为目标、"五大行动"为抓手，持续提升了蒙顶山茶产业发展动力，不断提高了茶企茶农增产增效活力。名山区始终坚持"三产融合"发展战略，紧紧围绕"强一产、优二产、活三产"总体思路，以打造乡村振兴茶产业带为牵引，以创建国家农业现代化示范区为抓手，以做强茶叶集中加工区为依托，实施基地提质、龙头培育、市场拓展、品牌提升、文旅融合的"五大行动"，不断延伸产业链，全域实现"茶区变景区、茶园变公园、劳动变运动、产品变商品、茶山变金山"的五大转变，茶叶成为环境保护的"绿叶子"、富民兴民的"金叶子"，茶产业综合发展水平走在全国第一方阵。名山茶产业的先进实践模式，为我国其他产茶县区提供了可借鉴的经验，为推动我国茶产业在实现高质量发展、推进乡村振兴、构建产业新格局中彰显了产业发展的样板。会议还强调，名山区依托一个"国家级茶树良种繁育场"，以提升茶科技为支撑、"五化建设"为突破，持续提高了蒙顶山茶科技软实力，不断增强了蒙顶山茶核心竞争力。名山区始终坚持"科技兴茶"战略，依托四川省最大的国家级茶树良种繁育场——四川省名山茶树良种繁育场，加快推动"茶树品种良种化、茶叶基地数字化、茶叶加工标准化、茶叶产品多元化、茶叶品质优质化""五化建设"，切实加强与科研院所的科技合作，推动现代科技要素集聚，持续夯实蒙顶山茶产业发展后劲。会议高度肯定，名山区在"三茶统筹"理念下，以"五茶文化"为内核、"五大行动"为抓手、"五化建设"为突破、以"1+7+N"茶旅融合发展模式为引领，逐渐走出了一条高质量发展的新时代茶之路。让我们从名山出发，携手全国各产茶县市区，深入贯彻落实"三茶统筹"理念，再创中国茶产业新辉煌。让我们共同努力，让中国茶走向世界，让世界爱上中国！

2023 年 3 月

附录四

编委会主要成员简介

钟国林

郭 磊

李 涛

李成军

吴祠平

夏家英

钟胥鑫

钟国林，简介见第十二章第四节

郭磊，1989年5月出生，四川名山人，茶学硕士，一级评茶员（高级技师），名山区农业农村局农艺师，四川评茶大师，蒙山茶传统制作技艺非遗传承人，雅安市茶叶学会秘书长。创建"川农茶会"并担任首任会长，参与起草《蒙顶山茶》《南路边茶》国家行业标准，四川省团体标准《芽细藏茶》、企业标准《火番饼》《福硒绿茶》等。《蒙顶山茶文化口述史》《中国藏茶文化口述史》副主编。主持、主研项目雅安市科技创新创业苗子工程重点项目《适制蒙顶甘露茶树品种研究》、雅安市市校合作项目《雅安茶园快速投产和提质增效关键栽培技术研究》《适制蒙顶甘露茶树品种鉴定选育与利用》等。发表论文《蒙顶甘露加工工艺、适制品种及品质研究》等。荣获名山区茶叶学会成立四十周年技术推广贡献奖，《蒙顶山茶文化口述史》获雅安市第十六次社会科学优秀成果一类成果，获得2022年川渝地区茶叶产业职工职业技能大赛三等奖（国家二类技能大赛）。

李涛，1992年3月出生，四川名山人，毕业于四川农业大学茶学专业，研究生学历，农艺师、高级评茶员、高级茶艺师。2018年9月，通过人才引进到雅安市名山区茶叶现代农业园区管理委员会工作，主要从事茶叶技术推广、现代农业园区建设等工作。负责申报创建的雅安市名山区茶叶现代农业园区被认定为四川省首批五星级现代农业园区，组织实施省级现代农业园区建设项目3000余万元，争取产业园专项债券项目资金1.73亿元；负责申报创建的雅安市名山区国家农业现代化示范区成功进入2022年国家农业现代化示范区创建名单，工作业绩对名山茶产业发展具有一定推动作用。

李成军，1968年8月出生，四川仁寿人，1993年7月，从四川农业大学兽医系兽医专业毕业，被分配到名山县工作，先后在山区畜牧食品局、区农业局、区人大常委会等单位工作，工作30年，一直从事与农业相关的工作，2000年任区农业局副局长，2013年任区农业局局长，2020年任区茶业协会副会长，长期从事茶树品种选育、茶叶生产加工管理、茶叶品牌推广文化宣传等茶产业工作。蒙顶山茶在申报中国重要农业文化遗产、中国十大茶叶区域公用品牌、中国特色农产品优势区、中国气候好产品、世界人类非物质文化遗产等荣誉称号工作中，是主要参与者和管理者，为蒙顶山茶产业的发展起到积极的推动作用。

吴祠平，简介见第十三章。

夏家英，简介见第十三章。

钟胥鑫，1994年出生，四川名山人，西华师范大学硕士研究生毕业，雅安市委党校教师。长期受家庭和环境影响，自幼爱好茶叶。发表茶叶相关文章诗词多篇，参与

《中国名茶蒙顶甘露》编写,主要参加市委党校、省委党校专项课题中茶产业和乡村振兴等方面研究,参与国家社会科学基金重点项目2020年后农村减贫与乡村振兴协同推进研究课题调研。编写本书过程中,主要从事资料查找收集核实、整理校对、图片拍摄等工作。

后 记

《中国茶全书·四川蒙顶山茶卷》（以下简称《蒙顶山茶卷》）记述了名山茶业起源、发展、壮大、成型的全过程，记载了名山茶2000多年种植、加工、销售、品饮历史，发掘、总结、提炼了蒙顶山茶文化、茶品牌、茶科技、茶旅游，求实存真，向世人介绍名山茶业方方面面，经世致用，可为产业发展决策提供权威参考。

《中国茶全书》在前几年已经开展了有关省卷、市（地）卷的编撰工作，四川卷是在2019年提出的，最后于2021年由四川省茶叶行业协会主动承担组织与编撰工作。基于其他卷的经验，覃中显会长提出了先组织启动编撰市（地）、重点县（区）卷，待定稿后就成为省卷的基础资料，省卷的内容就更全面、系统和完善了。因此，作为中国最古老、最具文化底蕴、资料最为丰富、最有影响力的名山区（县）应单独编撰成卷，以代表四川、代表西南地区向国内外展示宣传。

2022年8月16日，雅安市名山区茶业协会高永川会长、钟国林秘书长参加四川省公安厅宣传贯彻茶叶知识产权法律保护工作会，会后覃中显会长找到钟国林就名山区编撰专卷一事征求意见；8月24日，覃中显会长一行受邀到名山，在四川省大川茶业有限公司残剑飞雪客厅，就蒙顶山茶进入成都茶馆和《中国茶全书·四川名山区卷》进行研究和协商，名山区政协主席、区茶产业推进小组组长倪林到会，名山区茶产业推进办公室常务副主任罗江，名山区茶业协会会长、副会长、秘书长等参会。倪林主席非常赞同名山应出专卷，并提及他在雅安市农业农村局工作时就支持雅安和名山都应出专卷。会议最后决定，名山区要编撰出专卷，主编由钟国林担任，会后向四川省茶叶行业协会申请报批；8月26日，名山以区茶业协会名义向四川省茶叶行业协会申报编写并纳入四川省、全国编撰计划；8月30日，四川省茶叶行业协会迅速批复，同意名山区编撰《中国茶全书·四川名山区卷》，聘任钟国林担任主编。

钟国林迅速行动，经与李成军商议，制定出名山卷的编撰出版时间计划（2024年3月底前出版），拟定名山卷主体纲目，初步核算相关经费，拟定编委会和编辑部。请示分管负责人宋希霖主任认定后，2022年9月16日，以名山区农业农村局的正式文件向名山区政府请示。同时，钟国林选择一个很好记住的日子（9月15日）动笔，全力以赴开始了《中国茶全书·四川名山区卷》编撰工作。

编撰不久，倪林主席、李成军、高永川及钟国林等均认为《中国茶全书·四川名山区卷》书名更像是志书，在编写中会受到方志的诸多限制，为突出茶叶特色与品牌，提升宣传推广效果，一致同意改为《中国茶全书·四川蒙顶山茶卷》。

《蒙顶山茶卷》主编钟国林，副主编李成军、夏家英、吴祠平，为培养和锻炼年轻人，增加郭磊、李涛、钟胥鑫三位青年加入编撰，主要参加人员还有梁健、杨天君、代显臣、黎绍奎、张丝雨、李玲、舒国铭、文维奇、高先荣等。基础资料主要来源于《名山县志》（光绪版和1992年版）、《名山茶业志》（1988年版和2018年版）、《名山茶经》《蒙山茶事通览》《蒙顶山茶当代史况》《蒙山顶上茶》《蒙顶黄芽》《中国名茶 蒙顶甘露》《故宫贡茶图典》《清代贡茶研究》等书籍和相关文献。同时，编委会也向中共名山区委宣传部和名山区文化体育和旅游局、区市场监督管理局、区经济和科技局、区教育局、区乡村振兴局、区妇联、区团委等单位以及四川农业大学、四川省农业科学院茶叶研究所、雅安职业技术学院、四川省贸易学校等发出资料征集函。由于钟国林参与了很多名山区主要书籍编著，提供了大量研究资料，所以编撰资料来源与鉴别、整理工作相对就容易便捷得多。钟国林从事与茶相关的农业农村工作40余年，全身心从事茶产业工作20余年，一直在区茶业局、区茶业领导小组办公室、区茶业协会工作，参与和收集的茶产业、科研、会议、古代茶书、古茶具等资料特别丰富，为本卷的编撰提供了坚实的基础。

本卷编撰人员均有各自负责的本职工作，大家都利用工作之余进行资料收集、整理。编撰期间，名山区农业农村局局长王龙奇、分管茶叶工作的蒋培基主任尽量为编撰人员减少其他工作安排。编撰人员至蒙顶山、有关乡镇茶园、各单位收集、查阅资料，当面或电话咨询了孙前、卢本德、蒋昭义、陈开义、邓健、黄文林、李德益等老专家、老领导，特别是原农业局副局长、茶叶老专家谭辉廷提供了较多且重要的20世纪50—80年代的文字资料和图片。

2023年4月10日，编委会在区茶业协会蒙顶山茶品牌展示中心召开了《蒙顶山茶卷》第二稿研讨会，倪林主席参会，特邀请了四川省茶叶行业协会会长、《中国茶全书》执行主编覃中显，陈昌辉、陈开义、孙道伦、牟益民、敬多多等专家，有关部门工作人员罗江、李成军、钟国林、李涛、杨晔华，区方志办秦晓伟主任参加了会议。会上各位领导、专家、编辑各抒己见，提出了20余条意见和建议，覃中显会长介绍了外省编撰经验和编撰格式规范；倪林主席提出了进一步细化、优化、补充完善的要求，并表态本卷从出版资金不是问题；区方志办加入编委会。2023年5月6日，区茶业推进小组办公室在编委会请求下，罗江副主任组织区教育局、区税务局、区团委、区妇联、区文化体育和旅游局、区市场监督管理局、区农业农村局等单位，安排要求征集补充相关内容。会后，相关单位补充并完善了相关资料。

2023年7月18日，编委会在区茶业协会蒙顶山茶品牌展示中心召开了《蒙顶山茶卷》第三稿研讨会，编委会主要人员、区方志办、区茶业协会等主要人员参加，倪林主席、覃中显会长及陈昌辉教授、陈开义副会长、敬多多等到会，名山区参加会议的有钟国林、李成军、梁健、郭磊、杨天君、秦晓伟。第三稿根据2023年4月18日提出的意见和建议进行了修改、调整、补充，目录和内容更细化，相关数据和史料得到核实和补充，特别是增加了历史图片800余幅，使内容更为丰富、充实。本次参会的领导、专家也提出了18条修改建议和意见，陈开义提议将刘仲华院士2021年5月在四川国际茶业博览会会上发表的演讲《我心中的蒙顶山茶》作为序言之一，得到了全体人员一致认可，另一篇序言由倪林主席来撰写。倪林主席要求再优化、精化，如能在2024年3月27日前（即"一会一节"20周年的日子）出版发行，品牌宣传效果好、意义更大！

经过再次修改完善，共7篇、13章、59节、259目，总字数达66万、图片约1000幅的《蒙顶山茶卷》于2023年8月15日形成定稿（第四稿）。按约定，编委会将书稿报四川省茶叶行业协会四川卷编审组和中国林业出版社审核。

2023年11月18日，覃中显会长在湖北赤壁参加第十九届中国茶叶经济年会之际，向刘仲华院士报告了《蒙顶山茶卷》序言用他在四川茶博会上演讲《我心中的蒙顶山茶》，得到刘院士的同意。

2023年12月下旬，《蒙顶山茶卷》排版完成，钟国林、钟胥鑫等开始校对。2024年1月24日，中国林业出版社李凤波总经理、杜娟副主任、马吉萍编辑在覃中显会长、陈昌辉教授陪同下来到名山，经协商一致，签订了出版合同，由于该卷超过一般卷的体量，校审时间长，最终确定了出版时间在2024年8月。随后，出版社开始审校工作。

在2023年8月，名山区政协主席、区茶产业推进小组组长倪林主动牵头组织"故宫贡茶回蒙顶山"工作。经过严格的审核评估、多次的协商组织、紧张的筹备实施，2024年3月27日，名山人民多年的愿望得以实现，在蒙顶山茶史博物馆展出了"仙茶、陪茶、菱角湾茶、蒙山茶、名山茶、观音茶、春茗茶"7款共12件故宫贡茶，茶业界引起轰动。

2024年第二十届蒙顶山茶文化旅游节隆重召开，国内外领导、专家、茶人代表和茶叶企业络绎不绝，一睹贡茶风采，世界百位茶人榜样上蒙顶山在天盖寺前共同祭拜植茶始祖。山东莒县5月1日举办浮来青第七届茶文化旅游节，举办"甲辰年祭拜世界植茶始祖吴理真大典"，浮来青集团、湖南茶祖神农基金会、四川雅安市名山区、湖北省天门市陆羽研究会、吴觉农茶学思想研究会四大茶圣的研究组织机构代表，首次共同祭拜四茶圣；5月27日，故宫博物院文物专家万秀峰在名山进行"盛世清尚：蒙顶贡茶的文化与文物"专题讲座。上述活动的成功举办，增强了蒙顶山茶文化自信和产业自信，《蒙顶山茶卷》也将其内容收录。同时，名山区委、区政府于3月20日成立雅安市名山区茶产业高质量发展领导小组，并筹备成立纯事业单位的雅安市名山区茶叶产业发展中心，全面综合组织协调和推进蒙顶山茶产业建设发展工作。

《中国茶全书·四川蒙顶山茶卷》的正式出版，是名山茶产业、茶文化的一件喜事大事，必将载入茶业史册。本书要特别感谢倪林主席，该书是在他的鼎力支持鼓励下，特别是协调落实出版经费后得以顺利实施。本次的编撰出版，工程浩瀚，涉及百科，内容庞杂，限于篇幅，很多有一定价值的内容未全部纳入，实为遗憾。编撰人员虽废寝忘食，殚精竭虑，亦难免疏漏、冗积或谬误。特请广大读者不吝赐教，予以斧正。

《中国茶全书·四川蒙顶山茶卷》编委会

2024年8月